소방인을 위한

소방시스템CAD

이동명 · 박정호 · 방창훈 · 편석범 공저

도서출판 동화기술

Preface

최근 건축물이 대규모화 · 복합화 · 다양화 · 다기능화되면서 화재 등의 재해에 따른 인명과 재산피해를 최소화하기 위해 많은 방재대책을 마련하고 있고, 방재대책은 건축법이나 소방관련 법규에만 충실한 방재대책을 탈피하고 방재성능에 역점을 두고 있다. 방재성능은 소방시스템의 기능과 성능에 따라 좌우되고, 소방시스템의 기능과 성능의 발휘는 시스템의 설계기술에 달려 있다고 보아도 과언이 아니다. 소방분야에서도 설계기술의 향상을 위해 IT기술과 접목하여 CAD를 이용한 시스템 설계가 현실화하기 위해 되고 있지만, 소방관련 종사자나 학생들을 위한 소방시스템의 CAD 교재는 전무한 형편이었다. 이에 필자는 2002 버전에 이어 2004 버전을 집필하게 되었다.

또한 공학이나 인테리어, 디자인분야 등을 전공하는 사람에게 CAD는 필수과목 중의 하나가 되었다. AutoCAD는 CAD에서 그래픽을 담당하는 한 부분으로 그래픽 처리를 하는 소프트웨어는 AutoCAD외에도 상당히 많다. 하지만 모든 분야에서 AutoCAD가 CAD의 대명사처럼 되었고, 실제 AutoCAD 만큼 여러 분야에서 활용되는 소프트웨어는 거의 없다. 2002 버전에 이어 2004 버전을 집필하면서 오토캐드가 산업전반에 걸쳐 중요한 역할을 하고 있음을 새삼 느꼈다.

본 교재는 소방시스템 CAD의 구축을 위해 밑거름이 될 수 있도록 AutoCAD를 활용함으로서 소방시스템의 CAD 모델링과 프로세스를 정립할 수 있도록 집필하였다. 소방관련 종사자나 학생들을 위해 초보자에서 전문가에 이르기까지 개별학습을 통해서도 쉽게 접근할 수 있도록 집필하였고, 많은 예제와 KS 제도통칙을 근거로 집필하였기 때문에 CAD는 알지만 제도를 모르거나 제도는 알지만 CAD를 모르는 독자에게도 좋은 지침서가 될 것으로 생각된다.

본 교재는 소방시스템 CAD에서는 거의 사용하지 않는 3차원 모델링부분은 삭제하였지만, 2004를 집필하면서 2차원 CAD에서 배워야할 모든 내용을 포함하였기 때문에 소방시스템의 CAD화를 구축하였고, 특히 웹상에서 도면을 관리하고 사용할 수 있도록 웹페이지 부분을 추가하였다.

끝으로 소방관련 종사자나 학생들에게 좋은 필독서가 되리라 확신하며, 반복과 반복을 통하여 또한 장인정신으로 AutoCAD의 무한한 매력에 심취해보길 바란다. 또한 소방실무에서 CAD 작업은 굉장한 생산성을 가져다줄 것이다.

경민대학 교정에서

Contents

Chapter 15

객체특성 변경과 객체정보 조회하기 513

Chapter 16

디자인 센터와 툴 팔레트 활용하기 535

Chapter 1

AutoCAD 2004 활용에 앞서

우선 AutoCAD의 세계로 오신 것을 환영합니다. 공학이나 인테리어, 디자인 분야를 전공하는 사람에게는 CAD가 필수과목 중의 하나였지만, IT 산업의 급속한 발전과 더불어 많은 분야에서 CAD에 대한 관심이 더욱더 높아지게 되었다. 그럼 CAD란 무엇이고 또 AutoCAD란 무엇일까. 1982년 컴덱스 무역 전시회에 첫선을 보인이래로 손으로 한다는 제도의 관념을 바꾸어 놓은 AutoCAD는 AutoCAD2000i 버전부터 인터넷과 완벽한 연동기술을 선보이면서 명실상부한 최고의 CAD프로그램이 되었다. 이 장에서는 AutoCAD 2004를 활용하기에 앞서 알아두어야 내용들 시스템의 요구사항, 프로그램의 설치, AutoCAD의 구성 등을 공부하기로 한다.

1. CAD란 무엇을 의미하는가?
2. AutoCAD란 무엇을 의미하는가?
3. AutoCAD 2004의 소개와 설치하기
4. AutoCAD 2004시작하기와 윈도우의 구성은?
5. AutoCAD 2004에서 명령을 실행하는 방법

1. CAD란 무엇을 의미하는가?

1950년대부터 시작된 CAD는 단순히 컴퓨터를 이용하여 그래픽에만 응용하던 것을 1960년대부터 모든 공학 분야에 본격적으로 응용되기 시작하였다. 공학에서 정의하는 CAD(Computer Aided Design)란 컴퓨터의 도움을 받아 발전시킨 개념으로 기본개념단계에서부터 최종 마무리단계인 해석까지의 전 과정에 걸쳐서 컴퓨터를 활용하여 설계하는 방식인 '컴퓨터 응용설계'로서 공학적인 해석(Analysis)기능과 자동적으로 도면을 작성하는 Design Automation의 개념인 그래픽(Graphics)기능을 갖추고 있는 시스템을 말한다. 즉, 컴퓨터의 계산능력, 기억능력 및 해석능력을 이용한 총체적인 설계(개념설계, 상세설계, 설계해석, 설계검증, 설계과정의 문서화)를 의미한다. CAD는 다음 흐름도(Flow-Chart)와 같이 컴퓨터를 이용하여 설계의 순서나 기준을 명확하게 적용되도록 할 수 있고, 설계자의 독창성과 컴퓨터의 정확성 및 계산능력에 따라 신속·정확하게 설계를 할 수 있다. 최근 모든 공학 분야에서는 CAD를 이용한 설계수준을 벗어나 CAE(Computer Aided Engineering : 컴퓨터응용엔지니어링)를 이용한 모델링과 시뮬레이션을 바탕으로 한 최적설계와 CAM(Computer Aided Manufacturing : 컴퓨터응용가공)에 접목되어 그 운영체계를 넓혀 가고 있다.

CAD의 응용분야

기계, 건축, 토목, 전기, 전자, 자동차, 항공기, 선박 등의 모든 공학 분야에서 응용되어 사용되고 있다.

CAD의 활용효과

- **설계의 생산성 향상 및 표준화**
  데이터베이스의 구축으로 설계의 수정 및 변경이 자유롭고, 설계의 생산성을 향상시킬 수 있으며, 설계의 표준화가 가능하다.
- **설계오류의 감소**
  수치계산의 정확도와 정밀도가 높기 때문에 설계오류를 감소 할 수 있다.
- **설계·해석이 용이**
  컴퓨터의 계산능력, 기억능력 및 해석능력을 이용하므로 설계·해석이 용이하다.
- **정보화 및 경쟁력 강화**
  표준화와 설계 데이터베이스의 구축 또는 전문가 시스템의 구축으로 정확하고 신속한 정보로부터 최적의 설계가 가능하며, 또한 원가절감, 품질향상, 신뢰성 향상으로 소비자의 다양한 요구를 충족시킬 수 있어 궁극적으로 경쟁력을 강화시킬 수 있다.

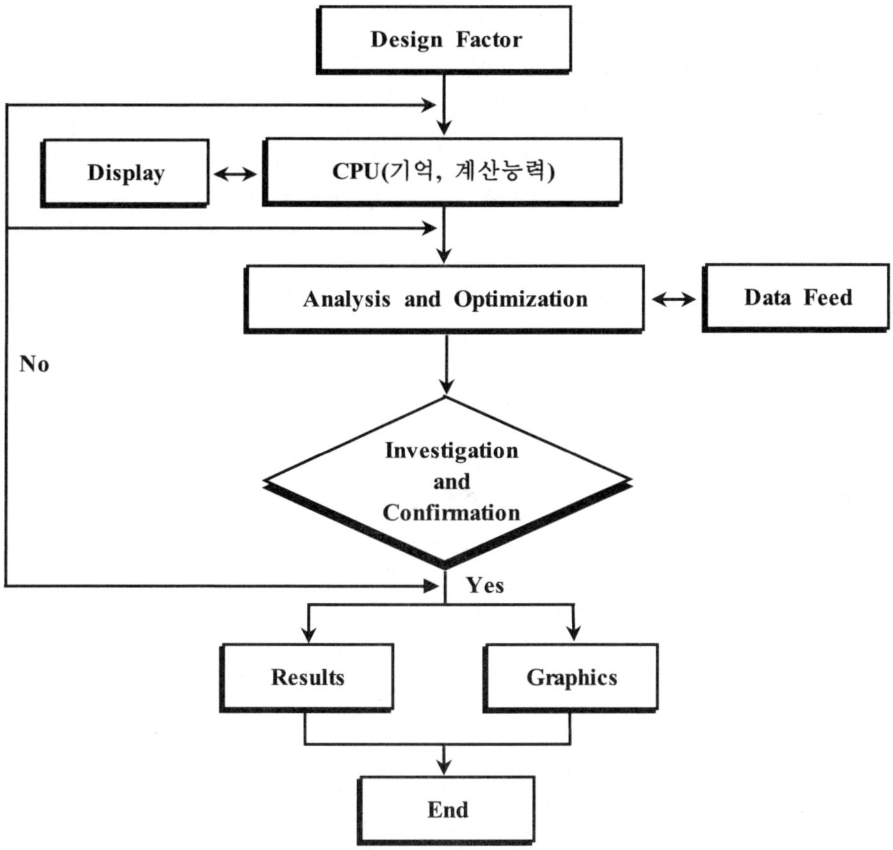

CAD의 흐름도

2. AutoCAD란 무엇을 의미하는가?

AutoCAD는 공학에서 정의하는 CAD와는 엄격히 다르며 CAD의 일부분으로 앞 흐름도의 그래픽 부분에 해당한다. AutoCAD는 'Auto Computer Aided Drafting'의 약자로서 '컴퓨터응용제도'이다. 즉, AutoCAD는 미국의 AutoDESK사에서 개발한 도면작성용 범용 프로그램으로 컴퓨터의 도움을 받아 다양한 2차원 도면이나 3차원 모델을 마련하는데 사용할 수 있도록 한 그래픽 도구(Graphics Tool) 중의 하나이다.

AutoCAD가 1982년 버전 1.0이 시판된 이래로 현재까지 기존 다른 그래픽 도구들보다 큰 인기를 얻을 수 있었던 것은 AutoCAD의 우수한 기능뿐만 아니라 개방형 구조의 메뉴구조로서 사용자에게 편리성을 주었기 때문이라고 볼 수 있고, 또한 사용자 나름대로 응용분야에 맞게 규격화할 수 있는 강점을 가졌기 때문이다. 아울러 1997년 버전 R14가 윈도우 체계와 호환성을 갖추면서 명실상부한 최고의 그래픽 도구가 되었다.

AutoCAD를 사용하면 전통적인 제도방식에 비해 신속하고 정확한 제도를 할 수 있고, 또한 작성한 도면을 데이터 파일로 저장해 둠으로써 쉽게 불러보거나 편집 또는 인쇄할 수 있다는 장점이 있다. AutoCAD를 사용하면 도면에 대한 훨씬 많은 정보를 입력할 수 있고, 도면은 항상 실제 크기로 작성함으로 현실감을 더욱 더 부여 해준다.

AutoCAD의 장점

- 전형적인 제도방식에 비해 훨씬 빠르고 신속·정확한 도면을 작성할 수 있다.
- 설계도면의 수정 및 변경이 자유롭고, 표준도면이나 기존의 도면을 재사용할 수 있으므로 생산성을 향상시킬 수 있다.
- 제도통칙 또는 제도규격을 바탕으로 도면의 표준화가 가능하다.
- 도면의 오류검사가 쉽고, 표준화에 의해 제품의 품질과 신뢰성을 높일 수 있다.
- 작성한 도면파일을 데이터 파일로 저장해 둠으로서 필요할 때마다 불러보거나 쉽게 편집 또는 인쇄할 수 있다.
- 보관이 편리하고 다양한 기능으로 2차원 도면은 물론 3차원 모델을 쉽게 작성할 수 있다.
- 데이터베이스의 구축이나 데이터의 공유로 정보화가 가능하다.

AutoCAD의 응용분야

- 단순 및 정밀 메커니즘 설계, 기계설계 및 금형설계
- 전기회로 및 전자회로 설계
- 건축설계 및 토목설계
- 소방시스템설계 및 건축시스템설계
- 지도나 지형의 지리설계
- 산업, 공업, 실내, 제품 디자인 및 인테리어
- 군사·과학 분야의 모의실험
- 방송, 영화, 광고 등의 애니메이션
- 각종 설계도면의 작성

3. AutoCAD 2004의 소개와 설치하기

3.1 AutoCAD 2004의 소개

AutoCAD는 2000i 버전부터 인터넷과 연동되면서 모든 분야에 적용할 수 있는 범용 그래픽 소프트웨어로서 그 기능을 완벽하게 갖추었고, 새로운 CAD 관리도구로부터 설계 데이터의 검증을 더욱 쉽게 함으로서 그래픽 도구 이상의 역할을 하도록 하였다. AutoCAD가 다양하고 많은 사용자층을 확보하고 전 세계적으로 급속하게 확산된 이유는 두 가지 이유가 아닐 까 생각한다.

첫째, 범용성

AutoCAD가 모든 분야에서 쉽게 적용될 수 있도록 한 범용성이며, 다른 그래픽 프로그램보다 각 전문분야의 응용 프로그램들과도 응용될 수 있도록 전문화를 시켰다는 것이다.

둘째, 개방형

AutoCAD는 범용성을 살리기 위해 다양한 개발 툴(Tool)들을 사용자에게 개방하여 사용자가 직접 필요한 것을 만들어 쓸 수 있는 구조로 하였다.

이들 특성으로부터 AutoCAD는 꾸준한 개발로 2004 버전에 까지 이르게 되었다. AutoCAD 2004는 앞서 설명한 기능들 외에 2002 버전과 비교하여 초기 화면에 나타나던 Today 기능을 조정하여 나타나지 않게 하였으며, 인터페이스 부분에서 많은 기능이 향상 되었다. 또 기존의 불편한 대화상자를 사용하기 쉽게 만들었고 처리속도를 향상시켰다.

향상된 기능

■ **파일 저장 및 열기의 속도 향상**

실제 설계도면의 파일들은 크기가 크기 때문에 파일을 저장하거나 열 때 기존의 버전에서는 많은 시간이 소요되었지만 2004 버전에서는 파일을 저장할 때 66%, 파일을 열 때에는 30% 정도 속도가 향상되었다.

■ **문자입력에서 탭 및 들여쓰기 기능추가**

문장단위의 문자입력 명령인 Mtext에서 문자를 이동하는 탭(Tab) 기능과 문장의 줄을 맞추는 들여쓰기 기능이 추가되어 다중 문자입력이 더욱 편리해졌다.

Mtext의 문자입력 상자

■ **Tool Palettes 기능추가**

AutoCAD 2004에서는 시각적인 부분을 개선시키기 위해 도구 팔레트(Tool Palettes) 기능이 추가 되었다. 다양한 해치(Hatch)와 심볼(Symbol)을 쉽게 사용할 수 있도록 하였다. 원하는 그림을 사용 중인 도면에 드래그만 시키면 쉽게 삽입시킬 수 있다.

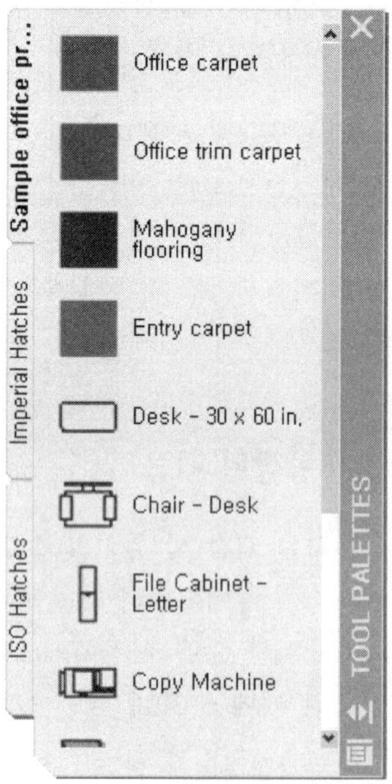

Tool Palettes

■ **외부참조 알림기능 제공**

구 버전에서는 외부 도면을 참조할 경우 Xref Manager 대화상자에서 확인하던 것을 AutoCAD 2004에서는 윈도우 화면에 아이콘으로 나타내어 외부 도면이 현재 사용 중인 도면에 삽입된 상태를 실시간으로 알려주는 기능이 포함되었다. Xref 명령을 실행하면 Xref Manager 대화상자가 나오고, 'Attach...'를 선택한 후 외부 도면을 삽입하고 나면 아래 우측 그림과 같이 AutoCAD 2004 윈도우 하단에  모양의 아이콘이 나타나게 된다.

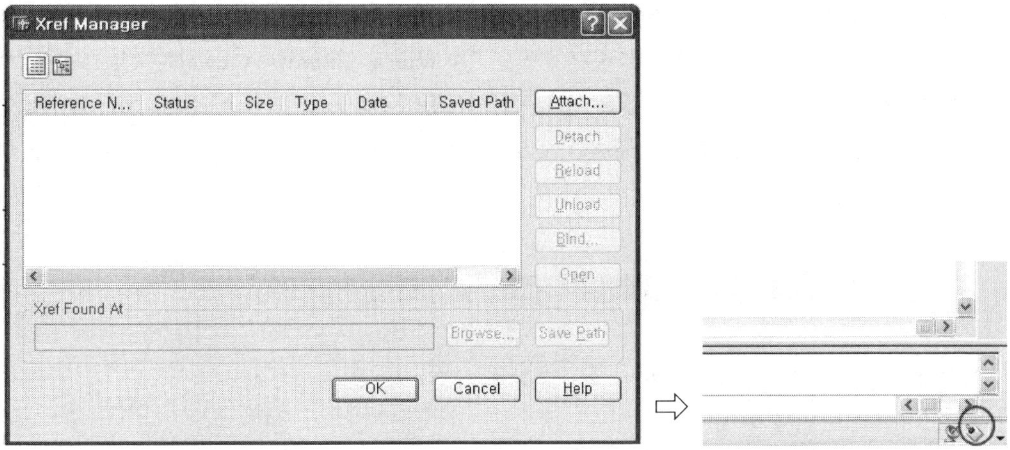

Xref Manager

- **다중 시트 DWF(Design Web Format) 출력지원**

웹(Web)상에서 도면을 공유할 때 이용되는 DWF 파일의 기능 향상되었다. DWF 파일을 이용하면 도면 세트(Layout)의 도면들을 하나의 DWF 파일( )로 저장(Publish 명령)할 수 있기 때문에 파일 수를 줄일 수 있고, AutoCAD에서 제공하는 DWF 뷰어(Autodesk Express Viewer)를 사용하여 쉽게 여러 페이지의 파일을 순서대로 보고 인쇄할 수 있다.

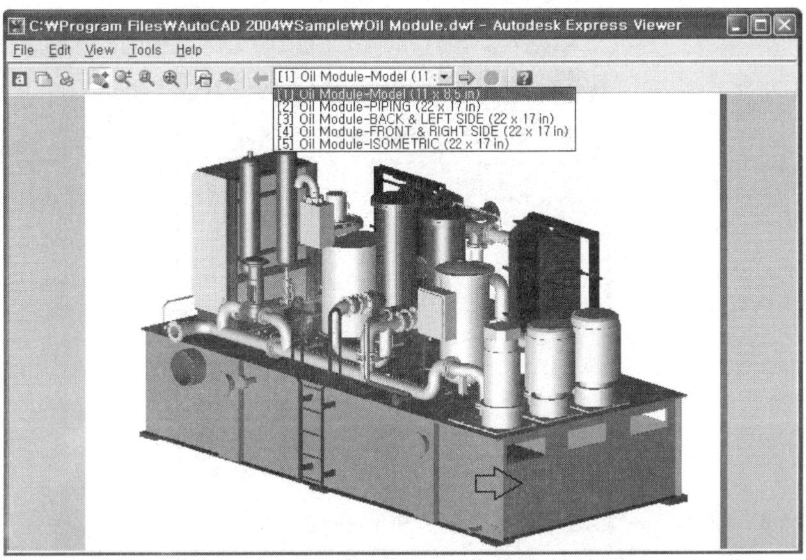

Autodesk Express Viewer로 본 DWF 파일

DWF 파일에 다양한 Layout을 같이 출력하려면 Publish 명령을 이용해야 하고, DWF 파일을 만드는 경우 현재 작업 중인 Layout 도면만 저장된다.

■ Autodesk Express Viewer 제공

AutoCAD 2004 버전에서는 DWF 뷰어인 'Autodesk Express Viewer' 프로그램을 무료로 제공하였다. 이 프로그램은 인터넷을 이용하는 경우 도면을 쉽게 공유할 수 있는 방법을 제공한다. 즉, AutoCAD 프로그램이 없이도 도면을 열고, 출력 등을 할 수 있는 기능을 가지고 있다.

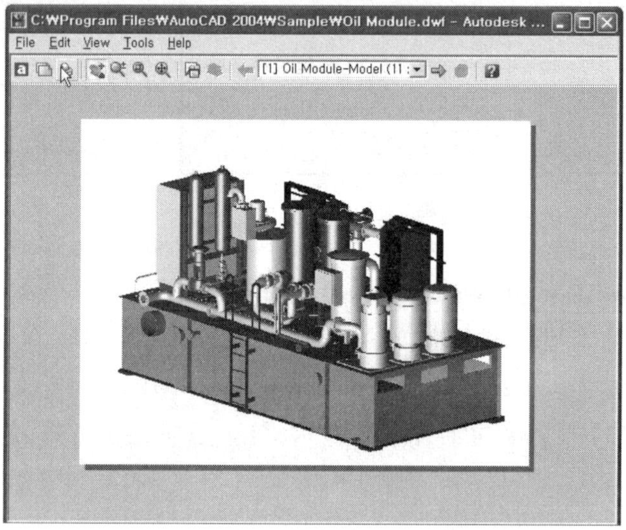

Autodesk Express Viewer

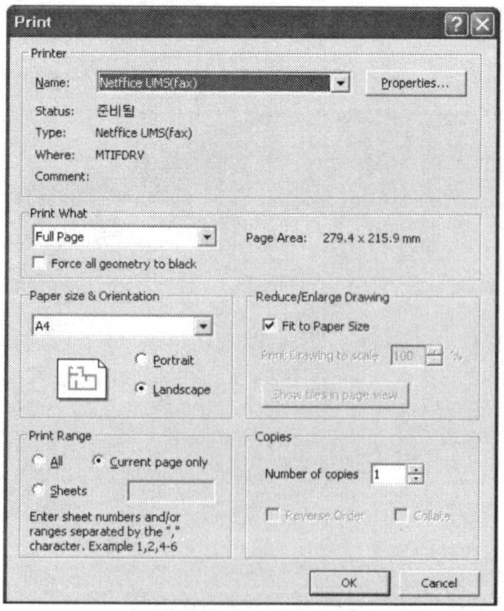

Print

■ True Color 지원

구 버전에서는 256 색상 팔레트만을 지원하였지만, AutoCAD 2004에서는 24비트 트루 컬러(True Color)를 지원하므로 도면작성 시 객체에 원하는 색상을 자유롭게 지정할 수 있다. 색상지원은 R, G, B를 이용할 수 있고, 색상, 명도, 채도를 이용할 수 있다.

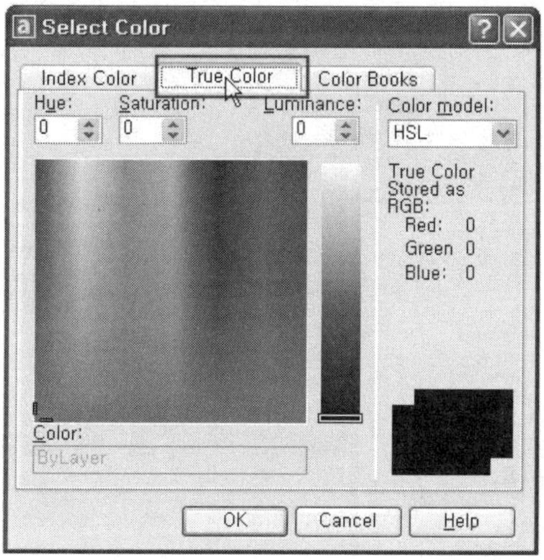

Select Color

'Select Color' 대화상자에서 Color Books를 이용하면 PANTONE 컬러 차트를 이용할 수 있다.

■ 그라데이션 채우기 기능

AutoCAD 2004에서는 시각적인 효과를 주기위해 Bhatch 명령에 Gradient 탭이 추가되어 원하는 객체에 그라데이션 효과로 내부를 채울 수 있다.

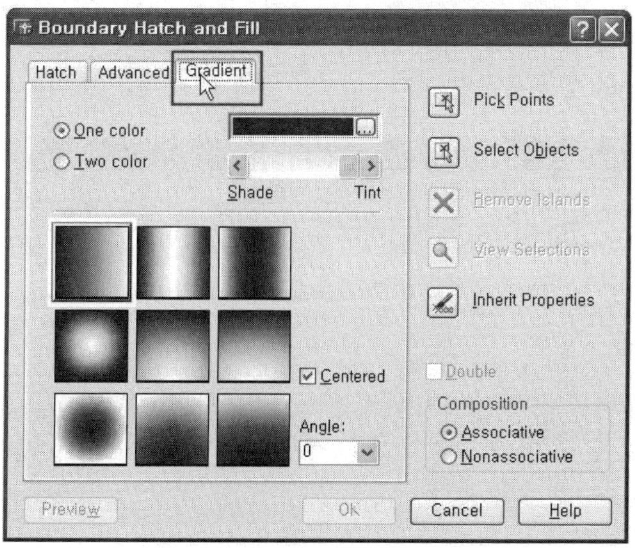

Boundary Hatch and Fill

■ **Design Center 기능강화**

인터넷 환경의 급속한 발전에 따라 다양한 심볼 또는 블록을 쉽게 구분할 수 있게 되어 Design Center에 온라인 기능을 부여한 DC Online 탭이 추가되었다. 이 기능을 이용하면 네트워크상에 있는 다양한 자료를 공유할 수 있고, www.autodesk.com에서 제공하는 다양한 심볼이나 블록을 쉽게 얻을 수 있다. 공유된 자료는 모두 i-drop 기능을 이용하여 도면에 드래그 앤 드롭방식으로 쉽게 붙일 수 있다.

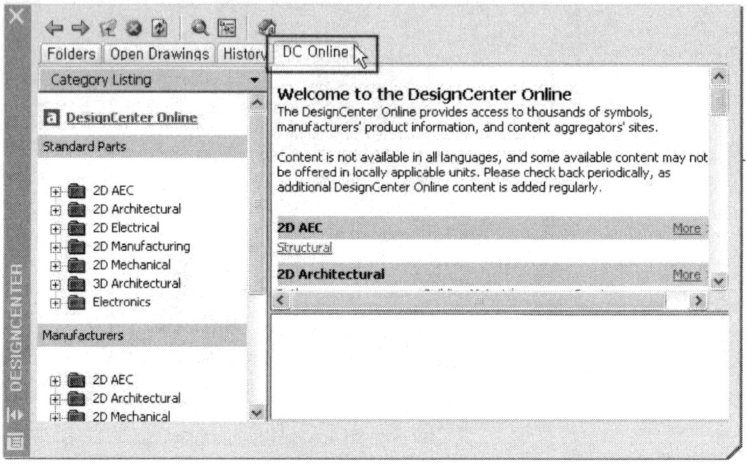

Design Center

■ **파일 암호보호 기능추가**

도면이 다른 사용자에게 유출되는 것을 막고 보호할 수 있는 기능이 추가되었다. Main Menu의 Tools>Option을 선택하면 'Option' 대화상자가 나오고, 대화상자에서 'Open & Save' 탭에서 [Security Options...] 버튼을 누르면 도면의 파일암호를 지정할 수 있는 'Security Options' 대화상자가 나온다. 파일암호는 이 대화상자의 Password 탭에서 Password를 입력하면 된다.

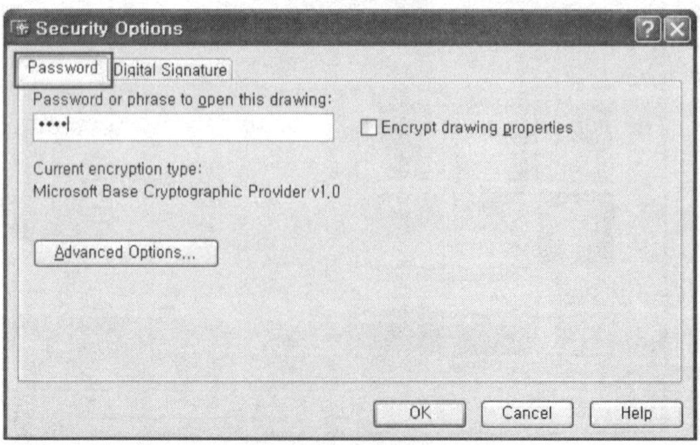

Security Options

■ **네트워크상에서 라이센스 대여 기능추가**

AutoCAD를 일정 기간만큼 사용할 수 있도록 AutoCAD 라이센스를 온라인상에서 대여할 수 있다. 라이센스 대여방법은 'Setup' 대화상자에서 'What's Inside' 탭을 선택하고, 우측 그림 아래 'Full size image'를 선택하면 'License Borrowing Utility' 대화상자가 나온다. 대화상자에서 라이센스 대여를 온라인상에서 신청할 수 있다.

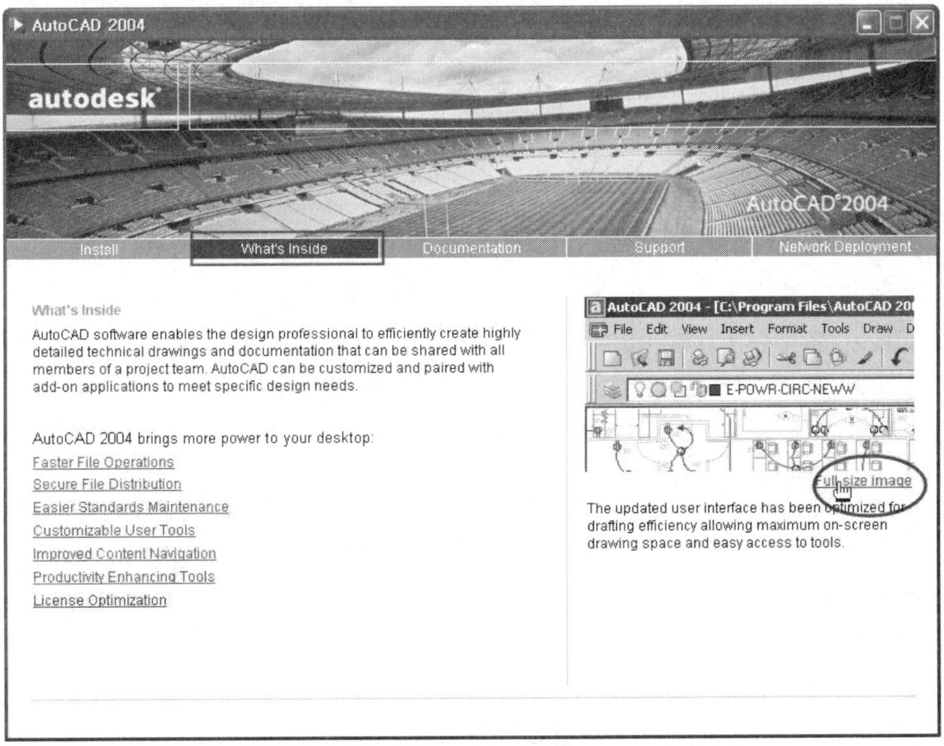

Setup 대화상자

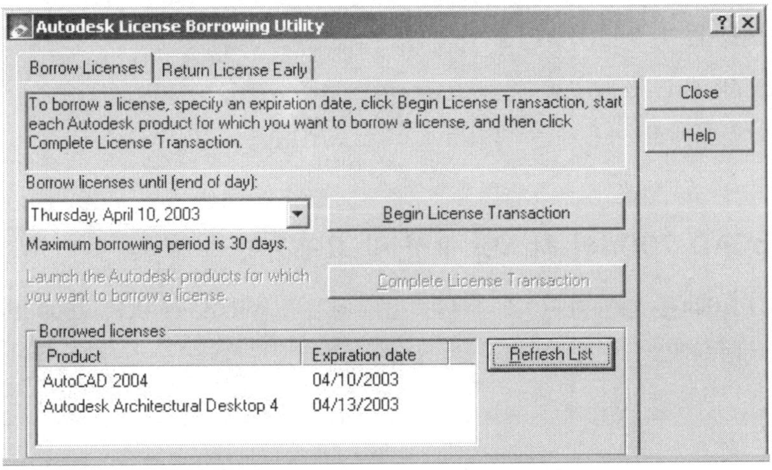

License Borrowing Utility

AutoCAD와 결합된 솔루션

각 솔루션은 AutoCAD의 플랫폼에 기반을 두고 데이터를 자연스럽게 공유할 수 있도록 하였다.

- **Autodesk Architectural Desktop(ADT)**

  2D와 3D로 된 건축모형을 작성 · 제작하고 빌딩수명을 관리하는데 필요한 모든 도구가 통합된 프로그램

- **Autodesk Inventor Series**

  2D와 3D로 된 설계도면을 작성하고 제조분야에서 주로 사용

- **Autodesk Mechanical(MDT)**

  2D 기계설계, 제도, 제작 및 엔지니어링을 위한 표준부품의 라이브러리, 투상도의 자동배치 등이 포함

- **Autodesk Land Desktop**

  토지개발을 위한 지형의 매핑, 설계, 편집 및 시각화 기능 포함

- **Autodesk Map**

  정밀한 매핑과 지리정보 시스템(GIS)분석을 위한 지도와 지리정보의 작성, 제작 및 관리하는데 필요한 도구 통합한 지리정보 시스템(GIS)용

- **Autodesk VIZ**

  3D 프로그램으로 건축분야 많이 사용

- **Autodesk Raster Design**

  스캔한 이미지를 CAD 도면화하는 프로그램

- **Volo View**

  AutoCAD 없이 도면(DWF)을 확인할 수 있는 프로그램

- **Autodesk Onsite View**

  모바일 분야에서 이용하는 지리정보 시스템(GIS)용

AutoCAD 2004의 시스템 구성 및 요구사항

AutoCAD 2004를 사용하기 위해서는 운영체제인 Windows XP, 2000 Professional과 Windows NT4.0(SP6a 이상)이 설치돼있어야 하고, 다음과 같은 시스템이 구성되어야 한다.

- **컴퓨터(Computer)** : Pentium III 또는 호환 프로세서, CPU 800MHz 이상의 프로세서 장착
- **메모리(Memory)** : 256MB RAM
- **하드디스크(Hard disk)** : AutoCAD 설치를 위해 사용 가능한 디스크 공간 300MB 이상
- **CD-ROM** : 4배속 이상의 CD-ROM 드라이브
- **입력장치(Input units)** : 마우스(Mouse) 또는 디지타이저(Digitizer)
- **디스플레이(Display)** : VGA 디스플레이 1024x768 이상의 해상도를 지원하는 그래픽 카드와 컬러 모니터
- **출력장치(Output units)** : 설계도면의 출력장치로 프린터 또는 플로터

AutoCAD의 성능향상을 위해…

AutoCAD 성능을 향상시키기 위해서는 컴퓨터의 메모리를 늘리는 것이 가장 효과적인 방법이지만, 도면이 메모리에 크게 제한되지 않는다면 CPU를 업그레이드 하는 것이 AutoCAD 성능을 향상시킬 수 있는 가장 좋은 방법이다.

3.2 AutoCAD 2004 설치하기

AutoCAD 2004에는 영문버전과 한글버전 두 가지가 있다. 한국 사람이 한글버전을 설치해서 사용하는 것이 편하겠지만, 한글버전은 명령들의 번역에 문제가 있고 명령을 입력할 때 모두 영문을 사용하기 때문에 필자는 영문버전을 설치할 것을 권유한다.

Step 01

- AutoCAD 2004 CD를 CD-ROM에 넣는다.
- 자동으로 setup 파일이 실행되어 설치 setup 대화상자가 나온다.
- 자동으로 실행되지 않으면 탐색기에서 CD-ROM를 지정한 다음 setup 파일을 더블 클릭하여 실행한다.

- Setup 대화상자에서 'Install'을 선택한다.

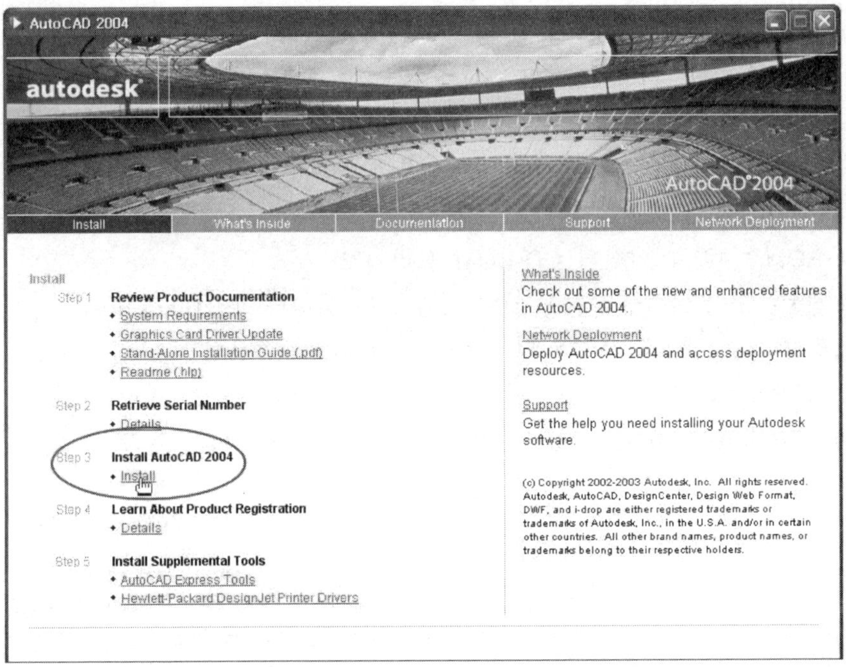

Setup 대화상자

Setup 대화상자에는 AutoCAD 설치와 관련된 다양한 정보를 제공하고 있다. 시스템 사양, 비디오 카드 업데이트 방법, 네트워크 등과 관련된 다양한 정보를 확인하고 제공받을 수 있다. 설치 전에 한번정도 확인하는 것이 좋다.

Step 02

- 설치 프로그램은 사용자의 하드웨어가 AutoCAD의 운용에 적합한가를 점검한다.
- 설치여부와 설치 전의 주의사항을 알리는 대화상자가 나온다.
- 대화상자에서 'Next>'를 선택한다.

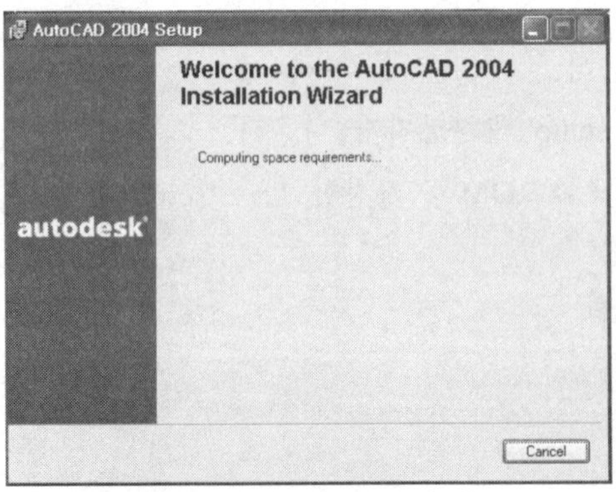

Installation Wizard

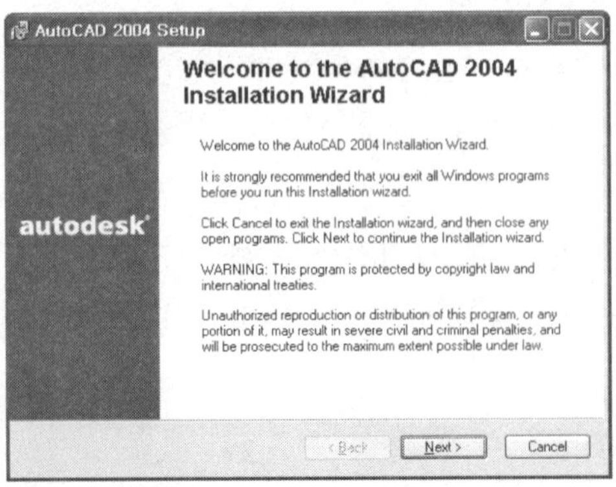

Installation Wizard

Step 03

소프트웨어 라이센스 계약서(software license agreement) 대화상자에서

- 계약에 동의하면 'I accept'를 선택하고 'Next>'를 선택한다.
- 계약에 동의하지 않으려면 'I reject'를 선택한다. 이 경우 설치가 종료된다.

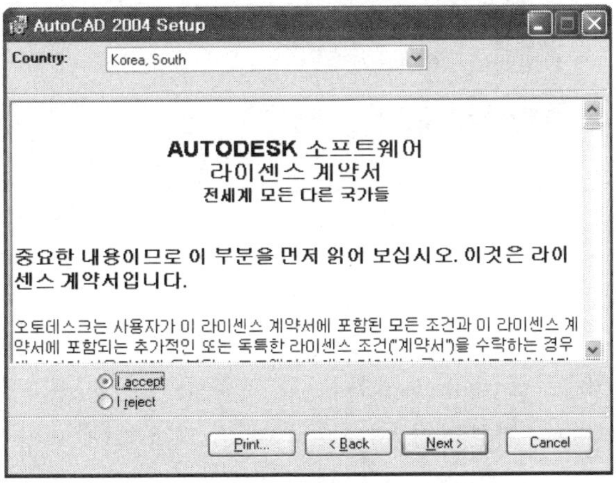

소프트웨어 라이센스 계약서

Step 04

정품 CD에 표기되어 있는 일련번호(Serial Number)를 대화상자에 입력한 후 'Next>'를 선택한다.

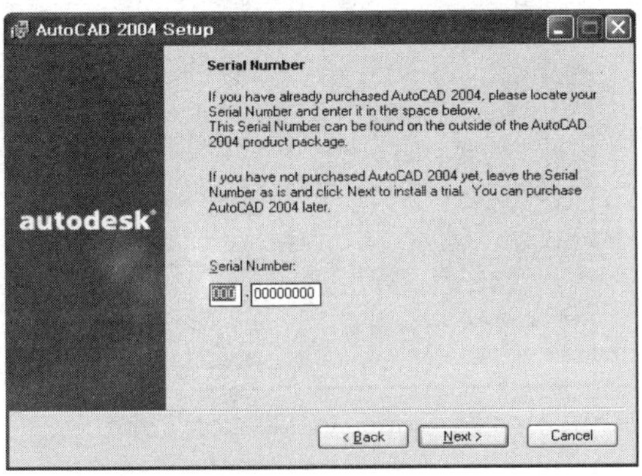

Serial Number

Step 05

- 대화상자에서 사용자 정보(User Information)를 삽입하고 'Next>'를 선택한다.
- 입력된 개인정보를 다시 한 번 보여주고 개인정보는 acad.exe 파일에 저장된다.

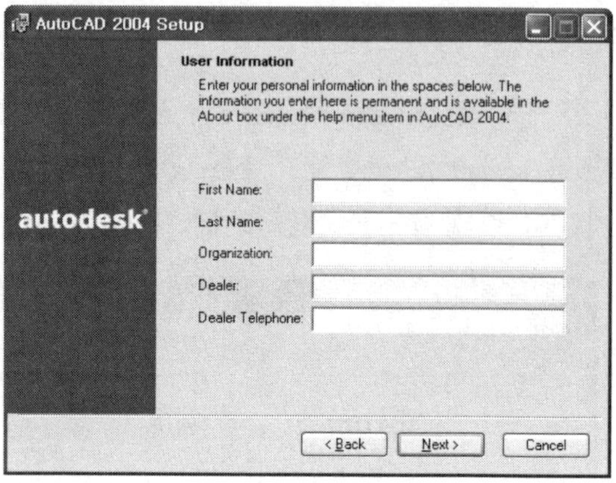

User Information

Step 06

대화상자에서 설치종류(Installation Type)를 선택한 후 'Next>'를 선택한다.

- Typical(일반설치) : 기본적인 설치로 대부분 사용자에 권장한다.
- Compact(최소설치) : AutoCAD 실행에 필요한 최소 프로그램만 설치한다.
- Custom(사용자설치) : 사용자가 원하는 기능만을 선택하여 설치한다.
- Full(전체설치) : AutoCAD의 모든 프로그램을 설치하며, 약 400MB의 공간이 필요하다.

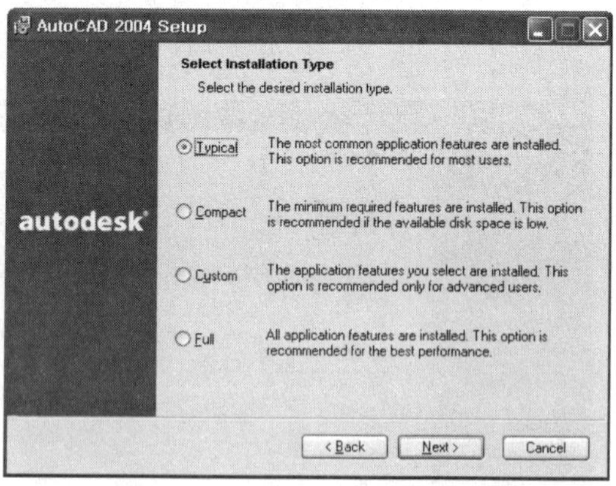

Select Installation Type

Step 07

- 대화상자에서 AutoCAD 2004가 설치될 폴더와 디렉터리를 지정한다.
- 기본값은 c:\Program File\AutoCAD 2004이다.
- AutoCAD에서 지정한 위치를 수정하려면 'Browse...'를 선택한다.

• 변경하지 않으려면 'Next>'를 선택한다.

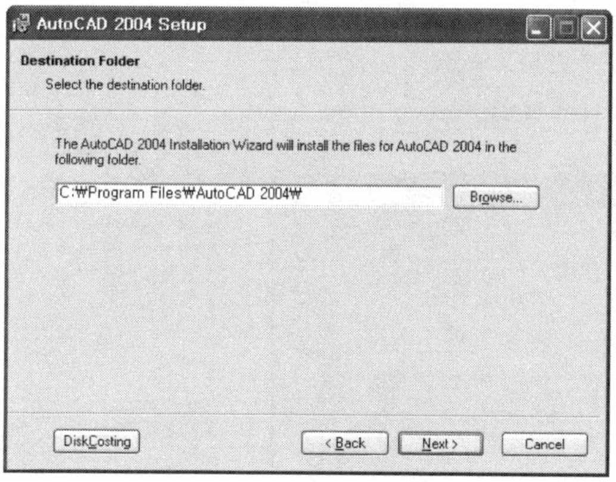

Destination Folder

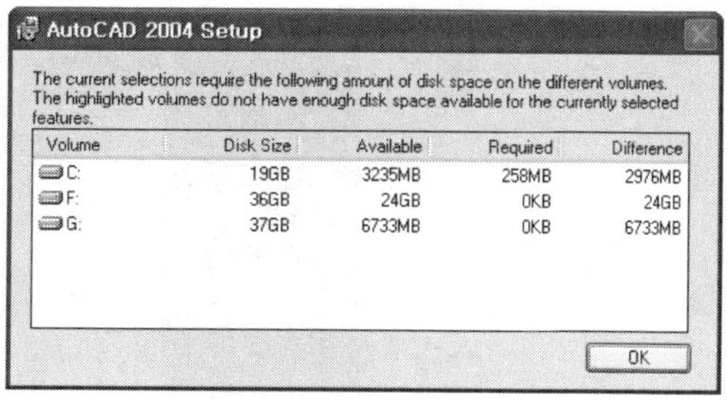

Available Disk Space

Disk Costing에서는 위 우측 그림과 같이 AutoCAD 2004를 설치할 드라이브의 전체 용량과 설치한 후 남는 하드 디스크의 용량을 미리 확인할 수 있다.

Step 08

AutoCAD에서 문서 편집기를 어떤 것을 사용할 것인지를 설정한다. 기본 값은 윈도우의 기본 문서 편집기인 노트패드를 이용하게 되어있지만, 사용의 편리성을 위해 다른 문서 편집기(예를 들면, MS Word 등)를 이용해도 괜찮다.

• 문서 편집기를 변경하려면 'Browse...'을 선택한다.
• 문서 편집기 설정이 완료되었으면 'Next>'를 선택한다.

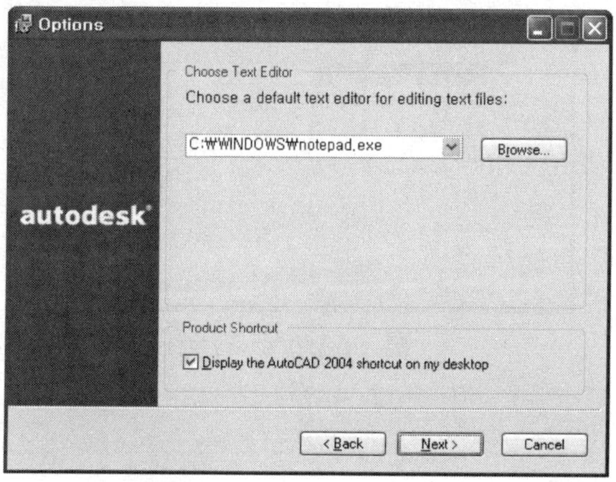

Choose Text Editor

Step 09

- 설치할 준비가 되었는지를 묻는다.
- 설치내용을 변경하려면 '<Back'을 선택한다.
- 설치준비가 완료되었으면 'Next>'를 선택한다.

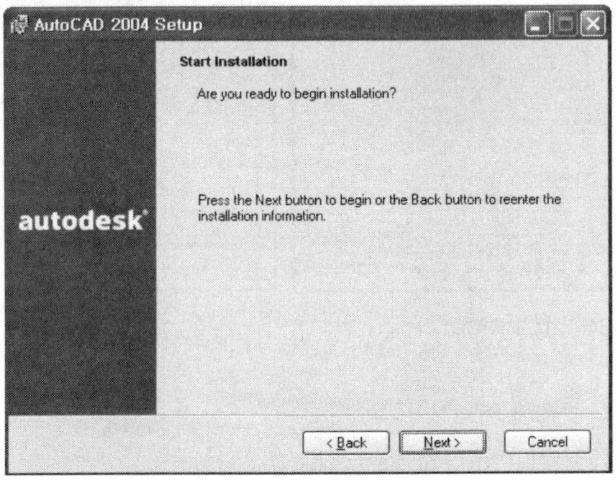

Start Installation

Step 10

이상의 모든 내용을 입력하고 나면 사용자의 시스템에 AutoCAD 2004를 설치하기 시작한다. 설치하는 약 10~30분 정도 소요된다.

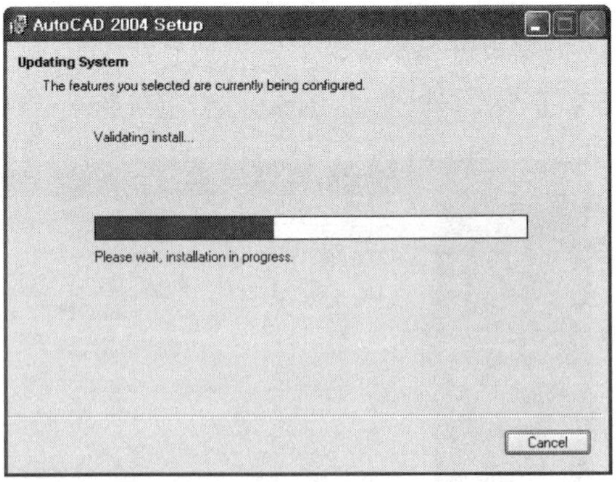

Updating System

Step 11

- AutoCAD 2004 프로그램의 설치가 성공적으로 수행되었음과 AutoCAD을 시작하기 전에 읽어보기의 내용을 볼 것을 알리는 대화상자가 나타난다.

• 'Finish'을 선택하고 설치를 마친다.

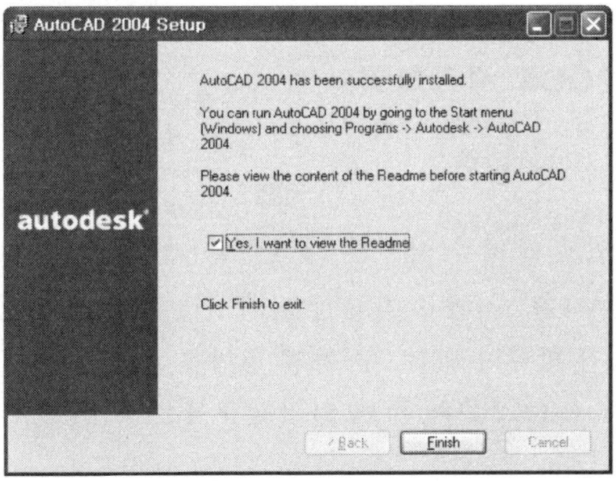

Successfully Installed

Step 12

• AutoCAD 2004를 사용하는데 필요한 읽어보기 내용의 대화상자가 나타난다.
• 필요한 내용을 마우스로 더블클릭하면 상세한 내용이 나타난다.

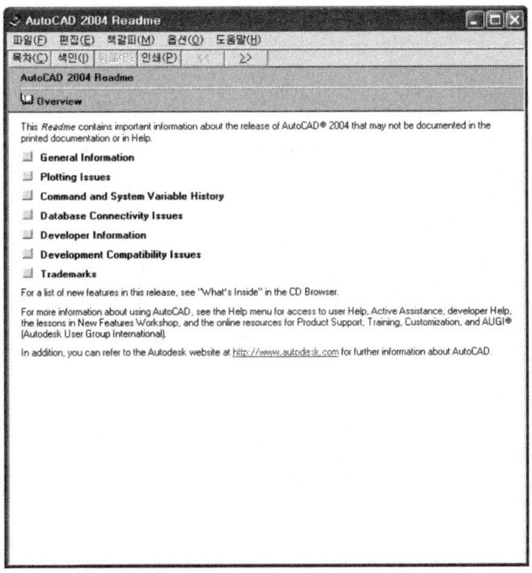

AutoCAD 2004 Readme

Step 13

• 바탕화면에 AutoCAD 2004를 실행할 수 있는 아이콘 AutoCAD 2004 이 자동 생성된다.

4. AutoCAD 2004 시작하기와 윈도우의 구성은?

4.1 AutoCAD 2004 시작하기

AutoCAD 2002을 시작하려면

- 윈도우 바탕화면에 생성된 아이콘  을 더블클릭하거나
- 윈도우 바탕화면에서 '시작 > 프로그램(P) > AutoCAD 2004 > AutoCAD 2004'을 선택하는 두 가지 방법이 있다. 두 가지 방법을 이용하여 AutoCAD 2004를 시작하면 다음과 같이 AutoCAD의 기본 이미지가 잠시 나타났다가 AutoCAD 2004초기 화면이 나타난다.

AutoCAD 2004 Image

4.2 AutoCAD 2004의 윈도우 구성

AutoCAD 2004가 실행되면 AutoCAD 윈도우가 화면에 나타나다. AutoCAD 2002 윈도우와 비교하면 많은 차이가 난다. AutoCAD 2002에서는 Today 윈도우가 함께 나오고 Today 기능에 의해 도면을 관리하는 대화상자가 나타나지만, AutoCAD 2004에서는 2000 버전에서와 같이 아무런 조정 없이 AutoCAD 윈도우가 화면에 나타난다. AutoCAD 2002의 경우 처음 AutoCAD를 접하는 사용자들은 초기부터 설정하고 도면작업에 들어가야 하기 때문에 상당히 불편함을 느꼈던 부분이기도 하다. AutoCAD 2004에서는 이러한 불편함을 없앴다.

AutoCAD 2004의 윈도우는 도면작성에 필요한 명령이나 옵션 또는 윈도우의 환경설정에 필요한 내용들이 영역별로 구성되어 있고, 윈도우에는 '제목표시줄, 도면영역, 주메뉴, 도구막대, 스크린 메뉴, 명령어 영역, 좌표값과 상태라인' 6개의 영역과 그 밖에 도면을 작성하는 필요한 '좌표계 아이콘, 커서, 통신센터' 등의 부가적인 요소들로 구성돼있다. 윈도우의 구성요소와 각종 도구막대의 기능을 잘 익혀두면 AutoCAD를 좀 더 쉽고 편리하게 사용할 수 있다.

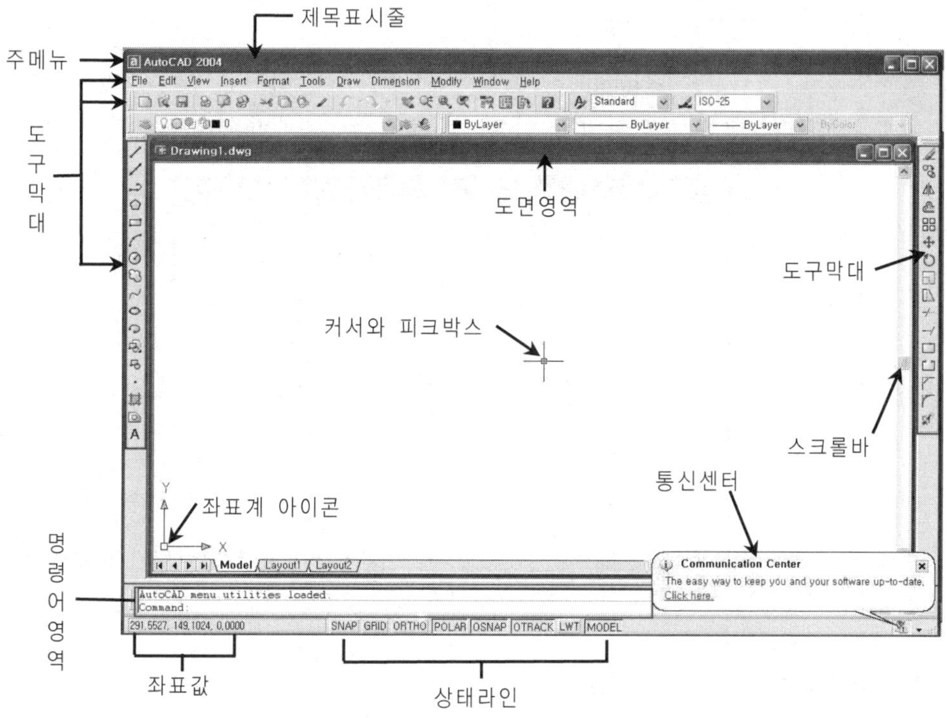

AutoCAD 2004 윈도우

제목 표시줄(Title Line)

제목표시줄에는 AutoCAD의 버전(AutoCAD 2004)과 작성 중인 도면파일의 이름, 창 조절 및 종료버튼이 포함돼있다.

■ **윈도우의 최소화**

제목표시줄의 오른쪽 3개의 버튼 중 버튼을 선택하면 AutoCAD 윈도우는 최소화되어 윈도우 바탕화면의 '작업 표시줄'에 AutoCAD 2004 - [... 아이콘으로 전환된다. 다시 AutoCAD 윈도우를 활성화하려면 AutoCAD 2004 - [... 아이콘을 선택하면 된다.

■ **윈도우의 최대화**

제목 표시줄의 오른쪽 3개의 버튼 중 버튼을 선택하면 AutoCAD 윈도우는 바탕화면의 최대 크기로 확대된다.

■ **윈도우 닫기 또는 종료**

제목 표시줄의 오른쪽 3개의 버튼 중 버튼을 선택하면 AutoCAD 윈도우가 닫히면서 AutoCAD가 종료된다.

도면영역(Drawing Area)

도면영역을 그래픽 영역(Graphics Area)이라고도 하며 화면상에서 도면이 그려지는 작업영역으로 작성 중인 도면파일의 이름, 창 조절 및 종료버튼이 포함되어있다.

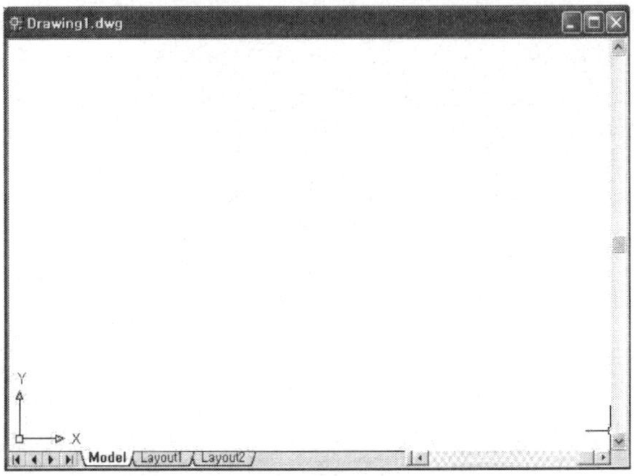

Drawing Area

- **도면영역의 최대화**

  도면영역의 상단 오른쪽 3개 버튼 중 최대화 ▣ 버튼을 선택하면 AutoCAD 윈도우에 맞게 최대 크기로 확대되고, 도면파일의 이름인 'Drawing1.dwg'가 제목표시줄에 [Drawing1.dwg]로 표시된다. ▣ 버튼은 화면복원 버튼 ▣으로 바뀌어 주메뉴 오른쪽 끝 부분에 위치하게 된다. 화면복원 버튼 ▣을 다시 선택하면 도면영역은 이전크기 상태로 되돌아간다.

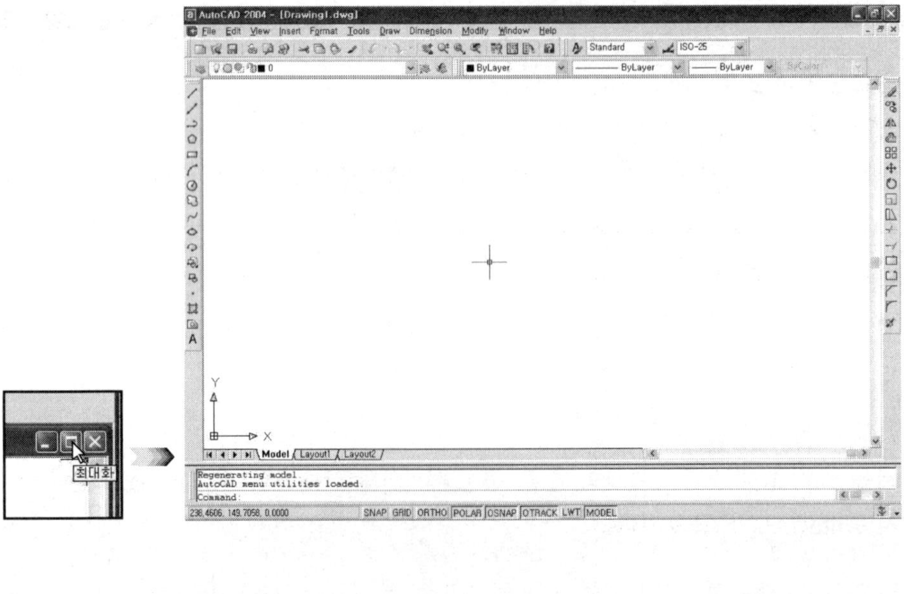

또한 도면영역의 크기는 마우스를 이용하여 임의 크기로도 조절할 수 있다. 도면영역을 최대화시켰을 때 도면영역은 AutoCAD 2004 구성 윈도우에서 제목표시줄, 주메뉴, 도구막대의 수, 스크린 메뉴, 명령어 영역, 좌표값과 상태라인을 제외한 사각형으로 표시된 흰색바탕의 화면이 된다.

- **도면영역의 최소화**

  도면영역이나 주메뉴의 오른쪽 3개 버튼 중 버튼을 선택하면 도면영역 창은 최소화되어 AutoCAD 윈도우의 하단에 아이콘으로 전환된다. 다시 도면영역을 활성화하려면 아이콘에서 화면복원 버튼 을 선택하면 된다.

- **도면영역의 창 닫기**

  도면영역의 버튼이나 주 메뉴의 오른쪽 버튼을 선택하면 도면영역이 닫친다.

- **도면영역의 색상변경**

  AutoCAD 2004를 설치하면 바탕화면의 색상이 검은색으로 되고, 흰 선으로 그려지지만 도면영역의 색상은 자유롭게 바꿀 수 있습니다. 도면영역의 색상변경은 '윈도우의 환경설정'을 참조하기 바란다.

도면파일이름(Drawing File Name)

도면파일의 'Drawing1.dwg'나 제목표시줄의 [Drawing1.dwg]가 현재 작업 중인 도면파일의 이름을 표시해준다. 'Drawing1.dwg'는 AutoCAD를 시작하거나 새 도면을 작성할 때 디폴트로 붙여지는 이름이며, 도면파일의 이름을 사용자가 다시 설정하면 'Drawing1.dwg'은 사용자가 설정한 이름으로 바뀌게 된다.

주 메뉴(Main Menu)

주 메뉴는 파일관리, 도면 그리기 및 편집, AutoCAD의 환경설정 등 12개의 메뉴로 구성되어있으며, 일명 팝 메뉴(Pop Menu)라고도 한다. 각 메뉴를 선택하면 하위 메뉴(또는 풀다운 메뉴)에 다양한 명령이 있다. 메뉴는 메뉴 파일에 의해 정의되며, 이 파일은 사용자가 수정하거나 재구성할 수 있다. 각 메뉴는 키보드나 마우스로 선택할 수 있고, 각 메뉴의 명령은 각 장의 설명을 참조하기 바란다.

- **키보드에 의한 방법**

  사용하고자 하는 각 메뉴의 밑줄 문자를 Alt와 함께 누르면 해당 메뉴를 사용할 수 있고, 이때 해당 메뉴의 하위 메뉴(Submenu)인 풀다운 메뉴가 나타난다. 풀다운 메뉴의 선택은 키보드의 화살표로 이동시켜 Enter↵를 누르면 실행된다.

■ **마우스에 의한 방법**

사용하고자 하는 팝 메뉴에 마우스 포인터 를 이동시켜 선택하면 해당 메뉴를 사용할 수 있고, 이때 해당 메뉴의 풀다운 메뉴가 나타난다. 풀다운 메뉴에서도 사용하고자 하는 메뉴를 마우스 포인터 로 선택하면 사용할 수 있다.

풀다운 메뉴(Pull-down menu)

키보드나 마우스 포인터 를 주 메뉴로 선택하면 하위 메뉴인 풀다운 메뉴가 나타나게 되고, 명령어 입력방식이 아닌 메뉴의 선택으로 도면 그리기나 편집명령 등을 실행할 수 있도록 문자 또는 그림의 형태로 제공해준다. 풀다운 메뉴에는 '삼각형(▶)이 있는 메뉴'와 '세 개의 점(...)이 있는 메뉴'가 있다.

■ **삼각형(▶)이 있는 메뉴**

삼각형 표시가 있는 메뉴는 아래 그림과 같이 풀다운 메뉴 옆에 하위 메뉴가 또 있다는 것을 표시한다.

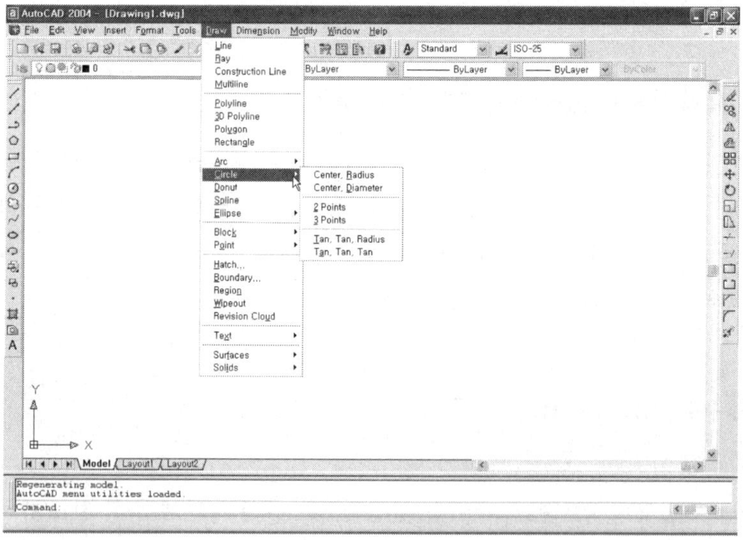

■ **3개의 점(...)이 있는 메뉴**

세 개의 점(...)이 있는 메뉴를 선택하면 대화상자(Dialog Box)가 나타나게 된다. 대화상자는 명령을 실행할 때 필요한 옵션을 선택하거나 정보를 입력할 수 있게 만들어진 창의 일종이다. 예를 들어, 아래 그림에서와 같이 'Drafting Settings...'를 선택하면 'Drafting Settings'의 대화상자가 나온다.

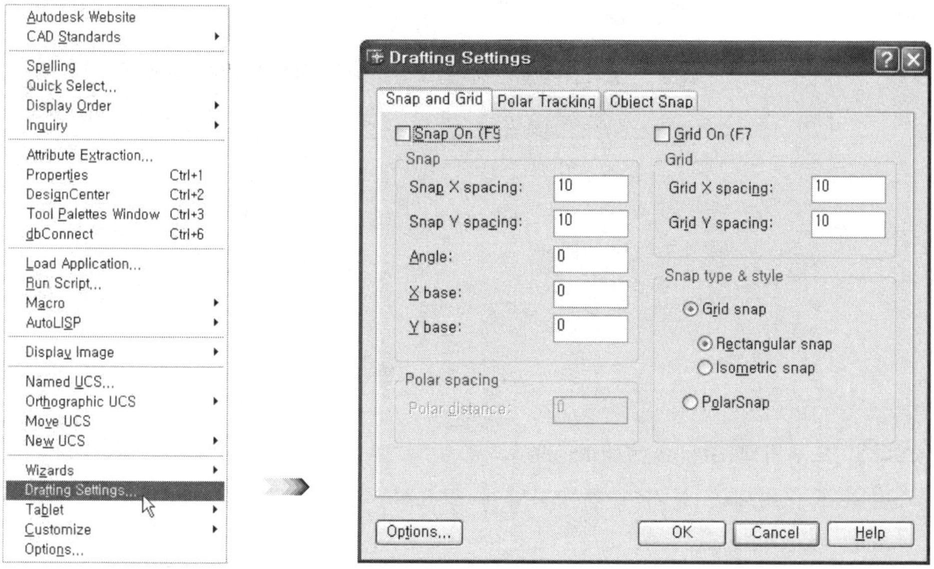

도구막대(Tool Bars)

주 메뉴의 명령이나 옵션 등을 키보드로 입력하지 않고 마우스 포인터 ↖의 선택으로 AutoCAD의 명령이나 옵션 등을 사용하기 편리하도록 아이콘으로 만든 것이 도구막대이다. AutoCAD에 제공하는 도구막대는 26개지만, 사용자의 정의에 따라 새로 구성할 수 있다. 초기 윈도우상에는 6개의 도구막대(Standard, Layer, Properties, Styles, Draw, Modify)만 활성화돼있다. 도구막대의 아이콘에 마우스 포인터 ↖를 가져가면 아래 그림과 같이 풍선 도움말로 사각형 속에 해당 아이콘의 명령을 텍스트로 표시해준다. 윈도우에 디폴트로 표시된 도구막대들을 설명하면 다음과 같다. 도구막대에 대한 자세한 내용은 '환경설정'을 참조하기 바란다.

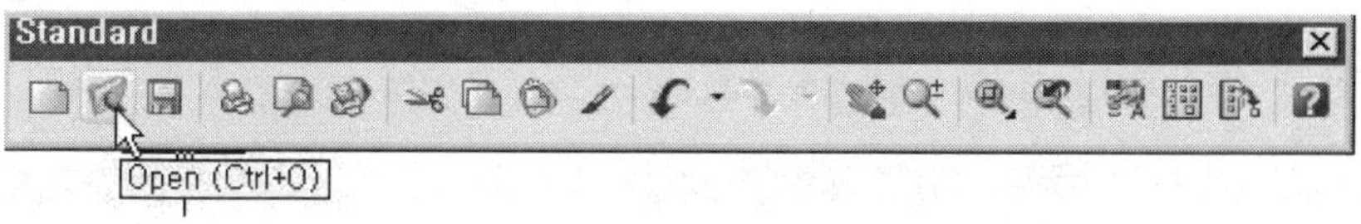

- **표준 도구막대(Standard Toolbar)**

  표준 도구막대는 도면작성에서 가장 많이 사용하는 명령(불러오기, 저장, 프린트 등)들을 사용하기 편리하도록 아이콘으로 구성한 명령어 모음이다.

표준 도구막대의 아이콘 중 삼각형(◢)이 있는 아이콘은 아래 그림과 같이 또 하나의

아이콘 그룹을 표시해준다.

■ **스타일 도구막대(Styles Toolbar)**

스타일 도구막대는 문자나 치수기입에 필요한 특성을 관리할 수 있도록 아이콘으로 구성한 명령어 모음이다.

■ **레이어 도구막대(Layers Toolbar)**

레이어 도구막대는 레이어의 생성 및 관리할 수 있도록 아이콘으로 구성한 명령어 모음이다. 레이어 도구막대는 도면을 효과적으로 구성하고, 도면의 작성이나 편집효율을 높일 수 있도록 해준다.

■ **특성 도구막대(Properties Toolbar)**

특성 도구막대는 도면요소(객체)의 선의 종류나 색상 등의 특성을 생성 및 관리할 수 있도록 아이콘으로 구성한 명령어 모음이다. 특성 도구막대는 도면을 효과적으로 구성하고, 도면의 작성이나 편집효율을 높일 수 있도록 해준다.

■ **그리기 도구막대(Draw Toolbar)**

그리기 도구막대는 도면을 작성할 때 사용되는 선, 원, 호, 점, 폴리라인 등의 그리기 명령들을 아이콘으로 구성한 명령어 모음이다.

■ **편집 도구막대(Modify Toolbar)**

작성된 도면이나 작성 중에 있는 도면을 편집할 수 있도록 지우기, 복사, 이동 등의 편집명령들을 아이콘으로 구성한 명령어 모음이다.

스크린 메뉴(Screen Menu)

스크린 메뉴 또는 메뉴영역(Menu Area)이라고 하며, 주 메뉴와 같이 도면 그리기, 편집, 파일관리 등의 명령을 실행할 수 있도록 해준다. 스크린 메뉴는 풀다운 메뉴와 달리 실행할 명령의 선택뿐만 아니라 명령의 옵션까지도 선택할 수 있다. 또 스크린 메뉴에는 사용자가 선택한 명령도 표시해준다. 이 메뉴는 설치초기에는 나타나지 않지만 사용자가 한번만 설정하면 계속해서 AutoCAD 윈도우에 표시된다. 스크린 메뉴는 주메뉴 'Tools> Options...'를 선택하면 'Options'의 대화상자가 나온다. 이 대화상자의 'Display' 탭에서 'Display screen menu'를 선택하고 'OK' 버튼을 선택하면 표시된다.

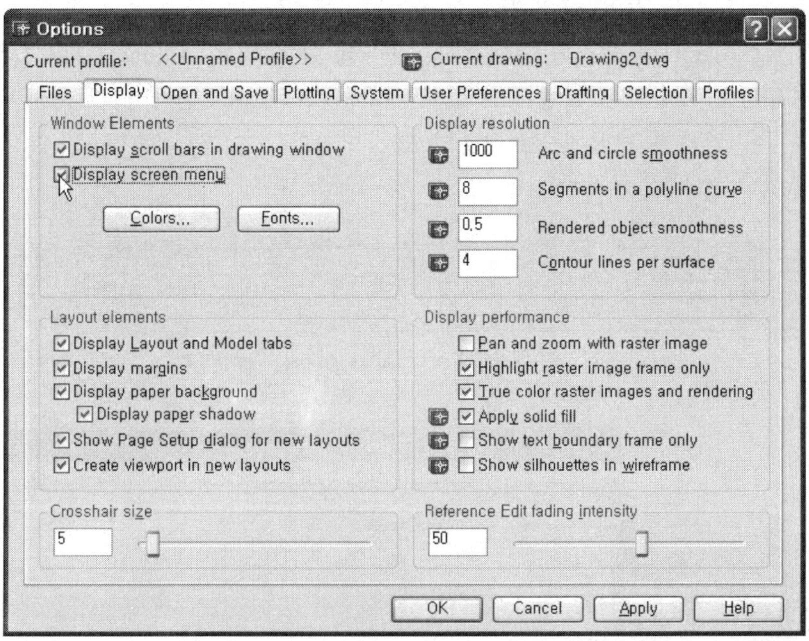

Options

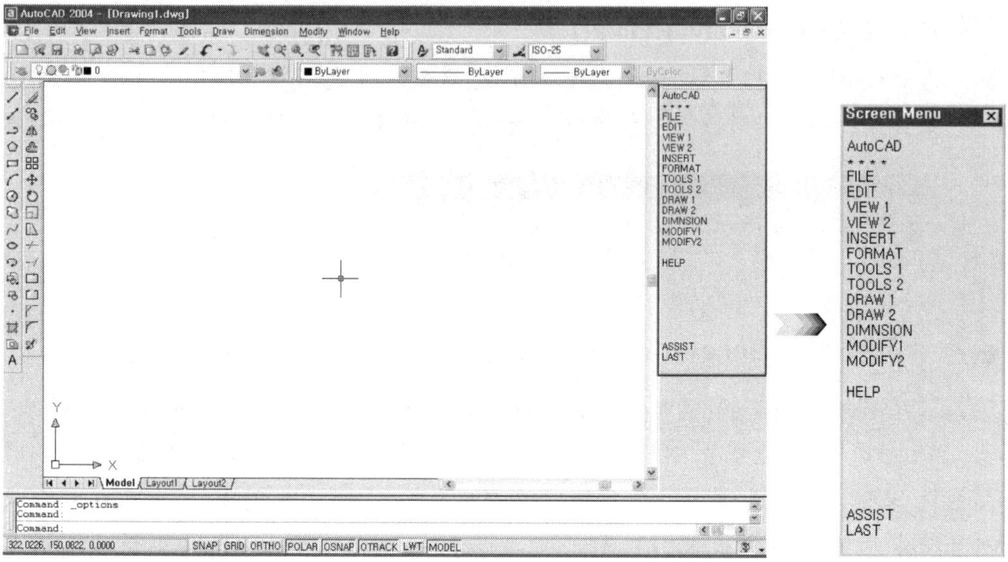

명령어 영역(Command Area)

명령어 영역은 사용자가 직접 명령을 입력하는 영역으로 주메뉴, 스크린메뉴에 의해 명령을 선택하더라도 사용 중인 명령이 이 부분에 나타나게 된다. 또한 입력을 잘못한 경우에도 에러(Error) 메시지를 보여준다. 따라서 이 영역은 AutoCAD와 대화하는 영역이므로 사용자는 작업하는 도중에도 항상 주의 깊게 살펴보면서 해당 지시사항을 입력해야 한다. 이 영역은 기본적으로 3줄만 표시되지만 늘리거나 줄일 수 있으며 F2키를 누르면 별도의 창으로 표시된다.

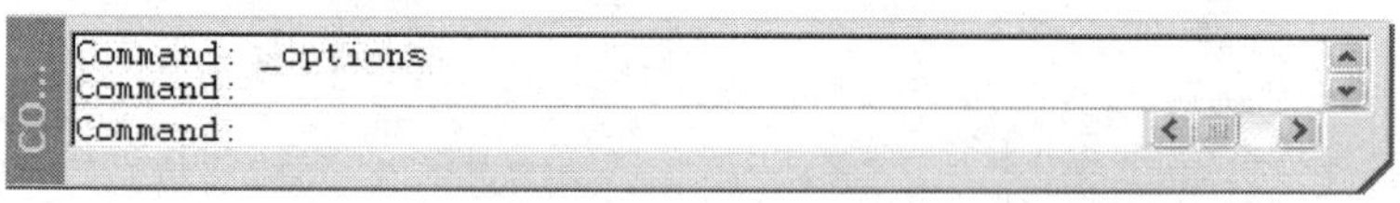

Command Area

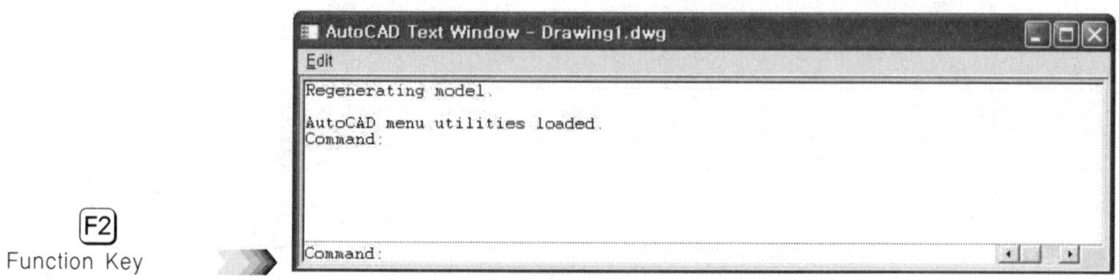

AutoCAD Text Window

좌표계 아이콘(Coordinate System Icon)

좌표계 아이콘은 도면을 작성할 때 사용자가 지정한 좌표계의 상태를 나타내주는 아이콘이다. 자세한 내용은 '제3장 1. AutoCAD의 좌표계'을 참조하기 바란다.

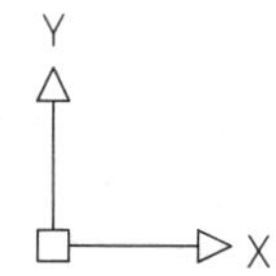

The UCS icon shows the direction of the X and Y axes.

좌표값(Coordinate Values)과 상태라인(Status Line)

- **좌표값(Coordinate Values)**

  현재 작업도면의 상황 즉, 커서의 위치를 나타내는 x, y, z 좌표값을 나타낸다.

- **상태라인(Status Line)**

  AutoCAD의 작업 상태를 표시하는 스냅, 눈금자, 직교, 오스냅 등과 모형, 도면 공간 등을 표시하는 8개의 모드버튼이 있다.

  - SNAP(SNAP) : 설정한 간격만큼 커서를 이동시킨다.
  - GRID(GRID) : 도면영역에 모눈종이처럼 점들을 표시한다.
  - ORTHO(ORTHO) : 도면을 작성할 때 커서가 수평이나 수직으로만 움직이게 제어한다.
  - POLAR(POLAR) : 도면을 작성할 때 수평·수직방향으로 커서를 움직이면 움직이는 거리 값과 각도를 추적한다.
  - OSNAP(OSNAP) : 도면을 작성할 때 객체의 정확한 위치를 찾아준다.
  - OTRACK(OTRACK) : Osnap 기능에 추적기능을 제어(On/Off)한다.
  - LWT(LWT) : 지정한 선 두께의 표시를 제어한다.
  - MODEL/PAPER(MODEL) : 도면의 모델(Model)영역과 종이(Paper)영역으로 전환한다. 일반적으로 모델영역에서 도면을 작성하고, 출력을 위해 종이영역에서 배치도를 작성한다.

커서(Cursor)와 피크박스(Pick Box)

커서는 도면을 그릴 때 좌표지정과 객체나 도면선택에 사용되며, 커서의 현재 위치는 윈도우의 하단 좌측에 표시되는 좌표값으로 확인할 수 있다. 또한 커서의 꼭지 점은 제도를 할 때 사용하는 연필의 끝에 해당한다. 커서의 중앙에 있는 작은 상자를 피크박스라고 한다.

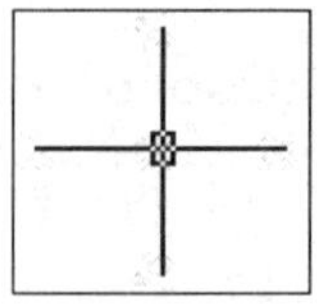

Cursor and Pick Box

마우스 포인터(Mouse Pointer)

마우스를 움직여 도면영역을 벗어나면 커서가 의 포인터 모양으로 바뀌고, 어떤 작업의 명령어 입력이나 선택에 사용된다.

스크롤바(Scroll Bar)

스크롤바는 도면영역의 위치를 바꾸는데 사용한다. 'Pan' 명령과 같다.

상태 바 메뉴(Status Bar Menu)

상태 바 메뉴는 아래 왼쪽 그림과 같이 AutoCAD 윈도우 오른쪽 아래 있으며, ▼을 선택하면 아래 오른쪽 그림과 같이 단축메뉴가 나타난다. 단축메뉴를 이용하여 상태라인의 표시 및 활성화하는데 사용한다.

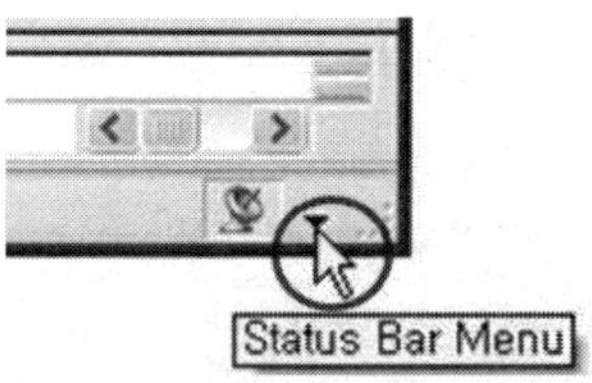

Status Bar Menu

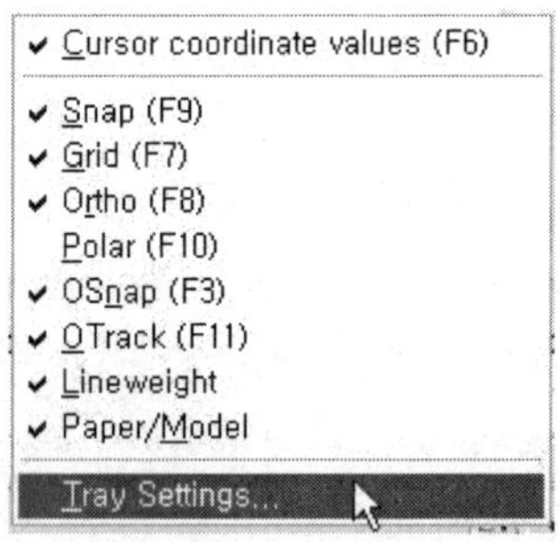

단축메뉴에서 'Tray Settings...'을 선택하면 Tray Settings 대화상자가 나온다. 대화상자로부터 다음 설명할 통신 센터(Communication Center)의 표시를 조정하는데 사용한다.

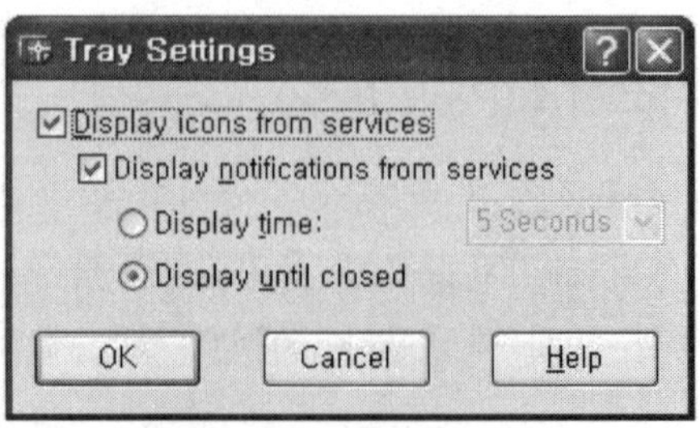

Tray Settings

■ 대화상자에서

- Display icons from services : 서비스로부터 아이콘을 표시한다.
- Display notifications from services : 서비스로부터 알림을 표시한다.
- Display time : 화면에 표시되는 시간을 지정한다.
- Display until closed : 닫을 때까지 표시한다.

통신 센터(Communication Center)

통신 센터는 인터넷이 연결될 경우 소프트웨어의 빠른 업데이트와 제품정보를 제공하고, 제품을 가장 최신의 상태로 유지시켜주는 역할을 한다. 통신 센터는 'Status Bar Menu' 옆 안테나 모양의 아이콘이고, AutoCAD 2004를 시작하면 수 초 후에 아래 그림과 같이 통신 센터에 대한 풍선 도움말이 나온다.

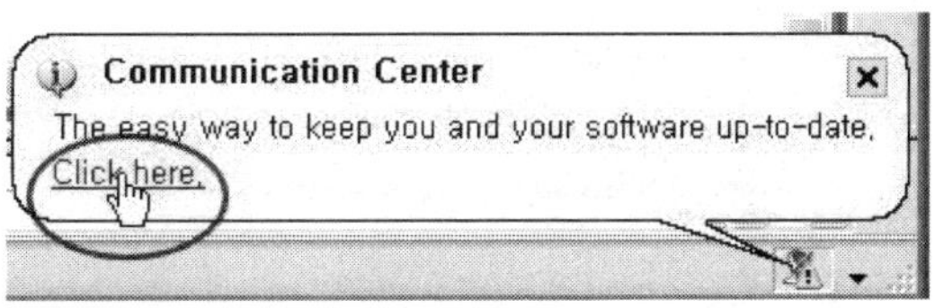

Communication Center 도움말

Communication Center 도움말에서 'Click here'를 선택하면 Communication Center 대화상자가 나온다. 대화상자에서는 소프트웨어 업데이트, 제품지원공고 등을 제공해준다.

Communication Center

■ Communication Center 대화상자에서

- Specify you country and preferred update frequency : 해당국가와 업데이트 주기를 지정한다. 이 항목을 선택하면 Configuration Settings 대화상자가 나온다.
- Connect to the internet and download available information : 인터넷에 연결하여 정보를 다운로드한다.
- Specify which information channels you wish to view : 보려는 정보 채널을 지정한다.

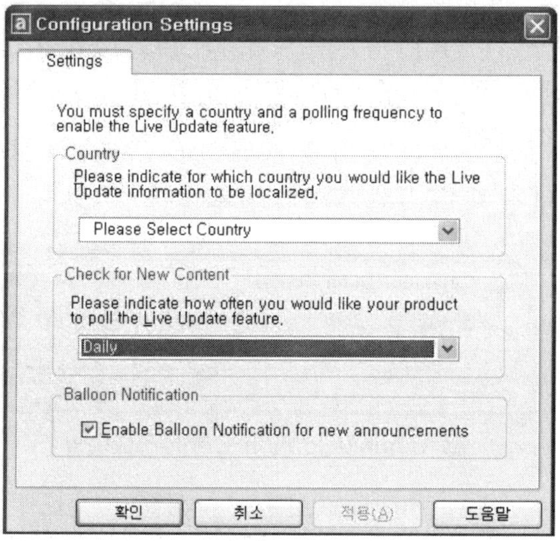

Configuration Settings

■ Configuration Settings 대화상자에서

- Country : 해당 국가를 선택한다.
- Check for New Content : 새로운 컨텐츠에 대한 정보검색주기를 지정한다. 기본값은 '메일'로 되어있다.
- Ballon Notification : 새로운 정보가 들어오는 경우 풍선 표시로 도움말을 알린다.

5. AutoCAD 2004에서 명령을 실행하는 방법

AutoCAD에서 모든 작업(도면 그리기 및 편집, 환경설정 등)은 반드시 명령을 실행해야만 가능하다. 이들 명령은 주 메뉴>풀다운 메뉴, 스크린 메뉴, 아이콘의 선택이나 명령어를 직접 입력함으로서 실행이 가능하다.

5.1 메뉴 선택방식

키보드나 마우스, 타블렛 또는 디지타이져로 주 메뉴>풀다운 메뉴나 스크린 메뉴의 명령을 선택하여 명령을 실행하는 방법이다. 메뉴선택은 마우스, 타블렛 또는 디지타이져를 이용해야 사용하기가 편리하다.

주 메뉴>풀다운 메뉴

주 메뉴나 풀다운 메뉴에서 사용하고자 하는 명령을 마우스 포인터 로 직접 선택하면 곧 바로 명령을 실행시킬 수 있다. 예를 들어, Line 명령을 이용하여 선을 그릴 경우, Line 명령을 풀다운 메뉴에서 선택하여 실행해보기로 한다.

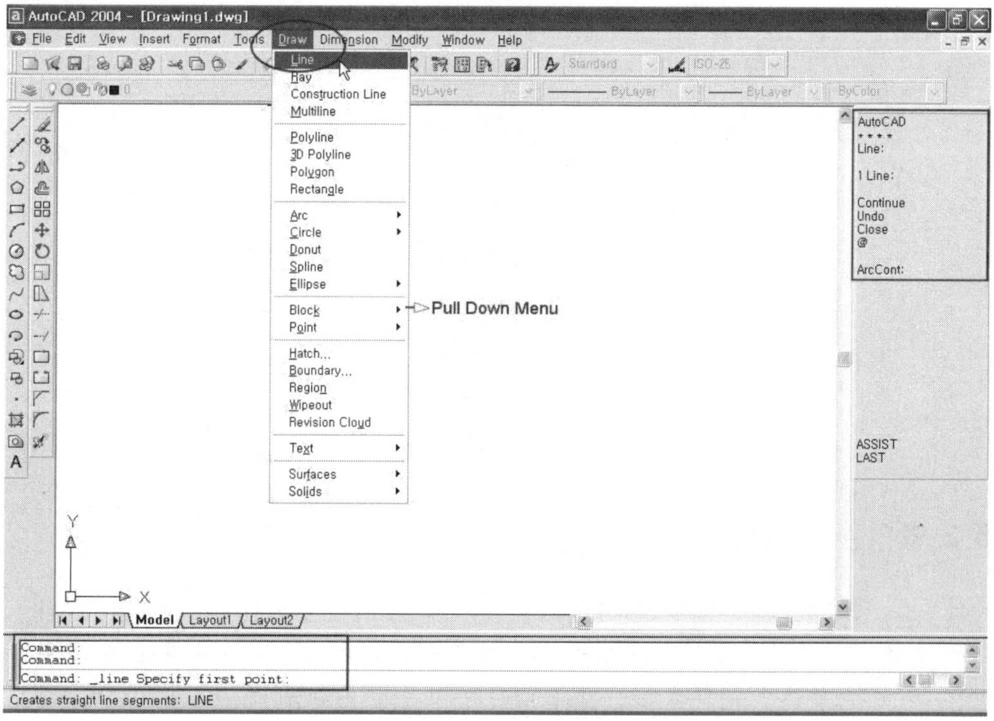

Pull Down Menu

☞ 그림에서 ○ 표시한 부분 즉, 주 메뉴의 'Draw'와 풀다운 메뉴의 'Line'를 마우스 포인터 로 선택한다.

☞ 그림 아래 □ 부분과 같이 명령어 영역과 스크린 메뉴에는 선택된 Line 명령이 표시되고, Line 명령이 사용 중임을 표시한다.

☞ Line 명령에 의해 선 그리기를 할 수 있다.

스크린 메뉴

AutoCAD 2004 윈도우의 오른쪽 스크린 메뉴에서 사용하고자 하는 명령을 마우스로 선택하면 된다. 예를 들어, Line 명령을 이용하여 선을 그릴 경우, Line 명령을 스크린 메뉴에서 선택하여 실행해보기로 한다.

☞ 마우스 포인터 로 스크린 메뉴의 'Draw1'(왼쪽 그림)을 선택한다.

☞ 마우스 포인터 로 변경된 스크린 메뉴의 'Line'(가운데 그림)을 선택한다.

☞ 스크린 메뉴에는 Line 명령과 옵션(오른쪽 그림)이 표시되고, 명령어 영역에는 Line 명령이 사용 중임을 표시한다.

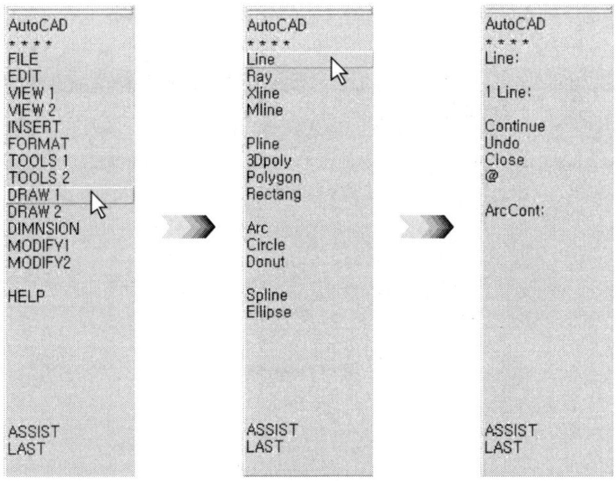

Screen Menu

5.2 아이콘 선택방식

마우스, 타블렛 또는 디지타이저로 도구막대(표준, 객체특성, 그리기, 편집 등)의 아이콘을 선택하여 명령을 실행하는 방법이다. 도구막대의 아이콘을 선택해도 사용 중인 명령은 주 메뉴>풀다운 메뉴에서와 같이 명령어 영역과 스크린 메뉴에 표시된다. 예를 들어, Line 명령을 이용하여 선을 그릴 경우, Line 명령을 그리기 도구막대에서 선택하여 실행해보기로 한다.

☞ 마우스 포인터 로 그리기 도구막대의 Line 아이콘 을 선택한다.

☞ 스크린 메뉴에는 Line 명령과 옵션이 스크린 메뉴 선택방식의 그림 중 오른쪽 그림과 같이 표시되고 명령어 영역에는 Line 명령이 사용 중임을 표시한다.

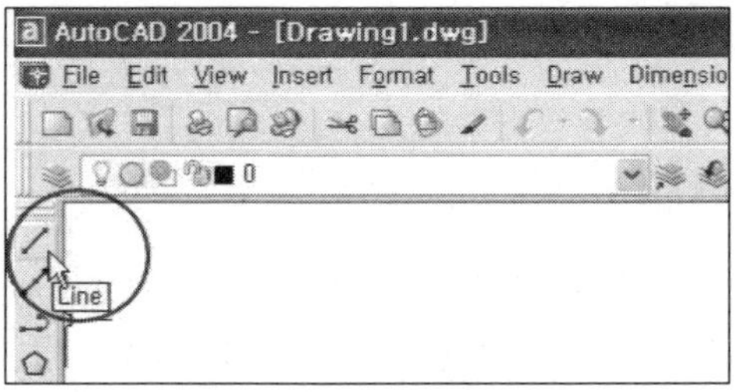

Line 아이콘 선택

5.3 명령어 입력 및 단축키 이용방식

명령어 입력 및 단축키(핫키)의 이용은 키보드로 명령을 명령어 영역에 직접 입력하는 방법으로 사용자가 실행할 명령을 암기하고 있어야 하며, 어느 정도 숙달이 되면 메뉴의 명령을 선택하는 것보다 실행이 빠르다. 단축키는 부록을 참조하기 바란다. 예를 들어, Line 명령을 이용하여 선을 그릴 경우, Line 명령을 명령어 영역에 다음과 같이 입력하면 된다.

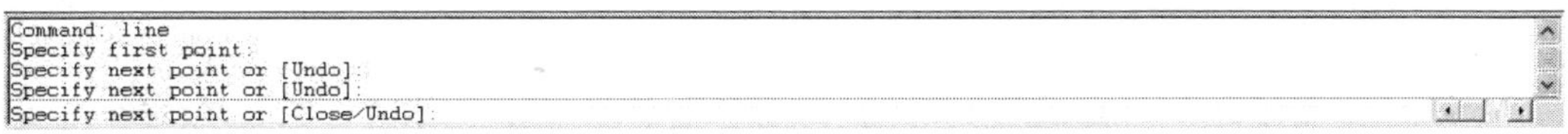

명령어 영역에서 명령어 입력

Command : Line [Enter↵]
Specify first point: 선의 시작점 입력 [Enter↵]
Specify next point or [Undo] : 다음 점 입력 [Enter↵]
Specify next point or [Undo] : 다음 점 입력 [Enter↵]
Specify next point or [Close/Undo] : 다음 점 입력 [Enter↵]
Specify next point or [Close/Undo] : [Enter↵] ☞ Line 명령 종료

[Enter↵]와 [SpaceBar]키의 기능 알아보기!

[Enter↵]키는 명령의 순차적인 진행이나 종료를 할 때 사용한다. 또 AutoCAD에서는 [SpaceBar]키가 [Enter↵]키와 똑같은 역할을 한다. 그러나 문자를 입력할 때는 빈칸 삽입의 역할을 한다.

5.4 명령의 반복실행과 취소

명령 반복 실행하기

AutoCAD에서는 앞서 실행한 명령은 명령어의 입력이나 메뉴 또는 아이콘을 선택하지 않아도 키보드나 마우스의 사용으로 명령을 반복해서 실행할 수 있다.

- **키보드(Keyboard) 사용**

  키보드의 [Enter↵]나 [Space Bar]키를 선택하면 바로 앞서 사용한 명령을 반복해서 실행할 수 있다.

- **마우스(Mouse) 사용**

  마우스의 오른쪽 버튼을 선택하면 바로 앞서 사용한 명령을 반복해서 사용할 수 있다. 예를 들어, Line 명령을 이용하여 선 그리기를 하고 명령을 종료한 후 다시 선 그리기 명령을 사용하려면 다음과 같이 실행하면 된다.

☞ 마우스의 오른쪽 버튼을 선택한다.

☞ 마우스의 오른쪽 버튼을 선택하면 AutoCAD 화면에는 다음 그림과 같은 단축메뉴가 나온다.

☞ 이 단축메뉴에서 'Repeat Line'을 마우스 포인터 로 선택하면 Line 명령을 반복해서 실행할 수 있다.

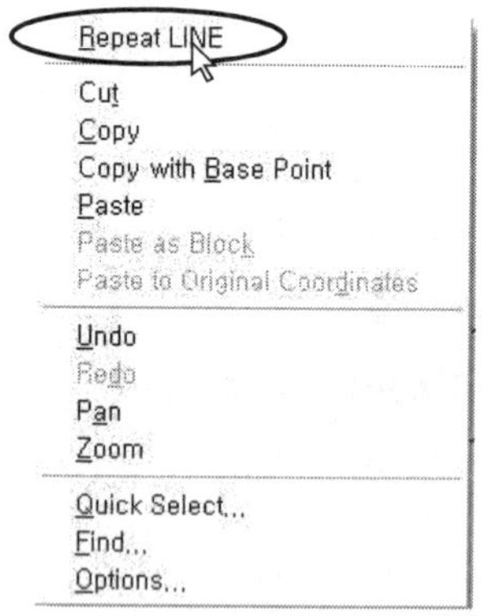

단축메뉴

명령 취소하기

선택한 명령이나 사용 중인 명령을 취소하려면 키보드의 [Esc]키를 선택하면 된다.

5.5 마우스의 버튼기능 알아보기

마우스 버튼의 기능

- **왼쪽 버튼** : 선택기능
- **오른쪽 버튼**
  - 명령 반복실행
  - 여러 가지 명령을 쉽게 사용할 수 있는 단축메뉴 제공

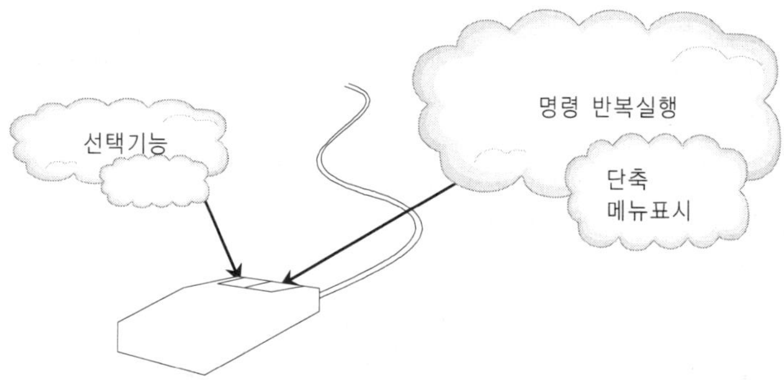

- **Shift + 오른쪽 버튼**

  특히, Osnap 명령을 사용하고자 할 때 일일이 Osnap 명령을 입력할 필요 없이 Shift와 마우스 오른쪽 버튼을 누르면 화면에 Osnap 명령의 옵션들이 단축메뉴로 나타나 쉽게 사용할 수 있다.

마우스 오른쪽 버튼에 의한 단축메뉴

도면작업의 상황이나 AutoCAD 윈도우의 위치에 따라 마우스 오른쪽 버튼을 누르면 여러 가지 명령을 쉽게 사용할 수 있는 단축메뉴가 나타난다. 각 상황에 따라 바뀌는 다양한 단축메뉴를 통해 보다 효율적인 도면작업을 할 수 있다.

- **기본 모드**

  객체를 선택하지 않은 상태에서 실행 중인 명령이 없을 때 도면영역에서 마우스 오른쪽 버튼을 누르면 복사, 붙여넣기, 확대, 환경설정 등과 같은 기본적인 메뉴가 나타난다.

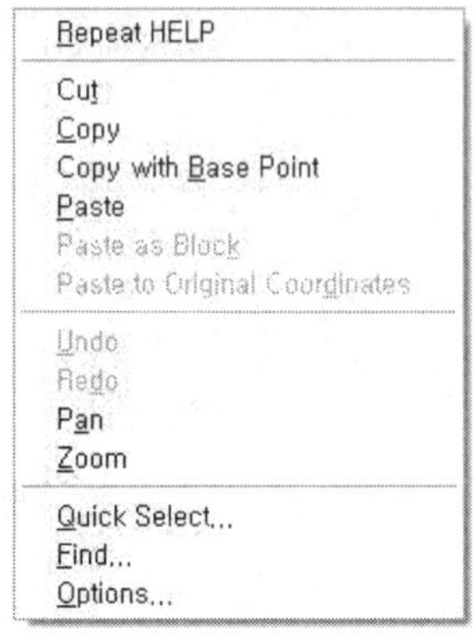

기본모드

- Repeat HELP(또는 명령) : 바로 앞서 실행한 명령을 반복 실행할 수 있도록 해준다.
- Cut : 선택된 객체를 윈도우 클립보드에 잘라낸다.
- Copy : 선택된 객체를 윈도우 클립보드에 복사한다.
- Copy with Base Point : 선택된 객체를 윈도우 클립보드에 복사할 때 기준점을 지정한다.
- Paste : 윈도우 클립보드에 잘라냈거나 복사한 객체를 붙여 넣는다.
- Paste as Block : 윈도우 클립보드에 잘라냈거나 복사한 객체를 블록객체로 붙여 넣는다.
- Paste to Original Coordinates : 객체를 선택했던 원래의 좌표에 붙여 넣는다.
- Undo : 바로 앞에 실행한 명령을 취소한다.
- Redo : Undo에서 취소한 명령을 다시 복구한다.
- Pan : 도면영역의 화면을 이동한다.
- Zoom : 도면을 확대하거나 축소한다.
- Quick Select... : 'Quick Select' 대화상자로부터 빠른 선택을 한다.
- Find... : 'Find and Replace' 대화상자로부터 작성 중인 도면의 문자를 찾거나 대체한다.
- Options... : 'Options' 대화상자로부터 AutoCAD의 환경을 설정한다.

■ **편집 모드**

객체를 선택한 상태에서 실행 중인 명령이 없을 때 도면영역에서 마우스 오른쪽 버튼을 누르면 객체를 편집할 수 있는 단축메뉴가 나타난다. 중복되는 기능은 기본 모드와 같다.

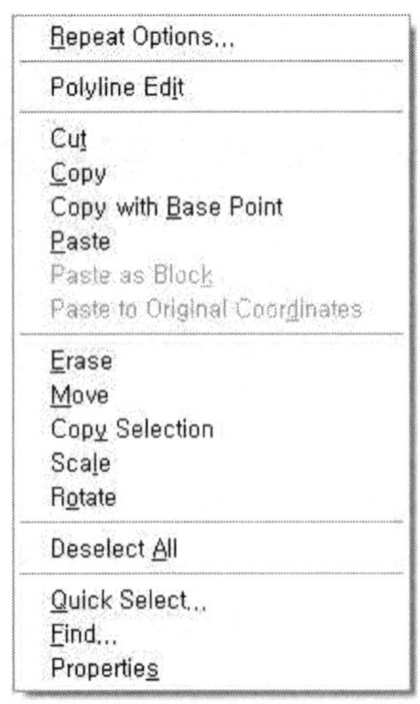

편집모드

- Erase : 선택된 객체를 지운다.
- Move : 선택된 객체를 이동한다.
- Copy Selection : 선택된 객체를 복사한다.
- Scale : 선택된 객체의 크기를 조정한다.
- Rotate : 선택된 객체를 회전한다.
- Deselect All : 전체도면에서 선택된 부분을 취소한다.
- Properties : 'Properties' 대화상자로부터 선택된 객체의 특성을 조정합니다.

■ **실행 모드**

명령 실행 중에 도면영역에서 마우스 오른쪽 버튼을 누르면 현재 실행 중인 그 명령에 대한 옵션이 나타난다. 어떤 명령이 실행 중이냐에 따라 단축메뉴의 옵션이 각기 다르다. 아래 왼쪽 그림은 Line 명령이 실행 중일 경우이고, 오른쪽 그림은 circle 명령을 사용 중인 경우 마우스 오른쪽 버튼을 눌러 나타난 단축메뉴의 예이다.

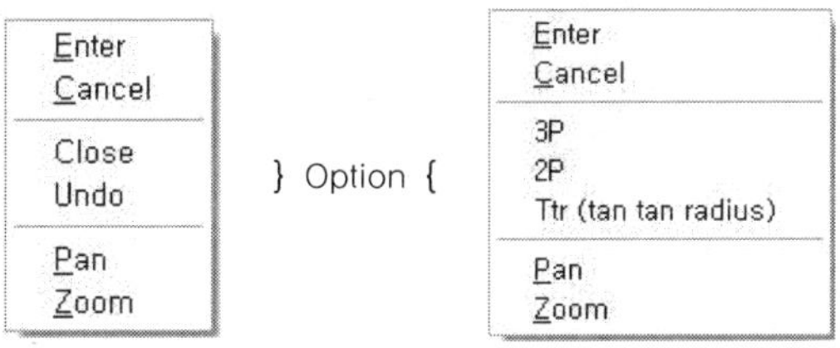

실행모드

▶ Enter : Enter↵와 같다.

▶ Cancel : Esc와 같다.

■ **명령어 영역에서**

명령어 영역에서 마우스 오른쪽 버튼을 누르면 앞서 실행한 명령에 대한 목록과 복사, 붙여넣기, 이력 등의 단축메뉴가 나타난다.

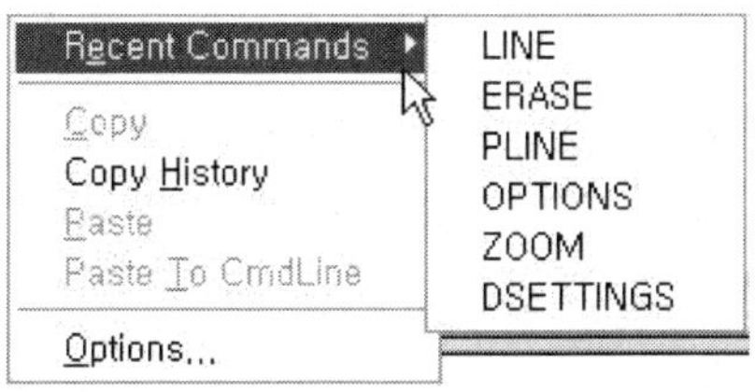

명령어 영역에서 마우스 오른쪽 버튼을 누른 경우

▶ Recent Command : 앞서 실행한 명령을 순서대로 보여주고, 실행한 명령들 중에서 실행하고자 하는 명령을 선택하면 그 명령이 실행된다.

▶ Paste To CmdLine : 명령어 영역에 명령을 붙여 넣는다.

▶ Copy : 선택한 명령(문자)을 복사한다.

▶ Copy History : 앞서 사용한 명령 모두를 복사한다.

▶ Paste : 앞서 사용한 명령 모두를 명령어 영역에 붙여 넣는다.

■ **아이콘에서**

아래 그림에서와 같이 마우스 포인터 ↖를 임의 아이콘에 갖다 대고 마우스 오른쪽 버튼을 누르면 AutoCAD에서 제공하는 아이콘으로 구성되어있는 도구막대를 표시하거나 감출 수 있다. 아래 그림에서 문자 앞에 '✓' 표시가 된 것은 현재 AutoCAD의 윈도우 상에 표시가 된 도구막대이다.

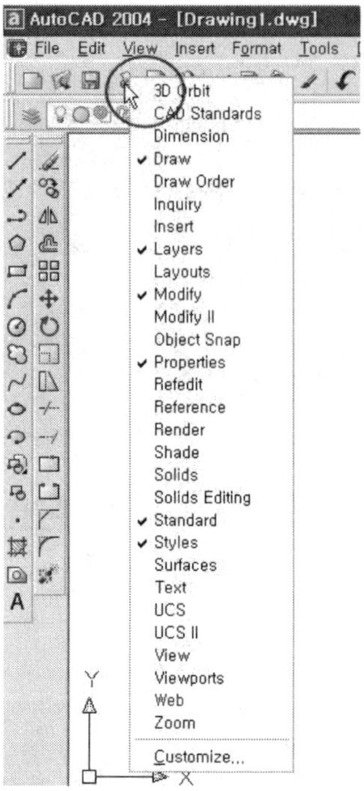

아이콘에서 마우스 오른쪽 버튼을 누른 경우

- **상태라인에서**

상태라인의 8개 모드 중 마우스 포인터 ↖를 임의 모드에 갖다 대고 마우스 오른쪽 버튼을 누르면 그 모드에 대해 On/Off 제어를 할 수 있다. 아래 그림은 'SNAP' 모드에 마우스 포인터 ↖를 갖다 대고 마우스 오른쪽 버튼을 누른 경우이다.

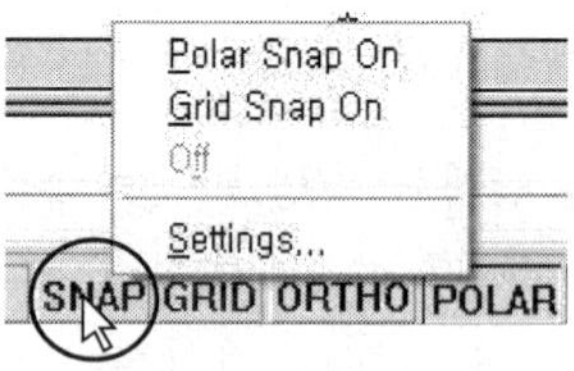

상태라인에서 마우스 오른쪽 버튼을 누른 경우

- **대화상자에서**

대화상자에서 재조정해야 할 항목에 마우스 포인터 ↖를 임의 모드에 갖다 대고 마우스 오른쪽 버튼을 누르면 해당항목의 옵션이 단축메뉴로 나타난다. 아래 그림은 'Layer Properties Manger' 대화상자의 예를 나타낸 것이고, 대화상자에 따라 단축메뉴가 다르게 나타난다.

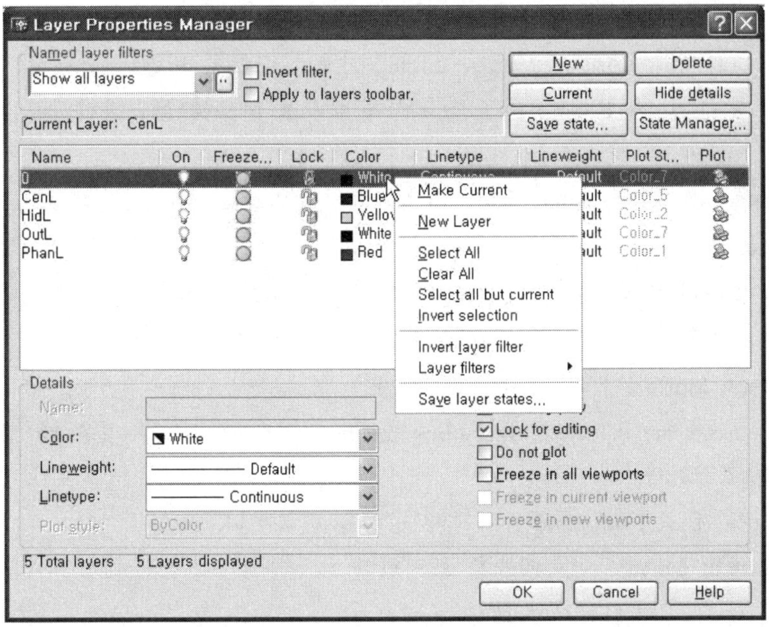

대화상자에서 마우스 오른쪽 버튼을 누른 경우

마우스 오른쪽 버튼 조정하기

주 메뉴 'Tool>Opions...'를 선택하고, 이때 나타나는 'Options' 대화상자에서 User Preferences 탭을 선택한다. User Preferences 탭에서 [Right-click Customization...] 버튼을 선택하면 'Right-Click Customization' 대화상자가 나온다. 대화상자로부터 마우스 오른쪽 버튼의 역할을 재조정할 수 있다.

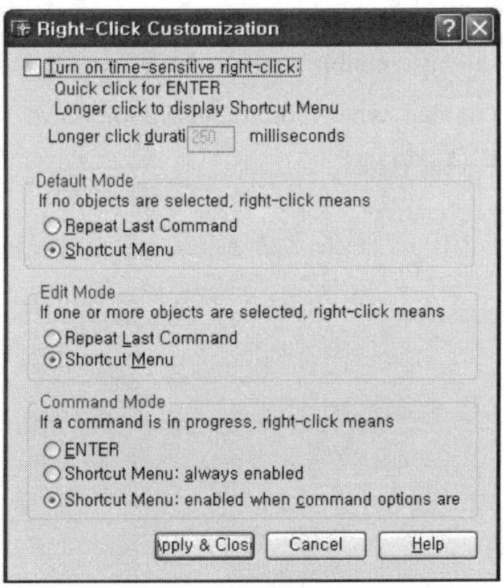

Right-Click Customization

■ 대화상자에서

▶ Turn on time−sensitive right−click : 마우스 오른쪽 버튼의 클릭시간을 조정한다.

- Quick click for Enter : 마우스 오른쪽 버튼을 빠르게 클릭하면 Enter↵의 역할을 한다.
- Longer click to display Shortcut Menu : 마우스 오른쪽 버튼을 누르고 잠시 대기하면 단축메뉴가 나온다.
- Long click durati 250 milliseconds : 마우스 오른쪽 버튼을 길게 누르고 있는 시간을 조정한다.

▶ Default Mode : 기본모드를 조정한다.

If no objects are selected, right-click means : 선택한 객체가 없을 때 오른쪽 클릭의 의미를 조정한다.

- Repeat Last Command : 마지막 명령을 반복한다.
- Shortcut Menu : 단축메뉴를 표시한다.

▶ Edit Mode : 편집모드일 때를 조정한다.

If one or more objects are selected, right-click means : 하나 이상의 객체가 선택되었을 때 오른쪽 클릭의 의미를 조정한다.

- Repeat Last Command : 마지막 명령을 반복한다.
- Shortcut Menu : 단축메뉴를 표시한다.

▶ Command Mode : 명령어 모드일 때를 조정한다.

If a command is in progress, right-click means : 명령이 진행 중일 때 오른쪽 클릭의 의미를 조정한다.

- Enter : Enter↵ 키의 역할을 한다.
- Shortcut Menu : always enable : 항상 단축메뉴를 사용한다.
- Shortcut Menu : enabled when command options arew present : 명령 옵션을 표시할 때 단축메뉴가 나타난다.

기능키의 역할…

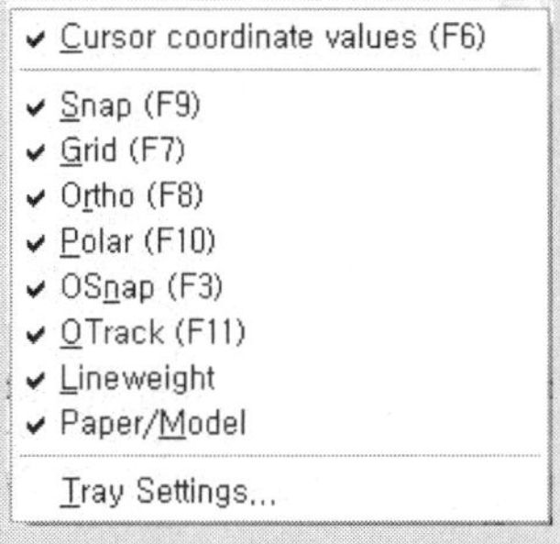

Status Bar Menu

AutoCAD에서 명령을 실행하는 방법 중 또 다른 한 가지 방법으로 기능키(Function Key)를 사용하는 것이다. 기능키의 선택만으로 여러 가지 대응명령을 실행시킬 수 있다.

기능키	아이콘	대응명령	설 명
F1		Help	도움말을 나타낸다.
F2			명령어 영역의 텍스트 윈도우를 나타낸다.
F3	OSNAP	Osnap	Osnap 기능을 On/Off한다.
F4		Tablet	Tablet 기능을 On/Off
F5		Isoplane	Isoplane의 방향을 조정한다. <Isoplane Top/Right/Left>
F6		Coords	좌표 값을 On/Off한다.
F7	GRID	Grid	Grid 모드를 On/Off한다.
F8	ORTHO	Ortho	Ortho 모드를 On/Off한다.
F9	SNAP	Snap	Snap 모드를 On/Off한다.
F10	POLAR	Polar	Polar 기능을 On/Off한다.
F11	OTRACK	Otrack	Otrack 기능을 On/Off한다.

Chapter 2

AutoCAD의 도면파일 관리하기

AutoCAD에서는 그림을 그려서 도면을 만드는 것이지만, 그려진 그림은 데이터로서 관리하게 된다. 따라서 AutoCAD의 도면은 하나의 파일로서 관리하게 된다. 이와 같이 AutoCAD에서 생성되는 파일의 저장과 불러오기, 정보관리, 사용상의 문제점 해결 등에 대해 공부하기로 한다.

1. 새 도면 시작하기

AutoCAD를 처음 시작하거나 작성 중인 도면을 끝내고 새 도면을 작성하고자 할 경우에 사용한다. AutoCAD 2002 버전에서는 Today 기능을 사용하였기 때문에 불편한 점이 많았지만, AutoCAD 2004에서는 다양한 도면형식(규격에 맞춘 도면)을 포함하고 있기 때문에 사용자가 작업환경에 맞는 도면을 선택하여 사용하기 편리하도록 하였다.

새 도면을 시작하는 입력방법은 다음 4가지가 있다. 하지만 새 도면의 시작은 Option 명령의 대화상자의 'System' 탭의 'Startup'에서 Dialog box를 나타낼 것인지 아닌지의 결정에 따라 초기 대화상자가 각각 다르게 나온다.

Startup 선정	대화상자 표시
Startup: Do not show a startup dialog	Select Template 대화상자
Startup: Show Startup dialog box	Create New Drawing 대화상자

입력방법

	Command	New Enter↵
	Main menu	File > New
	Screen menu	File > New
	Icon menu	Standard toolbar >

Template 대화상자 이용하기

'Startup'에서 Startup: Do not show a startup dialog 로 지정하고 New 명령을 실행하면 'Select Template' 대화상자가 나오고, AutoCAD에서 제공하는 도면의 크기별 종류(A0~A4)에 따라 표제란과 도면환경 등이 작성된 템플릿 파일(원형도면, *.dwt)을 새 도면으로 사용할 수 있다.

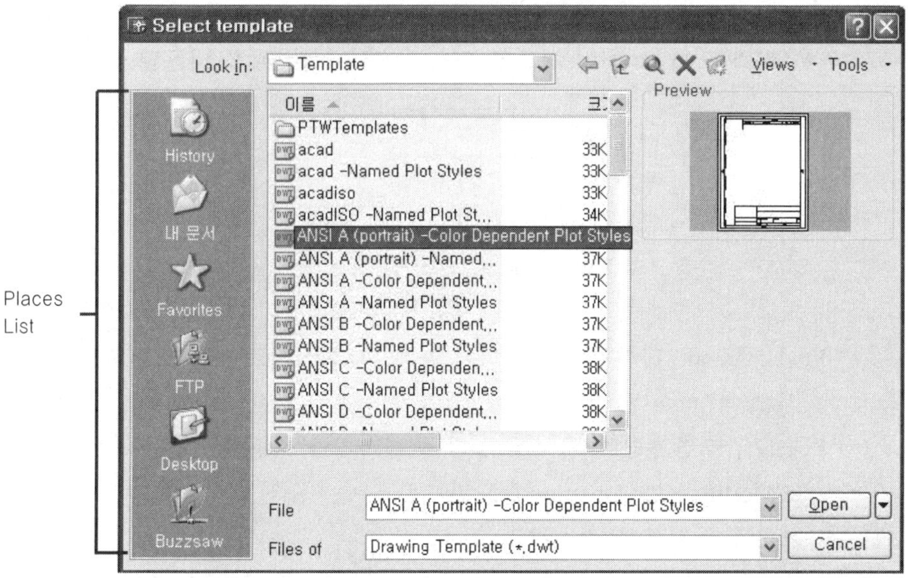

Select Template

- Select Template 대화상자에서
  - ▶ Look in : 이 항목은 사용자가 현재 사용 중인 위치(폴더)를 나타내며, 만약 사용자가 새 도면을 다른 위치에서 불러오려면 드롭다운 리스트 버튼 을 눌러 원하는 위치를 지정한다.
  - ▶ (Back to Template) : 바로 앞 폴더로 이동한다.
  - ▶ (Up one level) : 현재 폴더에서 상위폴더로 이동한다.
  - ▶ : AutoDesk 사의 웹(www.autodesk.com)으로 연결되어 AutoDesk에서 제공하는 다양한 도면 및 관련 데이터를 이용할 수 있다.
  - ▶ (Delete) : 선택된 파일이나 폴더를 지운다.
  - ▶ (Create New Folder) : 현재 위치(폴더)에서 새 폴더를 만든다.
  - ▶ Views : 'Select Template' 대화상자의 표시 창에서 도면파일을 표시하는 방식을 설정한다. Views 옆 드롭다운 리스트 버튼 을 누르면 다음과 같은 리스트가 나온다.
    - List : 도면파일의 이름만 나타낸다.
    - Detail : 도면파일에 대한 상세한 정보(크기, 종류, 날짜 등)를 함께 나타낸다.
    - Thumbnails : 도면파일을 이미지 형태로 나타낸다.
    - Preview : 미리보기 기능의 사용유무를 결정한다.

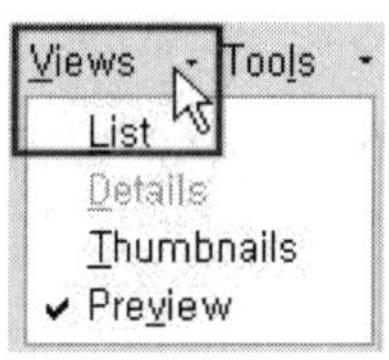

Views

▶ Tools : 도면파일과 폴더에 대한 위치와 정보 등을 확인하고 찾아준다. Tools 옆 드롭다운 리스트 버튼 을 누르면 다음과 같은 리스트가 나온다.

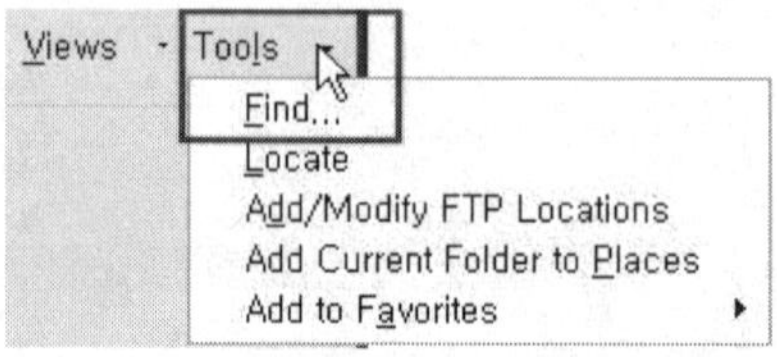

Tools

- Find : 'Find' 대화상자가 나타나고, 이 대화상자로부터 도면파일을 쉽게 찾을 수 있도록 해준다.
- Locate : 도면파일의 위치를 알리는 메시지가 나온다.
- Add/Modify FTP Location : 도면자료를 송·수신 할 수 있는 FTP 접속주소를 추가하거나 편집할 수 있다.
- Prompt for Point A Login : PointA.autodesk.com에 로그인할 수 있다.
- Add Current Folder to Places : 현재 작업폴더를 'Select Template' 대화상자에 추가시킨다.
- Add to Favorites : 선택한 도면파일을 즐겨찾기에 추가한다.

▶ Preview : 원형도면을 불러오기에 앞서 도면의 내용을 미리 확인할 수 있도록 해주는 창이다.

▶ File : 새로 작성할 도면의 파일이름을 직접 입력하거나, 새 도면으로 불러올 도면을 선택하면 파일이름이 표시된다.

▶ Files of Type : AutoCAD 2004에서는 여러 가지 형식의 파일을 불러올 수 있다. 파일형식은 드롭다운 리스트 버튼 을 누르면 다음과 같은 리스트가 나온다. 불러올 수 있는 파일형식은 dwt, dwg, dws 3종류이다.

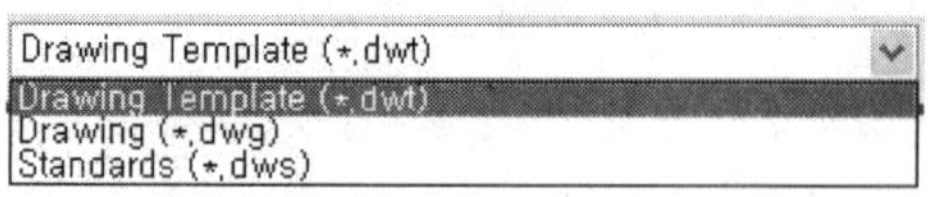

Files of type

▶ Open : 원형도면을 이용하여 새 도면을 시작한다. 드롭다운 리스트 버튼 을 누르면 새 도면을 시작하는 방법을 조정할 수 있다.

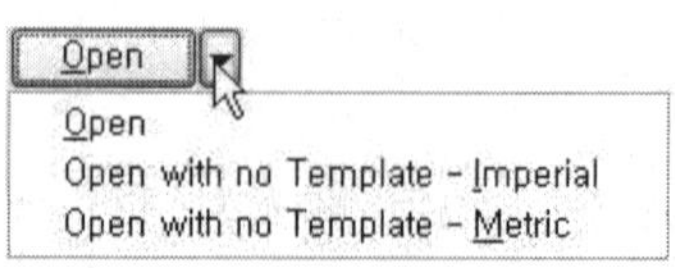

Open

- Open with no Template–Imperial : 원형도면을 이용하지 않고 inch 단위로 새 도면을 시작한다. 이때 도면의 크기는 12×9이다.
- Open with no Template–Metric : 원형도면을 이용하지 않고 mm 단위로 새 도면을 시작한다. 이때 도면의 크기는 420×297이다.

▶ Cancel : 새 도면 작성을 취소한다.

▶ Places list

History : 최근에 사용했던 도면파일을 보여준다.

내 문서 : 윈도우의 내 문서 폴더로 이동한다.

Favorites : 즐겨찾기로 이동한다.

FPT : 사용하고 있는 FPT로 연결한다.

Desktop : 윈도우의 데스크 탑으로 이동한다.

Buzzsaw : www.Buzzsaw.com 웹으로 연결되어 각종 자료를 받을 수 있다.

Create New Drawing 대화상자 이용하기

'Startup'에서 Startup Show Startup dialog box 로 지정하고 New 명령을 실행하면 'Create Drawings' 대화상자가 나오고, 이 대화상자로부터 새 도면의 크기, 치수단위 등 환경을 설정할 수 있다. 새 도면은 'Start from Scratch, USE a Template, Use a Wizards' 3가지 방법으로 시작할 수 있다.

■ Open a Drawing

저장된 도면을 불러온다.

■ Start from Scratch

도면에서 사용할 단위를 설정한다. Feet와 Inch 단위인 경우에는 Imperial를 선택하고 mm 단위인 경우에는 Metric을 선택한다. 우리나라는 KS B001 제도통칙에 따라 미터단위인 mm를 사용하기 때문에 특수한 경우가 아니면 Metric을 선택한다.

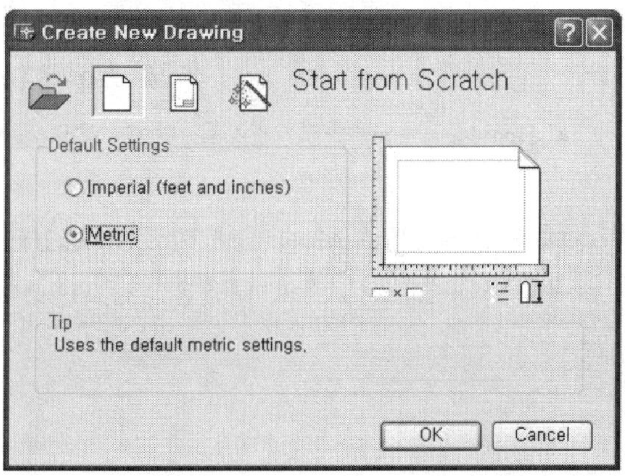

Start from scratch

▶ Imperial(feet and inches)

새 도면을 피트와 인치 단위계로 작성한다. 도면의 크기는 12×9인치로 설정된다.

▶ Metric

새 도면을 미터 단위계로 작성한다. 도면의 크기는 A3 용지규격인 429×297mm로 설정된다.

■ Use a Template

템플릿(Template)을 이용하여 새 도면을 시작하면 AutoCAD에서 제공하는 도면의 크기별 종류(A0~A4)에 따라 표제란과 도면환경 등이 작성된 템플릿 파일(원형도면, *.dwt)을 새 도면으로 사용할 수 있다. 이 파일에 새 도면을 작성하면 표제란과 도면환경이 미리 설정되어 있기 때문에 작업이 빠르고, 또한 이 파일의 내용을 수정하여도 원래 템플릿 파일에는 아무런 영향을 미치지 않으므로 계속해서 사용할 수 있다. AutoCAD에서는 각 나라별로 규격에 맞는 템플릿 파일을 제공하고 있으며, 알파벳순으로 나열돼있다. 마우스 포인터 를 사용하고자 하는 파일을 선택하면, 오른쪽의 미리보기 창에 파일이 나타난다.

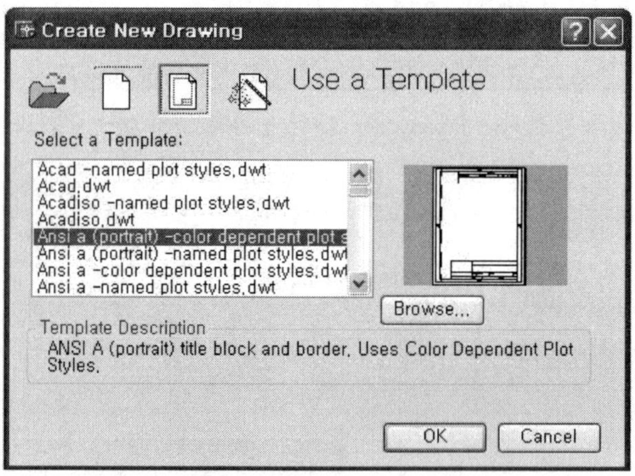

■ Use a Template

▶ Browse... : 템플릿 파일을 다른 경로(폴더)에서 찾을 수 있도록 해준다.

예를 들어, 'ISO A3-Named Plot Styles.dwt' 템플릿 파일을 선택하여 새 도면으로 사용하였다면, 그 도면의 내용은 다음과 같다.

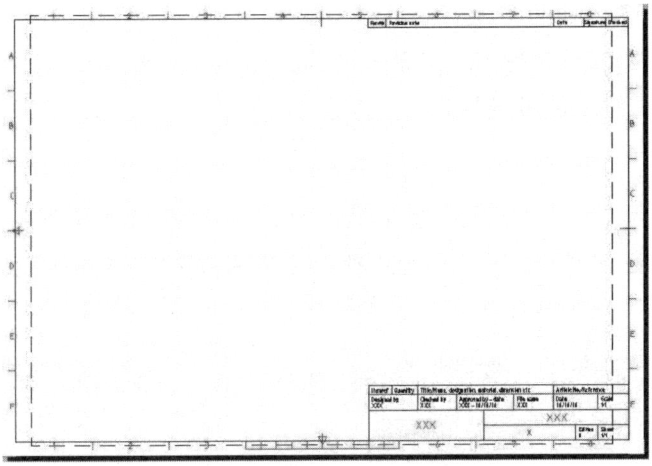

ISO A3-Template

원형도면 만들기?

문자, 선, 치수기입 등의 도면환경이 지정되어 있는 도면을 원형도면이라고 하며, 확장자는 dwt가 붙는다. 사용자는 자주 사용하는 표제란과 각종 도면환경을 저장하여 파일로 만들어서 사용할 수 있다. 템플릿 파일을 만드는 방법은 도면을 저장할 때 Save 명령에서 파일 형태를 선택하고 'Template file'을 선택하여 이름을 지정하고 저장하면 자동으로 template 폴더에 저장된다.

- Use a Wizards

Wizards(마법사)에 의한 새 도면의 시작은 AutoCAD에서 도면의 환경설정을 지원하는 마법사의 기능을 사용하여 새 도면을 작성하게 된다. 이 항목에서 'Quick Setup'과 'Advanced Setup'을 선택하면 새 도면의 크기와 단위계를 설정할 수 있다.

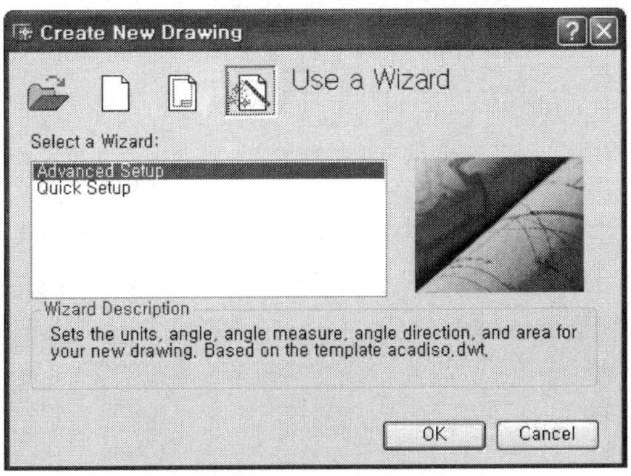

Use a Wizards

▶ Advanced Setup

Advanced Setup에서는 도면작업에 필요한 단위(길이와 각도)와 각도측정, 방위각, 도면크기를 설정할 수 있다.

- Units

  치수단위 중 길이단위를 설정한다. 제도통칙에서 도면의 치수단위는 십진법의 소수점을 사용하므로 'Decimal'과 소수점 자릿수(Precision)를 결정을 선택한 후 '다음'을 선택한다.

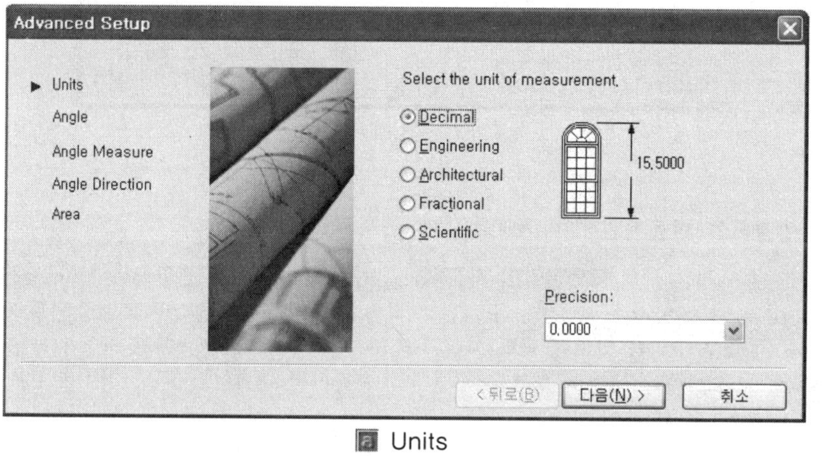

Units

  - Decimal : 길이를 소수형식으로 표시한다.(예 15.50)
  - Engineering : 길이를 공학형식으로 표시한다.(예 1'-3.50")
  - Architectural : 길이를 건축형식으로 표시한다.(예 1'-3 1/2")
  - Fractional : 길이를 분수형식으로 표시한다.(예 15 1/2)
  - Scientific : 길이를 지수형식으로 표시한다.(예 1.55E+01)
  - Precision : 각 형식들의 소수점 자릿수를 결정한다. 지수, 소수 및 공학형식은 소수점 8자리까지, 건축 및 분수형식은 분모크기를 입력하여 자릿수를 지정한다. 그리고 기본 값의 자릿수는 4자리로 소수형식이다.

- Angle

  치수단위 중 각도단위를 설정한다. 제도통칙에서 도면의 각도단위는 도/분/초를 사용함으로 Deg/Min/Sec를 선택한다. 또한 제품의 정밀도에 따라 Precision에서 각도의 소수점 자릿수를 설정하고, '다음'을 선택한다.

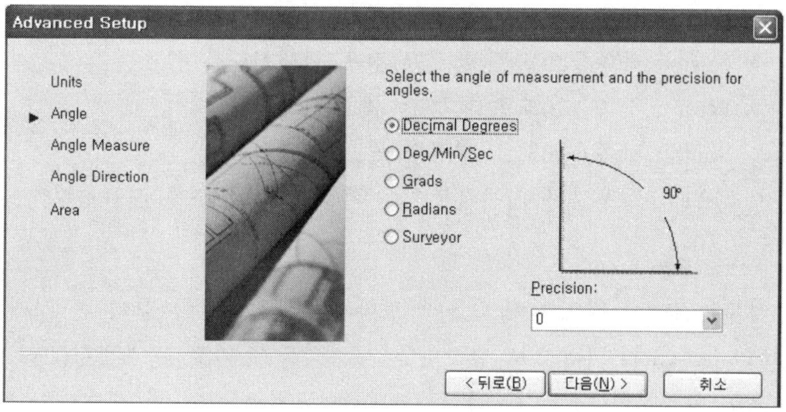

Angle

○ Decimal Degree : 각도를 소수 형식으로 표시한다.(예 45.0000)
○ Deg/Min/Sec : 각도를 도/분/초 형식으로 표시한다.(예 45d0"0")
○ Grads : 각도를 등급으로 표시한다. 1°는 10/9 그라디안이다.(예 50g)
○ Radians : 각도를 라디안으로 표시한다. 약 1°는 0.0174533 라디안이다. (예 0.785r)
○ Surveyor : 각도를 동서남북(E, W, S, N) 방위와 함께 표시한다. (예 N 45d0'0" E)
○ Precision : 각 형식들의 소수점 자리수를 결정한다.

• Angle Measure
도면을 작성할 때 각도측정에 사용할 기준각도(0도)의 방향을 설정한다. 다음 그림과 같이 0도를 동쪽(East)으로 설정하면 북쪽은 90도, 서쪽은 180도 남쪽은 270도가 된다. 각도의 기준은 0도를 동쪽으로 설정하므로 동쪽을 선택하고 '다음'을 선택한다.

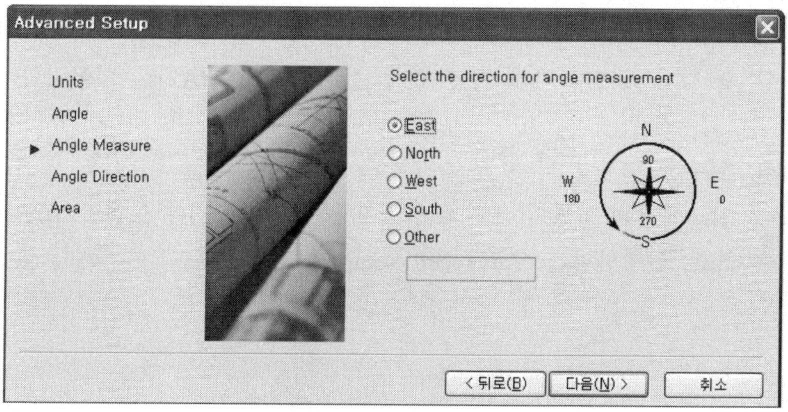

Angle Measure

○ East : 동쪽을 0도로 설정할 경우 선택한다.
○ North : 북쪽을 0도로 설정할 경우 선택한다.
○ West : 서쪽을 0도로 설정할 경우 선택한다.
○ South : 남쪽을 0도로 설정할 경우 선택한다.
○ Other : 사용자가 기준각도를 임의로 설정할 경우 사용한다.

- Angle Direction

각도측정에서 각도의 방향을 설정한다. 다음 그림과 같이 반 시계방향(CCW : Counter-Clockwise)으로 설정하면 '+' 각도가 되고, 시계방향(CW : Clockwise)으로 설정하면 '−' 각도가 된다. 다음 그림과 같이 반 시계방향으로 설정하고 '다음'을 선택한다.

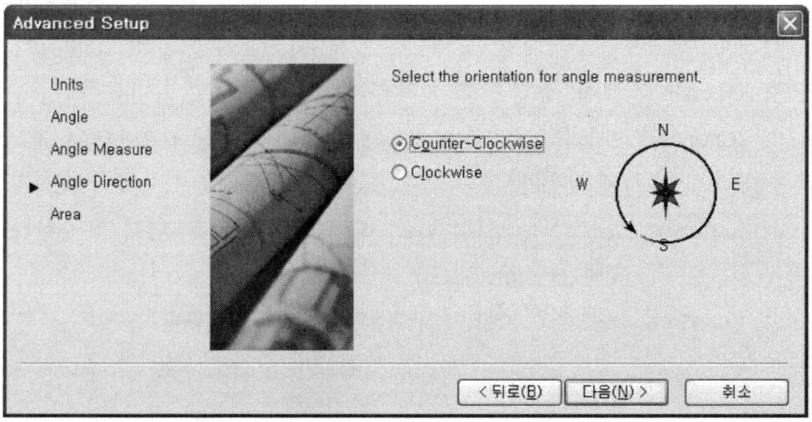

Angle Direction

- Area

사용자가 원하는 크기의 도면치수를 대화상자의 'Width'에 도면의 가로길이(X축의 값), 'Length'에 도면의 세로길이(Y축의 값)를 입력하고, '마침'을 선택하면 마법사를 이용하여 새 도면의 크기와 치수단위 등에 대한 도면환경을 설정할 수 있다. 도면크기의 기본 설정 값은 429×297(A3)로 되어있다.

▶ Quick Setup

Quick setup에서는 도면의 초기화에 필요한 단위(Units)와 도면크기(Area)만을 설정할 수 있고, 설정방법은 'Advanced Setup'과 같다.

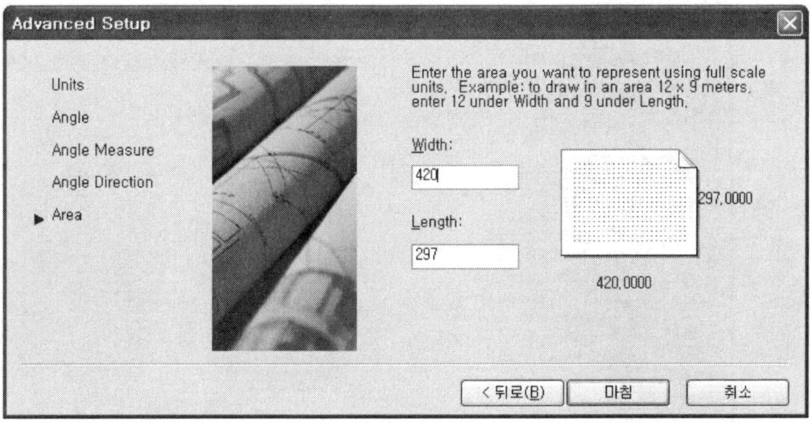

Area

2. 저장 도면 불러오기

2.1 도면 불러오기(Open)

파일로 저장되어 작성된 도면을 Open 명령으로 AutoCAD의 윈도우에 불러와 사용할 수 있다. Open 명령으로 불러올 수 있는 파일은 DWG, DWS, DXF, DWT 형식이고, 그 이외의 다른 호환 파일을 불러올 때는 Import 명령을 사용하면 된다.

입력방법

(keyboard)	Command	Open Enter↵
(mouse)	Main menu	File > Open
	Screen menu	File > Open
	Icon menu	Standard toolbar >

Open 명령을 실행하면, 'Select File' 대화상자가 나타나고 원하는 도면을 선택하면 된다. 오른쪽 미리보기 창으로부터 선택한 도면의 내용을 미리 확인할 수 있다.

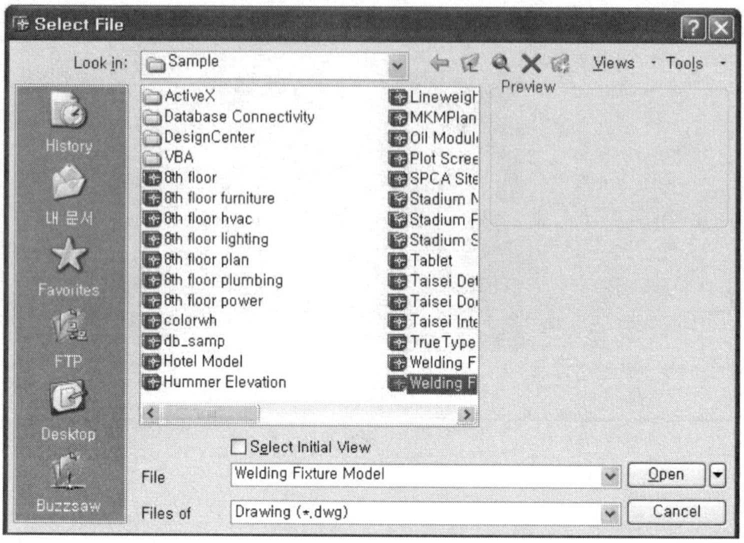

Select file

전체도면 불러오기

저장되어 작성된 도면을 AutoCAD 윈도우로 불러들인다. 'Select File' 대화상자에서 불러올 도면이 있는 폴더를 찾고, 파일을 더블 클릭하거나 Open 버튼을 선택하면 파일을 불러올 수 있다.

Select File 대화상자에서

대화상자의 내용은 New 명령의 'Select Template' 대화상자의 내용과 같다. 이름은 같지만 의미가 다른 것만 설명하도록 하겠다.

- **File** : 불러올 도면의 파일이름을 직접입력(이때 확장자 dwg는 입력하지 않아도 된다.)하거나, 불러올 도면을 선택하면 파일이름이 표시된다.
- **Files of Type** : AutoCAD 2004에서는 여러 가지 형식의 파일을 불러올 수 있다. 파일형식은 드롭다운 리스트 버튼 ▼을 누르면 다음과 같은 리스트가 나온다. 불러올 수 있는 파일형식은 dwg, dws, dxf, dwt 4종류이다.

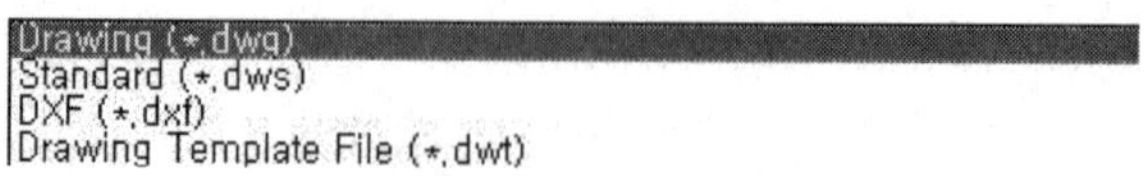

Files of Type

Open 명령의 'Select File' 대화상자에서 Shift키를 누른 상태에서 파일을 선택하면 여러 개의 파일을 동시에 열 수 있다.

부분도면 불러오기(Partial Open)

AutoCAD 2004에서는 도면을 불러올 수 있는 다양한 옵션을 지정할 수 있다. 도면파일의 용량이 큰 경우 전체도면을 메모리에 올리는 대신 도면의 일부분만 불러들여서 작업할 수 있다. Open 명령에서 부분도면을 불러오는 방법은 'Select File' 대화상자에서 Open의 드롭다운 리스트 버튼 ▾을 누르면 다음과 리스트가 나오고, 여기서 부분적 불러오기 'Partial Open' 옵션을 선택하면 layer, view, block, dimension style, text style, layout, Line type 등을 부분적으로 불러와 도면의 일부분에 대해서만 작업할 수 있다.

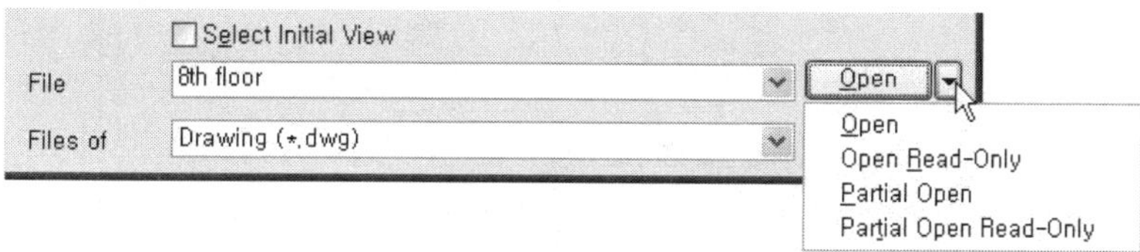

Partial Open

- Open : 선택한 도면파일을 불러온다.
- Open Read-Only : 도면파일을 읽기전용으로 불러온다. 이 옵션에서는 도면파일의 이 불가능하다.
- Partial Open : 도면의 부분 불러오기 옵션으로 도면파일의 일부분(특정 view나 도면층)을 선택적으로 불러올 수 있다.
- Partial Open Read-Only : 읽기전용으로 도면의 부분적 불러오기를 한다.

따라하기 : 부분도면 불러오기

AutoCAD 2004에서 제공하는 샘플도면 중 '8th floor.dwg' 도면을 부분적으로 편집해야 할 경우, Partial Open 옵션으로 편집해야 할 부분만 부분도면 불어오기를 실행하고 편집한 후 다른 이름으로 저장해보자.

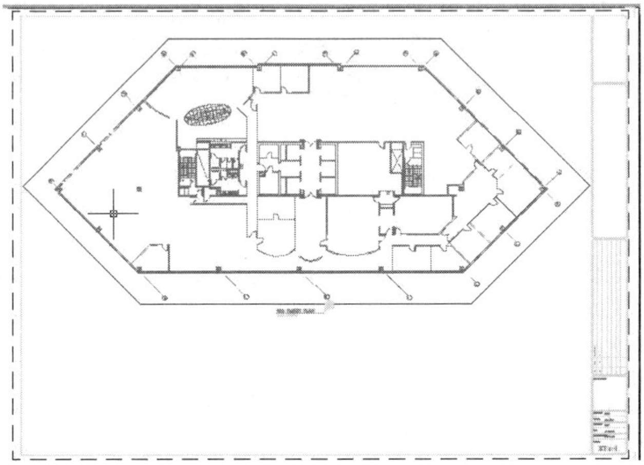

8th floor.dwg

- Step 01 : 아이콘을 선택한다.
- Step 02 : Select File 대화상자의 Look in에서 Program Files/AutoCAD 2004/Sample/8th floor를 선택한다. File에 '8th floor'가 입력되고, Preview에 도면의 내용이 미리보기로 나온다.
- Step 03 : Open의 드롭다운 리스트 버튼 을 눌러 Partial Open 옵션을 선택한다.

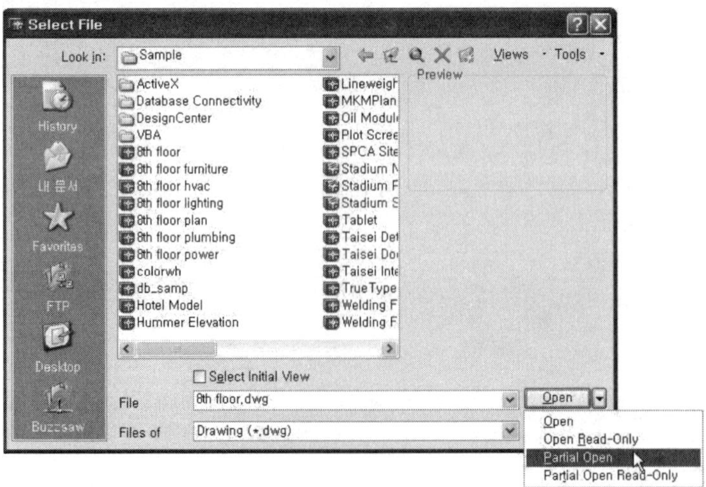

8th floor & Partial Open

■ Step 04 : 'Partial Open' 대화상자가 나타나면, 불러올 화면(View)과 도면층(Layer)을 선택한 다음 Open 버튼을 선택한다.

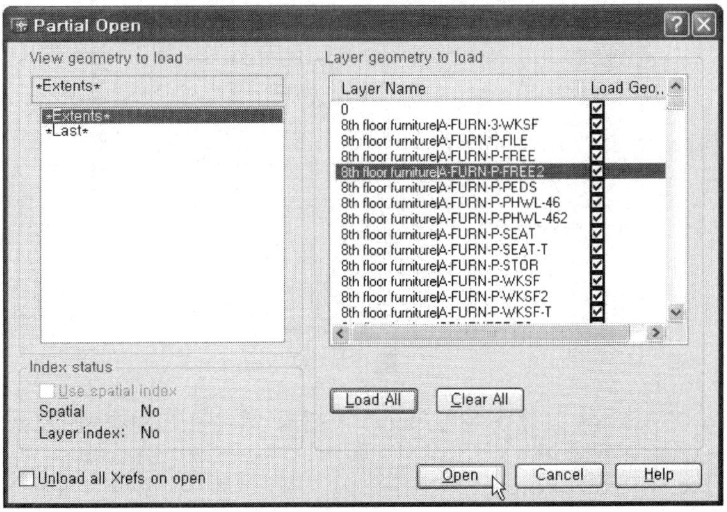

Partial Open

■ Step 05 : 선택한 view와 도면층만으로 불러온 '8th floor'의 도면은 다음과 같다.

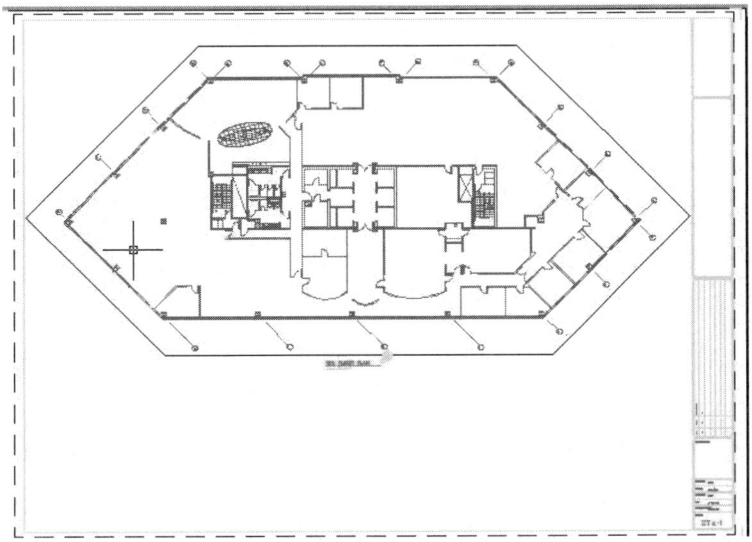

8th floor.dwg

■ Step 06 : 부분적으로 불러온 '8th floor' 도면에 도면층을 추가로 올리려면 'File>Partial Load'를 선택한다.

■ Step 07 : 'Partial Load' 대화상자가 나타나면, 불러올 화면과 추가할 도면층을 다시 선택한 후 OK 버튼을 선택한다.

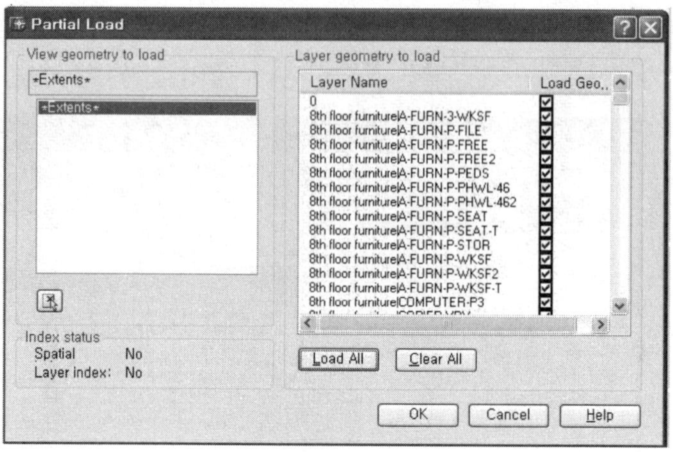

Partial Load

- Step 08 : 다음 그림은 '8th floor' 도면의 레이어(도면층)를 모두(Load All 버튼) 선택한 경우이다.

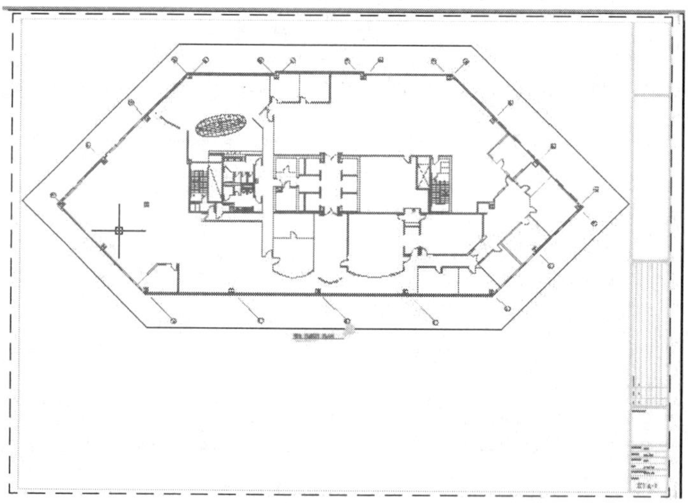

8th floor.dwg

- Step 09 : 만약 '8th floor' 도면을 다른 파일이름으로 저장하려면 File>Save as나 저장 아이콘 을 선택하고, 'Save Drawing As' 대화상자가 나오면 새 파일이름을 입력한 후 Save 버튼을 선택한다.

AutoCAD 2004 - [C:₩Program Files₩AutoCAD 2004₩Sample₩8th floor.dwg (Partially loaded)] 의미?

Partial open 명령으로 불러들인 도면은 제목줄에 Partial Loaded라고 표시되어 부분도면을 불러들였음을 표시해준다.

2.2 부분도면 불러오기(Partial Open)

Open 명령으로 도면파일을 불러올 경우 전체도면의 데이터가 메모리에 로딩되므로, 용량이 큰 도면을 작업할 경우 컴퓨터가 느려지거나 시스템에 무리를 줄 수 있다. 따라서 용량이 큰 도면을 작업할 경우에는 필요한 부분만 불러와서 작업하는 것이 효율적이다. 도면작업이 끝나고 종료할 때는 불러들인 도면의 전체 데이터가 그대로 저장된다. Menu 방식으로 명령을 실행하는 방법은 Open 명령의 '부분도면 불러오기'와 같다. 여기서는 명령어 입력방식에 대해 설명한다.

입력방법

(키보드)	Command	PartialOpen Enter↵

Command : partialOpen Enter↵

Enter name of drawing to Open <.>: 불러올 도면의 위치와 이름 입력 Enter↵

Enter view to load or [?]<*Extents*>:

화면 선택(?를 입력하면 현 도면의 화면을 볼 수 있다.) Enter↵

Enter layers to load or [?]<none>:

Layer 선택(?를 입력하면 현 도면의 layer를 볼 수 있다.) Enter↵

Unload all Xrefs on Open? [Yes/No] <N>: 외부 참조도면이 있는 경우 불러오기 설정 Yes/No 선택 입력 Enter↵ ☞ partialOpen 명령 종료

Open an AutoCAD 2000 format file.

Loading Modeler DLLs.

Regenerating model-caching viewports.

Regenerating model.

AutoCAD menu utilities loaded.

2.3 부분도면 올리기(Partial Load)

부분도면 불러오기로 불러들인 도면에서 도면작업에 필요한 화면과 도면층을 추가로 불러올 때 사용한다. Partiaload 명령은 일반 명령에서는 사용할 수 없고 PartialOpen 명령이 실행된 상태에서만 사용이 가능하다.

입력방법

(키보드)	Command	Partiaload Enter↵
(마우스)	Main menu	File > Partiaload

Partiaload 명령을 실행하면, 'Partial Load' 대화상자가 나타난다. Partial Load 대화상자의 사용방법은 '부분도면 불러오기'를 참조하기 바란다.

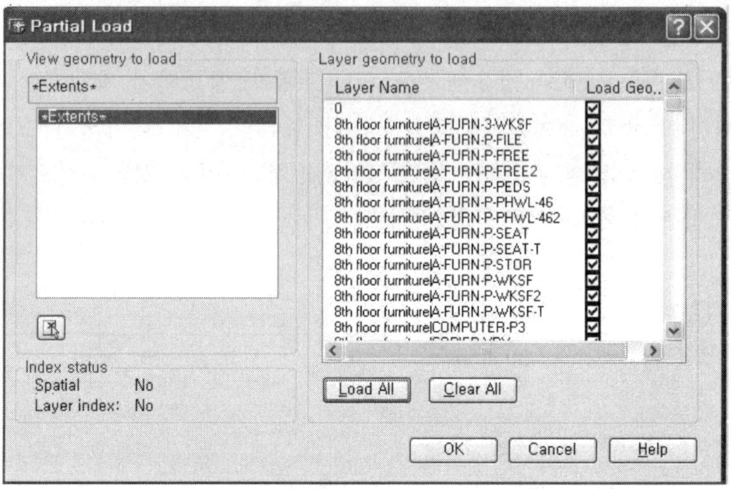

Partial Load

대화상자에서

- View Geometry to Load
  - View Name : 선택된 화면(View)의 이름을 표시한다.
  - View List : 선택된 도면의 화면목록을 표시한다.
  - Pick Window : 사용자가 직접 불러들인 도면에서 범위를 지정한다. 이 항목을 사용하고 나면 'View List' 창에 'New View'라는 이름이 나온다.
- Layer Geometry to Load
  - Layer Name : 선택된 도면의 도면층 이름을 표시한다.
  - Load Geometry : 도면에서 올려진 도면층을 선택할 수 있도록 해준다.
  - Load All : 표시된 도면층 모두를 선택한다.
  - Clear All : 선택된 도면층 모두를 취소한다.

2.3 다중 도면 배열하기(Syswindows)

하나의 AutoCAD 윈도우에 여러 개의 도면을 동시에 불러들일 수 있고, 불러들인 도면을 배열하는 다중 도면배열 기능 즉, 불러들인 도면을 수직 및 수평 계단식이나 수직 및 수평 바둑판식으로 배열하는 기능이 있다. Syswindows 명령이 다중 도면의 배치를 설정한다. 그리고 Ctrl+F6 또는 Ctrl+Tab 키를 사용하여 배열된 도면사이를 전환할 수 있다.

윈도우 메뉴를 사용하여 불러들인 도면을 복사하여 붙여 넣거나 선택한 객체를 끌 수 있으며, Matchprop 명령을 이용하여 한 도면의 객체에서 다른 도면의 객체로 특성을 복사할 수 있다.

입력방법

(keyboard)	Command	Syswindows Enter↵

Command : Syswindows Enter↵

Enter an option[Cascade/tile Horizontal/tile Vertical/Arrange icons] : 옵션선택 Enter↵

Syswindows Option

- Cascade : AutoCAD의 윈도우를 계단식으로 배열한다.
- tile Horizontally : AutoCAD의 윈도우를 수평으로 배열한다.
- tile Vertically : AutoCAD의 윈도우를 수직으로 배열한다.
- Arrange icons : 윈도우 아이콘을 정렬한다.

3. 도면파일 저장하기

작성 중이거나 작성된 도면을 나중에 다시 사용하려면 파일로 저장해야하고, 도면을 저장한다는 것은 도면의 보관과 그 후 도면의 내용을 추가, 수정 및 삭제 등을 할 수 있다는 의미를 갖는다. AutoCAD에서 저장되는 도면은 그림으로 저장되는 것이 아니고 데이터 파일로 저장되며, 도면은 확장자가 *.DWG인 파일로 생성된다.

3.1 새 도면저장(Saveas)

작성 중인 도면을 처음 파일로 저장하거나 작성된 도면을 다른 새 파일의 이름으로 저장한다. Save 명령은 파일을 저장할 때 앞서 작업하고 저장했던 같은 이름의 파일을 삭제하고 그 자리에 다시 저장하지만, Saveas 명령은 파일을 저장할 때 앞서 작업하고 저장했던 파일은 그냥 놔두고 새로운 이름으로 저장한다.

입력방법

(keyboard)	Command	Saveas Enter↵
(mouse)	Main menu	File＞Saveas
	Screen menu	File＞Saveas
	Icon menu	Standard toolbar＞(save icon)

Saveas 명령을 실행하면, 'Save Drawing As' 대화상자가 나타난다. 이 대화상자 저장할 폴더를 찾고, 'File'란에 저장할 파일이름을 입력한다. 이때 확장자를 지정하지 않으면 AutoCAD에서 확장자가 DWG로 자동 생성된다.

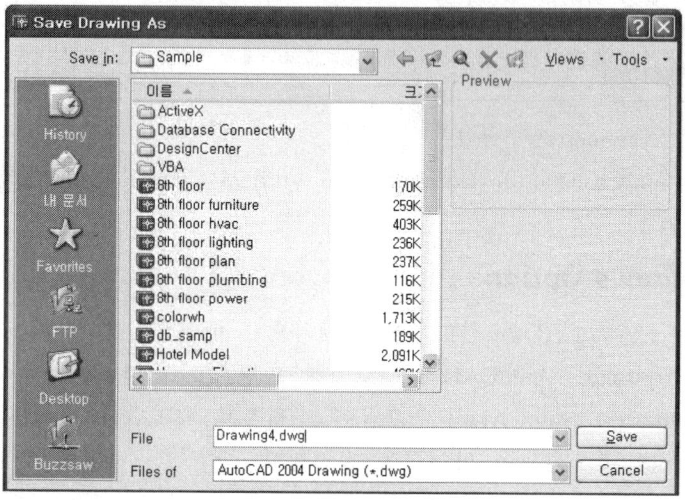

Save Drawing As

대화상자에서

Open 명령을 실행할 때 나타나는 'Select File' 대화상자의 내용과 같고, 도면저장 파일의 형식의 내용이 다르다.

- Files of Type : AutoCAD 2004에서는 여러 가지 형식의 파일로 저장할 수 있다. 드롭다운 리스트 버튼 ▼을 누르면 파일형식의 종류가 다음과 같은 리스트에 나온다. 이 리스트에서 원하는 파일형식을 선택한다.

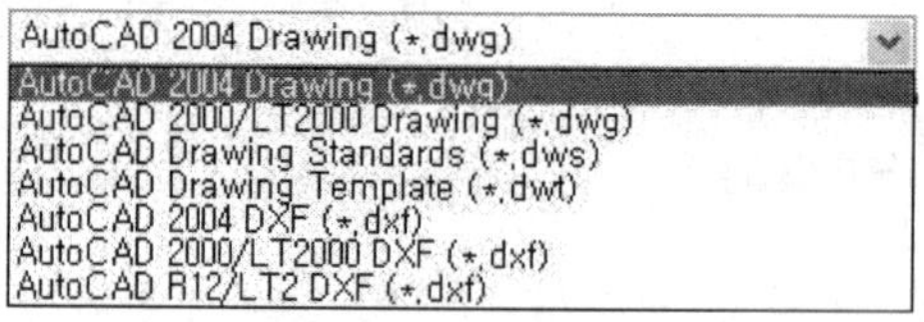

Files of Type

파일형식	설 명
*.dwg	AutoCAD의 도면파일 형식인 dwg로 저장한다.
*.dws	AutoCAD의 표준파일(drawing standard file) 형식으로 저장한다.
*.dwt	AutoCAD의 템플릿 파일(drawing template file) 형식으로 저장한다.
*.dsf	도면을 ASCII 또는 이진파일로 저장한다. DXF 형식으로 저장된 파일은 다른 CAD 프로그램에서도 사용할 수 있다.

AutoCAD 2004에서 저장한 도면파일은 2004 하위버전에서는 불러오기를 할 수 없다. 2004보다 하위버전에서 불러오기를 하려면 불러오기 할 버전을 확인한 후 파일형식에서 지정하고 저장해야 한다.

3.2 도면저장(Save)

작성된 도면을 편집하고 기존의 이름으로 다시 파일로 저장하거나 작성 중인 도면을 처음 파일로 저장할 경우 사용한다. 작성 중인 도면을 처음 파일로 저장할 경우 Save 명령을 이용하면 Saveas 명령에서와 같이 'Save Drawing As' 대화상자가 나오고, 작성된 도면을 편집하고 기존의 이름으로 다시 파일로 저장할 경우에는 'Save Drawing As' 대화상자가 나타나지 않는다.

입력방법

	Command	Save Enter↵
	Main menu	File>Save
	Screen menu	
	Icon menu	Standard toolbar>

3.3 도면의 신속저장(QSave)

Save 명령과 같이 작성된 도면의 파일을 불러서 도면을 편집한 후 다시 저장하고자 할 경우 QSave 명령을 이용해도 된다. QSave 명령에서는 대화상자가 나타나지 않으며, 기존 도면파일이름으로 바로 저장하므로 그 만큼 시간이 단축된다. QSave 명령과 함께 통용되어 같은 기능을 하는 명령은 다음 입력방법에 나타낸 것과 같다. 도면파일의 이름이 지정되어있지 않은 경우에는 'Save Drawing As' 대화상자가 나타난다.

입력방법

	Command	QSave Enter↵
	Main menu	File>Save
	Screen menu	File>QSave
	Icon menu	Standard toolbar >

3.4 저장시간설정(Savetime)

작성 중인 도면을 일일이 Save 명령을 실행시켜 저장할 필요 없이 저장시간을 설정해 놓으면, 지정된 파일이름으로 자동 저장해준다. 갑작스러운 정전이나 실수로 도면파일을 날려버리는 것을 사전에 예방할 수 있다. Savetime 명령에서 시간을 30이라고 지정하면 30분마다 자동으로 파일이 저장된다.

입력방법

	Command	Savetime Enter↵
	Main menu	Tools > Option
	Screen menu	Tools2 > Option

명령어 입력의 경우

Command : Savetime Enter↵

Enter new value for SAVETIME <120>: 자동으로 저장할 시간입력 Enter↵

Option 대화상자에서

'Option' 대화상자에서 'Open and Save' 탭을 선택하면 다음 같은 대화상자가 나온다. 이 대화상자의 'File Safety Precaution' 항목에서

- ☑Automatic Save 선택확인
- 120 숫자 대신 사용자가 원하는 저장시간을 입력
- OK 버튼을 선택한다.

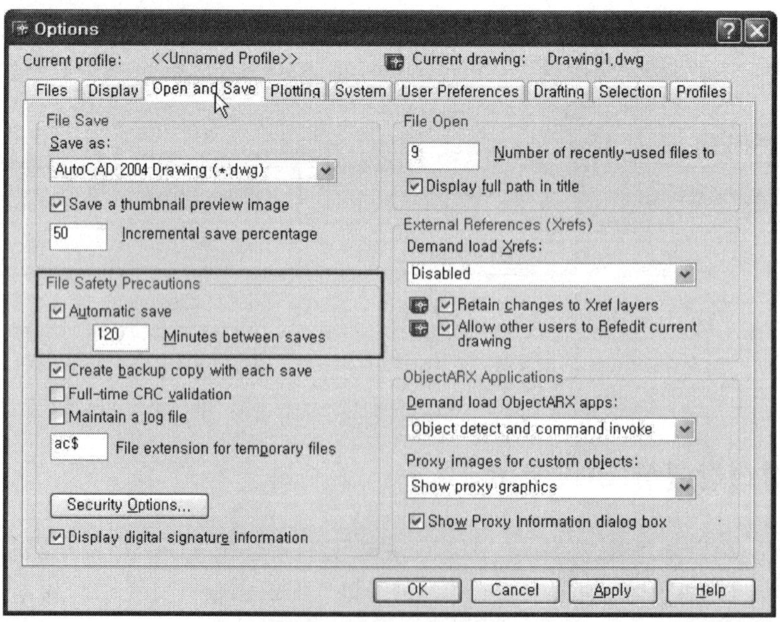

Automatic Save

4. AutoCAD 종료하기

4.1 AutoCAD 나가기(Quit)

도면작업을 종료하고 AutoCAD에서 완전히 빠져나갈 때 사용한다. AutoCAD 윈도우의 제목표시줄의 오른쪽 끝에 있는 버튼을 누르는 것과 같다.

입력방법

(Keyboard)	Command	Quit 또는 Exit Enter↵
(Mouse)	Main menu	File〉Exit
	Screen menu	File〉Quit
	Icon menu	Title Line의 오른쪽 ☒

만일 AutoCAD를 빠져나갈 때 사용 중이던 도면에 변경사항이 있으며, 다음 그림과 같은 대화상자가 나와 변경된 내용을 저장할 것인지를 묻는 메시지가 나온다.

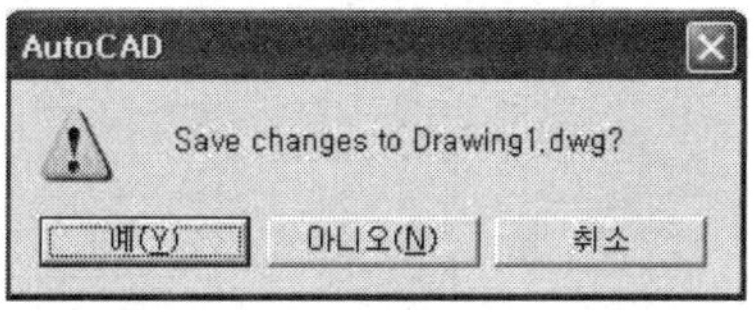

Message of Save change

- 예(Y) : 'Saveas' 대화상자가 나오게 되고, 저장할 도면의 파일이름을 입력한 후에 AutoCAD를 빠져나감
- 아니오(N) : AutoCAD를 빠져나감
- 취소 : 다시 AutoCAD의 작업 상태로 돌아감

4.2 작업도면 닫기(Close)

현재 작업 중이거나 불러왔던 도면을 종료하고 창을 닫을 때 사용한다. AutoCAD 윈도우의 주 메뉴 오른쪽 끝에 있는 ☒ 버튼을 눌러 도면영역의 창이 닫치는 것과 같다.

입력방법

(Keyboard)	Command	Close Enter↵
(Mouse)	Main menu	File > Close
	Screen menu	File > Quit
	Icon menu	Main menu의 오른쪽 ☒

만일 작업도면을 닫을 때 저장이 되지 않은 도면이 있으면, 다음 그림과 같은 대화상자가 나와 변경된 내용을 저장할 것인지를 묻는 메시지가 나온다.

Message of Save change

- 예(Y) : 도면파일을 저장하고 닫침
- 아니오(N) : 도면파일을 저장하지 않고 닫침
- 취소 : 다시 AutoCAD의 작업 상태로 돌아감

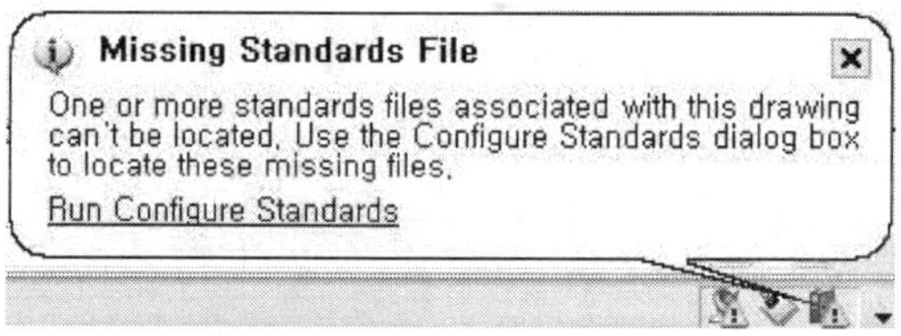

Missing Standards File

5. 그 밖의 도면파일 관리기능

5.1 도면파일의 정보관리하기(Dwgprops)

도면의 특성을 설정하면 도면을 좀 더 쉽게 추적할 수 있다. 도면의 중요한 정보를 식별할 수 있는 제목, 작성자, 주제, 사용자의 정보 등과 하이퍼 링크의 주소, 디렉터리의 경로, 사용자의 특성 등의 세부적인 사항까지 도면에 입력·저장할 수 있다.

입력방법

(키보드)	Command	Dwgprops Enter
(마우스)	Main menu	File > Drawing Properties

Dwgprops 명령을 실행하면, 'Drawing Properties' 대화상자가 나타난다. 이 대화상자는 'General, Summary, Statics, Custom' 4개의 탭으로 구성돼있다.

General

도면의 이름, 형태, 위치, 크기, 작성날짜, 수정날짜, 접속 날짜, 기타 파일속성 등의 일반정보를 표시한다.

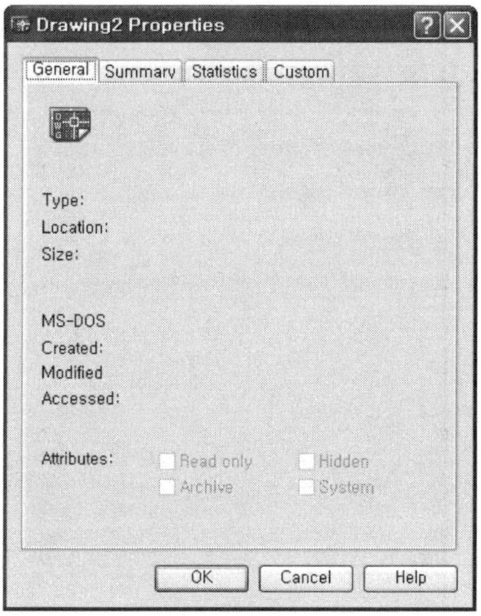

General

Summary

도면파일의 제목, 주제, 작성자, 키워드, 주석 등의 정보를 입력한다.

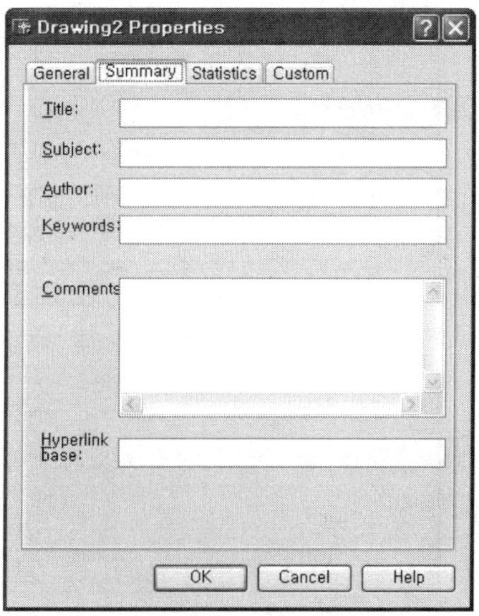

Summary

Statics

도면파일의 작성된 날짜, 마지막으로 수정된 날짜, 개정번호, 전체 편집시간 등을 표시한다.

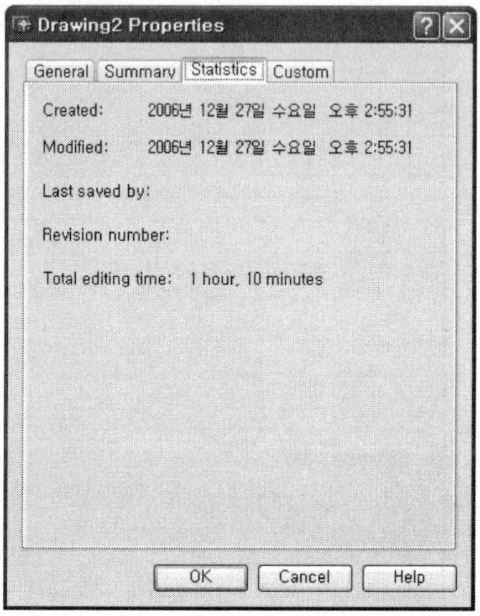

Statics

Custom

도면과 관련이 있는 모든 사용자의 특성을 입력한다.

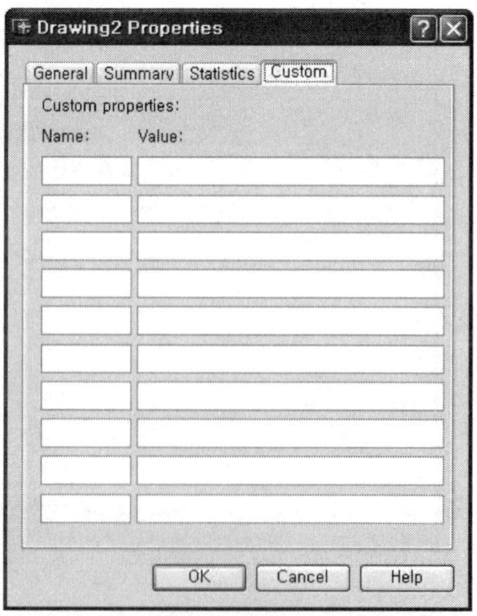

Custom

5.2 손상된 도면파일 복구하기(Recover)

도면파일의 오류를 검사하고 손상된 도면파일은 자동으로 복구해준다.

입력방법

	Command	Recover Enter↵
	Main menu	File > Drawing Utilities > Recover

따라하기 : 손상된 도면파일 복구하기

- **Step 01** : Recover 명령을 실행한다.
- **Step 02** : Select File 대화상자의 Look in에서 Program Files/AutoCAD 2004/Sample/8th floor를 선택하고, Open 버튼을 선택한다.

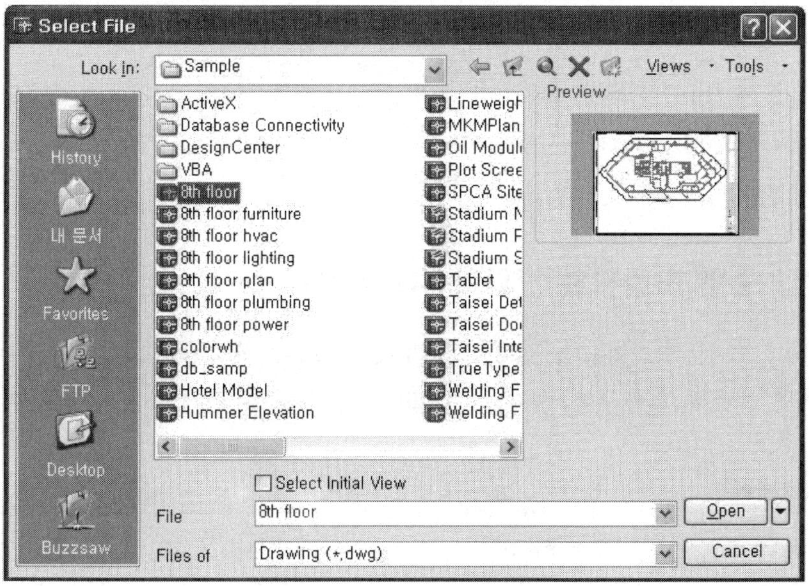

Select File for Recover

- **Step 03** : 도면파일의 복구상황을 알리는 텍스트 윈도우가 나오고, 복구가 종료된다.

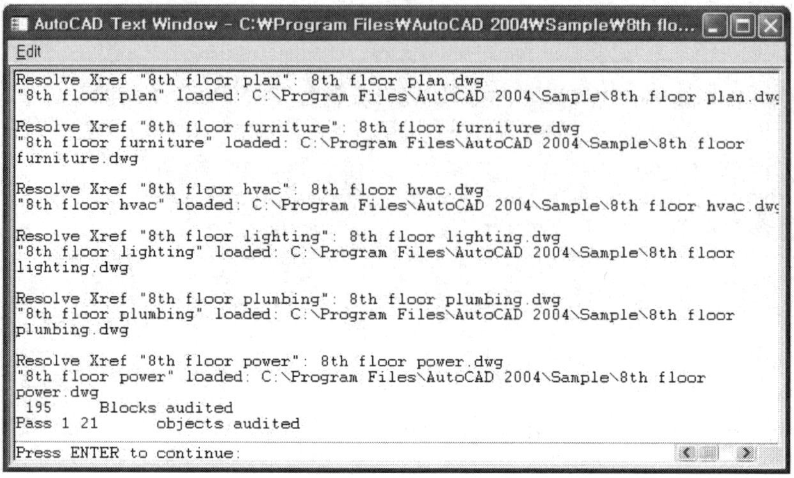

AutoCAD Text Window

- **Step 04 :** 도면파일의 오류진단을 알리는 메시지가 나오고, 여기서 확인 버튼을 선택한다.

AutoCAD Message

5.3 작업 중인 도면파일 진단하기(Audit)

현재 작업 중인 도면파일을 진단한다. Recover와의 차이점은 Recover는 도면파일을 불러들여서 진단하고 복구를 하지만, Audit는 작업 중에 실시한다는 것이다.

입력방법

(키보드)	Command	Audit Enter↵
(마우스)	Main menu	File > Drawing Utilities > Audit

Command : audit Enter↵

Fix any errors detected? [Yes/No] <N> : Yes 또는 No 선택 Enter↵

☞ 발견된 오류의 복구여부 결정

5.4 도면의 압축저장(Etransmit)

작업 중인 도면파일을 압축 저장한다. 도면작업에 사용되었던 파일도 같이 저장됨으로 작업공간을 옮기거나 다른 사용자에게 작업파일을 전달할 때 매우유용하다.

입력방법

	Command	Etransmit Enter↵

따라하기 : 도면 압축 저장하기

- **Step 01 :** Open 명령을 실행한다.
- **Step 02 :** Select File 대화상자의 Look in에서 Program Files/AutoCAD 2004/Sample/ 8th floor를 선택하고, Open 버튼을 선택한다.
- **Step 03 :** Etransmit 명령을 실행한다. ☞ e Transmit를 실행하기 전에 현재 작업 중인 도면을 저장・변경할 것이지를 묻는 대화상자가 나온다, 저장・변경하려면 '확인 버튼을 그렇지 않으면 '취소' 버튼을 누른다.

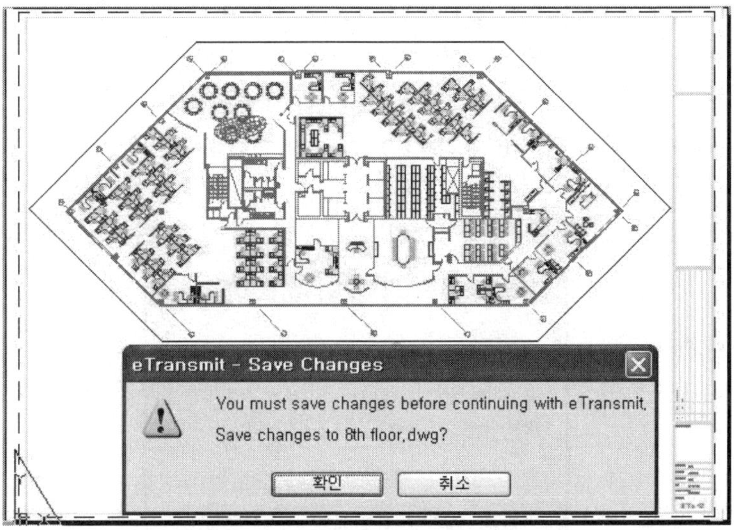

etransmit-Save Changes

- **Step 04 :** '확인' 버튼을 누르면 'Create Transmittal' 대화상자가 나온다. 'Create Transmittal' 대화상자에는 'General, Files, Report' 3개의 탭으로 구성돼있다.

Create Transmittal-General

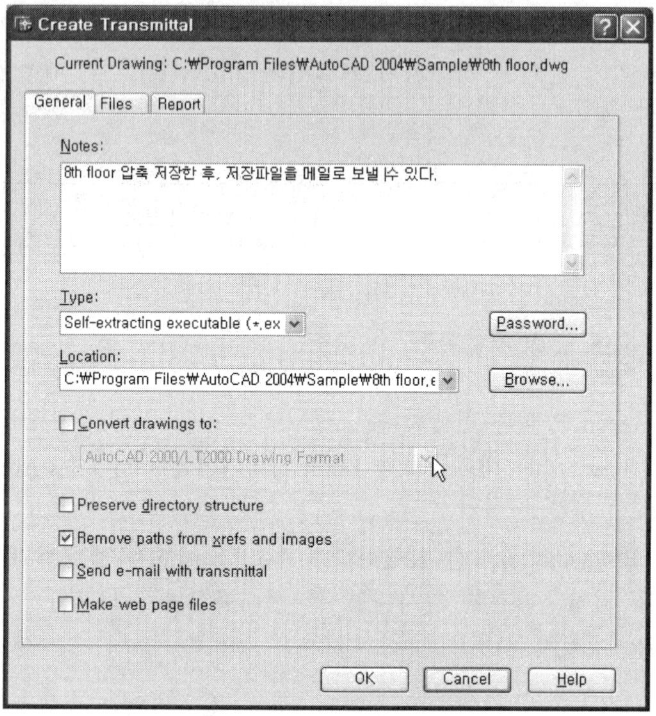

Create Transmittal-General

- Notes : 파일에 대한 특기사항과 전달사항을 작성한다.
- Type : 압축되는 파일을 지정한다. 이때 Zip 파일이나 ex 자동 압축 실행파일로 저장할 수 있다.
- Password... : 압축파일에 비밀번호를 설정한다. 비밀번호는 두 번 입력한다.

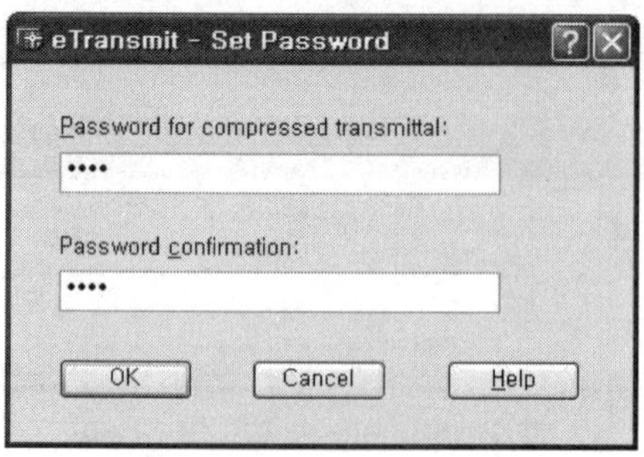

etransmit-Set Password

- Location : 압축될 파일이 저장될 폴더를 설정한다.
- Browse... : 압축파일이 저장될 폴더를 변경할 때 설정한다.
- Convert drawing to : 도면을 저장할 때 도면의 버전을 지정한다.(AutoCAD 2004는 2002와 호환되지 않으므로 조심한다.)

▶ Preserve directory structure : 저장되는 파일들의 디렉토리도 함께 같이 저장한다.

▶ Remove paths from xref and image : 외부 참조도면이나 이미지 파일들의 경로를 모두 취소한다.

▶ Send e-mail with transmittal : 압축 저장과 동시에 메일을 이용하여 파일을 전송한다.

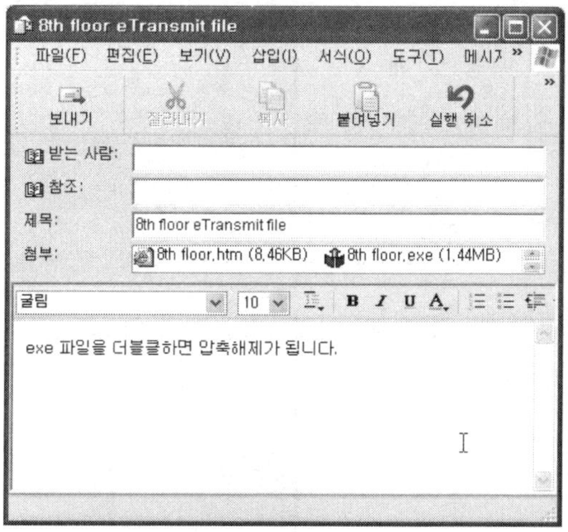

메일로 파일을 전송하는 상태

▶ Make web page file : 웹에서 사용할 수 있도록 htm 파일과 압축 도면 exe 파일을 만든다. Htm 파일을 웹상에 올려놓으면 다운받을 수 있다.

Htm과 exe(압축 도면파일)가 만들어진 상태

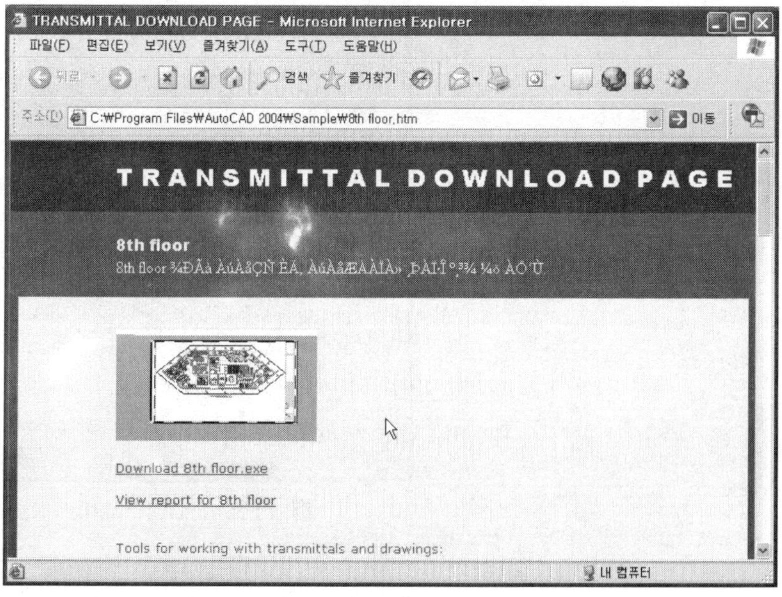

8th floor.htm을 더블 클릭한 상태

Create Transmittal-Files

도면과 다양한 파일이 들어있고, 도면작업 시 장소를 이동하는 경우에 이용하면 필요한 파일을 모두 가지고 이동할 수 있기 때문에 매우 유용하다. 압축될 파일을 보여주고, 추가 가지고갈 파일이 있는 경우 'Add File..' 버튼을 누르고 저장하면 된다.

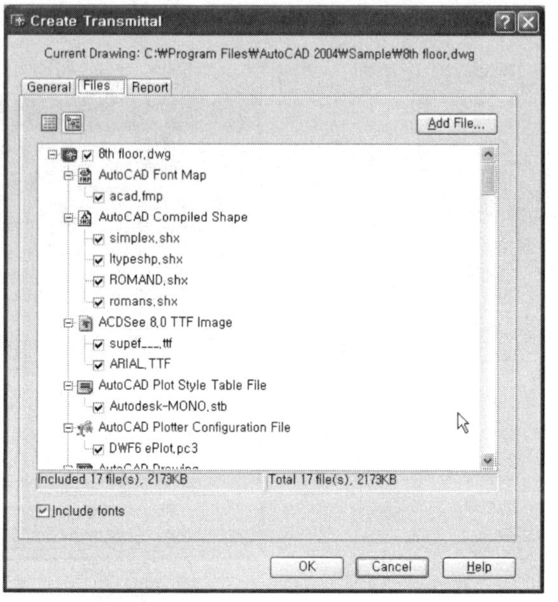

Create Transmittal-Files

Create Transmittal-Report

압축 저장되는 모든 파일의 관련 정보를 확인할 수 있다. 이 내용을 저장하려면 'Save AS..' 버튼을 누르면 파일로 저장된다.

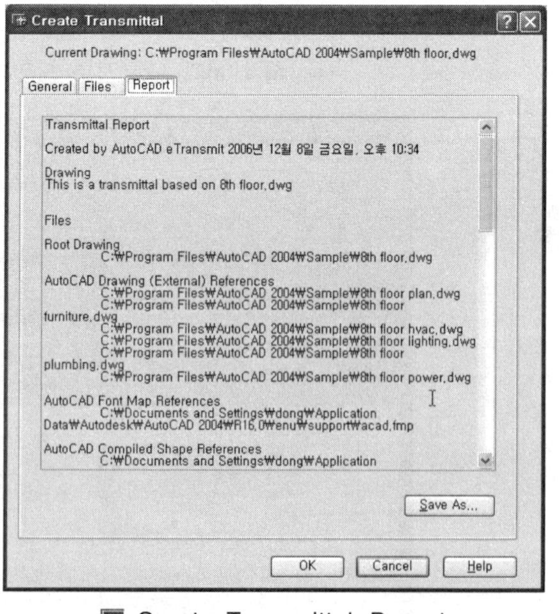

Create Transmittal-Report

도면 압축 파일 *.exe를 더블클릭하면 바로 압축을 풀 수 있다.

1. exe 파일

2. 압축이 풀릴 폴더 지정

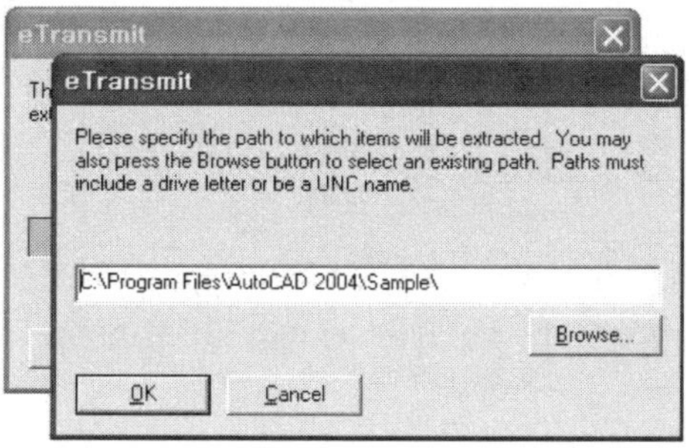

3. 지정한 폴더에 8th floor.exe 파일이 압축이 풀린 상태의 파일들

6. 도움말 얻기(Help)

AutoCAD 2004의 사용자 안내서와 각종 명령, 메뉴, 도구막대 등의 사용법에 대한 도움말을 얻을 수 있고, 또 AutoCAD 명령실행 중에도 도움말을 얻을 수 있다. 도움말 윈도우를 종료하려면 ⊠ 버튼이나 Esc키를 누르면 된다.

입력방법

	Command	Help Enter↵
	Function key	F1
	Main menu	Help
	Screen menu	Help
	Icon menu	Standard toolbar > ?

Help명령을 실행하면, 'AutoCAD 2004 Help' 대화상자가 나타난다. 이 대화상자에서는 도움말을 '목차와 색인' 두 가지 방법으로 찾을 수 있도록 구성돼있다.

목차로 도움말 얻기

목차에 의한 도움말은 아래 그림과 같이 5 항목의 목차로 나누져 있다. 자세한 내용에 대해선 사용자 여러분이 직접 확인해보기 바란다.

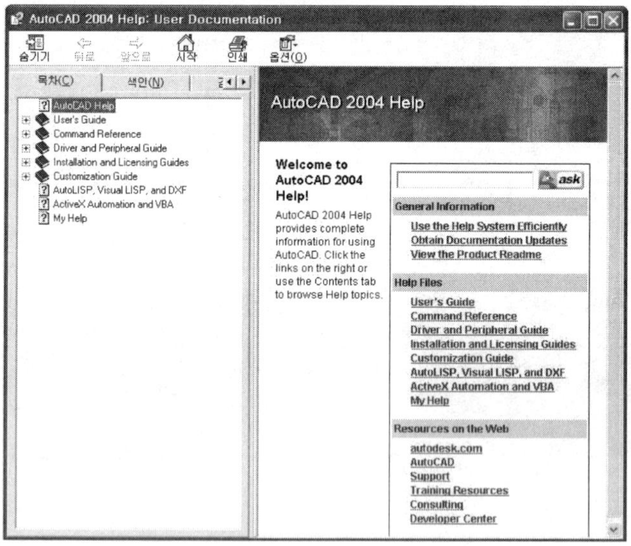

AutoCAD 2004 Help : User Documentation(목차 1)

각종 명령에 대한 도움말을 얻으려면 'Command Reference'를 선택한다. Command reference에는 각 명령들을 알파벳순으로 정리되어있다. 원하는 명령부분을 선택하면 자세한 도움말을 볼 수 있다.

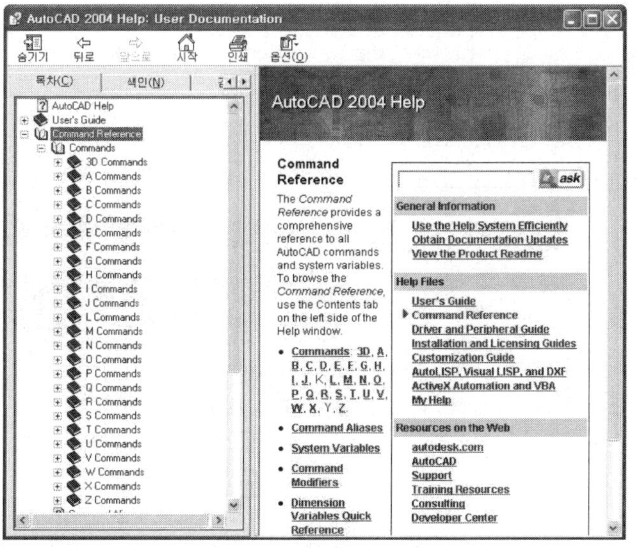

AutoCAD 2004 Help : User Documentation(목차 2)

색인으로 도움말 얻기

색인으로 도움말을 얻으려면 '색인' 탭 선택한 다음 아래 그림과 '찾을 키워드 입력(W)'란에 'Line'이라고 입력하면 'LINE command' 항으로 바로 이동이 되고 'LINE command'를 선택하면 Line 명령에 대해 자세한 내용을 볼 수 있다.

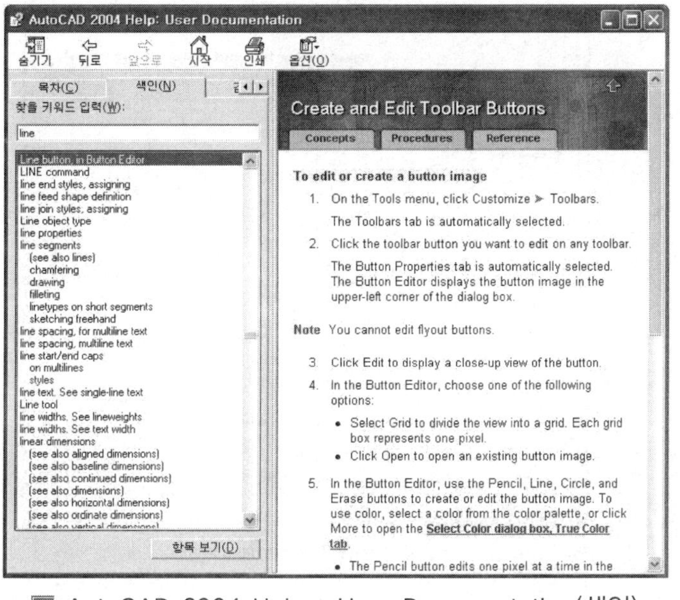

AutoCAD 2004 Help : User Documentation(색인)

따라하기 : Line 명령 실행 중에 도움말 얻기

- **Step 01 :** Line 명령을 실행한다.
- **Step 02 :** 도움말 입력방법 중 한 가지를 선택한다.
- **Step 03 :** Line 명령을 실행할 수 있는 명령어와, 아이콘, 해당메뉴가 나타난다.

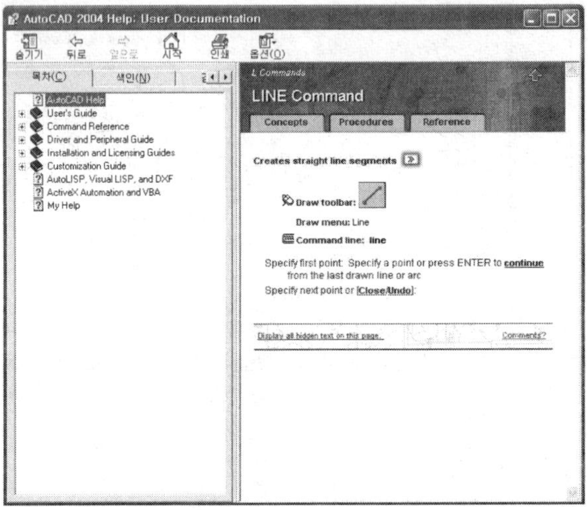

Line Command 1

- **Step 04 :** Line command에서 'Creates straight Line segments'를 선택하면 아래 그림과 같이 명령어 사용과 사용방법에 대해 상세히 기술된 대화상자가 나타난다.

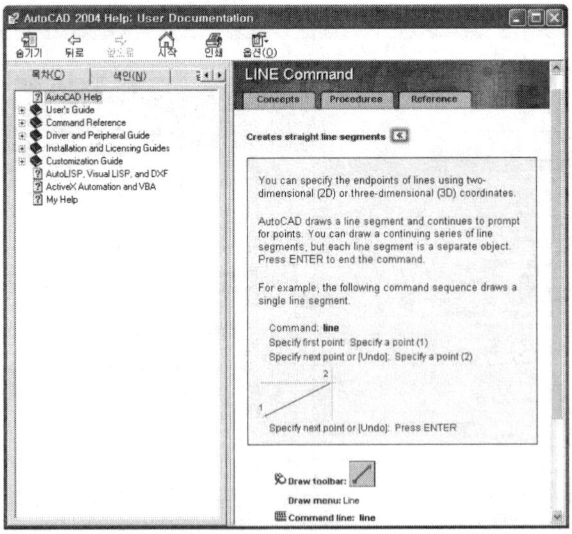

Line Command 2

- **Step 05 :** 도움말 윈도우를 종료하려면 ☒ 버튼이나 Esc키를 누른다.

Chapter 3

그리기와 편집도구를 이용한 기초 다지기

AutoCAD로 도면을 작성하기에 앞서 제일 먼저 알아두어야 할 것이 좌표(Coordinate)이다. AutoCAD를 처음 접할 때 공통적으로 어려워하는 부분이 좌표가 아닌가 생각한다. 좌표에 대한 개념이 이해되지 않으면 정확한 도면을 작성하는데 많은 어려움이 따른다. 물론 그림이나 일반적인 도형은 좌표 값을 입력하지 않고도 그릴 수 있지만, 도면을 작성하기 전 반드시 좌표에 대한 개념을 이해하지 않으면 실제 응용도면을 작성할 때 많은 어려움을 겪게 된다. 좌표에 대한 개념을 바탕으로 그리기를 해보고, 객체(Objects)에 대한 정의와 객체선택 방법에 대해 공부하기로 한다.

1. AutoCAD의 좌표계
2. 좌표의 종류와 입력방법
3. 선 그리기
4. 객체와 객체선택하기
5. 객체 지우기
6. 명령취소/복구와 지워진 도면의 복원
7. 원 그리기
8. 타원 그리기

1. AutoCAD의 좌표계

AutoCAD에서 사용되는 좌표계(Coordinate System)는 실세계 좌표계를 기준으로 하여 사용자 좌표계를 사용하고 있다. AutoCAD를 사용하기 위해서는 좌표계에 대한 이해가 절대적으로 필요하다.

실세계 좌표계

직각 좌표계는 X, Y, Z 3축을 가지고 있다. X축은 수평으로 이동하는 축이고, Y축은 수직으로 이동하는 축이며, 이 두 축이 이루는 평면에 수직으로 이동하는 축이 Z축이다. 이러한 직교 좌표계가 AutoCAD의 실세계 좌표계(World Coordinate System ; WCS)이며, AutoCAD의 기본 좌표계는 실세계 좌표계이다. AutoCAD를 시작하면 실세계 좌표계 모양이 윈도우의 왼쪽 하단에 자동으로 나온다. 실세계 좌표계를 이용한 이동거리는 항상 좌표계의 꼭지점을 원점(0,0,0)으로 하고, X축의 오른쪽은 양의 값(+) 그리고 왼쪽은 음의 값(−), Y축의 위쪽은 양의 값(+) 그리고 Y축의 아래쪽은 음의 값(−)을 갖는다. 실세계 좌표계는 사용자의 정의 따라 사용할 수 있는 사용자 좌표계를 이용하여 좌표변환이 가능하다. AutoCAD의 좌표계에서 X와 Y축의 방향을 알고 있을 때 Z축의 양의 방향은 아래 그림과 같이 오른손 법칙을 이용한다. 그리고 3차원공간에서 축의 양의 회전방향도 오른손 법칙을 적용한다.

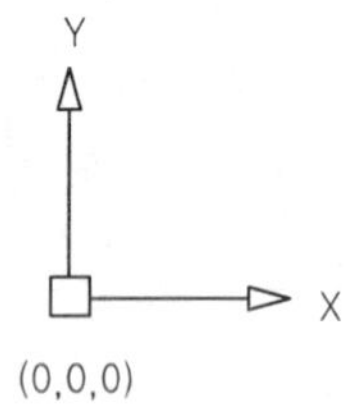

World Coordinate System

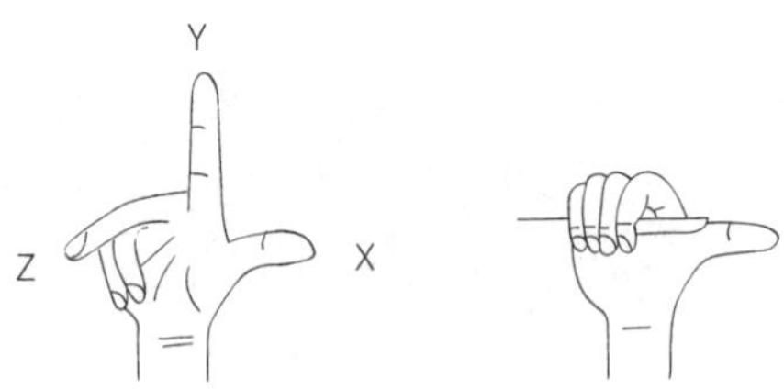

Right-Hand Rule

사용자 좌표계

AutoCAD의 기본 좌표계는 실세계 좌표계이지만, AutoCAD 사용자는 사용자의 정의에 따라 사용자 좌표계(User Coordinate System ; UCS)를 만들어 사용할 수 있다. 사용자 좌표계에서도 실세계 좌표계와 같이 3축이 서로 직교해야 한다는 제약은 있지만, 사용자 좌표계의 배치측면에서 충분히 유연성을 발휘할 수 있다. 따라서 사용자는 좌표계의 원점을 이동하거나 회전시킬 수 있고 특정 객체에 맞추어 정렬시킬 수도 있다. 사용자 좌표계는 3차원 입체설계나 모델링에서 관측점의 위치에 따라 여러 가지 형태로 시각화할 수 있다.

UCSICON 명령을 사용하면 2차원 UCS 아이콘과 3차원 UCS 아이콘 사이에서 전환할 수 있고, 또한 해당명령을 사용하여 3차원 UCS 아이콘의 크기, 색상, 화살표의 형태 및 아이콘 선의 폭을 변경할 수 있다. AutoCAD에서는 UCS 아이콘이 여러 가지 형태로 표시되어 도면의 평면방향을 효과적으로 시각화할 수 있다. UCS 아이콘은 다음 3가지 형태가 있고, 이 중에서 한 가지를 선택할 수 있다.

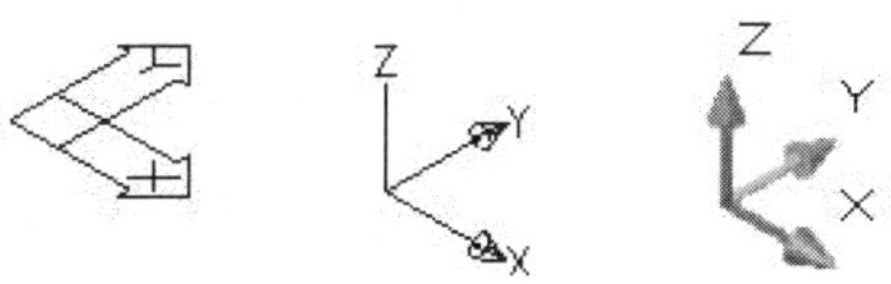

Three Type of UCS Icon

다음 그림은 2차원 평면상태에서 UCS 아이콘의 표시를 나타낸 것이다.

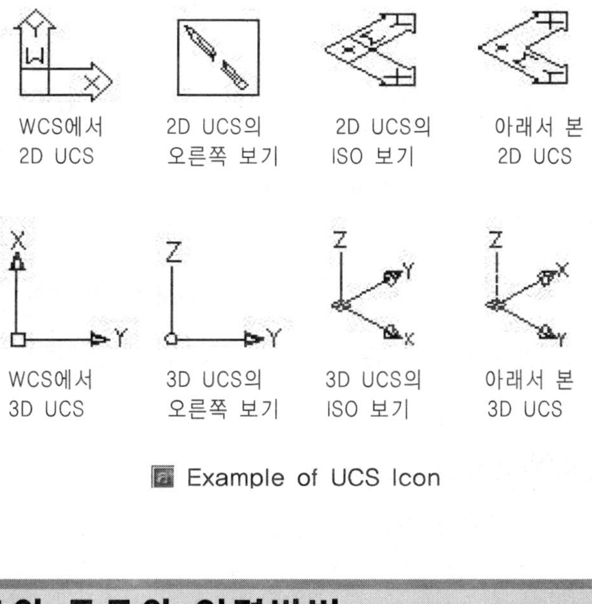

Example of UCS Icon

2. 좌표의 종류와 입력방법

도면영역에서 점, 선, 원, 호 등을 이용하여 여러 가지 도면을 그릴 때 그 위치나 각도, 방향을 마우스로 지정해도 되지만 정확하게 지정하려면 좌표값으로 입력해야 한다. AutoCAD에서 도면을 작성하면 각 점의 위치가 벡터방식의 데이터로 도면을 저장하게 된다. 이러한 점의 위치에 대한 이해와 입력방법을 알아보기로 한다.

2.1 직교좌표

절대직교좌표(x,y,z)

절대직교좌표(Absolute Cartesian Coordinate)는 원점(0,0,0)을 기준으로 하여 x, y, z 방향의 좌표값을 입력하는 방법이다. 이때 좌표값인 각 축 방향의 값은 반드시 콤마로 구분한다. z 방향의 값은 3차원 입체작업에서만 필요하고, 2차원 평면으로 작업을 할 때는 0의 값으로 입력하지 않아도 된다.

입력방법

원점으로부터 x거리 값, y거리 값, z거리 값 ☞ 100,100,0 또는 100,100

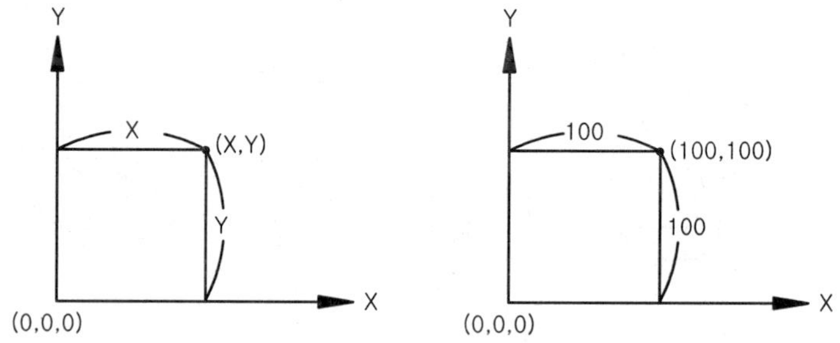

절대직교좌표

절대직교좌표로 입력된 점의 좌표값 (100, 100)은 반드시 원점(0,0,0)을 기준으로 하여 위치(점)가 설정된다.

상대직교좌표(@ Δx, Δy, Δz)

상대직교좌표는 앞서 마지막 입력한 점(좌표)을 기준 점으로 하여 그 기준 점으로부터 x, y 방향으로 이동한 거리 값을 입력하는 방법이다. 입력방법에서와 같이 x값 앞에는 최종좌표를 찾는 @가 붙는다. z 방향의 값은 3차원 입체작업에서만 필요하고, 2차원 평면으로 작업을 할 때는 입력하지 않아도 된다.

입력방법

기준 점으로부터 @x 방향으로 이동한 거리 값, y 방향으로 이동한 거리 값

☞ @100,100

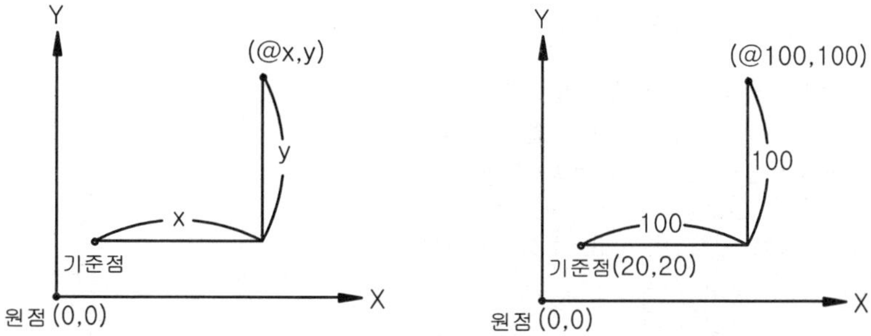

상대직교좌표

상대직교좌표로 입력된 점의 좌표값(100,100)은 기준 점(20,20)으로부터 X축의 오른쪽으로 100만큼 Y축의 위쪽으로 100만큼 이동한 것이다.

이동방향에 따른 상대직교 좌표 값의 의미는?

상대직교좌표로 이동거리 값을 입력할 때 기준 점으로부터 이동방향은 다음과 같다.

- ▶ 양(+)의 값 : X → 오른쪽으로 이동, Y → 위쪽으로 이동
- ▶ 음(-)의 값 : X → 왼쪽으로 이동, Y → 아래쪽으로 이동

2.2 극좌표

절대극좌표(거리 < 각도)

절대극좌표(Absolute Polar Coordinate)는 원점(0,0,0)을 기준으로 이동한 거리 와 각도를 사용하여 입력하는 방법이다. 각도의 표시로 각도 앞에는 '<'를 붙인다.

입력방법

원점으로부터 거리<방향각 ☞ 100<90

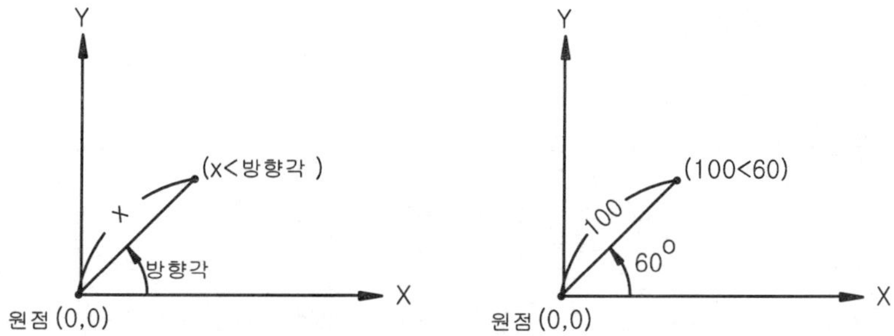

절대극좌표

각도의 정의는 어떻게 할까?

AutoCAD에서 사용되는 각도단위는 여러 가지가 있으나 기본형식은 도/분/초를 소수형식으로 표시하는 십진도(Decimal Degree)로 설정되어있다. 각도는 시계의 3시 방향을 기준 각도 0도로 설정되어있고, 반시계 방향(Counter-Clockwise)을 "+"로 시계방향(Clock-Wise)을 "-"로 한다. 즉, 각도는 반시계 방향으로 증가하고 시계방향으로 감소한다. 각도의 방향은 "+, -" 의 표시로 설정할 수 있다. 예를 들면, 270° = -90° 이고, 절대극좌표로 표시하면 20 〈 270 = 20 〈 -90가 된다. 상대극좌표에서 각도는 항상 기준 점으로부터 이동할 위치를 생각하면 각도를 쉽게 정의할 수 있다.

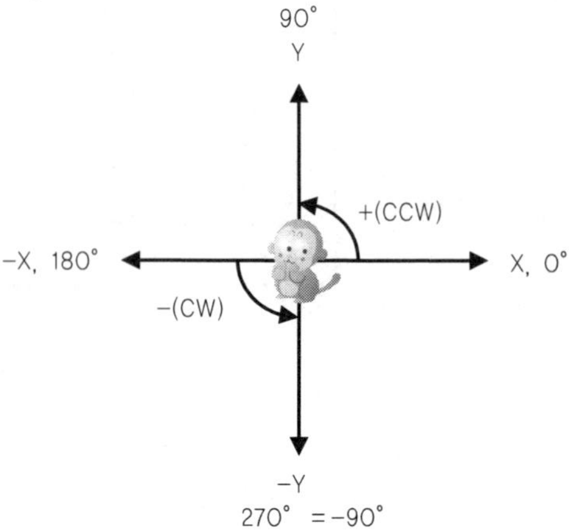

상대직교좌표에서 방향의 부호 및 각도정의

상대극좌표(@거리〈 각도)

상대극좌표도 상대직교좌표와 마찬가지로 앞서 마지막 입력한 점(좌표)을 기준 점으로 하여 그 기준 점으로부터 이동한 거리 값과 각도로 입력하는 방법이다. 거리 값 앞에 최종좌표를 찾는 @가 붙으며 각도의 표시로 각도 앞에는 '<'를 붙인다.

입력방법

기준 점으로부터 @이동한 거리 < 각도 ☞ @100<60

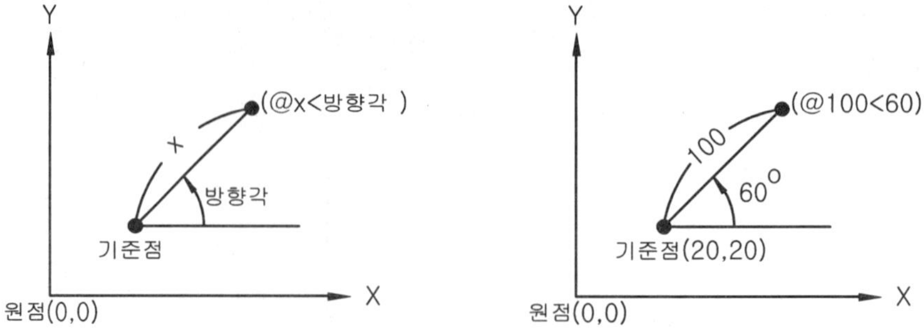

상대극좌표

상대극좌표로 입력된 점의 좌표값(@100 〈 60)은 기준 점(20,20)으로부터 반시계 방향으로 60° 만큼 회전한 상태에서 거리 100만큼 이동한 것이다.

2.3 최종좌표(@)

최종좌표는 사용자가 최종 마지막으로 입력한 점(좌표)을 찾아준다. @는 AutoCAD에서 기억하고 있는 데이터베이스(점, 문자, 객체 등)에서 마지막 입력한 점(좌표)을 항상 기억하고 있다가 마지막 입력한 좌표값을 제공해준다.

▶ 입력방법 : @ ↵

2.4 좌표입력방법

키보드 사용

키보드를 이용하여 좌표값을 입력하는 것은 그다지 능률적이지 못하기 때문에 거의 이용하지 않지만, 정확한 좌표나 위치를 입력하는데 가장 효율적이다. AutoCAD 윈도우의 커서를 움직이기 위하여 마우스를 사용하지 않고 키보드의 방향키(→, ←, ↑, ↓)를 사용하여 마우스의 역할을 대신할 수도 있다. 또한 커서는 [Page Up] 키를 한번 혹은 두 번 누르게 되면 10배 혹은 100배로 이동이 빨라지고, [Page Down] 키를 같은 방법으로 누르면 이동이 느리게 된다.

Pointing device 사용

마우스나 디지타이저(Digitizer)를 사용하여 원하는 점에서 마우스 버튼을 눌러 좌표를 입력하는 통상적이고 편리한 방법이다.

최종좌표

앞서 설명한 바와 같이 최종 사용된 좌표를 입력하지 않고 단순히 @만 입력함으로서 그 값을 대신할 수 있다. 예를 들어, 마지막으로 입력한 좌표가 (20,20)였다면 단순히 @를 입력함으로서 점(20,20)을 지정하는 것과 같다.

3. 선 그리기

선은 그리기의 가장 기본적인 객체로서 하나 또는 여러 개의 객체조합으로 도면을 작성할 수 있으며, 시작점과 다음 이어질 점들의 위치를 입력하면 원하는 선을 그릴 수 있다. 이때 각 점들의 위치는 앞서 정의한 좌표 값을 입력하거나 마우스로 커서의 위치를 이동시켜 설정해도 된다.

입력방법

(키보드)	Command	Line 또는 L Enter↵
(마우스)	Main menu	Draw > Line
	Screen menu	Draw1 > Line
	Icon menu	Draw toolbar > (Line 아이콘)

Command : Line Enter↵

Specify first point: 선의 시작점 입력

Specify next point or [Undo] : 다음 점을 입력하거나 undo 옵션선택

Specify next point or [Undo] : 다음 점을 입력하거나 undo 옵션선택

Specify next point or [Close/Undo] : 다음 점을 입력하거나 close/undo 옵션선택

Specify next point or [Close/Undo] :

⋮

Specify next point or [Close/Undo] : Enter↵ ☞ Line 명령 종료

명령어 사용 중 나오는 메시지에서 point의 의미는?

그리기 도구뿐만 아니라 편집도구의 명령을 사용하다 보면 명령어 영역에 나오는 메시지 중에 '~point:' 라는 메시지가 나온다. 이것은 위치를 설정하라는 의미이며, 이때 위치는 좌표값이나 마우스로 위치를 설정하면 된다.

Line option

- Undo(또는 U) : 앞서 그려진 선을 역순으로 하나씩 제거/취소하는 기능이다.
- Close(또는 C) : 시작점과 마지막 점에 선을 잇고 Line 명령을 종료한다.

Screen Menu에서의 Line Option

- 1 Line : 선을 하나만 그리고 Line 명령을 종료한다.
- Continue : 이 옵션을 선택하고 'Specify first point:'에서 Enter↵를 입력하면 앞서 입력된 마지막 점이 시작점으로 된다.
- Undo : Line option 참조

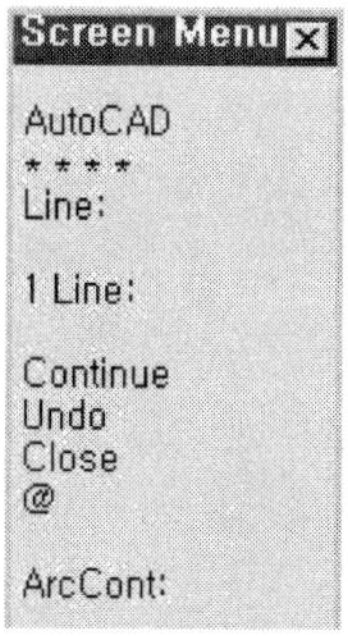

Line Option

- Close : Line option 참조
- @ : 앞서 그려진 선의 최종 좌표의 위치를 지정해준다. 단, 이 옵션은 'Specify first point:'에서만 사용이 가능하다.
- ArcCont : 선 그리기에서 곧 바로 호를 그릴 수 있다.

Line 명령 실행 후 명령어 영역에 나오는 메시지를 자세히 보면 세 번째 점 입력까지는 'Specify next point or [Undo]:' 와 같이 다음 점 입력과 함께 [Undo] 옵션이 나오고 그 이후 입력 점부터는 'Specify next point or [Close/Undo]:' 와 같이 [Close/Undo] 옵션이 같이 나온다. 이것은 **세 점부터 임의의 다각형을 형성할 수 있고,** 따라서 [Close] 옵션을 이용하여 시작점과 마지막 점에 선을 잇고 임의의 다각형을 그릴 수 있기 때문이다.

따라하기 01 : 절대 직교좌표로 도형 그리기

Draw Toolbar에서 Line 아이콘 을 선택한다.

Command:_Line Specify first point: 160,95 Enter↵ ☞ P1점

Specify next point or [Undo]: 260,95 Enter↵ ☞ P2점

Specify next point or [Undo]: 260,195 Enter↵ ☞ P3점

Specify next point or [Close/Undo]: 160,195 Enter↵ ☞ P4점

Specify next point or [Close/Undo]: 160,95 또는 C Enter↵ ☞ P1점

Specify next point or [Close/Undo]: Enter↵

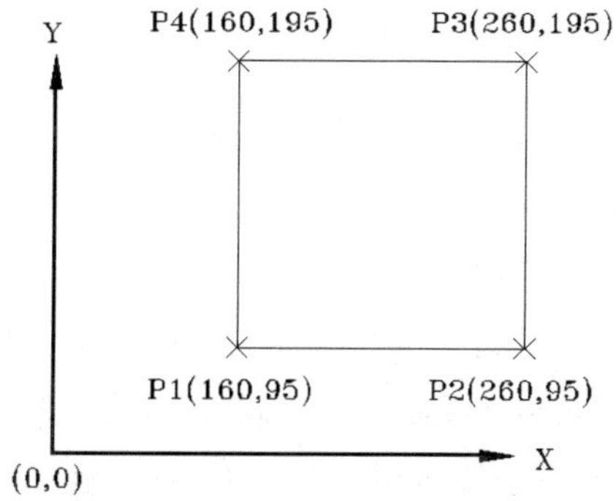

사각형뿐만 아니라 임의의 다각형을 그릴 때 위와 같이 P4 점의 좌표값을 입력한 뒤 다시 P1 점의 좌표값을 입력해도 되지만 시간을 절약한다는 의미에서 close(C) 옵션을 사용하는 것이 훨씬 편리하다.

따라하기 02 : 상대직교좌표로 도형 그리기

Draw Toolbar에서 Line 아이콘 을 선택한다.

Command:_Line Specify first point : 120,55 [Enter↵] ☞ P1점

Specify next point or [Undo] : @180,0 [Enter↵] ☞ P2점

Specify next point or [Undo] : @0,180 [Enter↵] ☞ P3점

Specify next point or [Close/Undo] : @-180,0 [Enter↵] ☞ P4점

Specify next point or [Close/Undo] : @0,-180 [Enter↵] ☞ P1점

Specify next point or [Close/Undo] : [Enter↵]

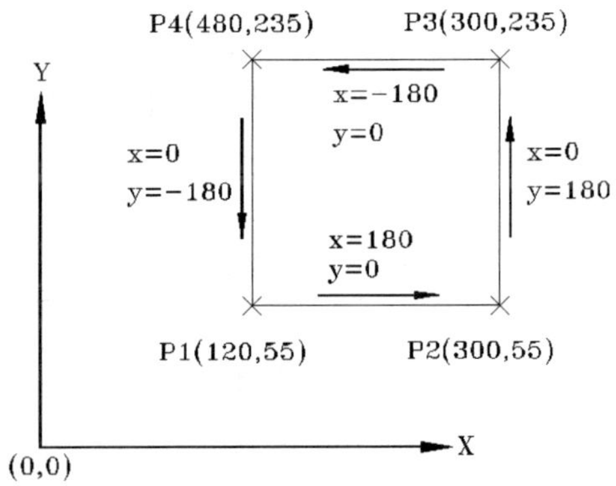

x, y 값은 각 기준 점으로부터 이동한 거리 값을 나타내며, x=0, y=0은 기준 점과 한 값임을 의미한다. 이동방향에 따른 상대 좌표값의 의미에서 설명했듯이 '−' 값은 기준 점으로부터 x는 왼쪽으로 y는 아래로 이동했음을 의미한다.

따라하기 03 : 상대극좌표로 도형 그리기

Draw Toolbar에서 Line 아이콘 을 선택한다.

Command:_Line Specify first point : 80,15 [Enter↵] ☞ P1점

Specify next point or [Undo] : @260<0 [Enter↵] ☞ P2점

Specify next point or [Undo] : @260<90 [Enter↵] ☞ P3점

Specify next point or [Close/Undo] : @260<180 [Enter↵] ☞ P4점

Specify next point or [Close/Undo] : @260<-90 [Enter↵] ☞ P1점

Specify next point or [Close/Undo] : [Enter↵]

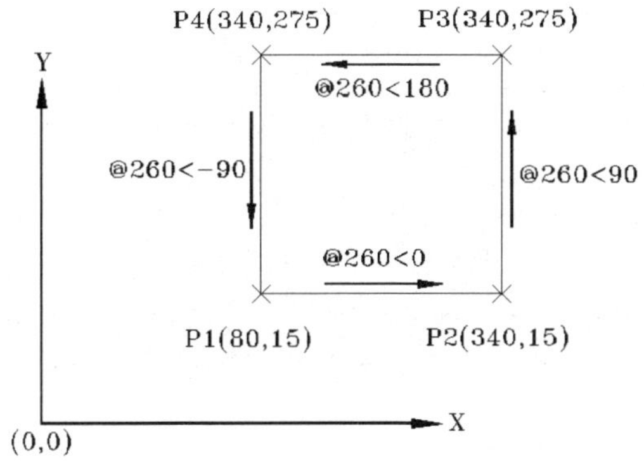

각도 -90은 '각도의 정의' 에서 설명했듯이 각도의 증분방향을 시계방향으로 설정했기 때문이다.

따라하기 04 : Close(또는 C) 옵션을 사용하여 도형 그리기

Draw Toolbar에서 Line 아이콘 을 선택한다.

Command:_Line Specify first point : 마우스로 P1점 지정

Specify next point or [Undo] : @0,150 Enter ☞ P2점

Specify next point or [Undo] : @60,0 Enter ☞ P3점

Specify next point or [Close/Undo] : @84.9<-45 Enter ☞ P4점

Specify next point or [Close/Undo] : @84.9<45 Enter ☞ P5점

Specify next point or [Close/Undo] : @60,0 Enter ☞ P6점

Specify next point or [Close/Undo] : @0,-150 Enter ☞ P7점

Specify next point or [Close/Undo] : C Enter ☞ P1점(Close 옵션)

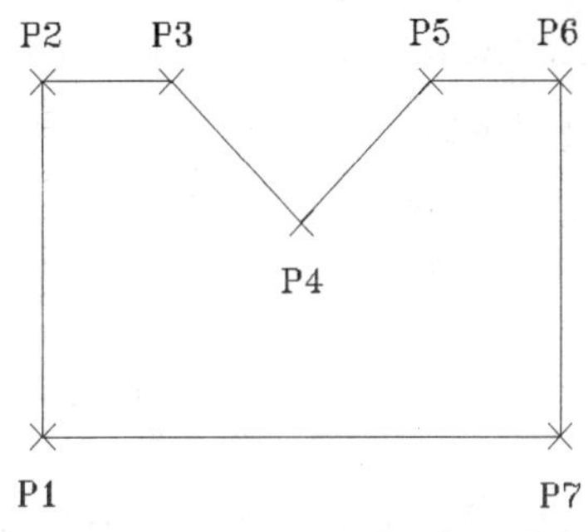

4개의 도형을 그려봐서 알 수 있듯이 **시작점(Specify first point:)에서는 반드시 마우스나 절대 직교좌표값을 입력해야한다.** Line 명령실행 중에 마우스의 오른쪽 버튼을 누르면 **단축 메뉴활용 1, 2**와 같이 Line 명령의 옵션을 사용할 수 있는 단축메뉴가 나온다. 자세한 내용은 제1장 '마우스 오른쪽 버튼에 의한 단축메뉴' 를 참조하기 바란다.

Line의 단축 메뉴활용 1

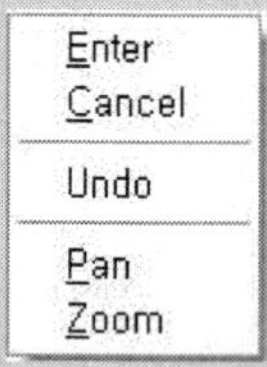

- Enter : Enter↵와 같은 역할을 한다.
- Cancel : 키보드의 Esc를 선택했을 때와 같은 역할을 한다.
- Undo : Line option 참조
- Pan : Pan 명령을 실행시킨다.
- Zoom : Zoom 명령의 real time 옵션을 시행시킨다.

※ 'Specify next point or [Undo]:' 메시지가 나오는 세 번째 점 입력까지 마우스의 오른쪽 버튼을 누르면 이 단축메뉴가 나온다.

Line의 단축 메뉴활용 2

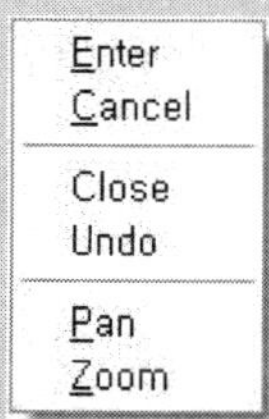

- Enter : Enter↵와 같은 역할을 한다.
- Cancel : 키보드의 Esc를 선택했을 때와 같은 역할을 한다.
- Close : Line option 참조
- Undo : Line option 참조
- Pan : Pan 명령을 실행시킨다.
- Zoom : Zoom 명령의 real time 옵션을 시행시킨다.

※ 'Specify next point or [Close/Undo]:' 메시지가 나오는 네 번째 점 입력부터 마우스의 오른쪽 버튼을 누르면 이 단축메뉴가 나온다.

따라하기 05 : Undo 옵션을 사용하여 도형 그리기

Draw Toolbar에서 Line 아이콘 을 선택한다.
Command:_Line Specify first point : F8(Ortho 모드설정) + 마우스로 P1점 지정
Specify next point or [Undo] : 마우스로 P2점 지정
Specify next point or [Undo] : 마우스로 P3점 지정
Specify next point or [Close/Undo] : 마우스로 P4점 지정
Specify next point or [Close/Undo] : U Enter↵ ☞ P3점(Undo 옵션)
Specify next point or [Close/Undo] : C Enter↵ ☞ P1점(Close 옵션)

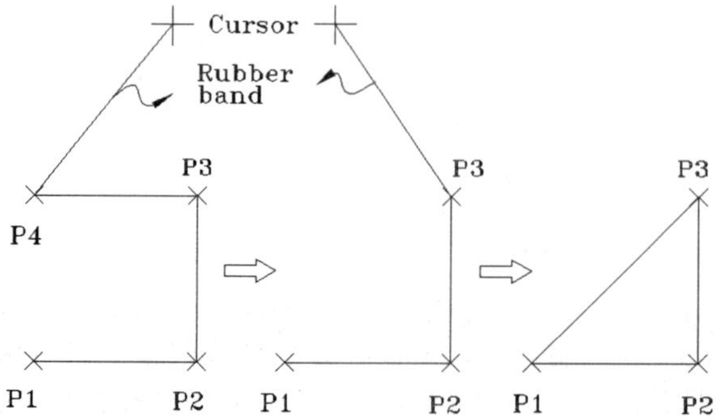

Line 명령 실행 중 undo 옵션을 사용하면 커서와 P4점에 연결돼있던 rubber band는 커서와 P3점에 연결되면서 P3P4선 하나가 제거된 것을 볼 수 있다.

따라하기 06 : 명령의 반복실행과 @ 옵션 사용하여 도형 그리기

Draw Toolbar에서 Line 아이콘 ⁄ 을 선택한다.

Command:_Line Specify first poin t: 310,80 [Enter↵] ☞ P1점

Specify next point or [Undo] : @130<270 [Enter↵] ☞ P2점

Specify next point or [Undo] : @200<180 [Enter↵] ☞ P3점

Specify next point or [Close/Undo] : @130<90 [Enter↵] ☞ P4점

Specify next point or [Close/Undo] : C [Enter↵]

- **명령의 반복실행 방법에 따라 ↵를 누르거나 마우스의 오른쪽 버튼을 눌러 아래 단축메뉴가 나오면 'Repeat Line'을 선택하여 Line 명령을 다시 실행시킨다.**

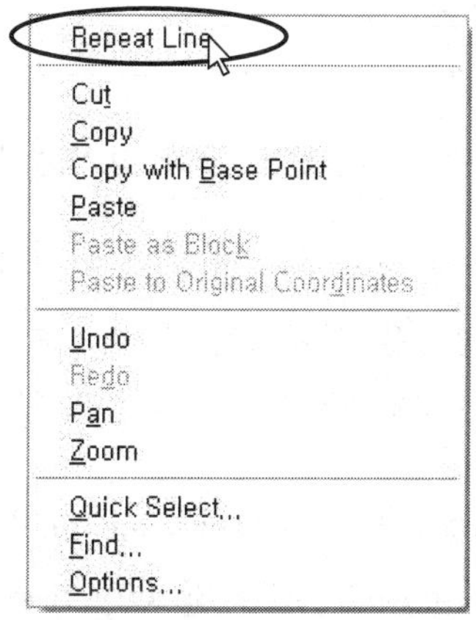

■ 마우스의 오른쪽 버튼에 의한 단축메뉴

- **명령어 영역에 @ 옵션을 입력하면 앞서 그려진 도형의 최종좌표인 위치 P4를 찾게 되고 이 점이 시작점이 된다.**

Command:_Line Specify first point : @ [Enter↵] ☞ P4점

Specify next point or [Undo] : @60<180 [Enter↵] ☞ P5점

Specify next point or [Undo] : @90<45 [Enter↵] ☞ P6점

Specify next point or [Close/Undo] : @192.7<0 [Enter↵] ☞ P7점

Specify next point or [Close/Undo] : @90<315 [Enter↵] ☞ P8점

Specify next point or [Close/Undo] : @60<180 [Enter↵] ☞ P1점

Specify next point or [Close/Undo] : [Enter↵]

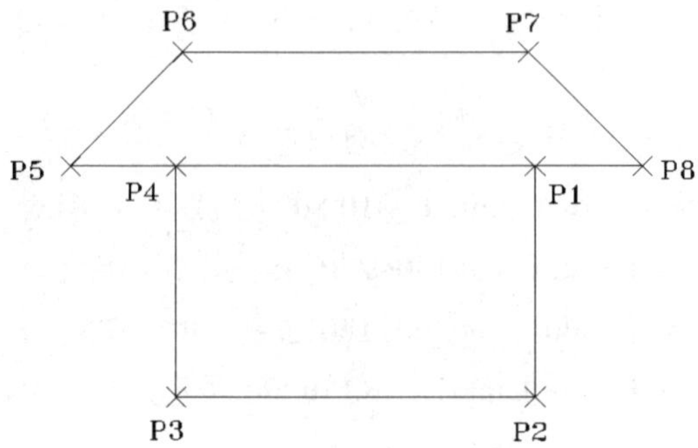

명령의 반복실행은 Enter↵를 누르거나 마우스의 오른쪽 버튼을 눌러 단축메뉴에서 'Repeat Line' 을 선택하면 되고, 앞서 그려진 도형의 최종좌표를 찾을 때 Line 명령의 @뿐만 아니라 Continue 옵션을 이용해도 된다.

따라하기 07 : 방향성 이동거리 값에 의한 도형 그리기

방향성 이동거리 값에 의한 도형 그리기는 AutoCAD에만 있는 특수한 기법으로 우선 Line 명령을 실행시킨 후 커서를 도형을 그리고자하는 방향으로 옮겨놓은 뒤 이동거리 값을 지정하면 커서가 위치해 있는 방향으로 선이 그려진다.

Draw Toolbar에서 Line 아이콘 ╱을 선택한다.
Command:_Line Specify first point : 100,60 Enter↵ ☞ P1점
Specify next point or [Undo] : @100<0 Enter↵ ☞ P2점
다음 메시지에서 이동거리 100을 입력한다.
Specify next point or [Undo] : 100 Enter↵ ☞ P3점

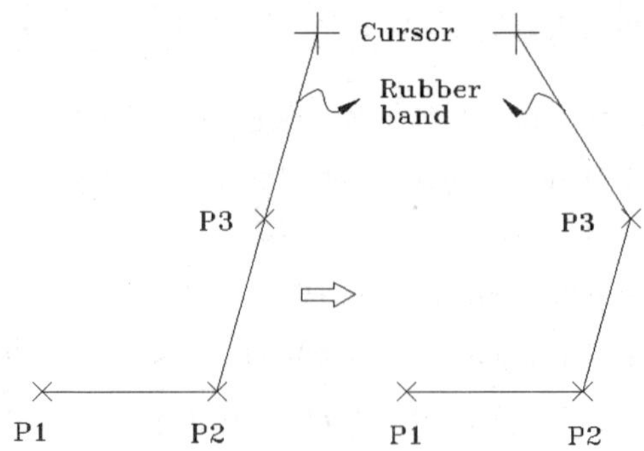

방향성 이동거리 값에 의한 선 그리기도 시작점은 반드시 절대 좌표값이나 마우스로 지정해야 한다. 이동거리 값 100을 입력하면 커서가 위치해 있는 방향으로 P3점이 생기고 선이 하나 그려진다.

따라하기 08 : 극좌표 추적과 방향성 이동거리 값에 의한 도형 그리기

극좌표 추적(Polar Tracking) 모드의 활용?

극좌표 추적에 의한 도형 그리기는 기능키 F10 이나 화면 하단의 POLAR 버튼을 선택하여 활성화시킨다. 극좌표 추적 모드가 활성화되면 POLAR 버튼이 움푹 들어간다. 자세한 내용은 제4장 polar tracking 활용하기를 참조한다. 선 그리기 명령을 실행하고 극좌표 추적 모드를 활성화시키면, 커서가 0°, 90°, 180°, 270° 방향으로 이동할 때마다 커서에는 'Ploar:거리<각도'의 형태로 현재 위치를 극좌표 값으로 나타내준다.

Draw Toolbar에서 Line 아이콘 을 선택한다.

Command:_Line Specify first point: 110,80 Enter↵ ☞ P1점

아래 좌측그림과 같이 커서를 수평으로 이동하면 폴라 트래킹이 발생한다.

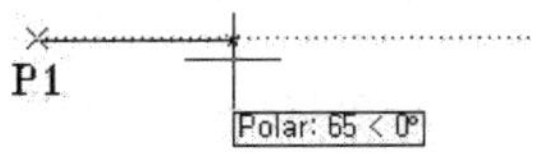

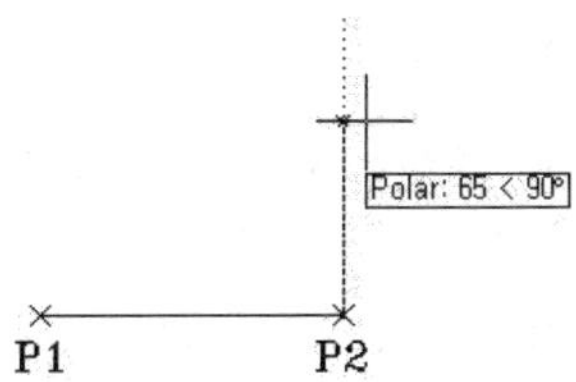

다음 메시지에서 이동거리 100을 입력하고, 위 우측그림과 같이 커서를 수직으로 이동시켜 폴라 트래킹을 발생시킨다.

Specify next point or [Undo] : 100 Enter↵ ☞ P2점

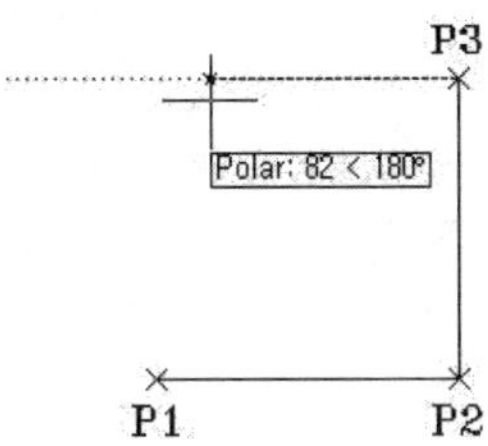

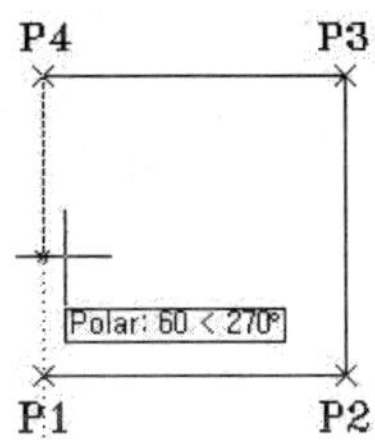

다음 메시지에서 이동거리 100을 입력하고, 위 좌측그림과 같이 커서를 수평으로 이동시켜 폴라 트래킹을 발생시킨다.

Specify next point or [Undo] : 100 Enter↵ ☞ P3점

다음 메시지에서 이동거리 100을 입력하고, 위 우측그림과 같이 커서를 수직으로 이동시켜 폴라 트래킹을 발생시킨다.

Specify next point or [Undo] : 100 Enter↵ ☞ P4점

다음 메시지에서 이동거리 100을 입력하면 정사각형이 그려진다.

Specify next point or [Undo] : 100 Enter↵ ☞ P1점
Specify next point or [Undo] : Enter↵

4. 객체와 객체선택하기

하나의 단일 도형인 선, 원, 호, 폴리라인 등의 도면요소(Entity)로 도면을 그린 뒤 작성도면을 편집하려면, 도면의 객체를 선택해야 편집할 수 있다. 객체와 객체선택방법에 대해 알아보기로 한다.

4.1 객체(Object)란 무엇인가?

객체(Object)란 도면요소가 도면영역에 그려진 상태(도면)를 말한다. 예를 들어, 아래 그림과 같이 Line 명령으로 4개의 직선과 Circle 명령으로 2개의 원을 그려서 도면을 작성하였다면, 도면영역에는 총 6개의 객체가 그려진 것이다. 즉, 도면을 작성하는데 사용된 도면요소가 하나의 객체로 다루어지게 된다.

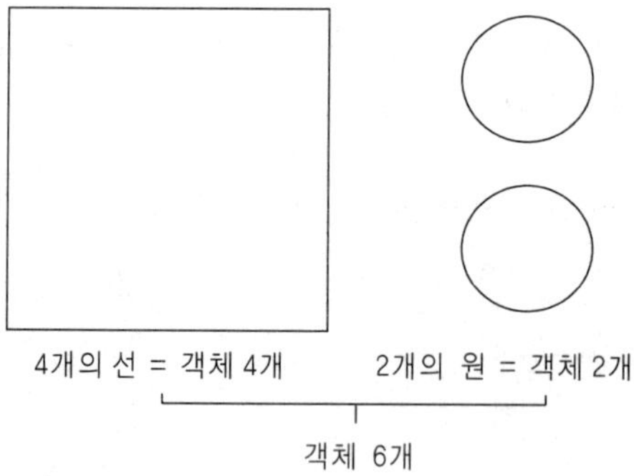

Objects

4.2 객체선택하기(Select)

AutoCAD의 편집명령(Erase, Move, Copy 등)을 실행하면 반드시 객체를 선택하라는 'Select objects' 메시지가 나온다. 이때 객체선택방법에 따라 객체를 하나씩, 일부분 또는 한꺼번에 선택할 수 있고, 또 이미 선택한 객체를 제거하거나 추가할 수 있다. 여기서는 편집도구명령을 실행할 때 나오는 'Select objects' 메시지에도 적용되는 select 명령의 옵션(객체선택방법)을 설명한다.

Select 명령은 단순히 객체를 선택하는 명령으로 객체를 선택한 후 Enter↵를 입력하면 명령이 종료되지만, 편집명령 Erase, Move, Copy 등을 실행한 후 'Select objects' 메시지에서 P(Previous) 옵션을 입력하면 Select 명령의 옵션으로부터 선택되었던 객체들을 다시 선택할 수 있다.

입력방법

	Command	Select Enter↵
	Icon menu	View 〉 Toolbar 〉 Commands Tab 〉 All Commands

Command : Select Enter↵
Select objects: ? 또는 객체선택방법 입력 Enter↵

?의 의미와 객체선택방법의 아이콘

■ **?의 의미**

?는 도움말을 의미하며, ?를 입력하면 다음과 같이 하위옵션인 객체선택방법이 나온다.

Expects a point or
Window/Last/Crossing/BOX/ALL/Fence/WPolygon/CPolygon/Group/Add/Remove/
Multiple/Previous/Undo/AUto/SIngle

■ **객체선택방법의 아이콘**

Main Menu의 View > Toolbar을 선택하면 'Customize' 대화상자가 나오고, 이 대화상자의 'Commands' 탭에서 'All Commands'를 선택하면 Select 명령 옵션의 아이콘들이 나온다.

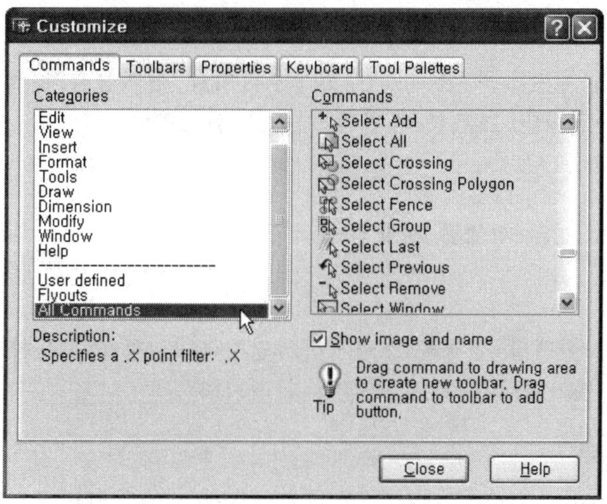

Customize

객체선택방법

Select 명령이나 편집(Modify)도구의 명령을 사용하면 명령어 영역에는 반드시 ‘Select objects:’라는 메시지가 나오고, 이 메시지는 객체를 선택하라는 의미이다. 예를 들어 Select 명령이나 편집도구의 명령 중 Erase 명령을 입력하면 ‘+’ 모양의 커서가 ‘ ’ 모양의 선택상자(Pick Box)로 바뀌고, ‘Select objects:’의 메시지에서 객체를 선택하면 된다. 객체선택방법은 옵션의 대문자로 표기된 글자를 입력하거나 옵션의 아이콘을 선택해도 된다. 이때 선택된 객체는 점선으로 표시된다. 객체선택방법에 따른 객체선택은 Erase 명령에서 연습해보기로 한다.

- **Expects a point**

  일명 Pointing 방식으로 선택상자(□)로 객체를 하나씩 선택하는 방법이다.

- **Window( )**

  W를 입력하면 ‘□’ 모양의 선택상자가 다시 ‘+’ 모양으로 바뀌고, 이때 마우스를 이용하여 임의의 두 점을 지정하여 하나의 상자를 만든다. 이 상자 속에 완전히 포함된 객체만 선택된다. 이때 그려진 상자는 실선으로 표시된다.

- **Last( )**

  작성된 도면의 객체 중 가장 마지막으로 그려진 객체를 선택한다. 이 옵션은 마지막으로 그려진 객체 하나만 선택된다.

- **Crossing( )**

  C를 입력하면 윈도우방법에서와 같이 상자가 만들어진다. 윈도우방식과는 달리 상자에 일부만 걸쳐져도 객체가 모두 선택된다. 이때 그려진 상자는 파선으로 그려진다.

- **BOX**

  윈도우와 크로싱 방법의 두 기능을 선택적으로 실행할 수 있다. 선택상자의 첫 점으로부터 상자의 왼쪽으로 움직이면 윈도우방법을 선택상자의 첫 점으로부터 상자의 오른쪽으로 움직이면 크로싱 방법의 기능을 실행한다.

- **ALL( )**

  작성된 도면의 모든 객체를 선택한다.

- **Fence( )**

  선을 그리듯이 선택할 객체를 스쳐지나가면서 다음 점을 선택하여 선을 그리면 점선이 그려지고, 스쳐지나간 객체 모두가 선택된다.

- **WPolygon( )**

  WP(Window/Polygon)의 선택상자가 다각형으로 윈도우방법과 같이 다각형의 상자에 완전히 포함된 객체만 선택된다.

- **CPolygon( )**

  CP(Crossing/Polygon)의 선택상자가 다각형으로 크로싱 방법과 같이 상자의 일부에만 걸쳐져도 객체가 모두 선택된다.

- **Group( )**

  Group 명령을 사용하여 설정한 객체의 그룹을 선택한다.

- **Add( )**

  Remove 상태에서 취소를 멈추고, 다시 객체를 추가하여 선택한다.

- **Remove( )**

  선택된 객체 중 선택순서에 관계없이 원하는 객체의 선택을 취소한다.

- **Multiple**

  다른 객체를 추가로 선택한다.

- **Previous( )**

  전 단계에서 선택했던 객체를 다시 선택할 수 있다.

- **Undo**

  마지막 선택된 객체를 취소한다.

- **AUto**

  Pointing이나 Box 방법에 의해 객체를 선택할 수 있도록 해준다.

- **Single**

  단, 하나의 객체만을 선택하도록 한다.

4.3 빠르게 선택하기(Quick select)

객체특성 즉, 색상, 도면층, 선의 유형 등이 같은 항목을 한꺼번에 선택할 수 있게 해줌으로서 객체를 빠르게 선택할 수 있는 장점이 있다. 작업도면에서 직접 객체를 선택한 후 같은 조건을 지정한 다음 나중에 사용할 수 있도록 저장할 수가 있기 때문에 전체 도면을 편집해야 할 때 매우 유용하게 사용된다.

입력방법

(키보드)	Command	Qselect Enter↵
(마우스)	Main menu	Tools > Quick Select

명령을 실행하면 'Quick Select' 대화상자가 나타나고, 이 대화상자로부터 해당조건을 설정하면 객체를 빠르게 선택할 수 있다.

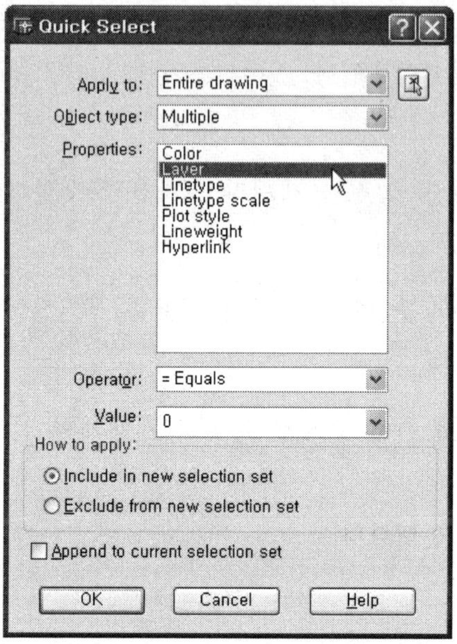

Quick Select

Quick Select 대화상자에서

- **Apply to**

  선택조건을 적용할 객체의 범위를 설정한다.

  - Entire Drawing : 전체 도면의 객체에 적용한다.
  - Current Selection : Select Object 아이콘으로 선택한 객체만 적용한다.

- **Select objects( )**

  작업도면에서 선택조건을 적용할 객체를 선택한다.

- **Object type**

  선택할 객체의 유형(선, 원, 호 등)을 지정한다.

- **Properties**

  선택기준이 될 객체의 특성을 지정한다.

- **Operator**

  선택할 조건의 연산자를 지정한다. 즉, 객체의 특성과 같은 값, 같지 않은 값, 작은 값, 큰 값 등을 선택한다.

- Value

  연산자에 사용되는 값(객체특성 값)을 설정한다.

- How to apply

  선택할 조건으로 객체에 적용할지 여부를 결정한다.

  ▶ Include in new selection set : 조건을 만족하는 객체를 선택한다.

  ▶ Exclude from new selection set : 조건을 만족하는 객체를 선택에서 제외한다.

- Append to current selection set

  새 조건을 만족하는 객체를 현재 선택된 객체에 추가합니다.

5. 객체 지우기

작성된 도면이나 도면을 작성할 때 잘못 그렸거나 불필요한 객체의 일부분이나 특정 부분을 지우고자 할 때 사용하는 편집도구이다. 만일 실수로 객체를 잘못 지웠을 경우 U, Undo 명령이나 Oops 명령을 사용하면 되살아난다.

입력방법

	Command	Erase Enter↵
	Main menu	Modify > Erase
	Screen menu	Modify1 > Erase
	Icon menu	Modify Toolbar > 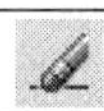

Command: erase Enter↵

Select objects : ? 또는 객체선택방법에 따라 지울 객체선택 Enter↵

객체를 선택하고 나면 'Select objects: ~found' 하고 찾은 객체의 수를 표시해주고, 객체를 또 선택하면 'Select objects: ~ found, ~ total' 하고 찾은 객체의 수와 선택된 전체 객체 수를 표시해준다.

Select objects : ① 지울 객체를 연속적으로 선택하거나

② 더 이상 선택할 객체가 없으면 Enter↵ 입력

☞ 선택된 객체가 모두 지워지고 erase 명령 종료

Del 키에 의한 객체 지우기?

Erase 명령 외에 또 다른 객체지우는 방법은 지울 객체를 먼저 선택한 다음 Del 키를 누르면 쉽게 객체를 지울 수 있다.

따라하기 : 객체선택방법에 의한 객체 지우기

- **Step 01** : Line 아이콘 선택하고 규칙 없이 별을 하나 그린다.

- **Step 02** : Modify Toolbar에서 Erase 아이콘 을 선택하고 Select 명령의 옵션을 이용한 객체선택방법으로 객체 지우기를 한다. 객체를 선택하면 선택된 객체는 점선으로 표시된다.

▶ Expects a point

Command:_erase

Select objects : 1 found ☞ □ 모양의 선택상자로 L1 선택

Select objects : 1 found, 2 total ☞ □ 모양의 선택상자로 L2 선택

Select objects : 1 found, 3 total ☞ □ 모양의 선택상자로 L3 선택

Select objects : Enter↵ ☞ 선택된 객체 3개가 지워지고 Erase 명령 종료

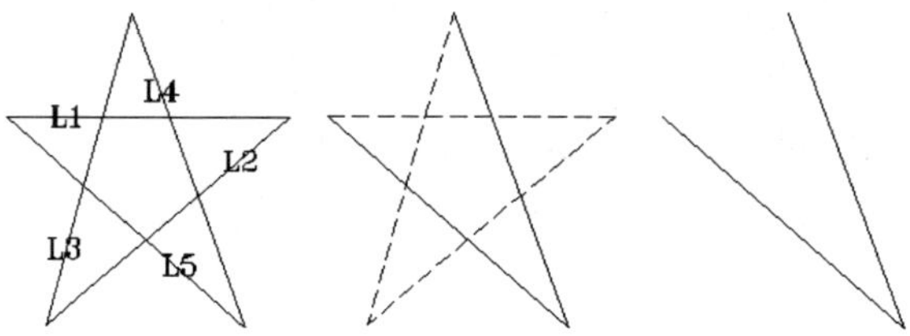

객체선택 전 Erase실행 전 / 객체선택 후 / Erase실행 후

▶ Window()

Command:_erase

Select objects : w Enter↵

Specify first corner : ☞ P1점 선택

Specify opposit corner : 1 found ☞ P2점 선택(실선의 객체선택상자가 생성됨)

Select objects : Enter↵ ☞ 선택된 객체 1개가 지워지고 Erase 명령 종료

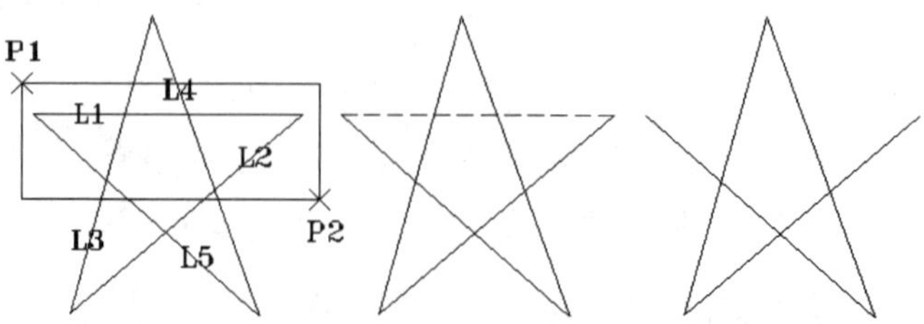

객체선택 전 Erase실행 전 / 객체선택 후 / Erase실행 후

▶ Last( )

Command:_erase

Select objects : l Enter↵

1 found ☞ 별을 그린 마지막 선이 L5이므로 L5가 선택됨

Select objects : Enter↵ ☞ 선택된 객체 1개가 지워지고 Erase 명령 종료

이 옵션은 마지막으로 그려진 객체 하나만 선택되기 때문에 'Select objects:' 에서 'L' 옵션을 또 입력하면 '1 found(1 duplicate), 1 total' 하고 메시지가 나온다. 마지막으로 그려진 객체는 하나밖에 없기 때문에 중복선택이 되었다는 메시지가 나온다.

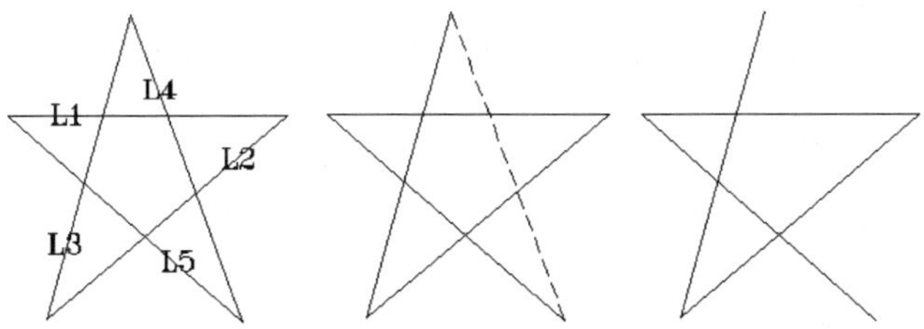

객체선택 전 Erase실행 전 | 객체선택 후 | Erase실행 후

▶ Crossing( )

Command:_erase

Select objects : c Enter↵

Specify first corner : ☞ P1점 선택

Specify opposit corner : 5 found ☞ P2점 선택(점선의 객체선택상자가 생성됨)

Window 옵션과는 달리 점선의 객체선택상자가 생성되고, 객체선택상자에 걸쳐진 객체까지 모두 선택된다.

Select objects : Enter↵ ☞ 선택된 객체 5개가 지워지고 Erase 명령 종료

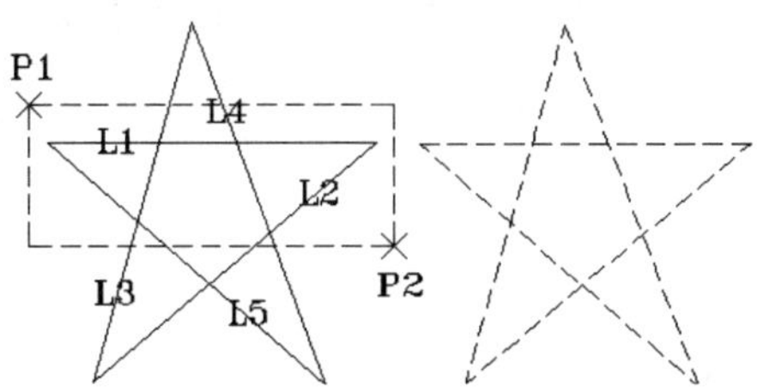

객체선택 전 Erase실행 전 | 객체선택 후 | Erase실행 후

▶ BOX

Command:_erase

Select objects : box Enter↲

Specify first corner : ☞ P1점 선택

Specify opposit corner : 1 found ☞ P2점 선택

P1 점으로부터 상자의 오른쪽으로 움직여 P2점을 정하였으므로 윈도우 옵션을 이용한 것과 같다. 따라서 L5 선만 선택되고 지워졌다.

Select objects : Enter↲ ☞ 선택된 객체 1개가 지워지고 Erase 명령 종료

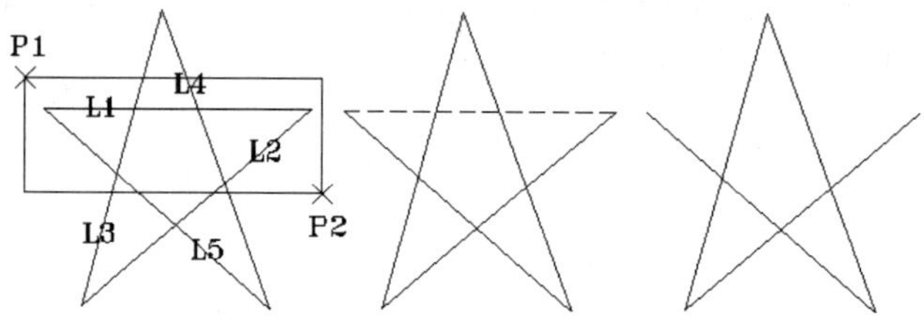

객체선택 전 Erase실행 전 | 객체선택 후 | Erase실행 후

▸ ALL()

Command:_erase

Select objects : all Enter↲

5 found ☞ 도면에 그려진 모든 객체(5개)가 선택됨

Select objects : Enter↲ ☞ 선택된 객체 5개가 지워지고 Erase 명령 종료

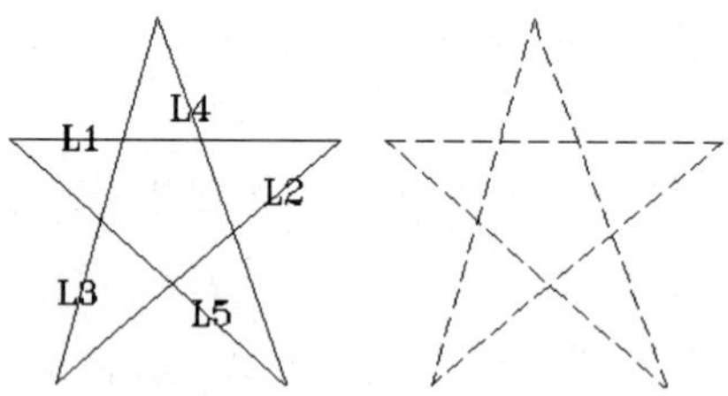

객체선택 전 Erase실행 전 | 객체선택 후 | Erase실행 후

▸ Fence()

Command:_erase

Select objects : f Enter↲

First fence point : ☞ P1점 선택

Specify endpoint of Line or [Undo] : ☞ P2점 선택

Specify endpoint of Line or [Undo] : ☞ P3점 선택

4 found ☞ 점선이 스쳐지나간 객체 모두 선택

Select objects : Enter↲ ☞ 선택된 객체 4개가 지워지고 Erase 명령 종료

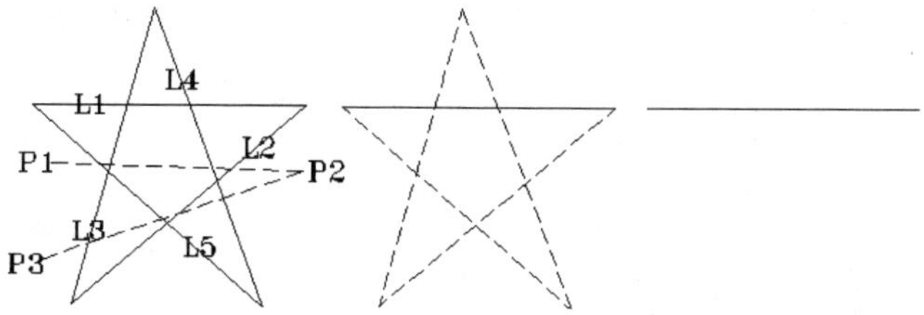

객체선택 전
Erase실행 전 | 객체선택 후 | Erase실행 후

▶ WPolygon( )

Command:_erase

Select objects : wp Enter↵

First polygon point : ☞ P1점 선택

Specify endpoint of Line or [Undo] : ☞ P2점 선택

Specify endpoint of Line or [Undo] : ☞ P3점 선택

Specify endpoint of Line or [Undo] : ☞ P4점 선택

Specify endpoint of Line or [Undo] : Enter↵ ☞ 다각형 그리기 종료

1 found

Select objects : Enter↵ ☞ 선택된 객체 1개가 지워지고 Erase 명령 종료

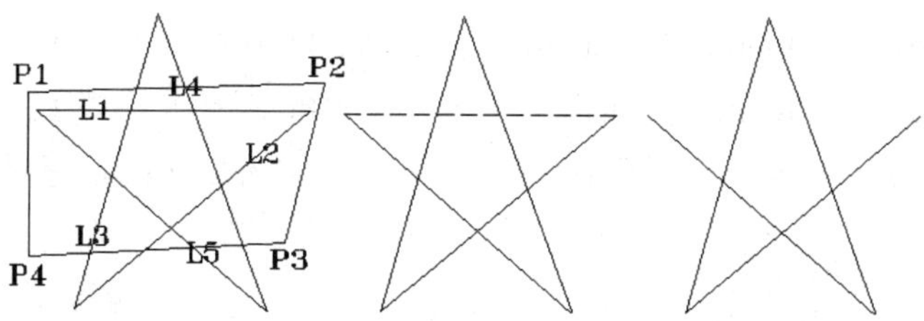

객체선택 전
Erase실행 전 | 객체선택 후 | Erase실행 후

▶ CPolygon( )

Command:_erase

Select objects : cp Enter↵

First polygon point : ☞ P1점 선택

Specify endpoint of Line or [Undo] : ☞ P2점 선택

Specify endpoint of Line or [Undo] : ☞ P3점 선택

Specify endpoint of Line or [Undo] : ☞ P4점 선택

Specify endpoint of Line or [Undo] : Enter↵ ☞ 다각형 그리기 종료

5 found

Select objects : Enter↵ ☞ 선택된 객체 1개가 지워지고 Erase 명령 종료

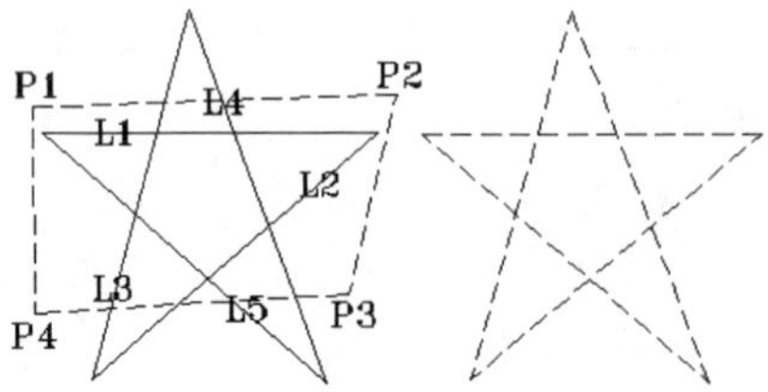

객체선택 전 Erase실행 전　　객체선택 후　　Erase실행 후

▶ Add( )와 Remove( )

Command:_erase

Select objects : 1 found ☞ Enter↵ 모양의 선택상자로 L1 선택

Select objects : 1 found, 2 total ☞ Enter↵ 모양의 선택상자로 L2 선택

Select objects : 1 found, 3 total ☞ Enter↵ 모양의 선택상자로 L3 선택

Select objects : r Enter↵ ☞ remove 옵션 입력

Remove Objects : 1 found, 1 removed, 2 total ☞ Enter↵ 모양의 선택상자로 L3 선택

Remove Objects : 1 found, 1 removed, 1 total ☞ Enter↵ 모양의 선택상자로 L2 선택

Remove Objects : a Enter↵ ☞ add 옵션 입력

Select objects : 1 found, 2 total ☞ Enter↵ 모양의 선택상자로 L3 선택

Select objects : 1 found, 3 total ☞ Enter↵ 모양의 선택상자로 L2 선택

Select objects : Enter↵ ☞ 선택된 객체 3개가 지워지고 Erase 명령 종료

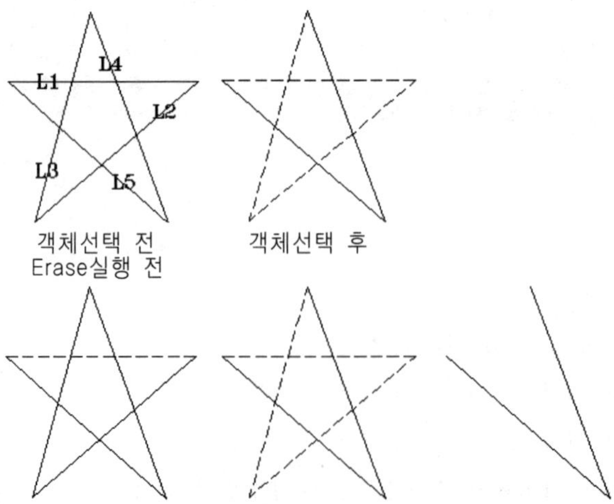

객체선택 전 Erase실행 전　　객체선택 후

Remove 명령 실행　　Add 명령 실행　　Erase실행 후

▶ Group( )

Command:_erase

Select objects : g Enter↵

Enter group name : group1 Enter↵ ☞ Group 명령으로 이미 지정된 그룹을 입력해야 한다.

xx found ☞ 선택된 객체 수 표시

Select objects : Enter↵ ☞ 선택된 객체 xx개가 지워지고 Erase 명령 종료

▶ Multiple

Command:_erase

Select objects: m Enter↵

Select objects : ☞ □ 모양의 선택상자로 L1, L2, L3 선택

Select objects : Enter↵

3 selected, 3 found

객체를 선택해도 선택표시가 안되고 Enter↵ 를 입력해야 선택표시인 점선으로 바뀐다.

Select objects : Enter↵ ☞ 선택된 객체 3개가 지워지고 Erase 명령 종료

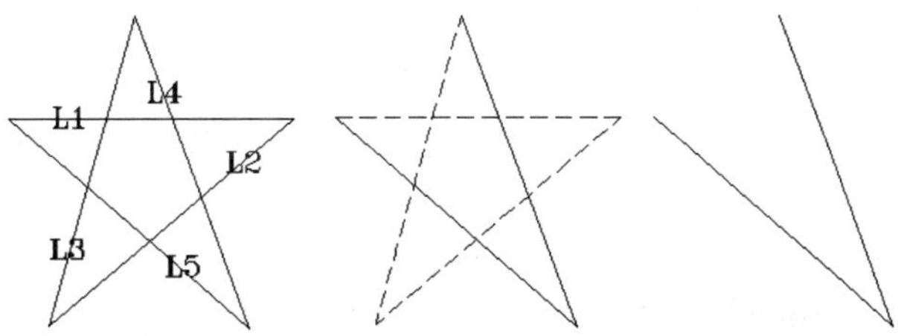

객체선택 전 Erase실행 전 | 객체선택 후 | Erase실행 후

▶ Previous( )

Previous 옵션에서는 전 단계에서 선택했던 객체를 임시 저장장소인 클립보드에 데이터로 기억해두었다가 다시 선택할 수 있도록 해주기 때문에 Erase 명령과 같이 객체를 지워버리는 편집도구에서는 사용할 수 없다.

Modify Toolbar에서 Copy( ) 아이콘을 선택한다.

Command:_copy

Select objects : 1 found ☞ □ 모양의 선택상자로 L1 선택

Select objects : 1 found, 2 total ☞ □ 모양의 선택상자로 L2 선택

Select objects : 1 found, 3 total ☞ □ 모양의 선택상자로 L3 선택

Select objects : Enter↵ ☞ 더 이상 선택할 객체가 없음

Specify base point or displacement, or [Multiple] : ☞ 기준점 P1 선택

Specify second point of displacement or <use first point as displacement>:
☞ 복사할 위치 P2 선택과 동시에 Copy 명령 종료

Modify Toolbar에서 Move( ) 아이콘을 선택한다.

Command: _move

Select objects : p

3 found

Select objects : Enter↵ ☞ 더 이상 선택할 객체가 없음

Specify base point or displacement : ☞ 기준점 P1 선택

Specify second point of displacement or <use first point as displacement> :
☞ 이동할 위치 P3 선택과 동시에 Move 명령 종료

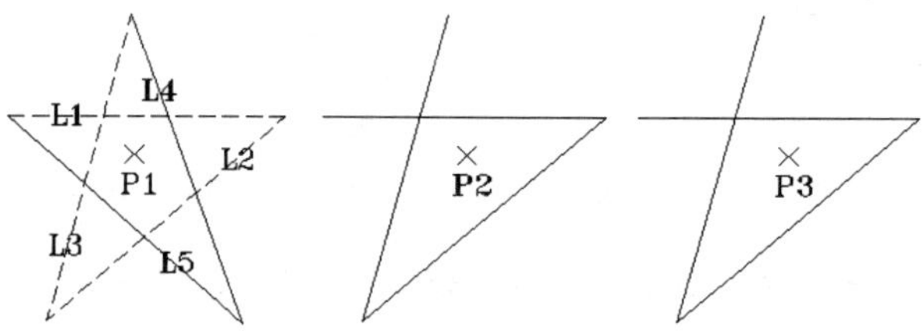

Copy실행 전
Move실행 전 | Copy실행 후 | Move실행 후

▶ Undo

Command:_erase

Select objects : 1 found ☞ L1 선택

Select objects : 1 found, 2 total ☞ L2 선택

Select objects : 1 found, 3 total ☞ L3 선택

Select objects : u Enter↵ ☞ L3 취소

Select objects : u Enter↵ ☞ L2 취소

Select objects : Enter↵ ☞ 선택된 객체 1개가 지워지고 Erase 명령 종료

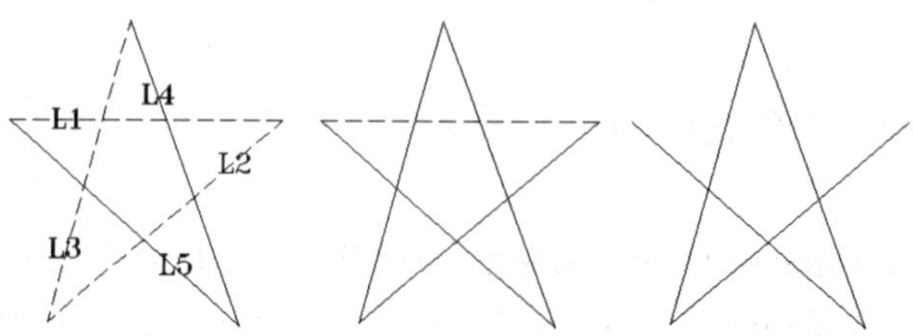

객체선택 후
Erase실행 전 | Undo실행 후 | Erase실행 후

▶ AUto

Command:_erase

Select objects : au

Select objects : 1 found ☞ pointing 방법으로 L1 선택

Select objects : ☞ 객체가 없는 빈 공간 P1 선택

Specify opposite corner: ☞ P2 선택

P1 점으로부터 상자의 왼쪽으로 움직여 P2점을 정하였으므로, BOX 옵션이 적용되어 크로싱 옵션을 이용한 것과 같다.

4 found (1 duplicate), 5 total

Select objects : Enter↵ ☞ 선택된 객체 5개가 지워지고 Erase 명령 종료

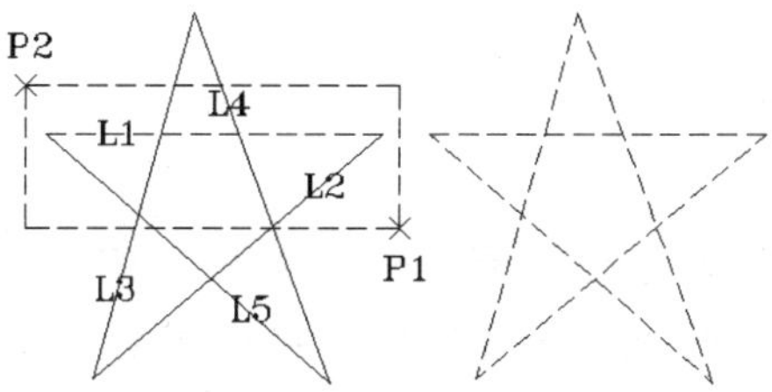

Pointing 옵션 Erase실행 전　　BOS 옵션　　Erase실행 후

▶ SIngle

Command: _erase

Select objects: si Enter↵ ☞ L1 선택(단 하나의 객체만 선택할 수 있다.)

Select objects: 1 found Enter↵ ☞ 선택된 객체 1개가 지워지고 Erase 명령 종료

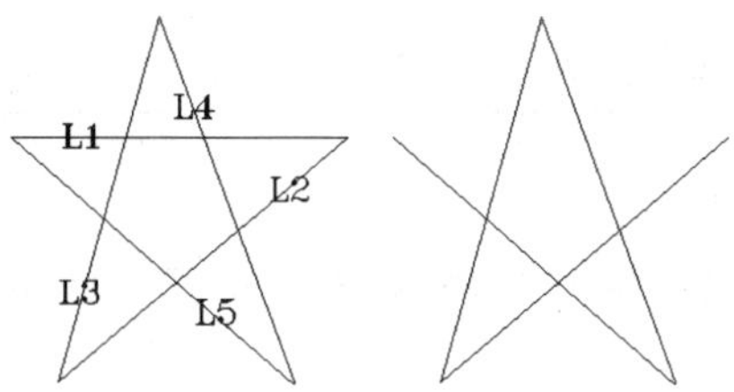

객체선택 전 Erase실행 전　　객체선택 후

6. 명령취소/복구와 지워진 객체의 복원

도면을 작성하거나 수정 및 편집할 때 전 단계의 명령을 취소하려면 U 명령이나 Undo 명령을 사용하면 되나 이들 명령은 엄격히 말해 차이가 있다. 그리고 취소된 명령

의 복구와 지워진 도면을 복구시키는 명령에 대해 설명하기로 한다.

6.1 단일 명령취소(U)

바로 앞서 실행한 명령을 한 단계씩 취소하고자 할 경우 사용하며, U 명령은 Undo 명령에서 옵션 number =1인 경우와 같다. 도면출력(Print)이나 열기(Open), 저장(Save)과 같이 현재 도면에 대해 외부작업으로 이어지는 명령과 도움말(help)과 같은 일부 명령은 취소할 수 없다.

입력방법

	Command	U 또는 Ctrl+z Enter↵

6.2 명령취소(Undo)

전 단계에서 실행된 여러 명령을 동시에 취소하거나 특정명령을 실행시킨 위치까지 효과적으로 취소시킬 수 있다. Undo 명령에서도 U 명령과 같이 About, Graphscr, Save, Help, Compile, Id 등의 명령이나 시스템 변수에는 효과가 없다.

입력방법

	Command	U 또는 Ctrl+z Enter↵
	Main menu	Edit > Undo
	Screen menu	Edit > Undo
	Icon menu	Standard Toolbar >

Command : Undo Enter↵

Enter the number of operations to undo or [Auto/Control/BEgin/End/Mark/Back] <1>: 옵션선택 또는 Enter↵

Undo option

- **Number**

  취소할 명령의 개수를 입력한다. Number=1은 U 명령과 같다.

- **Auto**

  메뉴선택으로 실행된 여러 명령을 그룹으로 묶어 취소한다. 이 옵션을 선택하면 다음과 같은 하위옵션이 나온다.

▶ On : Auto 옵션 사용함

▶ Off : Auto 옵션 사용안함

■ Control

Undo 명령을 제어하거나 사용을 제한한다. 이 옵션을 선택하면 다음과 같은 하위옵션이 나온다.

▶ All : U와 Undo 명령실행

▶ None : U와 Undo 모든 명령취소

▶ One : U와 Undo 명령을 단 한 번만 실행

■ BEgin

취소작업의 시작 위치를 지정하고, End 옵션을 지정하는 명령까지 하나의 그룹으로 묶는다.

■ End

BEgin 옵션에 의해 정의된 취소할 명령의 끝 위치를 지정한다.

■ Mark

Back 옵션에 의해 실행을 취소할 위치를 지정한다.

■ Back

Mark 옵션을 지정한 이후부터 실행명령을 취소하고 지정전의 위치로 돌아간다.

Undo 아이콘 에서 드롭다운 리스트 버튼 을 누르면 그동안 사용했던 명령들의 리스트가 나온다. 리스트에서 원하는 명령을 선택하면 명령이 취소된다.

Undo Command List

따라하기 01 : 특정수만큼 명령 취소하기

예를 들어, Line 명령, Circle 명령 … 등의 20개의 명령을 사용하여 도면작업을 했다고 가정하자. 이때 앞서 실행된 10개 명령을 취소하려면 다음과 같이 실행하면 된다.

Command : Undo Enter↵

Enter the number of operations to undo or [Auto/Control/BEgin/End/Mark/Back] <1>: 10 Enter↵ ☞ 앞서 실행된 10개 명령이 취소된다.

따라하기 02 : 명령 취소할 그룹 지정하고 명령 취소하기

- **Step 01**

Command : Undo [Enter↵]

Enter the number of operations to undo or [Auto/Control/BEgin/End/Mark/Back] <1>:

BE [Enter↵] ☞ Begin 옵션으로 취소작업의 시작 위치지정

- **Step 02**

Line 명령실행

Circle 명령실행

Arc 명령실행

- **Step 03**

Command : Undo [Enter↵]

Enter the number of operations to undo or [Auto/Control/BEgin/End/Mark/Back] <1>:

E [Enter↵] ☞ End 옵션으로 취소할 명령의 끝 위치지정

☞ Line, Circle, Arc 명령이 하나의 Undo 그룹으로 지정

- **Step 04**

Command : U [Enter↵] ☞ Line, Circle, Arc 명령이 모두 취소된다.

6.3 명령복구(Redo)

U 또는 Undo 명령에 의해 취소된 작업을 다시 복구시킬 경우 실행한다. Redo 명령은 단 1회에 한하며 바로 앞서 실행한 명령만 가능하다.

입력방법

(Keyboard)	Command	Redo [Enter↵]
(Mouse)	Main menu	Edit > Redo
	Screen menu	Edit > Redo
	Icon menu	Standard Toolbar > [Redo icon]

Redo 아이콘 [Redo icon] 에서 드롭다운 리스트 버튼 [▾]을 누르면 그동안 사용했던 명령들의 리스트가 나온다. 리스트에서 원하는 명령을 선택하면 되살려낼 수 있다.

Redo Command List

6.4 지워진 객체 복원하기(Oops)

Erase 명령으로 지워진 객체를 되살리거나 Block이나 Wblock 명령으로 블록도면을 만들고 나면 선택된 도면이 지워지게 되는데 지워진 도면을 복구시킬 수 있다. Oops 명령 또한 1회성으로 1회 이상 사용해야 할 경우에는 Undo나 U 명령을 사용하고, 또한 Undo나 U 명령을 사용하면 Block이나 Wblock 명령에서 지정된 블록이 취소되므로 주의해서 사용한다.

입력방법

(키보드)	Command	Oops Enter↵
(마우스)	Screen menu	Modify1 > Erase > Oops

Command : Oops Enter↵ ☞ 마지막 지워진 객체가(또는 도면이) 복구됨

Undo 명령과 Oops 명령의 차이점?

Undo명령은 바로 앞서 실행한 명령을 취소하는 것이고, Oops 명령은 지워진 도면 또는 객체를 되살릴 경우 사용한다. 두 명령 모두 한번 밖에 사용할 수 없다.

따라하기 : 지워진 객체 복원하기

- **Step 01 :** Line 아이콘 선택하고 규칙 없이 별을 하나 그린다.
- **Step 02 :** Erase 아이콘 선택하고 지울 객체를 선택한다.

  Command : _erase

  Select objects : 1 found ☞ L1 선택

  Select objects : 1 found, 2 total ☞ L2 선택

  Select objects : Enter↵ ☞ 선택된 객체 2개가 지워지고 Erase 명령 종료
- **Step 03 :** Oops 명령을 실행한다.

  Command: oops Enter↵ ☞ 지워진 객체 2개가 다시 복원되고 oops 명령 종료

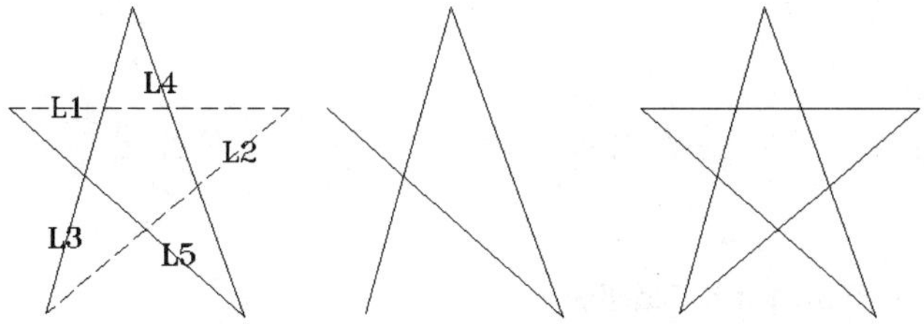

Erase 실행 전 Erase 실행 후 Ooops 실행 후

7. 원 그리기

원은 도면을 그리는데 가장 기본적인 도면요소 중의 하나로서 AutoCAD에서 원을 그리는 방법은 중심점과 반지름 및 직경으로 그리는 방법, 원의 두 점이나 세 점을 이용하는 방법 그리고 접선을 이용해서 그리는 방법 모두 6가지 방법이 있다. 원을 그리는 방법은 도면의 상황에 따라 사용자가 적절히 선택하면 된다.

입력방법

	Command	Circle 또는 C Enter↵
	Main menu	Draw > Circle
	Screen menu	Draw1 > Circle
	Icon menu	Draw Toolbar >

Command: circle Enter↵

Specify center point for circle or [3P/2P/Ttr (tan tan radius)]: 원의 중심점 좌표지정 또는 옵션 Enter↵

Circle Option

■ **Center point**

원의 중심점 값을 입력한다. 중심점의 좌표를 지정하고 나면, 다음과 같이 하위옵션이 나온다.

Specify radius of circle or [Diameter] : 원의 반지름 또는 'D' 옵션을 입력한다.

▶ [Diameter] : 원을 지름(직경)으로 그리려면 'D' 옵션을 입력한다. 'D' 옵션을 입력하면, 다음과 같이 하위옵션이 나온다.

Specify diameter of circle : 원의 지름(직경) 값을 입력한다.

■ **3P(3 Points)**

임의의 세 점을 지나는 원을 그린다.

■ **2P(2 Points)**

임의의 두 점을 지나는 원을 그린다. 이때 두 점간의 거리 값은 그려질 원의 직경 값이 된다.

■ **TTR(Tangent, Tangent, Radius)**

두 접선에 접하는 임의의 반지름을 갖는 원을 그린다.

■ **Tan, Tan, Tan(Tangent, Tangent, Tangent)**

3개의 접선에 접하는 원을 그린다. 이 옵션은 풀다운 메뉴와 스크린 메뉴에서만 선택이 가능하다.

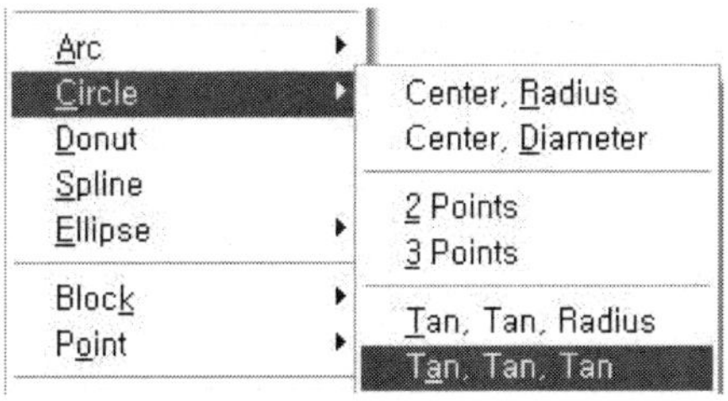

Pull-Down Menu of Draw

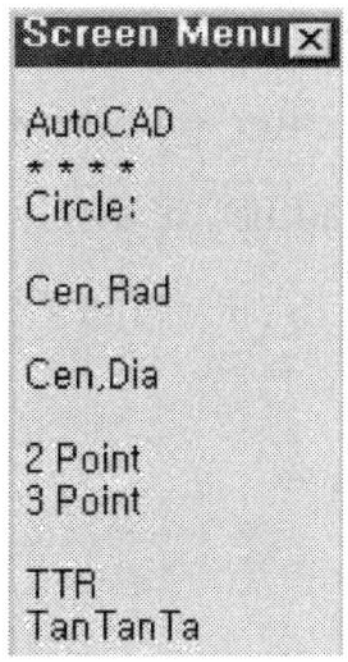

Draw1 of Screen Menu

Circle의 단축 메뉴활용

Circle 명령을 실행한 후 마우스 오른쪽 버튼을 누르면 circle 명령의 옵션단축메뉴가 나오고, 옵션을 미리 선택하고 원을 그려도 된다.

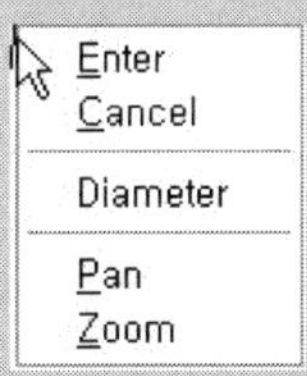

- Enter : Enter↵와 같은 역할을 한다.
- Cancel : 키보드의 Esc를 선택했을 때와 같은 역할을 한다.
- Diameter : Circle Option 참조
- Pan : Pan 명령을 실행시킨다.
- Zoom : Zoom 명령의 real time 옵션을 시행시킨다.

중심점-반지름(Center-Radius) 방법

초등학교 수학시간이나 제도시간에 컴퍼스로 원을 그리는 방법과 같이 먼저 원의 중심점을 지정하고 반지름을 지정하여 원을 그리는 방법이다. 원을 그리는 가장 기본적인 방법이다.

따라하기 01 : 좌표 값을 입력하여 원 그리기

Draw Toolbar에서 Circle 아이콘 을 선택한다.

Command:_circle

Specify center point for circle or [3P/2P/Ttr (tan tan radius)] : 100,100 Enter↵

Specify radius of circle or [Diameter] : 100 Enter↵

☞ 반지름 100(mm)인 원을 그리고 Circle 명령 종료

따라하기 02 : 중심점과 반지름을 마우스로 지정하여 원 그리기

Draw Toolbar에서 Circle 아이콘 을 선택한다.

Command:_circle

Specify center point for circle or [3P/2P/Ttr (tan tan radius)] : P1점 지정

Specify radius of circle or [Diameter] <100.0000> : P2점 지정

☞ 임의 반지름을 갖는 원을 그리고 Circle 명령 종료

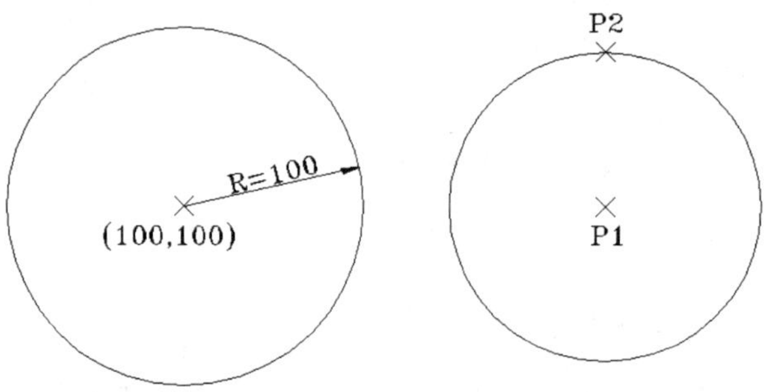

따라하기 : 01　　　　따라하기 : 02

중심점-직경(Center-Diameter) 방법

원의 중심점을 지정하고 직경 값을 입력하여 원을 그린다.

따라하기 01 : 좌표 값을 입력하여 원 그리기

Draw Toolbar에서 Circle 아이콘 을 선택한다.

Command: _circle

Specify center point for circle or [3P/2P/Ttr (tan tan radius)] : 100,100 Enter↵

Specify radius of circle or [Diameter]: d Enter↵

Specify diameter of circle : 200 Enter↵

☞ 직경 200(mm)인 원을 그리고 Circle 명령 종료

따라하기 02 : 중심점과 직경을 마우스로 지정하여 원 그리기

Draw Toolbar에서 Circle 아이콘 을 선택한다.

Command: _circle

Specify center point for circle or [3P/2P/Ttr (tan tan radius)] : P1점 지정

Specify radius of circle or [Diameter] <74.4349> : d Enter↵

Specify diameter of circle <148.8697> : P2점 지정

☞ 임의 직경을 갖는 원을 그리고 Circle 명령 종료

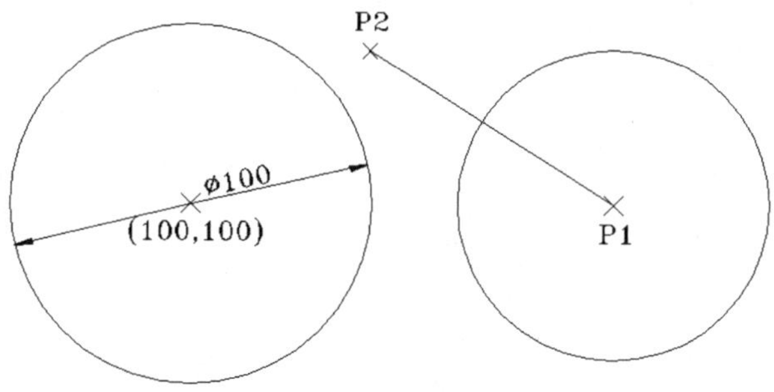

따라하기 : 01　　　따라하기 : 02

3P(3 Point) 방법

임의의 세 점을 지나는 원을 그린다.

따라하기 01 : 세 점 위치의 좌표 값을 입력하여 원 그리기

■ **Step 01 :** Line 아이콘 을 선택하고 삼각형을 그린다.

Command : _Line Specify first point : 60,80 Enter↵ ☞ P1점

Specify next point or [Undo] : @140<0 Enter↵ ☞ P2점

Specify next point or [Undo] : @140<120 Enter↵ ☞ P3점

Specify next point or [Close/Undo] : c Enter↵

■ **Step 02 :** Draw Toolbar에서 Circle 아이콘 을 선택하고 삼각형의 세 점에 접하는 원을 그린다.

Command: _circle

Specify center point for circle or [3P/2P/Ttr (tan tan radius)] : 3p Enter↵

Specify first point on circle : 60,80 Enter↵ ☞ P1점

Specify second point on circle : @140<0 Enter↵ ☞ P2점

Specify third point on circle : @140<120 Enter↵ ☞ P3점

따라하기 02 : 세 점의 위치를 마우스로 지정하여 원 그리기

Draw Toolbar에서 Circle 아이콘 을 선택한다.

Command: _circle

Specify center point for circle or [3P/2P/Ttr (tan tan radius)] : 3p Enter↵
Specify first point on circle : P1점 지정
Specify second point on circle : P2점 지정
Specify third point on circle : P3점 지정

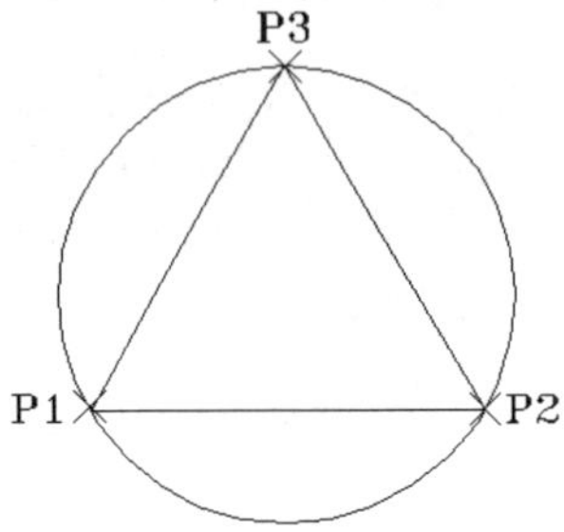

따라하기 : 01

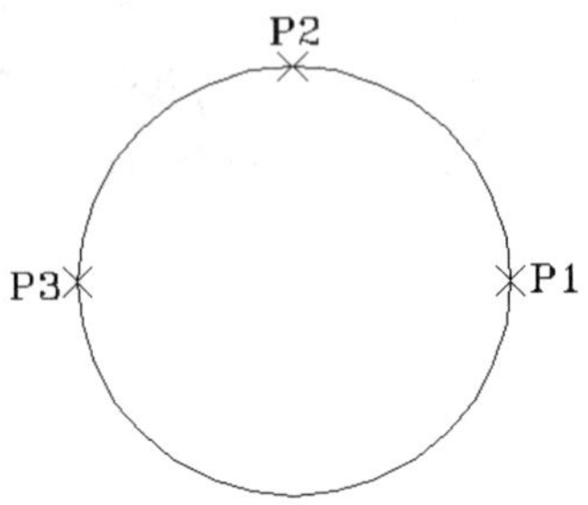

따라하기 : 02

2P(2 Point) 방법

임의의 두 점을 지나는 원을 그린다.

따라하기 01 : 두 점 위치의 좌표 값을 입력하여 원 그리기

- **Step 01 :** Line 아이콘 을 선택하고 마름모꼴을 그린다.

  Command: _Line Specify first point: 50,120 Enter↵ ☞ P1점
  Specify next point or [Undo]: @120<-45 Enter↵ ☞ P2점
  Specify next point or [Undo]: @120<45 Enter↵ ☞ P3점
  Specify next point or [Close/Undo]: @120<135 Enter↵ ☞ P4점
  Specify next point or [Close/Undo]: c Enter↵

- **Step 02 :** Draw Toolbar에서 Circle 아이콘 을 선택하고 마름모꼴의 두 점에 접하는 원을 그린다.

  Command: _circle
  Specify center point for circle or [3P/2P/Ttr (tan tan radius)]: 2p Enter↵
  Specify first end point of circle's diameter : 50,120 Enter↵ ☞ P1점
  Specify second end point of circle's diameter : 169.71,120 Enter↵ ☞ P3점

따라하기 02 : 두 점의 위치를 마우스로 지정하여 원 그리기

Draw Toolbar에서 Circle 아이콘 을 선택한다.

Command: _circle

Specify center point for circle or [3P/2P/Ttr (tan tan radius)] : 2p Enter↵

Specify first end point of circle's diameter : P1점 지정

Specify second end point of circle's diameter : P2점 지정

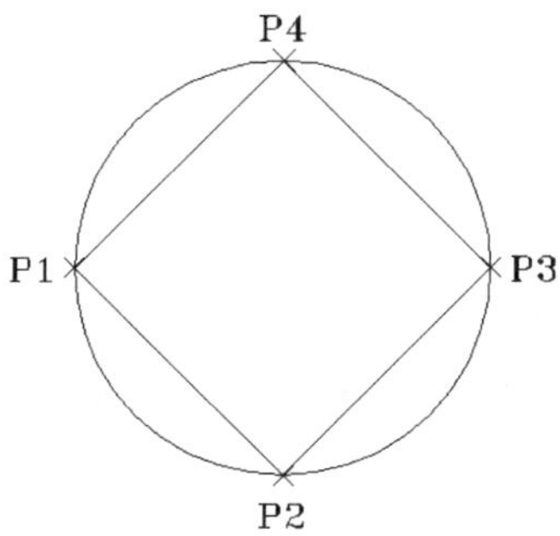

따라하기 : 01

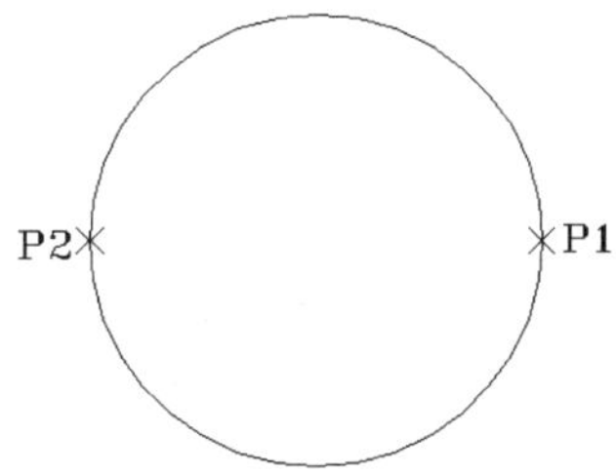

따라하기 : 02

TTR(Tangent, Tangent, Radius) 방법

두 접선에 내접한 원을 반지름의 크기로 그린다.

따라하기 : 반지름을 지정하여 두 접선에 내접하는 원 그리기

■ **Step 01 :** Line 아이콘 을 선택하고 두 개의 선분을 그린다.

Command : _Line

Specify first point : 135,185 Enter↵ ☞ P1점

Specify next point or [Undo] : @120<225 Enter↵ ☞ P2점

Specify next point or [Undo] : @120<-45 Enter↵ ☞ P3점

Specify next point or [Close/Undo] : Enter↵

■ **Step 02 :** Draw Toolbar에서 Circle 아이콘 을 선택하고 두 접선에 접하는 원을 그린다.

Command : _circle

Specify center point for circle or [3P/2P/Ttr (tan tan radius)] : ttr Enter↵

Specify point on Object for first tangent of circle : 마우스로 선 P1P2 선택

Specify point on Object for second tangent of circle : 마우스로 선 P1P2 선택
Specify radius of circle <84.8528>: 85 Enter↵

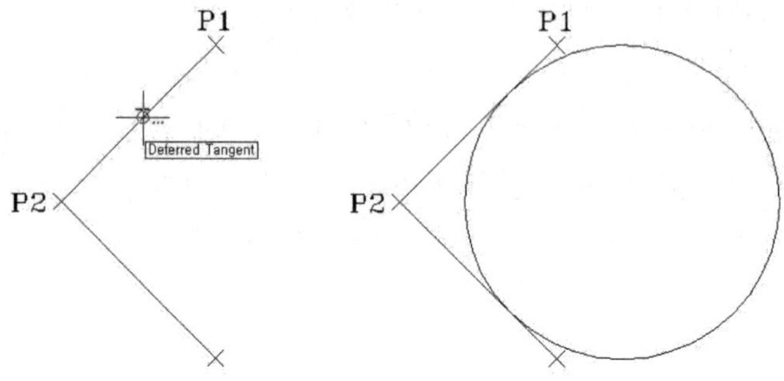

TTR 적용 전 TTR 적용 후

접선에 접하는 원을 그리기 위해 'Specify point on Object for ~ tangent of circle:' 에서 원이 접하는 선분에 마우스를 가져가면 '+' 모양이 '⌖...' 모양으로 바뀌고 커서 아래 부분에는 'Deferred Tangent' 라는 메시지가 나온다. 이와 같이 표시나 메시지가 나와야 접선이 올바르게 선택된 것이다.

Tan, Tan, Tan(Tangent, Tangent, Tangent) 방법

세 접선에 내접한 원을 그린다.

따라하기 : 사각형 세 접선에 내접하는 원 그리기

- **Step 01 :** Line 아이콘 을 선택하고 정사각형을 그린다.

  Command : _Line
  Specify first point : 마우스로 P1점 ☞ 좌표 값을 입력하는 것과 같다.
  Specify next point or [Undo] : @150<0 Enter↵ ☞ P2점
  Specify next point or [Undo] : @150<-90 Enter↵ ☞ P3점
  Specify next point or [Close/Undo] : @150<180 Enter↵ ☞ P4점
  Specify next point or [Close/Undo] : c Enter↵

- **Step 02 :** Draw Toolbar에서 Circle 아이콘 을 선택하고, 풀다운 메뉴나 스크린 메뉴에서 Draw(Draw1)/Circle/Tan, Tan, Tan 옵션을 선택한다.

  Command: _circle
  Specify center point for circle or [3P/2P/Ttr (tan tan radius)]: _3p
  ☞ Tan, Tan, Tan 옵션 선택

Specify first point on circle: _tan to ☞ 마우스로 선 P1P2 선택
Specify second point on circle: _tan to ☞ 마우스로 선 P2P3 선택
Specify third point on circle: _tan to ☞ 마우스로 선 P4P3 선택

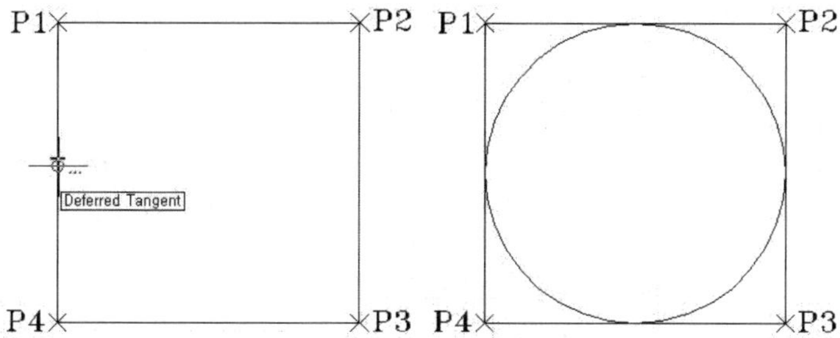

TTR 적용 전　　　　TTR 적용 후

접선에 접하는 원을 그리기 위해 'Specify first point on circle: _tan to' 에서 원이 접하는 선분에 마우스를 가져가면 TTR 옵션과 마찬가지로 '+' 모양이 '⌖...' 모양으로 바뀌고 커서 아래 부분에는 'Deferred Tangent' 라는 메시지가 나온다. 이와 같이 표시나 메시지가 나와야 접선이 올바르게 선택된 것이다.

8. 타원 그리기

타원과 타원형의 호는 다음 그림과 같이 장축(Long Axis)과 단축(Short Axis)의 두 끝점(Axis Endpoint), 단축 길이의 반인 축 거리(Axis Distance), 중심점(Center Point), 회전각(Rotation Angle)을 지정하여 그린다.

입력방법

(키보드)	Command	Ellipse Enter↵
(마우스)	Main menu	Draw > Ellipse
	Screen menu	DRAW 1 > Ellipse
	Icon menu	Draw Toolbar > (아이콘)

Command: ellipse Enter↵
Specify axis endpoint of ellipse or [Arc/Center]: 타원의 축 끝점 선택
또는 옵션입력 Enter↵

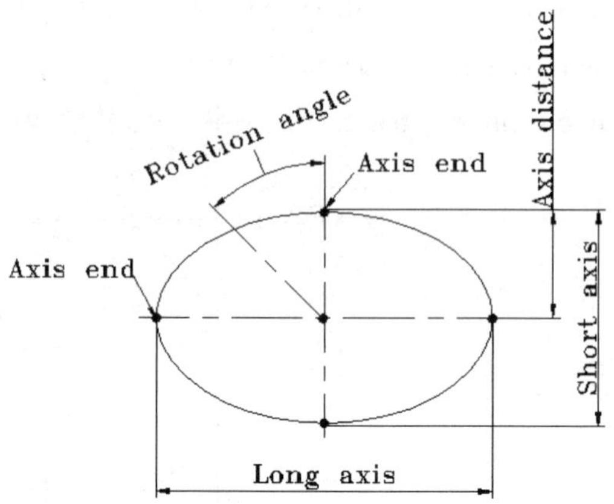

Construction of ellipse

Ellipse option

- **Specify axis endpoint of ellipse**

타원의 장축과 단축의 두 끝점 중 첫 번째 축 끝점을 지정한다. 축의 끝점을 지정하면 다음과 같이 하위옵션이 나온다.

▶ Specify other endpoint of axis : 타원의 다른 축 끝점을 지정한다.

▶ Specify distance to other axis or [Rotation] : 타원의 축 끝점의 축 거리 입력하거나 rotation 옵션을 입력한다.

- Rotation : 타원의 회전각을 지정한다. Rotation 옵션을 입력하면 하위옵션이 또 다시 나온다.
  - Specify rotation around major axis: 회전각(0° ~89.4°)을 입력한다.

- **Center**

타원의 중심점을 지정하여 타원을 그린다. 이 옵션을 입력하면 다음과 같이 하위옵션이 나온다.

▶ Specify center of ellipse: 타원의 중심점을 지정한다.

▶ Specify endpoint of axis: 타원의 축 끝점을 지정한다.

▶ Specify distance to other axis or [Rotation]: 타원의 축 끝점의 축 거리 입력하거나 r 옵션을 입력한다.

- **Arc**

타원형의 호를 그린다. 이 옵션을 입력하면 다음과 같이 하위옵션이 나온다.

▶ Specify axis endpoint of elliptical arc or [Center]: 타원의 축 끝점을 지정한다.

▶ Specify other endpoint of axis: 타원의 다른 축 끝점을 지정한다.

▶ Specify distance to other axis or [Rotation]: 타원의 축 거리를 지정한다.

▶ Specify start angle or [Parameter]: 호의 시작 각도를 지정한다.

▶ Specify end angle or [Parameter/Included angle]: 호의 끝 각도를 지정한다.

- Parameter: 매개변수식의 벡터방정식으로 타원형 호를 그린다.
- Include angle: 타원형 호의 사이 각을 지정한다.

따라하기 01 : 두 끝점과 축 거리로 타원 그리기

타원의 장축이나 단축의 두 끝점과 축 거리를 지정하여 타원을 그린다.

Draw Toolbar에서 Ellipse 아이콘을 선택한다.

Command: _ellipse

Specify axis endpoint of ellipse or [Arc/Center]: ☞ P1점 선택

Specify other endpoint of axis: ☞ P2점 선택

Specify distance to other axis or [Rotation]: ☞ P3점 선택

따라하기 02 : 중심점과 끝점, 축 거리로 타원 그리기

타원의 중심점, 장축이나 단축의 끝점과 축 거리를 지정하여 타원을 그린다.

Draw Toolbar에서 Ellipse 아이콘을 선택한다.
Command: _ellipse

Specify axis endpoint of ellipse or [Arc/Center]: c Enter↵

Specify center of ellipse: ☞ P4점 선택

Specify endpoint of axis: ☞ P5점 선택

Specify distance to other axis or [Rotation]: ☞ P6점 선택

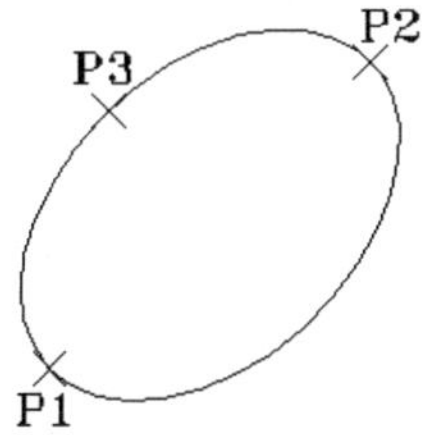

따라하기 01

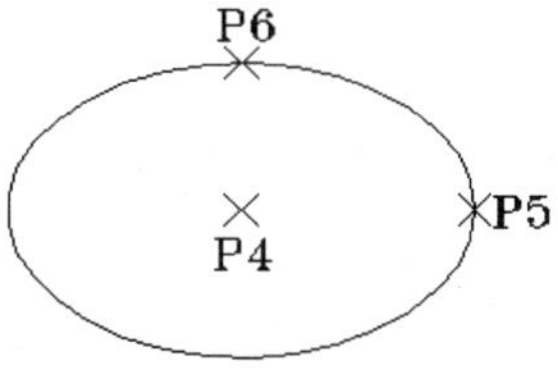

따라하기 02

따라하기 03 : 두 끝점과 회전각으로 타원 그리기

타원의 장축이나 단축의 끝점과 회전각을 지정하여 타원을 그린다.

Draw Toolbar에서 Ellipse  아이콘을 선택한다.
Command: _ellipse
Specify axis endpoint of ellipse or [Arc/Center]: ☞ P7점 선택
Specify other endpoint of axis: ☞ P8점 선택
Specify distance to other axis or [Rotation]: r Enter↵
Specify rotation around major axis: 60 Enter↵

따라하기 04 : 두 끝점과 축 거리로 타원형 호 그리기

타원의 장축이나 단축의 두 끝점과 축 거리를 지정하여 타원형의 호를 그린다.

Draw Toolbar에서 Ellipse  아이콘을 선택한다.
Command: _ellipse
Specify axis endpoint of ellipse or [Arc/Center]: a Enter↵
Specify axis endpoint of elliptical arc or [Center]: ☞ P9점 선택
Specify other endpoint of axis: ☞ P10점 선택
Specify distance to other axis or [Rotation]: ☞ P11점 선택
Specify start angle or [Parameter]: 0 Enter↵
☞ 호가 시작되는 시작 각의 위치를 지정한다.
Specify end angle or [Parameter/Included angle]: 180 Enter↵
☞ 호의 끝이 되는 끝 각의 위치를 지정한다.

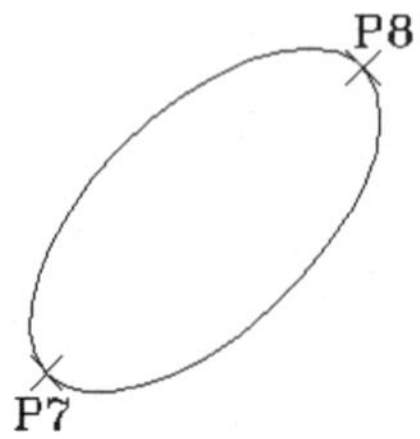

따라하기 03

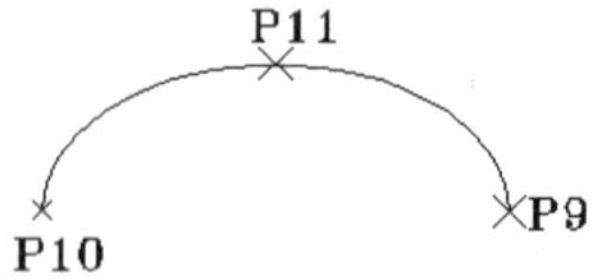

따라하기 04

Chapter 4

객체스냅과 그립모드 활용하기

도면을 작성하거나 작성된 도면을 편집할 때 도면을 구성하는 객체는 여러 개의 위치(점)가 있고, 객체의 위치에 스냅(Snap)을 설정할 수 있다. 이들 객체의 위치를 얼마나 잘 찾느냐에 따라 도면을 정확하게 그리고 편집할 수 있다. 이러한 스냅을 찾고 설정해주는 것이 객체 스냅 모드(Object Snap Mode = Osnap Mode)이다. AutoCAD를 시작해서 끝낼 때까지 무조건 객체 스냅 모드를 사용한다고 생각해야한다. Osnap Mode를 얼마나 잘 사용하고 능숙하게 다루느냐에 따라 도면을 신속·정확하게 그릴 수 있다. 편집도구가 신속성을 부여해준다면 Osnap Mode는 정확성을 부여해준다. 도면의 작성은 Osnap Mode의 활용이라고 봐도 과언이 아닐 정도 AutoCAD에서 가장 많이 활용되고 있다. 이 장에서는 객체스냅과 그립모드의 활용하여 도면을 작성하는 방법에 대해 공부하기로 한다.

1. Object Snap 활용하기
2. Polar Tracking 활용하기
3. 그립모드 활용하기

1. Object Snap 활용하기

도면을 작성하거나 작성된 도면을 편집할 때 각 도면요소의 위치 즉, 선의 양 끝점과 중간점, 원의 중심점, 사분점 및 외접원, 호의 시작점, 끝점 및 중심점 그리고 그밖에 도면요소의 교차점 등의 위치를 찾는 것이 매우 중요하다. 이러한 점들도 도면에서 스냅(Snap)을 설정할 수 있는데, 이를 Object Snap(객체스냅) 또는 Osnap이라고도 한다. Osnap을 얼마나 잘 이용하느냐에 따라 도면을 정확하게 그리고 편집할 수 있다. Osnap은 그리기 도구의 Line, Circle 등과 편집도구의 Erase, Copy 등의 명령과 같이 독립된 명령으로서 직접 사용할 수 있는 것이 아니고, 그리기 도구나 편집도구의 명령을 사용하는 도중에만 사용할 수 있다. Osnap의 기능은 일회성으로 한 번에 하나의 점 또는 위치를 찾는데 만 사용할 수 있다.

1.1 객체스냅모드 활용하기

객체스냅(Osnap)에는 앞서 설명한 바와 같이 여러 가지 위치를 찾을 수 있는 옵션이 있다. 이 옵션을 객체 스냅 모드(Object Snap Mode 또는 Osnap Mode)라고 하며, 객체 스냅 모드는 한 번만 사용하면 스냅모드가 해제되는 일회성으로 Override 모드라고도 한다.

객체 스냅 모드를 활용하는 방법은 도구막대의 아이콘 생성에 의한 방법과 스크린 메뉴에 의한 방법, 표준 도구막대의 아이콘을 이용하는 방법, Shift키+마우스 오른쪽 버튼을 눌러 단축메뉴를 이용하는 방법 모두 4가지 방법이 있다.

입력방법

	Main menu	View > Toolbars > Object Snap
	Screen menu	**** 또는 Assist > OSNAP
	Icon menu	Standard Toolbar >
	Shortcut menu	Shift + 마우스 오른쪽 버튼

도구막대의 아이콘 생성에 의한 방법

Pull-Down Menu의 View>Toolbars>Object Snap을 선택하면 'Customize' 대화상자가 나오고, Toolbars 탭에서 '☑Object Snap'를 선택하면 AutoCAD 윈도우에 Object Snap 옵션(객체 스냅 모드)의 아이콘이 생성된다.

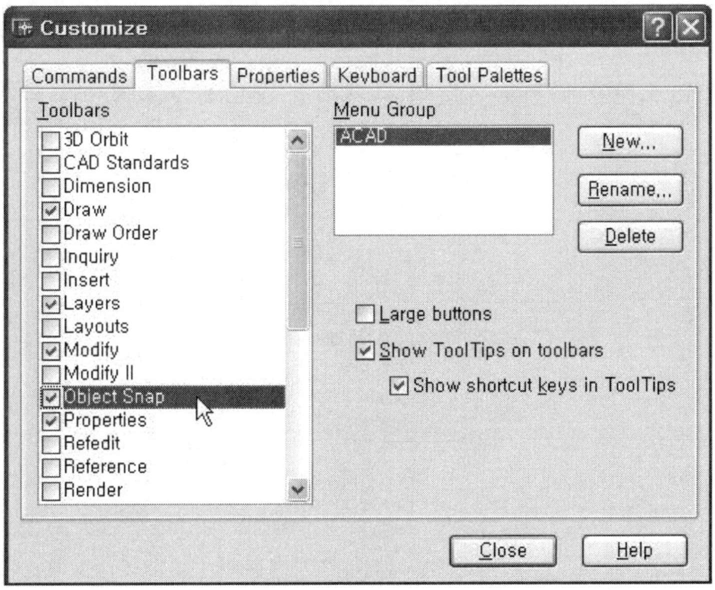

Customize

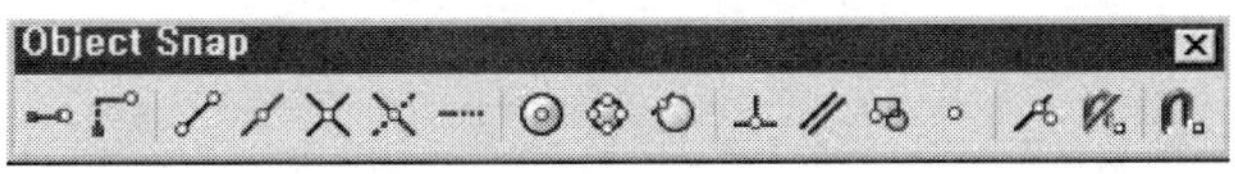

Object Snap

Screen Menu에 의한 방법

Screen Menu에서 **** 또는 Assist/OSNAP을 선택하면 객체 스냅 모드를 쉽게 사용할 수 있다.

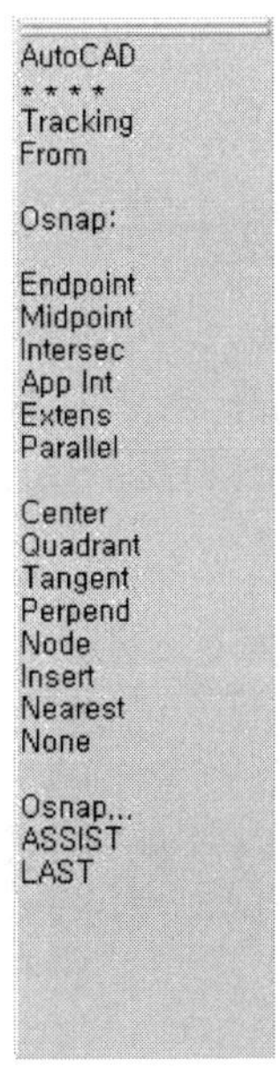

Screen Menu에서의 Object Snap

Shift + 마우스 오른쪽 버튼에 의한 단축메뉴를 이용하는 방법

Shift+마우스 오른쪽 버튼을 누르면 객체스냅 모드의 단축메뉴가 나온다.

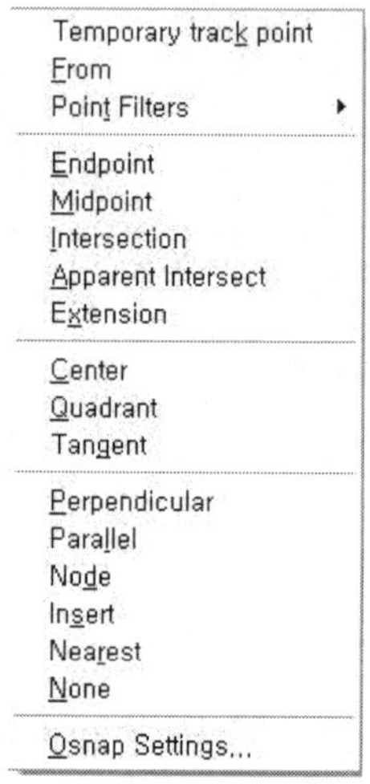

Shortcut of Object snap

객체 스냅 모드를 활용하는 또 다른 방법 중의 하나는 각 모드이름의 앞 3자만 입력해도 된다. 또 끝점이나 중심점 등의 단일위치의 점뿐만 아니라 다중위치의 점을 찾을 수 있도록 객체 스냅을 설정할 수 있다. 다중위치의 점을 찾을 경우에는 쉼표(,)로 사용모드를 구분하여 여러 개를 동시에 지정하면 된다. 만약, 사용자가 여러 개의 모드나 모든 모드를 동시에 선택하였다면, 탭 키 ⇆ 을 눌러서 모드들을 차례로 확인해 볼 수 있다.

객체 스냅 모드

도면요소에서 객체 스냅을 찾게 되면 찾아진 객체 스냅에는 스냅 설정 표시상자(Aperture Box)가 커서와 함께 표시된다. 표시상자의 형상은 객체 스냅 모드에 따라 다르며, 그 형상은 다음 그림과 같다.

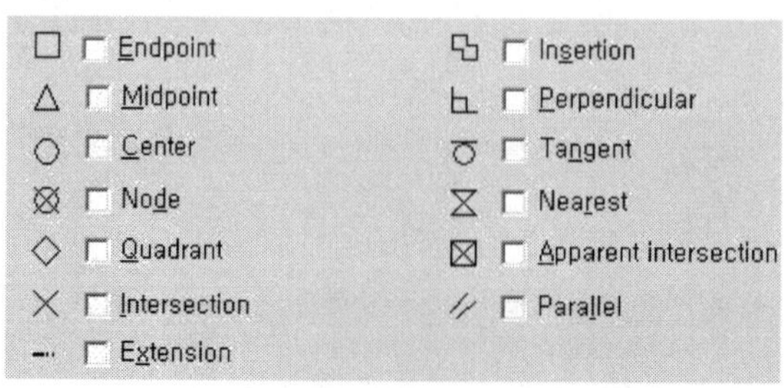

Aperture Box of Snap Mode

■ (Endpoint-End)

선이나 호와 같은 도면요소의 가장 가까운 끝점에 스냅을 설정한다.

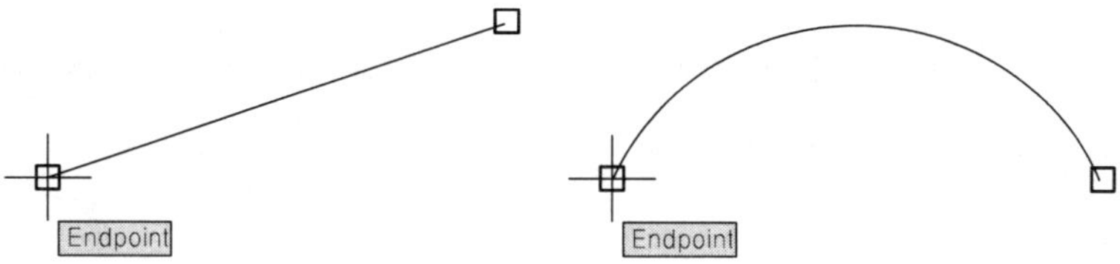

■ (Midpoint-Mid)

선이나 호의 중간점에 스냅을 설정한다.

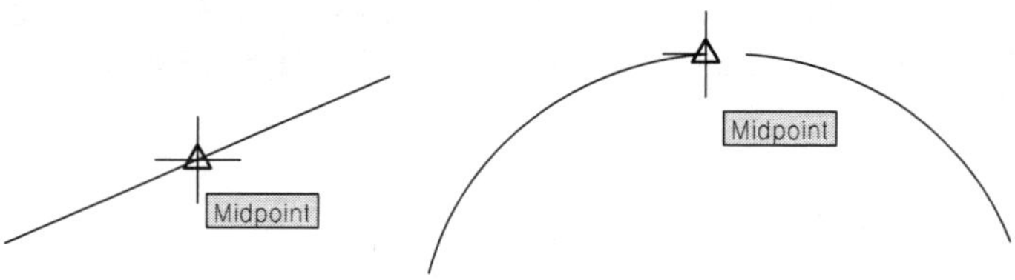

■ (Intersection-Int)

선, 원 및 호와 같은 도면요소의 교차점에 스냅을 설정한다.

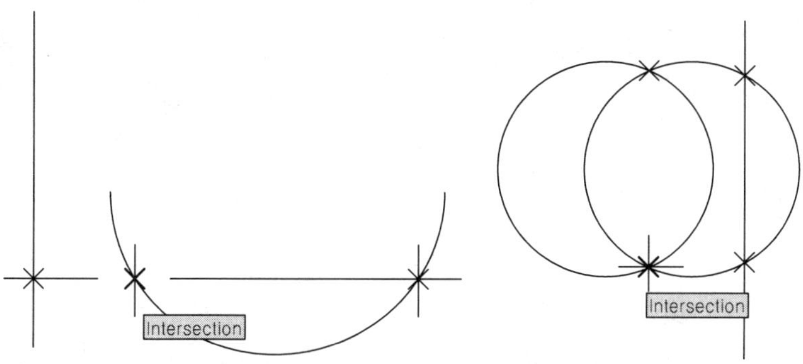

■ (Apparent intersect-Appint)

3차원 공간상에서 교차하거나 교차하지 않을 수도 있는 도면요소의 가상의 교차점에 스냅을 설정한다.

따라하기 01: 가상 교차점을 찾고 두 선분 연결하기

- **Step 01 :** Line 아이콘 을 선택하고 두 선분을 그린다.

- **Step 02 :** 가상 교차점으로부터 두 선분을 연결하기 위해 Line 아이콘 을 선택하고, 가상 교차점 아이콘 을 선택한다.

Command : _Line

Osnap Mode의 아이콘 선택

Specify first point: _appint of and ☞ P1점을 선택 후 P2점 선택

P1점에 마우스 포인터를 갖다대면 'Extended Apparent Int' 라는 메시지가 나오면 P1점을 선택하고, 다시 P2점에 마우스 포인터를 갖다대면 'Intersection' 이라는 메시지와 가상 교차점인 '×' 모양이 나온다. P2점 선택하면 가상 교차점 '×' 에 선분이 연결되고, 가상 교차점과 이을 선분의 위치를 객체스냅모드로 찾고 연결하면 된다.

Osnap Mode의 아이콘 선택

Specify next point or [Undo]: _endp of ☞ P1점 선택

Specify next point or [Undo]: Enter↵ ☞ Line 명령 종료

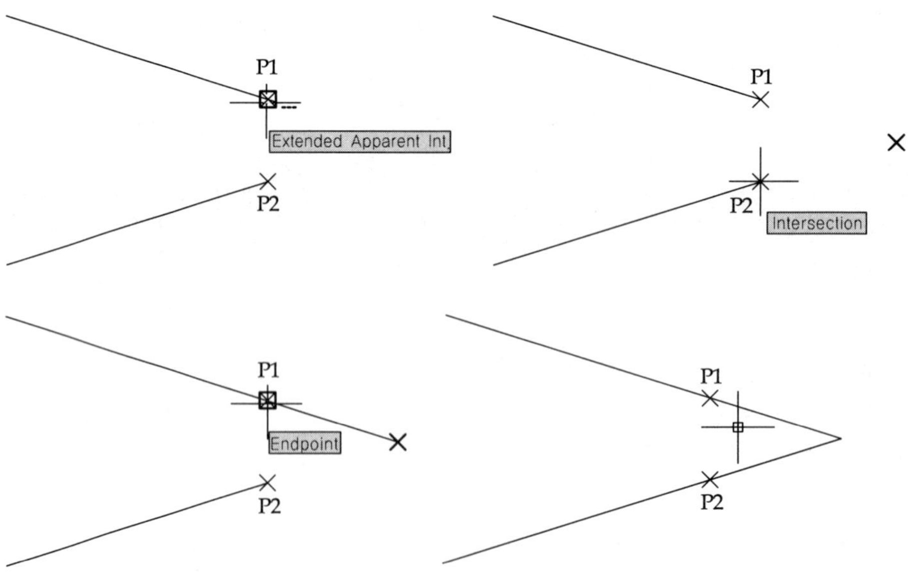

- (Extension-Ext)

선이나 호의 연장된 가상 점에 스냅을 설정한다.

따라하기 02 : 연장된 가상점과 두 선분 연결하기

- **Step 01 :** Line 아이콘 을 선택하고 두 선분을 그린다.
- **Step 02 :** 연장 점으로부터 두 선분을 연결하기 위해 Line 아이콘 을 선택하고, 연장 점 아이콘 을 선택한다.

Command : _Line

Osnap Mode의 아이콘 선택

Specify first point: _endp of ☞ P1점을 선택 후 P2점으로 마우스 포인터 이동

Osnap Mode의 아이콘 선택

Specify next point or [Undo]: _ext of ☞ P2점으로 마우스 포인터 이동한 후 'Extension' 메시지가 나오면, P3점 방향으로 연장선을 끌고 가서 P3점을 지정하면 P1점과 P3점을 잇는 연장선이 생성된다.

Osnap Mode의 아이콘 선택

Specify next point or [Undo]: _endp of ☞ P2점을 선택

Specify next point or [Close/Undo]: Enter↵ ☞ Line 명령 종료

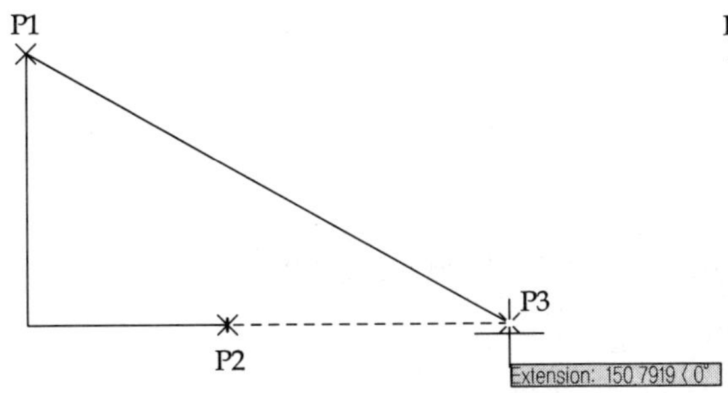

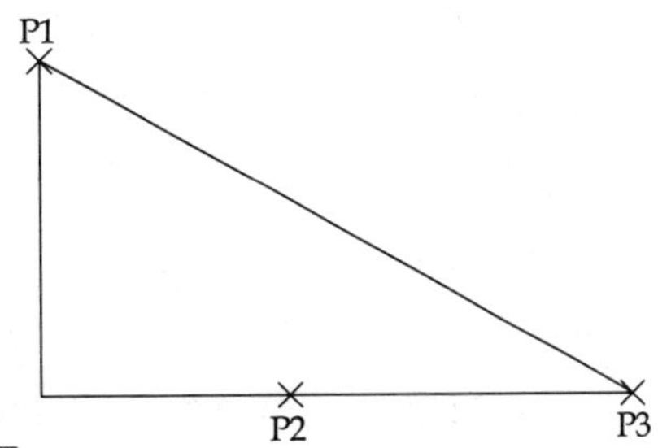

- (Center−Cen)

원, 호 또는 타원과 같은 도면요소의 중심에 스냅을 설정한다.

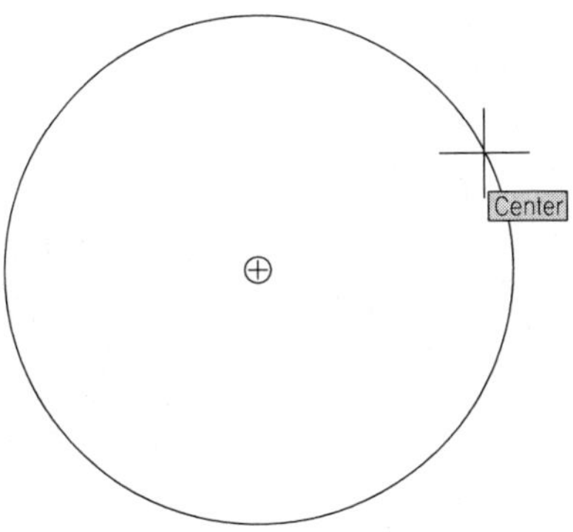

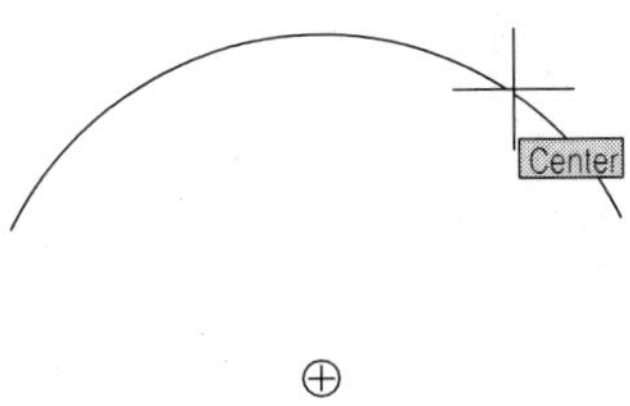

■ (Quadrant–Qua)

원, 호 또는 타원과 같은 도면요소의 사분 점(0°, 90°, 180°, 270°)에 스냅을 설정한다.

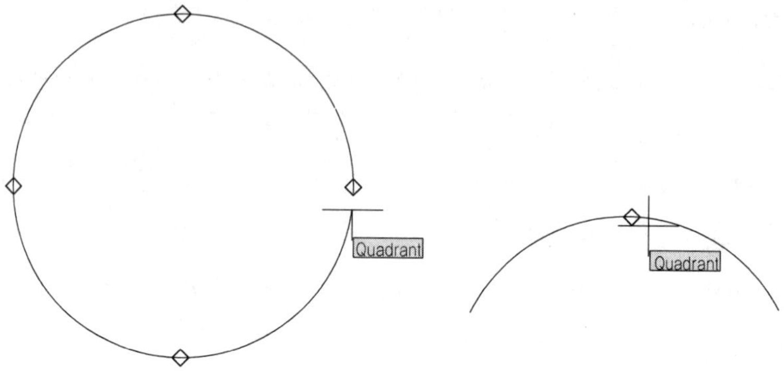

따라하기 03 : 원 내부에 마름모꼴 그리기

■ **Step 01 :** Circle 아이콘 을 선택하고 원을 그린다.

■ **Step 02 :** Line 아이콘 을 선택하고 원 내부에 마름모꼴을 그린다.

Command:_Line

Osnap Mode의 아이콘 선택

Specify first point: _qua of ☞ 원의 0° 방향선택

Osnap Mode의 아이콘 선택

Specify next point or [Undo]: _qua of ☞ 원의 90° 방향선택

Osnap Mode의 아이콘 선택

Specify next point or [Undo]: _qua of ☞ 원의 180° 방향선택

Osnap Mode의 아이콘 선택

Specify next point or [Close/Undo]: _qua of ☞ 원의 270° 방향선택

Specify next point or [Close/Undo]: c Enter↵ ☞ Line 명령 종료

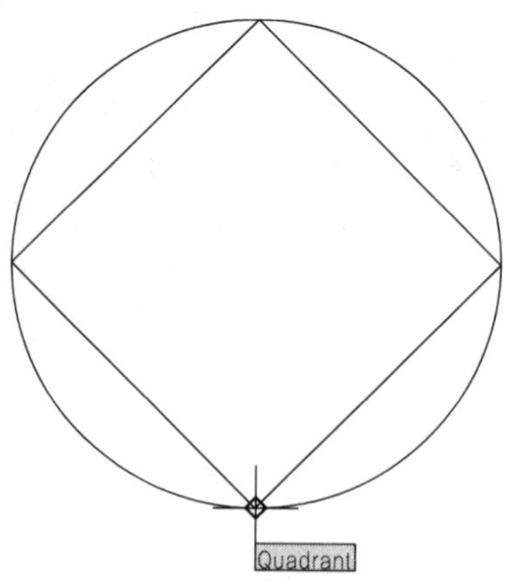

■ (Tangent-Tan)

원이나 호에 접하는 접선의 접점에 스냅을 설정한다.

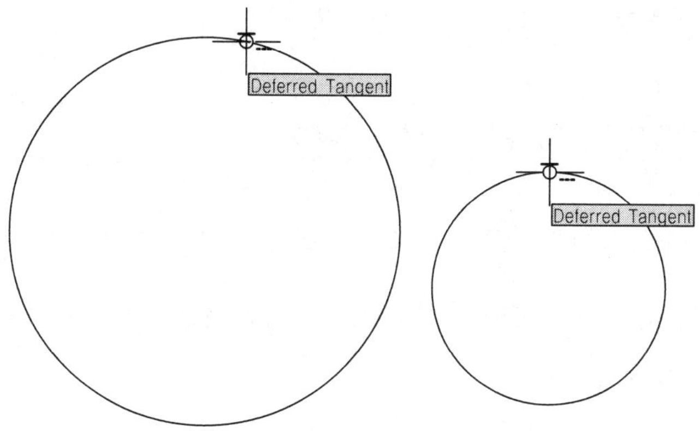

따라하기 04 : 두 원을 잇는 접선 그리기

■ **Step 01 :** Circle 아이콘 을 선택하고 원 두개를 그린다.

■ **Step 02 :** Line 아이콘 을 선택하고, 두 원을 잇는 접선을 그린다.

Command: _Line

Osnap Mode의 아이콘 선택

Specify first point: _tan to ☞ 큰 원의 선택

Osnap Mode의 아이콘 선택

Specify next point or [Undo]: _tan to ☞ 작은 원의 선택

Specify next point or [Undo]: Enter↵ ☞ Line 명령 종료

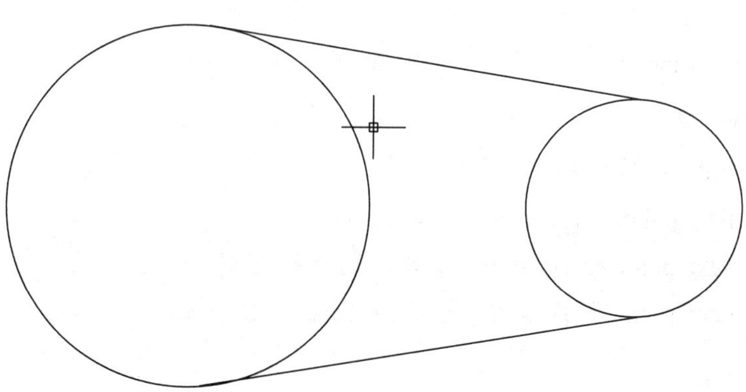

■ ⊥ (Perpendicular–Per)

직선, 원 및 호에 수직으로 스냅을 설정한다. 예를 들면, 원이나 호에 수직선을 긋거나 임의의 선분에 직교하는 선을 그을 때 사용한다.

따라하기 05 : 선분에 수직한 직선 그리기

■ **Step 01** : Line 아이콘 을 선택하고 선을 하나 그린다.

■ **Step 02** : Line 아이콘 을 선택하고 수직한 선을 그린다.

Command: _Line

Osnap Mode의 ⊥ 아이콘 선택

Specify first point: _per to ☞ P1점을 선택

Specify next point or [Undo]: ☞ 임의 P2점 선택

Specify next point or [Undo]: Enter↵ ☞ Line 명령 종료

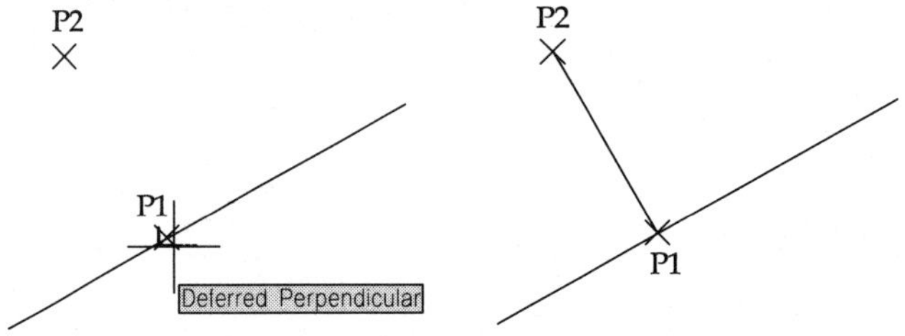

따라하기 06 : 원에 수직한 직선 그리기

■ **Step 01** : Circle 아이콘 을 선택하고 원을 하나 그린다.

■ **Step 02** : Line 아이콘 을 선택하고 수직한 선을 그린다.

Command: _Line

Osnap Mode의 ⊥ 아이콘 선택

Specify first point: _per to ☞ P1점을 선택

Specify next point or [Undo]: ☞ 임의 P2점을 선택

Specify next point or [Undo]: Enter↵ ☞ Line 명령 종료

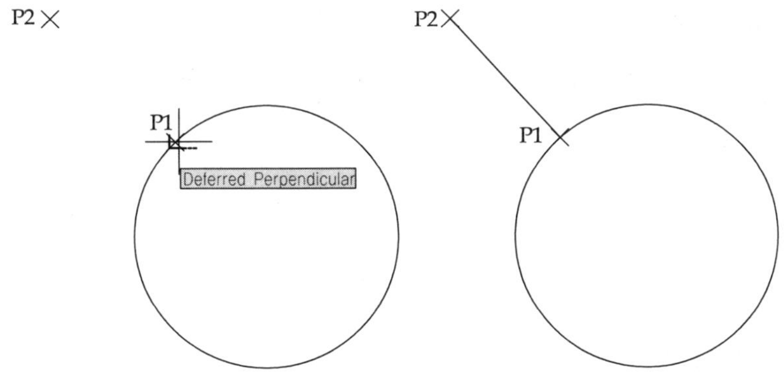

■ (Parallel–Par)

선택된 객체와 평행한 점에 스냅을 설정한다.

따라하기 07 : 선분에 평행한 선 그리기

■ **Step 01 :** Line 아이콘 을 선택하고 선을 하나 그린다.

■ **Step 02 :** Line 아이콘 을 선택하고 평행한 선을 그린다.

Command: _Line

Specify first point: ☞ 임의 P1점을 선택

Osnap Mode의 아이콘 선택

Specify next point or [Undo]: _par to ☞ 임의 P2점을 선택한 후 'Parallel' 메시지가 나오면, 마우스 포인터를 P3점 방향으로 이동시킨다. 이때 'Parallel' 메시지와 추적좌표 값이 함께 나오면 마우스 선택버튼을 누른다. 기존 선과 평행한 선이 생긴다.

Specify next point or [Undo]: Enter ☞ Line 명령 종료

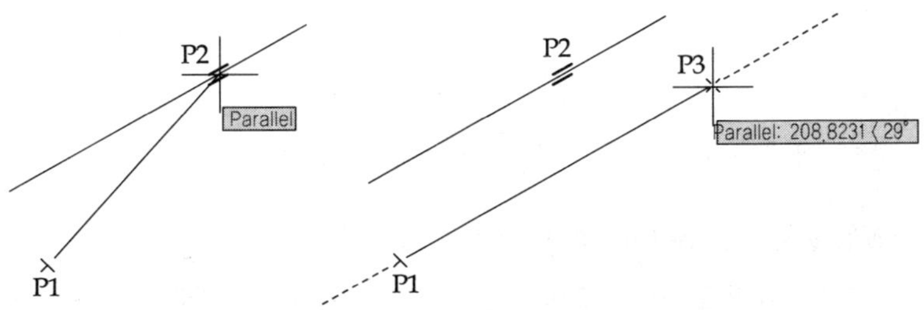

■ (Node–Nod)

Point 명령으로 그려진 점에 스냅을 설정한다. 블록도면의 삽입 기준점을 설정할 때 사용하면 편리하다.

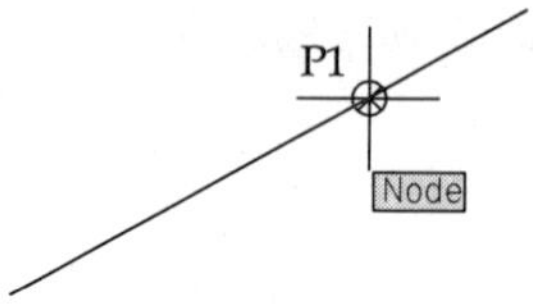

■ (Insert–Ins)

도면에 삽입될 문자, 블록도면이 삽입될 삽입 점에 스냅을 설정한다.

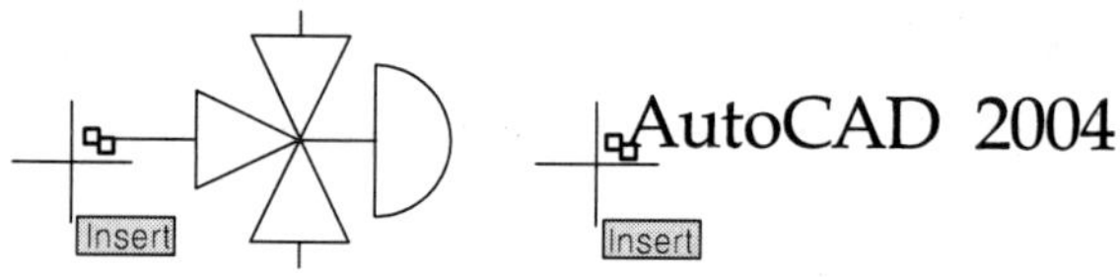

■ (Nearest–Nea)

마우스 포인터의 위치에서 가장 가까운 도면요소에 스냅을 설정한다. 객체 스냅 모드로 스냅을 설정하기 어려운 위치나 객체를 선택할 때 많이 이용된다.

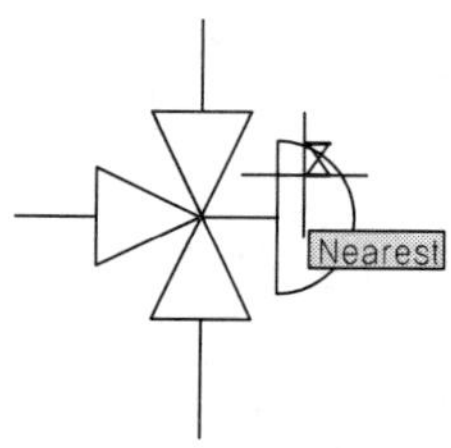

■ (None–Non)

객체 스냅 모드의 실행을 모두 취소한다. 예를 들면, 객체 스냅 모드를 활성화시켜 놓고 복잡한 도면에서 객체스냅을 찾게 되면 원하지 않는 객체스냅이 찾아지는 경우가 있다. 이때 none 스냅모드를 설정하면 문제점을 해결할 수 있다.

■ (Osnap Settings...)

객체 스냅 모드와 객체 스냅 추적기능을 활성화하거나 객체스냅의 사용 환경을 설정한다. 1.2절의 객체 스냅 모드의 활성화하기를 참조하기 바란다.

■ (Temporary track point, TT)

도면 작성하거나 편집할 때 이후에 필요한 입력 점을 지정하기 위해 임시 추적 점을 스냅으로 설정한다.

따라하기 08 : 임시 추적 점으로부터 선 그리기

아래 왼쪽 그림과 같이 선분 L1의 끝점에 연결되고, 원의 P2(270°)점을 지나면서 수평선 L2와 만나는 선분 L3를 그리려고 한다.

- **Step 01 :** Circle 아이콘 을 선택하고 원을 그린다.
- **Step 02 :** Line 아이콘 을 선택하고 선분 L1을 그린다.
- **Step 03 :** Line 아이콘 을 선택하고 선분 L3을 그린다.

Command: _Line

Specify first point: _endp of ☞ P1점 선택

Osnap Mode의 아이콘 선택

Specify next point or [Undo]: _tt

Osnap Mode의 아이콘 선택

Specify temporary OTRACK point: _qua of ☞ P2점 선택

Specify next point or [Undo]: ☞ P2점을 선택한 후 마우스 포인터를 P3점으로 이동하면, P2점과 만나는 선분 L2(점선)이 생기고, 이때 P3점에는 'Tracking Point'라는 메시지가 나온다. 임의 P3점을 선택하면 선분 L3이 그려진다.

Specify next point or [Undo]: Enter ☞ Line 명령 종료

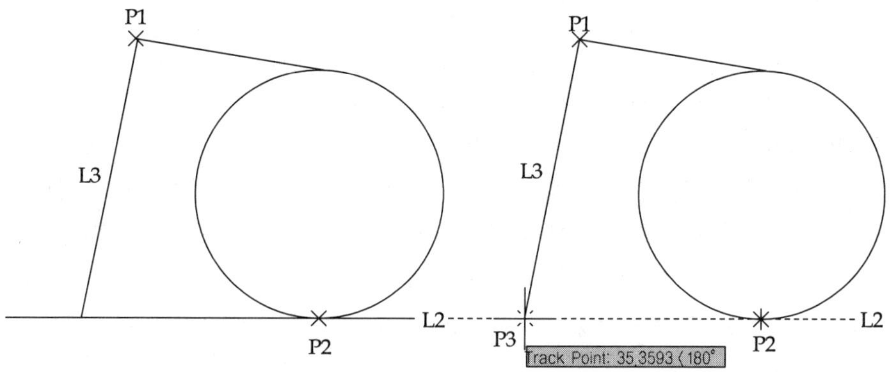

- (From)

From(시작점) 모드는 현재 점이 아닌 다른 기준점에서 다음 점들을 지정할 수 있다. Osnap의 다른 모드와 상대좌표가 조합되어 사용되고, offset에서 절대좌표를 입력하면 시작이 취소됨으로 주의한다.

따라하기 09 : From 모드를 이용하여 선 그리기

수직선 L1의 가운데 점 P1을 기준으로 수평선 L2를 그린다.

- **Step 01 :** Line 아이콘 을 선택하고 수직선 L1을 그린다.
- **Step 02 :** Line 아이콘 을 선택하고 수평선 L2를 그린다.

  Command: _Line

  Osnap Mode의 아이콘 선택

  Specify first point: _from

  Osnap Mode의 아이콘 선택

  Base point: _mid of ☞ P1점 선택

  <Offset>: ☞ P2점 선택

  Specify next point or [Undo]: ☞ P3점 선택 & 수평선 L2 생성

  Specify next point or [Undo]: Enter↵ ☞ Line 명령 종료

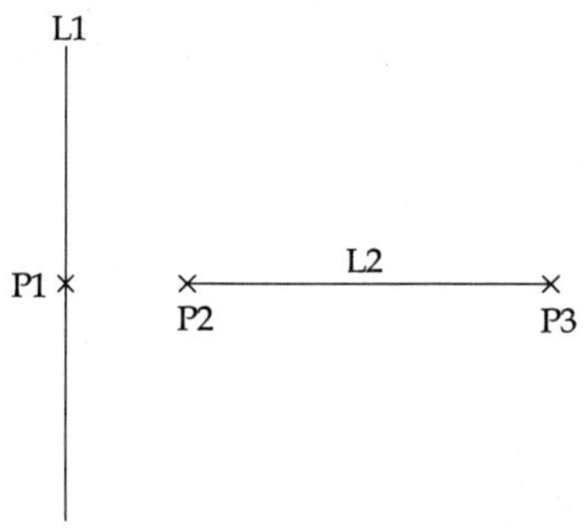

- **Point Filter**

  Point Filter(점 필터) 모드는 일시적으로 다른 좌표 값들을 무시하면서 한 번에 하나의 좌표값을 지정할 수 있도록 해준다. 다른 점의 위치를 찾아내기 위해 Osnap의 다른 모드와 함께 사용하여 기존의 도면으로부터 좌표 값들을 찾아낸다. Point Filter를 지정하면 X, Y, Z, XY, YZ, XZ 좌표값을 입력하라는 메시지가 나온다.

- **Tracking(Tk)**

  트래킹(Tracking) 모드는 좌표를 추적하는 기능이며, 원하는 위치를 입력하기 전에 알고 있는 위치에서 추적한 후 최종 입력좌표를 찾아가는 보조기능으로 복잡한 형상을 설계할 때 편리하다. 또한 트래킹 모드는 좌표입력을 요구할 때만 사용할 수 있다. 좌표입력에서는 마우스의 방향을 키보드로 거리를 지정할 수 있고, Snap이나 Ortho 모드와 함께 사용하면 도면의 위치를 신속/정확하게 입력할 수 있다.

따라하기 10 : 트래킹 모드의 활용

■ **Step 01 :** Line 아이콘 을 선택하고 사각형을 그린다.

■ **Step 02 :** Circle 아이콘 을 선택하고 사각형의 두변과 만나는 원을 그린다.

Command: _circle

Specify center point for circle or [3P/2P/Ttr (tan tan radius)]: tk Enter↵

☞ 트래킹 모드 실행

First tracking point: _mid of ☞ P1점 선택

Next point (Press ENTER to end tracking): _mid of ☞ P2점 선택

& 원의 중심 P3점 생성

Next point (Press ENTER to end tracking): Enter↵ ☞ 트래킹 모드 종료

Specify radius of circle or [Diameter]: _mid of ☞ P4점 선택 & circle 명령 종료

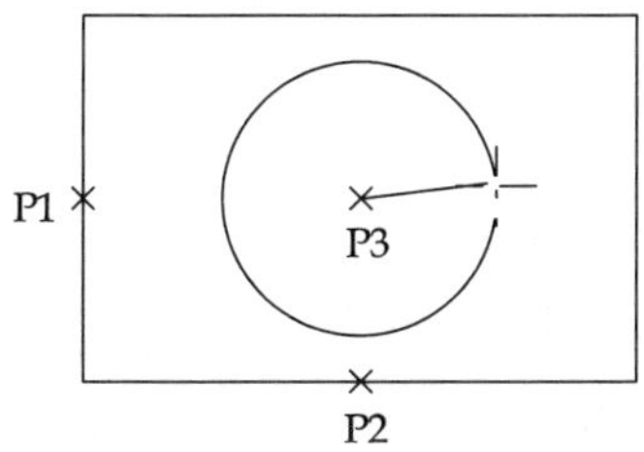

Tracking 실행 전

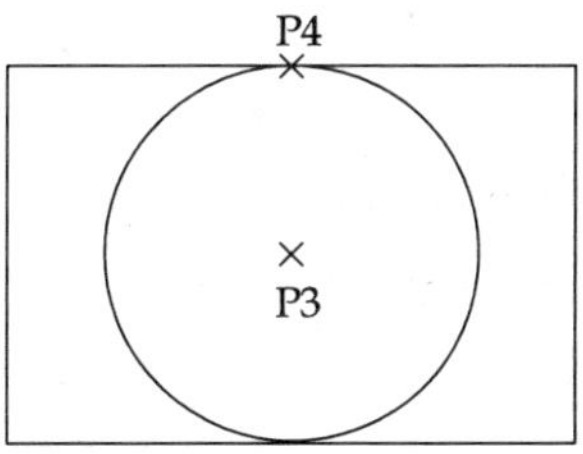

Tracking 실행 후

따라하기 11 : 객체 스냅 모드를 활용하여 다음 도면을 그려보자.

■ **Step 01 :** Line 아이콘 을 선택하고 사각형을 그린다.

▶ 사각형 □80 그리기

Command: _Line

Specify first point: 170,100 Enter↵

Specify next point or [Undo]: @80<0 Enter↵

Specify next point or [Undo]: @80<90 Enter↵

Specify next point or [Close/Undo]: @80<180 Enter↵

Specify next point or [Close/Undo]: c Enter↵ ☞ Line 명령 종료

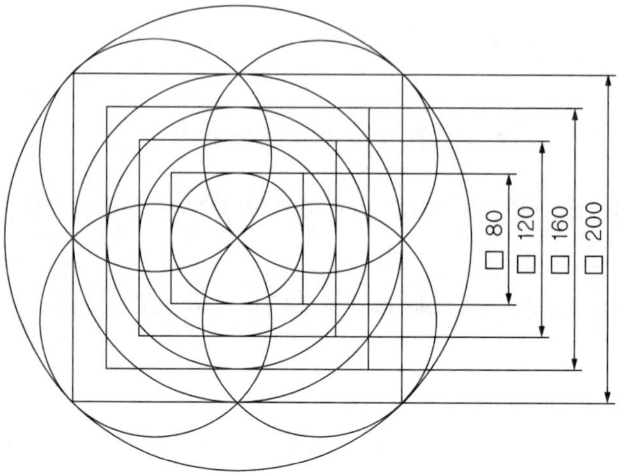

▶ 사각형 □120 그리기

Command : Enter↵, Space Bar 또는 마우스 오른쪽 버튼 선택

Command : _Line

Specify first point: 150,80 Enter↵

Specify next point or [Undo]: @120<0

Specify next point or [Undo]: @120<90 Enter↵

Specify next point or [Close/Undo]: @120<180 Enter↵

Specify next point or [Close/Undo]: c Enter↵ ☞ Line 명령 종료

▶ 사각형 □160 그리기

Command : Enter↵, Space Bar 또는 마우스 오른쪽 버튼 선택

Command : _Line

Specify first point: 130,60 Enter↵

Specify next point or [Undo]: @160<0 Enter↵

Specify next point or [Undo]: @160<90 Enter↵

Specify next point or [Close/Undo]: @160<180 Enter↵

Specify next point or [Close/Undo]: c Enter↵ ☞ Line 명령 종료

▶ 사각형 □200 그리기

Command : Enter↵, Space Bar 또는 마우스 오른쪽 버튼 선택

Command : _Line

Specify first point: 110,40 Enter↵

Specify next point or [Undo]: @200<0 Enter↵

Specify next point or [Undo]: @200<90 Enter↵

Specify next point or [Close/Undo]: @200<180 Enter↵

Specify next point or [Close/Undo]: c Enter↵ ☞ Line 명령 종료

■ **Step 02 :** Circle 아이콘 을 선택하고, 풀다운 메뉴나 스크린 메뉴에서 Draw(1) /Circle/Tan, Tan, Tan 옵션을 이용하여 사각형의 내접원 4개를 그린다.

Command: _circle

Specify center point for circle or [3P/2P/Ttr (tan tan radius)]: _3p

☞ Tan, Tan, Tan 옵션 선택

Specify first point on circle: _tan to ☞ 사각형의 수직(평)선 선택

Specify second point on circle: _tan to ☞ 사각형의 수평(직)선 선택

Specify third point on circle: _tan to ☞ 사각형의 수직(평)선 선택

■ **Step 03 :** Circle 아이콘 을 선택하고, 풀다운 메뉴나 스크린 메뉴에서 Draw(1) /Circle/2P 옵션을 이용하여 방사방향(45°)의 원 4개를 그린다.

Command: _circle

Specify center point for circle or [3P/2P/Ttr (tan tan radius)] : 2p Enter↵

Osnap Mode의 아이콘 선택

Specify first end point of circle's diameter: _cen of

☞ step 02에서 그려진 4개의 원 선택

Osnap Mode의 아이콘 선택

Specify second end point of circle's diameter: _int of ☞ 사각형의 모서리 선택

■ **Step 04 :** Circle 아이콘 을 선택하고, 풀다운 메뉴나 스크린 메뉴에서 Draw(1) /Circle/2P 옵션을 이용하여 사각형에 외접원을 그린다.

Command: _circle

Specify center point for circle or [3P/2P/Ttr (tan tan radius)] : 2p Enter↵

Osnap Mode의 아이콘 선택

Specify first end point of circle's diameter: _int of ☞ □200 사각형 모서리 선택

Osnap Mode의 아이콘 선택

Specify second end point of circle's diameter: _int of

☞ □200 사각형 반대편 모서리 선택

1.2 객체스냅 활성화하기

객체 스냅 모드의 활용에서 설명한 방법은 객체 스냅 모드는 한 번만 사용하면 스냅모드가 해제되는 일회성으로 매번 사용할 때마다 모드를 선택해야 하는 불편한 점이 있다. 또한 각 스냅모드를 사용할 때마다 일일이 지정하지 않고, 자주 사용하는 스냅모드를 사전에 선택하여 활성화를 해두면 도면요소의 객체스냅을 자동으로 찾아주게 되어 편리하다. 하지만, 도면이 복잡할 경우 원하지 않는 객체스냅을 찾아주어 도면이 이상한 형태로 그려지거나 편집되는 경우가 있다. 따라서 도면이 단순한 경우에는 객체 스냅 모드를 활성화시키고, 도면이 복잡한 경우에는 객체 스냅 모드를 일일이 지정해서 사용하는 것이 좋다.

객체스냅을 활성화하는 방법은 대화상자에 의한 방법, 단축키와 기능키에 의한 방법과 상태라인의 Osnap 버튼을 이용하는 방법이 있다.

대화상자에 의한 방법

활성화할 객체 스냅 모드의 일부 또는 모두를 동시에 활성화할 수 있고, 스냅 찾기 표시상자(Aperture Box)의 크기 및 색상을 조절할 수 있다.

입력방법

(키보드)	Command	Osnap Enter↵
(마우스)	Main menu	Tools > Drafting Settings
	Screen menu	**** > Osnap... 또는 Assist > Osnap...
	Icon menu	Osnap icon > (아이콘)
	Shortcut menu	상태라인의 SNAP GRID ORTHO POLAR OSNAP OTRACK + 마우스 오른쪽 버튼 > Setting...

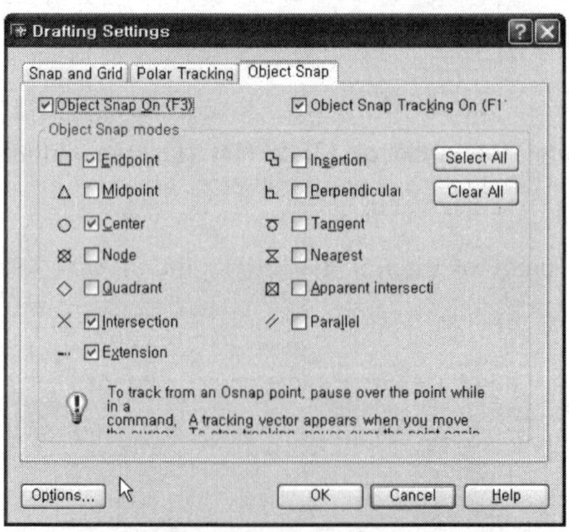

Object Snap Tab of Drafting Settings

■ **Object Snap On(F3)** : 선택된 객체 스냅 모드를 활성화시킨다.

■ **Object Snap Tracking On(F11)** : 객체 스냅 추적 모드를 활성화시킨다.

■ **Object Snap Modes**

Endpoint, Midpoint 등의 객체 스냅 모드의 내용은 1.1절의 객체 스냅 모드활용하기와 같고, 객체 스냅 모드 앞의 도형(□, △ 등)은 도면요소의 객체 스냅을 설정할 때 마우스 포인터와 함께 나오는 스냅 설정 표시상자이다.

별도의 선택 없이 사용자가 지정하고자 하는 위치에 커서를 가져가면 체크표시(☑)된 객체 스냅 모드의 스냅이 자동으로 설정된다. 객체 스냅 모드는 하나, 여러 개 또는 모든 객체 스냅 모드를 동시에 선택할 수 있다. 만약, 사용자가 여러 개의 모드나 모든 모드를 동시에 선택하였다면, 탭 키 [Tab]을 눌러서 선택된 모드를 차례로 확인해 볼 수 있고, 선택된 모드는 커서의 움직임에 따라 순환된다.

객체 스냅은 잠긴 도면 층의 객체 또는 부동 뷰포트 경계, 솔리드, 폴리라인의 선분 등 일반적으로 화면에 보이는 모든 객체에는 적용할 수 있지만, 꺼져있거나 동결된 도면 층의 객체에는 스냅을 설정할 수 없다.

▶ Select All : 객체 스냅 모드를 모두 활성화하기 위해 선택한다.

▶ Clear All : 활성화하기 위해 선택된 객체 스냅 모드를 모두 해제한다.

■ **Options**

Option 버튼을 선택하면 자동 객체스냅(Osnap)과 좌표추적(Tracking) 모드의 사용 환경을 설정할 수 있는 'Options의 Drafting' 탭 대화상자가 나타난다.

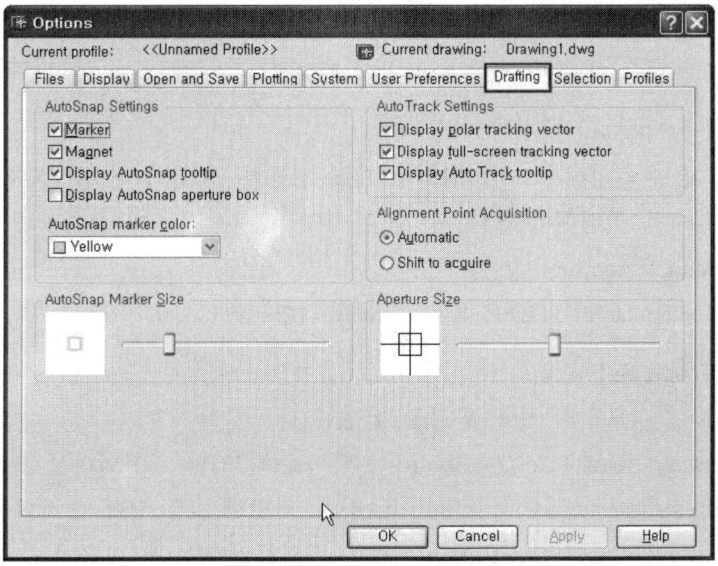

■ Drafting Tab

▶ Autosnap Settings

자동 객체 스냅모드의 사용 환경을 설정한다.

- Maker : 각 객체스냅의 자동 표시기호(아이콘)를 표시한다. 시스템 변수 Autosnap에 의해서도 설정할 수 있다.
- Magnet : 도면요소에서 스냅 점이 찾아지면 커서가 그 점에 달라붙는 듯한 효과를 사용한다.
- Display AutoSnap tooltip : 도면요소에서 스냅 점이 찾아지면 커서에 풍선 도움말을 표시한다.
- Display AutoSnap aperture box : 객체스냅을 사용할 때 커서에 스냅 선택상자를 표시한다. 시스템 변수 Apbox에 의해서도 설정할 수 있다.
- AutoSnap marker color : 각 객체스냅의 자동 표시기호의 색상을 설정한다.

▶ AutoSnap Marker Size

객체스냅의 자동 표시기호의 크기를 설정한다.

▶ Aperture Size

객체스냅을 사용할 때 커서에 표시되는 스냅 선택상자의 크기를 설정한다.

따라하기 : 스냅 선택상자의 크기(Aperture Size) 조절하기

■ **Step 01 :** 'Options' 대화상자의 Drafting 탭에 의한 방법

'Options' 대화상자의 Drafting 탭의 Aperture Size에서 슬라이더 막대를 움직이면, 도면요소의 스냅을 찾을 때 마우스 포인터에 나오는 스냅상자의 크기를 조절할 수 있다.

■ **Step 02 :** Aperture 명령에 의한 방법

Aperture 명령에 의해 스냅상자의 크기를 조절할 수 있다. 스냅상자의 크기는 1～50 이내의 정수로 지정해야 한다.

Command : Aperture [Enter↵]

Object snap target height (1-50 pixels) <10>: 크기입력 [Enter↵]

▶ Auto Track Settings

자동 좌표 추적모드의 사용 환경을 설정한 다.

- Display polar tracking vector : 극좌표(각도)의 추적벡터를 표시한다.
- Display full-screen tracking vector : 화면의 모든 점에 추적벡터를 표시한다.
- Display Auto Track tooltip : 좌표 추적벡터를 풍선 도움말로 표시해준다.

▶ Alignment Point Acquisition

스냅 점에서 추적벡터의 표시방법을 설정한다.

- Automatic : 스냅 점을 이동하면 자동으로 추적벡터를 표시한다.
- Shift to acquire : Shift키를 누를 때만 추적벡터를 표시한다.

단축키와 기능키에 의한 방법

'Drafting Settings' 대화상자에서 객체 스냅 모드가 활성화하기 위해 선택돼있을 경우, 단축키 Ctrl+F 또는 기능키 F3를 누르면 상태라인의 OSNAP 버튼이 움푹 들어간 모양으로 되면서 선택된 객체 스냅 모드가 활성화되어 자동 스냅기능으로 사용할 수 있다.

상태라인의 osnap 버튼을 이용하는 방법

'Drafting Settings' 대화상자에서 객체 스냅 모드가 활성화하기 위해 선택돼있을 경우, 상태라인의 OSNAP 버튼을 선택하면 선택된 객체 스냅 모드가 활성화되어 자동 스냅기능으로 사용할 수 있다.

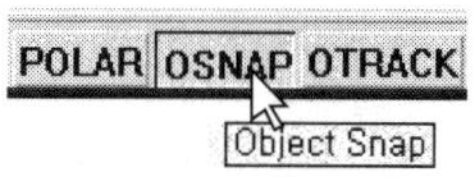

Shortcut Button of Object Snap

상태라인의 'Snap, Grid, Polar, Osnap 또는 Otrack' 버튼 + 마우스 오른쪽 버튼

상태라인의 'Snap, Grid, Polar, Osnap 또는 Otrack' 버튼에 마우스 포인터를 갖다 대고 오른쪽 버튼을 누르면 다음과 같은 단축메뉴가 나온다. 이 메뉴에서 'Settings'를 선택하면 'Drafting Settings' 대화상자가 나오고, 이 대화상자로부터 객체 스냅 모드를 활성화할 수 있다.

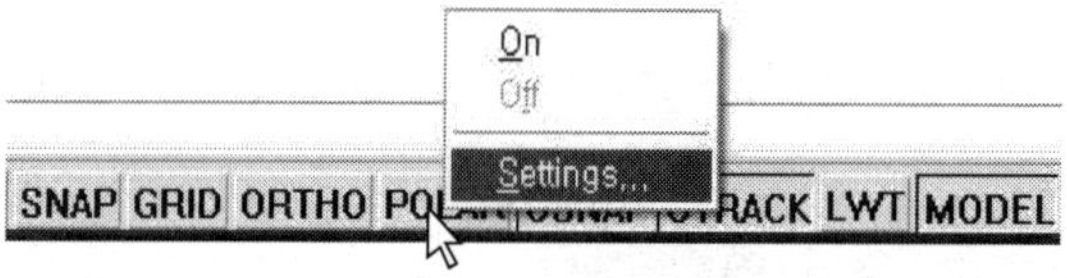

Shortcut Menu of Object Setting

1.3 객체 스냅 추적 활성화하기

객체 스냅 추적(Object Snap Tracking)은 객체스냅 점을 기준으로 정렬경로를 따라 추적할 수 있다. 객체 스냅 추적은 객체스냅을 활성화시킨 후 사용해야한다. 예를 들어, 객체의 끝점이나 중간점 등을 기준으로 한 경로를 따라 점을 선택할 수 있다.

객체 스냅 추적을 활성화하는 방법은 대화상자에 의한 방법, 기능키와 상태라인의 Otrack 버튼을 이용하는 방법이 있다.

대화상자에 의한 방법

'Drafting Setting' 대화상자에서 'Object Snap Tracking On(F11)'의 항을 선택하여 ☑ 표시가 되면 객체 스냅 추적이 활성화된다. 이때 'Object Snap On(F3)'항도 선택하여 객체스냅도 함께 활성화시킨다.

기능키와 상태라인의 Otrack 버튼에 의한 방법

기능키 F11 를 누르면 상태라인의 OTRACK 버튼이 움푹 들어간 모양으로 되면서 객체 스냅 추적이 활성화되고, 또 상태라인의 OTRACK 버튼을 선택해도 객체 스냅 추적기능을 활성화시킬 수 있다.

따라하기 : Otrack를 활성화하고 도면 그리기

Otrack를 활성화한 후 한 변의 길이가 100인 정사각형의 중점을 찾고, 그 중점을 원의 중심으로 하여 직경이 80인 원을 그려보자.

- **Step 01 :** OSNAP 버튼을 눌러 객체 스냅을 활성화한다. 반드시 객체 스냅 모드 중 midpoint가 선택돼있어야 한다.
- **Step 02 :** OTRACK 버튼을 눌러 객체 스냅 추적기능을 활성화한다.
- **Step 03 :** Line 아이콘 을 선택하고 한 변의 길이가 100인 정사각형을 그린다.

  Command: _Line
  Specify first point: ☞ 임의 P1점 선택
  Specify next point or [Undo]: @100<0 Enter↵
  Specify next point or [Undo]: @100<90 Enter↵
  Specify next point or [Close/Undo]: @100<180 Enter↵
  Specify next point or [Close/Undo]: c Enter↵

■ **Step 04 :** Circle 아이콘 을 선택한다.

Command: _circle

정사각형의 중점 찾는 방법은?

01 : 선분 L1점에 마우스 포인터를 갖다대면 중간점(Midpoint)이 찾아진다.
02 : 선분 L2점에 마우스 포인터를 갖다대면 중간점(Midpoint)이 찾아진다.
03 : 이때 선분 L1의 찾아진 스냅 점(중간점)에는 '+' 표시되고, 선분 L2의 수평 정렬경로(점선)가 표시된다.
04 : 이 수평 정렬경로를 따라 커서를 이동하여 선분 L1에서 표시된 '+' 표시와 만나면 수직 정렬경로가 표시되어 정사각형의 중점 P2를 쉽게 선택할 수 있다.

Specify center point for circle or [3P/2P/Ttr (tan tan radius)] : ☞ P2점 선택

Specify radius of circle or [Diameter]: 40 Enter↵

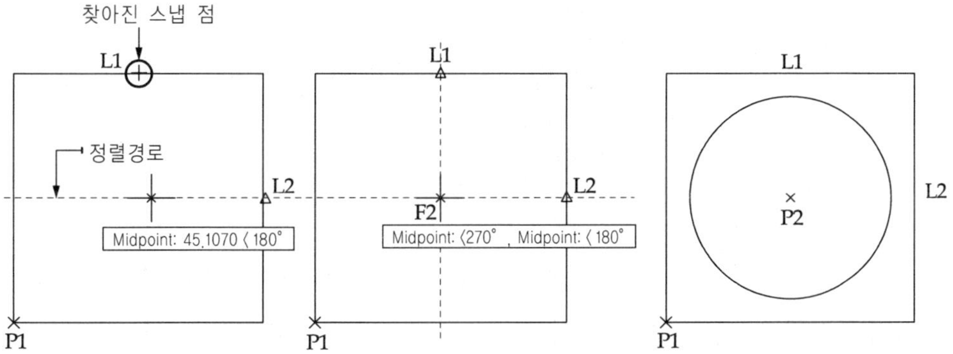

2. Polar Tracking 활용하기

Polar Tracking(극좌표 추적) 기능은 도면요소를 그리거나 편집할 때 커서의 이동방향에 따라 설정된 각도로 정확하게 추적하거나 객체스냅을 추적하여 극좌표로 표시해준다. 기본적으로 극좌표 추적에서 추적각도가 0°, 90°, 180°, 270° 방향의 90° 간격으로 추적되기 때문에 직교(Ortho)모드와 유사하지만, 이 기능에서는 극좌표 추적의 증가각도를 사용자가 임의로 설정할 수 있을 뿐만 아니라 특정각도만의 설정도 가능하다.

입력방법

	Command	Osnap Enter↵
	Main menu	Tools > Drafting Settings
	Screen menu	**** > Osnap... 또는 Assist > Osnap...
	Icon menu	Osnap icon >
	Shortcut menu	상태라인의 SNAP GRID ORTHO POLAR OSNAP OTRACK + 마우스 오른쪽 버튼 > Setting...

입력방법을 실행하면 객체스냅을 활성화하기 위한 'Drafting Settings' 대화상자가 나오게 된다. 이 대화상자에서 'Polar Tracking' 탭을 선택하면 극좌표 추적기능을 설정하고 활성화시킬 수 있는 대화상자가 나온다. 입력방법의 자세한 설명은 1.2절의 '객체스냅 활성화하기'를 참조하기 바란다.

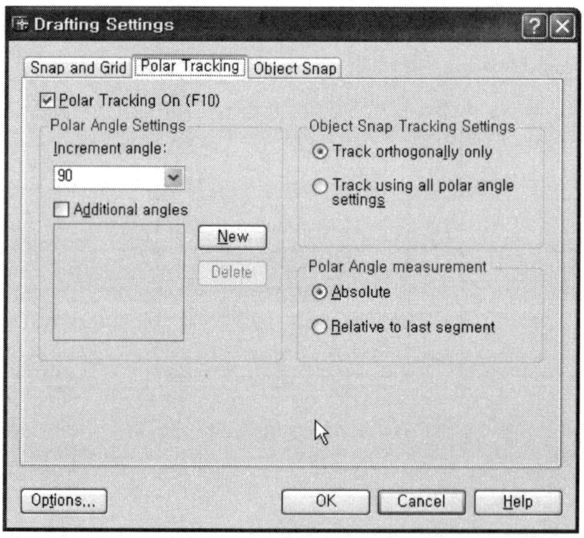

Polar Tracking Tab of Drafting Settings

대화상자에서

- Polar Tracking On(F10) : 극좌표 추적 모드를 활성화시킨다.
- Polar Angle Settings

  극좌표의 추적각도의 증분과 새 추적각도를 설정한다. Increment와 Additional angle에서 설정한 2개의 각도를 추적한다. 추적각도는 10개까지 추가할 수 있다.

▶ Increment angle : 추적각도의 증분각도를 선택한다. 설정된 증분각도는 90, 45, 30, 22.5, 18, 15, 10, 5이다.

▶ Additional angles : Increment angle에서 설정된 이외의 각도로 추적하고자 할 때 새 특정각도를 입력하거나 삭제한다.

- New : 새 특정각도를 입력한다.
- Delete : 추가한 새 각도를 삭제한다.

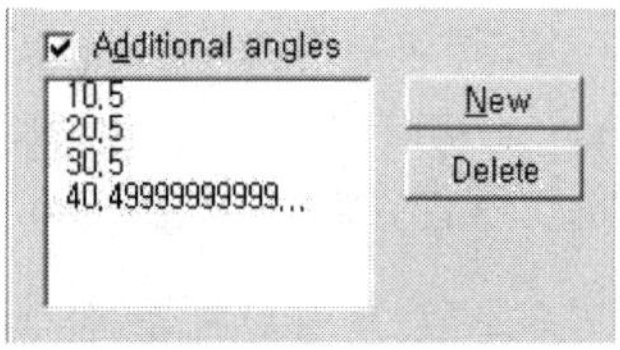

Additional Angles

■ **Object Snap Tracking Settings**

객체 스냅을 추적할 때 직교 또는 극좌표 추적을 할 것인지 설정한다.

▶ Track orthogonally only : 90° 간격으로 직교 추적을 한다.

▶ Track using all polar angle settings : Polar angle settings에서 설정한 각도로 극좌표 추적을 한다.

■ **Polar Angle measurement**

극좌표의 각도 측정단위를 절대각도(absolute) 또는 상대각도로 표시할 것인지를 설정한다.

▶ Absolute : 절대 극좌표로 추적각도를 표시한다.

▶ Relative to last segment : 상대 극좌표로 추적각도를 표시한다.

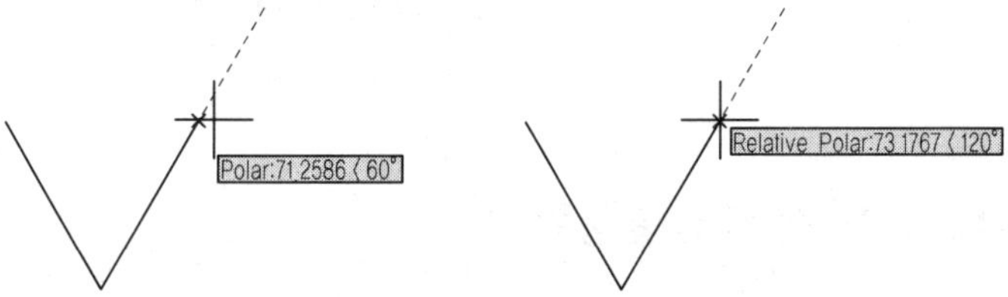

[절대 극좌표]　　　[상대 극좌표]

극좌표 추적 모드 활성화하기

극좌표 추적 모드는 기능키 F10과 상태라인의 POLAR 버튼을 선택하면 활성화되고, 'Polar Tracking' 탭에서 설정된 항목들을 모두 사용할 수 있다.

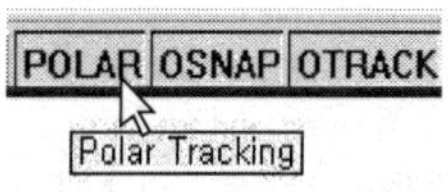

Ploar Tracking of State Line

3. 그립모드 활용하기

별도의 편집도구 명령을 이용하지 않고 커서만으로 작성된 도면을 쉽게 편집할 수 있다. 커서만으로 도면을 편집하려면, 커서로 도면의 선택이 가능해야 한다. 예를 들면 객체스냅모드의 설정에서와 같이 커서로 선의 끝점과 중간점, 원의 중심점과 사분점 등 도면요소의 특정위치를 설정할 수 있어야 한다. 커서로 도면요소를 선택하여 움켜잡는 것을 그립(Grip)이라고 하며, 이때 도면요소는 작은 사각형 상자(그립상자)로 특정위치(객체스냅위치)를 선택하게 된다.

3.1 그립모드 활성화하기

Grip 명령을 실행하면 그립모드를 활성화할 수 있다.

▶ 입력방법

	Command	Grips Enter↵

Command: grips Enter↵

Enter new value for GRIPS <1>: 0 또는 1 입력 Enter↵

☞ 0 : Grip 명령해제

1 : Grip 명령실행

3.2 그립모드의 사용 환경설정하기

그립모드의 활성화와 그립 점의 색상, 그립크기를 설정한다.

▶ 입력방법

	Command	Ddgrips Enter↵
	Main menu	Tools > Options > Selection
	Screen menu	TOOLS 2 > Grips

Ddgrips 명령을 실행하면 'Options' 대화상자가 나오고, 이 대화상자의 Selection 탭에서 그립모드의 사용 환경을 설정할 수 있다.

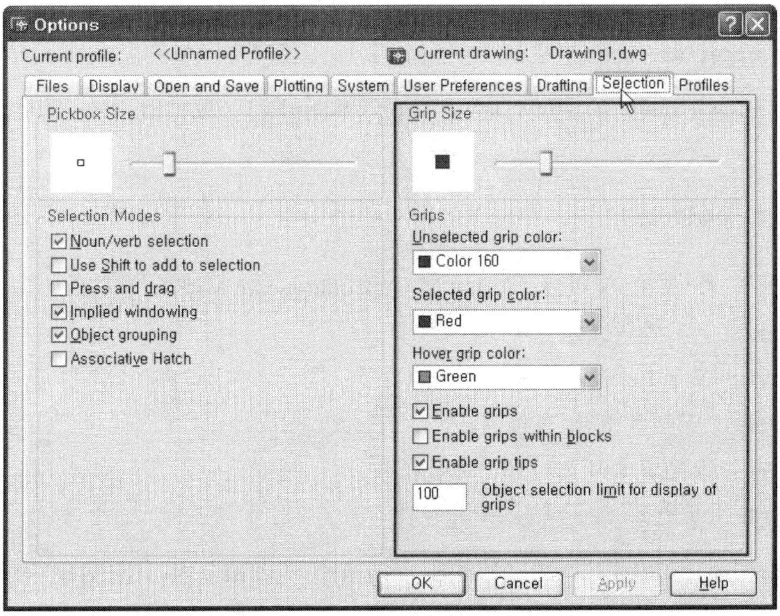

Grips of Selection Tab

- **Grip Size**

  그립의 크기를 픽셀단위로 설정한다. 시스템 변수 Gripsize에 의해서도 설정할 수 있다.

- **Grips**

  그립모드의 사용 환경을 설정한다.

  - Enable grips : 그립모드의 기능을 활성화 한다.
  - Enable grips within blocks : 블록도면에서도 하나의 도면처럼 그립을 사용할 수 있도록 해준다. 시스템 변수 Gripblock에 의해서도 설정할 수 있다.
  - Unselected grip color : 선택되지 않은 그립 점의 색상을 설정한다. 시스템 변수 Gripcolor에 의해서도 설정할 수 있다.
  - Selected grip color : 선택된 그립 점의 색상을 설정한다. 시스템 변수 Griphot에 의해서도 설정할 수 있다.

3.3 그립모드 활용하기

Grips에서 사용할 수 있는 편집명령은 Stretch/Move/Rotate/Scale/Mirror이며, 이들 명령은 SpaceBar를 한번씩 누를 때마다 바뀐다. 커서로 도면요소를 선택하면 객체스냅위치가 그립상자(기본색상 파란색)로 표시되고, 객체스냅위치에 커서를 갖다 대고 다시 선택하면 빨간색(기본색상)으로 바뀐다. 이때 명령어 영역에는 다음과 같이 Stretch(늘리기)

명령을 수행할 수 있는 메시지가 나온다.

** STRETCH **

Specify stretch point or [Base point/Copy/Undo/eXit]: SpaceBar 또는 옵션입력 Enter↵

Grips option

- ↵ : 한번 씩 누를 때마다 Stretch/Move/Rotate/Scale/Mirror 명령으로 바뀐다.
  - ▶ Stretch : 도면요소를 늘린다.
  - ▶ Move : 도면요소를 이동한다.
  - ▶ Rotate : 도면요소를 회전한다.
  - ▶ Scale : 도면요소의 크기를 조정한다.
  - ▶ Mirror : 도면요소를 대칭 복사한다.
- **Stretch to point** : 그립이 설정된 도면요소의 스냅위치가 늘어날 점을 설정한다. 명령이 바뀔 때마다 내용이 바뀐다.
- **Base point** : 편집하려는 기준점을 설정한다.
- **Copy** : 그립이 설정된 도면요소를 다중 복사한다.
- **Undo** : 앞서 실행한 명령을 한 단계씩 취소한다.
- **eXit** : 그립명령을 종료한다.

따라하기 01 : 그립모드에 의한 객체 늘리기

그립모드를 이용하여 의자의 등받이 $\widehat{ab}$의 호를 늘려보자.

- **Step 01** : 의자의 등받이 $\widehat{ab}$를 선택한다. 객체가 선택되고 그립상자가 표시된다.
- **Step 02** : 그립상자에 커서를 갖다대고 다시 선택하면 빨간색(기본색상)으로 바뀌고, 커서를 움직이면 $\widehat{ab}$가 늘어나는 것을 확인할 수 있다. 명령어 영역에는 다음과 같은 메시지가 나온다.

  ** STRETCH **

  Specify stretch point or [Base point/Copy/Undo/eXit]: ☞ P1점 선택
- **Step 03** : Esc 키를 눌러 설정된 그립을 취소하고, 다시 Esc 키를 눌러 객체선택을 취소하면 종료된다.

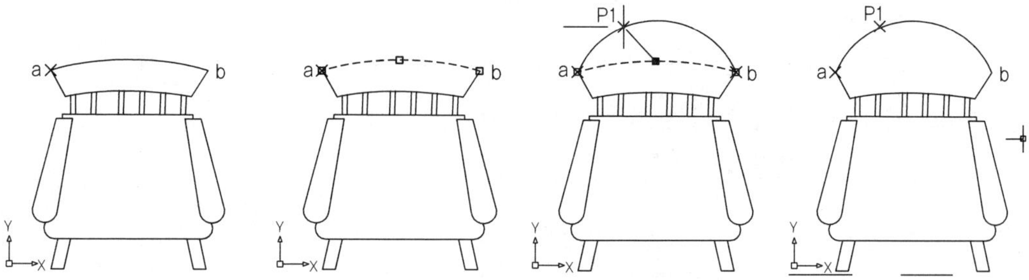

원래상태 Step 01 Step 02 Step 03

따라하기 02 : 그립모드에 의한 도면 이동하기

그립모드를 이용하여 의자를 이동시켜 보자.

- **Step 01 :** 의자의 모두를 선택한다. 객체가 선택되고 그립상자가 표시된다.
- **Step 02 :** 그립상자에 커서를 갖다대고 다시 선택하면 빨간색(기본색상)으로 바뀌고, 커서를 움직이면 의자가 이동되는 것을 확인할 수 있다. [Space Bar]를 누르면 명령어 영역에는 다음과 같은 메시지가 나온다.

  ** MOVE **

  Specify move point or [Base point/Copy/Undo/eXit]: ☞ P1점 선택

- **Step 03 :** [Esc]키를 눌러 설정된 그립을 취소하면 종료된다.

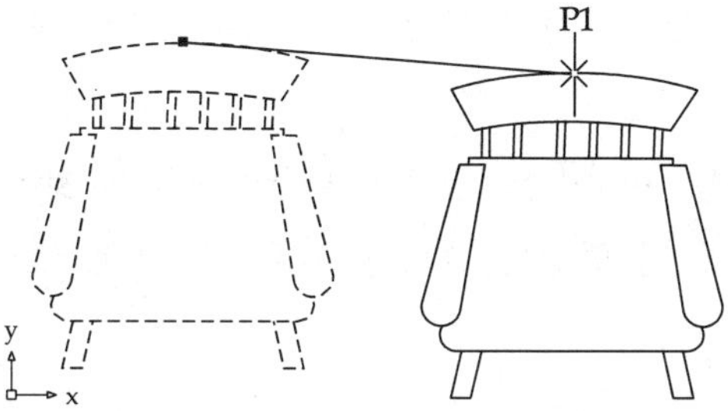

Move Option of Grips

따라하기 03 : 그립모드에 의한 도면 회전하기

그립모드를 이용하여 의자를 회전시켜 보자.

- **Step 01 :** 의자의 모두를 선택한다. 객체가 선택되고 그립상자가 표시된다.
- **Step 02 :** 그립상자에 커서를 갖다대고 다시 선택하면 빨간색(기본색상)으로 바뀌고, [Space Bar]를 두 번 누르면 명령어 영역에는 다음과 같은 메시지가 나온다.

** ROTATE **

Specify rotation angle or [Base point/Copy/Undo/Reference/eXit]: ☞ P1점 선택

- **Step 03 :** 커서를 움직이면 의자가 회전되는 것을 확인할 수 있다. Esc키를 눌러 설정된 그립을 취소하면 종료된다.

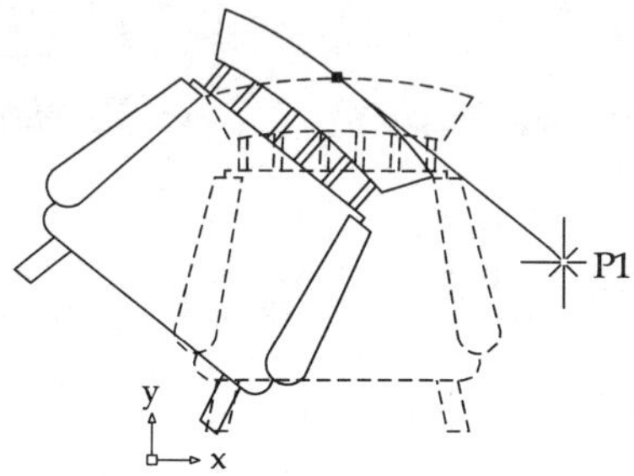

Rotate Option of Grips

따라하기 04 : 그립모드에 의한 도면크기 조정하기

그립모드를 이용하여 의자를 1/2로 축소하여 보자.

- **Step 01 :** 의자의 모두를 선택한다. 객체가 선택되고 그립상자가 표시된다.
- **Step 02 :** 그립상자에 커서를 갖다대고 다시 선택하면 빨간색(기본색상)으로 바뀌고, Space Bar를 세 번 누르면 명령어 영역에는 다음과 같은 메시지가 나온다.

** SCALE **

Specify scale factor or [Base point/Copy/Undo/Reference/eXit]: 0.5

- **Step 03 :** Esc키를 눌러 설정된 그립을 취소하면 종료된다.

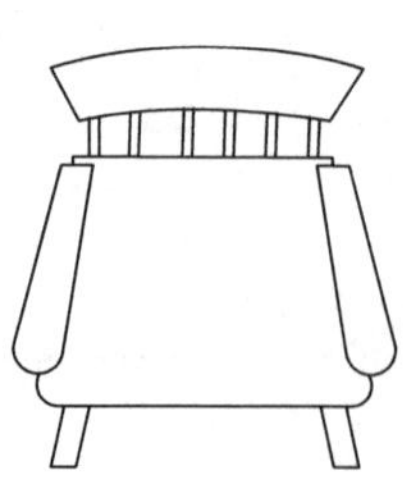

원래상태

1/2 축소

따라하기 05 : 그립모드에 의한 도면 대칭복사하기

그립모드를 이용하여 의자를 대칭으로 복사하여 보자.

- **Step 01 :** 의자의 모두를 선택한다. 객체가 선택되고 그립상자가 표시된다.
- **Step 02 :** 그립상자에 커서를 갖다대고 다시 선택하면 빨간색(기본색상)으로 바뀌고, Space Bar를 네 번 누르면 명령어 영역에는 다음과 같은 메시지가 나온다.

  ** MIRROR **

  Specify second point or [Base point/Copy/Undo/eXit]: b Enter

  Specify base point: ☞ P1점 선택

  Specify second point or [Base point/Copy/Undo/eXit]: ☞ P2점 선택
- **Step 03 :** Esc키를 눌러 설정된 그립을 취소하면 종료된다.

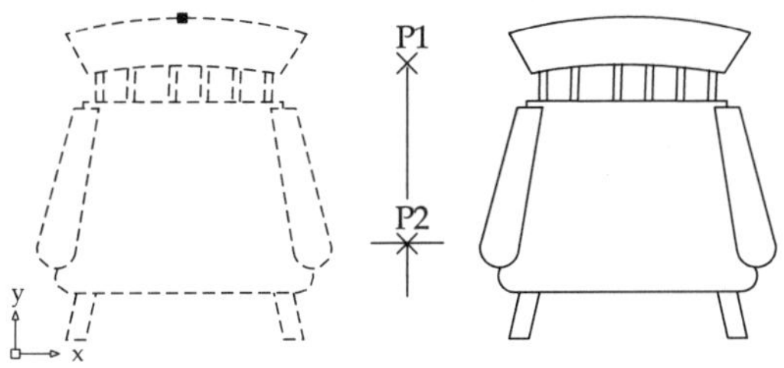

Mirror Option of Grips

따라하기 06 : 그립모드에 의한 도면 다중 복사하기

그립모드를 이용하여 의자를 다중 복사해 보자.

- **Step 01 :** 의자의 모두를 선택한다. 객체가 선택되고 그립상자가 표시된다.
- **Step 02 :** 그립상자에 커서를 갖다대고 다시 선택하면 빨간색(기본색상)으로 바뀌고, 명령어 영역에는 다음과 같은 메시지가 나온다.

  ** STRETCH **

  Specify stretch point or [Base point/Copy/Undo/eXit]: c Enter

  ** STRETCH (multiple) **

  Specify stretch point or [Base point/Copy/Undo/eXit]: ☞ P1점 선택

  ** STRETCH (multiple) **

  Specify stretch point or [Base point/Copy/Undo/eXit]: ☞ P2점 선택

  ** STRETCH (multiple) **

  Specify stretch point or [Base point/Copy/Undo/eXit]: Enter ☞ Copy 옵션 종료

■ Step 03 : Esc키를 눌러 설정된 그립을 취소하면 종료된다.

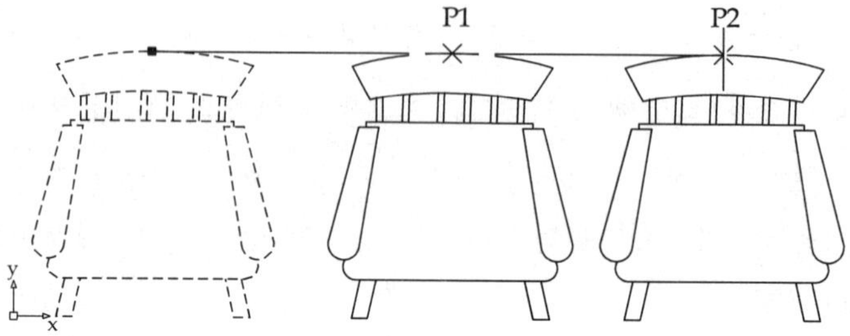

Copy Option of Grips

Chapter 5

작업도면 환경꾸미기

도면을 작업하기에 앞서 도면의 제반환경들을 미리 설정해 두면 아주 편리하다. 일반적으로 제도는 각 나라의 규격이나 국제 표준화 규격(ISO)에 따라 제도통칙에 의해 도면에 사용될 치수단위와 물체의 크기에 따라 도면의 크기를 설정하게 된다. 이 장에서는 도면작업에서 사용될 치수의 단위설정, 도면의 크기, 선 등을 우리나라의 KS 규격에 따라 작업도면의 환경을 설정하고, 도면작성을 쉽게 도와주는 모드설정과 도구막대의 활용 등에 대해 공부하기로 한다.

1. 도면의 치수단위 설정하기
2. 도면용지의 크기설정하기
3. 선의 유형 및 유형지정하기
4. 선의 척도설정하기
5. 선의 굵기 설정하기
6. 선의 색상지정하기
7. 여러 가지 모드설정하기
8. 도구막대 활용하기

1. 도면의 치수단위 설정하기

도면을 작성할 때 각 나라마다 사용되는 단위가 각기 틀리다. 통상 국제 표준화 규격(ISO)에 의한 제도통칙에 따라 도면에 사용할 치수단위를 설정하게 된다. 우리나라는 KS 규격(KS B0001)에 따라 도면작업에 사용할 치수단위를 설정한다. 도면작성에 필요한 치수단위는 길이와 각도단위를 사용하고, 각 단위의 소수점 자릿수를 나타내는 정밀도를 설정한다.

입력방법

	Command	Units 또는 Ddunits Enter↵
	Main menu	Format > Units
	Screen menu	Format > Units

Units 명령을 실행하면 'Drawing Units' 대화상자가 나오고, 이 대화상자로부터 도면의 치수단위인 길이단위와 각도단위를 설정할 수 있다.

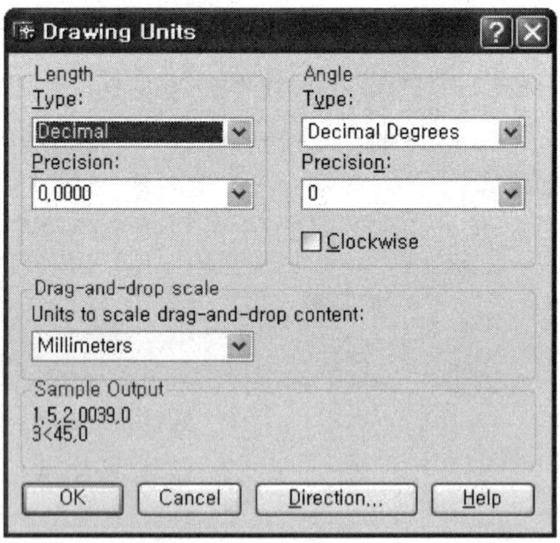

Drawing Uints

대화상자에서

- **Length**

  치수단위 중 길이단위를 설정하고, 길이단위의 소수점 자릿수를 나타내는 정밀도를 설정한다.

▶ Type : 길이단위의 형식을 설정한다.

- Architectural : 길이를 건축형식으로 표시한다. (예 1'-3 1/2")
- Decimal : 길이를 소수형식으로 표시한다. (예 15.50)
- Engineering : 길이를 공학형식으로 표시한다. (예 1'-3.50")
- Fractional : 길이를 분수형식으로 표시한다. (예 15 1/2)
- Scientific : 길이를 지수형식으로 표시한다. (예 1.55E+01)

▶ Precision : 각 형식들의 소수점 자릿수를 결정한다. 지수, 소수 및 공학형식은 소수점 8자리까지, 건축 및 분수 형식은 분모 크기를 입력하여 자릿수를 지정한다. 그리고 기본 값의 자릿수는 4자리로 소수형식 (Decimal)이다.

■ Angle

치수단위 중 각도단위를 설정하고, 각도단위의 소수점 자릿수를 나타내는 정밀도를 설정한다.

▶ Type : 각도단위의 형식을 설정한다.

- Decimal Degree : 각도를 소수 형식으로 표시한다.(예 45.0000)
- Deg/Min/Sec : 각도를 도/분/초 형식으로 표시한다.(예 45d0"0")
- Grads : 각도를 등급으로 표시한다. 1°는 10/9 그라디안이다.(예 50.0000g)
- Radians : 각도를 라디안으로 표시한다. 약 1°는 0.0174533 라디안이다.(예 0.785r)
- Surveyor's units : 각도를 동서남북(E, W, S, N) 방위와 함께 표시한다.(예 N 45d0'0" E)

▶ Precision : 각 형식들의 소수점 자리수를 결정한다.

▶ Clockwise : 각도의 증분방향을 시계방향으로 설정한다. 각도의 증분방향은 기준각도(0도)로부터 반시계방향(Counter-Clockwise)으로 설정돼있다.

■ Drawing units for Design Center blocks

디자인 센터로부터 삽입될 블록의 단위(mm, cm, km, inch, feet, yard 등)를 선택한다.

■ Sample Output

설정된 길이단위와 각도단위에 대한 예를 미리 보여준다.

■ Direction…

Direction 버튼을 선택하면 다음과 같이 'Direction Control' 대화상자가 나오고, 각도측정의 시작점과 방향을 설정한다.

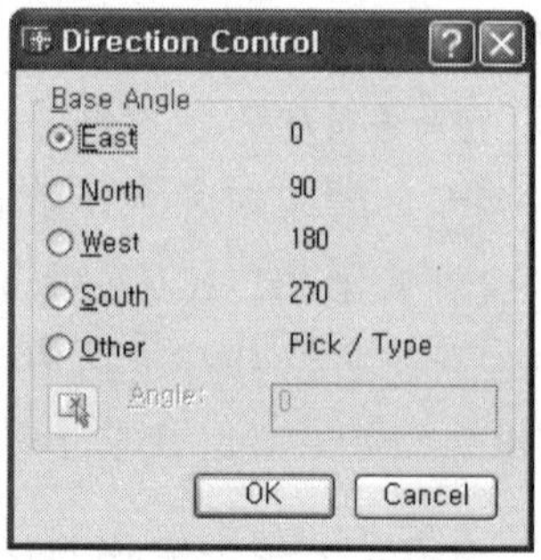

Direction Control

▶ Base Angle : 기준각도(0°)를 몇 시 방향으로 설정할 것인지 조정한다. 기본적으로 기준각도는 동쪽 3시 방향이 0도이며, 특수한 경우가 아니면 설정을 바꾸지 않는 것이 좋다.

- East(E) : 시계의 3시 방향을 기준각도(0°)로 설정한다.
- North(N) : 시계의 12시 방향이 90°가 기준각도(0°)로 된다.
- West(W) : 시계의 9시 방향이 180°가 기준각도(0°)로 된다.
- South(S) : 시계의 6시 방향이 270°가 기준각도(0°)로 된다.
- Other(Pick/Type)
  - Angle : Other 버튼을 선택하였을 경우 기준각도를 입력한다.
  - : 도면영역 내에서의 임의 두 점을 지정하여 각도를 설정할 수 있다.

따라하기 : 도면의 치수단위 설정하기

Main menu > Format > Units를 선택한 후 'Units Control' 대화상자에서 다음과 같이 치수단위를 설정한다.

■ **Step 01** : Length(길이단위)를 설정한다.

KS 규격의 제도통칙에서는 길이단위로 mm(밀리미터)를 사용하고, 십진법의 소수점 형식을 사용하고 있다. 그리고 도면치수의 소수점 자릿수는 설계치수의 공차 정밀도에 따라 정해진다. 만약 설계치수가 일반 공차를 적용한다면 도면치수의 소수점 자릿수는 소수점 한 자리를 정하면 된다.

▶ Type에서 '◉ Decimal'을 선택하고

▶ Precision에서 '0.0'를 선택한다.

■ **Step 02** : 2. Angles(각도 단위)을 설정한다.

KS 규격의 제도통칙에서는 각도단위로 도/분/초(deg/min/sec)의 형식을 사용하고 있다. 금형이나 지그 등과 같이 아주 정밀한 도면이 아니면 각도 범위는 '0d0'를 선택한다.

▶ Type에서 '◉ Deg/Min/Sec'을 선택하고

▶ Precision에서 '0d0'를 선택한다.

■ **Step 03** : Direction(기준각도와 방향)을 설정한다.

AutoCAD에서 기본 값이 시계의 3시 방향(동쪽)을 기준각도 0°로 설정되어있고, 일반적으로 시계의 3시 방향을 기준각도 0°로 설정하므로 가능한 한 그대로 사용하는 것이 좋다. Direction Control 대화상자로부터

▶ Base Angle에서 '◉ East'를 선택한다.

■ **Step 04** : 'OK'을 선택한다.

2. 도면용지의 크기설정하기

도면용지의 크기는 KS 규격(KS B 0001)의 제도통칙에 따르고, 도면의 크기는 물체의 크기에 따라 설정한다. 도면용지의 크기는 제도가 완성되는 치수로서 KS A 5201(종이의 재단치수)의 제도통칙에 의해 A0～A4까지를 사용하고, 특히 긴 도면을 필요로 할 때는 길이방향으로 연장하여 사용한다. 도면에는 테두리를 그려서 도면이 파손되거나 더렵혀져서 문자 또는 그림이 어지러워지는 것을 피하기 위해 KS B 0001에서는 도면용지의 크기와 테두리 치수를 다음 그림과 표와 같이 설정하고 있다.

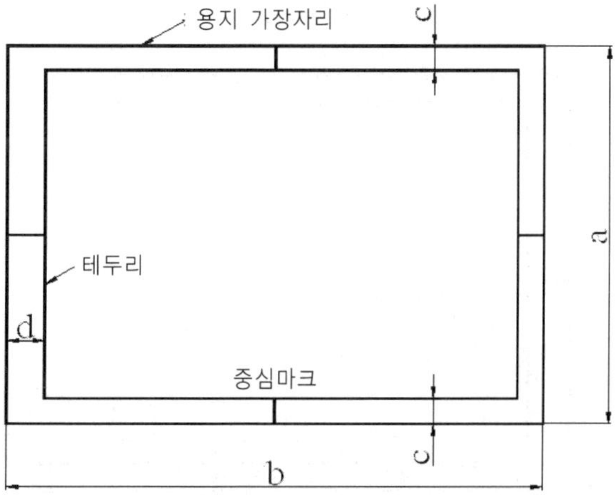

도면용지크기 및 테두리

도면용지크기			A0	A1	A2	A3	A4
도면테두리	a×b		1189×841	841×594	594×420	420×297	297×210
	c(최소)		20	20	10	10	10
	d (최소)	철하지 않을 때	20	20	10	10	10
		철할 때	25	25	25	20	15

입력방법

(키보드)	Command	Limits Enter↵
(마우스)	Main menu	Format > Drawing Limits
	Screen menu	Format > Limits

Command : limits Enter↵

Reset Model space limits: ☞ 현재 모델영역에 대한 도면크기의 설정을 나타낸다.

Specify lower left corner or [ON/OFF] <0.0000,0.0000>: 옵션 및 왼쪽 하단의 x, y 값 입력 Enter↵

Specify upper right corner <420.0000,297.0000>: 오른쪽 상단의 x, y 값 입력 Enter↵

Limits 명령은 작성할 도면의 크기를 조정도 하지만 도면의 한계를 체크하는 기능도 가지고 있다. 즉, 도면을 작성할 때 도면용지으 밖에 도면을 그리는 것을 제한하거나 가능하게 할 수도 있다. 도면용지의 크기는 도면의 좌측 하단과 우측 상단의 x, y 좌표값을 입력하여 설정한다. 도면용지의 크기 설정에서 왼쪽 하단은 아래 그림에서와 같이 통상 원점(0,0)에 해당하므로 특별한 경우가 아니면 기본 값을 유지하는 것이 좋다.

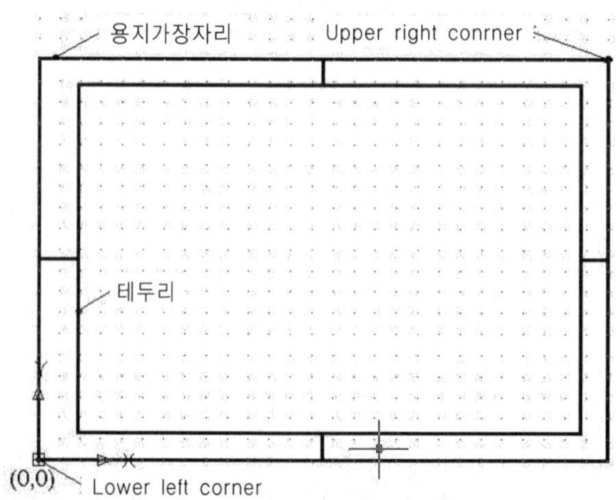

Lower Left Corner and Upper Right Corner

Limits option

- ON : 설정된 도면용지 밖으로 도면요소를 그릴 수 없도록 제한한다.
- OFF : 설정된 도면용지 밖으로 도면요소를 그릴 수 있도록 한다.

따라하기 01 : 도면용지를 A2 크기로 설정하기

- **Step 01** : Main menu/Format/Drawing Limits를 선택한다.

  Command :_limits

  Reset Model space limits:

  Specify lower left corner or [ON/OFF] <0.0000,0.0000>: Enter↵

  Specify upper right corner <420.0000,297.0000>: 594,420 Enter↵

> **AutoCAD에 새로운 도면영역의 인식**
>
> Limits 명령을 이용하여 설정된 도면용지의 크기를 새로운 도면의 영역으로 표시하려면, Zoom 명령 중 all 옵션을 실행시킨다. Zoom 명령이 실행되면 도면용지가 화면에 꽉 차게 나타난다. 자세한 내용은 Zoom 명령의 옵션을 참조하기 바란다.

- **Step 02** : Zoom 명령의 All 옵션을 실행한다.

  Command : Zoom Enter↵

  Specify corner of window, enter a scale factor (nX or nXP), or

  [All/Center/Dynamic/Extents/Previous/Scale/Window] <real time>: a Enter↵

따라하기 02 : 도면용지 밖으로 그려지는 도면요소의 생성제어

도면용지가 A3(420,297)로 설정돼있다고 가정하고, Limits 명령의 On 옵션을 활성화시킨 뒤 가로치수 420보다 큰 도면요소를 그려보기로 한다.

- **Step 01** : Main menu/Format/Drawing Limits를 선택한다.

  Command:_limits

  Reset Model space limits:

  Specify lower left corner or [ON/OFF] <0.0000,0.0000>: on Enter↵

- **Step 02** : Line 명령으로 선 그리기를 한다.

  Command: Line

  Specify first point: 100,100

Specify next point or [Undo]: 500,500
**Outside limits
Specify next point or [Undo]:

> **Outside limits의 의미는?**
>
> 도면용지가 A3(420,297)로 설정돼있기 때문에 좌표값 (500,500)은 도면용지의 바깥 점에 해당하므로 '도면용지의 크기를 벗어났음을 표시해준다.' 설정된 도면용지 밖에도 도면요소를 그릴 수 있도록 하려면 off 옵션으로 다시 설정하면 된다.

3. 선의 유형 및 유형지정하기

도면을 작성할 때 실선뿐만 아니라 중심선, 은선(숨은선), 가상선, 1점 쇄선 등 많은 선들이 사용된다. AutoCAD에서는 도면작성에 필요한 모든 선을 제공해준다. 이러한 선들은 AutoCAD에서 지정된 이름을 지정하여 사용할 수가 있고, 필요에 따라 새로운 선을 정의하여 만들어 사용할 수도 있다.

3.1 선의 용도에 따른 분류

KS B0001에 의하면 도면을 작성할 때 선의 유형은 크게 실선, 숨은선, 쇄선 3가지로 구분하고, 이들 기본 선을 다음과 같이 용도에 따라 분류하고 있다.

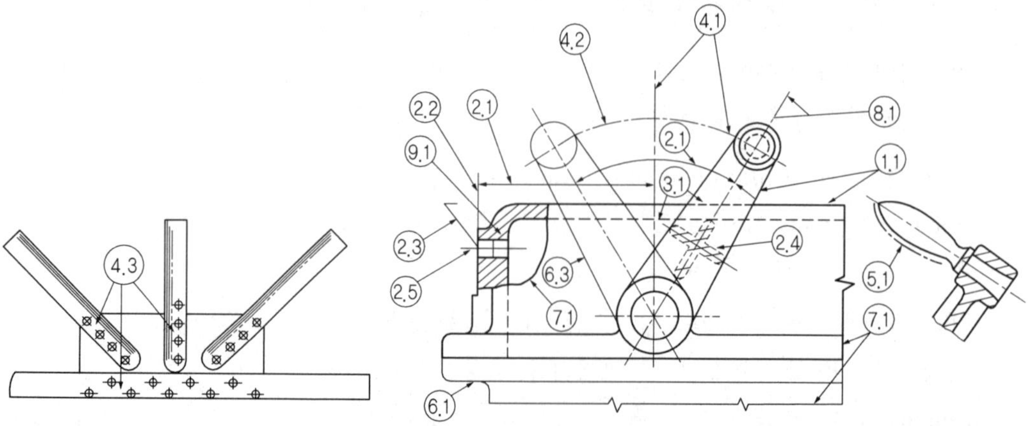

선유형의 적용 예

번호	선의 명칭	선의 유형		용 도
1.1	외형선	굵은 실선		물체가 보이는 부분표시
2.1	치수선	가는 실선		치수 기입
2.2	치수 보조선			
2.3	지시선			물체의 지시
2.4	회전단면선			도형내에 임의 끊은 곳을 90° 회전하여 표시
2.5 4.1 4.2	중심선	가는 1점 쇄선		원형물체 또는 도형의 중심표시
3.1	숨은선	중간 굵기의 파선		물체의 보이지 않는 부분표시
4.3	피치선	가는 1점 쇄선		기어 등의 피치원과 되풀이 하는 도형의 피치를 취하는 기준을 표시하는 선
5.1	특수용도의 선	가는 실선		• 외형선/은선의 연장선 • 평면
		굵은 1점 쇄선		특수가공/시공부분 표시
6.1 6.2	가상선	가는 2점 쇄선		• 인접부분을 참고로 표시 • 가공 전 또는 가공후의 상태 표시 • 이동/회전부분의 위치표시
7.1	파단선	가는 선 (불규칙적으로 사용)		물체의 일부 파단표시
8.1	절단선	• 가는 1점 쇄선으로 하고, 그 양단 및 굴곡부 등의 요소는 굵은 선 • 2도 절단선의 양단 투상의 방향을 표시하는 화살표를 붙임		단면을 그린 경우, 그 절단 위치명시
9.1	해칭	가는 실선	//////	절단면 표시

3.2 선의 유형지정

KS B 0001에서 정의한 것처럼 AutoCAD에서도 여러 가지의 선을 사용할 수 있도록 국제규격(ISO)에 맞는 다양한 유형의 선을 제공해준다. AutoCAD에서 제공하는 선은 acad.lin과 acadiso.lin 파일에 들어있고, 기본적으로 AutoCAD에서는 acad.lin 파일의 선 유형을 사용한다.

입력방법

	Command	Linetype Enter↵
	Main menu	Format > Linetype
	Screen menu	Format > Linetype
	Object Properties Toolbar >Linetype Control > Other...	

Linetype 명령을 실행하면 'Linetype Manager' 대화상자가 나오고, 이 대화상자로부터 선의 유형을 지정할 수 있다. AutoCAD에서 Linetype 명령을 실행하면 acad.lin 파일로부터 여러 유형의 선들을 사용할 수 있도록 지원해주고, 또 필요에 따라서 *.lin 확장자를 갖는 라이브러리 파일을 만들어 새로운 선의 유형을 만들 수도 있다.

Bylayer와 Byblock의 선 유형

AutoCAD에서 제공하는 선 유형 외에 Bylayer와 Byblock이 있다. Bylayer는 Layer 명령으로 생성한 도면층에서 정의된 선 유형에 따르고, Byblock은 Block 명령으로 블록에 정의된 선 유형에 따른다. 자세한 내용은 Layer 명령과 Block 명령을 참조하기 바란다.

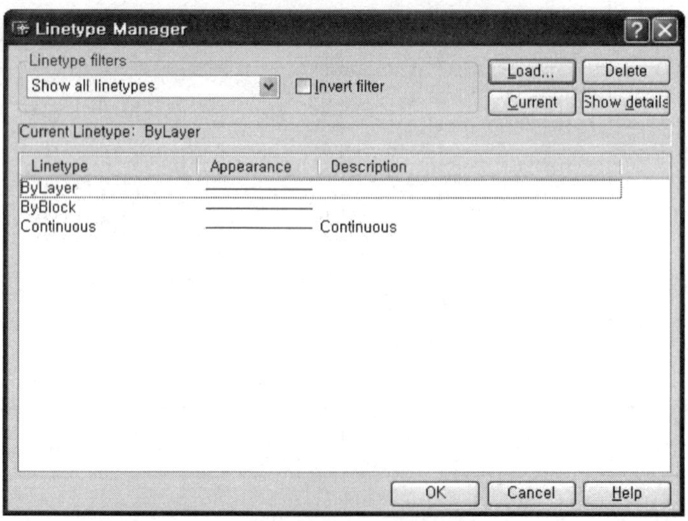

Linetype Manager

대화상자에서

■ Linetype filters

도면에 지정된 선을 'Linetype Manager' 대화상자의 창에 나타낼 선 유형의 표시형식을 설정한다. 표시형식은 ⌄을 선택하면 되고, 표시형식의 종류는 다음과 같다.

▶ Show all Linetypes : 현재 도면에 지정된 모든 선의 유형을 표시한다.

▶ Show all used Linetypes : 현재 도면에 지정된 선의 유형 중 사용하고 있는 선만 표시한다.

▶ Show all Xref dependent Linetypes : 외부참조 Xref 명령으로 참조된 외부도면에서 사용한 선의 유형만을 표시한다.

▶ Inver filter : Linetype filters의 표시형식에서 선택한 선의 유형을 제외한 선의 유형들만 나타낸다.

■ Load

Load 버튼을 선택하면 acadiso.lin에 등록된 선의 유형들을 지정할 수 있는 'Load or Reload Linetypes' 대화상자가 나오고, 이 대화상자에 'File…' 버튼을 선택하면 또 다른 lin 파일을 불러와 다른 선의 유형을 사용할 수 있다.

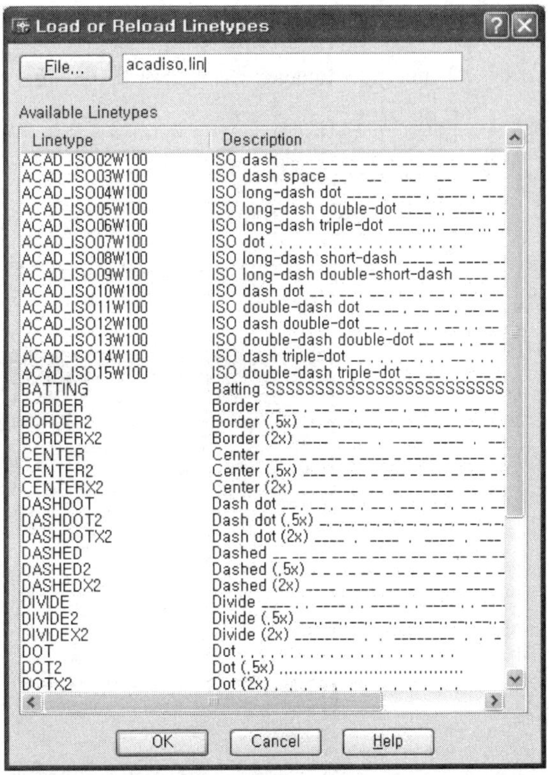

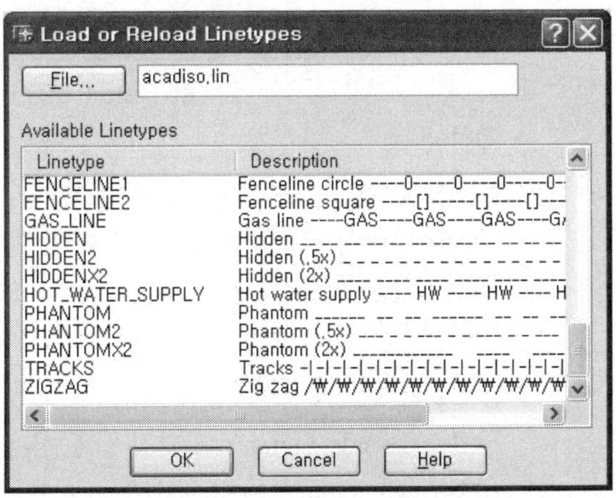

Load or Reload Linetypes

- **Delete**

'Linetype Manager' 대화상자의 창에 등록·지정된 선을 삭제한다. 삭제된 선은 현재 작업 중인 도면에서만 사용하지 않게 하는 것이다.

- **Current**

'Linetype Manager' 대화상자에 등록된 유형의 선을 현재 작업도면에서 사용할 수 있도록 해준다.

- **Show details**

선의 이름변경, 선의 간격을 조정하는 척도 등의 세부사항을 설정할 수 있는 대화상자가 다음과 같이 'Linetype Manager' 대화상자 아래 부분에 세부(Detail)항목이 추가로 나온다.

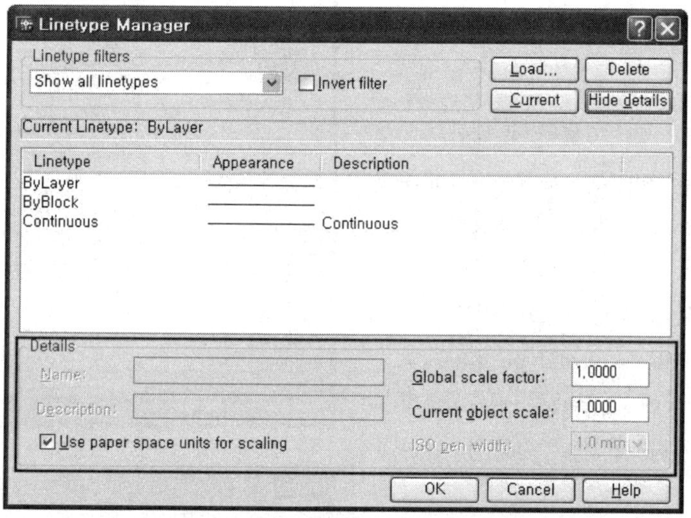

Detail of Linetype Manager

▶ Details

- Name : 선유형의 이름을 표시하며, 지정한 선유형의 이름을 변경한다.
- Description : 지정된 선의 유형에 대해 설명하고, 편집이 가능하다.
- Use paper space units for scaling : 도면작성에 사용될 선유형의 척도(Scale)를 모델영역과 종이영역에서 동일하게 사용한다. 다중 뷰포트로 작업 중일 경우 아주 유용하게 사용된다.
- Global scale factor : 도면작성에 사용될 선유형의 척도(Ltscale 명령)를 설정한다.
- ISO pen width : 도면작성에 사용될 선유형의 척도를 ISO(국제표준화기구)규격으로 설정한다.

- **Current Linetype**

현재 지정된 선의 유형을 표시해준다.

Linetype control > other...에 의한 선의 유형지정하기

Properties Toolbar의 Linetype Control에서 Other…를 선택해도 'Linetype Manager' 대화상자가 나오고, 이 대화상자로부터 선의 유형을 쉽게 지정할 수 있다. 대화상자의 내용은 Linetype 명령을 실행했을 때와 동일하다.

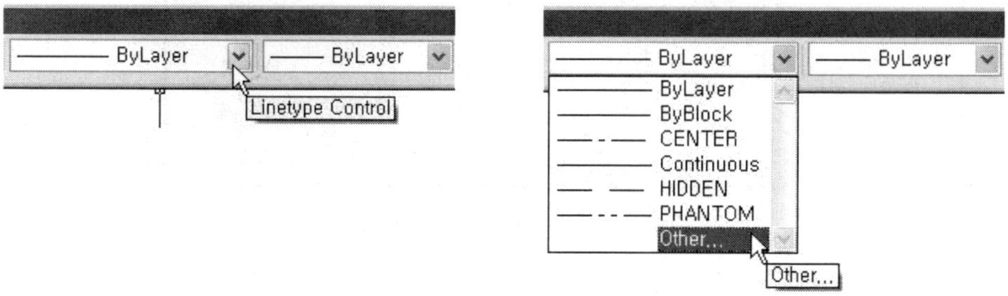

Linetype Control의 Other...에 의한 선의 유형지정

따라하기 01 : Linetype 명령을 이용하여 Center(중심)선과 Hidden(숨은)선, Phantom(가상)선을 선택하여 등록하고 Phantom(가상)선 삭제하기

- **Step 01** : 선 유형 선택하기

  Linetype 명령을 실행시키고, 'Linetype Manager' 대화상자가 표시되면 Center(중심)선과 Hidden(숨은)선, Phantom(가상)선을 지정하도록 한다.

선 유형을 선택하는 방법

'Load or Reload Linetypes' 대화상자에서 선 유형을 선택하는 방법은 윈도우에서 파일이나 폴더를 선택하는 방법과 같다.

방 법	설 명
포인터	마우스 포인터로 선 유형을 하나만 지정할 때 사용한다.
Shift + 포인터	여러 개의 선 유형을 일렬로 한꺼번에 선택할 때 사용한다.
Ctrl + 포인터	여러 개의 선 유형을 국부적으로 선택할 때 사용한다.
Select all	이 항목을 선택하면 대화상자에 제시된 모든 선 유형을 선택할 수 있다.
Clear all	현재 선택된 선 유형을 모두 취소한다.

선 유형의 선택방법 중 Select All와 Clear All은 'Load or Reload Linetypes' 대화상자에서 마우스의 오른쪽 버튼을 누르면 다음 그림과 같이 단축메뉴로 나온다.

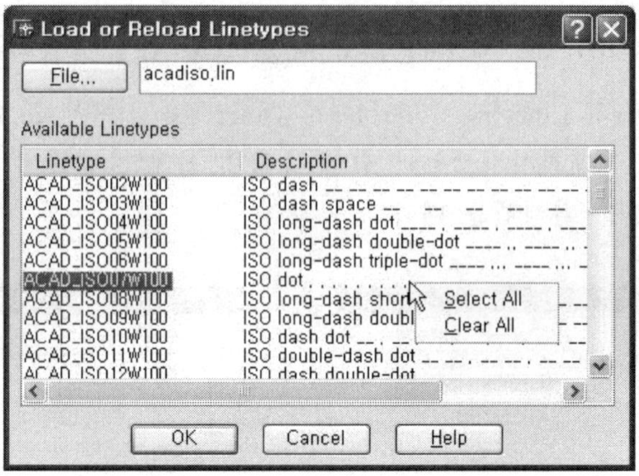

Select All과 Clear All의 단축메뉴

- **Step 02 : 선 유형 등록하기**

'Load or Reload Lintypes' 대화상자에서 마우스 포인터로 Center 선을 선택한 후 Ctrl 버튼을 누른 채 Hidden 선과 Phantom 선을 선택한 후 OK 버튼을 선택하면, 'Linetype Manager' 대화상자에 Center 선과 Hidden 선, Phantom 선이 다음 그림과 같이 등록된 것을 볼 수 있다.

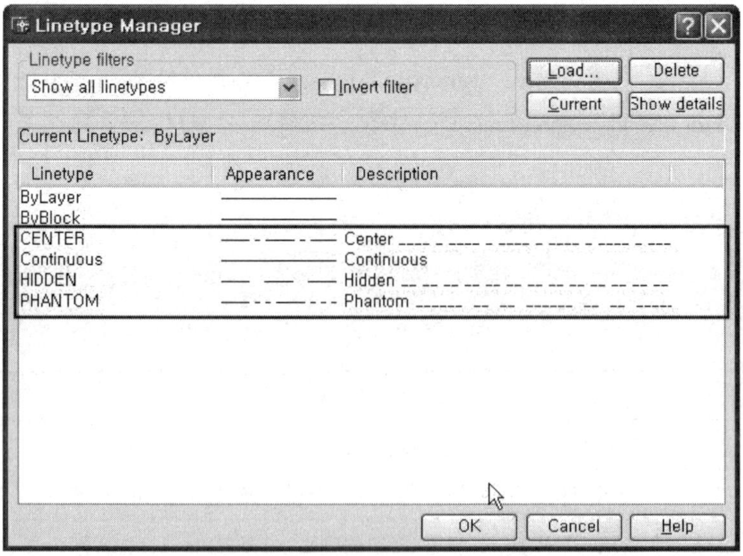

대화 창에 등록된 선 유형

- **Step 03 : 선 유형 삭제하기**

'Linetype Manager' 대화상자에서 Phantom 선을 선택하고 Delete 버튼을 선택하면, 'Linetype Manager' 대화 창에 Phantom 선이 삭제된 것을 확인할 수 있다. 더 이상의 작업이 없으면 OK 버튼을 선택한다.

따라하기 02 : Linetype 명령을 이용하여 Center(중심)선과 Hidden(숨은)선, Phantom(가상)선을 등록·지정하고 도형그리기

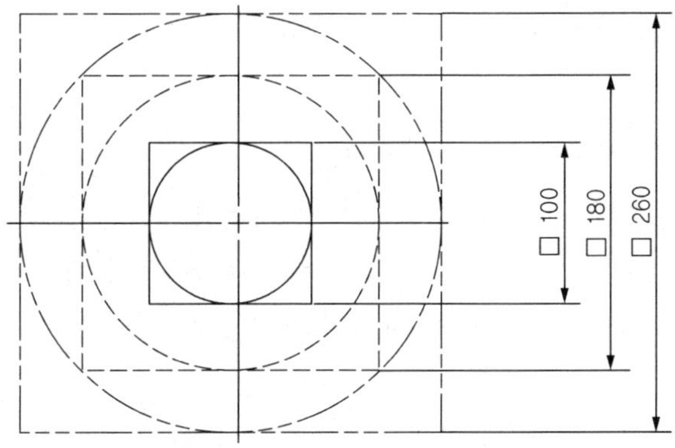

■ **Step 01 :** 선 유형을 등록한다.

따라하기 04의 Step 01과 02에서와 같이 실행하고, 'Linetype Manager' 대화상자에 Center 선과 Hidden 선, Phantom 선을 등록한다.

■ **Step 02 :** 등록된 선을 지정한다.

등록된 중심선(Center)을 지정한다면, 다음 두 가지 방법을 사용하면 된다.

▶ 첫 번째 방법

- 'Linetype Manager' 대화상자에 등록된 선 중 Center 선을 선택하고, Current 버튼을 선택한다. 그러면 'Current Linetype :' 옆에 Center라고 표시된다.
- OK 버튼을 선택하고, 'Linetype Manager' 대화상자를 닫는다.
- Linetype Control의 Bylayer 

가 Center 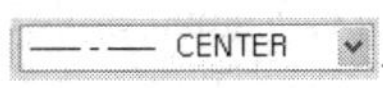

로 바뀌게 된다. 이것은 Center 선이 지정되었음을 확인해주는 것이다.

▶ 두 번째 방법

- Linetype Control 창 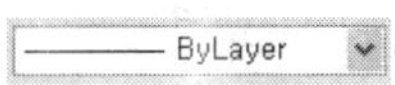

에서 드롭다운 리스트 버튼 를 선택하고, 등록된 선들이 나오면 Center를 선택한다.

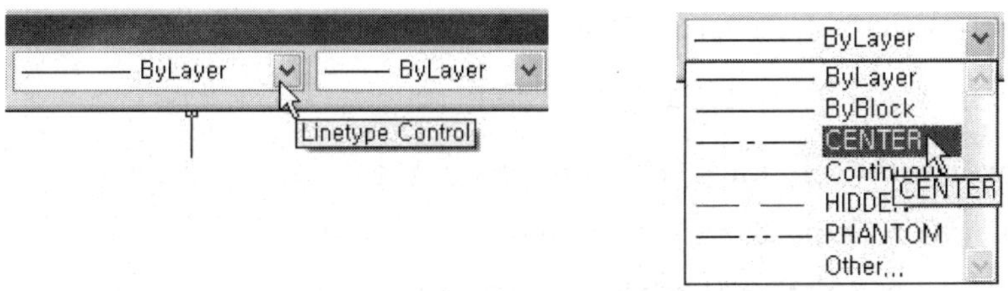

Linetype Control에서 Center 선택하는 방법

- Linetype Control의 Bylayer 가 Center 로 바뀌게 된다. 이것은 Center 선이 지정되었음을 확인해주는 것이다.

■ **Step 03 : 도형을 그린다.**

step 02와 같이 사용하고자 하는 선을 지정한 후 그리기 명령들을 실행하여 그리기를 한다.

▶ 실선을 지정하고, 사각형과 원을 그린다.

- Draw Toolbar에서 Line 아이콘 을 선택한다.

Command : _Line Specify first point: 160,95 Enter↵

Specify next point or [Undo]: 260,95 Enter↵

Specify next point or [Undo]: 260,195 Enter↵

Specify next point or [Close/Undo]: 160,195 Enter↵

Specify next point or [Close/Undo]: C Enter↵

- Draw Toolbar에서 circle 아이콘 을 선택한다.

Command: _circle

Specify center point for circle or [3P/2P/Ttr (tan tan radius)]: 210,145 Enter↵

Specify radius of circle or [Diameter]: 50 Enter↵

▶ 숨은선을 지정하고, 사각형과 원을 그린다.

- Draw Toolbar에서 Line 아이콘 을 선택한다.

Command : _Line Specify first point: 120,55 Enter↵

Specify next point or [Undo]: @180,0 Enter↵

Specify next point or [Undo]: @0,180 Enter↵

Specify next point or [Close/Undo]: @-180,0 Enter↵

Specify next point or [Close/Undo]: C Enter↵

- Draw Toolbar에서 Circle 아이콘 을 선택한다.

Command: _circle

Specify center point for circle or [3P/2P/Ttr (tan tan radius)]: 210,145 Enter↵

Specify radius of circle or [Diameter]: 90 Enter↵

▶ 가상선을 지정하고, 사각형과 원을 그린다.

- Draw Toolbar에서 Line 아이콘 을 선택한다.

Command : _Line Specify first point: 80,15 Enter↵

Specify next point or [Undo]: @260<0 Enter↵

Specify next point or [Undo]: @260<90 Enter↵

Specify next point or [Close/Undo]: @260<180 Enter↵

Specify next point or [Close/Undo]: C Enter↵

- Draw Toolbar에서 circle 아이콘 을 선택한다.

Command: _circle

Specify center point for circle or [3P/2P/Ttr (tan tan radius)]: 210,145 Enter↵

Specify radius of circle or [Diameter]: 130 Enter↵

4. 선의 척도 설정하기

Ltscale 명령

숨은선, 중심선, 1점 쇄선 등이 포함된 도면을 작성할 때 모든 선들이 실선으로 나타나는 경우가 있다. 이러한 현상은 도면의 크기에 비해 선의 간격이 너무 작기 때문이다. 이럴 때에는 도면의 크기에 맞게 선의 간격을 조정해야 한다. 이와 같이 선의 간격을 일정한 척도(비율)로 설정하려면 Ltscale 명령을 실행하면 된다.

입력방법

	Command	Ltscale Enter↵

Command: ltscale Enter↵

Enter new Linetype scale factor <1.0000>: 선의 척도값 입력 Enter↵

Regenerating model.

Ltscale 명령을 사용할 때 사용자는 반드시 선의 간격은 화면상에 나타나는 것이 아닌 실제 출력물을 기준으로 삼아야 됨을 명심해야 한다. Ltscale 명령에서 척도값은 보통 도면척도 값의 1/2～1/4 정도로 맞추게 되면 도면을 출력할 때 적당한 선 모양을 얻을 수 있다. 그리고 이 명령은 이미 작성된 기존의 도면뿐만 아니라 새로 작성할 도면에도 그 영향을 미친다.

Ltscale 명령은 작업 중인 도면전체에 대해 선의 척도를 조정하기 때문에 도면요소의 일부분만 선의 척도를 조정하려면 change 명령의 ltscale 옵션을 이용하는 것이 더 효과적이다.

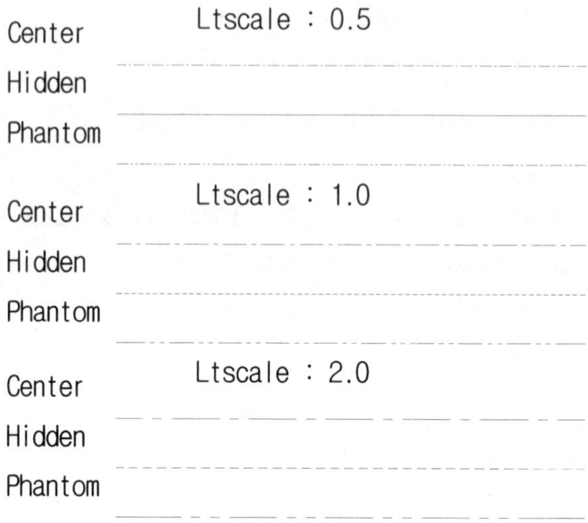

선 유형의 척도비교

Celtscale 명령

새로 작성할 도면에만 선의 간격을 일정한 척도(비율)로 설정할 경우 Celtscale 명령을 실행하면 된다.

입력방법

(키보드)	Command	Celtscale Enter↵

Command: celtscale Enter↵

Enter new value for CELTSCALE <1.0000>: 선의 척도값 입력 Enter↵

5. 선의 굵기 설정하기

AutoCAD 2000 이전 버전에서는 플로터를 사용하여 출력할 때 선의 굵기를 달리하여 인쇄하였지만, 2000 이상의 버전에서는 선의 굵기를 쉽게 설정할 수 있다. 동일한 선 유형으로 도면요소를 작성하거나 도면요소 중 강조되는 부분을 선의 굵기로 구분할 수 있다. 하지만 도면이 클 경우 선의 굵기를 지정하여도 구분이 되지 않는 경우가 많다. 따라서 선의 굵기를 설정하는 것보다 선을 색상으로 구분하는 것이 더 바람직하다.

입력방법

	Command	Lweight Enter↵
	Main menu	Format > Lineweight
	Shortcut menu	LWT + 마우스 오른쪽 버튼 > Settings
	Object Properties Toolbar > Lineweight Control	

Lweight 명령을 실행하면 'Lineweight Settings' 대화상자가 나오고, 이 대화상자로부터 선의 굵기, 선 굵기의 단위 등을 설정할 수 있다.

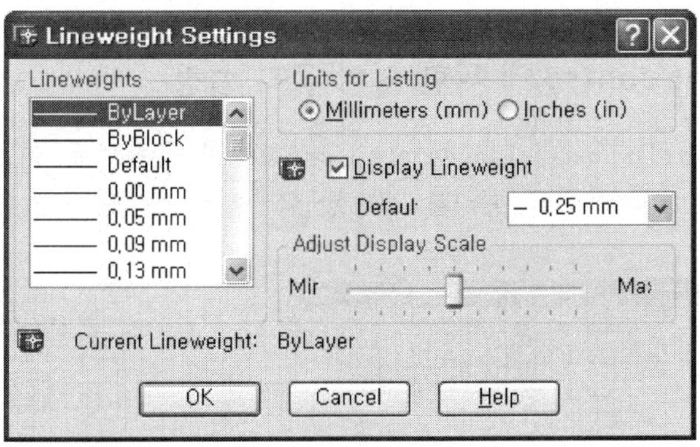

Lineweight Settings

대화상자에서

- **Lineweights** : 작업도면에 사용할 선의 굵기를 설정한다.
- **Units for Listing** : 선 굵기의 단위를 설정한다.
  - Millimeters(mm) : 밀리미터 단위로 설정한다.
  - Inches(in) : 인치단위로 설정한다.
- **Display Lineweight** : 설정한 선 굵기를 화면에 표시한다. 또는 상태라인의 LWT 버튼을 선택해도 화면에 표시할 수 있다.
- **Default** : Lineweight Control 창 ByLayer 에 표시되는 선의 굵기를 설정한다.
- **Adjust Display Scale** : 화면에 표시되는 선 굵기의 척도를 조정한다.

상태라인의 LWT 버튼 + 마우스 오른쪽 버튼

상태라인의 LWT 버튼에 마우스 포인터를 갖다대고 오른쪽 버튼을 누르면 다음과 같은 단축메뉴가 나온다. 이 메뉴에서 'Settings'를 선택하면 'Lineweight Settings' 대화상자가 나오고, 이 대화상자로부터 선의 굵기를 설정할 수 있다.

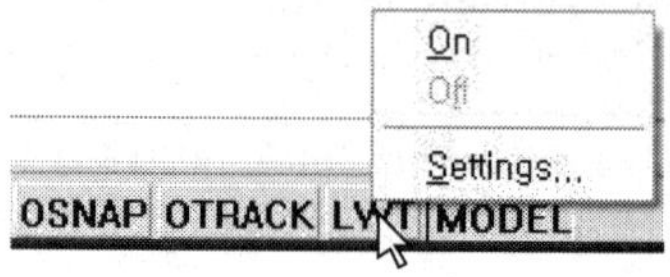

Shortcut Menu of Lineweight

Lineweight control에 의한 선의 굵기 설정

Object Properties Toolbar의 Lineweight Control에서 드롭다운 리스트 버튼 을 선택하면 작업도면에 사용할 선의 굵기를 설정할 수 있다.

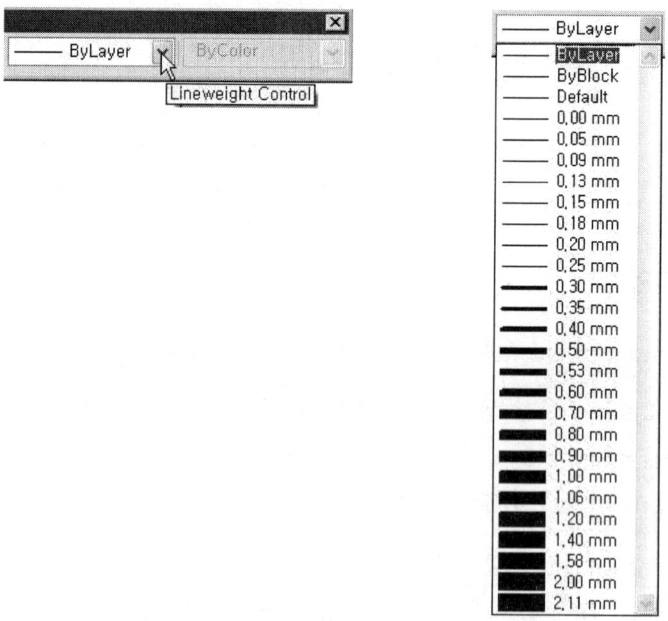

Lineweight Control에 의한 선의 굵기 설정

선 굵기 모드 활성화하기

상태라인에서 LWT 버튼을 선택하면, 'Lineweight Settings' 대화상자에서 설정한 선의 굵기를 작업도면에서 사용할 수 있도록 활성화된다.

Lwt Button of State Line

LWT 버튼을 선택하면 명령어 영역에는 활성화 상태를 보여주는 메시지가 다음과 같이 나온다.

Command: <Lineweight Off>

Command: <Lineweight On>

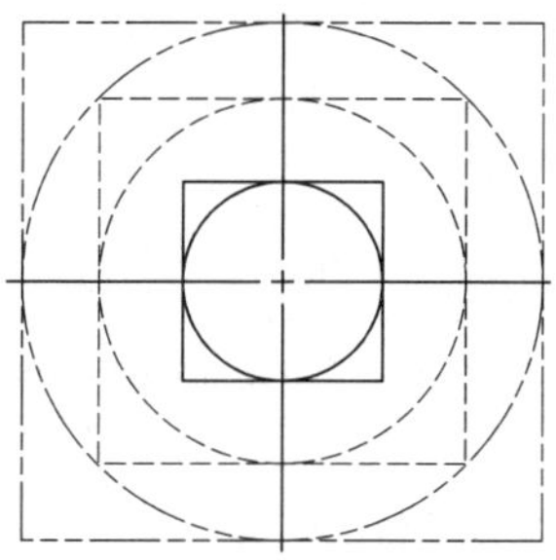

LWT Button Off

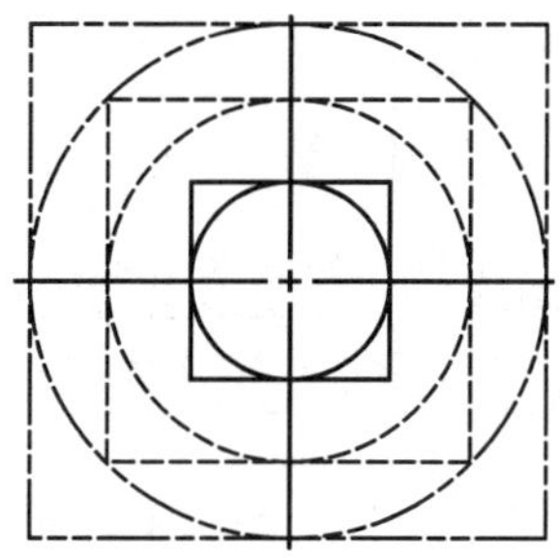

LWT Button On

Lineweight 명령은 작업 중인 도면전체에 대해 선의 굵기를 조정하기 때문에 도면요소의 일부분만 선의 굵기를 설정하려면 Change 명령의 Lweight 옵션을 이용하는 더 효과적이다.

6. 선의 색상 지정하기

일반 제도에서와는 달리 AutoCAD에 의한 도면작업은 작은 화면에서 이루어지므로 도면이 복잡해지면 각 도면요소들을 구분하기 어렵다. 따라서 선의 색상을 지정하여 도면을 그리면 각 도면요소들을 쉽게 구분할 수 있다.

AutoCAD에서 제공하는 색상은 1～255 사이의 256개 ACI(AutoCAD Color Index) 번호로 구분한다. 색상을 ‘Select Color’ 대화상자로부터 지정하거나 색상번호를 입력함으로써 색상이 지정(변경)된다. 예를 들어, 가장 많이 사용하는 표준색상의 이름과 번호는 다음과 같다. 특히, 표준색상 중 7번은 AutoCAD 작업 윈도우의 색상에 따라 다르게 표시된다. 즉 작업 윈도우가 흰색이면 검은색이 되고, 작업 윈도우가 검은색이면 흰색이 된다. AutoCAD 2002 버전까지는 256 색상을 기본으로 사용하였지만, 2004 버전에서부터는 트루컬러(True Color)를 지원한다.

AutoCAD의 표준색상과 번호

색상이름	색상번호	색상이름	색상번호	색상이름	색상번호
1	Red	4	Cyan	7	White/Black
2	Yellow	5	Blue	8	Dark gray
3	Green	6	Magenta	9	Gray

입력방법

	Command	Color 또는 Ddcolor Enter↵
	Main menu	Format > Color
	Screen menu	Format > Color
	Object Properties Toolbar > Color Control > Other...	

Color 명령을 실행하면 'Select Color' 대화상자가 나오고, 이 대화상자의 'Index Color' 탭으로부터 색상의 이름이나 번호를 입력하면 원하는 색상을 지정할 수 있고, 'True Color' 탭에서는 색상, 채도, 명도 등을 조정할 수 있으며, 'Color Books'에서는 커러차트가 들어 있어 원하는 색상을 쉽고 빠르게 찾아준다.

Index Color

기존 사용방식의 팔레트로 256 색상을 표시한다.

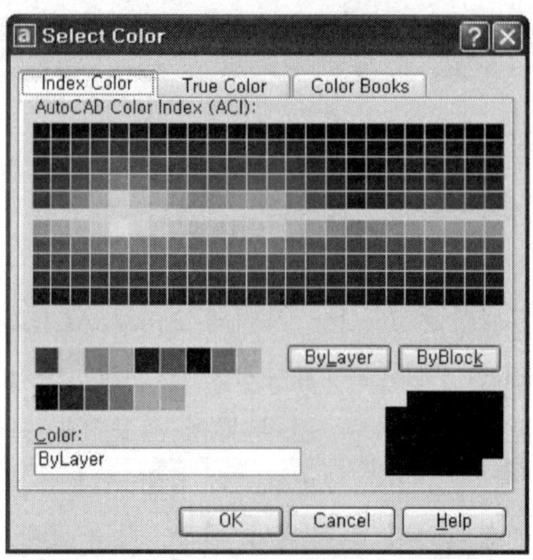

Select Color – Index Color

■ **AutoCAD Color Index(ACI)**

AutoCAD에서 제공하는 ACI 10~249번의 색상을 지정할 수 있다.

■ **Standard Colors**

표준색상으로 ACI 1~9번의 색상을 지정할 수 있다.

■ **Gray Shade**

회색결의 색상으로 ACI 250~255번의 색상을 지정할 수 있다.

■ **ByLayer**

논리적인 색상으로 이 항목은 Layer 명령에서 설정한 색상에 따라 변한다.

■ **ByBlock**

논리적인 색상으로 이 항목은 Block 명령에서 설정한 색상에 따라 변한다.

■ **Color**

사용자가 지정한 색상의 이름과 번호가 표시되고, 또는 직접 색상의 이름이나 번호를 입력하여 색상을 지정할 수 있다.

True Color

트루 컬러를 만든다.

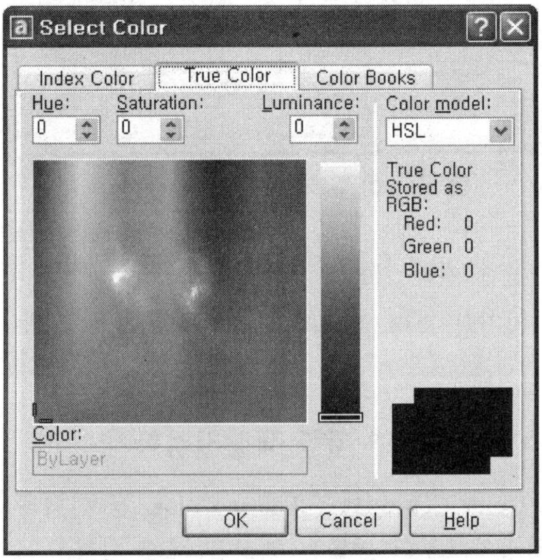

Select Color – Index Color

- **Hue** : 색상을 조정한다.
- **Saturation** : 채도를 조정한다.
- **Luminance** : 명도를 조정한다.
- **Color model** : 색상을 조정하는 방법을 지정한다. HLS와 RGB가 있다.
- **Color** : 사용자가 지정한 색상의 이름과 번호가 Red, Green, Blue로 표시된다.

Color Books

도서에서 사용되는 컬러 팔레트이며, 컬러 차트가 들어있어 원하는 색상을 쉽고 빠르게 찾을 수 있다.

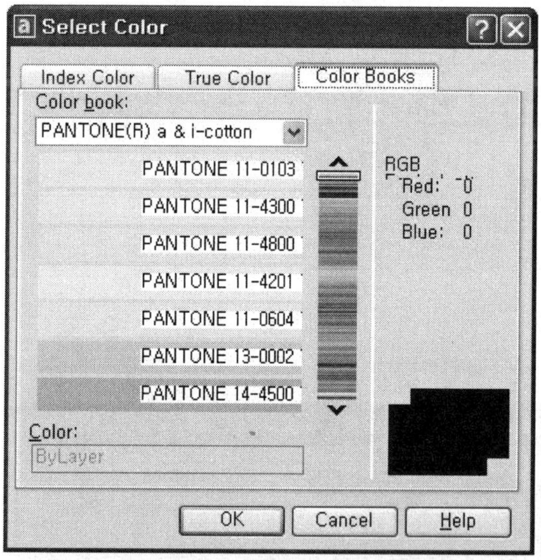

Select Color – Color Books

- Color Books : 다양한 컬러 차트가 들어있다.
- Color : 사용자가 지정한 컬러 차트의 번호가 표시된다.

Color Contol 〉 Other...에 의한 색상지정하기

Properties Toolbar의 Color Control에서 Select Color...를 선택해도 'Select Color' 대화상자가 나오고, 이 대화상자로부터 원하는 색상을 쉽게 지정할 수 있다. 대화상자의 내용은 Color 명령을 실행했을 때와 동일하다.

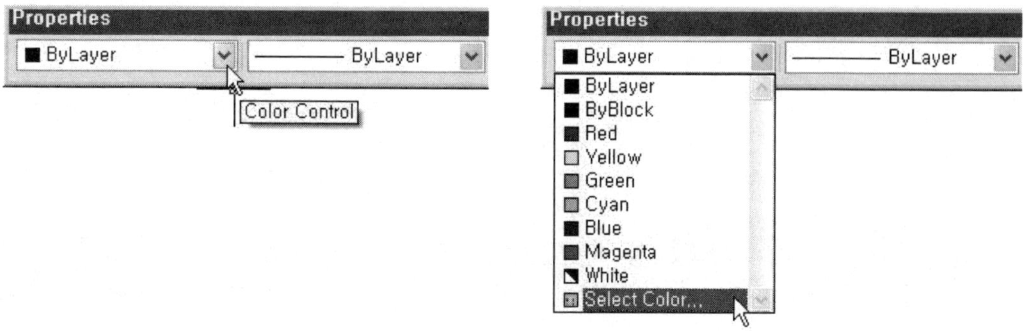

Color control의 Select Color...에 의한 색상지정

지정(변경)된 색상을 확인하는 방법

'Select Color' 대화상자로부터 색상을 Red(ACI 1번)로 지정하면, Color Control의 창 ByLayer 이 Red 으로 바뀌어 지정(변경)된 색상을 확인할 수 있다.

따라하기 : 선의 유형과 색상을 지정하고 도형 그리기

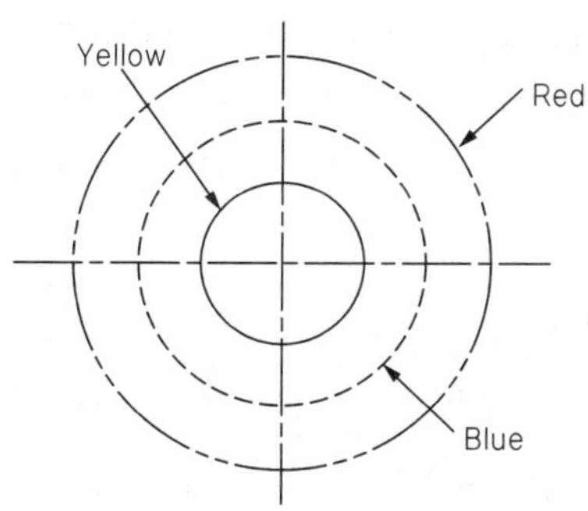

- **Step 01 :** '3. 선의 유형 및 유형지정하기'를 참조하여 그려진 도형의 선 유형을 지정한다.
- **Step 02 :** Linetype Control 창에서 Continuous(실선)을 지정한 후, Color Control 창 ByLayer 에서 드롭다운 리스트 버튼 을 선택하여 Yellow(노란색)을 지정하고 임의 크기의 원을 그린다.
- **Step 03 :** Linetype Control 창에서 Hidden(숨은선)을 지정한 후, Color Control 창 ByLayer 에서 드롭다운 리스트 버튼 을 선택하여 Blue(파란색)를 지정하고 임의 크기의 원을 그린다.
- **Step 04 :** Linetype Control 창에서 Phantom(가상선)을 지정한 후, Color Control 창

■ ByLayer 에서 드롭다운 리스트 버튼 을 선택하여 Red(빨간색)를 지정하고 임의 크기의 원을 그린다.

7. 여러 가지 모드설정하기

앞서 설명한 도면작업의 환경설정 외에도 AutoCAD에서는 사용자가 도면작성에 아주 편리하고 유용하게 사용할 수 있도록 도와주는 보조기능들이 있다. 대표적인 보조기능으로는 상태라인(State Line)의 Grid, Snap, Ortho, Polar, Osnap, Otrack, LWT과 Blips, Highlight 등의 모드가 이에 속한다. 이들 모드는 도면작업 중에도 사용할 수 있는 투명한(Transparent) 명령으로 도면작성에 많은 편리함을 제공해준다. 특히, Osnap과 Otrack, Polar의 모드는 매우 중요하기 때문에 앞에서 별도로 다루었다.

7.1 대화상자에 의해 모드 설정하기

Snap과 Grid는 'Drafting Settings' 대화상자에 'Polar Tracking, Object Snap' 탭과 함께 'Snap and Grid' 탭에 포함돼있다. Snap과 Grid는 커서의 제어와 도면영역의 범위를 방안지의 눈금으로 표시해줌으로서 도면작성에 많은 편리함을 제공해준다.

입력방법

	Command	Dsettings Enter↵
	Main menu	Tools > Drafting Settings
	Screen menu	TOOLS 2 > Grid
	Shortcut menu	상태라인의 SNAP GRID + 마우스 오른쪽 버튼 > Setting...

Dsettings 명령을 실행하면 'Drafting Settings' 대화상자가 나오고, 이 대화상자의 'Snap and Grid' 탭으로부터 커서의 제어와 도면영역의 방안지 눈금을 표시할 수 있다.

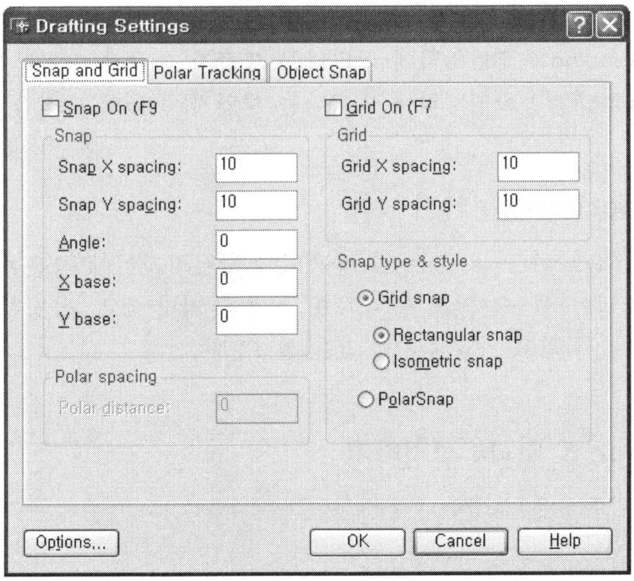

Drafting settings – Snap and Grid

Snap 모드설정하기

커서를 스냅간격(일정한 간격)으로 움직이도록 커서를 제어한다.

- **Snap On(F9)**

  스냅모드를 제어(활성화/해제)한다. 상태라인의 **SNAP** 버튼과 F5 기능키를 누르는 것과 같은 효과가 있다.

- **Snap** : 스냅간격을 설정한다.
  - Snap X Spacing : 커서가 수평으로 움직이는 간격을 설정한다.
  - Snap Y Spacing : 커서가 수직으로 움직이는 간격을 설정한다.
  - Angle : 스냅의 회전 각도를 설정한다. grid 명령으로 방안지 눈금을 도면영역에 표시할 경우 방안지 눈금도 설정한 각도로 기울지게 된다.
  - X Base : 스냅을 회전시킬 때 기준점의 X 좌표값을 설정한다.
  - Y Base : 스냅을 회전시킬 때 기준점의 Y 좌표값을 설정한다.

Grid 모드설정하기

Limits 명령으로 설정된 도면영역 내에 일정한 간격의 방안지 눈금(격자)을 설정한다.

- **Grid On(F7)** : 방안지 눈금이 화면에 나타나도록 활성화 한다. 상태라인의 **GRID** 버튼과 F7 기능키를 누르는 것과 같은 효과가 있다.

- **Grid** : 방안지 눈금의 간격을 설정한다.
  - ▶ Grid X spacing : 도면영역에 나타나는 방안지 눈금의 수평간격을 설정한다.
  - ▶ Grid Y spacing : 도면영역에 나타나는 방안지 눈금의 수직간격을 설정한다.

Polar Spacing 설정하기

'Snap type & Style'의 Polar Snap이 선택되어 활성화되어야 사용이 가능하며, 설정한 각도방향으로 스냅이 될 수 있도록 극좌표 스냅의 거리 값을 설정한다.

▶ Polar distance : 극좌표 스냅의 거리 값을 설정한다.

Snap Type & Style 설정하기

스냅의 형태와 유형을 설정한다.

- **Grid snap**
  - ▶ Rectangular snap : 기본 스냅으로 눈금과 스냅이 같은 간격을 갖는 사각형 스냅이다.
  - ▶ Isometric snap : 입체형상을 그릴 수 있는 등각형의 스냅으로 30° 기울어진 스냅이다.
- **Polar Snap** : Polar Spacing의 Distance에서 설정한 거리만큼 스냅할 수 있도록 활성화한다.

상태라인의 SNAP GRID 버튼 + 마우스 오른쪽 버튼

상태라인의 SNAP GRID 버튼에 마우스 포인터를 갖다 대고 오른쪽 버튼을 누르면 다음과 같은 단축메뉴가 나온다. 이 메뉴에서 'Settings'를 선택하면 'Drafting Settings' 대화상자가 나오고, 이 대화상자의 'Snap and Grid' 탭으로부터 Snap과 Grid 모드를 설정할 수 있다.

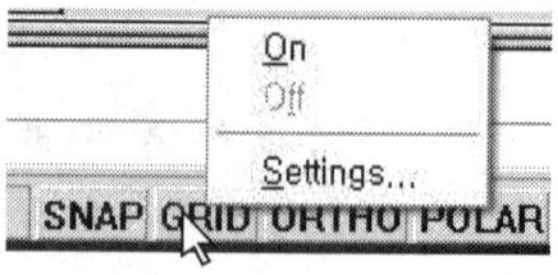

Shortcut Menu of Snap and Grid

7.2 Snap 모드 설정하기

Snap 모드는 커서를 스냅간격(일정한 간격)으로 움직이도록 커서를 제어한다. Grid 모드와 함께 사용하면 일정한 간격의 도면요소를 그릴 때 아주 편리하다.

입력방법

	Command	Snap Enter

Command: snap Enter

Specify snap spacing or [ON/OFF/Aspect/Rotate/Style/Type] <10.0000>:

옵션 또는 스냅간격 입력 Enter

Snap Option

■ **Specify snap spacing**

커서가 움직이는 스냅간격을 나타내며, 수평/수직방향이 지정된 간격으로 동일하게 설정된다.

■ **ON**

커서가 설정된 간격으로 움직이도록 스냅모드를 활성화한다. 상태라인의 SNAP 버튼과 F9 기능키를 누르는 것과 같은 효과가 있다.

■ **OFF** : 스냅모드를 해제한다.

■ **Aspect**

A(aspect) 옵션을 입력하면 다음과 같은 하위옵션이 나오고, 수평/수직방향의 스냅간격을 각각 다르게 설정할 수 있도록 해준다.

▶ Specify horizontal spacing ⟨10.0000⟩: 수평방향의 스냅간격을 설정한다.

▶ Specify vertical spacing ⟨10.0000⟩: 수직방향의 스냅간격을 설정한다.

■ **Rotate**

R(rotate) 옵션을 입력하면 다음과 같은 하위옵션이 나오고, base point를 중심으로 조정된 각도로 스냅을 회전시킨다.

▶ Specify base point ⟨0.0000,0.0000⟩: 회전의 기준점을 설정한다.

▶ Specify rotation angle ⟨0⟩: 회전 각도를 입력한다.

■ **Style**

S(style) 옵션을 입력하면 다음과 같은 하위옵션이 나오고, 스냅유형과 스냅간격을 설정한다.

▶ Enter snap grid style [Standard/Isometric] ⟨S⟩: 스냅유형을 설정한다.

- Standard : 스냅을 90°로 설정하여 커서를 수평/수직으로 움직이게 한다.
- Isometric : 스냅을 30°~60° 단위로 설정하고 등각투상에 이용할 수 있다.

▶ Specify vertical spacing ⟨10.0000⟩: 스냅간격을 설정한다.

Snap Grid의 유형

스냅유형은 standard 형과 isometric 형이 있다. 아래 좌측 그림과 같이 standard 형은 좌표계와 비교해볼 때 같은 형태 이지만, isometric 형은 아래 우측 그림과 같이 커서의 좌표계와 비교해볼 때 X축이 150° 방향으로 기울진 등각평면(Isometric Plane)이 형성된다. Isometric 형 스냅유형을 이용하면 등각투상의 도면을 쉽게 작성할 수 있으며, 2차원뿐만 아니라 3차원 모델링이 가능하다.

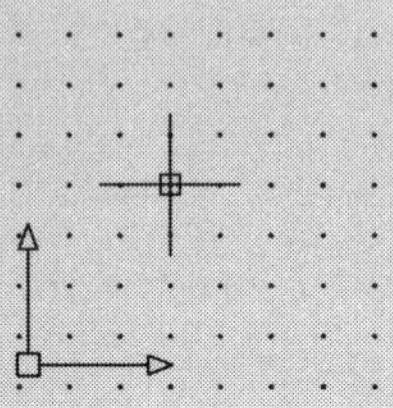

Standard Type

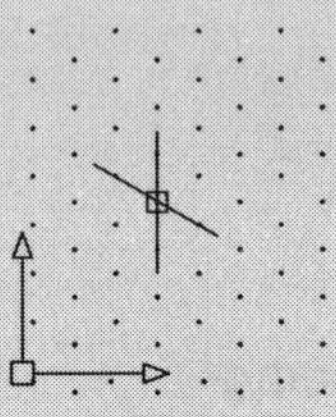

Isometric Type

- **Type**

T(Type) 옵션을 입력하면 다음과 같은 하위옵션이 나오고, 스냅형태를 설정한다.

▶ Enter snap type [Polar/Grid] 〈Grid〉: 옵션을 선택한다.

- Polar : 극좌표 추적 모드를 설정한다.
- Grid : 방안지 눈금의 스냅을 설정한다.

Snap 모드 활성화하기

기능키 F9과 상태라인의 SNAP 버튼 선택하거나, 상태라인의 SNAP 버튼에 마우스 포인터를 갖다 대고 오른쪽 버튼을 누르면 다음과 같은 단축메뉴가 나오고, 이 단축메뉴에서 'On'를 선택하면 Snap모드가 활성화된다.

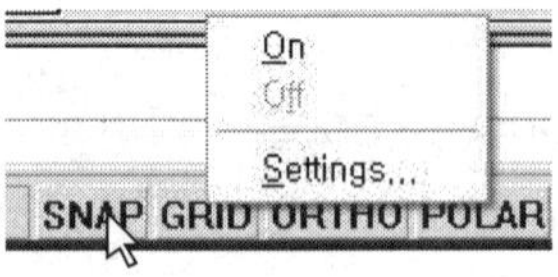

Shortcut Menu of Snap

7.3 Grid 모드 설정하기

Grid 모드는 Limits 명령으로 설정한 도면영역 내에 일정한 간격의 방안지 눈금(격자)를 표시하거나 눈금의 간격을 조정한다. 가로와 세로로 일정한 간격의 점이 나타나는데 이 점들은 실제로 도면상에 그려지는 것이 아니고 사용자가 보기 편하게 좌표상의 점의 위치를 화면상에만 표시한 것이다. Snap 모드와 함께 사용하면 아주 유용하게 활용할 수 있고, 통상 Snap과 Grid의 설정 값은 같게 하는 것이 좋다.

입력방법

	Command	Grid Enter↵

Command: grid Enter↵

Specify grid spacing(X) or [ON/OFF/Snap/Aspect] <10.0000>:

옵션 또는 눈금간격 입력 Enter↵

Grid Option

- **Specify grid spacing**

  눈금간격을 설정하면 수평/수직방향이 동일한 간격으로 설정된다.

- **ON**

  눈금이 화면에 나타나도록 활성화한다. 상태라인의 GRID 버튼과 F7 기능키를 누르는 것과 효과가 같다.

- **OFF**

  그리드 모드를 해제한다.

- **Snap**

  설정한 눈금간격을 무시하고, Snap 간격과 동일한 간격으로 눈금을 설정한다.

- **Aspect**

  A(aspect) 옵션을 입력하면 다음과 같은 하위옵션이 나오고, 수평/수직방향의 눈금간격을 각각 다르게 설정할 수 있도록 해준다.

  ▶ Specify horizontal spacing(X) ⟨10.0000⟩: 수평방향의 눈금간격을 설정한다.

  ▶ Specify vertical spacing(Y) ⟨10.0000⟩: 수직방향의 눈금간격을 설정한다.

Snap 모드 활성화하기

기능키 F7과 상태라인의 GRID 버튼 선택하거나, 상태라인의 GRID 버튼에 마우스 포인터를 갖다 대고 오른쪽 버튼을 누르면 다음과 같은 단축메뉴가 나오고, 이 단축메뉴에서 'On'를 선택하면 Grid 모드가 활성화된다.

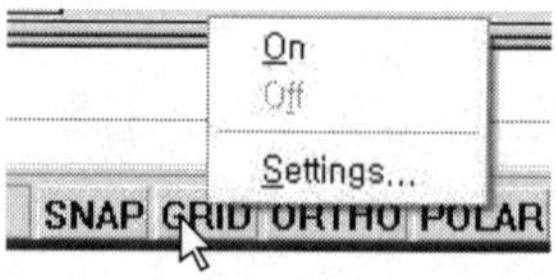

Shortcut Menu of Snap

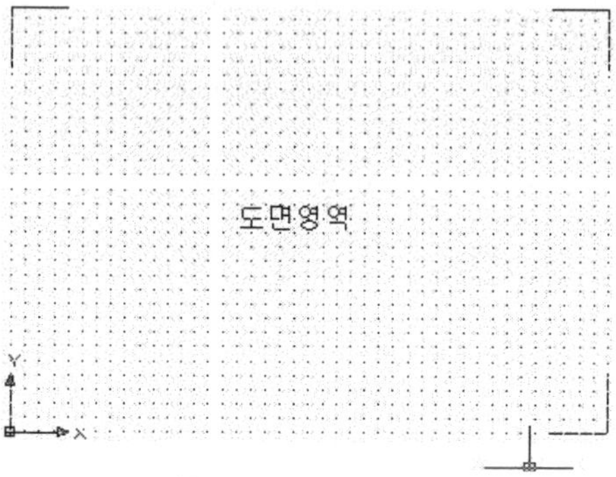

Grid Mode On

Grid Mode Off

〈Grid too dense to display〉의 의미?

방안지 눈금은 도면의 한계영역 내에만 나타나게 되고, limit 크기에 비해 격자의 간격이 너무 조밀한 경우 명령어 영역에는 〈Grid too dense to display〉 메시지가 나오게 된다. 이때는 눈금의 간격을 기존 값보다 크게 설정하면 된다.

7.4 Isoplane 모드 설정하기

Isoplane 명령은 Snap 명령의 Style 옵션에서 Isomatric이 설정된 경우 도면영역에서 사용할 등각평면으로 설정하고 등각스냅과 눈금을 설정한다. F5 기능키를 눌러 설정해도 된다. F5 기능키를 한번씩 누를 때마다 <Isoplane Top>, <Isoplane Right>, <Isoplane Left>로 바뀐다.

입력방법

⌨	Command	Isoplane Enter↵

Command: isoplane Enter↵

Current isoplane: Left ☞ 현재 등각평면의 방향이 왼쪽임

Enter isometric plane setting [Left/Top/Right] <Top>: 옵션입력 Enter↵

Current isoplane: Top ☞ 현재 등각평면의 방향이 꼭대기임

Isoplane Option

- **Left** : 두 축이 90°와 150°로 설정된 등각평면을 설정한다.
- **Top** : 두 축이 30°와 150°로 설정된 등각평면을 설정한다.
- **Right** : 두 축이 30°와 90°로 설정된 등각평면을 설정한다.
- **Enter** : Enter↵를 누를 때마다 Lfet/Top/Right가 차례로 선택된다.

> **등각평면 설정하는 방법?**
>
> Isoplane 명령으로 등각평면을 설정하기에 앞서 Snap 명령에서 스냅유형을 Isomatric(등각)형으로 먼저 설정해야 한다.

- **Step 01** : Isomatric(등각) 스냅유형을 설정한다.

  Command: snap Enter↵
  Specify snap spacing or [ON/OFF/Aspect/Rotate/Style/Type] <10.0000>:
  s Enter↵ ☞ Style 옵션 선택
  Enter snap grid style [Standard/Isometric] <S>: I Enter↵ ☞ 등각 스냅유형 선택
  Specify vertical spacing <10.0000>: ☞ 수직 스냅간격설정

- **Step 02** : Isoplane 명령으로 등각평면을 설정한다.

  Command: isoplane Enter↵
  Current isoplane: Left
  Enter isometric plane setting [Left/Top/Right] <Top>: 옵션입력 Enter↵
  Current isoplane: Top

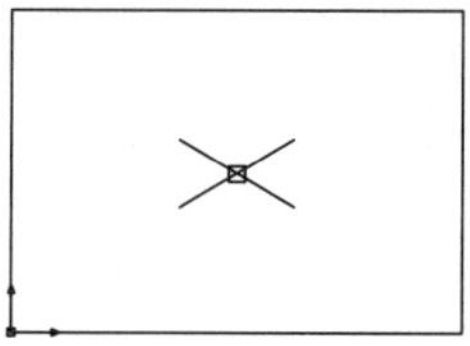

Isoplane : Top

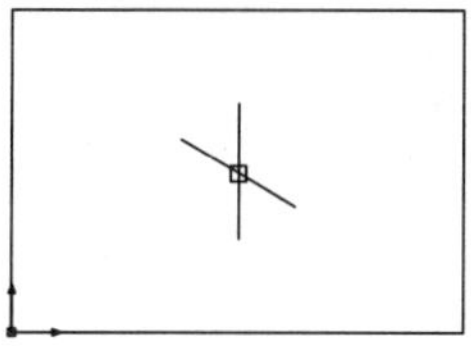

Isoplane : Left

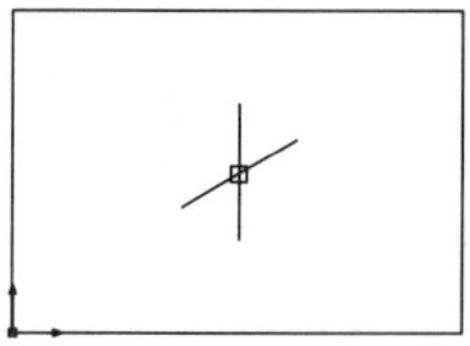

Isoplane : Right

7.5 Ortho 모드 활성화하기

Ortho(직교) 모드는 커서의 움직임을 수평/수직방향으로 곧게 이동하도록 커서를 제어한다. Ortho 모드는 On/Off의 활성화 기능만을 가지고 있다. Ortho 모드의 활성화는 ortho의 명령입력, 상태라인의 ORTHO 버튼을 누르거나 F8 기능키를 이용하면 된다.

입력방법

(키보드)	Command	Ortho Enter↵
(마우스)	State Line	ORTHO

Command : ortho Enter↵

Enter mode [ON/OFF] <ON>: 옵션입력 Enter↵

Ortho Option

- **ON** : Ortho(직교) 모드를 활성화한다.
- **OFF** : Ortho(직교) 모드를 해제한다.

8. 도구막대 활용하기

AutoCAD에서는 각각의 명령을 사용하기 편리하도록 아이콘으로 만들어 조합한 것을 도구막대(Toolbar)한다. AutoCAD의 윈도우에는 기본적으로 Standard, Draw, Modify, Properties, Layers, Styles 6개 도구막대를 표시한다. AutoCAD에서 기본으로 제공하는 도구막대 외에 사용자 편리하도록 도구막대를 새로 만들 수도 있다.

입력방법

(키보드)	Command	Toolbar 또는 Customize Enter↵
(마우스)	Main menu	View > Toolbars...
	Screen menu	VIEW 2 > Toolbar
	Icon menu	Standard Toolbar > 아이콘+마우스 오른쪽 버튼 > Shortcut Menu > Customize...

Toolbar 명령을 실행하면 'Customize' 대화상자가 나온다. 이 대화상자에는 도구막대를 화면에 표시하거나 감추는 표시제어와 아이콘의 작업그룹을 사용자화 등을 할 수 있도록 하는 'Commands, Toolbars, Properties, Keyboard, Tool Palettes' 5개의 탭으로 구성돼있다.

Command

AutoCAD의 모든 명령이 아이콘으로 들어있다. Categories의 목록 상자에서 작업도면의 명령에 등록할 아이콘을 새로운 작업그룹으로 만들어 사용할 수 있다.

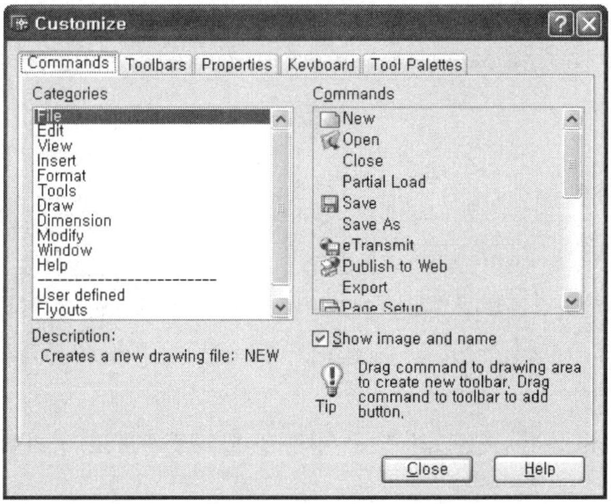

Command Tab of Customize

- Categories

  Main Menu에 표시된 모든 명령의 도구막대들이 포함돼있고, 사용자가 새로운 도구막대를 만들거나 플라이 아웃(Flyout) 명령의 목록, 모든 명령을 알파벳순으로 정리한 아이콘이 들어있다. 사용자가 원하는 도구막대를 선택하면, 선택한 도구막대에 들어있는 아이콘들이 'Commands'에 나타나게 된다.

▶ User defined : 사용자가 새로운 작업그룹의 아이콘을 만들 때 사용한다.

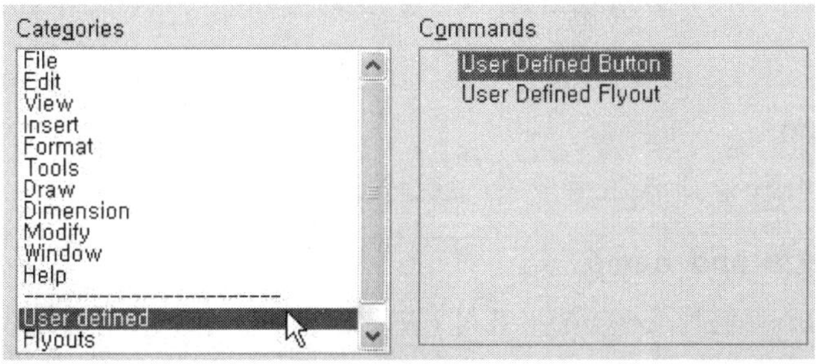

User Defined

▶ Flyouts : AutoCAD에 플라이 아웃이 들어 있는 명령의 아이콘들이 나온다. 이들 아이콘들로도 새로운 작업그룹의 아이콘을 만들 수 있다.

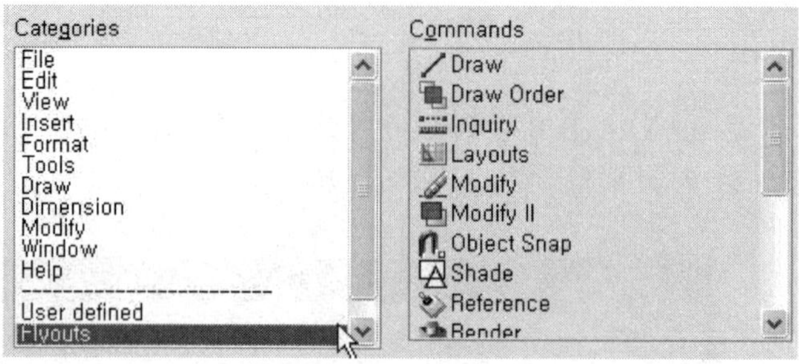

Flyouts

플라이 아웃(Fly Out)

아이콘 중에서 과 같이 오른쪽 아래에 검은색의 작은 삼각형(◢)이 표시되어 있는 아이콘 위에 커서를 가져가면 관련된 명령의 하위 아이콘이 나온다. 이것을 플라이 아웃(Fly Out)이라 한다.

▶ All Commands : AutoCAD의 모든 명령을 알파벳순으로 정리한 아이콘이 들어있다.

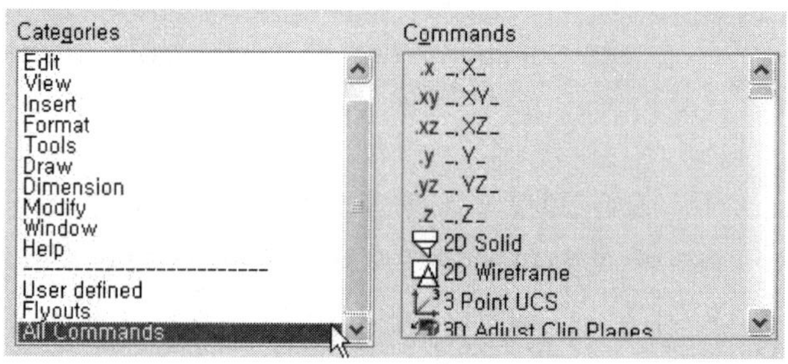

All Commands

■ **Commands**

선택한 도구막대에 들어있는 아이콘들을 표시한다. 아이콘이 없는 명령은 빈칸으로 표시된다.

■ **Description**

선택한 아이콘에 대한 도움말과 명령어가 나온다.

■ **Show image and name**

'Commands' 부분에 ☑(On)로 표시되면 아이콘과 명령을 동시에 나타내고, □(Off)로 표시되면 아이콘만 나타낸다. 아이콘이 없는 명령은 빈칸으로 표시된다.

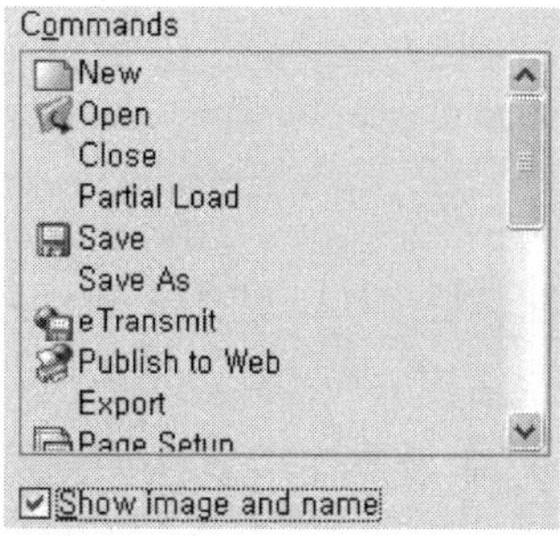

Show Image and Name – On

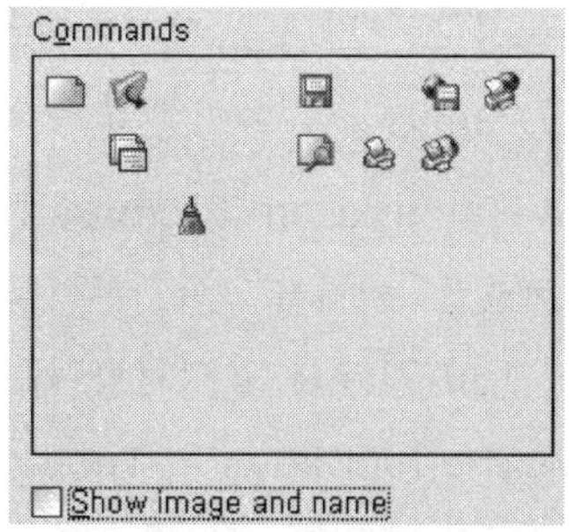

Show Image and Name – Off

Toolbars

AutoCAD의 명령을 그룹별로 모아놓은 도구막대와 새로운 도구막대 그룹 만들기, 이름 바꾸기, 삭제하기 등을 실행할 수 있다.

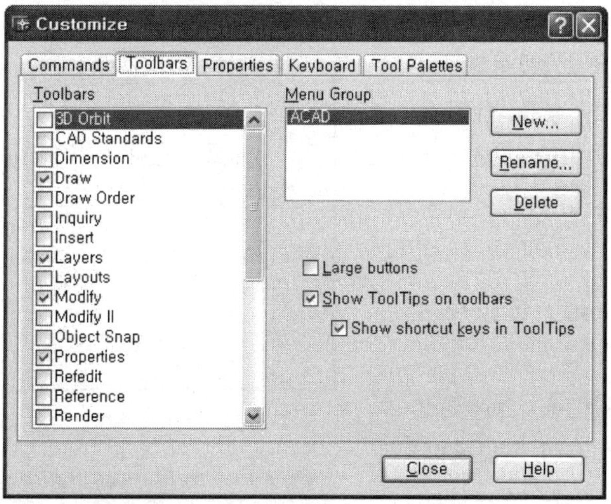

Toolbars Tab of Customize

- **Toolbars**

  도구막대의 표시상태를 제어한다. Toolbars에서 ☒ 표시된 것은 AutoCAD 윈도우에 현재 표시되어 있다는 것을 의미하고, ☐ 표시된 그룹은 윈도우에 표시되지 않은 도구막대를 의미한다.

- **Menu Group** : 도구막대를 생성할 메뉴그룹을 선택한다.
- **New** : 'New Toolbar' 대화상자가 나타나고, 새로운 도구막대 그룹을 만든다.
- **Rename** : 도구막대의 이름을 변경한다.

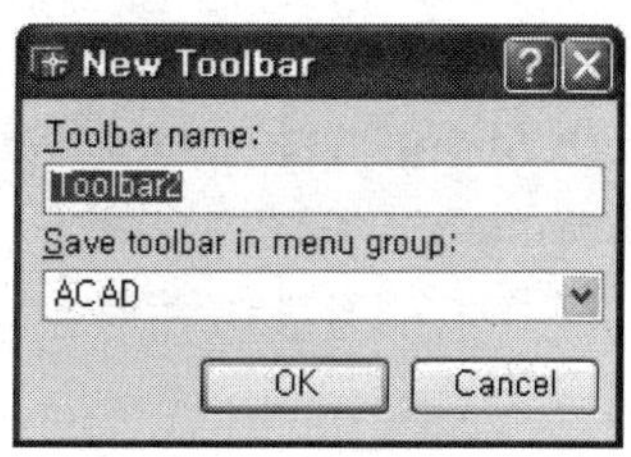

New Toolbar

- **Delete** : 도구막대를 삭제한다.
- **Large Buttons** : 아이콘의 크기를 확대하여 표시한다.
- **Show Tooltips on Toolbars**

  아이콘으로 커서를 갖다대면 아이콘에 해당하는 명령이나 설명이 보여주는 툴팁 (Tool Tip) 기능을 활성화한다.
- **Show Shortcut keys in Tooltips** : 툴팁을 표시할 때 단축키의 표시여부를 설정한다.

Tool Tip and Shortcut Key

Shortcut Key Off

Properties

Properties 탭에서 도구막대의 그룹이나 아이콘을 선택하면 그룹이나 아이콘의 속성을 대화상자로부터 조정할 수 있다. 아이콘의 선택에 따라 대화상자가 다양하게 나타난다.

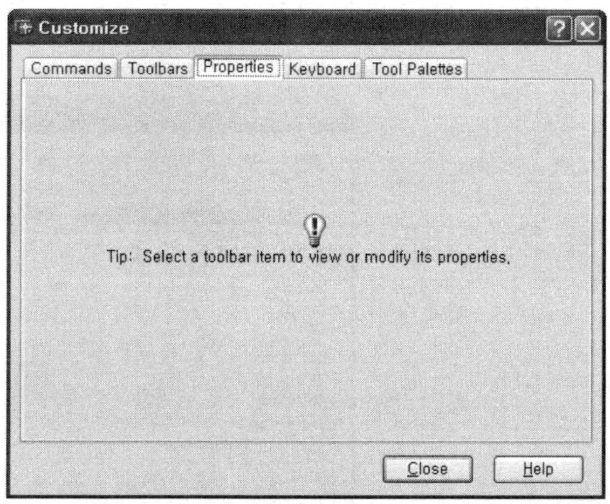

Properties Tab of Customize

- **Button Properties** : 일반 아이콘을 선택한 경우이다.
  - Name : 아이콘을 선택하면 해당 아이콘의 이름이 나타난다. 또는 아이콘 이름을 지정한다. 지정한 아이콘 이름은 Tooltip 기능에서 이용된다.
  - Description : 아이콘에 대한 설명해주거나 설명을 적을 수 있다.
  - Micro associated with this button : 해당 아이콘을 사용하는 경우 실행될 명령을 적는다. 자세한 내용은 AutoCAD의 Menu 부분을 참고하기 바란다.

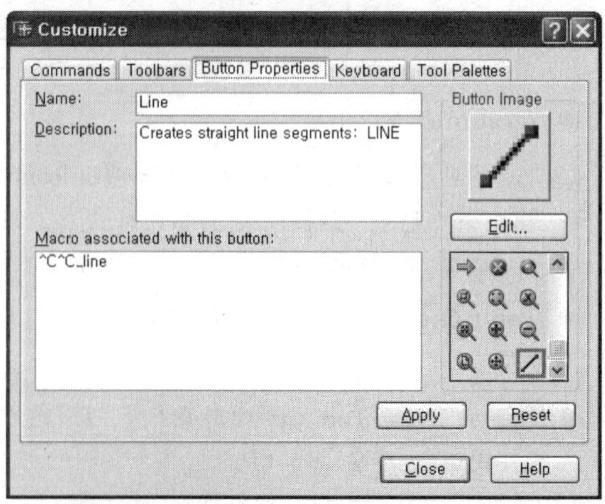

Properties Tab–Button Properties

▶ Button Image : 버튼 아이콘의 이미지를 조정한다.

▶ Edit : 아이콘 이미지를 새로 만든다. 'Button Editor' 대화상자가 나오고, 다양한 형태로 아이콘을 디자인하고 저장해놓고 사용할 수 있다.

▶ Apply : 새로 변경된 아이콘을 버튼 이미지에 적용한다.

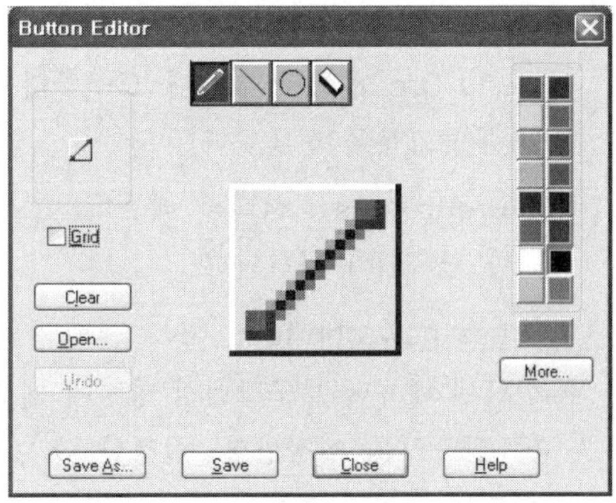

Button Properties–Button Editor

■ **Flyout Properties** : 플라이 아웃 아이콘( )을 선택한 경우 다양한 플라이 아웃 아이콘들을 확인할 수 있으며, 드래그 앤 드롭 방식으로 외부의 다른 아이콘을 Toolbar PreView 쪽으로 이동하면 플라이 아웃에 다른 명령을 추가 할 수 있다.

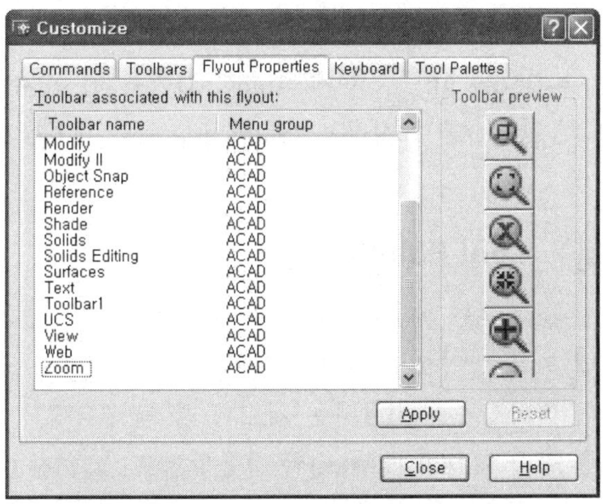

Properties Tab – Flyout Properties

Keyboard

키보드를 이용한 단축키를 만들 수 있고, 저장되어 있는 단축키를 변경할 수 있다.

■ **Categories**

Main Menu와 도구막대들이 포함돼있고, Main Menu나 도구막대를 선택하면, 선택된 각 메뉴와 도구막대에 포함되어있는 명령들이 'Commands'에 나타난다.

■ **Commands**

선택한 각 메뉴와 도구막대에 들어있는 명령들이 나타난다.

■ **Description** : 선택한 명령에

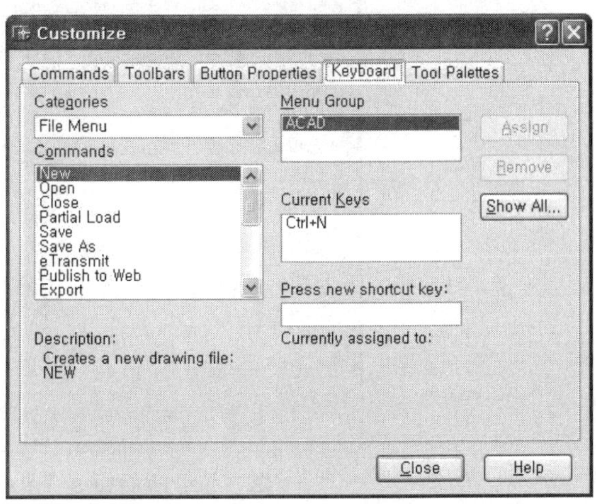

Keyboard Tab of Customize

대한 설명이 나온다.

- **Menu Group** : 각 메뉴나 도구막대를 생성할 메뉴그룹을 선택한다.
- **Current Keys** : 선택된 메뉴나 도구막대에 대한 단축키가 나타난다.
- **Press new shortcut key**
  선택된 메뉴나 도구막대의 명령에 대해 적용할 단축키를 설정한다. 설정한 후 'Assign' 버튼을 누르면 등록된다.
- **Assign** : 설정한 단축키를 적용한다.
- **Remove** : 적용한 단축키를 바꾼다.
- **Show All...** : 현재 AutoCAD에서 제공하는 단축키를 표시하는 'Shortcut Keys' 대화상자가 나온다.

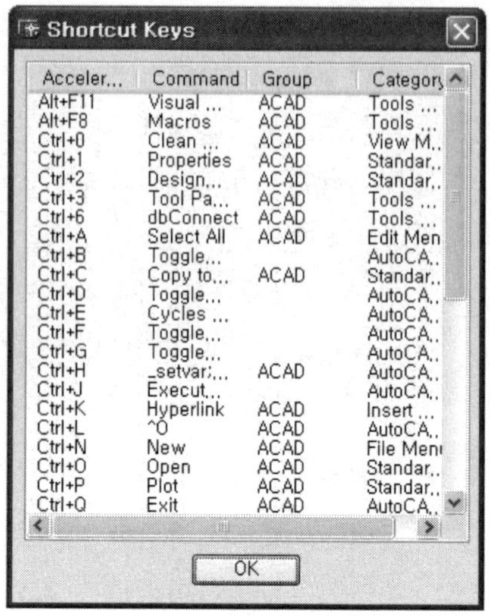

Shortcut Keys

Tool Palettes

AutoCAD 2004 버전에 새로 추가된 기능으로 블록이나 심볼, 해치 패턴 등을 드래그 앤 드롭 방식으로 작업도면에 곧 바로 적용시킬 수 있는 편리한 기능이다. Tool Palettes의 대화상자를 이용하는 것보다 툴 팔레트에서 직접 만들어 사용하는 것이 더 편리하다. 툴 팔레트(Tool Palettes)의 활용방법은 '제16장 6. 툴 팔레트 활용하기'를 참고하기 바란다.

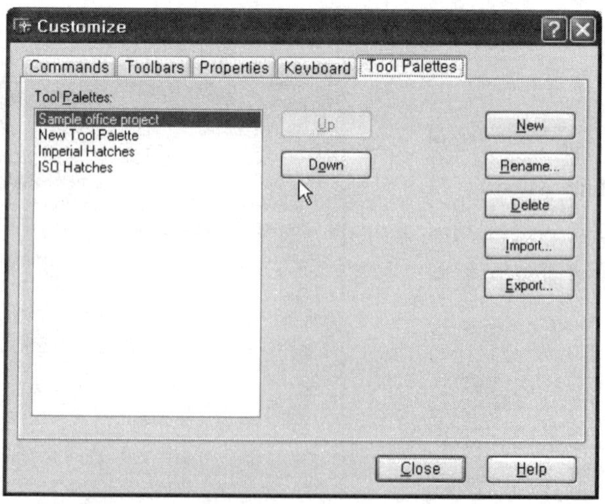

Tool Palettes Tab of Customize

- **Tool Palettes** : 현재 사용하고 있는 툴 팔레트들이 나타난다.
- **Up** : 툴 팔레트의 우선순위를 설정하거나 한 칸 위로 이동한다.
- **Down** : 툴 팔레트의 우선순위를 설정하거나 한 칸 아래로 이동한다.
- **Rename...** : 툴 팔레트의 이름을 바꾼다.
- **Delete** : 선택된 툴 팔레트를 삭제한다.
- **Import...** : 외부에서 만들어진 툴 팔레트(*.xtp 파일)를 불러온다.
- **Export...** : 만들어진 툴 팔레트를 저장한다. 저장된 파일은 다른 AutoCAD에서 Import 명령으로 불러 사용할 수 있다.

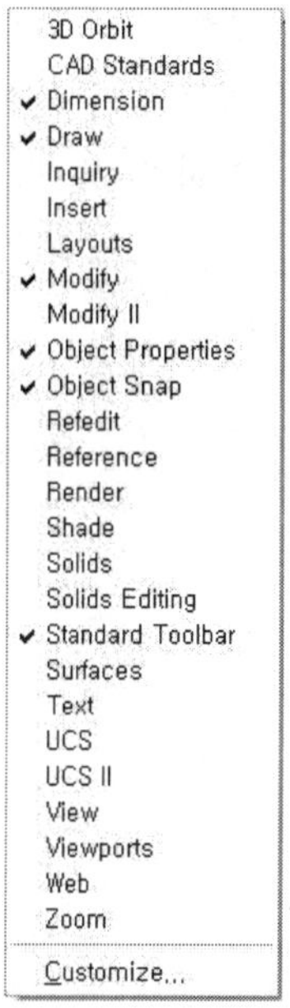

Shortcut Menu

단축메뉴에 의한 도구막대 표시하기

Standard Toolbar의 모든 아이콘에나 마우스를 갖다 대고 마우스 오른쪽 버튼을 누르면 아래 그림과 같이 단축메뉴가 나타난다. AutoCAD 윈도우에 나타내고 싶은 도구막대를 단축메뉴에서 클릭하면 도구막대 앞에 체크 표시 ✓가 되고, 감추고 싶으면 다시 한번 선택하면 된다.

따라하기 01 : 새로운 도구막대 그룹 만들기

도면 작업을 하다보면 자주 사용하는 명령들이 있다. 자주 사용하는 명령들을 모아 자신만의 도구막대로 사용자화하면 아주 편리하게 도면작업을 할 수 있다.

- **Step 01** : Main Menu>View>Toolbars를 선택하면, 'Customize' 대화상자가 나타난다. Toolbars 탭에서 New 버튼을 누르고 'New Toolbar' 대화상자가 다시 나오면, Toolbar name에 새로 만들 도구막대 그룹의 이름을 입력한다.

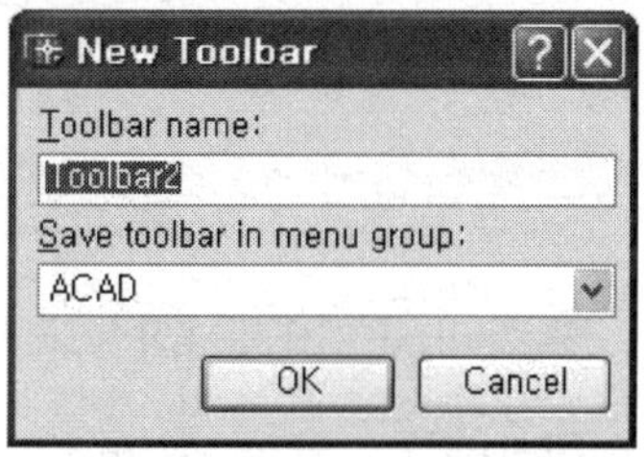

Toolbar name 입력

- **Step 02** : 화면에 새로운 도구막대가 생성된다.

새로 만들어진 도구막대

- **Step 03** : 'Customize' 대화상자에서 Command 탭을 선택하고, 이 탭에서 Categories 항목에서 All Command를 선택한다. Command 항목에는 AutoCAD에서 제공하는 모

든 아이콘들이 나타나게 된다. 이들 아이콘에서 사용자가 원하는 아이콘을 선택한 후 마우스의 왼쪽 버튼을 누른 상태로 화면에 새로 만들어진 도구막대(도구막대 이름=사용자화)로 드래그(Drag)시켜 놓으면 된다.

- **Step 04** : 예를 들어 Line, circle, erase, copy, Save, Open 6개 아이콘을 이동시켜 보기로 한다. 이들 아이콘은 command 항목에서 알파벳순으로 찾으면 된다.

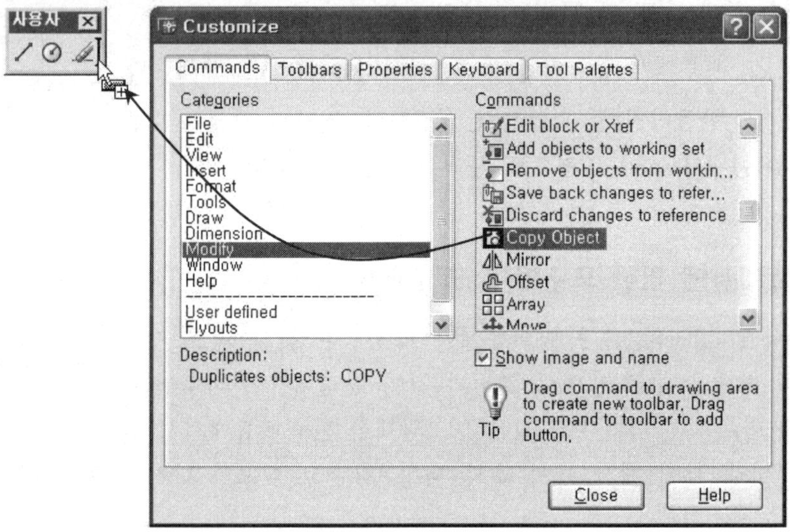

사용자화 도구막대로 아이콘 이동하는 방법

- **Step 05** : Step 04의 작업을 계속하면 '사용자화' 도구막대 그룹이 완성된다.

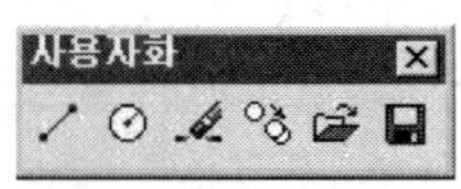

완성된 사용자화 도구막대그룹

따라하기 02 : 도구막대 그룹 삭제하기

새로 만든 '사용자화' 도구막대 그룹을 삭제하여 보자.

- **Step 01** : Main Menu>View>Toolbars를 선택한다.
- **Step 02** : 'Customize' 대화상자가 나타나면, Toolbars 탭의 Toolbar 항목에서 '사용자화' 도구막대를 선택한다.
- **Step 03** : Delete 버튼을 누른다. 삭제 여부를 묻는 대화상자가 나오면, '확인' 버튼을 누르면 삭제된다.

삭제여부를 묻는 대화상자

Chapter 6

레이어의 설정과 활용하기

AutoCAD에서 도면을 아주 효과적으로 작성하고 운용할 수 있도록 해주는 도구가 레이어(Layer=도면층)다. 레이어는 도면작성이나 편집효율을 높여주고, CAD 도면작업의 효율을 증대시켜준다. 복잡한 도면을 보다 쉽게 관리하고 표시하기 위해 여러 개의 레이어를 이용한다. 화면에 보이는 것은 하나의 화면이지만 실제로는 여러 개의 도면이 겹쳐서 하나의 도면으로 나타내는 것이다. 또한 일부 레이어를 감추거나 보이도록 해서 도면에 가시적인 효과를 줄 수 있고, 레이어 별로 객체특성을 바꿀 수 있어 도면작성에 아주 유용하다. 이 장에서는 레이어의 개념과 설정, 활용방법에 대해 공부하기로 한다.

1. 레이어 설정하기

AutoCAD에서 도면작업을 할 때 사용자는 도면의 모든 요소를 각각의 층으로 구분하여 작업을 할 수 있다. 예를 들어, 빌딩의 경우 각 층별로 전기, 배관, 상·하수도, 건축구조 등을 각각의 층으로 지정하고, 이들을 각각의 층으로 나누어 작업할 수 있다. 이러한 층은 몇 개의 투명한 용지라고 볼 수 있으며, 각 층으로 작성된 도면들을 겹쳐놓으면 한 장에 도면을 그린 것과 같은 결과를 얻게 된다. 따라서 건물의 각 층별로 작성된 전기, 배관, 상·하수도, 건축구조 등 각각의 부분도면을 레이어(Layer=도면층)이라 한다. AutoCAD에서 레이어는 선의 종류, 색상, 두께 등으로 구분 · 설정할 수 있고, 이러한 레이어는 도면요소의 종류나 제품의 종류에 따라 쉽게 생성 · 관리할 수 있다. 도면작성에서 레이어를 활용하면 특정 레이어만 화면에 표시하거나 취소, 잠그거나 동결 또는 해제시킬 수 있고, 특정한 레이어만 편집이 불가능하게 할 수도 있다. 레이어를 사용하는 가장 큰 이유는 도면의 작업시간을 줄이고 작업효율을 높이는데 있다. 따라서 레이어의 생성개수는 제한이 없으며, 레이어를 많이 만들어 사용할수록 도면요소를 체계적으로 분류하여 사용할 수 있다. 레이어의 설정은 Layer 명령을 실행하면 된다.

입력방법

(키보드)	Command	Layer Enter↵
(마우스)	Main menu	Format > Layer
	Screen menu	FORMAT > Layer
	Icon menu	Layers Toolbar >

Layer 명령을 실행하면 'Layer Properties Manager' 대화상자가 나오고, 이 대화상자로부터 레이어를 설정할 수 있다.

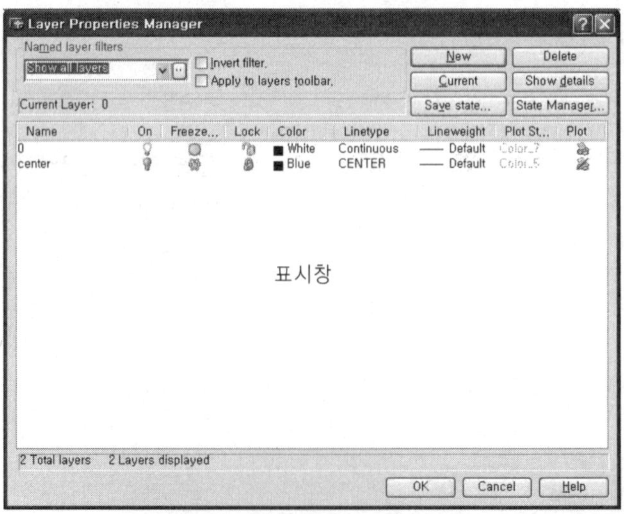

Layer Properties Manager

대화상자에서

■ Named layer filters

설정된 레이어를 'Layer Properties Manager' 대화상자의 표시 창에 나타낼 표시형식을 설정한다. 대화상자의 표시 창의 아이콘은 레이어의 특성을 나타내고, 표시형식은 드롭다운 리스트 버튼 을 선택하면 다음과 같이 나온다.

▶ 표시형식

Show all layers	설정된 모든 레이어를 표시한다.
Show all in used layers	설정된 레이어 중 사용하고 있는 레이어만 표시한다.
Show all Xref dependent layers	Xref 명령으로 참조된 외부도면에서 생성한 레이어만 표시한다.

▶ 표시 창의 특성(아이콘)과 명칭

표시 창의 아이콘에 대한 자세한 설명은 '2. 레이어 활용하기'를 참고하기 바란다.

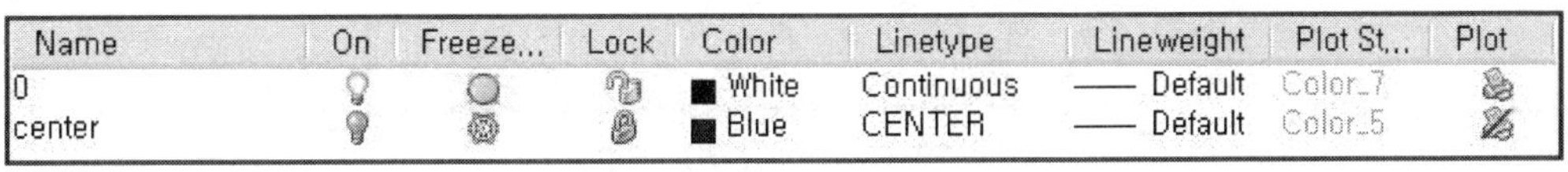

0/Center	Layer 이름
/	On/Off 아이콘
/	Freeze or thaw in All Viewports 아이콘
	Freeze or thaw in current Viewport 아이콘
/	Lock/Unlock 아이콘
■ / ■	Color 아이콘
Continuous / CENTER	Linetype
—— Default	Lineweight
Color_7 / Color_5	Plot style
/	Plot/Not plot 아이콘

▶ Name Layer Filters

이 버튼을 누르면 'Name Layer Filters' 대화상자가 나오고, 레이어를 필터링하기 쉽게 해준다. 이 대화상자에서는 도면에 도면층이 많은 경우 필요한 도면층을 빨리 찾게 해주는 기능이 있다. 10개 이상의 경우에 이용된다. 소방설계 도면의 경우 도면층이 많기 때문에 이 기능을 자주 이용하게 된다.

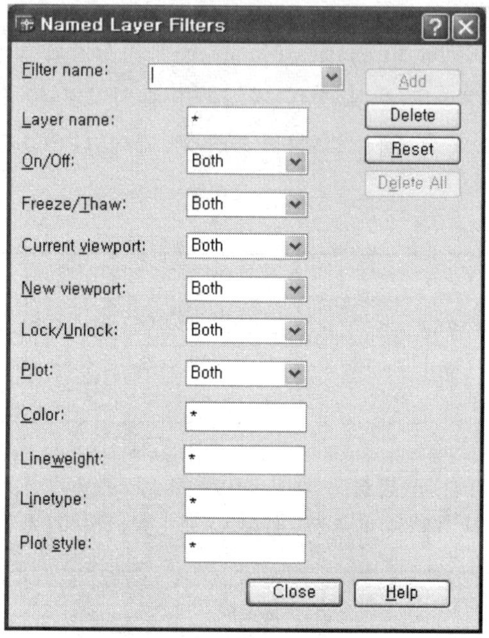

Name Layer Filters

▶ Invert Filter

필터링의 선택조건과 반대되는 레이어만 표시한다.

▶ Apply to Object Properties Toolbar

Object properties Toolbar에도 레이어의 목록을 표시한다.

■ New

새 레이어를 생성한다. 이 버튼을 선택하면 대화상자의 창에 Layer1이라는 임시 이름을 가진 레이어가 생성된다.

■ Current

'Layer Properties Manager' 대화상자의 표시 창으로부터 레이어를 선택하고, 이 버튼을 선택하면 현재 작업도면에서 선택한 레이어를 사용할 수 있다.

■ Delete

'Layer Properties Manager' 대화상자의 창에서 선택한 레이어를 삭제한다.

■ Show/Hide details

레이어의 이름변경, 색상, 선의 유형, 특성 등의 세부사항을 설정할 있는 세부항목이 'Layer Properties Manager' 대화상자 하부에 추가로 나온다.

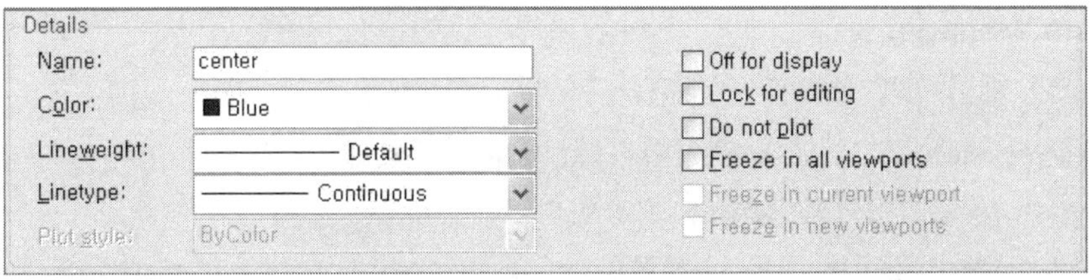

Details

- Name : 선택한 레이어의 이름을 변경한다.
- Color : 선택한 레이어의 색상을 설정·변경한다.
- Lineweight : 선택한 레이어의 선두께를 변경한다.
- Linetype : 선택한 레이어의 선 유형을 지정한다.
- Plot style : 레이어마다 출력유형을 지정한다.
- Off for display : 선택한 레이어를 작업도면에서 감춘다.
- Lock for editing : 선택한 레이어 잠그거나 잠금을 해제할 수 있다.
- Do not plot : 선택한 레이어를 도면출력에서 제외한다.
- Freeze in all Viewports : 선택한 레이어를 전체 뷰 포트에서 동결시킨다.
- Freeze in current Viewport : 선택한 레이어를 현재 뷰 포트에서 동결시킨다.
- Freeze in new Viewports : 선택한 레이어를 새로운 뷰 포트에서 동결시킨다.

■ Save State

선택한 레이어의 상태를 저장한자. 이 버튼을 누르면 'Save Layer States' 대화상자가 나온다.

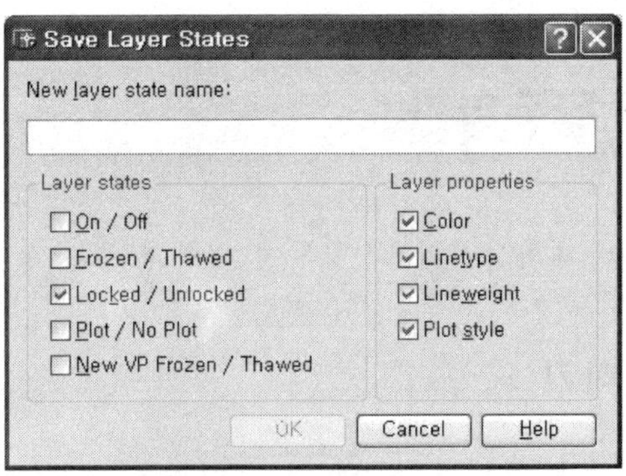

Save Layer States

- New Layer State Name : 새로운 레이어의 상태로 저장할 이름을 지정한다.
- Layer States : 레이어의 상태에 저장할 항목을 선정한다.
- Layer Properties : 레이어의 특성에 저장할 항목을 선정한다.

■ State Manager

저장된 레이어의 상태를 조정한다.

- ▶ Layer states : 저장된 레이어의 상태를 표시한다.
- ▶ Restore : 레이어의 상태를 저장한다.
- ▶ Edit : 레이어의 상태를 수정한다.
- ▶ Rename : 레이어의 이름을 바꾼다.
- ▶ Delete : 레이어를 삭제한다.
- ▶ Import : Acad.las 파일로부터 저장된 레이어를 불러들인다.
- ▶ Export : 현재 도면의 레이이어 상태를 파일로 저장한다. ~.las 파일을 만든다.

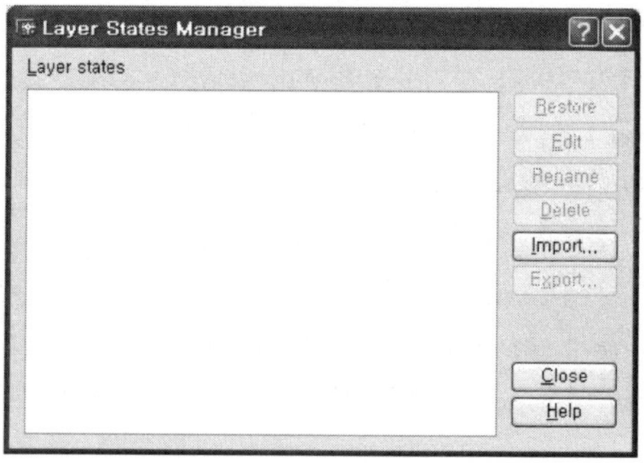

Layer States Manager

2. 레이어 활용하기

'Layer Properties Manager' 대화상자의 각 항목에 대한 활용과 응용방법에 대해 설명한다.

2.1 새 레이어 생성하기

AutoCAD에서는 사용자가 원하는 수만큼의 레이어를 생성하여 사용할 수가 있는데, 이것은 사용자가 원하는 수만큼 세분화하고 복잡한 도면을 계획적으로 잘 구성할 수 있음을 의미한다. 새 레이어를 생성할 때 각 레이어는 고유이름을 가지게 되고 이름은 상징적인 것이 좋다. 또한 새 레이어는 색상과 선의 종류도 함께 설정할 수 있다.

레이어의 고유이름 지정하기...

레이어의 이름은 최대 31자까지 지정하여 사용할 수 있다. 이때 이름에는 -, $, _ 등의 극소수의 심볼만 사용할 수 있고, 빈 공간을 함께 사용할 수 없다. 예를 들어 $OutL 123은 사용할 수 없고, $OutL_123은 사용할 수 있다. 따라서 이름은 상징적인 것이 좋다. 아울러, AutoCAD에서 레이어의 색상은 255개 의 색상과 38개의 지정된 선 모양을 제공하고 있으므로, 사용자는 이들을 이용하면 레이어를 충분히 구분할 수 있을 것으로 본다.

따라하기 : 중심선, 숨은선, 외형선, 가상선의 레이어 생성하기

도면을 분리해보면 크게 선(외형선, 중심선, 가상선, 숨은선, 해칭선, 치수선 등)과 문자로 분류할 수 있다. 도면작성에서 가장 많이 사용하는 선 중에서 다음과 같이 선정하고 새 레이어를 생성해보자.

레이어 이름	선의 이름(Line type)	선의 색상
CenL	Center(중심선)	Blue
HidL	Hidden(숨은선)	Yellow
OutL	Continuous(실선)	White
PhanL	Phantom(가상선)	Red

■ **Step 01 :** 레이어 CenL 생성한다.

▶ Object properties Toolbar에서 layer 아이콘 을 선택하고 'Layer Properties Manager' 대화상자가 나오면, New 버튼을 선택한다. 이때 대화상자의 표시 창에는 Layer1이라는 임시 이름을 가진 레이어가 생성된다.

▶ CenL 레이어의 특성을 설정하고 생성한다.

- 레이어 이름을 Layer1에서 CenL로 변경한다.
- 레이어 CenL의 색상을 파란색으로 지정한다.

  Color 탭에서 ■를 누르면 '제5장 6. 선의 색상지정하기'에서 설명한 'Select Color' 대화상자가 나오고, 이 대화상자로부터 파란색을 지정한다. 이때 Color 아이콘이 파란색으로 변경되었는지 확인한다.
- 레이어 CenL의 선을 Center 선으로 지정한다.

  Linetype 탭에서 continuous를 누르면 'Select Linetype' 대화상자가 나온다. 만약 레이어에 사용할 선 유형이 'Select Linetype' 대화상자에 모두 등록이 되어있으면 레이어에 사용할 선 유형을 바로 지정하고 OK 버튼을 누르면 되고, 그렇지 않으면 Load 버튼을 누른다.

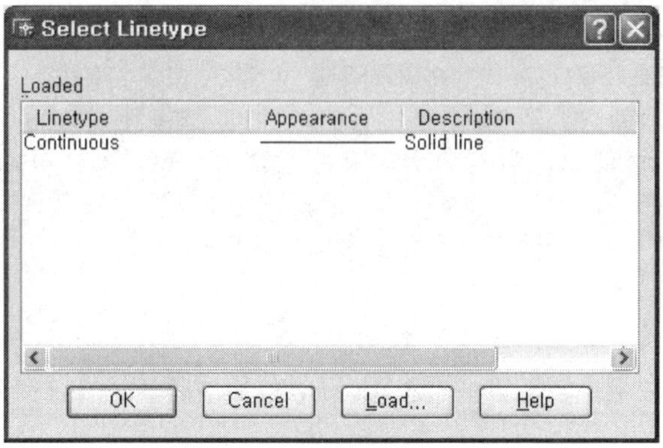

Select Linetype

Load 버튼을 누르면 'Load or Reload Linetypes' 대화상자가 나오고, 이 대화상자에서 레이어로 생성할 선들을 모두 선택하고 OK 버튼을 누르면 다음과 같이 'Select Linetype' 대화상자에 선 유형 3개가 등록된다. 선 유형의 등록에 대한 자세한 내용은 '제5장 3. 선의 유형 및 유형지정하기'를 참조한다. 'Select Linetype' 대화상자에서 Center 선을 선택한 후 OK 버튼을 선택하고 'Select Linetype' 대화상자를 닫는다. 'Layer Properties Manager' 대화상자의 표시 창에 Continuouse 선이 Center 선으로 변경되었는지 확인한다.

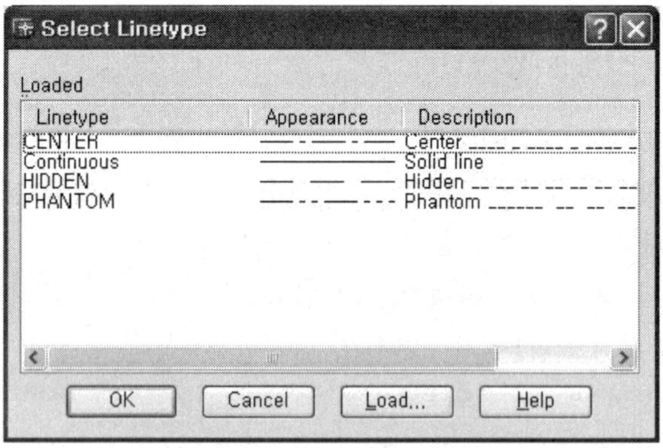

Select Linetype

- **Step 02 :** 나머지 레이어도 앞서 설명한 방법과 같이 실행하면, HidL,OutL, PhanL 레이어가 'Layer Properties Manager' 대화상자에 생성된다. 확인 후 OK 버튼을 누르고 'Layer Properties Manager' 대화상자를 닫는다.

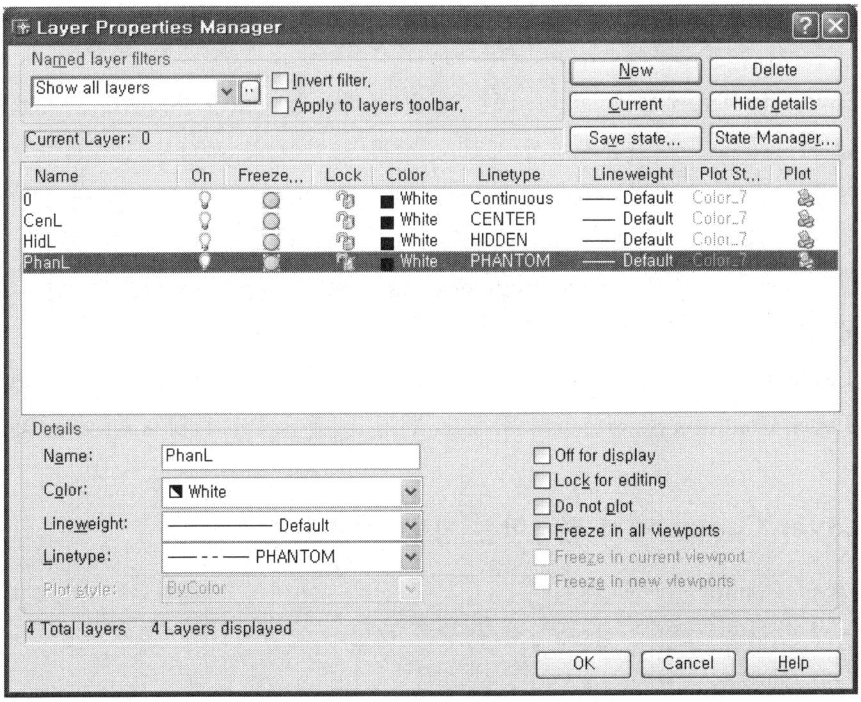

Layer Properties Manager

■ **Step 03** : 생성된 레이어는 Layer Control 에서 드롭다운 리스트 버튼 을 누르면 다음 그림과 같이 새로 생성된 레이어를 확인할 수 있고, 생성된 레이어를 선택하면 선택된 레이어로 도면작성을 할 수 있다.

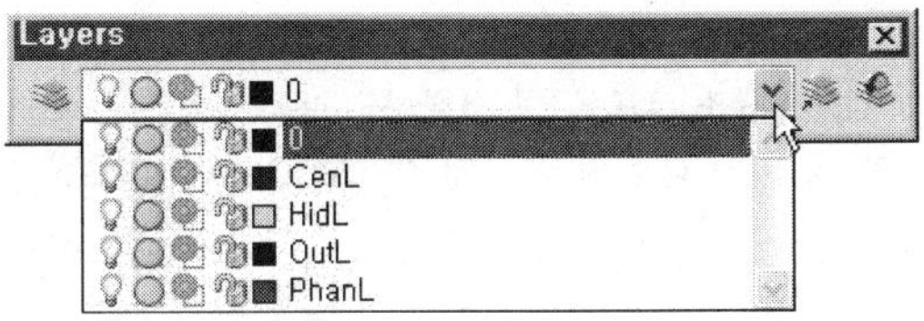

Layer Control

2.2 레이어의 변경 · 삭제하기

현재 사용 중인 레이어를 다른 레이어로 변경하거나 작성된 도면의 레이어를 현재 레이어로 변경할 수 있고, 새로 생성된 레이어를 삭제할 수 있다. 단, Freeze 옵션으로 동결시킨 레이어는 Thaw 옵션으로 해동시키기 전에는 변경할 수 없다. 0 레이어는 새 도면을 만들 때 기본적으로 생성되는 것으로 삭제하거나 변경할 수 없다. 현재 사용 중인 레이어를 새로 생성된 레이어로 변경하는 방법은 두 가지가 있다.

Layer Properties Manager 대화상자에서 변경하는 방법

- Layers Toolbar에서 layer 아이콘 을 선택하고 'Layer Properties Manager' 대화상자가 나오면, 대화상자에서 새로 생성된 레이어 중 하나를 선택하고 Current 버튼을 누른다. 그러면 'Current Layer: 0'에 레이어 0 대신 선택한 레이어의 이름으로 변경된다.
- OK 버튼을 누르고 'Layer Properties Manager' 대화상자를 닫으면, 변경된 레이어로 지정되고 변경된 레이어를 사용할 수 있게 된다.
- Layer Control 에도 레이어가 변경된다. 이때 Layer Control에는 레이어의 특성도 변경된 레이어의 특성으로 모두 바뀐다.

Layer Control에서 변경하는 방법

- Layer Control 에서 드롭다운 리스트 버튼 을 누르면 다음 그림과 같이 새로 생성된 레이어가 표시되고, 변경하고자 하는 레이어를 선택하면 된다.

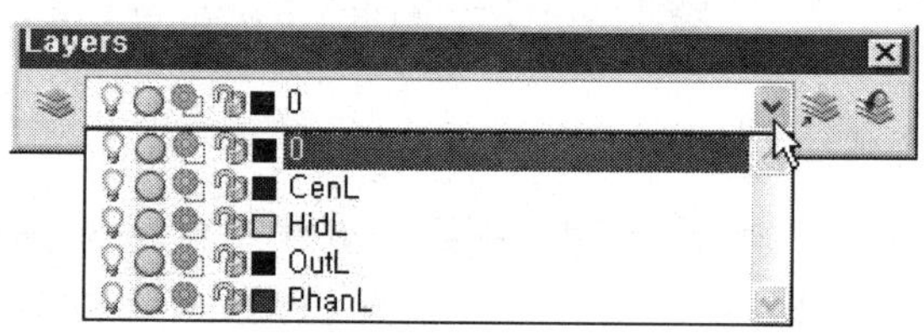

Layer Control

사용 중이던 레이어를 새로 생성된 레이어로 변경하면 Linetype Control에도 레이어에서 지정한 선 유형으로 바뀐다. 예를 들어, 앞서 생성한 레이어 중 CenL의 레이어로 변경했다면, Linetype Control ByLayer 이 ByLayer 로 바뀌어 center 선으로 변경되었음을 확인할 수 있다. 그리고 레이어 CenL에서 지정한 색상도 Color Control ByLayer 이 ByLayer 로 바뀌어 파란색으로 변경되었음을 확인할 수 있다.

따라하기 01 : 레이어 변경하고 도형그리기

'2.1 새 레이어 생성하기' 따라하기에서 생성한 레이어로 다음도형을 그려보자. 그리고 '제5장 3. 선의 유형 및 유형지정하기'의 따라하기 02에서 그린방법과 비교해보도록 한다.

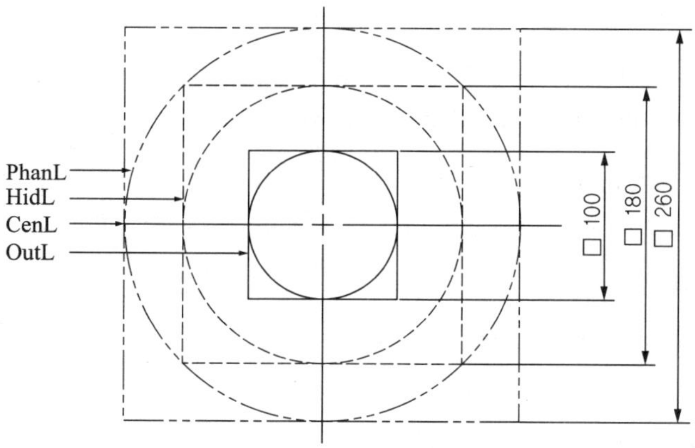

■ **Step 01** : Layer Control 0 에서 드롭다운 리스트 버튼 을 누르고 OutL 레이어로 변경한다. Layer control이 OutL 으로 바뀐다. 도형의 실선 사각형과 원을 Line 명령과 Circle 명령으로 그린다.

Draw Toolbar에서 Line 아이콘 을 선택한다.

Command : _Line Specify first point: 160,95 Enter↵

Specify next point or [Undo]: 260,95 Enter↵

Specify next point or [Undo]: 260,195 Enter↵

Specify next point or [Close/Undo]: 160,195 Enter↵

Specify next point or [Close/Undo]: C Enter↵

Draw Toolbar에서 circle 아이콘 을 선택한다.

Command: _circle

Specify center point for circle or [3P/2P/Ttr (tan tan radius)]: 210,145 Enter↵

Specify radius of circle or [Diameter]: 50 Enter↵

■ **Step 02** : Layer Control 0 에서 드롭다운 리스트 버튼 을 누르고 HidL 레이어로 변경한다. 도형의 숨은선 사각형과 원을 Line 명령과 Circle 명령으로 그린다.

Draw Toolbar에서 Line 아이콘 을 선택한다.

Command : _Line Specify first point: 120,55 Enter↵

Specify next point or [Undo]: @180,0 Enter↵

Specify next point or [Undo]: @0,180 Enter↵

Specify next point or [Close/Undo]: @-180,0 Enter↵

Specify next point or [Close/Undo]: C Enter↵

Draw Toolbar에서 circle 아이콘 을 선택한다.

Command: _circle

Specify center point for circle or [3P/2P/Ttr (tan tan radius)]: 210,145 Enter↵

Specify radius of circle or [Diameter]: 90 Enter↵

- **Step 03 :** Layer Control 에서 드롭다운 리스트 버튼 을 누르고 PhanL 레이어로 변경한다. 도형의 가상선 사각형과 원을 Line 명령과 Circle 명령으로 그린다.

Draw Toolbar에서 Line 아이콘 을 선택한다.

Command : _Line Specify first point: 80,15 Enter↵

Specify next point or [Undo]: @260<0 Enter↵

Specify next point or [Undo]: @260<90 Enter↵

Specify next point or [Close/Undo]: @260<180 Enter↵

Specify next point or [Close/Undo]: C Enter↵

Draw Toolbar에서 circle 아이콘 을 선택한다.

Command: _circle

Specify center point for circle or [3P/2P/Ttr (tan tan radius)]: 210,145 Enter↵

Specify radius of circle or [Diameter]: 130 Enter↵

- **Step 04 :** Layer Control 에서 드롭다운 리스트 버튼 을 누르고 CenL 레이어로 변경한다. 도형의 중심선을 Line 명령으로 그린다.

Draw Toolbar에서 Line 아이콘 을 선택한다.

Command : _Line Specify first point: 75,145 Enter↵

Specify next point or [Undo]: @265<0 Enter↵

Specify next point or [Close/Undo]: C Enter↵

따라하기 02 : 레이어 삭제하기

'2.1 새 레이어 생성하기' 따라하기에서 생성한 레이어 중에서 레이어 OutL를 삭제한다.

- **Step 01 :** Layers Toolbar에서 Layer 아이콘 을 선택하고 'Layer Properties Manager' 대화상자가 나오면, 표시 창에서 레이어 OutL를 선택한다.
- **Step 02 :** 대화상자에서 Delete 버튼을 누른다.
- **Step 03 :** OK 버튼을 누르고 대화상자를 닫는다.

2.3 레이어 감추기 · 나타내기

많은 레이어를 설정하고 도면작업을 하거나 편집할 때, 일부 레이어를 화면에서 사라지게 하고 작업하면 편리한 경우가 많다. 이와 같이 현재 도면에서 사용 중인 레이어를 화면에서 감추거나(Off) 다시 나타나도록(On) 제어할 수 있다. Layer>Off 옵션은 주로 도면이 복잡할 경우에 사용하며, 도면을 복사하거나 출력할 경우 감추어진 도면도 복사되고 출력된다. 레이어의 감추기 · 나타내기는 다음 두 가지 방법으로 실행할 수 있다.

Layer Properties Manager 대화상자에 의한 방법

'Layer Properties Manager' 대화상자의 Details에서 Off for display을 선택한다.

Layer Control에 의한 방법

Layer Control 에서 On 아이콘 을 선택한다. 아이콘을 선택하면 Off 아이콘 으로 바뀌고, 선택된 레이어는 현재 화면에서 감추어진다. 또 다시 아이콘을 선택하면 아이콘으로 바뀌고, 사라진 레이어가 다시 나타난다.

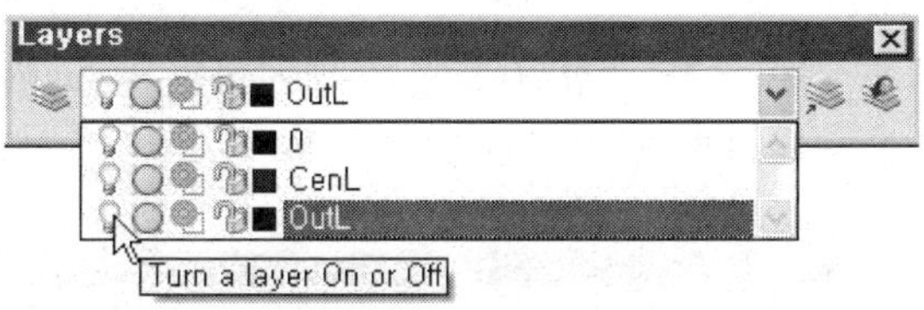

Layer On/Off

현재 레이어를 감추(Off)려고 하면, 다음과 같은 경고 메시지가 나온다. 경고를 무시하고 계속진행하려면 확인버튼을 누르면 된다.

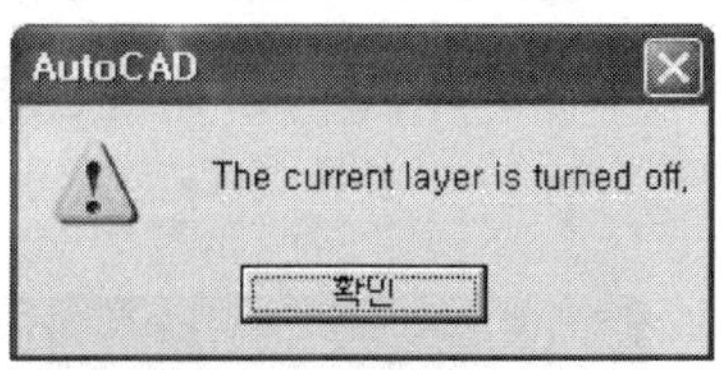

Turn off 경고 메시지

2.4 레이어 동결 · 해동하기

레이어의 동결(Thaw)은 레이어를 화면에서 사라지게 하여 Zoom이나 Pan 명령에서 속도를 향상시킬 수 있고 도면의 재생성 시간을 단축시켜 빠른 도면작업을 얻을 수 있다. 레이어의 동결이 감추기(Off)와 다른 점은 현재 사용 중인 레이어는 동결시킬 수 없다는 것이고, 레이어의 해동(Freeze)으로 해동시키기 전까지는 도면의 편집이 불가능하다. 또한 도면을 복사하거나 출력할 경우 동결된 레이어의 도면요소는 복사되지도 출력되지 않는다. 레이어의 동결 · 해동은 다음 두 가지 방법으로 실행할 수 있다.

Layer Properties Manager 대화상자에 의한 방법

'Layer Properties Manager' 대화상자의 Details에서 Freeze in all Viewport를 선택한다.

Layer Control에 의한 방법

Layer Control 에서 Freeze 아이콘 을 선택한다. 아이콘을 선택하면 Thaw 아이콘 으로 바뀌고, 선택된 레이어는 동결되어 현재 화면에서 감추어진다. 또 다시 아이콘을 선택하면 아이콘으로 바뀌고, 사라진 레이어가 다시 나타난다. 예를 들어, 임의 레이어에서 아이콘을 선택하여 현재 화면에서 사라지게 한 뒤 선택된 레이어가 포함된 도면을 복사하면, 아이콘을 선택해서 해동을 시켜도 원래도면에 나타나지만 복사한 도면에는 나타나지 않는다.

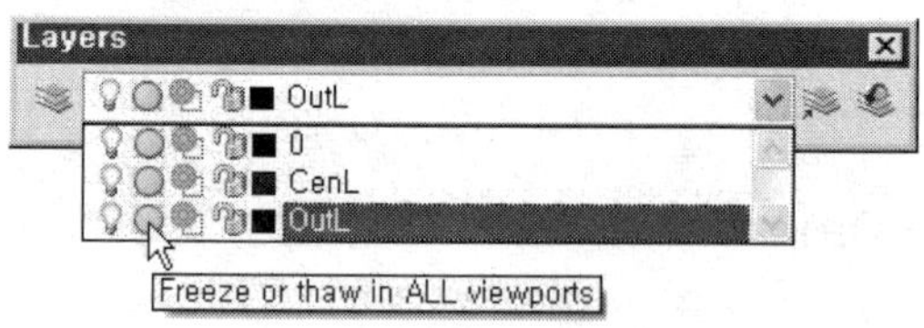

Layer Freeze/Thaw

현재 레이어를 동결(Freezw)하려고 하면, 다음과 같은 경고 메시지가 나온다. 경고를 무시하고 계속진행하려면 확인버튼을 누르면 된다.

Freeze 경고 메시지

따라하기 : 레이어 동결하고 도면 복사하기

'2.2 레이어 변경 · 삭제하기' 따라하기 01에서 작성한 도면의 레이어 PhaL를 동결하고 복사를 해보자.

■ **Step 01 :** Layer Control [0]에서 레이어 PhaL을 선택하고 Freeze 아이콘 을 선택한다. 아이콘을 선택하면 Thaw 아이콘 으로 바뀌고 레이어 PhaL이 동결되어 현재 화면에서 감추어진다.

■ **Step 02 :** Copy 명령에서 개체 모두를 선택하고 복사한다.

Modify Toolbar에서 copy 아이콘 을 선택한다.

Command :_copy

Select objects: all [Enter↵] 11 found

Select objects: [Enter↵] ☞ 객체선택 종료

Specify base point or displacement, or [Multiple]: ☞ 임의 점 선택

Specify second point of displacement or <use first point as displacement>:
☞ 임의 점 선택

■ **Step 03 :** 레이어 PhanL을 해동시켜도 레이어 PhanL로 그린 가상선의 사각형과 원은 원래도면에 나타나지만 복사한 도면에는 나타나지 않는다. 이 항목은 여러분들이 직접 해보기 바란다.

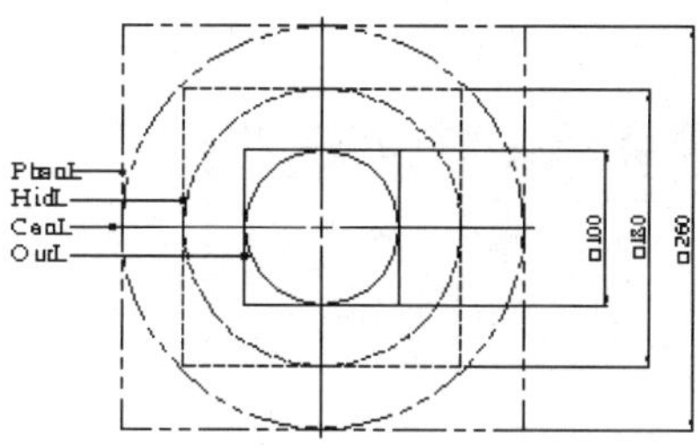

■ 원래상태

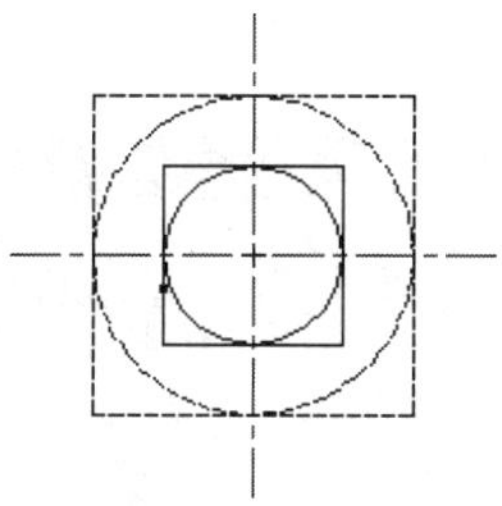

■ 동결상태

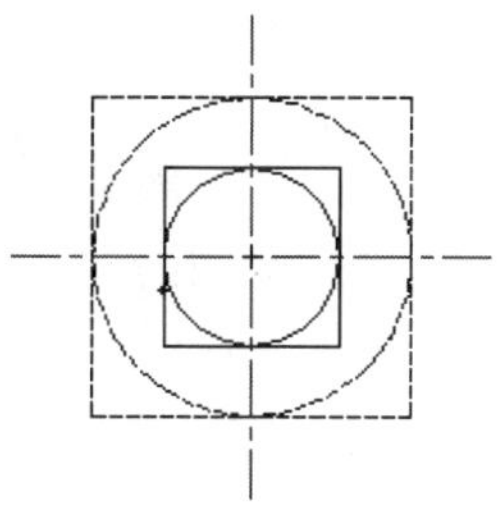

■ 복사결과

2.5 레이어의 잠금 · 잠금 해제하기

레이어의 잠금(Lock)은 레이어가 화면에는 나타나지만 지우기 등의 편집을 할 수 없다. 레이어가 잠기면 도면은 비록 편집을 위한 선택을 할 수는 없지만, 도면을 참고하고자 할 때 Osnap 명령으로 접근이 가능하며, 레이어가 나타내기 On 상태이고 해동(Freeze)되어 있으면 볼 수는 있다. 잠긴 레이어는 잠금 해제(Unlock)로 해제할 수 있다. 레이어의 잠금 · 잠금 해제는 다음 두 가지 방법으로 실행할 수 있다.

Layer Properties Manager 대화상자에 의한 방법

'Layer Properties Manager' 대화상자의 Details에서 Lock for editing을 선택한다.

Layer Control에 의한 방법

Layer Control 에서 Unlock 아이콘 을 선택한다. 아이콘을 선택하면 Lock 아이콘 으로 바뀌고, 선택된 레이어는 잠긴다. 또 다시 아이콘을 선택하면 아이콘으로 바뀌고, 잠긴 레이어는 잠금 해제가 된다. 만일, 임의 레이어을 아이콘으로 레이어를 잠그면, 선택된 레이어는 편집을 할 수 없다.

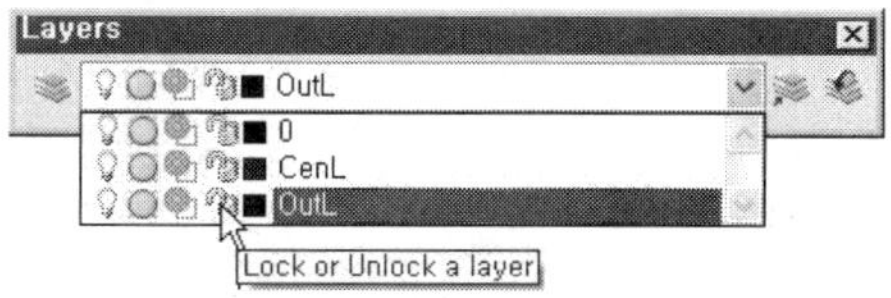

Layer Lock/Unlock

2.6 레이어 출력에서 제외하기

특정 레이어로 작성된 를 도면출력에서 제외하려면 'Layer Properties Manager' 대화상자의 Details에서 Do not plot를 선택하거나 해당 레이어의 Plot 아이콘 을 선택하면 된다. 아이콘을 선택하여 아이콘으로 바뀌면 출력에서 제외된다.

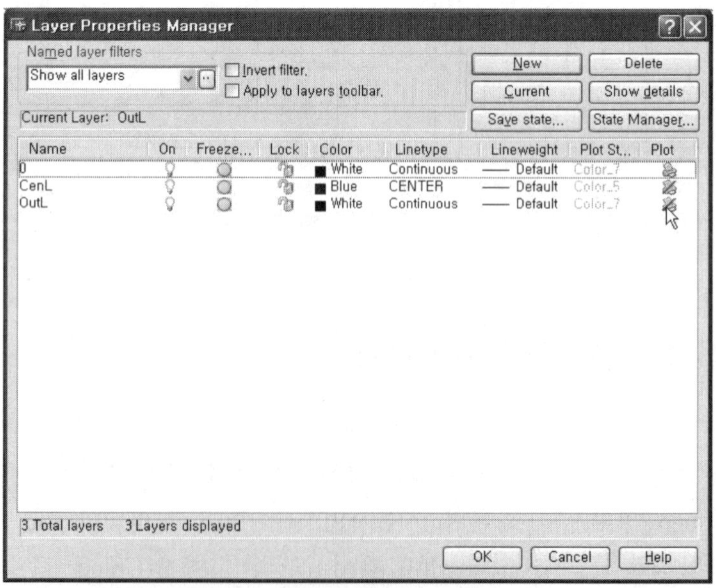

Layer Plot/Not Plot

2.7 도면의 레이어 변경하기

작성된 도면에서 기존의 레이어를 다른 레이어로 변경하려면, Object Properties Toolbar에서 Make Object's Layer Current 아이콘을 선택하면 변경할 수 있다. 이 아이콘을 선택하면 명령어 영역에는 다음과 같은 메시지가 나온다.

▶ 입력방법

(마우스)	Icon menu	Object properties Toolbar〉

Command: _ai_molc
Select Object whose layer will become current: 레이어를 변경할 객체선택
0 is now the current layer. ☞ Layer control에 표시된 레이어로 변경

2.8 레이어 되돌리기

작업도면에서 설정된 레이어 수가 많으면 바로 앞서 작업했던 레이어를 기억하기가 쉽지 않다. 바로 앞서 작업했던 레이어로 되돌아가려면 LayerP 명령을 실행하면 된다.

▶ 입력방법

(키보드)	Command	LayerP Enter↵
(마우스)	Icon menu	Object properties Toolbar >

Command: LayerP Enter↵
Restored previous layer status. ☞ 앞서 작업했던 레이어로 되돌아감

3. 레이어 변환기 활용하기

레이어 변환기(Layer Translator)는 기존 도면이나 표준파일, 템플릿 도면에서 사용한 레이어를 다른 레이어로 변환하는 것을 말한다. 예를 들어, 현재 도면에서 만들어진 레어어가 표준화된 레이어가 아니라면 다른 도면에서 표준화된 레이어를 불러와 기존 레이어를 변환시킬 수도 있고, 새로운 표준 레이어를 만들어 기존 레이어와 변환시킬 수도

있다. Layer Translator에서는 외부 레이어 파일을 만든 후 불러올 필요 없이 바로 외부 도면에서 레이어를 가져오거나 기존 레이어의 일부를 변경할 수 있으므로 레이어를 편집할 때 아주 유용하다.

입력방법

	Command	Laytrans Enter↵
	Main menu	Tools > CAD Standards > Layer Translator
	Screen menu	FORMAT > Layer
	Icon menu	Toolbars > Command > Tools >

Laytrans 명령을 실행하면 'Layer Translator' 대화상자가 나오고, 이 대화상자로부터 레이어의 변환을 실시할 수 있다.

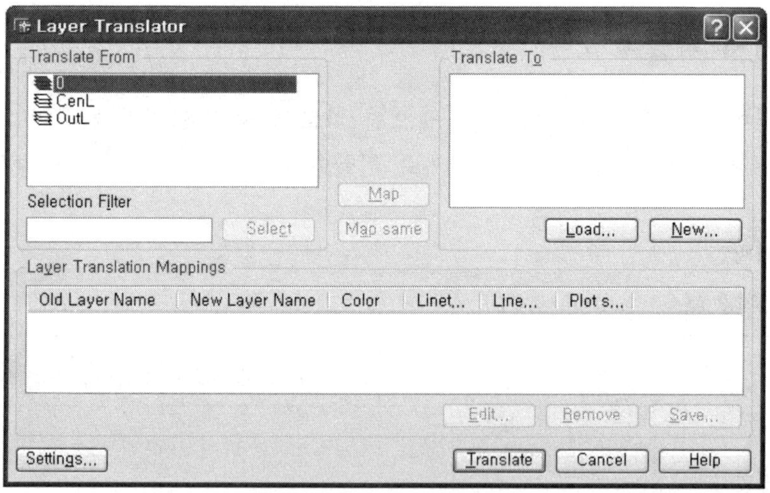

Layer Translator

대화상자에서

- **Translate From** : 현재 작업 중인 도면 내에 설정된 레이어가 표시된다.
  - ▸ Selection Filter : 레이어를 필터링 하기 위해 설정한 필터가 있으면 해당 레이어만 표시할 수 있다.
  - ▸ Select : Selection Filter에서 설정된 레이어를 선택한다.
- **Map** : Translate From에서 선택된 레이어를 Translate To에서 선택된 레이어로 매핑(Mapping)시킨다.

■ **Map same :** 동일한 이름을 갖는 모든 레이어를 찾아내 매핑한다.

■ **Translate to :** 현재 도면의 레이어와 변환시킬 레이어를 표시한다.

▶ Load : 다른 도면의 레이어를 불러온다.

▶ New : 새로운 레이어를 만든다.

■ **Layer Translation Mappings :** 변환시킬 레이어와 변환될 레이어를 각각 표시한다. Old Layer Name에는 기존 레이어를 표시하고, New Layer Name에는 새롭게 매핑되는 레이어의 이름과 특성이 표시된다.

▶ Edit : 매핑할 레이어의 특성을 편집한다. 이 버튼을 선택하면 'Edit Layer' 대화상자가 나온다.

- Name : 레이어 이름을 지정한다.
- Linetype : 레이어의 선 유형을 지정한다.
- Color : 레이어의 색상을 지정한다.
- Lineweight : 레이어의 선두께를 지정한다.
- Plot Style : 레이어의 출력형태를 지정한다.

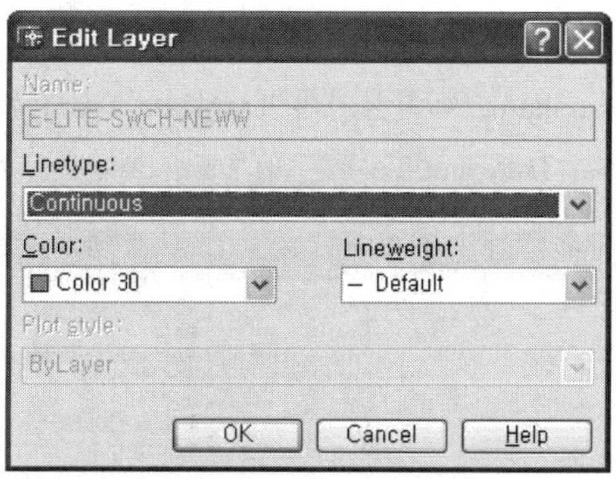

Edit Layer

▶ Remove : 매핑을 취소한다.

▶ Save : 매핑할 레이어를 저장한다.

■ **Setting**

레이어의 변환과정을 설정한다. 이 버튼을 누르면 'Setting' 대화상자가 나온다.

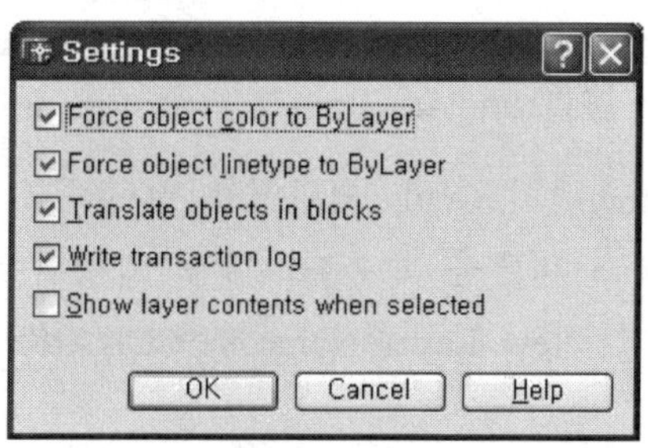

Settings

- ▶ Force Object color to ByLayer : 객체색상이 레이어의 색상에 따라 변경된다.
- ▶ Force Object Linetype to Bylayer : 객체의 선 유형이 레이어의 선 유형으로 변경된다.
- ▶ Translate Object in block : 블록 내의 객체도 변환시킨다.
- ▶ Write transaction log : 변환내용을 저장하는 로그파일을 만든다.
- ▶ Show layer contents when selected : 레이어를 선택하면 해당 레이어의 객체를 화면에 표시한다.

- ■ **Translate** : 매핑을 시작하여 레이어를 변환시킨다.

따라하기 : 레이어 변환하기

'2.2 레이어 변경·삭제하기' 따라하기 01에서 작성한 도면의 레이어와 AutoCAD의 smaple 도면 중 db_samp.dwg의 레이어와 레이어를 변환시켜보자.

- ■ **Step 01** : Main menu에서 Tools>CAD Standards>Layer Translator를 선택하고 'Layer Translator' 대화상자가 나오면, Load 버튼을 눌러 'Select Drawing File' 대화상자가 나오면 AutoCAD 2004>Sample>db_samp.dwg를 선택한다.

  다음과 같이 'Layer Translator' 대화상자의 Translate From에는 따라하기 01에서 생성한 5개의 레이어가 표시되고, Translate To에는 db_samp.dwg에서 불러들인 레이어가 표시된다.

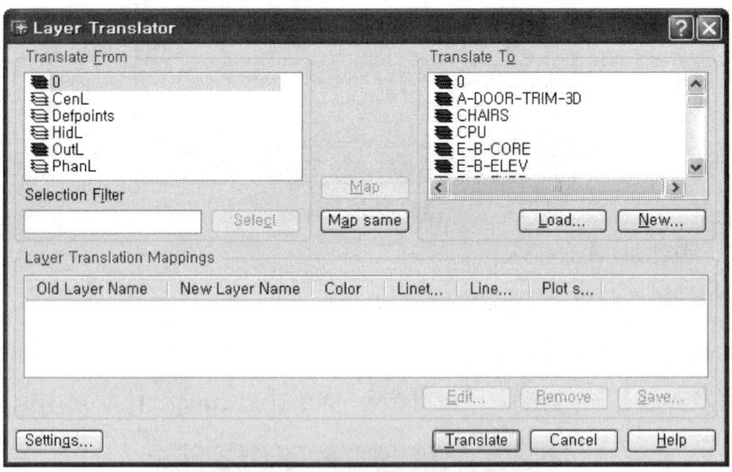

Translate from과 Translate to

- ■ **Step 02** : Translate From에서 CenL 레이어를 선택하고 Translate To에서는 CHAIR 레이어를 선택한 후 Map 버튼을 누른다. 다음 그림과 같이 Old Layer Name에는 CenL 레이어가 표시되고, New Layer Name에는 CHAIR 레이어의 이름과 특성이 표시된다.

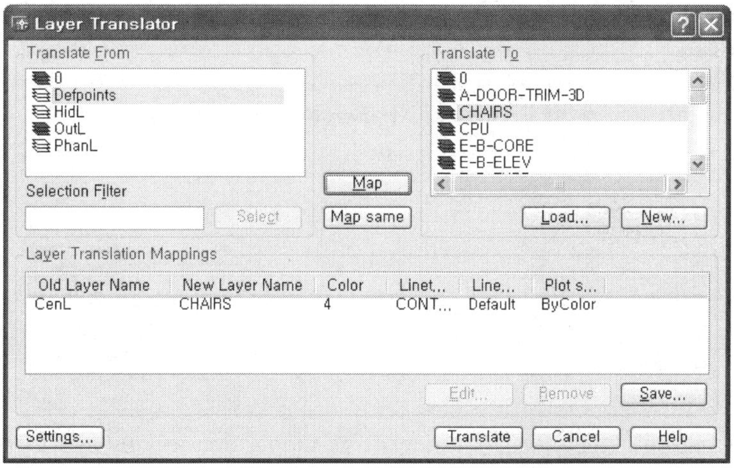

Old Layer Name과 New Layer Name

■ **Step 03 :** Translate 버튼을 누르면 매핑 데이터를 파일로 저장할 것인지를 물어보는 대화상자가 나온다. 아니오(N) 버튼을 누른다. 다시 원래의 도면으로 돌아가서 layer control을 선택하면 CenL 레이어 대신 CHAIR 레이어로 변환된 것을 확인할 수 있다. 도면에도 바뀐 CHAIR 레이어로 객체가 그려지게 된다.

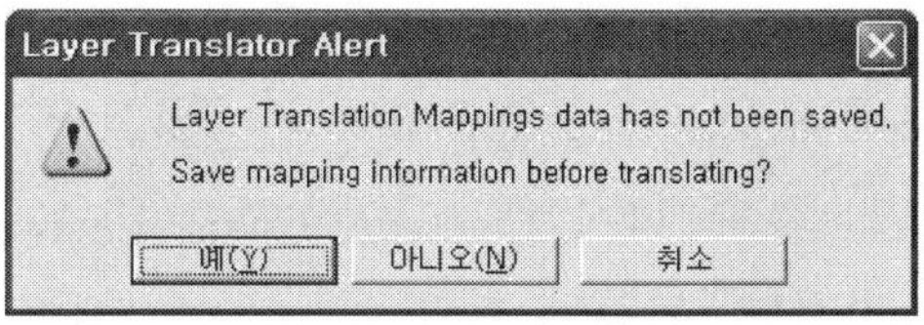

저장여부 대화상자

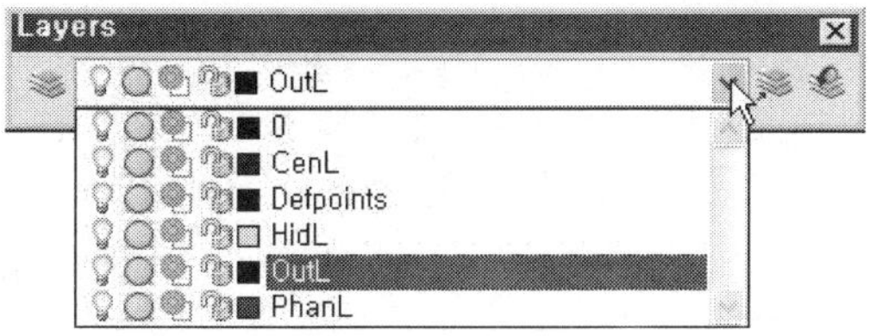

원래상태

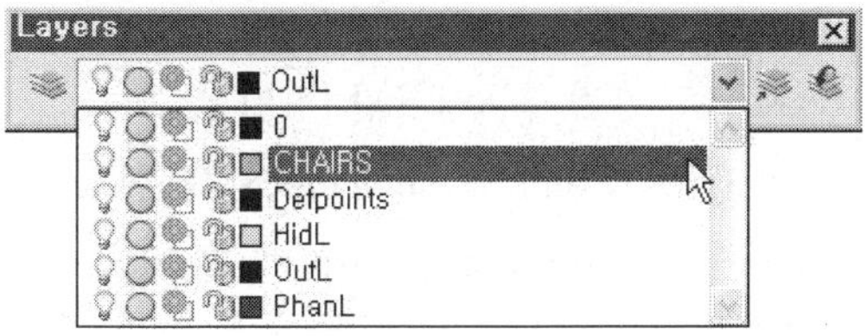

변환된 상태

4. Bylayer와 Byblock

Linetype, Color, Lineweight, Layer 명령을 실행했을 때 대화상자나 Linetype Control와 Color Control에 보면 Bylayer와 Byblock이라는 것을 볼 수 있다. 이들 옵션은 많은 의미를 가지고 있으므로 잘 익혀두기 바란다.

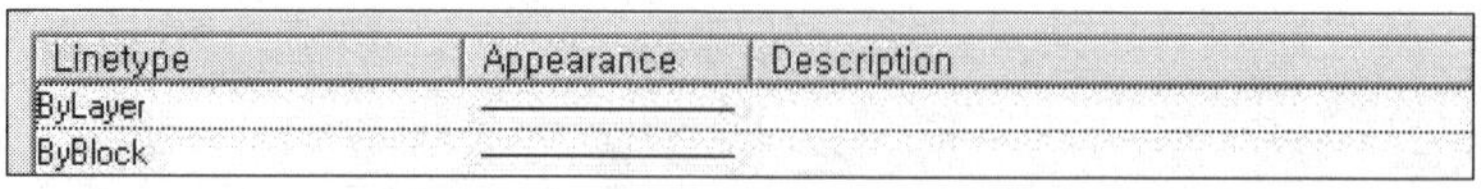

Linetype의 Bylayer와 Byblock

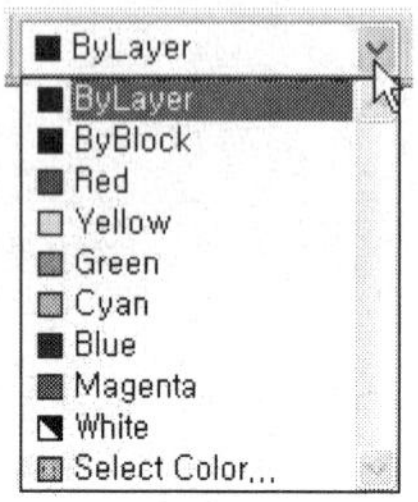

Color Control의 Bylayer와 Byblock

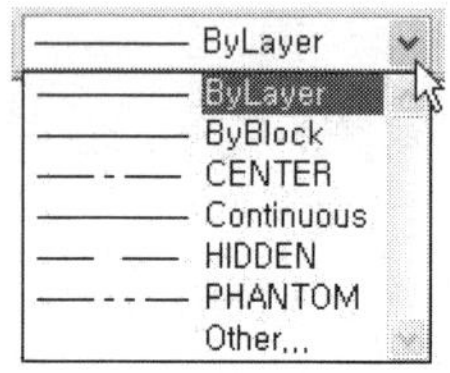

Line Control의 Bylayer와 Byblock

Lineweight의 Bylayer와 Byblock

Color의 Bylayer와 Byblock

Bylayer는 Layer에서 생성한 레이어에 의해 정의된 선의 유형, 색상, 두께에 따라 변경된다. 만약 사용자가 임의로 Bylayer 선의 유형이나 색상, 두께를 바꿔버리면 레이어별로 관리되는 특성이 깨지게 되어 레이어를 변경해도 선의 유형이나 색상, 두께가 레이어의 특성대로 바뀌지 않는다. 따라서 Linetype, Color, Lineweight에서 선의 유형이나 색상, 두께를 Bylayer로 지정해두어야만 한다.

Byblock은 Block 명령으로 블록에 정의된 선의 유형, 색상, 두께에 따라 변경된다. Bylayer와 마찬가지로 사용자가 임의로 선의 유형이나 색상, 두께를 바꾸지 말고 Bylayer로 지정해두어야만 한다.

Linetype, Color, Lineweight에서 선의 유형이나 색상, 두께를 Bylayer와 Byblock으로 지정해두면 Linetype Control와 Color Control에 레이어와 블록도면에 따라 그 특성들이 바뀌게 된다.

<table>
<tr><th></th><th>Bylayer</th><th>Byblock</th></tr>
<tr><td>공통점</td><td colspan="2">Block이 삽입될 때 삽입되는 도면의 Layer 이름과 같은 것이 없는 경우 새 도면에서는 Layer의 이름을 만들면서 삽입된다. Explode 될 때는 삽입될 때의 Layer와 관계없이 현재 Layer로 분해된다.</td></tr>
<tr><td>삽입될 때 같은 이름의 Layer가 있는 경우</td><td>같은 이름의 Layer 특성을 따라간다.</td><td>같은 이름의 Layer 특성을 따라가지 않는다.</td></tr>
<tr><td>삽입되는 Layer</td><td>현재의 작업 Layer에 영향을 받지 않는다.</td><td>현재의 작업 Layer의 특성을 따라간다.</td></tr>
</table>

Chapter 7

도면영역의 화면조정하기

AutoCAD에서의 도면작업은 도면용지에 도면을 그리는 것과는 달리 작은 화면(모니터)에서 작업을 하기 때문에 도면을 육안으로 구별하기가 쉽지 않다. 따라서 도면작업을 수월하게하려면 도면영역의 화면을 잘 조정할 수 있어야 한다. 화면조정의 명령들은 대부분 다른 명령을 사용하고 있는 중에도 사용이 가능한 투상명령이다. 이 장에서는 작성된 도면을 화면(도면영역)에서 확대/축소하고 도면을 화면의 임의의 위치로의 이동, 원/호의 해상도 조정, 화면정리와 도면 재생성의 방법 등에 대해 공부하기로 한다.

1. 도면 확대/축소하기
2. 화면 이동하기
3. 공중보기 창 열기
4. 화면의 해상도 설정하기
5. 선택된 객체 강조하기
6. 블립모드 활성화하기
7. 화면정리와 도면 재생성하기
8. 텍스트 창 열기

1. 도면 확대/축소하기

AutoCAD에서 작성된 도면의 대부분이 모니터의 크기보다 크기 때문에 도면영역에 나타난 도면을 육안으로 판독하기가 매우 어렵다. 따라서 도면의 특정부분만을 일정한 크기로 확대하거나 축소로 화면을 자유자재로 조정할 줄 알아야 도면을 잘 그릴 수 있다.

AutoCAD에서는 작성된 도면을 화면(도면영역)에서 확대/축소할 수 있도록 Zoom 명령을 제공하고 있다. 도면에 비해 객체들이 너무 작게 보이면 화면을 확대하고, 작업하던 중 다시 도면전체를 보려면 화면을 축소하면 된다.

입력방법

(키보드)	Command	Zoom 또는 Z Enter↵
(마우스)	Main menu	View > Zoom
	Screen menu	VIEW 1 > Zoom
	Icon menu	Standard Toolbar > (아이콘) 또는 View>Toolbars>Zoom

Zoom 명령을 실행하는 방법은 명령어 입력방법, 주 메뉴에 의한 방법, 스크린 메뉴에 의한 방법, 표준 도구막대의 아이콘을 이용하는 방법, 도구막대의 아이콘 생성에 의한 방법 모두 4가지 방법이 있다.

명령어 입력방법

Command: zoom Enter↵

Specify corner of window, enter a scale factor (nX or nXP), or

[All/Center/Dynamic/Extents/Previous/Scale/Window] <real time>: 옵션 또는 Enter↵ 입력

☞ Enter↵를 입력하면 화면에는 (아이콘)가 나오고, real time 옵션이 실행된다.

Press ESC or ENTER to exit, or right-click to display shortcut menu.

☞ real time 옵션이 실행된 경우 Esc를 취소되고, 마우스 오른쪽 버튼을 누르면 단축메뉴가 나온다.

주 메뉴와 스크린 메뉴에 의한 방법

주 메뉴(Main Menu)와 스크린 메뉴(Screen Menu)에서 View>Zoom과 VIEW 1>Zoom을 선택하면 다음과 같이 Zoom 명령을 실행할 수 있다.

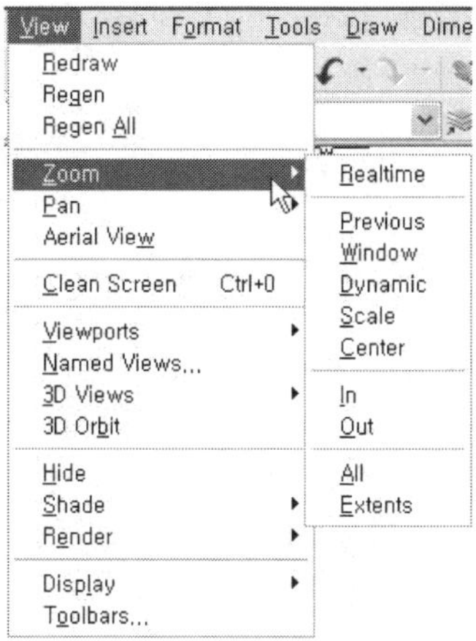

Main Menu에 의한 방법

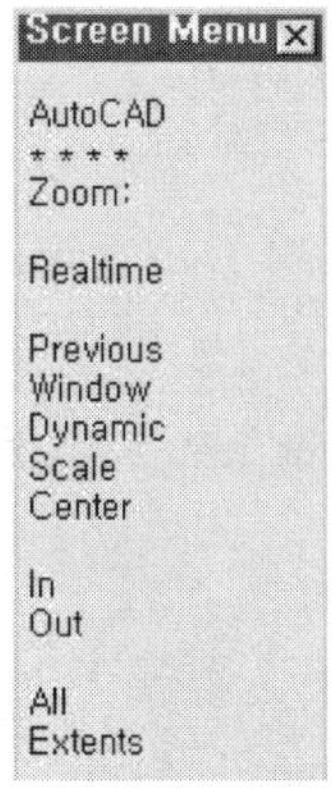

Screen Menu에 의한 방법

표준 도구막대의 아이콘을 이용하는 방법

표준 도구막대(Standard Toolbar)의 아이콘 에서 삼각형(◢)을 선택하거나, 주 메뉴(Main Menu)의 View>Toolbars에서 ☑Zoom을 선택하면 Zoom 명령을 실행할 수 있는 아이콘들이 나온다.

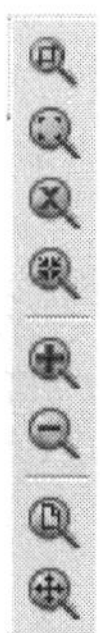

Icon of Standard Toolbar

Icon of View>Toolbars

Zoom 명령에서 옵션은 영문자 대문자만 입력하면 되고, 'In, Out' 옵션은 스크린 메뉴, 풀다운 메뉴나 아이콘에서만 실행이 가능하다. 그리고 Zoom은 실제 작성한 도면의 크기에는 변화가 없고 일정한 크기로 확대/축소하는 명령이다.

Zoom Option

■ (Scale Factor(nX or nXP))

Scale 옵션은 일정 배율만큼 도면을 확대/축소한다. 여기서 n은 숫자를 의미한다.

▶ scale factor(n) : 현재 화면 상태와 상관없이 원래(zoom all)상태를 기준으로 입력된 배율로 확대/축소한다.

따라하기 01 : scale factor 'n=숫자' 인 경우

Scale factor n=0.5로 정하고, 두 번 Scale 옵션을 이용할 경우 어떤 결과가 나오는지 살펴보자.

■ **Step 01 :** 아이콘을 선택하고, n=0.5를 입력한다.

Command: '_zoom
Specify corner of window, enter a scale factor (nX or nXP), or
[All/Center/Dynamic/Extents/Previous/Scale/Window] <real time>: _s
Enter a scale factor (nX or nXP): 0.5 Enter↵

■ **Step 02 :** 아이콘을 선택하고, n=0.5를 입력한다.

Command: '_zoom
Specify corner of window, enter a scale factor (nX or nXP), or
[All/Center/Dynamic/Extents/Previous/Scale/Window] <real time>: _s
Enter a scale factor (nX or nXP): 0.5 Enter↵

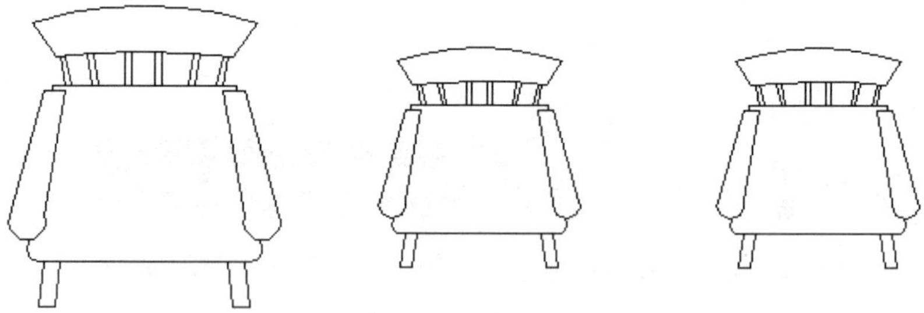

원래상태 (Zoom All 상태) | n=0.5 (Step 01) | n=0.5 (Step 02)

☞ 상기 결과로 알 수 있듯이 'n=숫자'일 경우, 원래(zoom all)상태를 기준으로 확대/축소가 이루지기 때문에 두 번 축소를 하였지만 변화가 없다.

▶ scale factor(nX) : 현재 화면상태를 기준으로 입력된 배율로 확대/축소한다. 예를 들어, 배율을 0.5라고 입력하면 1/2로 축소된다. 0.5로 입력하는 것보다는 0.5X로 입력하는 것이 바람직하다.

따라하기 02 : scale factor 'n=숫자X' 인 경우

Scale factor n=0.5X로 정하고, 두 번 Scale 옵션을 이용할 경우 어떤 결과가 나오는지 살펴보자.

■ **Step 01 :** 아이콘을 선택하고, n=0.5X를 입력한다.

Command: '_zoom
Specify corner of window, enter a scale factor (nX or nXP), or
[All/Center/Dynamic/Extents/Previous/Scale/Window] <real time>: _s
Enter a scale factor (nX or nXP): 0.5X Enter↵

■ **Step 02 :** 아이콘을 선택하고, n=0.5X를 입력한다.

Command: '_zoom
Specify corner of window, enter a scale factor (nX or nXP), or
[All/Center/Dynamic/Extents/Previous/Scale/Window] <real time>: _s
Enter a scale factor (nX or nXP): 0.5X Enter↵

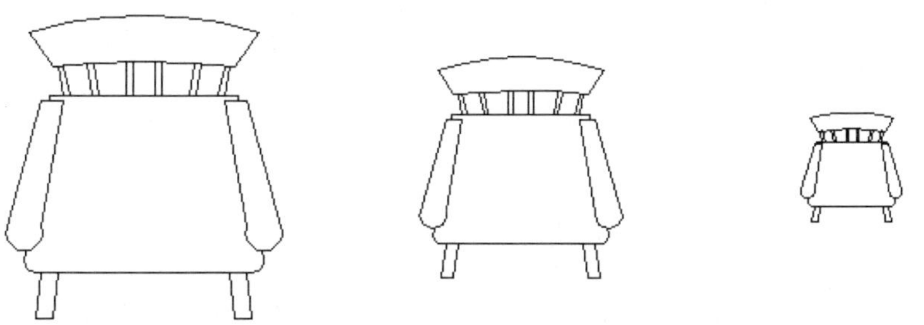

원래상태 (Zoom All 상태) | n=0.5X (Step 01) | n=0.5X (Step 02)

☞ 상기 결과로 알 수 있듯이 'n=숫자X'일 경우, 현재 화면상태를 기준으로 확대/축소가 이루지기 때문에 두 번째도 축소가 되었다.

▶ scale factor(nXP) : 종이영역에서 도면을 입력된 배율로 확대/축소한다. 예를 들어, 배율을 2XP라고 입력하면 모델영역의 도면을 종이영역의 배율에 맞춘다.

■ (All)

작성된 전체도면을 도면영역의 화면에 꽉 차게 보여주고, Limits 명령으로 도면용지의 크기를 설정한 뒤 새 도면영역을 AutoCAD에 인식시키는 작업을 하며, 도면영역밖에 그려진 도면까지도 화면에 나타나게 한다. Zoom 명령의 옵션을 아무리 많이 실행했어도

all 옵션을 실행하면 원래의 도면상태로 돌아가고, pan 명령을 실행하여 화면을 이동했을 때 all 옵션을 실행하면 원래의 도면상태로 되돌아간다.

따라하기 03 : Zoom〉All 옵션기능 알아보기

■ **Step 01 :** 도면용지의 크기가 A3(420×297)으로 설정돼있고, 작업도면이 A3 도면용지보다 클 때 all 옵션을 이용할 경우 어떤 결과가 나오는지 살펴보자.

아이콘을 선택하여 Zoom>All 옵션을 실행한다.

Command: '_zoom

Specify corner of window, enter a scale factor (nX or nXP), or

[All/Center/Dynamic/Extents/Previous/Scale/Window] <real time>: _all

☞ 작성된 도면을 화면에 꽉 차게 보여주고, 도면영역밖에 그려진 도면까지도 화면에 나타나게 한다.

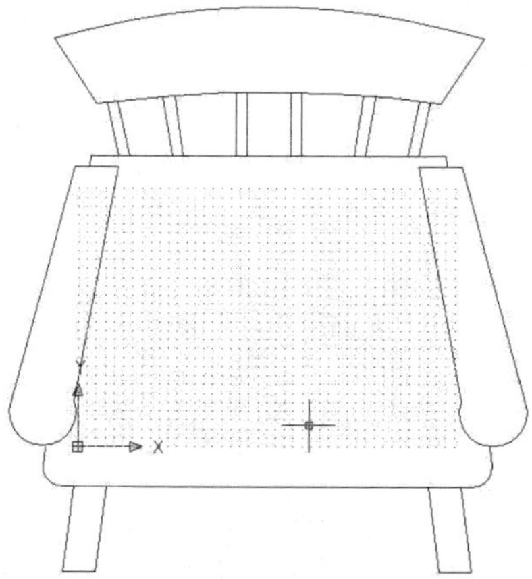

Zoom〉All 실행

■ **Step 02 :** Limits 명령으로 도면용지를 A3에서 A0(1189×841)으로 바꿀 때 'Step 01'의 도면이 어떻게 바뀌는 살펴보기로 한다.

▶ Main menu/format/Drawing Limits를 선택한다.

Command :_limits

Reset Model space limits:

Specify lower left corner or [ON/OFF] <0.0000,0.0000>: Enter↵

Specify upper right corner <420.0000,297.0000>: 1189,841 Enter↵

▶ 아이콘을 선택하여 Zoom〉all 옵션을 실행한다.

Command: '_zoom
Specify corner of window, enter a scale factor (nX or nXP), or
[All/Center/Dynamic/Extents/Previous/Scale/Window] <real time>: _all

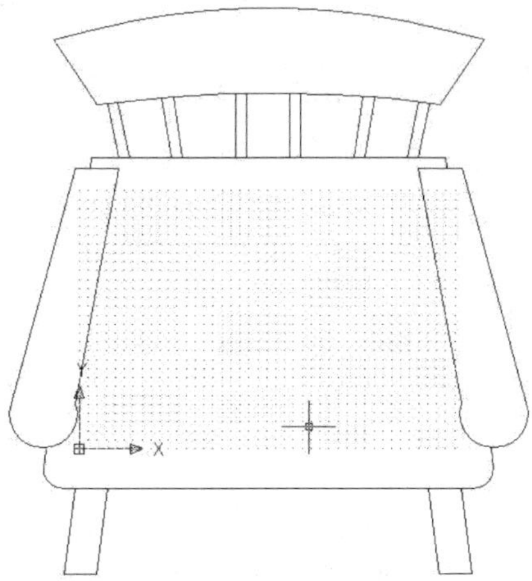

Limits 명령 실행 전

Limits 명령 실행 후
Zoom〉All 실행

☞ 위 두 그림에서 알 수 있듯이 도면용지(A0)에 따라 작성된 도면도 크기가 변함을 알 수 있고, 새 도면영역을 AutoCAD에 인식시키는 작업도 동시에 하게 된다.

- (Center)

도면 내의 특정 점(지정한 점)을 중심으로 하여 화면중앙에서 지정 높이의 영역 내의 도면만 확대하는 기능이다.

따라하기 04 : Zoom〉Center 옵션기능 알아보기

- **Step 01 :** 아이콘을 선택하여 Zoom> Center 옵션을 실행한다.

Command: '_zoom
Specify corner of window, enter a scale factor (nX or nXP), or
[All/Center/Dynamic/Extents/Previous/Scale/Window] <real time>: _c
Specify center point: ☞ P1점 선택
Enter magnification or height <1149.6136>: Enter↵

Specify center point	확대 표시할 영역의 중심점 좌표값
Enter magnification or height	확대 표시할 영역의 높이값

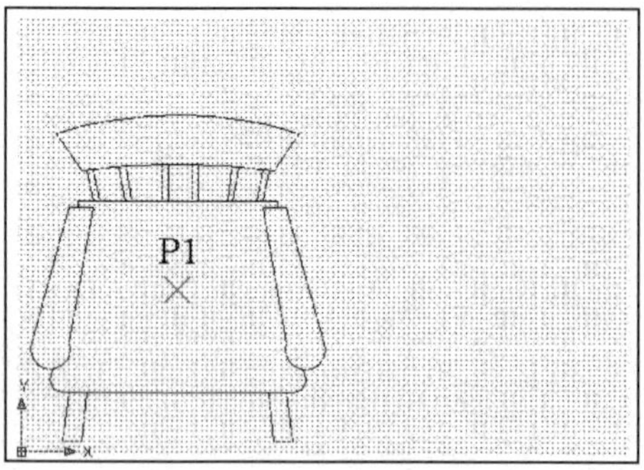

Zoom〉Center 실행 전

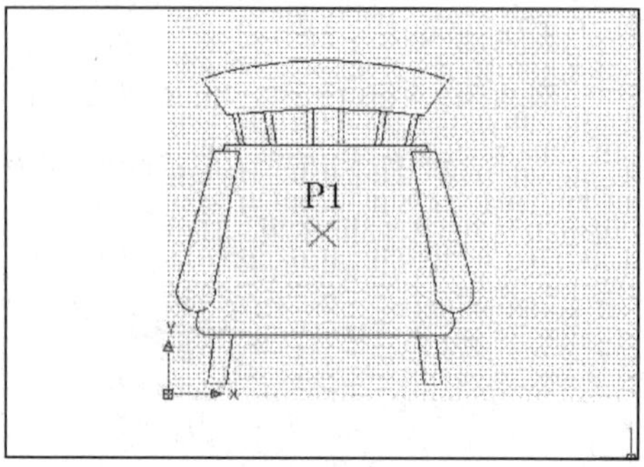

Zoom〉Center 실행 후

☞ 중심점(Center Point) 지정한 P1점이 화면의 중앙으로 이동한다.

■ (Dynamic)

전체도면을 보여주고 표시상자(View Box)로 지정된 도면의 특정부분만을 확대하는 기능이다. 이 옵션을 실행하면 화면에 녹색 점선 사각형과 파란색 점선 사각형, 검은색 사각형 이 나오는데, 녹색 점선 사각형은 표시상자의 윤곽을 나타내고 파란색 점선 사각형은 도면의 범위를 나타내며, 검은색 사각형은 마우스를 이용하여 확대할 위치와 확대 크기를 조정하는데 사용된다.

따라하기 05 : Zoom 〉 Dynamic 옵션기능 알아보기

■ **Step 01 :** 아이콘을 선택하여 Zoom>Dynamic 옵션을 실행한다.

Command: '_zoom

Specify corner of window, enter a scale factor (nX or nXP), or

[All/Center/Dynamic/Extents/Previous/Scale/Window] <real time>: _d

■ **Step 02 :** 옵션을 실행하면 일단 전체도면이 화면 안에 놓이게 되고, 화면에는 X자 표시가 된 검은색 표시상자가 마우스를 따라 움직이게 된다. 이때 마우스의 왼쪽 버튼을 한 번만 누르면 표시상자가 현 위치에 고정되면서 다음 그림과 같이 상자 안에 화살표가 나타난다. 그리고 다시 마우스를 움직이면 표시상자가 커졌다 작아졌다 한다.

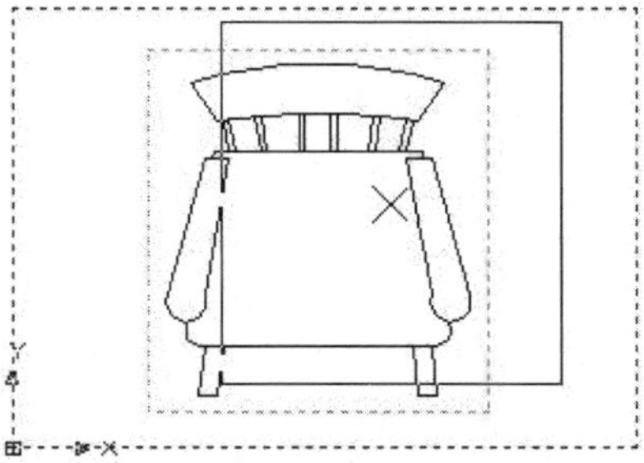

Step 01

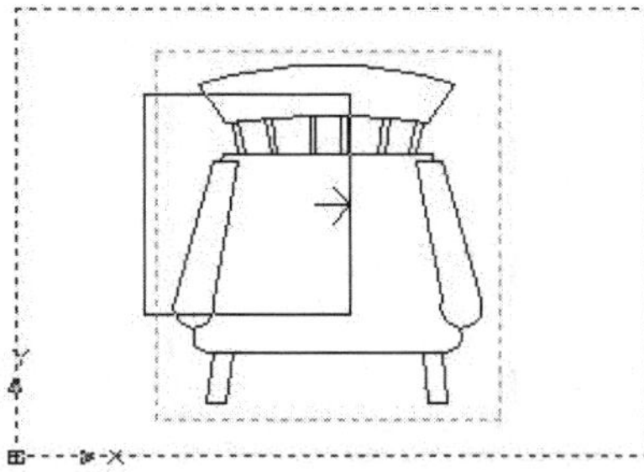

Step 02

- **Step 03 :** 표시상자를 표시할 영역의 크기만큼으로 조절한 뒤 마우스의 왼쪽 버튼을 누른다. 그러면 표시상자는 위 실행전의 그림과 같이 변경된다.
- **Step 04 :** 마우스를 이동시켜 확대하고자 하는 도면의 부분에 표시상자를 이동시킨 뒤 마우스의 오른쪽 버튼을 눌러 단축메뉴가 나오면 'Enter'를 선택한다. 다음 그림과 같이 선택된 부분만 확대된다.

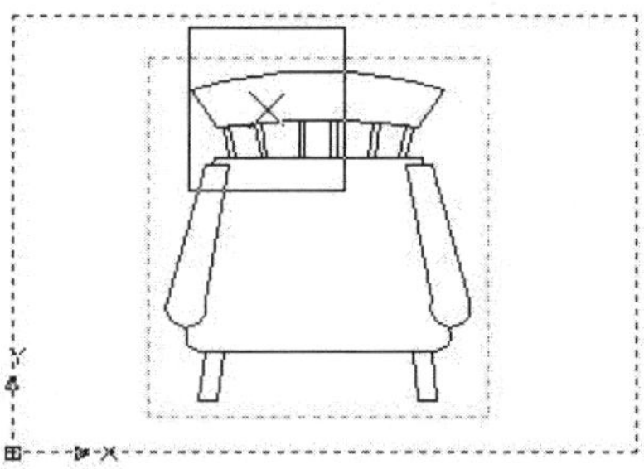

Step 03

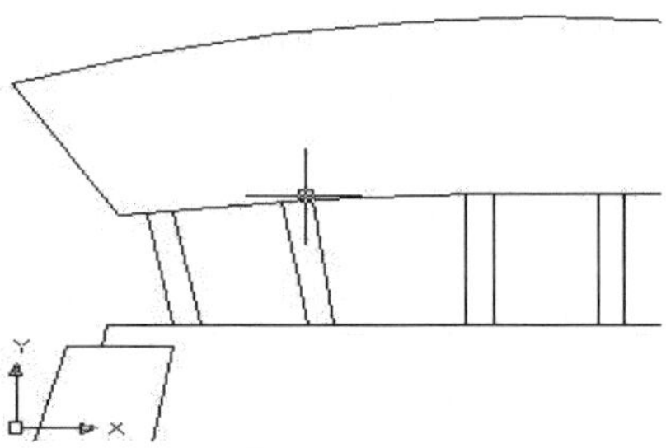

Step 04

- **(Extents)**

작성된 도면을 도면의 크기와 도면영역(Limits)에 아무 관계없이 일정한 비율로 화면에 꽉 차게 확대하는 기능이다.

따라하기 06 : Zoom〉Extents 옵션기능 알아보기

- **Step 01 :** 도면이 도면영역보다 작은 경우 아이콘을 선택하여 Zoom>Extents 옵션을 실행한다.

Command: '_zoom

Specify corner of window, enter a scale factor (nX or nXP), or

[All/Center/Dynamic/Extents/Previous/Scale/Window] <real time>: _e

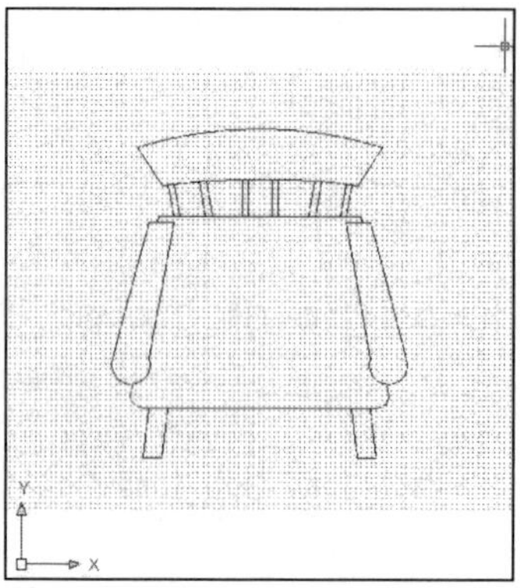

Zoom〉Extents 실행 전

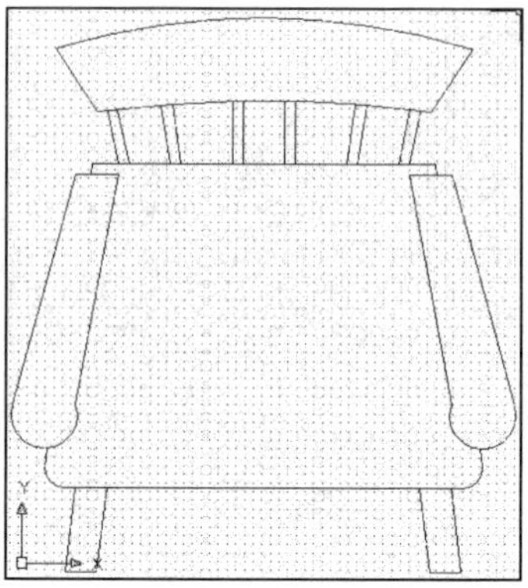

Zoom〉Extents 실행 후

- **Step 02 :** 도면이 도면영역보다 클 경우  아이콘을 선택하여 Zoom>Extents 옵션을 실행한다.

  Command: '_zoom

  Specify corner of window, enter a scale factor (nX or nXP), or

  [All/Center/Dynamic/Extents/Previous/Scale/Window] <real time>: _e

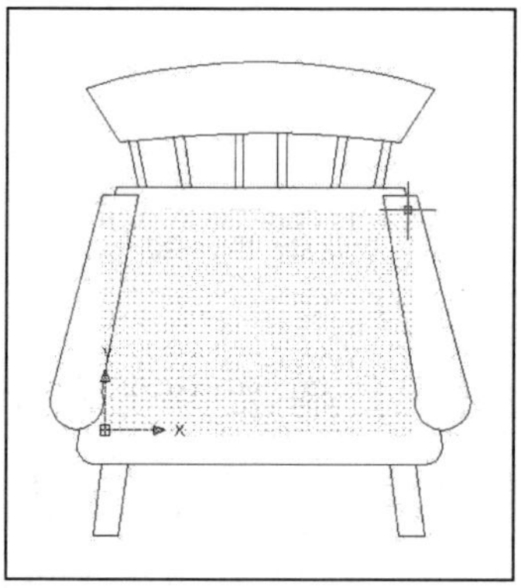

Zoom〉Extents 실행 전

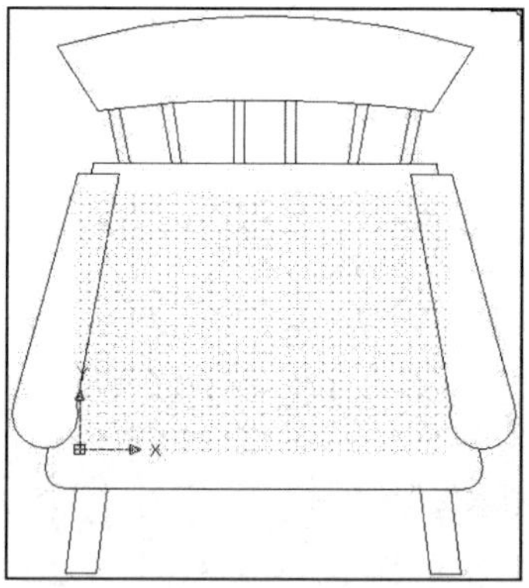

Zoom〉Extents 실행 후

-  (Previous)

도면을 확대/축소하기 이전의 상태로 돌아가는 기능이다. 이 옵션을 선택 입력할 때마다 앞서 실행한 Zoom 명령의 옵션을 한 단계씩 취소시킨다.

따라하기 07 : Zoom〉Previous 옵션기능 알아보기

Zoom>Dynamic에서 확대한 도면을 확대 이전의 상태로 되돌린다.

■ **Step 01 :** 아이콘을 선택하여 Zoom>Previous 옵션을 실행한다.

Command: '_zoom
Specify corner of window, enter a scale factor (nX or nXP), or
[All/Center/Dynamic/Extents/Previous/Scale/Window] <real time>: _p

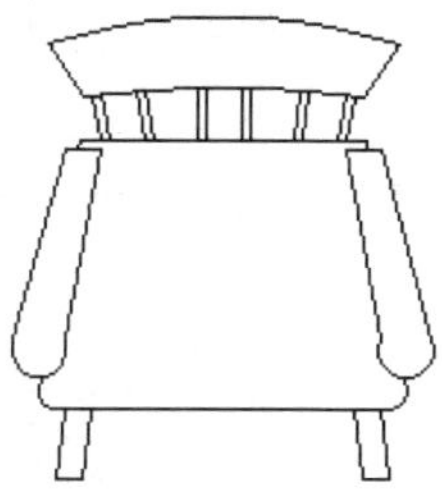

원래상태

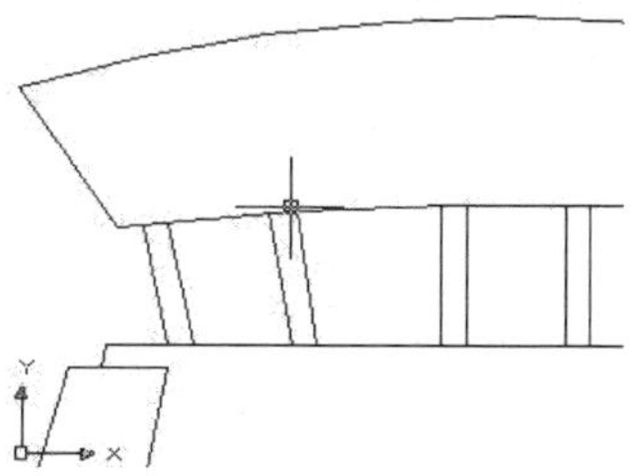

Zoom〈Dynamic 실행

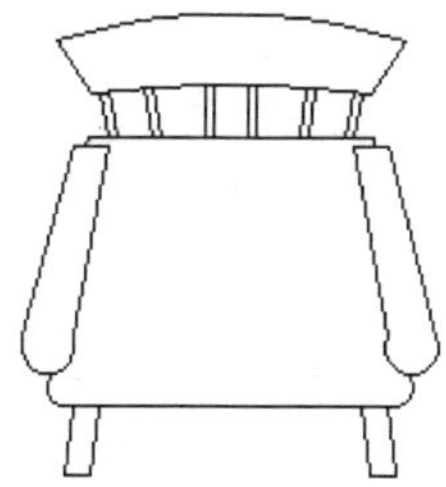

Zoom〈Previous 실행

■ (Window)

대각선 방향으로 두 점을 지정하면 선택상자가 생기고, 이 선택상자 안의 도면부분만 확대하는 기능이다. Zoom 명령의 옵션 중 가장 많이 이용되고, Zoom 명령을 실행 시킨 후 옵션을 선택하지 않고, 바로 두 점을 지정해도 Window 옵션이 바로 실행된다.

따라하기 08 : Zoom〉Window 옵션기능 알아보기

■ **Step 01 :** 아이콘을 선택하여 Zoom>Window 옵션을 실행한다.

Command: '_zoom
Specify corner of window, enter a scale factor (nX or nXP), or
[All/Center/Dynamic/Extents/Previous/Scale/Window] <real time>: _w
Specify first corner: ☞ P1 선택
Specify opposite corner: ☞ P2 선택

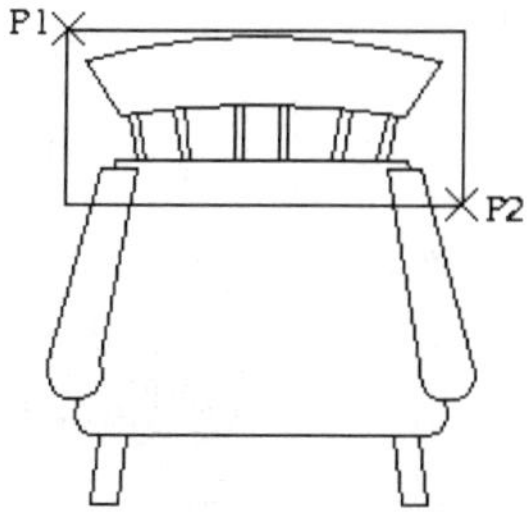

원래상태

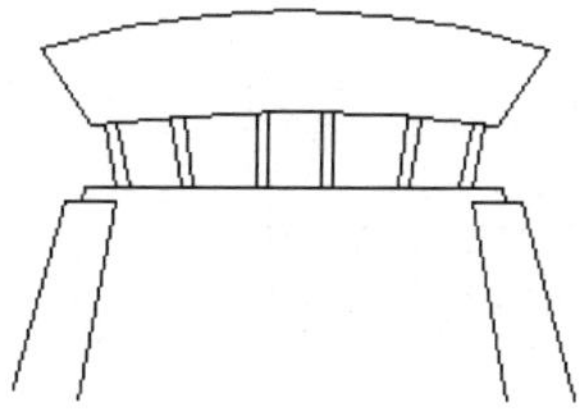

Zoom〈Window 실행

- (Realtime)

실시간으로 도면을 확대/축소하는 기능이다. 이 옵션을 선택하면 화면에는 모양의 마우스 포인터가 나오고, 마우스의 왼쪽 버튼을 누른 채 위쪽으로 이동하면 도면이 확대되고 아래쪽으로 옮기면 도면이 축소된다. 따라서 마우스의 이동으로 도면을 원하는 크기로 할 수 있다. 또한 별도의 zoom 명령 없이 마우스를 위아래로 움직여도 real time 옵션을 실행시킬 수 있다.

따라하기 09 : Zoom〉Realtime 옵션기능 알아보기

- **Step 01 :** 아이콘을 선택하여 Zoom> Realtime 옵션을 실행한다.

Command: '_zoom
Specify corner of window, enter a scale factor (nX or nXP), or
[All/Center/Dynamic/Extents/Previous/Scale/Window] <real time>:
Press ESC or ENTER to exit, or right-click to display shortcut menu.

☞ Zoom>Realtime 명령을 종료하려면 Esc나 Enter키를 누르고, 또는 마우스의 오른쪽 버튼을 누르면 다음과 같이 화면의 상태를 조절할 수 있는 단축메뉴가 나온다.

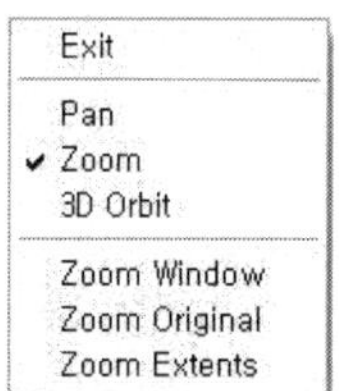

Shortcut Menu

실시간으로 Pan과 Zoom, 3D Orbit 명령을 사용할 수 있도록 해줌으로서 도면작업 중에 효율적으로 화면을 조정하여 도면작업을 빠르게 해준다.

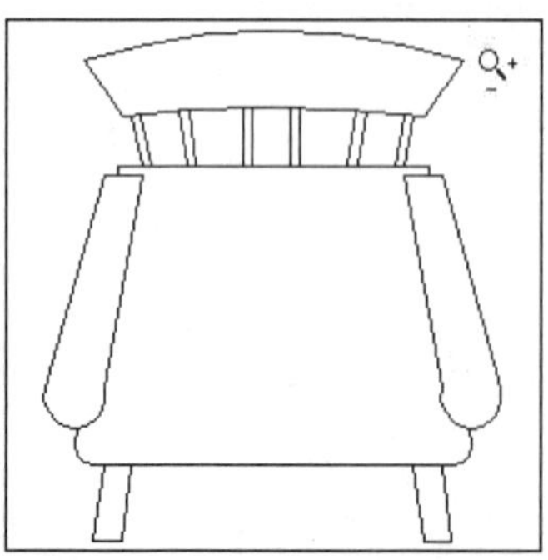

Zoom〈Realtime 확대

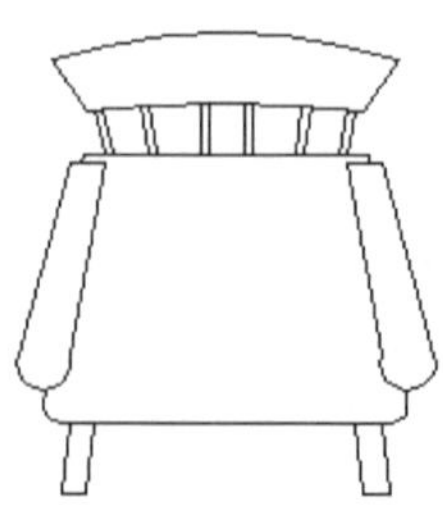

원래상태

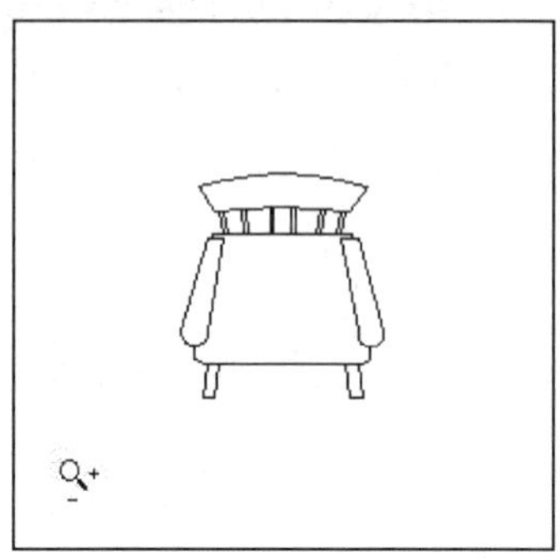

Zoom〈Realtime 축소

■ (In)

도면을 현재의 크기에서 2배로 확대한다.

■ (Out)

도면을 현재의 크기에서 0.5배로 축소한다.

2. 화면 이동하기

현재의 화면상태에서 임의 위치로 화면만 이동(Scroll)시키고 싶을 때, Zoom 명령의 일종인 Pan 명령을 이용하면 된다. 이 명령의 특징은 Move 명령과 달리 도면의 원래 위치(좌표)에는 변화가 없이 초점만 이동되는 것이고, 또 이 명령은 AutoCAD 윈도우에서 우측과 우측 하단의 스크롤바를 움직여 화면을 이동하는 것과 같다.

입력방법

	Command	Pan Enter
	Main menu	View > Pan
	Screen menu	VIEW 1 > Pan
	Icon menu	Standard Toolbar >

Main menu의 View>Pan 명령을 실행하는 경우

입력방법 중 Main Menu의 View/Pan을 선택하면 다음과 같이 Pan 명령의 옵션이 나온다.

■ Pan Option

▶ Realtime : 실시간으로 화면을 이동한다.

▶ Point : 두 점을 지정하여 화면을 이동한다. 하위 옵션이 나온다.

- Specify base point or displacement: 화면을 이동할 기준점 입력 Enter

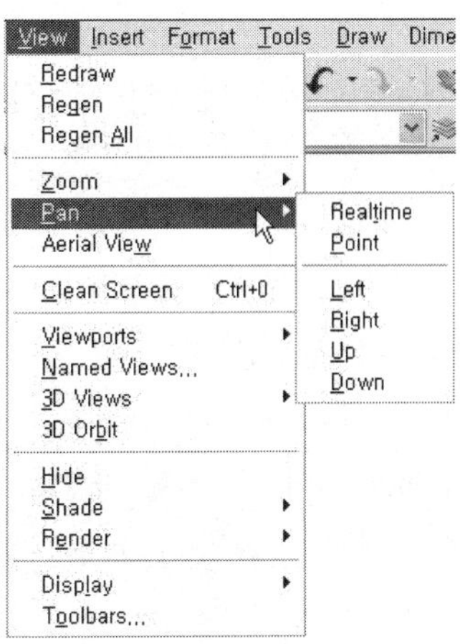

Option of Pan

- Specify second point: ☞ 화면의 이동점 입력 Enter↵

▶ Left : 화면이 왼쪽으로 이동한다.

▶ Right : 화면이 오른쪽으로 이동한다.

▶ Up : 화면이 위로 이동한다.

▶ Down : 화면이 아래로 이동한다.

마우스의 휠을 누를 경우

별도의 명령입력이나 아이콘 선택 없이 마우스의 휠을 누르면 Pan명령이 자동 실행된다. 화면에는 ✋ 모양의 마우스 포인터가 나오고, 마우스의 왼쪽 버튼을 누른 채 이동하면 화면이 실시간으로 이동시킬 수 있다.

Pan 명령을 명령어 영역에 입력하거나 Main Menu의 View>Pan>Realtime, Screen Menu의 View1>Pan, Standard Toolbar의 ✋을 선택하면 화면에는 ✋ 모양의 마우스 포인터가 나오고, 마우스의 왼쪽 버튼을 누른 채 이동하면 화면이 실시간으로 이동한다.

Command: Pan Enter↵
Press ESC or ENTER to exit, or right-click to display shortcut menu.

☞ Pan 명령을 종료하려면 Esc나 Enter↵키를 누르고, 또는 마우스의 오른쪽 버튼을 누르면 'Zoom>Realtime 옵션'에서와 같은 단축메뉴가 나온다. 단축메뉴의 내용은 'Zoom>Realtime 옵션'과 같고, 단축메뉴에서는 실시간 화면이동으로 대화식의 화면이동 기능을 제공한다.

3. 공중보기 창 열기

작업도면의 특정부분을 확대/축소하거나 화면을 이동할 때, Zoom이나 Pan 명령을 실행하지 않고도 별도의 도면보기 창으로부터 사용자가 도면의 원하는 부분에 대해 신속하게 확대/축소하거나 화면을 이동시킬 수 있다. 이러한 창을 공중보기 창(Aerial View Window)이라 한다. 공중보기 창은 Zoom>Dynamic 옵션을 기본으로 사용한다. 복잡한 도면일수록 사용하기 편리함을 느낄 수 있다.

입력방법

	Command	DsViewer Enter↵
	Main menu	View > Aerial View
	Screen menu	VIEW 1 > DsViewer

DsViewer 명령을 실행하면 도면영역에는 다음과 같이 Aerial View 공중보기 창이 나온다. 공중보기 창의 아이콘을 이용하면 도면의 특정부분을 실시간으로 확대/축소하거나 화면을 이동시킬 수 있다.

Aerial View Window의 메뉴

- **View** : 공중보기 창에 표시된 도면을 확대/축소한다.
  - ▶ Zoom In( ) : 공중보기 창에 표시된 도면을 2배 확대한다.
  - ▶ Zoom Out( ) : 공중보기 창에 표시된 도면을 0.5배 축소한다.
  - ▶ Global( ) : 공중보기 창에 작업도면의 모두를 표시한다.
- **Options** : 공중보기 창의 조건들을 설정한다.
  - ▶ Auto Viewport : 화면이 나누어진 경우, 'Aerial View' 윈도우의 제목줄을 선택하면 공중보기 창에 나타낸 현재 도면과 자동으로 일치시킨다.
  - ▶ Dynamic Update : 작업도면을 편집하는 동안 'Aerial View' 윈도우를 자동으로 업데이트한다.
  - ▶ Realtime Zoom : 실시간으로 줌을 사용한다.
- **Help** : 공중보기 창에 대한 도움말을 볼 수 있다.

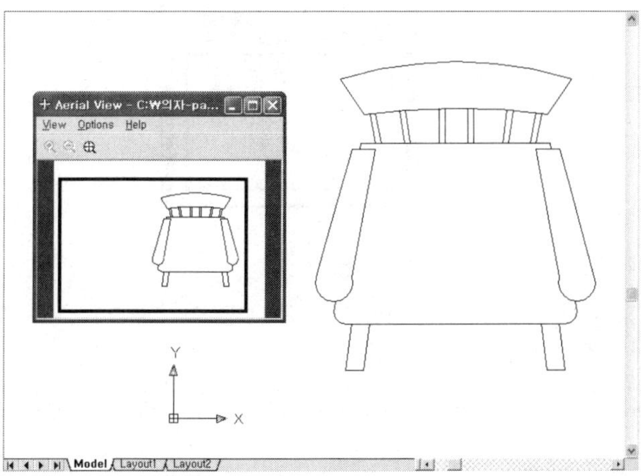

Aerial View

공중보기 창에서 검은색의 굵은 선과 함께 도면이 나타나고, 검은색의 굵은 선의 상자는 도면의 범위를 나타낸다.

따라하기 01 : 공중보기 창에서 도면 확대/축소하기

- **Step 01** : Main Menu>View>Aerial View를 선택하면, 공중보기 창이 나온다. 이때 마우스의 왼쪽 버튼을 누르면 아래 그림에서와 같이 표시상자가 나타난다.

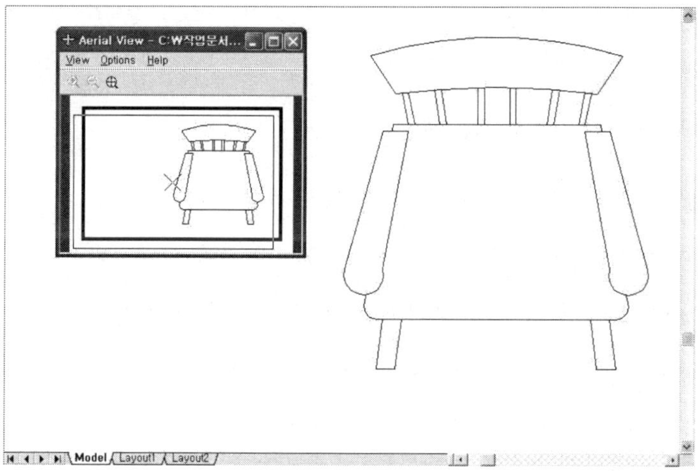

Step 01

- **Step 02** : Zoom>Dynamic 옵션을 실행했을 때와 같이 표시상자의 크기를 조절한 후 표시상자를 도면의 확대하고자하는 부분으로 이동시킨다. 아래 그림과 같이 표시상자 속에 포함된 부분의 도면이 확대되어 화면에 실시간으로 나타나게 된다.

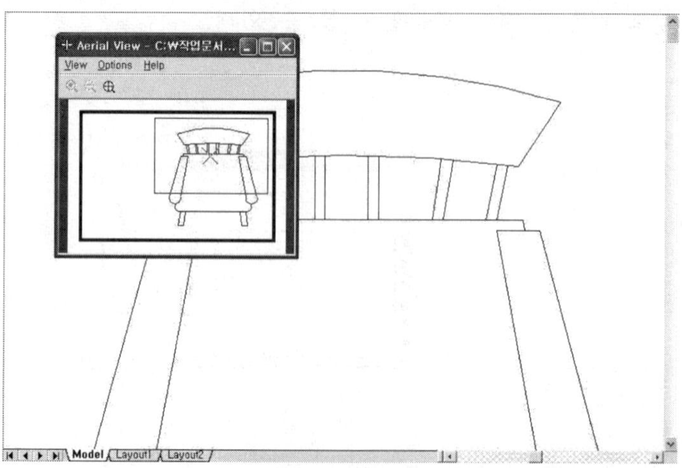

Step 02

■ **Step 03 :** 오른쪽 버튼을 누르면 선택된 부분만 확대된다.

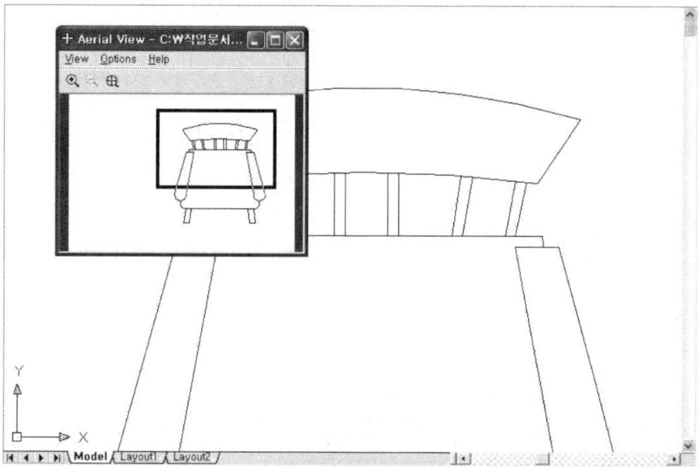

Step 03

4. 화면의 해상도 설정하기

Circle이나 Arc 명령으로 원이나 호를 그리고 Zoom 명령으로 확대를 해보면 원이나 호의 형태가 다각형의 형태로 보이게 된다. 이럴 경우 화면의 해상도(Viewres)를 조절하여 원이나 호의 형태를 원활하게 할 수 있다.

입력방법

	Command	Viewres [Enter↵]

Command: Viewres [Enter↵]

Do you want fast zooms? [Yes/No] <Y>: Y/N 입력 [Enter↵]

☞ 고속 줌을 원하면 Y, 아니면 N 입력한다.

Enter circle zoom percent (1-20000) <100>: 퍼센트 입력 [Enter↵]

☞ 화면의 해상도 1~20000%까지 조절할 수 있다.

화면의 해상도는 1~20000%까지 조절이 가능하다. 이 명령은 화면의 해상도를 조절할 뿐 실제 원이나 호의 형상에는 아무런 영향이 없으며, 해상도의 퍼센트가 너무 크면, Redraw나 Regen 명령을 실행할 때 화면이 너무 늦게 나타나는 단점이 있다.

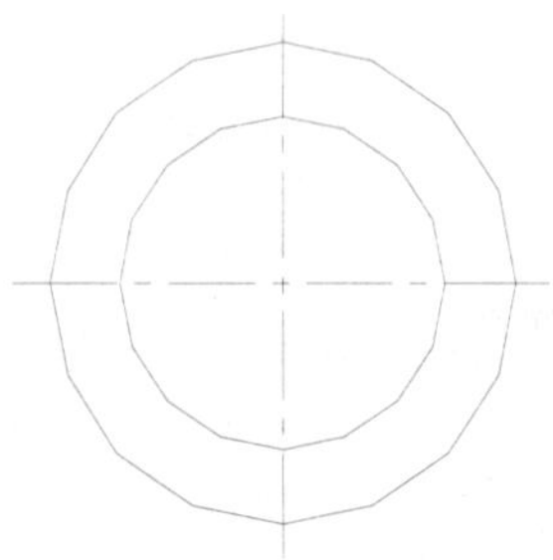

Viewres=20%

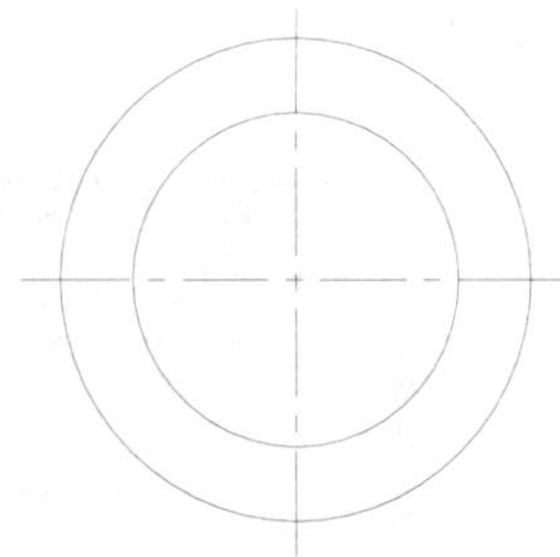

Viewres=200%

5. 선택된 객체 강조하기

작성된 도면 중 어떤 명령에 의해 객체가 선택될 때 선택된 객체가 점선으로 바뀌는 것을 하이라이트(Highlight)라고 한다. 하이라이트는 통상 LISP 프로그램에서 동작을 빠르게 하기위해 하여 제어한다.

입력방법

	Command	Highlight Enter↲

Command: highlight Enter↲

Enter new value for HIGHLIGHT <1>: 1 또는 0 입력 Enter↲

☞ 1 : On(강조모드), 0 : Off(강조모드 해제)

6. 블립모드 활성화하기

작업도면에서 점의 위치지정이나 객체를 선택할 때 위치가 지정되었고 선택되었음을 가시적으로 알려주기 위해 화면에 '+'의 점이 생긴다. 이러한 점을 블립(Blip=선택 점)이라고 하며, 화면에 블립의 표시여부를 제어할 수 있다. AutoCAD에서 초기값은 블립이 나타나지 않게 되어있다.

입력방법

	Command	Blipmode Enter↵

Command: blipmode Enter↵

Enter mode [ON/OFF] <OFF>: 옵션입력 Enter↵

Blipmode Option

- ON : 블립을 화면에 나타나게 한다.
- OFF : 블립을 화면에 나타나지 않게 한다.

7. 화면정리와 도면 재생성하기

7.1 화면정리하기

Blip 모드가 활성화 되었을 경우, 점의 입력이나 객체를 선택 또는 삭제하고 나면 블립이 화면상에 남게 되고, 블립으로 화면이 지저분하고 보기가 어려워진다. 이러한 블립을 제거하고 화면을 정리할 수 있으며, 실제 도면에는 아무런 영향을 주지 않는다.

입력방법

	Command	Redraw Enter↵
	Main menu	View > Redraw
	Screen menu	VIEW 1 > Redraw

7.2 도면 재생성하기

화면의 블립 제거뿐만 아니라 도면의 데이터베이스를 정리하여 도면을 재 생성시킬 수 있다. 앞서 설명한 바 있는 Circle이나 Arc 명령으로 원이나 호를 그리고 Zoom 명령으로 확대할 경우 원이나 호의 형태가 다각형의 형태로 보이는 것도 Viewres 명령을 실행하지 않아도 원이나 호의 형태를 원활하게 할 수 있다.

입력방법

	Command	Redgen Enter↵
	Main menu	View > Redgen
	Screen menu	VIEW 1 > Redgen

AutoCAD에서는 초기값이 Regen/Auto 상태이므로 이것을 Off시키면 Regen 필요시 Regen할 것인지 여부를 묻는다. Regen 명령은 모든 도면을 다시 그리기 때문에 많은 시간이 소요되고, Regen이 잦아지면 그 만큼 작업 능률이 떨어진다.

7.3 Redraw와 regen 명령의 차이점

AutoCAD는 화면상에 출력할 내용을 메모리 안에 벡터(Vector) 상태로 기억해 두었다가 빠른 속도로 화면상에 출력하며 따라서 거친 도면이 된다. 또한 도면을 포함한 그 이외의 부분을 디스크의 어느 부분에 두는데 이것이 AutoCAD용 데이터베이스이다. Redraw는 메모리 상에서 끄집어내는 것이고 Regen은 이 데이터베이스에서 꺼내서 벡터 상태로 만들어서 화면에 출력을 시키는 것이다. 따라서 Regen을 실행하면 모든 도면 요소를 다시 그리기 때문에 많은 시간이 소요되고, Regen이 잦아지면 그 만큼 작업 능률이 떨어진다.

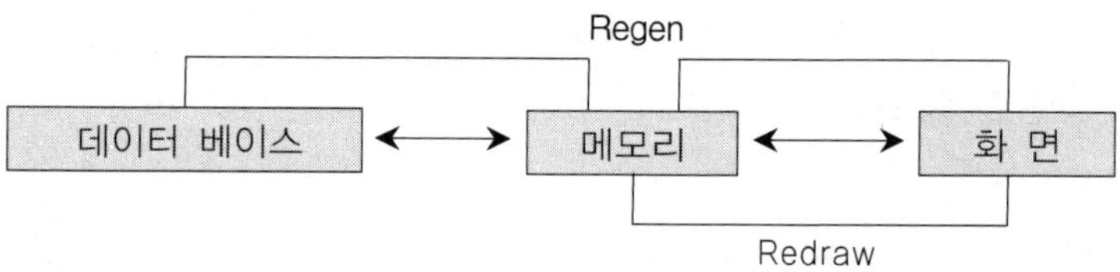

8. 텍스트 창 열기

AutoCAD의 윈도우에서 명령어 영역을 크게 보고 싶을 때 사용한다.

입력방법

	Command	Textscr Enter↵
	Main menu	View > Display > Text Window
	Screen menu	VIEW 2 > Textscr

Textscr 명령을 실행하면 'AutoCAD Text Window'의 창이 나온다. 창을 닫을 때에는 X를 선택하거나 명령어 영역에 Graphscr 명령을 입력하면 된다. Graphscr 명령은 그래픽 상태로 변환되는 것을 의미한다. 기능키 F2를 선택하면 Textscr 명령을 실행하는 것과 같다.

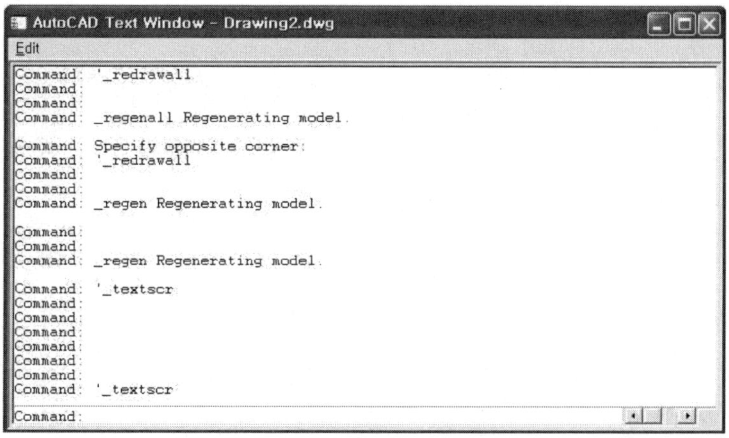

AutoCAD Text Window

Chapter 8

편집도구의 활용으로 도면 신속하게 그리기

아래 한글이나 MS word와 같은 문서작업에서 워드작업만 잘 한다고 해서 되는 것이 아니듯이 AutoCAD에서도 도면을 그리는 것만 잘 한다고 해서 되는 것이 아니다. 문서작업에서 편집을 잘해야만 문서작업도 빨라지고 모양새도 예뻐지듯이 AutoCAD에서의 도면 그리기도 마찬가지다. 만약 똑같은 원을 10개 그린다고 해보자. 10개의 원을 일일이 그리지 않고 1개의 원만 그리고 나머지 9개는 복사기에서 복사를 하듯이 복사를 하면 도면작업이 얼마나 빠르고 편리하겠는가? AutoCAD에서 객체(도면요소)의 편집을 얼마나 잘하느냐에 따라 도면을 신속하게 그릴 수 있고, AutoCAD를 얼마나 효과적으로 사용할 줄 아느냐를 갈음할 수 있다. 따라서 AutoCAD에서 편집은 그리는 것 이상으로 중요하다. 이 장에서는 편집도구막대를 활용하여 도면을 신속하게 그리는 방법을 공부해보도록 한다.

1. 도면 복사하기
2. 도면 배열하기
3. 도면 회전하기
4. 도면 대칭 복사하기
5. 도면 이동하기
6. 도면 확대/축소하기
7. 도면 신축/이동하기
8. 도면 연장하기
9. 도면 길이조정하기
10. 도면 모서리 잘라내기
11. 도면 모서리 둥글게 하기
12. 도면 등 간격으로 복사하기
13. 도면 잘라내기
14. 도면 부분삭제/분리하기

AutoCAD에서는 2가지 편집방식을 제공한다. 하나는 명령을 실행한 다음 편집할 객체를 선택하는 방법이고, 다른 하나는 도면요소를 먼저 선택한 다음 편집도구(편집명령)를 이용하는 것이다. 도면요소는 크게 선, 원, 호의 객체로 이루어져 있고, 이제부터 객체를 편집하는 명령들을 익혀보기로 한다.

편집명령을 사용하면 반드시 'Select objects:'라고 나온다. 편집명령에서는 편집할 대상을 어떻게 선택하느냐가 매우 중요하다. 앞장에서 배운 '객체선택하기'를 잘 활용해야 하고, 또한 정확한 도면을 그리려면 '객체스냅모드'를 잘 활용해야 한다.

1. 도면 복사하기

도면의 필요한 부분이나 전체를 선택하거나 또는 특정 도면만을 선택하여 복사(Copy)할 수 있으며, 다중 복사도 가능하다. Copy 명령은 원래의 도면은 이동시키지 않고 원하는 위치에 똑같은 도면을 한 번에 하나씩 복사하거나 한 번에 여러 개를 복사할 수 있다. 크기나 회전각을 바꿀 수는 없지만, 동일 형상의 부품을 중복으로 그릴 때 아주 유용하다.

입력방법

	Command	Copy Enter↵
	Main menu	Modify > Copy
	Screen menu	MODIFY 1 > Copy
	Icon menu	Modify Toolbar >

Command: copy Enter↵
Select objects: 복사할 객체(도면)선택 Enter↵
Select objects: 더 이상 선택할 객체가 없으면 Enter↵ 입력
Specify base point or displacement, or [Multiple]: 옵션입력 Enter↵
Specify second point of displacement or <use first point as displacement>:
복사할 위치(좌표값 또는 마우스로 지정)입력 Enter↵

Copy Option

- **Specify base point or displacement** : 복사할 기준점을 설정한다.

- **Multiple :** 선택한 객체를 다중 복사한다. 이 옵션을 선택하면 다음과 같이 하위옵션이 나오고, Enter↵를 입력하면 종료된다.
  - ▶ Specify base point:
  - ▶ Specify second point of displacement or 〈use first point as displacement〉:
  - ▶ Specify second point of displacement or 〈use first point as displacement〉:

따라하기 01 : 객체 단일 복사하기

수직선 L1을 그리고, 선 L1의 하단 끝부분이 원의 중심이 되도록 임의 크기 원을 그린다. 선 L1의 상단 끝이 원의 중심이 되도록 객체를 복사해보자.

- **Step 01 :** Draw Toolbar에서 Line 아이콘 을 선택하고 선을 그린다.

- **Step 02 :** Draw Toolbar에서 Circle 아이콘 을 선택하고 선 L1의 하단 끝을 중심으로 한 임의 크기의 원을 그린다.

  Command: _circle

  Osnap Mode의 end 아이콘 선택

  Specify center point for circle or [3P/2P/Ttr (tan tan radius)]: _endp of

  ☞ 선의 끝점을 찾아준다.

  Specify radius of circle or [Diameter] <68.9323>: ☞ 임의 크기의 원을 그린다.

- **Step 03 :** Modify Toolbar에서 Copy 아이콘 을 선택하고, 선 L1의 상단 끝이 원의 중심되도록 원을 복사한다.

  Command :_copy

  Select objects: 1 found ☞ 원 선택

  Select objects: Enter↵ ☞ 객체선택 종료

  Osnap Mode의 Center 아이콘 선택

  Specify base point or displacement, or [Multiple]: _cen of

  ☞ 기준점으로 P1점(원의 중심) 선택

  Osnap Mode의 End 아이콘 선택

  Specify second point of displacement or <use first point as displacement>:

  _endp of ☞ 복사할 위치를 P2점(선 L1의 상단 끝점) 선택

따라하기 02 : 객체 다중 복사하기

임의 크기의 원 2개를 그리고, 작은 원을 큰 원의 사분점과 중심에 다중 복사해보자. 이때 작은 원은 큰 원의 사분점인 270도를 중심으로 하여 그린다.

- **Step 01** : Draw Toolbar에서 Circle 아이콘 을 선택하고 큰 원을 그린다.

- **Step 02** : Draw Toolbar에서 Circle 아이콘 을 선택하고 작은 원을 그린다.

  Command: _circle

  Specify center point for circle or [3P/2P/Ttr (tan tan radius)]: _qua of

  ☞ P3점(원의 270° 사분점) 선택

  Specify radius of circle or [Diameter]: ☞ 임의 크기의 원을 그린다.

- **Step 03** : Modify Toolbar에서 Copy 아이콘 을 선택하고, 큰 원의 사분점과 중심이 작은 원의 중심되도록 원을 다중 복사한다.

  Command: _copy

  Select objects: 1 found ☞ 작은 원 선택

  Select objects: Enter↵ ☞ 객체선택 종료

  Specify base point or displacement, or [Multiple]:m Enter↵ ☞ 다중복사 옵션선택

  Osnap Mode의 Center 아이콘 선택

  Specify base point: _cen of ☞ 기준점으로 P3점(작은 원의 중심점) 선택

  Osnap Mode의 Quadrant 아이콘 선택

  Specify second point of displacement or <use first point as displacement>:
  _qua of ☞ 복사할 위치를 P4점(큰 원의 0° 사분점) 선택

  Specify second point of displacement or <use first point as displacement>:
  _qua of ☞ 복사할 위치를 P5점(큰 원의 90° 사분점) 선택

  Specify second point of displacement or <use first point as displacement>:
  _qua of ☞ 복사할 위치를 P6점(큰 원의 180° 사분점) 선택

  Osnap Mode의 Center 아이콘 선택

  Specify second point of displacement or <use first point as displacement>:
  _cen of ☞ 복사할 위치를 P7점(큰 원의 중심점) 선택

  Specify second point of displacement or <use first point as displacement>:
  Enter↵ ☞ 다중복사 종료

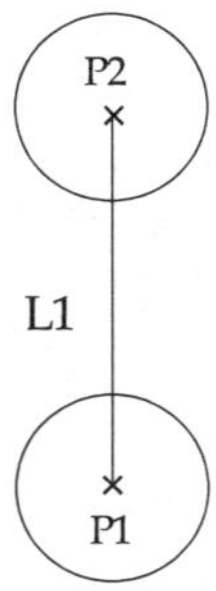

따라하기 01

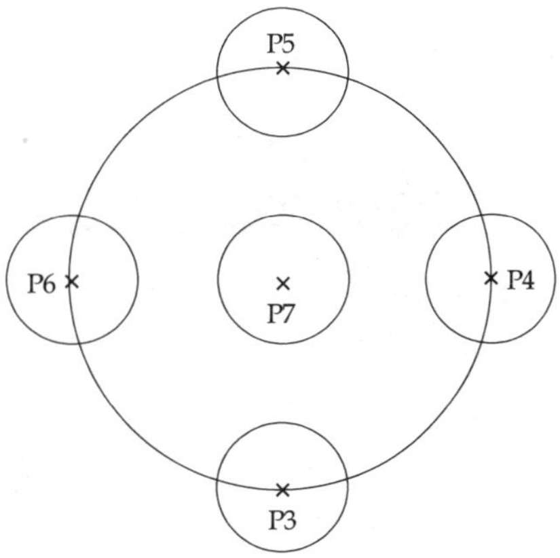

따라하기 02

2. 도면 배열하기

Copy 명령의 다중복사와 유사하게 선택된 도면을 일정한 형태로 즉, 사각배열 또는 원주배열로 같은 크기에 원하는 개수만큼 일정한 간격으로 배열(Array)할을 할 수 있다. 사각배열은 행(세로)과 열(가로)에 복사되어질 수를 지정하면 행과 열에 지정된 수만큼 복사되고, 원주배열은 원주의 중심점을 기준으로 지정한 수만큼 임의의 각도범위로 배열시킬 수 있다.

입력방법

(키보드)	Command	Array Enter↵
(마우스)	Main menu	Modify > Array
	Screen menu	MODIFY 1 > Array
	Icon menu	Modify Toolbar > (아이콘)

Command : array Enter↵

Array 명령을 실행하면 'Array' 대화상자가 나오고, 이 대화상자로부터 사각배열(Rectangular Array)과 원주배열(Polar Array)을 실행할 수 있다.

Rectangular Array

선택한 도면을 지정한 수만큼 복사하여 사각배열(행×열)을 행한다.

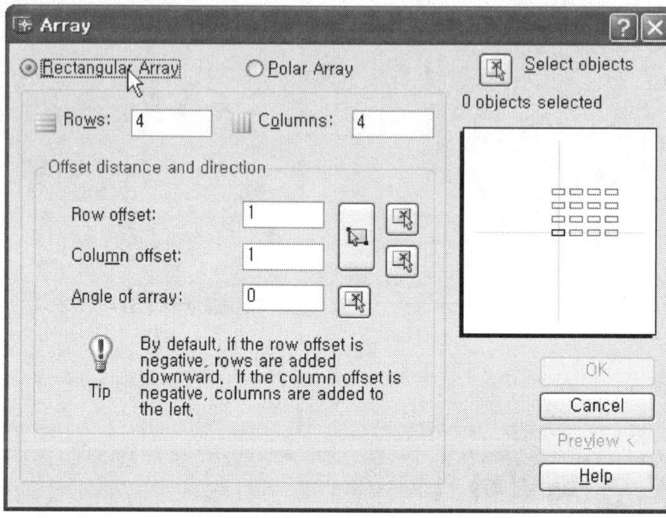

Rectangular array

- **Select Object** ( ) : 아이콘을 선택하면 명령어 영역에는 다음과 같은 메시지가 나온다. 이때 배열할 객체를 선택한다.

  Select objects : ☞ 배열할 객체선택

- **Rows** : 행 방향으로 배열할 객체의 개수를 지정한다.
- **Columns** : 열 방향으로 배열할 객체의 개수를 지정한다.
- **Offset distance and direction** : 행과 열 방향으로 배열되는 객체의 간격과 방향을 설정한다.

▶ Row offset ( ) : 행 방향으로 배열되는 객체의 간격을 설정한다. 아이콘을 선택하여 마우스로 간격을 설정해도 된다. 이 아이콘을 선택하면 명령어 영역에는 다음과 같은 메시지가 나온다.

Specify the distance between rows : ☞ 행 방향의 객체간격 첫 번째 점 지정
Second point: ☞ 행 방향의 객체간격 두 번째 점 지정

▶ Columns offset ( ) : 열 방향으로 배열되는 객체의 간격을 설정한다. 아이콘을 선택하여 마우스로 간격을 설정해도 된다. 이 아이콘을 선택하면 명령어 영역에는 다음과 같은 메시지가 나온다.

Specify the distance between rows : ☞ 열 방향의 객체간격 첫 번째 점 지정
Second point : ☞ 열 방향의 객체간격 두 번째 점 지정

▶ : 마우스로 행과 열 방향으로 배열되는 객체의 간격을 사각형으로 크기로 설정한다. 이 아이콘을 선택하면 명령어 영역에는 다음과 같은 메시지가 나온다.

Specify unit cell : ☞ 사각형 크기의 첫 번째 코너 지정

Other corner : ☞ 사각형 크기의 다른 쪽 코너 지정

▶ Angle of array ( ) : 사각배열에서 배열되는 객체의 각도를 설정한다. 아이콘을 선택하여 마우스로 각도를 설정해도 된다. 이 아이콘을 선택하면 명령어 영역에는 다음과 같은 메시지가 나온다.

Specify angle of array : ☞ 객체가 배열될 각도의 첫 번째 점 지정

Specify second point : ☞ 객체가 배열될 각도의 두 번째 점 지정

■ **PreView :** 배열형태를 미리보기 한다. 미리보기 창으로부터 확인할 수 있다. PreView 버튼을 선택하면 적용할 것인지 수정할 것인지를 물어보는 'Array' 대화상자가 또 하나 나온다. 이 대화상자에 만족스러우면 Accept 버튼을 누르고, 그렇지 않으면 Modify 버튼을 누른다. Accept 버튼을 누르면 Array 명령을 종료하고, Modify 버튼을 누르면 'Array' 대화상자 다시 나와 수정할 수 있도록 해준다.

적용여부 Array 대화상자

> **행과 열의 간격지정에 음(−)값의 의미?**
>
> 행과 열의 간격을 지정할 때 행과 열의 간격을 음(−)값으로 지정하면, 행은 선택한 도면의 아래 방향으로 배열되고 열은 선택한 도면의 왼쪽 방향으로 배열된다.

Polar Array

선택한 도면을 지정한 수만큼 복사하여 원주 상으로 원주배열을 행한다.

■ **Select Object ( ) :** 아이콘을 선택하면 명령어 영역에는 다음과 같은 메시지가 나온다. 이때 배열할 객체를 선택한다.

Select objects: ☞ 배열할 객체선택

■ **Center Point ( ) :** 원주배열의 중심점을 좌표값을 입력하거나 아이콘을 이용하여 설정한다. 아이콘을 선택하여 객체스냅모드를 이용하여 배열의 중심점을 찾으면 훨씬 편리하다. 이 아이콘을 선택하면 명령어 영역에는 다음과 같은 메시지가 나온다.

Specify center point of array: ☞ 객체스냅모드를 이용하여 배열의 중심점 지정

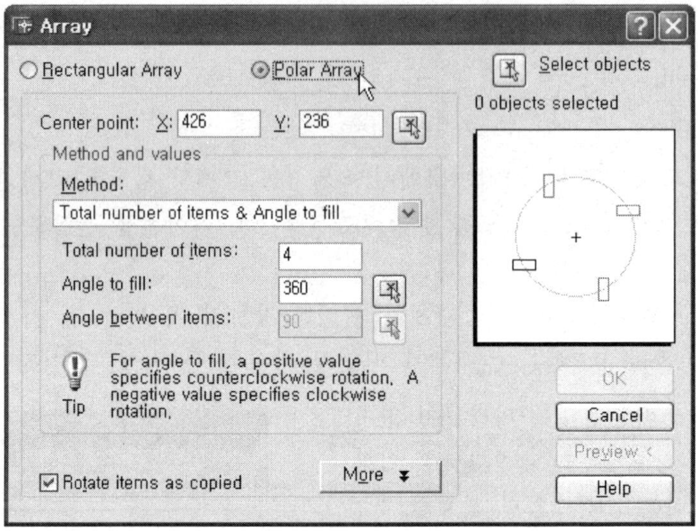

Polar Array

■ **Method and values**

▶ Method : 객체를 배열할 때 배열개수와 배열각도, 객체사이의 각도를 다음 3가지 방법으로 조정한다.

- Total Number of items & Angle to fill
- Total Number of items & Angle between items field
- Angle to fill & Angle between items field

▶ Total number of items : 배열할 객체의 개수를 지정한다.

▶ Angle to fill ( ) : 객체가 배열될 각도를 설정한다. 아이콘을 선택하여 마우스로 각도를 지정해도 된다. 이 아이콘을 선택하면 명령어 영역에는 다음과 같은 메시지가 나온다.

Specify the angle to fill: ☞ 객체가 배열될 각도설정

▶ Angle between items ( ) : 배열될 객체사이의 각도를 설정한다. 아이콘을 선택하여 마우스로 각도를 지정해도 된다. 이 아이콘을 선택하면 명령어 영역에는 다음과 같은 메시지가 나온다.

Specify the angle between items: ☞ 배열될 객체사이의 각도설정

■ **Rotate items as copied** : 배열될 객체를 원주상으로 복사할 것인지 여부를 묻는다.

■ **More/Less** : 원주배열의 추가옵션을 표시해준다. More 버튼을 선택하면 추가옵션이 표시되고, Less 버튼이 선택되면 추가옵션이 사라진다.

따라하기 01 : 사각배열로 의자 배열하기

두 테이블에 의자를 한 줄에 6개씩 두 줄로 사각 배열한다.

- **Step 01 :** Modify Toolbar에서 Array 아이콘 을 선택한다.
- **Step 02 :** 'Array' 대화상자에서 사각배열(Rectangular Array)을 지정한다. Select Object 아이콘 을 선택하고, 의자(객체)를 선택한다. 명령어 영역에는 다음과 같은 메시지가 나온다.

  Select objects: 1 found

  Select objects: Enter↵ ☞ 객체선택 종료
- **Step 03 :** 'Array' 대화상자에서 배열할 객체의 개수와 객체의 간격을 지정한다.

  Rows : 2 ☞ 행 방향의 객체개수

  Columns : 6 ☞ 열 방향의 객체개수

  Row offset : 35 ☞ 행 방향의 객체간격

  Columns offset : 80 ☞ 열 방향의 객체간격
- **Step 04 :** PreView 버튼을 눌러 미리보기를 하고, OK 버튼을 누른다.

원래상태

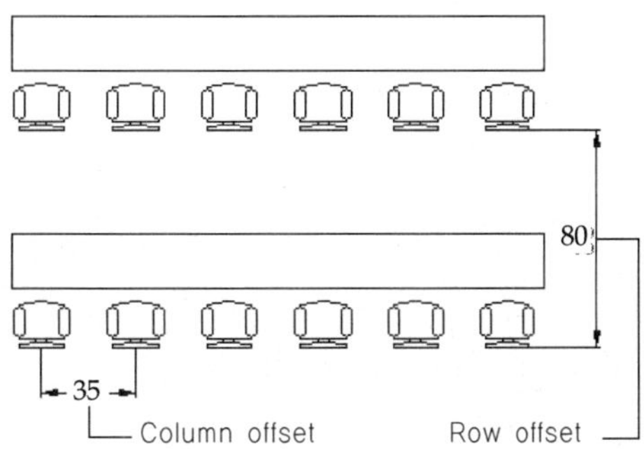

Array 실행 후

따라하기 02 : 원주배열로 의자 배열하기

원형 테이블에 의자 8개를 원주 배열한다.

- **Step 01 :** Modify Toolbar에서 Array 아이콘 을 선택한다.
- **Step 02 :** 'Array' 대화상자에서 원주배열(Polar Array)을 지정한다. Select Object 아이콘 을 선택하고, 의자(객체)를 선택한다. 명령어 영역에는 다음과 같은 메시지가 나온다.

Select objects: 1 found

Select objects: Enter↵ ☞ 객체선택 종료

■ **Step 03 :** 'Array' 대화상자에서 Center Point 아이콘 [아이콘]을 선택하여 원주배열의 중심점을 설정한다. 명령어 영역에는 다음과 같은 메시지가 나오고, 여시서 객체스냅의 Center 모드를 선택하여 중심점을 찾는다.

Osnap Mode의 Center ⊙ 아이콘 선택

Specify center point of array: _cen of ☞ P1점(원) 선택

■ **Step 04 :** 배열할 객체의 개수와 원주상으로 객체를 채울 각도를 지정한다.

Total number of items : 8 ☞ 객체개수

Angle to fill : 360 ☞ 객체를 채울 각도

■ **Step 05 :** PreView 버튼을 눌러 미리보기를 하고, OK 버튼을 누른다.

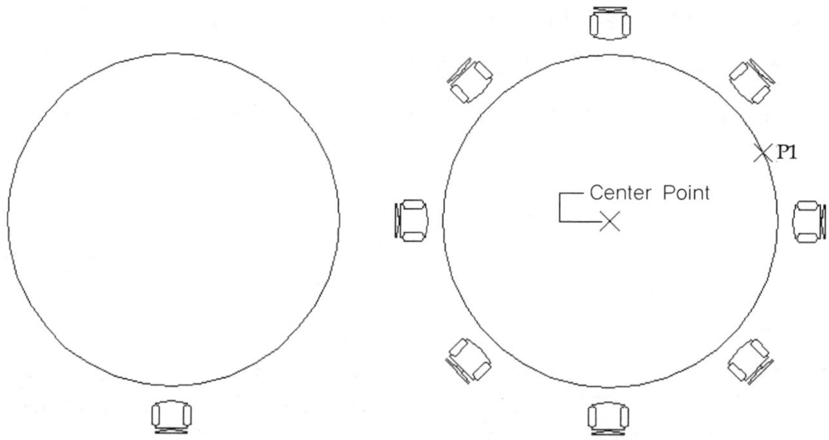

원래상태 Polar Array 실행 후

3. 도면 회전하기

선택한 도면을 기준 점으로부터 지정한 각도만큼 회전(Rotate)시킨다. 이때 회전각을 입력하거나 커서의 이동으로 회전 각도를 정하거나 기준 점에 대하여 원하는 각도를 입력해도 된다. 회전각도는 Angbase 시스템 변수에 영향을 받고, 기준 각도 0도를 사용자에 의해 변경할 수 있다. 회전방향은 Angdir 시스템 변수에 영향을 받고, 회전각도의 기준은 반시계방향이다.

입력방법

Keyboard	Command	Rotate Enter↵
Mouse	Main menu	Modify > Rotate
	Screen menu	MODIFY 2 > Rotate
	Icon menu	Modify Toolbar > ↻

Command: rotate Enter↵

Current positive angle in UCS: ANGDIR=counterclockwise ANGBASE=0

Select objects: 회전시킬 도면(객체)선택 Enter↵

Specify base point: 회전시킬 기준점 지정 Enter↵

Specify rotation angle or [Reference]: 회전각도 및 옵션입력 Enter↵

Rotate Option

■ **Reference**

현재 입력된 절대각도에서 새로 지정한 각도만큼 회전시킨다. 이 옵션을 입력하면 다음과 같은 하위옵션이 나온다.

▶ Specify the reference angle ⟨0⟩: 기준각도 지정

▶ Specify the new angle: 회전각도 지정

옵션입력에서 회전각도(Rotation Angle)와 기준각도(Reference)는 각도를 직접 입력하거나 커서를 드래그(Drag)시켜 입력해도 된다.

따라하기 01 : 회전각도 지정으로 도면 회전시키기

Modify Toolbar에서 Rotate 아이콘 ↻을 선택한다.

Command: _rotate

Current positive angle in UCS: ANGDIR=counterclockwise ANGBASE=0

Select objects: all Enter↵ ☞ 전체 도면선택

Select objects: 1 found

Select objects: Enter↵ ☞ 객체선택 종료

Osnap Mode의 End ⟋ 아이콘 선택

Specify base point: _endp of ☞ P1점 선택

Specify rotation angle or [Reference]: ☞ P2점 선택

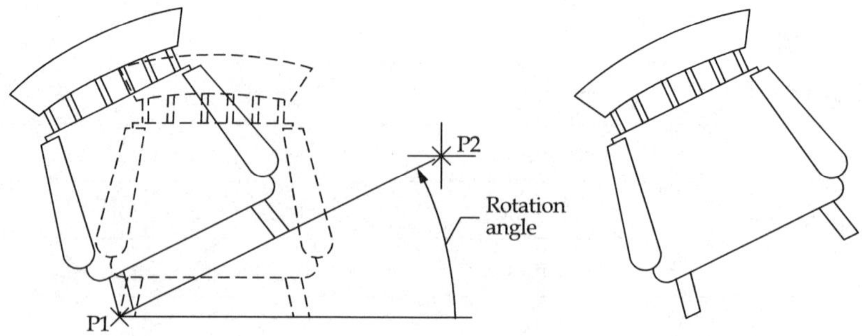

Rotate 실행 전　　　Rotate 실행 후

따라하기 02 : 기준각도 지정으로 도면 회전시키기

Modify Toolbar에서 rotate 아이콘 을 선택한다.

Command: _rotate

Current positive angle in UCS: ANGDIR=counterclockwise ANGBASE=0

Select objects: 1 found

Select objects: Enter ☞ 객체선택 종료

Osnap Mode의 mid 아이콘 선택

Specify base point: _mid of ☞ P1점 선택

Specify rotation angle or [Reference]: r Enter

Specify the reference angle <0>: 45 Enter ☞ 기준각도 지정 P2점

Specify the new angle: -45 Enter ☞ 회전각도 지정 P3점

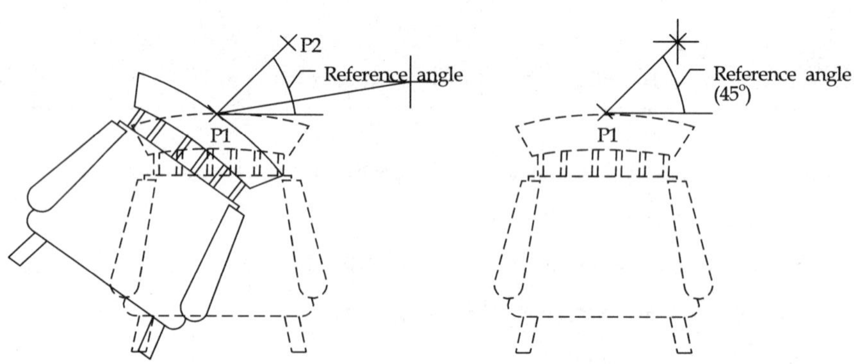

Rotate 실행 전
(Reference Angle=10° 일 때)

Rotate 실행 전
(Reference Angle=45° 일 때)

기준각도(Reference Angle)를 45°로 지정했기 때문에 위 오른쪽 그림과 같이 45°일 때가 의자 똑바로 서있는 상태가 된다.

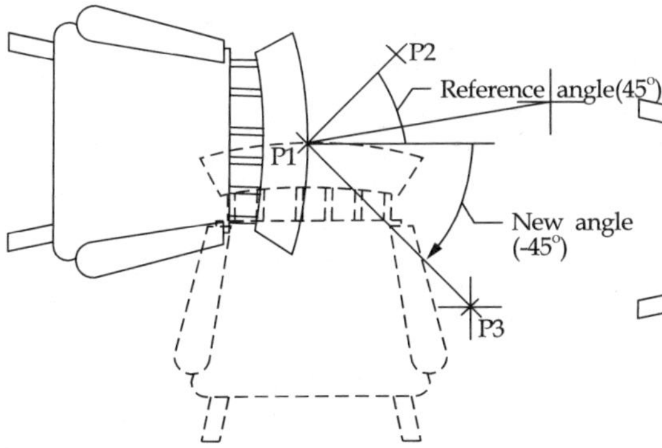

Rotate 실행 후
(New Angle=−45° 일 때의 위치)

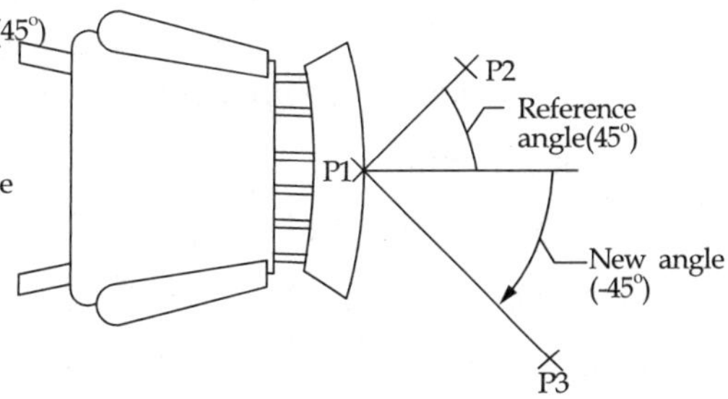

Rotate 실행 후
(New Angle=−45° 로 회전한 경우)

4. 도면 대칭 복사하기

선택한 도면을 거울에 물체를 비추듯이 지정한 거울선(기준 축)을 중심으로 상을 뒤집어 대칭복사(Mirror)할 수 있다. 대칭복사 후 Delete source Objects? 메시지로부터 원래 도면을 삭제 할 수 있으며, 거울 선은 임의의 각도를 가지는 직선이 된다. Mirror의 기능은 복사와 이동의 기능을 혼합한 것이다. 글자를 대칭 복사할 경우 Mirrtext 변수가 1이면 글자가 뒤집히고, 0이면 정상적인 글자로 대칭 복사된다.

입력방법

	Command	Mirror [Enter]
	Main menu	Modify > Mirror
	Screen menu	MODIFY 1 > Mirror
	Icon menu	Modify Toolbar >

Command: mirror [Enter]
Select objects: 대칭 복사할 도면(객체)선택 [Enter]
Specify first point of mirror Line: 거울선의 첫 번째 점 지정 [Enter]
Specify second point of mirror Line: 거울선의 두 번째 점 지정 [Enter]
Delete source Objects? [Yes/No] <N>: 원래 도면의 삭제여부 확인 [Enter]

☞ 원래 도면을 남겨놓으려면 N, 지우려면 Y 선택

따라하기 01 : 반 도면을 그리고, 도면 대칭복사하기

Modify Toolbar에서 Mirror 아이콘 을 선택한다.

Command: _mirror

Select objects: 8 found ☞ 점선부분만 선택

Select objects: Enter↵ ☞ 객체선택 종료

Osnap Mode의 End 아이콘 선택

Specify first point of mirror Line: _endp of ☞ P1점 선택

Osnap Mode의 End 아이콘 선택

Specify second point of mirror Line: _endp of ☞ P2점 선택

Delete source Objects? [Yes/No] <N>: Enter↵ ☞ 원래 도면 남겨둠

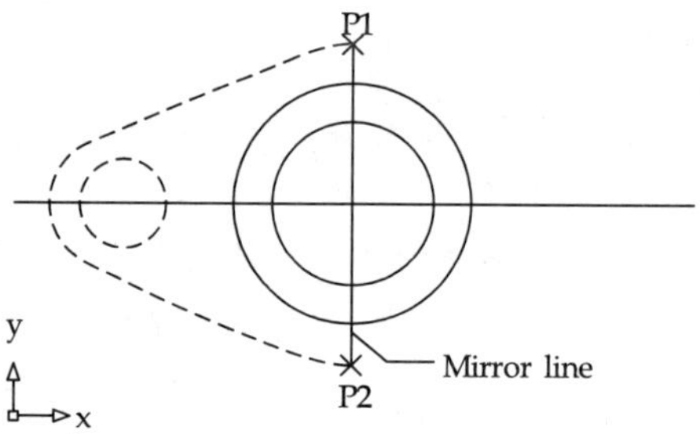

Mirror 실행 전

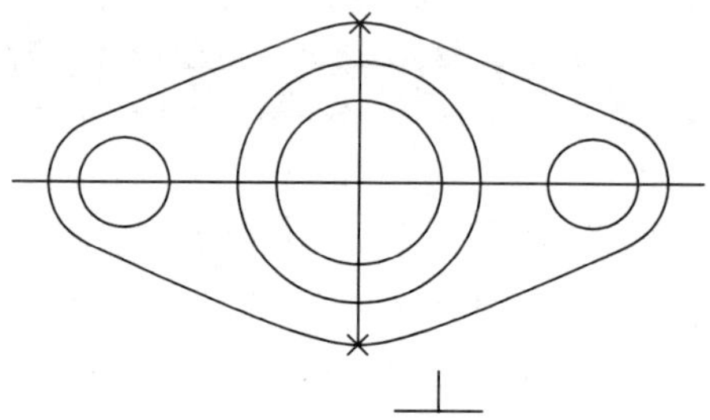

Mirror 실행 후

따라하기 02 : Mirrtext 변수를 이용한 문자 대칭복사하기

- **Step 01** : Mirrtext=1인 경우

Modify Toolbar에서 Mirror 아이콘 을 선택한다.

Command: _mirror

Select objects: 256 found

Select objects: Enter↵ ☞ 객체선택 종료

기능키 F8 또는 상태라인의 ORTHO 모드버튼을 누른다.

Specify first point of mirror Line: <Ortho on> ☞ P1점 선택

Specify second point of mirror Line: ☞ P2점 선택

Delete source Objects? [Yes/No] <N>: Enter↵ ☞ 원래 도면 남겨둠

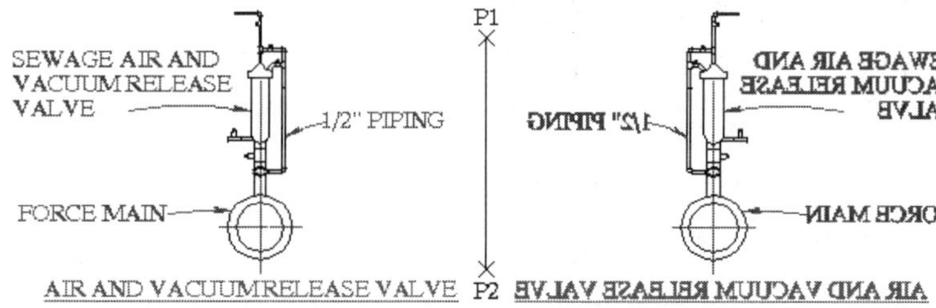

(Mirrtext=1인 경우)

Mirror 실행 전　　　　　　　Mirror 실행 후

- **Step 02 :** Mirrtext=0인 경우

  Command: mirrtext [Enter↵]

  Enter new value for MIRRTEXT <1>: 0 [Enter↵]

Modify Toolbar에서 Mirror 아이콘 을 선택한다.

  Command: _mirror

  Select objects: 256 found

  Select objects: [Enter↵] ☞ 객체선택 종료

  기능키 [Enter↵] 또는 상태라인의 ORTHO 모드버튼을 누른다.

  Specify first point of mirror Line: <Ortho on> ☞ P1점 선택

  Specify second point of mirror Line: ☞ P2점 선택

  Delete source Objects? [Yes/No] <N>: [Enter↵] ☞ 원래 도면 남겨둠

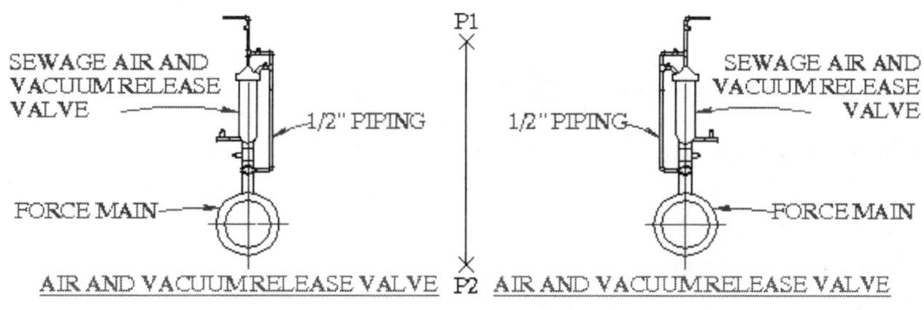

(Mirrtext=0인 경우)

Mirror 실행 전　　　　　　　Mirror 실행 후

5. 도면 이동하기

선택된 도면을 임의의 위치로 이동(Move)시킬 수 있다. Move 명령은 크기나 회전각 변화 없이 원하는 위치(3차원 공간상)로 이동시켜주며, 여러 개의 부품도면을 재배치할

때 아주 유용하게 이용된다. Copy 명령은 도면이 새로 복사 되지만, Move 명령은 도면을 움직여 이동시키는 것으로 좌표값 자체가 바뀐다.

입력방법

(Keyboard)	Command	Move Enter↵
(Mouse)	Main menu	Modify > Move
	Screen menu	MODIFY 2 > Move
	Icon menu	Modify Toolbar > ✥

Command: move Enter↵

Select objects: 이동할 도면(객체)선택 Enter↵

Specify base point or displacement: 이동할 기준점 지정 Enter↵

Specify second point of displacement or <use first point as displacement>:

기준점으로부터 이동할 위치지정 Enter↵

따라하기 01 : 도면 이동하기

욕실의 욕조("A")는 P1점에서 P2점으로 옮기고, 세면대("B")는 P3점에서 P4점으로 각각 이동한다.

- **Step 01 :** 욕조("A")를 P1점에서 P2점으로 옮긴다.

Modify Toolbar에서 Move 아이콘 ✥을 선택한다.

Command: _move

Select objects: 1 found

Select objects: Enter↵ ☞ 객체선택 종료

Osnap Mode의 End 아이콘 선택

Specify base point or displacement: _endp of ☞ P1점 선택

Osnap Mode의 End 아이콘 선택

Specify second point of displacement or <use first point as displacement>:

_endp of ☞ P2점 선택

- **Step 02 :** 세면대 "B"를 P3점(세면대 중심점)에서 P4점(욕실 가운데)으로 옮긴다.

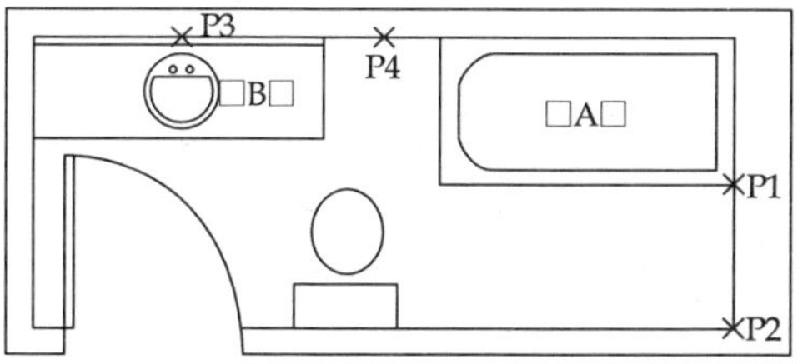

Move 실행 전

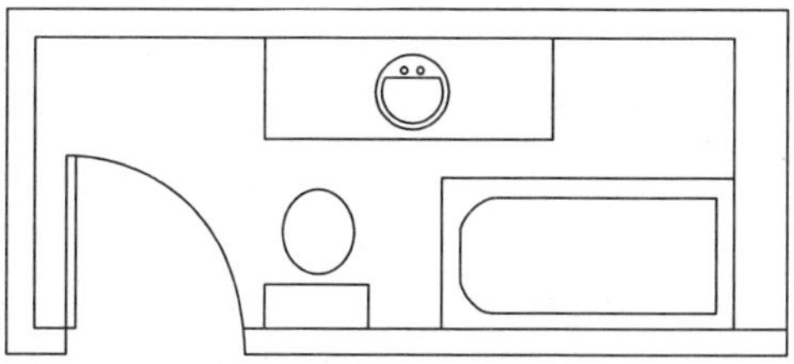

Move 실행 후

Dragmode란?

Copy나 Move와 같은 편집도구의 명령을 이용할 때 도면(객체)을 선택하고 마우스를 드래그(Drag=이동)이면 도면(객체)이 따라다니게 되는데, 이러한 기능의 활성화 여부를 조정하는 모드이다.

Command: dragmode Enter↵

Enter new value [ON/OFF/Auto] 〈Auto〉: 옵션입력 Enter↵

Dragmode Option

- ON : 드래그 모드를 항상 활성화한다.
- OFF : 드래그 모드를 비 활성화한다.
- Auto : 드래그 모드를 자동으로 활성화한다.

6. 도면 확대/축소하기

선택한 도면을 일정한 배율로 확대/축소하는 것을 척도(Scale)라고 한다. KS B0001의 제도통칙에 의하면 도면의 척도는 다음과 같이 규정하고 있다. AutoCAD에서 척도는 1보다 큰 값이 입력되면 도면이 확대되고, 1보다 작은 값이 입력되면 도면이 축소된다. Scale 명령과 Zoom 명령의 차이점은 Scale은 도면의 치수 자체가 확대/축소되는 것이고, Zoom은 도면의 치수에는 관계없이 화면상에서만 확대/축소되는 것이다.

도면의 척도(KS B0001)

척도의 종류	척 도 값
축 척	1:2, 1:5, 1:10, 1:20, 1:50, 1:100, 1:200
현 척	1:1
배 척	2:1, 5:1, 10:1, 20:1, 50:1

입력방법

(키보드)	Command	Scale Enter↵
(마우스)	Main menu	Modify > Scale
	Screen menu	MODIFY 2 > Scale
	Icon menu	Modify Toolbar > (아이콘)

Command: scale Enter↵
Select objects: 확대/축소할 도면(객체)선택 Enter↵
Specify base point: 확대/축소의 기준점 지정 Enter↵
Specify scale factor or [Reference]: 옵션입력 Enter↵

Scale Option

■ **Scale Factor**

지정된 배율만큼으로 도면을 확대/축소한다.

Scale Factor의 값은 도면의 크기를 몇 번 조정했더라도 다시 조정하게 되면 현재의 크기를 1로 보고 크기가 조정된다. 따라서 현재의 크기에 1/2배로 축소하고 싶으면 0.5를, 2배 크게 하고 싶으면 2를 입력한다.

■ **Reference**

선택한 도면의 길이를 참조할 기준 길이로 정하고 새 길이와 비교하여 확대/축소한다. 이 옵션을 입력하면 다음과 같은 하위옵션이 나온다.

▶ Specify reference length ⟨1⟩: 기준길이 지정 Enter↵
▶ Specify new length: 새 길이 지정 Enter↵

도면(객체)의 길이를 모르는 경우 현재의 도면을 1과 같은 특정 값으로 가정하여 새로운 길이를 입력하는 방법이다. 만약 기준 길이가 1일 때 새 길이를 2로 입력하면 2배로 확대한다는 의미이고 0.2면 20%로 축소한다는 의미이다.

따라하기 01 : 도면 확대/축소하기

안전밸브의 도면배율을 0.5, 2로 지정하고 확대/축소한다.

■ **Step 01** : 0.5배로 축소한다.

Modify Toolbar에서 Scale 아이콘 (아이콘)을 선택한다.

Command: _scale
Select objects: 1 found

Select objects: Enter↲ ☞ 객체선택 종료

Osnap Mode의 Intersection 아이콘 선택

Specify base point: _int of ☞ 안전밸브의 가운데 점 선택

Specify scale factor or [Reference]: 0.5 Enter↲ ☞ 척도입력

■ **Step 02** : 2배로 확대한다.

Modify Toolbar에서 Scale 아이콘 을 선택한다.

Command: _scale

Select objects: 1 found

Select objects: Enter↲ ☞ 객체선택 종료

Osnap Mode의 Intersection 아이콘 선택

Specify base point: _int of ☞ 안전밸브의 가운데 점 선택

Specify scale factor or [Reference]: 2 Enter↲ ☞ 척도입력

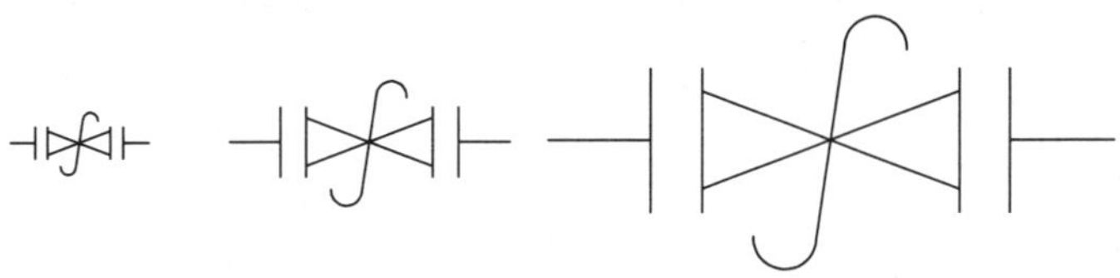

0.5배 축소　원래상태　2배 확대

7. 도면 신축/이동하기

AutoCAD에서는 도면의 상태를 그대로 유지하면서 선택된 객체(선, 호, 솔리드, 폴리라인 등)의 각 정점 및 꼭지 점을 이동시켜 고무줄처럼 늘이거나 줄일 수 있다. 이와 같이 객체를 신축/이동(Stretch)명령은 도면을 편집/수정할 때 아주 유용하게 사용된다.

입력방법

(키보드)	Command	Stretch Enter↲
(마우스)	Main menu	Modify > Stretch
	Screen menu	MODIFY 2 > Stretch
	Icon menu	Modify Toolbar >

Command: stretch Enter↲

Select objects to stretch by crossing-window or crossing-polygon...

Select objects: crossing-window 또는 cp-wp로 신축/이동할 도면(객체)선택 Enter↲

Specify base point or displacement: 신축/이동할 기준점 지정 Enter↵
Specify second point of displacement or <use first point as displacement>:
☞ 기준 점으로부터 신축/이동할 위치지정 Enter↵

> **Stretch 명령에서 객체선택방식에 따른 신축과 이동…**
>
> Stretch 명령에서 도면(객체)선택은 반드시 window, wp, crossing, cp 방식으로 선택해야만 사용이 가능하고, 이외의 선택 방법을 사용하면 명령이 종료된다. 객체선택을 window와 wp로 하면 이동기능을 하게 되고, crossing과 cp로 하면 신축기능을 하게 된다.

따라하기 : 신축/이동기능으로 도면 수정하기

침실을 임의 크기만큼 폭을 늘리고, 창문 A를 거실 폭의 가운데로 이동한다.

■ **Step 01 :** 객체선택에서 Crossing 방식을 이용하여 침실을 늘린다.

Modify Toolbar에서 Stretch 아이콘 을 선택한다.

Command: _stretch
Select objects to stretch by crossing-window or crossing-polygon...
Select objects: c Enter↵ ☞ Crossing 방식
Specify first corner: ☞ P1점 선택
Specify opposite corner: 11 found ☞ P2점 선택
Select objects: Enter↵ ☞ 객체선택 종료
Osnap Mode의 Mid 아이콘 선택
Specify base point or displacement: _mid of ☞ P3점 선택

기능키 Enter↵ 또는 상태라인의 **ORTHO** 모드버튼을 누른다.

Specify second point of displacement or <use first point as displacement>:
<Ortho on> ☞ P4점 선택

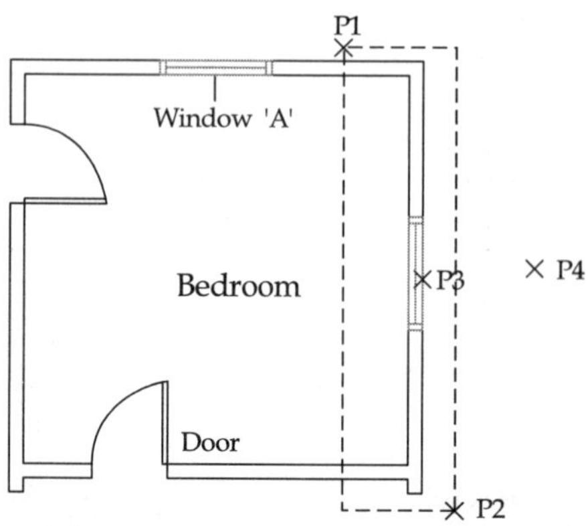

원래상태

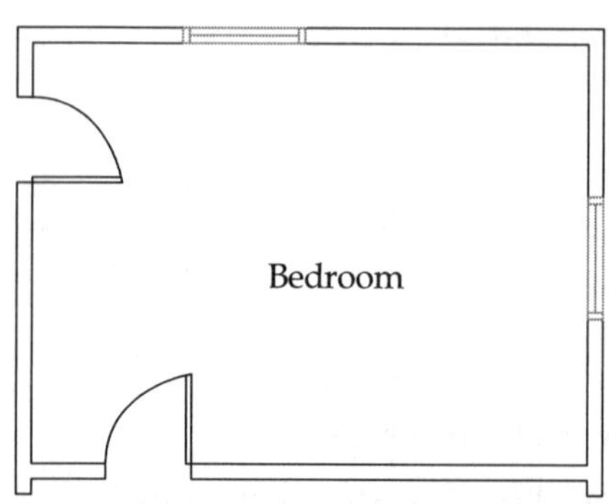

Stretch 실행 후(Crossing)

■ **Step 02 : 객체선택에서 Window 방식을 이용하여 창문을 이동한다.**

Modify Toolbar에서 Stretch 아이콘 을 선택한다.

Command: _stretch

Select objects to stretch by crossing-window or crossing-polygon...

Select objects: w Enter↵ ☞ Window 방식

Specify first corner: ☞ P1점 선택

Specify opposite corner: 1 found ☞ P2점 선택

Select objects: Enter↵ ☞ 객체선택 종료

Osnap Mode의 mid 아이콘 선택

Specify base point or displacement: _mid of ☞ P3점 선택

Osnap Mode의 mid 아이콘 선택

Specify second point of displacement or <use first point as displacement>:

_mid of ☞ P4점 선택

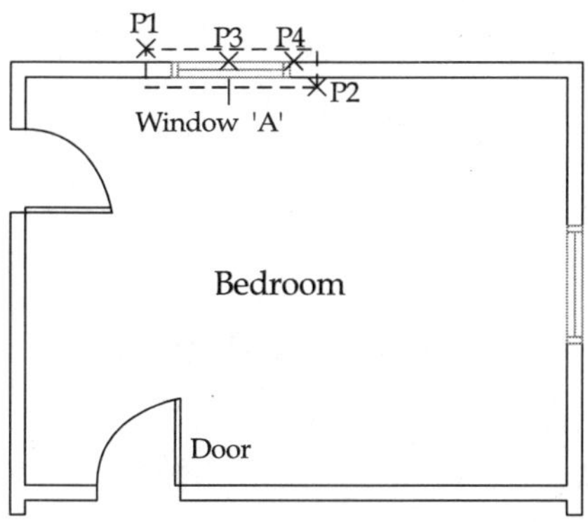

Stretch 실행 전

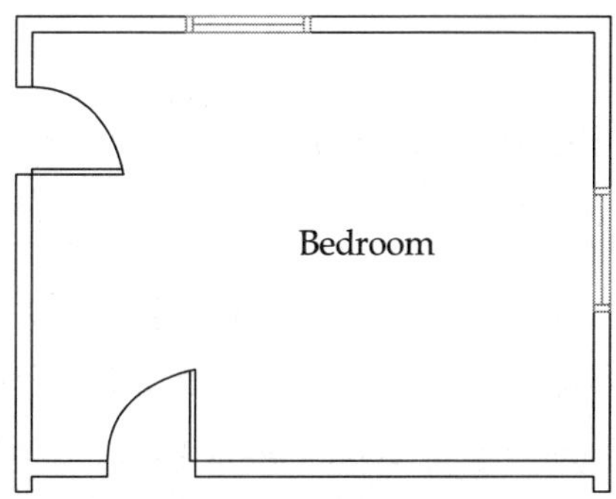

Stretch 실행 후(Window)

8. 도면 연장하기

선택한 도면에서 폐곡선이 아닌 선이나 원 또는 호, 타원형 호, 열린 2D 폴리선, 열린 3D 폴리선, 광선 등의 객체를 지정하여 다른 도면의 경계선까지 도면을 연장/연결시킬 수 있다. 객체의 연장(Extend)은 Length 명령에 의한 길이조정과 유사한 특성을 갖지만 도면연장에서는 경계선(Boundary Edge)요소가 필요한 점이 다르다.

입력방법

(키보드)	Command	Extend Enter↵
(마우스)	Main menu	Modify > Extend
	Screen menu	MODIFY 2 > Extend
	Icon menu	Modify Toolbar > (아이콘)

Command: extend Enter↵

Current settings: Projection=UCS, Edge=None

Select boundary edges ...

Select objects: 경계선 선택 Enter↵

Select Object to extend or shift-select to trim or [Project/Edge/Undo]:

연장할 객체선택 및 옵션입력 Enter↵

Select Object to extend or shift-select to trim or [Project/Edge/Undo]: Enter↵

☞ Extend 명령 종료

Extend Option

■ **Project**

도면을 연장할 때 3차원을 2차원 평면의 투영(Projection)모드를 설정한다. 이 옵션을 입력하면 다음과 같은 하위옵션이 나온다.

Enter a projection option [None/Ucs/View] <Ucs>:

▶ None : 경계선과 교차하는 도면만 연장한다.

▶ UCS : 3차원에서 경계선과 교차하지 않는 도면을 연장한다.

▶ View : 현재 설정된 뷰(View)의 방향에 따라 연장한다.

■ **Edge**

도면 중 경계선으로 지정된 기준선의 연장여부를 설정한다. 이 옵션을 입력하면 다음과 같은 하위옵션이 나온다.

Enter an implied edge extension mode [Extend/No extend] <No extend>:

▶ Extend : 연장할 객체와 경계를 서로 연장했을 때, 교차하는 객체만 연장한다.

▶ No extend : 연장할 객체가 경계와 교차되는 경우에만 연장한다.

■ **Undo**

바로 앞서 실행한 연장명령을 취소한다.

따라하기 01 : 경계선을 지정하고, 객체 연장하기

전기회로도에서 선 P1을 경계로 하여 선 P2를 선 P1까지 연장한다.

Modify Toolbar에서 Extend 아이콘 을 선택한다.

Command: _extend

Current settings: Projection=UCS, Edge=None

Select boundary edges ...

Select objects: 1 found ☞ 선 P1 선택

Select objects: Enter↵

Select Object to extend or shift-select to trim or [Project/Edge/Undo]:

☞ 선 P2 선택

Select Object to extend or shift-select to trim or [Project/Edge/Undo]: Enter↵

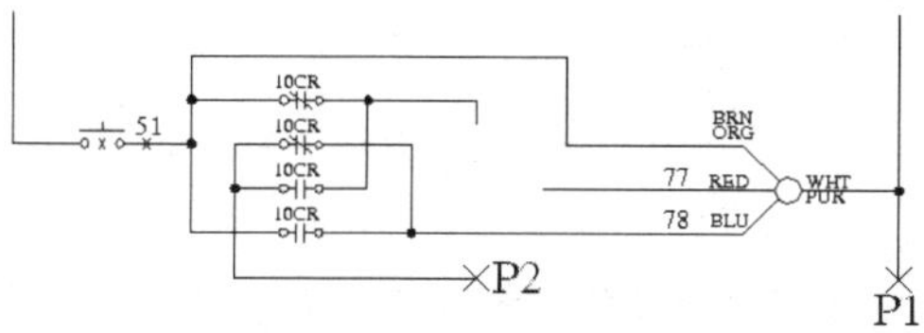

Extend 실행 전

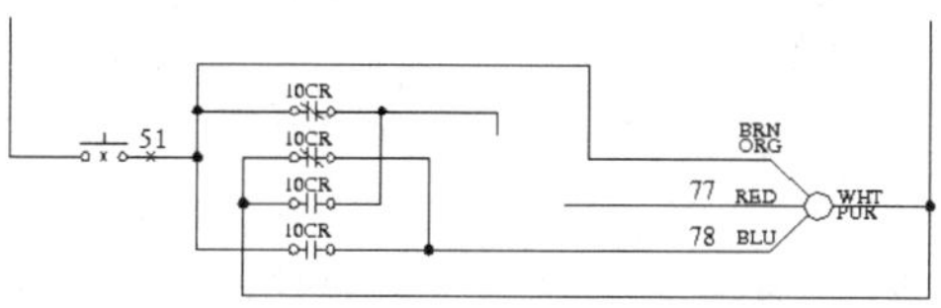

Extend 실행 후

따라하기 02 : 경계선을 지정하고, 객체 연장하기

Edge>Extend 옵션으로 연장할 객체와 경계를 서로 연장했을 때, 교차하는 객체만 연장한다. 전기회로도에서 선 P1을 경계로 하여 선 P2를 선 P1까지 연장한다.

Modify Toolbar에서 Extend 아이콘 을 선택한다.

Command: _extend

Current settings: Projection=UCS, Edge=None

Select boundary edges ...

Select objects: 1 found ☞ 선 P1 선택

Select objects: 1 found, 2 total ☞ 선 P2 선택

Select objects: Enter↵

Select Object to extend or shift-select to trim or [Project/Edge/Undo]: e

☞ Edge 옵션선택

Enter an implied edge extension mode [Extend/No extend] <No extend>: e

☞ Extend 옵션선택

Select Object to extend or shift-select to trim or [Project/Edge/Undo]:

☞ 선 P2 선택

Select Object to extend or shift-select to trim or [Project/Edge/Undo]:

☞ 선 P1 선택

Select Object to extend or shift-select to trim or [Project/Edge/Undo]: Enter↵

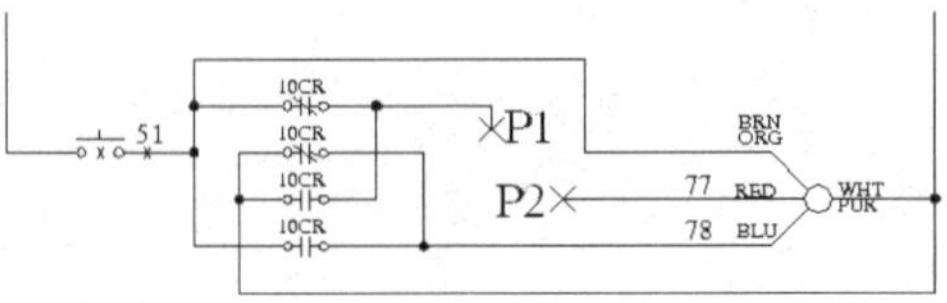

Extend〉Edge 실행 전

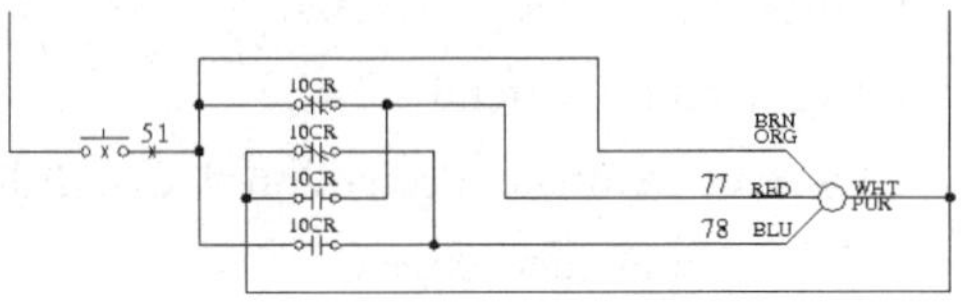

Extend〉Edge 실행 후

No edge in that direction 메시지의 의미?

Extend 명령실행 중에 나오는 메시지로서 연장할 객체의 선택위치와 경계방향이 틀리기 때문에 연장시킬 수 없다는 것을 의미한다.

9. 도면 길이조정하기

선택한 도면의 선의 길이이나 호의 내각을 조정할 수 있다. 길이조정(Lengthen)은 현재 도면의 크기를 검색한 후 새로운 크기로 변경한다. 그러나 원이나 폴리라인, 닫힌 도면에는 적용되지 않는다. 단, SpLine 명령으로 그린 객체는 일반적으로 길이를 줄이기는 하나 늘일 수는 없다. 선과 호로 이루어진 도면의 경우에는 도면전체의 길이를 기준으로 하여 선을 지정하면 선 방향으로 커지고, 호를 지정하면 호 방향으로 커진다.

입력방법

(키보드)	Command	Lengthen Enter↵
(마우스)	Main menu	Modify > Lengthen
	Screen menu	MODIFY 2 > Lengthen
	Icon menu	Toolbar > Commands > Modify >

Command: lengthen Enter↵

Select an Object or [DElta/Percent/Total/DYnamic]: 객체선택 및 옵션입력 Enter↵

객체를 먼저 선택하면 선택한 객체에 대한 정보를 표시해준다.
Current length: 1.500 ☞ 객체의 길이 표시

Lengthen Option

■ DElta

선택한 도면의 길이와 각도의 증분(Delta)값을 지정한다. 이 옵션을 입력하면 다음과 같은 하위옵션이 나온다.

Enter delta length or [Angle] <0.0000>:

▶ Enter delta length : 증분 시킬 길이 값을 입력한다.

▶ Angle : 호의 내각을 입력한다.

■ Percent

선택한 도면의 변경길이를 백분율(Percent)로 지정한다. 이 옵션을 입력하면 다음과 같은 하위옵션이 나온다.

Enter percentage length <100.0000>: 변경길이를 백분율로 입력한다.

■ Total

선택한 도면을 지정한 길이로 변경한다. 이 옵션을 입력하면 다음과 같은 하위옵션이 나온다.

Specify total length or [Angle] <1.0000)>:

▶ Specify total length : 변경시킬 길이 값을 입력한다.

▶ Angle : 호의 내각을 입력한다.

■ DYnamic

선택한 도면의 길이를 마우스 끌기로 변경한다.

따라하기 : 객체의 길이와 각도조정하기

■ **Step 01 :** Delta 옵션에 의해 선의 길이와 호의 각도를 조정한다.

Modify Toolbar에서 Lengthen 아이콘 을 선택한다.

Command: _lengthen

Select an Object or [DElta/Percent/Total/DYnamic]: de Enter↵

Enter delta length or [Angle] <0.0000>: 50 Enter↵

Select an Object to change or [Undo]: ☞ P1점 선택

Select an Object to change or [Undo]: Enter↵ ☞ lengthen 명령 종료

Delta 실행 전

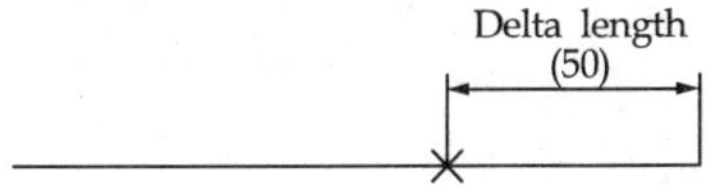

Delta 실행 후

Modify Toolbar에서 Lengthen 아이콘 을 선택한다.

Command: _lengthen

Select an Object or [DElta/Percent/Total/DYnamic]: de Enter↵

Enter delta length or [Angle] <50.0000>: a Enter↵

Enter delta angle <0>: 90 Enter↵

Select an Object to change or [Undo]: ☞ P1점 선택

Select an Object to change or [Undo]: Enter↵ ☞ lengthen 명령 종료

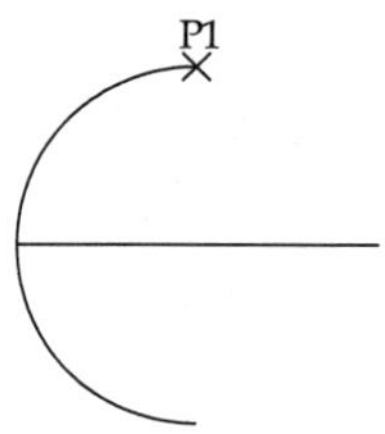

Delta 실행 전

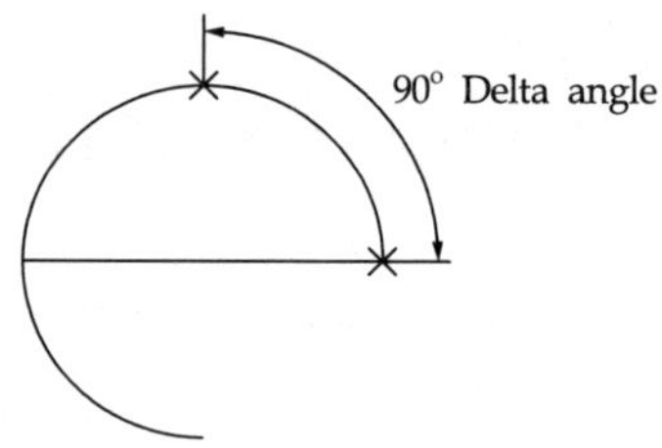

Delta 실행 후

■ **Step 02 :** Percent 옵션에 의해 호의 각도를 조정한다.

Modify Toolbar에서 Lengthen 아이콘 을 선택한다.

Command: _lengthen

Select an Object or [DElta/Percent/Total/DYnamic]: p Enter↵

Enter percentage length <100.0000>: 150 Enter↵

Select an Object to change or [Undo]: ☞ P1점 선택

Select an Object to change or [Undo]: Enter↵ ☞ lengthen 명령 종료

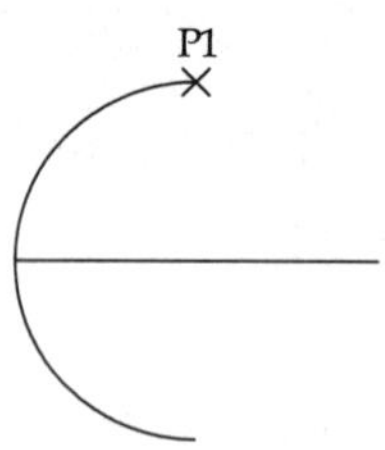

Percent 실행 전

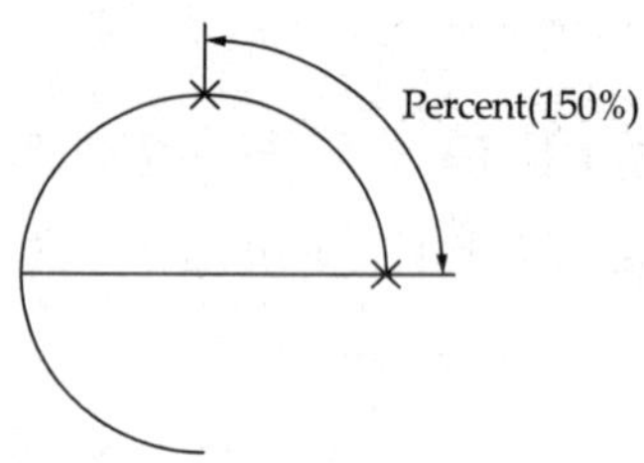

Percent 실행 후

■ **Step 03 :** Total 옵션에 의한 선의 길이를 조정한다.

Modify Toolbar에서 Lengthen 아이콘 을 선택한다.

Command: _lengthen

Current length: 85

Select an Object or [DElta/Percent/Total/DYnamic]: t Enter↵

Specify total length or [Angle] <100.0000)>: 120 Enter↵

Select an Object to change or [Undo]: ☞ P1점 선택

Select an Object to change or [Undo]: Enter↵ ☞ lengthen 명령 종료

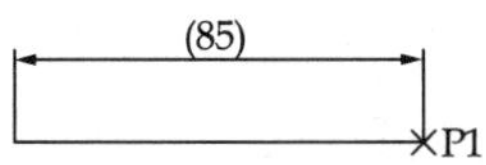

Total 실행 전

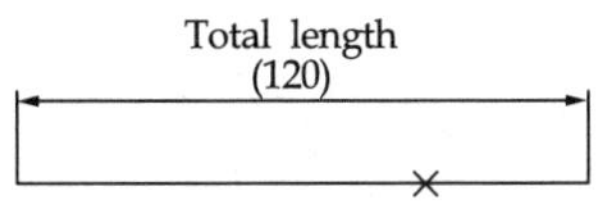

Total 실행 후

전체 길이(Total Length)를 120mm으로 설정하였기 때문에, 늘어난 길이는 처음 길이(85mm) 보다 35mm 늘어났다.

■ **Step 04 : Dynamic 옵션에 의한 선의 길이와 호의 각도를 조정한다.**

Modify Toolbar에서 Lengthen 아이콘 을 선택한다.

Command: _lengthen

Current length: 85

Select an Object or [DElta/Percent/Total/DYnamic]: dy Enter↵

Select an Object to change or [Undo]: ☞ P1점 선택

Specify new end point: ☞ P2점 선택

Select an Object to change or [Undo]: Enter↵ ☞ lengthen 명령 종료

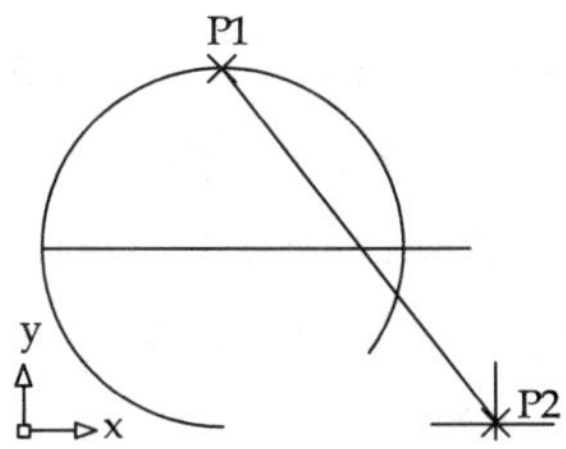

Dynamic 실행 전

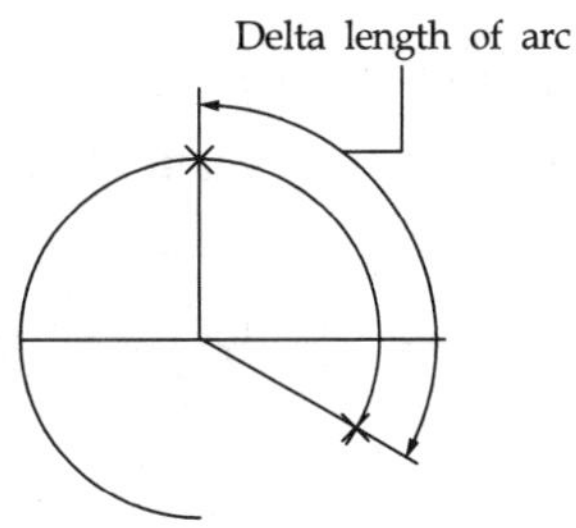

Dynamic 실행 후

10. 도면 모서리 잘라내기

도면에서 두 직선이 만나는 모서리의 정점을 기준으로 지정한 거리만큼 모서리를 잘라내는 것을 모따기(Chamfer)라고 한다. 제도상에서 모따기는 두 변의 길이를 같게 잘라

내는 것을 의미하지만, AutoCAD에서는 두 변의 길이가 다른 모따기도 할 수 있다. 또한 제도통칙에서 도면의 모따기 부분을 C(Chamfering)로 표시한다. AutoCAD에서는 모따기의 거리와 각도를 설정한 후 모따기를 실시해야 한다.

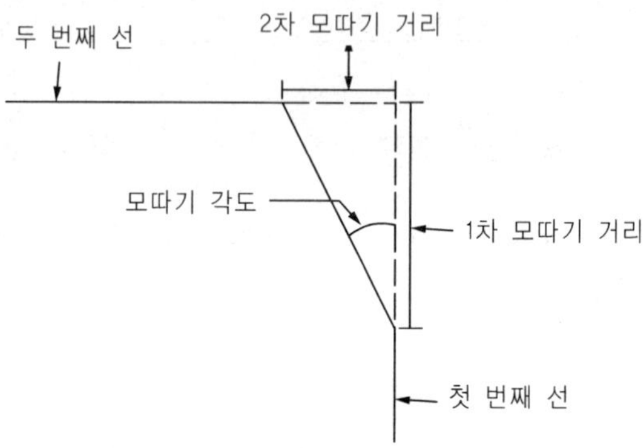

A Chamfered Corner

입력방법

(keyboard)	Command	Chamfer Enter↵
(mouse)	Main menu	Modify > Chamfer
	Screen menu	MODIFY 2 > Chamfer
	Icon menu	Modify Toolbar >

Command: chamfer Enter↵

(TRIM mode) Current chamfer Dist1 = 10.0000, Dist2 = 10.0000

☞ 현재 모따기할 거리가 10으로 지정돼있음을 나타냄

Select first Line or [PolyLine/Distance/Angle/Trim/Method]:

모따기할 첫 번째 선 선택 및 옵션입력 Enter↵

Select second Line: 모따기할 두 번째 선 선택 Enter↵

Chamfer Option

- **PolyLine** : 폴리라인(PolyLine)으로 그린 다각형의 모서리 모두를 모따기한다.
- **Distance** : 모따기할 첫 번째와 두 번째 선의 모따기 거리를 설정한다.
- **Angle** : 거리와 각도를 이용하여 모따기를 한다.
- **Trim**

모따기할 선의 절단(Trim)여부를 설정한다. 이 옵션을 입력하면 다음과 같은 하위옵션이 나온다.

Enter Trim mode option [Trim/No trim] <Trim>:

▶ Trim : 모따기 실행 후 선택된 객체가 지워진다.

▶ No trim : 모따기 실행 후 선택된 객체가 지워지지 않는다.

■ Method

모따기를 Distance와 Angle 중 어느 것으로 할 것인지를 지정한다. 이 옵션을 입력하면 다음과 같은 하위옵션이 나온다.

Enter trim method [Distance/Angle] <Distance>:

▶ Distance : Distance에서 설정된 거리로 모따기한다.

▶ Angle : Angle에서 설정된 각도로 모따기한다.

따라하기 01 : 도면 모서리 잘라내기

Chamfer 명령에서 Trim과 No Trim 옵션을 사용했을 때의 결과를 비교해보자.

■ **Step 01** : Trim>Trim인 경우, 거리 값을 30으로 설정하고 도면을 모따기한다.

Modify Toolbar에서 Chamfer 아이콘 을 선택한다.

Command: _chamfer

(TRIM mode) Current chamfer Dist1 = 10.0000, Dist2 = 10.0000

Select first Line or [PolyLine/Distance/Angle/Trim/Method]: d Enter↵

Specify first chamfer distance <10.0000>: 30 Enter↵

Specify second chamfer distance <30.0000>: 30 Enter↵

Select first Line or [PolyLine/Distance/Angle/Trim/Method]: ☞ P1점 선택

Select second Line: ☞ P2점 선택

■ **Step 02** : Trim>No Trim인 경우, 거리 값을 30으로 설정하고 도면을 모따기한다.

Modify Toolbar에서 Chamfer 아이콘 을 선택한다.

Command: _chamfer

(TRIM mode) Current chamfer Dist1 = 30.0000, Dist2 = 30.0000

Select first Line or [PolyLine/Distance/Angle/Trim/Method]: t Enter↵

Enter Trim mode option [Trim/No trim] <Trim>: n Enter↵

Select first Line or [PolyLine/Distance/Angle/Trim/Method]: ☞ P1점 선택

Select second Line: ☞ P2점 선택

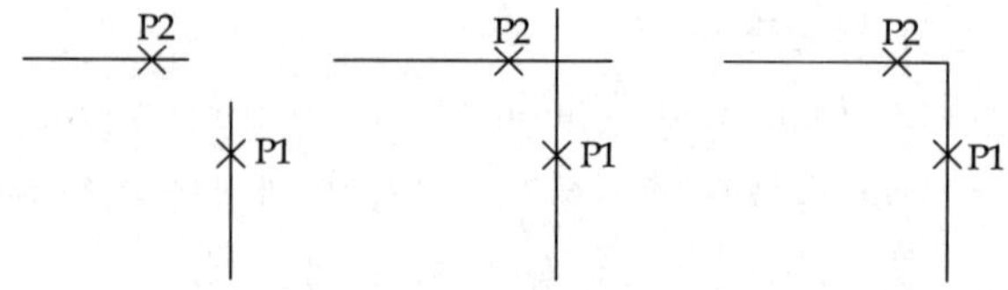

Chamfer 실행 전

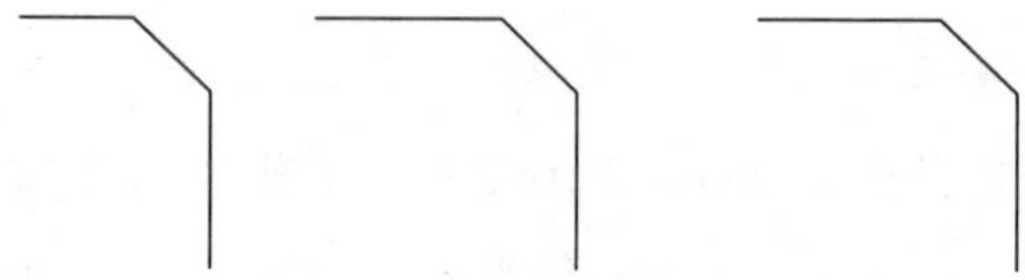

Chamfer 실행 후
(Trim On인 경우)

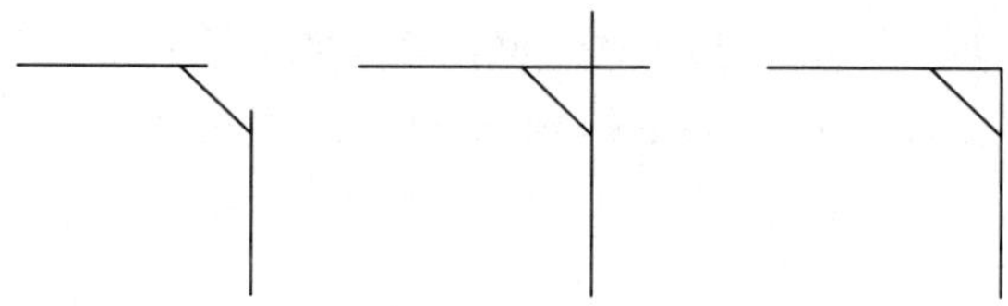

Chamfer 실행 후
(No Trim인 경우)

따라하기 02 : PolyLine의 도면 모서리 잘라내기

PolyLine의 하나인 Rectangle로 임의 크기의 사각형을 그리고, PolyLine 옵션으로 사각형 4개 모서리를 모따기한다.

Modify Toolbar에서 Chamfer 아이콘 을 선택한다.

Command: _chamfer

(NOTRIM mode) Current chamfer Dist1 = 10.0000, Dist2 = 10.0000

Select first Line or [PolyLine/Distance/Angle/Trim/Method]: t Enter↵

Enter Trim mode option [Trim/No trim] <No trim>: t Enter↵ ☞ Trim 선택

Select first Line or [PolyLine/Distance/Angle/Trim/Method]: d Enter↵

Specify first chamfer distance <10.0000>: 20 Enter↵

Specify second chamfer distance <20.0000>: Enter↵

Select first Line or [PolyLine/Distance/Angle/Trim/Method]: p Enter↵

Select 2D polyLine: ☞ P1점 선택

4 Lines were chamfered ☞ 사각형의 4부분의 모서리가 동시에 모따기 된다.

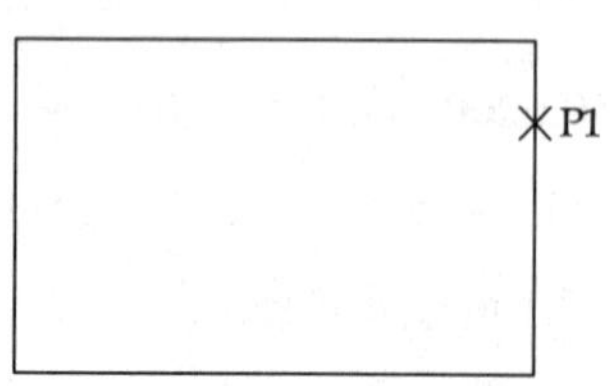

Chamfer 실행 전

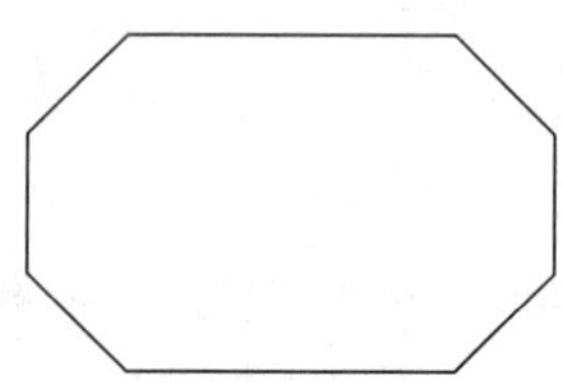

Chamfer 실행 후

11. 도면 모서리 둥글게 하기

두 개의 선이 구성하는 각이 있는 모서리와 두 개의 원이나 호를 지정된 반지름을 갖는 호를 사용하여 두 객체를 연결하는 것을 필렛(Fillet)이라고 한다. 제도통칙에서 도면의 모서리를 둥글게 처리하는 것을 라운딩(Rounding)이라고 하고 라운딩된 부분을 R(Round)로 표시한다. 도면의 필렛 처리에 앞서 반지름 값을 지정해야 원하는 모서리를 얻을 수 있다.

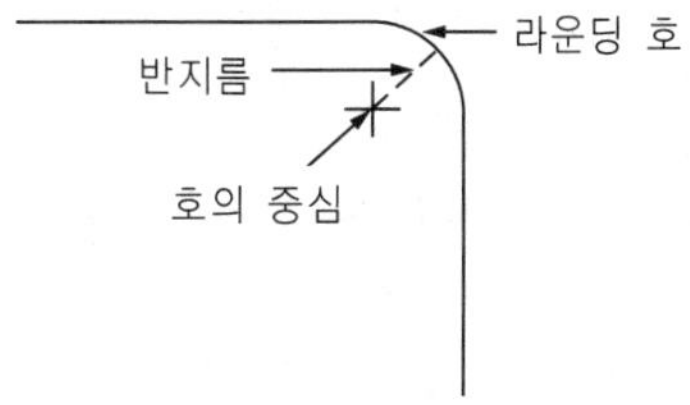

Construction of Fillet

입력방법

	Command	Fillet Enter↵
	Main menu	Modify > Fillet
	Screen menu	MODIFY 2 > Fillet
	Icon menu	Modify Toolbar >

Command: fillet Enter↵

Current settings: Mode = TRIM, Radius = 10.0000

☞ 현재 모서리를 둥글게 할 반지름이 10으로 지정돼있음을 나타냄

Select first Object or [PolyLine/Radius/Trim]:

모서리를 둥글게 할 첫 번째 객체선택 및 옵션입력 Enter↵

Select second Object: 모서리를 둥글게 할 첫 번째 객체선택 Enter↵

Fillet Option

- **PolyLine** : 폴리라인(PolyLine)으로 그린 다각형의 모서리를 모두 둥글게 한다.
- **Radius** : 모서리를 둥글게 할 반지름 값을 설정한다.
- **Trim**

  Fillet 처리한 부분의 절단여부를 설정한다. 이 옵션을 입력하면 다음과 같은 하위옵션이 나온다.

  Enter Trim mode option [Trim/No trim] <Trim>:

- Trim : Fillet 실행 후 선택된 객체가 지워진다.
- No trim : Fillet 실행 후 선택된 객체가 지워지지 않는다.

따라하기 01 : 도면 모서리 둥글게 하기

Fillet 명령에서 Trim과 No trim 옵션을 사용했을 때의 결과를 비교해보자.

- **Step 01 :** Trim>Trim인 경우, 반지름을 30으로 설정하고 도면을 둥글게 한다.

  Modify Toolbar에서 Fillet 아이콘 을 선택한다.
  Command: _fillet
  Current settings: Mode = TRIM, Radius = 10.0000
  Select first Object or [PolyLine/Radius/Trim]: r Enter↵
  Specify fillet radius <10.0000>: 30 Enter↵
  Select first Object or [PolyLine/Radius/Trim]: ☞ P1점 선택
  Select second Object: ☞ P2점 선택

- **Step 02 :** Trim>No trim인 경우, 반지름을 30으로 설정하고 도면을 둥글게 한다.

  Modify Toolbar에서 Fillet 아이콘 을 선택한다.
  Command: _fillet
  Current settings: Mode = TRIM, Radius = 30.0000
  Select first Object or [PolyLine/Radius/Trim]: t Enter↵
  Enter Trim mode option [Trim/No trim] <Trim>: n Enter↵
  Select first Object or [PolyLine/Radius/Trim]: ☞ P1점 선택
  Select second Object: ☞ P2점 선택

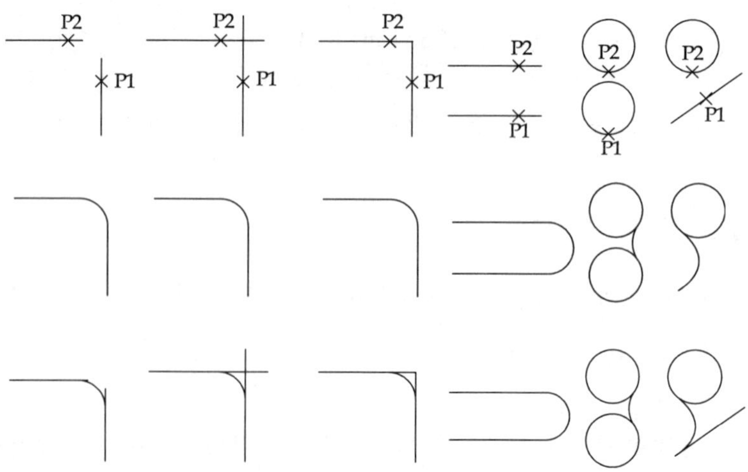

Fillet 실행 전

Fillet 실행 후 (Trim인 경우)

Fillet실행 후 (No Trim인 경우)

위 결과에서와 같이 평행선을 선택하면 설정된 반지름에 관계없이 두 선분의 간격에 맞게 둥글게 처리된다.

따라하기 02 : 반지름이 0인 경우와 PolyLine의 도면 모서리 둥글게 하기

■ **Step 01** : 반지름 R=0인 경우

Modify Toolbar에서 Fillet 아이콘 을 선택한다.

Command: _fillet

Current settings: Mode = TRIM, Radius = 10.0000

Select first Object or [PolyLine/Radius/Trim]: r Enter↵

Specify fillet radius <10.0000>: 0 Enter↵

Select first Object or [PolyLine/Radius/Trim]: ☞ P1점 선택

Select second Object: ☞ P2점 선택

■ **Step 02** : PolyLine의 하나인 Rectangle로 임의 크기의 사각형을 그리고 PolyLine 옵션으로 사각형 4개 모서리를 둥글게 한다.

Modify Toolbar에서 Fillet 아이콘 을 선택한다.

Command: _fillet

Current settings: Mode = TRIM, Radius = 0.0000

Select first Object or [PolyLine/Radius/Trim]: r Enter↵

Specify fillet radius <0.0000>: 30 Enter↵

Select first Object or [PolyLine/Radius/Trim]: p Enter↵

Select 2D polyLine: ☞ P1점 선택

4 Lines were filleted

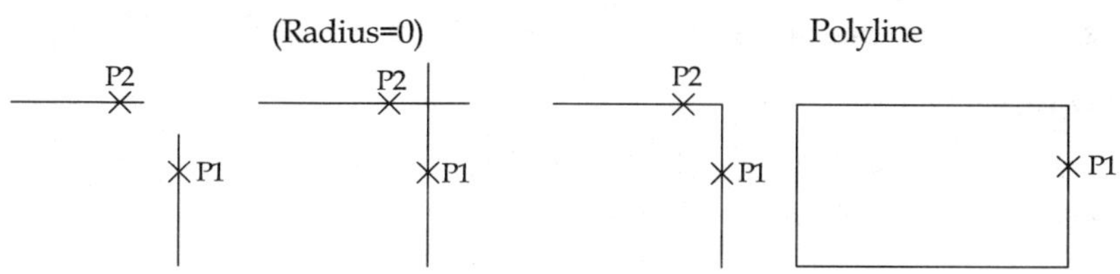

Fillet 실행 전

Fillet 실행 후

12. 도면 등 간격으로 복사하기

선택한 선 또는 원이나 호를 지정된 간격으로 같은 모양의 선, 동심원 및 평행곡선의 객체를 등 간격으로 복사할 수 있는 offset 명령이 있다. Offset 명령은 여러 번 연속 실행이 가능하고, 2차원 공간에서만 사용할 수 있다. 원이나 직사각형, 폴리라인의 닫힌 도형에서 Offset 명령을 실행하면 도형이 확대 · 축소된다. Offset 명령의 실행으로 생성된 객체는 같은 Layer(색상, 선 종류)를 갖는다. AutoCAD에서 Trim 명령과 함께 가장 많이 사용하는 명령 중 하나이다.

입력방법

(키보드)	Command	Offset Enter↵
(마우스)	Main menu	Modify > Offset
	Screen menu	MODIFY 1 > Offset
	Icon menu	Modify Toolbar > (Offset 아이콘)

Command: offset Enter↵

Specify offset distance or [Through] <Through>: 거리 값 또는 옵션입력 Enter↵

Select Object to offset or <exit>: 등 간격으로 복사할 도면(객체)선택 Enter↵

Specify point on side to offset: 등 간격으로 복사할 방향선택 Enter↵

Select Object to offset or <exit>: Enter↵ ☞ Offset 명령 종료

Offset Option

- **Specify offset distance** : 등 간격으로 복사할 거리 값을 설정한다.
- **Through**
  등 간격으로 복사될 객체가 임의의 지정한 점을 통과하도록 설정한다. 이 옵션을 입력하면 다음과 같은 하위옵션이 나온다.
  ▶ Specify through point: 임의의 지정 점을 설정한다.

따라하기 01 : 객체를 등 간격으로 복사하기

Line, Circle, Rectangle 명령으로 선, 원, 사각형을 그리고 등 간격으로 복사해보자.

Modify Toolbar에서 Offset 아이콘 (아이콘)을 선택한다.

Command: _offset

Specify offset distance or [Through] <Through>: 30 Enter↵

Select Object to offset or <exit>: ☞ P1점 선택
Specify point on side to offset: ☞ P2점 선택
Select Object to offset or <exit>: ☞ P1점 선택
Specify point on side to offset: ☞ P3점 선택
Select Object to offset or <exit>: ☞ P4점 선택
Specify point on side to offset: ☞ P5점 선택
Select Object to offset or <exit>: ☞ P4점 선택
Specify point on side to offset: ☞ P6점 선택
Select Object to offset or <exit>: ☞ P7점 선택
Specify point on side to offset: ☞ P8점 선택
Select Object to offset or <exit>: ☞ P7점 선택
Specify point on side to offset: ☞ P9점 선택
Select Object to offset or <exit>: ☞ P10점 선택
Specify point on side to offset: ☞ P11점 선택
Select Object to offset or <exit>: ☞ P10점 선택
Specify point on side to offset: ☞ P12점 선택
Select Object to offset or <exit>: Enter↵ ☞ Offset 명령 종료

Offset 실행 전

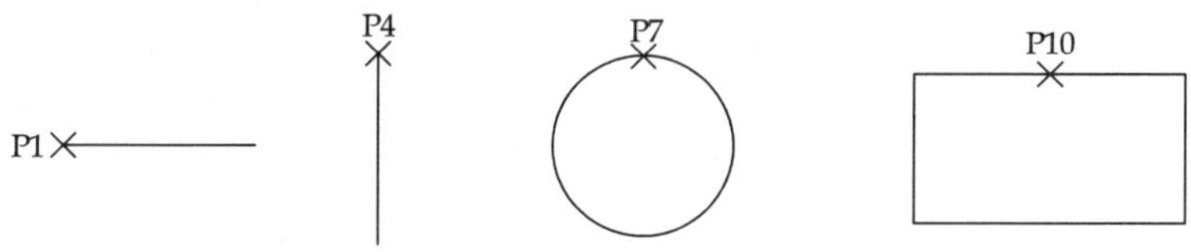

Offset 실행 후

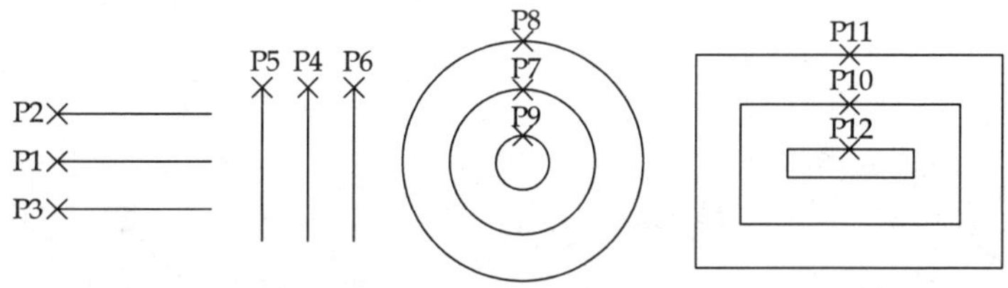

Offset 명령에서 복사할 방향을 선택할 때 참고사항!

'Specify point on side to offset' 메시지에서 객체를 복사할 방향을 선택할 때 다음 사항을 참고로 Offset 명령을 실행하기 바란다.

첫째, 선택한 객체가 선일 때

① 수평선인 경우 : 선택한 객체를 중심으로 마우스 포인터를 위쪽으로 옮기면 위쪽에 복사되고, 아래쪽으로 옮기면 아래쪽에 복사된다.

② 수직선인 경우 : 선택한 객체를 중심으로 마우스 포인터를 왼쪽으로 옮기면 왼쪽에 복사되고, 오른쪽으로 옮기면 오른쪽에 복사된다.

둘째, 선택한 객체가 원과 같이 닫힌 도형일 때

선택한 객체를 중심으로 마우스 포인터를 안쪽으로 옮기면 축소되어 복사되고, 바깥쪽으로 옮기면 확대되어 복사된다.

셋째, 등 간격으로 복사할 때 선택한 객체를 또 선택하면 같은 위치에 복사되어 겹쳐짐으로 이점을 꼭 주의하기 바란다.

따라하기 02 : 객체가 임의의 지정한 점을 통과하도록 등 간격으로 복사하기

Through 옵션을 이용하여 객체(사각형과 원)가 임의의 지정한 점을 통과하도록 등 간격으로 복사해보자.

Modify Toolbar에서 Offset 아이콘 을 선택한다.

Command: _offset

Specify offset distance or [Through] <Through>: Enter↵

Select Object to offset or <exit>: ☞ P1 선택

Osnap Mode의 quadrant 아이콘 선택

Specify through point: _qua of ☞ P2 선택

Select Object to offset or <exit>: ☞ P2 선택

Osnap Mode의 mid 아이콘 선택

Specify through point: _mid of ☞ P1 선택

Select Object to offset or <exit>: Enter↵

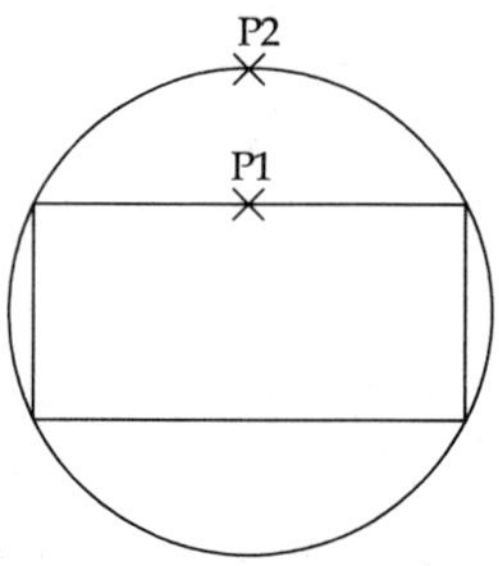

Offset 실행 전

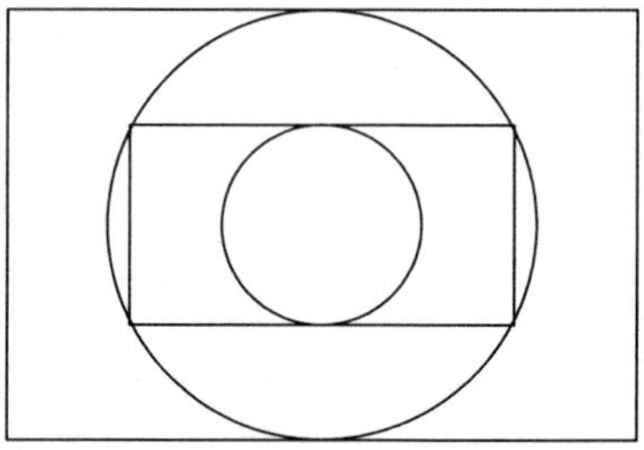

Offset 실행 후

13. 도면 잘라내기

교차된 선 또는 원, 호 등의 객체에서 지정한 경계요소(Cutting Edge)를 기준으로 Erase 명령에서 지울 수 없는 도면의 일부분을 잘라내어(Trim) 삭제할 수 있다. 잘라내기 Trim 명령에서는 첫째, 교차요소가 반드시 있어야 하고, 둘째, 경계요소가 있어야만 객체를 잘라낼 수 있다. Trim 명령을 실행하면 'Select objects' 메시지가 나오고 여기서 잘라낼 경계요소를 선택한 후, 'Select Object to trim' 메시지에서 잘라낼 객체를 선택한다.

입력방법

	Command	Trim Enter↵
	Main menu	Modify > Trim
	Screen menu	MODIFY 2 > Trim
	Icon menu	Modify Toolbar >

Command: trim Enter↵

Current settings: Projection=UCS, Edge=None

Select cutting edges ...

Select objects: 경계요소 선택 Enter↵

Select Object to trim or shift-select to extend or [Project/Edge/Undo]:

☞ 잘라낼 객체선택 및 옵션입력 Enter↵

Select Object to trim or shift-select to extend or [Project/Edge/Undo]:

더 이상 자를 객체가 없으면 Enter↵ ☞ Trim 명령 종료

Trim Option

■ **Project**

도면을 자를 때 3차원을 2차원 평면의 투영(Projection)모드를 설정한다. 이 옵션을 입력하면 다음과 같은 하위옵션이 나온다.

Enter a projection option [None/Ucs/View] <Ucs>:

▶ None : 도면이 현재의 Ucs와 일치하지 않아도 경계요소로 선택한 도면과 교차하거나 연결되어있으면 자르기를 실행한다.

▶ Ucs : 도면이 현재의 Ucs와 일치해야만 자르기가 가능하다.

▶ View : USC에 관계없이 무조건 화면에 보이는 상태에서 자르기를 한다.

■ **Edge**

도면 중 경계요소로 지정된 기준선의 연장여부를 설정한다. 이 옵션을 입력하면 다음과 같은 하위옵션이 나온다.

Enter an implied edge extension mode [Extend/No extend] <No extend>:

▶ Extend : 기준선을 연장한다.

▶ No extend : 기준선을 연장 안한다.

■ **Undo** : 최근 자르기를 실행한 부분을 취소한다.

따라하기 01 : 객체 잘라내기

Offset 명령에서 그린 우물 정(井)자를 Trim 명령으로 사각형을 만들고, 임의 크기의 원을 Copy 명령으로 교차시킨 후 Trim 명령으로 초생달을 만들어보자.

- **Step 01** : Line 명령으로 원래상태와 같이 그리고, Offset 명령으로 우물 정(井)자를 만든다. Circle 명령으로 원 하나를 그리고 원을 Copy 명령으로 교차시킨다.
- **Step 02** : Trim 명령으로 사각형과 초생달을 만든다.

Modify Toolbar에서 Trim 아이콘 -/-- 을 선택한다.

Command: _trim
Current settings: Projection=UCS, Edge=None
Select cutting edges ...
Select objects: 1 found ☞ P1 선택
Select objects: 1 found, 2 total ☞ P2 선택
Select objects: 1 found, 3 total ☞ P3 선택
Select objects: 1 found, 4 total ☞ P4 선택
Select objects: Enter↵ ☞ 경계요소선택 종료
Select Object to trim or shift-select to extend or [Project/Edge/Undo]:
☞ P1의 모서리에 튀어나온 선 선택
↓
Select Object to trim or shift-select to extend or [Project/Edge/Undo]:
☞ P4의 모서리에 튀어나온 선 선택
Select Object to trim or shift-select to extend or [Project/Edge/Undo]:
Enter↵ ☞ Trim 명령 종료

Modify Toolbar에서 trim 아이콘 -/-- 을 선택한다.

Command: _trim
Current settings: Projection=UCS, Edge=None
Select cutting edges ...
Select objects: 1 found ☞ P1 선택
Select objects: 1 found, 2 total ☞ P2 선택
Select objects: Enter↵ ☞ 경계요소선택 종료
Select Object to trim or shift-select to extend or [Project/Edge/Undo]:
☞ P1의 원 선택
Select Object to trim or shift-select to extend or [Project/Edge/Undo]:
☞ P2의 원 선택

Select Object to trim or shift-select to extend or [Project/Edge/Undo]:

Enter↵ ☞ Trim 명령 종료

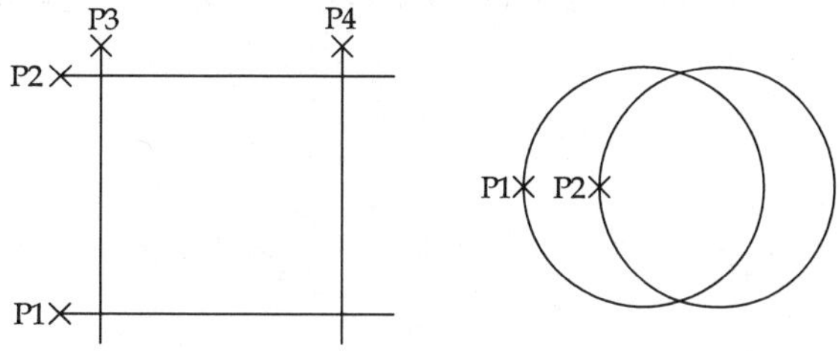

■ Trim 실행 전

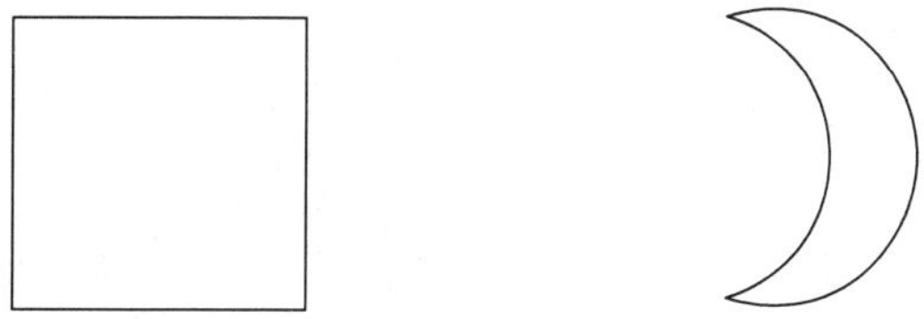

■ Trim 실행 후

따라하기 02 : 도면의 모든 객체를 경계요소로 지정하고 잘라내기

삼각형과 원을 겹치게 그리고, 모든 객체를 경계요소로 지정한 후 객체 잘라내기로 외계인을 만들어 보자.

- **Step 01** : Line 명령과 Circle 명령으로 삼각형과 원을 겹치게 그린다.
- **Step 02** : 모든 객체를 경계요소로 지정한 후 trim 명령으로 외계인을 만든다.

Trim 명령에서 모든 객체를 경계요소로 지정하는 방법…

Select objects: 메시지에서 별도로 경계요소를 선택하지 않고 Enter↵를 입력하면, 작성 중인 도면의 모든 객체를 경계요소로 지정되어 객체를 쉽게 자를 수 있다.

Modify Toolbar에서 Trim 아이콘 을 선택한다.

Command: _trim

Current settings: Projection=UCS, Edge=Extend

Select cutting edges ...

Select objects: Enter↵ ☞ 도면 내의 모든 객체를 경계요소로 지정

Select Object to trim or shift-select to extend or [Project/Edge/Undo]: ☞ P1 선택

Select Object to trim or shift-select to extend or [Project/Edge/Undo]: ☞ P2 선택

Select Object to trim or shift-select to extend or [Project/Edge/Undo]: ☞ P3 선택

Select Object to trim or shift-select to extend or [Project/Edge/Undo]: ☞ P4 선택

Select Object to trim or shift-select to extend or [Project/Edge/Undo]: ☞ P5 선택
Select Object to trim or shift-select to extend or [Project/Edge/Undo]: ☞ P6 선택
Select Object to trim or shift-select to extend or [Project/Edge/Undo]:
Enter↵ ☞ Trim 명령 종료

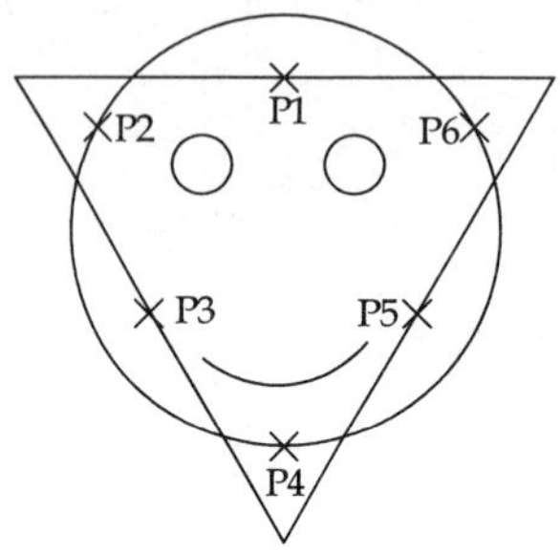

Trim 실행 전

Trim 실행 후

따라하기 03 : 많은 객체를 한꺼번에 잘라내기

다음 회로도에서 사각형 "A" 부분만 잘라내서 다른 위치로 옮긴다고 가정하자.

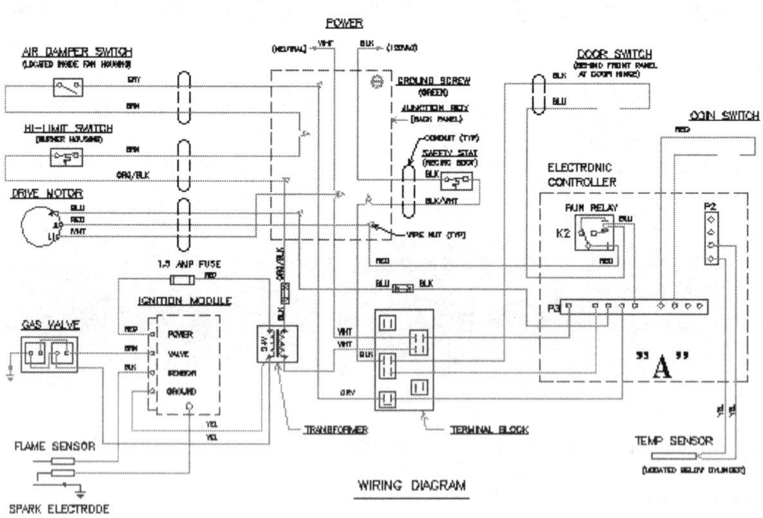

Wiring Diagram(Trim 실행 전)

■ **Step 01 : Trim 명령으로 사각형 "A" 바깥부분을 모두 잘라낸다.**

많은 객체를 한꺼번에 잘라내야 할 경우…

많은 객체를 한꺼번에 잘라내야 할 경우 trim 명령의 Select Object to trim or shift-select to extend or [Project/Edge/Undo]: 메시지에서 객체선택(select 명령)의 fence 옵션을 사용하면 쉽게 잘라낼 수 있다.

Fence( ) 옵션?

선을 그리듯이 선택할 객체를 스쳐지나가면서 다음 점을 선택하여 선을 그리면 점선이 그려지고, 스쳐지나간 객체 모두가 선택된다.

Modify Toolbar에서 Trim 아이콘 을 선택한다.

Command: _trim

Current settings: Projection=UCS, Edge=Extend

Select cutting edges ...

Select objects: 1 found ☞ 점선의 사각형 선택

Select objects: Enter↵ ☞ 경계요소선택 종료

Select Object to trim or shift-select to extend or [Project/Edge/Undo]: f Enter↵

☞ Select 명령의 fence 옵션지정

Fence 옵션에 의한 각 fence 점은 점선 사각형 주위로 연속해서 선을 이어가면 된다.

First fence point: ☞ P1 선택

Specify endpoint of Line or [Undo]: ☞ P2 선택

Specify endpoint of Line or [Undo]: ☞ P3 선택

Specify endpoint of Line or [Undo]: ☞ P4 선택

Specify endpoint of Line or [Undo]: Enter↵ ☞ Fence 옵션 종료

Select Object to trim or shift-select to extend or [Project/Edge/Undo]:

Enter↵ ☞ Trim 명령 종료

Fence 옵션을 종료함과 동시에 사각형 바깥부분이 잘려진 것을 확인할 수 있다.

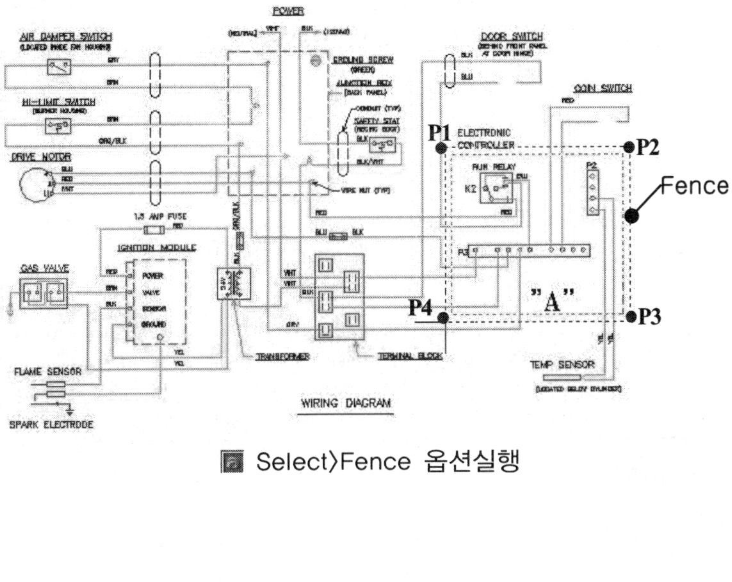

Select〉Fence 옵션실행

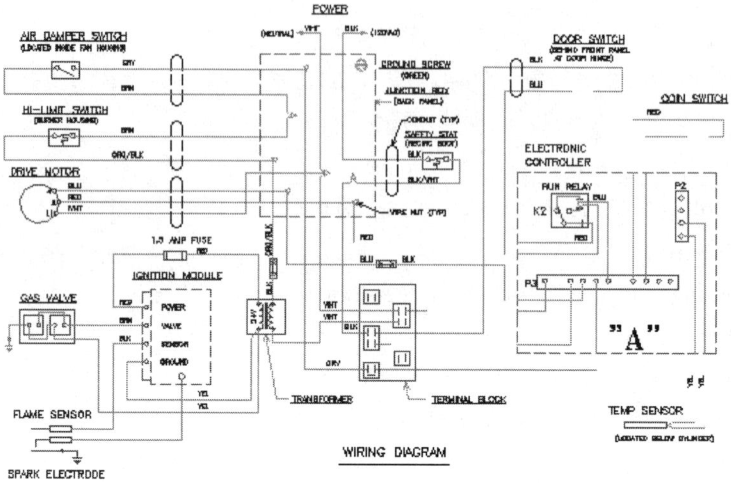

Wiring Diagram(Trim 실행 후)

■ **Step 02 :** Move 명령으로 사각형 "A"부분을 다른 위치로 이동한다.

14. 도면 부분삭제/분리하기

선택한 도면(객체)을 부분적으로 삭제 또는 분리할 수 있도록 해주는 Break 명령이 있다. 이 명령은 Trim 명령과 같이 지정된 길이만큼 잘라낸다는 의미에서는 갖지만, Trim 에서와 같이 경계요소를 지정하지 않고 두 점의 구간을 지정하면 지정된 구간만 삭제하거나 두 점의 구간을 지정하여 두개의 도면(객체)으로 분리하는 기능이 있다. Break 명령은 한번에 하나의 도면만 부분삭제 또는 분리할 수 있으며, 원과 호에서 두 점을 지정할 때 첫 번째 점으로부터 반시계 방향으로 두 번째 점을 지정해야 원하는 도면을 얻을 수 있다.

입력방법

(키보드)	Command	Break Enter↵
(마우스)	Main menu	Modify > Break
	Screen menu	MODIFY 2 > Break
	Icon menu	Modify Toolbar > (아이콘)

Command: break Enter↵

Select Object: 부분삭제/분리할 도면(객체)선택 Enter↵

☞ F옵션을 입력하지 않으면 선택한 점이 첫 번째 점이 됨

Specify second break point or [First point]: 두 번째 점 지정 및 옵션입력 Enter↵

Break Option

■ **First point**

부분삭제/분리할 도면(객체)의 첫 번째 점을 다시 지정한다.

정확한 위치지정으로 도면의 부분삭제/분리를 실시하려면 Specify second break point or [First point]: 메시지에서 F 옵션을 선택하고, Specify first break point: 메시지에서 첫 번째 점을 다시 지정하고, 두 번째 점을 지정하면 도면의 원하는 부분을 정확하게 삭제/분리할 수 있다. 이 때 두 점은 객체스냅모드(Osnap Mode)를 이용하여 정확하게 지정한다.

따라하기 01 : 객체의 임의 부분 삭제/분리하기

선과 원을 그리고, 객체의 임의 부분을 삭제/분리한다.

■ **Step 01** : 선을 삭제/분리한다.

Modify Toolbar에서 Break 아이콘 을 선택한다.

Command: _break

Select Object: ☞ P1 선택

Specify second break point or [First point]: ☞ P2 선택

Modify Toolbar에서 break 아이콘 을 선택한다.

Command: _break

Select Object: ☞ P3 선택

Specify second break point or [First point]: ☞ P4 선택

■ **Step 02** : 원을 삭제/분리한다.

Modify Toolbar에서 Break 아이콘 을 선택한다.

Command: _break

Select Object: ☞ P1 선택

Specify second break point or [First point]: ☞ P2 선택

Modify Toolbar에서 Break 아이콘 을 선택한다.

Command: _break

Select Object: ☞ P3 선택

Specify second break point or [First point]: ☞ P4 선택

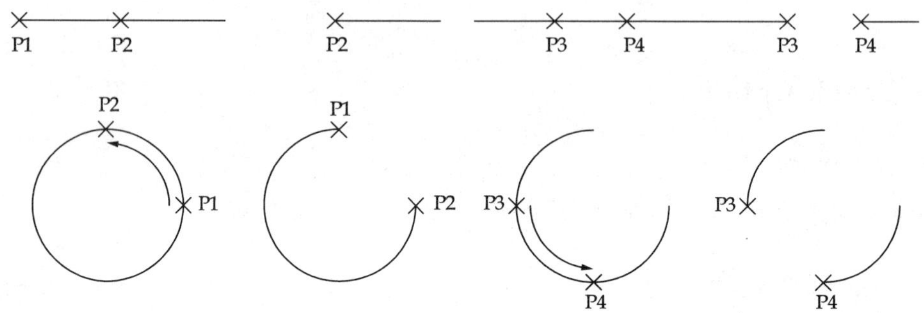

[삭제하기] [분리하기]

Break 실행 전 Break 실행 후 Break 실행 전 Break 실행 후

따라하기 02 : F 옵션을 이용하여 정확하게 객체 삭제/분리하기

삼각형과 원을 겹치게 그리고, Break>First Point 옵션으로 점선부분의 객체를 정확하게 삭제/분리하여 외계인을 만들어 보자. Trim 명령과의 차이점을 확인해보기 바란다.

■ **Step 01 :** 선을 삭제/분리한다.

Modify Toolbar에서 Break 아이콘 을 선택한다.

Command: _break

Select Object: ☞ P1-P2 선 선택

Specify second break point or [First point]: f Enter↵

Osnap Mode의 intersection 아이콘 선택

Specify first break point: _int of ☞ P1 선택

Specify second break point: _int of ☞ P2 선택

삼각형의 P5-P6 부분과 P7-P2 부분은 여러분들이 직접 해보기 바란다.

■ **Step 02 :** 원을 삭제/분리한다.

Modify Toolbar에서 Break 아이콘 을 선택한다.

Command: _break

Select Object: ☞ 원 선택

Specify second break point or [First point]: f Enter↵

Osnap Mode의 intersection 아이콘 선택

Specify first break point: _int of ☞ P2 선택
Specify second break point: _int of ☞ P3 선택
원의 P4-P5 부분과 P6-P1 부분은 여러분들이 직접 해보기 바란다.

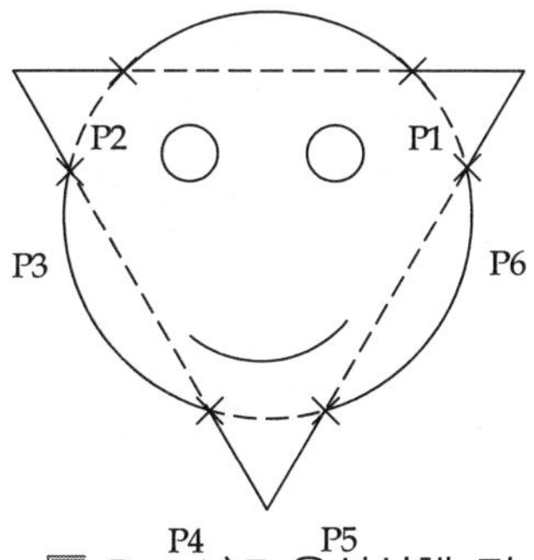

■ Break>F 옵션실행 전

■ Break>F 옵션실행 후

Chapter 9

그리기 도구를 활용한 다양한 그리기

AutoCAD에서 도면작업은 선 그리기와 원 그리기 명령만 알고 편집도구만 활용할 줄 안다면 더 이상 몰라도 도면 작업을 하는 데는 큰 지장은 없다. 하지만 좀 더 신속하고 편리하고 융통성 있는 도면작업을 하려면 그리는 방법을 다양하게 알아야 한다. 초급 수준에서 중급 수준 이상으로 발전 할 수 있는 단계이다. 이 장에서는 호, 도면의 위치를 나타내는 점, 도면의 등분, 속이 채워진 선이나 원, 다각형 그리기 등에 대해 공부하기로 한다.

1. 호 그리기

호는 도면을 그리는데 가장 기본적인 도면요소로서 그리기 도구이며, 호는 다음 그림과 같이 호의 중심점, 시작점, 끝점, 각도, 반지름, 현의 길이 그리고 진행방향으로 구성되어있고, 이들 구성요소를 조합하여 호를 그리게 된다. 호는 호를 그리는 여러 방법 중 도면의 상황에 따라 선택한다.

호의 구성요소

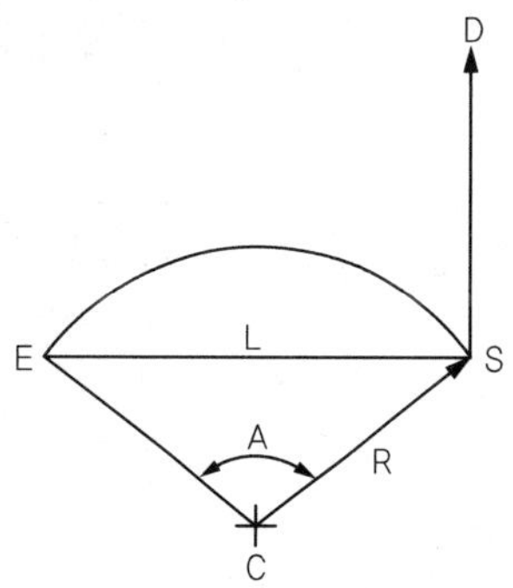

호의 구성요소

C(Center Point)	호의 중심점
S(Start Point)	호의 시작점
E(End Point)	호의 끝점
A(Angle)	호의 내각
R(Radius)	호의 반지름
L(Length)	현의 길이
D(Direction)	호의 진행 방향

입력방법

(키보드)	Command	ArC Enter↵
(마우스)	Main menu	Draw > Arc
	Screen menu	DRAW 1 > Arc
	Icon menu	Draw Toolbar >

Command: arc Enter↵

Center/<Start point>: 시작점이나 중심점 입력으로 호 그리는 방법선택 Enter↵

호를 그리는 방법

호를 그리는 방법은 풀다운 메뉴와 스크린 메뉴를 선택하거나 명령어 영역에서 호의 구성요소를 입력하면 된다. 호를 그릴 때 호의 시작점(Start Point, S) 또는 중심점(Center Point, C) 중 어떤 것을 입력하느냐에 따라 다음 그림과 같이 호를 그리는 방법이 결정되며, 명령어 영역에 나타나는 메시지의 내용이 달라진다. 호를 그리는 방법은 아주 많기 때문에 그리는 방법을 전부 다 외우는 것보다 도면의 상황에 따라 스크린 메뉴나 풀다운 메뉴를 이용하는 방법이 가장 좋다. 호를 그릴 때 각 점의 방향은 반드시 반시계 방향(CCW=+)으로 이동해야 원하는 호를 그릴 수 있다.

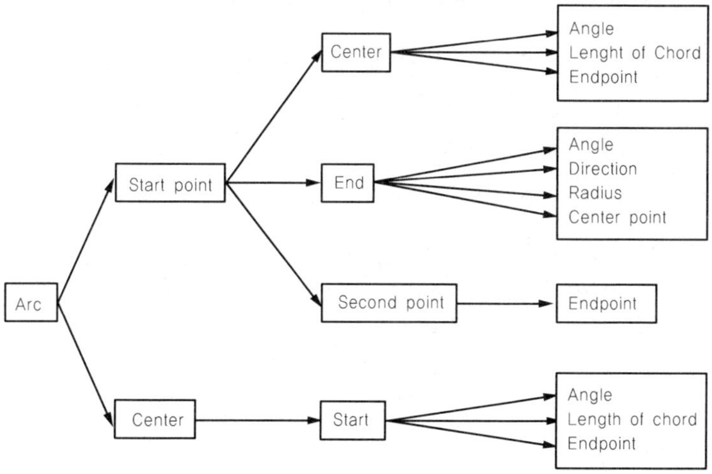

Arc Command Option

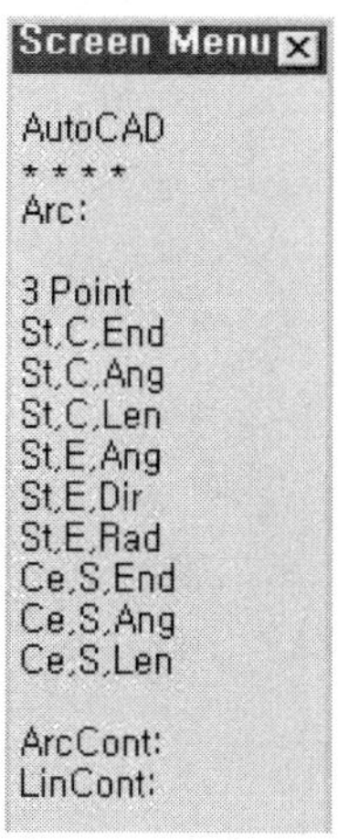

호 그리는 방법

3 Point	임의의 세 점을 지나는 호를 그린다.
S, C, E	시작점, 중심점, 끝점으로 호를 그린다.
S, C, A	시작점, 중심점, 내각으로 호를 그린다.
S, C, L	시작점, 중심점, 현의 길이로 호를 그린다.
S, E, A	시작점, 끝점, 내각으로 호를 그린다.
S, E, D	시작점, 끝점, 진행방향으로 호를 그린다.
S, E, R	시작점, 끝점, 반지름으로 호를 그린다.
C, S, E	중심점, 시작점, 끝점으로 호를 그린다.
C, S, A	중심점, 시작점, 내각으로 호를 그린다.
C, S, L	중심점, 시작점, 현의 길이로 호를 그린다.
Arccont	앞서 그린 호의 끝점을 기준으로 하여 호를 그린다. 스크린 메뉴에서만 사용이 가능하다.
Lincont	앞서 그린 호의 끝점을 기준으로 하여 선을 그린다. 스크린 메뉴에서만 사용이 가능하다.
Conitnuous	앞서 그린 호의 끝점을 기준으로 하여 호를 그린다. 풀다운 메뉴에서만 사용이 가능하다.

호를 그릴 때 스크린 메뉴나 풀다운 메뉴를 이용하면 호 그리는 방법을 일일이 지정하지 않고 미리 옵션을 지정하기 때문에 그리기가 편리하다. 호 그리기 연습은 객체스냅모드를 활용하여 그리면 훨씬 수월하게 그릴 수 있으므로 '객체스냅모드 활용하기' 를 공부한 후 연습하는 것이 좋다.

따라하기 01 : 세 점(3 Point)으로 호 그리기

사각형을 그리고 사각형에 세 점을 지정하여 호를 그린다.

- **Step 01 :** Line 아이콘 을 선택하고 정사각형을 그린다.

  Command : _Line

  Specify first point : ☞ P1 선택

  Specify next point or [Undo] : @150<0 [Enter↵] ☞ P2 선택

  Specify next point or [Undo] : @150<-90 [Enter↵] ☞ P3 선택

  Specify next point or [Close/Undo] : @150<180 [Enter↵] ☞ P4 선택

  Specify next point or [Close/Undo] : c [Enter↵]

- **Step 02 :** Draw Toolbar에서 호 아이콘 을 선택한다.

  Command:_arc

  Osnap Mode의 intersection 아이콘 선택

  Center/<Start point>: _int of ☞ P1 선택

  Osnap Mode의 intersection 아이콘 선택

  Center/End/<Second point>: _int of ☞ P2 선택

  Osnap Mode의 intersection 아이콘 선택

  End point: _int of ☞ P4 선택

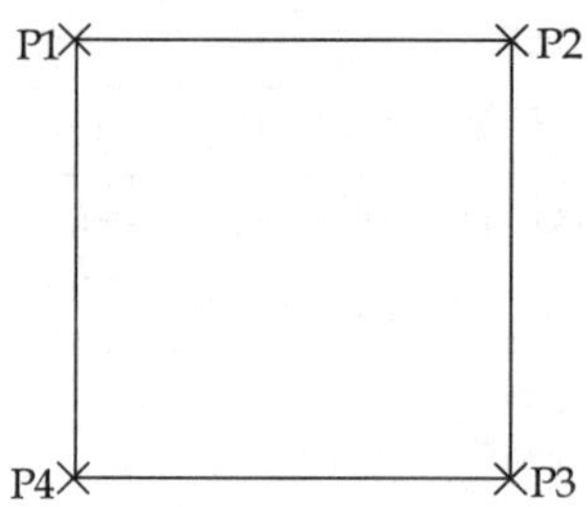

원래상태

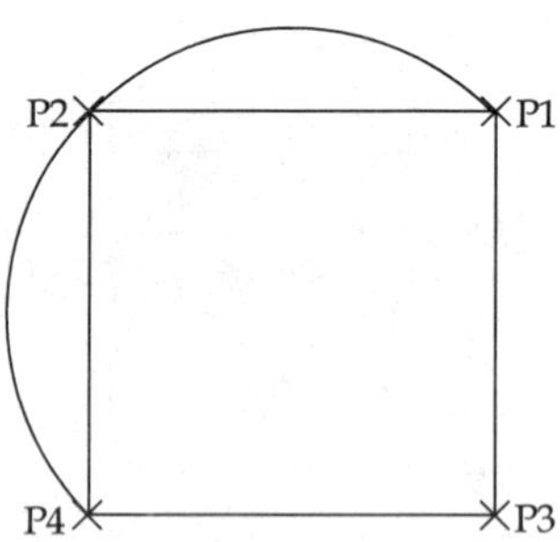

호 그리기(3 Point)

따라하기 02 : 시작점, 중심점, 끝점(S, C, E)으로 호 그리기

사각형을 그리고 사각형에 시작점, 중심점, 끝점을 지정하여 호를 그린다.

- **Step 01 :** Line 아이콘 을 선택하고 정사각형을 그린다.
- **Step 02 :** 스크린 메뉴에서 DRAW1>Arc>St, C, End 선택한다.

Command: _arc

Osnap Mode의 Intersection 아이콘 선택

Specify start point of arc or [Center]: _int of ☞ P1 선택

Osnap Mode의 intersection 아이콘 선택

Specify second point of arc or [Center/End]: _c

Specify center point of arc: _int of ☞ P3 선택

Osnap Mode의 intersection 아이콘 선택

Specify end point of arc or [Angle/chord Length]: _int of ☞ P4 선택

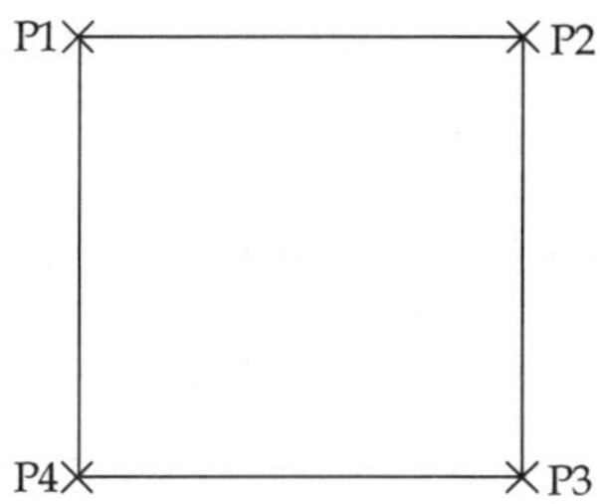

원래상태

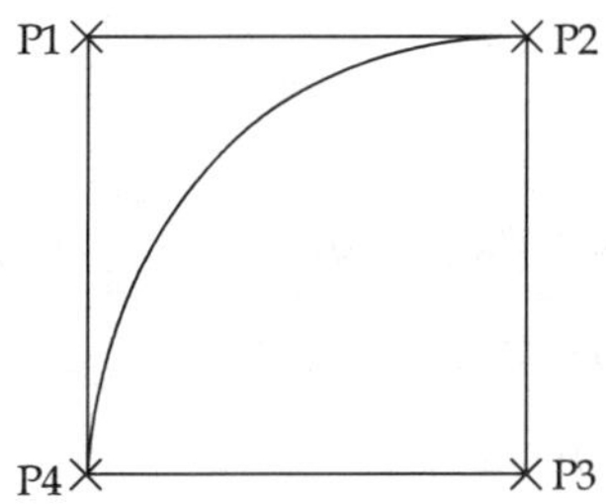

호 그리기(S, C, E)

따라하기 03 : 시작점, 중심점, 내각(S, C, A)으로 호 그리기

사각형을 그리고, 사각형에 시작점과 중심점을 지정하고 내각을 지정하여 호를 그린다.

- **Step 01** : Line 아이콘 을 선택하고 정사각형을 그린다.
- **Step 02** : 스크린 메뉴에서 DRAW1>Arc>St, C, Ang 선택한다.

Command: _arc

Osnap Mode의 Intersection 아이콘 선택

Specify start point of arc or [Center]: _int of ☞ P3 선택

Specify second point of arc or [Center/End]: _c

Osnap Mode의 Intersection 아이콘 선택

Specify center point of arc: _int of ☞ P4 선택

Specify end point of arc or [Angle/chord Length]: _a

Specify included angle: 90 Enter

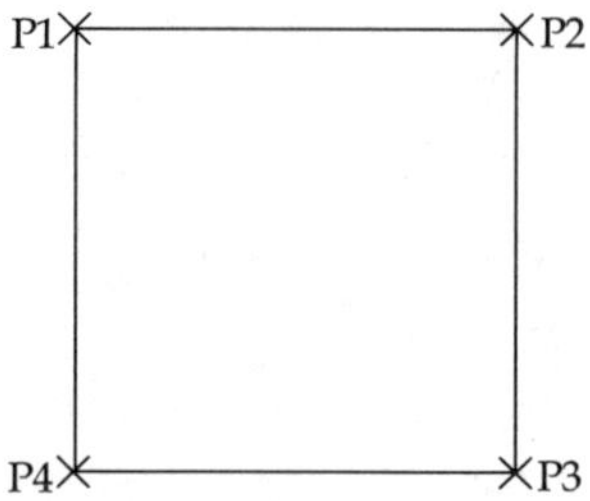

원래상태

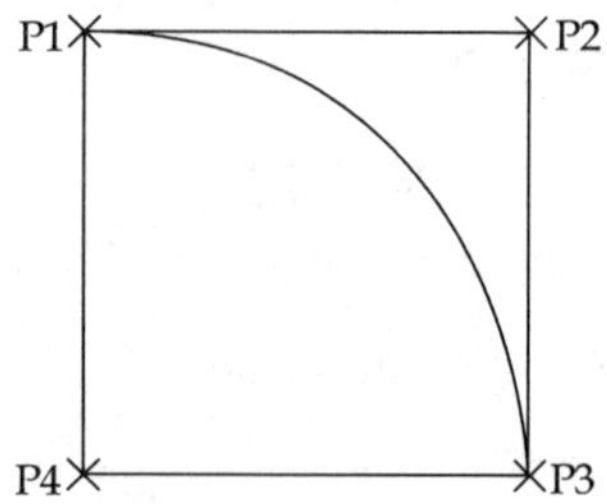

호 그리기(S, C, A)

따라하기 04 : 시작점, 중심점, 현의 길이(S, C, L)로 호 그리기

사각형을 그리고, 사각형에 시작점과 중심점을 지정하고 현의 길이를 지정하여 호를 그린다.

- **Step 01 :** Line 아이콘 을 선택하고 정사각형을 그린다.
- **Step 02 :** 스크린 메뉴에서 DRAW1>Arc>St, C, Len 선택한다.

  Command: _arc

  Osnap Mode의 Intersection 아이콘 선택

  Specify start point of arc or [Center]: _int of ☞ P3 선택

  Specify second point of arc or [Center/End]: _c

  Osnap Mode의 Intersection 아이콘 선택

  Specify center point of arc: _int of ☞ P4 선택

  Specify end point of arc or [Angle/chord Length]: _l

  Osnap Mode의 Intersection 아이콘 선택

  Specify length of chord: _int of ☞ P2 선택

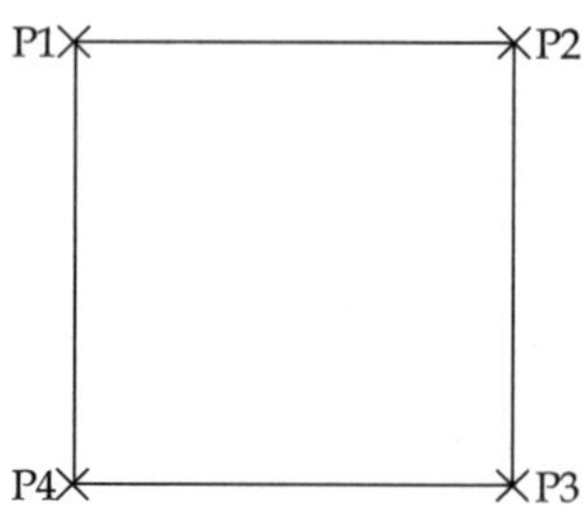

원래상태

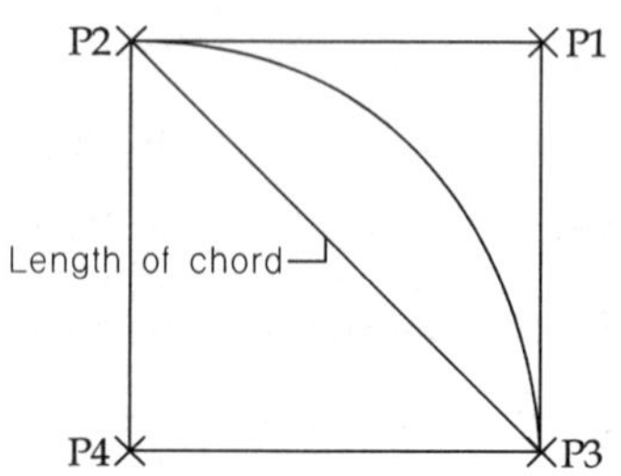

호 그리기(S, C, L)

따라하기 05 : 시작점, 끝점, 내각(S, E, A)으로 호 그리기

삼각형을 그리고, 삼각형에 시작점과 끝점을 지정하고 내각을 지정하여 호를 그린다.

■ **Step 01** : Line 아이콘 을 선택하고 삼각형을 그린다.

■ **Step 02** : 스크린 메뉴에서 DRAW1>Arc>St, E, Ang 선택한다.

Command: _arc

Osnap Mode의 Intersection 아이콘 선택

Specify start point of arc or [Center]: _int of ☞ P1 선택

Specify second point of arc or [Center/End]: _e

Osnap Mode의 Intersection 아이콘 선택

Specify end point of arc: _int of ☞ P2 선택

Specify center point of arc or [Angle/Direction/Radius]: _a

Specify included angle: 60 Enter↵

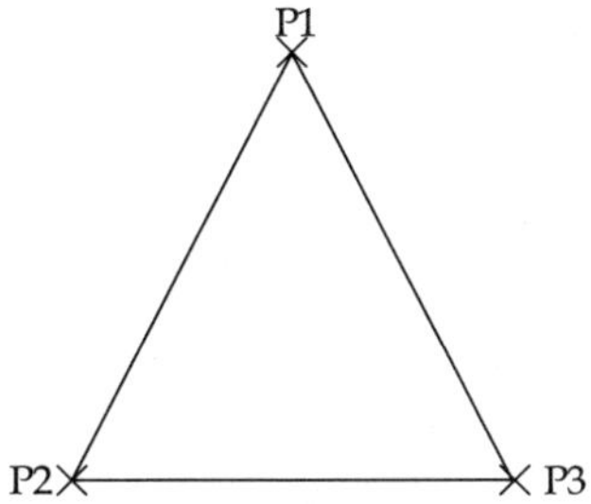

원래상태

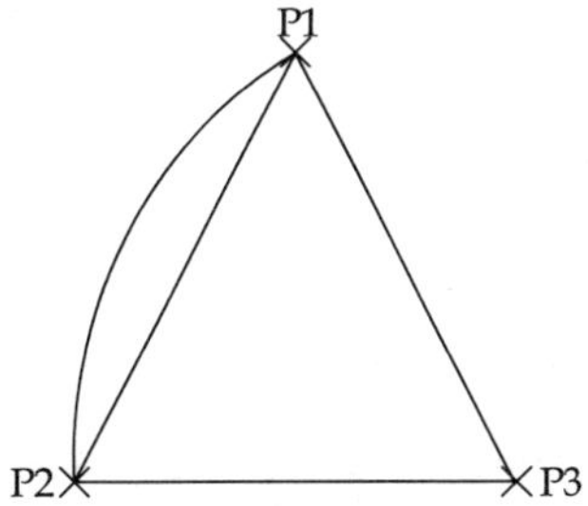

호 그리기(S, E, A)

따라하기 06 : 시작점, 끝점, 방향(S, E, D)으로 호 그리기

사각형을 그리고, 사각형에 시작점과 끝점을 지정하고 호의 진행방향을 지정하여 호를 그린다.

■ **Step 01** : Line 아이콘 을 선택하고 정사각형을 그린다.

■ **Step 02** : 스크린 메뉴에서 DRAW1>Arc>St, E, Dir 선택한다.

Command: _arc

Osnap Mode의 Intersection 아이콘 선택

Specify start point of arc or [Center]: _int of ☞ P3 선택

Specify second point of arc or [Center/End]: _e

Osnap Mode의 Intersection 아이콘 선택

Specify end point of arc: _int of ☞ P1 선택

Specify center point of arc or [Angle/Direction/Radius]: _d

Specify tangent direction for the start point of arc: 60 Enter↵

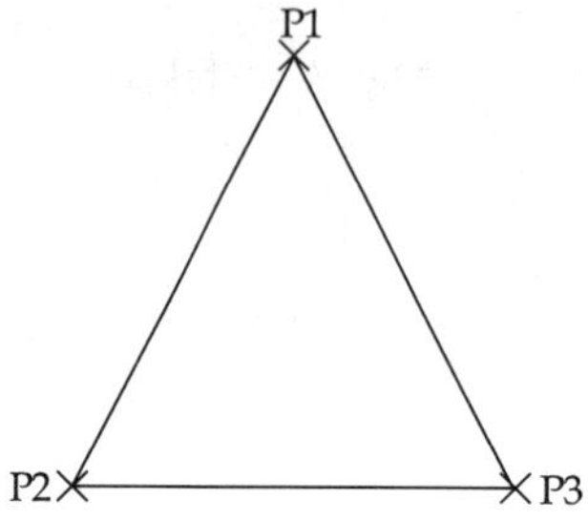

■ 원래상태

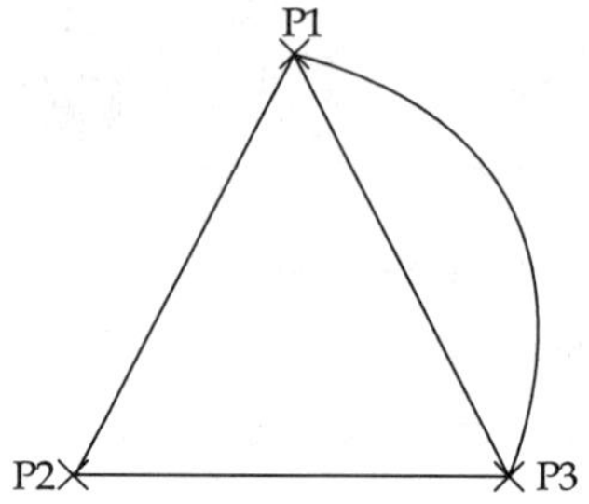

■ 호 그리기(S, E, D)

따라하기 07 : 시작점, 끝점, 반지름(S, E, R)으로 호 그리기

사각형을 그리고, 사각형에 시작점과 끝점을 지정하고 반지름을 지정하여 호를 그린다.

- **Step 01 :** Line 아이콘 을 선택하고 삼각형을 그린다.
- **Step 02 :** 스크린 메뉴에서 DRAW1>Arc>St, E, Rad 선택한다.

Command: _arc

Osnap Mode의 Intersection 아이콘 선택

Specify start point of arc or [Center]: _int of ☞ P3 선택

Specify second point of arc or [Center/End]: _e

Osnap Mode의 Intersection 아이콘 선택

Specify end point of arc: _int of ☞ P2 선택

Specify center point of arc or [Angle/Direction/Radius]: _r

Specify radius of arc: 100 Enter↵

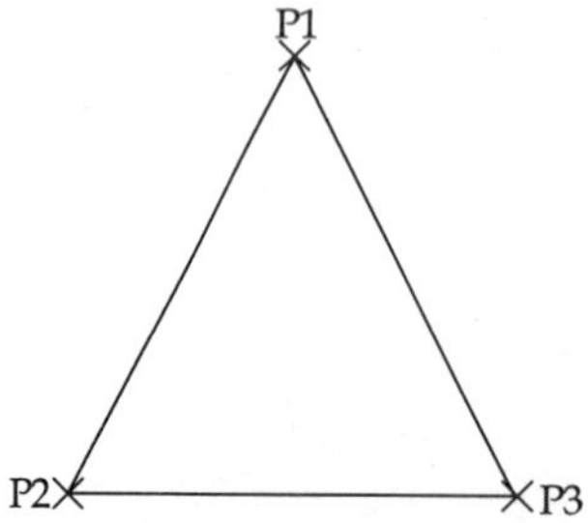

■ 원래상태

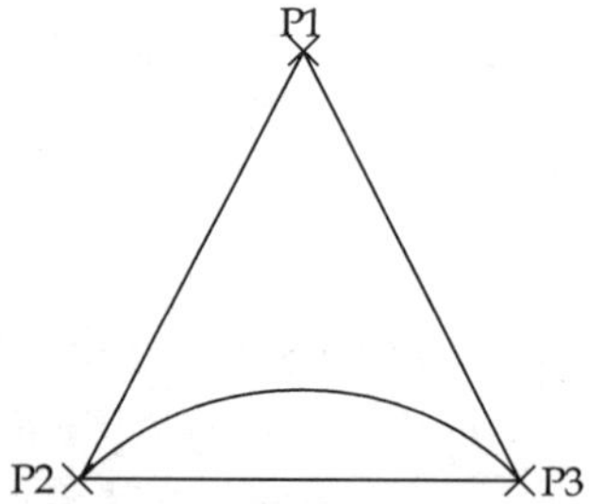

■ 호 그리기(S, E, R)

호 그리는 방법 중 (C, S, E)와 (C, S, A), (C, S, L) 방법은 시작점을 지정하는 방법에 순서만 바꾼 것이므로 여러분들이 직접해보기 바란다.

Continuous와 Arccont, Lincont 옵션

호 그리기 옵션 중 Continuous는 앞서 그린 호의 끝점을 기준으로 하여 호를 그릴 때 사용하고, 풀다운 메뉴에서만 선택할 수 있다. Arccont와 Lincont 옵션은 호에 연속한 직선이나 직선에 연속한 호를 그릴 때 사용하고, 스크린 메뉴에서만 선택할 수 있다.

따라하기 08 : Arccont, Lincont 옵션으로 선과 호 그리기

Arccont와 Lincont 옵션을 이용하여 호에 연속한 직선과 직선에 연속한 호를 그려 다음 도형을 완성시켜보자.

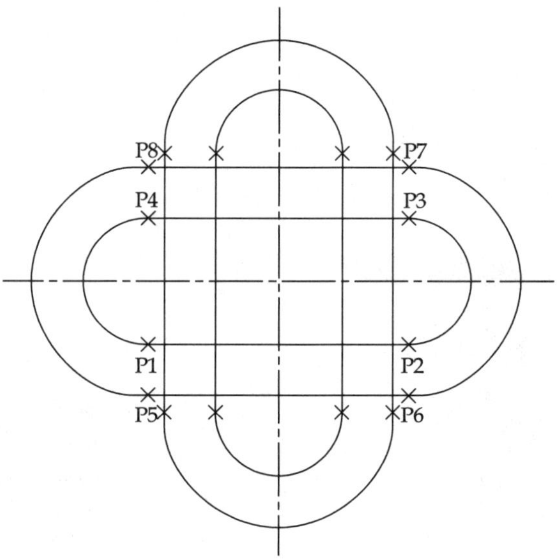

- **Step 01 :** 수평부분을 Line 아이콘 을 선택하고 선을 그린다.

  Command: _Line

  Specify first point: 100,100 Enter↵ ☞ P1 지정

  Specify next point or [Undo]: @100<0 Enter↵ ☞ P2 지정

  Specify next point or [Undo]: *Cancel*

- **Step 02 :** 스크린 메뉴에서 Line>ArcCont: 선택한다. 이때 명령어 영역에는 Arc 명령이 수행되었음을 나타내주고, P2가 호의 시작점으로 바로 입력된다. 스크린 메뉴는 Arc 명령으로 바뀐다.

Command:

Command: _arc Specify start point of arc or [Center]: ☞ P2 지정

Specify end point of arc: @50<90 Enter↵ ☞ P3 지정

- **Step 03 :** 스크린 메뉴 Arc/Lincont를 선택한다. 명령어 영역에는 Line 명령이 수행되었음을 나타내주고, 호의 P3가 선의 시작점으로 바로 입력된다. 스크린 메뉴는 Line 명령으로 바뀐다.

Command:

Command: _Line Specify first point: ☞ P3 지정

Length of Line: 100 ☞ P4 지정

Specify next point or [Undo]: *Cancel*

- **Step 04 :** 스크린 메뉴에서 Line>ArcCont: 선택한다. 명령어 영역에는 Arc 명령이 수행되었음을 나타내주고, P4가 호의 시작점으로 입력된다. 스크린 메뉴는 Arc 명령으로 바뀐다.

Command:

Command: _arc Specify start point of arc or [Center]: ☞ P4 지정

Osnap Mode의 End 아이콘 선택

Specify end point of arc: _endp of ☞ P1 선택

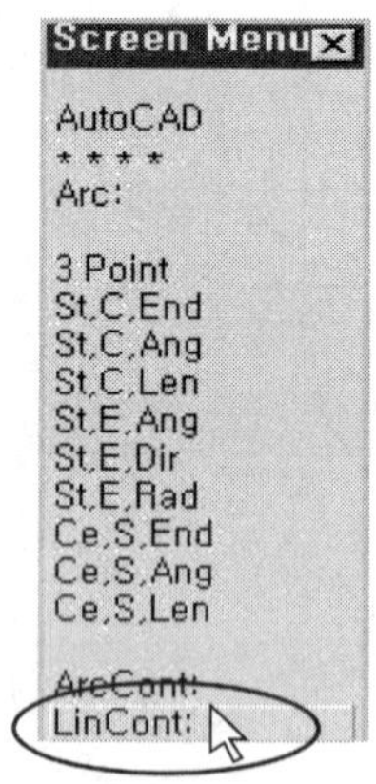

Step 02와 04

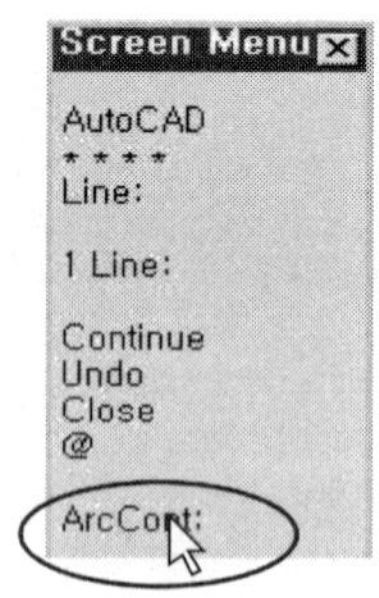

Step 03

- **Step 05 :** 수직부분은 Step 01~04까지 반복실행하면 그릴 수 있다.

2. 점의 유형설정과 활용하기

2.1 점의 유형설정하기

선택한 도면의 등분표시나 도면의 위치를 점으로 나타낸다. 이렇듯이 점은 대부분이 참조용으로 사용되는 경우가 많다. 사용되는 점의 모양과 크기는 사용자가 임의의 크기로 설정하여 사용할 수 있다.

입력방법

	Command	Ddptype Enter↵
	Main menu	Format > Point Style
	Screen menu	DRAW 2 > Point > Ddptype

Ddptype 명령을 실행하면 'Point Style' 대화상자가 나오고, 이 대화상자로부터 점의 유형과 크기를 설정할 수 있다.

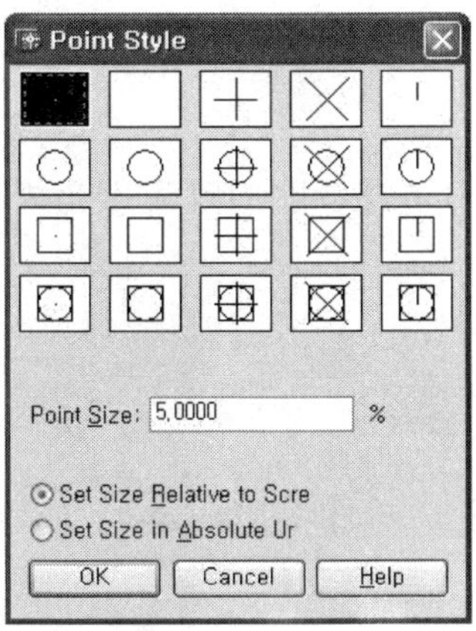

0	1	2	3	4
32	33	34	35	36
64	65	66	67	68
96	97	98	99	100

Point Style

Point Style 대화상자에서

■ Point style

원하는 점의 모양을 마우스로 선택하여 점을 변경한다. 또는 점의 모양은 Pdmode 명령을 입력해도 설정할 수 있고, Point Style 대화상자 옆의 표와 같이 점의 고유번호를 입력해도 된다.

Command : Pdmode Enter↵

Enter new value for PDMODE <0>: 점의 유형번호 입력 Enter↵

■ Point size

점의 크기를 설정한다. 점의 크기를 절대적인 수치 값으로 설정하거나 화면의 표시상태에 따른 상대적인 퍼센트로도 설정할 수 있다. 또는 Pdsize 명령을 입력해도 점의 크기를 설정할 수 있다.

Command : Pdsize Enter↵

Enter new value for PDSIZE <0.0000>: 점의 크기입력 Enter↵

점의 크기	설 명
0	점을 화면의 5% 크기로 설정한다.
n%	점을 화면의 n% 크기로 설정한다.
−n%	점을 n 값의 크기로 설정한다.

▶ Set size relative to screen

점을 화면의 상대적인 크기 비율로 설정한다. Zoom 명령을 실행해도 점의 크기는 바뀌지 않는다.

▶ Set size in absolute units

점의 크기를 절대적인 단위로 설정한다. Zoom 명령을 실행하면 점의 크기도 바뀐다. 즉, 화면이 확대되면 점도 확대된다.

2.2 점 그리기

앞서 설정된 점의 모양과 크기로 점(Point)을 그리거나 Measure나 Divide 명령과 함께 사용되어 도면의 위치와 등분표시에 사용된다.

입력방법

	Command	Point Enter↵
	Main menu	Draw > Point > Single Point Draw > Point > Multiple Point
	Screen menu	DRAW 2 > Point > Point
	Icon menu	Draw Toolbar >

Point 명령과 Pull-Down Menu〉Point〉Single Point 실행

입력방법 중 Point 명령과 Pull-Down Menu에서 Point>Single Point는 점 그리기를 한 번만 실행하고 종료하며, 명령어 영역에는 다음과 같은 메시지가 나온다.

Command: point
Current point modes: PDMODE=0 PDSIZE=0.0000
Specify a point: 점을 그릴 위치지정 Enter↵

· 아이콘과 Pull-Down Menu〉Point〉Multiple Point, Screen Menu〉 Point〉Point 실행

입력방법 중 Draw Toolbar에서 Point · 아이콘과 Pull-Down Menu에서 Point> Multiple Point, Screen Menu에서 Point>Point는 다중 점 그리기를 실행하며, 명령어 영역에는 다음과 같은 메시지가 나온다. 그리고 점 그리기를 종료하려면 Esc 버튼을 입력하면 된다.

Command: _point
Current point modes: PDMODE=0 PDSIZE=0.0000
Specify a point: 점을 그릴 위치지정 Enter↵

2.3 객체 등분할하기

선택한 객체를 지정한 개수만큼 균등하게 등분하고자 할 경우 Divide명령을 이용하면 된다. Divide 명령은 객체의 길이 또는 둘레를 대한 점이나 블록을 일정한 간격으로 위치시키는 것으로서 등분된 객체는 실제로 분리된 것이 아니다. 이때 등분된 위치는 Point 명령에서 설정된 점(사용자가 설정한 점의 모양과 크기)으로 표시된다.

입력방법

(키보드)	Command	Divide Enter↵
(마우스)	Main menu	Draw > Point > Divide
	Screen menu	DRAW 2 > Divide
	Icon menu	Toolbars > Command > Draw > (아이콘)

Command: divide Enter↵
Select Object to divide: 등분할 도면(객체)선택 Enter↵
Enter the number of segments or [Block]: 등분할 수 또는 옵션입력 Enter↵

Divide Option

- **Enter the number of segments**
  등분할 개수(2～32,767)를 입력한다.

- **Block**
  분할위치를 Pdmode에서 설정한 점되신 블록도면으로 등 분할한다. 이 옵션을 선택하면 다음과 같은 하위옵션이 나온다.
  - Enter name of block to insert: 블록도면의 이름을 입력한다.
  - Align block with Object? [Yes/No] 〈Y〉: 블록도면의 정렬여부를 설정한다.

따라하기 01 : 객체 등분할하기

35번 점의 모양으로 원을 6등분하고, 육각형을 그린다.

- **Step 01 :** Draw Toolbar에서 Circle 아이콘 을 선택하고 원을 그린다.

- **Step 02 :** 'Point Style' 대화상자에서 점의 모양과 크기를 설정한다.
  Main Menu에서 Format>Point Style를 선택한다.
  - 점의 모양 : 35번 선택
  - 점의 크기 : 5% 입력

- **Step 03 :** Divide 명령으로 원을 6 등분한다.
  Command: divide Enter↲
  Select Object to divide: ☞ 원 선택
  Enter the number of segments or [Block]: 6 Enter↲ ☞ 등분할 개수입력

- **Step 04 :** Line 명령으로 점의 위치를 객체스냅모드의 Node 아이콘을 이용하여 육각형을 그린다.

  Draw Toolbar에서 Line 아이콘 을 선택한다.

  Command: _Line

  Osnap Mode의 Node 아이콘 선택

  Specify first point: _nod of ☞ P1 선택

  Osnap Mode의 Node 아이콘 선택

  Specify next point or [Undo]: _nod of ☞ P2 선택

  Osnap Mode의 Node 아이콘 선택

Specify next point or [Undo]: _nod of ☞ P3 선택

Osnap Mode의 Node ◦ 아이콘 선택

Specify next point or [Close/Undo]: _nod of ☞ P4 선택

Osnap Mode의 Node ◦ 아이콘 선택

Specify next point or [Close/Undo]: _nod of ☞ P5 선택

Osnap Mode의 Node ◦ 아이콘 선택

Specify next point or [Close/Undo]: _nod of ☞ P6 선택

Specify next point or [Close/Undo]: c Enter↵

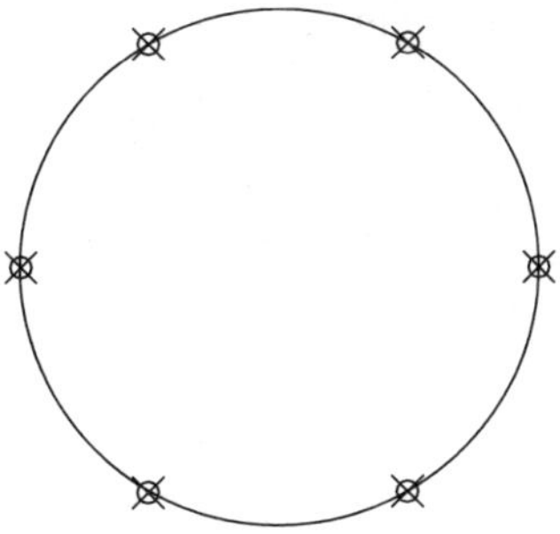

Divide 실행 후

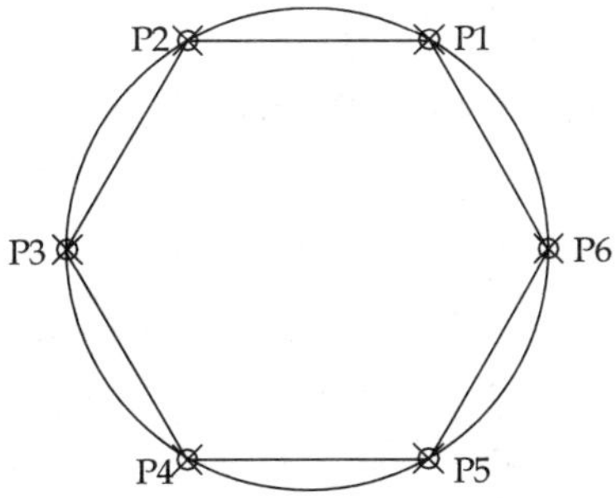

등분할과 육각형

따라하기 02 : 블록도면으로 객체 등분할하기

블록도면으로 원을 8등분한 후 정렬한다.

- **Step 01 :** Draw Toolbar에서 Circle 아이콘 을 선택하고 원을 그린다.
- **Step 02 :** 등 분할에 사용할 점을 Block 명령으로 블록도면을 만든다. Block 명령을 실행하면 'Block Definition' 대화상자가 나온다. 이 대화상자에서 블록도면의 이름을 Bpoint로 정의하고, 점으로 사용할 객체를 선택한다.

Command: block Enter↵

Select objects: 1 found ☞ 블록도면선택

Select objects: Enter↵ ☞ 블록도면 선택종료

Specify insertion base point: _int of ☞ 삽입기준 점 설정

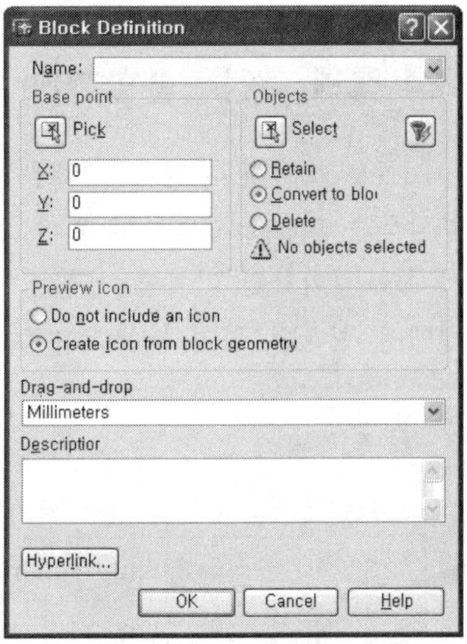

Block Definition

■ **Step 03 :** 블록도면을 불러 divide 명령으로 원을 8 등분한다.

▶ 블록도면을 정렬안하는 경우

Command: divide Enter↵

Select Object to divide: ☞ 원 선택

Enter the number of segments or [Block]: b Enter↵

Enter name of block to insert: bpoint ☞ 블록도면 이름입력

Align block with Object? [Yes/No] <Y>: n ☞ 블록도면 정렬안함

Enter the number of segments: 8 Enter↵ ☞ 등분할 개수입력

▶ 블록도면을 정렬한 경우

블록도면 정렬안한 경우에서 다음 항목만 변경하면 된다.

Align block with Object? [Yes/No] <Y>: y ☞ 블록도면 정렬함

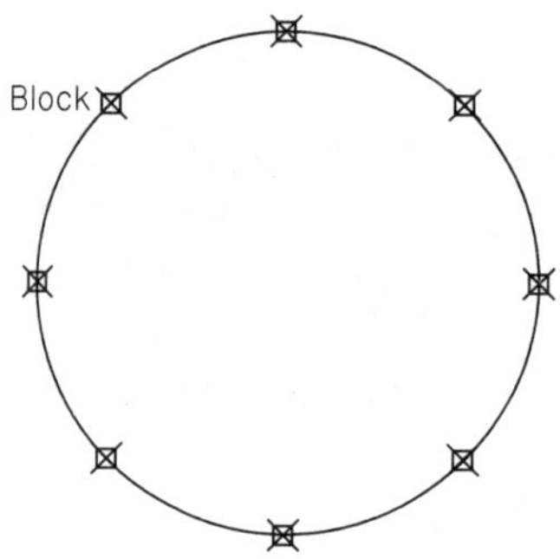

블록을 정렬하지 않은 경우

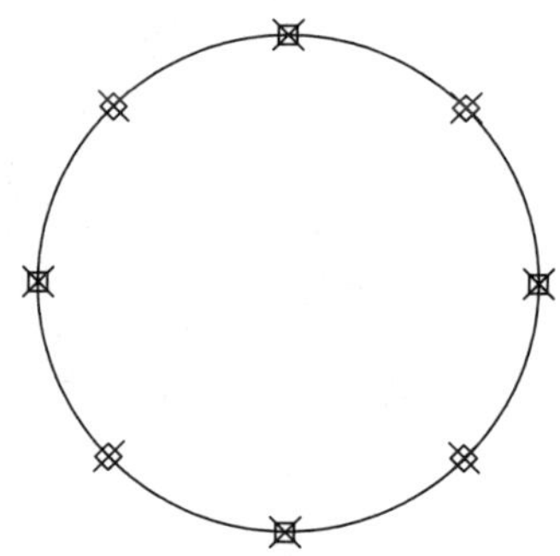

블록을 정렬한 경우

2.4 객체 측정 · 분할하기

Divide 명령과는 달리 객체를 분할할 때 객체를 측정한 후 사용자가 지정한 길이로 분할하는 Measure 명령이 있다. Measure 명령은 선택한 객체를 측정한 후 선택한 길이가 등분길이보다 커야만 지정한 길이로 등분할 수 있다. 이때 등분된 위치에는 Point 명령에서 설정된 점이나 블록으로 표시된다.

입력방법

	Command	Measure Enter↵
	Main menu	Draw > Point > Measure
	Screen menu	DRAW 2 > Measure
	Icon menu	Toolbars > Command > Draw >

Command: measure [Enter↵]

Select Object to measure: 측정 · 등분할 객체선택 [Enter↵]

Specify length of segment or [Block]: 분할 수 또는 옵션입력 [Enter↵]

Measure Option

- **Specify length of segment** : 측정/등분할 길이값 설정한다.
- **Block**

분할위치를 pdmode에서 설정한 점되신 블록도면으로 분할한다. 이 옵션을 선택하면 다음과 같은 하위옵션이 나온다.

- ▶ Enter name of block to insert: 블록도면의 이름을 입력한다.
- ▶ Align block with Object? [Yes/No] ⟨Y⟩: 블록도면의 정렬여부를 설정한다.

측정 · 분할 후 점의 위치 결정…

Measure 명령에서 측정 · 분할할 객체가 선이나 열린 폴리선인 경우에는 선택한 점에서 가장 가까운 끝에서 시작하여 지정한 길이간격으로 설정한 모양의 점을 표시하면서 분할하고, 원인 경우에는 원의 중심에서 0(3시 방향)인 점의 위치에서부터 반시계 방향으로 지정한 간격으로 설정한 모양의 점을 표시하면서 분할한다. 다음 결과 그림을 참조한다.

따라하기 : 지정한 길이로 객체 측정 · 분할하기

선과 호를 그리고, 호를 20mm 간격으로 분할한다. 이때 분할위치는 99번 점으로 나타낸다.

- **Step 01** : Draw Toolbar에서 Line 아이콘 을 선택하고 선을 그린다.
- **Step 02** : 스크린 메뉴에서 DRAW1>Arc>St, C, Len로 호를 그린다.
- **Step 03** : Main Menu에서 Format>Point Style를 선택하고, 'Point Style' 대화상자에서 점의 모양(99번)과 크기(5%)를 설정한다.
- **Step 04** : Measure 명령으로 호를 20mm 간격으로 분할한다.

  Command: measure [Enter↵]

  Select Object to measure: ☞ 호 선택

  Specify length of segment: 20 [Enter↵] ☞ 20mm 간격으로 분할, 분할개수 4개

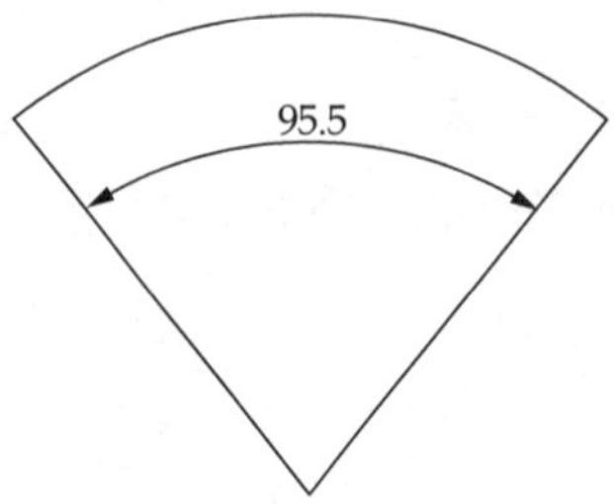

Measure 실행 전

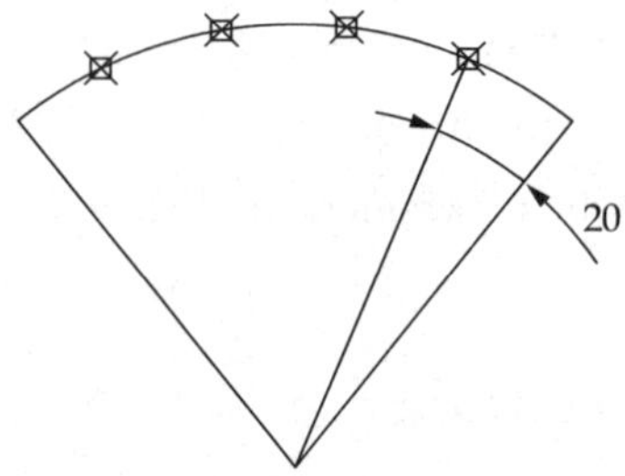

Measure 실행 후

3. 채우기 모드와 폭을 갖는 객체그리기

AutoCAD에는 PLine, Trace, Donut, Solid 등의 명령은 임의 폭을 갖는 객체를 그릴 수 있고, 이들 명령으로 작성된 객체는 폭의 속을 채우거나 비우게 조정할 수도 있다.

3.1 채우기 모드설정하기

Trace, Donut, Solid, PLine 명령에서 폭을 일정한 두께로 지정하고 도면을 작성할 때 도형내부의 속을 채울 것인지 아닌지 설정할 수 있다. 속을 채우는 색은 기존에 설정된 색으로 칠해진다. 속 채움 Fill 명령을 실행한 후에는 Regen 명령을 실행해야 화면의 변화를 반영한다. 도형내부의 속 채움에 대한 실행은 Trace, Donut, Solid, PLine 명령의 따라하기를 참조한다.

입력방법

	Command	Fill Enter↵

Command: fill Enter↵

Enter mode [ON/OFF] <ON>: 옵션입력 Enter↵

Fill Option

- **ON** : 도형내부를 채운다.
- **OFF** : 도형내부를 비운다.

3.2 일정한 폭의 선 그리기

일정한 폭의 선 그리기는 Trace 명령을 실행하면 된다. 이 명령은 선의 폭을 지정한다는 점을 제외하고는 Line 명령의 실행방법과 동일하지만, 한 가지 차이점은 Undo명령이나 close 옵션을 사용할 수 없다는 것이다. 그리고 그려진 선은 Fillet이나 Chamfer 명령으로 라운딩이나 모따기를 할 수 없고, Trim 명령으로 자르기를 할 수 없다. 선의 내부를 채우고 안 채우는 것은 Fill 명령으로 조정할 수 있다. Trace 명령은 2차원보다 3차원 그리기에서 더 유용하게 사용된다.

입력방법

	Command	Trace Enter↵

Command: trace Enter↵

Specify trace width <1.0000>: 선의 폭 지정 Enter↵

Specify start point: 선의 시작점 입력 Enter↵

Specify next point: 다음 점 입력 Enter↵

따라하기 01 : 일정한 폭을 가진 도형 그리기

Fill 모드를 On/Off 시킨 후 일정한 폭을 갖는 도형을 그려보자.

■ **Step 01** : Trace 명령으로 선을 그린다.

Command: trace Enter↵
Specify trace width <1.0000>: 5 Enter↵
Specify start point: ☞ 각 마디의 점 지정
Specify next point:
Specify next point:
Specify next point:
Specify next point:
Specify next point:
Specify next point:
Specify next point:
Specify next point:
Specify next point: Enter↵ ☞ Trace 명령 종료

- **Step 02 :** Fill 모드를 Off 시킨다.

  Command: fill Enter↵

  Enter mode [ON/OFF] <ON>: 0 Enter↵ ☞ off

- **Step 03 :** Regen 명령을 실행한다.

  Command: regen Enter↵

  Regenerating model.

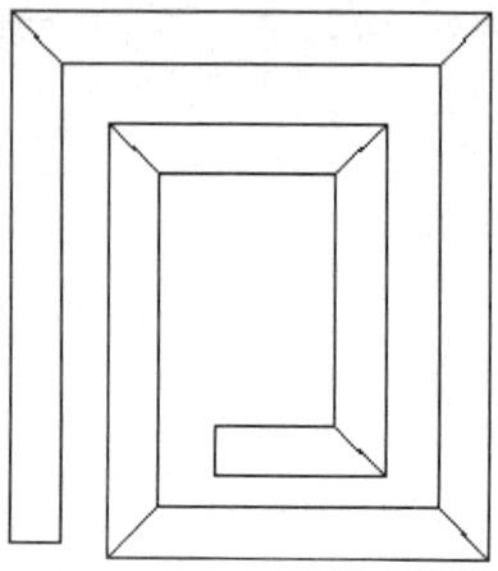

Fill Off

Fill On

따라하기 02 : 일정한 폭과 두께를 갖는 3차원 형상의 선 그리기

두께를 지정하고 일정한 폭을 갖는 3차원 선을 그린다.

- **Step 01 :** Thickness 명령으로 두께를 지정한다.

  Command: thickness Enter↵

  Enter new value for THICKNESS <0.0000>: 30 Enter↵ ☞ 두께지정

- **Step 02 :** Trace 명령으로 선을 그린다.

  Command: trace Enter↵

  Specify trace width <5.0000>: 10 Enter↵

  Specify start point: ☞ 각 마디의 점 지정

  Specify next point:

  Specify next point:

  Specify next point:

  Specify next point: Enter↵ ☞ Trace 명령 종료

- **Step 03 :** Vpoint 명령으로 관찰점을 변경한다.

  Command: vpoint

  Current View direction: VIEWDIR=0.0000,0.0000,1.0000

  Specify a View point or [Rotate] <display compass and tripod>: 1,-1,1 Enter↵

  Regenerating model.

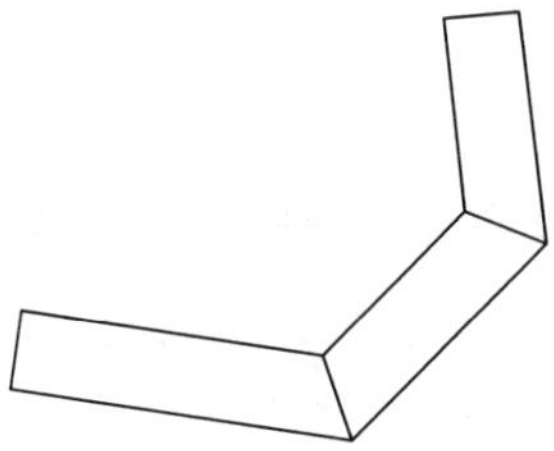

[Vpoint=0,0,1]

2차원 형상

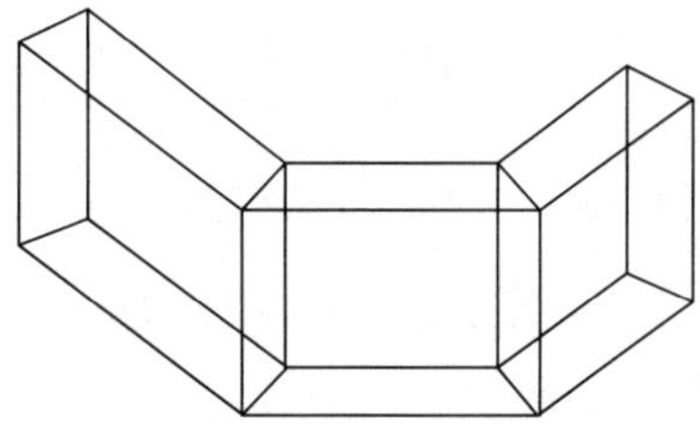

[Vpoint=1,−1,1]

3차원 형상

3.3 도넛 그리기

임의의 두께를 가진 두 개의 동심원을 그리는 도넛 그리기는 Donut 명령을 실행하면 된다. 도넛은 도넛 모양의 폭을 가진 닫힌 PolyLine의 일종이며, 도넛의 안지름과 바깥지름, 중심점을 지정하면 그릴 수 있다. 안지름을 0으로 하면 속이 채워진 솔리드(Solid) 원을 그릴 수 있다. Fill 명령으로 큰 원과 작은 원 사이의 동심원 속을 채우거나 비울 수 있다.

도넛을 그리고 Explode 명령으로 객체분리를 실행하면 도넛은 내경+외경×1/2의 지름을 갖는 2개의 호로 변하고, 선폭은 0으로 된다.

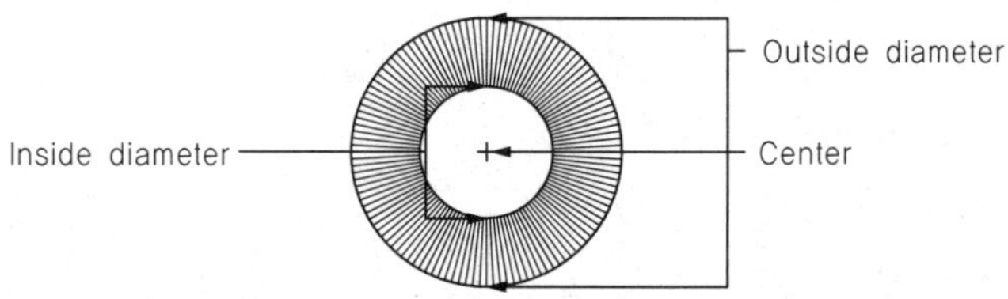

Donut의 안지름과 바깥지름, 중심

입력방법

	Command	Donut Enter↵
	Main menu	Draw > Donut
	Screen menu	DRAW 1 > Donut
	Icon menu	Toolbars > Command > Draw >

Command: donut Enter↵

Specify inside diameter of donut <0.5000>: 안지름 입력 Enter↵

Specify outside diameter of donut <1.0000>: 바깥지름 입력 Enter↵

Specify center of donut or <exit>: 도넛을 그릴 중심점 설정 또는 Enter↵

따라하기 : 도넛과 솔리드 원 그리기

Fill 모드를 On/Off 시킨 후 도넛과 솔리드 원을 그려보자.

■ **Step 01 :** Main Menu에서 Draw>Donut을 선택하고 도넛을 그린다.

Command: _donut

Specify inside diameter of donut <0.5000>: 50 Enter↵

Specify outside diameter of donut <1.0000>: 100 Enter↵

Specify center of donut or <exit>: ☞ 화면상에 임의 위치지정

Specify center of donut or <exit>: ☞ Donut 명령 종료

■ **Step 02 :** Main Menu에서 Draw>Donut을 선택하고 솔리드 원을 그린다.

Command: _donut

Specify inside diameter of donut <50.0000>: 0 Enter↵

Specify outside diameter of donut <100.0000>: Enter↵

Specify center of donut or <exit>: ☞ 화면상에 임의 위치지정

Specify center of donut or <exit>: ☞ Donut 명령 종료

■ **Step 03 :** Fill 모드를 Off 시킨다.

Command: fill Enter↵

Enter mode [ON/OFF] <ON>: 0 Enter↵ ☞ off

■ **Step 04 :** Regen 명령을 실행한다.

Command: regen Enter↵

Regenerating model.

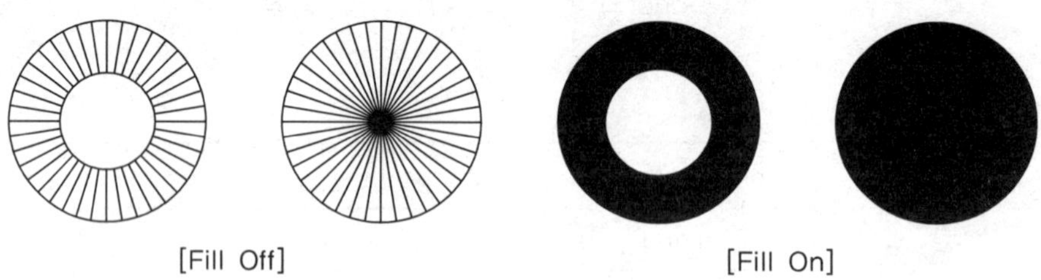

[Fill Off] — 도넛, 솔리드 원   [Fill On] — 도넛, 솔리드 원

3.4 속이 채워진 다각형 그리기

3각형, 4각형 등의 속이 채워진 다각형 그리기는 Solid 명령을 실행하면 된다. Fill 명령으로 다각형의 속을 채우거나 비울 수 있고, 색이 채워진 도형을 그릴 때 많이 사용한다. 객체를 그리는 도중에는 객체의 형태를 볼 수 없다는 것이 단점이다.

입력방법

	Command	Solid Enter↵
	Main menu	Draw > Surfaces > 2D Solid
	Screen menu	DRAW 2 > Surfaces > Solid
	Icon menu	Toolbars > Command > Draw >

Command: solid Enter↵

Specify first point: 첫 번째 점 지정 Enter↵

Specify second point: 두 번째 점 지정 Enter↵

Specify third point: 세 번째 점 지정 Enter↵

Specify fourth point or <exit>: 네 번째 점 지정 Enter↵

다각형 점의 입력순서

점을 입력할 때 주의할 점은 반드시 점의 입력순서를 지그재그(Z) 순으로 입력해야 한다. 그렇지 않으면 원하는 다각형이 형성되지 않는다. Solid 명령에서 속이 채워진 다각형을 한 번에 그리는 것이 아니고 지정한 점에 따라 3각형의 형태로 속을 채우기 때문이다.

따라하기 01 : 속이 채워진 다각형 그리기

속이 채워진 삼각형, 사각형, 오각형을 그려보자.

- **Step 01**

  Main Menu에서 Draw>Surfaces>2D Solid를 선택하고 삼각형을 그린다.

  Command: _solid

  Specify first point: ☞ P1 선택

  Specify second point: ☞ P2 선택

  Specify third point: ☞ P3 선택

  Specify fourth point or <exit>: Enter↵ ☞ 삼각형에서 네 번째 점은 필요 없음

  Specify third point: Enter↵ ☞ Solid 명령 종료

- **Step 02 : 지그재그(Z) 순으로 점을 지정한다.**

  Main Menu에서 Draw>Surfaces>2D Solid를 선택하고 사각형을 그린다.

  Command: _solid

  Specify first point: ☞ P1 선택

  Specify second point: ☞ P2 선택

Specify third point: ☞ P3 선택

Specify fourth point or <exit>: ☞ P4 선택

Specify third point:

- **Step 03 :** 순차적으로 점을 지정한다. 사각형과 비교해본다.

Main Menu에서 Draw>Surfaces>2D Solid를 선택하고 나비모양을 그린다.

Command: _solid

Specify first point: ☞ P1 선택

Specify second point: ☞ P2 선택

Specify third point: ☞ P3 선택

Specify fourth point or <exit>: ☞ P4 선택

Specify third point:

- **Step 04**

Main Menu에서 Draw>Surfaces>2D Solid를 선택하고 오각형을 그린다.

Command: _solid

Specify first point: ☞ P1 선택

Specify second point: ☞ P2 선택

Specify third point: ☞ P3 선택

Specify fourth point or <exit>: ☞ P4 선택

Specify third point: ☞ P5 선택

Specify fourth point or <exit>: Enter↵

Specify third point: Enter↵

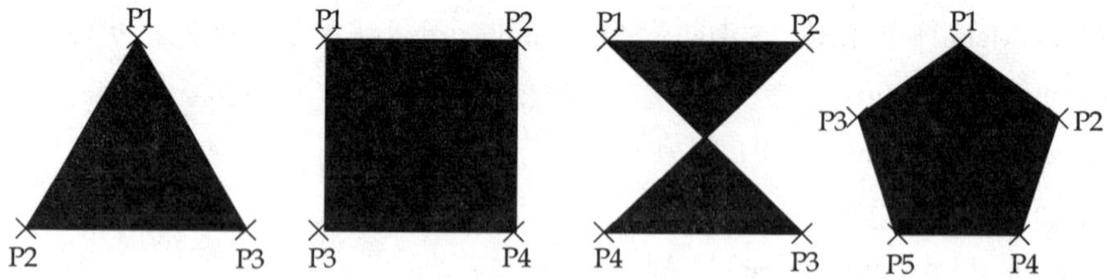

속이 채워진 다각형

따라하기 02 : 두께를 갖는 3차원 형상의 도넛과 다각형 그리기

- **Step 01 :** Thickness 명령으로 두께를 지정한다.

Command: thickness Enter↵

Enter new value for THICKNESS <0.0000>: 30 Enter↵ ☞ 두께지정

■ **Step 02** : Donut과 Solid 명령으로 도넛과 오각형을 그린다.

■ **Step 03** : Vpoint 명령으로 관찰점을 변경한다.

Command: vpoint

Current View direction: VIEWDIR=0.0000,0.0000,1.0000

Specify a View point or [Rotate] <display compass and tripod>: 1,-1,1 Enter↵

Regenerating model.

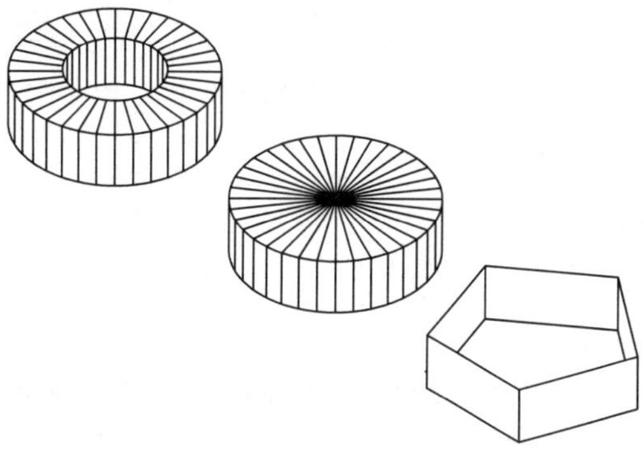

3차원 형상의 도넛과 다각형

4. 사각형 그리기

Line 명령으로 사각형을 그릴 때 4점의 위치를 지정해야 하지만, 두 개의 꼭지 점을 지정해서도 임의 크기의 사각형(Rectangle)을 그릴 수 있다. 이때 그려진 사각형은 폴리라인으로 그려지기 때문에 단일 객체(Single Object)로 인식된다. Fill 명령으로 사각형의 폭을 채우거나 비울 수 있다.

입력방법

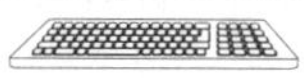	Command	Rectangle Enter↵
	Main menu	Draw > Rectangle
	Screen menu	DRAW 1 > Rectangle
	Icon menu	Draw Toolbar > 

Command: rectangle Enter↵

Specify first corner point or [Chamfer/Elevation/Fillet/Thickness/Width]:

첫 번째 꼭지 점 지정 또는 옵션입력 Enter↵

Specify other corner point or [Dimensions]:

두 번째 꼭지 점 지정 또는 옵션입력 Enter↵

Rectangle Option

■ **Chamfer**

지정한 모따기 값으로 사각형을 모따기한다. 이 옵션을 입력하면 다음과 같은 하위옵션이 나온다.

▶ Specify first chamfer distance for rectangles 〈0.0000〉: 첫 번째 모따기 거리를 지정한다.

▶ Specify second chamfer distance for rectangles 〈0.0000〉: 두 번째 모따기 거리를 지정한다.

■ **Elevation**

3차원으로 그려질 사각형의 고도(elevation)를 설정한다. 이 옵션을 입력하면 다음과 같은 하위옵션이 나온다.

▶ Specify the elevation for rectangles 〈0.0000〉: 고도를 지정한다.

■ **Fillet**

지정한 반지름 값으로 사각형의 모서리를 둥글게 한다. 이 옵션을 입력하면 다음과 같은 하위옵션이 나온다.

▶ Specify fillet radius for rectangles 〈10.0000〉: 필렛의 반지름을 지정한다.

■ **Thickness**

3차원으로 그려질 사각형의 두께(thickness)를 설정한다. 이 옵션을 입력하면 다음과 같은 하위옵션이 나온다.

▶ Specify thickness for rectangles 〈0.0000〉: 두께를 지정한다.

■ **Width**

선의 폭을 지정하여 사각형을 그린다. 이 옵션을 입력하면 다음과 같은 하위옵션이 나온다.

▶ Specify Line width for rectangles 〈0.0000〉: 선의 폭을 지정한다.

■ **Dimensions**

길이와 폭을 지정하여 사각형을 생성한다.

▶ Specify length for rectangles 〈0.0000〉: 사각형의 길이를 지정한다.

▶ Specify width for rectangles 〈0.0000〉: 사각형의 폭을 지정한다.

따라하기 01 : 다양한 사각형 그리기

■ **Step 01 :** 정사각형 그리기

Draw Toolbar에서 Rectangle 아이콘 을 선택한다.

Command: _rectangle

Specify first corner point or [Chamfer/Elevation/Fillet/Thickness/Width]: ☞ P1 선택

Specify other corner point or [Dimensions]: @100,100 Enter↵

■ **Step 02 : 모따기한 사각형 그리기**

Draw Toolbar에서 Rectangle 아이콘 을 선택한다.

Command: _rectang

Specify first corner point or [Chamfer/Elevation/Fillet/Thickness/Width]:c Enter↵

Specify first chamfer distance for rectangles <0.0000>: 10 Enter↵

Specify second chamfer distance for rectangles <10.0000>: Enter↵

Specify first corner point or [Chamfer/Elevation/Fillet/Thickness/Width]: ☞ P1 선택

Specify other corner point or [Dimensions]: ☞ P2 선택

■ **Step 03 : 필렛(둥글게)한 사각형 그리기**

Draw Toolbar에서 Rectangle 아이콘 을 선택한다.

Command: _rectang

Specify first corner point or [Chamfer/Elevation/Fillet/Thickness/Width]: f

Specify fillet radius for rectangles <10.0000>: 10

Specify first corner point or [Chamfer/Elevation/Fillet/Thickness/Width]: ☞ P1 선택

Specify other corner point or [Dimensions]: ☞ P2 선택

■ **Step 04 : 선의 폭을 지정하고 사각형 그리기**

Draw Toolbar에서 Rectangle 아이콘 을 선택한다.

Command: _rectang

Specify first corner point or [Chamfer/Elevation/Fillet/Thickness/Width]: w

Specify Line width for rectangles <0.0000>: 3

Specify first corner point or [Chamfer/Elevation/Fillet/Thickness/Width]: ☞ P1 선택

Specify other corner point or [Dimensions]: ☞ P2 선택

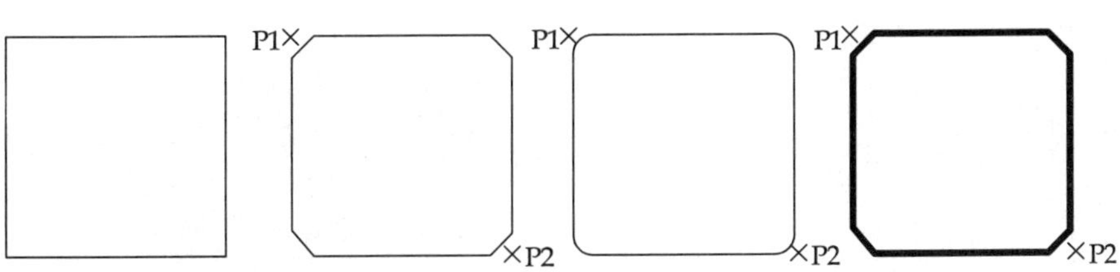

■ 정사각형 ■ Chamfer ■ Fillet ■ Width

따라하기 02 : 고도와 두께를 지정하고 3차원 형상의 사각형 그리기

3차원 형상에서 고도(Elevation)는 x-y 평면으로부터 z축의 높이를 의미하고, 두께(Thickness)는 육면체의 높이를 의미한다.

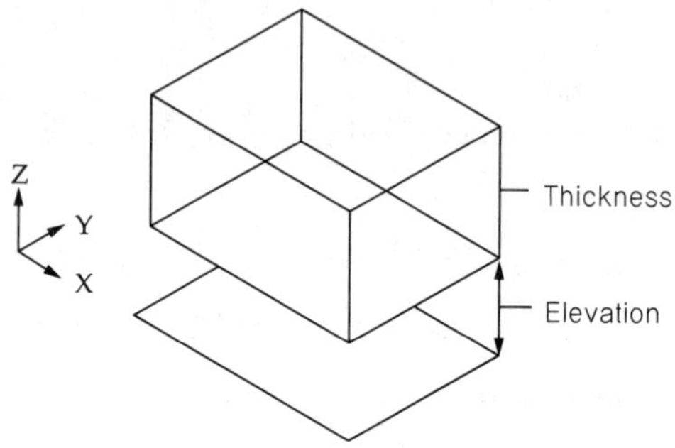

Elevation and Thickness

Draw Toolbar에서 Rectangle 아이콘 을 선택한다.

Command: _rectang

Specify first corner point or [Chamfer/Elevation/Fillet/Thickness/Width]:e Enter↵

Specify the elevation for rectangles <0.0000>: 50 Enter↵

Specify first corner point or [Chamfer/Elevation/Fillet/Thickness/Width]:t Enter↵

Specify thickness for rectangles <0.0000>: 30 Enter↵

Specify first corner point or [Chamfer/Elevation/Fillet/Thickness/Width]: ☞ P1 선택

Specify other corner point or [Dimensions]: ☞ P2 선택

고도와 두께를 설정하였지만 사각형 그리기를 종료하여도 3차원 형상으로 바뀌지 않는다. 3차원 형상으로 바꾸려면 Vpoint 명령으로 사용자의 관찰점을 변경해야 한다.

Command: vpoint Enter↵

Current View direction: VIEWDIR=0.0000,0.0000,1.0000

Specify a View point or [Rotate] <display compass and tripod>: 1,-1,1 Enter↵

Regenerating model.

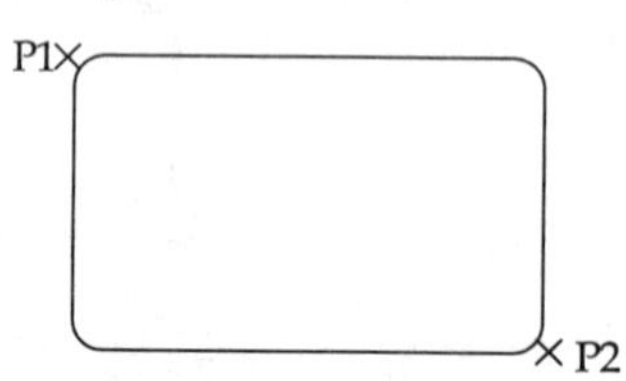

2차원 형상

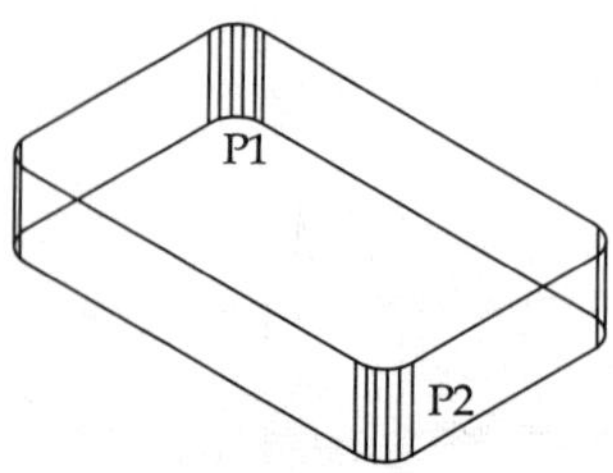

3차원 형상

5. 다각형 그리기

다각형 그리기는 Polygon 명령을 실행하면 된다. Polygon 명령으로 그려지는 다각형은 3~1024개의 변을 갖는 정다각형이며, 폴리라인으로 단일 객체이다.

입력방법

(keyboard)	Command	Polygon Enter↵
(mouse)	Main menu	Draw > Polygon
	Screen menu	DRAW 1 > Polygon
	Icon menu	Draw Toolbar > ⬠

Command: polygon Enter↵

Enter number of sides <4>: 다각형의 변수지정 Enter↵

Specify center of polygon or [Edge]: 옵션입력 Enter↵

Polygon Option

- **Specify center of polygon**

다각형의 중심으로부터 그린 원을 기준으로 내접/외접한 다각형을 그린다. 이 옵션을 입력하면 다음과 같은 하위옵션이 나온다.

Enter an option [Inscribed in circle/Circumscribed about circle] <I>:

- Inscribed in circle(I): 내접원을 기준으로 다각형을 그린다.
- Circumscribed about circle(I): 외접원을 기준으로 다각형을 그린다.
- Specify radius of circle: 원의 반지름을 지정한다.

- **Edge**

두 점으로 다각형 한 변의 길이를 지정하여 다각형을 그린다. 이 옵션을 입력하면 다음과 같은 하위옵션이 나온다.

- Specify first endpoint of edge: 다각형 변의 첫 번째 끝점을 지정한다.
- Specify second endpoint of edge: 다각형 변의 두 번째 끝점을 지정한다.

따라하기 : 다각형 그리기

- **Step 01 :** Edge 옵션으로 다각형을 그린다.

Draw Toolbar에서 Polygon 아이콘 을 선택한다.

Command: _polygon

Enter number of sides <4>: 6 Enter↵

Specify center of polygon or [Edge]: e Enter↵

Specify first endpoint of edge: ☞ P1 선택

Specify second endpoint of edge: ☞ P2 선택

- **Step 02 :** 내접원(옵션 I)을 기준으로 다각형을 그린다.

Draw Toolbar에서 Polygon 아이콘 을 선택한다.

Command: _polygon Enter number of sides <6>: Enter↵

Osnap Mode의 center 아이콘 선택

Specify center of polygon or [Edge]: _cen of ☞ 원의 중심선택

Enter an option [Inscribed in circle/Circumscribed about circle] <C>: i Enter↵

Osnap Mode의 quadrant 아이콘 선택

Specify radius of circle: _qua of ☞ 원의 사분점 선택

- **Step 03 :** 외접원(옵션 C)을 기준으로 다각형을 그린다.

Draw Toolbar에서 Polygon 아이콘 을 선택한다.

Command: _polygon Enter number of sides <6>: Enter↵

Osnap Mode의 center 아이콘 선택

Specify center of polygon or [Edge]: _cen of

Enter an option [Inscribed in circle/Circumscribed about circle] <I>: c Enter↵

Osnap Mode의 quadrant 아이콘 선택

Specify radius of circle: _qua of

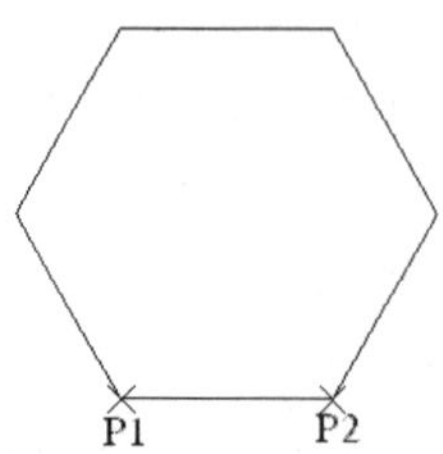

Edge

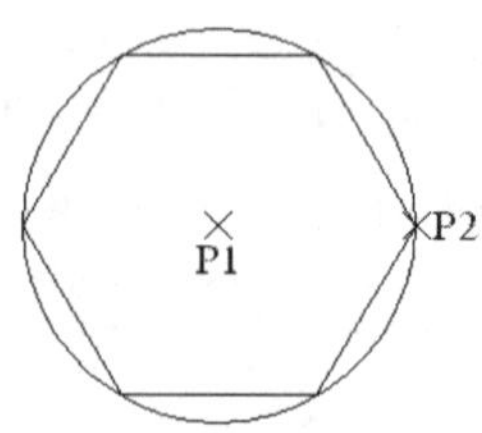

Inscribed

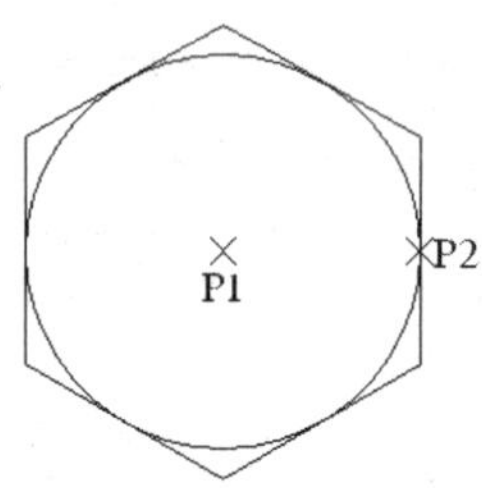

Circumscribed

6. 영역생성하기

AutoCAD에서는 닫힌 도면(원이나 닫힌 폴리라인, 다각형 등)을 하나의 영역(Region)으로 생성해주고, Boolean 연산 결합(Union), 빼기(Subtract), 교차(Intersect)을 사용하여 새로운 영역을 생성할 수 있다. 여기서 영역이란 동일 평면상에 존재하는 객체들로 조합되어 교차하지 않고 닫혀있는 객체를 말한다. 영역생성은 Region 명령을 실행하면 된다. 이 명령은 3차원 형상 모델링에서 응용된다.

입력방법

	Command	Region Enter↵
	Main menu	Draw > Region
	Screen menu	DRAW 2 > Region
	Icon menu	Draw Toolbar >

Command: region Enter↵

Select objects: ☞ 객체선택

1 loops extracted.

1 Regions created. ☞ 새로 생성된 영역 수 표시

따라하기 01 : 영역생성과 영역합치기, 빼기, 교차시키기

원과 사각형을 그리고 영역생성과 생성된 영역을 합치고, 빼고, 교차시켜보자.

■ **Step 01 :** Circle과 Line 명령으로 원과 선을 그린다.

■ **Step 02 :** Region 명령으로 영역을 생성시킨다.

Draw Toolbar에서 region 아이콘 을 선택한다.

Command: _region

Select objects: all Enter↵ ☞ 원과 사각형 모두 선택

Select objects: 5 found Enter↵ ☞ 객체선택 종료

2 loops extracted.

2 Regions created. ☞ 선은 합쳐서 사각형 영역, 원은 내부가 있는 영역으로 생성

■ **Step 03 :** 원과 사각형의 영역을 합친다.

Command: union Enter↵

Select objects: 1 found ☞ 원 선택

Select objects: 1 found, 2 total ☞ 선 선택

Select objects: Enter↵ ☞ Union 명령 종료

- **Step 04 :** 사각형 영역만큼 원에서 뺀다.

  Command: subtract Enter↵

  Select solids and regions to subtract from .. ☞ 남겨둘 영역선택

  Select objects: 1 found ☞ 원 선택

  Select objects: Enter↵ ☞ 객체선택 종료

  Select solids and regions to subtract .. ☞ 제거할 영역선택

  Select objects: 1 found ☞ 사각형 선택

  Select objects: Enter↵ ☞ Subtract 명령 종료

- **Step 05 :** 원과 사각형 영역의 교차부분만 남긴다.

  Command: intersect Enter↵

  Select objects: 1 found ☞ 원 선택

  Select objects: 1 found, 2 total ☞ 사각형 선택

  Select objects: ☞ Intersect 명령 종료

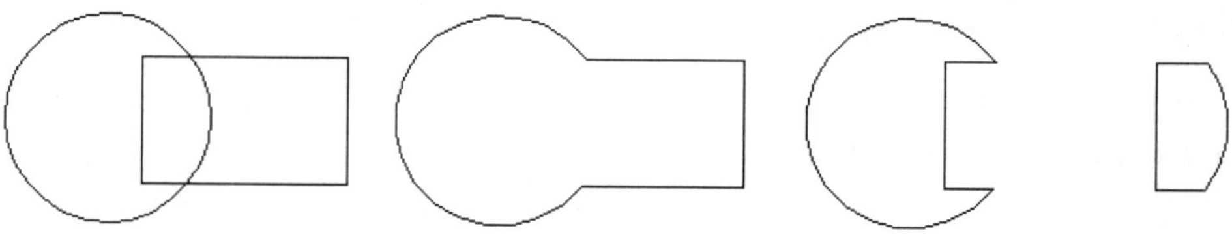

Region　　Union　　Subtract　　Intersect

따라하기 02 : 영역생성을 하고 3차원 도형 작성하기

다음과 같이 도형을 그리고, 영역생성과 연산을 한 후 3차원 도형을 작성해보자.

- **Step 01 :** Circle과 Polygon, Rectangle 명령으로 원과 육각형, 사각형을 그린다.

- **Step 02 :** Region 명령으로 영역을 생성시킨다.

  Draw Toolbar에서 Region 아이콘 을 선택한다.

  Command: _region

  Select objects: all Enter↵

  Select objects: 3 found Enter↵ ☞ 객체선택 종료

  3 loops extracted.

  3 Regions created.

■ **Step 03 :** 육각형 영역만큼 원에서 뺀다.

Command: subtract Enter↵

Select solids and regions to subtract from .. ☞ 남겨둘 영역선택

Select objects: 1 found ☞ 원 선택

Select objects: Enter↵ ☞ 객체선택 종료

Select solids and regions to subtract .. ☞ 제거할 영역선택

Select objects: 1 found ☞ 육각형 선택

Select objects: Enter↵ ☞ Subtract 명령 종료

■ **Step 04 :** 원과 사각형의 영역을 합친다.

Command: union Enter↵

Select objects: 1 found ☞ 원 선택

Select objects: 1 found, 2 total ☞ 선 선택

Select objects: Enter↵ ☞ Union 명령 종료

Step 02

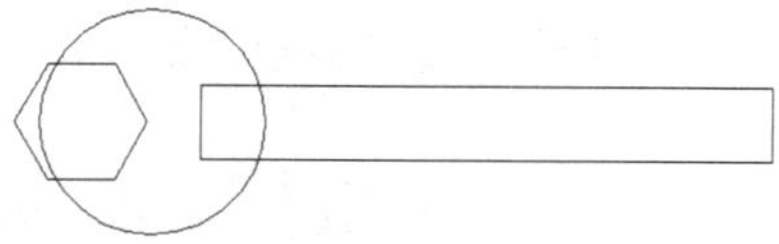

Step 03 and 04

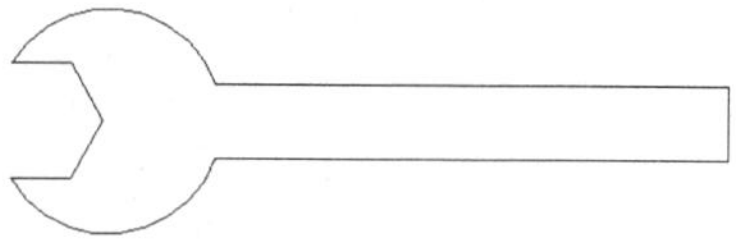

■ **Step 04 :** Extrude와 Vpoint 명령으로 3차원 형상을 완성한다.

Command: extrude Enter↵

Current wire frame density: ISOLINES=4

Select objects: all Enter↵ 1 found

Select objects: Enter↵

Specify height of extrusion or [Path]: 45 Enter↵ ☞ 돌출높이

Specify angle of taper for extrusion <0>: Enter↵

Command: vpoint Enter↵

Current View direction: VIEWDIR=0.0000,0.0000,1.0000

Specify a View point or [Rotate] <display compass and tripod>: 1,-1,1 Enter↵

Regenerating model.

Command: hi Enter↵

HIDE Regenerat

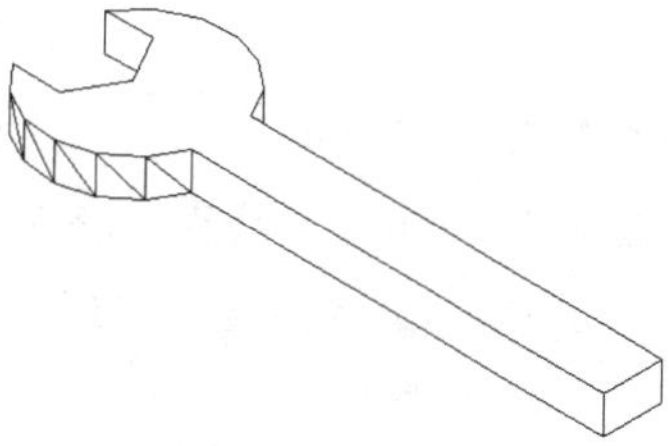

3차원 형상

7. 경계영역 생성하기

도면의 닫힌 경계영역이나 폴리라인을 선택하면 그 영역을 폴리라인으로 생성한다. 이러한 경계영역의 생성은 Boundary 명령을 실행하면 된다.

입력방법

(키보드)	Command	Boundary 또는 Bpoly Enter↵
(마우스)	Main menu	Draw > Boundary
	Screen menu	DRAW 2 > Boundary
	Icon menu	Toolbars > Command > Draw > ⌗

Boundary 명령을 실행하면 'Boundary Creation' 대화상자가 나오고, 이 대화상자로부터 경계영역을 폴리라인으로 생성할 수 있다.

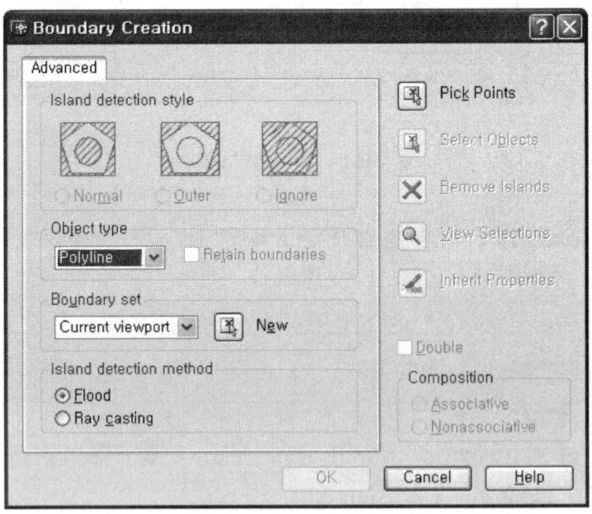

Boundary Creation

대화상자에서

■ Object type

▶ PolyLine : 새로 설정할 경계를 폴리라인으로 생성한다.

▶ Region : 새로 설정할 경계를 영역으로 생성한다.

- **Boundary set**
  - ▶ Current Viewport : 화면에 나타난 모든 것을 경계로 설정한다.
  - ▶ Existing set : 사용자가 경계를 새로 정의하여 선택한다.
  - ▶ New( ) : 새로운 경계를 선택한다.
- **Island detection method**
  - ▶ Flood : 내부객체를 계산하여 설정한다.
  - ▶ Ray casting : 내부객체를 계산하지 않는다.
- **Pick Points( )**

  새로운 경계로 설정할 경계요소를 내부 점으로 선택한다.

따라하기 : 경계영역생성하기

다음과 같이 도형을 그리고, 경계영역을 새로 생성시킨 후 옮겨보자

- **Step 01 :** Rectangle과 Arc 명령으로 다음 도형을 그린다.
- **Step 02 :** Bpoly 명령으로 경계영역을 생성시키다.

  Command: bpoly Enter↵

  Select internal point: Selecting everything...

  Selecting everything visible...

  Analyzing the selected data...

  Analyzing internal islands...

'Boundary Creation' 대화상자에서 Pick Points 아이콘 을 선택하고 내부영역 P1을 선택한다.

Select internal point: ☞ P1 선택

BOUNDARY created 1 polyLine ☞ 점선부분이 경계영역으로 생성됨

Command: move Enter↵

Select objects: l ☞ last 옵션으로 경계영역을 바로 찾아냄

1 found

Select objects: Enter↵ ☞ 객체선택 종료

Specify base point or displacement: ☞ 임의 위치

Specify second point of displacement or <use first point as displacement>:

☞ 임의 위치

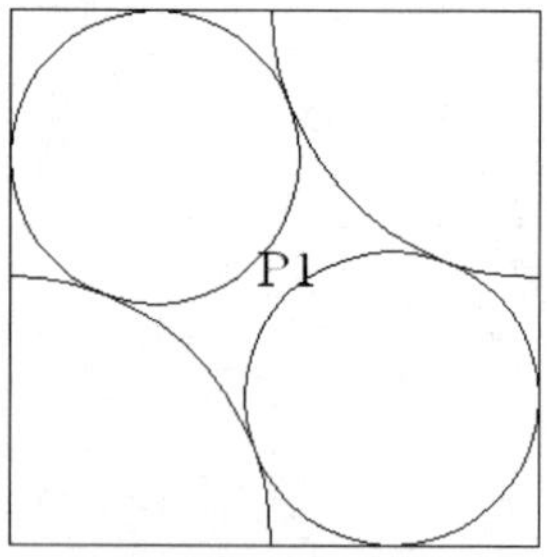

원래상태

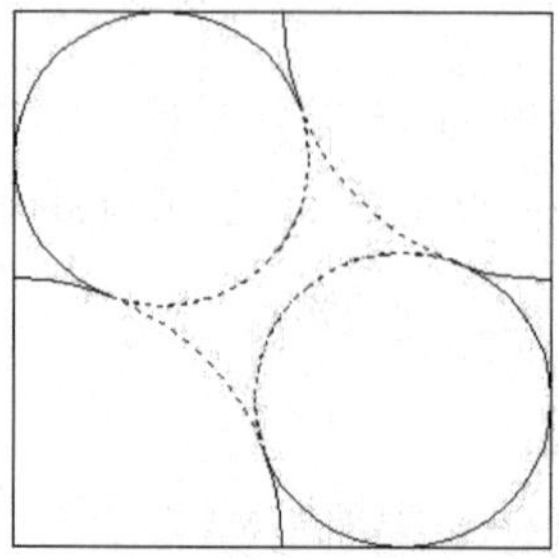

Boundary 실행 후

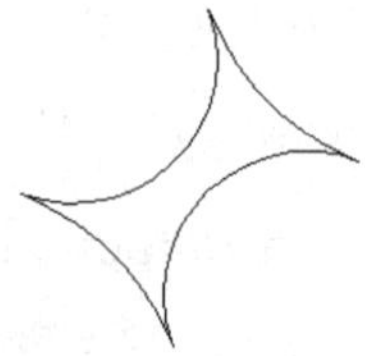

Move 실행 후

8. 객체순서 조정하기

Solid, Donut, Trace, PLine과 같이 내부를 갖는 두께를 가진 객체가 서로 겹쳐져 있는 경우 객체의 앞뒤 순서를 바꾸고자 할 때 Draworder 명령을 실행하면 조정할 수 있다. 특히, Image 명령과 같이 사용하면 효과적이다. 이미지를 사용할 때 이미지의 앞뒤 순서를 조정하는데 편리하다. Hatch 명령의 Solid 옵션과 같이 색을 칠하는 기능의 명령에서 효과적으로 사용할 수 있다.

입력방법

(키보드)	Command	Draworder 또는 Dr Enter↵
(마우스)	Main menu	Tools > Display Order
	Screen menu	TOOLS 1 > Drawordr
	Icon menu	Toolbars > Draw Order

Command : draworder Enter↵

Select objects : ☞ 순서를 바꿀 객체선택

Enter Object ordering option [Above Object/Under Object/Front/Back] <Back>:

☞ 순서의 옵션 선택

Select reference Object : ☞ 순서를 바꿀 객체와 기준이 되는 객체선택

Regenerating model. ☞ 데이터베이스 정리 후 도면 재생성

Draworder Option

- Above Object( ) : 한 칸 위로 이동한다.
- Under Object( ) : 한 칸 아래로 이동한다.
- Front( ) : 맨 앞으로 이동한다.
- Back( ) : 맨 뒤로 이동한다.

따라하기 : 객체순서 조정하기

다음과 같이 도형을 그리고, 객체의 순서를 바꿔보자.

- **Step 01** : Solid와 Donut 명령으로 사각형과 도넛 도형을 그린다.
- **Step 02** : Draworder 명령으로 객체의 순서를 바꾼다.

Command : draworder Enter↵

Select objects : 도넛 선택

Select objects : Enter↵ ☞ 객체선택 종료

Enter Object ordering option [Above Object/Under Object/Front/Back] <Back>: A Enter↵

Select reference Object : 사각형 선택

Regenerating model. ☞ 데이터베이스 정리 후 순서가 바뀐 도형으로 표시

Draworder 실행 전

Draworder 실행 후

Chapter 10

그리기 도구를 활용한 고급 그리기

AutoCAD에서는 복합성분의 폴리라인이나 스플라인 곡선으로 로고나 심벌과 같은 복잡한 도형을 쉽게 그릴 수 있도록 해준다. 그리기 도구의 고급 그리기 명령을 활용하면 효율적인 도면작업으로 세련되고 고급의 다양한 형태의 도면을 생성할 수 있다. 이 장에서는 폴리라인 그리기와 편집, 스플라인 그리기와 편집, 다중선 그리기와 편집 등의 응용과 활용에 대해 공부하기로 한다.

1. 폴리라인으로 다양한 그리기
2. 스플라인 곡선 그리기와 편집하기
3. 다중선 그리기와 편집하기
4. 무한선 그리기
5. 스케치로 윤곽도면 그리기

1. 폴리라인으로 다양한 그리기

폴리라인(PolyLine)이란 복합성분(선, 호)을 갖는 선을 의미한다. 폴리라인의 특성 중 가장 중요한 것은 도면요소가 위치변화에 따라 마디 점을 만들지 않는다는 것이다. 즉, 폴리라인은 Line, Arc, Circle 명령으로 그린 선, 호, 원과는 달리 각각의 개별요소가 아닌 여러 개의 선과 호가 하나로 연결된 단일객체(Single Object)이다. 또 선이나 호의 폭을 임의 두께로 조절할 수가 있고, 시작점과 끝점의 두께가 다른 선이나 호를 그릴 수 있으며, 선과 호를 한 번에 그릴 수 있다. 닫힌 폴리라인은 둘레의 길이나 면적을 계산할 수 있다. 폴리라인은 PLine 명령으로 그리고, Pedit 명령으로 편집한다.

PolyLine

1.1 폴리라인 그리기

옵션을 선택으로 다양한 선과 호를 그릴 수 있고, 선과 호를 쉽게 바꿔 그릴 수 있다. 여러 가지의 다양한 도형(로고, 심벌 등)을 그릴 수 있다. 폴리라인에서 폭을 지정한 경우에는 Fill 모드를 적용하여 속을 채우거나 비울 수 있다. PLine 명령의 옵션은 선을 그릴 때와 호를 그릴 때의 옵션으로 나누어 설명한다.

입력방법

(키보드)	Command	PLine Enter↵
(마우스)	Main menu	Draw > PolyLine
	Screen menu	DRAW 1 > PLine
	Icon menu	Draw Toolbar > (아이콘)

Command: pLine Enter↵

Specify start point: 폴리라인의 시작점 지정 Enter↵

Current Line-width is 0.0000 ☞ 현재 폴리라인 선의 폭

Specify next point or [Arc/Halfwidth/Length/Undo/Width]:

다음 점 지정 또는 옵션입력 Enter↵

Specify next point or [Arc/Close/Halfwidth/Length/Undo/Width]:

다음 점 지정 또는 옵션입력 Enter↵

PLine 명령을 실행할 때 주의할 점은 옵션을 선택하기에 앞서 반드시 시작점을 먼저 지정해야만 선 그리기와 호 그리기 옵션을 선택할 수 있다.

선 그리기 옵션

'A(Arc)' 옵션을 입력하기 전까지는 모두 선을 그릴 때 사용되는 옵션들이다.

- **Arc** : 선 그리기에서 호 그리기 상태로 바꾼다. 하부옵션은 호 그리기 옵션을 참조한다.
- **Close** : 시작점과 끝점을 연결하고 PLine 명령을 종료한다.
- **Halfwidth** : 그릴 선의 폭을 반으로 지정한다.
- **Length** : 선의 끝점에서 그릴 선의 길이를 지정한다.
- **Undo** : 폴리라인의 최종작업을 취소한다.
- **Width** : 그릴 선의 폭을 지정한다.

호 그리기 옵션

'A(Arc)' 옵션을 입력하면 다음과 같은 하위옵션이 나오고, 선 그리기에서 호 그리기 상태로 바뀐다. 하위옵션은 Arc 명령의 옵션과 유사하다.

[Angle/CEnter/CLose/Direction/Halfwidth/Line/Radius/Second pt/Undo/Width]:

☞ 호 그리기 옵션입력 Enter↵

- **Angle** : 호의 내각을 지정한다. 지정된 내각과 중심(C), 반지름(R), 끝점(E)을 이용하여 호를 그린다.
- **CEnter** : 호의 중심을 지정한다. 지정된 중심과 각도(A), 현의 길이(L), 끝점(E)을 이용하여 호를 그린다.
- **CLose** : 시작점과 끝점을 연결하는 호를 그리고 pLine 명령을 종료한다.
- **Direction** : 호의 진행방향을 지정한다.

- **Halfwidth** : 호의 폭을 반으로 지정한다.
- **Line** : 호 그리기에서 선 그리기로 전환한다.
- **Radius** : 호의 반지름을 입력한다. 입력된 반지름(R)과 각도(A), 끝점(E)을 이용하여 호를 그린다.
- **Second pt** : 호의 두 번째 점을 지정한다.
- **Undo** : 폴리라인의 최종작업을 취소한다.
- **Width** : 호의 폭을 지정한다.

따라하기 01 : 폭이 다른 선과 폭이 일정한 선으로 폴리라인 그리기

Draw Toolbar에서 PLine 아이콘 을 선택한다.

Command: _pLine

Specify start point: ☞ P1 선택

Current Line-width is 0.0000

Specify next point or [Arc/Halfwidth/Length/Undo/Width]: w Enter↵

Specify starting width <0.0000>: 30 Enter↵

Specify ending width <30.0000>: 60 Enter↵

Specify next point or [Arc/Halfwidth/Length/Undo/Width]: l Enter↵

Specify length of Line: 80 Enter↵ ☞ 선의 길이지정

Specify next point or [Arc/Close/Halfwidth/Length/Undo/Width]: @160<0 Enter↵

Specify next point or [Arc/Close/Halfwidth/Length/Undo/Width]: w Enter↵

Specify starting width <60.0000>: Enter↵

Specify ending width <60.0000>: 30 Enter↵

Specify next point or [Arc/Close/Halfwidth/Length/Undo/Width]: l Enter↵

Specify length of Line: 80 Enter↵

Specify next point or [Arc/Close/Halfwidth/Length/Undo/Width]: Enter↵

☞ PLine 명령 종료

따라하기 02 : 폭이 다른 선으로 폴리라인 그리기

Draw Toolbar에서 PLine 아이콘 을 선택한다.

Command: _pLine

Specify start point: ☞ P1 선택
Current Line-width is 30.0000
Specify next point or [Arc/Halfwidth/Length/Undo/Width]: w Enter↵
Specify starting width <30.0000>: 80 Enter↵
Specify ending width <80.0000>: 0 Enter↵
Specify next point or [Arc/Halfwidth/Length/Undo/Width]: ☞ P2 선택
Specify next point or [Arc/Close/Halfwidth/Length/Undo/Width]: w
Specify starting width <0.0000>: Enter↵
Specify ending width <0.0000>: 80 Enter↵
Specify next point or [Arc/Close/Halfwidth/Length/Undo/Width]: ☞ P3 선택
Specify next point or [Arc/Close/Halfwidth/Length/Undo/Width]: Enter↵
☞ PLine 명령 종료

따라하기 03 : 반폭과 길이를 지정하고 폴리라인 그리기

Draw Toolbar에서 PLine 아이콘 을 선택한다.
Command: _pLine
Specify start point: ☞ P1 선택
Current Line-width is 80.0000
Specify next point or [Arc/Halfwidth/Length/Undo/Width]: w Enter↵
Specify starting width <80.0000>: 1 Enter↵
Specify ending width <1.0000>: 1 Enter↵
Specify next point or [Arc/Halfwidth/Length/Undo/Width]: ☞ P2 선택
Specify next point or [Arc/Close/Halfwidth/Length/Undo/Width]: ☞ P3 선택
Specify next point or [Arc/Close/Halfwidth/Length/Undo/Width]: ☞ P4 선택
Specify next point or [Arc/Close/Halfwidth/Length/Undo/Width]: ☞ P5 선택
Specify next point or [Arc/Close/Halfwidth/Length/Undo/Width]: ☞ P5 선택
Specify next point or [Arc/Close/Halfwidth/Length/Undo/Width]: h Enter↵
Specify starting half-width <0.5000>: 10 Enter↵ ☞ 선의 반폭 지정
Specify ending half-width <10.0000>: 0 Enter↵
Specify next point or [Arc/Close/Halfwidth/Length/Undo/Width]: l
Specify length of Line: 30 Enter↵ ☞ 선의 길이지정
Specify next point or [Arc/Close/Halfwidth/Length/Undo/Width]: Enter↵
☞ PLine 명령 종료

따라하기 01

따라하기 02

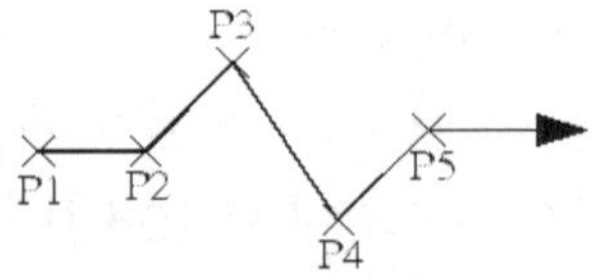

따라하기 03

따라하기 04 : 선과 호 옵션을 이용하여 폴리라인 그리기

아래도형을 선과 호 옵션을 이용해서 그리고, 3차원 형상을 만들어 보자.

- **Step 01 :** Thickness 명령으로 두께를 지정한다.

  Command: thickness Enter↵

  Enter new value for THICKNESS <0.0000>: 50 Enter↵ ☞ 두께지정

- **Step 02 :** PLine 명령의 선과 호 옵션을 이용해서 도형을 그린다.

  Draw Toolbar에서 PLine 아이콘 을 선택한다.

  Command: _pLine

  Specify start point: ☞ P1 선택

  Current Line-width is 0.0000

  Specify next point or [Arc/Halfwidth/Length/Undo/Width]: w Enter↵

  Specify starting width <0.0000>: 1 Enter↵

  Specify ending width <1.0000>: Enter↵

  Specify next point or [Arc/Halfwidth/Length/Undo/Width]: @180<0 Enter↵ ☞ P2

  Specify next point or [Arc/Close/Halfwidth/Length/Undo/Width]: a Enter↵

  Specify endpoint of arc or

  [Angle/CEnter/CLose/Direction/Halfwidth/Line/Radius/Second pt/Undo/Width]:

  @90<90 Enter↵ ☞ P3

  Specify endpoint of arc or

  [Angle/CEnter/CLose/Direction/Halfwidth/Line/Radius/Second pt/Undo/Width]: l Enter↵

  Specify next point or [Arc/Close/Halfwidth/Length/Undo/Width]:

  @180<180 Enter↵ ☞ P4

  Specify next point or [Arc/Close/Halfwidth/Length/Undo/Width]: a Enter↵

  Specify endpoint of arc or

  [Angle/CEnter/CLose/Direction/Halfwidth/Line/Radius/Second pt/Undo/Width]:

  _endp of ☞ P5 선택

  Specify endpoint of arc or

  [Angle/CEnter/CLose/Direction/Halfwidth/Line/Radius/Second pt/Undo/Width]:

  Enter↵ ☞ PLine 명령 종료

■ **Step 03 : Vpoint 명령으로 관찰점을 변경한다.**

Command: vpoint

Current View direction: VIEWDIR=0.0000,0.0000,1.0000

Specify a View point or [Rotate] <display compass and tripod>: 1,-1,1 Enter↵

Regenerating model.

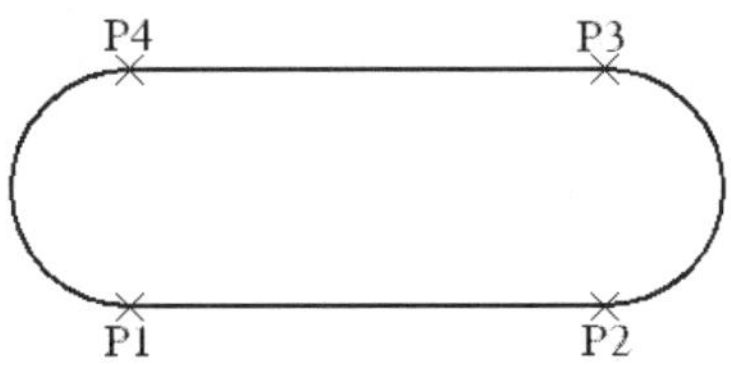

따라하기 04

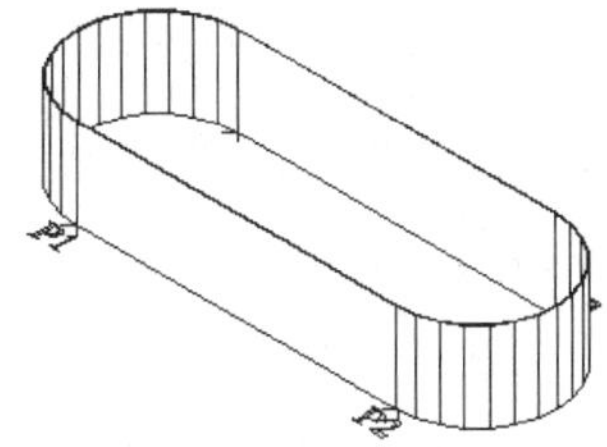

3차원 형상

1.2 폴리라인 편집하기

앞서 설명한 PLine, Rectangle, Polygon 명령으로 그린 폴리라인의 편집은 pedit 명령을 실행하면 된다. Pedit 명령에서는 Line이나 Arc 명령으로 그린 개개의 객체(선과 호)를 연결해 단일객체인 폴리라인을 만들거나, 3차원 Mesh, 3차원 Ploy 등의 명령으로 그려진 도면도 편집할 수 있다. 여기서는 2차원 폴리라인 편집에 대해서만 설명한다.

입력방법

(키보드)	Command	Pedit Enter↵
(마우스)	Main menu	Modify > Object > PolyLine
	Screen menu	MODIFY 1 > Pedit
	Icon menu	Modify II Toolbar >

Command: pedit Enter↵

Select polyLine or [Multiple]: 편집할 폴리라인 선택 Enter↵

Enter an option [Close/Join/Width/Edit vertex/Fit/SpLine/Decurve/Ltype gen/Undo]:
옵션입력 Enter↵

또는

Enter an option [Open/Join/Width/Edit vertex/Fit/SpLine/Decurve/Ltype gen/Undo]:
옵션입력 Enter↵

Pedit Option

Pedit 명령의 각 옵션에 대한 자세한 내용은 따라하기를 참조하기 바란다.

- **Close** : 폴리라인의 시작점과 끝점을 연결하여 닫친 폴리라인을 만든다.
- **Open** : 시작점과 끝점을 잇는 선을 없애 닫친 폴리라인을 연다.
- **Join** : 각각의 폴리라인이나, 선 또는 호를 하나의 폴리라인으로 만든다.
- **Width** : 폴리라인 선의 폭을 변경한다.
- **Edit vertex** : 폴리라인의 정점을 수정한다. 이 옵션을 선택하면 다음과 같은 하위옵션이 나온다.

  Enter a vertex editing option

  [Next/Previous/Break/Insert/Move/Regen/Straighten/Tangent/Width/eXit] <N>:

  - Next : 다음 정점을 편집 대상으로 선택하고 하나씩 이동한다.
  - Previous : 앞 정점의 위치로 이동한다.
  - Break : 지정한 정점 사이를 삭제한다.
  - Insert : 지정한 위치에 새로운 정점을 삽입한다.
  - Move : 정점의 위치를 새로 지정한 위치로 이동시킨다.
  - Regen : 현재 선의 폭을 변경할 경우 변경된 폭으로 폴리라인을 재 생성시킨다.
  - Straighten : 지정한 정점사이를 직선으로 연결한다.
  - Tangent : 지정한 정점사이의 곡선의 접선방향을 정하여 fit 옵션에서 생성되는 곡선의 모양을 조절한다. 이 옵션을 선택하면 다음과 같은 하위옵션이 나온다.

    Specify direction of vertex tangent: 접선방향 지정
  - Width : 지정한 정점사이의 폭을 변경한다.
  - eXit : Edit vertex 명령을 종료한다.
- **Fit** : 폴리라인의 정점을 곡선화한다.
- **SpLine** : 폴리라인의 각 정점의 선을 호로 이어 곡선화한다.
- **Decurve** : Fit나 SpLine에서 곡선화된 폴리라인을 직선으로 복구시킨다.
- **Ltype gen** : 기존에 그려진 폴리라인 선의 유형을 적용한다. 이 옵션을 선택하면 다음과 같은 하위옵션이 나오고, On/Off 기능을 한다.

  Enter polyLine Linetype generation option [ON/OFF] <Off>: On/Off 입력 Enter↵
- **Undo** : 바로 앞서 편집한 폴리라인을 역순으로 취소한다.

따라하기 01 : Close/Open 옵션으로 폴리라인 편집하기

Close와 Open 옵션은 닫친 폴리라인은 열린 폴리라인으로 열린 폴리라인은 닫친 폴리라인으로 만들어준다. Close 옵션은 시작점과 끝점을 연결되지 않은 열린 폴리라인을 선택했을 때만 나오고, Open 옵션은 시작점과 끝점을 연결된 닫친 폴리라인을 선택했을 때만 나온다.

- **Step 01 :** Open 옵션으로 닫친 폴리라인을 열린 폴리라인으로 만든다.

  Modify II Toolbar에서 Pedit 아이콘 을 선택한다.

  Command: _pedit

  Select polyLine or [Multiple]: ☞ 사각형 선택

  Enter an option [Open/Join/Width/Edit vertex/Fit/SpLine/Decurve/Ltype gen/Undo]: o Enter↵ ☞ Open 옵션실행

  Enter an option [Close/Join/Width/Edit vertex/Fit/SpLine/Decurve/Ltype gen/Undo]: Enter↵ ☞ Pedit 명령 종료

- **Step 02 :** Close 옵션으로 열린 폴리라인을 닫친 폴리라인으로 만든다.

  Modify Toolbar에서 Pedit 아이콘 을 선택한다.

  Command: _pedit

  Select polyLine or [Multiple]: ☞ 사각형 선택

  Enter an option [Close/Join/Width/Edit vertex/Fit/SpLine/Decurve/Ltype gen/Undo]: c Enter↵ ☞ Close 옵션실행

  Enter an option [Open/Join/Width/Edit vertex/Fit/SpLine/Decurve/Ltype gen/Undo]: Enter↵ ☞ Pedit 명령 종료

Open 옵션

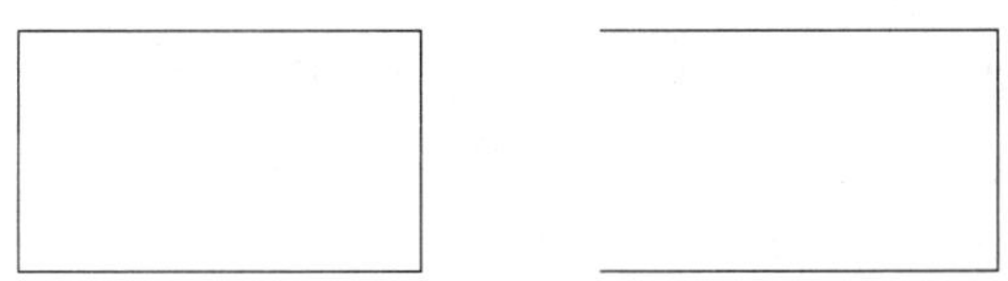

Close 옵션

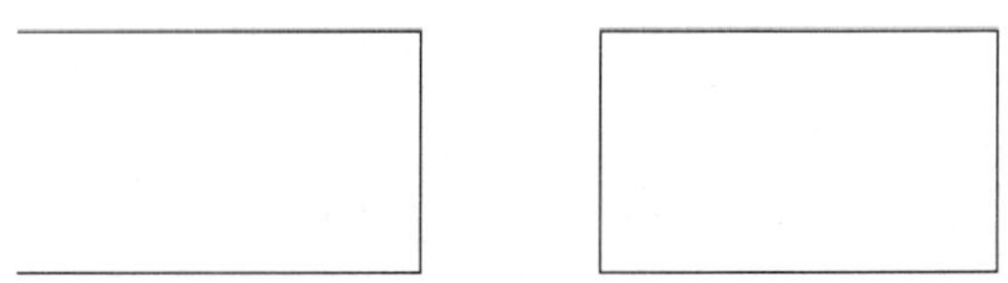

따라하기 02 : Join 옵션을 이용하여 개개의 객체를 하나의 폴리라인으로 만들기

Join 옵션은 폴리라인이나, Line이나 Arc 명령으로 그린 다섯 개의 객체를 하나의 폴리라인으로 만든다. 만약, 폴리라인이 아닌 객체(선이나 호)를 선택하면 다음과 같은 메시지가 나온다.

Object selected is not a polyLine
Do you want to turn it into one? <Y>

이 질문은 선택한 객체를 폴리라인으로 변경하겠느냐는 것으로, 'Yes'로 답하면 선택한 객체가 자동으로 폴리라인으로 변경되어 Pedit의 명령을 사용할 수 있게 된다.

- **Step 01 :** Line 아이콘 과 Line>Arccont, Arc>Lincont 옵션을 이용하여 다음 도형과 같이 그린다.
- **Step 02 :** Line, Arc 명령으로 그린 다섯 개의 객체를 하나의 폴리라인으로 만든다.

Modify II Toolbar에서 Pedit 아이콘 을 선택한다.

Command:_pedit
Select polyLine or [Multiple]: ☞ P1 선택
Object selected is not a polyLine
Do you want it to turn into one? <Y> y Enter↵
Enter an option [Close/Join/Width/Edit vertex/Fit/SpLine/Decurve/Ltype gen/Undo]: j Enter↵ ☞ Join 옵션실행
Select objects: 1 found ☞ P2 선택
Select objects: 1 found, 2 total ☞ P3 선택
Select objects: 1 found, 3 total ☞ P4 선택
Select objects: 1 found, 4 total ☞ P5 선택
Select objects: Enter↵ ☞ 객체선택 종료
4 segments added to polyLine ☞ 4마디가 폴리라인으로 추가됨
Enter an option [Close/Join/Width/Edit vertex/Fit/SpLine/Decurve/Ltype gen/Undo]: Enter↵ ☞ Pedit 명령 종료

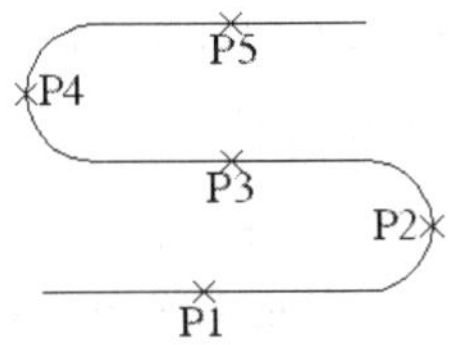

원래상태(객체 5개)

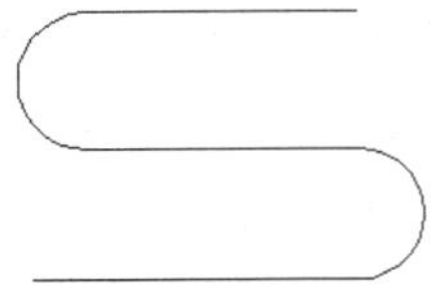
Join 옵션

따라하기 03 : Width 옵션으로 폴리라인 선의 폭 변경하기

따라하기 02에서 작성한 폴리라인 선의 폭을 변경해보자.

Modify II Toolbar에서 Pedit 아이콘 을 선택한다.

Command: _pedit

Select polyLine or [Multiple]: ☞ S자 폴리라인 선택

Enter an option [Close/Join/Width/Edit vertex/Fit/SpLine/Decurve/Ltype gen/Undo]: w Enter↵ ☞ Width 옵션실행

Specify new width for all segments: 3 Enter↵ ☞ 폭 3mm로 변경

Enter an option [Close/Join/Width/Edit vertex/Fit/SpLine/Decurve/Ltype gen/Undo]: Enter↵ ☞ Pedit 명령 종료

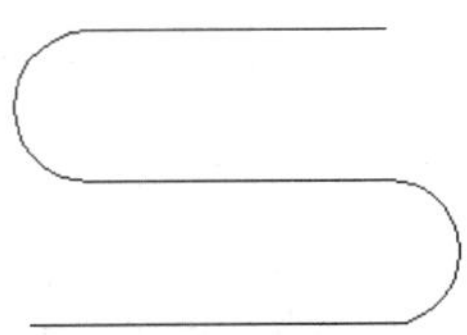
원래상태

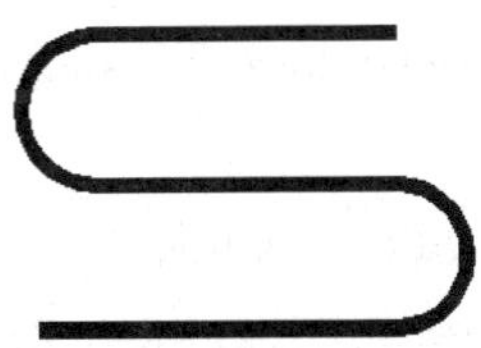
Width 옵션

따라하기 04 : Edit vertex>Next와 Previous, Break, Undo 옵션으로 폴리라인의 정점이동과 부분삭제, 복구하기

여러 개의 마디(정점)들이 서로 연결 구성된 폴리라인을 Vertex라 하고, 이러한 Vertex를 편집하는 기능이 Edit vertex이다. 이 옵션을 입력하면 수정하려는 폴리라인의 정점이 ×로 표시된다. Edit Vertex 하위옵션 Next, Previous, Break과 Undo 옵션을 이용하여 폴리라인 정점의 이동과 부분삭제, 복구를 해보자.

Modify II Toolbar에서 Pedit 아이콘 을 선택한다.

Command: _pedit

Select polyLine or [Multiple]: ☞ 폴리라인 선택

Enter an option [Close/Join/Width/Edit vertex/Fit/SpLine/Decurve/Ltype gen/Undo]: e Enter↵ ☞ Edit vertex 옵션실행

Enter a vertex editing option

[Next/Previous/Break/Insert/Move/Regen/Straighten/Tangent/Width/eXit] <N>: Enter↵ ☞ × 표시가 P2에 위치

Enter a vertex editing option

[Next/Previous/Break/Insert/Move/Regen/Straighten/Tangent/Width/eXit] <N>: Enter↵ ☞ × 표시가 P3에 위치

Enter a vertex editing option

[Next/Previous/Break/Insert/Move/Regen/Straighten/Tangent/Width/eXit] <N>: Enter↵ ☞ × 표시가 P4에 위치

Enter a vertex editing option

[Next/Previous/Break/Insert/Move/Regen/Straighten/Tangent/Width/eXit] <N>: Enter↵ ☞ × 표시가 P5에 위치

Enter a vertex editing option

[Next/Previous/Break/Insert/Move/Regen/Straighten/Tangent/Width/eXit] <N>: Enter↵ ☞ × 표시가 P6에 위치

Enter a vertex editing option

[Next/Previous/Break/Insert/Move/Regen/Straighten/Tangent/Width/eXit] <N>: p Enter↵ ☞ × 표시가 P5에 위치

Enter a vertex editing option

[Next/Previous/Break/Insert/Move/Regen/Straighten/Tangent/Width/eXit] <P>: Enter↵ ☞ × 표시가 P4에 위치

Enter a vertex editing option

[Next/Previous/Break/Insert/Move/Regen/Straighten/Tangent/Width/eXit] <P>: b Enter↵ ☞ Break 옵션실행

Enter an option [Next/Previous/Go/eXit] <N>: Enter↵ ☞ 삭제구간(P4-P5)설정

Enter an option [Next/Previous/Go/eXit] <N>: g Enter↵ ☞ P4-P5 구간삭제

Enter a vertex editing option

[Next/Previous/Break/Insert/Move/Regen/Straighten/Tangent/Width/eXit] <P>: x Enter↵ ☞ Edit vertex 옵션종료

Enter an option [Close/Join/Width/Edit vertex/Fit/SpLine/Decurve/Ltype gen/Undo]: u Enter↵ ☞ Undo로 삭제구간(P4-P5) 복구

Command has been completely undone.

Enter an option [Close/Join/Width/Edit vertex/Fit/SpLine/Decurve/Ltype gen/Undo]: Enter↵ ☞ Pedit 명령 종료

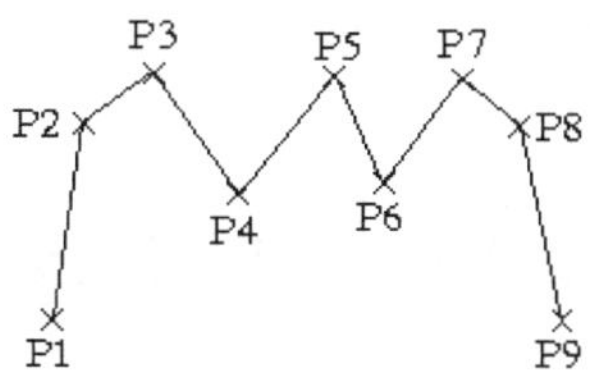

원래상태

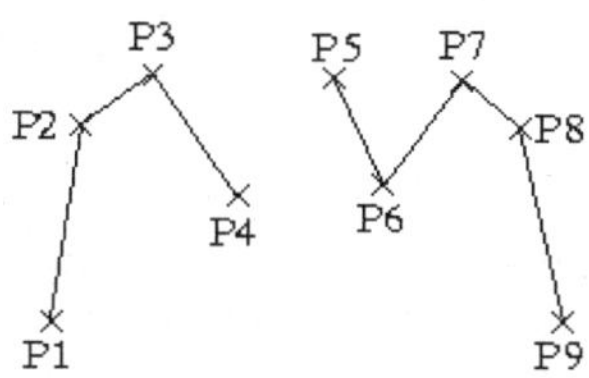

Break 옵션

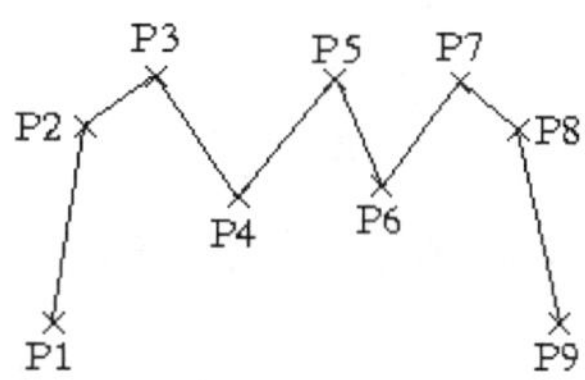

Undo 옵션

따라하기 05 : Edit vertex〉Width 옵션으로 폴리라인 정점사이의 폭 변경하기

Edit vertex 하위옵션 Width를 이용하여 폴리라인 정점사이의 폭을 변경해보자.

Modify II Toolbar에서 Pedit 아이콘 을 선택한다.

Command: _pedit

Select polyLine or [Multiple]: ☞ 폴리라인 선택

Enter an option [Close/Join/Width/Edit vertex/Fit/SpLine/Decurve/Ltype gen/Undo]: e Enter↵ ☞ Edit vertex 옵션실행

Enter a vertex editing option

[Next/Previous/Break/Insert/Move/Regen/Straighten/Tangent/Width/eXit] <N>: Enter↵

Enter a vertex editing option

[Next/Previous/Break/Insert/Move/Regen/Straighten/Tangent/Width/eXit] <N>: Enter↵ ☞ × 표시가 P1에 위치

Enter a vertex editing option

[Next/Previous/Break/Insert/Move/Regen/Straighten/Tangent/Width/eXit] <N>: w Enter↵ ☞ Width 옵션실행

Specify starting width for next segment <0.0000>: 3 Enter↵ ☞ 폭 3㎜로 변경

Specify ending width for next segment <3.0000>: Enter↵ ☞ P2

Enter a vertex editing option

[Next/Previous/Break/Insert/Move/Regen/Straighten/Tangent/Width/eXit] <N>: x Enter↵ ☞ Edit vertex 옵션종료

Enter an option [Close/Join/Width/Edit vertex/Fit/SpLine/Decurve/Ltype gen/Undo]: Enter↵ ☞ Pedit 명령 종료

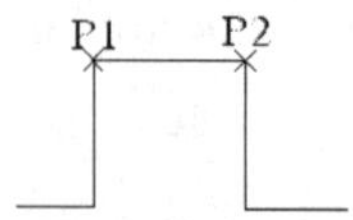

■ 원래상태

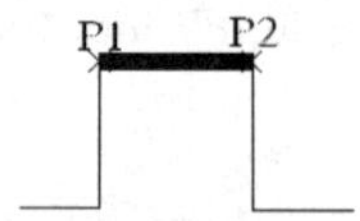

■ Width 옵션

따라하기 06 : Edit vertex>Straighten와 Insert 옵션으로 폴리라인 정점사이의 직선화와 정점 추가하기

Edit vertex 하위옵션 Straighten와 Insert를 이용하여 폴리라인 정점사이를 직선으로 만들고 그 사이에 정점을 추가해보자.

Modify II Toolbar에서 Pedit 아이콘 을 선택한다.

Command: _pedit

Select polyLine or [Multiple]: ☞ 폴리라인 선택

Enter an option [Close/Join/Width/Edit vertex/Fit/SpLine/Decurve/Ltype gen/Undo]: e Enter↵ ☞ Edit vertex 옵션실행

Enter a vertex editing option

[Next/Previous/Break/Insert/Move/Regen/Straighten/Tangent/Width/eXit] <N>: Enter↵

Enter a vertex editing option

[Next/Previous/Break/Insert/Move/Regen/Straighten/Tangent/Width/eXit] <N>: Enter↵

Enter a vertex editing option

[Next/Previous/Break/Insert/Move/Regen/Straighten/Tangent/Width/eXit] <N>: s Enter↵ ☞ Pedit 명령 종료

Enter an option [Next/Previous/Go/eXit] <N>: Enter↵

Enter an option [Next/Previous/Go/eXit] <N>: Enter↵

Enter an option [Next/Previous/Go/eXit] <N>: Enter↵

Enter an option [Next/Previous/Go/eXit] <N>: Enter↵

Enter an option [Next/Previous/Go/eXit] <N>: g Enter↵ ☞ P1-P2 구간 직선화

Enter a vertex editing option

[Next/Previous/Break/Insert/Move/Regen/Straighten/Tangent/Width/eXit] <N>: i Enter↵ ☞ Pedit 명령 종료

Specify location for new vertex: ☞ P3 선택, 추가된 정점 위치

Enter a vertex editing option

[Next/Previous/Break/Insert/Move/Regen/Straighten/Tangent/Width/eXit] <N>: x Enter↵ ☞ Edit vertex 옵션종료

Enter an option [Close/Join/Width/Edit vertex/Fit/SpLine/Decurve/Ltype gen/Undo]: Enter↵ ☞ Pedit 명령 종료

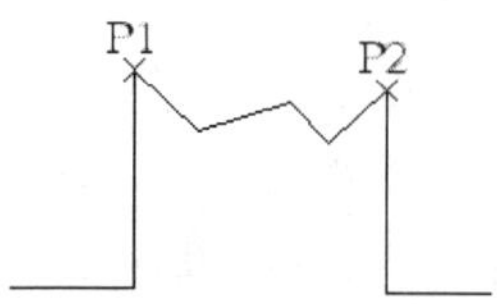

원래상태

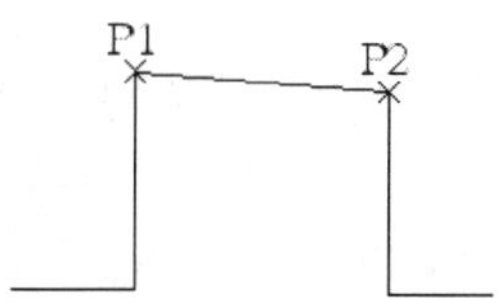

Straighten 옵션

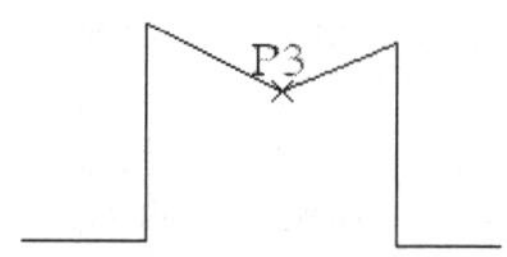

Insert 옵션

따라하기 07 : Fit와 SpLine 옵션으로 폴리라인의 매끄러운 곡선과 스플라인 곡선 만들고, Decurve 옵션으로 복구하기

Fit 옵션은 폴리라인의 정점을 매끄러운 곡선을 만들고, SpLine 옵션은 폴리라인의 각 정점의 선을 호로 이어 스플라인 곡선을 만든다. 그리고 Decurve 옵션은 Fit나 SpLine 옵션으로 만들어진 곡선을 폴리라인의 선으로 복구시킨다. 이들 옵션으로 폴리라인을 매끄러운 곡선과 스플라인 곡선을 만들고 복구해보자.

■ **Step 01 :** Fit 옵션으로 폴리라인을 매끄러운 곡선을 만든다.

Modify II Toolbar에서 Pedit 아이콘 을 선택한다.

Command: _pedit

Select polyLine or [Multiple]: ☞ 폴리라인 선택

Enter an option [Close/Join/Width/Edit vertex/Fit/SpLine/Decurve/Ltype gen/Undo]: f Enter↵ ☞ Fit 옵션실행

Enter an option [Close/Join/Width/Edit vertex/Fit/SpLine/Decurve/Ltype gen/Undo]: Enter↵ ☞ Pedit 명령 종료

■ **Step 02 :** SpLine 옵션으로 폴리라인을 스플라인 곡선을 만든다.

Modify Toolbar에서 pedit 아이콘 을 선택한다.

Command: _pedit

Select polyLine or [Multiple]: ☞ Fit 곡선선택

Enter an option [Close/Join/Width/Edit vertex/Fit/SpLine/Decurve/Ltype gen/Undo]: s Enter↵ ☞ SpLine 옵션실행

Enter an option [Close/Join/Width/Edit vertex/Fit/SpLine/Decurve/Ltype gen/Undo]: Enter↵ ☞ Pedit 명령 종료

■ **Step 03 :** Decurve 옵션을 이용해 곡선을 폴리라인 선으로 복구시킨다.

Modify Toolbar에서 pedit 아이콘 을 선택한다.

Command: _pedit

Select polyLine or [Multiple]: ☞ SpLine 곡선선택

Enter an option [Close/Join/Width/Edit vertex/Fit/SpLine/Decurve/Ltype gen/Undo]: d Enter↵ ☞ Decurve 옵션실행

Enter an option [Close/Join/Width/Edit vertex/Fit/SpLine/Decurve/Ltype gen/Undo]: Enter↵ ☞ Pedit 명령 종료

원래상태

Fit 옵션

SpLine 옵션

Decurve 옵션

따라하기 08 : Ltype gen 옵션으로 폴리라인 정점사이를 실선으로 연결하기

폴리라인이 실선이 아닌 일점쇄선이나 이점쇄선으로 그렸을 경우, 정점에 빈 공간이 생길 수 있기 때문에 이들 정점을 강제로 실선으로 연결한다. 폴리라인을 이점쇄선으로 그리고, Ltype gen 옵션으로 폴리라인 정점사이의 선 상태를 확인해보자.

Modify II Toolbar에서 Pedit 아이콘 을 선택한다.

Command: _pedit

Select polyLine or [Multiple]: ☞ 폴리라인 선택

Enter an option [Close/Join/Width/Edit vertex/Fit/SpLine/Decurve/Ltype gen/Undo]: l Enter↵ ☞ Ltype gen 옵션실행

Enter polyLine Linetype generation option [ON/OFF] <Off>: on Enter↵

Enter an option [Close/Join/Width/Edit vertex/Fit/SpLine/Decurve/Ltype gen/Undo]: Enter↵ ☞ Pedit 명령 종료

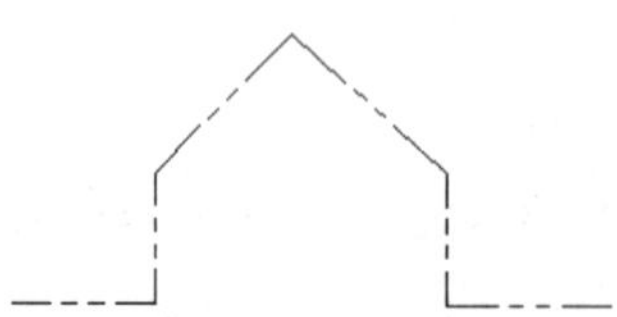

Ltype gen 옵션 Off

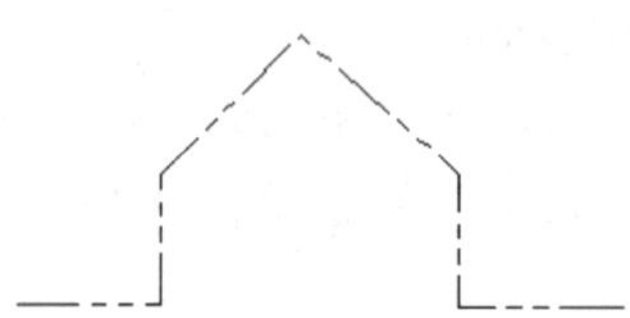

Ltype gen 옵션 On

따라하기 09 : Edit vertex〉Tangent 옵션으로 폴리라인 정점사이의 접선방향을 정하여 곡선모양 조절하기

Edit vertex 하위옵션 Tangent는 폴리라인 정점사이를 Fit 옵션으로 매끄러운 곡선을 만들 때 접선방향(접선각도)을 정하여 곡선모양을 조절한다. Tangent 옵션을 이용하여 폴리라인의 곡선모양을 조절해보자.

Modify II Toolbar에서 Pedit 아이콘 을 선택한다.

Command: _pedit

Select polyLine or [Multiple]: ☞ 폴리라인 선택

Enter an option [Close/Join/Width/Edit vertex/Fit/SpLine/Decurve/Ltype gen/Undo]: e Enter↵ ☞ Edit vertex 옵션실행

Enter a vertex editing option

[Next/Previous/Break/Insert/Move/Regen/Straighten/Tangent/Width/eXit] <N>: Enter↵

Enter a vertex editing option

[Next/Previous/Break/Insert/Move/Regen/Straighten/Tangent/Width/eXit] <N>: Enter↵ ☞ × 표시가 P1에 위치

Enter a vertex editing option

[Next/Previous/Break/Insert/Move/Regen/Straighten/Tangent/Width/eXit] <N>: t Enter↵ ☞ Tangent 옵션실행

Specify direction of vertex tangent: -45 Enter↵ ☞ P1의 접선방향

Enter a vertex editing option

[Next/Previous/Break/Insert/Move/Regen/Straighten/Tangent/Width/eXit] <N>: Enter↵ ☞ × 표시가 P2에 위치

Enter a vertex editing option

[Next/Previous/Break/Insert/Move/Regen/Straighten/Tangent/Width/eXit] <N>: t Enter↵ ☞ Tangent 옵션실행

Specify direction of vertex tangent: 45 Enter↵ ☞ P2의 접선방향

Enter a vertex editing option

[Next/Previous/Break/Insert/Move/Regen/Straighten/Tangent/Width/eXit] <N>: x Enter↵ ☞ Edit vertex 옵션종료

Enter an option [Close/Join/Width/Edit vertex/Fit/SpLine/Decurve/Ltype gen/Undo]: f Enter↵ ☞ Fit 옵션실행

Enter an option [Close/Join/Width/Edit vertex/Fit/SpLine/Decurve/Ltype gen/Undo]: Enter↵ ☞ Pedit 명령 종료

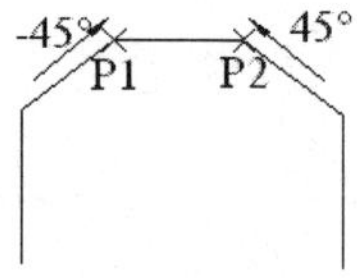

원래상태

Tangent와 Fit 옵션

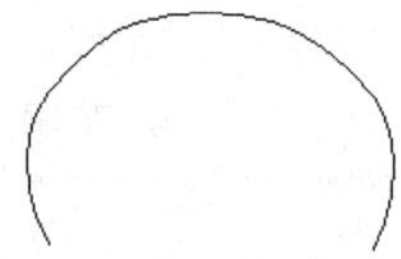

Fit 옵션

따라하기 10 : 폴리라인 모따기하기

다음과 같은 도형을 PLine 명령으로 그리고, Chamfer 명령으로 모따기를 해보자.

- **Step 01** : Draw Toolbar에서 PLine 아이콘 을 선택하고 도형을 그린다.
- **Step 02** : Chamfer 명령으로 도형을 모따기한다.

Modify Toolbar에서 Chamfer 아이콘 을 선택한다.

Command: _chamfer

(TRIM mode) Current chamfer Dist1 = 20.0000, Dist2 = 20.0000

Select first Line or [PolyLine/Distance/Angle/Trim/Method]: d Enter↵

Specify first chamfer distance <20.0000>: 25 Enter↵

Specify second chamfer distance <25.0000>: Enter↵

Select first Line or [PolyLine/Distance/Angle/Trim/Method]: p Enter↵

Select 2D polyLine: ☞ 폴리라인 선택

5 Lines were chamfered ☞ 다섯 부분만 모따기됨

1 was too short ☞ P1 부분은 거리가 너무 짧아서 처리되지 않음

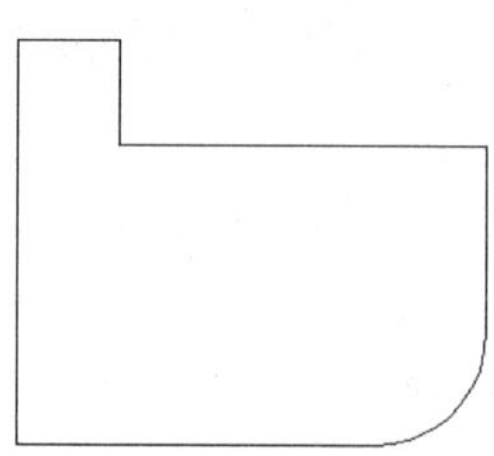

원래상태

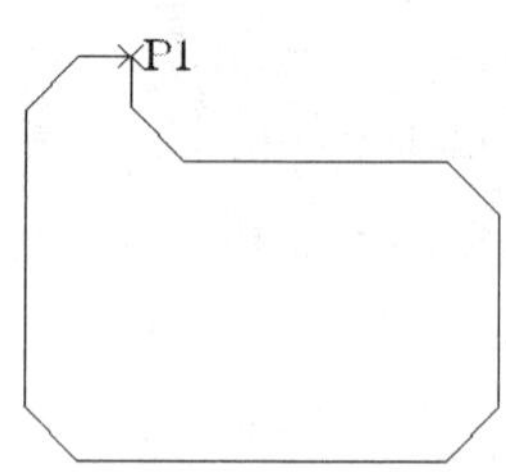

Chamfer 실행 후

따라하기 11 : 폴리라인 모서리 둥글게 하기

다음과 같은 도형을 PLine 명령으로 그리고, Fillet 명령으로 모서리를 둥글게 해보자.

- **Step 01** : Draw Toolbar에서 PLine 아이콘 을 선택하고 도형을 그린다.

■ **Step 02 : Fillet 명령으로 도형의 모서리를 둥글게 한다.**

Modify Toolbar에서 Fillet 아이콘 을 선택한다.

Command: _fillet

Current settings: Mode = TRIM, Radius = 10.0000

Select first Object or [PolyLine/Radius/Trim]: r Enter↵

Specify fillet radius <10.0000>: 25 Enter↵

Select first Object or [PolyLine/Radius/Trim]: p Enter↵

Select 2D polyLine: ☞ 폴리라인 선택

5 Lines were filleted ☞ 다섯 부분만 둥글게 됨

1 was too short ☞ P1 부분은 거리가 너무 짧아서 처리되지 않음

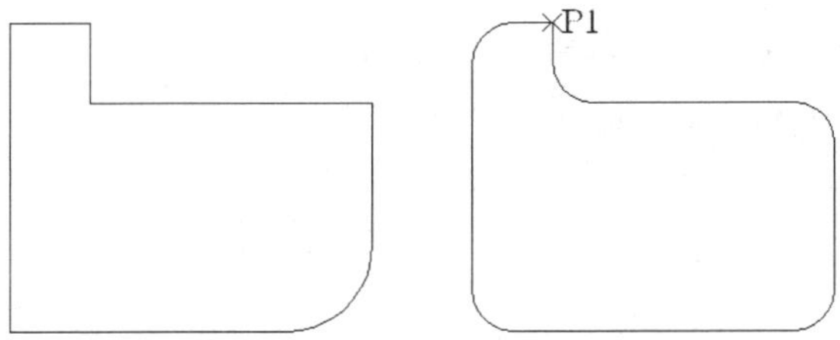

원래상태 Fillet 실행 후

따라하기 12 : PLine과 Offset, Array 명령으로 응용 도형그리기

다음과 같은 도형을 PLine 명령으로 일부 그리고, Offset과 Array 명령으로 완성시켜 보자.

■ **Step 01 : PLine 명령으로 트랙을 그린다.**

Draw Toolbar에서 PLine 아이콘 을 선택한다.

Command: _pLine

Specify start point: ☞ P1 선택

Current Line-width is 0.0000

Specify next point or [Arc/Halfwidth/Length/Undo/Width]: w Enter↵

Specify starting width <0.0000>: 1 Enter↵

Specify ending width <1.0000>: Enter↵

Specify next point or [Arc/Halfwidth/Length/Undo/Width]: @180<0 Enter↵ ☞ P2

Specify next point or [Arc/Close/Halfwidth/Length/Undo/Width]: a Enter↵

Specify endpoint of arc or

[Angle/CEnter/CLose/Direction/Halfwidth/Line/Radius/Second pt/Undo/Width]:

@90<90 Enter↵ ☞ P3

Specify endpoint of arc or
[Angle/CEnter/CLose/Direction/Halfwidth/Line/Radius/Second pt/Undo/Width]: l Enter↵
Specify next point or [Arc/Close/Halfwidth/Length/Undo/Width]:
@180<180 Enter↵ ☞ P4
Specify next point or [Arc/Close/Halfwidth/Length/Undo/Width]: a Enter↵
Specify endpoint of arc or
[Angle/CEnter/CLose/Direction/Halfwidth/Line/Radius/Second pt/Undo/Width]:
_endp of ☞ P1 선택
Specify endpoint of arc or
[Angle/CEnter/CLose/Direction/Halfwidth/Line/Radius/Second pt/Undo/Width]:
Enter↵ ☞ PLine 명령 종료

■ **Step 02 :** PLine 명령으로 트랙의 바깥 원을 그린다.

Draw Toolbar에서 PLine 아이콘 을 선택한다.
Command: _pLine
Specify start point: _qua of ☞ P5 선택
Current Line-width is 1.0000
Specify next point or [Arc/Halfwidth/Length/Undo/Width]: a Enter↵
Specify endpoint of arc or
[Angle/CEnter/Direction/Halfwidth/Line/Radius/Second pt/Undo/Width]: ce Enter↵
Specify center point of arc: tk Enter↵ ☞ Tracking 모드로 트랙중심 찾기
Osnap Mode의 mid 아이콘 선택
First tracking point: _mid of ☞ P3-P4 선분선택
Osnap Mode의 quad 아이콘 선택
Next point (Press ENTER to end tracking): _qua of ☞ P5 선택
Next point (Press ENTER to end tracking): Enter↵
☞ Tracking 모드에 의해 P6(중심)이 자동으로 찾아짐
Specify endpoint of arc or [Angle/Length]: _qua of ☞ P7 선택, 상부반원 생성
Specify endpoint of arc or [Angle/CEnter/CLose/Direction/Halfwidth/Line/
Radius/Second pt/Undo/Width]: ce Enter↵
Osnap Mode의 cen 아이콘 선택
Specify center point of arc: _cen of ☞ P6 선택, 반원의 중심
Specify endpoint of arc or [Angle/Length]: _qua of ☞ P5 선택, 하부반원 생성
Specify endpoint of arc or
[Angle/CEnter/CLose/Direction/Halfwidth/Line/Radius/Second pt/Undo/Width]:
Enter↵ ☞ PLine 명령 종료

■ **Step 03 :** Offset 명령을 이용하여 15mm 등 간격으로 트랙을 3개 생성한다.

Modify Toolbar에서 offset 아이콘 을 선택한다.

Command: _offset

Specify offset distance or [Through] <Through>: 15 Enter↵

Select Object to offset or <exit>: ☞ 트랙선택

Specify point on side to offset: ☞ 트랙안쪽으로 커서 이동 후 마우스 선택

Select Object to offset or <exit>: ☞ 새로 생성된 트랙선택

Specify point on side to offset: ☞ 트랙안쪽으로 커서 이동 후 마우스 선택

Select Object to offset or <exit> Enter↵ ☞ Offset 명령 종료

■ **Step 04 :** Array 명령을 이용하여 트랙을 수직으로 원주 배열한다.

Modify Toolbar에서 Array 아이콘 을 선택한다.

Command: _array

'Array' 대화상자에서 원주배열(polar array)을 지정한다.

Select objects: 1 found

Select objects: 1 found, 2 total

Select objects: 1 found, 3 total ☞ 트랙선택

Select objects: Enter↵ ☞ 객체선택 종료

'Array' 대화상자에서

Specify center point of array: _cen of ☞ P6(호) 선택

Total number of items : 2 ☞ 객체개수

Angle to fill : 90 ☞ 객체를 채울 각도

PreView 버튼을 눌러 미리보기를 하고, OK 버튼을 누른다.

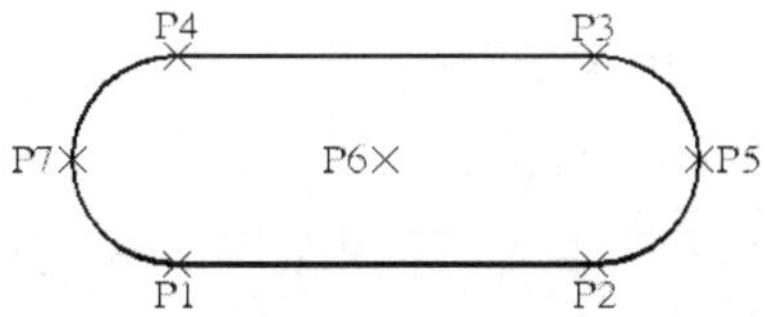

Step 01

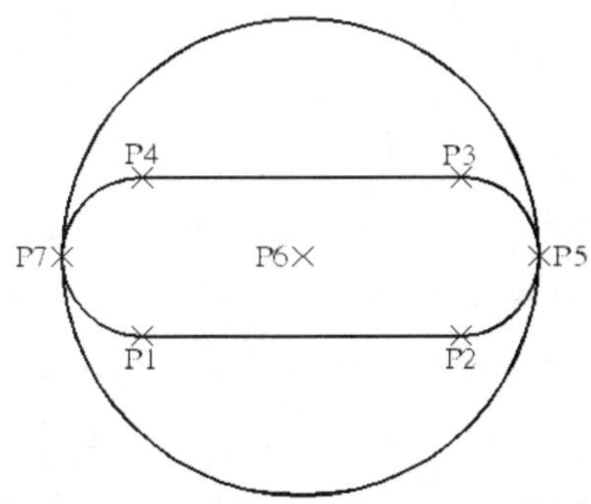

Step 02

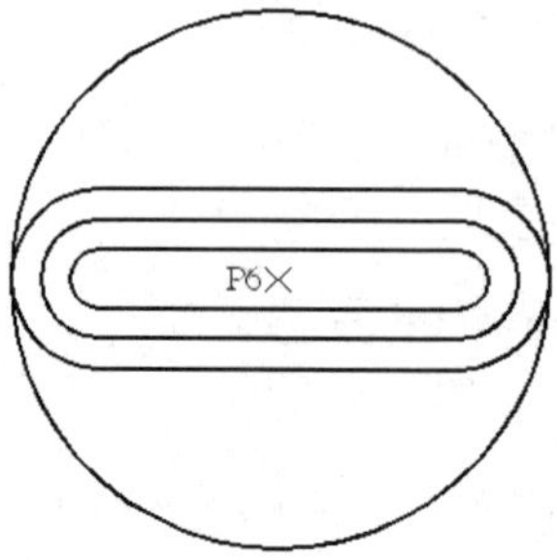

Step 03

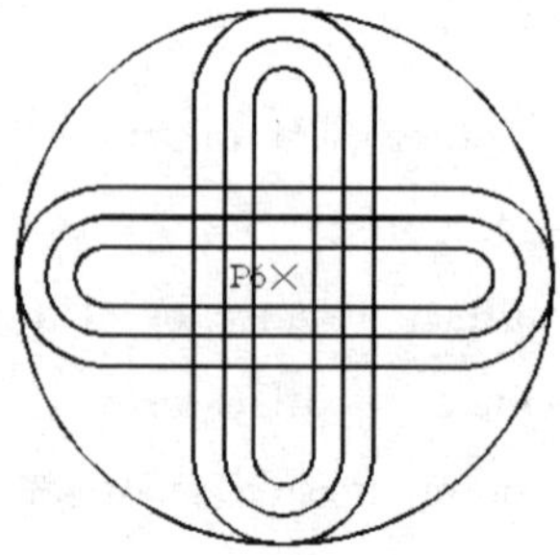

Step 04

2. 스플라인 곡선 그리기와 편집하기

2.1 스플라인 곡선 그리기

스플라인(SpLine) 곡선 그리기는 SpLine 명령을 실행하면 된다. 스플라인은 지정한 점들을 연결하여 부드럽게 휘어지는 곡선이나 Sin, Cos 곡선 또는 2차원이나 3차원의 스플라인 곡선을 그릴 수 있다. Pedit>SpLine 옵션과 유사하다.

입력방법

	Command	SpLine Enter
	Main menu	Draw > SpLine
	Screen menu	DRAW 1 > SpLine
	Icon menu	Draw Toolbar >

Command: spLine Enter

Specify first point or [Object]: 스플라인의 시작점 지정 또는 옵션입력 Enter

Specify next point: 스플라인이 이어질 다음 점 지정 Enter

Specify next point or [Close/Fit tolerance] <start tangent>:

스플라인이 이어질 다음 점 지정 또는 옵션입력 Enter

Specify start tangent: 시작점의 접선각 입력 Enter

Specify end tangent: 끝점의 접선각 입력 Enter

SpLine Option

- **Object** : Pedit>spLine 옵션에서 곡선화한 폴리라인을 스플라인으로 변경한다.
- **Close** : 시작점과 끝점을 잇는 스플라인을 그린다.
- **Fit tolerance**

지정한 점에 얼마나 가깝게 스플라인을 그릴 것인지 맞춤공차를 설정한다. 이 값이 작을수록 스플라인 곡선은 지정한 점에 가깝게 붙으며, 0으로 지정하면 지정한 점을 정확하게 지나는 스플라인을 그리게 된다.

따라하기 : 선과 스플라인 곡선 비교하기

계단형태의 선을 그려서 스플라인 곡선과 비교해보자.

- **Step 01** : Line 아이콘 을 선택하고 계단형태의 선을 그린다.
- **Step 02** : 그려진 계단형태의 선에 맞춰서 스플라인 곡선을 그린다.

Draw Toolbar에서 SpLine 아이콘 을 선택한다.

Command: _spLine
Specify first point or [Object]: ☞ P1 선택
Specify next point: ☞ P2 선택
Specify next point or [Close/Fit tolerance] <start tangent>: ☞ P3 선택
Specify next point or [Close/Fit tolerance] <start tangent>: ☞ P4 선택
Specify next point or [Close/Fit tolerance] <start tangent>: ☞ P6 선택
Specify next point or [Close/Fit tolerance] <start tangent>: ☞ P7 선택
Specify next point or [Close/Fit tolerance] <start tangent>: ☞ P8 선택
Specify next point or [Close/Fit tolerance] <start tangent>: ☞ P9 선택
Specify next point or [Close/Fit tolerance] <start tangent>: ☞ P10 선택
Specify start tangent: Enter↵ ☞ 하위옵션 종료
Specify end tangent: Enter↵ ☞ SpLine 명령 종료

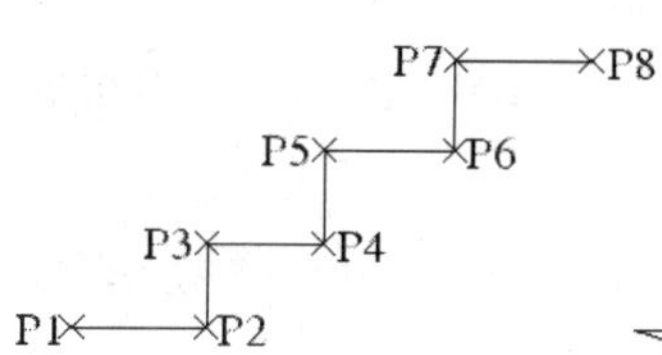

계단형태의 선

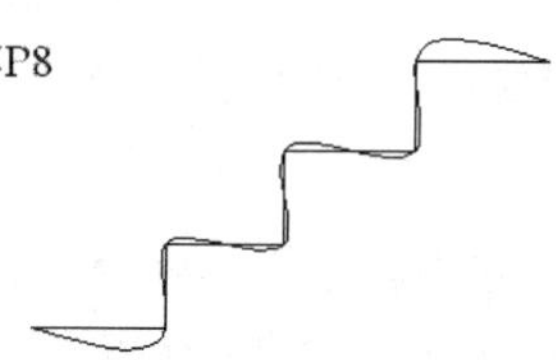

스플라인 곡선

2.2 스플라인 곡선 편집하기

스플라인 곡선의 편집은 SpLinedit 명령을 실행하면 된다. 이 명령에서는 스플라인 곡선의 정밀도를 높이기 위해 맞춤 점(Fit Point)을 추가, 삭제, 이동 또는 조정할 수 있고, 스플라인 곡선을 열거나 닫고 시작과 끝 접선각을 편집할 수 있게 해준다. 스플라인 곡선의 방향을 뒤집거나 공차를 변경할 수도 있다. Pedit의 SpLine 옵션을 이용하여 만들어진 스플라인을 SpLinedit 명령으로 편집한 후에는 Pedit 명령으로 수정할 수 없으므로 주의하기 바란다.

입력방법

	Command	SpLinedit Enter↵
	Main menu	Modify > Object > SpLine
	Screen menu	MODIFY 1 > SpLinedt
	Icon menu	Modify II Toolbar >

Command: spLinedit Enter↵

Select spLine: 편집할 스플라인 선택 Enter↵

Enter an option [Fit data/Close/Move vertex/Refine/rEverse/Undo]:옵션입력 Enter↵

SpLinedit Option

■ Fit data

맞춤공차를 설정하여 그린 스플라인의 공차를 수정한다. 이 옵션을 입력하면 다음과 같은 하위옵션이 나온다.

Enter a fit data option

[Add/Close/Delete/Move/Purge/Tangents/toLerance/eXit] <eXit>:

▶ Add : 스플라인이 통과할 정점 추가한다.

▶ Close : 시작점과 끝점을 연결하여 스플라인을 닫는다.

▶ Delete : 스플라인이 통과하는 정점을 삭제한다.

▶ Move : 스플라인이 통과하는 정점을 이동하고, 이 하부옵션을 입력하면 다음과 같은 하위옵션이 나온다.

Specify new location or [Next/Previous/Select point/eXit] <N>:

- Enter new location : 이동할 점 입력
- Next : 스플라인이 통과하는 다음 점으로 이동

- Previous : 스플라인이 통과하는 이전 점으로 이동
- Select Point : 스플라인이 통과하는 정점선택
- eXit : Move 옵션종료(빠져나가기)

▶ Purge : 스플라인의 정점 데이터를 제거한다.

▶ Tangents : 스플라인의 시작점과 끝점의 접선각을 수정한다.

▶ toLerance : 새 공차값으로 정점을 설정하고 스플라인을 수정한다.

▶ eXit : Fit Data 옵션종료(빠져나가기)

■ **Close : 시작점과 끝점을 연결하여 스플라인을 닫는다.**

■ **Move vertex**

스플라인의 정점을 이동한다. 이 옵션을 입력하면 다음과 같은 하부옵션이 나온다.

Specify new location or [Next/Previous/Select point/eXit] <N>: x

▶ Next : 다음 정점으로 이동한다.

▶ Previous : 이전 정점으로 이동한다.

▶ Select point : 선택한 정점으로 이동한다.

▶ eXit : Move vertex 옵션종료(빠져나가기)

■ **Refine**

스플라인 곡선을 미세하게 조정한다. 이 옵션을 입력하면 다음과 같은 하부옵션이 나온다.

Enter a refine option [Add control point/Elevate order/Weight/eXit] <eXit>:

▶ Add control point : 조절점을 새로 추가한다.

▶ Elevate order : 스플라인 곡선에 조절점을 골고루 추가한다.

▶ Weight : 스플라인 곡선을 조절점 앞으로 끄어당기는 장력을 조절한다.

▶ eXit : Refine 옵션종료(빠져나가기)

■ **rEverse : 스플라인 곡선의 방향을 바꾼다.**

■ **Undo : 앞서 실행한 스플라인의 편집을 역순으로 취소한다.**

SpLinedit의 각 옵션을 선택하면 스플라인 곡선의 정점에 청색 사각형 박스가 나타나고, 마우스로 정점을 선택하면 선택한 정점과 다음 정점에 빨간색 사각형 박스가 나타나면서 강조(Highlight)된다. 이때 선택한 정점을 편집하여 스플라인을 바꿀 수 있다.

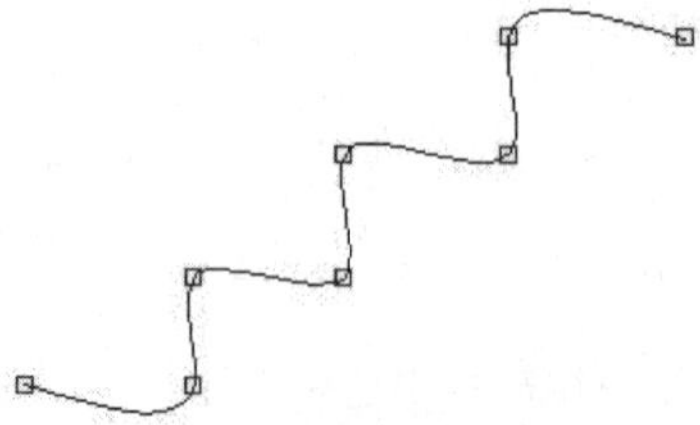

SpLinedit 옵션을 선택했을 때

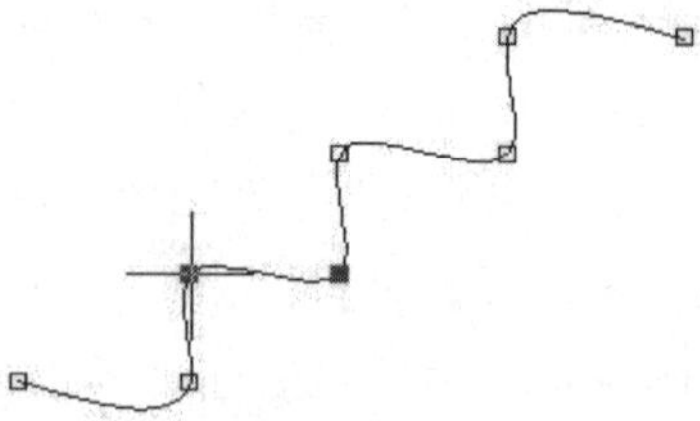

정점을 선택했을 때

3. 다중선 그리기와 편집하기

다중선(Multi-Line)은 여러 개의 선 객체들로 구성된 평행선을 말하고, 다중선은 다음 도면과 같이 건축도면의 벽체 마감선이나 도로망, 도로의 차선, 도면용지의 외곽선과 테두리 선을 그릴 때 매우 유용하게 사용된다. AutoCAD에서는 다중선의 개수를 두개를 기본으로 하고 있지만, 사용자의 정의에 따라 선의 개수뿐만 아니라 색상 선의 종류, 선의 간격, 연결부분의 표시방법 등을 설정할 수 있도록 하였다.

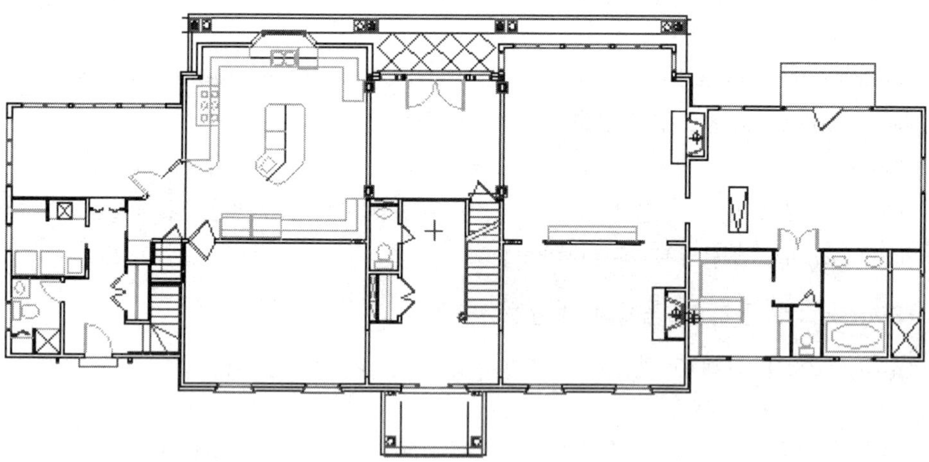

3.1 다중선의 유형설정하기

다중선을 구성하고 있는 선의 개수와 색상, 선 종류, 선의 간격, 연결부분의 표시방법, 등의 다중선 유형을 편집하거나 설정하려면 Mlstyle 명령을 실행하면 된다.

입력방법

	Command	Mlstyle Enter↵
	Main menu	Format > MultiLine Style
	Screen menu	FORMAT > Mlstyle

Mlstyle 명령을 실행하면 'MultiLine Styles' 대화상자가 나오고, 이 대화상자로부터 다중선의 유형을 설정할 수 있다.

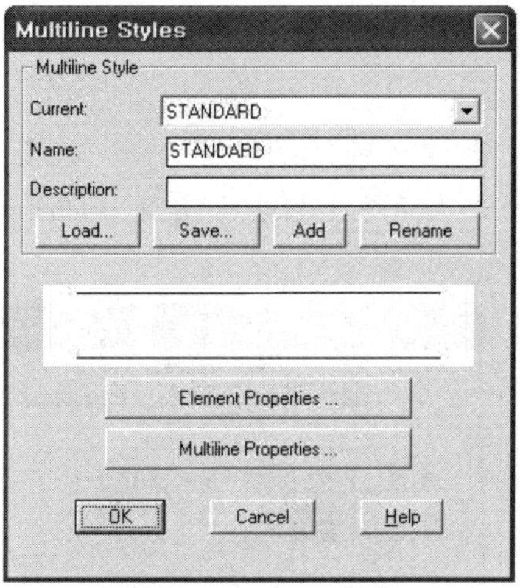

MultiLine Styles

대화상자의 내용

- **MultiLine Style**

현재 설정되어 있는 다중선 유형을 보여주며 새로운 유형을 불러오거나 저장할 수 있으며 추가 및 이름을 변경할 수 있습니다.

- Current : 현재 사용 중인 다중선의 유형을 표시하고 다른 유형을 선택할 수 있다.
- Name : 새로운 다중선의 유형을 생성하거나 유형의 이름을 바꾼다.
- Description : 다중선의 유형에 대한 주석을 단다.
- Load : 'Load MultiLine Style' 대화상자가 나타나고, acad.mln으로부터 다중선을 불러들인다.

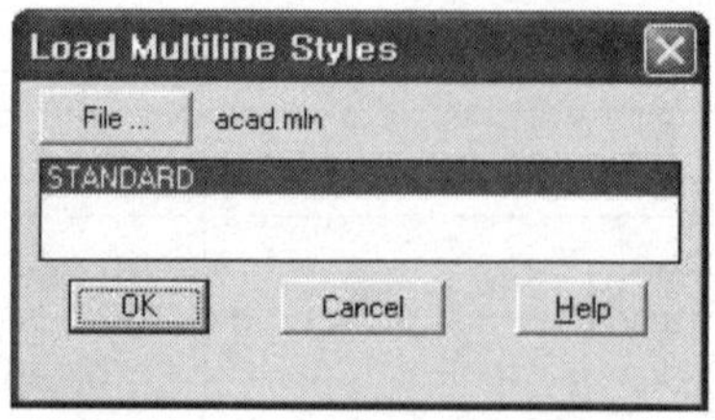

Load MultiLine Styles

▶ Save : 설정한 다중선을 저장한다. 확장자는 mln 형식으로 저장된다.

▶ Add : 새로운 다중선 유형을 목록에 추가한다.

▶ Rename : 다중선의 유형이름을 변경한다.

■ Element Properties

새로운 다중선 유형을 추가하거나 기존의 요소를 수정할 때 사용하며, 다중선의 각 특성을 정의한다. 이 버튼을 선택하면 다음과 같이 'Element Properties' 대화상자가 나온다.

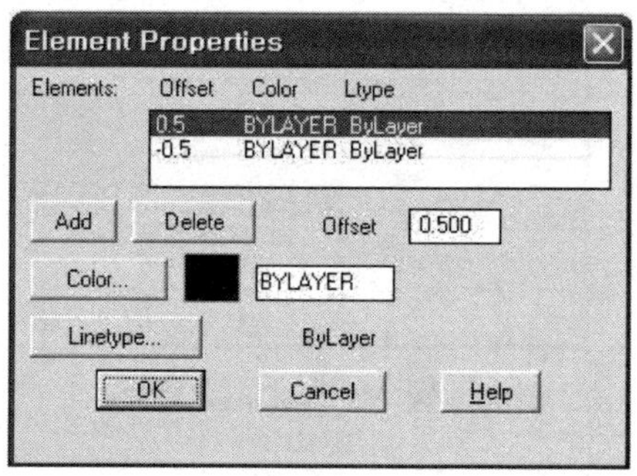

Element Properties

▶ Elements : 현재 사용 중인 다중의 유형특성을 표시한다. 선의 간격, 색상 및 선 종류를 표시한다. 선의 간격은 원점(0,0)에서부터의 간격이고, 간격표시는 하향 순으로 표시된다.

▶ Add : 새로운 다중선을 추가한다.

▶ Delete : 설정된 다중선을 삭제한다.

▶ Offset : 다중선의 간격을 설정한다. 선간격의 기본 값은 원점에서 ±0.5이다.

상위 Offset 거리(0.5)

Offset(0)

하위 Offset 거리(0.5)

▶ Colo : 다중선의 색상을 지정한다. 입력상자에 색상이름이나 번호로 지정해도 된다.

▶ Linetype : 선의 종류를 지정한다. 이 버튼을 선택하면 'Select Linetype' 대화상자가 나온다. 자세한 내용은 Linetype 명령을 참조한다.

■ MultiLine Properties

다중선의 연결부분의 결합표시, 시작과 끝의 마무리, 각도와 배경색을 설정한다. 이 버튼을 선택하면 다음과 같이 'MultiLine Properties' 대화상자가 나온다.

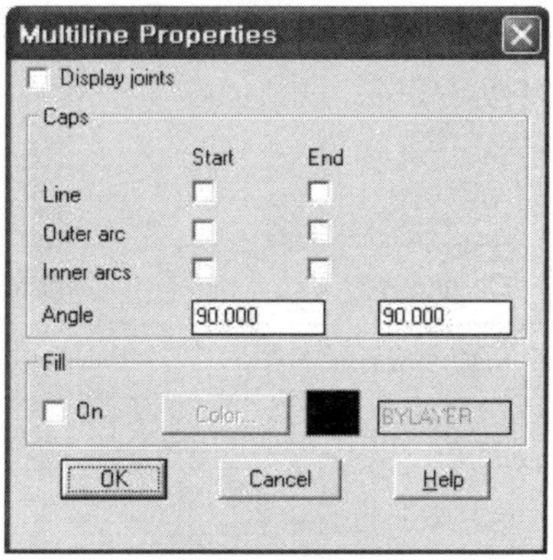

MultiLine Properties

▶ Display joints : 다중선의 연결부분의 결합여부를 설정한다.

▶ Caps : 다중선의 시작과 끝 부분에 뚜껑(cap)처리를 설정한다.

- Line : 뚜껑을 선으로 처리
- Outer arcs : 바깥뚜껑을 호로 처리
- Inner arcs : 안쪽 뚜껑을 호로 처리
- Angle : 뚜껑을 설정각도로 처리

▶ Fill : 다중선 내부에 원하는 색으로 채운다.

- On : 다중선 내부를 채움
- Color : 다중선의 내부색상을 설정

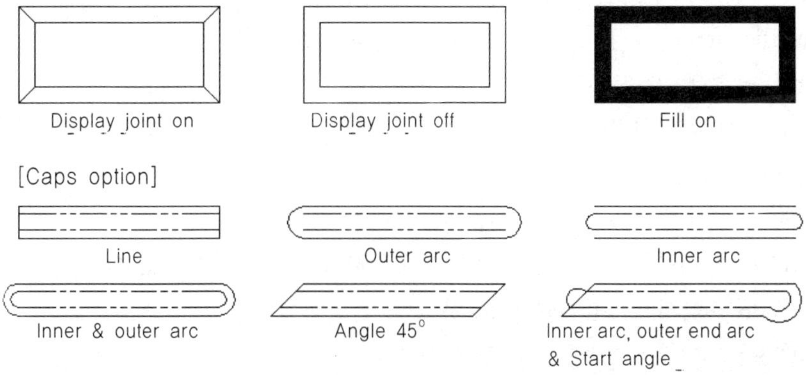

3.2 다중선 그리기

다중선 유형에서 설정된 선으로 여러 개의 다중 평행선을 한 번에 그릴 수 있다. 한번에 그릴 수 있는 선은 16개까지 그릴 수 있다. 각각의 선에 색상과 선 종류를 다르게 설정할 수 있고, 평행선의 간격(Offset 값)을 임의로 조정할 수 있다. 이러한 다중선은 mLine 명령을 실행하면 된다.

입력방법

	Command	MLine 또는 ml Enter↵
	Main menu	Draw > MultiLine
	Screen menu	DRAW 1 > MLine

Command: mLine

Current settings: Justification = Top, Scale = 20.00, Style = M-EX7

Specify start point or [Justification/Scale/STyle]: 시작점 또는 옵션입력 Enter↵

Specify next point: 다음 점 지정 Enter↵

Specify next point or [Undo]: 다음 점 또는 옵션입력 Enter↵

Specify next point or [Close/Undo]: 다음 점 또는 옵션입력 Enter↵

MLine Option

■ **Justification**

다중선을 그릴 때 위, 중심, 아래선 중 어느 것을 기준으로 그릴 것인지 설정한다. 이 옵션을 선택하면 다음과 같은 하위옵션이 나온다.

Enter justification type [Top/Zero/Bottom] <top>:

- ▶ Top : 윗선에 맞춘다.
- ▶ Zero : 두 선의 중심에 맞춘다.
- ▶ Bottom : 아래 선에 맞춘다.

- ■ Scale : 평행선의 간격(Offset 거리에 이 값을 곱한 값)을 지정한다.
- ■ STyle : 다중선의 유형을 지정한다. MLine의 유형은 mstyle 명령을 사용한다.
- ■ Undo : 앞서 그린 다중선을 하나씩 취소한다.
- ■ Close : 다중선의 시작점 끝점을 잇는다.

따라하기 : A3 도면용지에 다중선으로 외곽선과 테두리선 10mm 그리기

- **Step 01 :** Main Menu>Format>Drawing Limits를 선택한다.

  Command :_limits

  Reset Model space limits:

  Specify lower left corner or [ON/OFF] <0.0000,0.0000>: Enter↵

  Specify upper right corner <420.0000,297.0000>: 594,420 Enter↵

- **Step 02 :** Zoom/All 명령으로 도면영역을 화면에 인식시킨다.

  Command : Zoom Enter↵

  Specify corner of window, enter a scale factor (nX or nXP), or

  [All/Center/Dynamic/Extents/Previous/Scale/Window] <real time>: a Enter↵

- **Step 03 :** 다중선으로 외곽선과 테두리선을 그린다.

  Main Menu>Draw>MultiLine을 선택한다.

  Command: _mLine

  Current settings: Justification = Bottom, Scale = 1.00, Style = STANDARD

  Specify start point or [Justification/Scale/STyle]: st Enter↵

  Enter mLine style name or [?]: m-ex Enter↵

  Current settings: Justification = Bottom, Scale = 10.00, Style = M-EX

  Specify start point or [Justification/Scale/STyle]: s Enter↵ ☞ 다중선 유형지정

  Enter mLine scale <10.00>: 10 Enter↵

  Current settings: Justification = Bottom, Scale = 10.00, Style = M-EX

  Specify start point or [Justification/Scale/STyle]: j Enter↵

  Enter justification type [Top/Zero/Bottom] <bottom>: b Enter↵

  Current settings: Justification = Bottom, Scale = 10.00, Style = M-EX

  Specify start point or [Justification/Scale/STyle]: 0,0 Enter↵

  Specify next point: @420<0 Enter↵

  Specify next point or [Undo]: @297<90 Enter↵

  Specify next point or [Close/Undo]: @420<180 Enter↵

  Specify next point or [Close/Undo]: c Enter↵

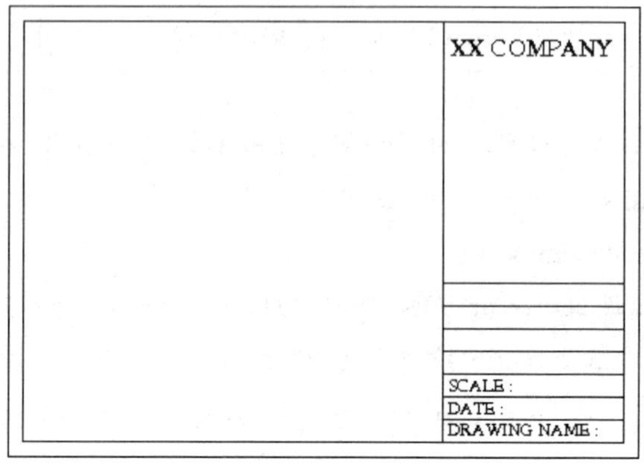

도면용지의 외곽선과 테두리선 10mm

3.3 다중선 편집하기

MLine 명령으로 그린 다중선의 편집은 Mledit 명령을 실행하면 된다. 다중선의 편집에서는 다중선의 교차로 구성, 꼭지 점 추가·삭제, 절단 또는 연결 등을 할 수 있다.

입력방법

(키보드)	Command	Mledit Enter↵
(마우스)	Main menu	Modify > Object > MultiLine
	Screen menu	MODIFY 1 > Mledit

Mledit 명령을 실행하면 'MultiLine Edit Tools' 대화상자가 나오고, 이 대화상자로부터 다중선을 편집할 수 있다.

Closed Cross	Closed Tee	Corner Joint	Cut Single
Open Cross	Open Tee	Add Vertex	Cut All
Merged Cross	Merged Tee	Delete Vertex	Weld All

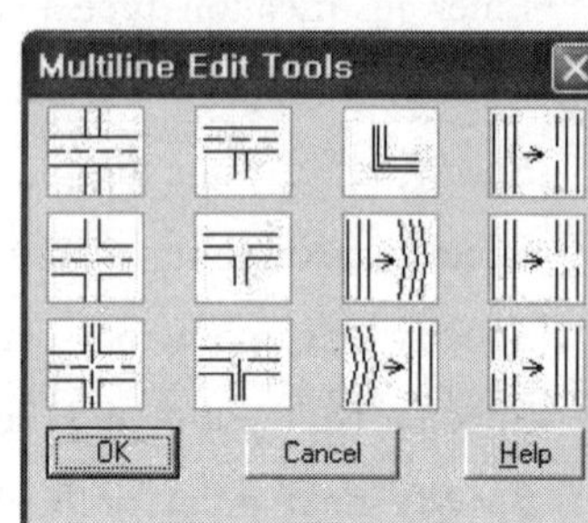

MultiLine Edit Tools

편집하고자 하는 다중선의 종류를 'MultiLine Edit Tools' 대화상자에서 선택하고 OK 버튼을 누르면 , 명령어 영역에는 다음과 같은 메시지가 나온다.

Command: _mledit

Select first mLine: 1차 다중선 선택 Enter↵

Select second mLine: 2차 다중선 선택 Enter↵

Select first mLine or [Undo]: 다른 다중선 선택 또는 Enter↵ ☞ 명령 종료

따라하기 : 교차로를 MLine으로 그리고, 교차부분 삭제하기

■ **Step 01** : 교차로를 그릴 다중선의 유형을 생성한다.

Main Menu에서 Format>MultiLine Style을 선택하고, 'MultiLine Styles' 대화상자에서 Cross라는 이름으로 다중선 유형을 생성한다.

▶ Name : Cross 입력

▶ Add : 선택

▶ Element Properties : 선택

- Add 선택 : 'Elements Properties' 대화상자에 간격이 0.0인 새로운 선 생성
- Offset : 0.0 입력
- Linetype 선택 : 'Select Linetype' 대화상자가 나오면 Load을 선택하고 hidden 선택
- OK 버튼선택
- 'Elements Properties' 대화상자에 '0.0 BYLAYER HIDDEN'이 표시

▶ 'MultiLine Styles' 대화상자의 Ok 버튼선택

■ **Step 02** : Main Menu>Draw>MultiLine을 선택하고, P1과 P2 다중선을 그린다.

■ **Step 03** : Main Menu>Modify>Object>MultiLine을 선택하고, 다중선의 교차부분을 편집한다.

▶ 'MultiLine Edit Tools' 대화상자에서 Merged Cross를 선택하고, OK 버튼을 선택한다.

Command:_mledit

Select first mLine: ☞ P1 선택

Select second mLine: ☞ P2 선택

Select first mLine or [Undo]: Enter↵ ☞ Mledit 명령 종료

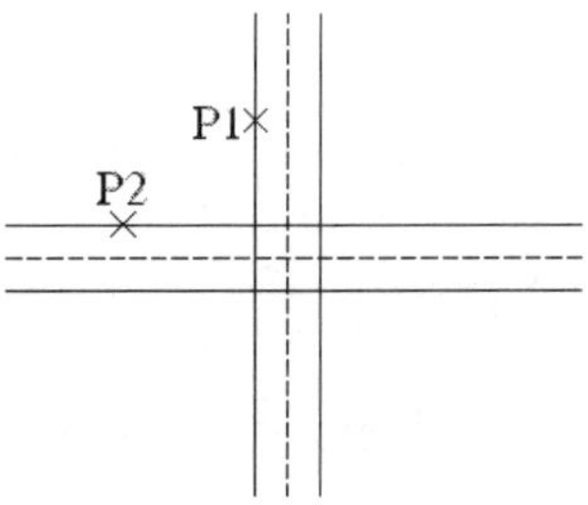

원래상태

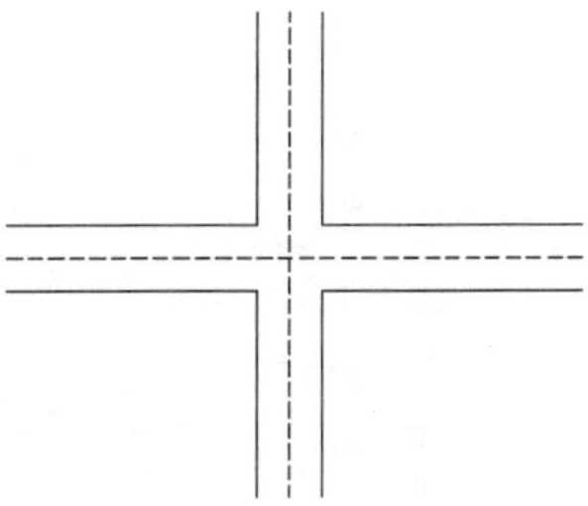

Medit 실행 후

4. 무한선 그리기

구조선(Construction Line)과 광선(Ray)과 같은 무한선은 도면을 시작할 때 중심선을 잡거나 2차원에서 투시도를 그릴 때 투시선과 같은 보조요소 역할을 한다. 무한선은 도면영역에는 영향을 미치지 않고, 화면조정 명령 Zoom이나 Viewpoint 등에도 영향을 주지 않는다. 하지만 편집이 가능하고 선의 종류나 색상 등의 특성을 가질 수 있다.

4.1 광선 그리기

광선 그리기는 Ray 명령을 된다. Ray 명령은 Xine 명령과 같은 무한선의 속성을 가지며, 레이저 광선과 같이 시작점으로부터 한쪽 방향으로만 무한선을 그린다. 투시도를 그릴 때 사용하면 편리하다. Ray 명령으로 그린 선은 무한선임으로 Zom이나 Etents와 같은 명령으로 화면에 가득 채울 수 없다.

입력방법

	Command	Ray Enter↵
	Main menu	Draw > Ray
	Screen menu	DRAW 1 > Ray
	Icon menu	Toolbars > Command > Draw >

Command: ray
Specify start point: 시작점 지정 Enter↵
Specify through point: 무한선이 지나갈 점 지정 Enter↵

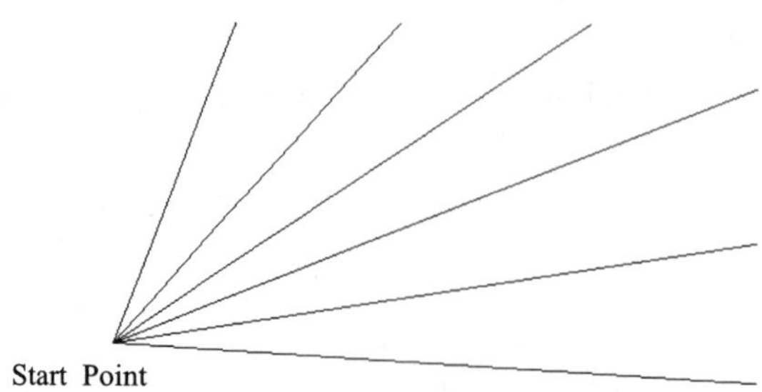

Ray Construction

4.2 구조선 그리기

구조선(Construction Line) 그리기는 XLine 명령을 실행하면 된다. Ray 명령과 같이 무한선의 속성을 가지며, 기준점으로부터 양쪽 방향으로 무한선을 그린다. 이 선은 도면 요소로 사용되기보다 보조요소로 3차원 공간의 구분 등에 사용된다. XLine 명령으로 그린 선도 무한선임으로 Zoom이나 Extents 명령으로 화면에 가득 채울 수 없다.

입력방법

	Command	XLine Enter↵
	Main menu	Draw > Construction Line
	Screen menu	DRAW 1 > XLine
	Icon menu	Draw Toolbars >

Command: _xLine Enter↵
Specify a point or [Hor/Ver/Ang/Bisect/Offset]: 시작점 지정 또는 옵션입력 Enter↵
Specify through point: 무한선이 지나갈 점 입력 Enter↵

XLine Option

- **Hor** :무한선을 기준점에 대해 수평하게 그린다.
- **Ver** : 무한선을 기준점에 대해 수직하게 그린다.
- **Ang** : 무한선을 지정한 각도로 그린다.
- **Bisect** : 두 점의 지정각도에 이등분된 무한선을 그린다. 이 옵션을 입력하면 다음과 같은 하부옵션이 나온다.
  - Specify angle vertex point : 꼭지 점의 각도를 입력한다.
  - Specify angle start point : 시작점의 각도를 입력한다.
  - Specify angle end point : 끝점의 각도를 입력한다.
- **Offset** : 편집도구의 offset 명령과 같이 무한선을 평행이동·복사한다.

따라하기 : 3차원 투시도 그리기

Line과 XLine, Trim 명령으로 3차원 투시도를 그린다.

- **Step 01** : Line 명령으로 수직선과 수평선을 그린다.

■ **Step 02 :** XLine 명령으로 무한선을 그린다.

Draw Toolbar에서 XLine 아이콘 을 선택한다.

Command: _xLine

Specify a point or [Hor/Ver/Ang/Bisect/Offset]: ☞ P0 선택

Specify through point: ☞ P1 선택

Specify through point: ☞ P2 선택

Specify through point: ☞ P3 선택

Specify through point: ☞ P4 선택

Specify through point: Enter↵ ☞ XLine 명령 종료

Command: _xLine

Specify a point or [Hor/Ver/Ang/Bisect/Offset]: h Enter↵

Specify through point: ☞ P3 선택

Specify through point: ☞ P2 선택

Specify through point: ☞ P4 선택

Specify through point: ☞ P5 선택

Specify through point: Enter↵ ☞ XLine 명령 종료

Command: _xLine Specify a point or [Hor/Ver/Ang/Bisect/Offset]: v

Specify through point: ☞ P1 선택

Specify through point: ☞ P2 선택

Specify through point: ☞ P5 선택

Specify through point: Enter↵ ☞ XLine 명령 종료

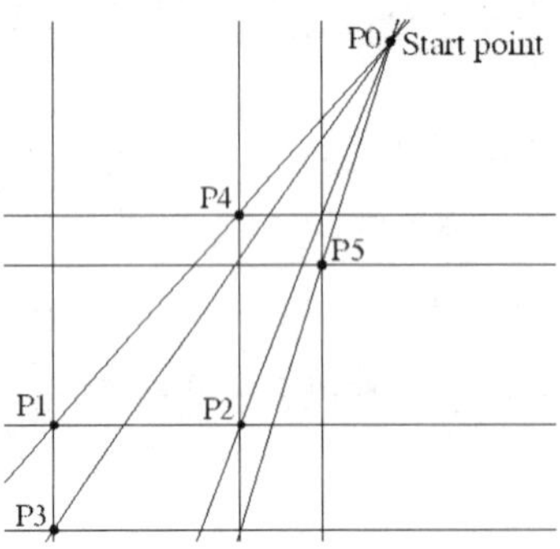

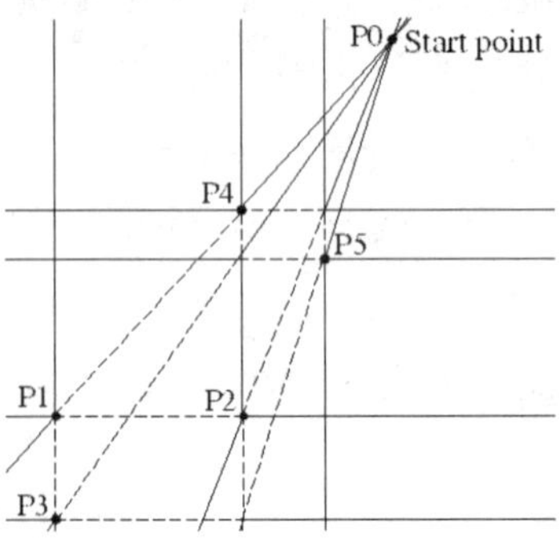

■ **Step 03 :** Trim 명령으로 점선 부분의 3차원 투시도만 남겨두고 나머지 부분은 잘라내면, 다음 도면과 같이 된다.

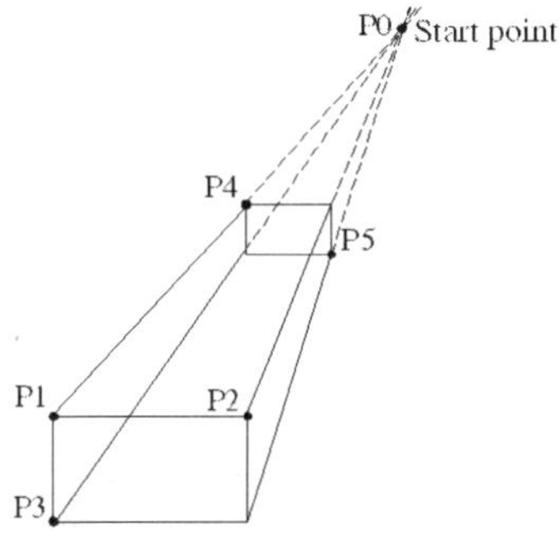

XLine에 의한 투시도

5. 스케치로 윤곽도면 그리기

도면을 작성할 때 스케치는 미술시간에 스케치하는 것과 같다. AutoCAD에서는 연필 대신 마우스를 움직여 커서의 위치에 따라 대략적인 윤곽도면을 그리는 것을 말한다. 스케치는 Sketch 명령을 실행하면 된다. Skpoly 변수값이 0으로 설정되면 선이 그려지고, 1일 경우 폴리라인이 생성된다.

입력방법

	Command	Sketch Enter↵

Command:

SKETCH Record increment <1.0000>: Sketch 펜의 폭 설정 Enter↵

Sketch. Pen eXit Quit Record Erase Connect . ☞ P를 누르면 <Pen down>으로 선택되어 마우스를 움직이면 녹색선이 그려진다. 또 한번 P를 누르면 <Pen up>으로 선택되어 마우스를 움직여도 그려지지 않는다.

Sketch Option

- **Pen** : 도면을 그릴 때 펜을 들거나 내린다. 단축키로 P를 누르거나 마우스의 왼쪽 버튼을 선택하면 Pen up과 Pen down이 선택된다.
- **eXite** : 작성한 도면을 기록하고 명령을 종료한다.
- **Quit** : 작성한 도면을 취소하고 명령을 종료한다.

- **Record** : 작성한 도면을 별도의 명령없이 저장할 수 있다.
- **Erase** : 지정한 점으로부터 마지막 그려진 부분까지 지운다.
- **Connect** : 현재 작성중인 도면의 마지막 끝점에 자동 연결한다.

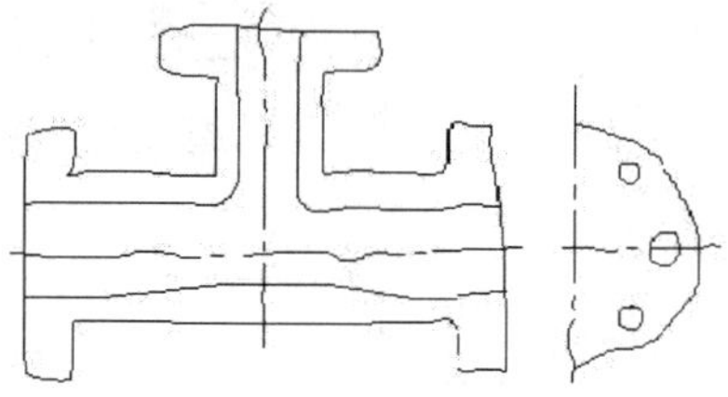

Chapter 11

단면도와 해치 활용하기

물체의 형상에 따라 작성도면의 표현방법이 달라진다. 물체의 보이는 부분과 보이지 않는 부분의 처리가 그다지 쉽지만은 않다. 해치(hatch)란 물체의 보이지 않는 부분을 단면으로 표시하고, 그 부분을 특수한 패턴으로 채우는 것이다. 또 사용자가 원하는 패턴을 직접 만들어 채울 수도 있다. 이 장에서는 단면, 해치방법과 활용방법에 대해 공부하기로 한다.

1. 도면에 단면표시하기
2. 해치패턴 설정과 활용하기

1. 도면에 단면표시하기

1.1 단면도란?

도면을 그릴 때 물체내부의 보이지 않는 부분을 숨은선으로 나타내는데 형상이나 구조가 복잡하면, 숨은선이 많아져 도면판독에 어려움이 있고 단면을 정확하게 읽기가 어렵다. 이러한 경우 물체를 좀더 명확하게 표시할 필요가 있는 부분에 대해 절단 또는 파단 했다고 가상하여 물체의 내부가 보이는 것과 같이 그리는 투상도를 단면도(Sectional View)라 한다. 이와 같이 절단면을 다른 도면요소와 달리 표시하기 위해 도면의 내부를 채우는데, 이를 해칭(Hatching)이라 한다. 해칭할 때 사용하는 해치 패턴은 제품의 재질에 따라 그 표시방법이 각각 다르다. 단면도는 KS규격(KS B0001 9.2)에 따라 다음과 같은 기준으로 표시한다.

- 물체는 중심선을 기준으로 절단하고, 절단선은 표시하지 않는다. 중심선이 아닌 곳에서 절단할 경우에는 절단선과 방향을 표시하고 영문자를 기입한다.
- 단면에는 해칭을 한다.
- 단면도에는 가능한 숨은선을 기입하지 않는다.
- 가상 절단부분은 단면도와 함께 그린다.

1.2 단면도의 종류

단면은 기본 중심선에서 절단한 면으로 표시하는 것을 원칙으로 한다. 그러나 물체의 모양에 따라 여러 가지 단면을 그릴 때가 있다.

온 단면

물체의 중심을 기준으로 두 개로 절단하여 단면으로 표시한 것을 온 단면(Full Section)이라 한다. 이때 절단면은 투상도에 평행하고 기본 중심선을 지나는 것이 원칙이지만, 모양에 따라 반드시 기본 중심선을 지나지 않아도 좋다.

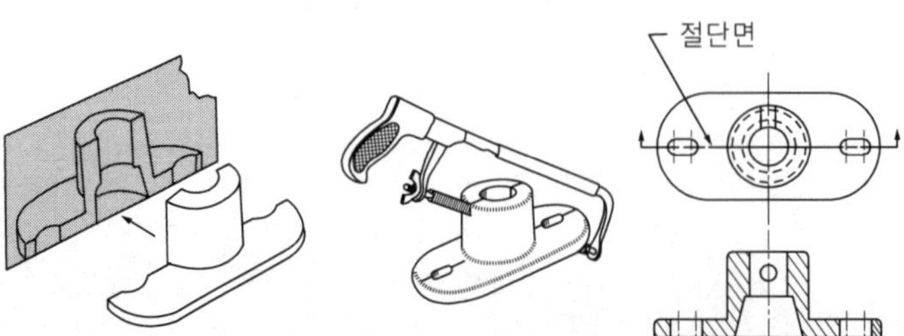

온 단면

반 단면

다음 그림과 같이 상하 또는 좌우대칭인 물체의 1/4를 절단하여 단면으로 표시한 것을 반 단면(Half Section) 또는 한쪽 단면이라 한다.

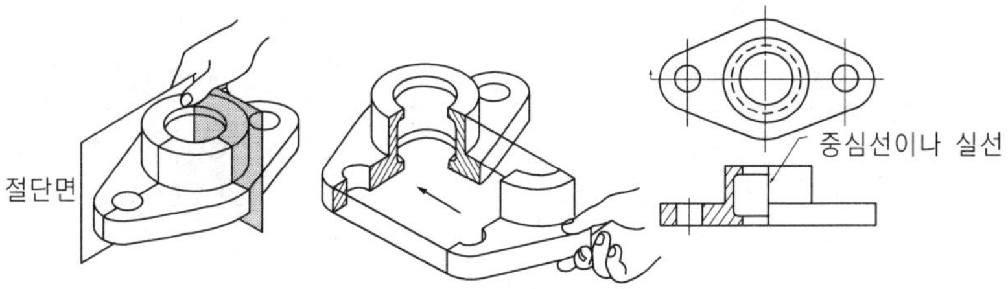

반 단면

계단단면

절단면이 투상면에 평행 또는 수직하게 계단형태로 절단된 것을 계단단면도(Offset Section)라고 한다.

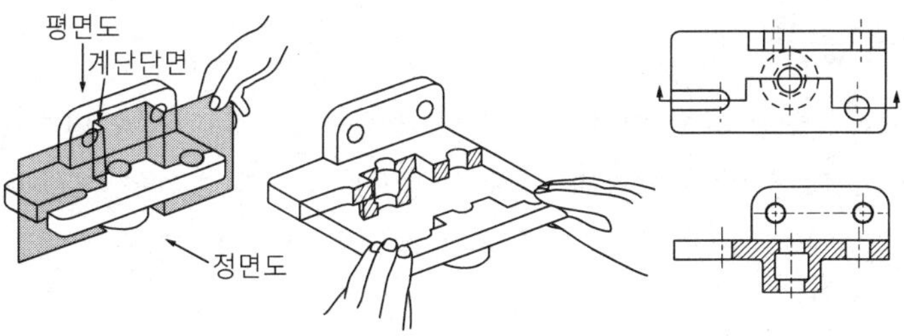

계단단면

부분단면

물체의 임의 부분만을 절단하여 단면으로 표시한 것을 부분단면(Local Section)이라 한다. 이때 파단부분은 실선의 파단선으로 표시한다.

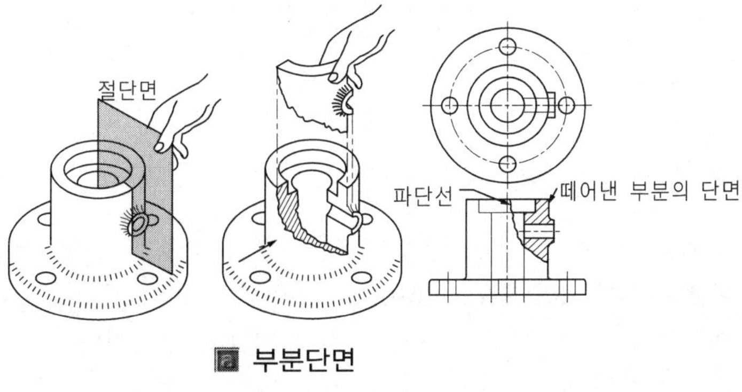

부분단면

회전단면

핸들이나 바퀴 등의 암(Arm) 및, 리브, 훅, 림, 축 등을 절단하여 90° 회전시켜 단면으로 표시한 것을 회전단면(Revolved Section)이라 한다.

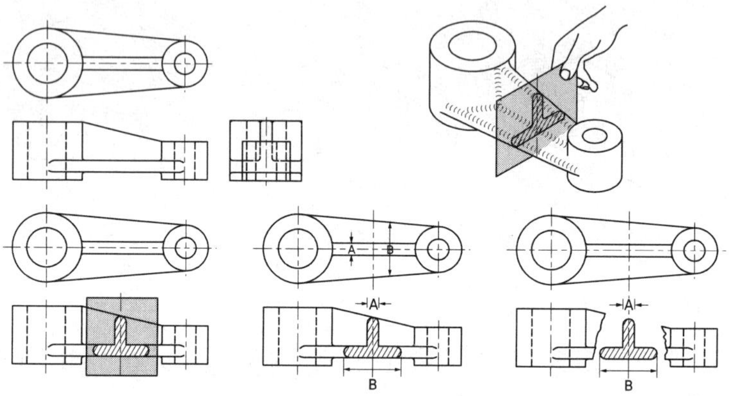

회전단면

인출 회전단면

도면 내에 회전단면을 그릴 여유가 없거나, 또는 그려 넣으면 단면이 보기 어려운 경우에는 절단선과 연장선상이나 임의의 위치에 단면보양을 인출하여 그린다. 이것을 인출 회전단면도라 한다. 임의의 위치에 그리는 경우 절단위치를 절단선으로 표시하고 '단면 A-A'와 같이 표시한다.

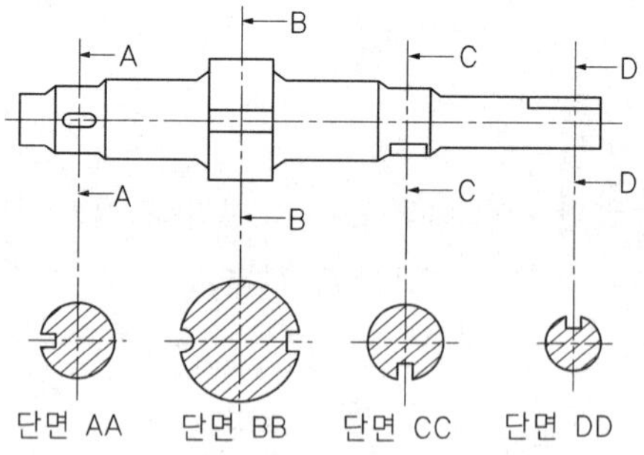

인출 회전단면

얇은 두께의 단면

가스킷, 박판, 형강 등에서 절단면이 아주 얇은 경우 다음과 같이 표시한다.

- 절단면을 검게 칠한다((a), (b)).
- 실제 치수와 관계없이 한 개의 굵은 실선으로 표시한다.
- 도형과 도형 사이는 약 0.7mm 이상의 간격을 둔다.

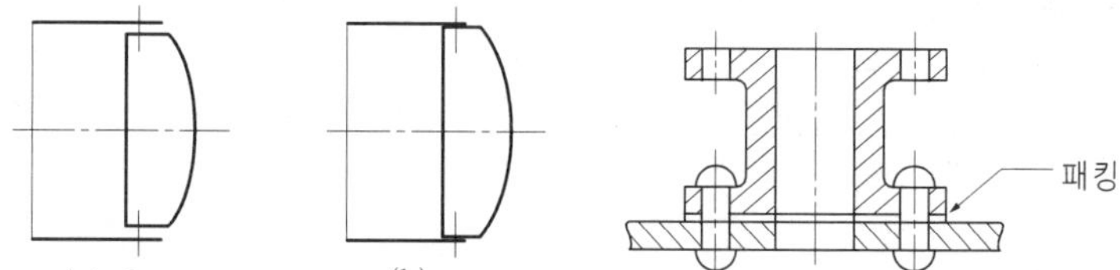

(a) ○ (b) ×

얇은 두께의 단면

특수한 경우의 단면표시

리브(Rib), 웨브(Web), 스포크(Spoke) 등의 부품은 절단하게 되면 형상이 불명확하게 되거나 오독할 염려가 있다. 다음과 같이 절단하여 리브 본체의 두께가 분명하게 나타나지 않으므로 절단하지 않는다.

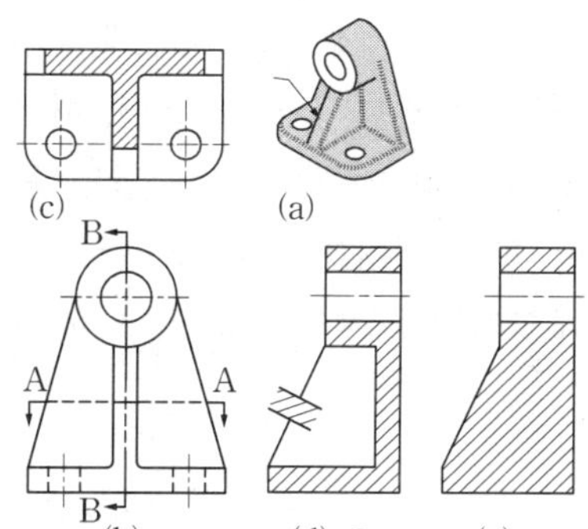

(b) (d) ○ (e) ×

리브의 단면

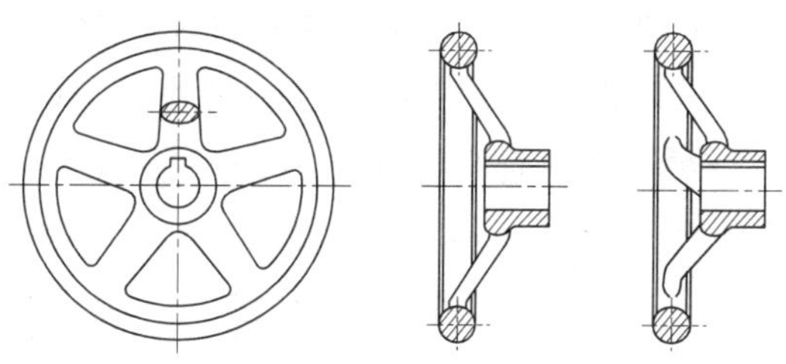

(a) (b) ○ (c) ×

스포크의 단면

1.3 해칭(Hatching)하기

단면을 분명히 표시하기 위해 해칭은 다음 규칙에 따른다(KS B 0001).

- 기본 중심선 또는 기선에 대하여 45°(또는 30°, 60°)의 가는 실신을 눈짐작으로 같은 간격(2~3mm)으로 그린다. ISO에서는 단면이 클 때에는 주변만 해칭한다.
- 서로 인접하는 단면의 해칭은 각도를 바꾸거나 해칭선의 간격을 바꾸어 구별한다.
- 동일한 부품의 단면은 떨어져 있어도 해칭의 각도와 간격을 일정하게 한다.
- 해칭한 곳에 치수를 입할 필요가 있을 경우에는 그 부분은 해칭을 하지 않는다. ISO에서는 중단하도록 규정하고 있다.
- 비금속 재료의 단면으로 특별히 재질을 명시할 필요가 있을 경우에는 원칙적으로 다음 그림과 같이 재료별 표시방법으로 표시한다. 이 경우 부품도에

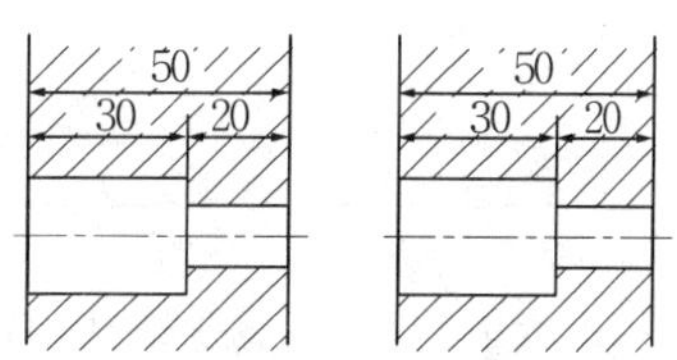

(1) ○ (2) ×

단면의 치수기입

는 재질을 따로 문자를 써서 기입한다.

유리	목재	콘크리트	액체
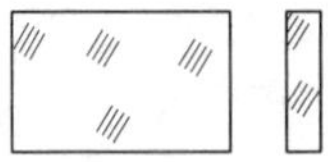		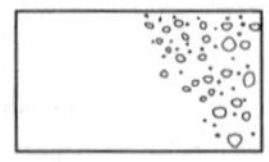	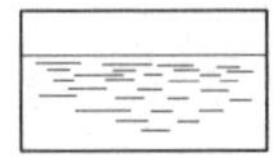

비금속 재료의 단면

2. 해치패턴 설정과 활용하기

앞서 설명했듯이 도면의 해치는 제품의 단면도나 제품의 재질을 나타내는데 이용하며, 단면도나 재질은 제도에서 규정하는 해치패턴을 이용하여 구별한다. 예를 들어, 해치는 조립부품의 다양한 재질이나 지도 내의 건물, 벽의 재질, 건물의 기초, 재료의 단면 등을 표현하기 위해 사용한다. AutoCAD에서는 50여 가지의 표준 해치패턴과 ISO(국제 표준화 기구)에서 지정하는 해치패턴, ANSI에서 지정하는 해치패턴을 제공하고 있다. AutoCAD에는 해치패턴의 설정과 활용방법이 두 가지 있다.

2.1 대화상자에 의한 방법

대화상자를 이용하여 해치패턴을 설정하고 활용하면 쉽게 해칭을 할 수 있다. 이 방법은 Boundary 명령과 Hatch 명령을 합쳐서 만든 것으로 사용이 매우 편리하다. AutoCAD 2004 버전에서는 도면에 색을 칠할 수 있는 그라데이션(Gradient) 기능을 이용한 해치가 추가되었다.

입력방법

	Command	Bhatch 또는 h Enter
	Main menu	Draw > Hatch
	Screen menu	DRAW 2 > Bhatch
	Icon menu	Draw Toolbar >

Bhatch 명령을 실행하면 'Boundary Hatch and Fill' 대화상자가 나오고, 이 대화상자를 이용하면 해치패턴의 설정과 해칭을 쉽게 할 수 있다. 'Boundary Hatch and Fill' 대화상자는 'Hatch와 Advanced, Gradient' 3개의 탭으로 구성돼있다.

Hatch

Hatch 탭의 대화상자에서는 빠르게 해치패턴을 설정하고 해칭을 할 수 있다.

- **Type** : 드롭다운 리스트 버튼 을 선택하고 해칭에 사용할 해치패턴의 유형을 지정한다.
  - ▶ Predefined : Acad.pat 파일에 정의되어 있는 이미지 패턴을 사용한다.
  - ▶ User defined : 선 유형을 이용하여 해치패턴을 정의하여 사용한다.
  - ▶ Custom : 사용자가 만든 해치패턴을 사용한다.
- **Pattern** : 해치패턴의 유형을 선택한다.
  - ▶ : 이 버튼을 누르면 acad.pat에 정의된 해치패턴의 유형을 선택할 수 있는 'Hatch Pattern Palette' 대화상자가 나오고, 이 대화상자로부터 사용할 해치패턴의 유형을 선택한다. 또는 Pattern 창에서 해치패턴의 이름을 선택해도 된다.

'Hatch Pattern Palette' 대화상자에는 4개의 해치패턴 유형이 있다. 'Other Predefined' 탭의 해치패턴의 유형은 AutoCAD에서 제공해주는 표준 해치패턴이고, 'ISO' 탭의 해치패턴의 유형은 ISO에서 지정하는 해치패턴, 'ANSI' 탭의 해치패턴의 유형은 ANSI에서 지정하는 해치패턴, 'Custom' 탭의 해치패턴의 유형은 사용자가 만든 해치패턴이 포함되게 된다.

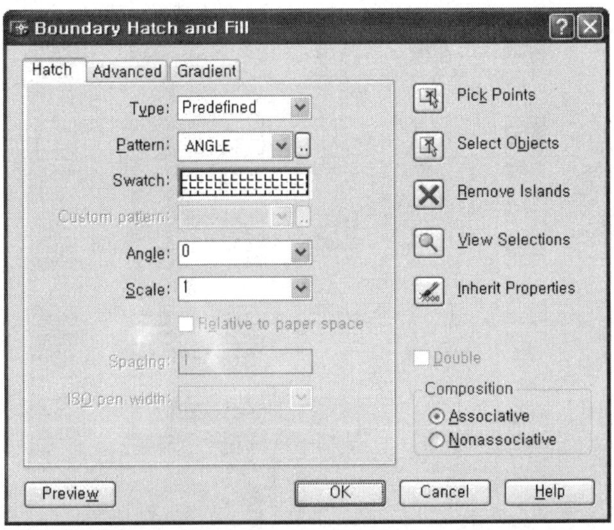

Boundary Hatch and Fill-Hatch

- **Swatch** : 선택한 해치패턴의 유형을 보여준다.
- **Custom Pattern** : Type에서 custom으로 설정되어 있을 때, 사용자가 정의한 다른 *.pat 파일의 해치패턴을 지정한다.

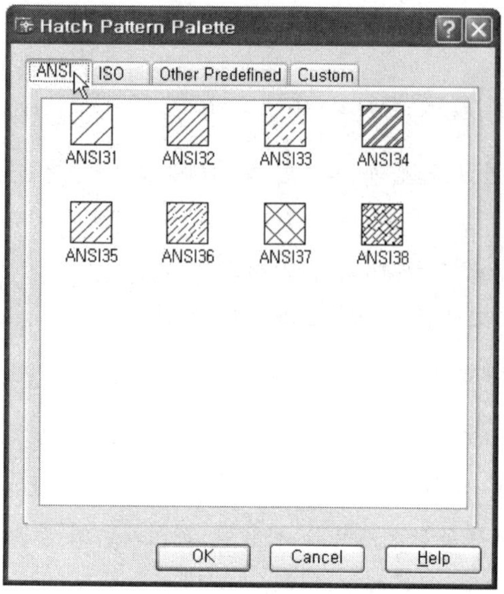

ANSI Hatch Pattern

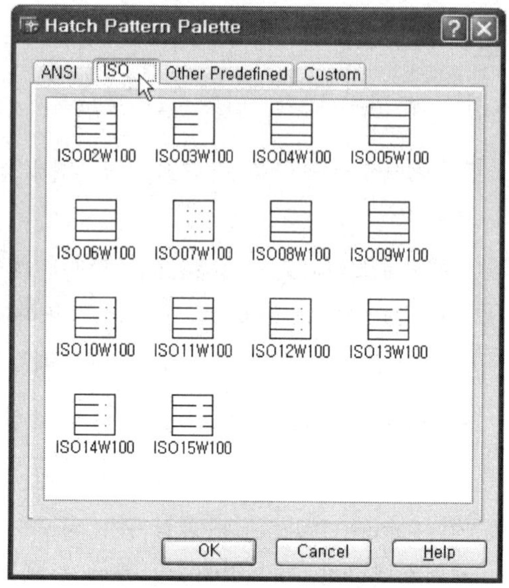

ISO Hatch Pattern

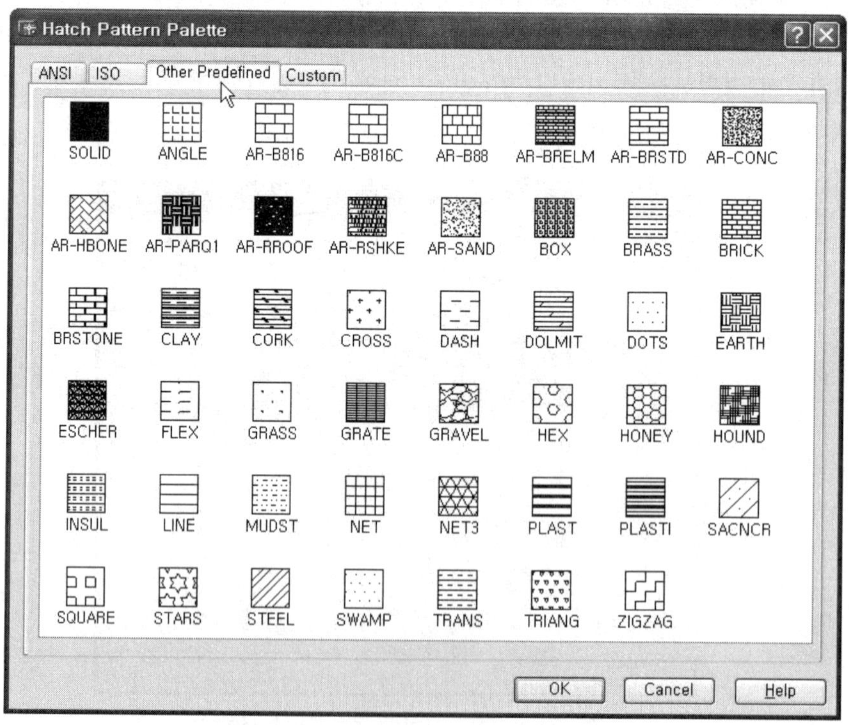

Other Predefined Hatch Pattern

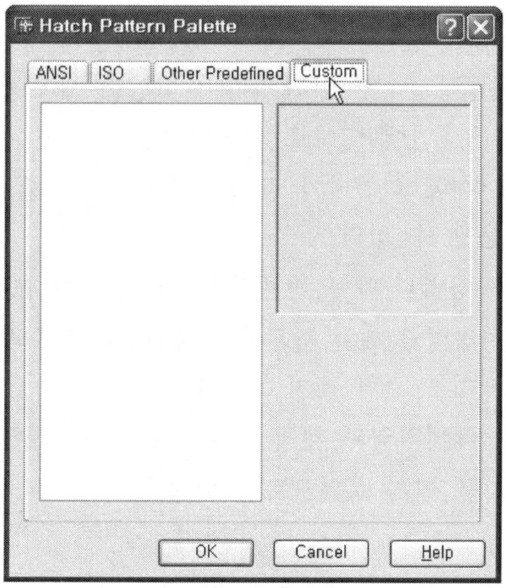

Custom Hatch Pattern

- **Angle** : 해치패턴의 각도를 지정한다.
- **Scale** : 해치패턴의 척도를 설정하며, type에서 user defined로 설정돼있으면 사용할 수 없다.
- **Relative to paper space** : 해치패턴의 척도를 종이영역의 단위에 맞춘다.
- **Spacing** : 해치선의 간격을 설정하며, type에서 user defined로 설정돼있을 때만 사용할 수 있다.
- **ISO Pen width** : ISO에서 지정한 해치패턴을 선택할 경우, 플로터에서 인쇄될 펜의 폭(mm)을 지정한다.
- **Pick Points** : 이 아이콘을 선택하면 다음과 같은 하위옵션이 나오고, 해치할 영역을 내부 점(internal point)으로 해치영역을 선택한다. 내부 점으로 선택되는 해치 영역은 완전히 고립된 영역이며, 해치영역의 다중 선택이 가능하고 u나 undo 명령으로 취소할 수 있다.

  Select internal point: 내부 점으로 해치할 영역선택 Enter↵

- **Select Objects** : 이 아이콘을 선택하면 다음과 같은 하위옵션이 나오고, 해치할 영역을 둘러싸고 있는 경계선을 선택하여 해치영역을 지정한다.

  Select objects: 해치 영역을 둘러싸고 있는 경계선 선택 Enter↵

- **Remove Islands** : 이 아이콘을 선택하면 다음과 같은 하위옵션이 나오고, 여러 개로 겹쳐져 있는 도면을 pick point로 가장 바깥쪽 영역을 선택하면 도면 모두가 선택된다. 이 아이콘은 해치에 선택된 영역 일부분을 제외시킬 때 사용한다. 제외시킬 영역은 경계선을 눌러 선택한다.

  Select Island to remove: 제외시킬 해치 영역선택 Enter↵

- View Selections : 도면에서 해치할 영역을 파선으로 나타낸다.
- Inherit Properties : 기존에 해치가 되어있는 해치영역을 선택하고, 그 영역의 해치특성을 다른 해치영역에 그대로 사용한다.
- Double : 해치선을 90°로 회전시켜 한 번 더 해치하고, type에서 user defined로 설정되어 있을 때만 사용할 수 있다.
- Composition : 해치영역과 해치 경계선의 상관관계를 조정한다.
  - ▶ Associative : 해치영역과 해치 경계선의 상관관계로부터 해치를 조정한다. 이 옵션이 선택되면 새 해치는 관련 해치로 정의된다.
  - ▶ Nonassociative : 해치영역과 해치 경계선의 상관관계를 무시한다.
- Preview : 해치결과를 미리 화면으로 보여준다.

Advanced

Advanced 탭의 대화상자에서는 여러 가지 다양한 해치영역을 선택할 수 있도록 해주고 해칭을 할 수 있다.

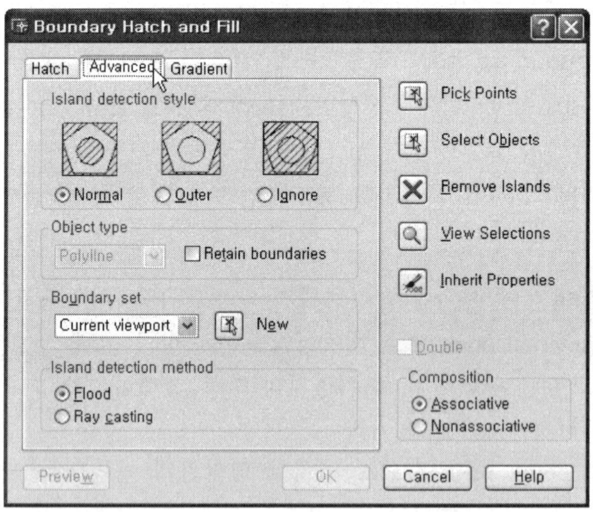

Boundary Hatch and Fill-Advanced

- Island detection style

해치 영역의 가장 바깥쪽 경계 속에는 있는 내부객체를 Island라 한다. 선택한 해치영역 중에 포함된 또 다른 영역이 있을 경우, 해치영역의 유형을 지정한다. 세 종류의 해치영역 유형이 있고, 가능하면 정확한 영역작업이 가능한 Normal을 사용하기 바란다.

- ▶ Normal : 경계영역 안쪽으로 해치하며, 선택한 해치영역 중 바깥쪽부터 홀수번째 영역만 해치한다.

- ▶ Outer  : 경계영역 안쪽으로 해치하며, 선택된 해치영역 중 가장 바깥쪽 영역만 해치한다.
- ▶ Ignore  : 경계영역 내부에 있는 객체를 무시하고, 선택한 해치영역 모두를 해치한다.

- **Object type :** Boundary 명령을 참조한다.
- **Boundary set :** Boundary 명령을 참조한다.
- **Island detection method :** Boundary 명령을 참조한다.

Gradient

Gradient 탭의 대화상자에서는 그라데이션을 이용하여 여러 가지 다양한 형태와 색상으로 도면에 색을 칠할 수 있다.

Boundary Hatch and Fill-Gradient

- **One color :** 한 가지 색상으로 도면에 색을 칠한다.
- **Two color :** 두 가지 색상으로 도면에 색을 칠한다.
- **Shade 〈-〉 Tint :** 그라데이션의 정도를 조정한다. 다양한 그라데이션을 설정할 수 있다.
- **Centered :** 그라데이션을 가운데를 중심으로 그라데이션을 지정한다.
- **Angle :** 그라데이션의 각도를 지정한다.

2.2 명령어 실행방법

Hatch 명령을 실행하여 선택한 도면영역에 해칭을 하는 방법이다. Hatch 명령보다는 Bhatch 명령을 더 많이 이용한다.

입력방법

	Command	Hatch Enter↵

Command: hatch Enter↵

Enter a pattern name or [?/Solid/User defined] <ANGLE>: 옵션입력 Enter↵

Specify a scale for the pattern <1.0000>: 해치패턴의 척도지정 Enter↵

Specify an angle for the pattern <0>: 해치패턴의 각도지정 Enter↵

Select objects to define hatch boundary or <direct hatch>, Select objects:

☞ 해칭할 도면의 해치경계선택 Enter↵

Hatch Option

- **Enter a pattern name** : 해치패턴의 유형이름을 입력한다.
- **?** : AutoCAD에서 제공하는 해치패턴의 유형목록을 보여준다. 이 옵션을 입력하면 다음과 같은 하위옵션이 나오고, 해치패턴의 텍스트 윈도우가 나온다.

  Enter pattern(s) to list <*>: 패턴이름 입력 또는 Enter↵

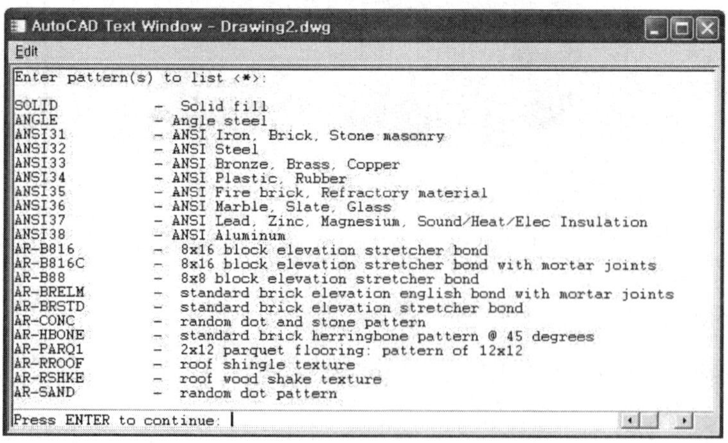

```
AutoCAD Text Window - Drawing2.dwg
Edit
Enter pattern(s) to list <*>:

SOLID       -  Solid fill
ANGLE       - Angle steel
ANSI31      - ANSI Iron, Brick, Stone masonry
ANSI32      - ANSI Steel
ANSI33      - ANSI Bronze, Brass, Copper
ANSI34      - ANSI Plastic, Rubber
ANSI35      - ANSI Fire brick, Refractory material
ANSI36      - ANSI Marble, Slate, Glass
ANSI37      - ANSI Lead, Zinc, Magnesium, Sound/Heat/Elec Insulation
ANSI38      - ANSI Aluminum
AR-B816     -  8x16 block elevation stretcher bond
AR-B816C    -  8x16 block elevation stretcher bond with mortar joints
AR-B88      -  8x8 block elevation stretcher bond
AR-BRELM    -  standard brick elevation english bond with mortar joints
AR-BRSTD    -  standard brick elevation stretcher bond
AR-CONC     -  random dot and stone pattern
AR-HBONE    -  standard brick herringbone pattern @ 45 degrees
AR-PARQ1    -  2x12 parquet flooring: pattern of 12x12
AR-RROOF    -  roof shingle texture
AR-RSHKE    -  roof wood shake texture
AR-SAND     -  random dot pattern
Press ENTER to continue:
```

Text Window of Hatch Pattern

- **Solid** : 도면의 해치영역을 솔리드(Solid)로 해치한다.
- **User defined** : 해치패턴을 사용자가 정의한다.

따라하기 01 : Pick Points로 해치영역을 선택하고, 도면 해칭하기

다음과 같이 도형을 그리고, 경계영역을 선택한 후 escher 해치패턴으로 도면의 선택영역을 해칭해보자.

- **Step 01** : Circle과 Polygon 명령으로 도형을 그린다.
- **Step 02** : 아이콘을 선택하고 선택영역을 선택하고, 'Boundary Hatch' 대화상자가 나오면 해치영역을 선택한 후 해칭한다.

  Draw Toolbar에서 Bhatch 아이콘 을 선택한다.

  ▶ Pattern의 아이콘을 누르고, 'Hatch Pattern Palette' 대화상자에서 escher 해치패턴을 선택한 후 OK 버튼을 누른다. 이때 swatch 창에는 escher 해치패턴의 유형으로 바뀐다.

  ▶ Scale에서 해치패턴의 척도를 2로 지정한다.

  ▶ Pick Points 아이콘 을 선택하고 도면에서 해치할 경계영역을 선택한다.

  Select internal point: Selecting everything... ☞ P1 선택
  Selecting everything visible...
  Analyzing the selected data...
  Analyzing internal islands... ☞ 지동으로 경계영역을 찾아줌
  Select internal point: Enter↵ ☞ 해치영역 선택종료

  ▶ Preview 버튼을 눌러 선택한 해치패턴과 축척이 선택한 해치영역에 적용된 결과를 미리 확인한다. 만약, 선택한 해치패턴과 축척, 해치영역 등이 적절하지 못하면 앞 3단계를 다시 실시한다.

  <Hit enter or right-click to return to the dialog> ☞ Enter↵나 마우스 오른쪽 버튼을 누르면 'Boundary Hatch' 대화상자로 되돌아간다.

  ▶ 확인한 결과가 만족스러우면 OK 버튼을 누른다.

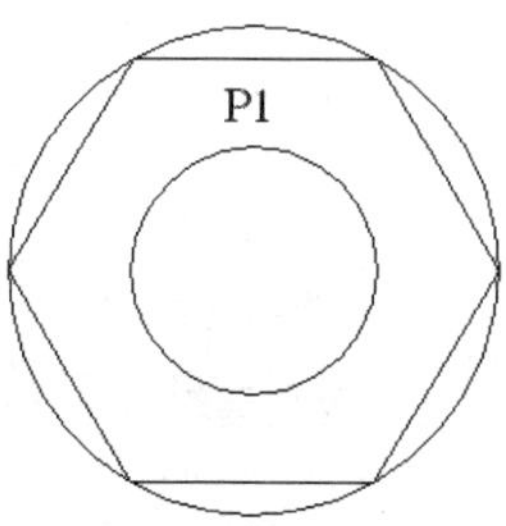

원래도형

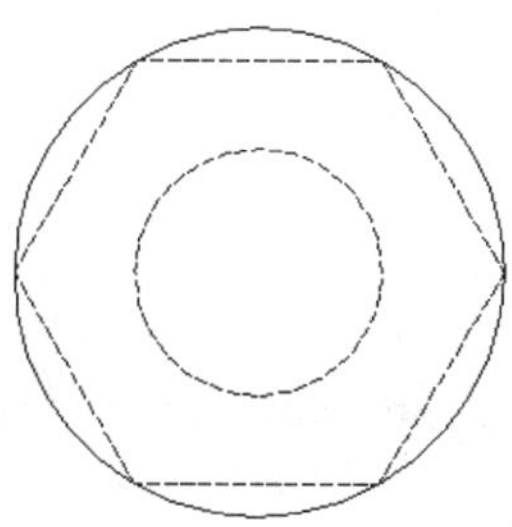
해치영역 선택

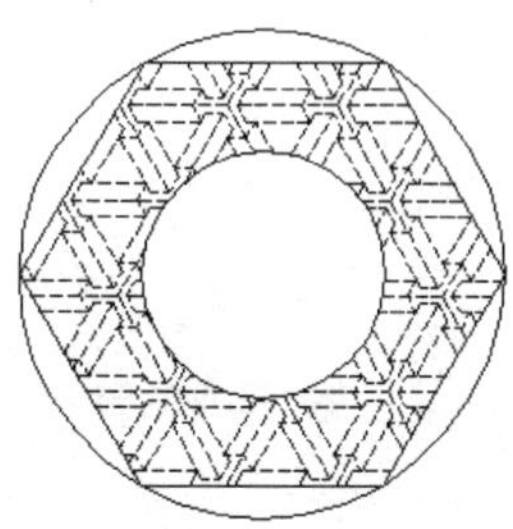
해칭결과

따라하기 02 : Select Objects로 해치 경계선을 선택하고 도면 해칭하기

다음과 같이 도형을 그리고, 해치 경계선을 선택한 후 Angle 해치패턴으로 선택영역을 해칭해보자.

- **Step 01 :** Circle과 Polygon 명령으로 도형을 그린다.
- **Step 02 :** 아이콘을 선택하고 선택영역을 선택하고, 'Boundary Hatch' 대화상자가 나오면 해치 경계선을 선택한 후 해칭한다.

Draw Toolbar에서 Bhatch 아이콘 을 선택한다.

▶ Pattern의 아이콘을 누르고, 'Hatch Pattern Palette' 대화상자에서 Angle 해치패턴을 선택한 후 OK 버튼을 누른다. 이때 Swatch 창에는 Angle 해치패턴의 유형으로 바뀐다.

▶ Scale에서 해치패턴의 척도를 2로 지정한다.

▶ Select Objects 아이콘 을 선택하고 도면에서 해치할 경계선을 선택한다.

Select objects: 1 found ☞ 육각형 선택

Select objects: 1 found, 2 total ☞ 내부 원 선택

Select objects: Enter↵ ☞ 해치 경계선 선택종료

▶ Preview 버튼을 눌러 선택한 해치패턴과 축척이 선택한 해치영역에 적용된 결과를 미리 확인한다. 만약, 선택한 해치패턴과 축척, 해치영역 등이 적절하지 못하면 앞 3단계를 다시 실시한다.

<Hit enter or right-click to return to the dialog> ☞ Enter↵나 마우스 오른쪽 버튼을 누르면 'Boundary Hatch' 대화상자로 되돌아간다.

▶ 확인한 결과가 만족스러우면 OK 버튼을 누른다.

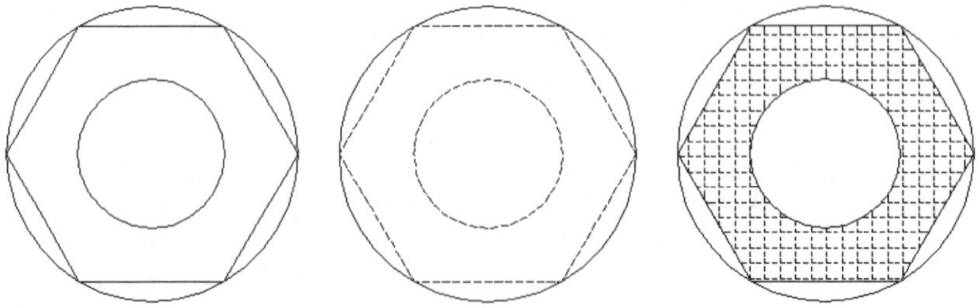

원래도형　　해치 경계선 선택　　해칭결과

따라하기 03 : Remove Islands로 해치영역의 일부분을 제외하고 도면 해칭하기

다음과 같이 도형을 그리고, Remove Islands로 해치영역의 일부분을 제외시킨 경우와 제외시키지 않은 두 경우를 Angle 해치패턴으로 해칭해보자.

- **Step 01 :** Circle과 polygon 명령으로 도형을 그린다.
- **Step 02 :** 아이콘을 선택하고 선택영역을 선택하고, 'Boundary Hatch' 대화상자가 나오면 remove islands로 일부분을 제외시킨 후 해칭한다.

Draw Toolbar에서 bhatch 아이콘 을 선택한다.

▶ Pattern의 아이콘을 누르고, 'Hatch Pattern Palette' 대화상자에서 Angle 해치패턴을 선택한 후 OK 버튼을 누른다. 이때 Swatch 창에는 Angle 해치패턴의 유형으로 바뀐다.

▶ Scale에서 해치패턴의 척도를 2로 지정한다.

▶ Remove islands로 도면에서 내부 원을 제외하기 전의 경우

- Pick Points 아이콘 을 선택하고 도면에서 해치할 경계영역을 선택한다.

  Select internal point: Selecting everything... ☞ P1 선택
  Selecting everything visible...
  Analyzing the selected data...
  Analyzing internal islands... ☞ 자동으로 경계영역을 찾아줌
  Select internal point: Enter↵ ☞ 해치영역 선택종료

- Preview 버튼을 눌러 선택한 해치패턴과 축척이 선택한 해치영역에 적용된 결과를 미리 확인한다. 만약, 선택한 해치패턴과 축척, 해치영역 등이 적절하지 못하면 앞 3단계를 다시 실시한다.

  <Hit enter or right-click to return to the dialog> ☞ Enter↵나 마우스 오른쪽 버튼을 누르면 'Boundary Hatch' 대화상자로 되돌아간다.

- 확인한 결과가 만족스러우면 OK 버튼을 누른다.

▶ Remove Islands로 도면에서 내부 원을 제외한 경우

- Pick Points 아이콘 을 선택하고 도면에서 해치할 경계영역을 선택한다.

  Select internal point: Selecting everything... ☞ P1 선택
  Selecting everything visible...
  Analyzing the selected data...
  Analyzing internal islands... ☞ 자동으로 경계영역을 찾아줌
  Select internal point: Enter↵ ☞ 해치영역 선택종료

- Remove Islands 아이콘 을 선택하고 해치영역에서 제외시킬 내부 원을 선택한다.

Select island to remove: ☞ 내부 원 선택

<Select island to remove>/Undo: Enter↵ ☞ 해치 제외영역 선택종료

- Preview 버튼을 눌러 선택한 해치패턴과 축척이 선택한 해치영역에 적용된 결과를 미리 확인한다. 만약, 선택한 해치패턴과 축척, 해치영역 등이 적절하지 못하면 앞 3단계를 다시 실시한다.

  <Hit enter or right-click to return to the dialog> ☞ Enter↵나 마우스 오른쪽 버튼을 누르면 'Boundary Hatch' 대화상자로 되돌아간다.
- 확인한 결과가 만족스러우면 OK 버튼을 누른다.

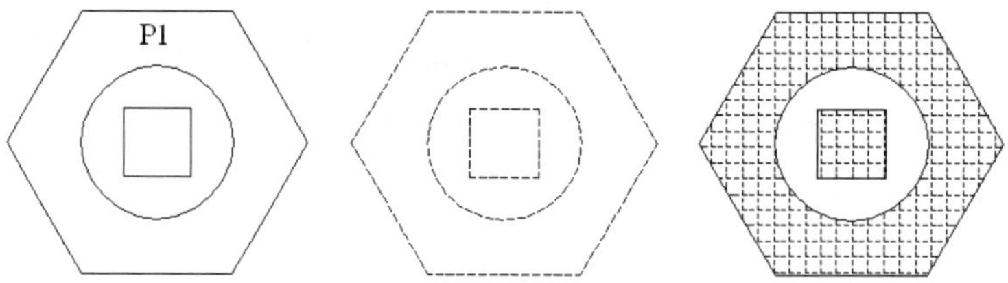

Remove Islands 실행 전

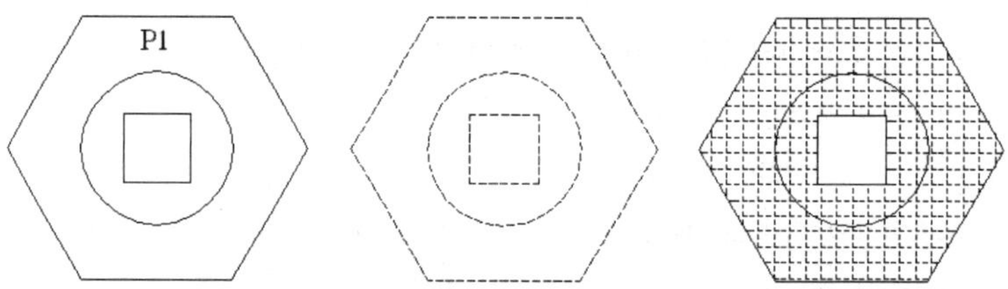

Remove Islands 실행 후

2.3 해치도면 편집하기

기존의 해치도면에서 해치패턴과 축척, 각도 등이 잘 못되었을 경우 해체한 부분을 지우지 않고 해칭을 편집할 수 있다. 해칭을 편집하려면 Hatchedit 명령을 실행하면 쉽게 수정할 수 있다.

입력방법

(키보드)	Command	Hatchedit Enter↵
(마우스)	Main menu	Modify > Object > Hatch
	Screen menu	MODIFY 1 > Hatchedt
	Icon menu	Modify II Toolbar >

Hatchedit 명령을 실행하면 명령어 영역에는 다음과 같은 메시지가 나온다.

Command: hatchedit Enter↵

Select associative hatch object: 편집할 해치 영역선택 Enter↵

편집할 해치를 선택하고 나면, 다음과 같이 'Hatch Edit' 대화상자가 나온다. 대화상자의 내용은 'Boundary Hatch' 대화상자의 내용과 같고, Pattern, Scale, Angle, Preview 등 일부 기능만 사용할 수 있다.

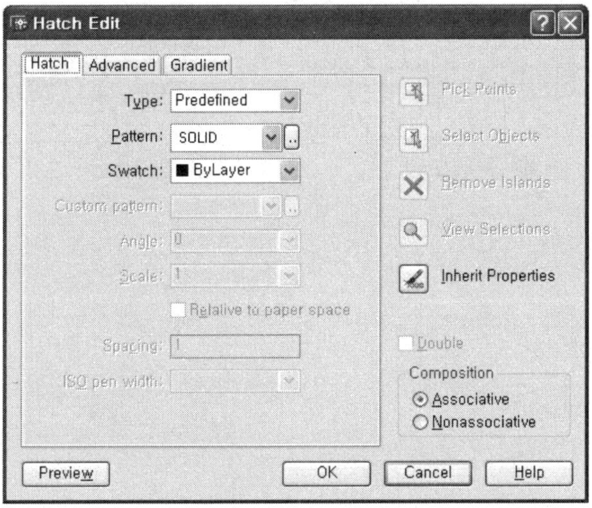

Hatch Edit

따라하기 : 해치도면 편집하기

다음 도형에서 해치부분을 Stars 해치패턴으로 수정한다.

Modify II Toolbar에서 Hatchedit 아이콘 을 선택한다.

Command: _hatchedit

Select associative hatch object: ☞ 해치부분 선택

- **Step 01** : 'Hatch Edit' 대화상자에서 해치특성을 수정한다.
  - ▶ Pattern의 [..] 아이콘을 누르고, 'Hatch Pattern Palette' 대화상자에서 stars 해치패턴을 선택한 후 OK 버튼을 누른다. 이때 Swatch 창에는 Angle 해치패턴의 유형으로 바뀐다.
  - ▶ Preview 버튼을 눌러 선택한 해치패턴과 축척이 선택한 해치영역에 적용된 결과를 미리 확인한다. 만약, 선택한 해치패턴과 축척, 해치영역 등이 적절하지 못하면 앞 단계를 다시 실시한다.

<Hit enter or right-click to return to the dialog> ☞ Enter↵나 마우스 오른쪽 버튼을 누르면 'Boundary Hatch' 대화상자로 되돌아간다.

▶ 확인한 결과가 만족스러우면 OK 버튼을 누른다.

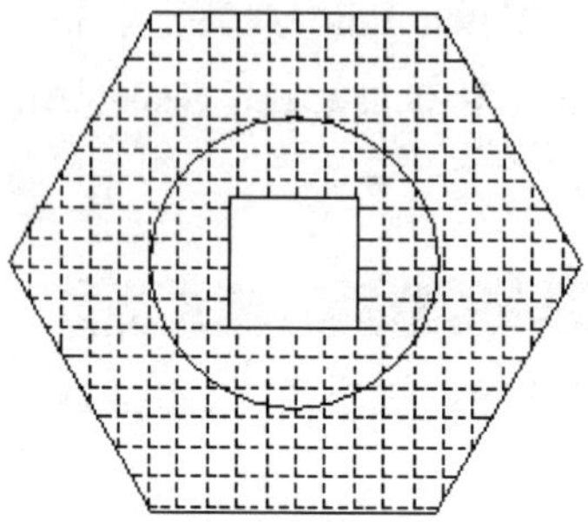

원래도형

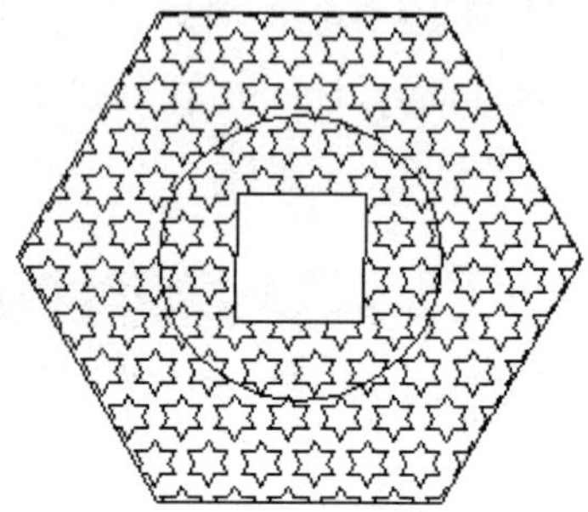

Hatch Edit 실행 후

Chapter 12

도면 블록화와 속성 활용하기

반복적으로 사용되는 도면이나 특정도면들을 블록화하여 하나의 도면으로 정의하면 도면의 작업속도를 향상시키고 균일성을 가짐으로서 CAD 작업의 효율성을 증대시킬 수 있다. 블록(Block)은 여러 객체를 하나의 객체로 묶어 놓은 것이라고 생각하면 이해하기 쉽다. 이 장에서는 블록을 만드는 방법과 블록속성을 지정하고 속성을 활용하는 방법에 대해 공부하기로 한다.

1. 도면의 블록화하기
2. 블록과 도면파일 삽입하기
3. 블록에 속성작업하기
4. 블록을 객체로 분리하기

1. 도면 블록화하기

반복적으로 사용되는 도면(기호, 구성요소, 타이틀, 회사 로고 등)이나 특정도면들을 블록화하여 하나의 도면으로 정의하면 도면의 작업속도를 향상시키고 균일성을 가지므로, CAD 작업의 효율성을 증대시킬 수 있다. 블록(Block)의 사용은 제도에서 사용하는 템플릿과 유사하지만, 도면의 크기에 따라 척도와 비율을 조절할 수 있다. 블록은 여러 객체를 하나로 묶어 놓은 또 하나의 객체를 말하며, 블록에는 내부블록(Block)과 외부블록(Wblock)으로 나누어져 있다. 내부블록(Block)은 현재 사용 중인 도면에서만 사용할 수 있고, 외부블록(Wblock)은 다른 도면에서도 사용가능한 파일을 의미한다.

소방실무에서 CAD 작업은 엄청난 생산성 증대를 가져온다. AutoCAD에서는 블록의 활용도를 높이기 위해 Design Center를 이용하여 다양한 블록을 제공하고 있으며, 정품 사용자라면 인터넷을 통해 AutoDesk사에서 제공하는 다양한 블록을 제공받을 수 있다.

1.1 블록 만들기

블록(Block)은 작성한 도면의 여러 도면을 선택하여 하나의 연관된 요소로 만들어 사용할 수 있도록 한 것이다. 블록은 일종의 오려두기의 기능으로 내부블록에 해당하며, 불록 도면은 블록도면의 삽입명령(Insert)을 사용하여 도면의 임의의 위치에 연속적으로 배치할 수 있다. 내부블록은 외부블록으로 변환시킬 수 있다.

입력방법

(키보드)	Command	Block 또는 Bmake Enter↵
(마우스)	Main menu	Draw > Block > Make
	Screen menu	DRAW 2 > Bmake
	Icon menu	Draw Toolbar >

Block 명령을 실행하면 'Block Definition' 대화상자가 나오고, 이 대화상자로부터 도면(객체)을 블록화 할 수 있다.

대화상자에서

- **Name** : 블록의 이름을 지정한다.
- **Base point** : 블록의 삽입 기준점을 지정한다.

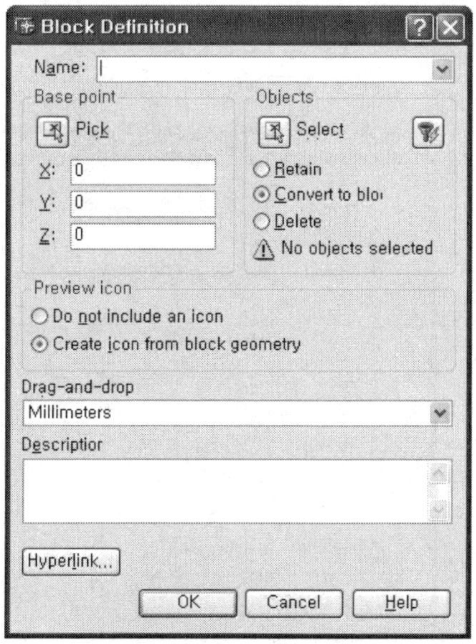

Block Definition

▶ Pick point : 기준점을 도면영역에서 직접 커서로 지정한다. 이 아이콘을 선택하면 명령어 영역에 다음과 같은 메시지가 나온다.

Specify insertion base point: ☞ 기준점 지정

▶ X, Y, Z : 기준점을 X, Y, Z 좌표 값으로 지정한다.

■ **Objects** : 블록으로 만들 도면(객체)을 선택한다.

▶ Select objects : 이 아이콘을 선택하면 블록으로 만들 도면(객체)선택을 선택할 수 있고, 명령어 영역에 다음과 같은 메시지가 나온다.

Select objects: 블록으로 만들 도면(객체)선택 Enter↵

▶ Retain : 블록화한 후 도면(객체)을 그대로 남겨둔다.

▶ Convert to block : 선택한 도면(객체)을 블록으로 만든다.

▶ Delete : 블록화한 도면(객체)을 삭제한다. 삭제된 도면(객체)는 oops 명령으로 되살릴 수 있다.

▶ Quick Select : 이 아이콘을 선택하면 'Quick Select' 대화상자가 나오고, 이 대화상자로부터 다양한 조건에 의해 도면(객체)을 선택할 수 있다.

- Apply to : 도면(객체)을 찾아올 필터링(filtering) 기준을 적용한다. Entire drawing은 도면전체를 기준으로 하고, select objects를 누르면 current selection으로 바뀌면서 선택된 도면(객체)을 기준으로 필터링한다.
- Select objects : 이 아이콘을 선택하면 필터링에 맞는 도면(객체)을 찾기 위

한 객체를 선택할 수 있고, 명령어 영역에 다음과 같은 메시지가 나온다.

Select objects: 도면(객체)선택 Enter↵

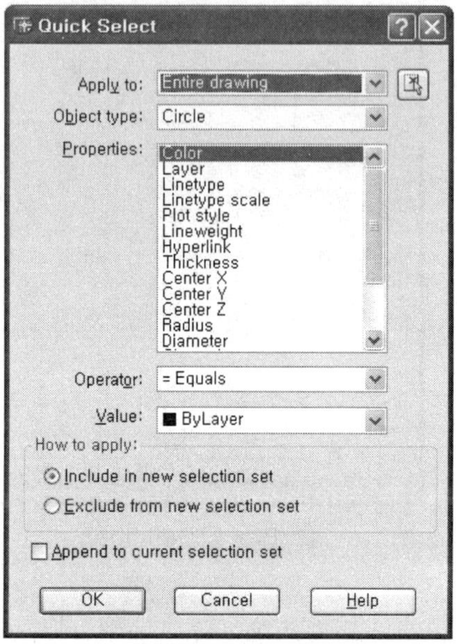

a Quick Select

- Object type : 필터링 기준에 포함되는 객체유형을 설정한다.
- Properties : 필터링에 필요한 객체별 특성을 조정한다.
- Operator : 필터범위를 조정한다. =, ≥, ≠, ≤, *.* 등의 연산자를 조정한다.
- Value : 필터링하기 위한 조전 값을 조정한다.
- How to apply : 조건의 적용방법을 조정한다.
  - Include in new selection set : 새로 선택한 세트를 포함시킨다.
  - Exclude from new selection set : 새로 선택한 세트를 포함하지 않는다.
- Append to current selection set : 현재 선택한 세트에 추가시킨다.

■ **Preview icon :** 만들어진 블록의 미리보기 아이콘의 생성여부를 설정한다.

▶ Do not include an icon : 미리보기 아이콘을 생성하지 않는다.

▶ Create icon from block geometry : 블록에 미리보기 아이콘을 생성한다. 이 항목이 선택되면 디자인 센터(Design Center)에서 블록을 사용할 때 어떤 도형인지 확인할 수 있어 매우 유용하게 사용된다.

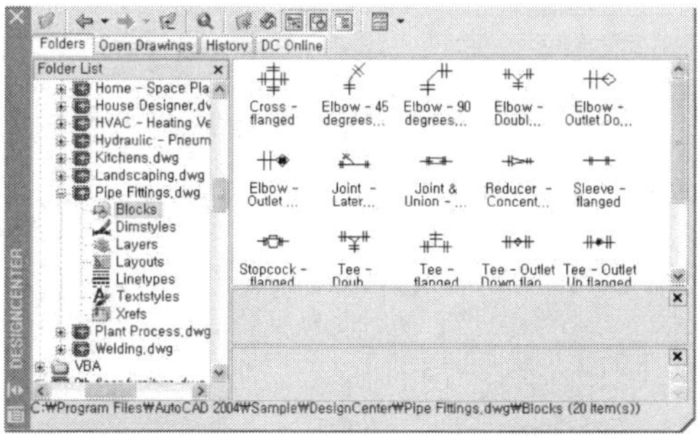

미리보기 아이콘을 생성한 경우

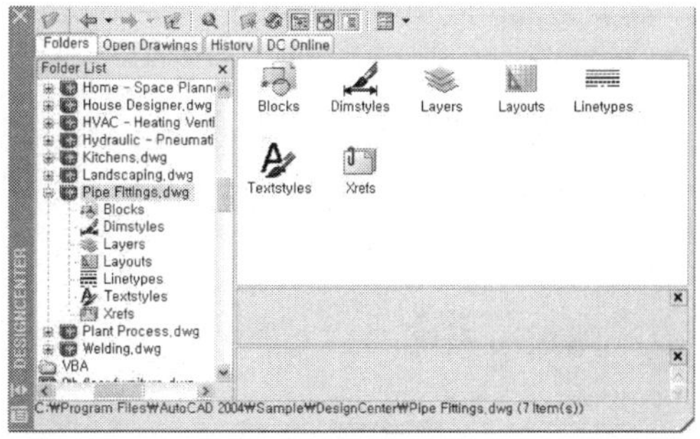

미리보기 아이콘을 생성하지 않은 경우

- **Insert units** : 블록이 삽입될 때의 단위를 지정한다.
- **Description** : 블록에 대한 간단한 설명을 입력한다.
- **Hyperlink** : 블록에 하이퍼링크를 설정해 놓을 수 있다. 이 버튼을 선택하면 'Insert Hyperlink' 대화상자가 나온다.

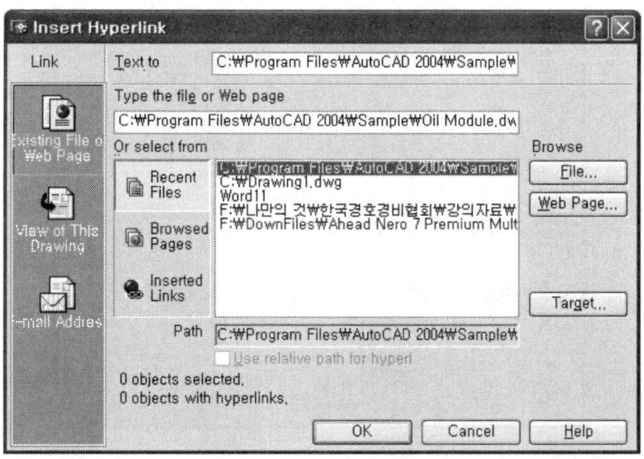

Insert Hyperlink

1.2 블록을 도면파일로 만들기

Block 명령과 달리 블록을 하나의 도면파일로 생성시켜 다른 도면파일에서도 사용할 수 있도록 해준다. 블록을 도면파일로 생성하려면 Wblock 명령을 실행하면 되고 이 명령은 도면을 파일로 저장하는 것과 같다. 이렇게 생성된 블록은 Insert 명령으로 다른 도면에 삽입시킬 수 있고, 하나의 도면파일로도 이용할 수 있다.

입력방법

(키보드)	Command	Wblock 또는 W Enter

Command: Wblock Enter↵

Wblock 명령을 실행하면 'Write Block' 대화상자가 나오고, 이 대화상자로부터 블록을 도면파일로 생성할 수 있다.

대화상자에서

- **Source** : 블록을 도면파일로 만드는 방법을 설정한다.
  - ▶ Block : Block 명령으로 만들어진 기존 블록을 도면파일로 저장한다.
  - ▶ Entire drawing : 현재 도면을 모두 도면파일로 만든다.
  - ▶ Object : 현재 도면에서 선택한 부분(객체)만 도면파일로 만든다.

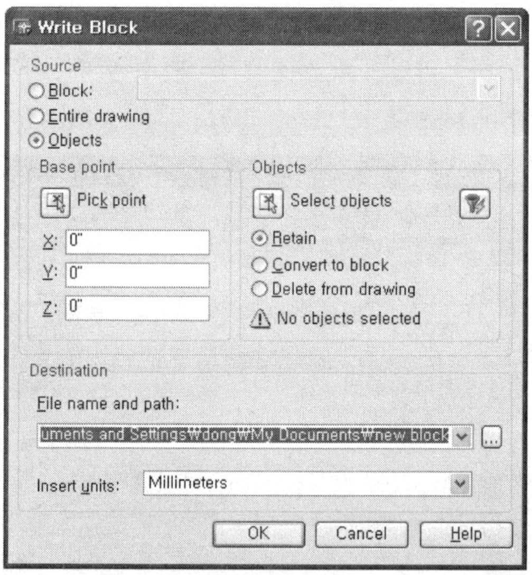

Write Block

- **Base point** : 블록에 대한 기준점을 설정한다. 기본값은 0,0,0이다
  - ▶ Pick point : 기준점을 도면영역에서 직접 커서로 지정한다. 이 아이콘을 선택하면 명령어 영역에 다음과 같은 메시지가 나온다.

    Specify insertion base point: ☞ 기준점 지정
  - ▶ X, Y, Z : 기준점을 X, Y, Z 좌표 값으로 지정한다.
- **Object** : 블록으로 도면파일을 만들 도면(객체)을 선택한다.
  - ▶ Select objects : 이 아이콘을 선택하면 블록으로 도면파일을 만들 도면(객체) 선택을 선택할 수 있고, 명령어 영역에 다음과 같은 메시지가 나온다.

    Select objects: 블록으로 도면파일을 만들 도면(객체)선택 Enter↵

▶ Retain : 블록화한 후 도면(객체)을 그대로 남겨둔다.

▶ Convert to block : 선택한 도면(객체)을 블록으로 만든다.

▶ Delete : 블록화한 도면(객체)을 삭제한다. 삭제된 도면(객체)는 oops 명령으로 되살릴 수 있다.

▶ Quick Select : 이 아이콘을 선택하면 'Quick Select' 대화상자가 나오고, 이 대화상자로부터 다양한 조건에 의해 도면(객체)을 선택할 수 있다.

■ **Description :** 블록이 삽입될 때 필요한 도면파일의 이름과 위치, 측정단위를 설정한다.

▶ File name : 블록이 저장될 도면파일 이름을 입력한다.

▶ Location : 저장될 파일의 위치를 지정한다.

▶ Insert units : 도면파일이 삽입될 때의 단위를 조정한다.

2. 블록과 도면파일 삽입하기

2.1 블록과 도면파일 삽입하기

Block 명령으로 만든 블록이나 Wblock 명령으로 만든 도면파일 또는 기존의 도면파일을 지정위치와 척도, 회전각을 설정하여 현재 작업 중인 도면에 삽입할 수 있다. 삽입된 블록은 편집도구의 명령들을 사용할 수 있다. 디자인 센터를 이용하면 더욱 쉽게 블록을 삽입시킬 수 있다.

입력방법

(keyboard)	Command	Insert Enter↵
(mouse)	Main menu	Insert > Block
	Screen menu	INSERT > Ddinsert
	Icon menu	Draw Toolbar > (icon)

Insert 명령을 실행하면 'Insert' 대화상자가 나오고, 이 대화상자로부터 블록과 도면파일을 작업 중인 도면으로 삽입할 수 있다.

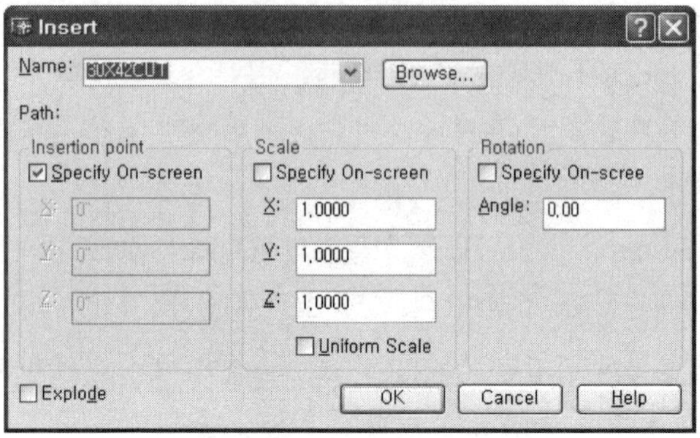

Insert

대화상자에서

- **Name** : 삽입할 블록이나 도면파일의 이름을 지정한다. 블록은 드롭다운 리스트 버튼 을 누르면 목록이 표시된다.
- **Browse** : 이 버튼을 선택하면 'Select Drawing File' 대화상자가 나오고, 이 대화상자로부터 도면파일을 선택할 수 있다.
- **Insertion point** : 블록이나 도면파일을 삽입할 기준점을 지정한다.
  - Specify On-Screen : 작업도면에서 기준점을 직접 선택할 수 있다.
  - X, Y, Z : 삽입 점의 좌표가 나타난다.
- **Scale** : 삽입할 블록이나 도면파일의 축척을 지정한다.
  - Specify On-Screen : 작업도면에서 직접 축척을 지정할 수 있다.
  - X, Y, Z : X, Y, Z 방향의 축척을 각각 다르게 지정할 수 있다.
  - Uniform Scale : X, Y, Z 축의 축척을 일정하게 변하게 한다. 모양은 변하지 않고 크기만 변한다.
- **Rotation** : 블록이나 도면파일이 삽입될 때 회전각을 조정한다.
  - Specify On-Screen : 작업도면에서 직접 조정하게 한다.
  - Angle : 회전각을 지정한다.
- **Explode** : 하나의 객체로 된 블록과 도면파일을 개개의 도면요소로 분해한다. Explode 명령을 사용한 것과 동일하다.

따라하기 01 : 블록 만들고 삽입하기

다음 도면에서 압력계를 블록으로 만들고 스프링클러에 소화수를 공급해주는 알람밸브(Alarm Valve)의 1차와 2차 측에 압력계를 삽입해보기로 한다.

■ **Step 01 :** 압력계와 알람밸브를 그린다.

■ **Step 02 :** 압력계를 블록으로 만든다.

Draw Toolbar에서 Block 아이콘 을 선택한다.

Command: _block

'Block Definition' 대화상자에서

▶ Name : '압력계' 입력한다.

▶ Select objects 아이콘 를 누르고 객체를 선택한다.

Select objects: w Enter↵

Specify first corner: ☞ 압력계가 포함되도록 첫 번째 점 지정

Specify opposite corner: 44 found ☞ 압력계가 포함되도록 두 번째 점 지정

Select objects: Enter↵ ☞ 객체선택 종료

▶ Pick point 아이콘 을 누르고 기준점을 지정한다.

Specify insertion base point: ☞ P1 선택

▶ Preview icon : Create icon from block geometry를 선택하여 미리보기 아이콘이 생성되도록 한다.

▶ Insert units : 단위를 millimeters로 지정한다.

▶ Description : '알람밸브의 1차, 2차 압력계'라고 입력한다.

▶ OK 버튼을 선택하여 'Block Definition' 대화상자를 닫는다.

■ **Step 03 :** 압력계를 알람밸브의 1차 측에 삽입시킨다.

Draw Toolbar에서 Insert 아이콘 을 선택한다.

Insert 대화상자에서

▶ Name : '압력계' 입력한다.

▶ Insertion point : 작업도면에서 기준점을 직접 선택할 수 있도록 Specify On-Screen를 선택한다.

▶ Scale과 rotation은 지정하지 않는다.

▶ OK 버튼을 선택하면 명령어 영역에는 다음과 같은 메시지가 나오고, 압력계를 원하는 위치에 삽입시킬 수 있다.

Command: _insert

Specify insertion point or [Scale/X/Y/Z/Rotate/PScale/PX/PY/PZ/PRotate]:

☞ P2 선택

- **Step 04 :** 압력계를 알람밸브의 2차 측(P3)에 삽입시킨다. 2차 측의 삽입은 step03을 반복하면 된다.

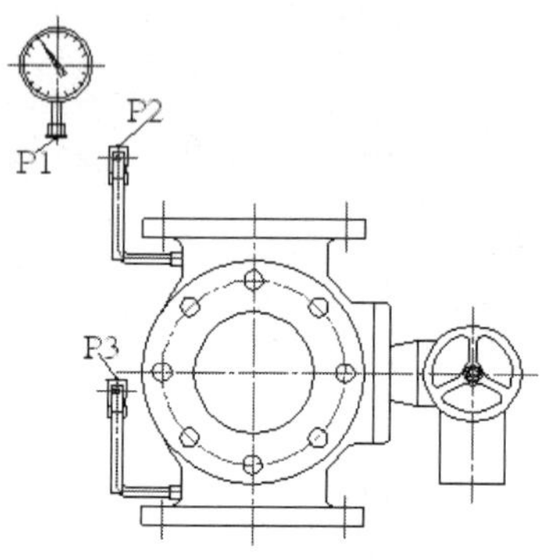

원래도면

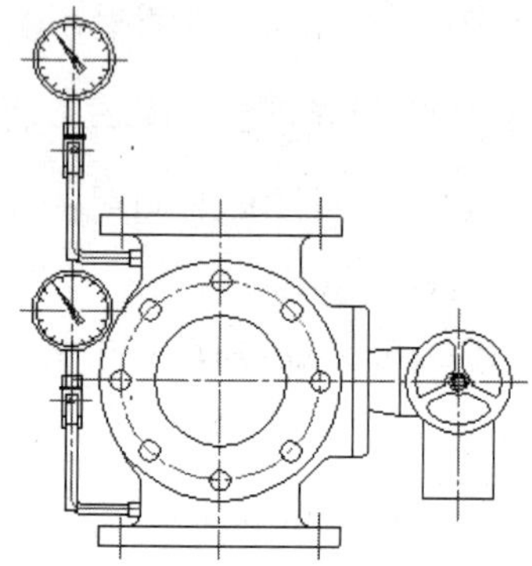

Insert 실행 후

Insert 명령에서는 한번에 하나씩만 삽입할 수 있다. 여러 개를 삽입하는 데는 불편한 점이 많다. Minsert 명령이나 디자인 센터를 이용하면 편리하다.

따라하기 02 : 블록을 도면파일로 만들고 도면파일 삽입하기

따라하기 01에서 작성한 압력계를 도면파일로 만들고 스프링클러에 소화수를 공급해주는 알람밸브(Alarm Valve)의 1차와 2차 측에 압력계를 삽입해보기로 한다.

- **Step 01 :** 압력계와 알람밸브를 그린다.
- **Step 02 :** 압력계를 도면파일의 블록으로 만든다.

Wblock 명령을 실행하고 'Write Block' 대화상자가 나오면, 대화상자로부터 압력계를 도면파일의 블록으로 생성한다.

Command: wblock Enter

▶ Select objects 아이콘 를 누르고 객체를 선택한다.

Select objects: w Enter

Specify first corner: ☞ 압력계가 포함되도록 첫 번째 점 지정

Specify opposite corner: 44 found ☞ 압력계가 포함되도록 두 번째 점 지정

Select objects: Enter ☞ 객체선택 종료

▶ Pick point 아이콘 을 누르고 기준점을 지정한다.

Specify insertion base point: ☞ P1 선택

- ▶ File name : '압력계'로 입력한다. 압력계로 입력하면 확장자가 자동으로 dwg로 붙는다. 확장자가 dwg로 붙는 것은 파일로 생성된다는 의미이다.
- ▶ Location : 압력계.dwg 파일이 저장될 위치를 지정한다.
- ▶ Insert units : 단위를 millimeters로 지정한다.
- ▶ OK 버튼을 선택하면, 화면에는 도면파일로 정의된 블록(압력계)이 공중보기 창으로 잠시 나왔다가 사라지고 'Write Block' 대화상자가 사라진다.

■ **Step 03 :** 압력계를 알람밸브의 1차 측에 삽입시킨다.

Draw Toolbar에서 insert 아이콘 을 선택한다.

Insert 대화상자에서

- ▶ Browse : 이 버튼을 선택하여 'Select Drawing File' 대화상자가 나오면, 압력계 파일이 있는 위치로 찾아가서 ' 압력계' 파일을 선택한다.
- ▶ Name : '압력계'로 표시된다.
- ▶ Path : 'C:\압력계.dwg'로 표시된다.
- ▶ OK 버튼을 선택하면 명령어 영역에는 다음과 같은 메시지가 나오고, 압력계를 원하는 위치에 삽입시킬 수 있다.

  Command: _insert

  Specify insertion point or [Scale/X/Y/Z/Rotate/PScale/PX/PY/PZ/PRotate]:

  ☞ P2 선택

■ **Step 04 :** 압력계를 알람밸브의 2차 측(P2)에 삽입시킨다. 2차 측의 삽입은 step03을 반복하면 된다. 결과는 따라하기 01과 같다.

2.2 블록과 도면파일 다중 배열삽입하기

Insert 명령은 블록이나 도면파일을 삽입할 때마다 실행해야 하는 불편함이 있다. 하지만 AutoCAD에서는 한꺼번에 여러 개를 삽입할 수 있는 명령이 있다. 이 명령은 Minsert 명령으로 블록이나 도면파일을 다중 배열·삽입할 수 있다. 이 명령은 Block 명령으로 만든 블록이나 Wblock 명령으로 만든 도면파일 또는 기존 도면파일을 현 도면의 지정위치에 다중 복사·배열·삽입하는 것이다. Minsert 명령은 Insert와 Array 명령 중 사각배열을 결합시킨 명령으로 블록을 다중 사각 배열시킨다. 또한 Minsert 명령은 메모리를 적게 사용하여 좋으나 다중 삽입된 블록을 개별 편집할 수 없다.

▶ 입력방법

⌨	Command	Minsert Enter↵

Command: minsert Enter↵

Enter block name or [?]: 삽입할 블록이나 도면파일 이름입력 Enter↵

Specify insertion point or [Scale/X/Y/Z/Rotate/PScale/PX/PY/PZ/PRotate]:
삽입할 위치나 옵션입력 Enter↵

Enter X scale factor, specify opposite corner, or [Corner/XYZ] <1>:
X방향의 축척지정 Enter↵

Enter Y scale factor <use X scale factor>: Y방향의 축척지정 Enter↵

Specify rotation Angle <0>: 회전각도 설정 Enter↵

Enter number of rows (---) <1>: 행의 개수지정 Enter↵

Enter number of columns (|||) <1>: 열의 개수지정 Enter↵

Enter distance between rows or specify unit cell (---): 행의 간격지정 Enter↵

Specify distance between columns (|||): 열의 간격지정 Enter↵

Minsert Option

- **Scale** : 삽입할 블록의 축척배율을 지정한다.
- **X/Y/Z/** : 삽입할 블록의 X/Y/Z 축의 축척배율을 지정한다.
- **Rotate** : 삽입할 블록의 회전각을 지정한다.
- **PScale** : 삽입할 블록의 미리보기 축척배율을 지정한다.
- **PX/PY/PZ** : 삽입할 블록의 미리보기 X/Y/Z 축의 축척배율을 지정한다.
- **PRotate** : 삽입할 블록의 미리보기 회전각을 지정한다.

따라하기 : 도면파일로 만든 블록 다중 배열 · 삽입하기

소방대상물의 건물 내부에 18개의 스프링클러가 설치된다고 가정한다. 스프링클러 헤드의 배치 수와 배치간격을 지정하고, Minsert 명령으로 스프링클러 헤드를 장방형으로 배치해보자.

- **Step 01** : 스프링클러 헤드를 그린다.
- **Step 02** : 스프링클러 헤드를 Wblock 명령으로 도면파일(sp-head.dwg)의 블록을 만든다.
- **Step 03** : Minsert 명령으로 스프링클러 헤드를 다중 배열 · 삽입한다.

  Command: minsert Enter↵

Enter block name or [?]: sp-head Enter↵

Specify insertion point or [Scale/X/Y/Z/Rotate/PScale/PX/PY/PZ/PRotate]:

☞ 임의 위치지정

Enter X scale factor, specify opposite corner, or [Corner/XYZ] <1>: Enter↵

Enter Y scale factor <use X scale factor>: Enter↵

Specify rotation Angle <0>: Enter↵

Enter number of rows (---) <1>: 3 Enter↵

Enter number of columns (|||) <1>: 6 Enter↵

Enter distance between rows or specify unit cell (---): 120 Enter↵

Specify distance between columns (|||): 120 Enter↵

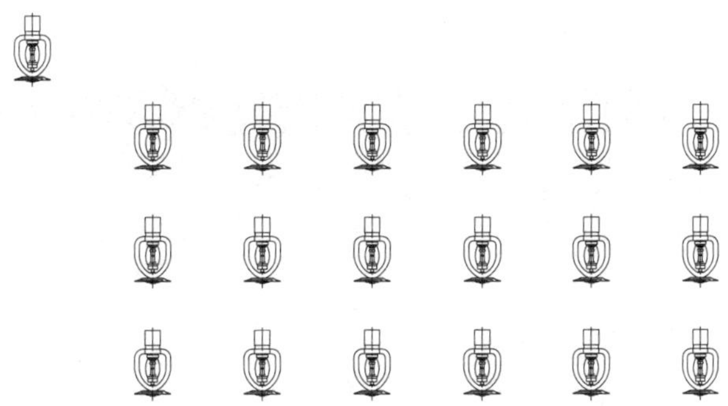

Minsert 따라하기–S/P 18개 생성

3. 블록에 속성작업하기

블록에서 속성(Attribute)은 블록에 명칭, 번호, 문자 등의 주석을 부착할 수 있도록 레이블이나 꼬리표(Tag)를 만드는 것으로 블록의 향상된 기능이다. 이와 같이 블록에 속성을 만들어 놓으면 간단한 데이터베이스 역할과 더불어 많은 블록을 사용할 때 명칭 등을 일일이 입력하지 않고 분류・사용하기가 쉽다. 도면에서 속성정보를 추출할 수 있고, 블록속성이 다를 경우 2개의 속성을 연관시켜 한 블록에 연결시킬 수 있다.

3.1 블록에 속성작성하기

블록에 속성을 작성하려면 Attdef 명령을 실행하면 된다. 블록속성을 나타내는 특성으로는 꼬리표, 프롬프트, 값 정보, 문자형식, 위치 및 선택적인 여러 모드가 있다. 따라서 이들 특성을 설명하는 속성의 정의를 작성해야 한다. 블록을 삽입할 때마다 특성 값의 텍스트를 블록에 붙일 수 있고, 속성을 만든 후 Block 명령을 실행한다.

입력방법

	Command	Attdef Enter
	Main menu	Draw > Block > Define Attributes
	Screen menu	DRAW 2 > Attdef
	Icon menu	Toolbar > Command > Draw >

Attdef 명령을 실행하면 'Attribute Definition' 대화상자가 나오고, 이 대화상자로부터 블록에 속성을 정의할 수 있다.

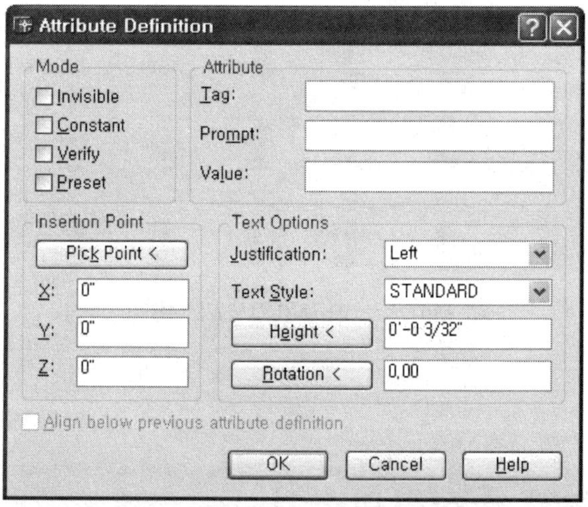

Attribute Definition

대화상자에서

- Mode : 블록을 삽입할 때 블록과 관련된 속성 값을 설정한다.
  - Invisible : 속성 값을 보이지 않게 할 수 있다.
  - Constant : 상수 값으로 블록을 삽입할 때 속성 값을 고정시킨다. Tag를 묻고, 속성 값을 확인한다.
  - Verify : 블록을 삽입할 때 속성 값이 맞는지를 검증한다.
  - Preset : 이미 속성 값을 갖는 블록이 있으면 그 블록의 속성 값을 새 속성의 기본 값으로 설정한다.

■ **Attribute : 속성 데이터를 설정한다.**

▶ Tag : 정의된 속성으로 블록을 삽입할 때 임시적으로 화면에 나타나는 꼬리표로서 제목을 뜻한다.

▶ Prompt : 블록을 삽입할 때 속성 값을 물어보는 서술문으로서 verify나 preset 모드를 선택한 경우 사용된다.

▶ Value : 블록을 삽입할 때 주어지는 기본값으로 사용자가 설정한다.

■ **Insertion Point : 블록의 속성을 삽입할 기준점을 지정한다.**

▶ Pick point : 이 버튼을 선택하면 화면에서 직접 위치를 지정한다. 명령어 영역에는 다음과 같은 메시지가 나온다.

Starting point: 삽입할 기준점 지정

▶ X, Y, Z : 좌표 값으로 입력할 수도 있고, 지정된 위치의 좌표 값을 표시한다.

■ **Text Option : 속성문자의 정렬과 글꼴, 크기 등의 특성을 지정할 수 있다.**

▶ Justification : 문자의 정렬을 설정한다.

▶ Text Style : 문자유형을 설정한다.

▶ Height : 문자의 높이를 설정한다.

▶ Rotation : 문자의 회전각을 설정한다.

■ **Align below previous attribute definition : 앞서 입력한 속성아래에 문자를 계속해서 추가한다.**

따라하기 : 블록에 속성작성하기

스프링클러 헤드를 그리고 속성을 이용하여 스프링클러 헤드를 관리해보자. 스프링클러 헤드는 사용온도와 기구적인 형태에 따라 여러 종류가 있지만, 글라스 벌브형(Glass Bulb Type)에 대해 다음과 같이 속성을 지정하고 작성해보자.

[스프링클러 헤드의 블록속성]

	Attribute	Tag	Prompt	Value
명 칭	C	Name	없음	Sprinkler head
모델번호	V	Model-No.	모델번호는?	SP-GB01
액체색상	V	Color	액체의 색상은?	Red
사용온도	V	Temperature	사용온도는?	78℃

■ **Step 01 : 스프링클러 헤드의 속성 4개를 작성한다.**

▶ 명칭을 작성한다. 대화상자에서 각 항목을 입력하고 Pick Point로 기준점을 지정한다. 문자의 정렬과 유형을 설정하고 OK 버튼을 누른다.

Main menu에서 Draw>Block>Define Attributes을 선택한다.

Command: _attdef

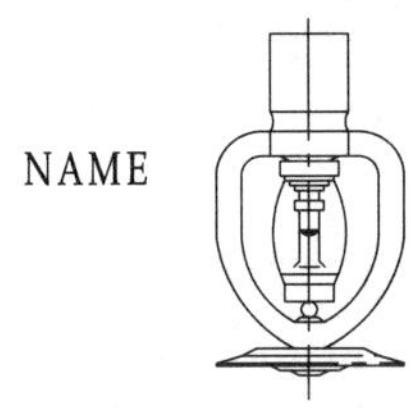

명칭 속성작성

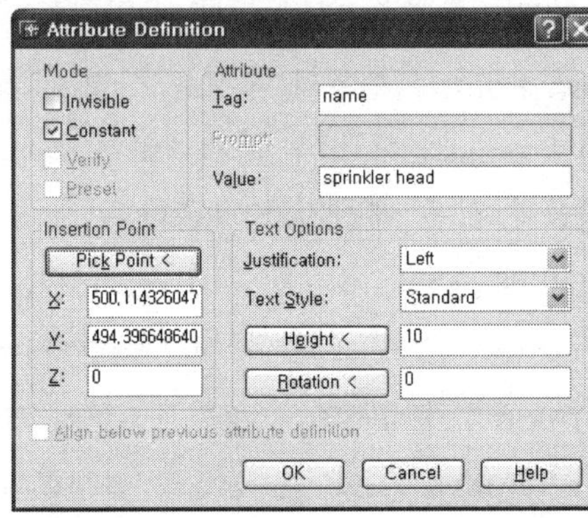

▶ 모델번호를 작성한다. 각 항목을 입력하고 Align below previous attribute definition을 지정하면 명칭 바로 아래 써진다.

Main menu에서 Draw>Block>Define Attributes을 선택한다.

Command: _attdef

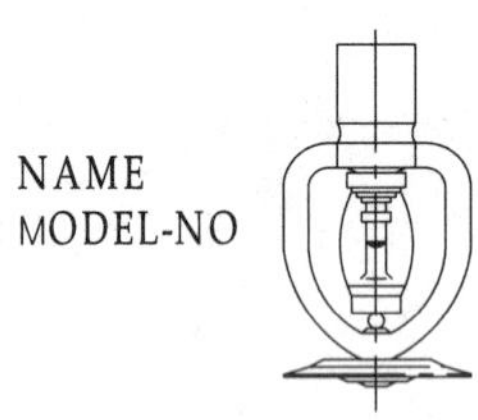

모델번호 속성작성

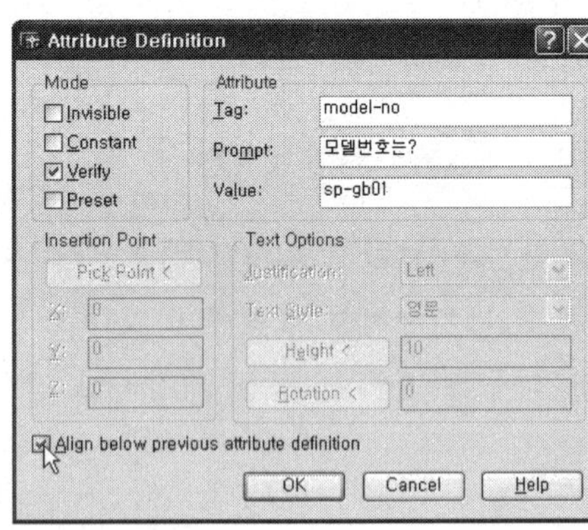

▶ 액체색상을 작성한다. 각 항목을 입력하고 Align below previous attribute definition을 지정하면 모델번호 바로 아래 써진다.

Main menu에서 Draw>Block>Define Attributes을 선택한다.

Command: _attdef

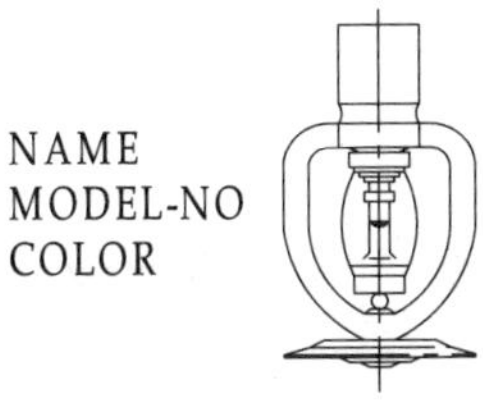

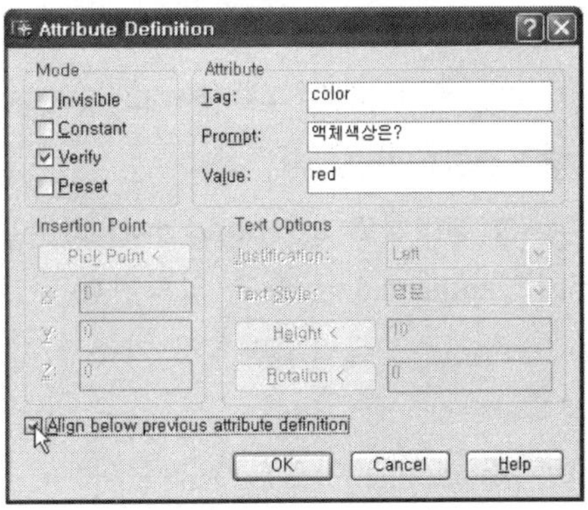

■ 색상 속성작성

▶ 사용온도를 작성한다. 각 항목을 입력하고 Align below previous attribute definition을 지정하면 색상 바로 아래 써진다.

Main menu에서 Draw>Block>Define Attributes을 선택한다.

Command: _attdef

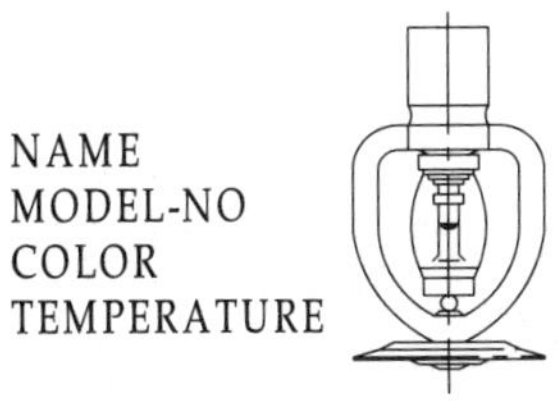

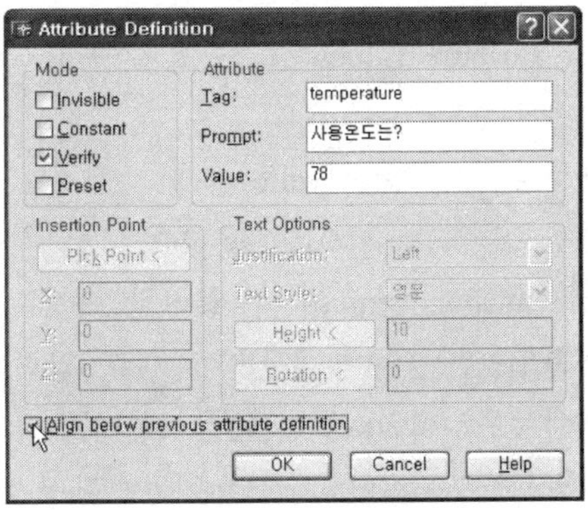

■ 사용온도 속성작성

■ **Step 02 :** 스프링클러 헤드의 속성을 사용하려면, Wblock 명령으로 블록을 도면파일로 저장해야 사용할 수 있다.

Command: wblock [Enter↵]

▶ Select objects 아이콘 [아이콘]를 누르고 객체를 선택한다.

Select objects: all [Enter↵]

100 found

Select objects: [Enter↵] ☞ 객체선택 종료

▶ Pick point 아이콘 [아이콘]을 누르고 기준점을 지정한다.

Specify insertion base point: ☞ 스프링클러 헤드의 접속부 지정

▶ File name : 'sp-head'로 입력한다.

▶ Location : sp-head.dwg 파일이 저장될 위치를 지정한다.

▶ OK 버튼을 선택하면, 'Write Block' 대화상자가 사라진다.

- **Step 03 :** 새 도면을 준비하고 insert 명령으로 sp-head 파일을 삽입한다.

Draw Toolbar에서 insert 아이콘 을 선택한다.

Insert 대화상자에서

- Browse를 선택하고 sp-head.dwg 파일을 찾아 선택한다.
- Name : 'sp-head.dwg'라고 입력된다.
- Insertion point : 작업도면에서 기준점을 직접 선택할 수 있도록 Specify On-Screen 를 선택한다.
- Scale과 rotation은 지정하지 않는다.
- OK 버튼을 선택하면 명령어 영역에는 다음과 같은 메시지가 나오고, 스프링클러 헤드를 원하는 위치에 삽입시킬 수 있다.

  Command: _insert

  Specify insertion point or [Scale/X/Y/Z/Rotate/PScale/PX/PY/PZ/PRotate]:

  ☞ 임의 위치지정

  Enter attribute values ☞ 속성 값에서 verify인 경우 그 값을 확인한다.

  사용온도는? <78>: 100

  액체색상은? <red>: yellow

  모델번호는? <sp-gb01>: sp-gb02

  Verify attribute values ☞ 입력한 속성 값 재확인

  사용온도는? <100>: Enter↵ ☞ 다시 입력해도 됨

  액체색상은? <yellow>: Enter↵ ☞ 다시 입력해도 됨

  모델번호는? <sp-gb02>: Enter↵ ☞ 다시 입력해도 됨

- 지정한 위치에 수정된 스프링클러 헤드가 삽입된다.

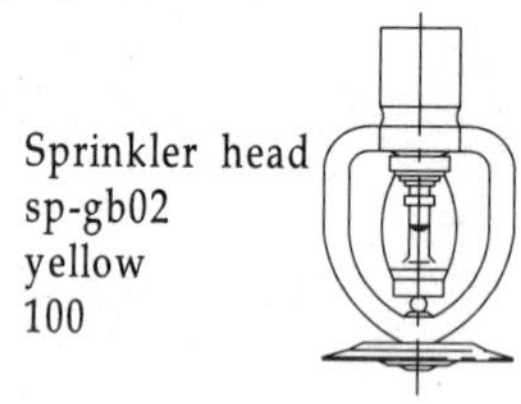

속성을 가진 블록을 삽입한 경우

3.2 블록속성 편집하기

블록에 작성된 속성 값은 Attedit 또는 Ddatte 명령을 실행하면 편집할 수 있다.

입력방법

(키보드)	Command	Attedit 또는 Ddatte Enter↵
(마우스)	Screen menu	MODIFY 1 > Attedit > Attedit

Command: attedit Enter↵

Select block reference: 편집할 블록선택 ☞ 블록을 선택하면 'Edit Attribute' 대화상자가 나오고, 이 대화상자로부터 속성 값을 편집할 수 있다.

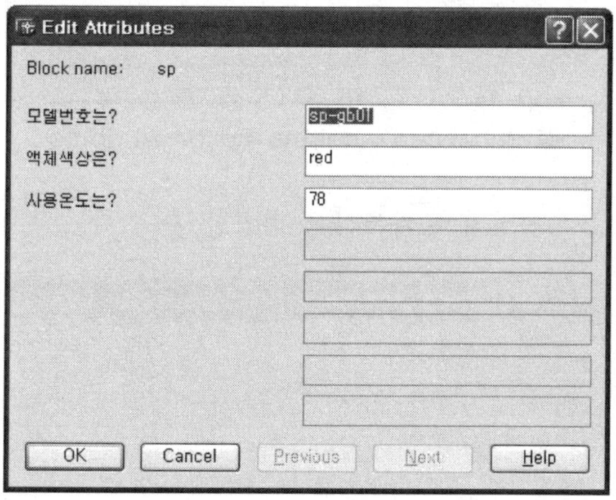

Edit Attribute

3.3 블록의 속성 및 특성편집하기

블록에 작성된 속성 값과 문자특성, 레이어, 색상 등은 Eattedit 명령을 실행하면 편집할 수 있다. Eattedit 명령은 Attedit 명령보다 향상된 기능이다.

입력방법

(키보드)	Command	Eattedit Enter↵
(마우스)	Main menu	Modify > Object > Attribute > Single
	Icon menu	Modify II Toolbar > (아이콘)

Command: eattedit Enter↵

Select a block: 편집할 블록선택 ☞ 블록을 선택하면 'Enhanced Attribute Editor' 대화상자가 나오고, 이 대화상자로부터 속성 값과 특성을 편집할 수 있도록 Attribute, Text Options, Properties 3개의 탭으로 구성돼있다.

대화상자에서

- Attribute : 블록의 속성 값을 변경할 수 있다.

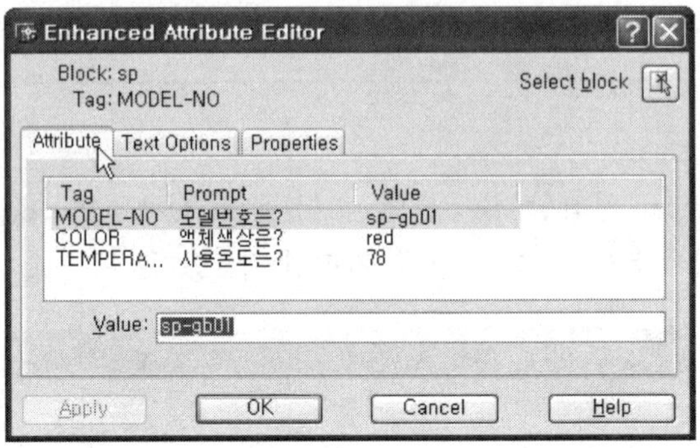

Enhanced Attribute Editor–Attribute

- Text Options : 블록속성의 문자특성을 변경할 수 있다.

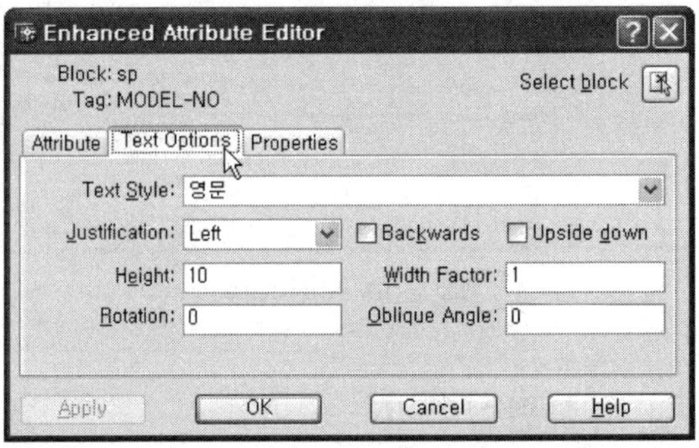

Enhanced Attribute Editor–Text Options

- Properties : 블록속성의 문자에 대한 색상과 레이어, 선 유형, 선 두께 등을 변경할 수 있다.

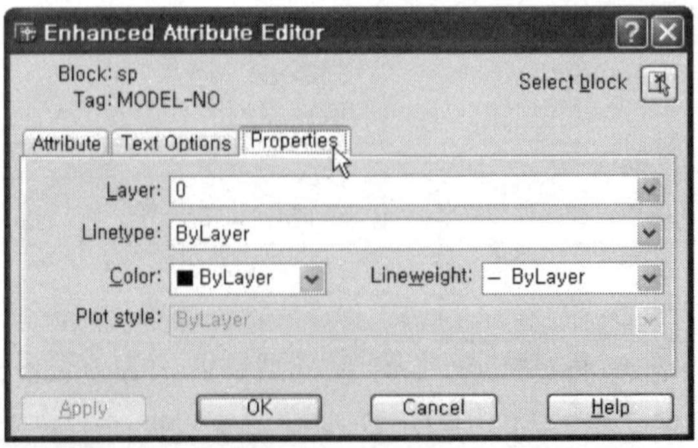

Enhanced Attribute Editor–Properties

3.4 블록속성 일괄 편집하기

Eattedit 명령은 블록에 작성된 속성 값이나 문자특성, 레이어, 색상 등을 개별적인 편집으로 한 번에 하나씩만 수정하지만, -attedit 명령은 개별편집과, 부분편집, 일괄편집으로 한꺼번에 처리할 수 있다.

입력방법

Keyboard	Command	–Attedit Enter↵
Mouse	Main menu	Modify > Object > Attribute > Global
	Screen menu	MODIFY 1 > –Attedit > –Attedit
	Icon menu	Toolbar > Command > Modify >

Command: -attedit Enter↵

Edit attributes one at a time? [Yes/No] <Y>:개별편집=Yes, 일관편집=No Enter↵

Enter block name specification <*>:

편집할 블록이름 입력 또는 *는 모든 블록을 대상으로 함 Enter↵

Enter attribute tag specification <*>:

꼬리표(태그) 입력 또는 *는 모든 꼬리표을 대상으로 함 Enter↵

Enter attribute value specification <*>:

속성 값 입력 또는 *는 모든 속성 값을 대상으로 함 Enter↵

Select Attributes: 속성선택 Enter↵

Enter an option [Value/Position/Height/Angle/Style/Layer/Color/Next] <N>:

옵션입력 Enter↵

–Attedit Option

- **Value** : 속성 값을 변경한다.
- **Position** : 속성문자의 위치를 변경한다.
- **Height** : 속성문자의 높이를 변경한다.
- **Angle** : 속성문자의 각도를 변경한다.
- **Style** : 속성문자의 문자유형을 변경한다.
- **Layer** : 속성문자의 레이어를 변경한다.
- **Color** : 속성문자의 색상을 변경한다.
- **Next** : 다음 속성으로 이동한다.

따라하기 : 블록속성 일괄 편집하기

'4.1 블록에 속성작성하기'의 따라하기에서 삽입된 sp-head 블록을 여러 복사하고 일괄 편집으로 속성을 편집해보자.

- **Step 01 :** 삽입된 sp-head 블록을 Copy 명령으로 3개 복사를 한다.
- **Step 02 :** 4개의 블록의 속성을 한꺼번에 처리한다.

  Main menu에서 Modify>Object>Attribute>Global을 선택한다.

  Command: _-attedit

  Edit attributes one at a time? [Yes/No] <Y>: n Enter↵ ☞ 일괄편집

  Performing global editing of attribute values.

  Edit only attributes visible on screen? [Yes/No] <Y>: n Enter↵ ☞ 화면에 보이지 않는 속성까지 편집하며, Enter↵를 누르면 'AutoCAD Text Window'가 나옴

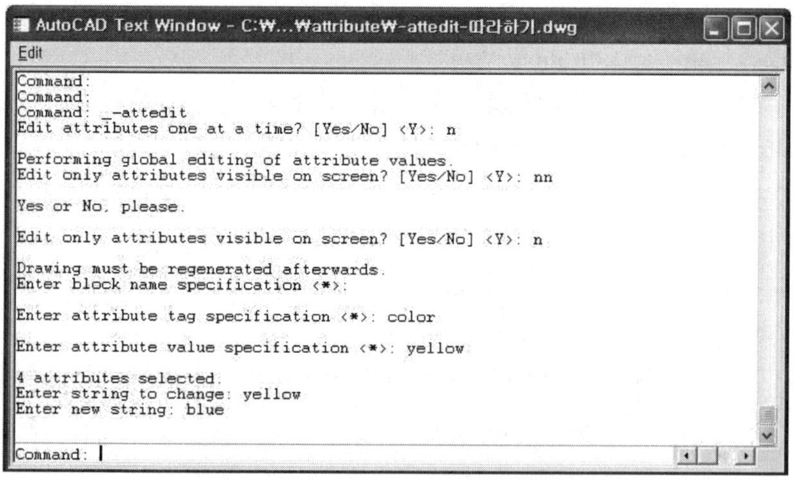

속성편집을 위한 텍스트 윈도우

Drawing must be regenerated afterwards.

Enter block name specification <*>: Enter↵ ☞ 모든 블록을 대상으로 함

Enter attribute tag specification <*>: color Enter↵ ☞ 꼬리표가 color인 것만 편집

Enter attribute value specification <*>: yellow Enter↵ ☞ color가 yellow인 것만 편집

4 attributes selected. ☞ 4개가 선택됨

Enter string to change: yellow Enter↵ ☞ 바뀔 문자입력

Enter new string: blue Enter↵ ☞ 새 문자입력

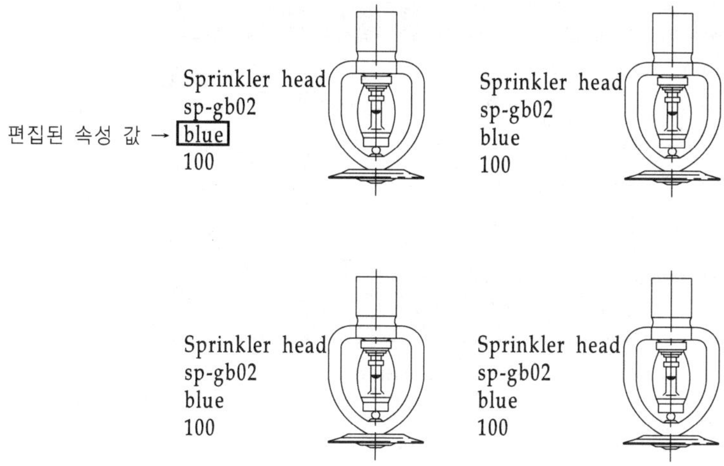

속성 편집결과

3.5 블록속성 편집 · 관리하기

앞서 설명한 명령들은 블록에 작성된 속성 값이나 문자특성, 레이어, 색상 등을 편집만 하지만, Battman 명령은 블록속성의 편집뿐만 아니라 블록을 관리까지 할 수 있다. 블록속성 관리자 (Block Attribute Manager)를 이용하면 블록을 분해하거나 재 정의하지 않고도 블록속성을 쉽게 편집할 수 있다.

입력방법

	Command	Battman Enter↵
	Main menu	Modify > Object > Attribute > Block Attribute Manager
	Icon menu	Modify II Toolbar >

Battman 명령을 실행하면 'Block Attribute Manager' 대화상자가 나오고, 이 대화상자로부터 블록속성의 편집과 블록관리를 할 수 있다.

대화상자에서

- Select block : 편집할 블록을 선택한다.
- **Block** : 작업도면에 설정된 모든 블록의 목록이 표시한다. 드롭다운 리스트 버튼을 누르면 블록의 목록이 나온다.
- **Sync** : 변경된 블록속성을 원래상태로 되돌린다.

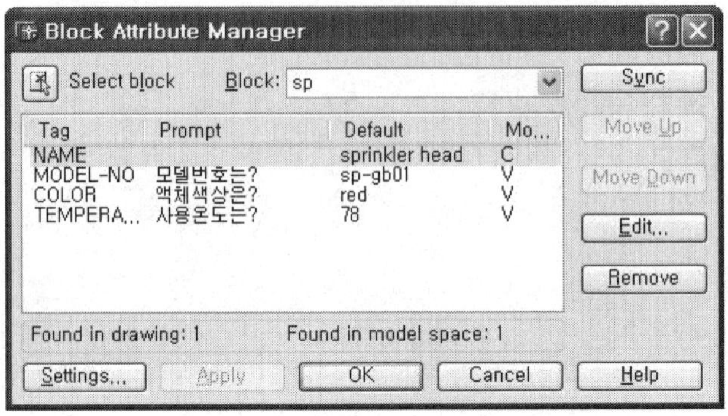

Block Attribute Manager

- **Move Up** : 현재 속성위치에서 한 칸 위쪽으로 이동한다.
- **Move Down** : 현재 속성위치에서 한 칸 아래쪽으로 이동한다.
- **Edit** : 속성과 속성 값을 편집한다. 이 버튼을 선택하면 Eattedit 명령에서와 같은 'Edit Attribute' 대화상자가 나온다. 이 대화상자도 속성 값과 특성을 편집할 수 있도록 Attribute, Text options, Properties 3개의 탭으로 구성돼있다. 대화상자에 대한 자세한 내용은 Eattedit 명령을 참조한다.
- **Remove** : 선택한 속성을 지운다.
- **Setting** : 'Block Attribute Manager' 대화상자에 표시할 항목을 지정한다. 이 버튼을 선택하면 'Setting' 대화상자가 나온다.

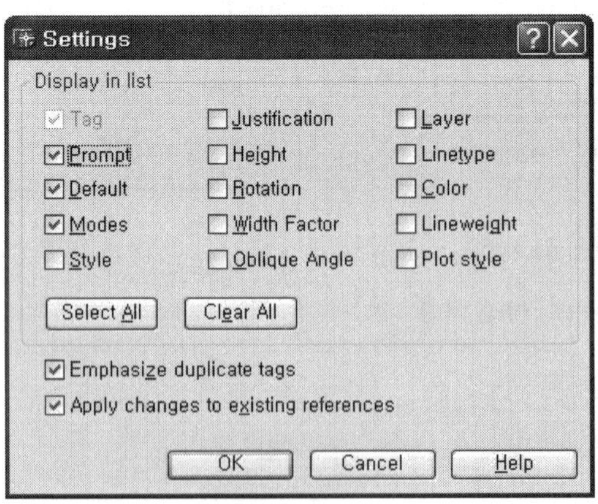

Setting

- Display in list : 화면에 표시할 항목을 선택한다.
- Select All : 항목 모두를 선택한다.
- Clear All : 선택한 항목 모두를 취소한다.

▶ Emphasize duplicate tags : 중복으로 지정된 속성을 적색으로 강조한다.

▶ Apply changes to existing reference : 수정한 속성을 적용한다.

■ Apply : 변경된 속성 값을 작업도면에 적용한다.

3.6 블록속성 표시하기

작성한 블록속성을 화면에 표시하거나 숨길 수 있다. 속성의 표시여부는 Attdip 명령을 실행하면 된다.

입력방법

	Command	Attdisp Enter↵
	Main menu	View > Attribute Display
	Screen menu	VIEW 2 > Attrdisp

Command: attdisp Enter↵

Enter attribute visibility setting [Normal/ON/OFF] <Normal>: 옵션선택 Enter↵

Attdisp Option

■ Normal : 각 속성을 작성할 때의 상태로 유지한다.

■ ON : 속성을 표시여부와 상관없이 모두 나타낸다.

■ OFF : 속성을 모두 보이지 않게 한다.

3.7 블록속성 추출하기

작업도면에서 작성한 블록속성을 외부 응용 소프트웨어로 전달할 수 있다. 전달된 데이터는 Access, Excel 등의 프로그램에서 수량집계, 원가계산 등을 작성하는데 유용하게 사용된다. 블록속성 데이터의 추출(Block Attribute Extraction)은 Attext와 Eattext 명령을 실행하면 된다. Eattext 명령은 attext 명령보다 기능이 보강되었고 템플릿 파일(Template File)을 만들지 않아도 데이터를 추출할 수 있어 편리하다. 본 장에서는 Eattext 명령을 기준으로 설명한다.

입력방법

	Command	Eattext Enter
	Main menu	Tools > Attribute Extraction
	Icon menu	Modify II Toolbar >

Eattext 명령을 실행하면 'Attribute Extraction' 대화상자가 나오고, 이대화상자로부터 속성 데이터를 추출할 수 있다. 'Attribute Extraction' 대화상자는 속성을 추출할 대상선택하기와 속성정보를 추출할 대상지정하기, 속성을 추출하는 기준이 되는 파일지정하기, 블록별로 추출할 속성선택하기, 출력될 파일보기, 대화상자의 설정값을 템플릿 파일로 저장하기, 추출하기 7단계로 나누어져 있다. 각 단계별로 대화상자를 통해 따라가면 쉽게 속성 데이터를 추출할 수 있다.

Select Drawing

속성을 추출할 대상을 선택한다. 작업도면에서 도면요소를 선택하거나, 도면에 만들어진 모든 블록을 선택하거나, 여러 도면을 선택할 수 있다.

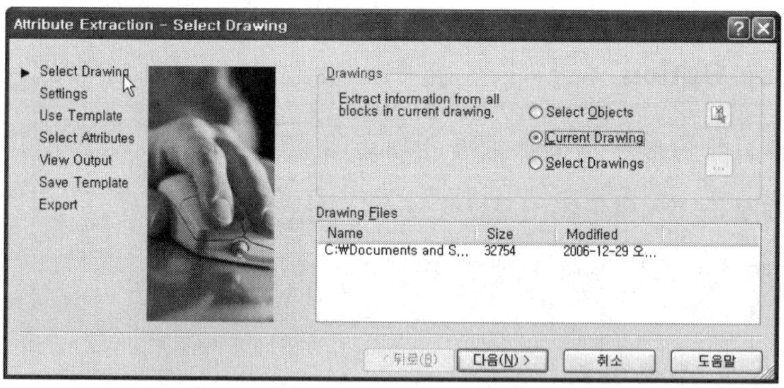

Attribute Extraction-Select Drawing

- Select Objects : 작업도면에서 블록속성을 직접 선택한다.
- Current Drawing : 현재 작업 중인 도면의 블록속성을 모두 선택한다.
- Select Drawings ... : 다른 도면의 블록속성을 선택한다. 선택한 후 ... 버튼을 눌러 추출할 도면을 선택한다.
- 다음(N) > : 다음 단계로 넘어간다.

Setting

속성정보를 추출할 대상을 지정한다. 외부참조 파일이나 내포된 블록에서 속성정보를 포함시킬 수 있다.

- **Include Xrefs :** 외부참조 파일을 포함해서 속성을 추출한다.
- **Include nested blocks :** 내포된 블록도 포함해서 속성을 추출한다.

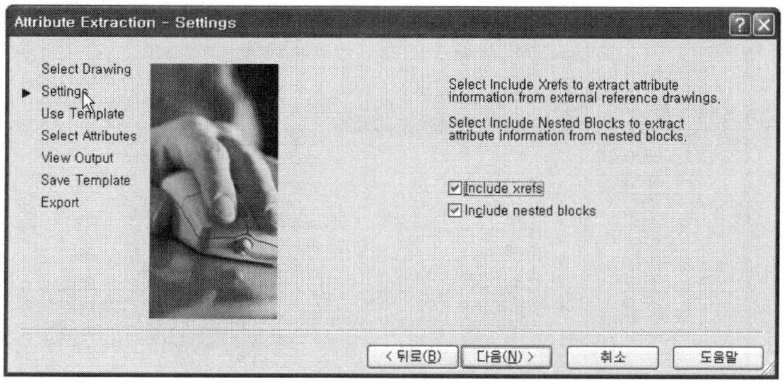

Attribute Extraction–Setting

User Template

템플릿 파일의 사용여부를 설정한다. 템플릿 파일에는 속성선택 데이터와 출력형식이 포함돼있다.

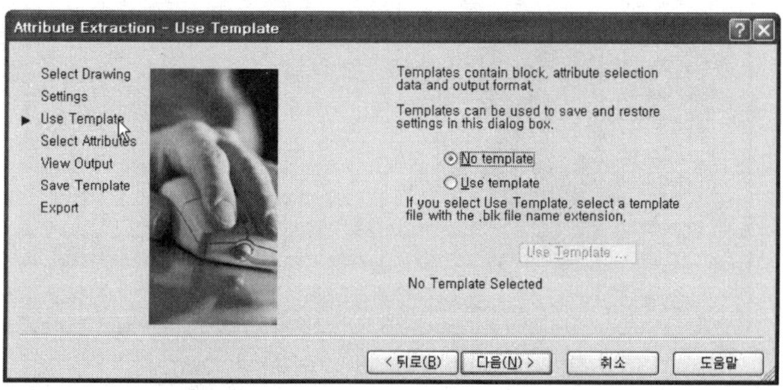

Attribute Extraction–User Template

- **No template :** 템플릿 파일을 사용하지 않는다.
- **Use template :** 템플릿 파일을 사용한다. 이 버튼을 선택하면 Use Template 버튼이 활성화되고, Use Template 버튼을 선택한 후 템플릿 파일의 위치를 지정한다.

Select Attributes

블록별로 추출할 속성을 선택한다. 'Select Attribute' 대화상자는 두 개의 섹션으로 구성되어 있고, 추출할 블록과 속성정보가 포함돼있다.

- **Block** : 작업 중인 도면의 블록이 표시되고, 추출할 블록을 선택한다.
- **Attribute for block** : 추출할 블록을 선택하면 추출할 속성을 지정할 수 있다.

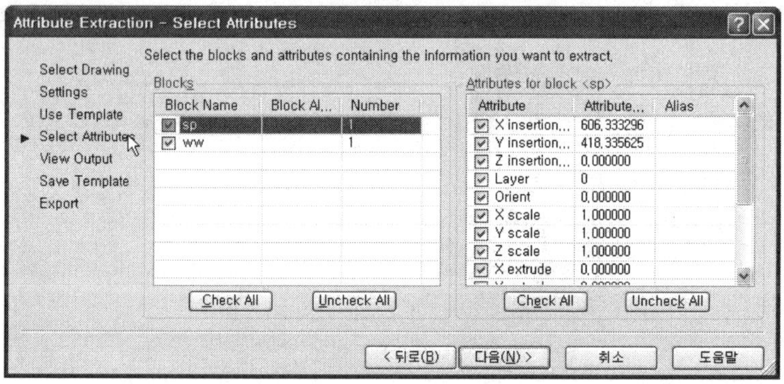

Attribute Extraction–Select Attributes

View Output

출력될 파일형태를 미리 확인할 수 있다.

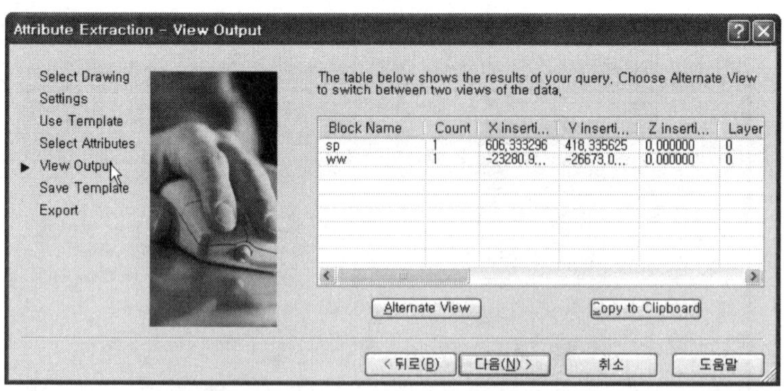

Attribute Extraction–View Output

- **Alternate View** : 데이터 조회결과를 나타내주고 출력될 항목을 볼 수 있다.
- **Copy to Clipboard** : 윈도우의 클립보드에 복사해두고 다른 응용 프로그램에 복사할 수 있다.

Save Template

추출 데이터를 템플릿 파일로 저장할 수 있다. Save Template 버튼을 선택하면 '다른 이름으로 저장' 대화상자가 나오고, 이 대화상자에서 템플릿 파일을 저장할 수 있다. 이때 템플릿 파일의 확장자는 *.blk이다.

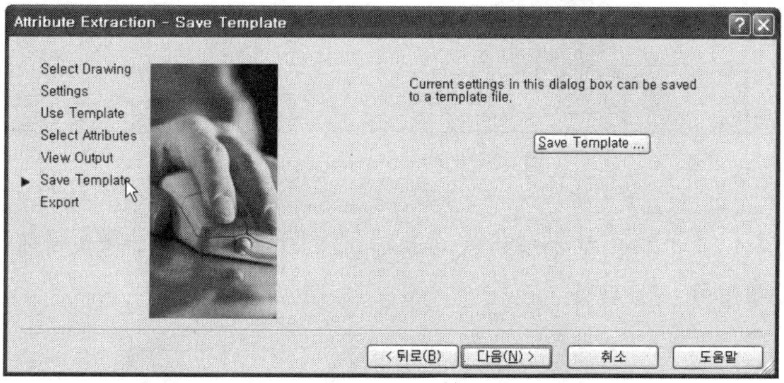

Attribute Extraction–Save template

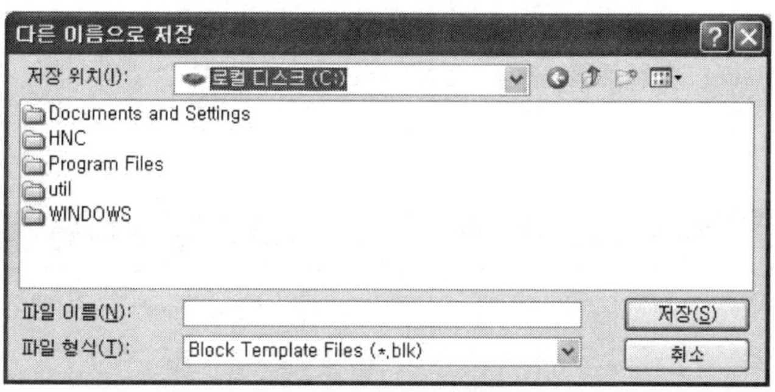

템플릿 파일저장

Export

속성을 추출할 파일이름과 위치, 형식을 지정한다.

- **File Name** : 속성 데이터를 저장할 이름을 지정한다. ... 버튼을 선택하면 '다른 이름으로 저장' 대화상자가 나오고, 이 대화상자로부터 파일저장 위치를 변경해도 된다.
- **File Type** : 속성 데이터를 추출할 파일형식을 지정한다.

▶ CSV(Command delimited)(*.csv) : 추출된 데이터를 쉼표(,)로 분리된 텍스트 파일로 저장한다. Excel에서 사용할 수 있다.

▶ Tab Delimited File(*txt) : 추출된 데이터를 탭(Tab)으로 분리되어 저장한다.

▶ Microsoft Excel(*.xlg) : 추출된 데이터 Microsoft Excel 형식으로 저장한다.

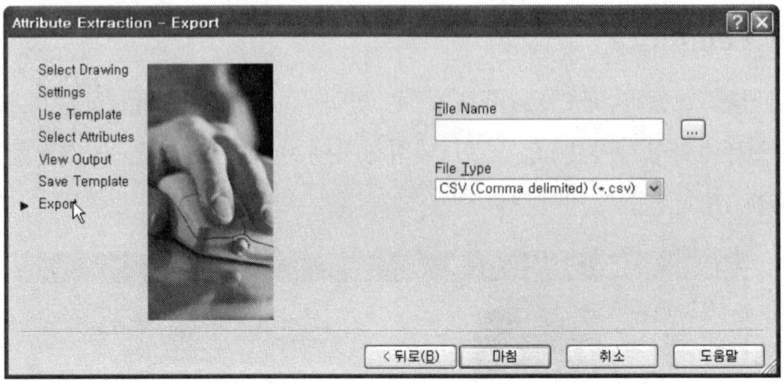

Attribute Extraction–Export

- [마침] : 이 버튼을 선택하면 추출된 데이터가 지정한 파일형식에 따라 저장되고 Eattext 명령이 종료된다.

Excel 파일로 저장된 예

'4.4 블록속성 일괄 편집하기' 따라하기에서 작성된 블록을 Eattext 명령으로 속성 데이터를 추출하여 Excel 파일로 저장한 예이다.

- File Name : sp-head.csv

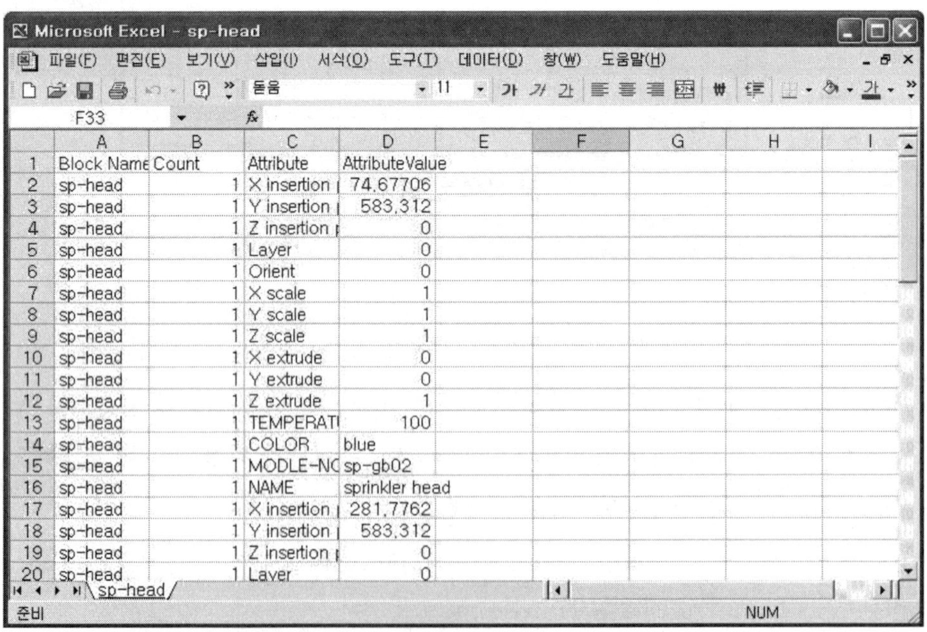

	A	B	C	D
1	Block Name	Count	Attribute	AttributeValue
2	sp-head	1	X insertion	74.67706
3	sp-head	1	Y insertion	583.312
4	sp-head	1	Z insertion	0
5	sp-head	1	Layer	0
6	sp-head	1	Orient	0
7	sp-head	1	X scale	1
8	sp-head	1	Y scale	1
9	sp-head	1	Z scale	1
10	sp-head	1	X extrude	0
11	sp-head	1	Y extrude	0
12	sp-head	1	Z extrude	1
13	sp-head	1	TEMPERATI	100
14	sp-head	1	COLOR	blue
15	sp-head	1	MODLE-NC	sp-gb02
16	sp-head	1	NAME	sprinkler head
17	sp-head	1	X insertion	281.7762
18	sp-head	1	Y insertion	583.312
19	sp-head	1	Z insertion	0
20	sp-head	1	Layer	0

Excel 파일로 저장된 예 : sp-head.csv

4. 블록을 객체로 분해하기

4.1 단일객체로 분해하기

Polyline 형태의 객체나 Pline, Rectang, Plygon, Hatch, Block, Wblock, Dimension 등의 명령으로 작성된 도면은 하나의 객체로서 분해하지 않고는 도면을 편집 · 수정할 수 없다. 여러 개의 객체로 이루어진 도면을 단일객체로 분해하려면 Explode 명령을 실행하면 된다. 도면이 분해하면서 레이어, 색상, 선의 유형이 바뀌기도 한다. 폴리라인과 도넛을 분해하면 폭은 0이 된다.

입력방법

	Command	Explode Enter↵
	Main menu	Modify > Explode
	Screen menu	MODIFY 2 > Explode
	Icon menu	Modify Toolbar >

Command: explode Enter↵
Select object: 분해할 도면선택 Enter↵

4.2 단일객체로 분해하면서 특성변경하기

Explode 명령은 도면을 분해하면 레이어, 색상, 선의 유형 등이 바뀌게 되는 단점이 있다. 이를 보강한 Xplode 명령이 있다. Xplode 명령은 객체를 분해하면서 다양한 특성변경이 가능하다.

입력방법

	Command	Xplode Enter↵

Command: xplode Enter↵
Select objects to XPlode.
Select objects: 분해 · 속성을 변경할 도면선택 Enter↵
Enter an option [All/Color/LAyer/LType/Inherit from parent block/Explode]
<Explode>: 옵션입력 Enter↵

Xplode Pption

- All : 분해하면서 색상, 선 유형, 선 두께, 레이어를 모두 변경할 수 있다.
- Color : 분해하면서 색상을 변경한다.
- LAyer : 분해하면서 레이어를 변경한다.
- LType : 분해하면서 선 유형을 변경한다.
- Inherit from parent block : 분해하기 전의 객체특성을 그대로 유지한다.
- Explode : 특성을 무시하고 분해한다.

Chapter 13

문자기입과 활용하기

도면을 구성하고 있는 요소들 중 도형을 그리는 것 다음으로 중요한 것이 문자이다. 문자를 사용하면 도면의 내역을 상세히 설명할 수 있고, 명확하게 그리고 간단하게 표현할 수 있다. 문자는 여러 가지 유형을 설정해놓고 바꾸어 가며 도면에 문자를 삽입할 수도 있고 기존의 문자유형을 수정할 수도 있다. 이 장에서는 문자의 유형설정과 다양한 문자기입에 대해 공부하기로 한다.

1. 문자유형 설정하기
2. 문자입력하기
3. 입력문자·문서 편집하기

1. 문자유형 설정하기

도면을 구성하고 있는 요소들 중 도형을 그리는 것 다음으로 중요한 것이 문자(숫자, 기호 등)이다. 이들을 사용하면 도면의 내역을 상세히 설명할 수 있고, 명확하게 그리고 간단하게 만들 수 있다. 문자입력에 앞서 이들의 유형을 먼저 설정하여야 한다. 문자유형(Text Style)에는 AutoCAD나 Window에서 지원하는 셰이프(*.shx), 트루타입(*.ttf)과 Postscript(*.pfb) 글꼴을 지정하여 사용할 수 있다. 문자유형은 특정폰트를 지정하여 사용할 수 있고 문자유형에 여러 가지 효과를 줄 수도 있다. 또 디자인 센터를 이용하여 다른 도면에 있는 문자유형을 복사하여 현재 작업 중인 도면에서 사용할 수도 있다.

문자유형의 설정은 Style 명령을 실행하면 된다. Style 명령에서는 작업도면에서 사용하고자 하는 문자의 글꼴, 높이, 폭, 기울기, 역순, 상하 바꿈 등의 특성을 설정한다. Style 명령은 독립적으로도 사용이 가능하고, Text 명령의 Style 옵션을 지정하여 사용하고자 하는 글꼴을 선택할 수도 있다.

글꼴의 특징

AutoCAD에서 사용하는 셰이프(*.shx), 트루타입(*.ttf)과 Postscript(*.pfb) 글꼴 이 3종류는 특성이 조금 다르다. 모양으로만 비교한다면 셰이프(*.shx) 글꼴은 모양이 거칠고, 트루타입(*.ttf)과 Postscript(*.pfb) 글꼴은 깔끔하고 정교한 형태의 글꼴이라 할 수 있다.

1) 셰이프(*.shx) 글꼴 : 선으로만 이루어진 글꼴로 내부가 없는 글꼴이다. 이 글꼴은 내부에 색을 칠할 수 없다. 도면 데이터의 양(Byte)이 작아지고 도면이 간결해진다.
2) 트루타입(*.ttf)과 Postscript(*.pfb) 글꼴 : 외곽선 글꼴이라고도 하며, 내부가 채워진 글꼴로 내부에 색칠을 할 수도 있다. 도면을 그래픽적으로 꾸밀 때 사용되고, 데이터의 양이 많아져 사용에 불편하다.

입력방법

	Command	Style Enter
	Main menu	Format > Text Style
	Screen menu	FORMAT > Text Style
	Icon menu	Text Toolbar >

Style 명령을 실행하면 'Text Style' 대화상자가 나오고, 이 대화상자로부터 문자유형의 특성을 설정할 수 있다.

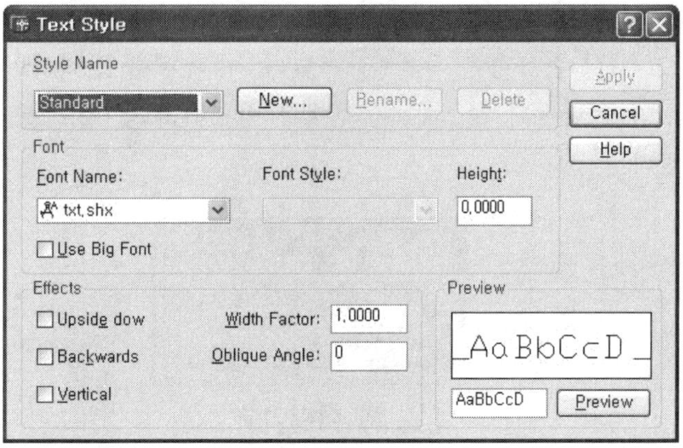

Text Style

대화상자에서

- **Style Name :** 사용할 문자유형을 선택한다. 드롭다운 리스트 버튼 ∨을 선택하면 등록된 문자유형을 보여준다. 기본유형은 Standard 이다.

- New : Standard 유형이 아닌 새 문자유형을 생성한다. 새 문자유형은 문자의 특성(글꼴, 높이, 폭, 기울기 등)을 새로 지정하기 전에는 기존의 특성을 그대로 유지한다. 이 버튼을 선택하면 'New Text Style' 대화상자가 나온다. 대화상자에 새 문자유형의 이름을 입력한다. 문자유형의 이름은 최대 31자까지 지정하여 사용할 수 있다. 이때 이름에는 -, $, _ 등의 극소수의 심볼만을 사용할 수 있고 빈 공간을 함께 사용할 수 없다.

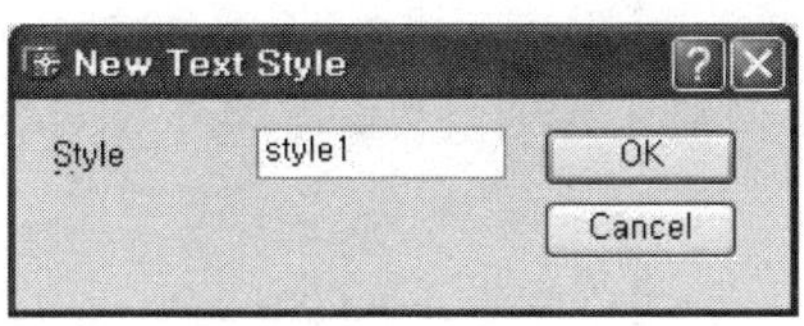

New Text Style

- Rename : 기존 등록된 문자유형의 이름을 변경한다. 이 버튼을 선택하면 다음과 같이 'Rename Text Style' 대화상자가 나온다. 이 대화상자의 창에 변경할 문자유형의 이름을 입력한다.

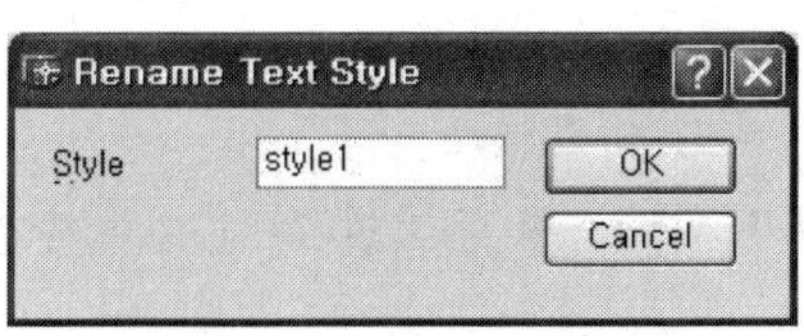

Rename Text Style

▶ Delete : 기존 등록된 문자유형을 삭제한다. Standard 유형과 현재 사용 중인 문자유형을 제외하고 나머지 유형은 삭제할 수 있다. 이 버튼을 선택하면 다음과 같이 'acad Alert' 대화상자가 나온다. 이 대화상자에서 삭제하려면 예(Y)를 보존하려면 아니오(N)를 선택한다.

■ 삭제여부

■ Font : 문자입력에 사용할 글꼴과 높이를 설정한다. 셰이프(*.shx) 글꼴 및 TT 마크가 있는 트루타입(*.ttf)과 포스트스크립(*,pfb) 글꼴을 사용할 수 있다. 한글글꼴 중 @가 붙은 것은 세로로 문자를 입력할 때 사용한다.

▶ Font Name : 드롭다운 리스트 버튼 ▼을 선택하면 글꼴을 선택할 수 있다. 이때 선택한 글꼴의 모양이 미리보기(Preview) 창에 나타난다.

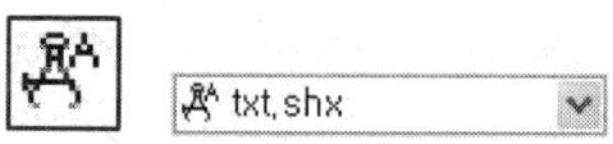

■ 셰이프(*.shx) 글꼴

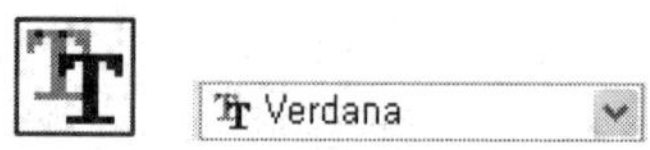

■ 트루타입(*.ttf)과 포스트스크립(*.pfb) 글꼴

▶ Font Style : Use Big Font 항목이 선택되면 이 항목의 창이 bigfont.shx로 변경된 다. 드롭다운 리스트 버튼 ▼을 선택하면 다른 글꼴의 유형을 선택할 수 있다.

▶ Height : 선택한 글꼴의 높이를 설정한다. 문자높이는 설정된 도면의 단위로 결정되며, 높이를 지정하지 않으면 text 명령으로 문자를 입력할 때 높이를 설정하라는 메시지가 나온다.

▶ Use Big Font : 이 항목을 선택하면, Font Style의 창이 bigfont.shx로 변경되고 *.shx 글꼴만 선택할 수 있다. 한글과 같은 특수글꼴을 사용할 때 이용한다.

■ Effects : 문자의 입력효과를 설정하고, 각 항목들을 설정하면 그 결과가 미리보기 창에 나타난다.

▶ Upside down : 문자가 상하 뒤집혀서 입력된다.

▶ Backwards : 문자가 거꾸로 입력된다.

▶ Vertical : 문자가 수직으로 입력된다.

▶ Width Factor : 1 이상을 입력하면 문자의 폭이 넓어지고, 1 이하를 입력하면 문자의 폭이 좁아진다.

▶ Oblique Angle : 문자의 기울기 -85°~85°를 입력하면 문자가 기울어져 입력된다.

Upside down

Backwards

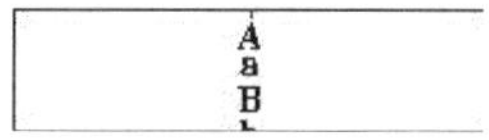

Vertical

Width Factor

Oblique Angle

- **Preview** : 선택한 문자유형의 글꼴, 높이와 문자의 입력효과를 설정하면 그 결과가 미리보기 창에 나타난다.
- **Apply** : 선택한 문자유형의 글꼴, 높이와 문자의 입력효과를 새로 설정하거나 수정한 후에는 반드시 이 버튼을 선택해야 문자를 입력할 수 있다.

따라하기 : 문자유형 생성하기

문자유형의 이름을 '한글'이라고 하고 문자유형을 생성보자.

- **Step 01** : Text Toolbar에서 text style 아이콘 을 선택한다.
- **Step 02** : 'Text Style' 대화상자에서 유형이름과 높이, 효과 등을 설정한다.
  - New 버튼을 선택하고, 'New Text Style' 대화상자에 문자유형의 이름을 '한글'이라고 입력하고 OK 버튼을 선택한다.
  - Font Name의 창에서 드롭다운 리스트 버튼 을 선택하고, '굴림체'을 선택한다.
  - Height에서 문자높이는 가능한 한 지정하지 않는 것이 좋다. 만약, 문자높이를 지정하면 지정된 높이로만 문자가 입력됨으로 문자높이를 변경할 경우에는 불편하다.
  - Preview 창에서 글꼴을 확인한다.
  - Apply 버튼을 선택하고 새 문자유형의 생성과 문자입력의 준비를 완료한다.
  - Style Name 창은 새로 생성한 문자유형 '한글'로 바뀐다.
  - 창 닫기 아이콘 을 선택하고 'Text Style' 대화상자를 닫는다.
- **Step 03** : Text 명령으로 문자를 입력한다.

2. 문자 입력하기

AutoCAD에서 문자입력은 한글, 한문, 영문, 특수기호 등을 입력할 수 있다. 문자는 단일 줄과 다중 줄 문자입력이 있다. 다중 줄 문자입력은 워드작업과 같이 여러 줄의 문자를 입력할 수 있고, 글꼴이나 크기, 기타 여러 가지 기호 등을 쉽게 입력할 수 있다. 또 단일 줄 문자입력과는 달리 아무리 여러 개의 문자열을 가지고 있더라도 하나의 객체로 취급된다.

2.1 단일 줄의 문자입력

문자유형의 글꼴과 높이, 문자의 입력효과 등이 설정되면, 작성도면에 문자를 입력할 수 있다. 작성도면에 단일 줄의 문자입력은 Text와 Dtext 명령을 실행하면 된다. Text 명령으로 문자를 입력할 때 화면에 ‘I’ 모양의 문자입력커서가 표시되고, 명령어 영역에서 입력하는 문자의 내용과 크기, 회전각도 등을 그대로 나타내준다. Text 명령의 옵션 중 Justify 옵션은 다양한 형태로 문자를 정렬할 수 있도록 해준다.

입력방법

	Command	Text 또는 Dtext Enter↵
	Main menu	Draw > Text > Single Line Text
	Screen menu	DRAW 2 > Dtext
	Icon menu	Text Toolbar > AI

Command: dtext Enter↵

Current text style: "style1" Text height: 12.0000

☞ Text style에서 설정된 문자유형과 높이가 나타난다.

Specify start point of text or [Justify/Style]: 문자입력의 시작점 또는 옵션입력 Enter↵

Specify height <12.0000>: 문자의 높이설정 Enter↵

Specify rotation Angle of text <0>: 문자의 회전각도 설정 Enter↵

Enter text: 문자를 입력하고 줄을 바꾸려면 Enter↵ 입력

Enter text: Enter↵ ☞ 문자입력 종료

Text Option

- **Justify** : 문자의 정렬방식을 지정한다. 이 옵션을 입력하면 다음과 같은 하위옵션이 나온다.

  Enter an option [Align/Fit/Center/Middle/Right/TL/TC/TR/ML/MC/MR/BL/BC/BR]:

  ☞ 옵션입력 Enter↵

▶ Align : 문자를 지정한 양끝 두 점에 맞추어 정렬하고, 문자의 높이는 입력문자의 폭

에 맞춰 자동으로 조정한다.

▶ Fit : 문자를 지정한 양끝 두 점에 맞추어 정렬하고, 문자의 높이는 바뀌지 않고 입력 문자의 폭이 늘거나 줄인다.

▶ Center : 문자를 지정한 점을 중심으로 정렬한다.

▶ Middle : 문자를 지정한 점을 중심으로 높이를 맞추고 정렬한다.

▶ Right : 문자를 지정한 점의 오른쪽 끝을 기준으로 정렬한다.

▶ TL(Top/Left) : 문자높이의 윗점을 지정하고 그 점의 왼쪽으로 정렬한다.

▶ TC(Top/Center) : 문자높이의 윗점을 지정하고 그 점의 중심으로 정렬한다.

▶ TR(Top/Right) : 문자높이의 윗점을 지정하고 그 점의 오른쪽으로 정렬한다.

▶ ML(Middle/Left) : 문자높이의 중간점을 지정하고 그 점의 왼쪽으로 정렬한다.

▶ MC(Middle/Center) : 문자높이의 중간점을 지정하고 그 점의 중심으로 정렬한다.

▶ MR(Middle/Right) : 문자높이의 중간점을 지정하고 그 점의 오른쪽으로 정렬한다.

▶ BL(Bottom/Left) : 문자높이의 아래 점을 지정하고 그 점의 왼쪽으로 정렬한다.

▶ BC(Bottom/Center) : 문자높이의 아래 점을 지정하고 그 점의 중심으로 정렬한다.

▶ BR(Bottom/Right) : 문자높이의 아래 점을 지정하고 그 점의 오른쪽으로 정렬한다.

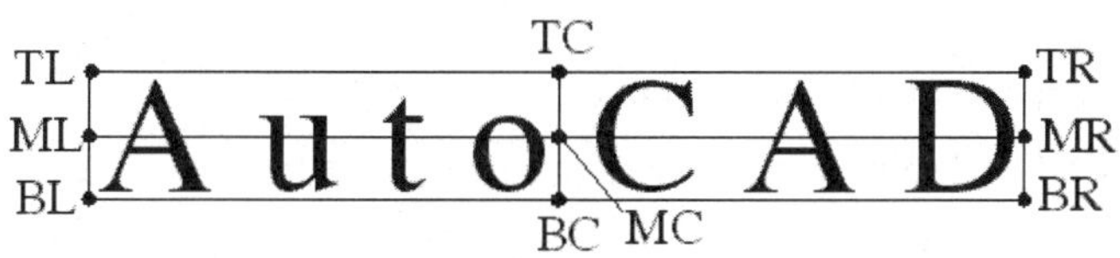

문자의 정렬위치

■ **Style** : 글꼴을 지정한다. 이 옵션을 입력하면 다음과 같은 하위옵션이 나온다.

Enter style name or [?] <Standard>: Style 이름이나 ? 입력 Enter↵

Current text style: "Standard" Text height: 2.5000

?를 입력하면 다음과 같은 하위옵션이 나온다.

Enter text style(s) to list <*>: 기존 Style의 리스트가 나열된다.

따라하기 : Justify의 하위옵션을 이용하여 문자 입력하기

■ **Step 01** : Align 옵션으로 문자를 정렬한다.

Text Toolbar에서 single line text 아이콘 AI을 선택한다.

Command: _dtext

Current text style: "style1" Text height: 25.0000

Specify start point of text or [Justify/Style]: j Enter↵

Enter an option [Align/Fit/Center/Middle/Right/TL/TC/TR/ML/MC/MR/BL/BC/BR]: a [Enter↵]

Specify first endpoint of text baseline: ☞ P1 선택

Specify second endpoint of text baseline: ☞ P2 선택

Enter text: AutoCAD 2002 [Enter↵]

Enter text: [Enter↵] text 명령 종료

Text나 Dtext 명령에서 잘못 입력한 문자는 [Back Space] 키를 눌러 삭제한 뒤 다시 입력하면 된다.

■ **Step 02 :** Fit 옵션으로 문자를 정렬한다.

Command: [Enter↵]

DTEXT

Current text style: "style1" Text height: 25.5010

Specify start point of text or [Justify/Style]: j [Enter↵]

Enter an option [Align/Fit/Center/Middle/Right/TL/TC/TR/ML/MC/MR/BL/BC/BR]: f [Enter↵]

Specify first endpoint of text baseline: ☞ P3 선택

Specify second endpoint of text baseline: ☞ P4 선택

Specify height <25.0000>: [Enter↵]

Enter text: AutoCAD 2002 [Enter↵]

Enter text: [Enter↵]

■ **Step 03 :** Center 옵션으로 문자를 정렬한다.

Command: [Enter↵]

DTEXT

Current text style: "style1" Text height: 25.5010

Specify start point of text or [Justify/Style]: j [Enter↵]

Enter an option [Align/Fit/Center/Middle/Right/TL/TC/TR/ML/MC/MR/BL/BC/BR]: c [Enter↵]

Specify center point of text: ☞ P5 선택

Specify height <25.0000>: [Enter↵]

Enter text: AutoCAD 2002 [Enter↵]

Enter text: [Enter↵]

■ **Step 04 :** Middle 옵션으로 문자를 정렬한다.

Command: Enter↵

DTEXT

Current text style: "style1" Text height: 25.5010

Specify start point of text or [Justify/Style]: j Enter↵

Enter an option [Align/Fit/Center/Middle/Right/TL/TC/TR/ML/MC/MR/BL/BC/BR]:
m Enter↵

Specify middle point of text: ☞ P6 선택

Specify height <25.0000>: Enter↵

Enter text: AutoCAD 2002 Enter↵

Enter text: Enter↵

■ **Step 05** : Right 옵션으로 문자를 정렬한다.

Command: Enter↵

DTEXT

Current text style: "style1" Text height: 25.5010

Specify start point of text or [Justify/Style]: j Enter↵

Enter an option [Align/Fit/Center/Middle/Right/TL/TC/TR/ML/MC/MR/BL/BC/BR]:
r Enter↵

Specify right endpoint of text baseline: ☞ P7 선택

Specify height <25.0000>: Enter↵

Enter text: AutoCAD 2002 Enter↵

Enter text: Enter↵

■ **Step 06** : TC(Top/Center) 옵션으로 문자를 정렬한다.

Command: Enter↵

DTEXT

Current text style: "style1" Text height: 25.5010

Specify start point of text or [Justify/Style]: j Enter↵

Enter an option [Align/Fit/Center/Middle/Right/TL/TC/TR/ML/MC/MR/BL/BC/BR]:
tc Enter↵

Specify top-center point of text: ☞ P8 선택

Specify height <25.0000>: Enter↵

Enter text: AutoCAD 2002 Enter↵

Enter text: Enter↵

■ **Step 07** : MC(Middle/Center) 옵션으로 문자를 정렬한다.

Command: Enter↵

DTEXT

Current text style: "style1" Text height: 25.5010

Specify start point of text or [Justify/Style]: j Enter↵

Enter an option [Align/Fit/Center/Middle/Right/TL/TC/TR/ML/MC/MR/BL/BC/BR]: mc Enter↵

Specify middle point of text: ☞ P9 선택

Specify height <25.0000>: Enter↵

Enter text: AutoCAD 2002 Enter↵

Enter text: Enter↵

- **Step 08 :** BC(Bottom/Center) 옵션으로 문자를 정렬한다.

Command: Enter↵

DTEXT

Current text style: "style1" Text height: 25.5010

Specify start point of text or [Justify/Style]: j Enter↵

Enter an option [Align/Fit/Center/Middle/Right/TL/TC/TR/ML/MC/MR/BL/BC/BR]: bc Enter↵

Specify bottom-center point of text: ☞ P10 선택

Specify height <25.0000>: Enter↵

Enter text: AutoCAD 2002 Enter↵

Enter text: Enter↵

- **Step 09 :** 그 밖의 옵션에 의한 문자정렬은 각자 해보기 바란다.

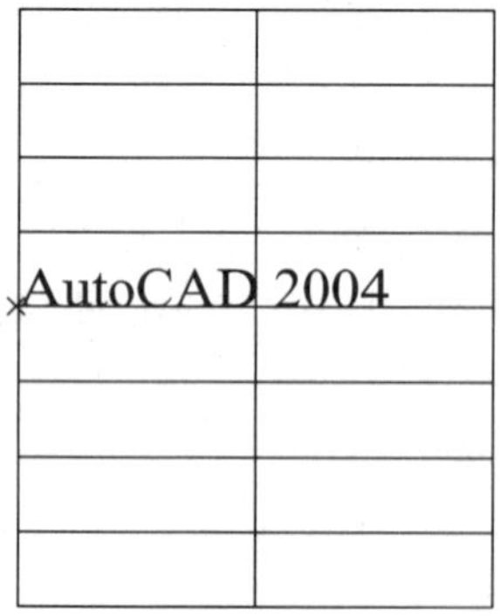

문자정렬 전

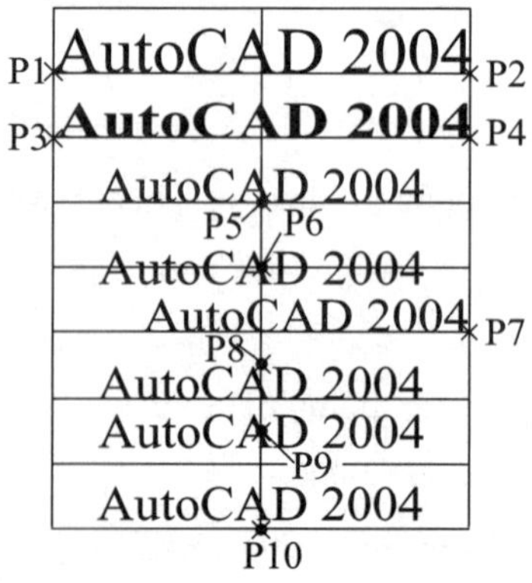

옵션에 의한 문자정렬 후

2.2 특수문자 입력하기

엔지니어링 도면에서 가장 많이 사용되는 퍼센트(%), 지름(φ), 각도(°), 밑줄(_), 윗줄(¯), 상하한 값(±) 기호와 같은 심벌은 ASCII 코드를 이용하여 사용할 수 있다. 엔지니어링에서 가장 많이 사용하는 심벌의 입력코드는 다음과 같다.

입력코드	심볼변환	입 력	결 과
%%%	% 기호	80%%%	80%
%%C	지름(ɸ)기호	%%c100	ɸ100
%%D	각도(°)기호	45%%d	45°
%%P	상하한 값(±)기호	%%p0.05	±0.05
%%U	밑줄(_)표시	%%uAutoCAD	AutoCAD
%%O	윗줄(¯)표시	%%oAutoCAD	AutoCAD
%%O%%U	윗줄 · 밑줄표시	%%o%%uAutoCAD	AutoCAD

따라하기 : 특수문자 입력하기

Text Toolbar에서 Single Line Text 아이콘 AI을 선택한다.

Command: _dtext

Current text style: "style1" Text height: 20.0000

Specify start point of text or [Justify/Style]: ☞ 임의 위치선택

Specify height <20.0000>: 20 Enter↵

Specify rotation Angle of text <0>: Enter↵

Enter text: 80%%% Enter↵

Enter text: %%c100 Enter↵

Enter text: 45%%d Enter↵

Enter text: %%p0.05 Enter↵

Enter text: %%uAutoCAD Enter↵

Enter text: %%oAutoCAD Enter↵

Enter text: %%o%%uAutoCAD Enter↵

Enter text: Enter↵

80%%% → 80%
%%c100 → Ø100
45%%d → 45°
%%p0.05 → ±0.5
%%uAutoCAD → AutoCAD
%%oAutoCAD → AutoCAD
%%o%%uAutoCAD → AutoCAD

특수문자

한글입력은…

AutoCAD에서 한글입력은 윈도우에서 지원하는 한글글꼴과 별도의 AutoCAD용 한글글꼴(*.Shx)을 사용하면 된다. 이들 글꼴을 이용해서 문자유형을 설정한 후 text나 Dtext 명령에서 한/영 변환키를 눌러 한글 워드작업과 같이 쉽게 입력할 수 있다. 하지만 윈도우에서 지원하는 한글글꼴로는 특수문자(심벌)의 입력이 불가능하다. 따라서 윈도우에서 지원하는 한글글꼴로 심벌을 입력하려면, Mtext 명령의 Mutiline Text Editor 대화상자에서 심벌을 별도로 입력해야 한다. 자세한 것은 '다중 줄의 문자입력'을 참조한다.

2.3 다중 줄의 문자입력

Dtext 명령으로 워드프로세서에서 문서를 작성하는 것처럼 길고 복잡한 문장을 입력하는 데는 어려움이 있다. AutoCAD에서는 문서와 같이 길고 복잡한 문장은 다중 줄의 문서 편집기(Multiline Text Editor)를 이용하여 작성할 수 있다. 다중 줄의 문서 편집기에 의한 문자입력은 Mtext 명령을 실행하면 된다. Mtext에 의한 문자입력은 영역을 지정하여 문자를 입력하기 때문에 자동 줄 바뀜으로 되어 줄 바뀜은 무시하여도 된다. 또 MS Word나 아래 한글에서 작성한 문서파일도 도면에 불러 올 수 있다. Mtext 명령으로 입력한 문서는 하나의 객체로 취급하여 생성하기 때문에 여러 문단으로 이루어진 문장을 신속하게 도면 내에 입력할 수 있고, 복사, 이동, 회전, 대칭, 지우기, 척도의 편집명령을 이용할 수도 있다. 도면에는 다양한 문자들이 사용되기 때문에 Dtext 명령보다 Mtext 명령이 다양한 문자입력과 편집이 편리해서 더 많이 사용된다. AytoCAD 2004 버전에서는 들여쓰기 기능, 문자 탭 기능 등 향상된 많은 기능들이 포함되어 문서입력과 편집이 더욱 편리해졌다.

입력방법

(keyboard)	Command	Mtext Enter
(mouse)	Main menu	Draw > Text > Multiline Text
	Screen menu	DRAW 2 > Mtext
	Icon menu	Draw Toolbar > A

Mtext 명령을 실행하면 명령어 영역에는 다음과 같은 메시지가 나온다.

Command: mtext Enter↵

Current text style: "style1" Text height: 2.5

Specify first corner: 문자를 입력할 첫 번째 코너지정 Enter↵

Specify opposite corner or [Height/Justify/Line spacing/Rotation/Style/Width]:

문자를 입력할 두 번째 코너지정 또는 옵션입력 Enter↵

문자를 입력할 첫 번째 코너를 지정하면 다음 그림과 같이 사각형 영역이 생성된다. 이 사각형 영역의 크기는 문자입력의 양에 따라 사용자가 정의한다.

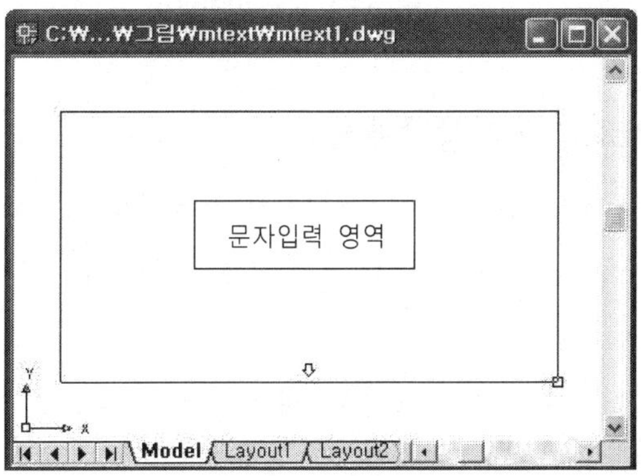

■ 문자입력 영역

Mtext Option

- **Height** : 문자의 높이를 설정한다.
- **Justify** : 문자의 정렬방식을 설정한다. 이 옵션을 입력하면 다음과 같은 하위옵션이 나온다.

  Enter justification [TL/TC/TR/ML/MC/MR/BL/BC/BR] <TL>:

  ☞ Dtext>Justify 옵션을 참조한다.
- **Line spacing** : 문자의 줄 간격을 설정한다.
- **Rotation** : 문자의 회전각을 설정한다.
- **Style** : 문자유형을 설정한다.
- **Width** : 문자 폭을 설정한다.

문자를 입력할 첫 번째와 두 번째 코너를 지정하고 나면 'Text Formatting' 대화상자와 '문서 편집기' 창이 나오고, 이 대화상자에서 문자를 입력과 문서편집을 할 수 있다.

Text Formatting

Text Formatting 대화상자에서

문자의 글꼴, 높이, 기울임 꼴, 분수, 색상 등을 설정한다. 각 항목의 세부내용은 다음과 같다. 단, 문자유형 중 셰이프(*.shx) 글꼴은 문자를 굵게 하거나 기울임 꼴을 지원하지 않는다.

- style1 Style : 드롭다운 리스트 버튼 을 선택하면 '문자유형 설정하기'에서와 같이 다른 글꼴의 유형을 선택할 수 있다.
- Txt Font : 사용할 문자의 글꼴을 지정한다. 자세한 내용은 '문자유형 설정하기'를 참조하기 바란다.
- 2.5 Text Hight : 문자의 높이를 변경 · 설정한다.
- **B** Bold : 굵고 진한 문자를 입력한다.
- *I* Italic : 기울임 꼴로 문자를 입력한다.
- U Underline : 밑줄 친 문자를 입력한다.
- Undo : 앞서 입력한 문자의 입력을 취소한다.
- Redo : Undo에서 취소한 것을 재실행하여 살려낸다. 연속사용이 가능하다.
- Stack : 분수와 스택(Stack) 꼴로 문자를 입력한다. 분수는 사선(/)으로 스택은 캐럿(^)으로 문자와 함께 표시해야 문자입력이 가능하다. 예를 들면, 분수는 1/5, 스택은 abc^def로 입력해야 원하는 형태를 얻을 수 있다.
- Color : 문자의 색상을 지정한다. 색상지정에 대한 내용은 '선의 색상지정'을 참조하기 바란다.
- OK : 도면에 문자를 기입한다.

문서 편집기에서

문자의 들여쓰기와 탭(Tab) 기능으로 문자의 입력이 편리해지고 문서의 편집기능이 향상되었다.

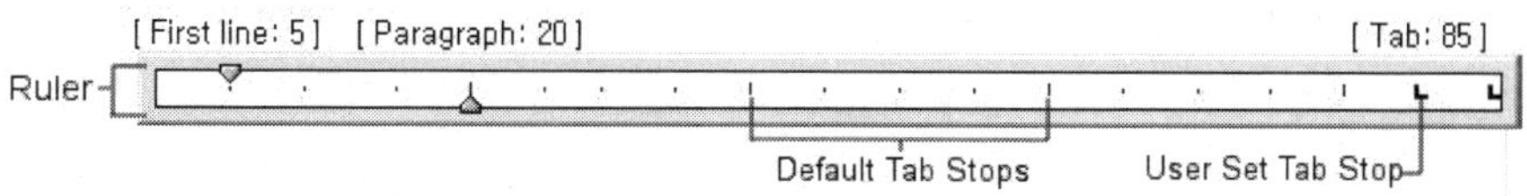

문서 편집기

- **First Line/Paragraph Indent Marker** : 문서의 들여쓰기를 설정한다.
- **User Set Tab Stop** : 문자의 탭을 설정한다.

단축메뉴의 의미…

'문서편집기' 에서 입력한 문자를 선택하고 마우스 오른쪽 버튼을 누르면 다음과 같은 문서를 편집할 수 있는 단축메뉴가 나온다. 단축메뉴의 명령은 다음과 같다.

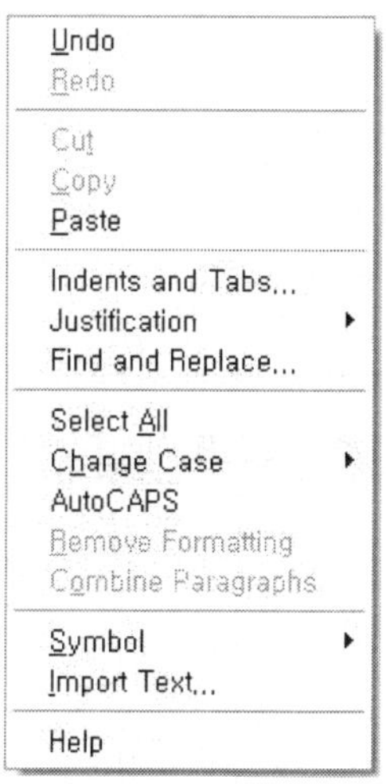

단축메뉴

- **Undo** : 실행을 취소한다.
- **Redo** : Undo에서 취소한 것을 재실행하여 살려낸다.
- **Cut** : 선택한 내용을 클립보드로 잘라낸다.
- **Copy** : 선택한 내용을 클립보드로 복사한다.
- **Paste** : 클립보드의 내용을 문서 편집기에 삽입한다.
- **Indents and Tabs...** : Indents and Tabs 명령을 선택하면 'Indents and Tabs' 대화상자가 나오고, 이 대화상자에서 문서의 들여쓰기와 탭을 설정할 수 있다.

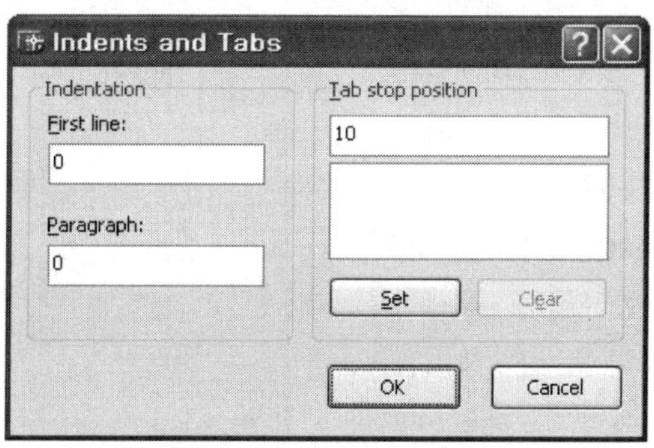

Indents and Tabs

- **Justification** : 문장의 정렬방법을 설정한다. 자세한 내용은 Dtext 명령의 Justify 옵션을 참조하기 바란다.
- **Find and Replace...** : Find/Replace 명령을 선택하면 '바꾸기' 대화상자가 나오고, 이 대화상자로부터 문자의 찾기와 대체(Find/Replace), 문자검색 등을 할 수 있다.

바꾸기

- **Select All** : 문서 편집기 내에 있는 모든 문장을 선택한다.
- **Change Case**
  - ▶ UPPERCASE : 선택된 문장이나 단어, 문자를 대문자로 만든다.
  - ▶ Lowercase : 선택된 문장이나 단어, 문자를 소문자로 만든다.
- **AutoCAPS** : Caps Lock 키가 On이 아니더라도, 새로 입력하였거나 포함된 문자를 모두 자동으로 대문자로 변환한다. 기존의 문서에는 영향을 주지 않는다.
- **Remove Formatting** : 문서 편집기에서 설정된 형식을 제거한다.
- **Combine Paragraphs** : 분리되어있는 단락을 결합한다.
- **Symbol** : Window에서 제공하는 특수문자를 입력할 수 있다. 이 명령을 선택하면 다음과 같이 하위옵션이 나오고 특수문자를 입력할 수 있다.

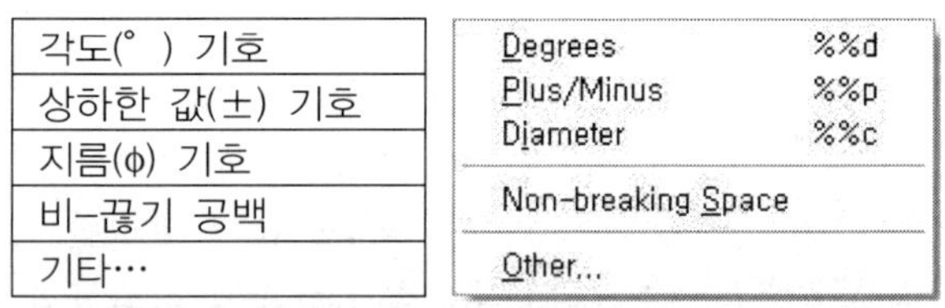

하위옵션에서 Other…를 선택하면, Window에서 지원하는 모든 글꼴에 대한 특수문자를 사용할 수 있는 여러 종류의 '문자표' 대화상자가 나온다.

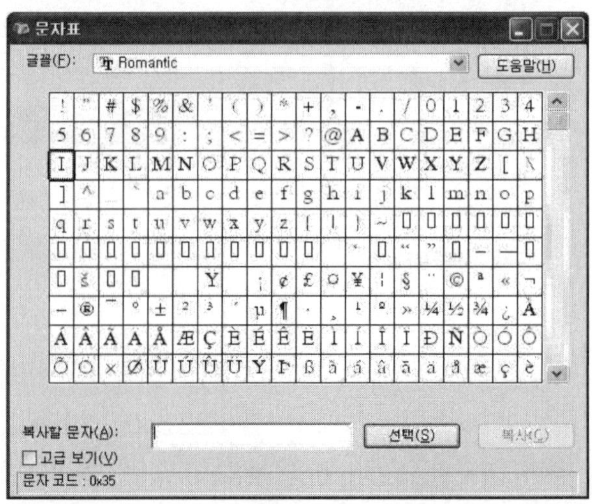

문자표

- **Import Text...** : MS Word나 아래 한글에서 작성한 외부 문서파일 중 텍스트 파일(*.txt)이나 문자열 형식의 파일(*.rtf)을 문서편집기로 가져올 수 있다. 이 명

령을 선택하면 'Select File' 대화상자가 나오고, 이 대화상자에서 txt 파일이나 rtf 파일을 선택하고, Open을 선택하면 선택한 문서파일을 문서 편집기로 가져올 수 있다. 삽입한 문서는 글꼴, 크기 및 서식이 그대로 유지된다.

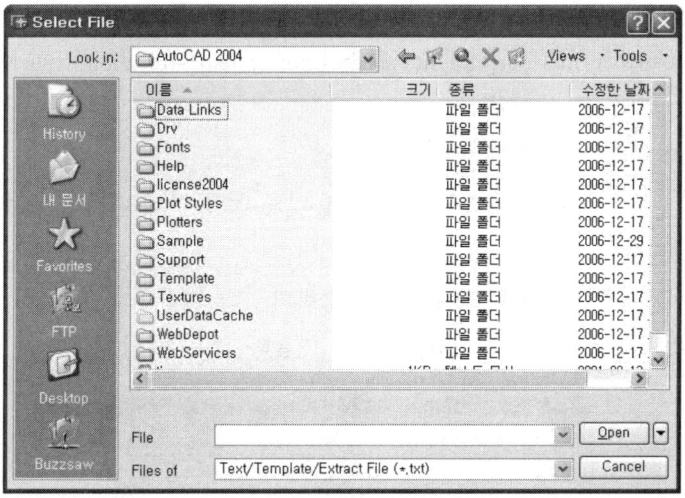

Select File

▶ 가져온 문서파일에 문서 삽입/대치하기

외부 문서파일을 문서 편집기로 가져온 후 문서 편집기에서 가져온 문서의 특정 문자나 문장을 선택하고, 다시 'Import Text...' 명령을 선택하면 'Select File' 대화상자가 다시 나온다. 이 대화상자에서 txt 파일이나 rtf 파일을 다시 선택하고, Open 버튼을 선택하면 다음과 같이 'Inserting Text' 대화상자가 나온다. 이 대화상자로부터 다시 가져올 문서파일의 삽입/대치방법을 정하고 Import 버튼을 선택하면 계속해서 외부 문서파일을 가져올 수 있다.

- replace the selected text : 선택된 문서를 다시 가져올 문서파일로 대치한다.
- be inserted after the selected text : 선택된 문서 다음에 다시 가져올 문서파일을 삽입한다.
- replace all the text : 가져온 문서 전체를 다시 가져올 문서파일로 대치한다.

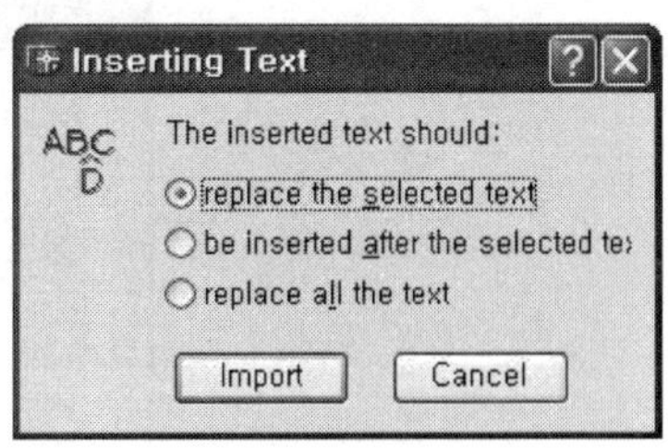

Inserting Text

따라하기 01 : 문서 편집기에 의한 문서작성하기

다음 결과와 같이 옥외소화전의 설치기준을 문서 편집기로 작성해보자.

Mtext 명령으로 문서를 작성한다.

Draw Toolbar에서 Mtext 아이콘 A을 선택한다.

Command: _mtext

Current text style: "Standard" Text height: 2.5

Specify first corner: 100,100 Enter↵

Specify opposite corner or [Height/Justify/Line spacing/Rotation/Style/Width]:

400,250 Enter↵

'Text Formatting' 대화상자에서

▶ Txt 에서 드롭다운 리스트 버튼 ⌄을 선택하고 글꼴을 '굴림체'로 선택한다.

▶ 2.5 에서 문자의 높이를 3으로 설정한다.

▶ 한/영 변환키를 선택한 후 다음과 같이 한글과 영문을 입력한다.

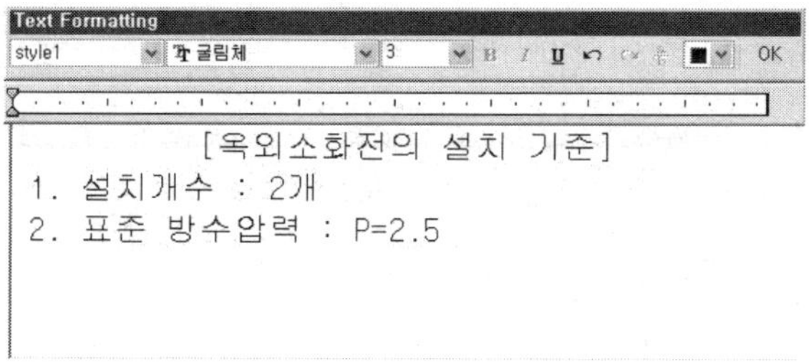

문자입력

▶ kg과 cm^2을 입력하기 위해 문서 편집기에서 마우스 오른쪽 버튼을 눌러 단축메뉴가 나오면 Symbol>Other를 선택한다. Other를 선택하면 kg과 cm^2을 입력할 수 있는 '문자표' 대화상자가 나온다.

굴림체의 문자표

▶ '문자표' 대화상자에서 선택한 글꼴 '굴림체'를 먼저 선택하고, kg을 찾아 선택(S)버튼을 선택하면 '복사할 문자(A)' 창에 kg이 표시된다.

▶ 복사(C) 버튼을 선택하고 '문자표' 대화상자를 닫는다. 이때 복사된 특수문자 kg은 임시 기억장소(Clipboard)에 기억된다.

▶ '문서 편집기'에서 마우스 오른쪽 버튼을 눌러 단축메뉴가 나오면 Paste를 선택한다. 앞서 복사한 특수문자 kg이 다음 그림과 같이 '2.5' 숫자 뒤에 복사・삽입된다.

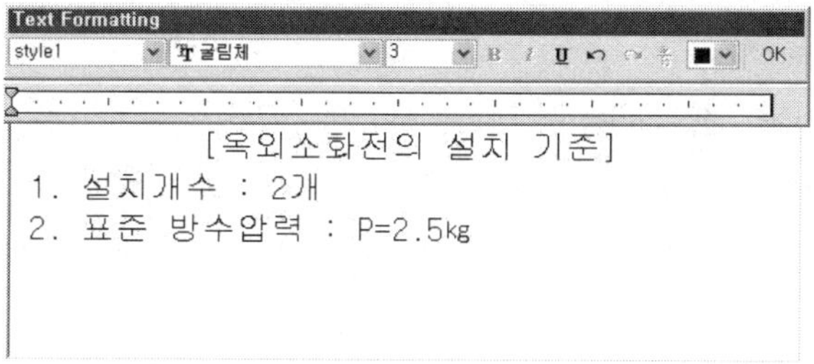

▶ 나머지 문자와 특수문자 cm^2, l, m^3을 앞 방법을 반복하면 입력시킬 수 있다.

▶ OK 버튼을 선택하면, 입력결과가 다음 과 같이 도면에 입력된다.

[옥외소화전의 설치기준]

1. 설치개수 : 2개
2. 표준 방수압력 : P=2.5 kg/cm^2
3. 표준 방수량 : Q1=350 ℓ /min
4. 수원량 : Q2=350 ℓ /min X 2개 X 20분=14m^3

입력결과

따라하기 02 : 아래 한글로 작성한 외부 문서파일을 문서편집기로 불러오기

다음과 같이 스프링클러의 설치기준을 아래 한글로 작성한 후 문서 편집기로 불러와보자.

[스프링클러의 설치기준]

〈조건〉

1. 스프링클러의 설치 개수 : 11층, 12층 각 80개
2. 손실수두 : 15mAq
3. 펌프효율 : 65%, 동시 개구수 : 30

〈사양〉

1. 스프링클러의 수량 : Q = 2880ℓ /min
2. 스프링클러 펌프 양정 : H = 86m
3. 스프링클러 펌프 축 동력 = 73KW
4. 수원의 최소 유효용량 = 48㎥

- **Step 01 :** 앞 문서내용을 아래 한글로 작성한다.
- ▶ 주 메뉴에서 파일〉저장하기를 선택한다.
- ▶ 파일이름 : '스프링클러'로 입력한다.
- ▶ 파일형식 : 서식이 있는 문서(*.rtf)를 선택한다.
- **Step 02 :** Mtext 명령으로 아래 한글로 작성한 문서를 불러들인다.

  Draw Toolbar에서 mtext 아이콘 A을 선택한다.

  Command: _mtext

  Current text style: "Standard" Text height: 2.5

  Specify first corner: 100,100 Enter↵

  Specify opposite corner or [Height/Justify/Line spacing/Rotation/Style/Width]: 400,250 Enter↵

'Text Formatting' 대화상자에서

▶ '문서 편집기'에서 마우스 오른쪽 버튼을 눌러 단축메뉴가 나오면 Import Text를 선택한다. 이때 'Select File' 대화상자가 나온다. 이 대화상자에서 아래 한글로 작성한 스프링클러 선택하고, Open 버튼을 선택하면 다음과 같이 문서 편집기에 스프링클러 파일의 내용과 글꼴, 크기, 서식이 그대로 유지되면서 들어온다.

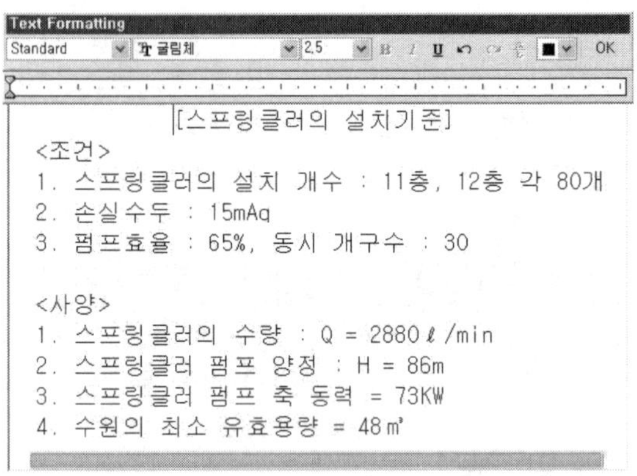

스프링클러.rtf 파일을 불러들인 결과

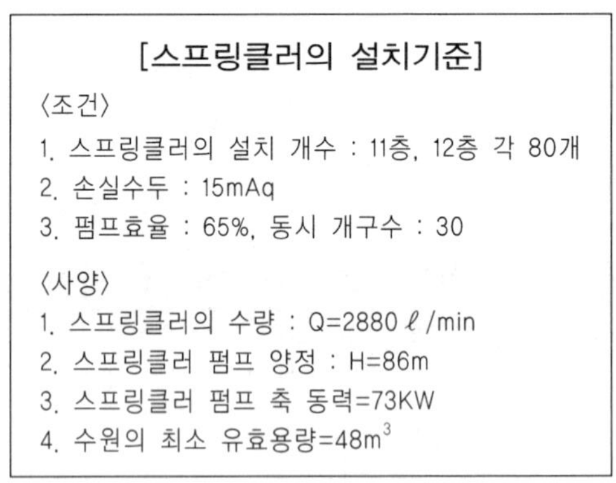

도면에 입력된 결과

▶ OK 버튼을 선택하면, 스프링클러 파일내용이 도면에 입력된다.

따라하기 03 : 분수와 누승(^) 입력하기

다음 결과와 같이 ½과 ⅓ 형태의 분수와 공차형태의 누승 문자를 입력해보자. Mtext 명령으로 분수와 누승 문자를 입력한다.

Draw Toolbar에서 Mtext 아이콘 A을 선택한다.

Command: _mtext

Current text style: "Standard" Text height: 2.5

Specify first corner: 100,100 Enter↵

Specify opposite corner or [Height/Justify/Line spacing/Rotation/Style/Width]:

400,250 Enter↵

'Text formatting' 대화상자에서

- 글꼴과 문자의 높이를 12로 설정한다.
- 1/2 입력 후 1/2 선택하여 블록으로 정의하고 Stack 아이콘 을 선택한다.
- 1#2 입력 후 1#2 선택하여 블록으로 정의하고 Stack 아이콘 을 선택한다.
- +0.1^-0.1 입력 후 +0.1^-0.1 선택하여 블록으로 정의하고 Stack 아이콘 을 선택한다.
- OK 버튼을 선택하면, 다음 결과와 같이 도면에 입력된다.

문자입력	Stack 옵션실행
1/2	$\frac{1}{2}$
1#2	½
+0.1^-0.1	$^{+0.1}_{-0.1}$

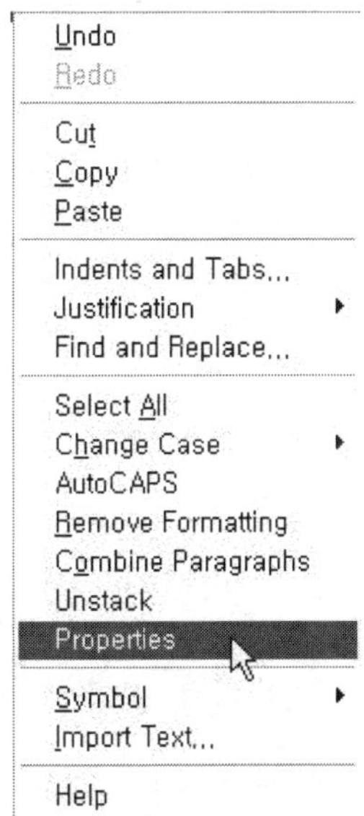

입력문자를 분수와 공차형태의 누승 문자로 바꾸기 위해 블록을 처음 설정하고 마우스 오른쪽 버튼을 누르면 단축메뉴가 나오고, 단축메뉴에서 Properties를 선택하면 'Stack Properties' 대화상자가 나온다. 대화상자에서 'Auto Stack' 버튼을 선택하면 'AutoStack Properties' 대화상자가 나온다. 이 대화상자에서 Enable AutOStacking를 선택한 후 OK 버튼을 선택하면 분수나 누승문자로 자동 바뀐다.

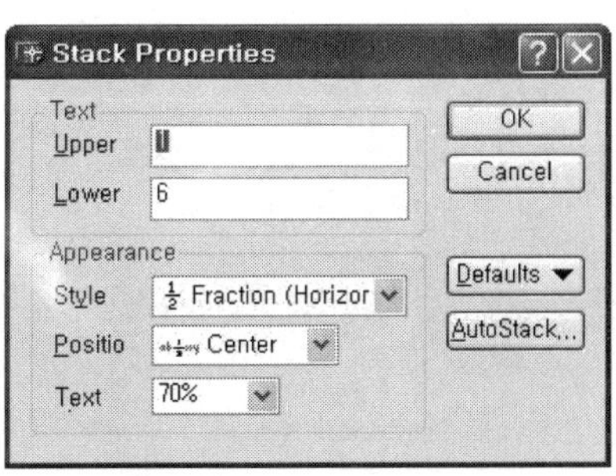

Stack Properties

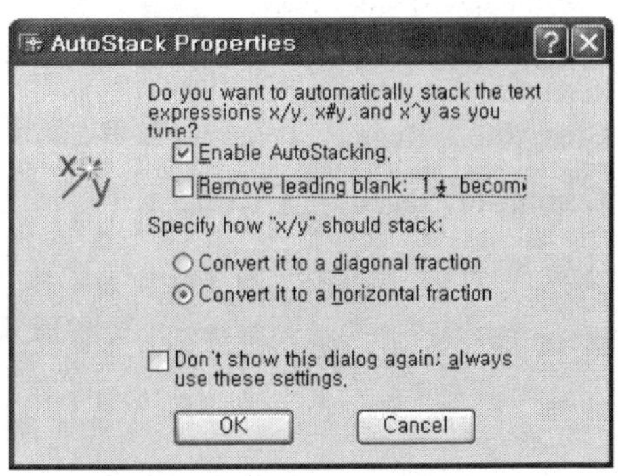

AutoStack Properties

2.4 입력문자를 네모상자로 표시하기

작업도면에 많은 문자가 입력되어 있으면 Zoom이나 화면을 재생할 때 그 만큼 속도가 느려지게 된다. 특히 두께가 있는 포스트 크립이나 트루타입 글꼴, Complex와 같은 복선체를 다시 그리거나 화면을 재생할 때 더욱 그렇다. 도면에 입력된 문자의 크기와 위치를 네모상자로 화면에 표시시켜 도면의 작업속도를 향상시킬 수 있다. 입력문자를 네모상자로 표시하려면 Qtext 명령을 실행시키면 된다.

입력방법

	Command	Qtext Enter↵

Command: qtext Enter↵

Enter mode [ON/OFF] <OFF>: On/Off 입력

Qtext 명령은 문자의 속성을 화면에 표시할 것인지 여부를 설정하며, Qtext 명령이 On일 경우 도면에 입력된 문자나 문단은 네모상자로 표시된다. 이때 실제 문자나 문단이 표시되었을 때 보다 도면의 작업속도를 향상시킨다. 물론 최종 출력을 할 때에는 적절한 글꼴로 다시 지정하면 된다. Qtext 명령에 의한 효과는 화면이 갱신되기 전까지는 나타나지 않는다. 따라서 Qtext 명령을 실행한 뒤에는 반드시 Regen 명령으로 화면을 다시 재생시켜야 한다.

따라하기 : 입력문자 네모상자로 표시하기

'2.3 다중 줄의 문자입력' 따라하기에서 입력한 문자를 네모상자로 표시해보자.

- **Step 01 :** Qtext 명령을 실행한다.

  Command: qtext Enter↵

  Enter mode [ON/OFF] <OFF>: On Enter↵

- **Step 02 :** Regen 명령으로 화면을 다시 재생시킨다.

  Command: regen Enter↵

  Regenerating model.

3. 입력문자 · 문서 편집하기

3.1 문자 · 문서 수정하기

도면에 입력된 문자나 문서의 내용을 수정하려면 Ddedit 명령을 실행하면 된다. Ddedit 명령은 Text나 Dtext, Mtext 명령으로 입력된 문자나 문서의 내용만을 수정하는데 사용할 수 있으며 선택한 문자의 종류에 따라 대화상자가 나타나게 된다. Text나 Dtext 명령으로 입력된 문자를 선택하면 'Edit Text' 대화상자가 나오고, Mtext 명령으로 입력된 문서를 선택하면 'Text Formatting' 대화상자가 나온다. 만약, Text나 Dtext 명령으로 입력된 문자의 특성(유형, 글꼴, 정렬방식 등)을 한꺼번에 수정하려면 Properties 명령을 이용해야 한다. Explode 명령을 이용해서 문자를 분해해도 분해되지 않는다.

입력방법

	Command	Ddedit Enter↵
	Main menu	Modify > Object > Text > Edit
	Screen menu	MODIFY 1 > Ddedit
	Icon menu	Text Toolbar > 

Command: ddedit Enter↵

Select an annotation object or [Undo]: 수정할 문자/문서선택 Enter↵

Select an annotation object or [Undo]: Enter↵ ☞ Ddedit 명령종료

따라하기 01 : Dtext 명령으로 입력된 문자 수정하기

'AutoCAD 2004'로 입력한 문자를 '오토 캐드 2004'로 수정해보자.

■ **Step 01** : Text Toolbar에서 ddedit 아이콘  을 선택하고 문자를 수정한다.

Command: ddedit Enter↵

Select an annotation object or [Undo]: 문자선택 Enter↵ ☞ 'AutoCAD 2004'

■ **Step 02** : 'AutoCAD 2004' 문자를 선택하고 나면, 'Edit Text' 대화상자가 나온다.

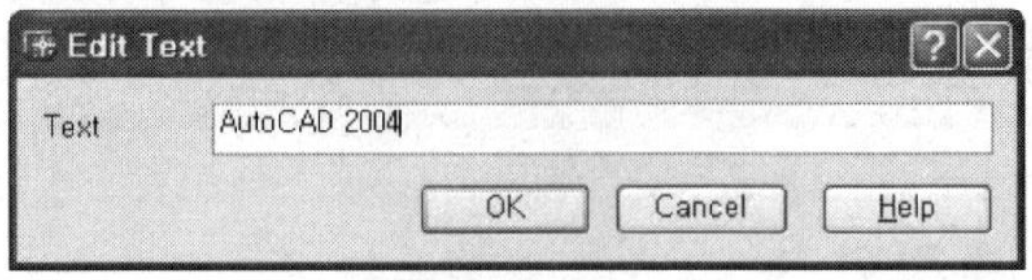

Edit Text

- **Step 03 :** 대화상자의 Txet 창에서 '오토 캐드 2004'로 수정한다.
- **Step 04 :** OK 버튼을 선택하고 'Edit Text' 대화상자를 닫으면, 수정된 문자가 도면에 나타고, 명령어 영역의 메시지에서 [Enter↵] 입력하고 Ddedit 명령을 종료한다.

  Select an annotation object or [Undo]: [Enter↵]

수정 전	AutoCAD 2004
수정 후	오토 캐드 2004

따라하기 02 : Mtext 명령으로 입력된 문서 수정하기

앞서 mtext 명령으로 입력한 '옥외소화전의 설치기준'에서 설치개수 2개를 4개로 바꿔 보자.

- **Step 01 :** Text Toolbar에서 Ddedit 아이콘 을 선택하고 문서내용을 수정한다.

  Command: ddedit [Enter↵]

  Select an annotation object or [Undo]: 문자선택 [Enter↵]

- **Step 02 :** 수정할 문서를 선택하면 'Text Formatting' 대화상자가 나온다.

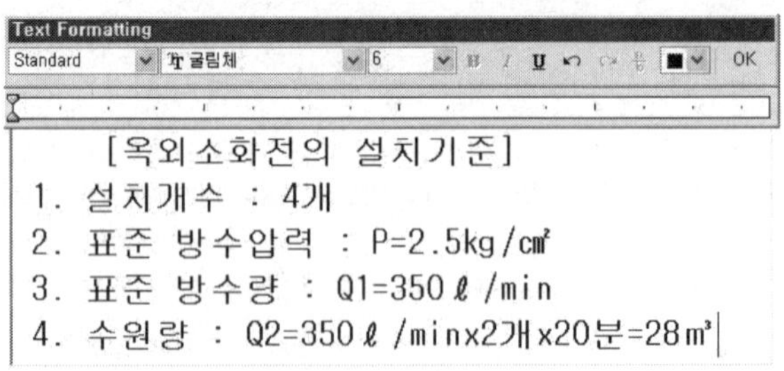

Text Formatting

- **Step 03 :** 대화상자에서 문서내용을 수정한다.
- **Step 04 :** OK 버튼을 선택하면, 수정된 문자가 도면에 나타고, 명령어 영역의 메시지에서 [Enter↵] 입력하고 Ddedit 명령을 종료한다.

  Select an annotation object or [Undo]: [Enter↵]

[옥외소화전의 설치기준]
1. 설치개수 : 2개
2. 표준 방수압력 : P=2.5 kg/cm^2
3. 표준 방수량 : Q1=350 ℓ/min
4. 수원량 : Q2=350 ℓ/min X 2개 X 20분=14m^3

수정전

[옥외소화전의 설치기준]
1. 설치개수 : 4개
2. 표준 방수압력 : P=2.5 kg/cm^2
3. 표준 방수량 : Q1=350 ℓ/min
4. 수원량 : Q2=350 ℓ/min X 4개 X 20분=28m^3

수정후

3.2 문자정렬 조정하기

도면에 입력된 문자의 정렬을 재조정한다. 즉, 지정한 기준점을 중심으로 문자를 재배치시킨다. Dtext 명령의 justify 옵션과 같다. 자세한 내용은 dtext 명령을 참조한다.

입력방법

	Command	Justifytext Enter↵
	Main menu	Modify > Object > Text > Justify
	Icon menu	Text Toolbar >

Select objects: 재 정렬할 문자선택 Enter↵

Select objects: Enter↵ ☞ 문자선택 종료

Enter a justification option

[Left/Align/Fit/Center/Middle/Right/TL/TC/TR/ML/MC/MR/BL/BC/BR] <Left>:

옵션선택 Enter↵ ☞ Dtext 명령의 Justify 옵션참조

3.3 문자 찾고 새 문자로 대체하기

도면에 입력된 문자를 찾고 새문자로 대체한다. Mtext 명령의 '문서 편집기'의 단축메뉴 Find and Replace 명령의 기능과 같다. 문자 찾기와 대체, 검색을 한다.

입력방법

	Command	Find Enter↵
	Main menu	Edit > Find
	Icon menu	Text Toolbar > 
	Shortcut menu	도면영역의 빈 공간+마우스 오른쪽 버튼 > Find

Find 명령을 실행하면 'Find and Replace' 대화상자가 나오고, 이 대화상자로부터 문자 찾기와 대체를 할 수 있다.

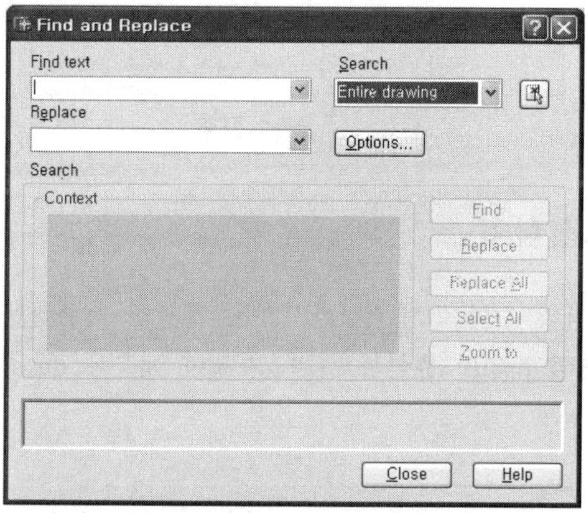

Find and Replace

대화상자에서

- **Find** : 창에 찾을 문자를 입력한다.
- **Replace with** : 창에 대체할 문자를 입력한다.
- **Search in** : 문자를 찾을 범위를 설정한다.
- **Option** : 'Find and Replace Options' 대화상자가 나오고, 문자를 찾는데 필요한 다양한 옵션을 설정한다.
  - ▶ Include : 찾고자 하는 객체의 유형을 설정한다.
    - Block Attribute Value : 블록의 속성 값에서 찾는다.
    - Dimension Annotation Text : 입력된 치수문자에서 찾는다.
    - Text(Mtext, Dtext, Text) : 입력된 문자에서 찾는다.
    - Hyperlink Description : 하이퍼링크로 링크된 외부파일의 설명에서 찾는다.
    - Hyperlink : 하이퍼링크로 링크된 외부파일의 내용에서 찾는다.

▶ Match case : 대소문자를 구분하여 찾는다.

▶ Find whole words only : 완전하게 일치하는 문자만 찾는다.

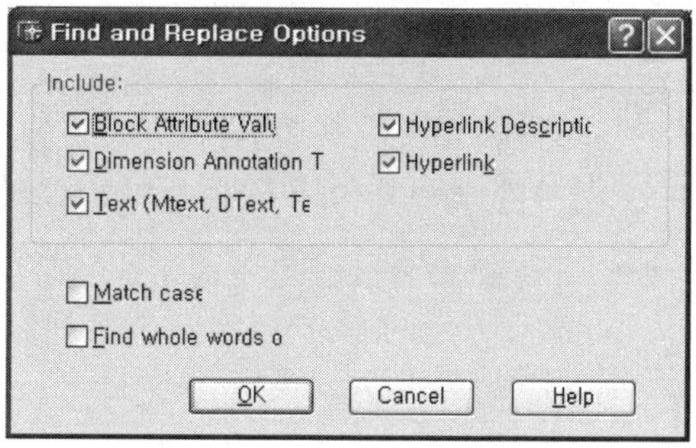

Find and Replace Options

■ Search

▶ Context : Find Next 버튼을 선택하면 찾은 문자를 창에 표시한다.

▶ Find Next : 다음 줄에서 문자를 찾는다.

▶ Replace : Replace with 창에 입력한 문자로 대체한다.

▶ Select All : 전체 도면에서 문자를 찾는다.

▶ Zoom to : 찾은 문자가 있는 도면의 위치로 이동한다.

3.4 문자크기 조정하기

도면에 입력된 문자의 크기를 재조정한다. 입력문자의 크기를 보여주고 수정할 문자의 크기를 재설정하도록 한다.

입력방법

	Command	Scaletext Enter↵
	Main menu	Modify > Object > Text > Scale
	Icon menu	Text Toolbar >

Command: scaletext Enter↵

Select objects: 재조정할 문자선택 Enter↵

Select objects: Enter↵ ☞ 문자선택 종료

Enter a base point option for scaling

[Existing/Left/Center/Middle/Right/TL/TC/TR/ML/MC/MR/BL/BC/BR] <Existing>:

옵션선택 Enter↵ ☞ Dtext 명령의 justify 옵션참조

Specify new height or [Match object/Scale factor] <2.5>:

문자의 새 높이지정 또는 옵션선택 Enter↵

Scaletext Option

- **Match object** : 다른 문자의 높이를 이용하여 높이를 조정한다.
- **Scale factor** : 문자의 높이를 축척으로 조정한다.

3.4 철자 교정하기

도면에 입력된 문자를 검색하고 문자의 철자를 교정한다.

입력방법

	Command	Spell Enter↵
	Main menu	Tool > Spelling
	Screen menu	TOOL 1 > Spell

Spell 명령을 실행하면 'Check Spelling' 대화상자가 나오고, 이 대화상자로부터 문자의 철자를 교정할 수 있다.

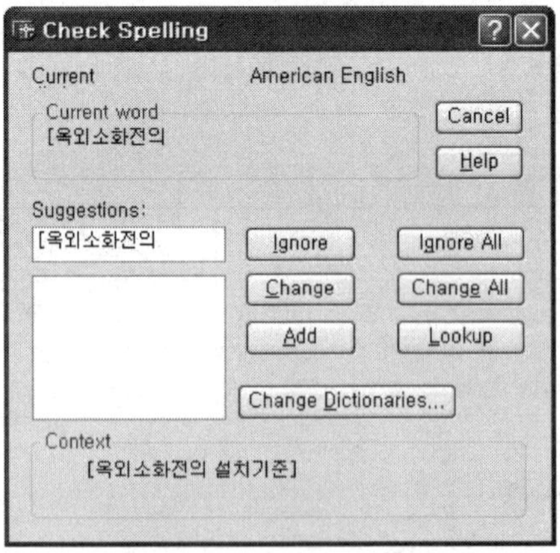

Check Spelling

대화상자에서

- **Current dictionary** : 현재 철자교정에 사용하고 있는 사전을 나타낸다.

■ Current word : 선택된 단어가 나온다.

■ Suggestions : 철자가 틀렸을 경우 관련단어를 표시한다.

■ Ignore/Ignore All : 무시하거나/전체를 무시한다.

■ Change/Change All : 바꾸거나/전체를 바꾼다.

■ Add : 교정할 단어를 추가한다.

■ Lookup : Suggestions에서 선택된 단어를 유사단어에 추가한다.

■ Change Dictionaries : 철자교정에 사용할 사전을 바꾼다. 'Change Dictionaries' 대화상자가 나온다. 'Change Dictionaries' 대화상자의 Main dictionary에는 한글사전이 들어있지 않기 때문에 한글로 입력된 문자의 철자검색은 할 수 없다. AutoCAD 2004에서는 영문만 가능하다.

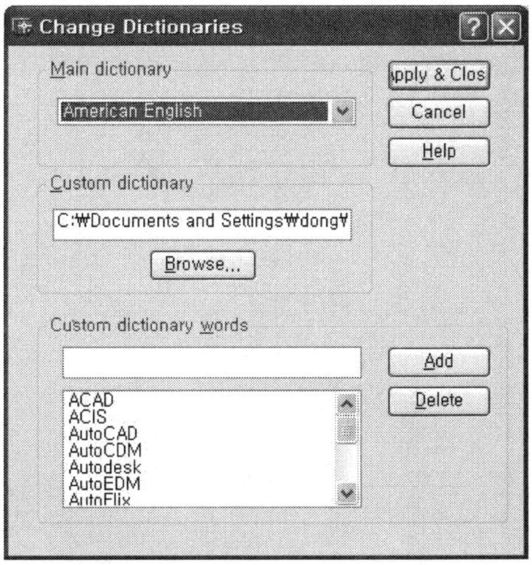

Change Dictionaries

3.5 길이 값 변환하기

모델영역(Model Space)과 종이영역(Paper Space=Layout Sheet)간의 길이 값을 변환한다. 이 명령은 레이아웃 시트 탭에서만 사용이 가능하다.

입력방법

	Command	Spacetrans Enter
	Icon menu	Text Toolbar >

Command: spacetrans Enter↵

** Command not allowed in Model Tab **

☞ 모델 시트 탭에서 Spacetrans 명령을 실행하면 모델 시트 탭에서는 사용할 수 없음을 알려준다. 즉, 레이아웃 시트 탭에서만 사용이 가능을 의미한다. 레이아웃 시트 탭을 선택하면 다음과 같은 메시지가 나온다.

Command: <Switching to: Layout1>

Restoring cached viewports - Regenerating layout.

Command: spacetrans Enter↵

Specify model space distance <1>: 길이변환을 위한 첫 번째 점 Enter↵

☞ 모델 영역에서 1은 종이영역에서 1.049069941307952가 된다.

Chapter 14

치수의 유형설정과 활용하기

치수는 도면에 표시되는 요소 가운데 가장 중요한 것이다. 도면이 아무리 올바르게 그려져도 치수기입이 잘못되면 완전한 제품을 만들 수 없다. 치수기입은 단순히 물체의 치수만을 표시하는 것이 아니고 가공법, 재료 등에도 관련이 되기 때문에 올바르지 못한 치수기입은 작업능률(도면판독 등)에 큰 영향을 주고 또 제품을 잘못 만드는 원인이 된다. 이 장에서는 도면에서의 치수기입을 제도통칙(KS B 0001)에 준하여 설명하고, AutoCAD에서 치수의 유형설정과 활용방법에 대해 공부한다.

1. 치수를 기입하는 방법
2. 치수유형 설정하기
3. 치수기입하기
4. 치수편집하기

1. 치수를 기입하는 방법

치수기입은 도면을 판독하는데 있어서 아주 중요한 요소로서 아무렇게나 입력하는 것이 아니고 제도통칙에 따라야 한다. 도면의 치수기입법은 제도통칙(KS B 0001)에 준하여 설명한다.

1.1 치수기입의 원칙

도면의 치수기입은 다음과 같은 원칙을 가지고 적절히 기입한다.

- 대상물의 기능, 제작 및 조립 등을 고려하여 필요하다고 생각되는 부분에 치수를 명확하게 기입한다.
- 치수는 대상물의 크기나 위치를 가장 명확하게 나타낼 수 있도록 기입한다.
- 치수는 되도록 주 투상도(정면도)에 기입한다.
- 치수의 중복기입을 피한다.
- 치수는 되도록 계산해서 구할 필요가 없도록 기입한다.
- 치수는 필요에 따라 기준으로 하는 점, 선 또는 면을 기준으로 하여 기입한다.
- 관련되는 치수는 되도록 한 곳에 모아서 기입한다.
- 치수는 되도록 공정마다 배열을 분리하여 기입한다.
- 치수 중 참고치수는 괄호를 붙인다.

1.2 치수기입의 구성요소

도면에서 치수기입은 다음 그림과 같이 치수선, 치수보조선, 화살표, 치수문자(숫자, 기호 등), 지시선 등이 조합되어 이루어진다.

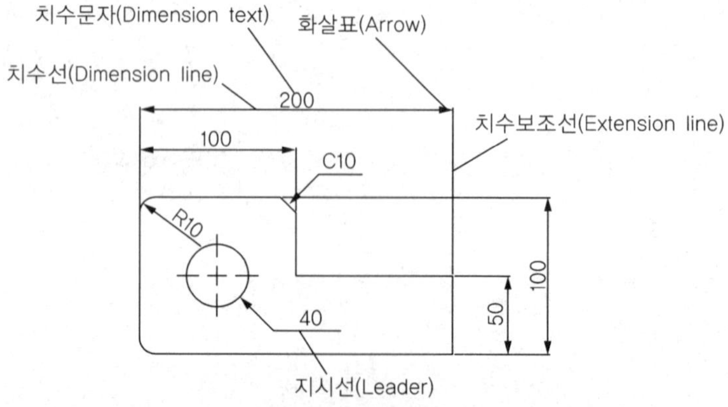

치수구성요소

치수선

측정된 길이나 각도의 값을 나타내는 치수를 넣을 선으로, 앞 그림에서와 같이 치수선(Dimension Line)의 양끝에는 화살표나 기호를 붙인다.

치수보조선

치수를 나타내기 위하여 치수선까지 나타내는 보조선을 말하며, 도면의 끝점에서 치수선과 직각되게 긋는다. 또한 치수보조선(Extension Line)은 치수선을 약간(2~3mm) 넘을 때까지 연장하여 그리고, 치수기입의 관계로 필요에 따라 치수선에 대하여 적당한 각도(가능한 한 치수와 60°방향)로 그릴 수도 있다.

화살표

화살표는 치수선의 양쪽 끝에 붙여 그 한계를 명시하는 것으로, 치수보조선 사이가 좁아서 화살표를 붙일 공간이 없을 때는 화살표를 안쪽으로 향하도록 하든가 화살표 대신 티크(Tick, /)나 흑점(•) 등의 다른 기호를 사용하여도 좋다. 화살표의 크기는 도면의 크기에 따라 약간씩 다르게 그릴 수 있으나 같은 도면 내에서는 동일한 크기로 그리는 것을 원칙으로 한다.

지시선

치수, 가공법, 주기, 부품번호 등을 기입하기 위하여 사용하는 지시선(Leader Line)은 수평선에 대하여 60°나 45° 등의 직선으로 인출하여 수평선에 붙여 그리며, 이 수평선의 위쪽에 치수, 가공법 등 기타 필요한 사항을 기입한다. 도면의 내부에서 끌어내는 경우에는 다음 그림과 같이 흑점을 끌어내는 쪽에 기입하고, 원으로부터 나오는 지시선은 다음 그림과 같이 중심을 향하게 그리며 화살표는 원주에 붙인다.

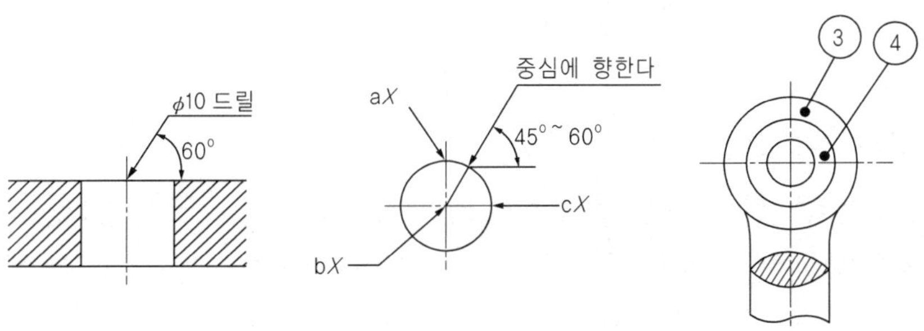

지시선

치수문자

치수선에 표시할 수 있는 문자나 숫자, 기호를 의미하며, 치수문자(Dimension Text)는 정자로 명확하게 치수선 중앙 위쪽에 치수선과 약간 띄워 평행하게 표시한다. 다음그림과 같이 수평치수선에 대해서는 숫자의 머리가 위쪽으로 가도록 하고, 수직선에 대해서는 숫자의 머리가 왼쪽으로 향하도록 표시해야 한다. 각도를 나타내는 숫자는 다음 그림과 같이 기입한다.

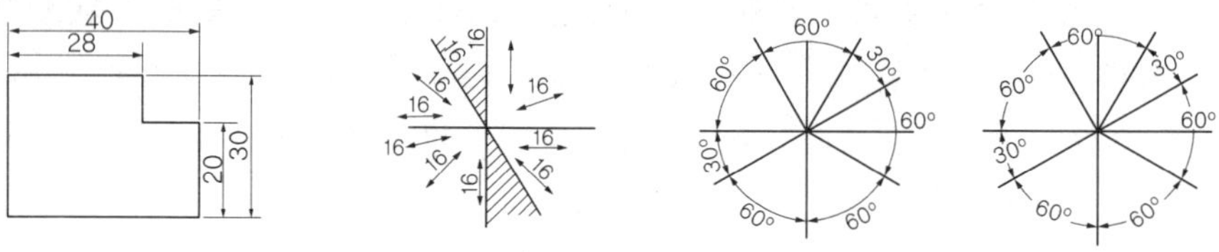

치수문자

1.3 치수기입의 사용되는 기호

도면에서 치수를 기입할 때 가장 많이 기호로는 지름(ϕ), 정사각형(□), 반지름(R), 구면(S), 두께(t), 모따기(C)가 있다.

지름기호(Φ)와 정사각형의 기호(□)

둥근 것의 지름은 ϕ, 정사각형은 □의 기호를 치수숫자 앞에 붙인다. 예를 들어, φ100은 지름이 100mm 임을 표시하고, □100은 정사각형의 한 변의 길이가 100mm 임을 의미한다.

반지름 기호(R)

원이나 호의 반지름을 나타낼 때 기호 R(Radius의 약자)을 치수숫자 앞에 붙인다. 예를 들어, R100은 원형물체의 반지름이 100mm 임을 의미한다.

구면의 기호(S)

표면이 구면으로 되어있음을 표시할 때 그 구의 지름 또는 반지름의 치수를 기입하고, ϕ 또는 R의 앞에 S를 기입한다. 예를 들어, Sϕ100은 지름이 100mm인 구면임을 의미한다.

얇은 판의 두께 기호(t)

얇은 판의 두께를 도시하지 않고 기호로 표시하려면 치수숫자 앞에 t(Thickness의 약자)를 기입한다. 예를 들어, t5는 판재의 두께가 5mm임을 의미한다.

모따기 기호(C)

부품의 모서리를 각지게 깍아 내는 것을 의미하며, 모따기 부분을 표시할 때는 치수숫자 앞에 C(chamfering의 약자)를 기입한다. 예를 들어, C10은 모서리의 한 변의 길이를 45°로 10mm씩 깍아 낸 것을 의미한다. 하지만, AutoCAD에서는 임의의 각도, 임의의 길이만큼을 모따기 할 수 있다. 모따기에 대한 것은 Chamfer 명령을 참조한다.

2. 치수유형 설정하기

AutoCAD에서 치수를 기입하기에 앞서 사용자가 원하는 치수를 기입하려면 약 50여개의 치수변수 명령을 기억하고 있어야 하지만, 치수유형(Dimension Style)의 대화상자를 이용하면 치수기입에 필요한 치수선, 치수보조선, 화살표, 치수문자(숫자, 기호 등), 지시선 등을 설정할 수 있는 치수변수를 쉽게 사용할 수 있도록 해준다.

입력방법

(키보드)	Command	Ddim 또는 Dimstyle Enter
(마우스)	Main menu	Format > Dimension Style
	Screen menu	FORMAT > Ddim
	Icon menu	Dimension Toolbar >

Ddim 명령을 실행하면 'Dimension Style Manager' 대화상자가 나오고, 이 대화상자로부터 치수유형을 설정할 수 있다.

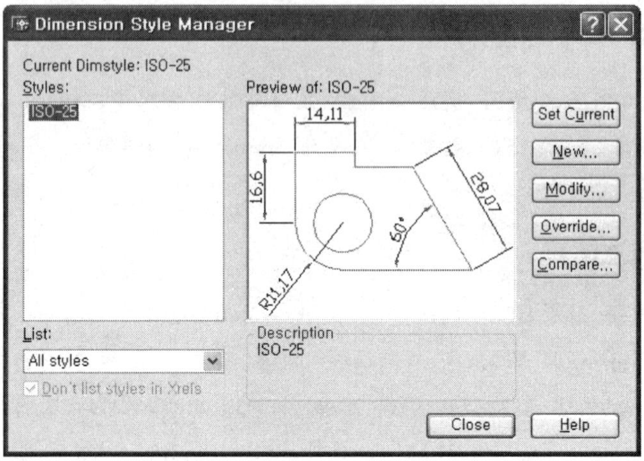

Dimension Style Manager

대화상자에서

- **Current Dimstyle :** 현재 사용 중인 치수유형을 나타낸다.
- **Styles :** 설정된 치수유형들을 표시한다.
- **List :** 치수유형 목록의 표시형식을 지정한다.
  - ▶ All styles : 모든 치수유형을 표시한다.
  - ▶ Styles in use : 도면에 사용된 치수유형만 표시한다.
- **Don't list styles in Xrefs :** Xref 명령으로 외부참조에 사용된 치수유형의 표시여부를 설정한다.
- **Preview of :** 선택된 치수유형의 내용(치수변수)을 미리 보여준다.
- **Description :** 선택된 치수유형에 대한 간단한 설명을 나타낸다.
- **Set Current :** 선택된 치수유형을 현재 도면에서 사용할 유형으로 설정한다.
- **New :** 새로운 치수유형을 만든다. 이 버튼을 선택하면 'Create New Dimension Style' 대화상자가 나온다.

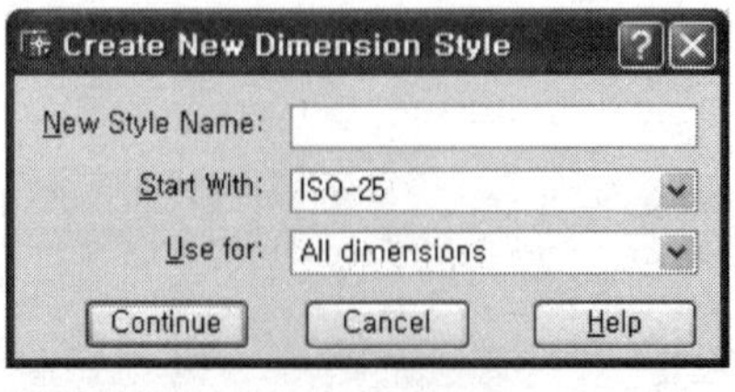

Create New Dimension Style

▶ New Style Name : 새로 설정할 치수유형의 이름을 입력한다.

▶ Start With : 새로 작성할 치수유형의 기반이 될 치수유형을 선택한다.

▶ Use for : 작성할 치수유형을 어떤 치수유형에 적용할 것인지를 선택한다. 드롭다운 리스트 버튼 ˅을 선택하면 선형, 반지름, 각도, 지름치수 등의 치수기입의 종류를 설정할 수 있다. 즉, 치수유형의 전체를 만들지 않고 특정부분만 독립적으로 만든다.

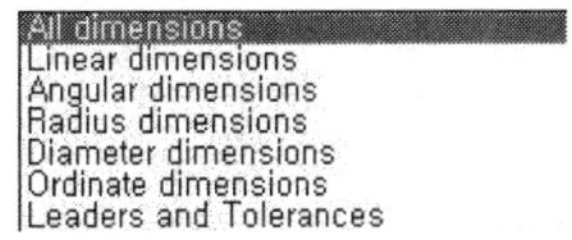

특정부분의 치수유형

- All dimension : 모든 치수에 대해 설정된 치수변수를 적용한다.
- Linear dimension : 선형치수에만 설정된 치수변수를 적용한다.
- Angle dimension : 각도치수에만 설정된 치수변수를 적용한다.
- Radius dimension : 반지름치수에만 설정된 치수변수를 적용한다.
- Diameter dimension : 지름치수에만 설정된 치수변수를 적용한다.
- Ordinate dimension: 세로좌표 치수에만 설정된 치수변수를 적용한다.
- Leader and Tolerances: 지시선과 공차치수에만 설정된 치수변수를 적용한다.

▶ Continue : 새로운 치수유형을 만들기 시작한다. 치수기입에 필요한 치수선, 치수보조선, 화살표, 치수문자(숫자, 기호 등), 지시선 등의 치수변수를 설정할 수 있는 대화상자가 차례로 나온다.

■ **Modify** : 작성된 치수유형을 수정한다.

■ **Override** : 특정한 치수유형의 치수변수 값을 변경하여 사용할 수 있는 임시유형을 생성한다.

■ **Compare** : 두 치수유형의 치수변수 값을 비교한다. 이 버튼을 선택하면 'Compare Dimension Styles' 대화상자가 나온다.

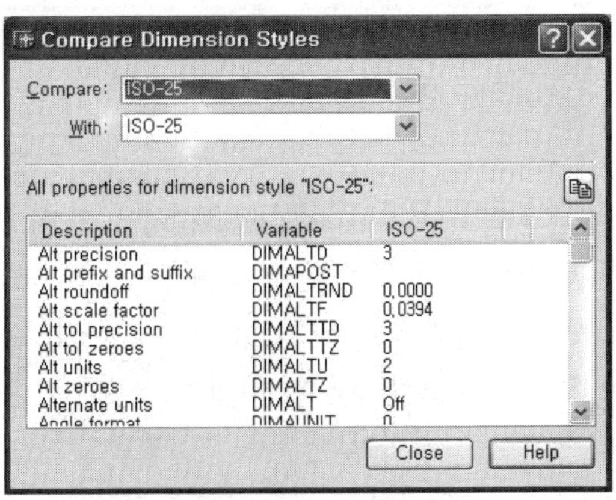

Compare Dimension Styles

- Compare : 비교할 치수유형을 지정한다.
- With : 비교 대상의 치수유형을 지정한다.
- All properties for dimension style : 모든 치수변수에 대한 특성을 나타낸다.
-  : 대화상자의 창에 표시된 다른 변수들을 윈도우 클립보드에 복사한다.

2.1 선과 화살표 설정하기

'Dimension Style Manager' 대화상자에서 New와 Modify, Override 버튼을 선택하면 각 항목에 해당하는 '~Dimension Style' 대화상자가 나오고, 이 대화상자의 'Line and Arrow' 탭으로부터 치수선, 치수보조선, 화살표, 지시선의 치수변수를 설정할 수 있다. 각 항목별로 ()의 문자는 치수변수임으로 참고하기 바란다.

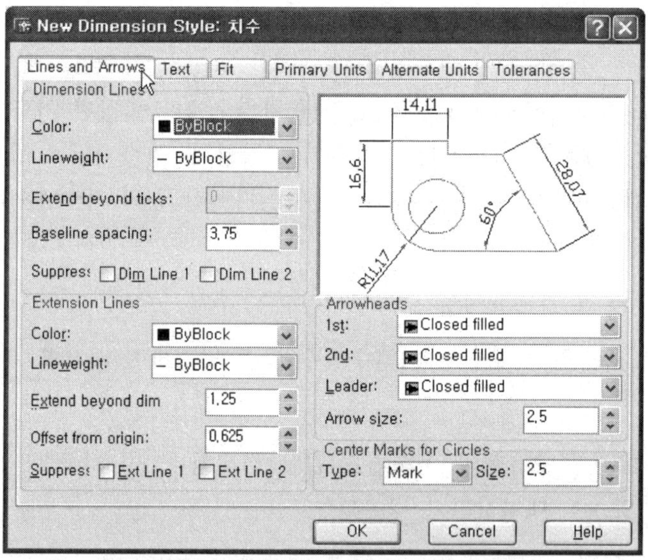

Dimension Style–Line and Arrow

대화상자에서

- Dimension Lines : 치수선(Dimension Line)에 대한 각종 치수변수 값을 설정한다. 치수기입을 할 때 첫 번째 지정한 점이 첫 번째 치수선이 되고, 두 번째 지정한 점이 두 번째 치수선이 된다. 치수보조선도 치수선과 동일하다. 각도 치수기입의 경우, 두 번째 치수선은 첫 번째 치수선의 반시계 방향이 된다.
  - Color : 치수선, 화살표, 지시선의 색상을 설정한다. 기본 색 이외의 색은 Other를 선택한 후 'Select Color' 대화상자에 의해 설정하면 된다.(Dimclrd)
  - Lineweight : 치수선과 지시선의 두께를 설정한다.(Dimlwd)

▶ Extend beyond ticks : 치수선의 끝을 화살표가 아닌 티크(tick ╱)로 표시할 때 치수선의 연장길이를 설정한다.(Dimdle)

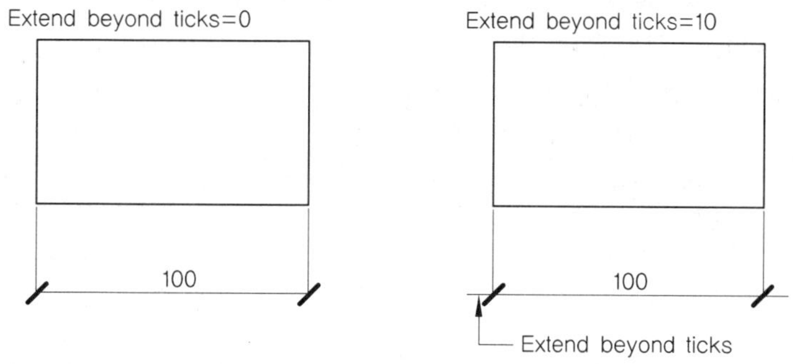

Extend Beyond Ticks

▶ Baseline spacing : 치수를 계단 형으로 기입할 때 치수선과 치수선 사이의 간격을 설정한다.(Dimdli)

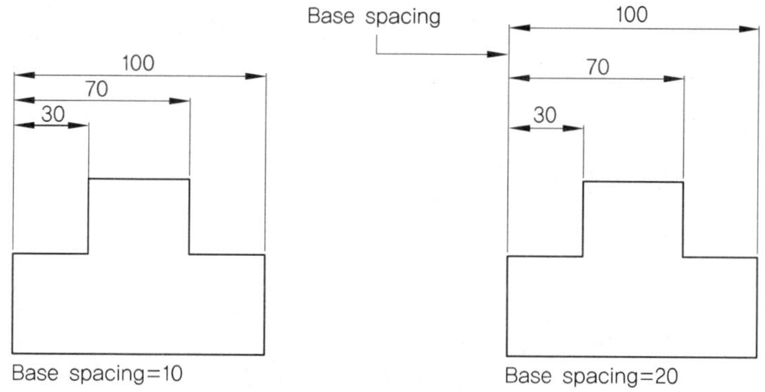

Baseline Spacing

▶ Suppress : 치수선의 표시여부를 설정한다.

- Dim Line1 : 첫 번째 치수보조선에서 연결되는 치수선을 표시하지 않는다.(Dimsd1)
- Dim Line2 : 두 번째 치수보조선에서 연결되는 치수선을 표시하지 않는다.(Dimsd2)

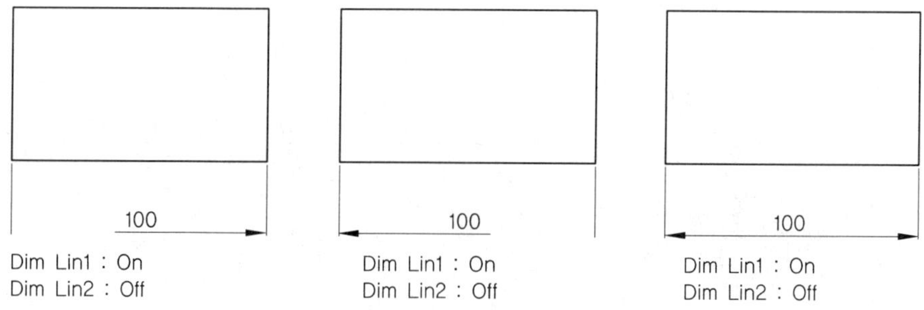

Suppress

■ Extension Lines : 치수보조선(extension line)에 대한 각종 치수변수 값을 설정한다.

▶ Color : 치수보조선의 색상을 설정한다. 기본 색 이외의 색은 Other를 선택한 후 'Select Color' 대화상자에 의해 설정하면 된다.(Dimclre)

▶ Lineweight : 치수선과 지시선의 두께를 설정한다.(Dimlwle)

▶ Extend beyond dim lines : 치수선과 치수보조선이 교차하는 점에서부터 치수선 밖으로 연장될 치수보조선의 길이를 설정한다.(Dimexe)

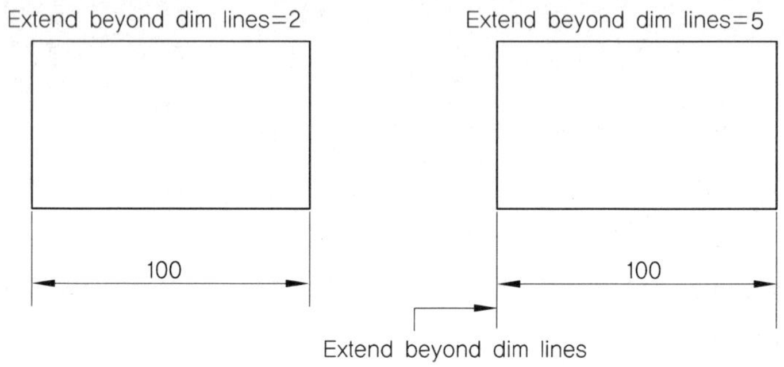

Extend beyond Dim Lines

▶ Offset from origin : 치수가 입력될 도면과 치수보조선 사이의 간격을 설정한다.(Dimexo)

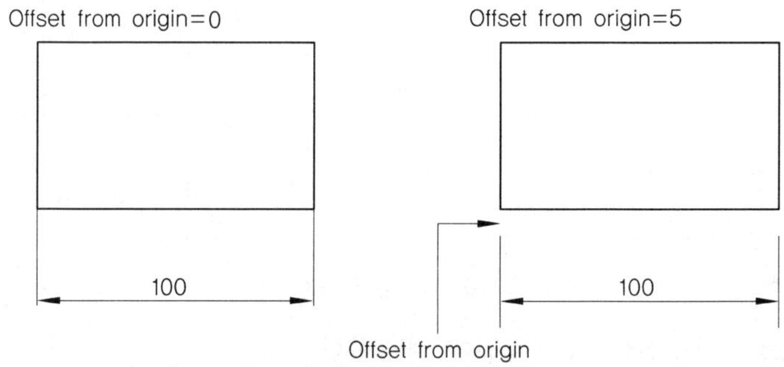

Offset from Origin

▶ Suppress : 치수보조선의 표시여부를 설정한다.

- Ext Line1 : 첫 번째 치수보조선을 표시하지 않는다.(Dimse1)
- Ext Line2 : 두 번째 치수보조선을 표시하지 않는다.(Dimse2)

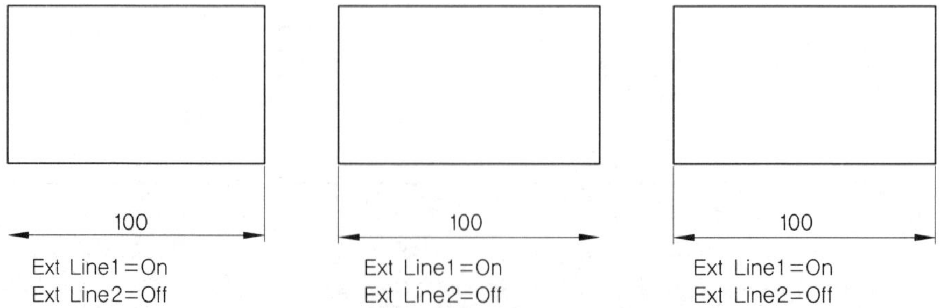

Suppress

■ Preview window : 설정된 치수유형들의 내용을 미리보기를 해준다.

■ Arrowheads : 치수선의 끝을 표시하는 화살표(Arrowheads) 모양과 크기를 다음 표와 같이 여가 가지 형태로 설정할 수 있다.(Dimblk)

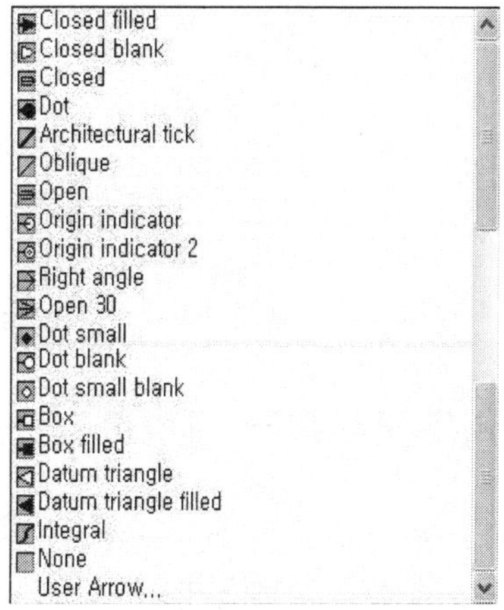

Arrowheads

- 1st : 드롭다운 리스트 버튼 을 선택하면 첫 번째 치수보조선 쪽의 화살표 모양을 선택할 수 있다. User Arrow 옵션으로부터 사용자가 설정한 화살표 블록을 선택할 수 있다.(Dimblk1)
- 2nd : 드롭다운 리스트 버튼 을 선택하면 en 번째 치수보조선 쪽의 화살표 모양을 선택할 수 있다. User Arrow 옵션으로부터 사용자가 설정한 화살표 블록을 선택할 수 있다.(Dimblk2)

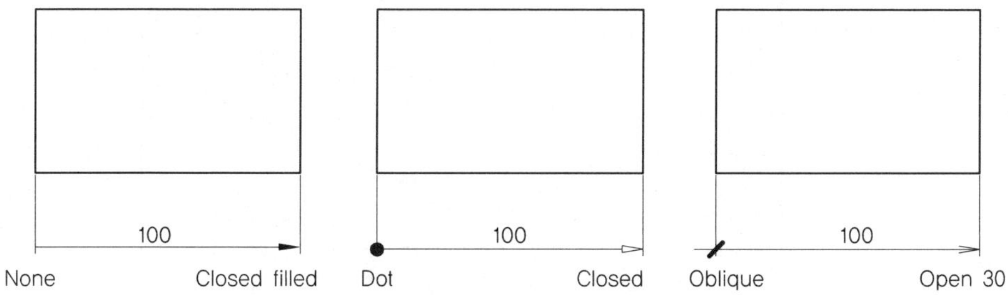

1st and 2nd of Arrowhead

- Leader : 지시선의 화살표 모양을 선택하거나 User Arrow 옵션으로부터 사용자가 설정한 화살표 블록을 선택할 수 있다.(Dimldrblk)
- Arrow size : 화살표의 크기를 설정한다.(Dimasz)

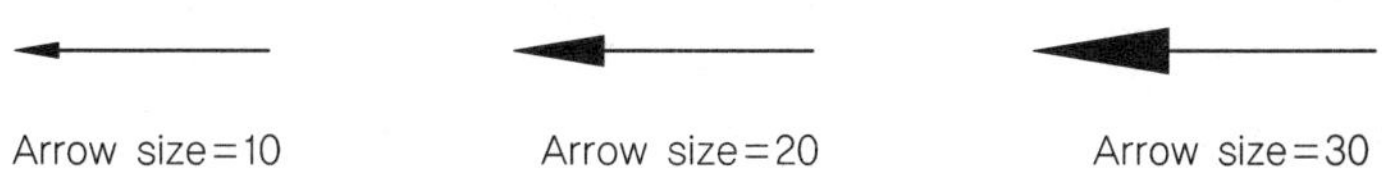

Arrow Size

■ Center Marks for Circles : 원이나 호의 중심기호나 중심선의 표시여부를 설정한다.

- Type : 원이나 호의 중심기호의 모양을 선택한다.(Dimcen)
  - None : 원이나 호에 중심기호와 중심선을 표시하지 않는다.(Dimcen=0)
  - Mark : 원이나 호에 중심기호만 표시한다.(Dimcen=+값)
  - Line : 원이나 호에 중심기호와 중심선을 같이 표시한다.(Dimcen=-값)
- Size : 중심기호나 중심선의 크기를 설정한다.(Dimcen)

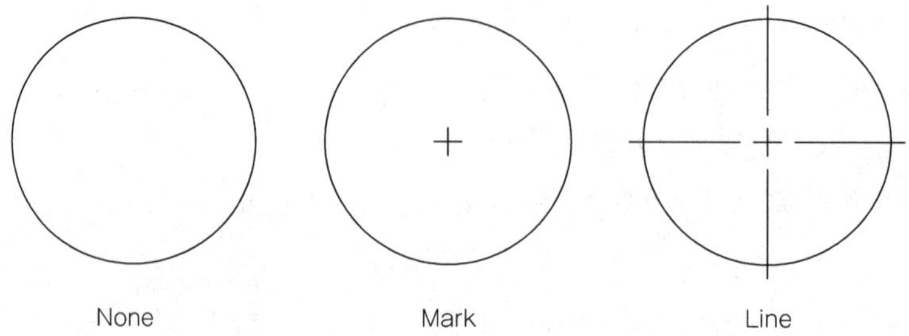

Center Marks for Circles

2.2 치수문자 설정하기

'Dimension Style Manager' 대화상자에서 Text 탭을 선택하면 치수문자의 유형과 위치, 정렬 등을 설정할 수 있다.

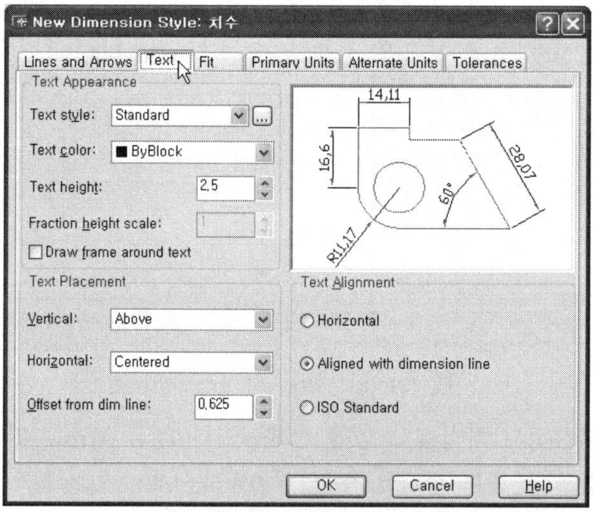

Dimension Style–Text

대화상자에서

- **Text Appearance** : 치수문자의 유형, 크기, 색상 등을 설정한다.
  - ▶ Text style : 치수문자의 유형을 설정한다. 단, 문자의 유형은 text 명령의 style에서 미리 정의되어 있어야 사용할 수 있다.(Dimtxsty)
  - ▶ [...] : 이 버튼을 선택하면 'Text Style' 문자유형의 대화 상자가 나오고, 이 대화상자로부터 문자의 유형이나 크기 등을 수정하거나 새로 설정할 수 있다.

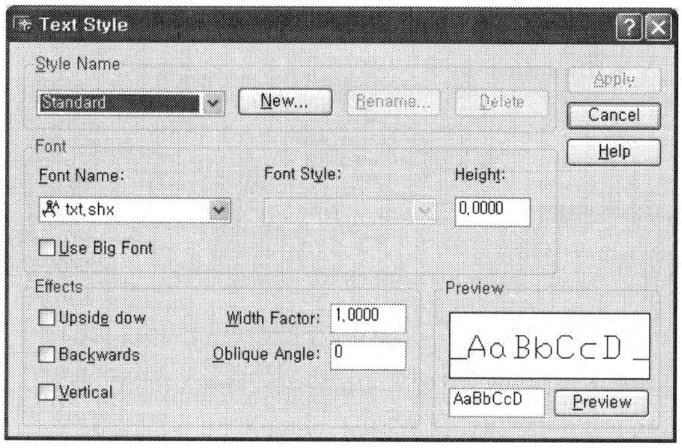

Text Style

▶ Text color : 치수문자의 색상을 설정한다.(Dimclrt)

▶ Text height : 치수문자의 높이(크기)를 설정한다.(Dimtxt)

▶ Fraction height scale : 치수문자의 첨자가 분수인 경우 첨자의 크기를 설정한다.(Dimtfac)

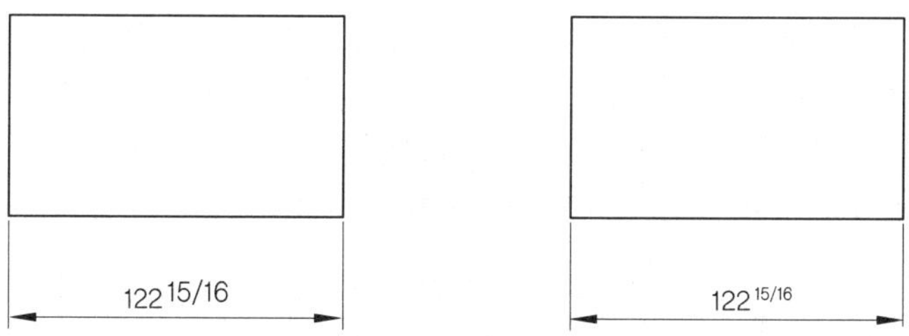

Fraction height scale=1　　Fraction height scale=0.5

Fraction height scale

▶ Draw frame around text : 치수문자를 테두리로 감쌀 것인지의 여부를 결정한다.(Dimgap=－값)

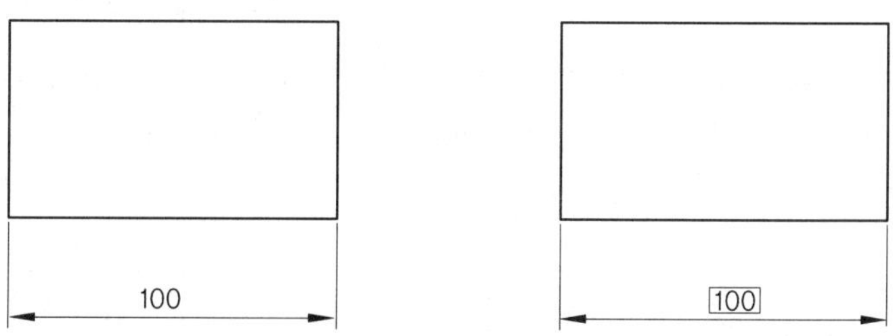

Draw frame around text

Draw Frame Around Text

■ **Text Placement** : 치수문자의 기입위치를 설정한다.

▶ Vertical : 문자의 수직표기위치를 설정한다. 드롭다운 리스트 버튼 ˅을 선택하면 문자의 수직표기위치를 설정할 수 있다. 이 항목은 Text의 설정상태에 따라 영향을

받으므로, Text와 이 항목의 미리보기 창을 비교해가면서 치수의 표기방향을 설정하는 것이 좋다.(Dimtad)

Vertical

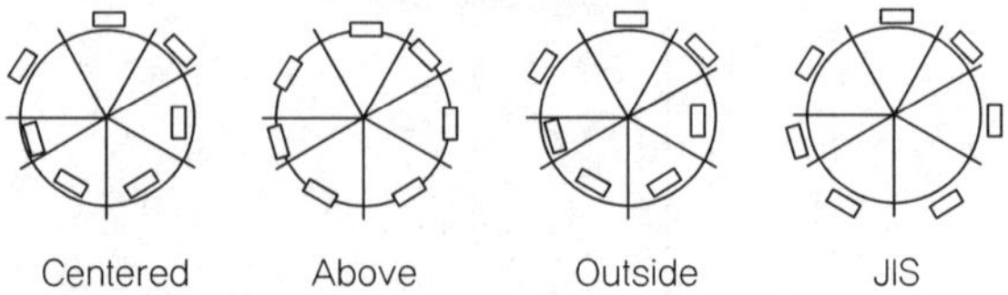

- Centered : 문자를 치수선 중앙에 기입한다.(Dimtad=0)
- Above : 문자를 치수선 위에 기입한다.(Dimtad=1)
- Outside : 문자를 치수선 바깥쪽에 기입한다.(Dimtad=2)
- JIS : 문자를 일본공업규격(JIS)에 따라 기입한다.(Dimtad=3)

▶ Horizontal : 치수보조선을 따라 문자의 수평표기위치를 설정한다. 드롭다운 리스트 버튼 ˅을 선택하면문자의 수평표기위치를 설정할 수 있다. 제도통칙에서 치수문자는 치수선의 중앙에 위치하도록 기입하는 것을 원칙으로 한다.(Dimjust)

- Centered : 문자를 치수선 중앙에 기입한다.
- At Ext Line 1 : 문자를 첫 번째 치수보조선의 왼쪽으로 기입한다.
- At Ext Line 2 : 문자를 두 번째 치수보조선의 오른쪽으로 기입한다.
- Over Ext Line 1 : 문자를 첫 번째 치수보조선과 수평으로 기입한다.
- Over Ext Line 2 : 문자를 두 번째 치수보조선과 수평으로 기입한다.

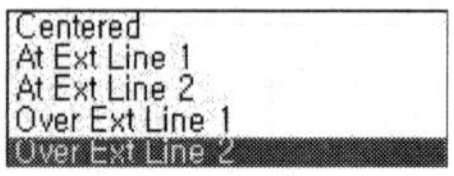

Horizontal

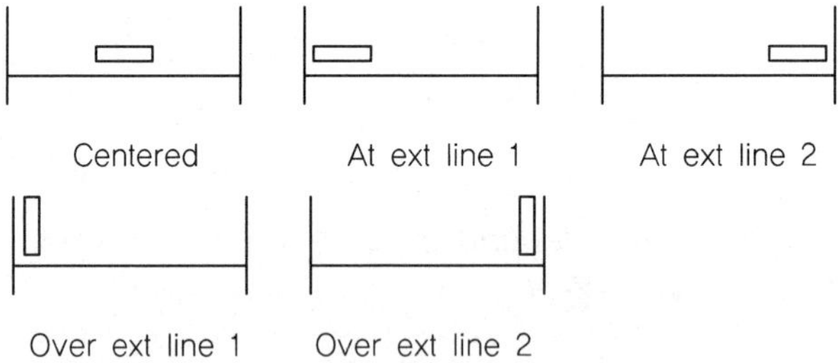

▶ Offset from dim line : 치수선과 치수문자 사이의 간격을 설정한다. 이 항목은 치수문자의 수직위치(Vertical)가 centered로 설정돼있을 때만 치수문자와 치수선사이의 간격을 설정할 수 있다.(Dimgap)

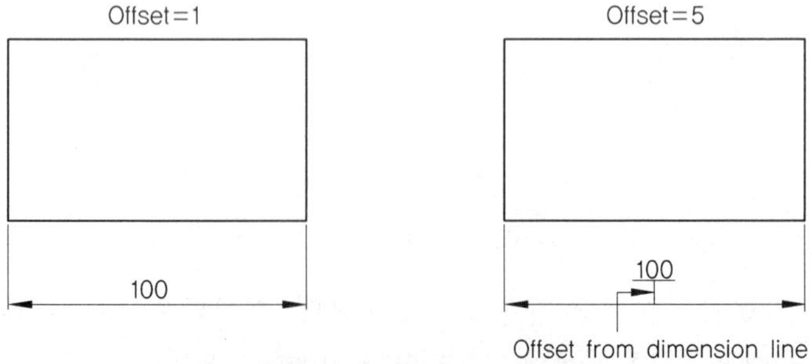

Offset from Dim Line

■ Text Alignment : 치수선이 그어진 방향에 따라 문자의 정렬표기방향을 설정한다. 제도통칙에서 치수문자는 치수선에 평행하게 기입하는 것을 원칙으로 한다. 문자의 정렬표기는 Dimtih, Dimtoh의 치수변수에 영향을 받는다.

○ Dimtih : 세로치수의 기입을 조절한다. 초기 설정값은 Off이다.
On : 문자를 수평으로 기입한다.
Off : 문자를 치수선과 평행하게 기입한다.

○ Dimtoh : 치수보조선 밖에 문자가 기입될 때 치수를 치수보조선과 수평 · 수직으로 기입할 것인지 설정한다. 초기 설정값은 Off이다.
On : 문자를 수평으로 기입한다.
Off : 문자를 치수선과 평행하게 기입한다.

▶ Horizontal : 치수문자를 항상 수평방향으로 기입한다.(Dimtih=On, Dimtoh=On)

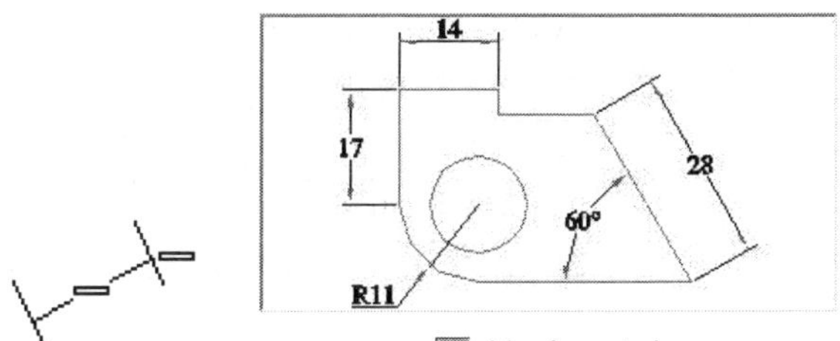

Horizontal

▶ Aligned with dimension line : 치수선에 항상 평행하게 치수문자를 기입한다. (Dimtih=Off, Dimtoh=Off)

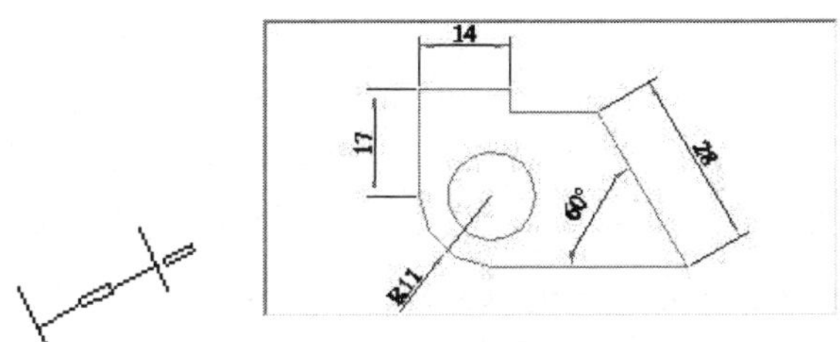

Aligned with Dimension Line

▶ ISO Standard : 치수문자가 치수보조선 안에 기입될 때에는 치수선과 평행하게 기입하고, 치수선 밖에 기입될 때에는 치수선과 관계없이 수평방향으로 기입한다.(Dimtih=Off, Dimtoh=On)

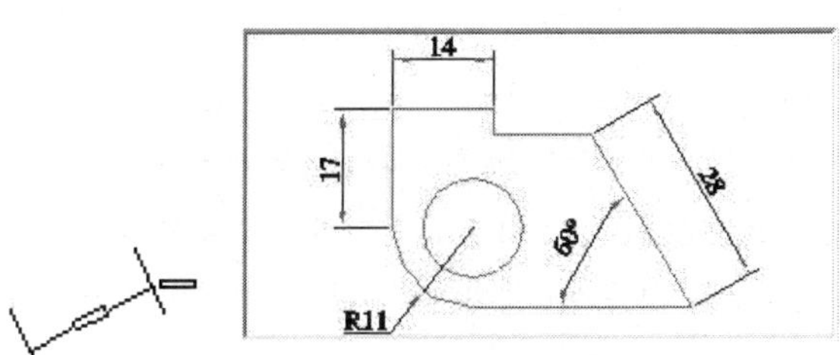

ISO Standard

2.3 치수기입 배치하기

'Dimension Style Manager' 대화상자에서 Fit 탭을 선택하면 치수의 문자, 화살표, 치수선의 위치설정과 치수구성요소의 축척을 설정한다.

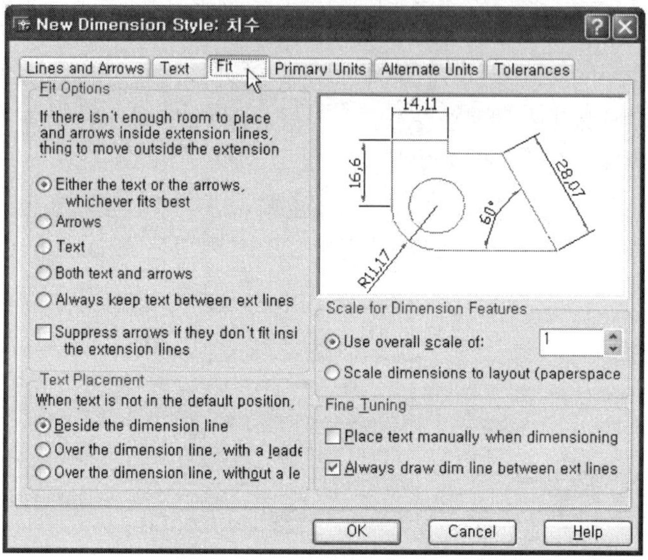

Dimension Style-Fit

대화상자에서

- Fit Options : 치수보조선의 간격에 따라 문자와 화살표를 치수보조선의 안에 기입할 것인지 밖에 기입할 것인지 배치여부를 설정한다.(Dimfit, Dimatfit)
  - Either the text or the arrows, whichever fits best : 문자와 화살표를 치수보조선의 간격에 따라 알맞게 기입한다.(Dimatfit=3)
  - Arrows : 문자와 화살표가 들어갈 간격이 되지 않으면 치수보조선 사이에 문자만 배치하고 화살표는 밖에 배치한다.(Dimatfit=1)
  - Text : 문자와 화살표가 들어갈 간격이 되지 않으면 치수보조선 사이에 화살표 만 배치하고 문자는 밖에 배치한다.(Dimatfit=2)
  - Both text and arrows : 문자와 화살표가 들어갈 간격이 되면 치수보조선 사이에 배치하고 그렇지 않으면 밖에 배치한다.(Dimatfit=0)
  - Always keep text between ext lines : 치수보조선의 사이가 좁아 문자를 기입할 수 없어도 항상 치수 보조선 사이에 문자를 배치한다.(Dimtix)

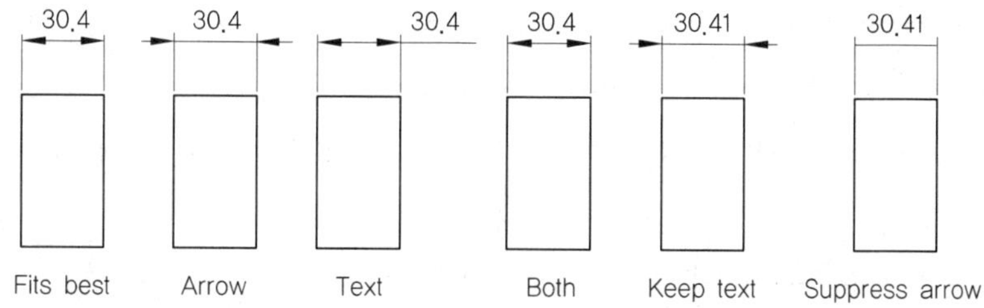

Fit

- Suppress arows it they don't fit inside the extension lines : 치수보조선의 사이가 좁을 경우 문자만 기입하고 화살표를 표시하지 않는다.(Dimsoxd)

- **Text Placement** : 치수보조선 사이의 간격이 좁아 문자가 들어 갈 수 없는 경우 문자의 위치를 조정하고 지시선의 사용여부를 설정한다.(Dimtmove)
  - Beside the dimension line : 첫 번째 치수보조선 옆에 치수문자를 기입한다. (Dimtmove=0)
  - Over the dimension line, with a line : 치수보조선 사이에 문자가 들어갈 수 없으면 지시선으로 인출하여 문자를 기입한다. (Dimtmove=1)
  - Over the dimension line, without a leader : 치수보조선 사이에 문자가 들어갈 수 없어도 지시선을 표시하지 않고 문자를 기입한다. (Dimtmove=2)

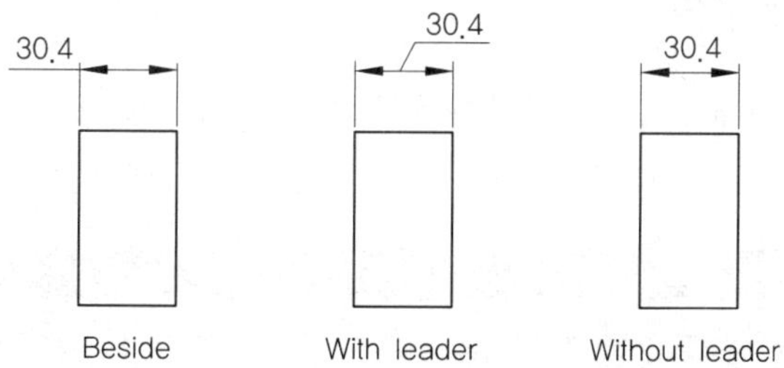

Text Placement

- **Scale for Dimension Features** : 치수기입 구성요소의 축척을 설정한다.
  - Use overall scale of : 치수변수와 관련된 여러 변수에 축척을 설정한다. 치수문자의 크기나 간격, 화살표 등의 축척이 조정된다.(Dimscale)

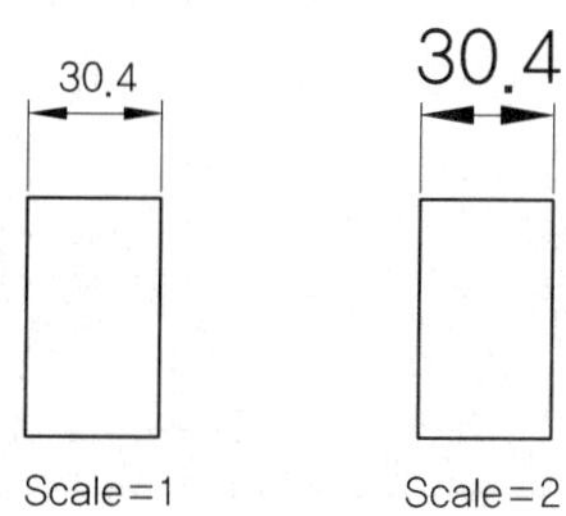

Use overall scale

▸ Scale dimensions to layout (paper space) : 레이아웃 영역(종이영역)에 치수를 기입할 경우 축척이 적용된다.(Dimscale=0)

- Fine Tuning : 치수를 기입할 때 치수문자의 움직임과 치수보조선의 기입여부를 설정한다.

▸ Place text manually when dimensioning : 사용자가 마우스를 움직이는 데로 치수의 위치를 설정할 수 있다.(Dimupt)

▸ Always draw dim line between ext lines : 치수보조선 사이의 간격이 좁아 치수를 치수보조선 밖에 작성하는 경우, 치수선을 치수보조선 안쪽까지 그어줄 것인지 여부를 설정한다.(Dimtolf)

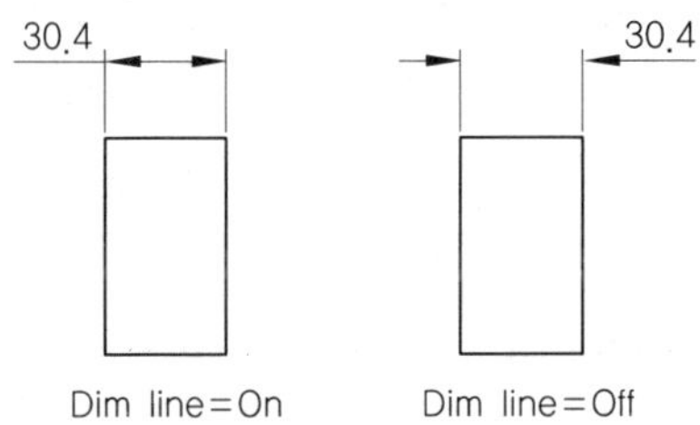

Draw Dim Line Between Ext Lines

2.4 치수단위 설정하기

'Dimension Style Manager' 대화상자에서 Primary Units 탭을 선택하면 선형치수와 각도치수의 단위 및 머리말과 꼬리말의 표시를 설정할 수 있다.

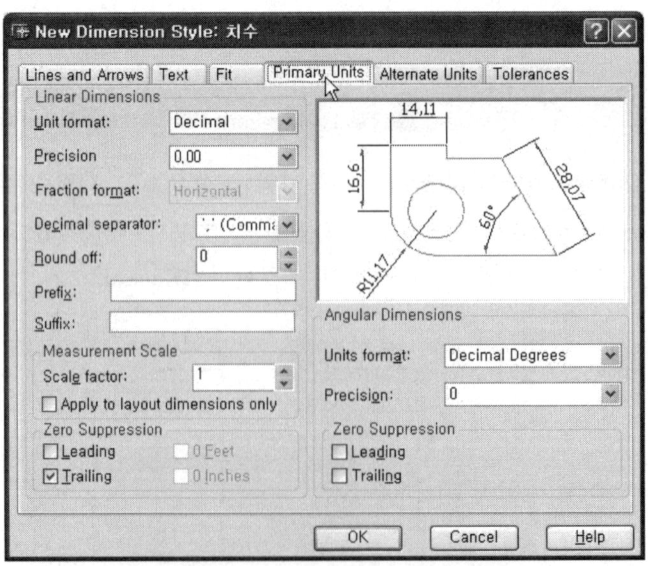

Dimension Style-Primary Units

대화상자에서

■ Linear Dimensions : 선형치수에 대한 세부사항을 설정한다.

▶ Unit format : 길이단위의 형식을 설정한다. 자세한 내용은 '도면의 치수단위 설정하기'를 참조한다.(Dimuint, Dimaltu)

- Architectural : 길이를 건축형식으로 표시한다. (예 1'-3 1/2")
- Decimal : 길이를 소수형식으로 표시한다. (예 15.50)
- Engineering : 길이를 공학형식으로 표시한다. (예 1'-3.50")
- Fractional : 길이를 분수형식으로 표시한다. (예 15 1/2)
- Scientific : 길이를 지수형식으로 표시한다. (예 1.55E+01)

▶ Precision : 각 형식들의 소수점 자릿수를 결정한다.(Dimdec)

▶ Fraction format : 치수단위의 형식을 분수형식으로 설정했을 경우 분수모양을 설정 한다.(Dimfrac)

▶ Decimal separator : 소소를 구분하는 소수점의 기호를 설정한다.(Dimsep)

▶ Round off : 치수문자의 반올림 값을 설정한다. 소수점 이하의 자리 수는 Precision에 따라 결정된다.(Dimrnd)

▶ Prefix : 치수문자에 표기할 머리말을 입력한다. 입력창에 치수숫자와 함께 기입될 머리말을 입력한다.(Dimpost)

▶ Suffix : 치수문자에 표기할 꼬리말을 입력한다. 입력창에 치수숫자와 함께 기입될 꼬리말을 입력한다.(Dimpost)

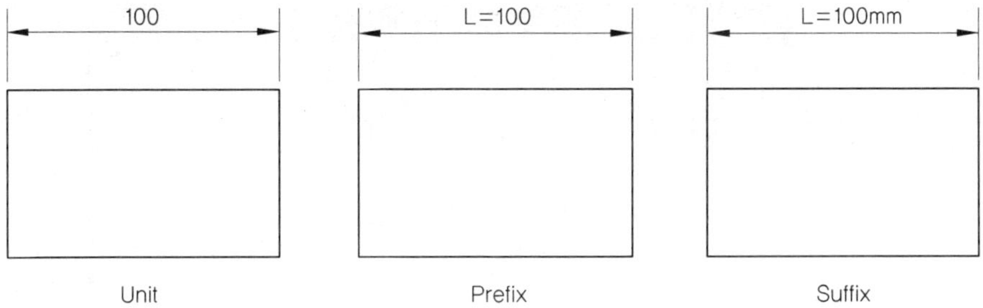

Prefix and Suffix

▶ Measurement Scale : 치수에 축척 값을 설정한다.

- Scale factor : 도면에서 측정된 치수에 축척 값이 곱한 형태로 치수가 기입된다.(Dimlfac)
- Apply to layout dimensions only : 레이아웃 영역에 작성된 치수에만 축척을 적용시킨다.(Dimlfac=-값)

▶ Zero Suppression : 치수단위로 피트와 인치를 사용할 때, 그 값이 1보다 작은 경

우 0을 표시할 것인지 조정한다.(Dimzin)

- Leading : 소수점 앞의 0을 표기하시 않는다.(예, 0.345→.345)(Dimzin=4)
- Trailing : 소수점 이하 값 중 끝자리 0은 표시하지 않는다.(예, 0.34500→0.345)(Dimzin=8)
- 0 Feet : 치수가 1피트보다 작으면 인치만 표시한다.(예, 0'-3 1/2"→3 1/2")(Dimzin=3)
- 0 Inches : 정수 피트일 때 인치는 표시하지 않는다.(예, 3'0"→3')(Dimzin=2)

■ Angular Dimensions : 각도치수의 단위형식과 자리수를 설정한다.

▶ Unit format : 각도치수의 단위형식을 설정한다.(Dimauint)

▶ Precision : 각도치수의 소수점 이하 자리 수를 설정 합니다.

▶ Zero Suppression : 각도치수의 정수부가 0(영)으로 시작하거나 소수부가 0으로 끝날 경우 0의 표시에 대한 형식을 설정한다.

- Leading : 정수부의 0을 표시하지 않는다.
- Trailing : 소수부의 0을 표시하지 않는다.

2.5 대체단위 설정하기

'Dimension Style Manager' 대화상자에서 Alternate Units 탭을 선택하면 선형치수에 대한 대체단위(Alternate Units)를 설정할 수 있다. 입력치수의 옆 [ ]안에 대체치수의 단위와 머리말, 꼬리말의 표시를 설정한다.

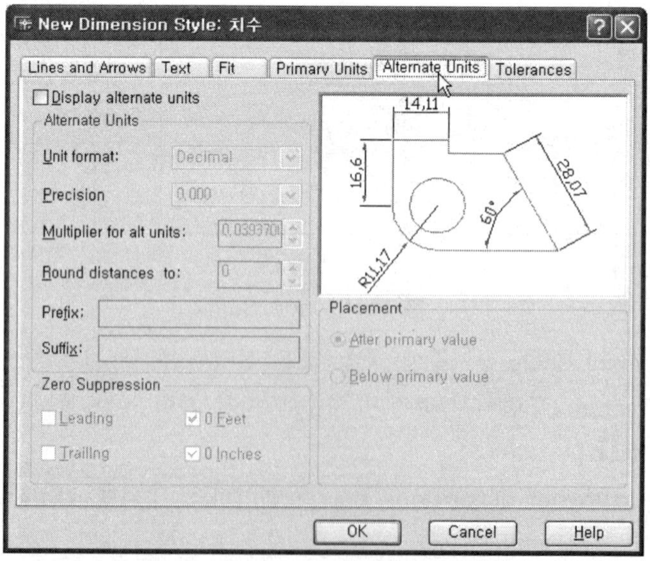

Dimension Style-Alternate Units

대화상자에서

- **Display alternate units** : 치수를 기입할 때 대체단위의 사용여부를 결정한다.(Dimalt)
- **Alternate Units** : 대체단위의 단위형식, 자리수를 설정한다.
  - ▶ Unit format : 대체단위의 단위형식을 설장한다.(Dimaltu)
  - ▶ Precision : 대체단위의 소수점 자리수를 설정한다.(Dimaltd)
  - ▶ Multiplier for alt units : 실제 치수단위와 대체단위의 척도를 설정한다. 인치(inch) 단위에 대체단위로 mm를 사용할 경우 25.4를 곱해야 하고, mm에 대체단위로 인치를 사용할 경우 0.03937를 곱해야 한다.(Dimaltf)

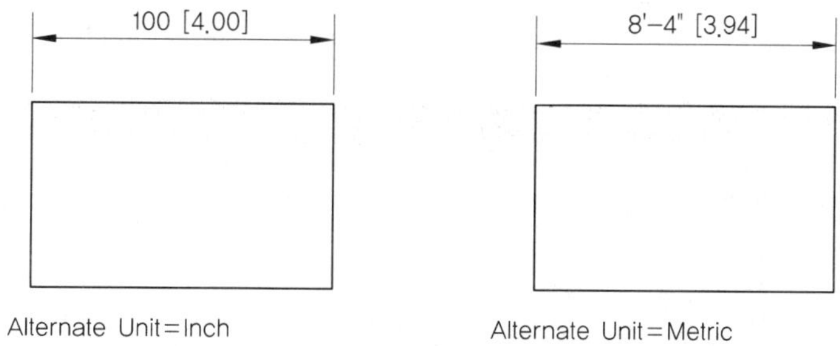

Multiplier for alt units

  - ▶ Round distances to : 대체단위의 반올림 기준을 설정한다.(Dimaltrnd)
  - ▶ Prefix : Primary Unit와 동일하다.(Dimapost)
  - ▶ Suffix : Primary Unit와 동일하다.(Dimapost)
- **Zero Suppression** : 대체단위의 치수 정수부가 0(영)으로 시작하거나 소수부가 0으로 끝날 경우 0의 표시에 대한 형식을 설정한다.(Dimaltz)
  - ▶ Leading : 정수부의 0을 표시하지 않는다.(Dimaltz=4)
  - ▶ Trailing : 소수부의 0을 표시하지 않는다.(Dimaltz=8)
  - ▶ 0 Feet : 피트단위에서 치수가 1 피트보다 작을 경우 0을 표시하지 않는다.(Dimaltz=3)
  - ▶ 0 Inches : 인치단위에서 치수가 1 인치보다 작을 경우 인치단위에서 0을 표시하지 않는다.(Dimaltz=2)
- **Placement** : 대체단위의 기입위치를 설정한다.
  - ▶ After primary value : 기준 치수 뒤에 대체단위를 기입한다.
  - ▶ Below primary value : 기준 치수 아래 대체단위를 기입한다.

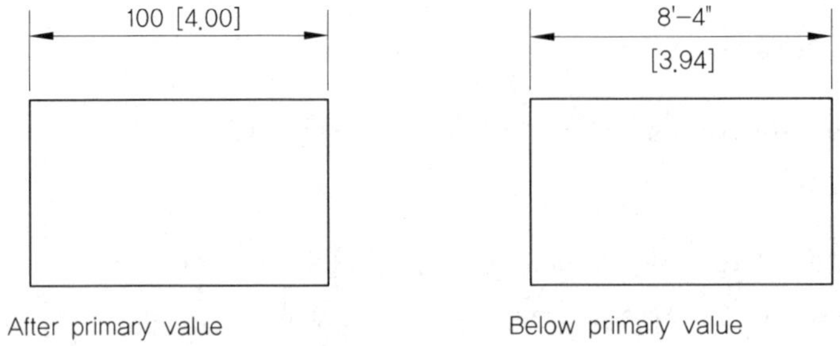

Placement

2.5 공차 설정하기

'Dimension Style Manager' 대화상자에서 Tolerances 탭을 선택하면 치수의 허용공차 표시방법, 공차 값의 입력, 공차의 기입위치 등을 설정할 수 있다.

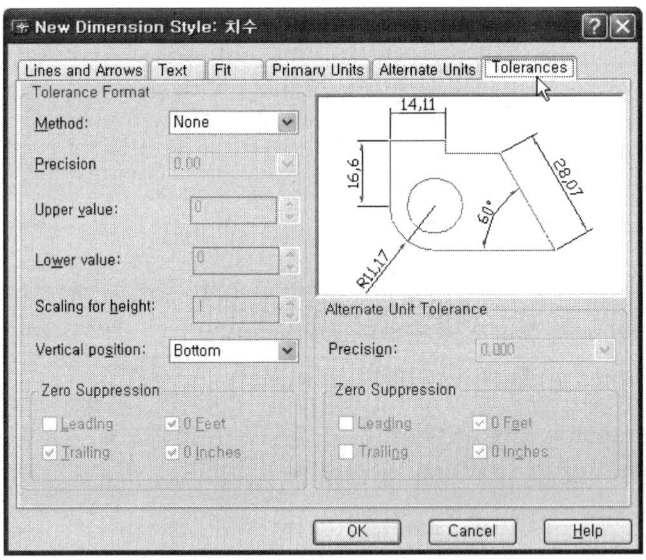

Dimension Style–Tolerances

대화상자에서

- **Tolerance Format** : 공차의 표기형식과 공차 값 등을 설정한다.
  - ▶ Method : 공차의 표시형식을 설정한다.
    - None : 공차를 표시하지 않는다.(Dimtol=Off)
    - Symmetrical : 공차 값이 같은 경우 ±로 그 값을 표시한다. 이때 공차는 + 값만 입력하면 된다.(Dimtol=On, Dimlim=Off)
    - Deviation : 공차 값이 같아도 각각 표시한다.(Dimtol=On, Dimlim=Off)
    - Limits : 실제 치수 값을 ± 공차 값에 따른 ± 한계 값으로 표시한다.

(Dimtol=Off, Dimlim=On)

- Basic : 치수를 네모상자 안에 표시해준다.(Dimgap=-값)

▶ Precision : 공차의 소수점 자리수를 설정한다.(Dimtdec)

▶ Upper value : + 공차 값을 입력한다.(Dimtp)

▶ Lower value : – 공차 값을 입력한다.(Dimtm)

▶ Scaling for height : 공차의 문자높이를 설정한다.(Dimtfac)

▶ Vertical position : 공차의 문자 수직위치를 설정한다.(Dimtolj)

- Bottom : 치수문자의 아랫부분에 기입한다.(Dimtolj=0)
- Middle : 치수문자의 가운데 부분에 기입한다.(Dimtolj=1)
- Top : 치수문자의 윗부분에 기입한다.(Dimtolj=2)

▶ Zero Suppression : 공차 값의 정수부가 0(영)으로 시작하거나 소수부가 0으로 끝날 경우 0의 표시에 대한 형식을 설정한다.(Dimtzin)

- Leading : 정수부의 0을 표시하지 않는다.(Dimtzin=4)
- Trailing : 소수부의 0을 표시하지 않는다.(Dimtzin=8)
- 0 Feet : 피트단위에서 치수가 1 피트보다 작을 경우 0을 표시하지 않는다.(Dimtzin=3)
- 0 Inches : 인치단위에서 치수가 1 인치보다 작을 경우 인치단위에서 0을 표시하지 않는다.(Dimtzin=2)

■ **Alternate Unit Tolerance** : 대체단위 공차의 소수 자리수와 소부수부를 설정한다.

▶ Precision : 대체단위 공차의 소수점 자리수를 설정한다.(Dimalttd)

▶ Zero Suppression : 대체단위의 공차 값 정수부가 0(영)으로 시작하거나 소수부가 0으로 끝날 경우 0의 표시에 대한 형식을 설정한다.(Dimalttz)

- Leading : 정수부의 0을 표시하지 않는다.(Dimalttz=4)
- Trailing : 소수부의 0을 표시하지 않는다.(Dimalttz=8)
- 0 Feet : 피트단위에서 치수가 1 피트보다 작을 경우 0을 표시하지 않는다.(Dimalttz=3)
- 0 Inches : 인치단위에서 치수가 1 인치보다 작을 경우 인치단위에서 0을 표시하지 않는다.(Dimalttz=2)

3. 치수기입하기

치수를 기입할 때 치수의 구성요소는 Layer나 문자유형 등에 영향을 받으므로 치수기입을 시작하기 전에 Layer나 문자유형 등을 설정하고, 치수유형을 다시 설정한 후 치수기입을 하는 것이 훨씬 편리하다.

치수기입의 종류

AutoCAD에서 치수기입의 종류는 다음과 같이 크게 다섯 가지로 분류된다.

- **선형치수 :** 수평, 수직, 정렬, 회전, 기준선, 연속치수
- **지름치수 또는 반지름치수 :** 원이나 호, 타원형의 치수
- **각도치수 :** 임의 각도치수
- **세로좌표치수 :** 임의 위치(좌표)치수
- **지시선 :** 도면의 지정이나 인출

치수를 기입하는 방법

치수기입 종류에서 분류한 치수를 기입하는 방법은 AutoCAD에서 다음과 같이 4가지 방법이 있다. 이들 방법 중 치수 도구막대(Dimension Toolbar)의 아이콘을 이용하는 방법이 가장 수월하다.

입력방법

	Command	Dim 또는 Dim1 Enter
	Main menu	Dimension > 해당명령 선택
	Screen menu	DIMENSION > 해당명령 선택
	Icon menu	

3.1 선형치수 기입하기

선형치수에서는 수평 또는 수직 길이의 치수를 기입할 수 있다. 치수기입은 끝점, 모서리, 교차점, 원의 중심 등 어떤 특정 점을 선택해야 하므로 Osnap 모드를 이용하면 아주 편리하게 치수를 기입할 수 있다.

입력방법

	Command	Dimlin 또는 Dimlinear Enter
	Main menu	Dimension > Linear
	Screen menu	DIMENSION > Linear
	Icon menu	Dimension Toolbar >

Command: dimlinear Enter↵

Specify first extension line origin or <select object>:

첫 번째 치수보조선 지정 또는 Enter↵ 입력

첫 번째 치수보조선 지정 또는 Enter↵ 입력에서

- 첫 번째 치수보조선 지정할 경우 'Specify first extension line origin:'이 선택되어 두 번째 치수보조선을 지정하라는 'Specify second extension line origin:' 이 나온다.
- Enter↵를 입력하면 '⟨select object⟩:'가 선택되어 치수를 기입할 객체를 선택하라는 'Select object to dimension:' 메시지가 나온다.

두 방법 모두 사용자의 편의에 따라 치수기입에 이용하면 되지만, 두 번째 방법이 좀 더 편리하다.

Specify second extension line origin: 두 번째 치수보조선 지정 Enter↵

또는 Select object to dimension: 치수를 기입할 객체선택 Enter↵

Non-associative dimension created.

Specify dimension line location or [Mtext/Text/Angle/Horizontal/Vertical

/Rotated]: 치수선 기입위치 설정 또는 옵션입력 Enter↵

Dimlinear Option

- **Mtext** : 'Text Formatting' 대화상자에서 치수문자를 입력한다. Mtext 명령을 참조한다.
- **Text** : 치수문자를 입력한다.
- **Angle** : 치수문자를 기울임 각도를 지정한다.
- **Horizontal** : 수평치수를 기입한다.
- **Vertical** : 수직치수를 기입한다.
- **Rotated** : 치수를 회전시켜 기입하고자 할 때 회전각을 지정한다.

따라하기 01 : 객체선택으로 치수기입하기

도형에서 객체를 선택하고 수평·수직치수를 기입해보자.

- **Step 01** : RectAngle 명령으로 사각형을 그린다.
- **Step 02** : Dimlinear 명령으로 사각형의 수평치수를 기입한다.

Dimension Toolbar에서 Dimlinear 아이콘 선택

Command: _dimlinear

Specify first extension line origin or <select object>: Enter↵

Select object to dimension: ☞ P1 선택
Specify dimension line location or
[Mtext/Text/Angle/Horizontal/Vertical/Rotated]: ☞ 임의 위치지정
Dimension text = 100 ☞ 측정치수를 표시하고 dimlinear 명령 종료

■ **Step 03** : Dimlinear 명령으로 사각형의 수직치수를 기입한다.

Dimension Toolbar에서 Dimlinear 아이콘 ⟼ 선택

Command: _dimlinear
Specify first extension line origin or <select object>: Enter↵
Select object to dimension: ☞ P2 선택
Specify dimension line location or
[Mtext/Text/Angle/Horizontal/Vertical/Rotated]: ☞ 임의 위치지정
Dimension text = 75 ☞ 측정치수를 표시하고 Dimlinear 명령 종료

따라하기 02 : 치수보조선을 지정하고 치수기입하기

도형에서 치수보조선의 위치를 지정하고 수평・수직치수를 기입해보자.

■ **Step 01** : RectAngle 명령으로 사각형을 그린다.

■ **Step 02** : Dimlinear 명령으로 사각형의 수평치수를 기입한다.

Dimension Toolbar에서 Dimlinear 아이콘 ⟼ 선택

Command: _dimlinear
Osnap Mode의 End ⁄ 아이콘 선택
Specify first extension line origin or <select object>: _endp of ☞ P1 선택
Osnap Mode의 End ⁄ 아이콘 선택
Specify second extension line origin: _endp of ☞ P2 선택
Specify dimension line location or
[Mtext/Text/Angle/Horizontal/Vertical/Rotated]: ☞ 임의 위치지정
Dimension text = 100

■ **Step 03** : Dimlinear 명령으로 사각형의 수직치수를 기입한다.

Dimension Toolbar에서 Dimlinear 아이콘 ⟼ 선택

Command: _dimlinear
Osnap Mode의 End ⁄ 아이콘 선택

Specify first extension line origin or <select object>: _endp of ☞ P2 선택

Osnap Mode의 End 아이콘 선택

Specify second extension line origin: _endp of ☞ P3 선택

Specify dimension line location or

[Mtext/Text/Angle/Horizontal/Vertical/Rotated]: ☞ 임의 위치지정

Dimension text = 75

따라하기 03 : Angle과 text 옵션으로 지정하고 치수기입하기

도형에서 치수문자를 Angle 옵션으로 15° 기울여 쓰고, Text 옵션으로 치수를 정정하여 기입해보자.

- **Step 01 :** RectAngle 명령으로 사각형을 그린다.
- **Step 02 :** Dimlinear 명령으로 사각형의 수평치수를 기입한다.

Dimension Toolbar에서 Dimlinear 아이콘 선택

Command: _dimlinear

Specify first extension line origin or <select object>: Enter↵

Select object to dimension: ☞ P1 선택

Specify dimension line location or

[Mtext/Text/Angle/Horizontal/Vertical/Rotated]: a Enter↵ ☞ Angle 옵션

Specify Angle of dimension text: 15 Enter↵ ☞ 숫자를 15° 기울임

Specify dimension line location or

[Mtext/Text/Angle/Horizontal/Vertical/Rotated]: t Enter↵ ☞ Text 옵션

Enter dimension text <123>: 100 Enter↵

☞ 원래 측정된 치수는 123이지만 100으로 수정

Specify dimension line location or

[Mtext/Text/Angle/Horizontal/Vertical/Rotated]: ☞ 임의 위치지정

Dimension text = 123 ☞ 측정된 치수표시

- **Step 03 :** Dimlinear 명령으로 사각형의 수직치수를 기입한다.

Dimension Toolbar에서 Dimlinear 아이콘 선택

Command: _dimlinear

Specify first extension line origin or <select object>: Enter↵

Select object to dimension: ☞ P2 선택

Specify dimension line location or
[Mtext/Text/Angle/Horizontal/Vertical/Rotated]: a
Specify Angle of dimension text: 75 Enter↵
Specify dimension line location or
[Mtext/Text/Angle/Horizontal/Vertical/Rotated]: t Enter↵
Enter dimension text <123>: 75 Enter↵
Specify dimension line location or
[Mtext/Text/Angle/Horizontal/Vertical/Rotated]: ☞ 임의 위치지정
Dimension text = 74

따라하기 04 : Mtext 옵션으로 치수기입하기

도형에서 치수문자를 Angle 옵션으로 15° 기울여 쓰고, Text 옵션으로 치수를 정정하여 기입해보자.

■ **Step 01** : RectAngle 명령으로 사각형을 그린다.

■ **Step 02** : Dimlinear 명령으로 사각형의 수평치수를 기입한다.

Dimension Toolbar에서 Dimlinear 아이콘 선택

Command: _dimlinear
Specify first extension line origin or <select object>: Enter↵
Select object to dimension: ☞ P1 선택
Specify dimension line location or
[Mtext/Text/Angle/Horizontal/Vertical/Rotated]: m Enter↵ ☞ Mtext 옵션을 선택하면 'Text Formatting' 대화상자가 나오고, 이 대화상자로부터 입력될 문자를 작성하면 된다. 자세한 내용은 Mtext 명령을 참조한다.

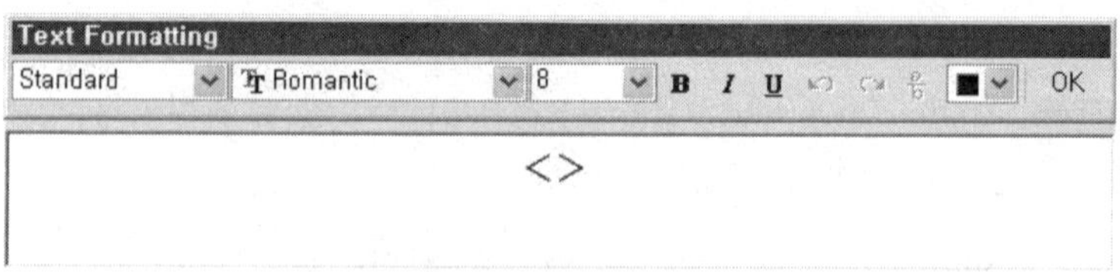

Text Formatting

▶ Txt 드롭다운 리스트 버튼 을 선택하고 문자유형을 'Romantic'으로 선택한다.

▶ 2.5 에서 문자높이를 8로 설정한다.

▶ < >를 지우고, 100을 입력한다.

▶ OK 버튼을 선택한다.
Specify dimension line location or
[Mtext/Text/Angle/Horizontal/Vertical/Rotated]: ☞ 임의 위치지정
Dimension text = 100

■ **Step 03** : 사각형의 수직치수는 여러분들이 직접해보기 바란다.

따라하기 05 : Rotated 옵션으로 치수기입하기

도형에서 경사진 부분의 치수를 Rotated 옵션으로 기입해보자.

■ **Step 01** : RectAngle과 Chamfer 명령으로 경사진 도형을 만든다.

■ **Step 02** : Dimlinear 명령으로 사각형의 수평치수를 기입한다.

Dimension Toolbar에서 Dimlinear 아이콘 선택

Command: _dimlinear
Specify first extension line origin or <select object>: Enter
Select object to dimension: ☞ P1 선택
Specify dimension line location or
[Mtext/Text/Angle/Horizontal/Vertical/Rotated]: r Enter ☞ Rotated 옵션
Specify Angle of dimension line <0>: 45 Enter ☞ 치수의 경사각도
Specify dimension line location or
[Mtext/Text/Angle/Horizontal/Vertical/Rotated]: ☞ 임의 위치지정
Dimension text = 70

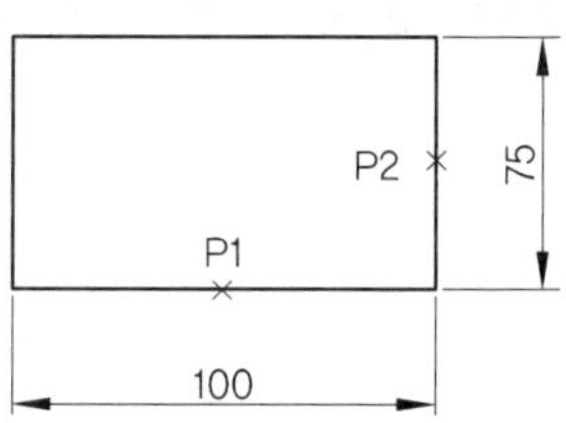

따라하기 01

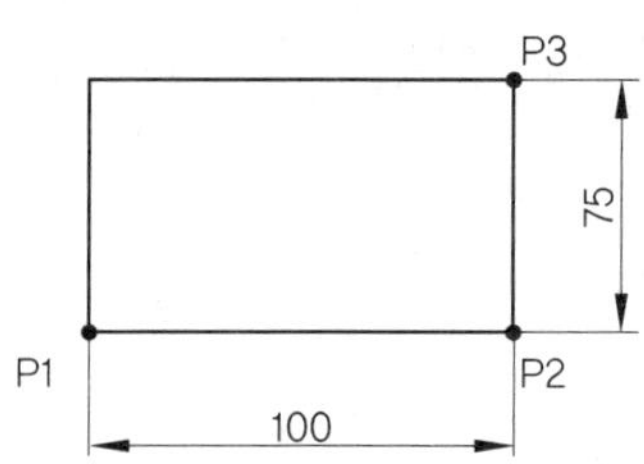

따라하기 02

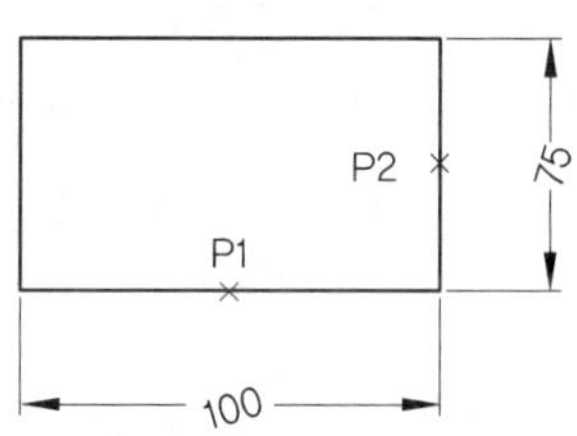

따라하기 03

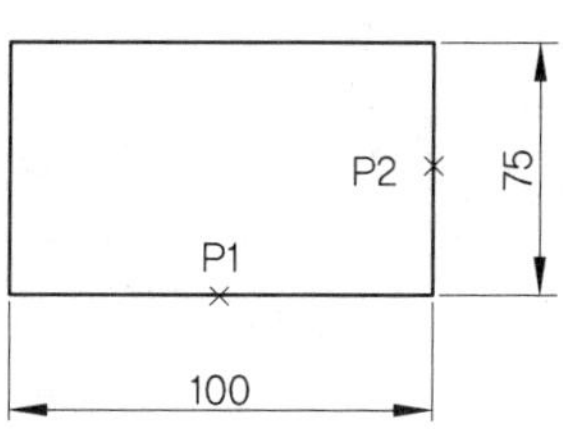

따라하기 04

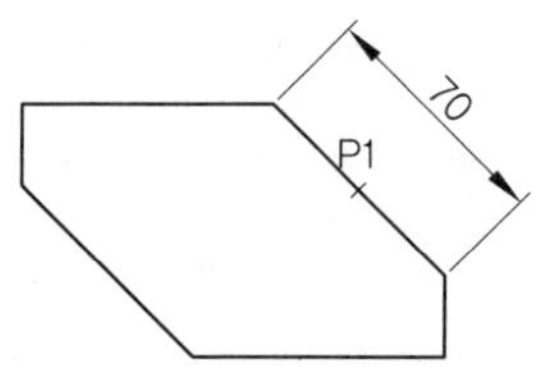

따라하기 05

3.2 경사선에 정렬된 치수기입하기

도면에서 임의의 각도로 기울어진 경사선에 정렬된(Aligned) 각도로 맞추어 치수를 기입한다. Dimlinear>Rotated 옵션과 Dimaligned 명령과의 차이점은 Dimlinear>Rotated 옵션에서는 기입치수의 각도를 설정해야하고, Dimaligned 명령에서는 기입치수의 각도를 설정하지 않아도 도면에 따라 자동으로 정렬되어 치수를 기입한다. 따라서 경사진 부분의 치수기입은 Dimlinear>Rotated 옵션보다는 Dimaligned 명령이 더 정확하다.

입력방법

	Command	Dimali 또는 Dimaligned Enter
	Main menu	Dimension > Aligned
	Screen menu	DIMENSION > Aligned
	Icon menu	Dimension Toolbar >

Command: dimaligned

Specify first extension line origin or <select object>:

첫 번째 치수보조선 지정 또는 Enter 입력

Specify dimension line location or [Mtext/Text/Angle]:

치수선 기입위치 설정 또는 옵션입력 Enter

Dimaligned Option

- **Mtext** : 'Text Formatting' 대화상자에서 치수문자를 입력한다. Mtext 명령을 참조한다.
- **Text** : 치수문자를 입력한다.
- **Angle** : 치수문자를 기울임 각도를 지정한다.

따라하기 : 경사선에 치수기입하기

도형에서 경사진 부분의 치수를 Dimaligned 명령으로 기입해보자.

- **Step 01** : RectAngle과 Chamfer 명령으로 경사진 도형을 만든다.
- **Step 02** : Dimlinear 명령으로 경사선의 치수를 기입한다.

Dimension Toolbar에서 Dimaligned 아이콘 선택

Command: _dimaligned

Specify first extension line origin or <select object>: [Enter↵]

Select object to dimension: ☞ P1 선택

Specify dimension line location or [Mtext/Text/Angle]: ☞ 임의 위치지정

Dimension text = 70 ☞ 측정치수를 표시하고 dimaligned 명령 종료

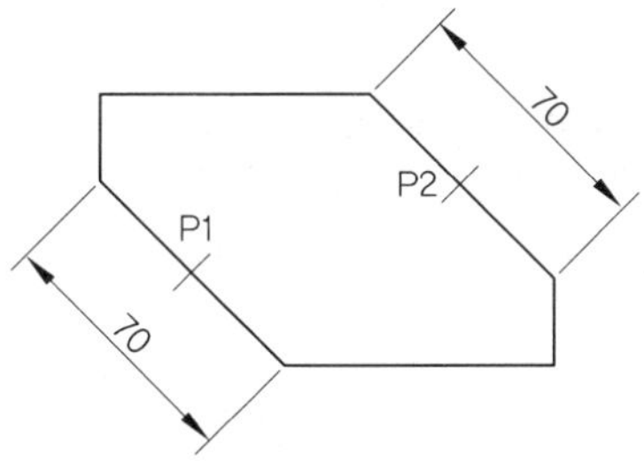

Dimaligned

3.3 세로좌표 치수기입하기

세로좌표(Ordinate)에 의한 치수기입은 X, Y 좌표를 기준으로 구멍의 위치나 임의의 위치를 X, Y의 좌표 값으로 나타내고자 할 때 사용한다.

입력방법

(키보드)	Command	Dimord 또는 Dimordinate [Enter↵]
(마우스)	Main menu	Dimension > Ordinate
	Screen menu	DIMENSION > Ordinate
	Icon menu	Dimension Toolbar >

Command: dimordinate [Enter↵]

Specify feature location: 세로좌표의 점이나 객체선택 [Enter↵]

Non-associative dimension created.

Specify leader endpoint or [Xdatum/Ydatum/Mtext/Text/Angle]:

세로좌표가 기입될 지시선의 끝점 지정 또는 옵션입력 [Enter↵]

Dimordinate Option

- **Xdatum** : X 좌표의 위치를 입력한다.
- **Ydatum** : Y 좌표의 위치를 입력한다.

- **Mtext** : 'Text Formatting' 대화상자에서 치수문자를 입력한다. Mtext 명령을 참조한다.
- **Text** : 치수문자를 입력한다.
- **Angle** : 치수문자를 기울임 각도를 지정한다.

따라하기 : 세로좌표 치수기입하기

작성한 도형에 원점을 재지정하고, 원점으로부터 원의 중심에 대한 세로좌표 치수를 기입해보자.

- **Step 01** : RectAngle과 Circle 명령으로 도형을 그린다.
- **Step 02** : 사각형의 왼쪽 하단 모서리를 도형의 원점으로 재 지정한다.

  Command: ucs Enter↵

  Current ucs name: *WORLD*

  Enter an option [New/Move/orthoGraphic/Prev/Restore/Save/Del/Apply/?/World] <World>: n Enter↵

  Osnap Mode의 End 아이콘 선택

  Specify origin of new UCS or [ZAxis/3point/OBject/Face/View/X/Y/Z] <0,0,0>:
  _int of ☞ P1을 선택하면 x, y 좌표가 P1로 이동, 원점 재 지정

- **Step 03** : Dimordinate 명령으로 원점의 x 좌표치수를 기입한다.

Dimension Toolbar에서 Dimordinate 아이콘 선택

  Command: _dimordinate

  Osnap Mode의 End 아이콘 선택

  Specify feature location:_endp of ☞ P1 선택

  Specify leader endpoint or [Xdatum/Ydatum/Mtext/Text/Angle]: y Enter↵

  Specify leader endpoint or [Xdatum/Ydatum/Mtext/Text/Angle]:
  ☞ x 방향으로 임의 위치지정

  Dimension text = 0 ☞ Dimordinate 명령

- **Step 04** : Dimordinate 명령으로 원점의 y 좌표치수를 기입한다.

  Dimension Toolbar에서 dimordinate 아이콘 선택

  Command: _dimordinate

  Osnap Mode의 End 아이콘 선택

  Specify feature location:_endp of ☞ P1 선택

Specify leader endpoint or [Xdatum/Ydatum/Mtext/Text/Angle]: x Enter↵

Specify leader endpoint or [Xdatum/Ydatum/Mtext/Text/Angle]:

☞ y 방향으로 임의 위치지정

Dimension text = 0

■ **Step 05 :** Dimordinate 명령으로 원 중심의 x 좌표치수를 기입한다.

Dimension Toolbar에서 Dimordinate 아이콘  선택

Command: _dimordinate

Osnap Mode의 Center  아이콘 선택

Specify feature location:_cen of ☞ 원 선택

Specify leader endpoint or [Xdatum/Ydatum/Mtext/Text/Angle]:

☞ 원의 중심으로부터 x 방향으로 임의 위치지정

Dimension text = 38

■ **Step 06 :** Dimordinate 명령으로 원 중심의 y 좌표치수를 기입한다.

Dimension Toolbar에서 Dimordinate 아이콘  선택

Command: _dimordinate

Osnap Mode의 Center  아이콘 선택

Specify feature location:_cen of ☞ 원 선택

Specify leader endpoint or [Xdatum/Ydatum/Mtext/Text/Angle]:

☞ 원의 중심으로부터 y 방향으로 임의 위치지정

Dimension text = 29

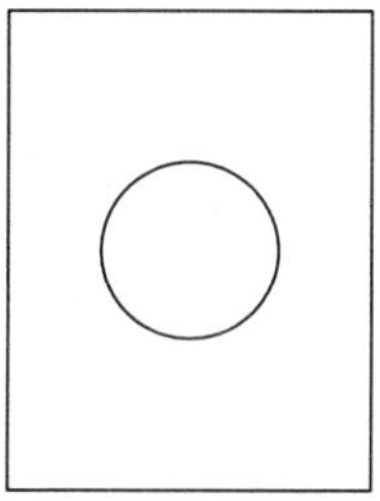

원래도형

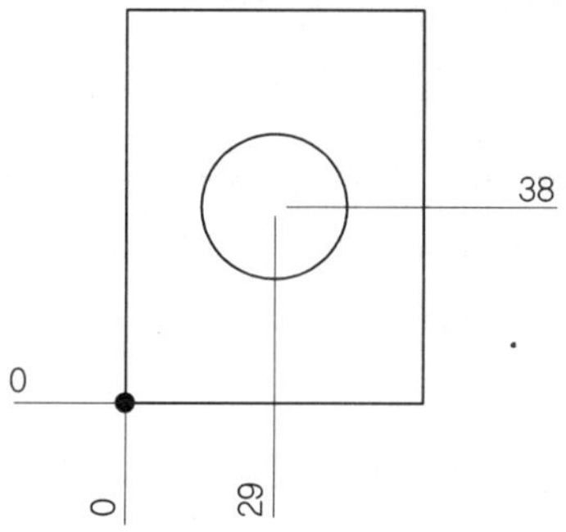

Dimordinate 실행 후

3.4 반지름치수 기입하기

원이나 호의 반지름(Radius)치수를 기입한다. 반지름 기호 R이 치수숫자 앞에 자동으로 붙는다.

입력방법

(Keyboard)	Command	Dimrad 또는 Dimradius Enter↵
(Mouse)	Main menu	Dimension > Radius
	Screen menu	DIMENSION > Radius
	Icon menu	Dimension Toolbar > (icon)

Command: dimradius Enter↵

Select arc or circle: 원 또는 호 선택 Enter↵

Dimension text = xx ☞ 원 또는 호의 측정치수

Specify dimension line location or [Mtext/Text/Angle]:

치수선의 기입위치 지정 또는 옵션입력 Enter↵

Dimradius Option

- **Mtext** : 'Text Formatting' 대화상자에서 치수문자를 입력한다. Mtext 명령을 참조한다.
- **Text** : 치수문자를 입력한다.
- **Angle** : 치수문자를 기울임 각도를 지정한다.

따라하기 : 원과 호의 반지름치수 기입하기

작성한 도형에 반지름치수를 기입해보자.

- **Step 01** : Line과 Circle, Arc 명령으로 도형을 그린다.
- **Step 02** : Dimradius 명령으로 원의 반지름 치수를 기입한다.

Dimension Toolbar에서 Dimradius 아이콘 (icon) 선택

Command: _dimradius

Select arc or circle: ☞ 원 선택

Dimension text = 35

Specify dimension line location or [Mtext/Text/Angle]: ☞ 임의 위치지정

- **Step 03** : Dimradius 명령으로 원의 반지름 치수를 기입한다.

Dimension Toolbar에서 Dimradius 아이콘 (icon) 선택

Command: _dimradius

Select arc or circle: ☞ 호 선택

Dimension text = 35

Specify dimension line location or [Mtext/Text/Angle]: ☞ 임의 위치지정

■ **Step 04 :** Dimradius 명령으로 도형의 반지름 치수를 기입한다.

Dimension Toolbar에서 Dimradius 아이콘 선택

Command:_dimradius

Select arc or circle: ☞ 호 선택

Dimension text = 25

Specify dimension line location or [Mtext/Text/Angle]: ☞ 임의 위치지정

■ **Step 05 :** Dimradius 명령으로 도형의 반지름 치수를 기입한다.

Dimension Toolbar에서 Dimradius 아이콘 선택

Command: _dimradius

Select arc or circle: ☞ Fillet 부분선택

Dimension text = 15

Specify dimension line location or [Mtext/Text/Angle]: t

Enter dimension text <15>: 2-R25 ☞ 치수문자를 수정할 경우에는 반드시 반지름 기호 R을 입력하지 않으면 숫자 15만 기입된다.

Specify dimension line location or [Mtext/Text/Angle]: ☞ 임의 위치지정

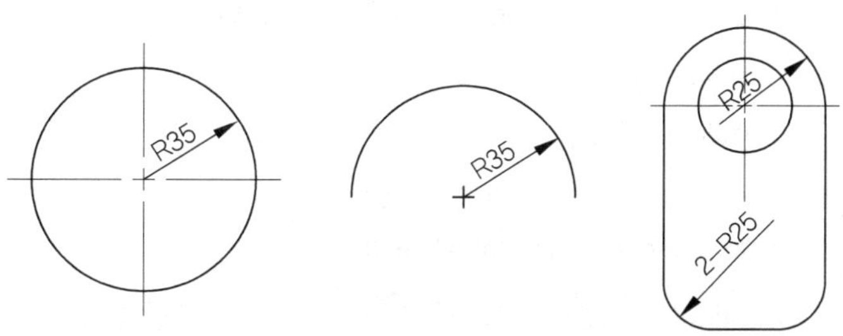

Dimradius

3.5 지름치수 기입하기

원이나 호의 지름(Diameter)치수를 기입한다. 지름기호 φ가 치수숫자 앞에 자동으로 붙는다.

입력방법

(키보드)	Command	Dimdia 또는 Dimdiameter Enter
(마우스)	Main menu	Dimension > Diameter
	Screen menu	DIMENSION > Diameter
	Icon menu	Dimension Toolbar >

Command: dimdiameter Enter↵

Select arc or circle: 호 또는 원 선택 Enter↵

Dimension text = xx ☞ 원 또는 호의 측정치수

Specify dimension line location or [Mtext/Text/Angle]:

치수선의 기입위치 지정 또는 옵션입력 Enter↵

Dimdiameter Option

- Dimradius Option과 같다.

따라하기 : 원과 호의 지름치수 기입하기

작성한 도형에 지름치수를 기입해보자.

- **Step 01** : Circle, Arc 명령으로 도형을 그린다.
- **Step 02** : Dimdiameter 명령으로 원의 지름치수를 기입한다.

Dimension Toolbar에서 Dimdiameter 아이콘 선택

Command: _dimdiameter

Select arc or circle: ☞ 원 선택

Dimension text = 70 ☞ 원의 지름 측정치수

Specify dimension line location or [Mtext/Text/Angle]: ☞ 임의 위치지정

- **Step 03** : Dimdiameter 명령으로 원의 지름치수를 기입한다.

Dimension Toolbar에서 Dimdiameter 아이콘 선택

Command: _dimdiameter

Select arc or circle: ☞ 원 선택

Dimension text = 70

Specify dimension line location or [Mtext/Text/Angle]: ☞ 임의 위치지정

- **Step 04** : Dimdiameter 명령으로 원의 지름치수를 기입한다.

Dimension Toolbar에서 Dimdiameter 아이콘 선택

Command: _dimdiameter

Select arc or circle: ☞ 호 선택

Dimension text = 70

Specify dimension line location or [Mtext/Text/Angle]: ☞ 임의 위치지정

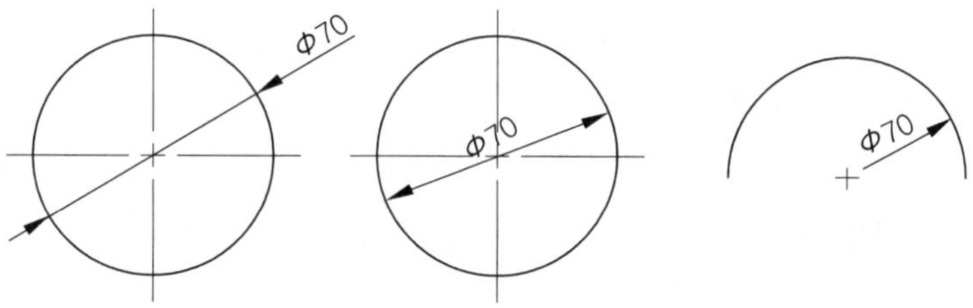

Dimdiamter

3.6 중심기호 또는 중심선 기입하기

원이나 호의 중심에 중심기호(Center Maker)나 중심선(Center Line)을 기입한다. 명령실행 후 생긴 중심기호나 중심선은 또 다른 하나의 객체로서 이동하거나 복사, 지울 때도 하나의 객체로 다루어야 한다.

입력방법

(키보드)	Command	Dimcen 또는 Dimcenter Enter↵
(마우스)	Main menu	Dimension > Center Mark
	Screen menu	DIMENSION > Center
	Icon menu	Dimension Toolbar > (+)

Command: dimcenter Enter↵

Select arc or circle: 원이나 호 선택 Enter↵

치수변수 Dimcen에서 중심기호나 중심선의 크기 설정하기 …

치수변수 Dimcen을 이용하여 원이나 호에 중심기호나 중심선을 기입할 경우 양(+)의 값으로 지정하면 중심기호로 기입되고, 음(−)의 값으로 지정하면 중심선을 기입하게 된다.

따라하기 : 원과 호에 중심기호와 중심선 기입하기

작성한 도형에 중심기호와 중심선을 기입해보자.

- **Step 01** : Circle, Arc 명령으로 도형을 그린다.
- **Step 02** : ‘Dimension Style Manager’ 대화상자의 ‘Center Marks for Circles’에서 Type을 Mark나 Line로 설정한 후 Size=4로 설정한다.
- **Step 03** : Dimcenter 명령으로 원에 중심선을 기입한다.

Dimension Toolbar에서 Dimcenter 아이콘 선택

Command: _dimcenter

Select arc or circle: 원 선택 Enter↵

■ **Step 04** : Dimcenter 명령으로 호에 중심기호를 기입한다.

Dimension Toolbar에서 Dimcenter 아이콘 선택

Command: _dimcenter

Select arc or circle: 호 선택 Enter↵

■ **Step 05** : Dimcenter 명령으로 도형의 반원에 중심선을 기입한다.

Dimension Toolbar에서 Dimcenter 아이콘 선택

Command: _dimcenter

Select arc or circle: 반원 선택 Enter↵

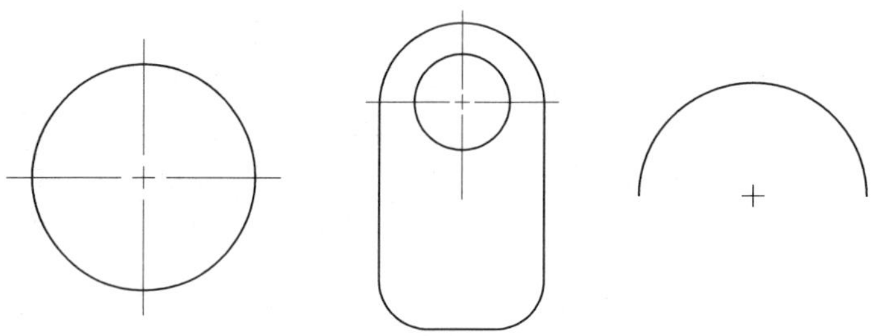

Dimcenter

3.7 각도치수기입하기

호의 각도, 원호상의 임의 두 점 사이의 각도, 평행하지 않은 두 선의 각도, 세 점 사이의 각도(Angular)치수를 기입할 수 있다.

입력방법

(키보드)	Command	Dimang 또는 Dimangular Enter↵
(마우스)	Main menu	Dimension > Angular
	Screen menu	DIMENSION > Angular
	Icon menu	Dimension Toolbar >

Command: dimangular Enter↵

Select arc, circle, line, or <specify vertex>: 호, 원이나 선 선택 Enter↵

Select second line: 두 번째 선 선택 Enter↵

Specify dimension arc line location or [Mtext/Text/Angle]:

치수선 기입위치 설정 또는 옵션입력 Enter↵

Dimangular Option

- Dimradius Option과 같다.

따라하기 : 각도치수 기입하기

작성한 도형에 각도치수를 기입해보자.

- **Step 01 :** Polygon과 Circle, Arc 명령으로 도형을 그린다.
- **Step 02 :** Dimangular 명령으로 오각형에 각도치수를 기입한다.

Dimension Toolbar에서 Dimangular 아이콘 선택

Command: _dimangular

Select arc, circle, line, or <specify vertex>: ☞ 오각형의 선분선택

Select second line: ☞ 오각형의 선분선택

Specify dimension arc line location or [Mtext/Text/Angle]: ☞ 임의 위치지정

Dimension text = 108 ☞ 각도 측정치수

- **Step 03 :** Dimangular 명령으로 원의 잘린 부분에 각도치수를 기입한다.

Dimension Toolbar에서 Dimangular 아이콘 선택

Command: _dimangular

Select arc, circle, line, or <specify vertex>: ☞ 원의 선분선택

Select second line: ☞ 원의 선분선택

Specify dimension arc line location or [Mtext/Text/Angle]: ☞ 임의 위치지정

Dimension text = 97

- **Step 04 :** Dimangular 명령으로 호에 각도치수를 기입한다.

Dimension Toolbar에서 Dimangular 아이콘 선택

Command: _dimangular

Select arc, circle, line, or <specify vertex>: ☞ 호 선택

Specify dimension arc line location or [Mtext/Text/Angle]: ☞ 임의 위치지정

Dimension text = 146

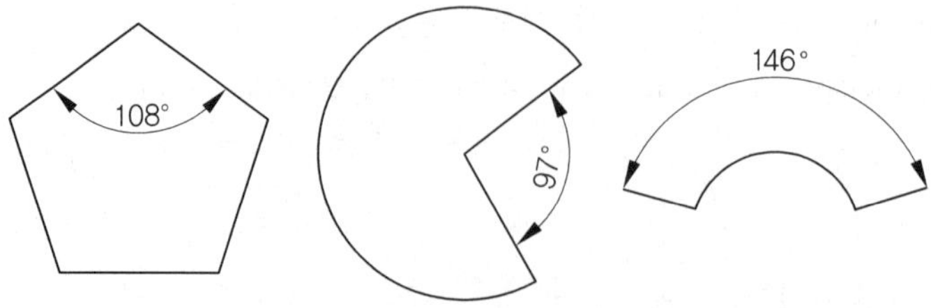

Dimangular

3.8 기준선으로부터 치수기입하기

기존의 치수보조선을 기준선(Baseline)으로 선택하여 계단형태의 연속적인 선형치수, 각도 또는 좌표치수를 기입할 수 있다. 치수와 치수사이의 간격조절을 잘 해야 치수가 겹쳐지지 않는다. 기준선으로부터 치수를 기입하기에 앞서 간격을 미리 설정한다.

입력방법

(키보드)	Command	Dimbase 또는 Dimbaseline [Enter]
(마우스)	Main menu	Dimension > Baseline
	Screen menu	DIMENSION > Baseline
	Icon menu	Dimension Toolbar > [아이콘]

Command: dimabaseline

Specify a second extension line origin or [Undo/Select] <Select>: 기준선으로부터 두 번째 치수보조선을 지정하거나 옵션선택 또는 [Enter] 입력 ☞ 만약 [Enter]를 입력하면 다음과 같이 명령어 영역에 기준이 될 치수선을 선택하라는 메시지가 나온다.

Select base dimension: 기준 치수선 선택 또는 [Enter] 입력 ☞ [Enter]가 입력되면 dimbaseline 명령이 종료된다.

Dimbaseline Option

- **Undo** : 앞서 기입된 치수를 취소한다.
- **Select** : 기준선을 재 지정한다.

기준선 지정과 치수선의 간격설정 …

기준선에 의한 치수기입에서 기준 치수보조선을 지정하기가 쉽지 않다. 따라서 기준선에 의한 치수기입에 앞서 Dimlinear 명령으로 선형치수를 기입하면, 선형치수기입에서 첫 번째로 지정한 치수보조선이 기준 치수보조선으로 자동 지정되어 치수기입이 편리해진다. 또한 Dimdli 치수변수나 'Dimension Style Manager' 대화상자 Lines and Arrows 탭의 'Dimension Lines〉 Baseline spacing'에서 치수선 간격을 미리 설정해 놓고 Dimbaseline 명령을 실행시키면 편리하다.

따라하기 01 : 기준선으로부터 선형치수 기입하기

작성한 도형에 기준선을 지정하고 기준선으로부터 선형치수를 기입해보자.

- **Step 01** : Line 명령으로 도형을 그린다.
- **Step 02** : 'Dimension Style Manager' 대화상자의 Lines and Arrows 탭의 'Dimension Lines>Baseline spacing'에서 치수선 간격을 20으로 정한다.
- **Step 03** : Dimlinear 명령으로 도형 왼쪽부분의 수평치수를 기입한다.

Dimension Toolbar에서 Dimlinear 아이콘 선택

Command: _dimlinear

Osnap Mode의 End 아이콘 선택

Specify first extension line origin or <select object>: _endp of ☞ P1 선택

Osnap Eode의 End 아이콘 선택

Specify second extension line origin: _endp of ☞ P2 선택

Specify dimension line location or

[Mtext/Text/Angle/Horizontal/Vertical/Rotated]: ☞ 임의 위치지정

Dimension text = 30

- **Step 04** : Dimbaseline 명령으로 도형에 수평치수를 기입한다.

Dimension Toolbar에서 Dimbaseline 아이콘 선택

Command: _dimbaseline

Osnap Mode의 End 아이콘 선택

Specify a second extension line origin or [Undo/Select] <Select>:

_end of ☞ P3 선택

Dimension text = 70 ☞ 측정치수

Osnap Mode의 End 아이콘 선택

Specify a second extension line origin or [Undo/Select] <Select>:

_end of ☞ P4 선택

Dimension text = 100 ☞ 측정치수

Specify a second extension line origin or [Undo/Select] <Select>: Enter↵

Select base dimension: Enter↵ ☞ Dimbaseline 명령 종료

- **Step 04** : 도형의 수직 치수기입은 여러분들이 직접해보기 바란다.

따라하기 02 : 기준선으로부터 각도치수 기입하기

작성한 도형에 기준선을 지정하고 기준선으로부터 각도치수를 기입해보자.

- **Step 01 :** Line과 Circle 명령으로 도형을 그린다.
- **Step 02 :** 'Dimension Style Manager' 대화상자의 Lines and Arrows 탭의 'Dimension Lines>Baseline spacing'에서 치수선 간격을 20으로 정한다.
- **Step 03 :** Dimangular 명령으로 원의 잘린 부분에 각도치수를 기입한다.

Dimension Toolbar에서 Dimangular 아이콘 선택

Command: _dimangular

Select arc, circle, line, or <specify vertex>: ☞ P1 선택

Select second line: ☞ P2 선택

Specify dimension arc line location or [Mtext/Text/Angle]: ☞ 임의 위치지정

Dimension text = 36

- Step 04 : Dimbaseline 명령으로 도형에 수평치수를 기입한다.

Dimension Toolbar에서 Dimbaseline 아이콘 선택

Command: _dimbaseline

Osnap Mode의 End 아이콘 선택

Specify a second extension line origin or [Undo/Select] <Select>:

_end of ☞ P3 선택

Dimension text = 72

Specify a second extension line origin or [Undo/Select] <Select>: Enter↵

Select base dimension: Enter↵ ☞ Dimbaseline 명령 종료

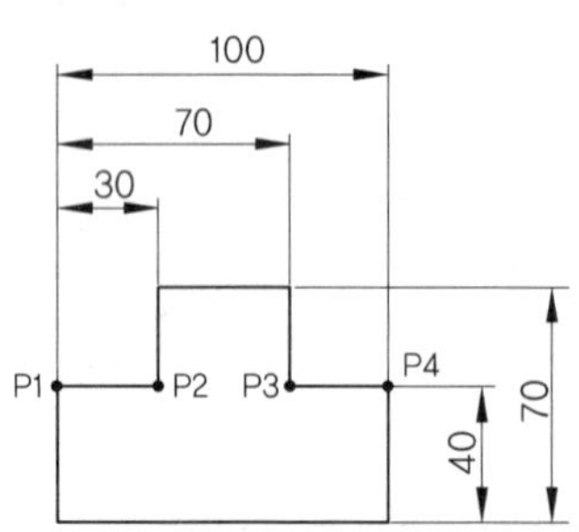

따라하기 01

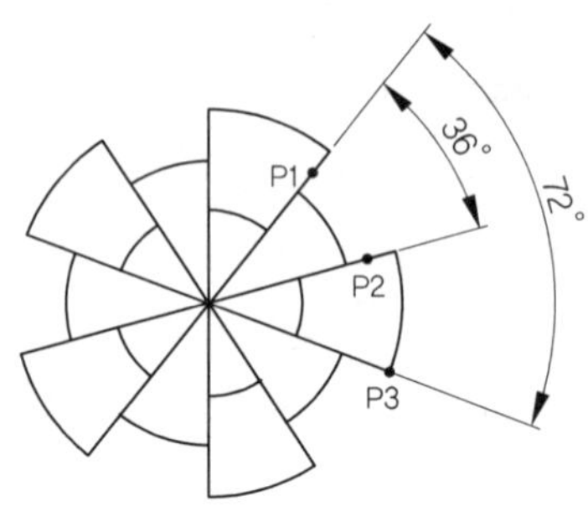

따라하기 02

Dimbaseline

3.9 연속치수 기입하기

기존의 치수의 두 번째 치수보조선을 첫 번째 치수보조선으로 선택하여 선형치수, 각도치수 또는 좌표치수를 연속적(Continuous)으로 기입할 수 있다. 기준선에 의한 치수기입에서와 마찬가지로 먼저 Dimlinear, Dimaligned, Dimangular 명령으로 선형치수나 정렬치수, 각도치수를 기입한 후 연속치수를 기입해야한다.

입력방법

	Command	Dimcont 또는 Dimcontinue Enter↵
	Main menu	Dimension > Continue
	Screen menu	DIMENSION > Continue
	Icon menu	Dimension Toolbar >

Command: dimcontinue Enter↵

Specify a second extension line origin or [Undo/Select] <Select>: 기준이 될 치수보조선을 지정하거나 옵션선택 또는 Enter↵ 입력 ☞ 만약 Enter↵를 입력하면 다음과 같이 명령어 영역에 기준이 될 치수선을 선택하라는 메시지가 나온다.

Select continued dimension: 연속 치수선 선택 또는 Enter↵ 입력 ☞ Enter↵가 입력되면 Dimcontinue 명령이 종료된다.

Dimbaseline Option

■ Dimbaseline Option과 같다.

따라하기 01 : 기준선으로부터 연속치수 기입하기

작성한 도형에 기준선을 지정하고 기준선으로부터 연속치수를 기입해보자.

■ **Step 01** : Line 명령으로 도형을 그린다.

■ **Step 02** : Dimlinear 명령으로 도형 왼쪽부분의 수평치수를 기입한다.

Dimension Toolbar에서 Dimlinear 아이콘 선택

Command: _dimlinear

Osnap Mode의 End 아이콘 선택

Specify first extension line origin or <select object>: _endp of ☞ P1 선택

Osnap Mode의 End 아이콘 선택

Specify second extension line origin: _endp of ☞ P2 선택

Specify dimension line location or

[Mtext/Text/Angle/Horizontal/Vertical/Rotated]: ☞ 임의 위치지정

Dimension text = 30

■ **Step 03 :** Dimcontinue 명령으로 도형에 연속으로 수평치수를 기입한다.

Dimension Toolbar에서 Dimcontinue 아이콘 선택

Command: _dimcontinue

Osnap Mode의 End 아이콘 선택

Specify a second extension line origin or [Undo/Select] <Select>:

_end of ☞ P3 선택

Dimension text = 40 ☞ 측정치수

Osnap Mode의 End 아이콘 선택

Specify a second extension line origin or [Undo/Select] <Select>:

_end of ☞ P4 선택

Dimension text = 30 ☞ 측정치수

Specify a second extension line origin or [Undo/Select] <Select>: Enter↵

Select continued dimension: Enter↵ ☞ Dimcontinue 명령 종료

■ **Step 04 :** 도형에 연속으로 수직치수 기입은 여러분들이 직접해보기 바란다.

따라하기 02 : 기준선으로부터 연속 각도치수 기입하기

작성한 도형에 기준선을 지정하고 기준선으로부터 연속해서 각도치수를 기입해보자.

■ **Step 01 :** Line과 circle 명령으로 도형을 그린다.

■ **Step 02 :** Dimangular 명령으로 원의 잘린 부분에 각도치수를 기입한다.

Dimension Toolbar에서 Dimangular 아이콘 선택

Command: _dimangular

Select arc, circle, line, or <specify vertex>: ☞ P1 선택

Select second line: ☞ P2 선택

Specify dimension arc line location or [Mtext/Text/Angle]: ☞ 임의 위치지정

Dimension text = 36

■ **Step 03 : Dimcontinue 명령으로 도형에 연속으로 각도치수를 기입한다.**

Dimension Toolbar에서 Dimcontinue 아이콘 선택

Command: _dimcontinue

Osnap Mode의 End 아이콘 선택

Specify a second extension line origin or [Undo/Select] <Select>:

_end of ☞ P3 선택

Dimension text = 36 ☞ 측정 각도치수

Specify a second extension line origin or [Undo/Select] <Select>: Enter↵

Select continued dimension: Enter↵ ☞ Dimcontinue 명령 종료

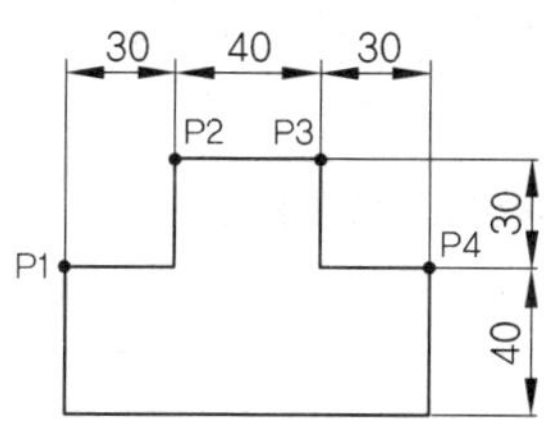

따라하기 01

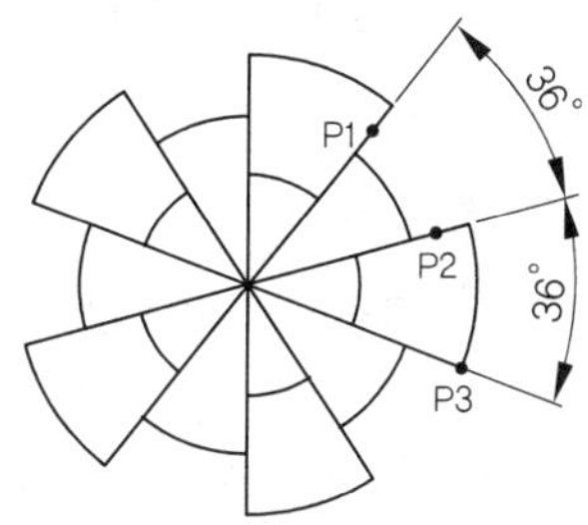

따라하기 02

Dimcontinue

3.10 지시선 기입하기

지시선(Leader Line)은 직선이나 스플라인 곡선으로 필요한 곳까지 끌어서 치수, 가공법, 주기, 부품번호 등을 기입하거나 치수문자를 치수선과 치수보조선으로 기입하기 곤란한 곳에 사용한다.

입력방법

	Command	Leader Enter↵

Command: leader Enter↵

Specify leader start point: 지시선의 시작점 지정 Enter↵

Specify next point: 지시선의 다음 점 지정 Enter↵

Specify next point or [Annotation/Format/Undo] <Annotation>:

지시선의 다음 점 지정 또는 옵션선택 Enter↵

Leader Option

■ **Annotation :** 지시선에 기입할 내용을 입력한다. 이 옵션을 선택하면 다음과 같이 하부옵션이 나온다.

Enter first line of annotation text or <options>:

Enter an annotation option [Tolerance/Copy/Block/None/Mtext] <Mtext>:

- ▶ Tolerance : 공차와 형상공차 심벌을 기입한다. Tolerance 명령을 참조한다.
- ▶ Copy : 숫자나 문자, 공차를 복사하여 지시선 끝에 기입한다.
- ▶ Block : 숫자나 문자, 공차를 블록으로 지정하여 지시선 끝에 기입한다.
- ▶ None : 지시선에 내용을 기입하지 않는다.
- ▶ Mtext : 'Multiline Text Editor' 대화상자로부터 치수를 입력한다.

■ **Format :** 지시선이 그려질 형태와 화살표를 지정한다. 이 옵션을 선택하면 다음과 같이 하부옵션이 나온다.

Enter leader format option [Spline/STraight/Arrow/None] <Exit>:

- ▶ Spline : 지시선을 스플라인 곡선으로 그린다.
- ▶ STraight : 지시선을 직선으로 그린다.
- ▶ Arrow : 지시선의 시작점에 화살표를 표시한다.
- ▶ None : 지시선의 시작점에 화살표를 표시하지 않는다.
- ▶ Exit : Format 옵션을 종료한다.

■ **Undo :** 바로 앞서 그린 지시선을 취소한다.

3.11 빠르게 지시선 기입하기

지시선(Leader)은 직선이나 스플라인 곡선으로 필요한 곳까지 끌어서 치수, 가공법, 주기, 부품번호 등을 기입하거나 치수문자를 치수선과 치수보조선으로 기입하기 곤란한 곳에 사용한다.

입력방법

	Command	Qleader 또는 Leader Enter↵
	Main menu	Dimension > Leader
	Screen menu	DIMENSION > Leader
	Icon menu	Dimension Toolbar >

Command: qleader Enter↵

Specify first leader point, or [Settings] <Settings>:

지시선의 시작점 지정 또는 옵션선택 [Enter↵]

Specify next point: 지시선의 다음 점 지정 [Enter↵]

Specify text width <0>: 기입문자의 높이설정 [Enter↵]

Enter first line of annotation text <Mtext>: 기입문자 입력 [Enter↵]

Enter next line of annotation text: [Enter↵] ☞ Qleader 명령 종료

Leader Option

- **Settings :** 이 옵션을 선택하면 'Leader Settings' 대화상자가 나오고, 이 대화상자는 'Annotation, Leader Line & Arrow, Attachment' 3개의 탭으로 구성돼있다. 이들 탭으로부터 지시선에 대한 사항들을 설정할 수 있다.

Annotation

지시선에 기입할 치수문자에 대해 설정한다.

- **Annotation Type :** 지시선에 기입할 치수문자의 형태를 설정한다.
  - ▶ Mtext : 다중 줄의 문서 편집기로 치수문자를 입력한다.
  - ▶ Copy an Object : 숫자나 문자, 공차를 복사하여 지시선 끝에 기입한다.
  - ▶ Tolerance : 이 항목을 선택하고 Qleader 명령을 실행하면 'Geometric Tolerance'와 'Symbol' 대화상자가 나오고, 이들 대화상자로부터 공차와 공차심벌을 기입한다.

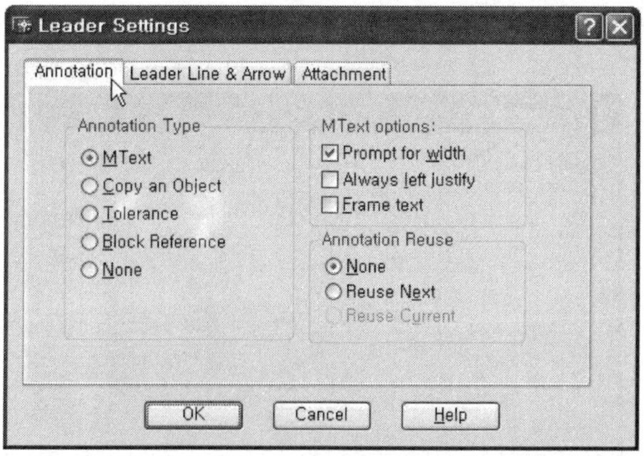

Annotation Tab of Leader Settings

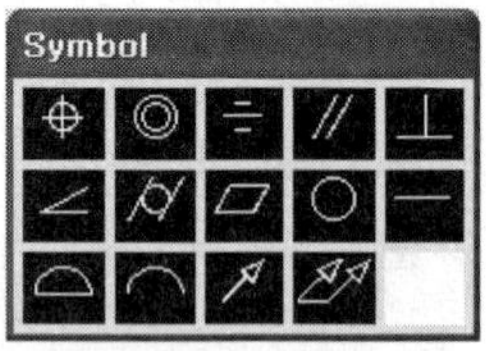

Symbol

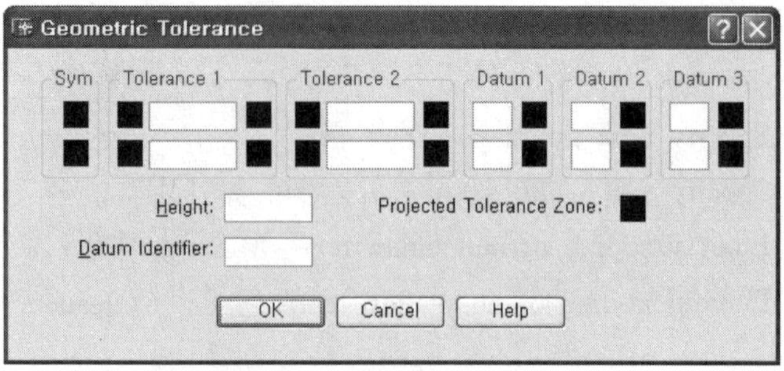

Geometric Tolerance

- Block reference : 숫자나 문자, 공차를 블록으로 지정하여 지시선 끝에 기입한다.
- None : 지시선에 내용을 기입하지 않는다.

■ **Mtext options** : Mtext로 치수문자를 입력하는 경우 치수문자의 형식을 설정한다.

- Prompt for width : 치수문자의 높이를 조정하는 프롬프트를 표시한다.
- Always left justify : 치수문자를 왼쪽에 맞춰 정렬한다,
- Frame text : 치수문자에 테두리선을 그린다.

■ **Annotation Reuse** : 치수문자 재 사용여부를 설정한다.

- None : 치수문자를 다시 사용하지 않고 새로 입력한다.
- Reuse Next : 치수문자를 다음 지시선 기입에 다시 사용한다.
- Reuse Current : 앞서 기입한 지시선의 치수문자를 다시 사용한다.

Leader Line & Arrow

지시선과 화살표의 모양을 설정한다.

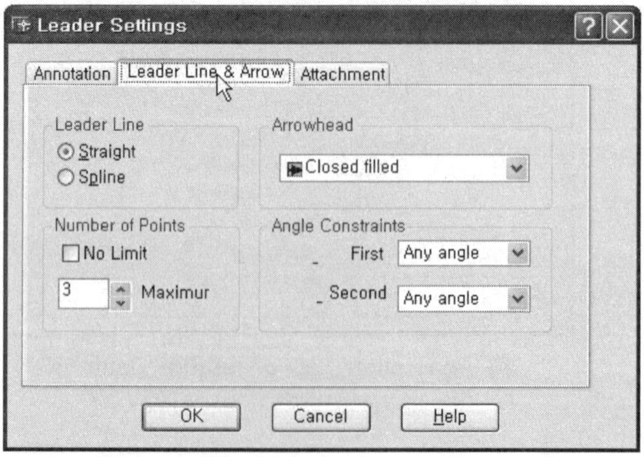

Leader Line & Arrow Tab of Leader Settings

■ **Leader Line :** 지시선의 유형을 설정한다.

▶ Straight : 지시선을 직선으로 그린다.

▶ Spline : 지시선 을 스플라인 곡선으로 그린다.

■ **Arrowhead :** 지시선의 화살표 모양을 설정한다.

■ **Number of Points :** 지시선을 그릴 때 지시선의 정점의 수를 설정한다.

▶ No Limit : 지시선의 정점개수를 제한하지 않는다.

▶ Maximum : 지시선 최대 정점개수를 설정한다.

■ **Angle Constraints :** 지시선이 꺾이는 각도를 설정한다.

▶ First Segment : 첫 번째 지시선의 각도를 설정한다.

▶ Second Segment : 두 번째 지시선의 각도를 설정한다.

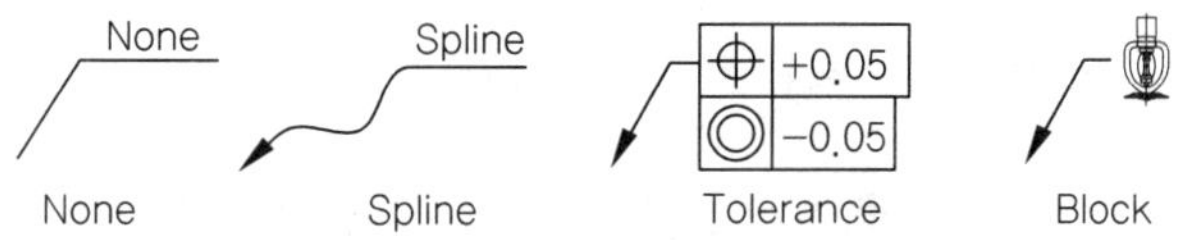

Annotation Type and Leader Line & Arrow

Attachment

지시선에 다중 줄로 기입되는 치수문자의 정렬방식을 설정한다.

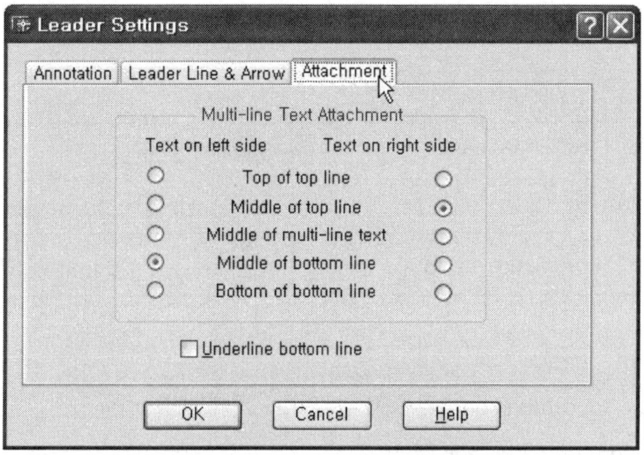

Attachment of Leader Settings

■ **Multi-line Text Attachment :** 치수문자가 지시선에 기입되는 위치를 설정한다.

▶ Text on left side : 치수문자가 지시선의 왼쪽에 있을 경우

▶ Text on right side : 치수문자가 지시선의 오른쪽에 있을 경우

- Top of top line : 치수문자의 첫 번째 줄을 지시선에 맞춘다.
- Middle of top line : 치수문자의 첫 번째 줄의 가운데를 지시선에 맞춘다.
- Middle of multi-line text : 치수문자의 가운데를 지시선에 맞춘다.
- Middle of bottom line : 치수문자의 맨 아래 줄의 가운데를 지시선에 맞춘다.
- Bottom of bottom line : 치수문자의 맨 아래 줄을 지시선에 맞춘다.

■ **Underline bottom line** : 치수문자의 맨 아래 줄까지 지시선을 긋는다.

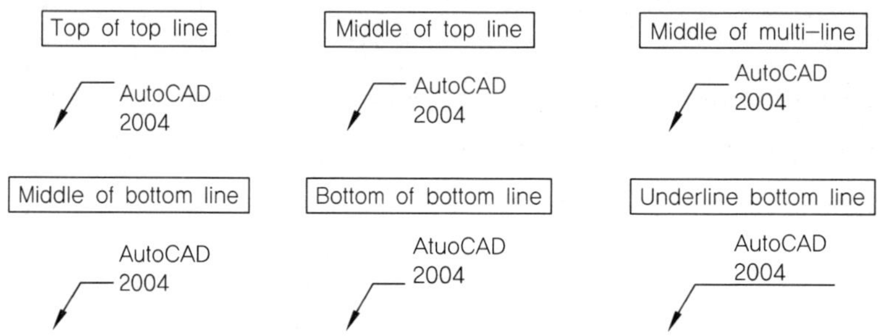

Multi-Line Text Attachment

3.12 빠르게 치수기입하기

빠른 치수기입은 치수기입을 위해 특정 점을 지정할 수 없고 객체만을 선택할 수 있으며, 선택한 객체에 따라 연속치수, 기준에 의한 치수기입, 지름, 반지름 치수를 한번에 기입할 수 있다.

입력방법

(키보드)	Command	Qdim Enter↵
(마우스)	Main menu	Dimension > Quick Dimension
	Icon menu	Dimension Toolbar >

Command: qdim Enter↵

Select geometry to dimension: 치수를 기입할 객체선택 Enter↵

Specify dimension line position, or

[Continuous/Staggered/Baseline/Ordinate/Radius/Diameter/datumPoint/Edit]

<Continuous>: 치수선 기입위치 설정 또는 옵션입력 Enter↵

Quick Dimension Option

- **Continuous** : 선택한 객체에 연속치수를 기입한다.
- **Staggered** : 선택한 객체에 엇갈림 치수를 기입한다.
- **Baseline** : 선택한 객체에 기준선 치수를 기입한다.
- **Ordinate** : 선택한 객체에 세로좌표치수를 기입한다.
- **Radius** : 선택한 객체에 반지름치수를 기입한다.
- **Diameter** : 선택한 객체에 지름치수를 기입한다.
- **datumPoint** : 선택한 객체에 기준선 치수나 세로좌표 치수를 기입할 때 기준점 재설정한다.
- **Edit** : 선택한 객체에 치수가 기입될 점을 삭제하거나 추가하여 치수선을 편집한다. 이 옵션을 선택하면, 다음과 같이 하위옵션이 나온다.

  Indicate dimension point to remove, or [Add/eXit] <eXit>: 치수기입 점을 삭제하거나 옵션선택 Enter↵

  ▶ Add : 치수기입 점을 추가한다.

  ▶ eXit : Edit 옵션을 빠져 나온다.

따라하기 : 빠르게 치수기입하기

작성한 도형에 연속치수, 엇갈림 치수, 기준선 치수를 기입해보자.

- **Step 01** : Line 명령으로 도형을 그린다.
- **Step 02** : Quick Dimension 명령으로 도형에 연속치수를 기입한다.

Dimension Toolbar에서 Quick Dimension 아이콘 선택

Command: _qdim

Select geometry to dimension: 1 found ☞ P1 선택

Select geometry to dimension: 1 found, 2 total ☞ P2 선택

Select geometry to dimension: 1 found, 3 total ☞ P3 선택

Select geometry to dimension: ☞ 객체선택 종료

Specify dimension line position, or

[Continuous/Staggered/Baseline/Ordinate/Radius/Diameter/datumPoint/Edit]

<Continuous>: ☞ 임의 위치지정

- **Step 03** : Quick Dimension 명령으로 도형에 엇갈림 치수를 기입한다.

Dimension Toolbar에서 Quick Dimension 아이콘 선택

Command: _qdim

Select geometry to dimension: 1 found ☞ P1 선택

Select geometry to dimension: 1 found, 2 total ☞ P2 선택

Select geometry to dimension: 1 found, 3 total ☞ P3 선택

Select geometry to dimension: ☞ 객체선택 종료

Specify dimension line position, or

[Continuous/Staggered/Baseline/Ordinate/Radius/Diameter/datumPoint/Edit]

<Baseline>:s Enter ☞ Staggered 옵션선택

Specify dimension line position, or

[Continuous/Staggered/Baseline/Ordinate/Radius/Diameter/datumPoint/Edit]

<Staggered>: ☞ 임의 위치지정

■ **Step 04 :** Quick Dimension 명령으로 도형에 기준선 치수를 기입한다.

Dimension Toolbar에서 Quick Dimension 아이콘 선택

Command: _qdim

Select geometry to dimension: 1 found ☞ P1 선택

Select geometry to dimension: 1 found, 2 total ☞ P2 선택

Select geometry to dimension: ☞ 객체선택 종료

Specify dimension line position, or

[Continuous/Staggered/Baseline/Ordinate/Radius/Diameter/datumPoint/Edit]

<Continuous>:b Enter ☞ Baseline 옵션선택

Specify dimension line position, or

[Continuous/Staggered/Baseline/Ordinate/Radius/Diameter/datumPoint/Edit]

<Baseline>: ☞ 임의 위치지정

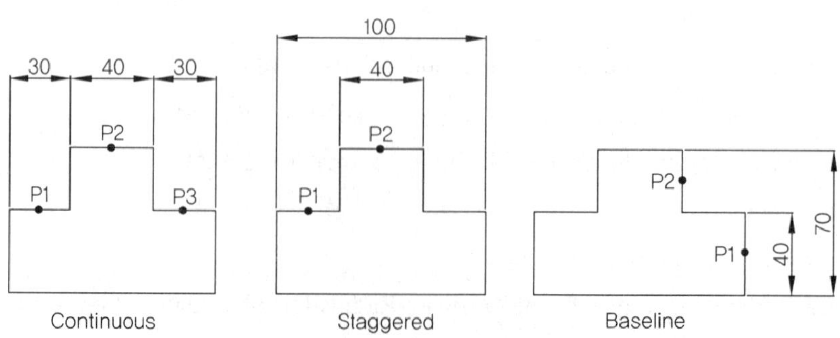

Quick dimension

3.13 공차 기입하기

금형이나 정밀기계, 기계부품의 설계도면에 기하학적 공차를 기입할 때 사용한다.

입력방법

(키보드)	Command	Tolerance Enter↵
(마우스)	Main menu	Dimension > Tolerance
	Screen menu	DIMENSION > Tolerance
	Icon menu	Dimension Toolbar >

Tolerance 명령을 실행하면 'Geometric Tolerance' 대화상자가 나오고, 이 대화상자로부터 공차와 형상공차의 심벌을 기입할 수 있다.

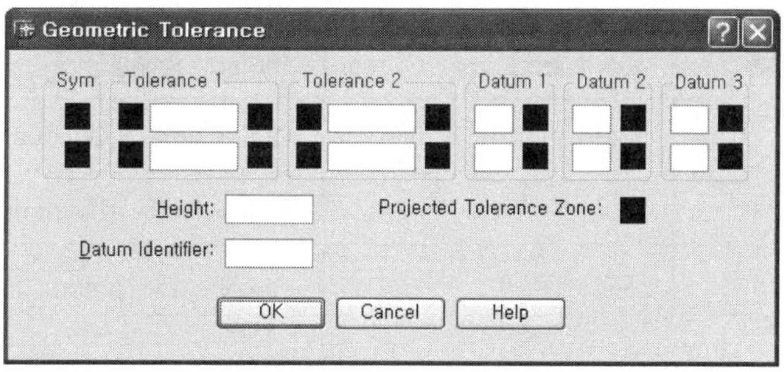

Geometric Tolerance

대화상자에서

- **Sym :** 이 항목의 사각형 ■을 선택하면 'Symbol' 대화상자가 나오고, 이 대화상자로부터 형상공차의 심벌을 사각형 ■에 입력시킨다.
- **Tolerance 1, 2 :** 허용공차와 재질상태의 기호를 입력한다. 앞 사각형 ■을 선택하면 지름기호 ϕ가 표시되고, 뒤 사각형 ■을 선택하면 'Material Condition' 대화상자가 나와 재질기호를 입력할 수 있다.
- **Datum 1, 2 :** 재질기호의 조건을 입력한다. 사각형 ■을 선택하면 'Material Condition' 대화상자가 나와 재질기호를 입력할 수 있다.
- **Height :** 허용공차의 영역범위를 입력한다.

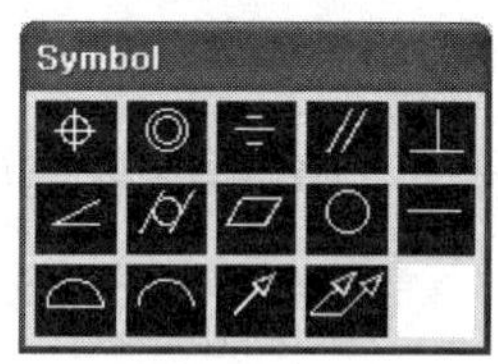

Symbol

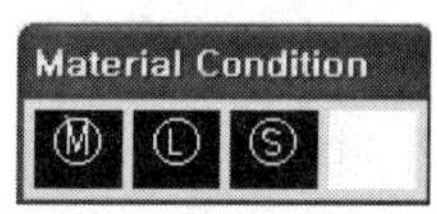

Material Condition

- **Datum Identifier** : Datum(기준) 표시기호를 입력한다.
- **Projected Tolerance Zone** : 투영공차의 영역과 투영공차 표시기호 ⓟ를 입력한다.

4. 치수편집하기

4.1 치수문자와 치수보조선 편집하기

기입된 치수문자를 새로 기입하거나 치수문자와 치수보조선가 각도만큼 기울어지도록 편집할 수 있다.

입력방법

키보드	Command	Dimedit Enter↵
마우스	Main menu	Dimension > Oblique
	Screen menu	DIMENSION > Dimedit
	Icon menu	Dimension Toolbar > [아이콘]

Command: dimedit Enter↵

Enter type of dimension editing [Home/New/Rotate/Oblique] <Home>:

옵션입력 Enter↵

Select objects: 편집할 치수선택 Enter↵

Dimedit Option

- **Home** : 치수문자를 원래 상태(각도 0°)로 표시한다.
- **New** : 'Text Formatting' 대화상자에서 새로운 치수문자를 입력한다.
- **Rotate** : 치수문자를 지정각도로 회전시킨다.
- **Oblique** : 치수보조선의 기울기 각도를 조정한다.

따라하기 : 치수문자와 치수보조선 편집하기

작성한 도형에 치수를 기입하고 치수문자와 치수보조선을 편집해보자.

■ **Step 01 :** Line 명령으로 도형을 그린다.

■ **Step 02 :** Dimlinear 명령으로 도형에 치수를 기입한다.

■ **Step 03 :** Dimedit 명령으로 도형에 치수를 변경한다.

Dimension Toolbar에서 Dimedit 아이콘 선택

Command: _dimedit

Enter type of dimension editing [Home/New/Rotate/Oblique] <Home>: n Enter↵

☞ 'Multiline Text Editor' 대화상자에서 < >를 지우고 치수 100을 입력하고 OK 버튼을 선택한다.

Select object: ☞ 치수 123 선택

Select object: Enter↵ ☞ Dimedit 명령 종료

■ **Step 04 :** Dimedit 명령으로 치수문자를 회전시킨다.

Dimension Toolbar에서 Dimedit 아이콘 선택

Command: _dimedit

Enter type of dimension editing [Home/New/Rotate/Oblique] <Home>: r Enter↵

Specify Angle for dimension text: 45 ☞ 치수문자를 45°기울임

Select objects: 1 found ☞ 치수 100 선택

Select objects: Enter↵

■ **Step 05 :** Dimedit 명령으로 치수문자를 회전시킨다.

Dimension Toolbar에서 Dimedit 아이콘 선택

Command: _dimedit

Enter type of dimension editing [Home/New/Rotate/Oblique] <Home>: o Enter↵

Select objects: 1 found ☞ 치수 100 선택

Select objects: Enter↵

Enter obliquing Angle (press ENTER for none): 60 Enter↵

☞ 치수보조선을 60°기울임

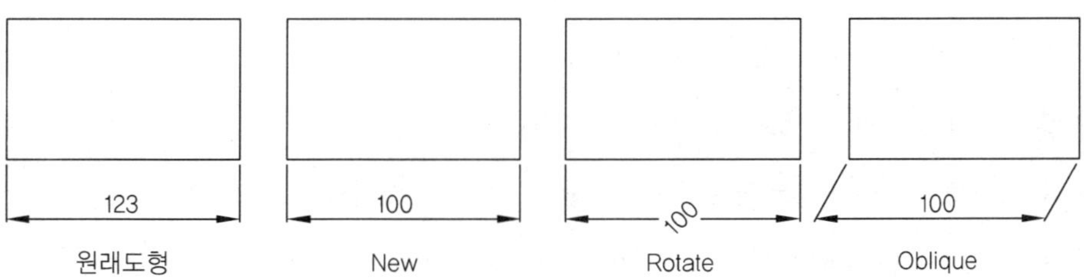

Dimedit

4.2 치수문자 편집하기

기입된 치수문자의 기입위치를 이동하거나 설정한 각도만큼 치수문자가 기울어지도록 편집할 수 있다.

입력방법

키보드	Command	Dimtedit Enter↵
마우스	Main menu	Dimension〉Align Text
	Screen menu	DIMENSION〉Dimtedit
	Icon menu	Dimension Toolbar〉

Command: dimtedit Enter↵
Select dimension: 편집할 치수문자 선택 Enter↵
Specify new location for dimension text or [Left/Right/Center/Home/Angle]:
치수문자의 기입위치 변경 또는 옵션입력 Enter↵

Dimtedit Option

- **Left** : 치수문자가 수평치수인 경우 치수선의 왼쪽으로 이동시키고 수직치수인 경우 아래쪽으로 이동시킨다.
- **Right** : 치수문자가 수평치수인 경우 치수선의 오른쪽으로 이동시키고 수직치수인 경우 위쪽으로 이동시킨다.
- **Center** : 치수문자를 가운데로 이동시킨다.
- **Home** : 치수문자를 원래의 위치로 이동시킨다.
- **Angle** : 치수문자를 지정각도로 회전시킨다.

따라하기 : 치수문자 편집하기

작성한 도형에 치수를 기입하고 치수문자를 편집해보자.

- **Step 01** : Line 명령으로 도형을 그린다.
- **Step 02** : Dimlinear 명령으로 도형에 치수를 기입한다.
- **Step 03** : Dimtedit 명령으로 치수문자를 왼쪽으로 옮긴다.

Dimension Toolbar에서 Dimtedit 아이콘 선택

Command: _dimtedit

Select dimension: ☞ 수평치수 100 선택

Specify new location for dimension text or

[Left/Right/Center/Home/Angle]: l Enter↵

Command: _dimtedit

Select dimension: ☞ 수직치수 70 선택

Specify new location for dimension text or

[Left/Right/Center/Home/Angle]: l Enter↵

■ **Step 04 :** Dimtedit 명령으로 치수문자를 오른쪽으로 옮긴다.

Dimension Toolbar에서 Dimtedit 아이콘 선택

Command: _dimtedit

Select dimension: ☞ 수평치수 100 또는 수직치수 70 선택

Specify new location for dimension text or

[Left/Right/Center/Home/Angle]: r Enter↵

■ **Step 04 :** Dimtedit 명령으로 치수문자를 회전시킨다.

Dimension Toolbar에서 Dimtedit 아이콘 선택

Command: _dimtedit

Select dimension: ☞ 수평치수 100 또는 수직치수 70 선택

Specify new location for dimension text or

[Left/Right/Center/Home/Angle]: a Enter↵

Specify Angle for dimension text: 90

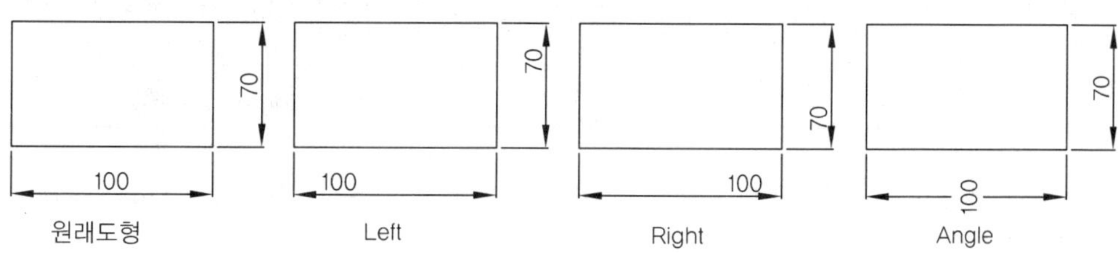

Dimtedit

4.3 일부 치수변수 변경에 의한 치수갱신하기

기입된 치수에 부분적으로 치수변수를 변경하여 치수를 갱신할 수 있다. 이때 새로 설정한 치수변수 값은 현재 사용 중인 치수유형에는 영향을 미치지 않는다.

입력방법

	Command	Dimover 또는 Dimoverride Enter↵
	Main menu	Dimension > Override

Command: dimoverride Enter↵

Enter dimension variable name to override or [Clear overrides]:

변경할 변수이름 입력 Enter↵

Enter new value for dimension variable <현재 변수 값>: 새 변수 값 설정 Enter↵

Enter dimension variable name to override:

변경할 다른 변수이름 입력 또는 Enter↵ 입력

Select objects: 갱신할 치수선택 Enter↵

4.4 치수변수나 치수유형 변경에 의한 치수갱신하기

치수변수를 변경한 후 바뀐 치수변수에 의해 치수를 갱신(Update)할 수 있다. 기존에 기입된 치수의 치수변수 값 또는 치수유형을 변경하여 변경된 치수변수나 치수유형으로 치수를 갱신한다.

입력방법

	Command	Update Enter↵
	Main menu	Dimension > Update
	Screen menu	DIMENSION > Update
	Icon menu	Dimension Toolbar >

Update 명령은 명령어 영역의 Command: 상태에서 사용할 수 없고, Dim: 상태에서만 사용할 수 있다.

Command: dim Enter↵

Dim: update Enter↵

Select objects: 변경된 치수변수 값으로 갱신할 치수선택 Enter↵

Dim: exit Enter↵ ☞ Update 명령 종료

Dimension Toolbar에서 Dimension Update 아이콘 과 Main Menu의 Dimension

>Update를 실행하면 명령어 영역에는 다음과 같은 메시지가 나온다.

Command:_dimstyle dimension style: 기존의 치수변수 값을 모두 표시

Dimension Style Edit (Save/Restore/STatus/Variables/Apply/?)<Restore>:_apply

Select objects: 변경된 변수 값으로 갱신할 치수선택 Enter↲

Command: _-dimstyle

Current dimension style: ☞ 기존의 치수변수 값을 모두 표시

Enter a dimension style option

[Save/Restore/STatus/Variables/Apply/?] <Restore>: _apply

Select objects: 변경된 변수 값으로 갱신할 치수선택 Enter↲

Dimension Updat Option

- **Save** : 변경한 치수변수를 새 치수유형으로 저장한다.
- **Restore** : 기존의 치수유형을 사용할 치수유형으로 설정한다.
- **STatus** : 사용 중인 치수변수 값을 표시한다.
- **Variables** : 변경한 치수변수 값을 표시한다.
- **Apply** : 현재 사용 중인 치수유형의 치수변수 값을 기존의 도면에 적용한다.
- **?** : 치수유형의 목록을 보여준다.

Options' 대화상자의 User Preference 탭의 Associative Dimensioning 항목에서 Make new dimensions associate를 미리 선택해놓으면, 치수유형이 변경되면 기존의 치수가 자동으로 바뀐다.

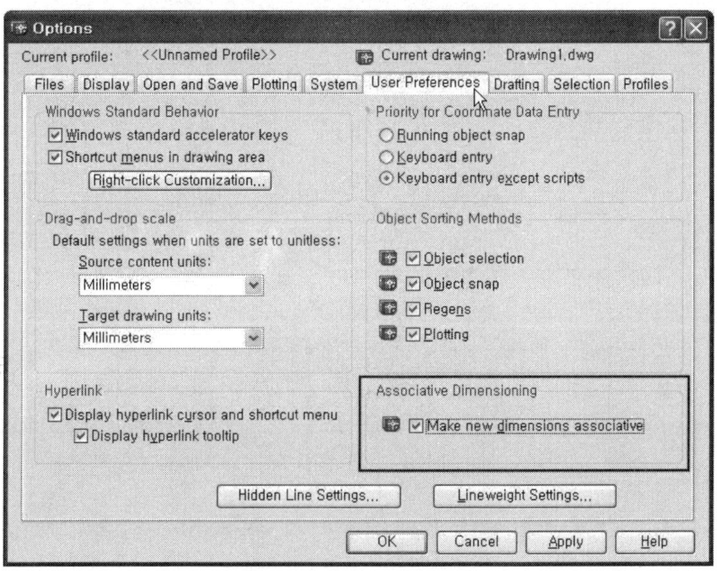

User preferences

4.5 연관치수의 치수위치 변경하기

기입된 치수의 연관성을 유지하면서 치수의 위치를 변경할 수 있다.

입력방법

	Command	Dimreassociate Enter↵
	Main menu	Dimension > Reassociate Dimensions

Command: dimreassociate Enter↵

Select dimensions to reassociate ...

Select objects: 연관치수 선택 Enter↵ ☞ 더 이상 선택할 객체가 없어 Enter↵를 선택하면 선택된 치수객체에 ⊠ 표시가 생긴다.

Specify first extension line origin or [Select object] <next>:

이동할 첫 번째 치수보조선 위치지정 Enter↵

Specify second extension line origin <next>:

이동할 두 번째 치수보조선 위치지정 Enter↵

따라하기 : 도형에 전체 치수기입하기

다음 도형을 작성하고, 도형에 치수를 기입해보자.

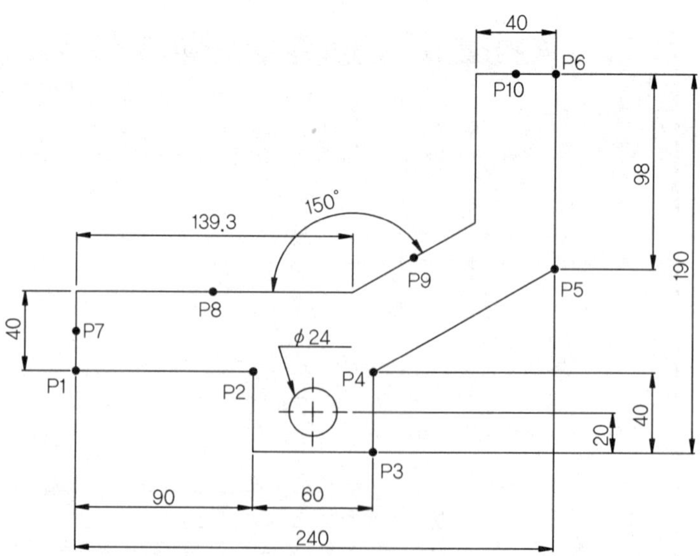

- **Step 01 :** Main menu>Format>Units를 선택하고, 'Units Control' 대화상자에서 치수 단위를 설정한다.

▶ Length(길이단위)를 설정한다.
- Type : Decimal 선택
- Precision : 0.0 선택

▶ Angles(각도 단위)를 설정한다.
- Type : Deg/Min/Sec 선택
- Precision : 0d0' 선택

▶ OK을 선택한다.

■ **Step 02 :** Main Menu>Format>Drawing Limits를 선택하고, 도면용지의 크기를 A3으로 설정한다.

Command :_limits
Reset Model space limits:
Specify lower left corner or [ON/OFF] <0.0000,0.0000>: Enter↵
Specify upper right corner <420.0000,297.0000>: 420,297 Enter↵
Command : Zoom Enter↵
Specify corner of window, enter a scale factor (nX or nXP), or
[All/Center/Dynamic/Extents/Previous/Scale/Window] <real time>: a Enter↵

■ **Step 03 :** Layer Toolbar에서 Layer 아이콘 을 선택하고, 'Layer Properties Manager' 대화상자에서 OutL과 CenL 레이어를 생성한다.

▶ OutL 레이어
- 색상 : 흰색
- 선 유형 : Continuous

▶ CenL 레이어
- 색상 : 파란색
- 선 유형 : Center

■ **Step 04 :** Layer Control 에서 드롭다운 리스트 버튼 을 눌러 레이어 OutL를 선택한다.

■ **Step 05 :** Draw Toolbar에서 Line 아이콘 을 선택하고 도형을 그린다.

Command: _line Specify first point:
Specify next point or [Undo]: @90<0
Specify next point or [Undo]: @40<270
Specify next point or [Close/Undo]: @60<0
Specify next point or [Close/Undo]: @40<90

Specify next point or [Close/Undo]: @104<30

Specify next point or [Close/Undo]: @98<90

Specify next point or [Close/Undo]: @40<180

Specify next point or [Close/Undo]: @75<-90

Specify next point or [Close/Undo]: @70<210

Specify next point or [Close/Undo]: @139.3<180

Specify next point or [Close/Undo]: c

- **Step 06** : Draw Toolbar에서 Circle 아이콘 을 선택하고 ϕ24의 원을 그린다.

  Command: _circle

  Osnap Mode의 Otrack 아이콘 선택

  Specify center point for circle or [3P/2P/Ttr (tan tan radius)]: _tt

  Specify temporary OTRACK point: ☞ 'Drafting Settings' 대화상자에서 Osnap Mode를 모두 선택하고, POLAR, OSNAP, OTRACK 버튼을 눌러 모두 활성화 시킨다. 마우스 포인트를 P1에 가져가면 자동으로 선의 가운데 점이 찾아진다.

  Specify center point for circle or [3P/2P/Ttr (tan tan radius)]: ☞ 마우스 포인트를 P2에 가져가면 자동으로 선의 가운데 점이 찾아진다. 이때 마우스를 움직여 P1과 P2가 만나 점을 쉽게 찾을 수 있다. 이 점이 원의 중심점이 된다.

  Specify radius of circle or [Diameter]: 12 ☞ 원의 반지름

- **Step 07** : 치수기입에서 사용할 치수문자를 설정한다. Main Menu>Format>Text Style을 선택하고, 'Text Style' 대화상자에서 문자유형을 설정한다.

  ▶ Style Name : 치수

  ▶ Font Name : Romantic

  ▶ Apply 버튼을 선택하고 창을 닫는다.

- **Step 08** : Dimension Toolbar에서 Dimension Style 아이콘 을 선택하고 'Dimension Style Manager' 대화상자에서 치수유형을 설정한다.

  ▶ New 버튼을 선택하고 'Create New Dimension Style' 대화상자에 치수유형 이름을 입력한다.

  - New Style Name : 치수

  ▶ 'New Dimension Style' 대화상자의 'Line and Arrow' 탭에서 치수선, 치수보조선, 화살표, 지시선의 치수변수를 설정한다.

  - Dimension Line의 Spacing : 20
  - Extension Line의 Extension : 3

- Arrowheads의 1st, 2nd : Closed Filled 선택
- Arrowheads의 Arrow size : 10

▶ Text 탭에서 치수문자의 유형과 위치, 정렬 등을 설정한다.

- Text style : ... 버튼을 선택하고 'Text Style' 대화상자가 나오면, Step 07에서 설정한 '치수' 문자유형 선택
- Text color : 빨간색
- Text height : 12

▶ Fit 탭에서 치수의 문자, 화살표, 치수선의 위치를 설정한다.

- Fit Options에서 Both text and arrows 선택

▶ Primary units 탭에서 선형치수와 각도치수의 단위를 설정한다.

- Unit format : Decimal 선택
- Precision : 0.0 선택
- Angular Dimensions : Deg/Min/Sec 선택
- Precision : 0d0' 선택

▶ OK 버튼을 선택한다.

■ **Step 09 :** 'Dimension Style Manager' 대화상자의 'Center Marks for Circles'에서 Type을 Line로 설정한 후 Size=4로 설정한다.

■ **Step 10 :** Dimcenter 명령으로 원에 중심선을 기입한다.

Dimension Toolbar에서 Dimcenter 아이콘 (+) 선택

Command: _dimcenter

Select arc or circle: ☞ 원 선택

■ **Step 11 :** Dimlinear 명령으로 도형에 치수 90을 기입한다.

Dimension Toolbar에서 Dimlinear 아이콘 ⟼ 선택

Command: _dimlinear

Osnap Mode의 End 아이콘 선택

Specify first extension line origin or <select object>: _endp of ☞ P1 선택

Osnap Mode의 End 아이콘 선택

Specify second extension line origin: _endp of ☞ P2 선택

Specify dimension line location or

[Mtext/Text/Angle/Horizontal/Vertical/Rotated]: ☞ 임의 위치지정

Dimension text = 90

■ **Step 12 :** Dimlinear 명령으로 도형에 치수 ϕ60을 기입한다.

Dimension Toolbar에서 Dimlinear 아이콘 선택

Command: _dimlinear

Osnap Mode의 End 아이콘 선택

Specify first extension line origin or <select object>: _endp of ☞ P2 선택

Osnap Mode의 End 아이콘 선택

Specify second extension line origin: _endp of ☞ P3 선택

Specify dimension line location or

[Mtext/Text/Angle/Horizontal/Vertical/Rotated]: t Enter↵

Enter dimension text <60>: %%c60

[Mtext/Text/Angle/Horizontal/Vertical/Rotated]: ☞ 임의 위치지정

Dimension text = 60

- **Step 13 :** Dimbaseline 명령으로 도형에 치수 240을 기입한다.

Dimension Toolbar에서 Dimbaseline 아이콘 선택

Command: _dimbaseline

Specify a second extension line origin or [Undo/Select] <Select>: Enter↵

Select base dimension: ☞ 치수 90 선택

Osnap Mode의 End 아이콘 선택

Specify a second extension line origin or [Undo/Select] <Select>:

_end of ☞ P5 선택

Dimension text = 240 ☞ 측정치수

Specify a second extension line origin or [Undo/Select] <Select>: Enter↵

Select base dimension: Enter↵

- **Step 14 :** Dimlinear 명령으로 도형에 치수 20을 기입한다.

Dimension Toolbar에서 Dimlinear 아이콘 선택

Command: _dimlinear

Osnap Mode의 End 아이콘 선택

Specify first extension line origin or <select object>: _endp of ☞ P3 선택

Osnap Mode의 End 아이콘 선택

Specify second extension line origin: _endp of ☞ 원의 수평 중심선 선택

Specify dimension line location or

[Mtext/Text/Angle/Horizontal/Vertical/Rotated]: ☞ 임의 위치지정

Dimension text = 20

■ **Step 15 :** Dimbaseline 명령으로 도형에 치수 40을 기입한다.

Dimension Toolbar에서 Dimbaseline 아이콘 선택

Command: _dimbaseline

Specify a second extension line origin or [Undo/Select] <Select>: Enter↵

Select base dimension: ☞ 치수 20 선택

Osnap Mode의 End 아이콘 선택

Specify a second extension line origin or [Undo/Select] <Select>:

_end of ☞ P4 선택

Dimension text = 40 ☞ 측정치수

Specify a second extension line origin or [Undo/Select] <Select>: Enter↵

Select base dimension: Enter↵

■ **Step 16 :** Dimlinear 명령으로 도형에 치수 98을 기입한다.

Dimension Toolbar에서 Dimlinear 아이콘 선택

Command: _dimlinear

Osnap Mode의 End 아이콘 선택

Specify first extension line origin or <select object>: _endp of ☞ P6 선택

Osnap Mode의 End 아이콘 선택

Specify second extension line origin: _endp of ☞ P5 선택

Specify dimension line location or

[Mtext/Text/Angle/Horizontal/Vertical/Rotated]: ☞ 임의 위치지정

Dimension text = 98

■ **Step 17 :** Dimbaseline 명령으로 도형에 치수 190을 기입한다.

Dimension Toolbar에서 Dimbaseline 아이콘 선택

Command: _dimbaseline

Specify a second extension line origin or [Undo/Select] <Select>: Enter↵

Select base dimension: ☞ 치수 98 선택

Osnap Mode의 End 아이콘 선택

Specify a second extension line origin or [Undo/Select] <Select>:

_end of ☞ P3 선택

Dimension text = 190 ☞ 측정치수

Specify a second extension line origin or [Undo/Select] <Select>: Enter↵

Select base dimension: Enter↵

■ **Step 18 :** Dimlinear 명령으로 도형에 수직치수 40을 기입한다.

Dimension Toolbar에서 Dimlinear 아이콘 선택

Command: _dimlinear

Specify first extension line origin or <select object>: Enter↵

Select object to dimension: ☞ P7 선택

Specify dimension line location or

[Mtext/Text/Angle/Horizontal/Vertical/Rotated]: ☞ 임의 위치지정

Dimension text = 40

■ **Step 19 :** Dimlinear 명령으로 도형에 치수 139.3을 기입한다.

Dimension Toolbar에서 Dimlinear 아이콘 선택

Command: _dimlinear

Specify first extension line origin or <select object>: Enter↵

Select object to dimension: ☞ P8 선택

Specify dimension line location or

[Mtext/Text/Angle/Horizontal/Vertical/Rotated]: ☞ 임의 위치지정

Dimension text = 139.3

■ **Step 20 :** Dimlinear 명령으로 도형에 수평치수 40을 기입한다.

Dimension Toolbar에서 Dimlinear 아이콘 선택

Command: _dimlinear

Specify first extension line origin or <select object>: Enter↵

Select object to dimension: ☞ P10 선택

Specify dimension line location or

[Mtext/Text/Angle/Horizontal/Vertical/Rotated]: ☞ 임의 위치지정

Dimension text = 40

■ **Step 21 :** Dimangular 명령으로 각도 150°를 기입한다.

Dimension Toolbar에서 Dimangular 아이콘 선택

Command: _dimangular

Select arc, circle, line, or <specify vertex>: ☞ P8 선택

Select second line: ☞ P9 선택

Specify dimension arc line location or [Mtext/Text/Angle]: ☞ 임의 위치지정

Dimension text = 150 ☞ 각도 측정치수

■ **Step 22 :** Qleader 명령으로 ϕ24를 기입한다.

Command: leader Enter↵

Specify leader start point: ☞ 원 선택

Specify next point: ☞ 임의 위치지정

Specify next point or [Annotation/Format/Undo] <Annotation>: Enter↵

Enter first line of annotation text or <options>: Enter↵

Enter an annotation option [Tolerance/Copy/Block/None/Mtext] <Mtext>: Enter↵

☞ 'Text Formatting' 대화상자에서 %%24 입력 OK 버튼 선택

Specify second point: 길이변환을 위한 두 번째 점 Enter↵

Chapter 15

객체특성 변경과 객체정보 조회하기

여러 개의 객체들이 구성되어 하나의 도면을 구성하고, 이들 객체는 각 객체들만이 가지고 있는 특성이 있다. 도면을 작성한 후 객체의 특성을 조건에 맞게 잘 변경하고 객체의 정보를 정확히 파악해야만 도면에 대한 정보를 신속하게 살펴볼 수 있다. 이 장에서는 객체특성의 변경과 객체정보를 조회하는 방법에 대해 공부하기로 한다.

1. 객체특성 변경하기
2. 객체특성 복사하기
3. 도면 데이터의 최적화하기
4. 객체이름 바꾸기
5. 객체정보 조회하기
6. 도면의 정보조회하기
7. 시간정보 조회하기
8. 시스템 변수 조회하기

1. 객체특성 변경하기

도면은 선과 색상, 척도, 레이어, 문자, 해치패턴, 치수유형 등의 여러 개의 객체로 구성되어 있으며, 이들 객체는 각 객체만의 특성을 가지고 있다. 이 장에서는 이들 객체의 특성을 변경하는 명령에 대해 설명한다.

1.1 객체특성 및 위치 변경하기

색상, 선의 종류, 선의 척도, 두께, 레이어 등의 객체특성과 객체의 위치를 변경할 수 있다. Change명령은 2차원 도면작업에서만 사용이 가능하고 3차원 도면작업에서는 Chprop 명령을 사용해야 한다.

입력방법

	Command	Change Enter↵

Command: change Enter↵

Select objects: 변경할 객체선택 Enter↵

Specify change point or [Properties]: 옵션선택 Enter↵

Change Option

- **Change point** : 객체의 변경위치를 재지정하고, 객체의 종류에 따라 다음과 같이 그 결과가 다르게 나타난다.
  - Line인 경우 : 선택한 선의 가까운 끝점이 지정한 점으로 이동한다.
  - Circle인 경우 : 선택한 원의 반지름이 지정한 점까지 확대 · 축소한다.
  - Block인 경우 : 선택한 블록도면의 삽입 점의 위치나 크기, 내용을 변경한다.
  - Text인 경우 : 선택한 문자가 지정한 점으로 이동한다. 다음과 같은 메시지가 나오고 문자의 특성을 변경할 수 있다.

    Enter new text style <style>:

    Specify new height <기존 문자의 높이>:

    Specify new rotation Angle <기존 문자의 각도>:

    Enter new text <기존 문자의 내용>:

- **Properties** : 이 옵션을 입력하면 다음과 같은 하위옵션이 나온다.

Enter property to change [Color/Elev/LAyer/LType/ltScale/LWeight/Thickness]:

- Color : 선택한 객체의 색상을 변경한다.
- Elev : 선택한 객체의 3차원 형상의 고도를 설정한다.
- LAyer : 선택한 객체의 레이어를 변경한다.
- LType : 선택한 객체의 선의 종류를 변경한다.
- ltScale : 선택한 객체의 선의 척도를 변경한다.
- LWeight : 선택한 객체의 선두께를 변경한다.
- Thickness : 선택한 객체의 3차원 형상의 두께를 변경한다.

1.2 객체특성 변경하기

색상, 레이어, 선의 유형, 선의 척도, 두께의 객체특성을 변경한다. Chprop 명령은 Change 명령으로부터 파생된 것으로 Change 명령에서 Elev 옵션만 제외되었다. 주로 3차원 도면작업에서 사용한다.

입력방법

	Command	Chprop Enter↵

Command: chprop Enter↵

Select objects: 변경할 객체선택 Enter↵

Enter property to change [Color/LAyer/LType/ltScale/LWeight/Thickness]:

옵션선택 Enter↵

Chprop Option

Change Option과 같다.

1.3 대화상자에 의한 객체특성 변경하기

대화상자를 이용한 객체의 특성변경은 Chang나 Chprop 명령을 사용하기 편리하도록 대화상자 형식으로 만든 것이다. 대화상자에는 선택한 도면의 객체에 대한 정보(색상, 선의 종류, 선의 척도, 두께, 레이어 등)를 보여줌과 동시에 변경할 객체의 특성을 대화상자에 의해 편집하도록 하여 아주 편리하게 사용할 수 있다. 선택한 객체에 따라 대화상자가 다르게 표시되므로 특성에 맞게 변경하도록 한다. 따라서 어떤 객체든지 편집하고 싶으면 도면의 객체를 더블클릭하면 바로 Properties 대화상자가 나와 쉽게 편집할 수 있다. 이 명령은 다음과 같은 객체의 특성을 편집하는데 사용할 수 있다.

- 색상이나 논리적 색상(Bylayer 또는 Byblock)
- Layer
- 선의 유형과 척도
- 원, 호 또는 타원
- 폴리라인(Polyline)
- 좌표(정점, 선택 점, 데이터 포인트 등)
- 문자 및 치수

입력방법

(키보드)	Command	Properties 또는 Ddmodify, Ddchprop [Enter↵]
(마우스)	Main menu	Tools > Properties
	Screen menu	MODIFY 1 > Property
	Icon menu	Standard Toolbar >

Command: Properties [Enter↵]

Properties 명령을 실행하면 'Properties' 대화상자가 나오고, 대화상자로부터 객체의 특성을 변경할 수 있다. 객체의 특성을 변경할 객체를 선택하고 나면 선택한 객체에 따라 그에 상응하는 대화상자가 나온다. 객체는 객체자체의 특성과 도면에서의 위치특성을 가지고 있다.

대화상자에서

- [No selec ▾] : 선택된 객체의 이름을 표시한다.
- **Quick Select** : 이 아이콘을 선택하면 'Quick Select' 대화상자가 나오고, 이 대화상자로부터 다양한 조건에 의해 객체를 선택할 수 있다.
- **Select objects** : 특성을 변경할 객체선택을 선택할 수 있다.
- **PICKADD** : 'Select Object:'에서 [Shift]키를 이용하여 객체를 추가·선택하는 기능의 사용여부를 설정한다.
  - ▶ : PICKADD Off, ⇧ 키를 사용하지 않는다.
  - ▶ : PICKADD On, ⇧ 키를 사용한다.

- **General** : 객체의 일반적인 특성을 변경한다. 이 항목은 객체의 종류에 관계없이 공통적으로 해당하는 변경내용이다.
  - ▶ Color : 선택한 객체의 색상을 변경한다.
  - ▶ Layer : 선택한 객체의 레이어를 변경한다.
  - ▶ Linetype : 선택한 객체의 선의 종류를 변경한다.
  - ▶ Linetype scale : 선택한 객체의 선의 척도를 변경한다.
  - ▶ Lineweight : 선택한 객체의 선두께를 변경한다.
  - ▶ Thickness : 선택한 객체의 3차원 형상의 두께를 변경한다.

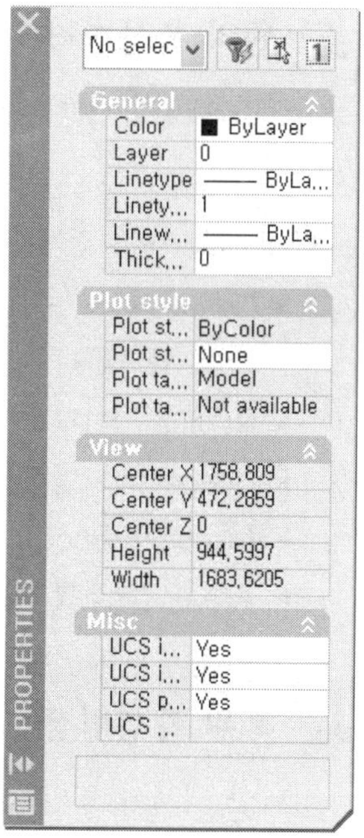

Properties

- **Plot style** : 도면의 출력유형 특성(출력 시 선의 종류, 출력유형 테이블 종류, 출력테이블 형태 등)을 나타내준다.
- **View** : 현재 도면의 크기와 위치에 대한 좌표를 나타내준다.
  - ▶ Center X, Y, Z : 화면의 중심 좌표값을 나타낸다.
  - ▶ Height : Z축의 높이를 표시한다. 현재 값보다 작게 하면 확대, 크게 하면 축소를 의미한다.
- **Misc** : 사용자 좌표계(USC)와 관련된 내용들을 나타내준다.

선의 특성변경

선택한 객체가 선인 경우 선의 색상, 유형과 위치, 레이어를 변경할 수 있다.

- **Geometry** : 선택한 선의 위치를 변경할 수 있다.
  - ▶ Start X, Y, Z : 변경할 선의 시작점 X, Y, Z 좌표값을 입력한다.
  - ▶ End X, Y, Z : 변경할 선의 끝점 X, Y, Z 좌표 값을 입력한다.

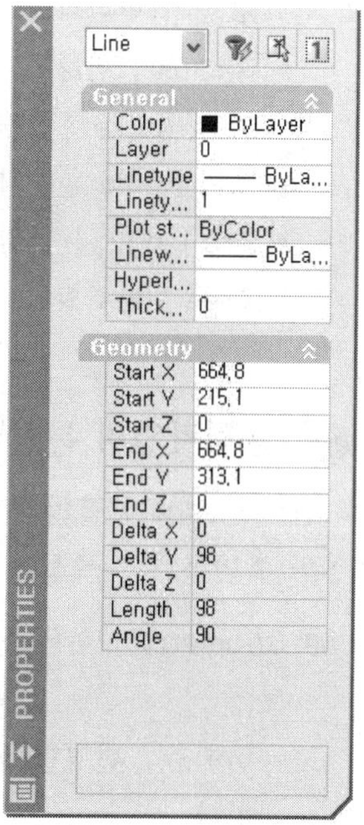

Line of Properties

원의 특성변경

선택한 객체가 원인 경우 원의 특성과 위치를 변경할 수 있다.

- Geometry : 선택한 원의 위치를 변경할 수 있다.
  - ▶ Center X, Y, Z : 변경할 원의 중심점 X, Y, Z 좌표 값을 입력한다.
  - ▶ Radius : 변경할 원의 반지름을 입력한다.
  - ▶ Diameter : 변경할 원의 지름을 입력한다.
  - ▶ Circumference : 변경할 원의 둘레를 입력한다.
  - ▶ Area : 변경할 원의 넓이를 입력한다.

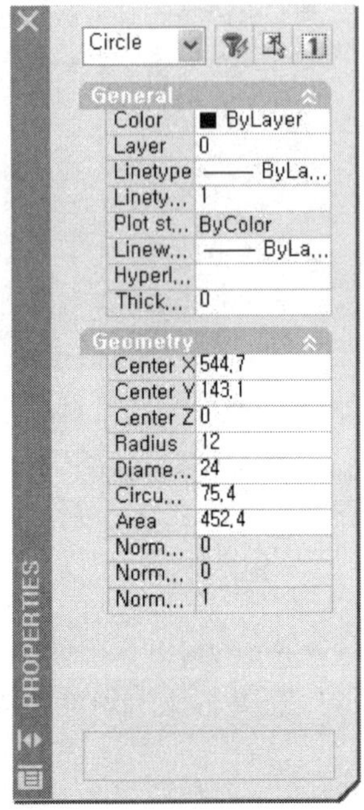

Circle of Properties

호의 특성변경

선택한 객체가 호인 경우 호의 특성과 위치를 변경할 수 있다.

- Geometry : 선택한 호의 위치를 변경할 수 있다.
  - ▶ Center X, Y, Z : 변경할 호의 중심점 X, Y, Z 좌표 값을 입력한다.
  - ▶ Radius : 변경할 호의 반지름을 입력한다.
  - ▶ Start Angle : 변경할 호의 시작점 각도를 입력한다.
  - ▶ End Angle : 변경할 호의 끝점 각도를 입력한다.
  - ▶ Arc length : 변경할 호 현의 길이를 입력한다.
  - ▶ Area : 변경할 호의 넓이를 입력한다.

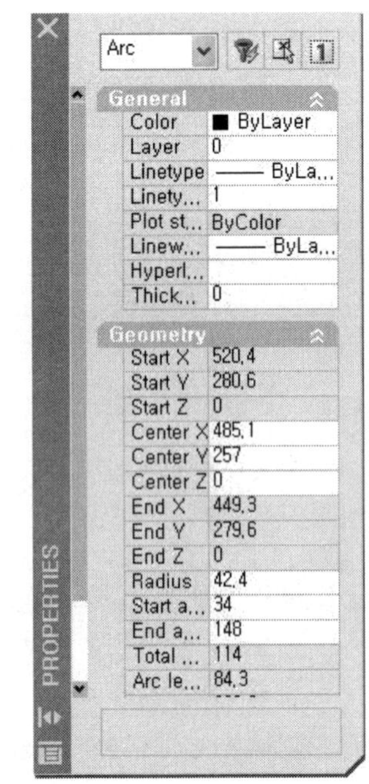

Arc of Properties

폴리라인의 특성변경

선택한 객체가 폴리라인, 2차원과 3차원의 그물(Mesh)인 경우 폴리라인의 특성과 위치를 변경할 수 있다.

- Geometry : 선택한 폴리라인의 위치를 변경할 수 있다.
  - ▶ Vertex : 변경할 폴리라인의 정점(vetex)위치를 입력한다.
  - ▶ Vertex X, Y : 변경할 폴리라인의 정점 X, Y 좌표 값을 입력한다.

▶ Start segment width : 변경할 폴리라인의 시작점 굵기를 입력한다.

▶ End segment width : 변경할 폴리라인의 끝점 굵기를 입력한다.

▶ Global width : 변경할 폴리라인의 전체 굵기를 입력한다.

▶ Elevation : 변경할 폴리라인의 고도를 입력한다.

▶ Close : 열려진 폴리라인을 닫는다.

▶ Linetype generation : 선택한 폴리라인의 선 유형을 변경한다.

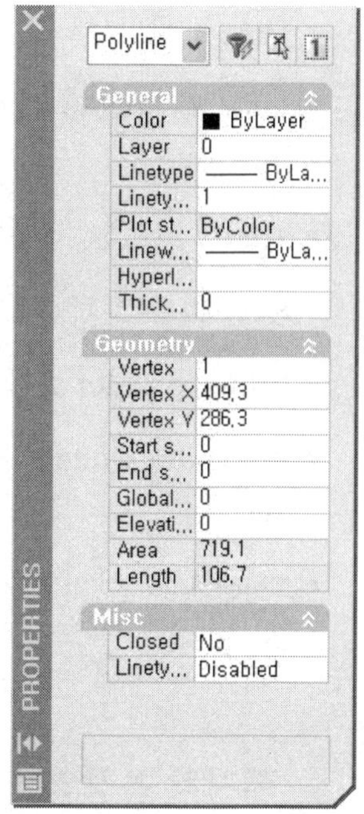

Polyline of Properties

문자의 특성변경

선택한 객체가 문자인 경우 문자의 특성과 위치를 변경할 수 있다.

■ **Text :** 문자의 특성을 변경할 수 있다.

▶ Contents : 입력된 문자의 내용을 변경한다.

▶ Style : 입력된 문자의 유형을 변경한다.

▶ Justify : 입력된 문자의 정렬방식을 변경한다.

▶ Height : 입력된 문자의 높이를 변경한다.

▶ Rotation : 입력된 문자의 각도를 변경한다.

▶ Width Factor : 입력된 문자의 폭 비율을 변경한다.

▶ Obliquing : 입력된 문자의 기울기를 변경한다.

▶ Text alignment X, Y, Z : 입력된 문자의 위치를 변경한다.

▶ Upside down : 입력된 문자의 수평대칭 여부를 설정한다.

▶ Backward : 입력된 문자의 수직대칭 여부를 설정한다.

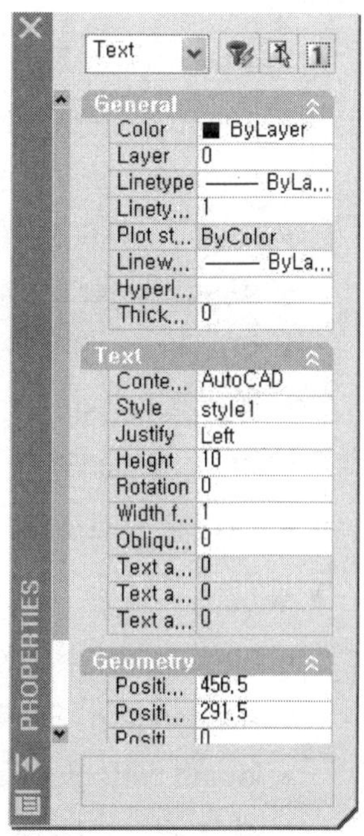

Text of Properties

치수의 특성변경

선택한 객체가 치수인 경우 기입된 치수의 치수변수, 특성과 위치를 변경할 수 있다.

- Misc : 기입된 치수의 유형을 변경한다.
- Line & Arrows : 기입된 치수의 치수선과 화살표를 변경한다.
- Text : 기입된 치수의 문자를 변경한다.
- Fit : 기입된 치수문자의 표기위치를 변경한다.
- Primary Units : 기입된 치수의 단위를 변경한다.
- Alternate Units : 기입된 치수의 대체단위를 변경한다.
- Tolerance : 기입된 치수의 공차기입 방법을 변경한다.

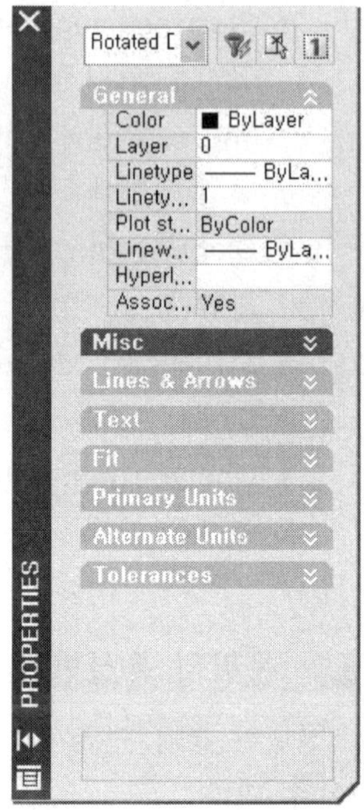

Dimension of Properties

해치의 특성변경

선택한 객체가 해치인 경우 해치의 특성과 패턴 등을 변경할 수 있다.

- Pattern : 선택한 해치의 패턴을 변경한다.
  - Type : 선택한 해치의 유형을 변경한다.
  - Pattern name : 선택한 해치의 패턴을 변경한다.
  - Angle : 선택한 해치의 각도를 변경한다.
  - Scale : 선택한 해치의 축척을 변경한다.
  - Spacing : 선택한 해치선의 간격을 변경한다.
  - ISO pen width : ISO에서 지정한 해치패턴을 선택할 경우, 플로터에서 인쇄될 펜의 폭(mm)을 변경한다.
  - Double : 선택한 해치를 이중해치로 변경한다.
- Misc : 선택한 해치의 고도와 연관성 등을 변경한다.
  - Elevation : 선택한 해치의 고도를 변경한다.
  - Association : 선택한 해치의 연관성을 변경한다.
  - Island detection style : 선택한 해치영역의 탐색유형을 변경한다.

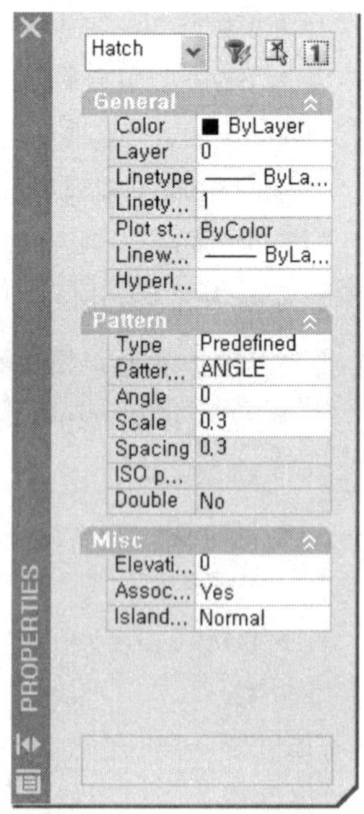

Hatch of Properties

블록의 특성변경

선택한 객체가 블록인 경우 블록의 특성을 변경할 수 있다.

- Misc : 선택한 블록의 이름과 회전각을 변경한다.
  - Name : 선택한 블록의 이름을 변경한다.
  - Rotation : 선택한 블록의 회전각을 변경한다.

그밖에 Mtext, 솔리드(Solid), 3차원 도면의 객체를 선택했을 때에도 그와 관련된 대화상자가 표시되고, 이들 대화상자로부터 특성을 변경할 수 있다.

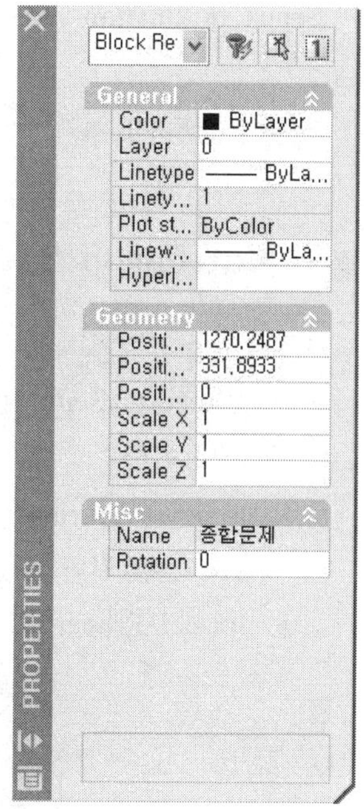

Block of Properties

2. 객체특성 복사하기

선택한 객체의 일부 또는 모든 특성을 다른 객체에 복사하여 사용할 수 있다. 복사할 수 있는 특성은 색상, 선의 종류, 선의 척도, 선의 두께, 레이어, 치수, 문자, 해치 등이다.

입력방법

(키보드)	Command	Matchprop Enter↵
(마우스)	Main menu	Modify > Match Properties
	Screen menu	MODIFY 1 > Matchprp
	Icon menu	Standard Toolbar > (아이콘)

Command: matchprop Enter↵

Select source object: 복사할 객체선택 Enter↵ ☞ 객체를 선택하고 나면 화면에 (아이콘)의 아이콘이 나온다.

Current active settings: Color Layer Ltype Ltscale Lineweight Thickness PlotStyle Text Dim Hatch

Select destination object(s) or [Settings]:

복사한 객체의 특성을 적용할 다른 객체 선택 또는 옵션입력 Enter↵

Select destination object(s) or [Settings]: Enter↵ ☞ Matchprop 명령 종료

Matchprop Option

- **Setting** : 객체특성 중 일부만을 복사할 때 사용하며, 이 옵션을 선택하면 다음과 같이 'Property Settings' 대화상자 나온다. 이 대화상자에서 특성들은 다시 변경할 때까지 유지된다.
  - ▶ Basic Properties : 객체의 색상, 레이어, 선의 종류, 선의 축척, 선의 가중치, 두께 등을 선택할 수 있다.
  - ▶ Special Properties : 치수, 문자, 해치 등의 특성을 복사하여 적용할 때 사용한다.

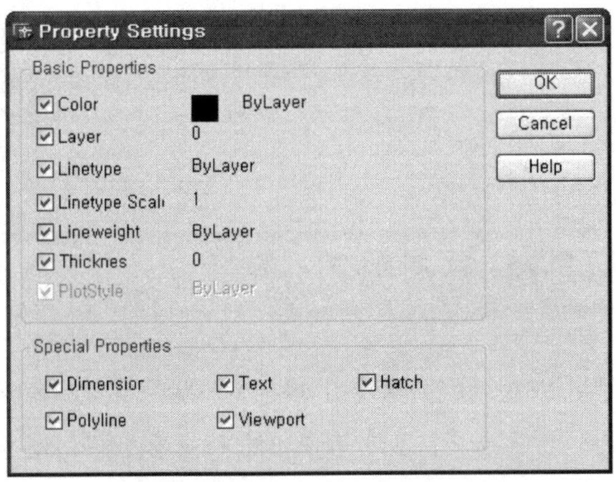

Property Settings

따라하기 : 객체특성 복사하기

다음 화살표와 점 지시선을 작성하고, 점 지시선에 화살표 지시선의 특성을 복사해보자.

Standard Toolbar에서 Matchprop 아이콘 선택

Command: _matchprop

Select source object: ☞ 화살표 지시선 선택, 화면에 아이콘 생성

Current active settings: Color Layer Ltype Ltscale Lineweight Thickness PlotStyle Text Dim Hatch

Select destination object(s) or [Settings]: ☞ 점 지시선 선택, 화살표 지시선으로 바로 바뀜

Select destination object(s) or [Settings]: Enter↵ ☞ Matchprop 명령 종료

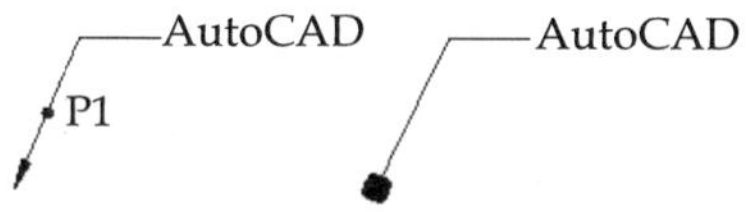

원래도형

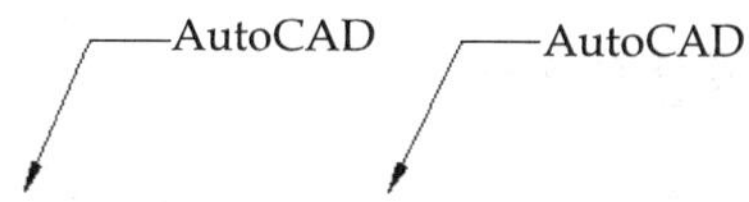

Matchprop 실행 후

3. 도면 데이터의 최적화하기

도면을 작성하다 보면 선 유형, 레이어, 블록, 문자유형, 치수유형 등의 다양한 환경을 만들어 사용하게 된다. 다양한 도면환경 중 사용하지 않는 환경을 정리하여 도면 데이터를 최적화시킬 수 있다. 도면 데이터의 최적화는 Purge 명령을 실행하면 된다.

입력방법

(keyboard)	Command	Purge Enter↵
(mouse)	Main menu	File > Drawing Utilities > Purge
	Screen menu	FILE > Purge

Purge 명령을 실행하면 'Purge' 대화상자가 나오고, 이 대화상자로부터 도면환경을 정리할 수 있다.

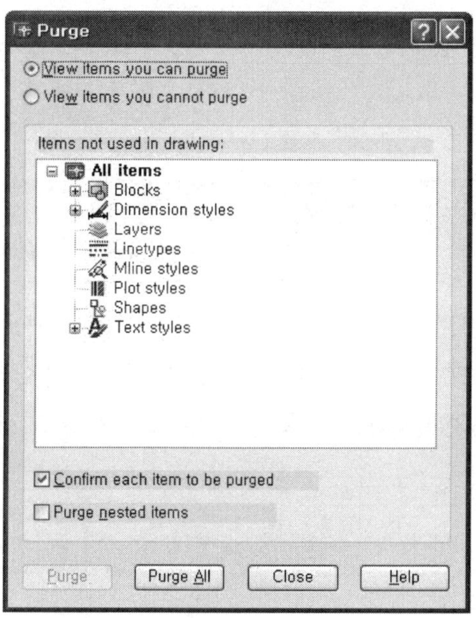

Purge

대화상자에서

- **View items you can purge :** 정리할 수 있는 항목만 나타나게 한다.
- **View items you cannot purge :** 도면에 사용되고 있는 유형과 블록 모두 보여준다.
- **Items not used in drawing :** 도면에 사용하지 않는 항목만 나타나고 정리할 수 있다.
    - ▶ All items : 모든 항목을 볼 수 있다.
    - ▶ Blocks : 사용하지 않는 블록을 볼 수 있고 정리할 수 있다.
    - ▶ Dimension styles : 사용하지 않는 치수유형을 볼 수 있고 정리할 수 있다.
    - ▶ Layers : 사용하지 않는 레이어를 볼 수 있고 정리할 수 있다.
    - ▶ Linetypes : 사용하지 않는 선 유형을 볼 수 있고 정리할 수 있다.
    - ▶ Mline styles : 사용하지 않는 다중선 유형을 볼 수 있고 정리할 수 있다.
    - ▶ Plot styles : 사용하지 않는 출력유형을 볼 수 있고 정리할 수 있다.
    - ▶ Shapes : 사용하지 않는 사용자가 정의한 도형파일(*.shp)을 볼 수 있고 정리할 수 있다.
    - ▶ Text styles : 사용하지 않는 문자유형을 볼 수 있고 정리할 수 있다.
- **Confirm each item to be purged :** 정리가 가능한 항목별로 볼 수 있다.
- **Purge nested items :** 내장된 항목은 정리하지 않는다.
- **Purge :** 항목을 하나씩 정리한다.
- **Purge All :** 한꺼번에 모든 항목을 정리한다.

도면 양이 많거나 도면작업이 완성단계에 이르면 한번씩 실행하는 것이 좋다.

4. 객체이름 바꾸기

도면에서 정의한 블록도면, 치수유형, Layer, 선의 종류, 문자유형, 사용자 정의 좌표계 등의 이름을 새 이름으로 바꾼다. 단, AutoCAD에서 기본으로 설정된 이름(예를 들어, Layer 0 또는 Bylayer, Byblock)은 변경할 수 없고, 이름을 변경할 때 와일드카드(*)를 사용할 수 없다.

입력방법

	Command	Rename Enter↵
	Main menu	Format > Rename
	Screen menu	FORMAT > Rename

Command: Rename Enter↵

Rename 명령을 실행하면 'Rename' 대화상자가 나오고, 이 대화상자로부터 객체의 이름을 변경할 수 있다.

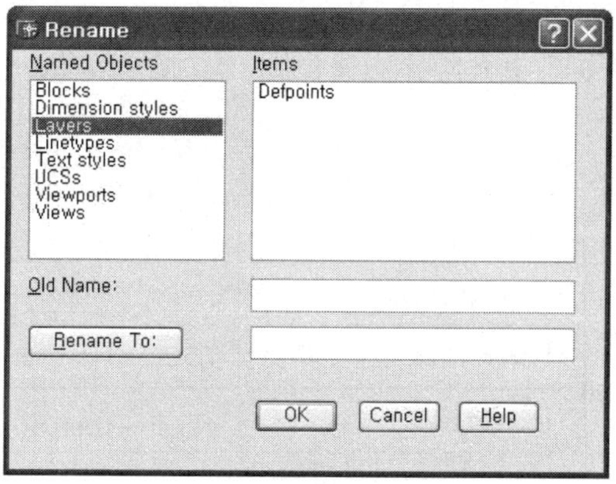

Rename

대화상자에서

- **Named Objects** : 변경할 수 있는 객체를 나타내고, 객체를 선택할 수 있다.
- **Items** : Named objects에서 선택한 객체의 이름이 나열된다. 객체의 이름을 선택할 수 있다.
- **Old Name** : 이 항목의 창에 변경할 기존 이름을 입력하거나 Items(항목)에서 선택한다.
- **Rename To** : 이 항목의 창에 변경할 새 이름 입력한다.

5. 객체정보 조회하기

도면작업에서 그리는 것 못지않게 중요한 것이 도면의 정보를 정확히 파악하는 것이다. 예를 들면, 객체간의 거리, 면적과 둘레, 도면의 작성시간, 편집시간, 소요시간 등에 대한 도면의 정보를 조회할 수 있다.

5.1 두 점의 거리 및 각도 측정하기

두 점 사이의 거리와 각도를 측정하여 나타내준다. 두 개의 위치를 지정하면 두 위치사이의 길이와 X-Y 평면상의 각도, X-Y 평면으로부터의 각도 및 X, Y, Z 좌표의 증분 값을 측정하여 도면에서 설정한 단위로 표시해준다.

입력방법

(keyboard)	Command	Dist Enter↵
(mouse)	Main menu	Tools > Inquiry > Distance
	Screen menu	TOOLS 1 > Dist
	Icon menu	Inquiry Toolbar > [icon]

Command: dist Enter↵

Specify first point: 거리와 각도를 측정할 첫 번째 점 선택 Enter↵

Specify second point: 거리와 각도를 측정할 두 번째 점 선택 Enter↵

Distance = 0.0, Angle in XY Plane = 0, Angle from XY Plane = 0

Delta X = 0.0, Delta Y = 0.0, Delta Z = 0.0 ☞ 거리와 각도측정 값 표시

따라하기 : 거리와 각도 측정하기

다음 도형을 그리고 두 원의 중심사이의 거리와 각도를 측정해보자.

- **Step 01** : Circle 명령으로 원 두개를 그린다.
- **Step 02** : Distance 명령으로 두 원의 중심사이의 거리와 각도를 측정한다.

  Inquiry Toolbar에서 Distance 아이콘 [icon] 선택

  Command: '_dist

  Osnap Mode의 Center [icon] 아이콘 선택

Specify first point: _cen of ☞ 왼쪽 원 선택

Osnap Mode의 Center ◎ 아이콘 선택

Specify second point: _cen of ☞ 오른쪽 원 선택

Distance = 136.1, Angle in XY Plane = 341, Angle from XY Plane = 0

Delta X = 128.4, Delta Y = -45.0, Delta Z = 0.0 ☞ 거리와 각도측정 값 표시

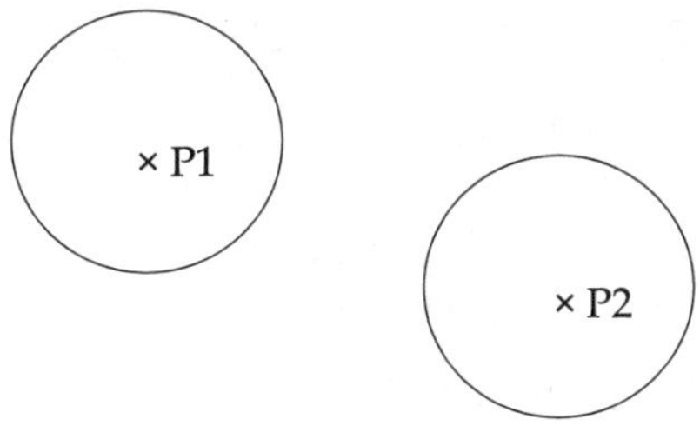

Distance

5.2 객체의 넓이 구하기

객체나 지정된 영역의 면적 또는 둘레를 구한다. 면적과 둘레는 점을 지정하는 방법과 객체를 지정하는 방법 두 가지가 있다. 닫힌 도형의 경우 면적을 더하거나 뺄 수도 있다.

입력방법

(키보드)	Command	Area Enter↵
(마우스)	Main menu	Tools > Inquiry > Area
	Screen menu	TOOLS 1 > Area
	Icon menu	Inquiry Toolbar > (아이콘)

Command: area Enter↵

Specify first corner point or [Object/Add/Subtract]: 점 지정 또는 옵션입력Enter↵

☞ 첫 번째 점을 지정하면 다음 점을 지정하라는 메시지가 계속해서 나오고, 점의 위치를 연속적으로 지정하여 면적을 구할 수 있다.

Area Option

- **Object** : 닫힌 객체의 면적과 둘레를 구한다. 단, 폴리라인과 스플라인은 닫혀있지 않아도 시작점과 끝점을 가상으로 연결하여 면적을 구한다.
- **Add** : 선택한 객체의 면적을 더한다.

- **Subtract** : 선택한 객체에서 다른 객체의 면적을 뺀 값을 구한다.

따라하기 01 : 점을 지정하여 면적과 둘레 구하기

임의 점을 지정하고 면적과 둘레를 구해보자. 이때 점을 지정해도 화면에는 아무런 표시가 없음으로 Blipmode을 On으로 한 후 점의 지정위치를 확인하는 것이 좋다.

- **Step 01** : Blipmode을 실행한다.

  Command: blipmode Enter↵

  Enter mode [ON/OFF] <OFF>: on Enter↵

- **Step 02** : Area 명령으로 면적과 둘레를 구한다.

Inquiry Toolbar에서 area 아이콘 선택

  Command: _area

  Specify first corner point or [Object/Add/Subtract]: ☞ P1 지정

  Specify next corner point or press ENTER for total: ☞ P2 지정

  Specify next corner point or press ENTER for total: ☞ P3 지정

  Specify next corner point or press ENTER for total: ☞ P4 지정

  Specify next corner point or press ENTER for total: Enter↵ ☞ Area 명령 종료

  Area = 2514.8 ☞ 면적, Perimeter = 207.0 ☞ 둘레

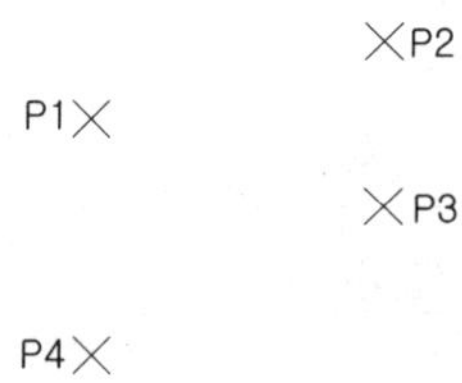

Area

따라하기 02 : 면적 더하고 빼기

다음 도형을 그리고 객체의 면적을 더하고 빼보자.

Inquiry Toolbar에서 area 아이콘 선택

- **Step 01** : 면적을 더한다.

  Command: _area

  Specify first corner point or [Object/Add/Subtract]: a Enter↵ ☞ 면적 더하기

  Specify first corner point or [Object/Subtract]: o Enter↵ ☞ 객체선택

(ADD mode) Select objects: ☞ (더하기 모드)바깥 사각형 선택
Area = 14400.0, Perimeter = 480.0 ☞ 현재 면적과 둘레
Total area = 14400.0 ☞ 전체 면적의 합계
(ADD mode) Select objects: [Enter↵] ☞ 더하기 모드종료

■ **Step 02 :** 면적을 뺀다.

Specify first corner point or [Object/Subtract]: s [Enter↵] ☞ 면적빼기
Specify first corner point or [Object/Add]: o [Enter↵]
(SUBTRACT mode) Select objects: ☞ (빼기 모드) 안쪽 사각형 선택
Area = 3600.0, Perimeter = 240.0 ☞ 현재 안쪽 사각형의 면적과 둘레
Total area = 10800.0 ☞ 바깥 사각형에서 안쪽 사각형을 뺀 면적합계
(SUBTRACT mode) Select objects: [Enter↵] ☞ 빼기 모드 종료
Specify first corner point or [Object/Add]: [Enter↵] ☞ Area 명령 종료

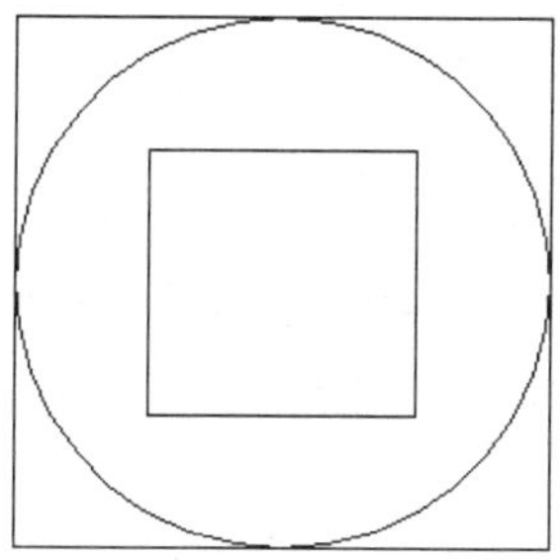

Area

5.3 객체의 영역/질량특성 구하기

영역 또는 솔리드의 질량특성을 측정하여 표시해준다. 솔리드의 질량특성에는 질량, 체적, 무게중심, 모멘트, 방향 등이 포함된다. UCS에서만 측정할 수 있다.

입력방법

(키보드)	Command	Massprop [Enter↵]
(마우스)	Main menu	Tools > Inquiry > Region/Mass Properties
	Screen menu	TOOLS 1 > Massprop
	Icon menu	Inquiry Toolbar > (아이콘)

Command: massprop [Enter↵]
Select objects: 영역/질량특성 구할 객체선택 [Enter↵]

객체를 선택하고나면 'AutoCAD Text Window' 대화상자에 객체의 질량특성에 대한 상세한 내용을 표시해준다. 이 대화상자의 'Write analysis to a file? [Yes/No] ⟨N⟩:' 메시지에서 Yes를 선택하면 분석한 내용을 저장하는 대화상자가 나오고, Enter↵를 누르면 명령이 종료된다.

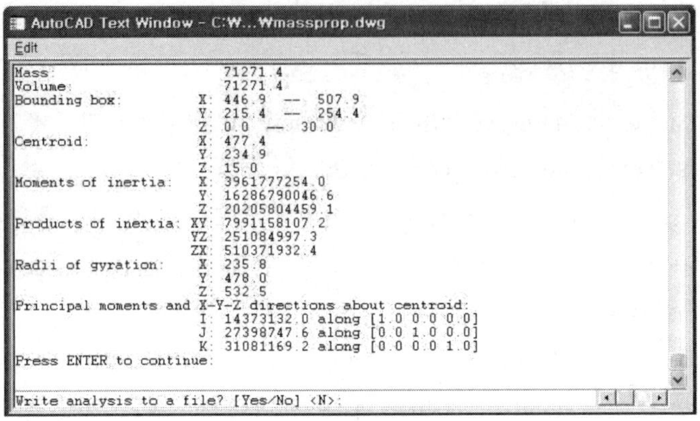

Massprop

5.4 객체정보 조회하기

선택한 객체의 정보(객체의 종류, 레이어, 위치, 거리, 선 유형, 색상 등)를 표시해준다. 선택된 객체의 속성에 따라 표시되는 정보가 다르다.

입력방법

(키보드)	Command	List Enter↵
(마우스)	Main menu	Tools > Inquiry > List
	Screen menu	TOOLS 1 > List
	Icon menu	Inquiry Toolbar >

Command: list Enter↵

Select objects: 정보를 조회할 객체선택 Enter↵

객체를 선택하고나면 'AutoCAD Text Window' 대화상자에 객체정보를 표시해준다.

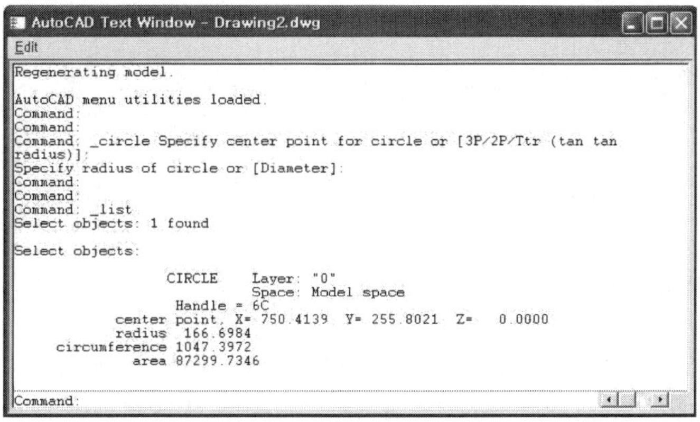

List

5.5 점의 좌표측정하기

지정한 점의 위치를 좌표 값으로 표시해준다. 이 명령은 특정도면 객체의 끝점이나 중심점 등의 좌표 값을 알아 볼 때 유용하다.

입력방법

(키보드)	Command	Id Enter
(마우스)	Main menu	Tools > Inquiry > ID Point
	Screen menu	TOOLS 1 > Id
	Icon menu	Inquiry Toolbar >

Command: id Enter

Specify point: 측정할 점 지정 Enter

(X = 750.4139 Y = 255.8021 Z = 0.0000) ☞ 좌표 값 표시

6. 도면의 정보 조회하기

현재 작업 중인 도면의 모든 정보(도면의 저장경로, 객체의 수, 크기, 각종 모드 설정상태 등)를 확인할 수 있다.

입력방법

(키보드)	Command	Status Enter↵
(마우스)	Main menu	Tools > Inquiry > Status
	Screen menu	TOOLS 1 > Status

Command: status Enter↵

Status 명령을 실행하면 'AutoCAD Text Window' 대화상자에 현재 작업 중인 도면의 모든 정보와 사용 가능한 메모리, 디스크 공간 등의 현재 도면상태에 관련된 모든 사항을 표시해준다.

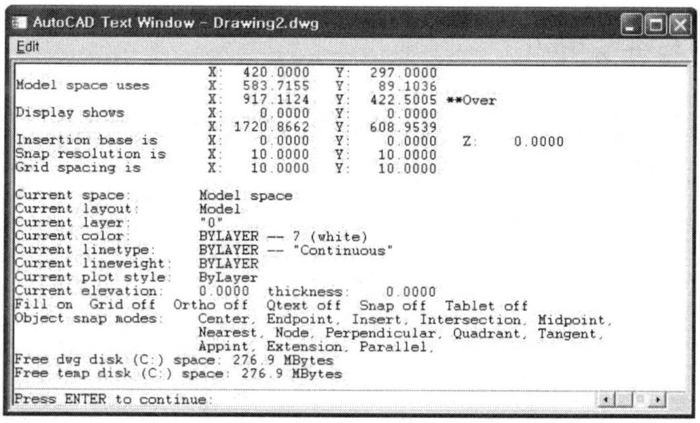

Status

7. 시간정보 조회하기

도면을 작성한 시간과 편집시간, 총 편집시간, 소요시간을 표시해준다. 도면 작성에 소비된 시간을 계산하고 도면 작성파일의 현재시각과 다음 자동 저장시간도 표시해준다. 또 타이머 기능이 있어 타이머를 끄거나 재설정할 수 있다.

입력방법

(키보드)	Command	Time Enter↵
(마우스)	Main menu	Tools > Inquiry > Time
	Screen menu	TOOLS 1 > Time

Command: time Enter↵

Enter option [Display/ON/OFF/Reset]: 옵션선택

Time Option

- **Display** : 시간정보를 대화상자로 표시한다.
- **ON** : Elapsed timer를 작동시킨다.
- **OFF** : Elapsed timer를 끈다.
- **Reset** : Elapsed timer를 초기화(0) 한다.

8. 시스템 변수 조회하기

AutoCAD의 내부 시스템변수를 표시하거나 변경할 수 있다.

입력방법

(키보드)	Command	Setvar Enter↵
(마우스)	Main menu	Tools > Inquiry > Set Variable
	Screen menu	TOOLS 1 > Setvar

Command: setvar Enter↵

Enter variable name or [?]: 변수이름 또는 ? 입력 Enter↵

☞ ? 입력하면 다음과 같은 메시지가 나온다.

Enter variable(s) to list <*>: Enter↵ ☞ 시스템 변수가 나열된다.

Chapter 16

디자인 센터와 툴 팔레트 활용하기

AutoCAD에서는 블록만을 외부에서 가져와 작업하던 번거러움을 없애고 블록과 xref 등의 객체뿐 아니라 레이어, 문자열 스타일, 선 유형, 해치 등을 바로 작업 도면으로 불러와 사용할 수 있도록 만들어 놓은 것이 디자인 센터이다. 기존 자료를 이용하여 반복 사용할 수 있도록 함으로서 작업시간을 단축하고 도면의 생산성을 향상시켰다. 또한 인터넷의 활용으로 다양한 블록을 웹에서 다운로드 받아 사용할 수 있도록 하였다. 이 장에서는 디자인 센터를 활용하여 도면작업의 생산성과 효율성을 증대시키는 방법에 대해 공부하기로 한다.

1. 디자인 센터란?
2. 디자인 센터의 실행과 윈도우의 구성
3. 디자인 센터를 이용한 다양한 삽입하기
4. 디자인 센터 닫기
5. 디자인 센터의 경로지정하기
6. 툴 팔레트 활용하기

1. 디자인 센터란?

AutoCAD 2000부터 사용되기 시작한 디자인 센터(Design Center)는 블록을 좀 더 효과적으로 사용하기 위해 만들어진 기능이다. AutoCAD 2004에서 디자인센터는 블록의 사용뿐만 아니라 네트워크를 통해 웹에서 까지 다양한 객체를 사용할 수 있도록 하는 보다 혁신적이고 효과적인 작업이 가능토록 하였다. AutoCAD2004에는 툴 팔레트(Tool Palettes)를 추가하여 기능을 한층 업그레이드 시켰다.

디자인 센터의 기능

디자인 센터는 디자인 센터의 다양한 기능을 활용함으로서 일관된 도면작업과 도면작업의 생산성을 향상시켜준다. 디자인 센터의 기능은 다음과 같다.

- 다른 도면에 정의된 블록과 xref 등의 객체, 레이어, 문자유형, 선 유형, 해치 등을 현재 작업 중인 도면으로 삽입하거나 복사할 수 있다.
- 현재 작업 중인 도면의 객체를 빠르게 찾고 기존의 도면에서도 다양한 객체를 불러들일 수 있다.
- 그림파일을 작업도면으로 쉽게 불러들일 수 있다.
- 자주 사용하는 도면파일이나 폴더, 드라이브를 즐겨찾기 폴더에 바로 가기 아이콘으로 만들아 사용할 수 있다.
- 도면에 정의된 블록이나 선 유형, 레이어, 치수유형, 문자 등을 조회할 수 있다.
- 도면파일에 정의된 설명이나 이미지를 미리 보기 할 수 있다.
- 툴 팔레트 기능으로 블록이나 심볼, 해치 패턴 등을 작업 도면에 곧 바로 적용시킬 수 있다.
- 내 컴퓨터와 네트워크에 연결된 컴퓨터의 도면검색이 가능하다.
- 인터넷으로부터 다양한 블록을 웹에서 다운로드 받아 사용할 수 있다.

2. 디자인 센터의 실행과 윈도우 구성

2.1 디자인 센터 실행하기

디자인 센터의 실행은 다음 입력방법과 Ctrl+2를 누르면 실행시킬 수 있다.

입력방법

(키보드)	Command	Adcenter 또는 adc Enter
(마우스)	Main menu	Tools > Design Center
	Icon menu	Standard Toolbar >

2.2 디자인 센터의 윈도우 구성

Adceneter 명령을 실행하면 'Design Center'의 윈도우가 나오고, 디자인 센터 윈도우는 폴더(Folder), 열린 도면(Open Drawing), 작업 파일의 목록(History), 온라인 이용(DC Online)과 각종 기능을 수행할 수 있는 도구 아이콘 등으로 구성돼있다.

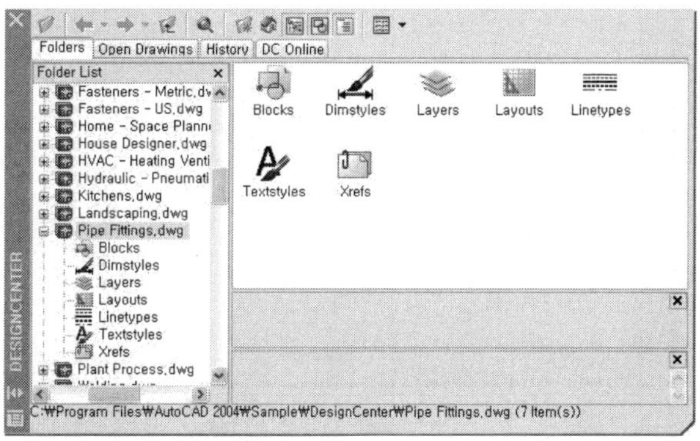

Design Center

윈도우에서

- Load : 'Load' 대화상자로부터 디스크나 폴더에 저장된 도면을 디자인 센터로 불러들인다.

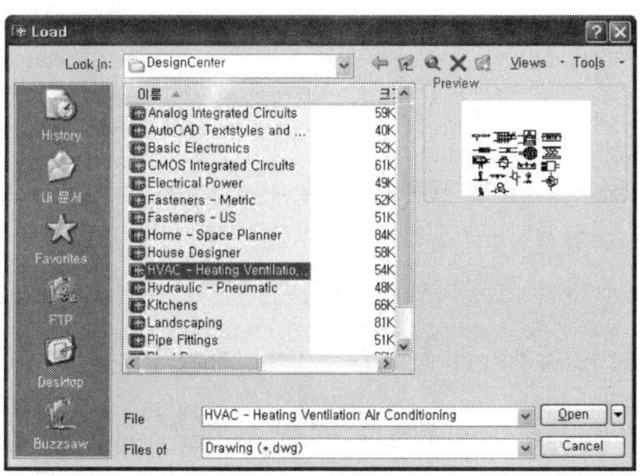

Load

- Back : '바로 전 단계로 이동한다. 드롭다운 리스트 버튼 를 누르면 한번에 원하는 폴더의 파일로 이동할 수 있다.
- Forward : '바로 앞 단계로 이동한다. 드롭다운 리스트 버튼 를 누르면 한번에 원하는 폴더의 파일로 이동할 수 있다.
- Up : 현재 위치한 폴더에서 상위폴더로 이동한다.
- Search : 'Search' 대화상자로부터 디스크나 폴더에 저장된 도면을 찾는다.

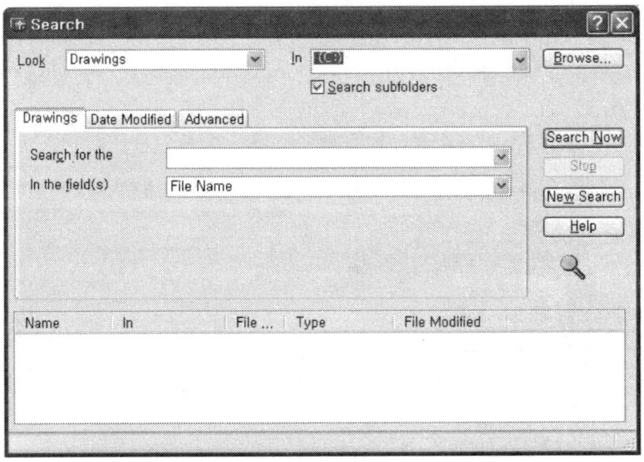

Search

▶ Look : 객체나 블록, 해치패턴, 레이어, 선 유형, 문자유형 등에서 검색할 항목을 선택한다.

▶ In : 찾을 드라이브를 지정한다.

- Search subfolders : 이 항목을 선택하면 하위폴더까지 검색하여 찾을 수 있다.

▶ Browse : 'Search' 대화상자로부터 도면을 직접 찾는다.

▶ Drawings Tab : 찾을 도면파일의 이름과 부제목, 작성자 등의 세부사항을 지정한다.

▶ Data Modified Tab : 도면의 작성날짜와 수정날짜를 이용하여 찾는다.

▶ Advanced Tab : 도면에 포함된 각종 내용을 기준으로 찾는다.

▶ Search Now : 검색을 시작한다.

▶ New Search : 다른 도면파일을 찾는다.

- Favorites : 즐겨찾기에 등록된 폴더나 파일목록을 표시한다.
- Home : 처음 위치로 이동한다. 처음 위치는 Sample>Design Center이다.
- Tree View Toggle : 구조보기(Tree View)를 활성화 또는 비 활성화시킨다.

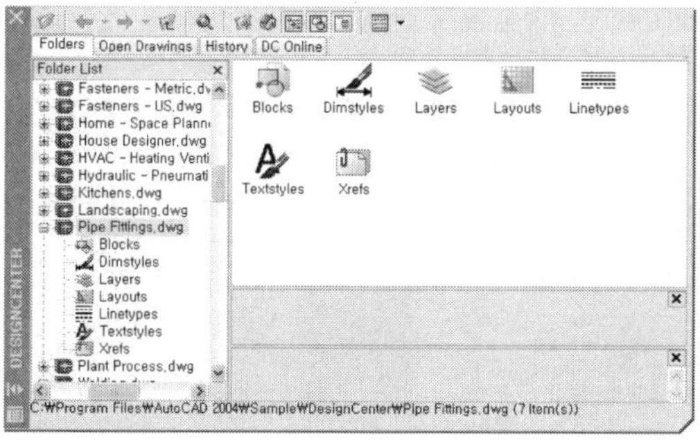

Tree View Toggle 활성화

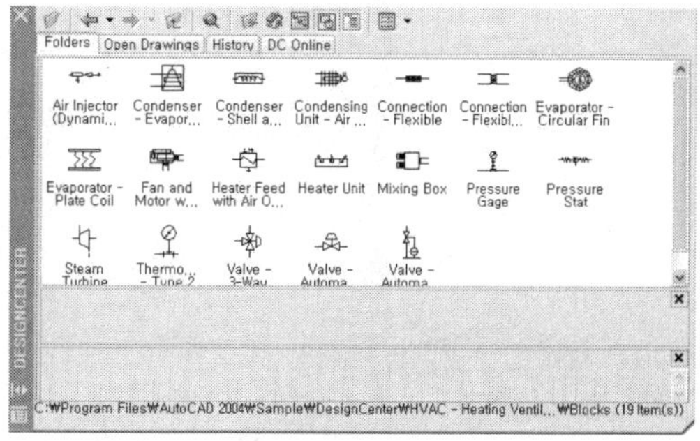

Tree View Toggle 비 활성화

- Preview : 미리보기 창의 표시여부를 설정한다.
- Description : 설명 창의 표시여부를 설정한다.
- Views : 팔레트 창에 요소의 표시방법을 설정한다.

▶ Large icons : 내부 요소를 큰 아이콘으로 표시한다.

▶ Small icons : 내부 요소를 작은 아이콘으로 표시한다.

▶ List : 파일을 리스트로 표시한다.

▶ Details : 파일에 대한 상세한 정보를 표시한다.

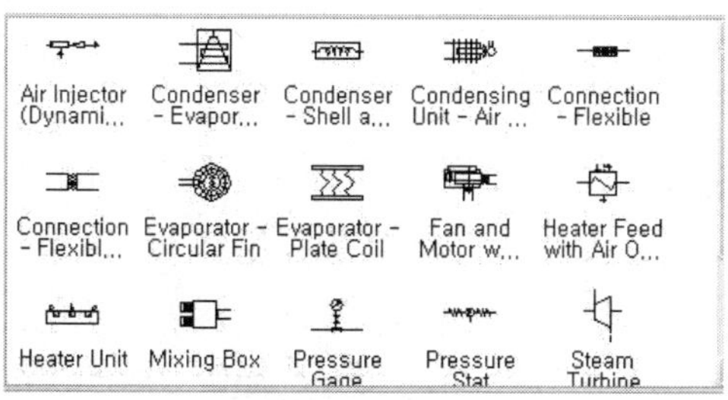

Large Icons

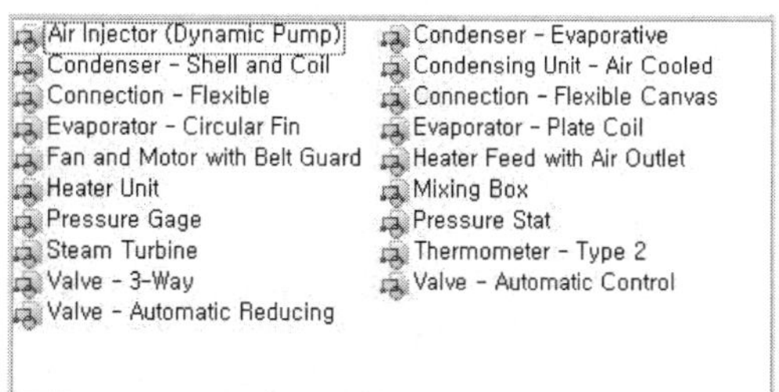

Small Icons

- **Folders** : 사용 중인 폴더의 파일이나 디자인 센터의 파일목록을 표시한다. 디자인 센터 대화상자를 참조하기 바란다.
- **Open Drawings** : 작업 중이거나 열려있는 도면목록을 표시한다.
- **History** : 최근에 사용한 도면 파일을 모두 표시한다.

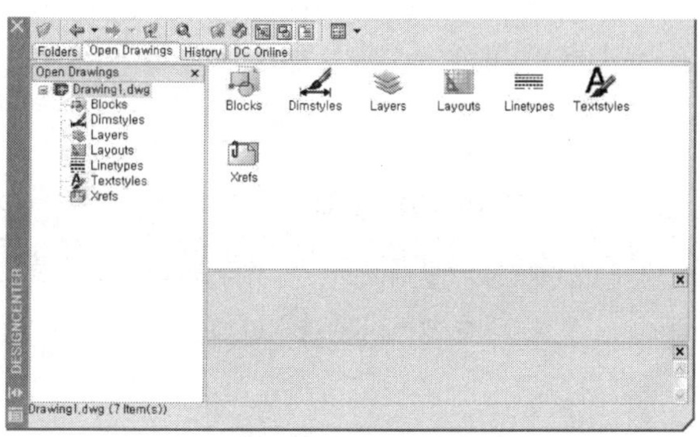

Open Drawings

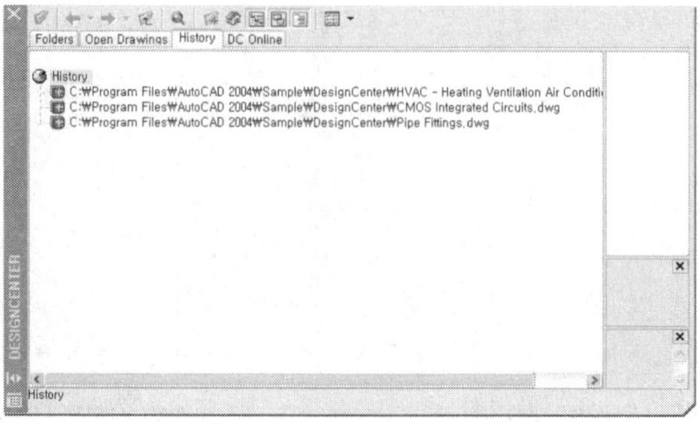

History

■ DC Online : AutoDesk사에서 제공해주는 디자인 센터 온라인을 이용하여 각 분야별 다양한 블록들을 이용한다.

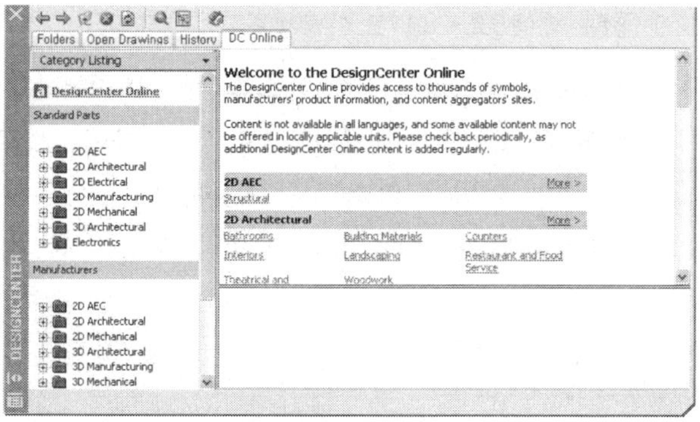

DC Online

3. 디자인 센터를 이용한 다양한 삽입하기

AutoCAD의 디자인 센터에는 기계, 전기, 전자, 건축, 실내 디자인 등의 다양한 블록들을 제공하고 있다. 이들 블록을 사용하는 방법은 다음 두 가지가 있다.

드래그(Drag) 방법

디자인 센터의 팔레트 창에서 삽입할 블록을 마우스 왼쪽 버튼으로 누르고 현재 작업 중인 도면으로 드래그(끌기)시킨다. 이때 삽입된 블록의 크기는 블록에서 설정된 단위에 맞춰진다.

더블 클릭(Double Click)방법

디자인 센터의 팔레트 창에서 삽입할 블록을 더블 클릭하면 ‘Insert’ 대화상자가 나오고, 이 대화상자로부터 블록을 삽입할 수 있다.

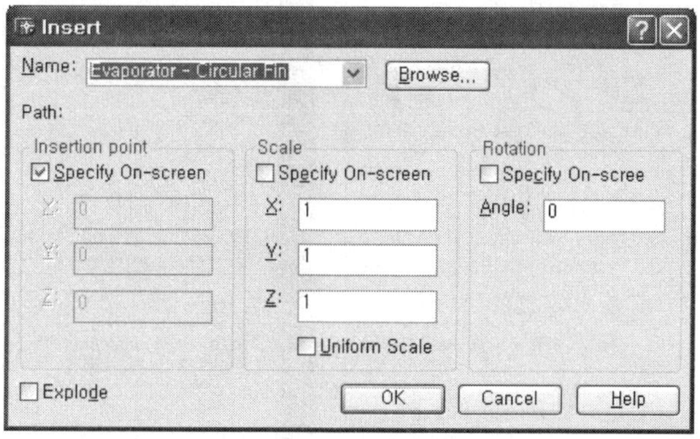

Insert

디자인 센터의 다양한 블록들

AutoCAD2004>Sample>Design Center에는 다양한 블록도면을 제공하고 있다. 이외에 pointa.autodesk.com에서 많은 블록도면을 다운로드 받을 수 있다.

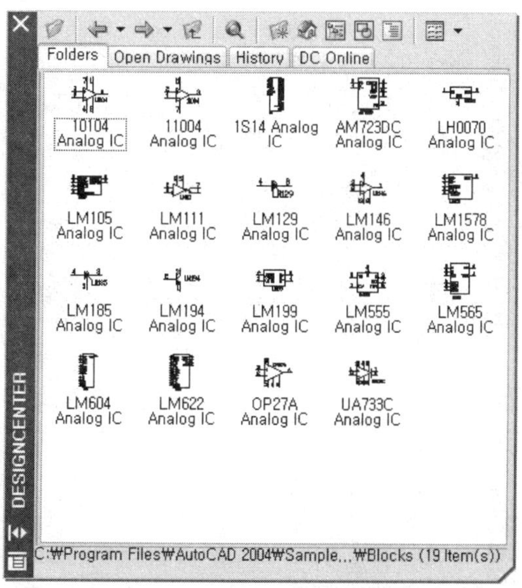

Analog Integrated Circuits

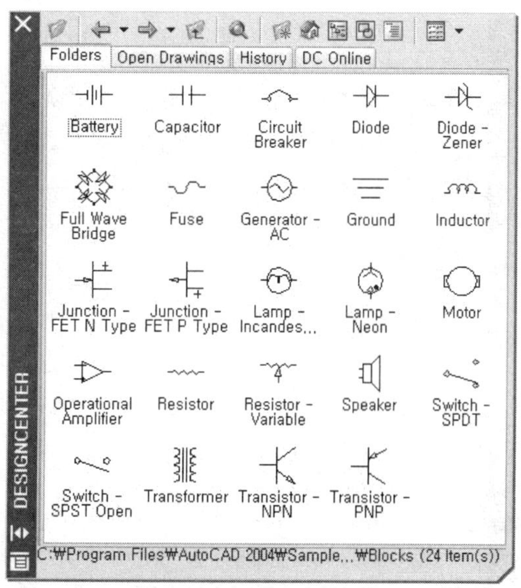

Basic Electronics

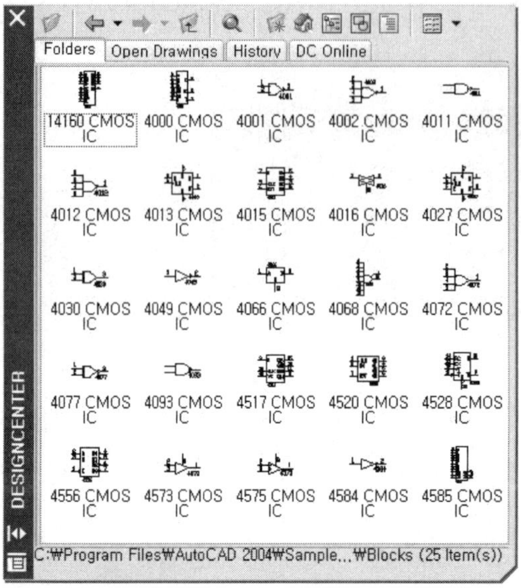

CMOS Integrated Circuits

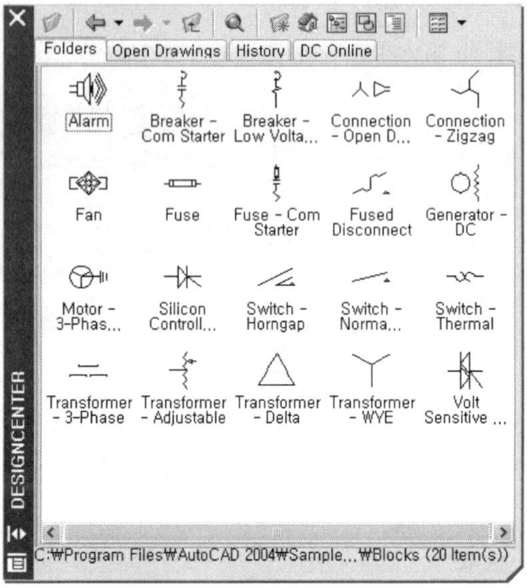

Electrical Power

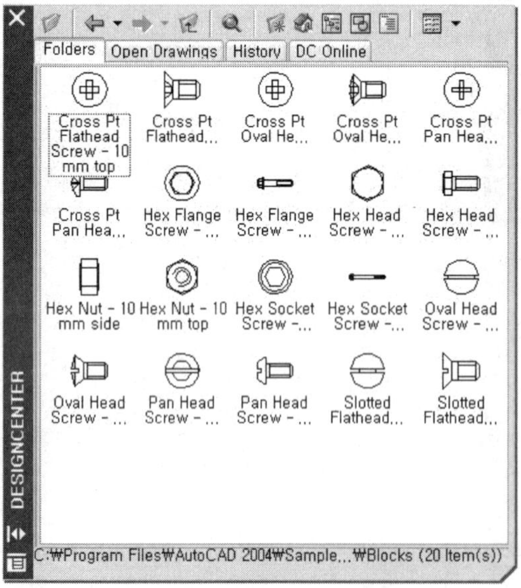

Fasteners – Metric

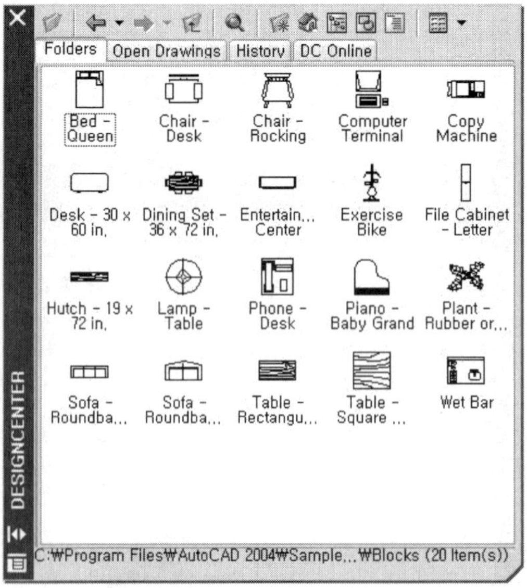

Home – Space Planner

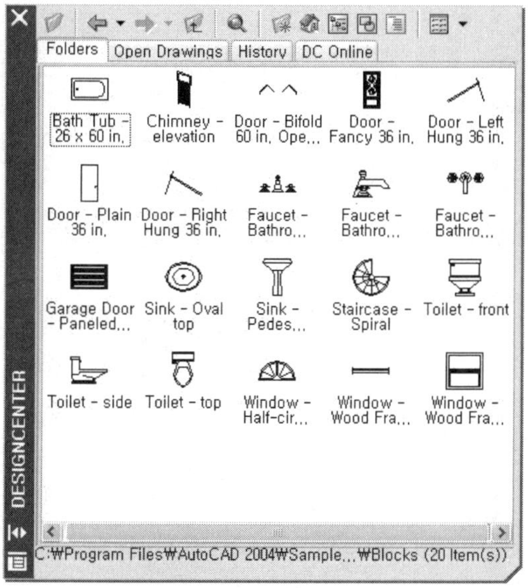

House Designer

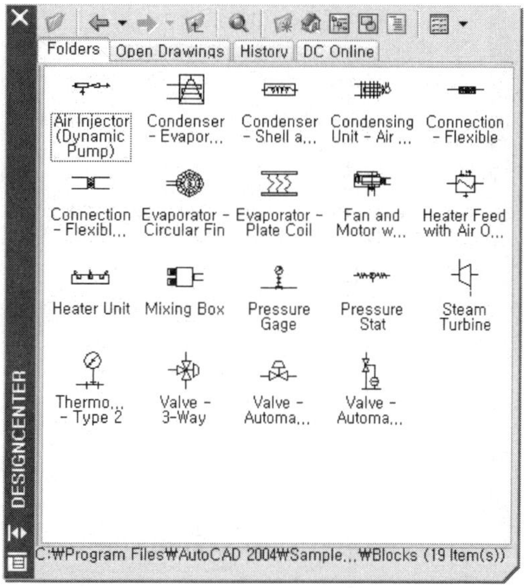

HVAC –Heating ventilation air conditioning

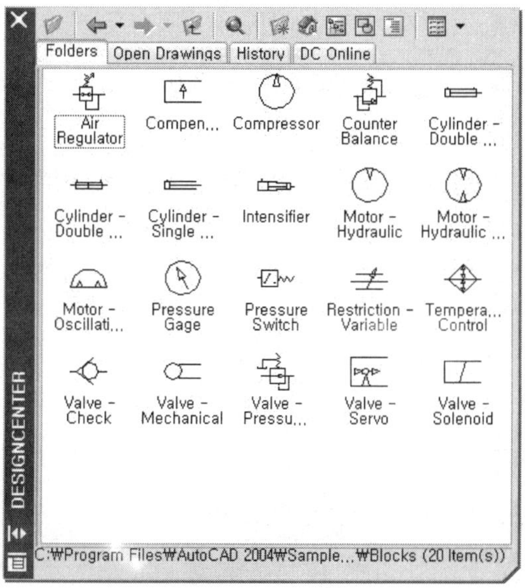

Hydraulic – Pneumatic

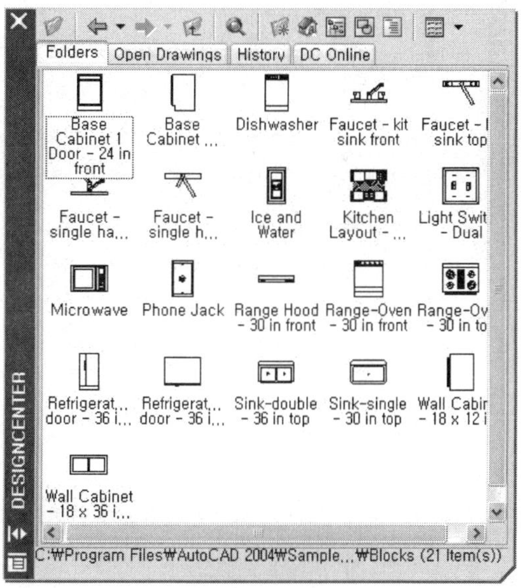

Kitchens

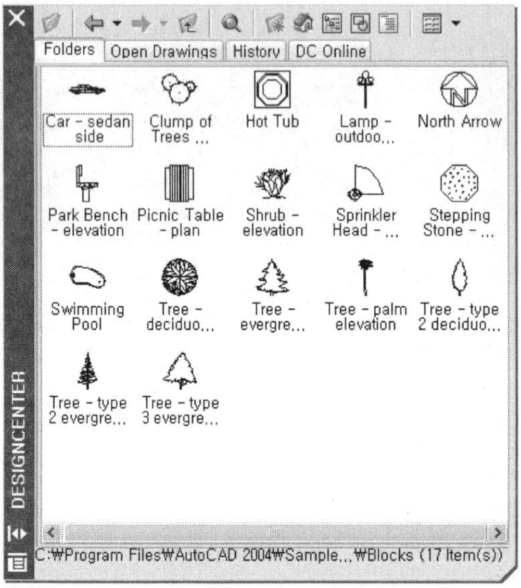

Landscaping

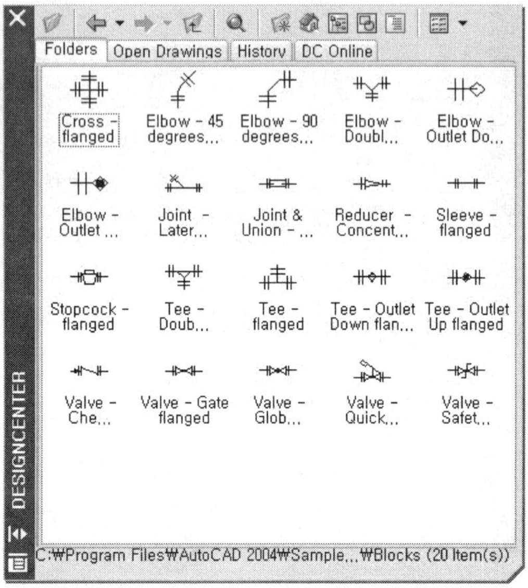

Pipe fittings

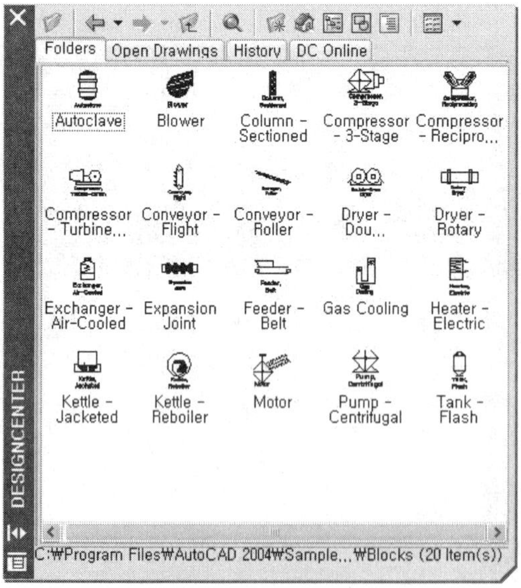

Plant Process

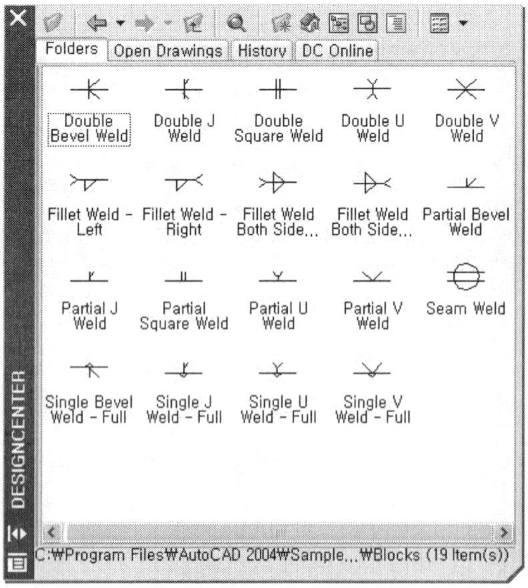

Welding

3.1 문자유형 삽입하기

디자인 센터에 포함돼있는 도면 AutoCAD Textstyles and Linetypes.dwg 파일의 Textstyles를 이용하여 현재 작업 중인 도면으로 새로운 문자유형을 삽입・생성한다.

■ Step 01 : 'Design Center'의 Folder List 창에서 AutoCAD Textstyles and Linetypes.dwg 파일을 선택하고, 이 파일에서 Textstyles를 선택한다.

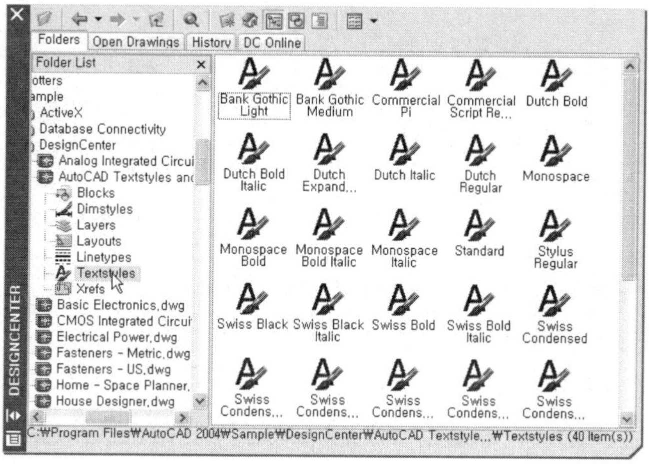

Text Styles

■ Step 02 : 팔레트 창에서 'Dutch Bold'를 작업도면으로 끌기를 하면 명령어 영역에는 다음 메시지와 같이 새로운 문자유형이 추가되었음을 알려준다.

Command:

Textstyle(s) added. Duplicate definitions will be ignored

■ Step 03 : Format>Text Styles를 실행시켜 'Text Style' 대화상자가 나오면, 이 대화상자의 Style Name에서 드롭다운 리스트 버튼 ▾을 눌러보면 'Dutch Bold' 문자유형이 삽입된 것을 확인할 수 있다. 이와 같이 디자인 센터를 이용하면 문자유형 쉽게 생성시킬 수 있다.

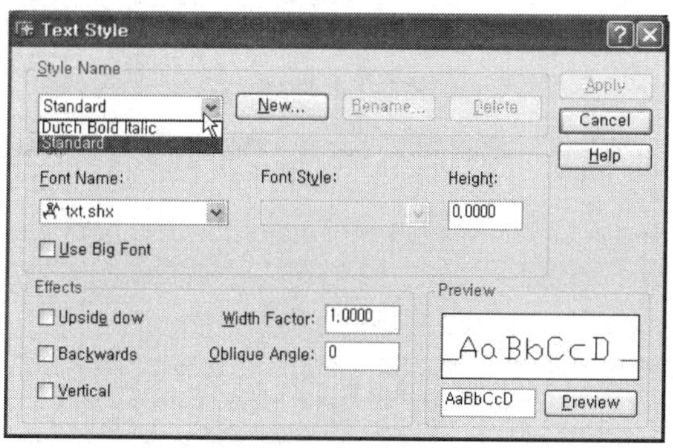

Text Styles

3.2 선 유형 삽입하기

디자인 센터에 포함돼있는 도면 AutoCAD Textstyles and Linetypes.dwg 파일의 Linetypes를 이용하여 현재 작업 중인 도면으로 새로운 선 유형을 삽입·생성한다.

- **Step 01** : 'Design Center' Folder List 창에서 AutoCAD Textstyles and Linetypes.dwg 파일을 선택하고, 이 파일에서 Linetypes를 선택한다.

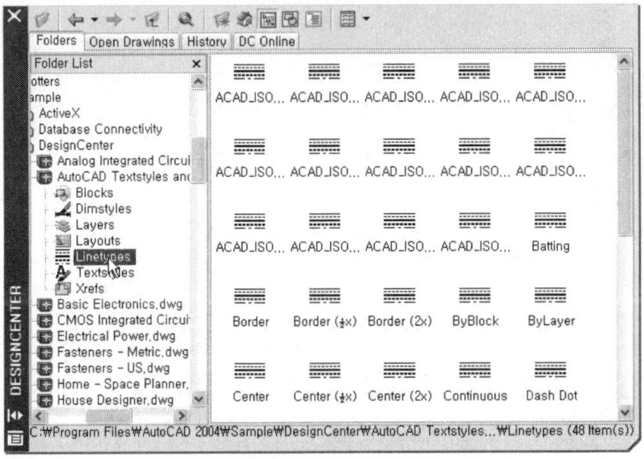

Linetypes

- **Step 02** : 팔레트 창에서 'ACAD_ISO02 W100'을 작업도면으로 끌기를 하면 명령어 영역에는 다음 메시지와 같이 새로운 선 유형이 추가되었음을 알려준다.

  Command:

  Linetype(s) added. Duplicate definitions will be ignored

- **Step 03** : Fomat>Linetype를 실행시켜 'Linetype Manager' 대화상자가 나오면 이 대화상자에서 'ACAD_ISO02 W100'의 선 유형이 삽입된 것을 확인할 수 있다. 이와 같이 디자인 센터를 이용하면 선 유형을 쉽게 생성시킬 수 있다.

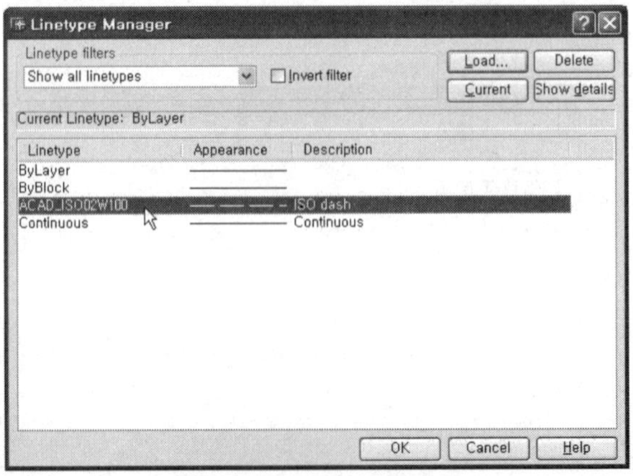

Linetype Manager

3.3 해치 삽입하기

디자인 센터를 이용하여 현재 작업 중인 도면에서 작성된 도형에 해치를 삽입한다.

- **Step 01 :** 'Design Center' Folder List 창에서 AutoCAD2002>Support 폴더로 이동한다. 이 폴더에서 acad.pat 파일을 선택하면 팔레트 창에는 해치유형이 나온다.

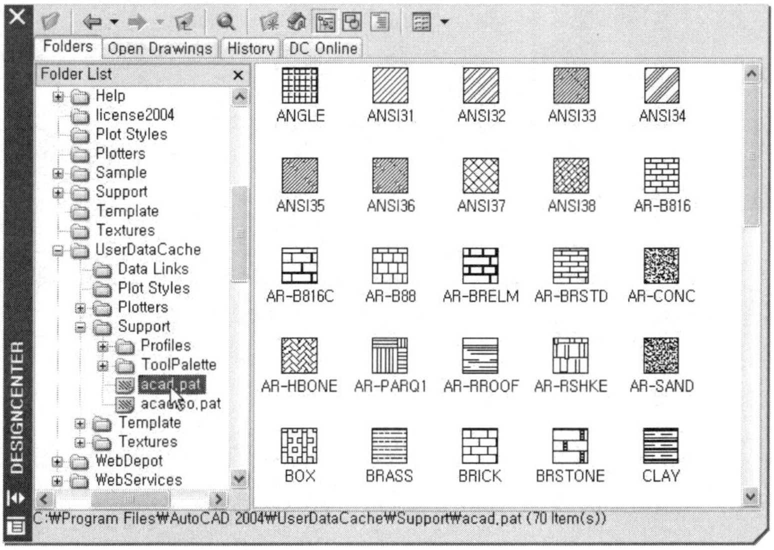

Acad.pat

- **Step 02 :** 팔레트 창에서 해치 'Angle'을 작업화면의 도형에 끌기를 하면 hatch 명령을 실행시키지 않아도 해치가 삽입된다.

- **Step 03 :** 만약 해치유형을 끌기로 도형에 가져갔을 때 다음과 같은 메시지가 나오면, 이것은 해치척도가 너무 작다는 것을 의미한다.

  Command: Hatch spacing too dense, or dash size too small.

이때는 해치유형 'Angle'에 마우스를 갖다대고 오른쪽 버튼을 누르면 다음과 같은 단축메뉴가 나온다. 단축메뉴에서 'BHATCH'를 선택하면 'Boundary Hatch' 대화상자가 나온다. 'Boundary Hatch' 대화상자에서 Scale를 조정하면 해치를 삽입할 수 있다.

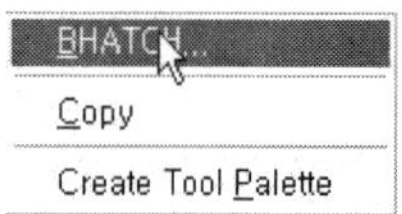

단축메뉴

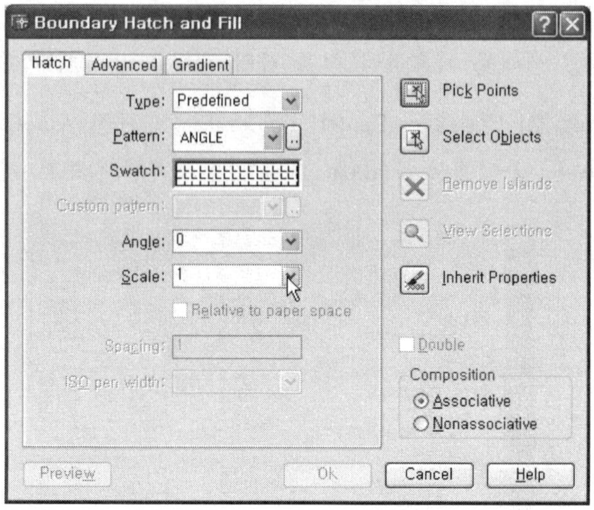

Boundary Hatch

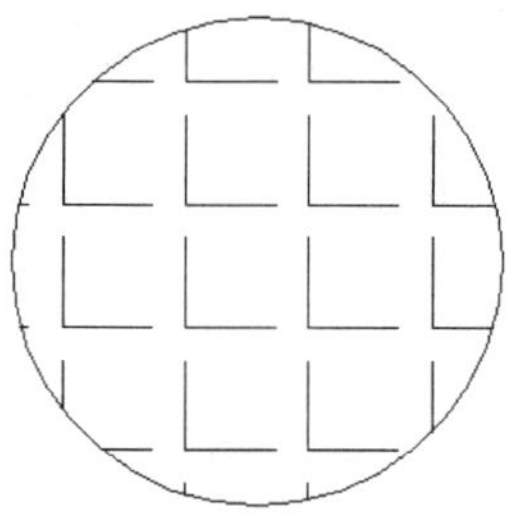

해치삽입 결과

3.4 블록 삽입하기

디자인 센터를 이용하여 Landscaping.dwg 파일의 'Sprinkler Head-90 degrees' 블록을 현재 작업 중인 도면에 삽입한다.

- **Step 01** : 'Design Center' 윈도우의 구조보기 창에서 Landscaping.dwg 파일을 선택하고, 이 파일에서 Blocks를 선택한다. 팔레트 창에는 Landscaping.dwg 파일에서 정의된 블록도면들이 표시된다.

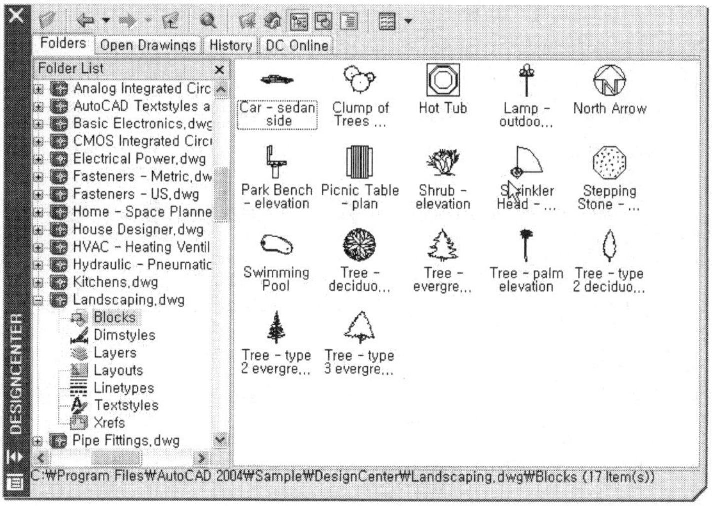

Landscaping.dwg

- **Step 02 :** 팔레트 창에서 'Sprinkler Head-90 degrees'를 작업도면으로 끌기를 하면 현재 작업 중인 도면으로 삽입된다. 만약 도면이 너무 커서 블록이 안보이면 Zoom> Extend 옵션을 실행시킨다.

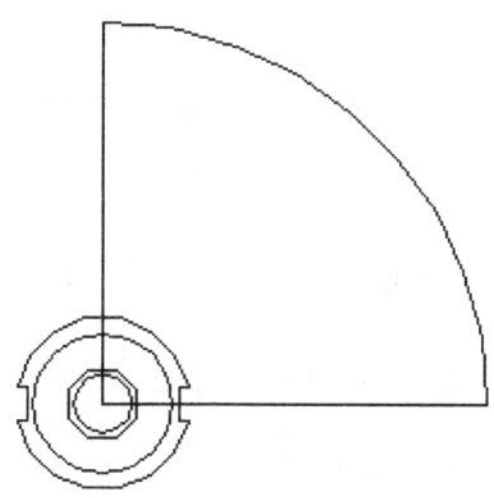
Sprinkler Head-90 degrees

3.5 도면파일 삽입하기

디자인 센터를 이용하여 AutoCAD에서 작성된 다른 도면파일을 현재 작업 중인 도면에 삽입한다. 도면파일이나 이미지, 외부 참조파일 등을 현재 작업도면으로 삽입할 경우 크기와 회전, 삽입위치 등을 지정해야 한다.

- **Step 01 :** 'Design Center' 윈도우의 구조보기 창에서 AutoCAD 2004>Sample 폴더로 이동한다. 팔레트 창에는 Sample 폴더에 들어 있는 도면 모두가 표시된다.
- **Step 02 :** 팔레트 창에서 'Oil Module.dwg'를 작업도면으로 끌기를 하면 현재 작업 중인 도면으로 삽입시키면, 블록도면 삽입할 때와 똑같은 메시지가 나온다. 삽입위치와 척도, 회전각 등을 설정하면 원하는 도면을 삽입시킬 수 있다.

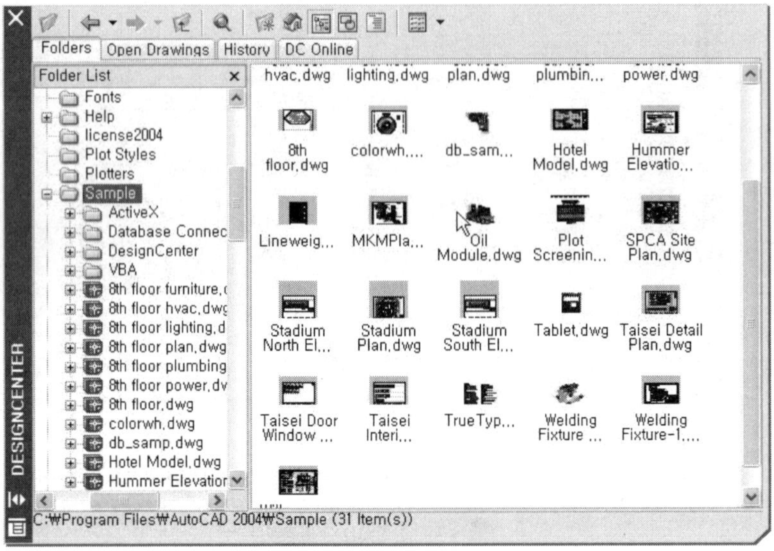

Oil Module.dwg

Command: _-INSERT

Enter block name or [?]: "C:\Program Files\AutoCAD 2004\Sample\Oil Module.dwg"

Specify insertion point or [Scale/X/Y/Z/Rotate/PScale/PX/PY/PZ/PRotate]:

☞ 임의 위치지정

Enter X scale factor, specify opposite corner, or [Corner/XYZ] <1>: Enter↵

Enter Y scale factor <use X scale factor>: Enter↵

Specify rotation Angle <0>: Enter↵

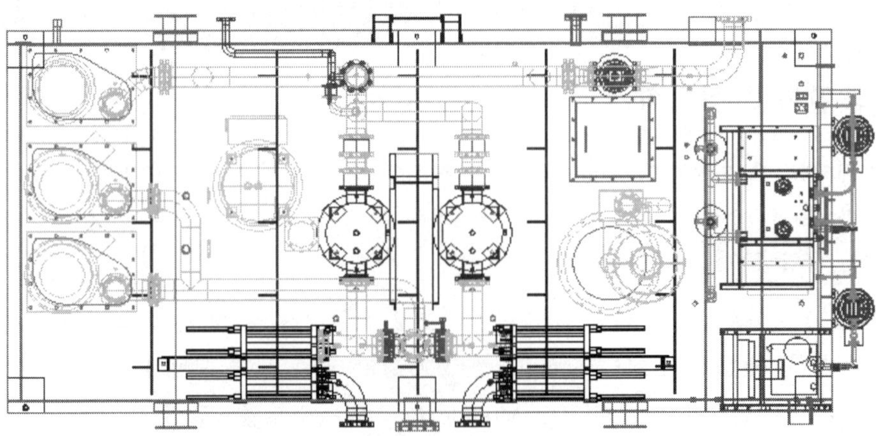

삽입도면

4. 디자인 센터 닫기

디자인 센터를 닫을 때는 명령를 직접 입력해도 되고, 'Design Center' 대화상자의 ☒를 선택하거나 ▦ 아이콘을 선택해도 된다.

▶ 입력방법

⌨	Command	Adcclose Enter↵

5. 디자인 센터의 경로지정하기

디자인 센터의 작업경로를 지정한다. Adcnavigate 명령을 실행하면 'Design Center' 대화상자가 나온다. Adcenter와 명령이 유사하다.

▶ 입력방법

⌨	Command	Adcnavigate Enter↵

6. 툴 팔레트 활용하기

AutoCAD 2004에서는 디자인 센터의 활용도를 높이기 위해 블록이나 심볼, 해치 패턴 등을 드래그 앤 드롭 방식으로 작업도면에 곧 바로 적용시킬 수 있는 편리한 툴 팔레트(Tool Palettes) 기능이 새로 추가되었다. 사용자가 자주 사용하는 블록이나 심볼, 해치 패턴 등을 툴 팔레트에서 직접 만들어 사용하면 도면의 생산성을 높일 수 있다.

6.1 툴 팔레트

툴 팔레트의 실행은 다음입력방법과 Ctrl+3을 누르면 실행시킬 수 있다.

▶ 입력방법

⌨	Command	Toolpalettes Enter↵
🖱	Main menu	Tools > Tool Palettes Window
	Icon menu	Standard Toolbar >

Toolpalettes 명령을 실행하면 'Tool Palettes'의 윈도우가 나오고, 툴 팔레트 윈도우는 Sample office project, New Tool Palette, Imperial Hatches, ISO Hatches 4개의 탭으로 구성돼있다. 이들 탭으로부터 다양한 해치 패턴과 블록을 선택하면 작업도면에서 바로 사용할 수 있다.

윈도우에서

- Auto-Hide : 팔레트의 사용여부에 따라 윈도우를 숨기거나 보이게 한다. 이 버튼을 누르면 모양으로 바뀌게 되고, 팔레트를 사용하지 않을 때는 닫히게 된다.
- Properties : 팔레트의 다양한 속성을 설정한다. 이 버튼을 선택하면 단축메뉴가 나온다.

단축메뉴

▶ Move : 팔레트 윈도우의 위치를 이동한다.

▶ Size : 팔레트 윈도우의 크기를 조절한다.

▶ Close : 팔레트 윈도우를 닫는다.

▶ Allow Docking : 팔레트의 윈도우를 AutoCAD 윈도우의 좌우측에 붙일 때 팔레트 윈도우의 제목 표시줄을 활성화시키나 비 활성화할 수 있도록 설정한다.

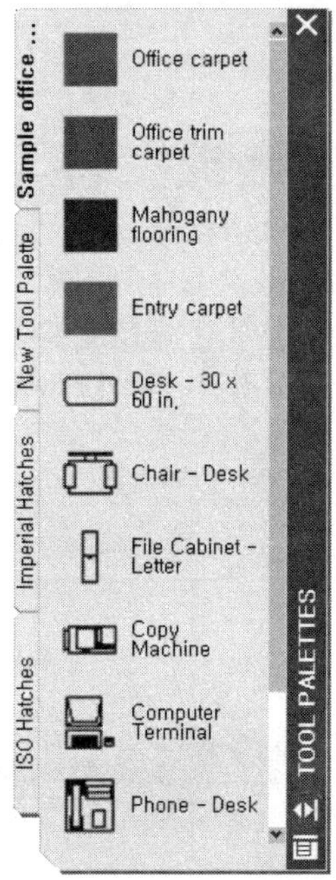

Tool Palettes

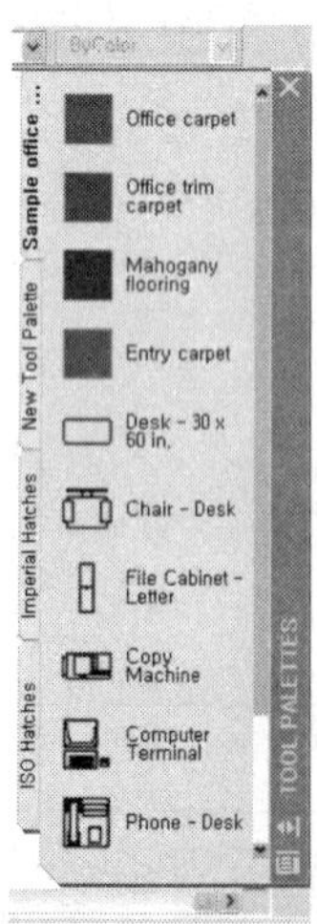

제목표시줄 활성화

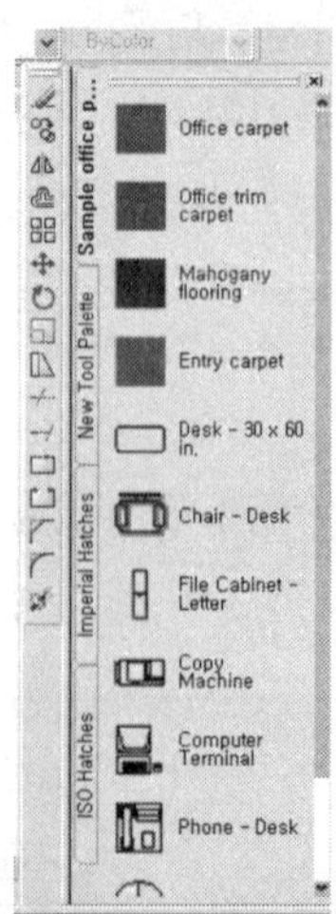

제목표시줄 비활성화

▶ Auto-Hide : 팔레트의 사용여부에 따라 윈도우를 숨기거나 보이게 한다.

▶ Transparency : 팔레트 윈도우의 투명도를 조정한다. 'Transparency' 대화상자가 나오고 Level에서 투명도의 정도를 조정할 수 있다.

Transparency

▶ New Tool Palette : 새 팔레트를 만든다.

▶ Rename : 팔레트의 이름을 변경한다.

▶ Customize : 'Customize' 대화상자가 나오고, 대화상자로부터 팔레트의 세부사항을 설정할 수 있다. 자세한 내용은 '제5장 8. 도구막대'를 참조하기 바란다.

툴 팔레트의 탭에서 단축메뉴

툴 팔레트의 탭에서 마우스 오른쪽 버튼을 누르면 단축메뉴가 나온다.

- **Move-Up :** 팔레트의 탭을 한 단계 위로 이동한다.
- **Move-Down :** 팔레트의 탭을 한 단계 아래로 이동한다.
- **View Options... :** 표시될 해치 패턴이나 블록의 화면 상태를 설정한다.

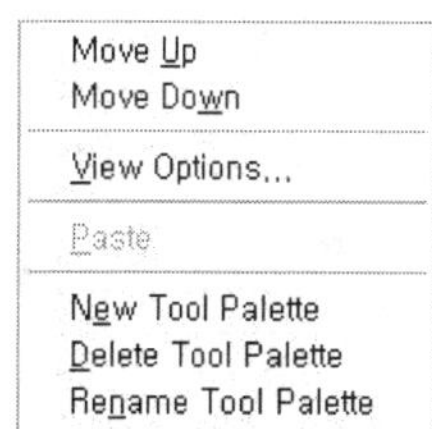

단축메뉴

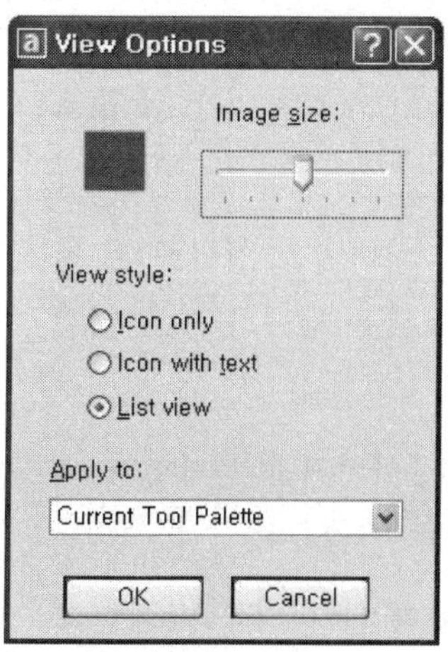

View Option

▶ Image size : 팔레트의 이미지 크기를 조정한다.

▶ View style : 윈도우 표시되는 팔레트의 이미지의 형태를 설정한다.

- Icon only : 윈도우에 아이콘만 표시한다.
- Icon with text : 윈도우에 아이콘과 문자를 함께 표시한다.
- List view : 팔레트 윈도와 같은 상태로 표시된다.

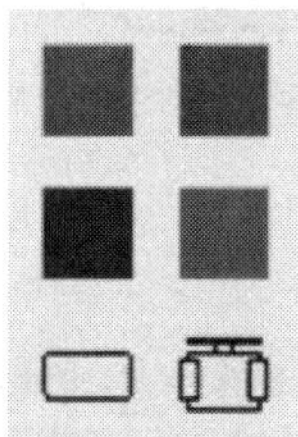
Icon Only

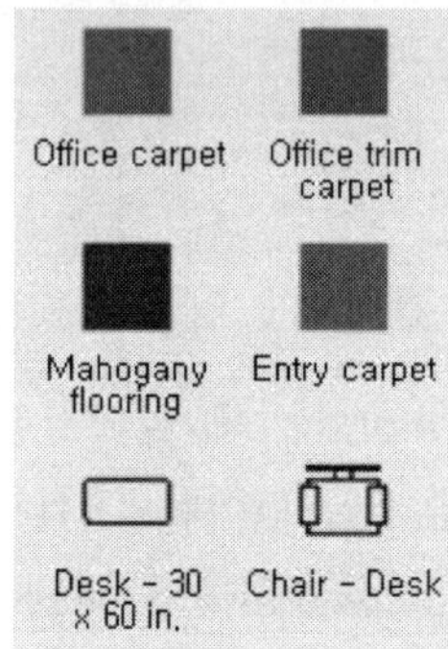

Icon with Text

▶ Apply to : 적용범위를 설정한다.

- Current Tool Palette : 툴 팔레트의 현재 탭에만 적용한다.
- All Tool Palette : 툴 팔레트의 전체 탭에 적용한다.

- **New Tool Palette :** 새 툴 팔레트를 만든다.
- **Delete Tool Palette :** 툴 팔레트를 삭제한다.
- **Rename Tool Palette :** 툴 팔레트의 이름을 변경한다.

해치 패턴이나 블록 이미지에서 단축메뉴

툴 팔레트의 해치 패턴이나 블록, 이미지에서 마우스 오른쪽 버튼을 누르면 단축메뉴가 나온다.

단축메뉴

- **Cut :** 툴 팔레트의 해치 패턴이나 블록, 이미지를 잘라낸다. 잘라내기 한 해치 패턴이나 블록, 이미지는 다른 탭에 붙여 넣기를 할 수 있다.
- **Copy :** 툴 팔레트의 해치 패턴이나 블록, 이미지를 복사한다. 복사 한 해치 패턴이나 블록 이미지는 다른 탭에 붙여 넣기를 할 수 있다.
- **Delete Tool :** 선택된 해치 패턴이나 블록, 이미지를 삭제한다.
- **Rename :** 선택된 해치 패턴이나 블록, 이미지의 이름을 변경한다.

■ **Properties...** : 'Tool Properties' 대화상자로부터 선택된 해치 패턴이나 블록, 이미지의 특성을 변경한다.

▶ Insert : 블록이 삽입될 때 크기, 회전, 분해 등의 특성을 설정할 수 있다. Source file 란에서 해당 블록의 폴더 위치를 확인할 수 있고, [...] 버튼을 선택하면 다른 블록으로 바꿀 수 있다.

▶ General : 삽입될 블록이나 해치 패턴의 색상, 선, 레이어 등의 특성을 설정할 수 있다.

▶ Pattern : 해치 패턴에 대한 특성을 변경·설정할 수 있다. Pattern name 란의 [...] 버튼을 선택하면 'Hatch Pattern Palettes' 대화상자가 나오고, 대화상자로부터 해치 패턴을 변경할 수 있다.

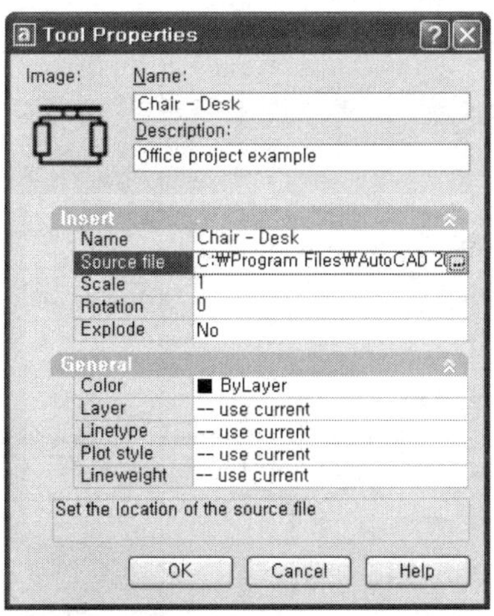

Tool Properties–Block

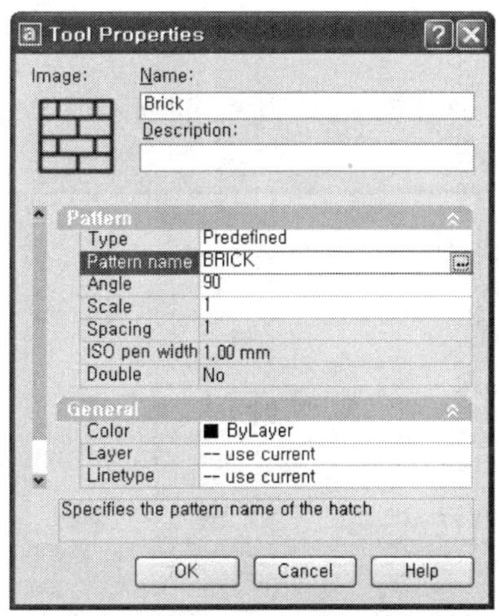

Tool Properties–Hatch

6.2 툴 팔레트 만들기

AutoCAD 2004에서 새로 추가된 툴 팔레트를 이용하여 툴 팔레트를 직접 만들어 보기로 한다. 툴 팔레트는 디자인 센터 연동되어 작동하므로 툴 팔레트를 만들 때 같이 이용해야 한다.

따라하기 01 : 툴 팔레트 새로 만들기

■ **Step 01** : Design Center 아이콘 을 선택하여 실행한다.

■ **Step 02** : Tool Palettes 아이콘 을 선택하여 실행한다.

■ **Step 03 :** Tool Palettes의 윈도우 나오면 툴 팔레트의 탭에서 마우스 오른쪽을 누른다. 단축메뉴가 나오면 'New Tool Palette'을 선택하고, 팔레트의 탭 이름을 '따라하기'로 지정한다.

새로 만든 팔레트 탭-따라하기

■ **Step 04 :** 새로 만든 탭에 디자인 센터에서 제공하는 원하는 파일을 드래그 드롭으로 옮기면, 새로 만든 탭에 모양의 아이콘이 생기고 블록으로 옮겨지게 된다.

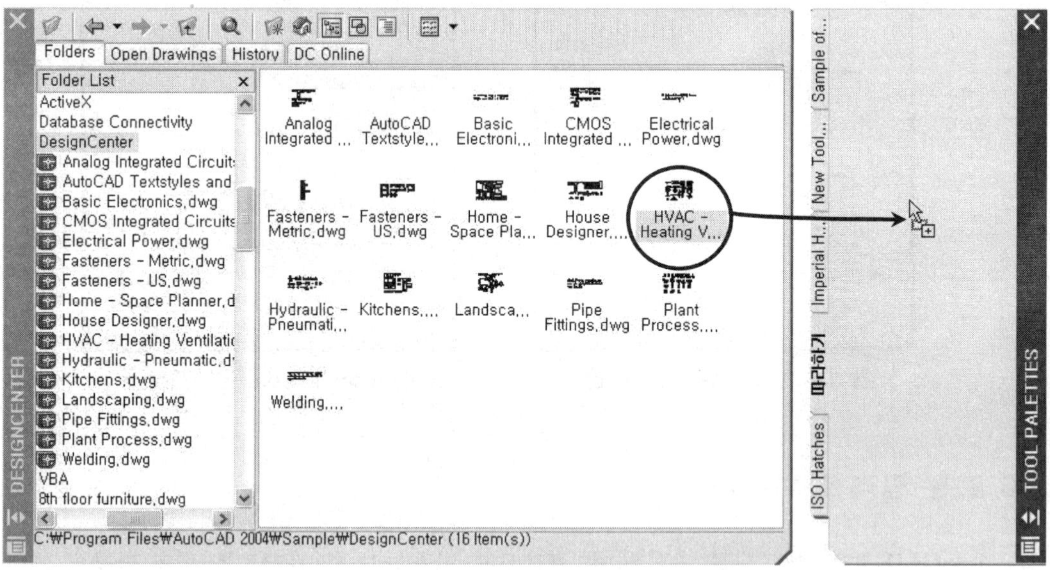

블록 옮기기

■ **Step 05** : 도면에 포함되어 있는 내부 블록도 툴 팔레트에 추가 할 수 있다. 블록은 디자인 센터의 파일을 클릭하면 Block 항목이 나타난다. 이 항목을 더블클릭하면 내부 블록들이 나타나고, 이 블록을 드래그하여 툴 팔레트로 이동하면 된다.

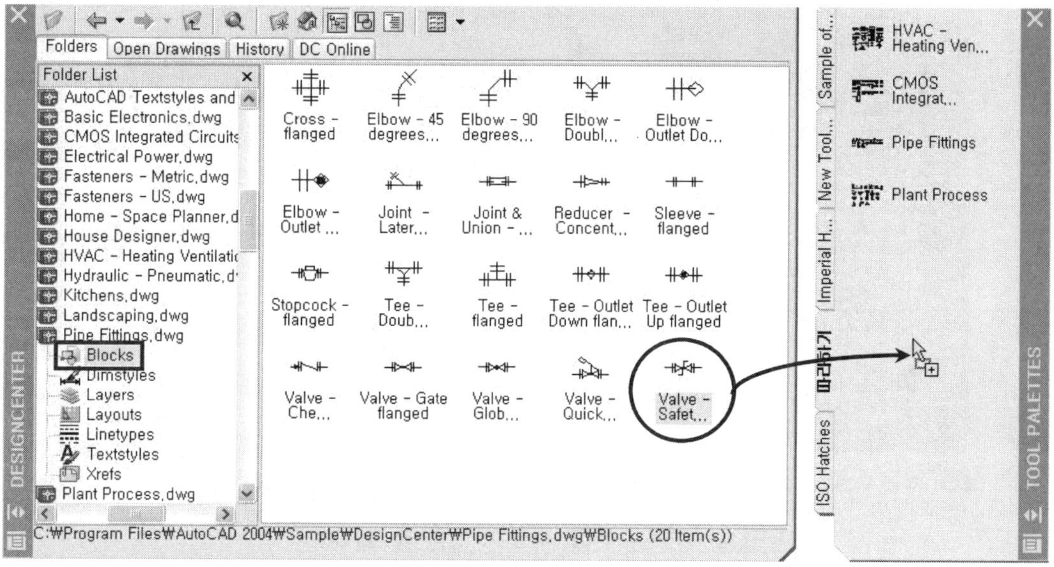

내부 블록 옮기기

■ **Step 06** : 추가할 파일이나 폴더 많으면 디자인 센터의 파일이나 폴더에 마우스 오른쪽을 대고 누르면 단축메뉴가 나온다, 단축메뉴에서 'Creat Tool Palettes'를 선택하면 한꺼번에 모든 블록이 툴 팔레트로 이동된다.

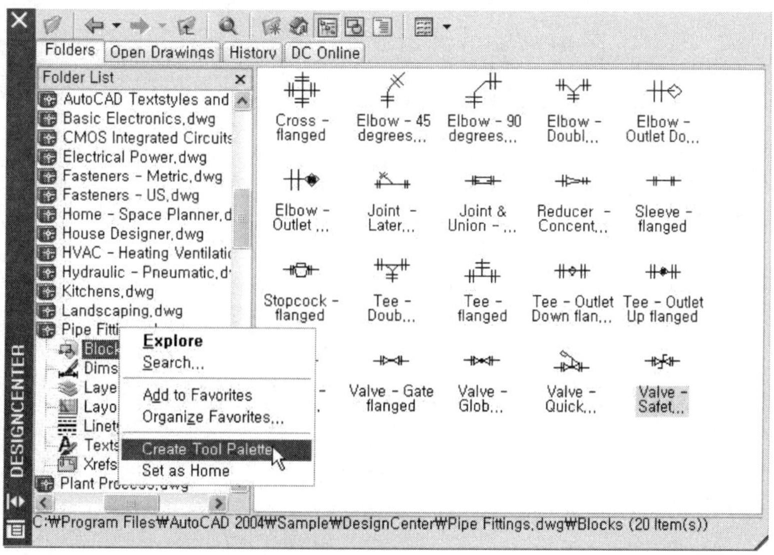

모든 블록 옮기기

■ Step 07 : 단축메뉴에서 'Creat Tool Palettes'를 선택하여 모든 블록(왼쪽 디자인 센터 창의 블록)이 한꺼번에 새로 만든 툴 팔레트(오른쪽)로 이동한 것을 볼 수 있다.

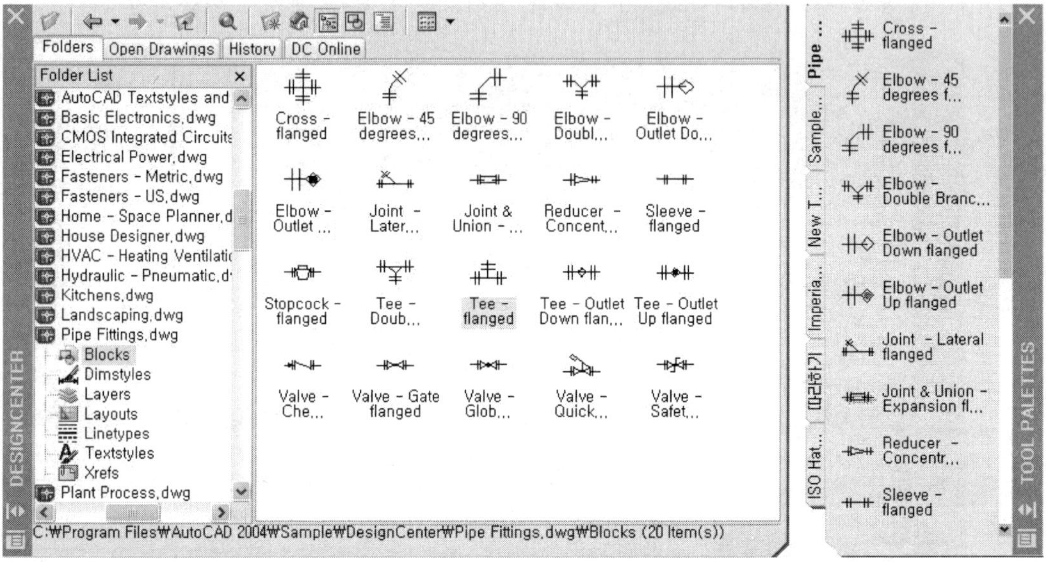

새로 작성한 툴 팔레트

Chapter 17

데이터 공유와 OLE 객체 활용하기

블록, 외부참조, 외부파일, OLE를 이용한 다른 응용프로그램의 객체나 파일을 불러 오거나 도면을 다른 외부파일로 보낼 수 있다. 또 OLE은 외부 응용 프로그램과의 연계와 공유가 가능하고 윈도우 운영체계(OS)의 표준기능으로 지원된다. OLE의 데이터 공유는 윈도우의 클립보드를 이용하여 연계와 포함이 가능하다. 이 장에서는 외부파일의 활용과 OLE 객체의 활용에 대해 공부하기로 한다.

1. 외부파일 삽입하기

작업도면에 AutoCAD로 작업한 도면(*.dwg)이 아닌 다른 파일을 외부로부터 불러들여 삽입시킬 수 있다.

입력방법

	Command	Import Enter↵
	Main menu	Insert > 3D Studio, ACIS File, Windows Metafile
	Screen menu	Insert > 3DSin, ACISin, WMFin
	Icon menu	Insert Toolbar >

Import 명령을 실행시키면 'Import File' 대화상자가 나오고, 이 대화상자로부터 외부파일을 삽입시킬 수 있다.

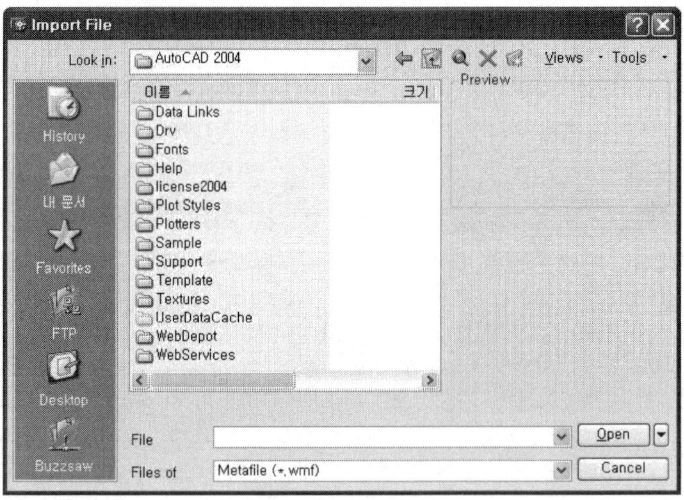

Import File

대화상자에서

'Import File' 대화상자 각 항목의 내용은 New 명령을 실행했을 때 나오는 'Select File' 대화상자의 내용과 같고, 'Files of Type' 항목의 내용만 다르다.

- **Files of Type :** AutoCAD에서 외부파일을 불러올 수 있는 형식이 나온다. 파일형식은 드롭다운 리스트 버튼 을 누르면 다음과 같이 드롭다운 리스트가 나온다. 불러올 수 있는 파일형식은 wmf, sat, 3ds 3종류이다.

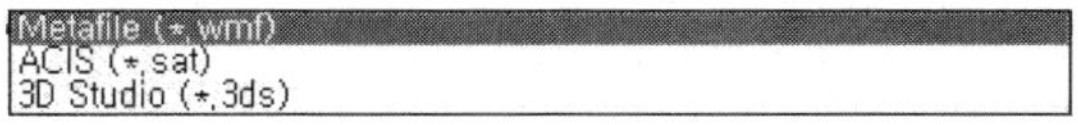

Files of Type

- Metafile(*.wmf) : MS(microsoft)사에서 만든 windows metafile 형식으로 그래픽 이미지 표현에 사용된다. 비트맵과 래스터 이미지를 인식한다.
- ACIS(*.sat) : ASCII 파일형식으로 내보내거나 다시 불러올 수 있다.
- 3D Studio(*.3ds) : 3D Studio(3차원 그래픽 프로그램) 파일을 불러온다.

2. 도면파일 내보내기

AutoCAD로 작업한 도면(*.dwg)을 다양한 형식의 파일로 만들어 외부 다른 응용 프로그램으로 내보낼 수 있다.

입력방법

(키보드)	Command	Export Enter↵
(마우스)	Main menu	File > Export
	Screen menu	FILE > Export

Export 명령을 실행시키면 'Export Data' 대화상자가 나오고, 이 대화상자로부터 외부 다른 응용 프로그램으로 내보낼 수 있다.

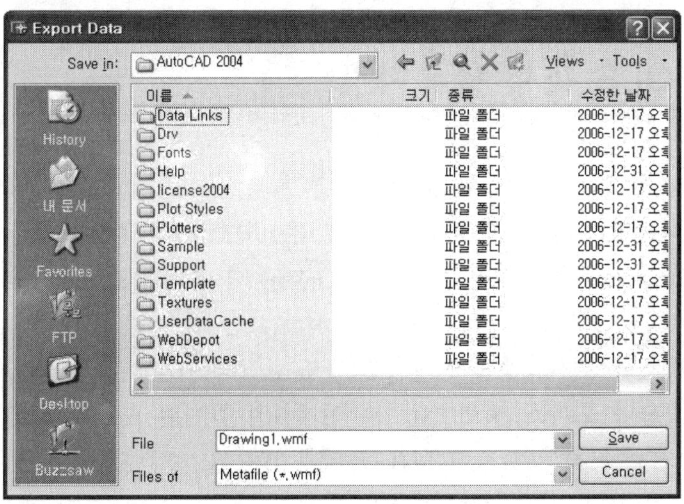

Export data

대화상자에서

'Export Data' 대화상자 각 항목의 내용은 New 명령을 실행했을 때 나오는 'Select File' 대화상자의 내용과 같고, 'Files of Type' 항목의 내용만 다르다.

- **Files of type** : AutoCAD에서 작업도면을 외부 다른 응용 프로그램으로 내보낼 수 있는 파일형식이 나온다. 파일형식은 드롭다운 리스트 버튼 ▾을 누르면 다음과 같이 드롭다운 리스트가 나온다. 파일형식은 wmf, sat, 3ds 등 7종류이다.

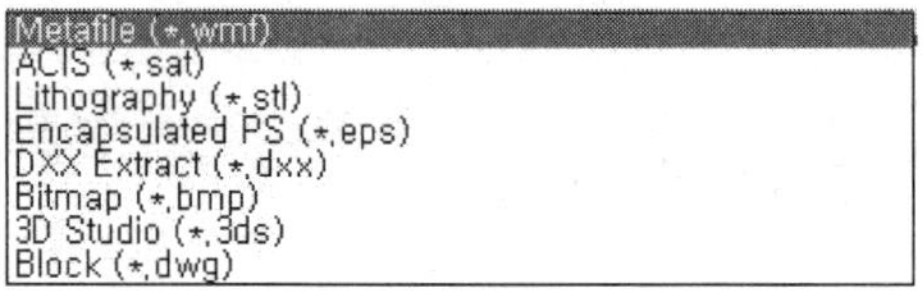

Files of Type

- ▶ Metafile(*.wmf) : MS(microsoft)사에서 만든 windows metafile 형식으로 그래픽 이미지 표현에 사용된다. 비트맵과 래스터 이미지를 인식한다. 도면파일을 그래픽 이미지화할 때 사용된다.
- ▶ ACIS(*.sat) : ASCII 파일형식으로 내보낸다.
- ▶ Lithography(*.stl): 반도체와 같은 전자부품 도면에 이용된다.
- ▶ Encapsulated PS(*.eps) : 전자출판 파일형식으로 내보낸다.
- ▶ Bitmap(*.bmp) : 이미지 파일(.bmp)로 내보낸다.
- ▶ 3D Studio(*.3ds) : 3D Studio 파일로 내보낸다.
- ▶ Block(*.dwg) : 블록도면 파일로 만들어 내보낸다.

3. OLE 객체 활용하기

OLE(Object Linking and Embedding)은 외부 응용 프로그램과의 연계와 공유기능을 의미하며, 윈도우 운영체계(OS)의 표준기능으로 지원되고 있다. OLE의 데이터 공유는 윈도우의 클립보드(Clipboard)를 이용하여 연계(Linking)와 포함(Embedding)이 가능하다.

연계기능은 다른 프로그램에서 만들어진 객체(또는 파일)를 삽입시켜도 원래 객체(파일)를 수정하면 현재 프로그램에 연계된 객체도 변경되는 기능을 말한다. Copy Link 명령을 사용하여 워드나 오피스 프로그램으로 연계시키면 기존 도면과 연계가 되지만, 아래한글로 가져가면 완전히 포함되어 연계가 되지 않는다. 포함기능은 원본파일을 하나 더 만들어 현재 사용 중인 프로그램에 완전히 합쳐진 것을 의미하고, 이 경우 객체가 삽입된 후에는 원본파일과 완전히 별개의 것이 된다.

OLE 객체의 활용은 Main 메뉴의 Edit 메뉴의 복사와 붙여넣기 기능을 이용하면 AutoCAD로 작성된 객체나 파일을 다른 응용 프로그램으로 보낼 수 있다. 대부분의 응용 프로그램에는 객체나 파일이 링크가 되고 아래 한글에서는 문서 내에 완전히 삽입된다.

3.1 클립보드에 복사하기

선택한 객체를 윈도우의 가상공간인 클립보드에 복사한다. 클립보드에 복사해 두었기 때문에 다른 응용 프로그램에 붙여넣기를 할 수 있다. Modify의 Copy 명령과는 다름으로 혼돈하지 않기 바란다.

입력방법

	Command	Copyclip Enter↵
	Main menu	Edit > Copy
	Screen menu	EDIT > Copy
	Icon menu	Standard Toolbar >

Command: copyclip Enter↵

Select objects: 복사할 객체선택 Enter↵

Select objects: Enter↵ ☞ Copyclip 명령 종료, 윈도우 클립보드에 복사됨

3.2 클립보드에 잘라내기

선택한 객체를 윈도우의 클립보드에 잘라낸다. Coypclip과는 달리 객체가 없어진다.

입력방법

	Command	Cutclip Enter↵
	Main menu	Edit > Cut
	Screen menu	EDIT > Cut
	Icon menu	Standard Toolbar >

Command: cutclip Enter↵

Select objects: 잘라낼 객체선택 Enter↵

Select objects: Enter↵ ☞ Cutclip 명령 종료, 윈도우 클립보드로 잘라냄

3.3 기준점을 지정하고 복사하기

선택한 객체를 윈도우의 클립보드에 복사될 때 기준점을 지정한다.

▶ 입력방법

	Command	Copybase Enter↵
	Main menu	Edit > Copy with Base Point
	Screen menu	EDIT > CopyBase

Command: copybase Enter↵

Specify base point: 복사할 객체의 기준점 지정 Enter↵

Select objects: 복사할 객체선택 Enter↵

Select objects: ☞ Copybase 명령 종료

3.4 클립보드에 도면전체 복사하기

현재 작업 중인 도면전체를 윈도우의 클립보드에 복사한다. 이 명령을 이용해서 아래 한글이나 워드문서에 붙여넣기를 하면 된다.

▶ 입력방법

	Command	Copylink Enter↵
	Main menu	Edit > Copy Link
	Screen menu	EDIT > CopyLink

Command: copylink Enter↵

3.5 명령어 영역의 내용 클립보드에 복사하기

도면작업 중 명령어 영역에 발생한 모든 내용을 윈도우의 클립보드에 복사한다.

▶ 입력방법

	Command	Copyhist Enter↵

Command: copyhist Enter↵ ☞ 클립보드에 복사되었기 때문에 워드 프로그램에서 붙여넣기를 하면 도면작업의 내용을 볼 수 있다.

3.6 클립보드에 저장된 객체 붙여넣기

윈도우의 클립보드에 저장된 객체를 붙여 넣는다. 다른 응용 프로그램에서 클립보드에 저장한 내용도 붙여넣기를 할 수 있다.

입력방법

	Command	Pasteclip Enter↲
	Main menu	Edit > Past
	Screen menu	EDIT > Past
	Icon menu	Standard Toolbar >

Command: pasteclip Enter↲
Specify insertion point: 붙여넣기 할 위치지정 Enter↲

3.7 클립보드에 저장된 객체를 블록으로 붙여넣기

윈도우의 클립보드에 저장된 객체를 붙여넣기 할 때 블록으로 만들어 붙여 넣는다.

입력방법

	Command	Pasteblock Enter↲
	Main menu	Edit > Past as Block
	Screen menu	EDIT > Pastblk

Command: pasteblock Enter↲
Specify insertion point: 붙여넣기 할 위치지정 Enter↲

3.8 클립보드에 저장된 객체를 원래 위치대로 붙여넣기

선택한 객체를 붙여넣기 할 때 클립보드에 복사할 때의 위치에 그대로 붙여넣기 한다.

입력방법

	Command	Pasteorig Enter↲
	Main menu	Edit > Past as Original Coordinates
	Screen menu	EDIT > Pastori

Command: pasteorig Enter↲

3.9 클립보드의 객체특성 조정하기

클립보드에 복사하였거나 잘라내기를 한 후 붙여넣기 할 객체의 특성을 조정한다.

입력방법

	Command	Pastespec Enter↵
	Main menu	Edit > Past Special
	Screen menu	EDIT > Pastspe

Command: pastespec Enter↵

Pastespec 명령을 실행하면 '선택하여 붙여넣기' 대화상자가 나오고, 이 대화상자로부터 붙여넣기 할 객체의 특성을 조정할 수 있다.

선택하여 붙여넣기

대화상자에서

- **원본** : 클립보드에 저장된 객체의 위치를 표시한다.
- **데이터 형식** : 붙여넣기 할 때 형식을 지정한다.
- **붙여넣기** : 도면에 붙여넣기를 한다.
- **연결하여 붙여넣기** : 다른 응용 프로그램과 연결되어 있는 경우에 사용한다.
- **아이콘 표시** : OLE 객체를 아이콘으로 표시한다.

Chapter 18

도면 배치하기

이제까지 앞에서는 도면을 그리고 편집하는 방법을 배웠다. 완성된 도면을 출력하기에 앞서 어떻게 하면 보다 효과적으로 출력할 것인지가 문제이다. 효과적인 출력은 도면을 얼마나 효과적으로 배치하느냐에 달려있다. 도면의 배치(Layout)는 출력했을 때 도면용지에 보기 좋게 배열하는 것이다. 특히 3차원 모델링의 경우 더욱 효과적으로 객체의 형태나 특성을 표현할 있다. 이 정에서 배체에 대한 이해와 배치방법의 활용에 대해 공부하기로 한다.

1. 도면의 배치란?
2. 모델영역과 종이영역의 차이
3. 종이영역의 배치관리하기
4. 배치 마법사로 배치 만들기
5. 종이영역 분할하기

1. 도면의 배치란?

이제까지 앞에서는 도면을 그리고 편집하는 방법을 배웠다. 완성된 도면을 출력하기에 앞서 어떻게 하면 보다 효과적으로 출력할 것인지가 문제이다. 효과적인 출력은 도면을 얼마나 효과적으로 배치하느냐에 달려있다.

배치(Layout)란 완성된 도면을 잘 배열하는 것이고, 배치를 통해 설계자의 의도를 사용자에게 쉽게 전달하는 데 목적이 있다. 따라서 도면을 출력하기 전에 반드시 해야 하는 작업이 배치인 것이다. 3차원으로 작성된 오페라 하우스의 도면을 예로 들어보자. 오페라 하우스를 출력할 때 2차원 평면으로만 출력한다면 사용자는 도면을 판독하기가 상당히 힘들 것이다. 하지만 여러 각도에서 그린 3차원 형상을 2차원 도면과 함께 배치하면 쉽게 도면을 이해하고 판독할 수 있을 것이다.

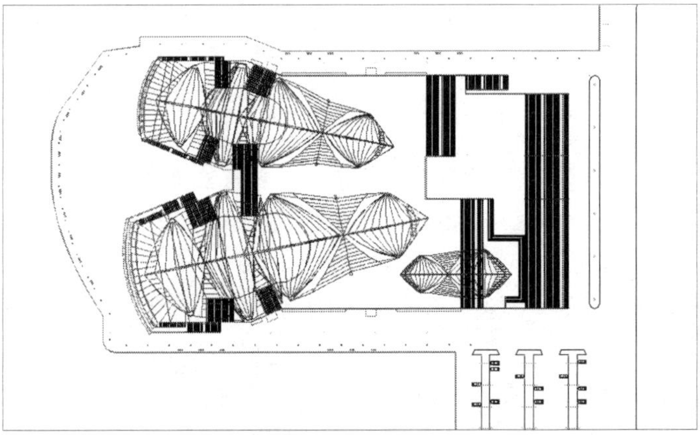

2차원 평면도

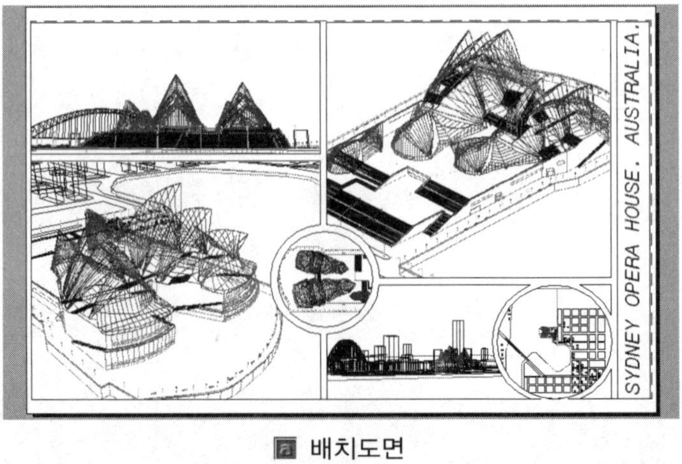

배치도면

2. 모델영역과 종이영역의 차이

AutoCAD에서는 도면을 작성하는 모델영역과 완성된 도면을 배치하는 종이영역(배치영역)으로 구분하고 있다. 종이영역은 도면을 그리거나 편집하는 부분이 아니고 도면을 용지에 출력할 때 나타내는 영역이다. 따라서 AutoCAD에서는 도면을 그리는 영역을 모델영역이라고 하고 용지에 출력되는 영역을 배치(Layout)라고 한다.

모델영역

모델(Model)영역은 3차원 물체를 작업도면에 그대로 옮겨 놓거나 2차원 평면상태로 그리는 영역이다. 즉, AutoCAD의 명령을 이용하여 객체와 도면을 작성하는 공간을 말한다.

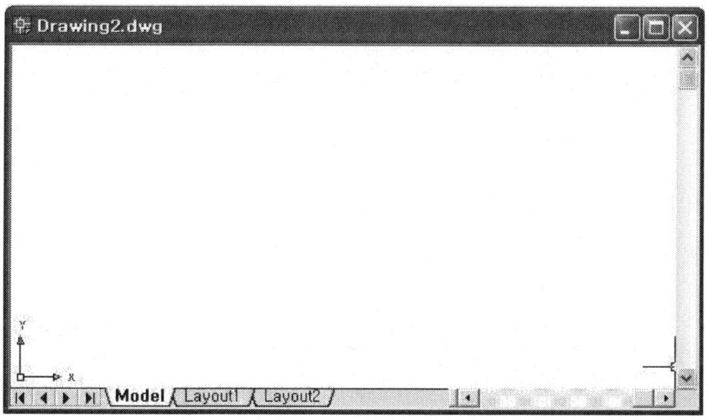

Model Space

종이영역

종이영역(배치영역)은 모델영역에서 그려진 도면이 출력되어 용지에 인쇄될 때 보이는 공간을 말한다. 즉, 종이영역은 효과적인 출력위해 도면을 배치하는 공간으로서 화면상의 배치를 조정한다. Layout1, layout2가 종이영역에 속하고, 종이영역은 사용자가 새로 생성할 수도 있고 삭제할 수도 있다. 도면을 출력하기 전에 종이영역에서 출력과 관련된 사항을 미리 설정해놓고 모델영역에서 도면을 작성하게 되면, 자동으로 종이영역은 출력상태로 추가하기 때문에 도면완성 후 종이영역에서 도면을 출력하면 편리하다. 특히 3차원 모델링의 경우 다양한 방향의 3차원 모양을 한꺼번에 배치하고 출력할 수 있어 매우 편리하다. 종이영역의 화면구성은 다음과 같다.

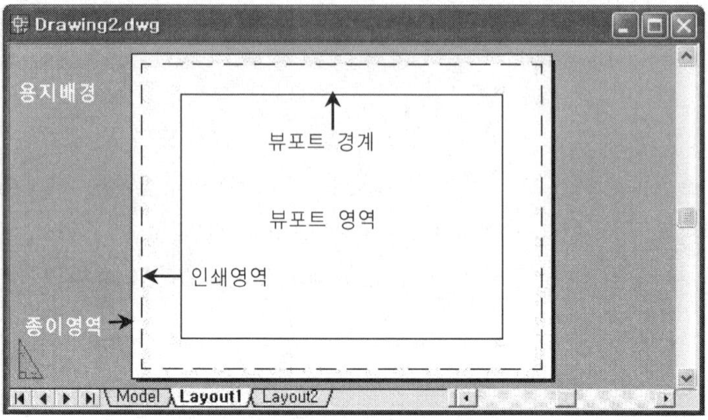

Paper Space

- **뷰포트 영역** : 다양한 뷰포트(View Port)를 삽입한다.
- **뷰포트 경계** : 하나의 뷰포트마다 경계영역을 실선으로 나타내고, 뷰포트가 선택되면 굵은 실선으로 표시된다.
- **인쇄영역** : 실제로 용지에 출력되는 인쇄부분이다.
- **종이영역** : 용지의 크기를 나타낸다.

3. 종이영역의 배치관리하기

작업도면에 새 종이영역을 생성하거나 삭제, 복사, 이름변경 등의 다양한 배치관리를 할 수 있다. AutoCAD 윈도우 하단의 Model이나 Layout1, 2 탭에 마우스 커서를 갖다 대고 오른쪽 버튼을 누르면 단축메뉴가 나오는데 이 단축메뉴를 사용하면 종이영역의 관리를 편리하게 할 수 있다.

입력방법

(키보드)	Command	Layout Enter↵
(마우스)	Main menu	I nert > Layout
	Icon menu	Layout Toolbar >
	Shortcut menu	Model / Layout1 / Layout2 +마우스오른쪽 버튼

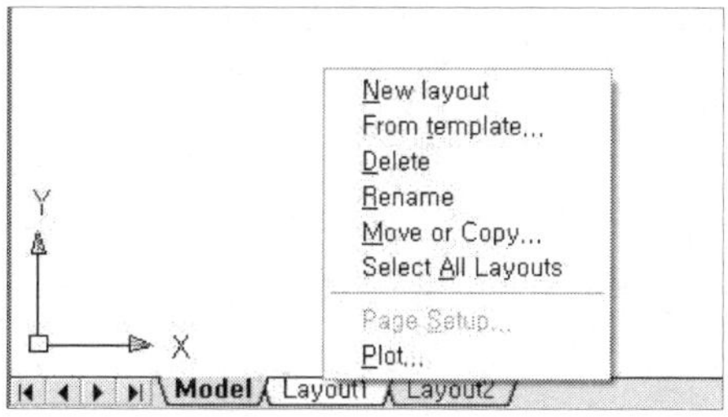

Shortcut Menu

Command: layout Enter↵

Enter layout option [Copy/Delete/New/Template/Rename/SAveas/Set/?] <set>:

옵션입력 Enter↵

Enter layout to make current <Layout1>: 새로 생성할 배치이름 입력 Enter↵

Layout Option

- Copy : 현재 사용 중인 배치를 복사한다.
- Delete : 사용 중인 배치를 삭제한다.
- New : 새 배치를 생성한다.
- Template : 템플릿 파일을 이용하여 새 배치를 생성한다.
- Rename : 배치이름을 변경한다.
- SAveas : 현재 설정된 배치를 새 템플릿 파일로 저장한다.
- Set : 사용할 배치이름을 지정한다.
- ? : 현재 작업도면에 활성화 된 배치를 표시해준다.

Shortcut Menu

- New Layout : 새 배치를 생성한다.
- From template : 템플릿 파일을 이용하여 새 배치를 생성한다.
- Delete : 사용 중인 배치를 삭제한다.
- Rename : 배치이름을 변경한다.
- Move or Copy : 선택한 배치를 복사하거나 위치를 이동시킨다.
- Select All Layouts : 모든 배치를 선택한다.
- Page Setup : 페이지 설정 대화상자로부터 페이지를 설정한다.
- Plot : 선택한 모델이나 배치를 출력한다.

4. 배치 마법사로 배치 만들기

배치 마법사를 이용하면 배치의 이름, 용지크기, 출력방향, 프린터, 템플릿 도면의 사용 등의 세부사항을 한번에 설정할 수 있어 배치(Layout)를 쉽게 만들 수 있다.

입력방법

(keyboard)	Command	Layoutwizard Enter↵
(mouse)	Main menu	Inert > Layout Wizard Tools > Wizard > Create Layout

Command : layoutwizard Enter↵ ☞ 'Create Layout' 대화상자가 나온다.

Begin

새로 생성할 배치의 이름을 입력한다.

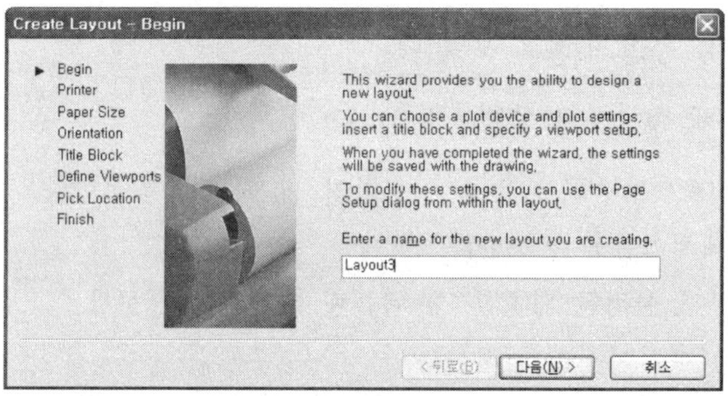

Create Layout–Begin

Printer

배치의 출력에 사용할 출력장치를 선택한다.

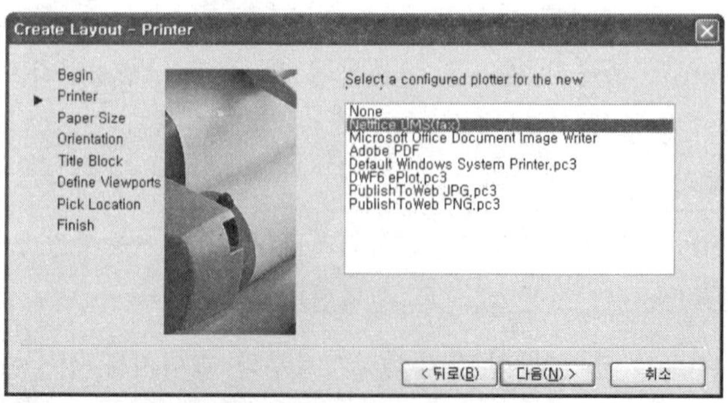

Create Layout–Printer

Paper size

출력할 용지의 크기를 설정한다.

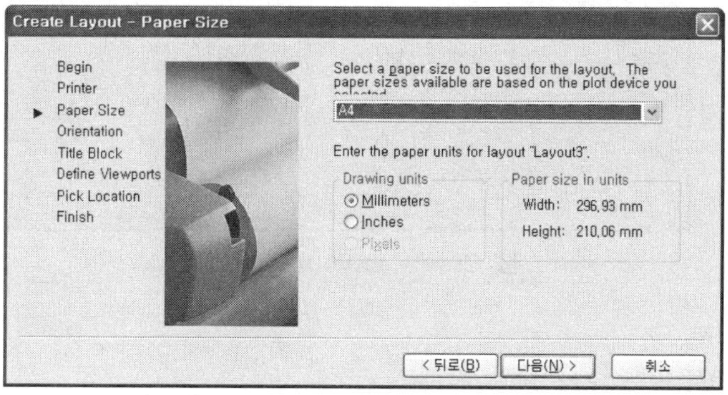

Create Layout–Paper Size

- Drawing units : 용지의 단위를 지정한다.
- Paper size in units : 단위설정에 따른 용지의 폭과 높이를 표시한다.

Orientation

가로(landscape)와 세로(portrait)방향 중 용지의 출력방향을 지정한다.

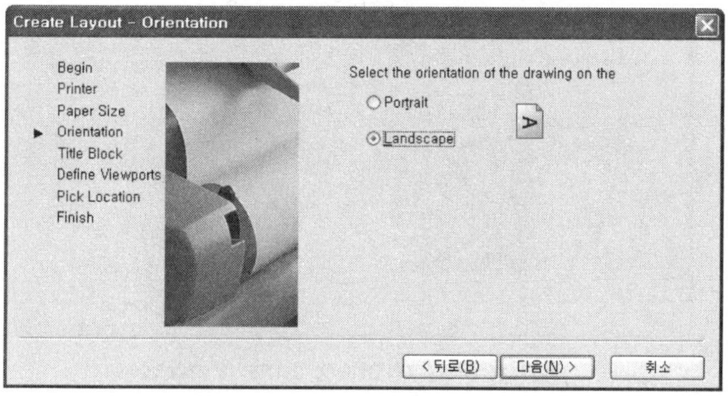

Create Layout–Orientation

Title Block

새로 생성될 배치에 사용될 템플릿 도면을 지정한다.

- Block : 템플릿 파일을 블록으로 삽입한다.
- Xref : 템플릿 파일을 외부참조로 삽입한다.

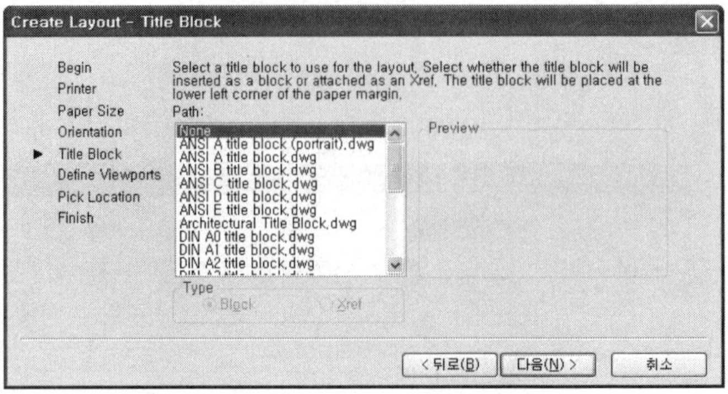

Create Layout–Title Block

Define Viewports

배치에 사용할 뷰포트의 개수와 크기 등을 설정한다.

- Viewports setup : 뷰포트의 배치방법을 설정한다.
  - None : 뷰포트를 배치하지 않는다.
  - Single : 뷰포트를 하나만 배치한다.
  - Std. 3D Engineering Views : 3차원을 나타낼 수 있도록 3 방향의 도면과 투시도로 4개의 뷰포트를 작성한다.

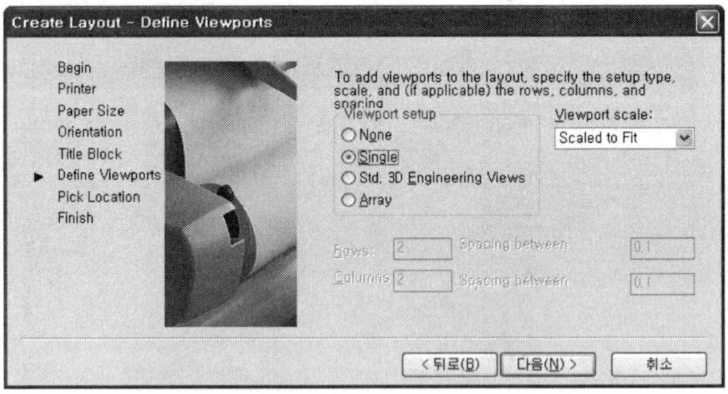

Create Layout–Define Viewports

  - Array : 뷰포트를 배열(가로×세로)로 구성한다.
    - Row : 가로방향의 뷰포트 수를 지정한다.
    - Column : 세로방향의 뷰포트의 수를 지정한다.
    - Spacing between row : 가로방향의 뷰포트 간격을 지정한다.
    - Spacing between column : 세로방향의 뷰포트 간격을 지정한다.
- Viewport scale : 뷰포트의 축척을 설정한다.

Pick Location

뷰포트가 배치될 위치를 지정한다.

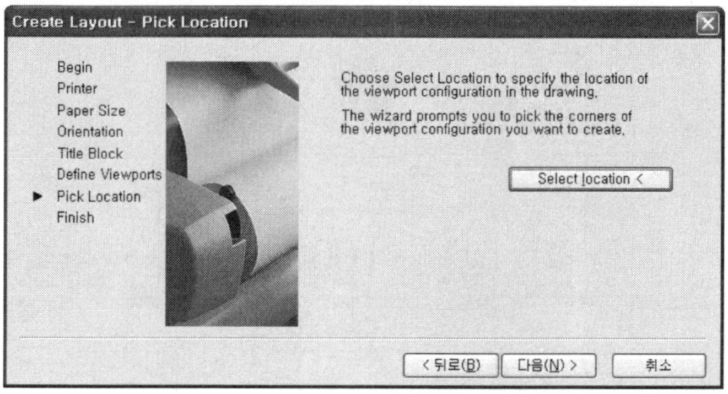

Create Layout–Pick Location

- **Select Location** : 이 버튼을 선택하면 원하는 위치를 직접 지정할 수 있다.

Finish

배치 마법사를 종료한다.

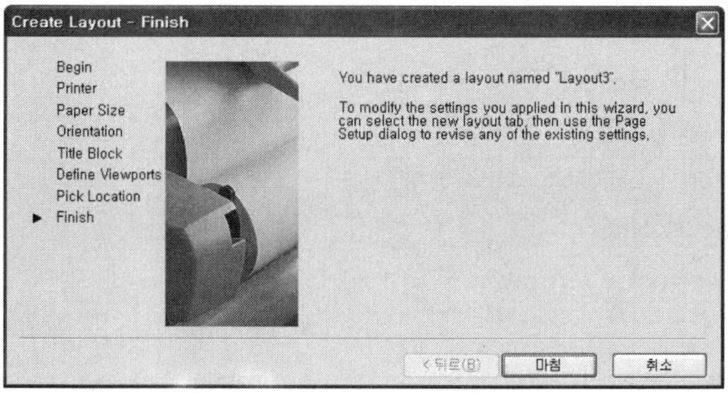

Create Layout–Finish

따라하기 : 배치 마법사를 이용하여 배치 만들기

다음 제연계통도의 배치를 만들고 4개의 뷰포트를 생성해보자.

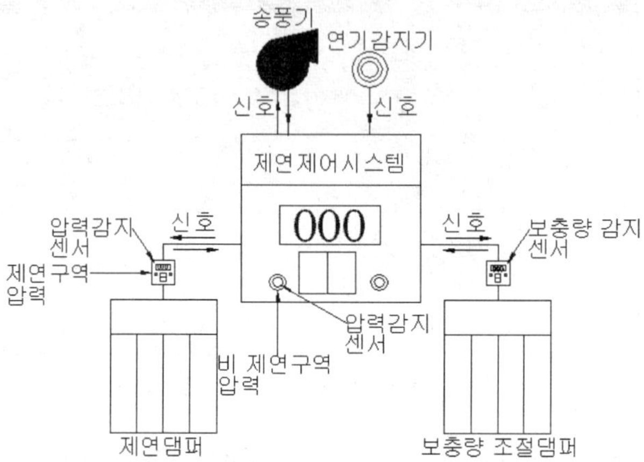

제연시스템계통도

■ **Step 01 : 배치 마법사를 실행한다.**

Command : layoutwizard Enter↵

'Create Layout' 대화상자로부터

- 배치이름 : 연습
- Printer : HP Deskjet 750C+(E/A1)
- Paper size : ISO A1 594×841mm
- Orientation : Landscape(가로방향)
- Title block : None
- Define viewports : Array
  - Row : 2
  - Column : 2
  - Spacing between row : 10
  - Spacing between column : 10
- Pick location : 다음 버튼선택
- Finish : 마침 버튼선택 ☞ 모두 4개의 뷰포트가 생성된다.

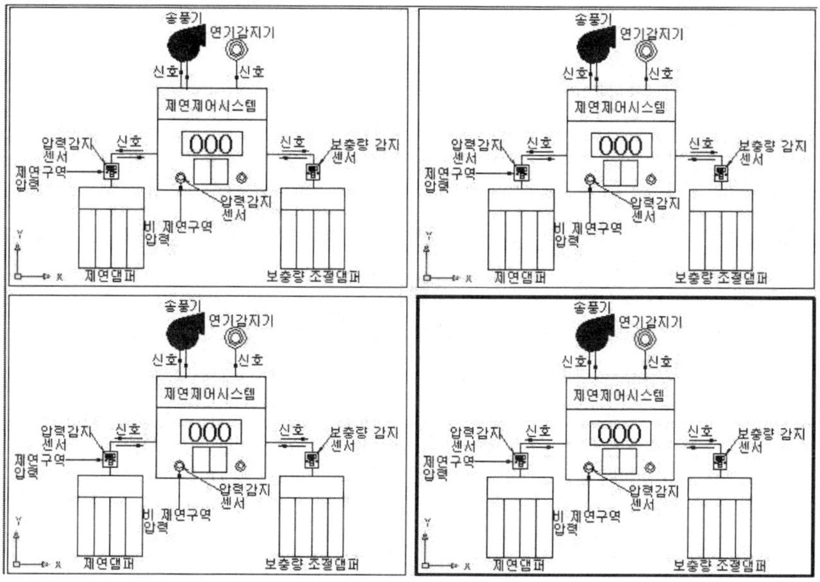

따라하기

5. 종이영역 분할하기

모델영역과 종이영역을 여러 개의 뷰포트로 분할할 수 있다. 하나의 화면을 여러 개의 창으로 분리하는 것이다. 모델영역에서 화면을 분할할 때는 Vport 명령을 이용하고, 이때 만들어진 뷰포트를 Tiled Viewport라고 한다. 종이영역에서 화면을 분할할 때는 Mview 명령을 이용하고, 이때 만들어진 뷰포트를 Floating Viewport라고 한다. Tiled Viewport는 모델영역을 여러 개로 나누어 여러 방향의 뷰포트를 설정한 후 3차원 모델링을 만들 때 많이 사용한다. Floating Viewport는 용지로 출력할 때 나타내는 뷰포트이다.

입력방법

	Command	Mview Enter↵
	Main menu	View > Viewports > 모든 부메뉴
	Screen menu	VIEW1 > Mview
	Icon menu	Layout Toolbar >

Command: mview Enter↵
Specify corner of viewport or
[ON/OFF/Fit/Hideplot/Lock/Object/Polygonal/ Restore/2/3/4] <Fit>:

☞ 뷰포트의 배치 점 또는 옵션입력 Enter↵

Mview Option

- **ON** : 감춰진 뷰포트를 나타낸다.
- **OFF** : 선택한 뷰포트를 감춘다.
- **Fit** : 모델영역의 도면을 최적화시켜 종이영역에 꽉차게 배치한다.
- **Hideplot** : 3차원 모델링의 경우 숨은선을 출력여부를 결정한다.
- **Lock** : 선택한 뷰포트를 잠그거나 해제한다.
- **Object** : 배치의 종이영역에 그려진 도면을 뷰포트로 변환시킨다.
- **Polygonal** : 다각형의 뷰포트를 만든다.
- **Restore** : 뷰포트를 만들어 놓은 경우 선택한 뷰포트를 활성화시킨다.
- **2/3/4** : 2, 3, 4의선택한 숫자만큼 뷰포트를 생성한다.

Vports 명령으로 모델영역과 종이영역의 화면을 모두 분할할 수 있다.

따라하기 : 종이영역 화면 분할하기

모델영역의 제연계통도를 종이영역에서 4개의 뷰포트로 생성해보자.

- **Step 01** : Layout 탭을 선택하면 모델영역의 도면이 그대로 표시된다. 이 상태에서 종이영역을 분할하면 원래의 도면과 겹치게 되어 도면을 식별하기가 어렵다. Mview 명령을 실행하기에 앞서 Erase 명령으로 종이영역에 표시된 도면을 먼저 지운다.

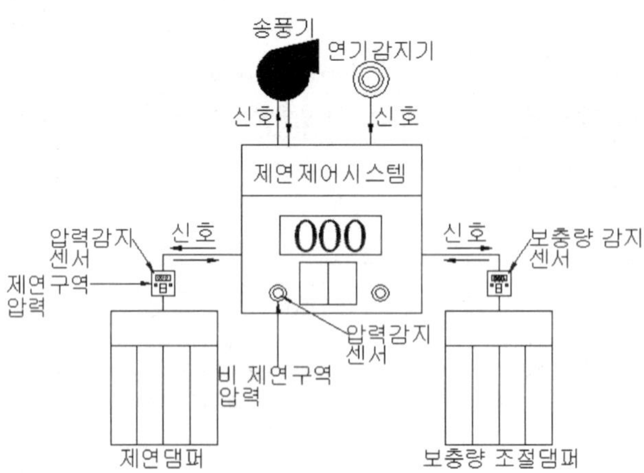

제연시스템계통도

■ **Step 02 :** Mviev 명령으로 종이영역을 4개로 분할한다.

Command: mview Enter↵

Specify corner of viewport or

[ON/OFF/Fit/Hideplot/Lock/Object/Polygonal/ Restore/2/3/4] <Fit>: 4 Enter↵

Specify first corner or [Fit] <Fit>: Enter↵

Regenerating model. ☞ 4개의 뷰포트가 생성된다.

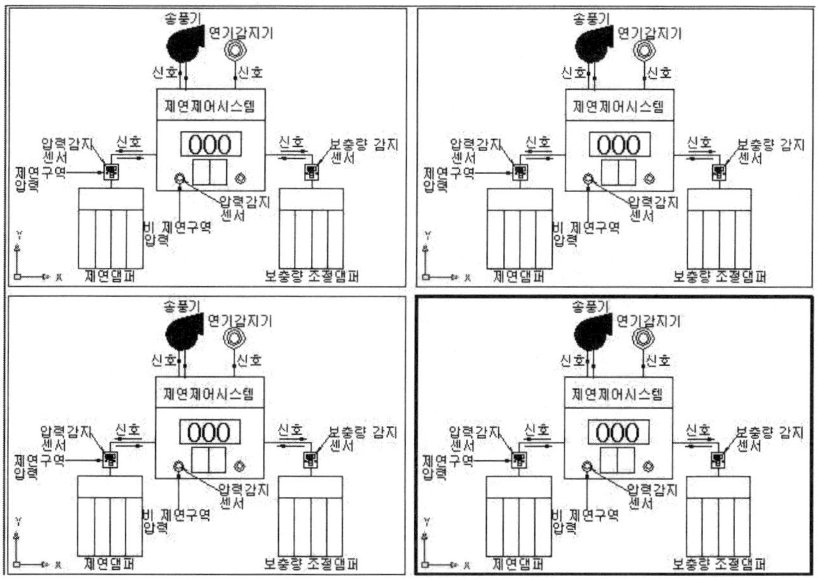

따라하기

Chapter 19

도면 출력하기

도면이 완성되면 준비한 도면용지(A0~A4)의 크기 맞게 출력(인쇄)을 하게 된다. 우선 출력을 위해서 플로터(Plotter)나 프린터(Printer)가 구성되어야 하고, 출력장치의 형태에 따라 펜의 폭이나 색상을 도면에서 설정된 값과 일치되게 해야 한다. 또한 도면의 공간에 따라 단일 도면을 출력할 수도 있고 여러 도면을 재배치하여 출력할 수도 있다. 웹상에서 도면을 관리하고 사용할 수 있는 도록 웹브라우저용 도면 만들기를 추가하였다. 이 장에서는 출력에 필요한 명령과 다양한 출력방법, 웹브라우저 도면 만들기에 대해 공부하기로 한다.

1. 출력도면 미리보기

작업 중이거나 작성된 도면을 플로터나 프린터로 출력하기에 앞서 그 결과를 확인하고자 할 때 미리보기(Preview)를 한다.

입력방법

	Command	Preview Enter
	Main Menu	File > Plot Preview
	Icon Menu	Standard Toolbar >

Command: preview

Press ESC or ENTER to exit, or right-click to display shortcut menu. ☞ 출력도면의 미리보기를 종료하려면 Esc나 Enter 키를 누르고 또는 마우스의 오른쪽 버튼을 선택하면 단축메뉴(shortcut menu)가 나온다.

Preview 명령이 실행하고 나면 미리보기의 진행상태를 알리는 'Plot Preview Progress' 대화상자가 나온다.

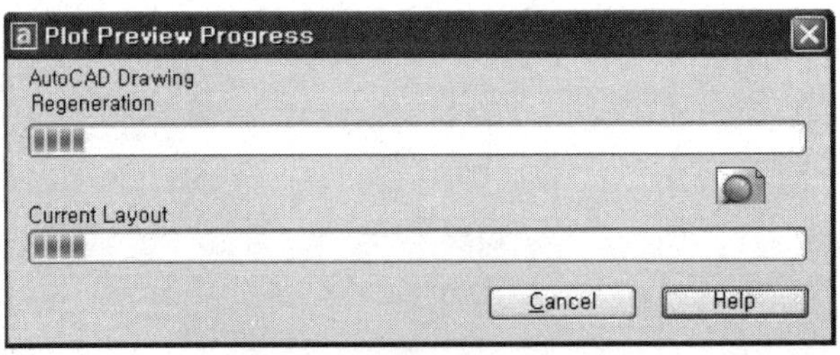

Plot Preview Progress

미리보기 준비상태가 끝나면 화면에는 모양의 마우스 포인터가 나온다. 모양의 마우스 포인터가 나온 상태에서 마우스의 왼쪽 버튼을 누른 채 위쪽으로 옮기면 미리보기 화면이 커지고, 아래쪽으로 옮기면 미리보기 화면이 작아진다. 또 마우스 오른쪽 버튼을 누르면 단축메뉴(Shortcut Menu)가 나온다. 모양의 마우스 포인터의 사용은 단축메뉴의 Zoom 기능의 사용을 의미하고, Zoom 기능은 플로터와 프린터의 해상도(출력이 가능한 단계까지)에 따라 결정된다. 도면의 미리 보기를 종료하려면 Esc나 Enter 키를 누르고, 미리 보기화면에 나타난 결과도면을 인쇄하려면 단축메뉴에서 Plot을 선택한다.

- **Exit** : 도면의 미리 보기를 종료한다.
- **Plot** : 미리보기로 화면에 나타난 결과를 플로터로 인쇄한다.

- **Pan** : 미리보기의 화면을 이동시킨다.
- **Zoom** : 미리보기의 화면을 확대/축소한다.
- **Zoom Window** : 미리보기의 특정영역을 확대/축소한다.
- **Zoom Original** : 확대/축소한 미리보기를 본래 크기로 표시한다.

2. 도면 출력하기

도면의 출력(Plot)은 종이에 인쇄하거나 다른 응용 프로그램에서 사용이 가능하도록 파일로 만드는 것을 의미한다. 일반적으로 CAD 도면을 출력할 때 프린터보다는 플로터를 사용해야만 정해진 축척대로 정확하게 출력할 수 있다.

입력방법

(키보드)	Command	Plot Enter↵
(마우스)	Main Menu	File > Plot
	Screen Menu	FILE > Plot
	Icon Menu	Standard Toolbar >

Command: plot Enter↵ ☞ 'Plot' 대화상자가 나온다.

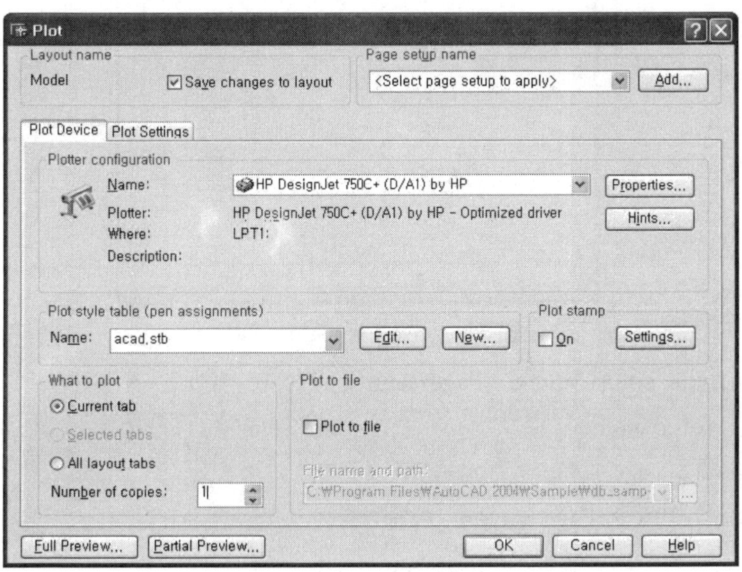

Plot-Plot Device

'Plot' 대화상자는 'Layout name', 'Page setup name', 'Plot Device', 'Plot Setting' 등으로 구성돼있고, 이들 각 부분으로부터 원하는 형태의 출력물을 얻거나 플로터, 프린터 등의 여러 가지 출력환경을 설정할 수 있다.

Layout name

- **Model** : 출력할 도면의 배치이름을 나타낸다. 종이영역을 출력할 경우에는 layout1 또는 layout2라고 표시된다.
- **Save change to layout** : 여러 가지 출력환경의 설정 값을 배치에 저장한다.

Page setup name

- **Select page setup to apply** : 도면에 저장된 Page Setup을 표시해준다. Page setup을 새 이름으로 추가·설정하려면 Add 버튼을 선택한다.
- **Add** : 이 버튼을 선택하면 'User Define Page Setup' 대화상자가 나오고, 이 대화상자로부터 Page setup을 추가, 삭제, 이름변경 등을 할 수 있다.

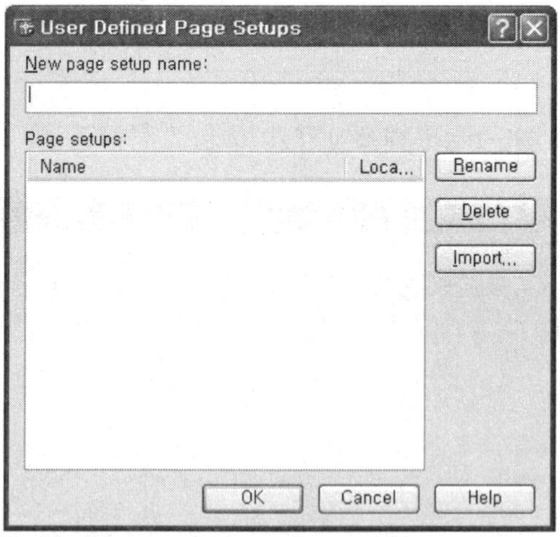

User Define Page Setup

- New page setup name : Page setup을 저장할 이름을 지정한다.
- Page setup name : 현재 사용 중인 Page setup을 나타낸다.
- Rename : Page setup의 이름을 변경한다.
- Delete : 설정한 Page setup을 삭제한다.
- Import : 외부도면에서 설정한 Page setup을 가져온다.

Plot Device Tab

현재 AutoCAD에 등록되어 사용할 수 있는 출력장치(플로터나 프린터)를 표시해주고 도면을 인쇄할 출력장치를 선택할 수 있도록 해준다.

■ Plotter configuration : 현재 설정된 출력장치의 구성을 편집한다.

▶ Name : 드롭다운 리스트 버튼 ⌄을 누르면 AutoCAD에 등록되어 사용할 수 있는 출력장치를 모두 볼 수 있고, 출력장치를 변경할 수 있다.

제조업체별 모델 및 생성파일의 종류

제 조 업 체	모 델	파일종류
Adobe	PostScript Level 1 PostScript Level 1 Plus PostScript Level 2	EPS
AutoCAD DXB file	DXB File	DXB
Autodesk ePlot(DWF)	DWF Classic (R14 look) DWF ePlot(WHIP! 3.1 호환버전) DWF ePlot(플롯을 위해 최적화) DWF eView(보기를 위해 최적화)	DWF
래스터 파일형식	Independent JPEG Group(JPEG 압축) Portable Network Graphics PNG(LZH 압축) TIFF Version 6(CCIT G4 2D 압축) TIFF Version 6(비압축) TrueVision TGA Version 2(비압축) ZSoft PC Paintbrush PCX(ZSOFT PACKBITS)	JPG PNG TIF TIF TGA PCX

▶ Plotter : 현재 사용 중인 플로터를 표시한다.

▶ Where : 현재 플로터 포트에 연결된 상태를 표시한다.(예, LPT1, LPT2)

▶ Description : 플로터에 대한 설명을 표시한다.

▶ Properties : 이 버튼을 선택하면 'Plotter Configuration Editor' 대화상자가 나오고, 이 대화상자로부터 플로터에 대한 세부사항을 설정할 수 있다. 이 대화상자는 플로터의 일반적인 사항과 출력포트, 기타 플로터의 제반사항을 설정할 수 있도록 3개의 탭으로 구성돼있다. 이 분분은 출력장치에 따라서 매우 다를 수 있다.

- General : 플로터에 대한 일반적인 사항을 표시한다.
  - Plotter configuration file name : 플로터의 이름을 표시한다.
  - Description : 플로터에 대한 특기사항을 입력한다.
  - Driver Information : 플로터의 시스템 드라이브 정보를 표시한다.

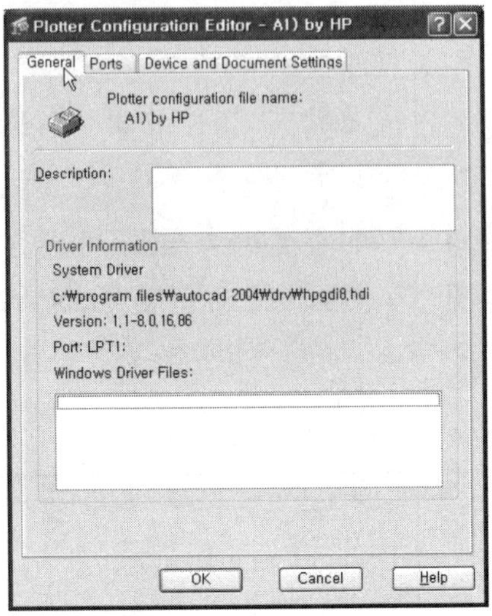

Plotter Configuration Editor–General

- Ports : 출력포트와 출력 데이터의 처리방법을 설정한다.
  - Plot to the following port : 설정된 포트의 플로터를 통해 도면을 출력한다.
  - Plot to File : 출력도면을 파일(*.plt)로 출력한다.
  - AutoSpool : AutoSpool 기능을 이용하여 도면을 출력한다.
  - 표시 창 : 포트 이름과 설명, 연결된 프린터를 표시한다.
  - Show all ports : 플로터를 이용할 수 있는 모든 포트를 표시해준다.
  - Browse Network : 네트워크에 연결된 출력장치를 찾는다.
  - Configure Port : ‘Configure LPT Port dialog box’ 대화상자로부터 포트의 세부 사항을 설정한다.

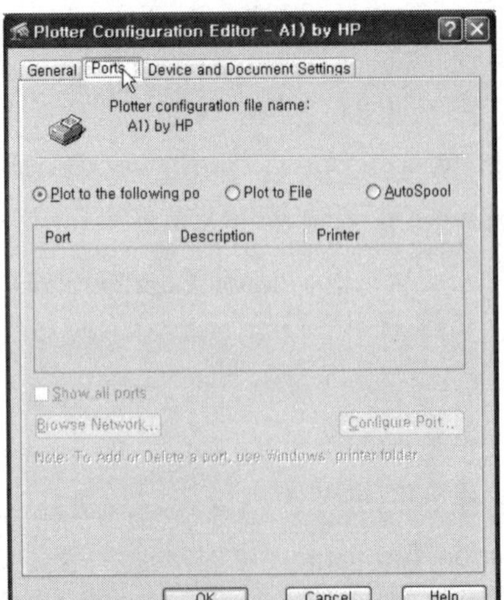

Plotter Configuration Editor–Ports

- Device and Document Setting : 플로터에 대한 세부사항과 출력형식 파일 등을 설정한다.

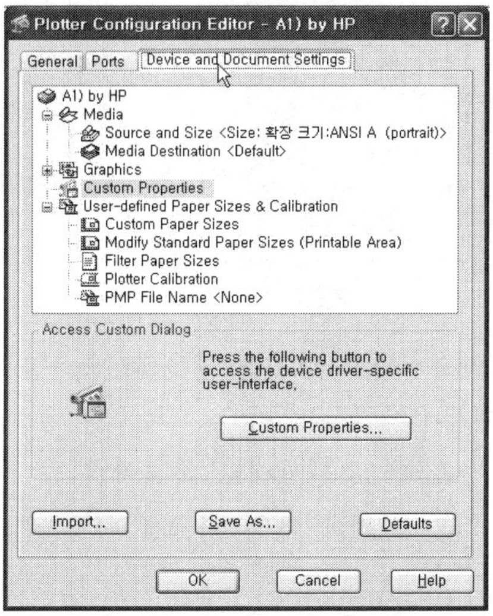

Plotter Configuration Editor–Device and Document Setting

○ Custom Properties : 이 버튼을 선택하면 다음과 같은 대화상자가 나오고, 이 대화상자로부터 종이크기, 출력형태, 출력품질 등의 다양한 설정을 할 수 있다. 이 항목에서 나오는 대화상자는 AutoCAD에서 제공하는 내용이 아니고, 플로터 자체가 가지고 있는 프로그램이 실행되어 나오는 설정내용이다. 다음 그림은 'HP Design Jet 750C+' 플로터의 등록정보를 나타낸 것이다.

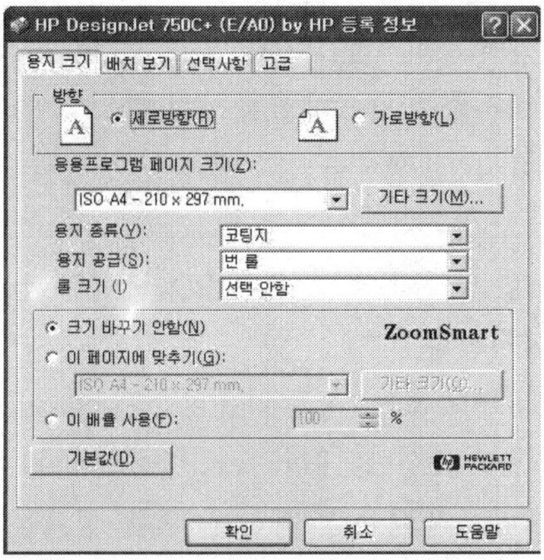

HP Design Jet 750C+의 등록정보

○ Import : 이 버튼을 선택하면 'Plotting Components' 대화상자가 나오고, 이 대화상자로부터 외부에서 PCP, PC2 출력형식의 파일을 받아들일 수 있다.

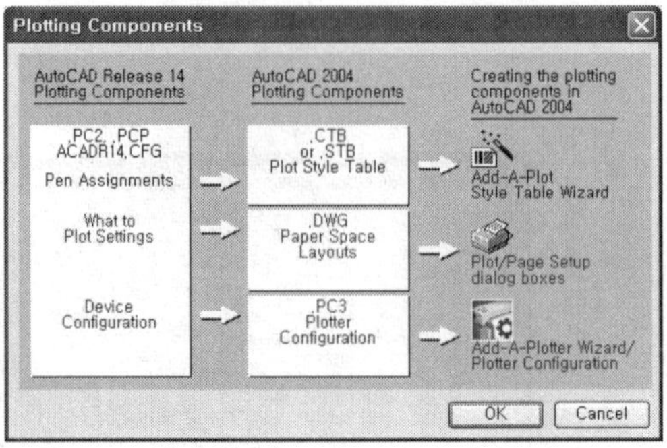

Plotting Components

- ○ Save As : 출력장치의 환경설정 값을 PC3 파일로 저장한다. PC3 파일로 저장할 수 있는 대화상자가 나온다.
- ○ Defaults : 설정 값을 초기상태로 복귀한다.

▶ Hints : 해당 플로터의 설정에 대한 자료를 얻을 수 있다.

■ **Plot style table(pen assignments) :** 플로터의 출력유형을 설정한다. 출력유형에서는 도면을 출력할 때 선의 색상이나 굵기, 가중치, 채움 등을 변경할 수 있다.

▶ Name : 드롭다운 리스트 버튼 을 누르면 AutoCAD에서 제공하는 다양한 출력유형을 사용할 수 있다.

- Acad.stb : AutoCAD에서 제공하는 기본 출력유형을 사용한다.
- AutoDesk-Coloer.stb : 도면을 칼라로 출력한다.
- AutoDesk-Mono.stb : 도면을 회색으로 출력한다.
- Monochrome.ctb : 도면을 흑백으로 출력한다.

▶ Edit : 이 버튼을 선택하면 'Plot Style Table Editor' 대화상자가 나오고, 이 대화상자로부터 선택한 출력유형(*.stb) 파일을 수정할 수 있다. 이 대화상자는 출력유형의 일반적인 사항과 출력색상, 색상별 출력유형을 설정할 수 있도록 3개의 탭으로 구성돼있다.

- General : 출력유형 파일의 설명이나 ISO가 아닌 선 유형에 대한 선축척 등의 일반적인 사항을 설정한다.
  - ○ Plot style table file name : 출력유형 파일의 이름을 표시한다.
  - ○ Description : 출력유형에 대한 특기사항을 입력한다.
  - ○ File Information : 출력유형 파일에 대한 정보를 표시한다.
  - ○ Apply global scale factor to non-ISO linetype : ISO가 아닌 선 유형에 대한 선의 축척을 설정한다.

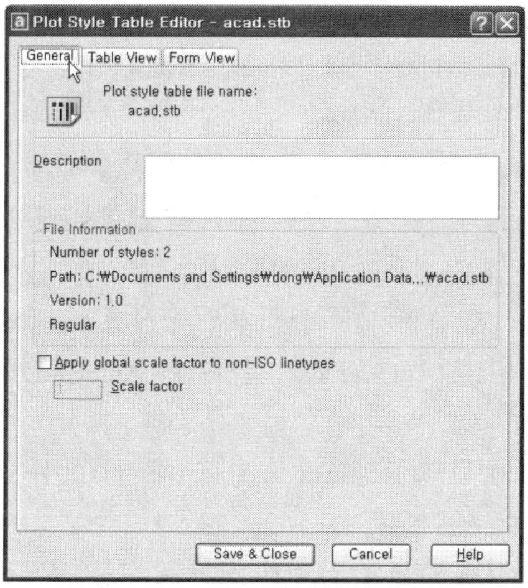

Plot Style Table Editor-General

- Table View : 출력유형의 특성이 테이블 형태로 표시된다. 도면을 출력할 때 256가지 색상을 적용하여 다양한 효과를 줄 수 있다.

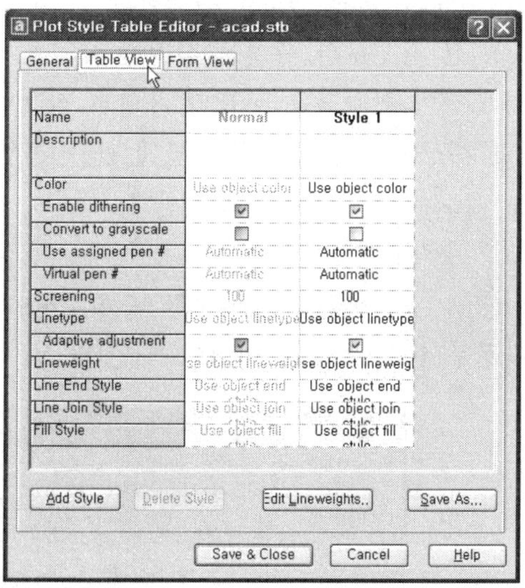

Plot Style Table Editor-Table View

- Object Color : 도면에서 사용하는 256가지 색상을 표시한다.
- Description : 지정된 색상에 대한 특기사항을 입력한다.
- Color : 실제로 출력할 색상을 설정한다. 예를 들어, 객체가 빨간색이라고 하더라도 파란색으로 바꾸면 파란색으로 출력된다. 도면에서 지정된 색을 그대로 출력하려면 User object color를 선택한다.

- Enable Dithering : 도면을 출력 할 때 디더링(Dithering = 뿌옇게) 처리기능의 사용 여부를 설정한다. 디더링을 활성화하면 AutoCAD에서 지원하는 색상보다 더 많은 색상을 사용하는 효과가 있다.
- Convert to grayscale : 흑백 그라데이션을 사용할 수 있게 한다.
- Use assigned pen # : 펜 플로터인 경우 색상 별로 펜을 설정한다. 설정 값은 1~32까지이고 기본 값은 Automatic이다.
- Virtual pen # : 펜 플로터가 아닌 경우 색상별로 가상 펜을 설정한다. 설정 값은 1~255이고, 기본 값 Automatic을 설정하면 AutoCAD의 색상 표로부터 자동 할당된다.
  - ○ Screening : 출력되는 잉크의 농도를 0에서 100까지 설정한다. 설정 값이 커질수록 진하게 출력된다.
  - ○ Linetype : 실제 출력에 사용될 선의 유형을 설정한다. 도면에서 지정된 선을 그대로 출력하려면 User object linetype을 선택한다.
- Adaptive adjustment : 도면을 출력할 때 선 유형의 축척을 설정한다.
- Lineweight : 출력할 선의 두께를 설정한다. 도면에서 지정된 선의 두께을 그대로 출력하려면 User object lineweight를 선택한다.
- Line End Style : 선 끝부분의 유형을 설정한다.
- Line Join Style : 선이 연결되는 부분의 유형을 설정한다.
- Fill Style : 해당 색상으로 채워지는 부분이 있는 경우 채우기 유형을 설정한다.
  - ○ Add Style : 새로운 출력유형을 추가한다.
  - ○ Delete Style : 출력유형을 삭제한다.
  - ○ Edit Lineweights : 이 버튼을 선택하면 'Edit Lineweights' 대화상자가 나오고, 이 대화상자로부터 선 굵기를 설정할 수 있다.

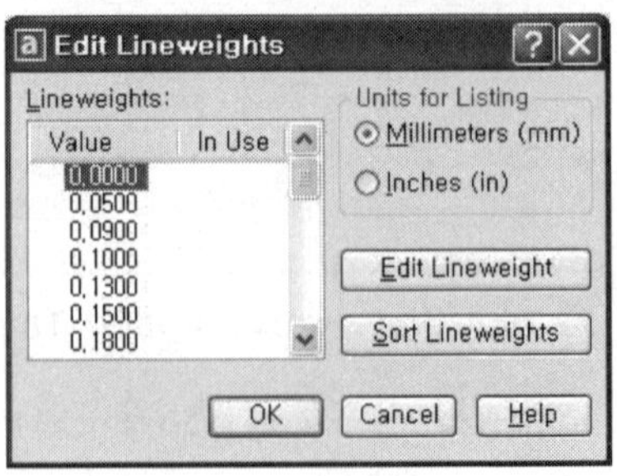

Edit Lineweights

- Lineweights : 선 굵기의 목록을 표시한다.
- Units for Listing : 선 굵기의 단위를 설정한다.
- Edit Lineweights : 목록에서 선택한 선 굵기를 편집한다.

- Sort Lineweights : 선 굵기를 정렬하여 표시한다.
  - ○ Save As : 출력유형을 다른 이름으로 저장한다. *.stb 파일이 생성된다.
- Form View : Table view 탭과 모양만 다르게 구성하였을 뿐 내용은 같다. Table View 탭보다 색상별로 잘 정리가 돼있어 사용하기가 편리하다.

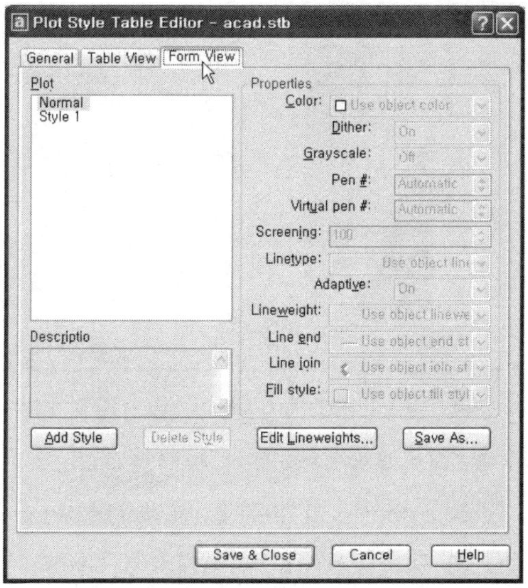

Form View Plot Style Table Editor

▶ New : 새로운 출력유형을 만들거나 다른 테이블 파일, AutoCAD R14의 *.cfg, *.pcp, *.pc2 파일의 정보를 가져와 작성할 수도 있다. 이 버튼을 선택하면 'Add Color-Dependent Plot Style Table' 대화상자가 나오고, 이 대화상자로부터 출력유형을 새로 만들 수 있다.

- Begin : 3가지 출력유형 설정방법을 선택하고 시작한다.

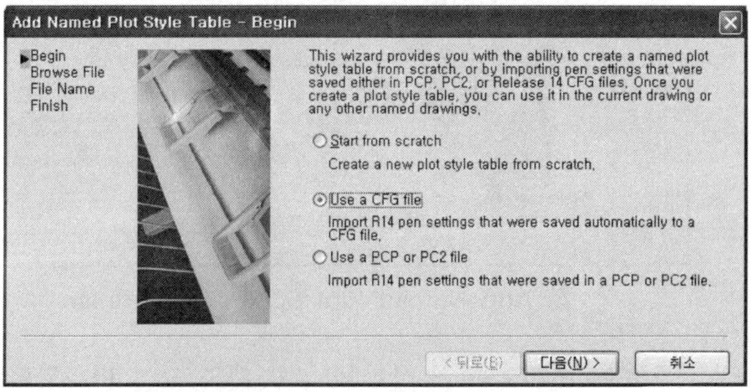

Add Named Plot Style Table–Begin

- ○ Start from scratch : 출력유형 테이블을 새로 만든다.
- ○ Use a CFG file : AutoCAD R14의 시스템 파일인 cfg 파일을 이용하여 새로운

출력유형 테이블을 만든다.

- ○ Use a PCP or PC2 file : AutoCAD R14의 장치파일인 pcp 또는 pc2 파일을 이용하여 새로운 출력유형 테이블을 만든다.

- File Name : 저장될 파일의 이름을 입력한다. ctb 파일이 생성된다.

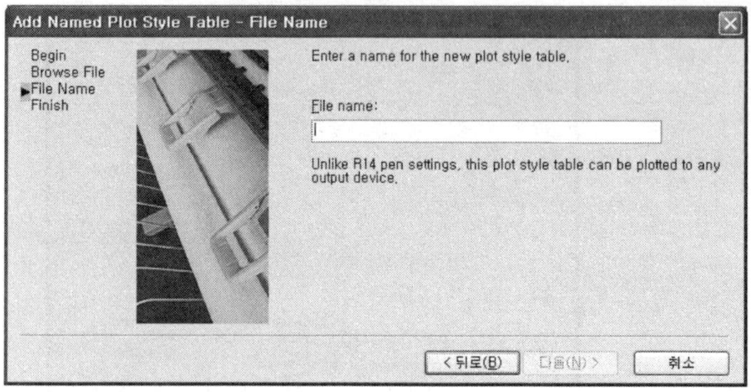

Add Named Plot Style Table–File name

- Finish : 출력유형 테이블을 수정하거나 종료한다.
  - ○ Plot Style Table Editor : 이 버튼을 선택하면 'Plot Style Table Editor' 대화상자가 나오고, 이 대화상자로부터 출력유형(*.ctb) 파일을 수정할 수 있다.
  - ○ Use this plot style table for the current drawing : 현재 사용하고 있는 출력유형을 그대로 사용한다.
  - ○ Use this plot style table for new and AutoCAD2004 drawing : AutoCAD 2004의 새로운 출력유형을 사용한다.

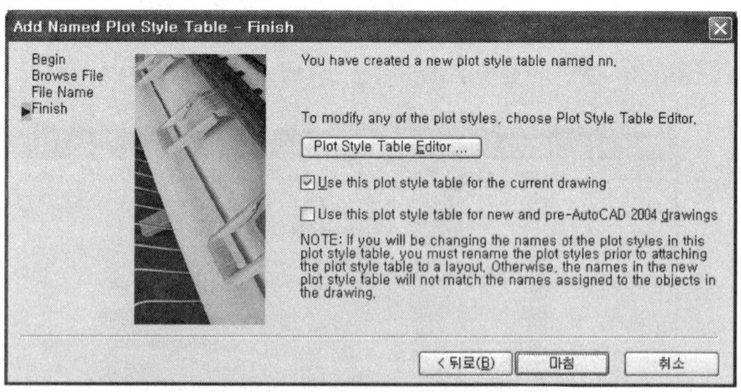

Add Named Plot Style Table–Finish

■ **Plot stamp :** 도면을 출력할 때 문서를 작성할 때와 같이 머리말이나 꼬리말, 각주처럼 도면과 출력장치, 배치 등의 이름과 종이크기, 날짜와 시간, 출력 스케일, 사용자의 이름 등의 정보를 함께 출력한다.

▶ On : 스탬프 기능을 활성화한다.

▶ Setting : 이 버튼을 선택하면 'Plot Stamp' 대화상자가 나오고, 이 대화상자로부터 함께 출력할 정보를 선택할 수 있다.

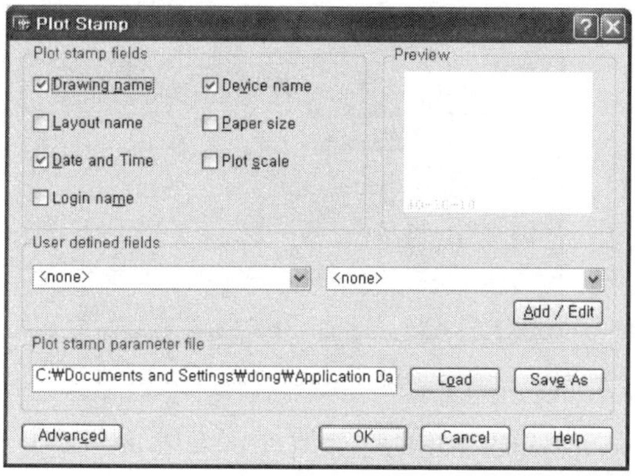

Plot Stamp

- Plot stamp fields : 도면을 출력할 때 함께 출력할 정보를 선택한다.
  - Drawing name : 도면이름을 함께 출력한다.
  - Layout name : 배치이름을 함께 출력한다.
  - Data and Time : 도면작성 날짜와 시간을 함께 출력한다.
  - Login name : 로그 파일의 이름을 함께 출력한다.
  - Device name : 출력장치의 이름을 함께 출력한다.
  - Paper size : 출력도면의 종이크기를 함께 출력한다.
  - Plot scale : 출력도면의 축척을 함께 출력한다.
- Preview : 도면과 함께 출력될 정보를 미리보기 할 수 있다.
- User define fields : 도면과 함께 출력할 정보 이외의 다른 내용을 입력한다.
- Plot stamp parameter file : 출력정보 파일(*.pass)을 불러들이거나 저장한다.
  - Load : 출력정보 파일(*.pass)을 불러들인다.
  - Save As : 현재 설정된 값을 출력정보 파일(*.pass)로 저장한다.
- Advanced : 이 버튼을 선택하면 'Advanced Options' 대화상자가 나오고, 이 대화상자로부터 출력정보의 세부적인 사항을 설정한다.
  - Location and Offset : 출력정보가 기록될 위치를 설정한다.

· Location : 기록될 위치를 설정한다.

· Orientation : 문자의 가로, 세로쓰기를 설정한다.

· Stamp upside-down : 가로, 세로 대칭형태로 기록된다.

· X, Y Offset : 문자가 기록될 시작점을 설정한다.

· Offset relative to printable area : 문자가 기록될 시작점은 출력이 가능한 영역을 기준으로 설정한다.

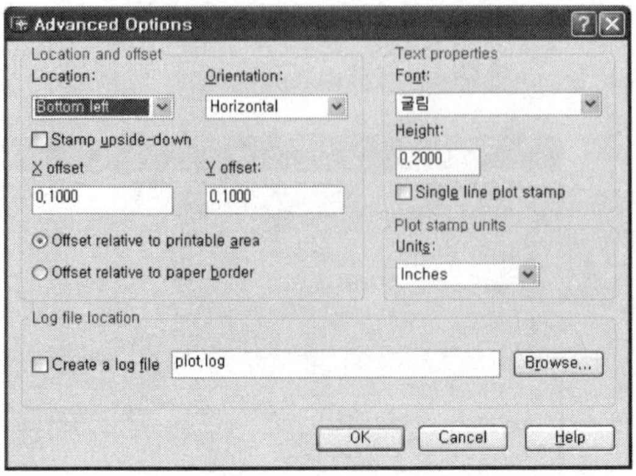

Advanced Options

- Offset relative to paper border : 문자가 기록될 시작점은 종이의 출력이 가능한 영역을 기준으로 설정한다.
  - ○ Text properties : 기록될 문자의 특성을 설정한다.
- Font : 문자의 글꼴을 설정한다.
- Height : 문자의 높이를 지정한다.
- Single line plot stamp : 출력정보를 한 줄에 기록한다.
  - ○ Plot stamp units : 기록될 문자크기를 inch, mm, pixel 단위로 설정한다.
  - ○ Log file location : 로그(*.log)파일의 위치를 설정한다.
- Create a log file : 새 로그파일을 만든다.

■ What to plot : 출력할 대상과 출력 매수를 설정한다.

▶ Current tab : 현재 작업 중인 시트와 도면만 출력한다.

▶ Selected tabs : 선택된 시트의 도면만 출력한다. Ctrl 키를 이용하여 다른 작업시트를 선택하고 함께 출력할 수 있다.

▶ All layout tabs : 작업 도면파일의 모든 배치 탭을 출력한다.

▶ Number of copies : 출력할 매수를 지정한다.

■ Plot to file : 작업도면을 파일로 생성한다.

▶ Plot to file : 작업도면을 이진파일(binary file)로 생성한다. 이때 생성파일은 *.plt 파일로 생성되고, 이 파일은 도스상태에서 여러 장의 도면을 한꺼번에 출력할 때 유용하게 사용할 수 있다.

▶ File name and path : 생성될 파일 이름과 경로를 지정한다.

Plot Setting Tab

도면을 출력할 때 출력용지에 관한 세부사항을 설정한다.

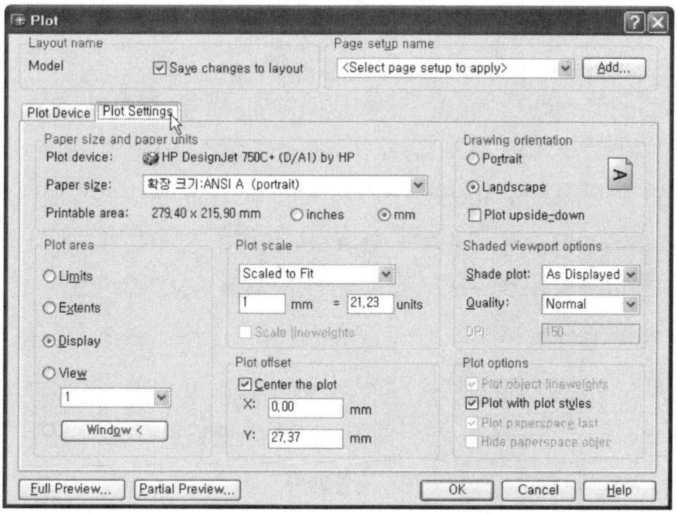

Plot–Plot Settings

- **Paper size and paper unit** : 출력할 용지의 크기와 용지단위를 설정한다.
  - ▶ Plot device : 출력에 사용될 플로터가 표시된다.
  - ▶ Paper size : 출력에 사용할 용지의 크기를 선택한다.
  - ▶ Printable area : 출력 가능한 용지의 크기가 표시된다.
  - ▶ Inches, mm : 출력용지의 크기단위를 inch와 mm 중에서 선택할 수 있다.
- **Drawing orientation** : 도면을 출력할 용지의 방향을 설정한다.
  - ▶ Portrait : 가로방향으로 출력한다.
  - ▶ Landscape : 세로방향으로 출력한다.
  - ▶ Plot upside-down : 도면을 뒤에서부터 출력한다.
- Plot area : 용지에 출력될 도면의 출력영역을 설정한다.
  - ▶ Layout 또는 Limits : 배치 탭을 출력할 경우에는 Layout이라고 표기되고, 모델 탭에서는 Limits라고 표기된다. Limits의 경우 Limits 명령으로 도면크기를 설정한 부분만 출력한다. Layout의 경우 도면용지 안에 배치된 도면만 출력한다.
  - ▶ Extents : 설정된 도면크기 밖에 그려진 부분도 출력한다.
  - ▶ Display : 현재 화면에 보이는 부분만 출력한다.
  - ▶ View : View 명령으로 저장된 화면을 출력한다. 저장된 보기(View)가 없는 경우는 사용할 수 없다.
  - ▶ Window : 사용자가 임의의 두 점을 설정하여 출력부분을 선택해 출력한다.
- **Plot scale** : 작성된 도면을 출력용지에 출력할 때의 실제 출력축척을 설정한다.
  - ▶ Scale : 출력축척을 지정한다. 이 항목에서 'Scaled to Fit'을 선택하면 축척에 관계없이 작성된 도면을 지정된 출력용지에 알맞게 자동으로 출력해준다. 'Custom'을 선

택하면 사용자가 직접 축척을 입력한다.

▶ Custom : '×mm=××drawing units'는 출력될 플로트 단위(mm)와 도면의 단위(drawing units)를 inch나 mm로 나타낸 것이다. 만약, 작성된 도면을 2배로 확대하여 출력하려면 왼쪽 상자의 플로트 단위수를 2로 하고 오른쪽 상자의 도면 단위수를 1로 입력하면 된다. 1mm=10units는 실제 종이의 1mm가 모델영역에서 10을 의미한다.

▶ Scale lineweights : 출력축척에 따라 선 굵기를 맞추고자 할 때 사용한다. 이 항목을 선택하면 plot scale에 따라 선의 굵기도 변화하고, 선택하지 않으면 plot scale의 영향을 받지 않는다.

■ **Plot offset** : 도면을 출력할 때 출력의 기준점을 변경할 수 있다.

▶ Center the plot : 도면을 용지의 중심 맞춰 출력한다.

▶ X : X축 방향의 출력 기준점을 지정한다.

▶ Y : Y축 방향의 출력 기준점을 지정한다.

■ **Plot options** : 다양한 출력옵션을 설정한다.

▶ Plot with lineweights : 도면에 설정된 선 굵기를 사용하여 출력한다.

▶ Plot with plot styles : 출력유형 테이블에서 설정한 출력유형을 사용하여 출력한다.

▶ Plot paperspace last : 모델영역의 도면을 출력한 후에 배치 탭에 배치된 도면을 출력한다.

▶ Hide object : 3차원 모델의 경우 은선(숨은선)을 출력하지 않는다.

Full Preview와 Partial Preview

출력척도, 회전방향, 기준점 등을 플로터나 프린터로 출력하기에 앞서 그 결과를 미리 확인할 수 있다.

■ **Full Preview** : 출력결과의 전체를 미리보기 한다. 미리 보기에서 이 옵션이 선택되면 실제 출력될 형태로 나타난다. 이때 마우스의 포인터는 모양으로 나오고 그 기능은 '출력도면 미리보기'와 같다.

■ **Partial Preview** : 이 버튼을 선택하면 'Partial Plot Preview' 대화상자가 나오고, 이 대화상자의 그림과 같이 출력용지(점선) 위에 도면(파랑색)이 영역으로 표시도어 출력윤곽만 표시해준다.

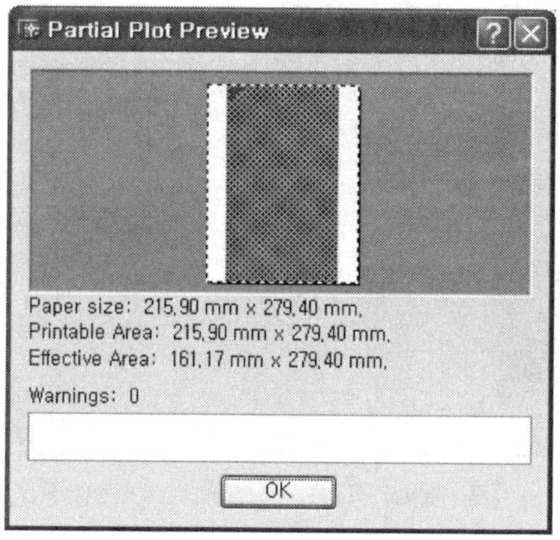

Partial Plot Preview

3. 출력장치 설치하기

AutoCAD에서는 출력장치를 AutoCAD 전용으로 사용하거나 윈도우와 함께 사용할 수 있도록 출력장치의 환경을 제공하고 있다. AutoCAD 전용 플로터들은 전용 드라이브를 제공하고 있음으로 드라이브를 잘 사용해야만 출력장치의 성능을 보장할 수 있다.

입력방법

(키보드)	Command	Plottermanager Enter↵
(마우스)	Main Menu	File > Plotter Manager

Command : plottermanager Enter↵ ☞ 'Plotter' 윈도우의 대화상자가 나온다.

Plotter 윈도우의 대화상자에서 Add-A-Plotter-Wizard 

아이콘을 더블 클릭하면 새 플로터를 추가할 수 있다.

Introduction Page

새 플로터를 추가한다면 설명이 나오면, [다음] 버튼을 선택하고 진행한다.

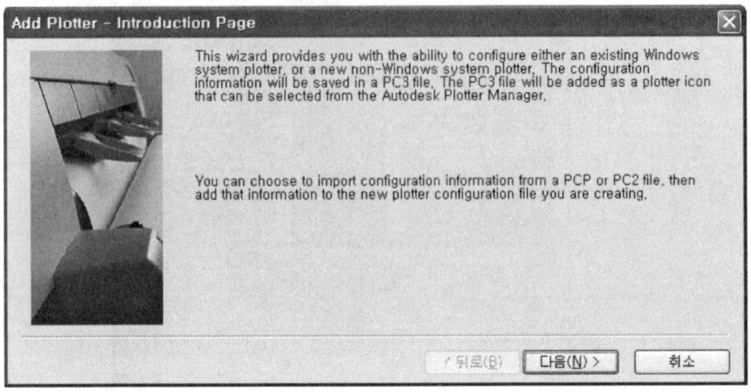

Add Plotter–Introduction Page

Begin

3가지 선택항목 중 하나를 선택하고 플로터를 추가한다.

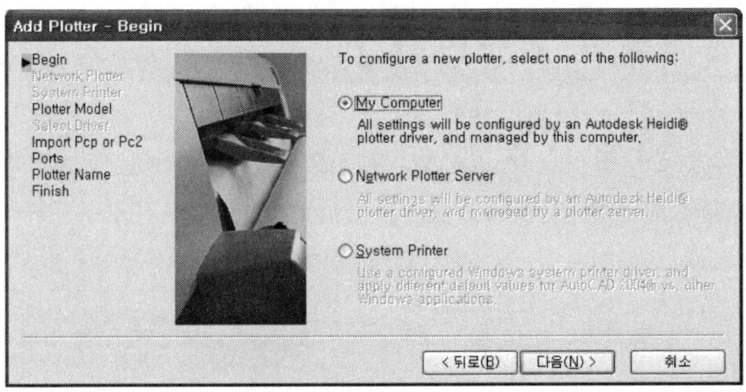

Add Plotter–Begin

- **My Computer** : 자신의 컴퓨터에 플로터가 설치되어 있는 경우 선택한다.
- **Network Plotter Server** : 네트워크에 플로터가 연결되어있는 경우 선택한다.
- **System Printer** : 윈도우에서 사용하고 있는 프린터를 사용할 경우 선택한다.

Plotter Model

출력에 사용할 플로터를 지정한 후 models에서 기종을 선택한다. 이 항목의 목록에 플로터가 없을 경우에는 해당제품의 드라이브를 이용하여 설치한다.

- **Manufacturers** : 플로터의 제조회사를 선택한다.
- **Model** : 해당 모델을 선택한다.

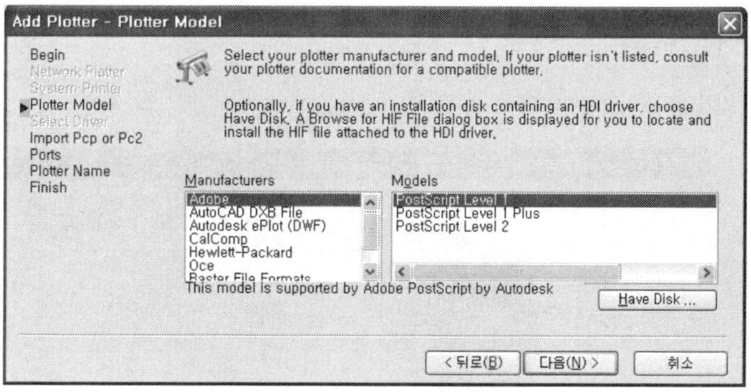

Add Plotter–Plotter Model

Import PCP or PC2

AutoCAD 2004 이전 버전의 출력정보 파일 Pcp, Pc2파일을 이용해서 출력정보를 구성한다. Import File 버튼을 선택하고, Pcp나 Pc2파일을 불러온다.

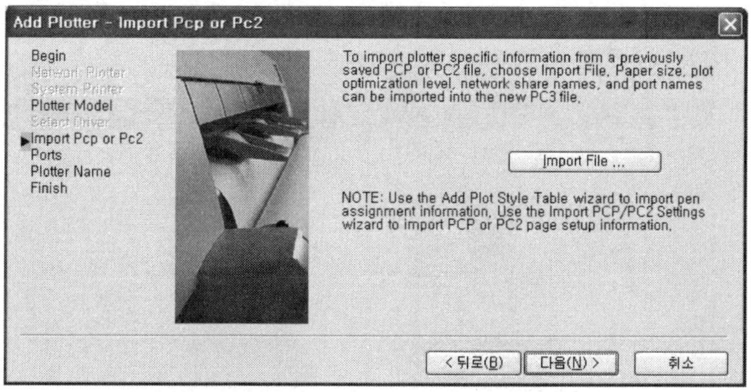

Add Plotter–Import PCP or PC2

Ports

출력장치가 연결될 포트를 선택한다. LPT1, LPT2 포트를 대부분 사용한다.

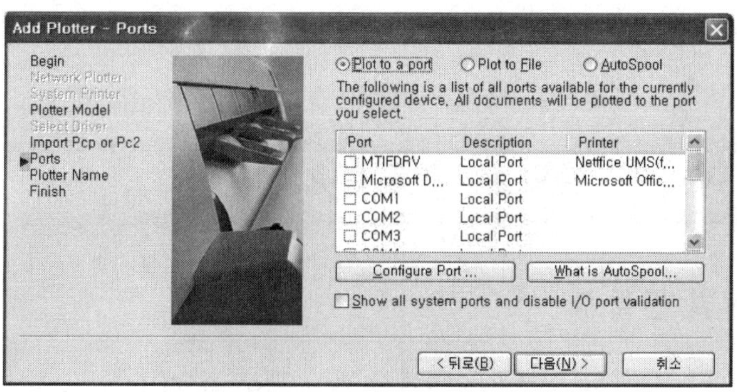

Add Plotter–Ports

Plotter Name

새 플로터의 이름을 설정한다.

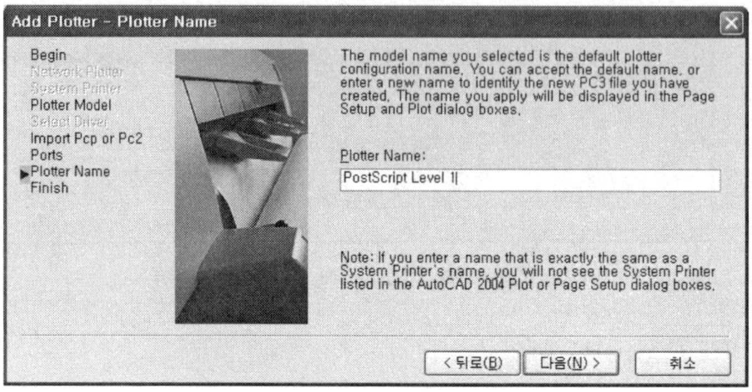

Add Plotter–Plotter Name

Finish

새 플로터의 설정을 마친다.

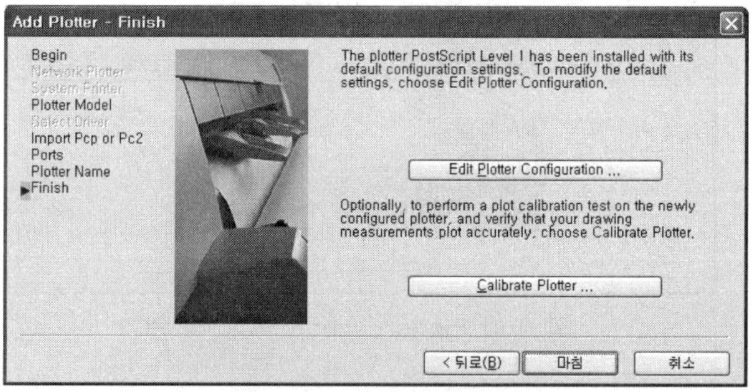

Add Plotter–Finish

- Edit Plotter Configuration : 플로터(프린터)의 세부적인 사항을 편집한다.
- Calibrate Plotter : 설치된 플로터(프린터)가 정확하게 출력하는지를 검증한다.

4. 다양한 파일로 출력하기

4.1 PDF 파일 만들기

Plot 명령을 이용하여 Acrobet Reader에서 볼 수 있도록 PDF(Portable Document File)를 만들어 본다.

■ **Step 01** : Standard Toolbar Open 아이콘 을 선택하고 C:\Program files> AutoCAD 2004>Sample>db_samp.dwg 불러온다.

■ **Step 02** : Plot 실행하여 pdf 파일을 만든다.

Standard Toolbars Plot 아이콘 선택

Command: _plot Enter↵ ☞ 'Plot' 대화상자가 나온다.

▶ 'Plot' 대화상자의 Plot Device 탭에서 'Acrobat PDF'를 선택한다.

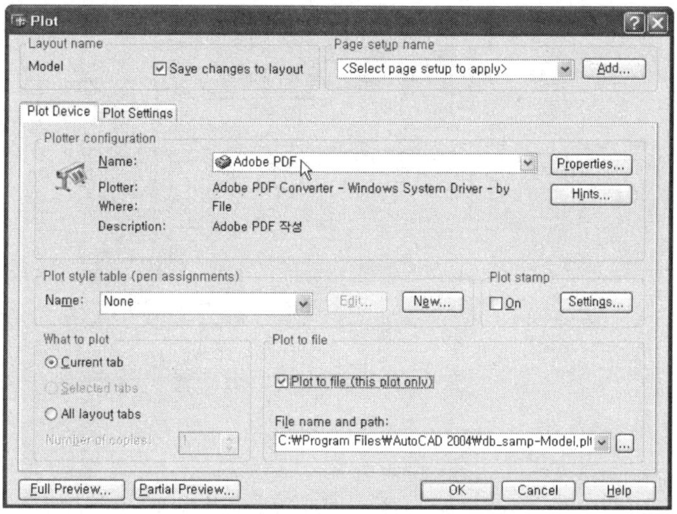

▶ Plot to file에서 저장할 파일이름과 저장위치를 지정한다.

▶ Plot Settings 탭에서 종이의 크기와 축척, 기준점 등을 맞추고, 이미지의 크기를 결정한다.

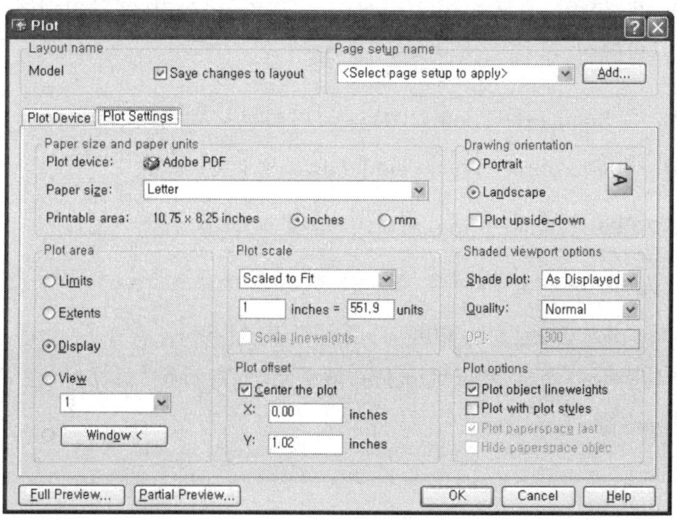

▶ Full Preview를 선택하고 미리보기를 한다.

▶ 만약 Full Preview에서 도면이 너무 크거나 작게 보이면 Plot scale을 조정하고, 다시 전체 미리보기를 실행한다. 이때 도면이 한 쪽으로 치우쳐져 있으면 plot offset에서 위치를 적절히 바꿔준다.

▶ OK 버튼을 선택하여 pdf 파일을 만든다.

■ **Step 03 :** Acrobet Reader를 이용하여 앞서 만든 db_samp.pdf 파일을 불러온다.

db_samp.pdf

4.2 JPG 이미지 파일 만들기

Plot 명령을 이용하여 윈도우의 그림판이나 기타 이미지 프로그램에서 볼 수 있는 jpg 이미지 파일을 만들어 본다.

■ **Step 01 :** Standard Toolbar Open 아이콘 을 선택하고 C:\Program files> AutoCAD 2004>Sample>Truck model.dwg 불러온다.

■ **Step 02 :** Plot 실행하여 jpg 이미지 파일을 만든다.

Standard Toolbars Plot 아이콘 선택

Command: _plot Enter ☞ 'Plot' 대화상자가 나온다.

▶ 'Plot' 대화상자에서 Plot Device 탭으로 이동하여 아래의 그림처럼 Publish To Web JPG.pc3를 선택한다.

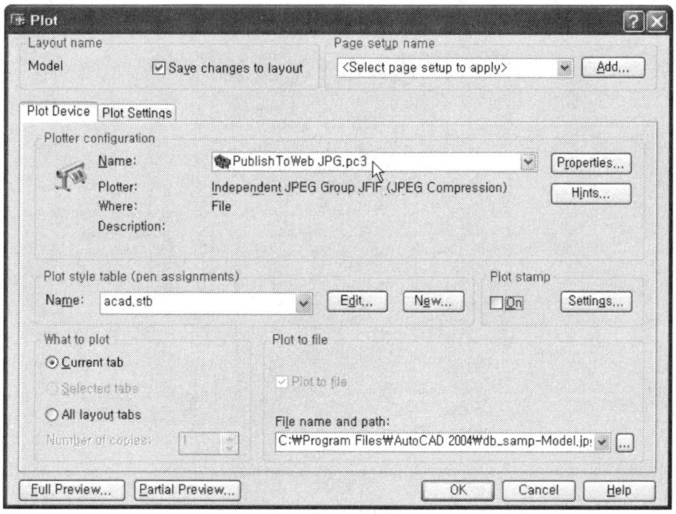

▶ Plot to file에서 저장할 파일이름과 저장위치를 지정한다.

▶ Plot Settings 탭으로 이동하여 종이의 크기와 축척 등을 맞추고, 이미지의 크기를 결정한다.

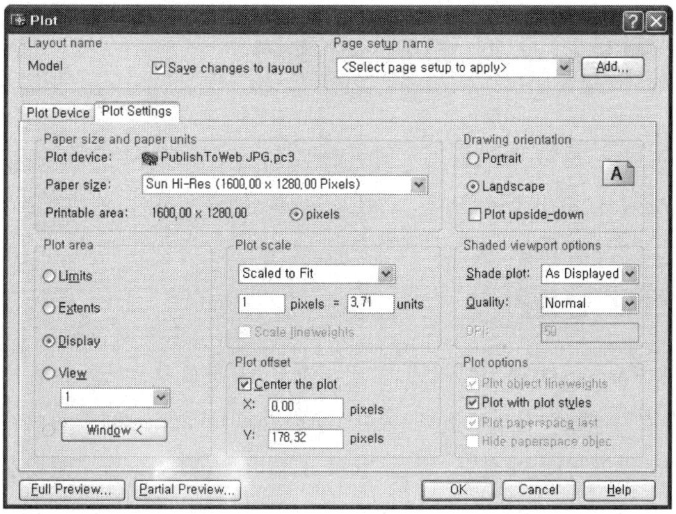

▶ Full Preview를 선택하고 미리보기를 한다.

▶ 만약 Full Preview에서 도면이 너무 크거나 작게 보이면 Plot scale을 조정하고, 다시 전체 미리보기를 실행한다. 이때 도면이 한 쪽으로 치우쳐져 있으면 Plot offset에서 위치를 적절히 바꿔준다.

▶ OK 버튼을 선택하여 이미지 파일을 만든다.

■ **Step 03 :** 윈도우의 그림판이나 기타 이미지 프로그램으로 앞서 만든 이미지 파일을 불러온다.

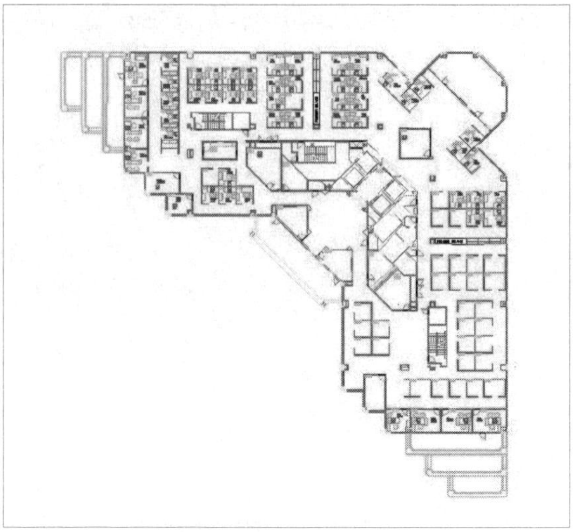

db_samp.jpg

5. 웹브라우저 도면 만들기

많은 양의 도면을 작성하거나 소방시스템 공사에서와 같이 많은 야의 도면을 관리해야 하는 경우 웹상에서 관리하면 누구나 쉽게 이용하고 관리가 편리하다.

5.1 DWF 파일 만들기

Design Web Format(DWF) 인터넷의 발전으로 작성된 도면을 dwf 파일로 만들어 웹상에서도 사용하기가 매우 편리해졌다. AutoCAD 2004부터는 여러 개의 도면을 하나의 dwf 파일에 넣을 수 있어 편리해졌다. 많은 양의 도면은 Publishtoweb 명령을 이용하면 편리하다. 이 장에서는 부록에 첨부된 '소화시스템 계통도.dwg' 파일을 '소화시스템 계통도.dwf' 파일로 만드는 과정과 함께 설명한다.

입력방법

(키보드)	Command	Publish Enter↵
(마우스)	Main Menu	File > Publish

■ **Step 01** : Standard Toolbar Open 아이콘 을 선택하고 '소화시스템 계통도.dwg' 파일을 불러온다.

■ **Step 02** : Publish 명령을 실행한다,

Command: publish Enter↵ ☞ 'Drawing Modify-Save Changes'의 경고 메시지 대화상자가 나온다. 이 대화상자에서는 저장된 파일만 Publish 명령을 이용할 수 있기 때문에 현재 도면을 저장하라는 경고 메시지이다.

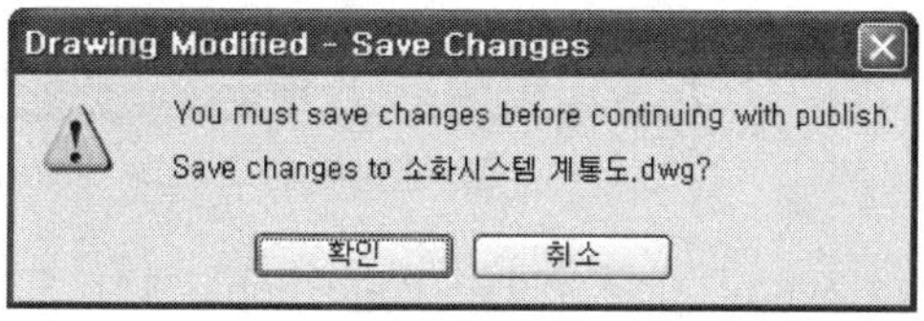

Drawing Modify–Save Changes

▶ 'Drawing Modify-Save Changes' 대화상자에서 '확인' 버튼을 선택한다.

■ **Step 03** : 'Publish Drawing Sheet' 대화상자가 나온다.

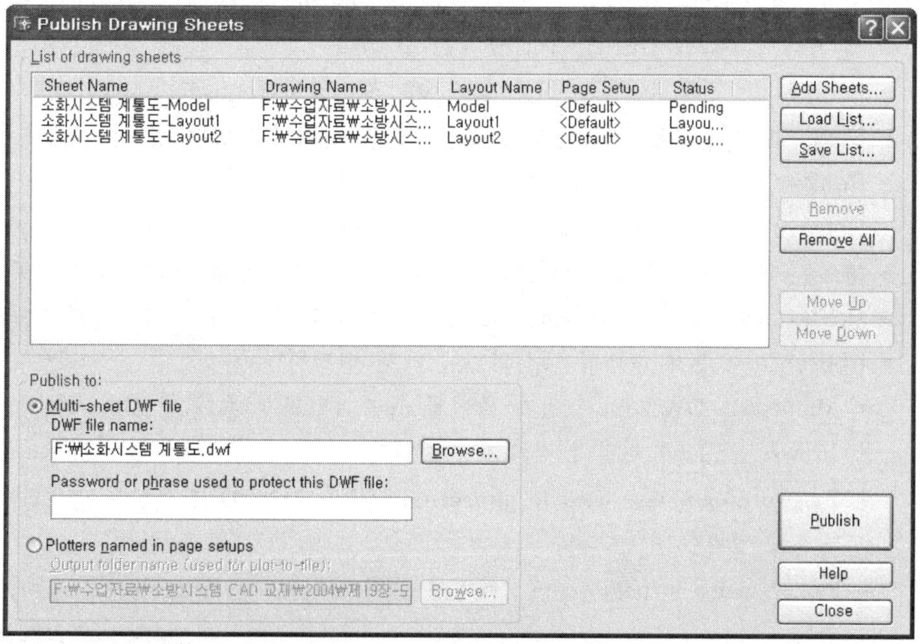

Publish Drawing Sheet

▶ List of drawing sheets : 출력할 도면의 시트 리스트를 표시한다. 모든 배치(Layout)이 모두 출력되는 것은 아니고, Layout의 Page setup에서 DWF6 ePlot.pc3으로 지정된 배치만 출력된다. Model 여역은 출력되지 않는다. List를 더블 클릭하면

'Change Page Setup' 대화상자가 나온다.

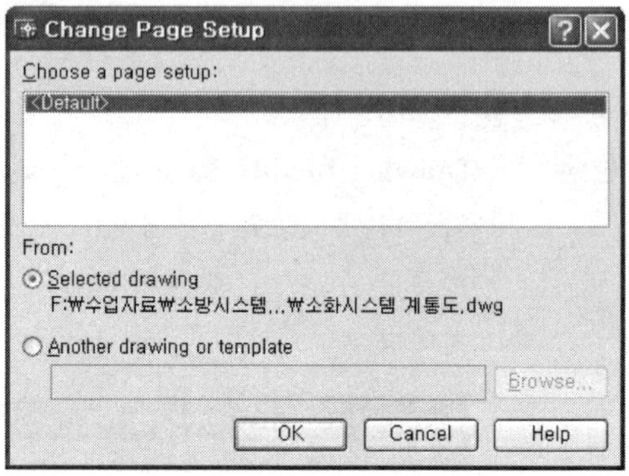

Change Page Setup

'Change Page Setup' 대화상자는 Page Setup에서 도면용지 출력(플로터)으로 되어있을 경우 전자출력이 되지 않기 때문에 현재 작업도면을 전자출력이 되도록 하게 하는 것이다.

▶ Add Sheets : 전자출력으로 만들 파일에 새 도면을 추가한다. 추가된 도면에 포함되어있는 Layout을 Sheet에 표시한다. 표시된 Layout은 출력된다. 여러 개의 파일을 묶어서 하나의 dwf 파일 안에서 출력할 수 있다.

▶ Load List : 저장되어있는 시트 리스트를 불러들인다(*.dsd).

▶ Save List : 출현재 시트에 있는 리스트를 저장한다(*.dsd)

▶ Remove : 'List of drawing sheets'에서 선택한 리스트를 제거한다.

▶ Remove All : 'List of drawing sheets'의 모든 리스트를 제거한다.

▶ Move Up : 'List of drawing sheets'에서 선택한 리스트를 한 칸 위로 이동한다.

▶ Move Down : 'List of drawing sheets'에서 선택한 리스트를 한 칸 아래로 이동한다.

▶ Publish to : 전자 출력할 대상파일에 대해 설정한다.

- Multi-sheet DWF file : 전자 출력될 dwf 파일의 이름과 경로를 지정한다.
- Browse... : Dwf 파일의 경로를 지정한다.
- Password or phrase used to protect this DWF file : Dwf 파일을 암호한다. 비밀번호를 입력할 수 있다.
- Plotters name in page setup : 페이지 설정에 이용되는 플로터(전자 출력)를 설정한다.

▶ Publish : 전자 출력을 시작한다. 출력 가능한 Layout 수만큼 자동으로 출력한다. 출력이 끝나면 'Publishing Complete' 대화상자가 나온다.

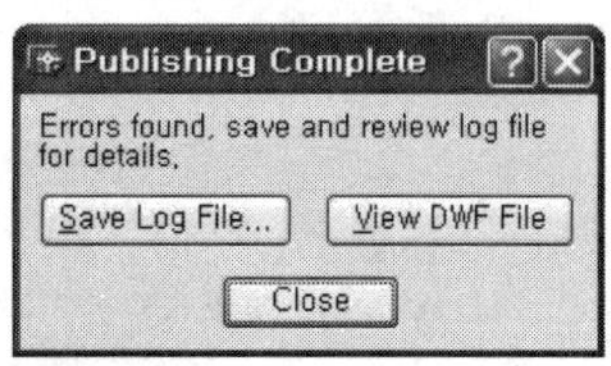

Publishing Complete

- Save Log File : 전자 출력과 관련된 보고서를 만든다(*.csv).
- View DWF File : 만들어진 전자 출력 파일을 보 수 있다(*.dwf).

■ **Step 04 :** 출력된 '소화시스템 계통도.dwf' 파일을 AutoDesk에서 제공하는 AutoDesk Express Viewer로 확인한다.

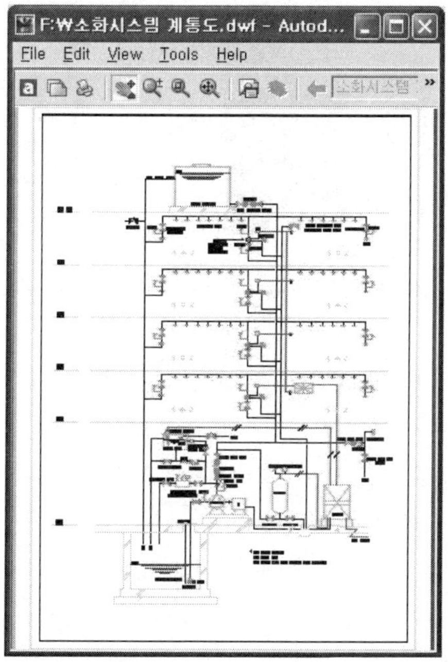

소화시스템 계통도.dwf

5.2 HTML 파일 만들기

웹상에서 관리할 도면의 양이 많은 경우에는 Publishtoweb 명령을 이용하면 편리하다. 도면의 목록을 만들고 웹상에서 관리하도록 해준다. 이때 만들어진 목록은 Html 형식으로 웹에서 바로 사용할 수 있다. 이 장에서는 부록에 첨부된 '소화시스템 계통도.dwg' 파일을 '소화시스템 계통도.htm' 파일로 만드는 과정과 함께 설명한다.

입력방법

	Command	Publishtoweb 또는 ptw Enter
	Main Menu	File > Publish to Web

■ **Step 01 :** Standard Toolbar Open 아이콘 을 선택하고 '소화시스템 계통도.dwg' 파일을 불러온다.

■ Step 02 : Publishtoweb 명령을 실행한다,

Command: Publishtoweb Enter↵ ☞ 'Publish to Web'대화상자가 나온다.

▶ Begin : 웹페이지 만들기를 시작한다.

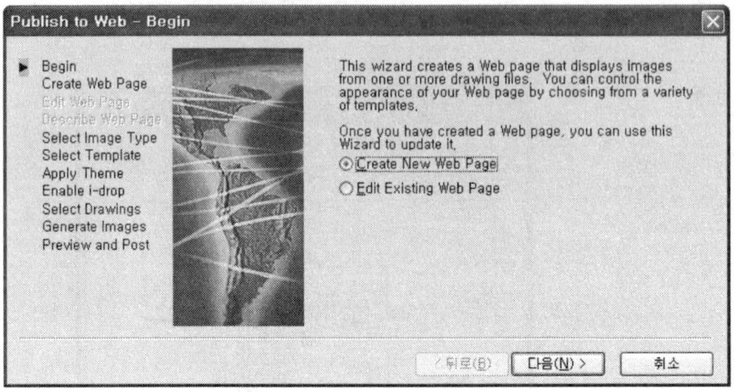

Publish to Web–Begin

- Create New Web Page : 새 웹페이지를 만든다.
- Exit Existing Web Page : 기존에 만들어진 웹페이지를 수정한다.

▶ Create Web Page : 새 웹페이지를 만든다.

- Specify the name of your New Web Page : 웹페이지의 이름을 설정한다.
- Web Page Folder : 도면 목록이 만들어질 폴더를 설정한다.
- Provide a Descrition to appear on your Web Page : 웹페이지의 도면에 대한 설명을 작성한다. 작성한 내용이 웹페이지에 표시된다.

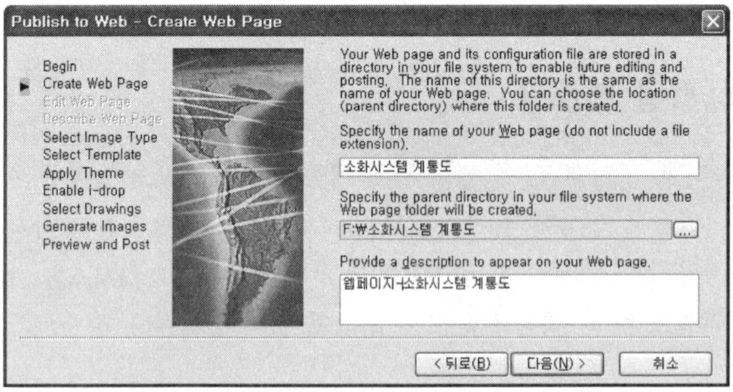

Publish to Web–Create Web Page

▶ Select Image Type : 저장할 이미지의 형태를 설정한다.

- DWF : AutoCAD용 파일로 저장하고 도면층, 파일이름 등을 도면과 같이 사용될 수 있다.
- JPG : 이미지 파일로 저장한다.
- PNG : 이미지 파일로 저장한다.

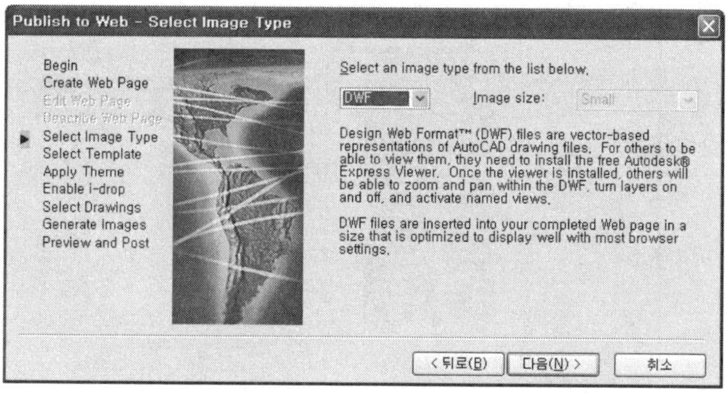

Publish to Web–Select Image Type

▶ Select Template : 다양한 디자인 형태로부터 웹페이지의 디자인 형태를 설정한다.

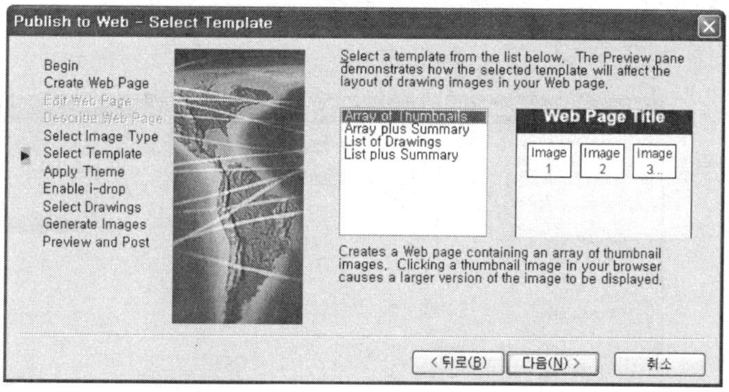

Publish to Web–Select Template

▶ Apply Theme : 다양한 색상의 목록으로부터 웹페이지의 색상을 설정한다.

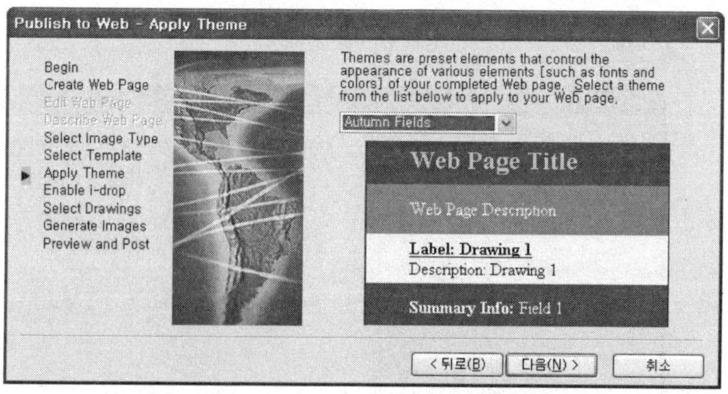

Publish to Web–Apply Theme

▶ Enable i-drop : 웹페이지에서 드래그하여 도면을 사용할 수 있는 기능의 사용여부를 설정한다.

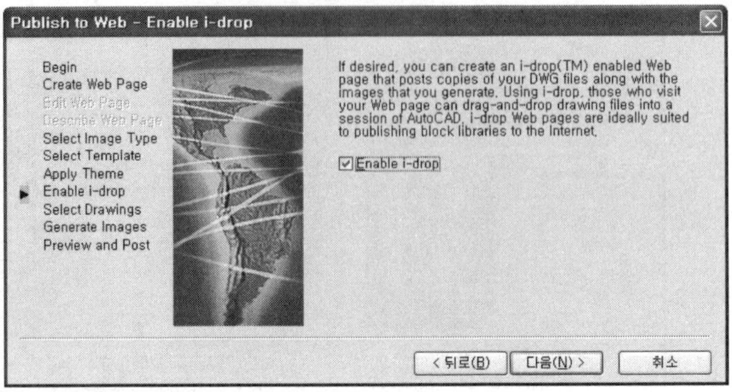

Publish to Web–Enable i-drop

▶ Select Drawing : 웹페이지 목록에 넣을 파일을 하나씩 선택한다. Description에 해당 파일에 대한 간단한 설명을 덧붙일 수 있다. [...] 버튼을 선택하면 사용할 도면을 계속해서 추가할 수 있다.

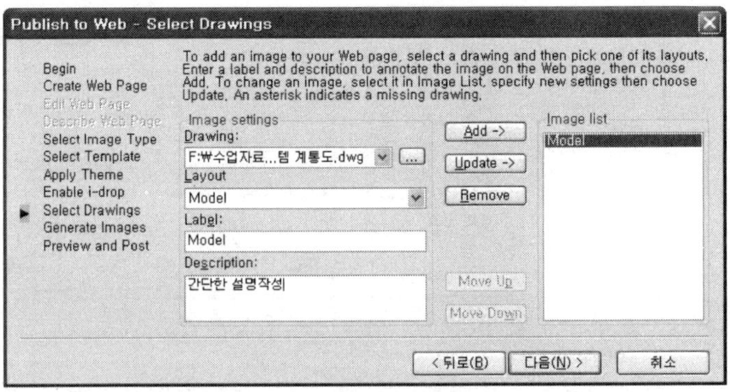

Publish to Web–Select Drawing

▶ General Image : 이미지의 생성을 설정한다.

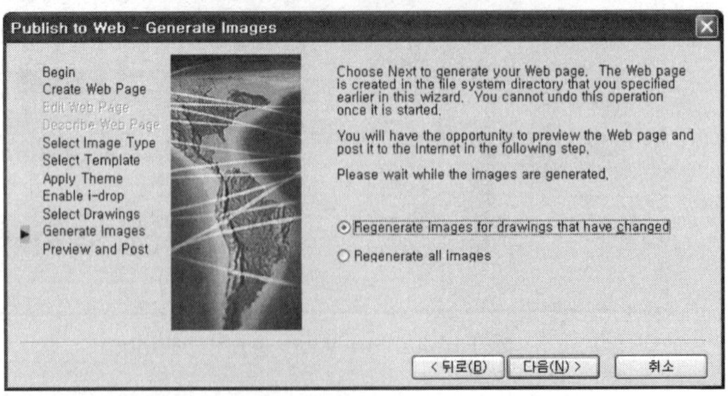

Publish to Web–General Image

- Regenerate image for drawing that have change : 바뀐 이미지만 재 생성한다.
- Regenerate all image : 모든 이미지를 재 생성한다.

▶ Preview and Post : 미리보기와 웹페이지 보기를 실행을 할 수 있다.

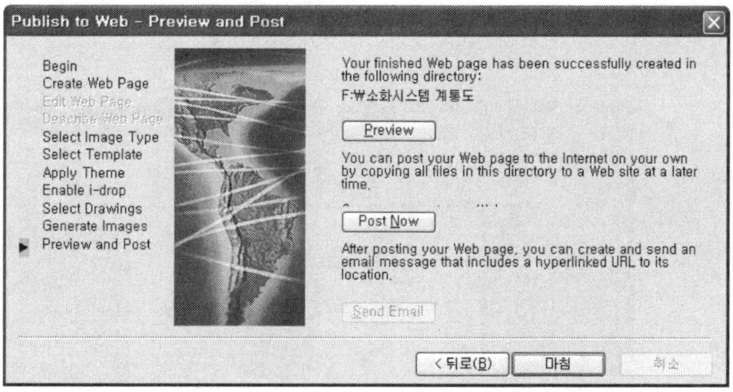

Publish to Web−Preview and Post

- Preview : 웹페이지를 미리 보기한다.
- Post Now : 웹페이지를 바로 실행한다.
- Send E-mail : 웹페이지를 메일로 보낸다.

■ Step 03 : '마침' 버튼을 선택하고, '소화시스템 계통도' 파일이 저장된 폴더에서

acwebpublish.htm 파일을 더블 클릭하면 웹페이지가 열린다.

완성된 Web Page−소화시스템 계통도

■ **Step 04** : '소화시스템 계통도' 파일이 저장된 폴더에서 

Dwf 파일을 더블 클릭하면 '소화시스템 계통도' 파일을 자세히 볼 수 있다.

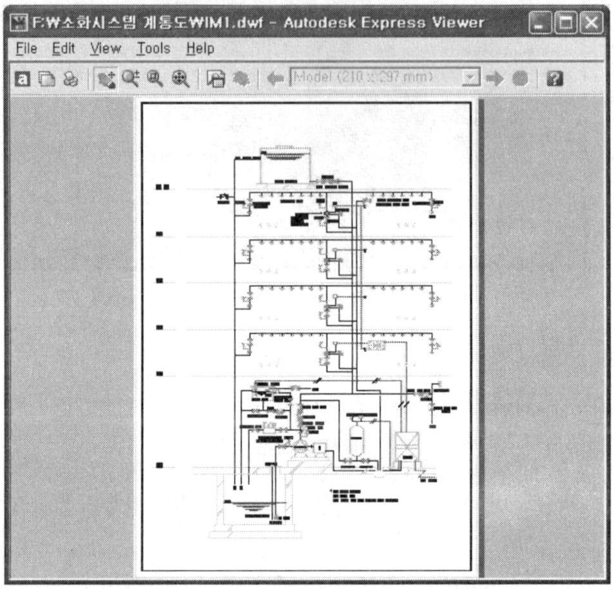

DWF 파일

Chapter 20

AutoCAD의 사용환경

AutoCAD에서는 사용자의 정의에 따라 도면의 작업환경을 새롭고 다양하게 설정할 수 있도록 지원하고 있다. 도면파일의 경로, 윈도우의 구성, 출력환경 등의 시스템에 대한 환경을 사용자가 작업하기에 편리하도록 설정함으로써 편리한 작업과 능률을 올릴 수 있도록 도와준다. 이 장에서는 도면의 작업 환경설정에 대해 공부하기로 한다.

AutoCAD에는 작업환경을 사용자의 정의에 따라 새롭고 다양하게 설정할 수 있도록 지원하는 명령이 options 명령이다. Option 명령은 도면파일의 경로, 윈도우의 구성(화면의 색상이나 글꼴과 문자의 크기, 커서의 크기, 스크린 메뉴표시 등), 출력환경 등의 AutoCAD 기본 작업환경을 사용자가 작업하기에 편리하도록 설정함으로써 편리한 작업과 능률을 올릴 수 있도록 도와준다.

입력방법

(키보드)	Command	Options Enter↵
(마우스)	Main Menu	Tools > Options
	Screen Menu	Tools2 > Options

Command: options Enter↵

Options 명령을 선택하면, 'Options' 대화상자가 표시된다. 대화상자에는 도면파일의 경로, 윈도우의 구성, 시스템 설정, 출력환경 등의 환경설정인자들을 설정할 수 있는 9개의 탭으로 구성돼있다. 이들 탭을 선택하면 AutoCAD 2004의 기본 작업환경을 사용자의 정의대로 설정할 수 있다.

Files

Files 탭에서는 Autocad를 구동하는데 필요한 파일경로의 검색, 추가 또는 수정을 할 수 있는 16개의 항목이 있고, 각 항목의 '+'를 누르면 세부내용을 볼 수 있다.

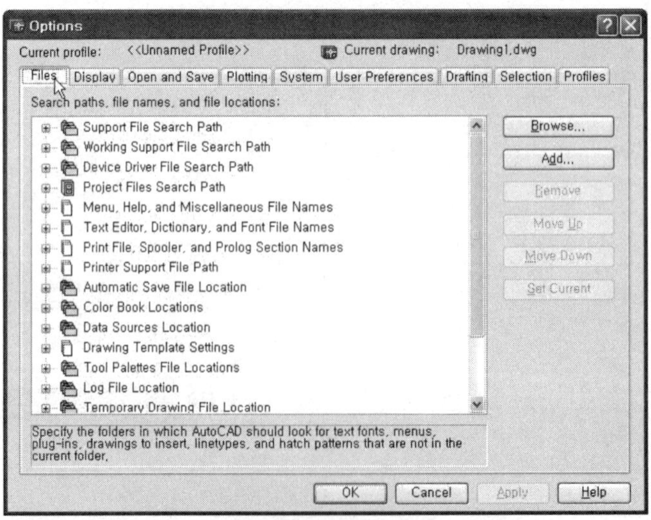

Options-Files

- **Support File Search Path** : AutoCAD 프로그램을 실행시킬 때 필요한 폰트, 메뉴, 삽입도면, 선의 종류, 해치패턴 등 지원파일의 경로를 설정한다.
- **Working Support File Search Path** : AutoCAD 프로그램이 실행되고 AutoCAD에서 사용 중인 지원파일의 경로를 설정한다.
- **Divice Driver File Search Path** : AutoCAD의 운영에 필요한 모니터, 프린터, 플로터, 마우스 등의 각종 장치 드라이브 파일의 경로를 설정한다.
- **Project File Search Path** : 프로젝트 별로 도면작업을 할 때, 도면파일에 대한 프로젝트 이름을 지정하고 도면파일의 경로를 설정한다. 프로젝트 이름은 프로젝트와 연관된 외부 참조(xref)에 대한 경로에 해당한다. 시스템변수 Projectname으로도 프로젝트 이름을 저장할 수 있다.
- **Menu, Help, and Miscellaneous File Names** : AutoCAD의 메뉴 파일, 도움말 파일, 기본 인터넷 위치, 환경설정 파일 등의 경로를 설정한다.
- **Text Editor, Dictionary, and Font File Names** : 문서 편집기, 맞춤법 사전, 사용자 사전, 상호 연관 폰트, 폰트 매핑 파일 의 경로를 설정한다.
- **Printer File, Spooler, and Prolog Section Names** : 프린트 파일, 플로터파일, 프롤로그 섹션 파일의 경로를 설정한다.
- **Printer Support File Path** : 프린트와 같은 출력장치의 파일경로를 설정한다.
- **Search Path for ObjectARX Applications** : AutoCAD에서 사용되는 ObjectARX 프로그램의 경로를 설정한다.
- **Automatic Save File Location** : 자동으로 저장될 파일의 위치를 설정한다. 자동 저장시간은 Savetime 명령으로 설정할 수 있고, 또한 시스템 변수 Savefilepath에 의해서도 조절할 수 있다.
- **Data Sources Location** : 데이터베이스 원본파일의 경로를 설정한다. 경로를 재설정할 경우 AutoCAD를 재 부팅해야만 사용이 가능하다.
- **Drawing Template File Location** : 원형도면파일의 저장위치를 설정한다.
- **Log File Location** : 로그파일의 위치를 설정한다. 시스템 변수 Logfilepath에 의해서도 조절할 수 있다.
- **Temporary Drawing File Location** : 임시 도면파일의 저장위치를 설정한다.
- **Temporary External Reference File Location** : 임시 외부 참조파일의 저장위치를 설정한다.
- **Texture Maps Search Path** : 3차원 작업을 할 때 맵 이미지 파일의 경로를 설정한다.
- **Browse...** : 폴더 찾아보기 대화상자에 의해 경로나 파일위치를 설정할 수 있다.
- **Add** : 새 경로를 추가한다.

- Remove : 선택한 경로를 제거한다.
- Move Up : 선택한 경로에서 위로 이동한다.
- Move Down : 선택한 경로에서 아래로 이동한다.
- Set Current : 선택한 경로를 기본 작업위치로 설정한다.

Display

Display 탭에서는 AutoCAD 2004의 기본 윈도우의 환경(윈도우의 각 구성요소, 레이아웃, 윈도우의 해상도 등)을 사용자의 정의에 따라 새롭게 설정할 수 있다.

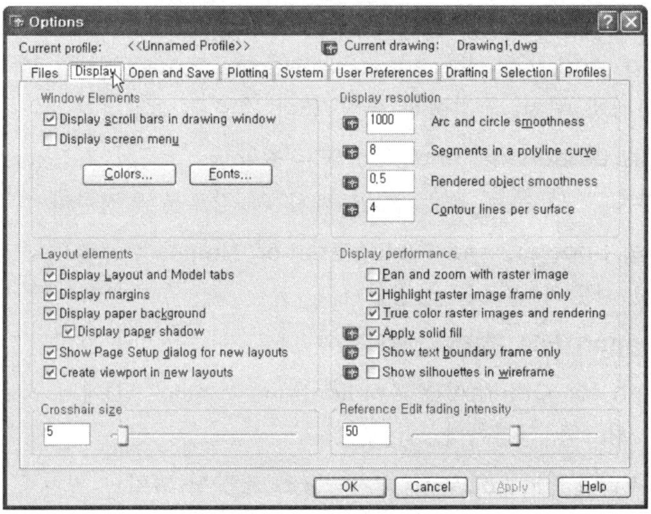

Options-Display

- Windows Elements : AutoCAD 윈도우에 표시되는 여러 가지 요소들을 설정한다.
  - ▶ Display scroll bars in drawing window : 윈도우에 스크롤 막대의 표시여부를 설정한다.
  - ▶ Display screen menu : 윈도우에 스크린 메뉴의 표시여부를 설정한다.

스크린 메뉴를 AutoCAD 윈도우에 표시하는 방법은 제1장의 '4.2 AutoCAD 2004의 윈도우 구성' 에서 자세히 설명하였으니 참조하기 바란다.

- ▶ Text line in command line window : 명령어 영역에서 명령표시 줄의 수를 설정한다. 기본값은 3줄이다.
- ▶ Colors... : Colors 탭을 선택하면 'Color Options'대화상자가 표시되고, 이 대화상자에서는 윈도우의 구성요소 즉, 도면영역의 바탕(Background)과 커서(Tap Point), 명령어 영역, 명령어 영역의 문자 색상 등을 설정할 수 있다.

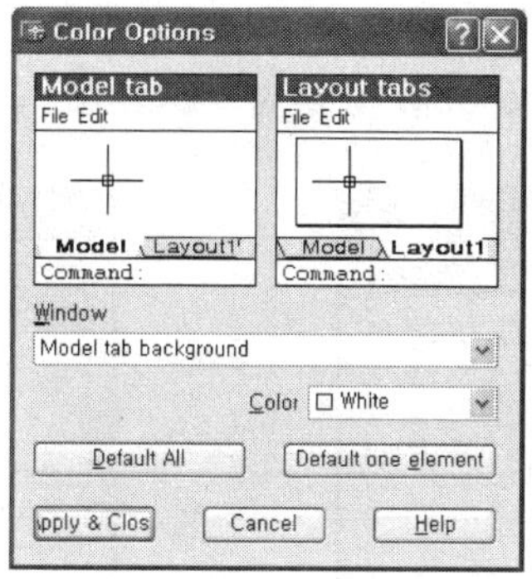

Color options

- Window Elements : 드롭다운 버튼 를 선택하면 다음과 같이 색상을 설정하고자 하는 윈도우의 각 구성요소들을 선택할 수 있다.
  - Model tab background : 모델 탭 도면영역의 바탕색을 설정한다.
  - Model tab pointer : 모델 탭 커서의 색상을 설정한다.
  - Layout tab background(paper) : 레이아웃 탭 도면영역의 바탕색을 설정한다.
  - Layout tab pointer : 레이아웃 탭 커서의 색상을 설정한다.
  - AutoTrack vector color : 자동경로 추적기능인 폴라 트래킹의 색을 설정한다.
  - Command line background : 명령어 영역의 배경색을 설정한다.
  - Command line text : 명령어 영역의 문자 색을 설정한다.
  - Plot preview background : 인쇄하기 전 미리보기 창의 배경색을 설정한다.
- Color : 드롭다운 버튼 를 선택하면 AutoCAD에서 제공하는 256가지 색상으로 선택한 윈도우 구성요소의 색상을 설정할 수 있다.
- Default all : 윈도우의 각 구성요소들을 초기 설정값으로 복귀한다.
- Default one element : 윈도우의 각 구성요소들 중 선택한 구성요소만 초기 설정값으로 변경한다.
- Apply & Close : 설정된 색상을 윈도우 구성요소에 적용하고 'Color Options' 대화상자를 빠져 나온다.

따라하기 : 도면영역의 바탕색을 검은 색에서 흰색으로 바꾸기!

- **Step 01 :** Options 명령을 실행한다.
- **Step 02 :** Options 대화상자에서 Display 탭을 선택한다.
- **Step 03 :** Display 대화상자에서 Color 탭을 선택한다.
- **Step 04 :** Color Options 대화상자의 Window Elements에서 드롭다운 버튼 를 선택하여 Model tab background(모델 탭 도면영역)가 표시되게 한다.

■ **Step 05 :** Color Options 대화상자의 Color에서 드롭다운 버튼 ⌄를 선택하여 White를 선택하면 아래 오른쪽 그림이 왼쪽 그림으로 바뀐다.

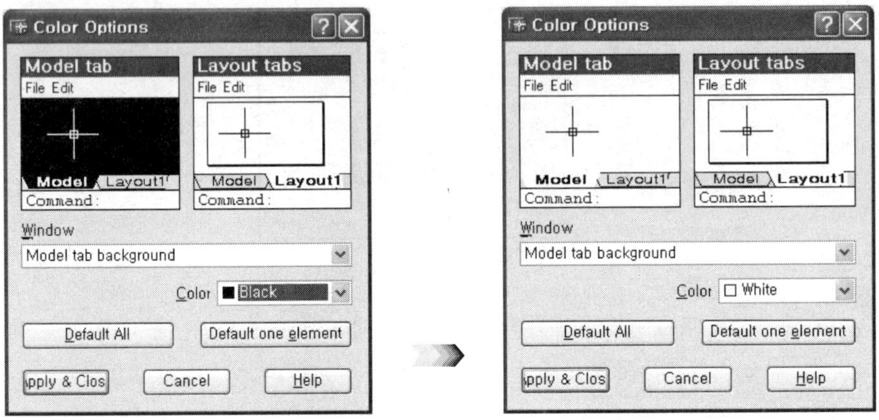

■ **Step 06 :** Color Options 대화상자 Apply & Close 버튼을 선택하면, 도면영역의 바탕색이 흰색으로 바뀌게 된다.

■ **Step 07 :** Options 대화상자에서 OK 버튼을 선택하면 종료가 된다.

▶ Fonts... : Fonts 탭을 선택하면 'Command Line Window Font'대화상자가 표시되고, 이 대화상자에서는 명령어 영역의 글꼴과 크기를 설정할 수 있다.

- Font : 드롭다운 버튼 ⌄를 선택하면 윈도우에서 제공하는 글꼴을 선택할 수 있다.
- Font Style : 선택한 글꼴의 속성(문자체)을 설정할 수 있다.
- Size : 선택한 글꼴의 크기로 설정할 수 있다.

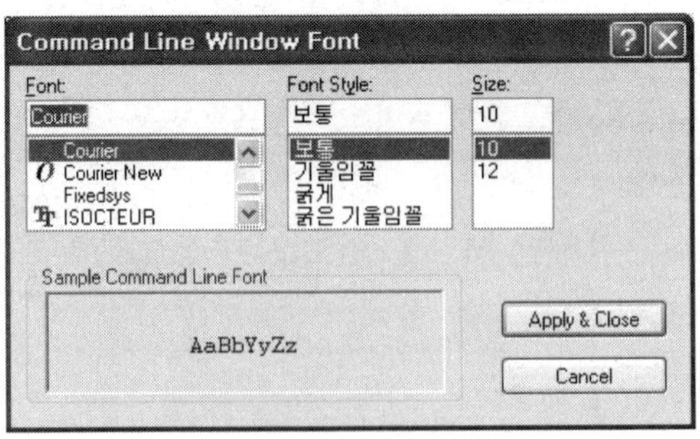

Command Line Window Font

■ **Layout Elements :** 출력할 때 도면의 배치를 조정할 수 있는 종이영역의 환경이 레이아웃(layout)이고, 기존의 레이아웃과 새 레이아웃에 대한 옵션을 설정한다.

▶ Display Layout and Model tabs : AutoCAD 윈도의 모델이나 레이아웃 탭의 표시 여부를 설정한다.

▶ Display margins : 레이아웃의 종이영역에서 여백을 점선(Dashed Line)으로 표시하

는데 이 여백의 크기를 설정한다.

▶ Display paper background : 레이아웃의 종이영역에 배경 표시여부를 설정한다.

• Display paper shadow : 레이아웃의 종이배경에 그림자 표시여부를 설정한다.

▶ Show Page Setup dialog for new layouts : 새 레이아웃을 작성할 때 플로터와 레이아웃을 조정할 수 있는 'Page Setup' 대화상자의 표시여부를 설정한다.

▶ Create viewport in new layouts : 새 레이아웃을 작성할 때 종이영역에서 뷰 포트를 조정할 수 있는 'Viewports' 대화상자의 표시여부를 설정한다.

■ **Crosshair size** : 커서의 십자선 크기를 윈도우의 크기에 비례하여 조절한다. 예를 들어, Cross Hair Size를 5로 설정하면 커서의 십자선 크기는 윈도우 크기의 5% 비율 크기로 설정된다.

■ **Display resolution** : AutoCAD 윈도우에 그려진 객체(원, 호, 폴리라인 곡선, 3차원 곡면 등)의 표시 해상도를 설정한다.

▶ Arc and circle smoothness : 원이나 호, 타원의 곡선을 부드럽게 나타내기 위한 값(1~20,000)을 설정한다. 예를 들면, 원이나 호 등의 곡선을 그리고 Zoom 명령을 이용하여 확대를 하면 원이나 호가 다각형으로 보이게 된다. 이런 현상을 막을 수 있는 기능이다. 값이 클수록 곡선이 부드럽게 표시되지만 처리속도가 느려진다.

▶ Segments in a polyline curve : 폴리라인의 곡선을 구성하는 마디 수(-32,767~32,767)를 설정한다. 마디 수가 많을수록 곡선이 부드럽게 표시된다.

▶ Rendered object smoothness : 3차원 솔리드 객체를 쉐이드(Shade)나 랜더링(Rendering)할 때 객체의 윤곽을 부드럽게 나타내기 위한 값(0.01~10)을 설정한다.

▶ Contour line per surface : 3차원 솔리드 객체를 작성할 때 나타내는 윤곽선의 개수(0~2,047)를 설정한다.

■ **Display performance** : 래스터(Raster) 이미지의 Pan과 Zoom 명령의 실행여부, 래스터 이미지의 강조나 색상표현, 문자의 테두리 표시, 채우기 모드설정 등을 설정한다.

▶ Pan and zoom with raster image : Pan과 Zoom 명령에서 실시간(Realtime)으로 래스터 이미지(주사선으로 구성된 화상)를 이동하거나 확대할 때 이미지 표시여부를 설정한다.

▶ Highlight raster image frame only : 래스터 이미지를 선택하면 래스터 이미지의 테두리만 강조된다.

▶ True color raster image and rendering : 선택된 래스터 이미지나 랜더링을 최적의 트루 칼라(true color)로 표시한다.

▶ Apply solid fill : 2차원 솔리드 객체인 다중선, 트래이스(Trace), 솔리드, 폴리라인 등으로 그린 객체의 속 채우기를 설정한다.

▶ Show text boundary frame only : 입력된 문자를 문자의 윤곽(테두리 선)만으로 보여준다.

▶ Show silhouettes in wireframe : 3차원 솔리드 객체의 숨은선을 감출 때 객체의 와이어 프레임 윤곽을 보여준다.

■ **Reference Edit fading intensity** : 현재 작업 중인 도면에서 블록도면이나 외부참조 도면을 편집할 때 감도를 조절한다. 감도는 0~90% 범위까지 조절할 수 있고, 기본값은 50%로 설정돼있다.

Open and Save

Open and Save 탭에서는 도면파일, 외부참조 도면, ObjectARX 등의 불러오거나 저장할 때의 환경을 설정한다.

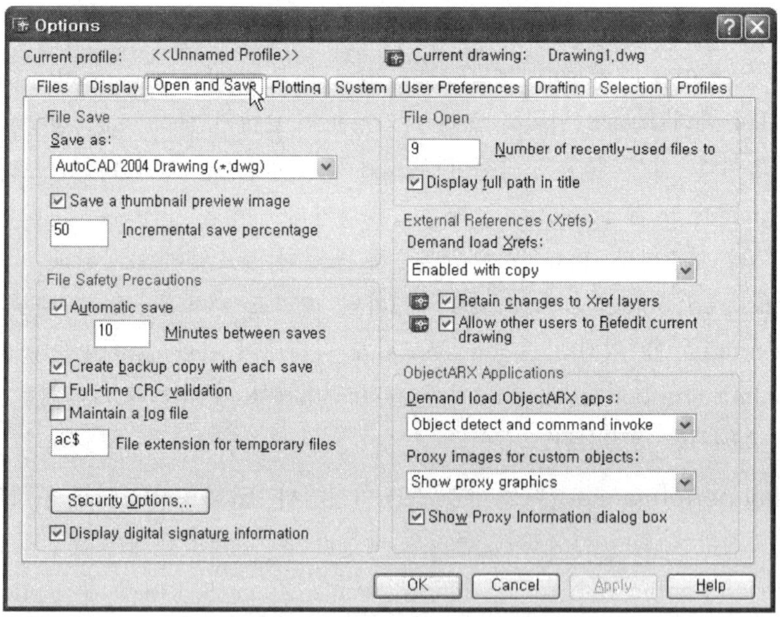

Options-Open and Save

■ **File Save** : 도면파일의 저장과 관련된 사항을 설정한다.

▶ Save as : 도면파일을 저장할 때 파일형식(*.dwg, *.dwt, *.dxf)을 설정한다. Save나 Save As 명령으로 저장할 때 도면파일의 기본형식이 된다.

▶ Save a thumbnail preview image : 도면파일을 저장할 때 미리보기 이미지를 도면파일과 함께 저장한다. 시스템 변수 Rasterpreview에 의해서도 설정할 수 있다.

▶ Incremental save percentage : 도면파일을 저장할 때 여유 공간의 크기를 백분율

로 설정한다. 이 값은 시스템 변수 Isavepercent에 의해서도 설정할 수 있다.

■ **File Safety Precautions :** 도면파일을 저장할 때 생길 수 있는 오류예방과 데이터 손실을 막는 파일보호에 대한 기능을 설정한다.

▶ Automatic save : 도면파일의 자동 저장기능을 설정한다.

▶ Minutes between saves : 도면파일의 자동 저장시간을 분 단위로 설정한다. 이 값은 시스템 변수 savetime에 저장된다.

▶ Create backup copy with each save : 도면파일을 저장할 때 백업파일의 생성여부를 설정한다. 시스템 변수 Isavebak에 의해서도 설정할 수 있다.

▶ Full-time CRC validation : 도면파일의 오류체크 기능인 CRC(Cyclic Redundancy Check)의 사용여부를 설정한다.

▶ Maintain a log file : 로그파일(*.log)의 생성여부를 설정한다.

▶ File extension for temporary files : 도면작업을 할 때 임시로 저장하는 파일의 확장자를 설정한다. 기본 확장자는 *.ac$이다.

■ **File Open :** 현재 작업 중이거나 불러올 도면파일에 관련된 사항을 설정한다.

▶ Number of recently-used fileto list : 최근에 AutoCAD에서 작업한 파일들이 주메뉴의 'File' 하단에 리스트로 나온다. 최근에 사용한 파일의 표시개수를 설정한다. 설정값은 0~9이다.

▶ Display full path in title : 현재 작업 중인 도면파일을 제목표시줄에 표시할 때 도면파일의 경로까지 나타낸다.

■ **External References(Xrefs) :** 외부참조에 관련된 사항을 설정한다.

▶ Demand load Xrefs : Xref(외부참조) 파일의 올리기 여부를 설정한다.

- Disabled : 외부 참조파일을 올리지 않는다.
- Enabled : 외부 참조파일을 올리고 AutoCAD 성능을 개선한다.
- Enabled with copy : 외부 참조파일을 올리고 복사도 할 수 있다.

▶ Retain changes to Xref layers : 외부 참조파일이 현재 작업 중인 도면에 참조되었을 때 작업 중인 도면의 도면층으로 변경된 속성이나 상태를 유지하는 기능을 설정한다. 시스템 변수 visretain에 의해도 설정할 수 있다.

▶ Allow other users to Refedit current drawing : 현재 작업 중인 도면을 다른 사용자가 참조·편집하는 것을 허용할 것인지 여부를 설정한다. 다른 사용자는 시스템 변수 xedit에 의해서도 현재 작업 중인 도면을 참조·편집할 수 있다.

■ **ObjectARX Applications :** AutoCAD의 확장 응용 프로그램에 관련된 사항을 설정한다.

▶ Demand load ObjectARX apps : 제3의 응용 프로그램을 사용할 경우 이 프로그램

을 올릴 것인지 여부를 설정한다. 시스템 변수 Demandload에 의해서도 설정할 수 있다.

- Disable load on demand : 응용 프로그램을 올리지 않는다.
- Custom object detect : 응용 프로그램과 관련된 객체의 도면을 불러올 때 응용 프로그램을 올린다.
- Command invoke : 응용 프로그램의 명령이 입력되면 응용 프로그램을 올린다.
- Object detect and command invoke : 응용 프로그램과 관련된 객체의 도면을 불러오거나 응용 프로그램의 명령이 입력되면 응용 프로그램을 올린다.

▶ Proxy images for custom objects : 도면에 응용 프로그램과 관련된 객체의 표시 여부를 설정한다.

- Do not show proxy graphics : 도면에 응용 프로그램과 관련된 객체를 표시하지 않는다.
- Show proxy graphics : 도면에 응용 프로그램과 관련된 객체를 표시한다.
- Show proxy bounding box : 도면에 응용 프로그램과 관련된 객체를 네모상자로 표시한다.

▶ Show Proxy Information dialog box : 도면에 응용 프로그램과 관련된 객체를 표시할 때 경고 대화상자의 표시여부를 설정한다. 시스템 변수 Proxynotice에 의해서도 설정할 수 있다.

대화상자에서 ☑ 의미는?

대화상자에서 ☑ 의미는 해당항목이 선택·설정되었음을 의미하고, On/Off의 기능에서 on의 의미를 갖는다.

Plotting

Plotting 탭에서는 도면 출력장치(플로터나 프린터)의 설정과 출력환경, 인쇄유형 등을 설정할 수 있다.

■ **Default plot settings for new drawings** : 새 도면에 대해 기본 출력장치를 설정합니다.

▶ Use as default output device : 기본 출력장치를 설정한다.

▶ Use last successful plot settings : 가장 최근에 성공적으로 출력한 출력장치를 그대로 사용한다.

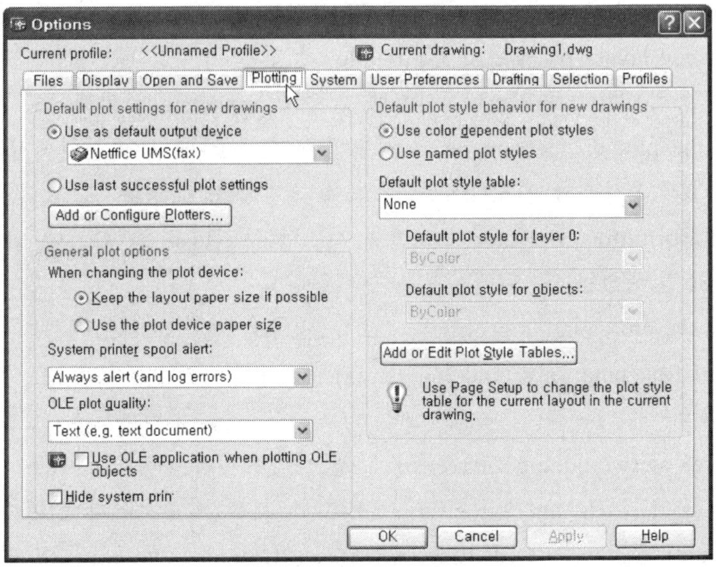

Options–Plotting

▶ Add or Configure Plotters... : 새로운 출력장치를 추가하거나 기존 출력장치의 환경을 수정한다. 이 버튼을 선택하면 'Plotters' 대화상자가 나오고, 기존의 출력장치가 표시된다. 기존 출력장치를 더블클릭하면 플로터의 환경을 수정할 수 있다. 자세한 내용은 Plotter Manager 명령을 참조하기 바란다.

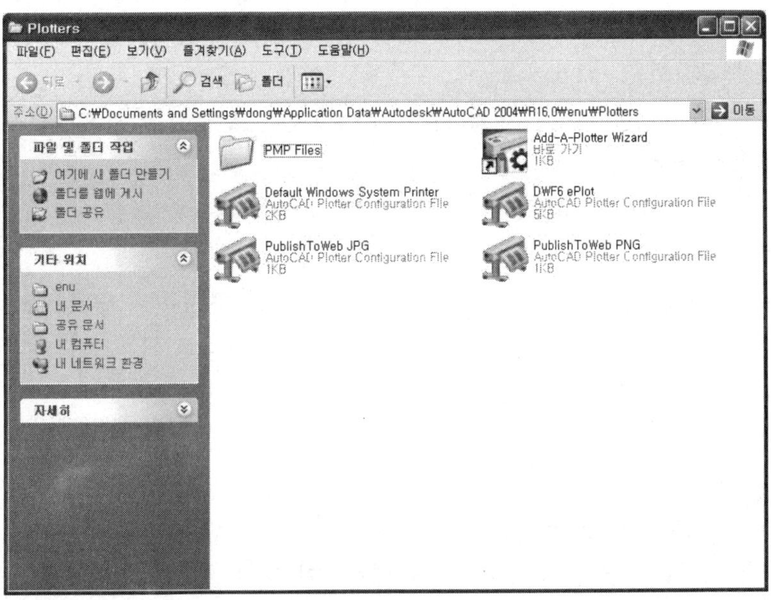

Plotters

■ **General plot options** : 도면의 인쇄용지크기 조정이나 OLE 객체에 관한 일반적인 출력환경을 설정한다.

▶ When changing the plot device(출력장치를 변경할 때)

- Keep the layout paper size if possible : 도면을 출력할 때 가능한 레이아웃에서 설정한 용지크기를 유지한다. 시스템 변수 Paperupdate에 의해서도 설정할 수 있다.
- Use the plot device paper size : 도면을 출력할 때 출력장치에서 설정된 용지를 사용 한다. 시스템 변수 paperupdate에 의해서도 설정할 수 있다.

▶ System printer spool alert : 도면을 시스템 프린터로 인쇄할 때 입출력 포트의 충돌 때문에 발생하는 경고 메시지를 선택한다.

- Always alert (and log errors) : 오류를 항상 경고하고 표시한다.
- Alert first time only (and log errors) : 오류를 한번만 경고하고 오류표시만 계속 한다.
- Never alert (and log first error) : 경고는 표시하지 않고 오류만 한번 표시한다.
- Never alert (do not log errors) : 경고와 오류를 표시하지 않는다.

▶ OLE plot quality : OLE(Line Art, Text, Graphics, Photograph 및 High Quality Photograph)의 출력품질에 대해 설정한다.

▶ Use OLE application when plotting OLE objects : OLE 객체를 출력할 때 OLE 응용프로그램을 사용하여 출력한다. 시스템 변수 Olestartup에 의해서도 설정할 수 있다.

▶ Hide System Printers : 윈도우의 시스템 프린터의 출력이나 페이지 세트 업 대화상자의 표시여부를 설정한다.

■ **Default plot style behavior for new drawings** : 새 도면에 대해 출력유형을 설정한다. 시스템 변수 Pstylepolicy에 의해서도 설정할 수 있다.

▶ Use color dependent plot styles : 새 도면에 256 색상을 사용하는 ctb 형식의 출력유형을 사용한다.

▶ Use named plot styles : 새 도면에 배치나 화면분할에 적용되는 stb 형식의 출력유형을 사용한다.

▶ Default plot style table : ctb나 stb 형식을 기본 출력유형 테이블을 설정한다.

▶ Default plot style for layer 0 : 새 도면에 0번 도면층의 기본 출력유형을 설정한다. 시스템 변수 deflplstyle에 의해서도 설정할 수 있다.

▶ Default plot style for objects : 객체의 기본 출력유형을 설정한다. 시스템 변수 deflplstyle에 의해서도 설정할 수 있다.

▶ Add or Edit Plot Style Tables... : 새 출력유형을 만들거나 기존 출력유형을 수정한다. 이 버튼을 선택하면 'Plt Styles' 대화상자가 나오고, 기존의 출력유형들이 표시된다. 기존 출력유형을 더블클릭하면 수정할 수 있다.

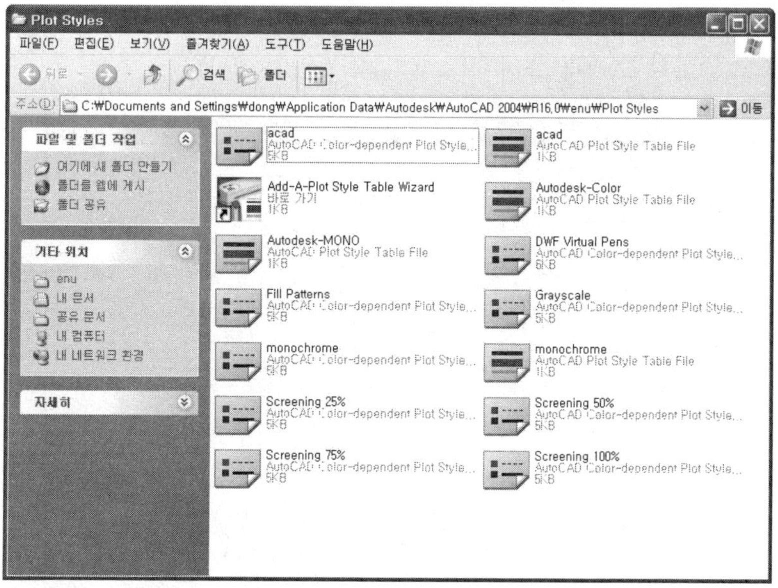

Plot Styles

System

AutoCAD의 운영에 필요한 시스템 환경을 설정한다.

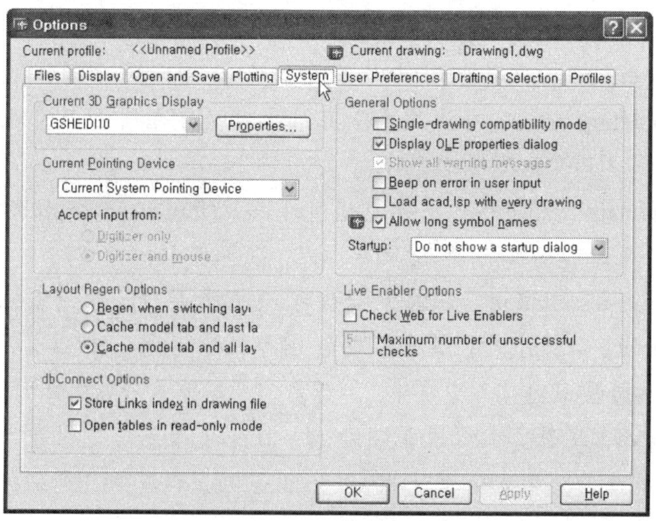

Options–System

- **Current 3d Graphics Display** : 3차원 그래픽의 표시 시스템의 특성과 환경에 대해 설정한다. 기본 값은 Heid 그래픽 표시 시스템 GSHEDI10이다.

▶ Properties... : 이 버튼을 선택하면 '3D Graphics System Configuration' 대화상자가 나오고, 3차원 그래픽 표시 시스템의 특성을 변경한다.

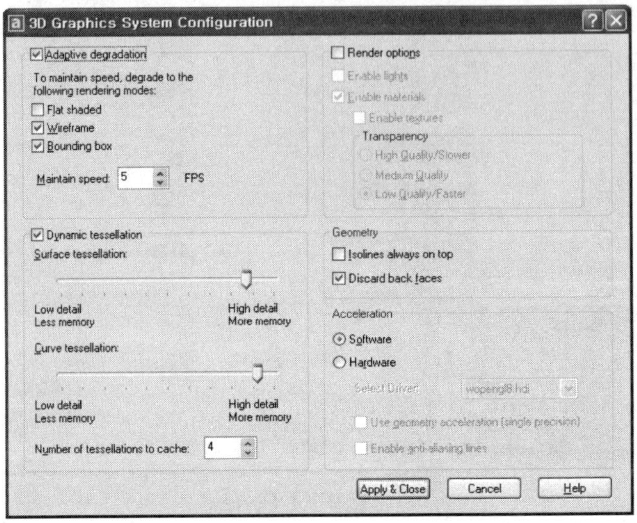

3D Graphics System Configuration

- Adaptive Degradation : 큰 도면에서 Zoom이나 Pan과 같은 명령을 사용할 때, 화면조정의 속도를 유지하면 화면의 품질이 떨어진다. 이 같은 화면조정의 표시 옵션을 설정한다.
  - Flat shaded : 표시를 거친 면 형태로 설정한다.
  - Wireframe : 표시를 와이어 프래임(격자) 형태로 설정한다.
  - Bounding box : 3차원 객체를 표시할 때 상자형태로 표시되도록 설정한다. 이 경우 처리속도가 향상된다.
  - Maintain ☐ FPS : 초당 화면처리 속도(frame/sec)를 설정한다. ☐의 숫자는 속도 값을 의미하고, 기본 속도 값은 5이다.
- Dynamic tessellation : 도면에 작성된 객체의 부드러운 정도를 조절한다.
  - Surface : 도면에서 표면에 대한 세부묘사의 정도를 결정한다. 이 값을 높게 설정하면 표면이 정밀해지지만 많은 메모리를 차지함으로 처리속도가 느려진다.
  - Curve : 도면에서 곡선에 대한 세부묘사의 정도를 결정한다. 이 값을 높게 설정하면 곡선부분이 정밀해지지만 많은 메모리를 차지함으로 처리속도가 느려진다.
  - Number of tessellations to ☐ : 컴퓨터의 시스템에 따라 환경을 효율적으로 설정한다. ☐의 숫자는 캐시(cache) 값으로 컴퓨터의 시스템의 정도에 따라 입력한다.
- Render options : 3차원 화면에서 조명, 재질, 텍스쳐, 투명도 등의 렌더링과 관련

된 사항을 설정한다.

- ○ Enable lights : 조명의 사용여부를 설정한다.
- ○ Enable materials : 재질의 사용여부를 설정한다.
- ○ Enable textures : 이미지를 사용하는 텍스쳐 맵의 사용여부를 설정한다.
- ○ Transparency : 투명정도를 설정한다. 설정 값에 따라 처리속도에 차이가 있다.
  High Quality / Slower : 투명도를 높인다.
  Medium Quality : 중간정도를 이용한다.
  Low Quality / Faster : 투명도를 낮춘다.

- Geometry : 3차원에서 기하학적 표시방법을 설정한다.
  - ○ Isolines always on top : 숨은선을 제거한 상태의 3차원에서 표면에 선의 표시여부를 설정한다.
  - ○ Discard back faces : 3차원 객체에 뒷면을 표시하지 않는다.
- Acceleration : 3차원 작업에서 화면표시의 가속정도를 설정한다.
  - ○ Software : 소프트웨어적인 방법으로 가속기능을 사용한다.
  - ○ Hardware : 하드웨어적인 방법으로 가속기능을 사용한다. 다른 드라이버를 사용할 경우 'Driver'에서 선택 · 지정하면 된다.
    Driver : 하드웨어 드라이버는 기본적으로 AutoCAD2004/drv 폴더의 wopengl6.hdi 드라이버를 사용하지만, 다른 드라이버를 사용할 경우에는 'Heidi Graphics System'에서 지원되어야 사용할 수 있다.
  - ○ Use geometry acceleration(single precision) : 그래픽 카드로 지원되는 가속기의 사용여부를 설정한다. 이 경우 3차원 객체의 그래픽 가속능력을 향상시킨다.
  - ○ Enable anti -aliasing lines : 안티-알리아싱(Anti-Aliasing) 선 기능의 사용여부를 설정한다. 이 기능을 사용하면 선이 아주 부드럽게 나타난다.

■ **Current Pointing Device :** 좌표입력 장치에 관련된 사항을 설정한 다.

▶ Current System Pointing Device : 유용한 좌표입력 장치 드라이버를 표시해준다.

- Current System Pointing Device : 현재 사용 중인 입력 장치를 그대로 사용한다.
- Wintab Compatible Digitizer : Wintab-compatible 디지타이저로 설정한다.

▶ Accept input from : 디지타이저를 사용 할 경우 마우스의 사용여부를 설정한다.

- Digitizer Only : 디지타이저만 사용한다.
- Digitizer and mouse : 디지타이저와 마우스를 같이 사용한다.

■ **Layout Regen Options :** 모델과 레이아웃 탭에서 도면의 재생성 시점을 설정한다. 시스템 변수 layoutregenctl에 의해서도 설정할 수 있다.

▶ Regen when switching layouts : 모델 탭과 레이아웃 탭 선택할 때마다 도면을 재생성 한다.

▶ Cache model tab and last layout : 모델 탭과 레이아웃에서 마지막 사용한 도면만 재생성 한다.

▶ Cache model tab and all layouts : 모델 탭과 모든 레이아웃에서 도면을 재생성 한다.

■ **dbConnect Options** : 외부 데이터베이스와 상호 연결과 관련된 사항을 설정한다.

▶ Store links index in drawing file : 도면파일에 데이터베이스의 정보를 함께 저장 한다.

▶ Open tables in read-only mode : 데이터베이스 정보를 도면파일에 읽기전용으로 읽어 들인다.

■ **General Options** : AutoCAD 시스템의 일반적인 환경을 설정한 다.

▶ Single-drawing compatibility mode : AutoCAD를 실행할 때 한 도면만 불러오도록 제한한다. 여러 개의 도면을 한꺼번에 불러들일 수 있는 MDI(Multi-Drawing Interface) 기능을 사용하지 않는다. 시스템 변수 sdi에 의해서도 설정할 수 있다.

▶ Display OLE properties dialog : 도면에 OLE 객체가 삽입될 때 OLE 특성을 설정할 수 있는 대화상자를 표시한다.

▶ Show all warning messages : 대화상자로 작업할 때 잘못된 작업사항을 경고 메시지로 표시한다.

▶ Beep on error in user input : 명령어 영역에 명령을 입력할 때 오류가 발생하면 경고음을 낸다.

▶ Load acad.lsp with every drawing : 모든 도면을 불러올 때 acad.lsp 파일을 자동으로 로드한다.

▶ Allow long symbol names : 심볼의 이름을 지정할 때 최대 255자까지 사용할 수 있도록 한다.

▶ Startup : AutoCAD를 시작하거나 새 도면을 작성할 때 표시되는 대화상자의 표시 여부를 설정한다.

- Show Startup dialog box : R14 버전의 방식을 사용한다.
- Do not show a startup dialog : 대화상자를 사용하지 않는다.

■ **Live Enabler Options** : 인터넷을 실시간으로 사용할 수 있도록 설정한다.

▶ Check Web for Live Enablers : 웹을 실시간으로 사용하도록 설정한다.

▶ ☐ Maximum number of unsuccessful checks : ☐에 설정된 숫자만큼 접속을 시도한다.

User Preferences

사용자의 편의를 위해 AutoCAD의 사용 환경을 최적화 한다.

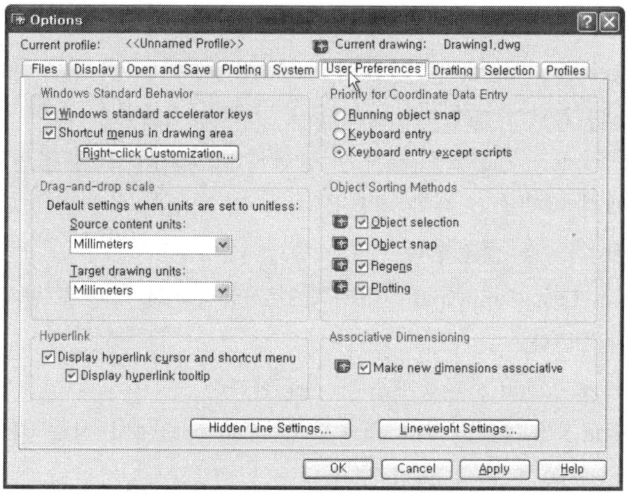

Options-User Preferences

- **Windows Standard Behavior** : AutoCAD에서 단축키와 마우스 오른쪽 버튼의 기능 등을 설정한다.

▸ Windows standard accelerator keys : 윈도우에서 사용하는 단축키의 사용여부를 설정한다. 예를 들면, 'Ctrl+C(Copyclip 명령과 같다.)'.

▸ Shortcut menus in drawing area : AutoCAD의 도면(작업)영역에서 마우스 오른쪽 버튼을 눌렀을 때 나타나는 단축메뉴의 사용여부를 설정한다.

▸ Right-click Customization... : 이 버튼을 선택하면 'Right-Click Customization' 대화상자가 나오고, 마우스의 오른쪽 버튼을 눌렀을 때 나타나는 단축메뉴의 세부적인 사항을 설정한다. 시스템 변수 Shortcut Menu에 의해서도 설정할 수 있다.

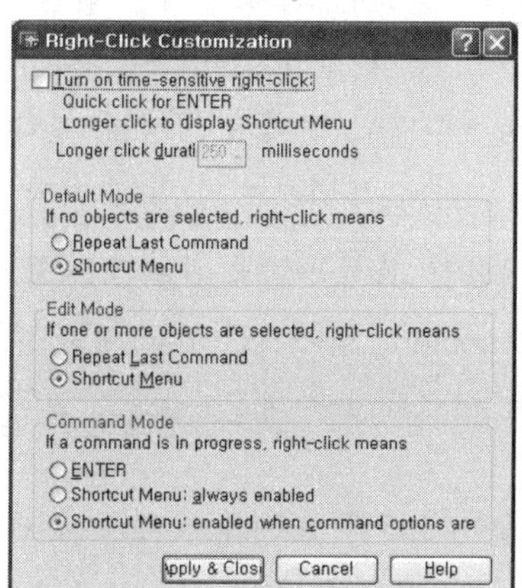

Right-Click customization

- Turn on time-sensitive right-click : 마우스 오른쪽 버튼의 반응에 따라 설정한다.
  - Quick click for ENTER : 빨리 클릭하면 Enter↵로 인식한다.
  - Longer click to display Shortcut Menu : 오른쪽 버튼을 누르고 잠시 있으면 메뉴가 나타난다.
  - Longer click durati ☐ millisecond : 메뉴가 나타나게 하려면 오른쪽 버튼을 누르고 있어야 하는 시간(초)을 ☐에 설정한다.
- Default Mode : 기본모드(객체를 선택하지 않거나 실행 중인 명령이 없을 때 도면영역에서 마우스 오른쪽 버튼을 누를 경우)에서 마우스 오른쪽 버튼에 의한 단축메뉴의 기능을 설정한다.
  - Repeat Last Command : 마지막으로 입력했던 명령을 반복해서 사용할 수 있도록 해준다.
  - Shortcut Menu : 단축메뉴를 사용한다.
- Edit Mode : 도면영역에서 객체를 선택한 상태에서 실행 중인 명령이 없을 때, 마우스 오른쪽 버튼에 의한 단축메뉴의 기능을 설정한다.
  - Repeat Last Command : 마지막으로 입력했던 명령을 반복해서 사용할 수 있도록 해준다.
  - Shortcut Menu : 단축메뉴를 사용한다.
- Command Mode : 명령 실행 중에 도면영역에서 마우스 오른쪽 버튼을 눌렀을 때, 마우스 오른쪽 버튼에 의한 단축메뉴의 기능을 설정한다.
  - Enter : 단축메뉴를 사용하지 않고, Enter↵의 역할을 한다.
  - Shortcut Menu : always enables - 단축메뉴의 명령을 실행한다.
  - Shortcut Menu : enabled when command options are present - 명령어 영역에서 옵션을 사용할 수 있는 명령만 단축메뉴의 명령을 실행한다.

■ **Autocad Design Center** : AutoCAD의 다양한 블록 등을 디자인센터로부터 삽입할 때의 단위를 설정한다. 시스템 변수 Insunits에 의해서도 설정할 수 있다.

▶ Source content units : 현재 도면에서 작성될 때의 단위를 설정한다.

▶ Target content units : 현재 도면으로 삽입될 때의 단위를 조정합니다.

■ **Hyperlink** : 하이퍼 링크의 표시특성에 관련된 사항을 설정한다.

▶ Display hyperlink cursor and shortcut menu : 다른 도면과 링크가 지정된 객체에 커서를 이동하면 하이퍼 링크를 표시하고, 마우스 오른쪽 버튼을 누르면 단축메뉴를 표시해준다.

▶ Display hyperlink tooltip : 다른 도면과 링크가 지정된 객체에 커서를 이동하면 하이퍼 링크의 툴팁(tooltip, 풍선 도움말)을 표시해준다.

■ **Priority For Coordinate Data Entry** : 좌표값의 설정 우선순위를 조절한다. 시스템 변수 osnapcoord에 의해서도 설정할 수 있다.

▶ Running object snap : 입력된 좌표값은 무시하고, 커서가 위한 객체스냅(Osnap)을 좌표값으로 설정한다. 시스템 변수 Osnapcoord사 0인 경우이다.

▶ Keyboard entry : 객체스냅(Osnap)은 무시하고, 입력된 좌표값을 좌표값으로 설정한다. 시스템 변수 Osnapcoord사 1인 경우이다.

▶ Keyboard entry except scripts : 객체스냅(Osnap)은 무시하고, 입력된 좌표값을 좌표값으로 설정하되, script를 이용할 경우 입력된 좌표값은 무시되고 커서가 위한 객체스냅(Osnap)을 좌표값으로 설정한다. 시스템 변수 Osnapcoord사 2인 경우이다.

■ **Object Sorting Methods** : 객체의 정렬방법을 설정한다. 시스템 변수 sortents에 의해서도 설정할 수 있다.

▶ Object Selection : 객체를 작성된 순서로 정렬한다.

▶ Object Snap : 객체스냅(Osnap)를 이용하여 객체를 작성된 순서로 정렬한다.

▶ Regens : Regen이나 regenall 명령을 실행할 때 객체를 작성된 순서로 정렬한다.

▶ Plotting : 도면을 출력할 때 객체를 작성된 순서로 정렬한다.

■ **Associative Dimensioning** : 치수기입의 연관성을 설정한 다.

▶ Associate new dimensions with objects : 새로운 치수를 기입할 때 자동으로 연관치수(방위나 측정값 등) 상태가 되도록 한다.

■ **Hidden Line Settings...** : 'Hidden Line Setting' 대화상자가 나타나고, 3차원 객체의 숨은선과 관련된 선의 상태를 설정한다.

▶ Obscured line : 눈에 보이지 않는 선에 대한 상을 설정한다.

▶ Linetype : 선의 종류를 설정한다.

▶ Color : 선의 색상을 설정한다.

▶ Halo gap percentage : 숨은선의 보이는 정도를 설정한다.

▶ Face intersections : 면이 교차하는 경우 숨은선의 표시를 조정한다.

▶ Display intersections : 교차하는 선을 보이게 한다. 색상은 조정할 수 없다.

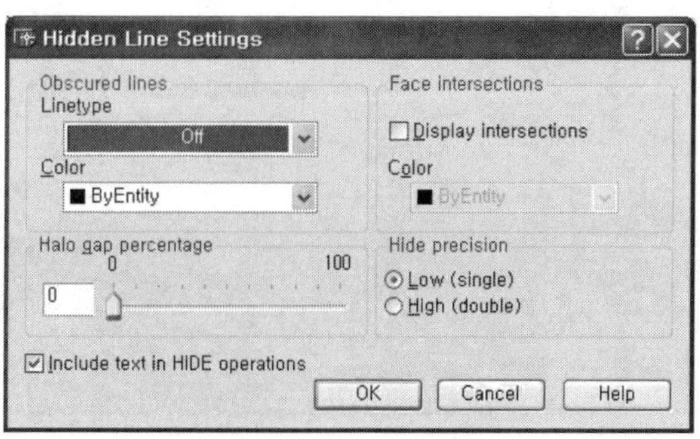

Hidden Line setting

■ Lineweight Settings... : 'Lineweight Setting' 대화상자가 나타나고, 선의 특성을 설정한다.

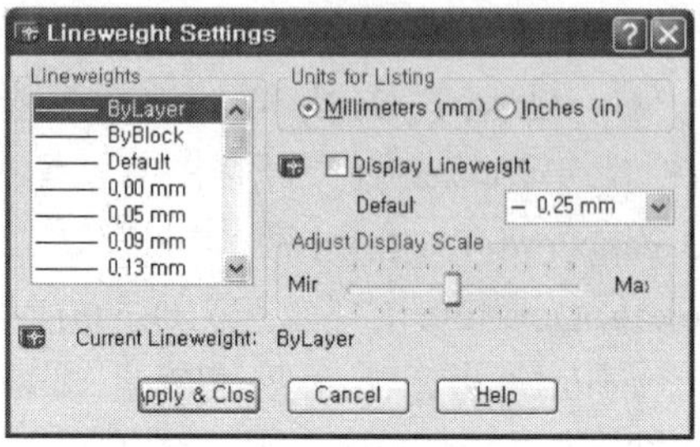

Lineweight setting

▶ Lineweights : 선을 두께별로 표시한다. 원하는 선두께를 선택한다.

▶ Current Lineweight : 현재 지정된 선의 이름을 나타낸다.

▶ Units for Listing : 선두께의 단위를 설정한다.

- Millimeters(mm) : 선두께를 밀리미터 단위로 설정한다.
- Inches(in) : 선두께를 인치단위로 설정한다.

▶ Display Lineweight : 현재 도면에 선두께의 표시한다.

▶ Default : 도면에 표시될 선두께를 선택한다.

▶ Adjust Display Scale : 선두께의 표시축척을 슬라이드 버튼을 이용하여 조절한다.

Drafting

자동 객체스냅(Osnap)과 좌표추적(Tracking) 모드의 사용 환경을 설정한다.

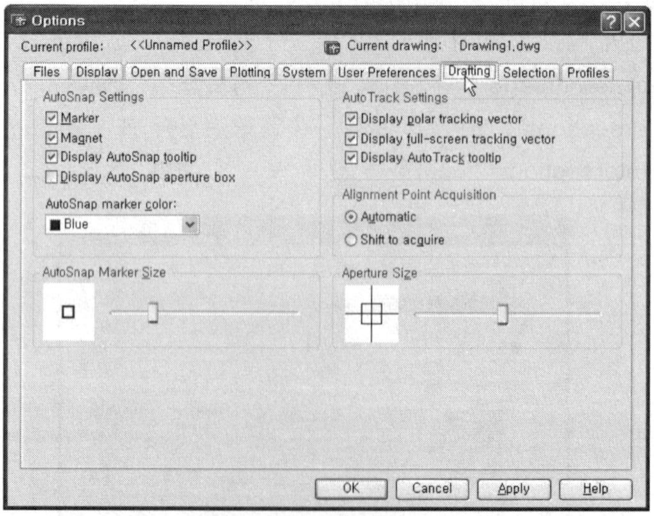

Options-Drafting

- **Autosnap Setting :** 자동 객체 스냅 모드의 사용 환경을 설정한 다.
  - ▶ Maker : 각 객체스냅의 자동 표시기호(아이콘)를 표시한다. 시스템 변수 Autosnap에 의해서도 설정할 수 있다.
  - ▶ Magnet : 도면요소에서 스냅 점이 찾아지면 커서가 그 점에 달라붙는 듯한 효과를 사용한다.
  - ▶ Display AutoSnap tooltip : 도면요소에서 스냅 점이 찾아지면 커서에 풍선 도움말을 표시한다.
  - ▶ Display AutoSnap aperture box : 객체스냅을 사용할 때 커서에 스냅 선택상자를 표시한다. 시스템 변수 apbox에 의해서도 설정할 수 있다.
  - ▶ Autosnap marker color : 각 객체스냅의 자동 표시기호의 색상을 설정한다.
- **Autosnap Marker Size :** 객체스냅의 자동 표시기호의 크기를 설정한다.
- **Aperture Size :** 객체스냅을 사용할 때 커서에 표시되는 스냅 선택상자의 크기를 설정한다.
- **Auto Track Settings :** 자동 좌표 추적모드의 사용 환경을 설정한 다.
  - ▶ Display polar tracking vector : 극좌표(각도)의 추적벡터를 표시한다.
  - ▶ Display full-screen tracking vector : 화면의 모든 점에 추적벡터를 표시한다.
  - ▶ Display Auto Track tooltip : 좌표 추적벡터를 풍선 도움말로 표시해준다.
- **Alignment Point Acquisition :** 스냅 점에서 추적벡터의 표시방법을 설정한다.
  - ▶ Automatic : 스냅 점을 이동하면 자동으로 추적벡터를 표시한다.
  - ▶ Shift to acquire : Shift키를 누를 때만 추적벡터를 표시한다.

Selections

객체를 선택과 관련된 사항을 설정한다.

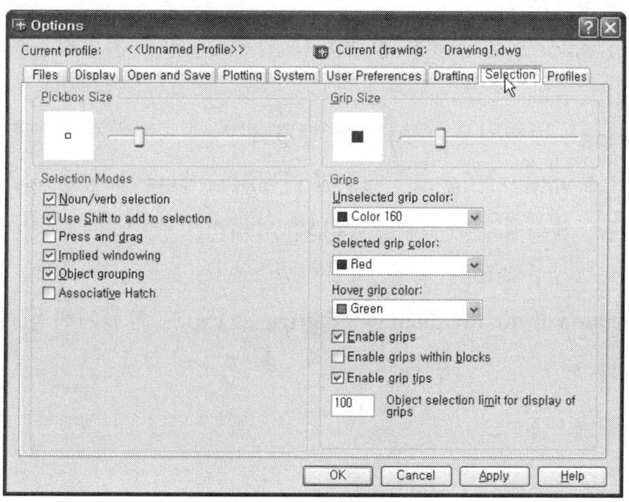

Options-Selection

- Pickbox Size : 객체선택상자의 크기를 설정한다.
- Grip Size : 그립의 크기를 픽셀단위로 설정한다. 시스템 변수 Gripsize에 의해서도 설정할 수 있다.
- Selections Modes : 객체의 선택방법을 설정한다.
  - ▶ Noun/Verb selections : 객체를 먼저 선택하고 편집명령을 실행할 수 있도록 해준다. 시스템 변수 Pickfirst에 의해서도 설정할 수 있다.
  - ▶ Use Shift to add to selection : Shift 키를 누른 상태에서 객체를 추가로 선택 할 수 있도록 해준다. 시스템 변수 Pickadd에 의해서도 설정할 수 있다.
  - ▶ Press and drag : 객체선택을 할 때 드래그 동작이 가능하게 해준다. 시스템 변수 pickdrag에 의해서도 설정할 수 있다.
  - ▶ Implied windowing : 객체선택을 할 때 도면의 빈 공간에서 마우스를 누르면 자동으로 window나 crossing 방식으로 동작한다. 시스템 변수 Pickauto에 의해서도 설정할 수 있다.
  - ▶ Object grouping : Group명령으로 지정된 객체를 한 번의 지정으로 그룹선택을 가능하게 해준다.
  - ▶ Associative Hatch : 해치패턴을 선택하면 이와 연관된 해치도 함께 선택할 수 있도록 해준다.
- Grips : 그립모드의 사용 환경을 설정한다.
  - ▶ Unselected grip color : 선택되지 않은 그립 점의 색상을 설정한다. 시스템 변수 gripcolor에 의해서도 설정할 수 있다.
  - ▶ Selected grip color : 선택된 그립 점의 색상을 설정한다. 시스템 변수 Griphot에 의해서도 설정할 수 있다.
  - ▶ Hover grip color : 선Grip을 선택하기 위해 커서가 위치하는 경우의 색상을 설정한다.
  - ▶ Enable grips : 그립모드의 기능을 활성화 한다.
  - ▶ Enable grips within blocks : 블록도면에서도 하나의 도면처럼 그립을 사용할 수 있도록 해준다. 시스템 변수 Gripblock에 의해서도 설정할 수 있다.
  - ▶ Enable grip tip : Grip의 힘을 사용한다.
  - ▶ Object selection limit for display of grips : Grip의 화면처리를 위한 객체선택의 한계를 설정한다.

Profile

설정된 AutoCAD의 작업환경을 *.arg 파일로 저장하고 관리한다.

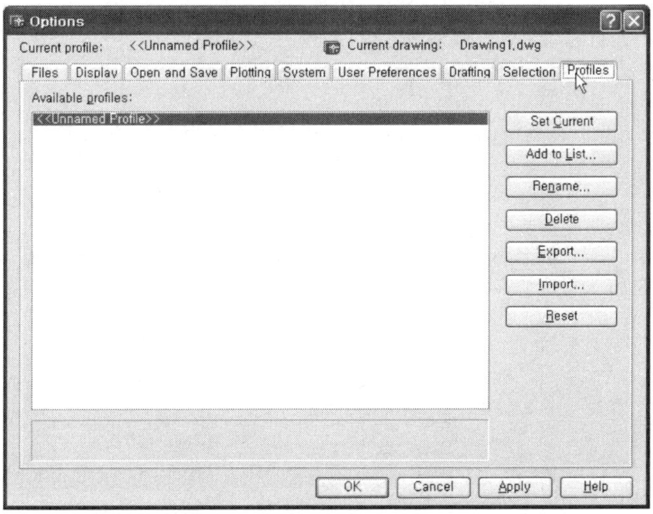

Options–Profiles

- **Available profiles** : 사용할 수 있는 프로파일의 목록을 표시한다.
- **Set Current** : 목록에서 선택한 프로파일을 사용한다.
- **Add to List** : 목록에서 선택한 프로파일을 새 파일로 만든다.
- **Rename** : 목록에서 선택한 프로파일의 이름을 바꾼다.
- **Delete** : 목록에서 선택한 프로파일을 삭제한다.
- **Export** : 현재 설정된 프로파일을 사용 프로파일에 추가한다.
- **Import** : 다른 프로파일을 현재 사용 프로파일로 가지고 온다.
- **Reset** : 목록에서 선택한 프로파일을 작업환경으로 재설정한다.

Appendix

부록 1. AutoCAD 2004 아이콘

부록 2. 예제도면

부록 3. 소방시스템 도시기호 및 소방시스템 도면

부록 4. 종합예제(CD 수록)

부록 5. 소방시스템도면(CD 수록)

부록 6. 소방설비부품(CD 수록)

부록 7. AutoCAD 2004 Tryout 버전(CD 수록)

부록 1. AutoCAD 2004 아이콘

1. 3D Orbit Toolbar

 3D Pan(명령: 3DPAN) : 3차원의 화면 이동 명령이다.

 3D Zoom(명령: 3DZOOM) : 3차원의 화면 조정 명령이다.

 3D Orbit(명령: 3DORBIT) : 3차원 오브젝트를 돌려가며 볼 수 있는 명령이다.

 3D Continuous Orbit(명령: 3DCORBIT) : 3D Orbit 비슷한 기능이며, 지정한 방향으로 계속 회전한다.

 3D Swivel(명령: 3DSWIVEL): 3차원의 화면을 선회하면서 보여준다.

 3D Adjust Distance(명령: 3DDISTNCE): 3차원의 화면 거리를 조정한다.

 3D Adjust Clip Planes(명령: 3DCLIP): 3차원의 클립(자르기 면)을 이용하여 자른다. 객체의 내부를 볼 수 있다. Adjust Clipping Planes 대화상자가 나타난다.

 Front Clip On/Off(명령: DVIEW): Dview 명령의 Front clip 기능으로 현재 보는 방향의 앞쪽 면을 기준으로 자르기를 합니다. 시각적인 자르기입니다. 내부를 볼 수 있다.

 Back Clip On/Off(명령: DVIEW): Dview 명령의 Back clip 기능으로 현재 보는 방향의 뒤쪽 면을 기준으로 자르기를 합니다. 시각적인 자르기입니다. 내부를 볼 수 있다.

 Named view(명령: VIEW): View 명령에 의해 저장되어 있는 화면을 불러 낼 수 있다.

2. CAD Standards Toolbar

 Configure Standards(명령: STANDARDS): 표준 도면의 환경을 조정한다.

 Check Standards(명령: CHEDKSTANDARDS): 표준 도면이 제대로 적용되고 있는지를 확인한다.

 Layer Translate(명령: LAYTRANS): 도면층의 특성을 옮기는 명령이다.

3. Dimension Toolbar

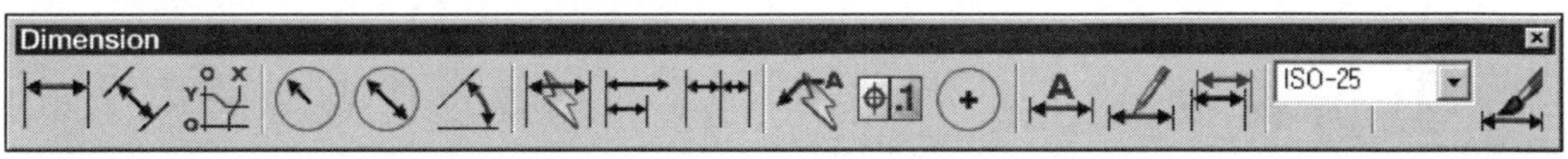

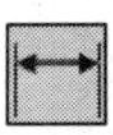 Liner Dimension(명령: DIMLINEAR): 가로, 세로 방향의 선형 치수를 기입한다.

 Aligned Dimension(명령: DIMALIGNED): 각도가 기울어져 있는 부분의 치수를 기입한다.

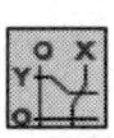 Ordinate Dimension(명령: DIMORDINATE): 좌표값을 치수화한다.

 Radius Dimension(명령: DIMRADIUS): 반지름 치수를 기입한다.

 Diameter Dimension(명령: DIMDIAMETER): 지름 치수를 기입한다.

 Angular Dimension(명령: DIMANGULAR): 각도 치수를 기입한다.

 Quick Dimension(명령: QDIM): 빠른 치수를 기입한다.

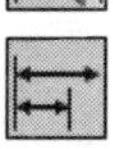 Baseline Dimension(명령: DIMBASELINE): 층을 쌓아 올라가는 형식의 치수를 기입한다.

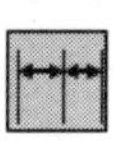 Continue Dimension(명령: DIMCOTINUE): 옆으로 계속 치수를 기입한다.

Quick Leader(명령: TOLERANCE): 빠르게 지시선을 치수화한다.

Tolerance(명령: DIMCENTER): 공차의 치수를 기입한다.

Center Mark(명령: DIMCENTER): 중심점을 표시한다.

Dimension Edit(명령: DIMEDIT): 치수 기입 상태를 편집한다.

Dimension Text Edit(명령: DIMTEDIT): 치수 문자를 편집한다.

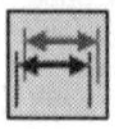
Dimension Update(명령: DIMSTYLE): 치수 변수 및 치수 유형이 바뀐 경우 적용한다.

Dimension Style Control(명령: DIMSTYLE): 저장되어 있는 치수 유형을 사용합니다. 만들어 사용할 수도 있다.

Dimension Style(명령: DIMSTYLE): 치수유형을 만들고 편집한다. Dimension Style Manager 대화상자가 나타난다.

4. Draw Toolbar

Line(명령: LINE): 선을 그린다.

Construction Line(명령: XLINE): 양쪽 방향의 무한 연장선을 그린다.

Multiline(명령: MLINE): 멀티선, 즉 벽체선을 그린다.

Polyline(명령: PLINE): 폴리선을 그린다.

Polygon(명령: POLYGON): 정다각형을 그린다.

Rectangle(명령: RECTANG): 정사각형을 그린다.

Arc(명령: ARC): 호를 그린다.

Circle(명령: CIRCLE): 원을 그린다.

Spline(명령: SPLINE): 스플라인 곡선을 그린다.

Elipse(명령: ELLIPSE): 타원을 그린다.

Elipse Arc(명령: ELLIPSE): 호 형태의 타원을 그린다.

Insert Block(명령: INSERT): 블록을 삽입한다.

Make Block(명령: BLOCK): 새로운 블록을 만든다.

Point(명령: POINT): 도면에 점을 그린다.

Hatch(명령: BHATCH): 도면에 해치 패턴을 그린다.

Region(명령: REGION): 영역에 있는 2D 객체를 만든다.

Multiline Text(명령: MTEXT): 문장을 이용할 때 사용합니다. 기본 명령은 Dtext이다. 이 명령은 입력해야하는 문자가 많은 경우 이용하면 편리하다.

5. Draw Order Toolbar

Bring to Front(명령: Front): 선택한 객체를 한 단계 위로 이동한다.

Send to Back(명령: Back): 선택한 객체를 한 단계 아래로 이동한다.

Bring Above Object(명령: Above object): 선택한 객체를 맨 위로 이동한다.

Send Under Obfect(명령: Under object): 선택한 객체를 맨 아래로 이동한다.

6. Inquiry Toolbar

Distance(명령: DIST): 지정하나 두 점 사이의 거리를 잰다.

Area(명령: AREA): 다양한 옵션으로 면적을 계산한다.

Region/Mass Properties(명령: MASSPROP): 3차원 솔리드 객체의 특성을 조정한다.

List(명령: LIST): 선택된 객체에 대한 정보를 볼 수 있다.

Locate Point(명령: ID): 지정한 점의 좌표 정보를 볼 수 있다.

7. Insert Toolbar

Insert Block(명령: INSERT): 블록을 삽입한다.

External Reference(명령: XREF): 외부 참조 도면을 삽입한다.

Image(명령: IMAGE): 이미지를 현재 도면에 삽입한다.

Import(명령: IMPORT): 다른 형태의 파일을 불러들인다.

OLE Object(명령: INSERTOBJ): 윈도우 OLE 오브젝트를 현재 도면에 삽입한다.

8. Layers Toolbar

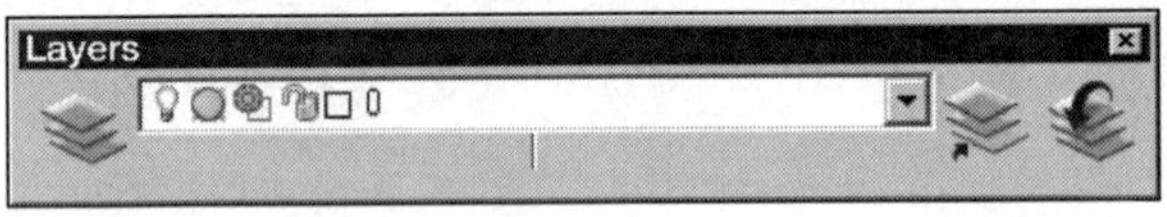

Layer Properties Manager(명령 : LAYER) : 도면층을 만들고 관리한다.

Layer Control(명령 : LAYER) : Layer 명령에서 만들어진 도면층을 제어한다.

Make Object's Layer Current : 선택한 객체의 도면층을 작업도면층으로 조정한다. 객체를 선택하여 해당 도면층에서 바로 작업할 수 있다.

Layer Previous(명령 : LAYERP) : 전에 사용한 도면층으로 이동한다.

9. Layouts Toolbar

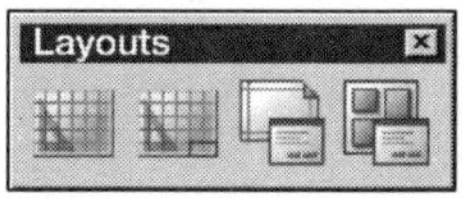

New Layout(명령: LAYOUT): 새로운 배치 도면을 만든다.

Layout from Template(명령: LAYOUT): 원형 도면(dwt) 파일로부터 배치 환경을 가지고 온다.

Page Setup(명령: PGESETUP): 종이영역(Paper Space)에서 출력을 하기 위한 종이를 설정한다.

Display Viewports Dialog(명령: VPORTS): 모델 영역(Space)에서 작업 화면을 분할한다.

10. Modify Toolbar

Erase(명령: ERASE): 선택한 객체를 지운다.

Copy Object(명령: COPY): 선택한 객체를 복사한다.

Mirror(명령: MIRROR): 선택한 객체를 대칭 복사한다.

Offset(명령: OFFSET): 선택한 객체를 지정한 방향으로 띄운다.

Array(명령: ARRAY): 선택한 객체를 배열한다.

Move(명령: MAVE): 선택한 객체를 이동한다.

Rotate(명령: ROTATE): 선택한 객체를 회전한다.

Scale(명령: SCALE): 선택한 객체의 축척을 조정한다.

Stretch(명령: STRETCH): 선택한 객체를 늘린다.

 Trim(명령: TRIM): 객체를 자른다.

 Extend(명령: EXTEND): 객체를 연장한다.

 Break at Point(명령: BREAK): 선택한 객체를 끊어 놓는다.

 Break(명령: BREAK): 두 점을 이용하여 객체를 자른다.

 Chamfer(명령: CHAMFER): 두 객체의 각진 모서리를 만든다.

 Fillet(명령: FILLET): 두 객체의 둥근 모서리를 만든다.

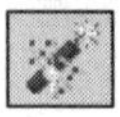 Explode(명령: EXPLODE): 단일 객체를 분해합니다. 일반 객체가 된다.

11. Modify II Toolbar

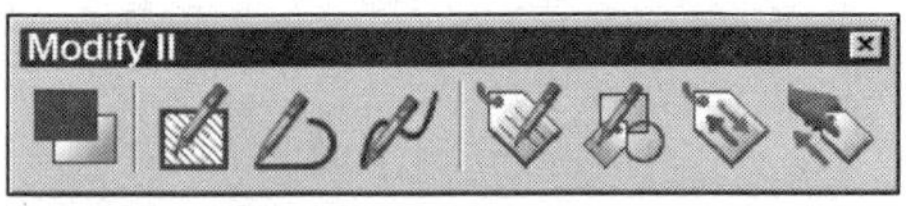

 Draworder(명령: RAWORDER): 객체가 겹쳐 있는 경우 객체의 층 순위를 조정한다.

 Edit Hatch(명령: HATCHEDIT): 해치패턴을 편집한다.

 Edit Polyline(명령: PEDIT): 폴리선을 편집한다.

 Edit Spline(명령: SPLINEDIT): 다중선, 벽체선을 편집한다.

 Edit Multiline(명령: MLEDIT): 블록 속성을 편집한다.

 Edit Attribute(명령: EATTEDIT): 블록을 편집한다.

 Synchronize Attributes(명령: ATTSYNC): 블록 속성을 일치시킨다.

 Attrbute Extract(명령: EATTEXT): 블록 속성값을 축출한다.

12. Object Snap Toolbar

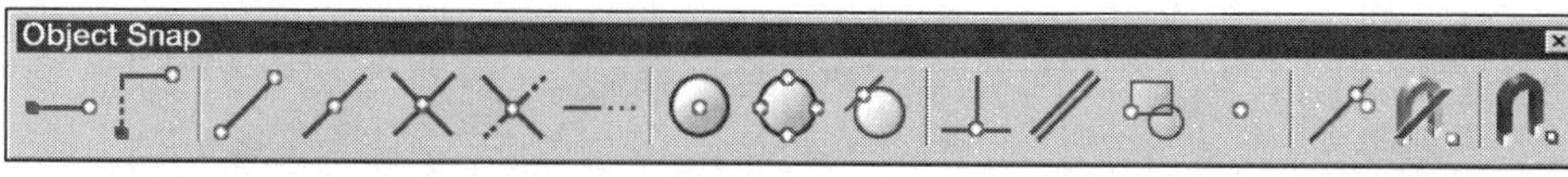

Temporary Tracking Point(단축키: TT): 임시 추적 기능을 사용한다.

Snap to From(단축키: FROM): 객체가 그려지는 시작점을 옮긴다.

Snap to Endpoint(단축키: ENDP): 객체의 끝점을 선택한다.

Snap to Midpoint(단축키: MID): 객체의 가운데 점을 선택한다.

Snap to Intersection(단축키: INT): 객체들의 교차점을 선택한다.

Snap to Apparent Intersect(단축키: APPINT): 가상의 교차점을 선택한다.

Snap to Extension(단축키: EXT): 객체의 연장점을 이용한다.

Snap to Center(단축키: CEN): 객체의 중심점을 이용한다.

Snap to Quiadant(단축키: QUA): 원이나 호의 사분점을 선택한다.

Snap to Tangent(단축키: TAN): 접점을 이용한다.

Snap to Perpendicular(단축키: PER): 수직점을 이용한다.

Snap to Pallel(단축키: PAR): 평행인 점을 이용한다.

Snap to Insert(단축키: INS): 블록이나 문자가 삽입되 기준점을 이용한다.

Snap to Node(단축키: NOD): Point(점)을 선택한다.

Snap to Nearest(단축키: NEA): 커서에서 가까운 점을 선택한다.

Snap to None(단축키: NON): Osnap을 사용하지 않는다.

Object Snap Settings(명령: OSNAP): Osnap의 설정을 조정한다. 연속모드로 사용할 Osnap을 지정한다.

13. Properties Toolbar

 Color Control(명령: COLOR): 색상을 조정한다.

 Linetype Control(명령: LINETYPE): 선 종류를 조정한다.

 Lineweight Control(명령: LWEIGHT): 선 두께를 조정한다.

 Plostyle Control : 출력하기 위한 플롯 스타일을 조정한다.

14. Refedit Toolbar

 Edit block or Xref(명령: REFEDIT): 외부 참조 도면이나 블록의 편집한다.

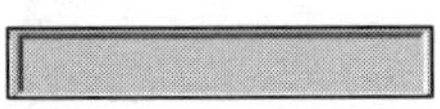 : 편집중인 블록이나 외부 참조 도면의 이름이 적힌다.

 Add object to working set(명령: REFSET): 블록이나 외부 참조 도면에 객체를 추가한다.

 Remove objects from working set(명령: REFSET): 블록이나 참조 도면에서 객체를 취소한다.

 Discard changes to reference(명령: REFCLOSE): 바뀐 내용을 취소합니다. 초기화한다.

 Save back changes to reference(명령:REFCLOSE): 바뀐 내용을 저장합니다. 블록이나 외부 참조 도면이 변경된다.

15. Reference Toolbar

External Reference(명령: XREF): 외부 참조 도면을 이용한다.

External Reference Attch(명령: XTTACH): 외부 참조 도면의 삽입을 실행한다.

Xclip(명령: XCLIP): 외부 참조 도면의 자르기를 실행한다.

Xbind(명령: XIND): 외부 참조 도면을 정식객체로 만든다. 즉, Insert한 결과가 같게 된다.

Xclipfram(명령: XCLIPFRAME): 외부 참조 도면을 자른 경우 경계선 부분을 조정한다.

Image(명령: IMAGE): 도면에 이미지를 사용한다.

Image Attach(명령; IMAGEATTACH): 이미지를 삽입한다.

Imageclip(명령: IMAGECLIP): 이미지를 자른다.

Imageadju(명령: IMAGEADJUST): 이미지를 조정한다.

Imagequal(명령: IMAGEQUALITY): 이미지의 질을 조정한다.

Transpare(명령: TRANSPARENCY): 이미지의 투명도를 조정한다.

Imagefram(명령: IMAGEFRAME): 이미지의 경계선을 조정한다.

16. Render Toolbar

Hide(명령: HIDE): 3차원 객체의 숨은 선을 제거한다.

Render(명령: RENDER0: 3차원 객체의 렌더링을 실행한다.

Scenes(명령: SCENE): 카메라와 조명을 이용하여 장면을 만든다.

Lights(명령: LIGHT): 조명을 만든다.

Materials(명령: RMAT): 재질을 사용한다.

Materials Library(명령: MATLIB): 재질 목록을 조정한다.

Mapping(명령: SETUV): 재질의 매핑을 조정한다.

Background(명령: BACKGROUND): 배경 이미지를 지정한다.

Fog(명령: FOG): 안개 효과를 조정한다.

Landscape New(명령: LSNEW): 조경, 나무들을 사용한다.

Landscape Edit(명령: LSEDIT): 나무들을 수정한다.

Landscape Library(명령: LSLIB): 나무 객체의 목록을 조정한다.

Render Preferences(명령: RPREF): 렌더링에 대한 사항을 확인한다.

Statistics(명령: STATS): 렌더링 상황을 확인한다.

17. Shade Toolbar

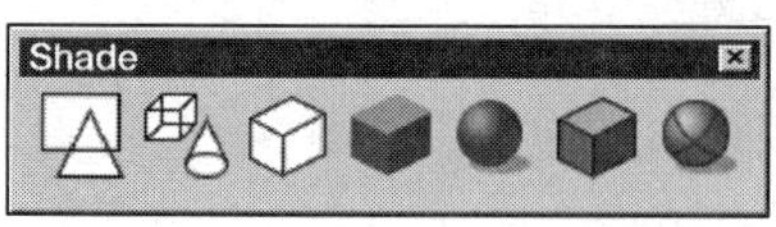

2D Wireframe(명령: SHADEMODE): 기본 상태로 2D 와이어 상태를 표시한다.

3D Wireframe(명령: SHADEMODE): 3D 와이어 상태로 표시한다. UCS의 모양이 바뀌는 것을 볼 수 있다.

Hidden(명령: SHADEMODE): 숨은선을 제거한다.

Flat Shaded(명령: SHADEMODE): 거친 쉐이드 상태를 만든다.

Gouraud Shaede(명령: SHADEMODE): 부드러운 쉐이드 상태를 만든다.

Flat Shaded, Edges On(명령: SHADEMODE): 거친 쉐이드 상태와 경계 부분을

표시한다.

Gouraud Shaeded, Edges On(명령: SHADEMODE): 부드러운 쉐이드 상태와 경계 부분을 표시한다.

18. Solids Toolbar

Box(명령: BOX): 3차원 박스를 만든다.

Sphere(명령: SPHERE): 3차원 구를 만든다.

Cylinder(명령: CYLINDER): 3차원 원기둥을 만든다.

Cone(명령: CONE): 3차원 원뿔을 만든다.

Wedge(명령: WEDGE): 3차원 박스를 자른 형태를 만든다.

Torus(명령: TORUS): 3차원 도우넛 형태를 만든다.

Extrude(명령: EXTRUDE): 객체를 밀어내어 3차원을 만든다.

Revolve(명령: REVOLVE): 객체를 회전하여 3차원을 만든다.

Slice(명령: SLICE): 솔리드 객체를 자른다.

Section(명령: SECTION): 솔리드 객체의 단면을 유추한다.

Interfere(명령: INTERFERE): 솔리드 객체 사이의 교차면을 만든다.

Soldraw(명령: SOLDRAW): 종이 영역(Paper Space)에서의 솔리드 객체 그리기를 한다.

Solview(명령: SOLVIEW): 솔리드 객체의 화면 표시를 조정한다.

Solprof(명령: SOLPROF): 솔리드 객체의 특성을 조정한다.

19. Solids Editing Toolbar

Union(명령: UNION): 솔리드 객체를 합친다.

Subtract(명령: SUBTRACT): 솔리드 객체를 뺀다.

Intersect(명령: INTERSECT): 솔리드 객체의 교차면을 찾는다.

Extrude Face(명령: SOLIDEDIT): 객체를 밀어내어 솔리드 객체를 만든다.

Move Faces(명령: SOLIDEDIT): 솔리드 면의 간격을 띄운다.

Offset Faced(명령: SOLIDEDIT): 솔리드 면을 회전한다.

Delete Faced(명령: SOLIDEDIT): 솔리드 면을 테이퍼 한다.

Rotate Faced(명령: SOLIDEDIT): 솔리드 면을 복사한다.

Taper Faced(명령: SOLIDEDIT): 솔리드 면의 색상을 조정한다.

Copy Faced(명령: SOLIDEDIT): 솔리드 면을 복사한다.

Color Faced(명령: SOLIDEDIT): 솔리드 면의 색상을 조정한다.

Copy Edges(명령: SOLIDEDIT): 솔리드 객체의 선을 복사한다.

Color Edges(명령: SOLIDEDIT): 솔리드 객체의 선 색상을 조정한다.

Imprint(명령: SOLIDEDIT): 솔리드 객체의 면에 그림을 그린다.

Clean(명령: SOLIDEDIT): 솔리드 객체를 정리한다.

Seprate(명령: SOLIDEDIT): 솔리드 객체를 분리한다.

Shell(명령: SOLIDEDIT): 솔리드 객체를 속이 빈 외관 형태로 만든다.

Check(명령: SOLIDEDIT): 솔리드 객체의 상태를 체크한다.

20. Standard Toolbar

 New(명령: NEW): 새로운 도면을 만든다.

 Open(명령: OPEN): 저장되어 있는 도면을 불러낸다.

 Save(명령: QSAVE): 도면을 저장한다.

 Plot(명령: PLOT): 도면을 출력한다.

 Plot Preview(명령: PREVIEW): 도면 출력의 미리보기를 한다.

 Publish(명령: PUBLISH): 도면에 포함되어 있는 다양한 배치(Layout)을 분리하여 DWF 형식(웹에서 사용)으로 파일로 저장합니다. 저장된 DWF 파일은 출력이 가능합니다.

 Cut to Clipboard(명령: CUTCLIP): 선택한 객체를 잘라낸다.

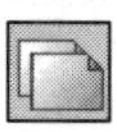 Copy to Clipboard(명령: COPYCLIP): 선택한 객체를 복사한다.

 Paste from Clipbord(명령: PASTECLIP): Cut, Copy한 객체를 붙여넣는다.

 Match Properties(명령: MATCHPROP): 원본 객체의 특성을 다른 객체에 옮긴다.

 Undo(명령: U): 취소한다.

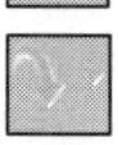 Redo(명령: REDO): 취소한 것을 살려낸다.

 Pan Realtime(명령: PAN): 실시간에 화면을 이동한다.

 Zoom Realtime(명령: ZOOM): 실시간에 확대와 축소를 한다.

 Zoom Window(명령: ZOOM): 범위를 지정하여 화면을 확대한다.

 Zoom Previous:(명령: ZOOM): 바로 전의 화면 상태로 이동한다.

 Properties(명령: PROPERTIES): 객체의 특성을 바꾼다.

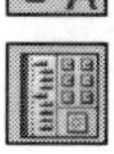 AutoCAD DesignCenter(명령: ADCENTER): 디자인센터를 이용하여 Autodesk 사에서 제공하는 블록을 사용할 수 있다.

Tool Palettes(명령: Toolpalettes): 자주 이용되는 패턴이나 심볼 등을 쉽게 사용할 수 있는 팔레트를 이용하게 한다. 드래그 앤 드롭 방식으로 사용하고자 하는 객체를 작업화면으로 옮긴다.

Help(명령: HELP): 도움말 기능을 사용한다.

21. Styles Toolbar

Text Style Manage(명령: STYLE): 다양한 문자 유형을 만든다.

Standard Text Style Control: 만들어진 문자 유형을 사용하게 한다.

Dimension Style Manager(명령: DIMSTYLE): 다양한 치수 유형을 만든다.

ISO-25 Dim Style Control: 만들어진 치수 유형을 사용하게 한다.

22. Surfaces Toolbar

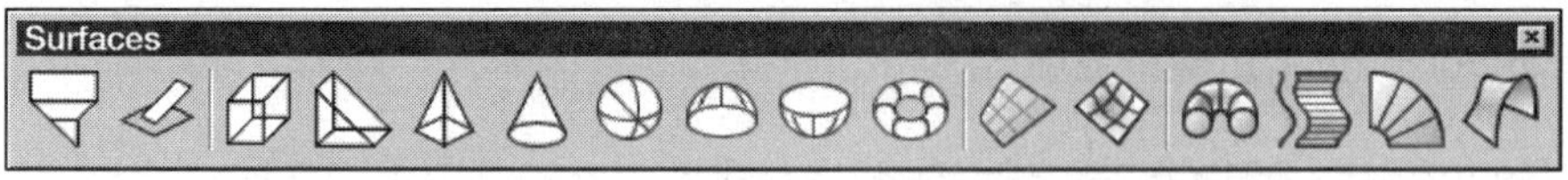

2D Solid(명령: SOLID): 각진 부분에 색을 칠한다.

3D Face(명령: 3DFACE): 4점을 이용하여 각진 면을 만든다.

Box(명령: 3D): 박스를 만든다.

Wedge(명령: 3D): 박스를 자른 형태를 만든다.

Pyramid(명령: 3D):. 피라미드 형태를 만든다.

Cone(명령: 3D): 원뿔을 만든다.

Sphere(명령: 3D): 구를 만든다.

Dome(명령: 3D): 구를 자른 돔 형태를 만든다.

Dish(명령: 3D): 구를 자른 돔 형태를 만든다.

Torus(명령: 3D): 도우넛 형태를 만든다.

Edge(명령: EDGE): 3차원 객체의 선을 조정한다.

3D Mesh(명령: 3DMESH): 메시 오브젝트를 만든다.

Revolves Surface(명령: REVSURF): 선택한 객체를 회전하여 3차원 면을 만든다.

Tabulated Surface(명령: TABSURF): 선택한 객체를 지정한 길이 만큼 밀어내어 3차원 면을 만든다.

Ruled Surface(명령: RULESURF): 두 개의 객체를 연결하여 3차원 면을 만든다.

Edge Surface(명령: EDGESURF): 끝점이 연결되어 있는 4개의 객체를 이용하여 그물망의 3차원 면을 만든다.

23. Text Toolbar

Multiline Text(명령: MTEXT): 문장 단위의 문자를 입력한다.

Single Line Text(명령: DTEXT): 기본 문자를 입력한다.

Edit Text(명령: DDEDIT): 문자를 수정한다.

Find and Replace(명령: FIND): 문자를 찾거나 대체한다.

Style(명령: STYLE): 문자체를 만든다.

Scale Text(명령: SCALETEXT): 문자의 크기를 조정한다.

Justify Text(명령: JUSTIFYTEXT): 문자를 다양하게 정렬한다.

Spacetran(명령: SPACETRANS): 종이 영역(Paper Space)에서만 사용되며 종이 영역에서의 간격을 알 수 있다.

24. UCS Toolbar

UCS(명령: UCS): 사용자 좌표계를 조정한다.

Display UCS Dialog(명령: +UCSMAN): UCS의 모양을 다양하게 조정한다.

UCS Previous(명령: UCS): 전의 UCS 위치로 이동한다.

World UCS(명령: UCS): UCS의 기본 상태 즉 WCS 상태로 이동한다.

Object UCS(명령: UCS): 선택한 객체에 맞게 UCS를 이동한다.

Face UCS(명령: UCS): UCS를 솔리드 객체의 면으로 이동한다.

View UCS(명령 UCS): UCS를 현재 보고 있는 화면에 직각으로 맞춘다.

Origin UCS(명령: UCS): UCS의 원점을 이동한다.

Z Axis Vector UCS(명령: UCS): UCS의 Z축 방향을 쉽게 지정한다.

3 Point UCS(명령: UCS): 3점을 이용하여 UCS를 이동한다.

X Axis Rotate UCS(명령: UCS): UCS의 X축을 기준으로 회전한다.

Y Axis Rotate UCS(명령: UCS): UCS의 Y축을 기준으로 회전한다.

Z Axis Rotate UCS(명령: UCS): UCS의 Z축을 기준으로 회전한다.

Apply UCS(명령: UCS): UCS의 설정을 지정한다.

25. UCS II Toolbar

Display UCS Dialog(명령: +UCSMAN): UCS 아이콘의 모양을 조정한다.

Move UCS Origin(명령: UCS): 원점의 위치를 이동한다.

World UCS Control: 현재 저장되어 있는 UCS를 확인하고 이동할 수 있게 한다.

26. View Toolbar

Named Views(명령: VIEW): 저장되어 있는 화면을 불러낸다.

Top View(명령: VIEW): 위쪽 방향을 보게 한다.

Bottom View(명령: VIEW): 바닥 방향을 보게 한다.

Left View(명령: VIEW):왼쪽 방향을 보게 한다.

Right View(명령: VIEW): 오른쪽 방향을 보게 한다.

Front View(명령: VIEW): 앞쪽 방향을 보게 한다.

Back View(명령: VIEW): 뒤쪽 방향을 보게 한다.

SW Isometric View(명령: VIEW): 남서쪽 방향을 보게 한다.

SE Isometric View(명령: VIEW): 남동쪽 방향을 보게 한다.

NE Isometric View(명령: VIEW): 북동쪽 방향을 보게 한다.

NW Isometric View(명령: VIEW): 북서쪽 방향을 보게 한다.

Camera(명령: Camera): 카메라를 조정한다.

27. Viewports Toolbar

 Display Viewports Dialog(명령: VPORTS): 모델영역에서 사용되며, 화면을 분할한다.

 Single Viewport(명령: -VPORTS): 화면이 분할되어 있는 경우 한 화면으로 이동한다.

 Polygonal Viewport(명령: -VPORTS): 화면을 다각형 형태로 만든다.

 Convert Object to Viewport(명령: -VPORTS): 오브젝트에 맞게 화면을 조정한다.

 Clip Existing Viewport(명령: VPCLIP): 화면을 자른다.

 Plot Style Control: 저장되어 있는 플롯 스타일을 이용한다.

참고 : 아이콘이나 마우스 오른쪽 버튼의 단축 메뉴를 이용하면 키보드를 이용하지 않아도 도면을 그릴 수 있다. 잘 이용해 보면 편리한 기능입니다.

28. Web Toolbar

 Go Back(명령: HYPERLINK): 웹 브라우저와 같은 기능이며, 바로 전의 웹 페이지로 이동한다.

 Go Foreward(명령: HYPERLINK): 웹 브라우저와 같은 기능이며, 바로 앞 웹 페이지로 이동한다.

 Stop Navigation(명령: HYPERLINK): 웹 브라우저와 같은 기능이며, 중단한다.

 Browse the Web(명령: BROWSER): 웹 브라우저를 띄운다.

29. Zoom Toolbar

 Zoom Window(명령: ZOOM): 지정한 범위를 확대한다.

 Zoom Dynamic(명령: ZOOM): 다이나믹하게 화면을 조정한다.

 Zoom Scale(명령: ZOOM): 화면을 축척으로 조정한다.

 Zoom Center(명령: ZOOM): 화면을 가운데로 조정할 때 이용한다.

 Zoom In(명령: ZOOM): 화면을 확대한다.

 Zoom Out(명령: ZOOM): 화면을 축소한다.

 Zoom All(명령: ZOOM): 화면을 전체 화면에 맞춘다.

 Zoom Extents(명령: ZOOM): 화면에 객체가 꽉 차게 만든다.

부록 2. 예제도면(1), (2)

1. 예제도면(1)

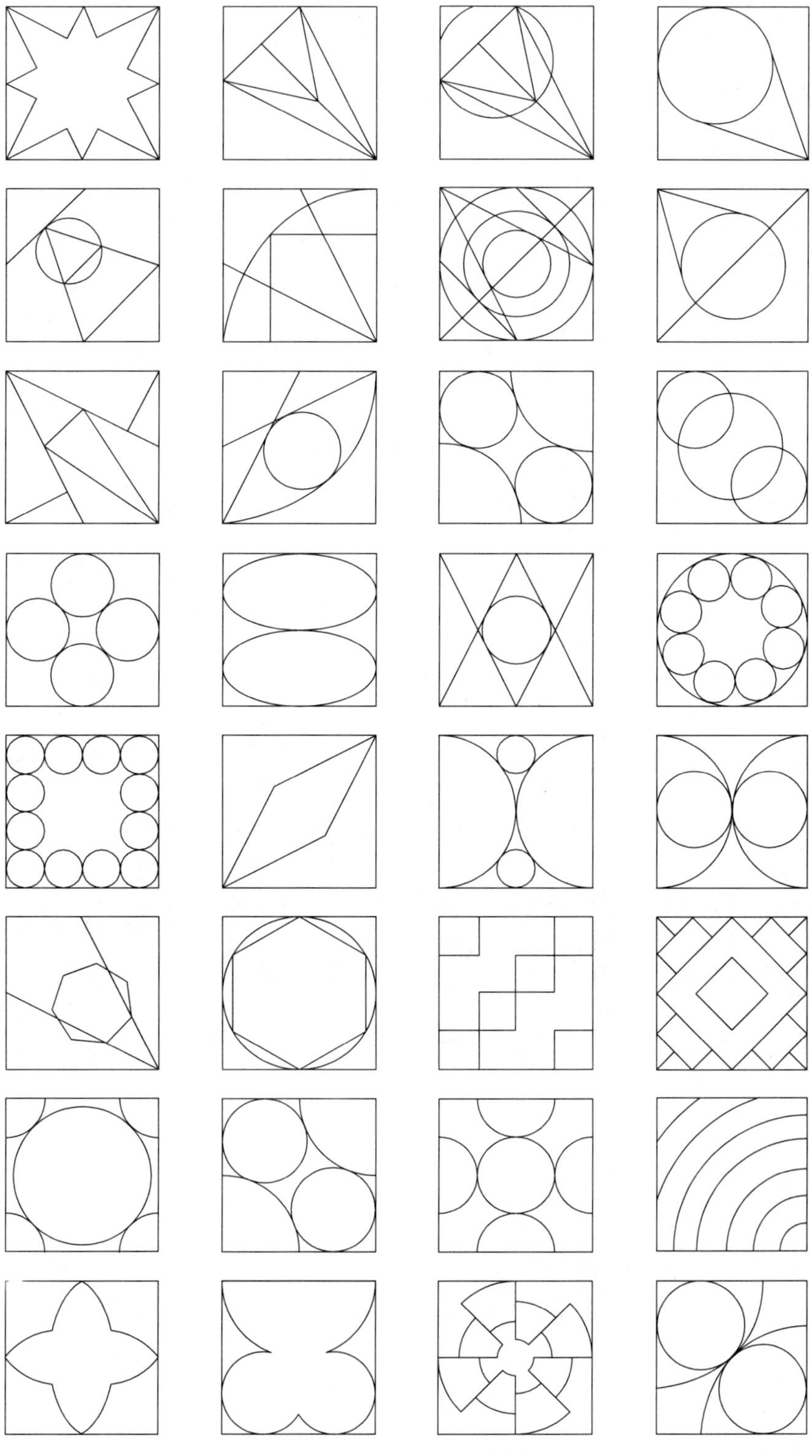

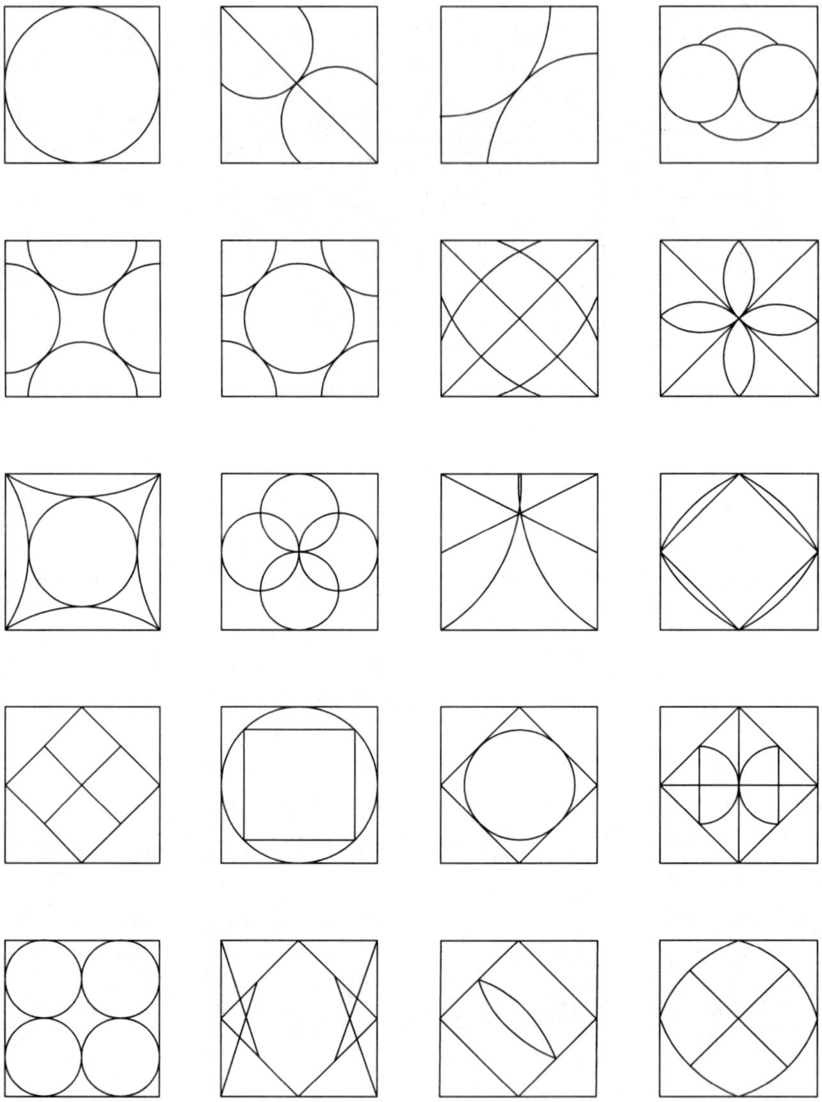

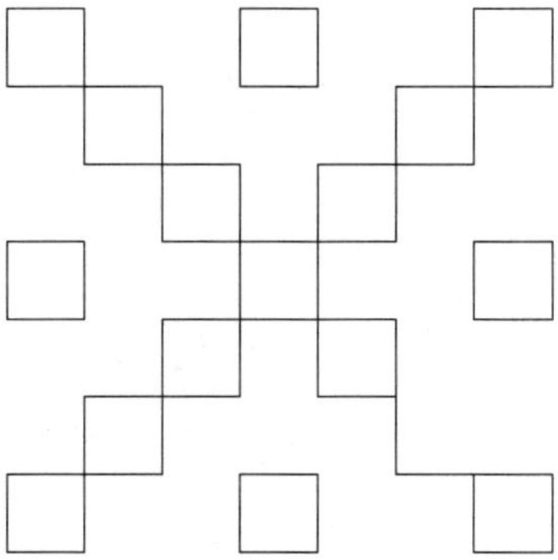

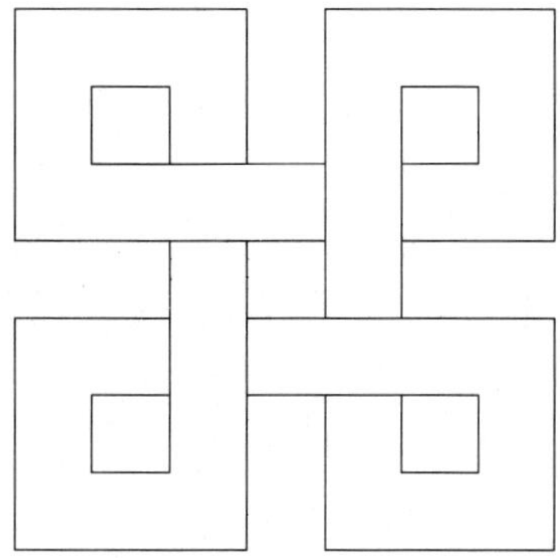

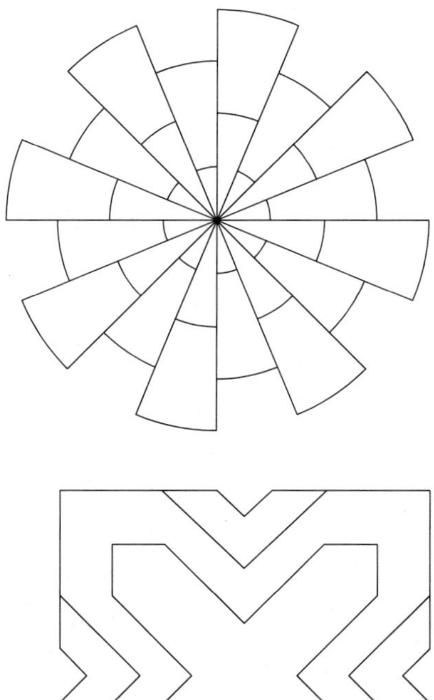

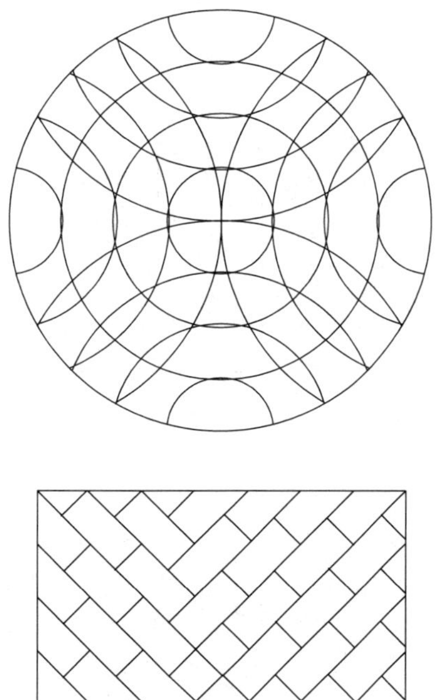

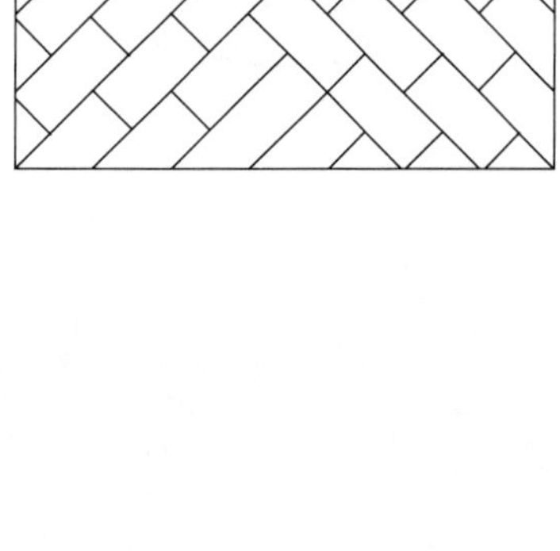

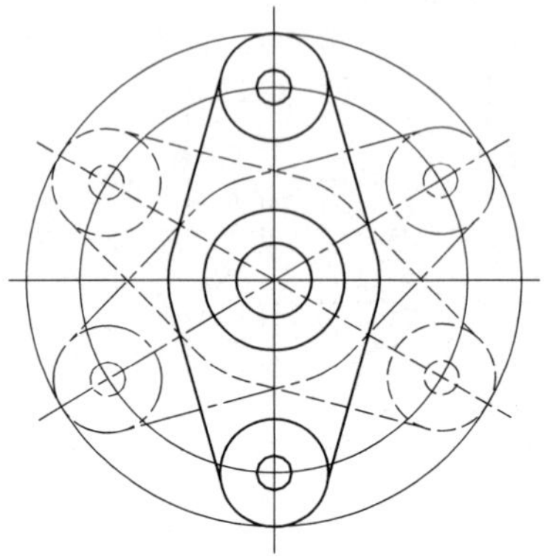

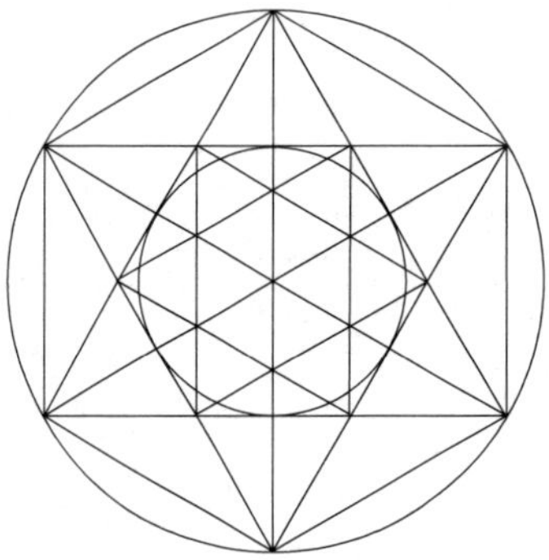

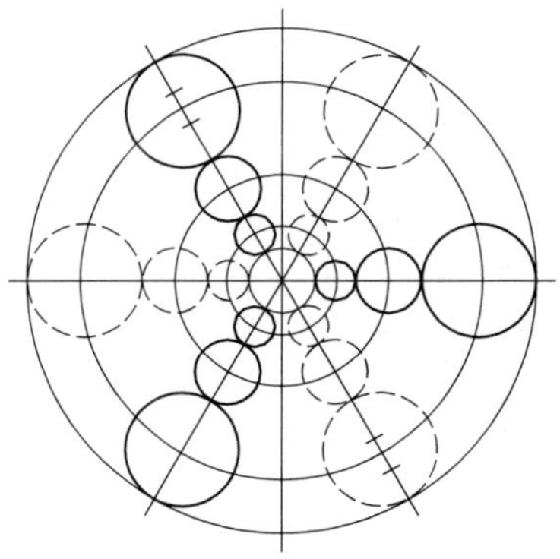

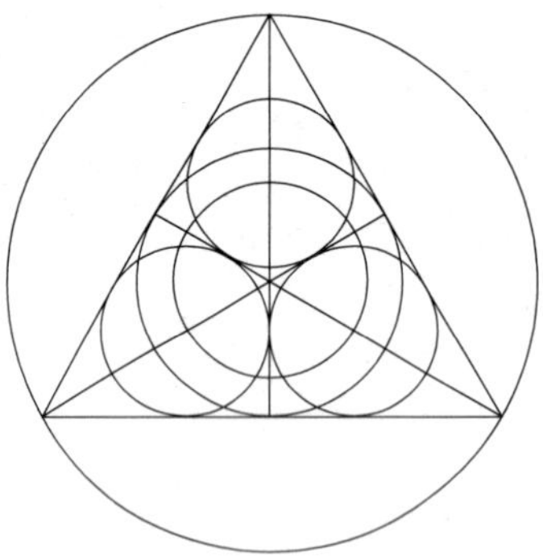

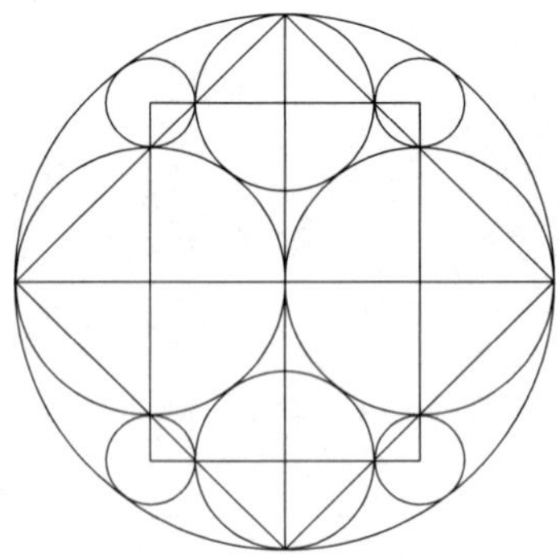

2. 예제도면(2)

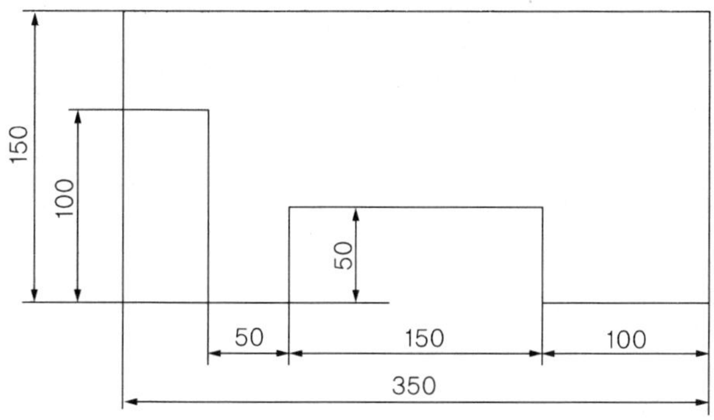
150
100
50
50
150
100
350

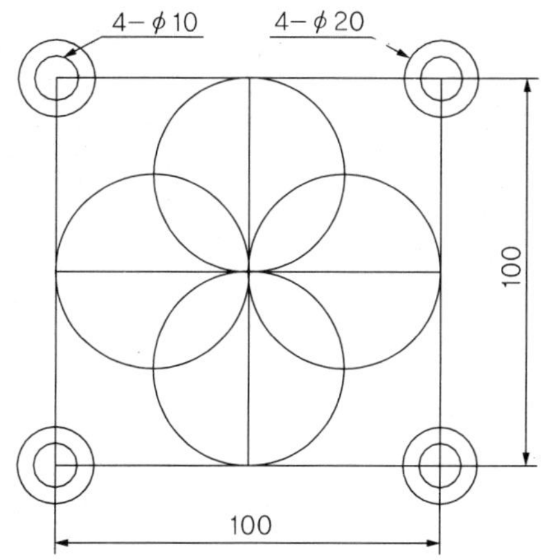
4−φ10
4−φ20
100
100

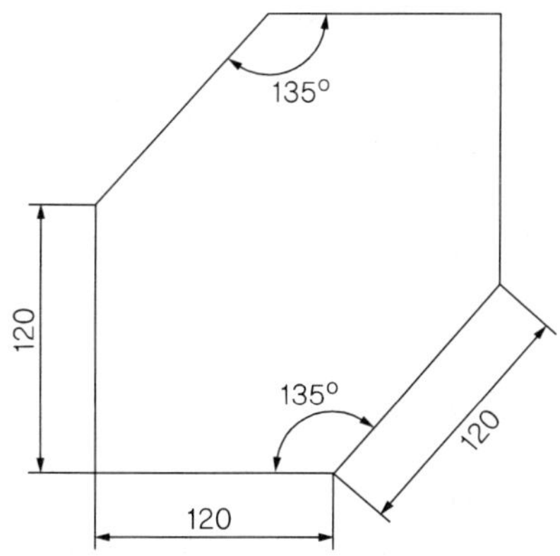
135°
120
135°
120
120

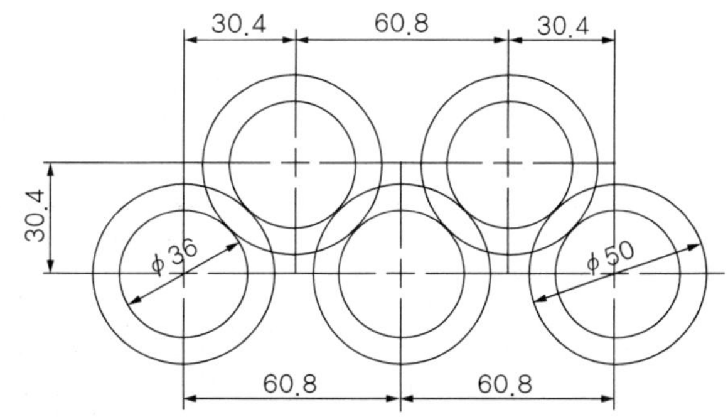
30.4
60.8
30.4
30.4
φ36
φ50
60.8
60.8

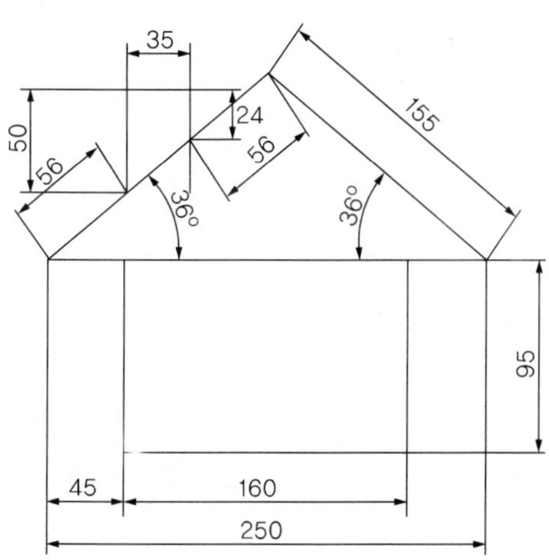
35
50
24
56
56
155
36°
36°
95
45
160
250

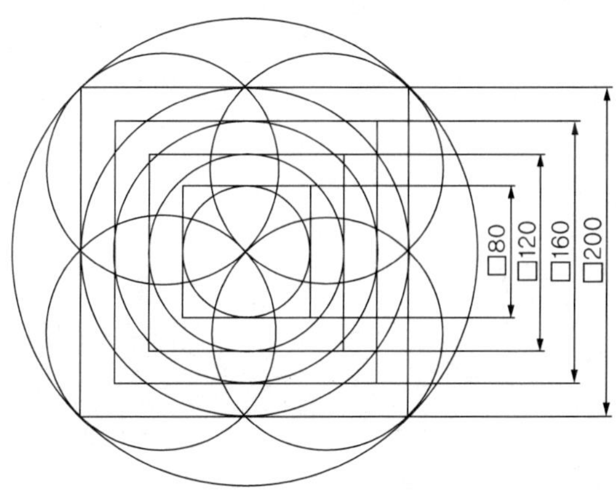
□80
□120
□160
□200

※ 굵은 실선부분만 그릴 것.

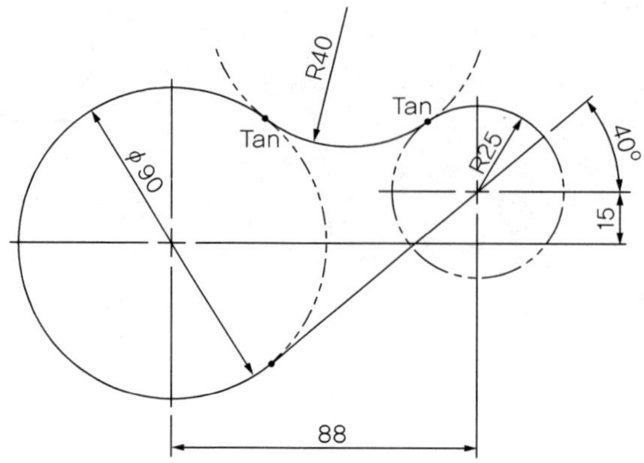
R40
Tan
Tan
φ90
R25
40°
15
88

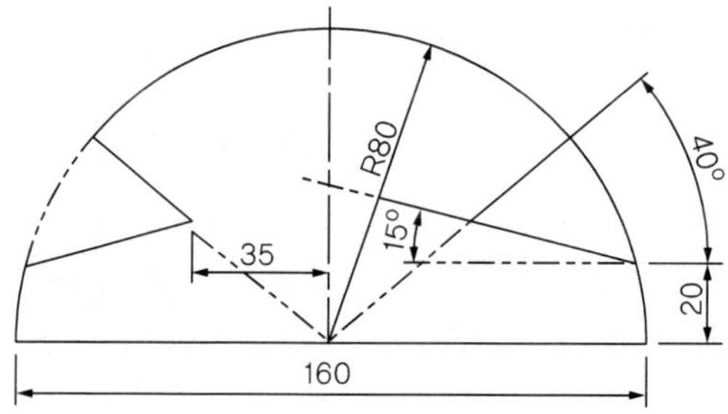
R80
40°
15°
35
20
160

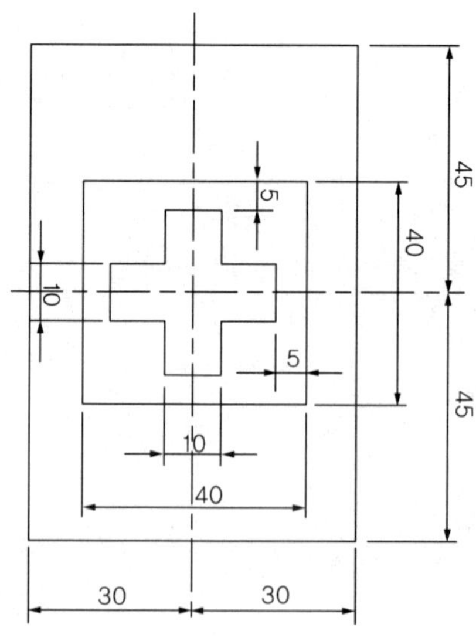
45
5
40
10
5
45
10
40
30
30

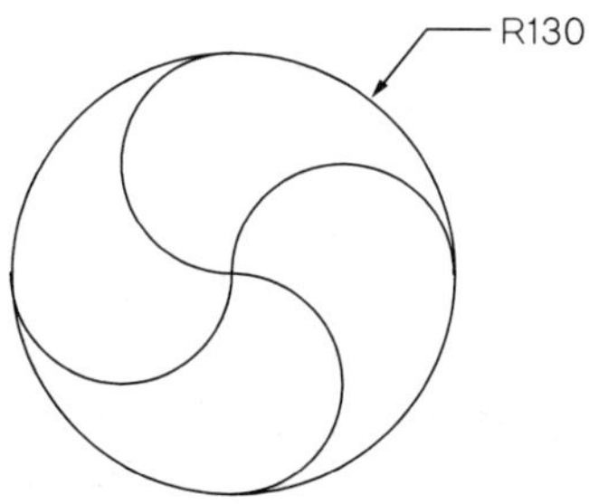
R130

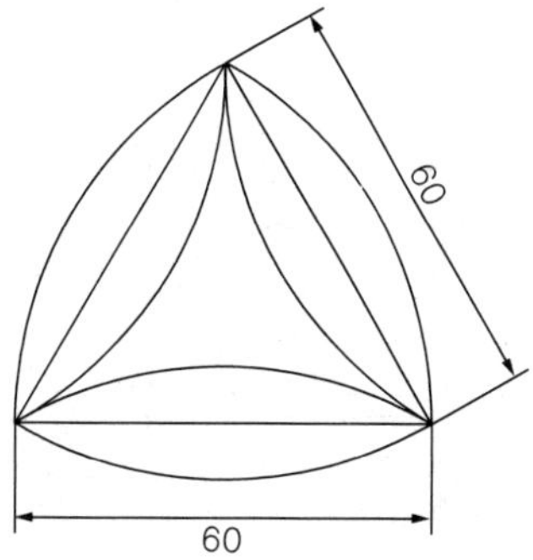
60
60

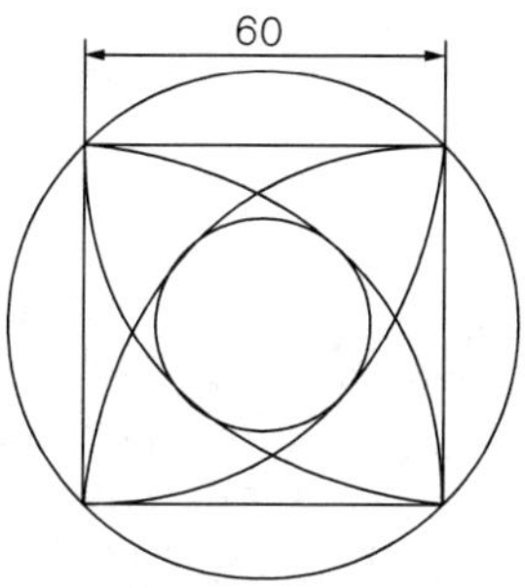
60

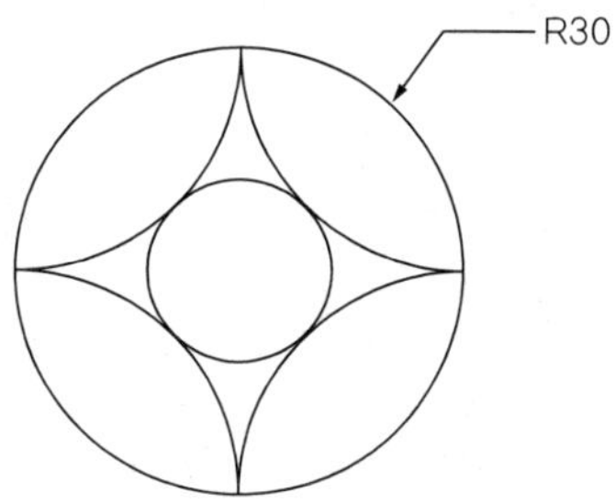
R30

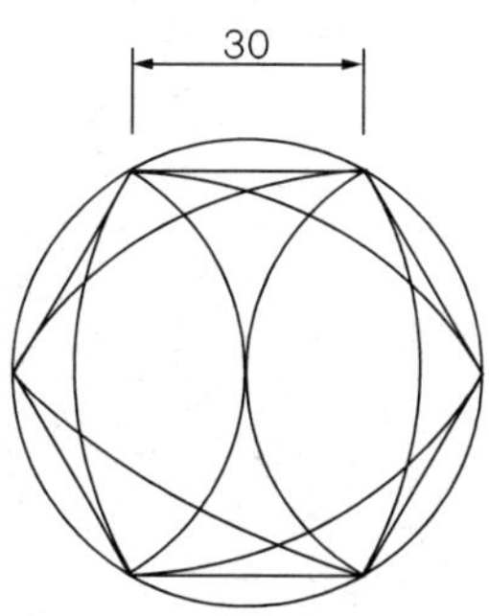
30

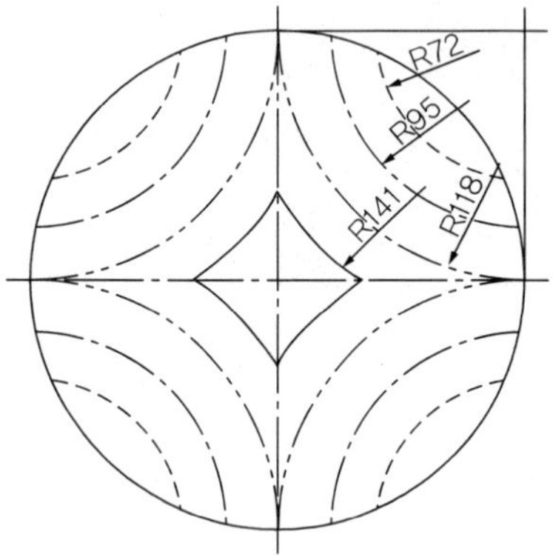
R72
R95
R141
R118

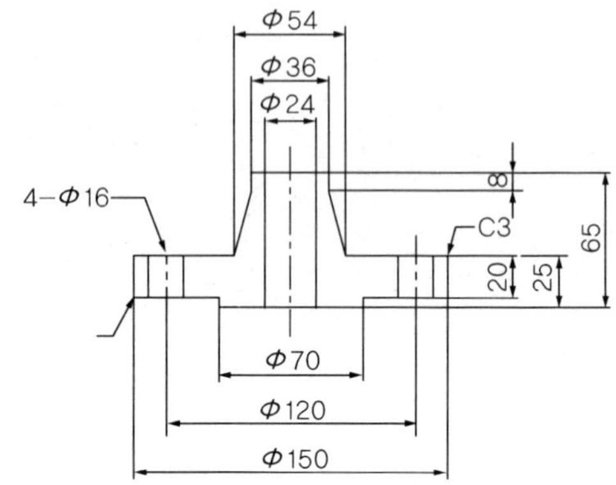
Φ54
Φ36
Φ24
4−Φ16
C3
8
65
20
25
Φ70
Φ120
Φ150

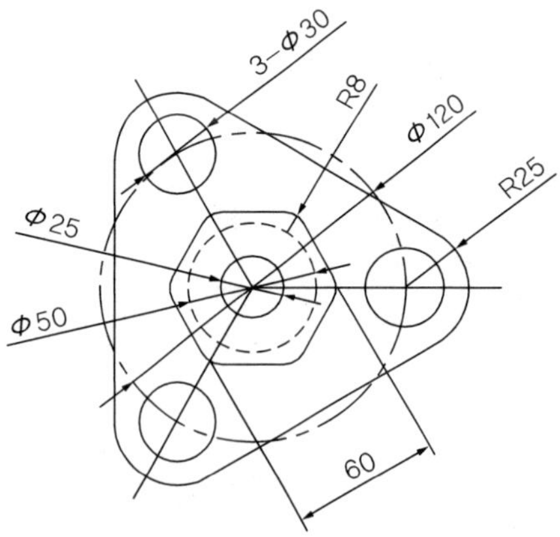
3−Φ30
R8
Φ120
R25
Φ25
Φ50
60

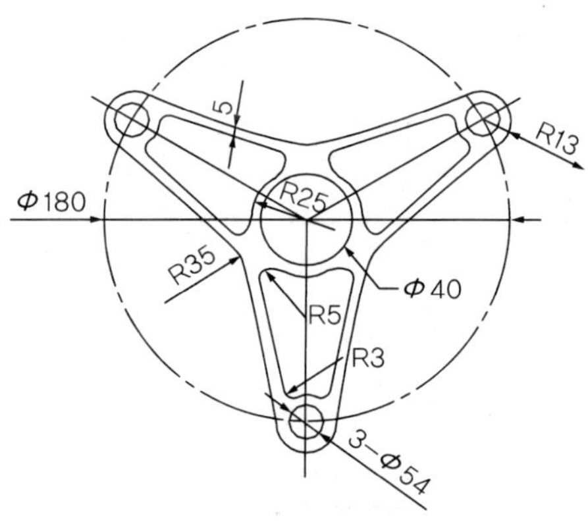
5
R13
Φ180
R25
R35
Φ40
R5
R3
3−Φ54

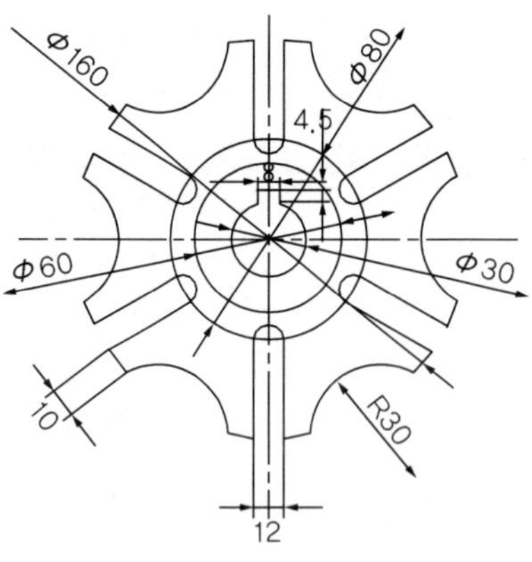
Φ160
Φ80
4.5
8
Φ60
Φ30
10
R30
12

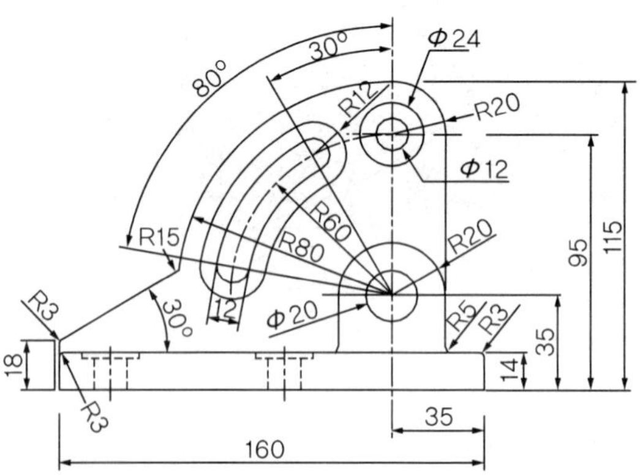
80°
30°
Φ24
R12
R20
Φ12
R60
R15
R80
R20
R3
30°
12
Φ20
R5
R3
95
115
35
18
14
R3
35
160

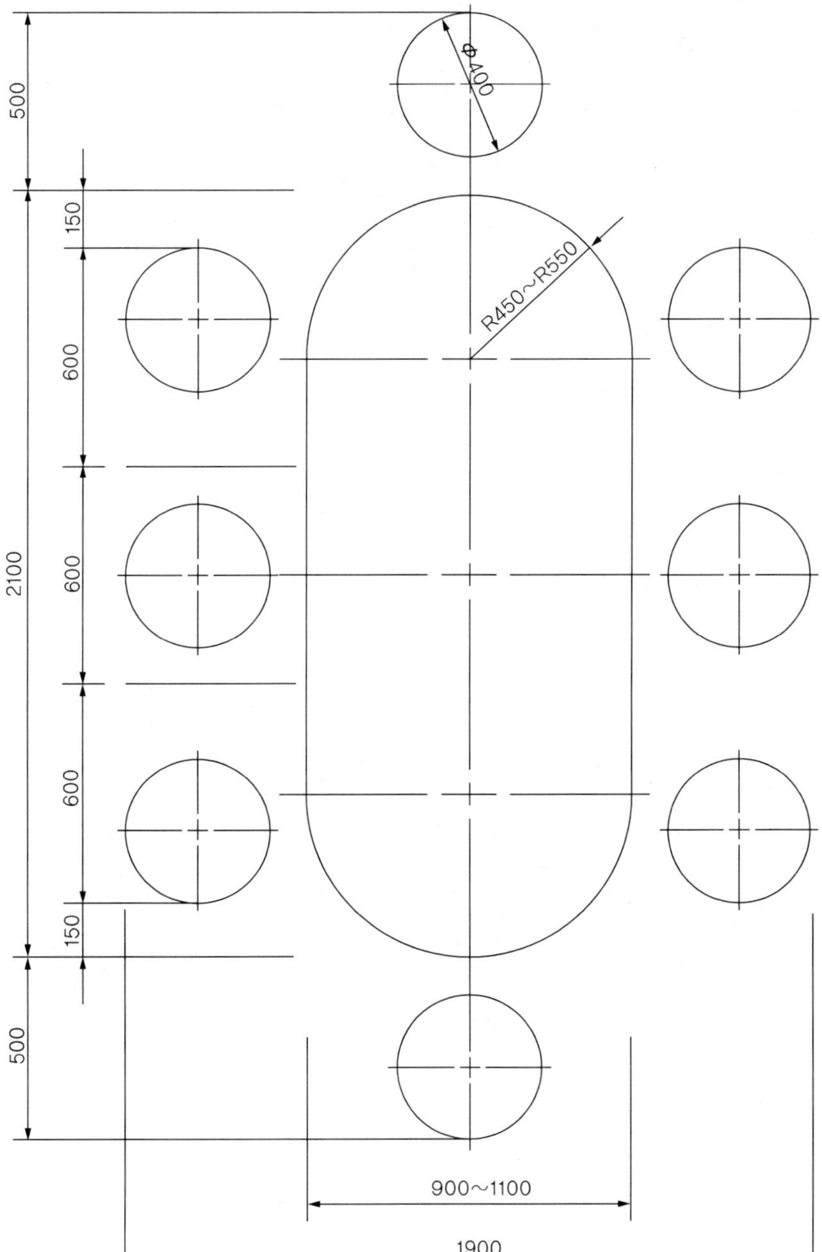
Φ400
R450~R550
500
150
600
600
2100
600
150
500
900~1100
1900

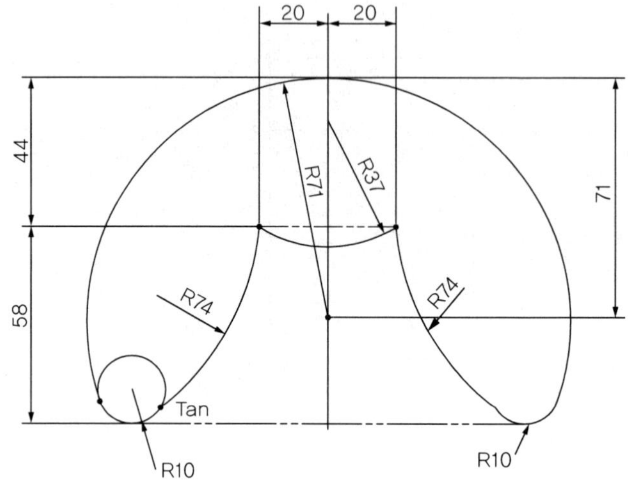
20
20
44
71
58
R71
R37
R74
R74
Tan
R10
R10

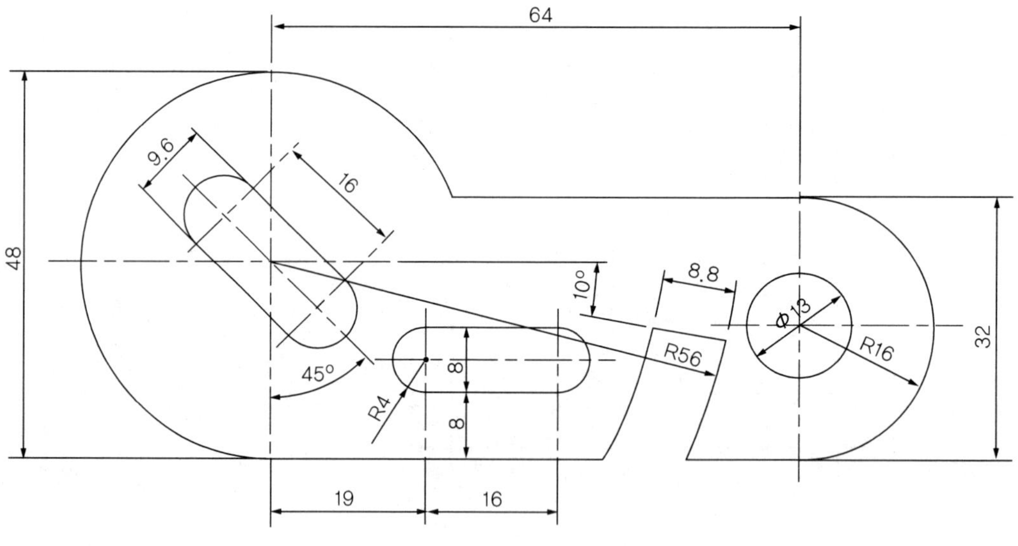
64
48
32
9.6
16
10°
8.8
φ13
R16
R56
45°
R4
8
8
19
16

* 선과 선의 색상을 지정하고, 다음 도면을 작성하라.

선의 종류	선의 색상	선의 종류	선의 색상
Border	Cyan	Dot	Yellow
Continuous	White	Hidden	Red
Center	Blue	Phantom	Green

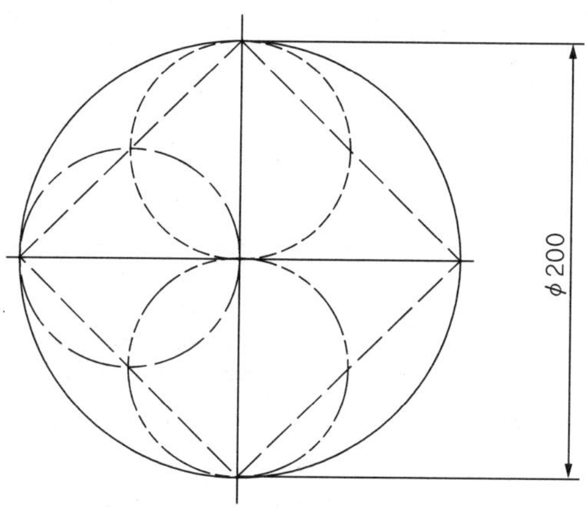

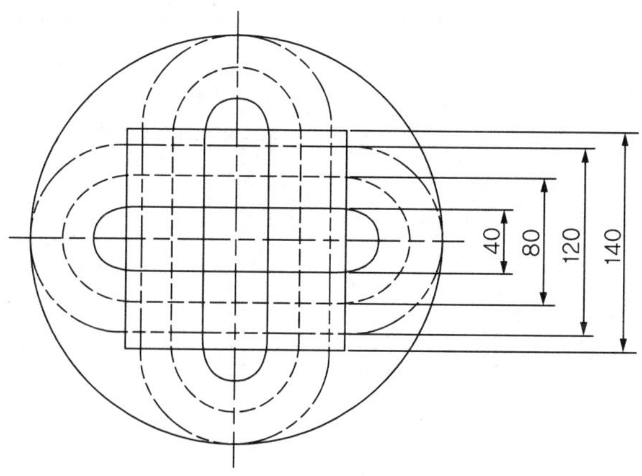

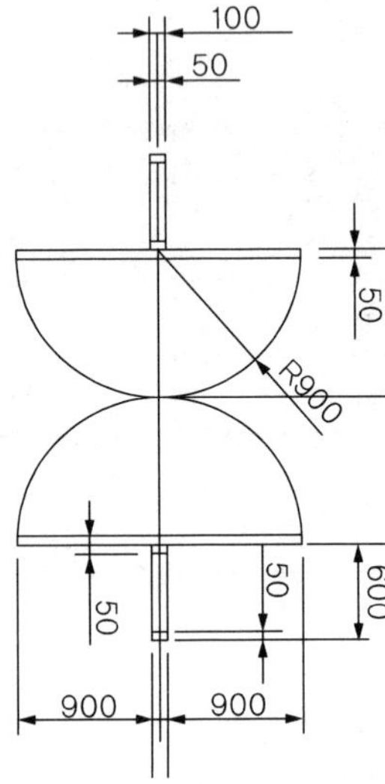
100
50
50
900
R900
900
50
50
600
900
900

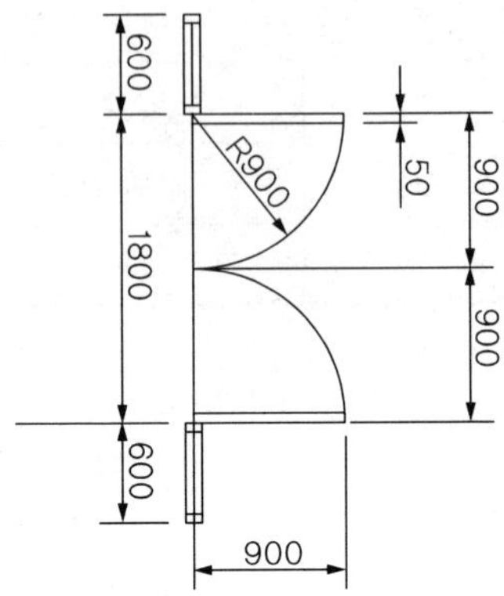
600
1800
600
R900
50
900
900
900

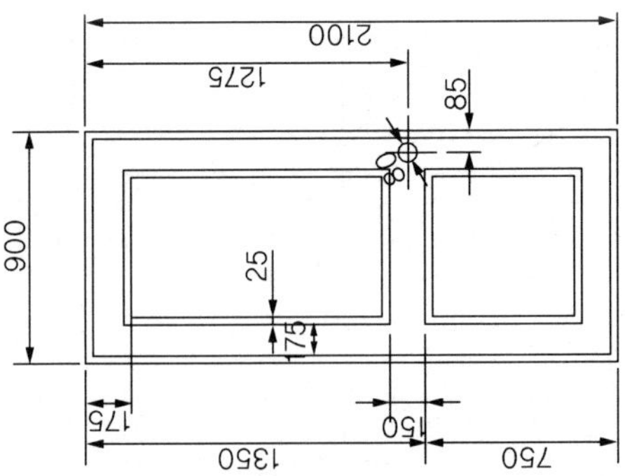
2100
1275
85
Ø80
900
25
175
175
150
1350
750

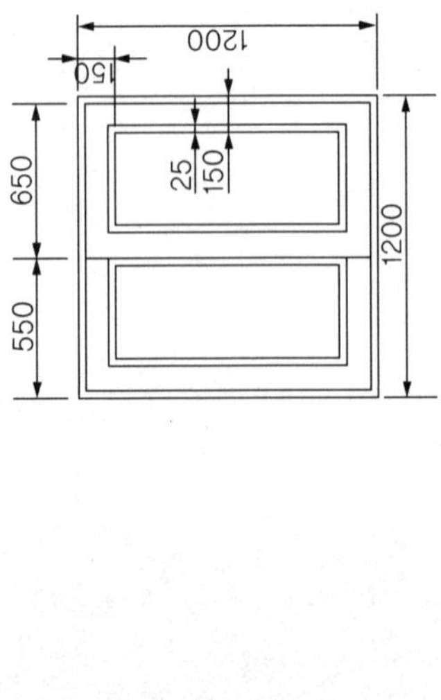
1200
150
650
550
25
150
1200

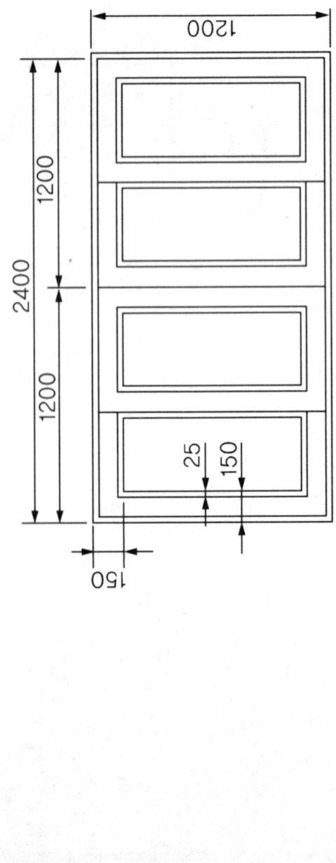
1200
2400
1200
1200
25
150
150

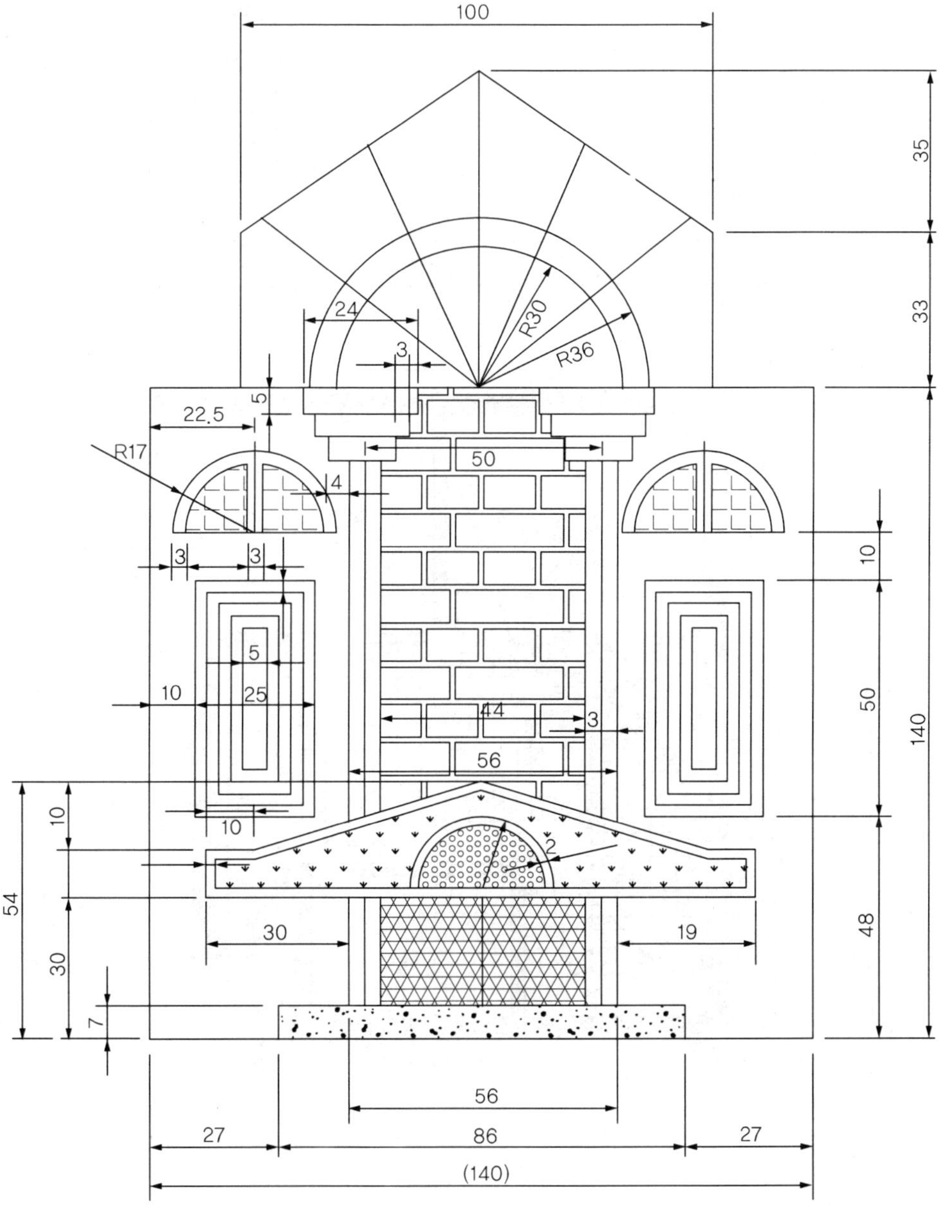
100
35
33
24
3
R30
R36
5
22.5
R17
50
4
3
3
10
5
10
25
44
3
50
140
56
10
10
54
2
30
19
48
30
7
56
27
86
27
(140)

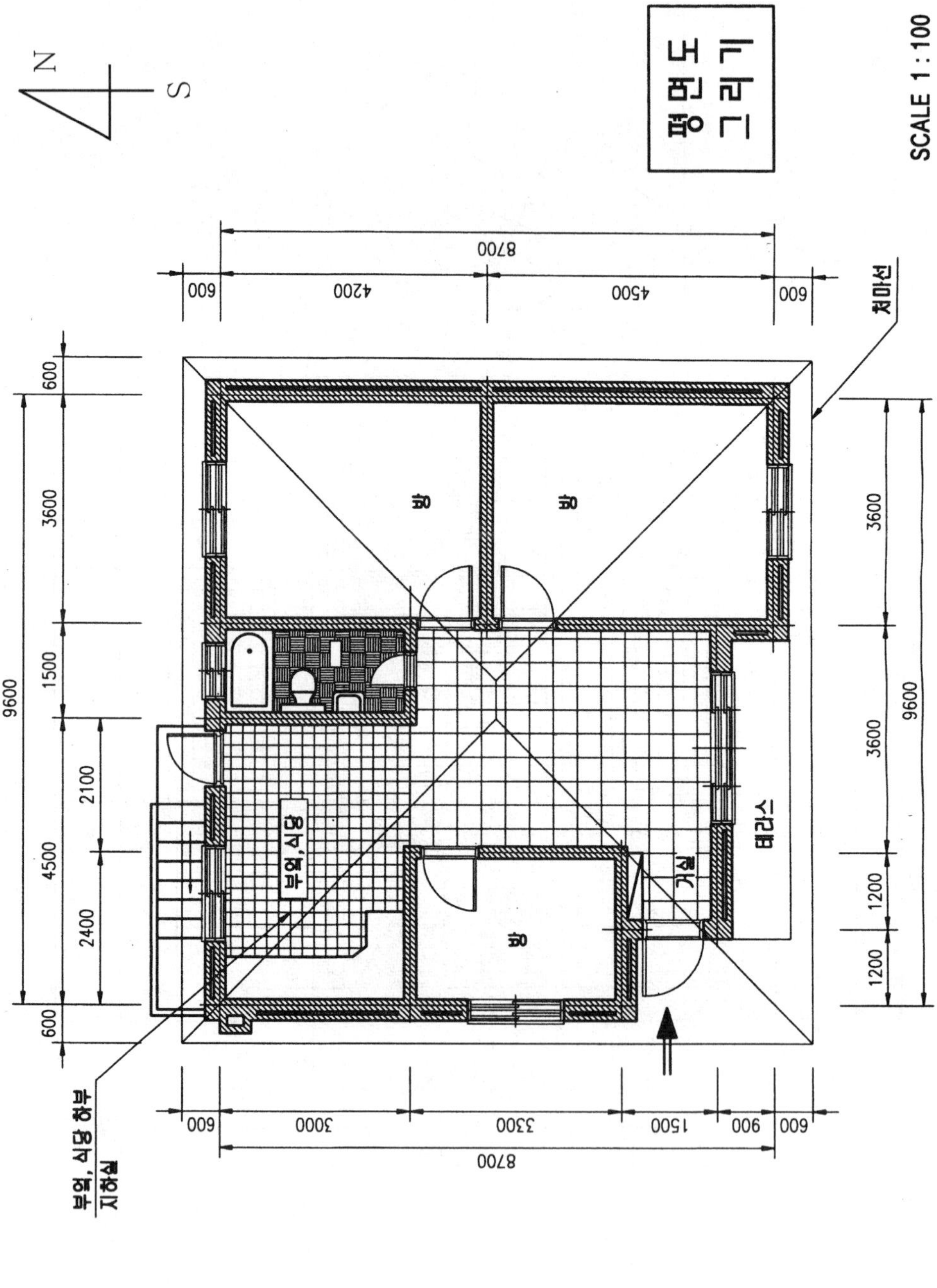
N
S
평면도 그리기
SCALE 1 : 100
방
방
방
부엌,식당
거실
테라스
처마선
부엌, 식당 하부 지하실
8700
600
4200
4500
600
9600
600
3600
1500
2100
2400
4500
3600
3600
1200
1200
3000
3300
1500
900

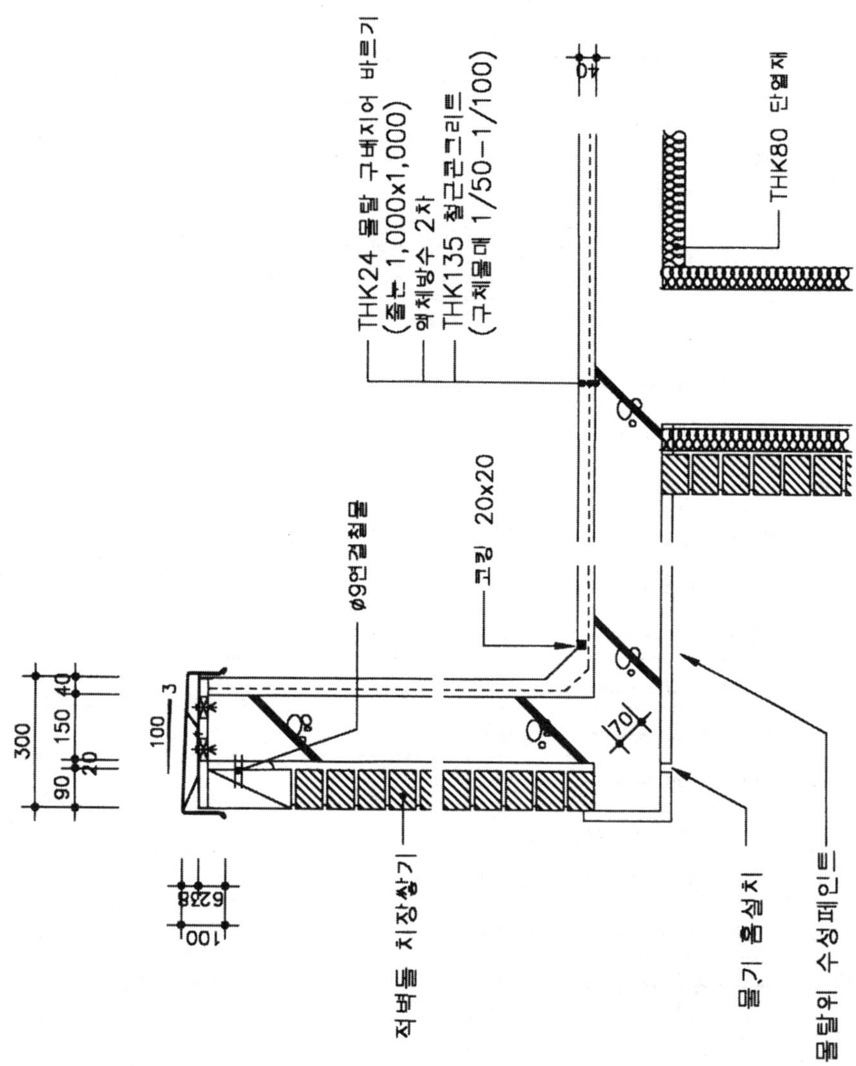
THK24 몰탈 구배지어 바르기
(줄눈 1,000x1,000)
액체방수 2차
THK135 철근콘크리트
(구체물매 1/50~1/100)
THK80 단열재
코킹 20x20
ø9연결철물
저벽돌 치장쌓기
물기 홈설치
몰탈위 수성페인트

부록 3. 소방시스템 도시기호 및 소방시스템 도면

1. 기계

구 분	기 호	명 칭
배관	—— H ——	옥내소화전
	—— S ——	스프링클러
	—— SC ——	연결송수관
	—— YH ——	옥외소화전
	—— F ——	채수구용
	—— WS ——	물분무
	—— HA ——	하론
	—— CO_2 ——	이산화탄소
	—— P ——	분말
	—— W ——	연결살수
	—— D ——	드레인
	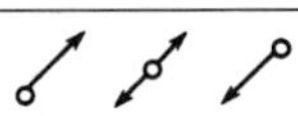	입장, 통과, 입하
관이음	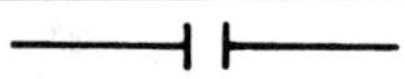	프렌지
	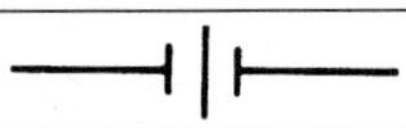	유니온
		앨보(90°)
	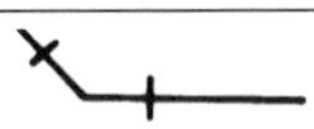	앨보(45°)
	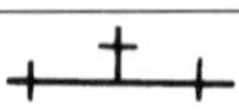	티이
	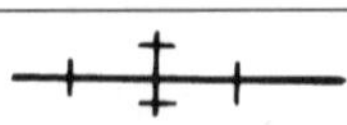	크로스
		캡
	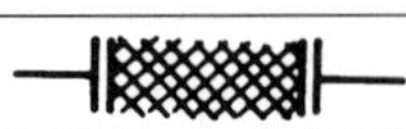	프렉시블 조인트

구 분	기 호	명 칭
밸브	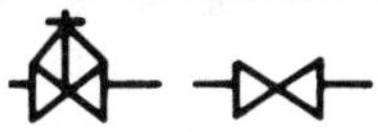	게이트 밸브
		릴리프 밸브
		앵글 밸브
		안전 밸브
	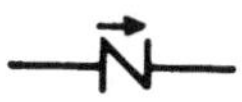	체크 밸브
		자동 밸브
		선택 밸브
		알람체크 밸브
		드라이파이프 밸브
		프리액션 밸브
		가스체크 밸브
소화전		옥내소화전(단독형)
		옥내소화전(단구형)
	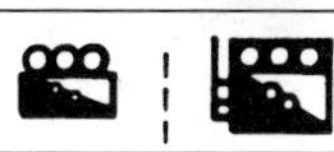	옥내소화전(쌍구형)
	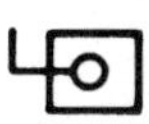	방수구(단구형)
	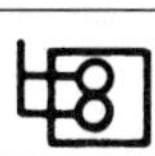	방수구(쌍구형)
	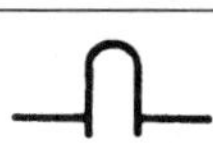	옥외소화전

구 분	기 호	명 칭
소화전		포말소화전
	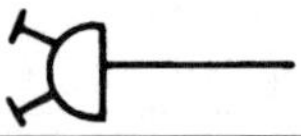	연결송수구(단구형)
	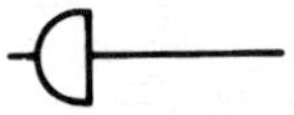	연결송수구(쌍구형)
		방수기구함
	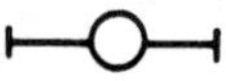	상수도소화전
WHC		수격방지기(WHC)
스트레이너	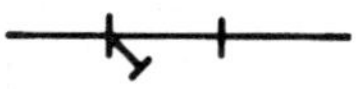	스트레이너(Y형)
		스트레이너(U형)
		여과망
계기		압력계
		연성계
		유량계
	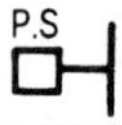	압력스위치
헤드	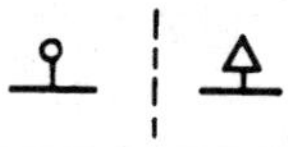	상향식 헤드(72°)
	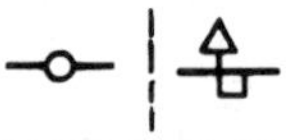	하향식 헤드(72°)
	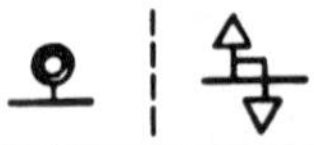	상하향식 헤드(72°)
		상향식 헤드(72°)
	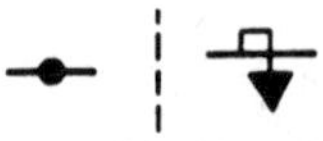	하향식 헤드(72°)

구 분	기 호	명 칭
헤드	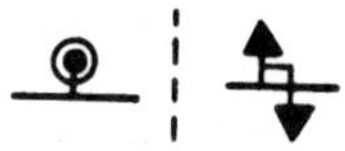	상하향식 헤드(103°)
		하론 헤드(하향식)
	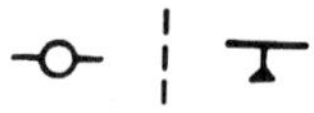	하론헤드(하향식)
	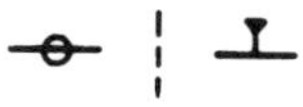	하론헤드(상향식)
		측벽식 헤드
기타		소화기(A, B, C급)
		자동확산 소화설비(3Kg)
		하론소화기(3Kg)
	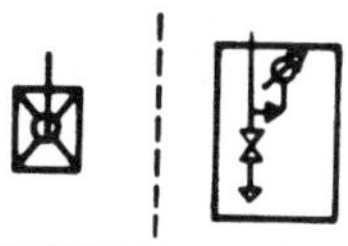	시험밸브함
		펌프
	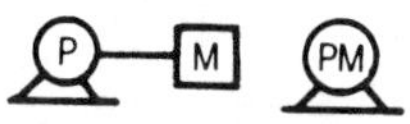	펌프 및 모터
	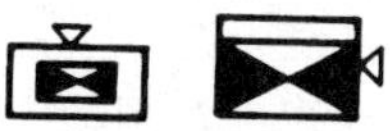	하론패키지(68L/50Kg×1B/T)
		하론패키지(68L/50Kg×2B/T)
		압력탱크
		제연급기 댐퍼

2. 전기

기 호	명 칭
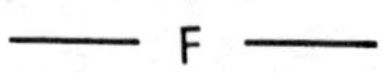	IV 1.2-2(16C)-감지기 배관 배선
	IV 1.2-4(16C)-감지기 배관 배선
	IV 1.2-8(2C)-감지기 배관 배선
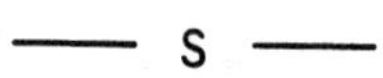	IV 2.0-3(16C)-유도등 배관 배선
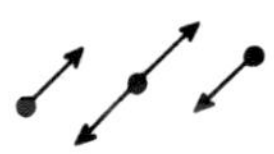	전선관의 입상, 통과, 입하
	2선
	3선
	크로스
	접속
	LCX CABLE-무선통신용
	ECX CABLE-무선통신용
	전선관 천정 은폐 및 슬래브 매입 배관 배선
	전선관 바닥 및 슬래브 매입 배관 배선
	벽부착 피난구 유도등(L: 대형, M: 중형, S: 소형)
	천정형 피난구 유도등
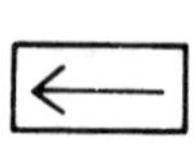	통로 유도등
	객석 유도등

기 호	명 칭
	알람밸브
	프리액션밸브
	내부접속 단자함-무선통신용
	외부접속 단자함-무선통신용
	분배기-무선통신용
	공용기-무선통신용
	비상콘센트
	정션박스(102×102×54)
	접지
	전실급기 댐퍼
	슈퍼비죠리 판넬
	전원 분전반
	옥내소화전 부착형 발신기 세트(비상콘세트 내장형)
	옥내소화전 부착형 발신기 세트(중계기 내장형)
	정온식 감지기
	정온식 감지기(방폭)
	정온식 감지기(방수)
	정온식 감지기(내산)

기 호	명 칭
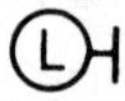	램프
	벨
	방화셔터용 모터
	도어릴리즈
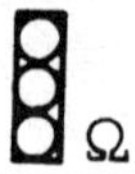	단독발신기
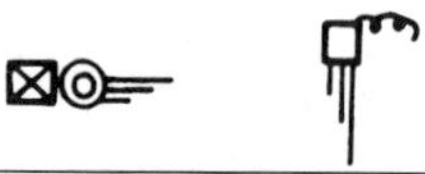	저수위 감수 스위치
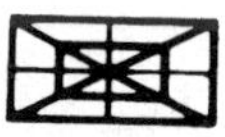	하론수신기
	하론수동 조작함
	P형, R형 조작함
	MOTER CONTROL CENTER
	방화셔터 수동조작함
	압력스위치
	풀박스
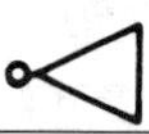	전자싸이렌
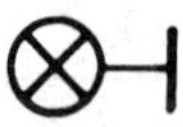	하론방출 표시등
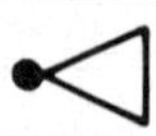	하론싸이렌
	스피커(천장 매립형)
	스피커(벽부착형)

기 호	명 칭
	정온식 감지기(내알칼리)
	차동식 스폿형 감지기
	차동식 분포형 감지기
	연기식 감지기
	연기식 감지기(매입)
	중계기
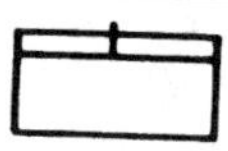	이동통신종합중계기
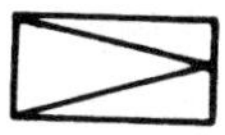	무선통신 보조설비용 공용기
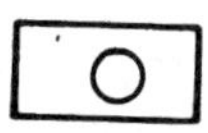	무선통신 보조설비용 옥내(외) 접속단자
Ω	종단저항
	종단저항-무선통신용

3. 소방시스템 도면

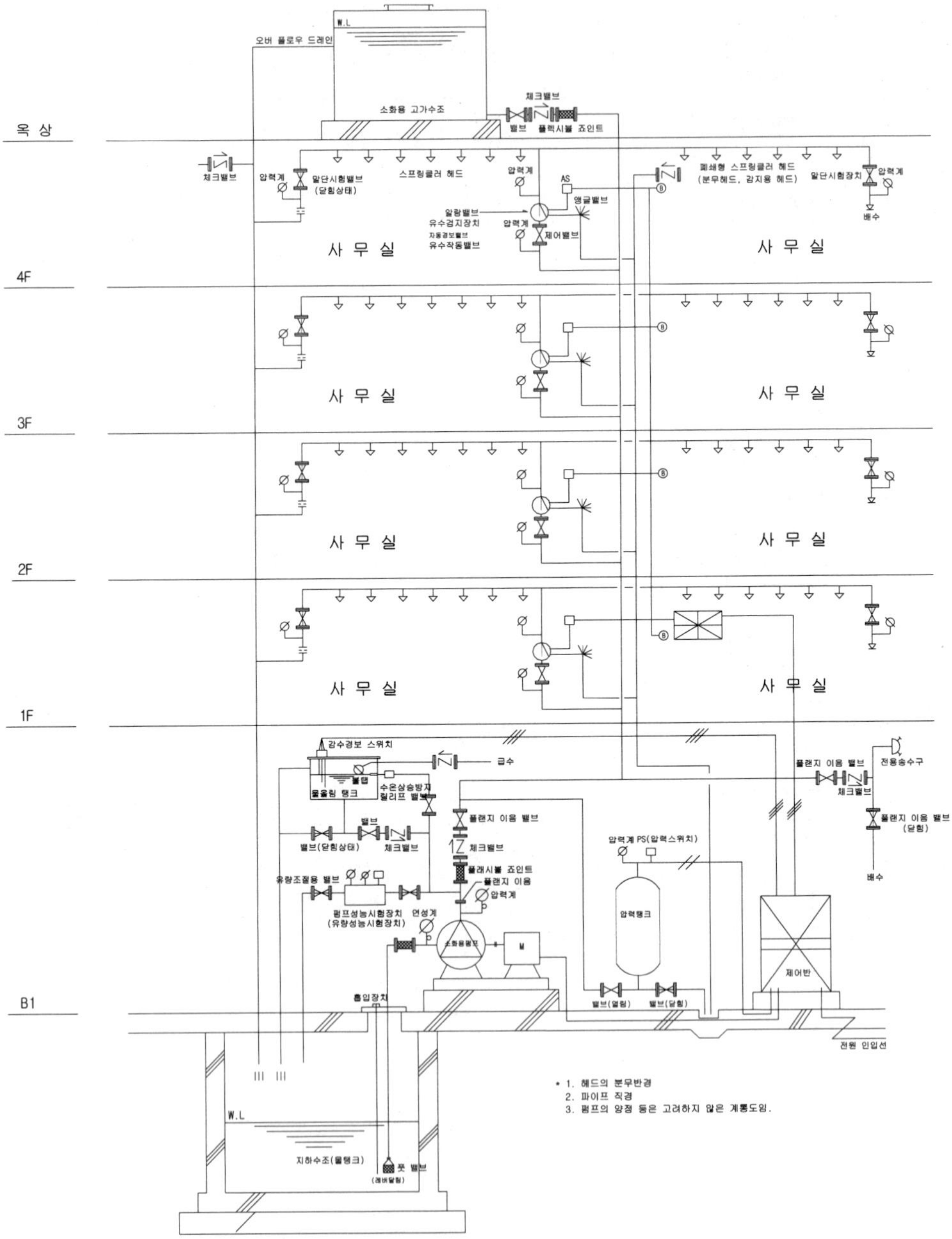

■ 소화시스템 계통도

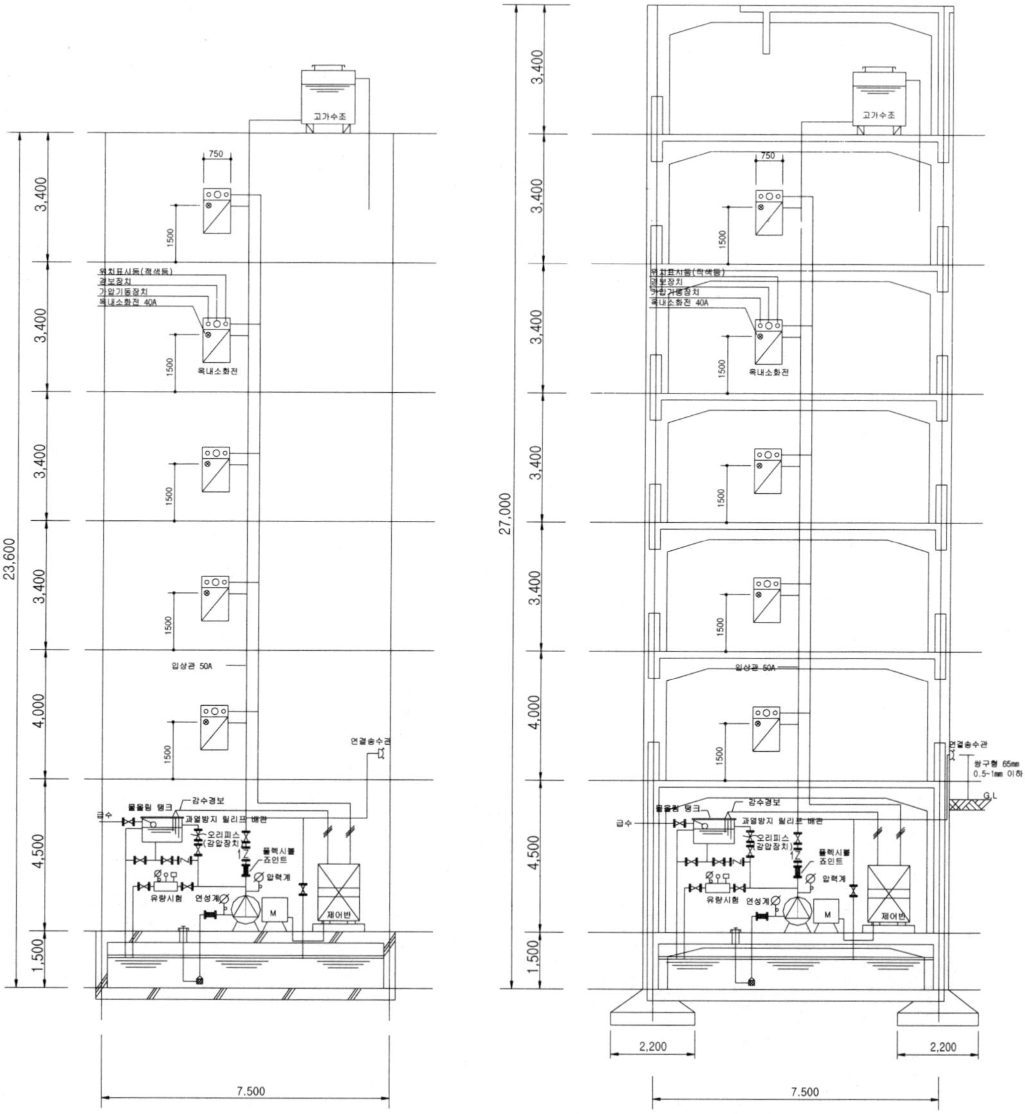

고가수조
750
1500
위치표시등(적색등)
경보장치
가압기동장치
옥내소화전 40A
옥내소화전
입상관 50A
연결송수관
물올림 탱크
감수경보
급수
과열방지 릴리프 배관
오리피스
(감압장치)
플렉시블
죠인트
압력계
유량시험
연성계
M
제어반
3,400
4,000
4,500
1,500
23,600
27,000
G.L
2,200
7.500

■ 옥내소화전 계통도

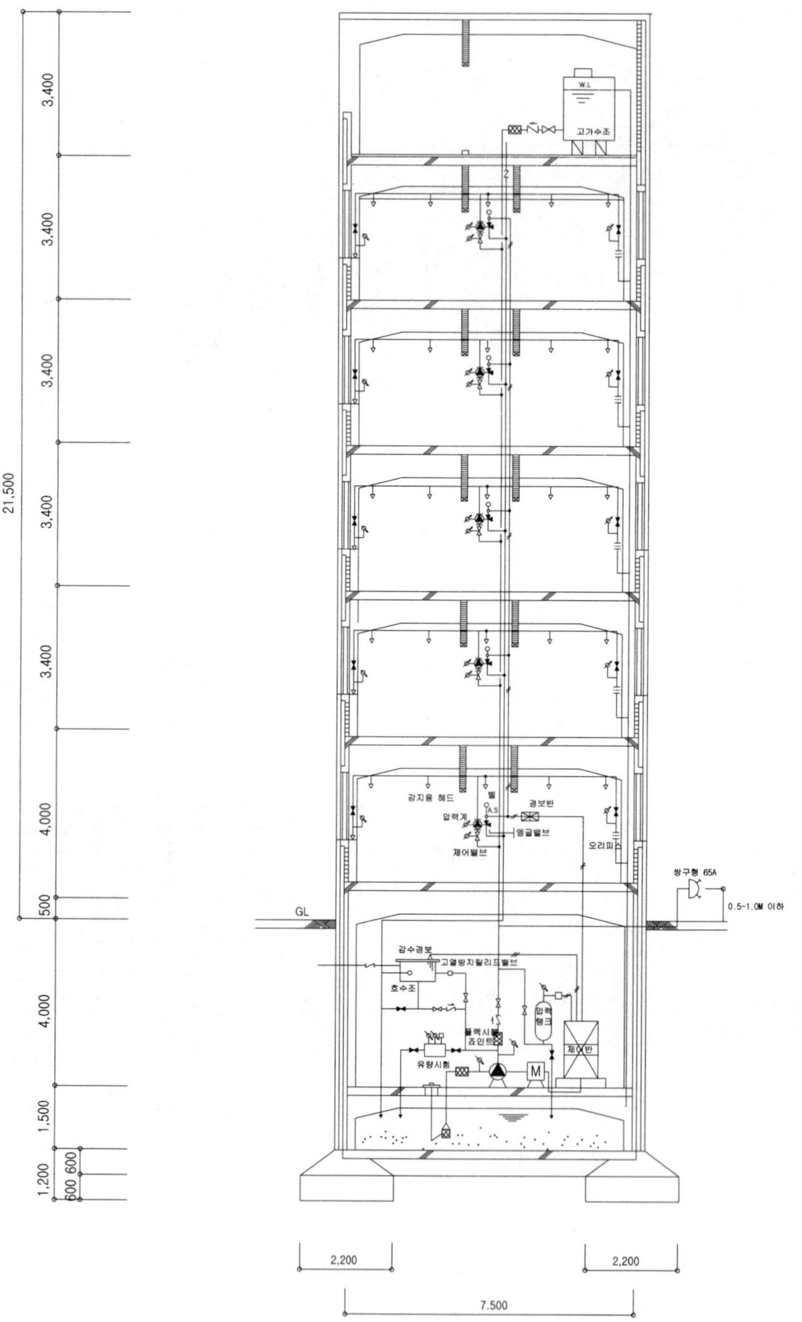
3,400
3,400
3,400
3,400
3,400
21,500
4,000
500
4,000
1,500
1,200
600
600
W.L
고가수조
감지용 헤드
벨
A.S
경보반
압력계
엥글밸브
제어밸브
오리피스
쌍구형 65A
0.5~1.0M 이하
GL
감수경보
고열방지릴리프밸브
호수조
압력
탱크
쵸인트
유량시험
제어반
M
2,200
2,200
7,500

■ 스프링클러 계통도

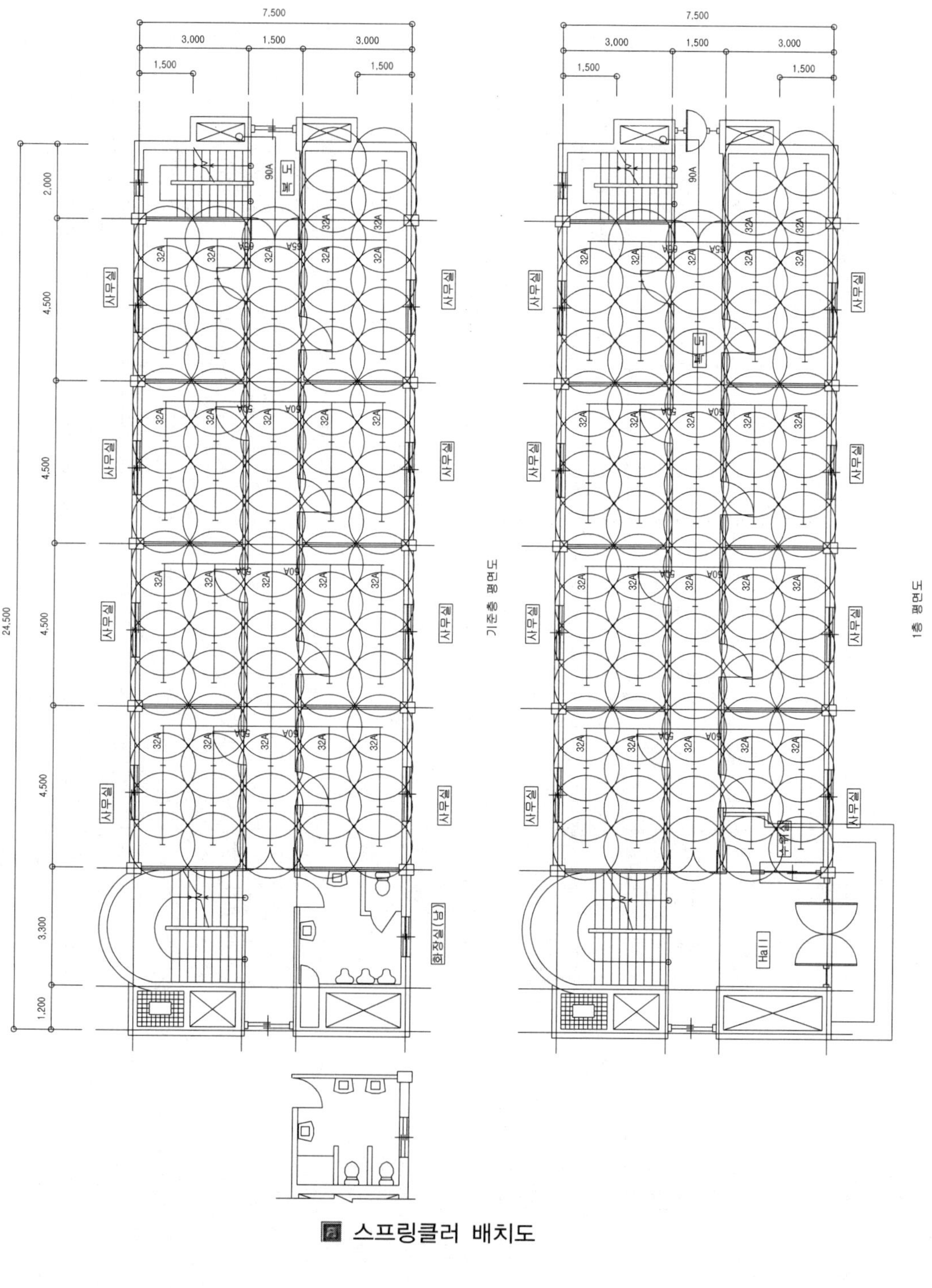
7,500
3,000
1,500
3,000
1,500
1,500
2,000
4,500
4,500
4,500
4,500
3,300
1,200
24,500
90A
32A
65A
50A
사무실
화장실(남)
기준층 평면도
Hall
1층 평면도

■ 스프링클러 배치도

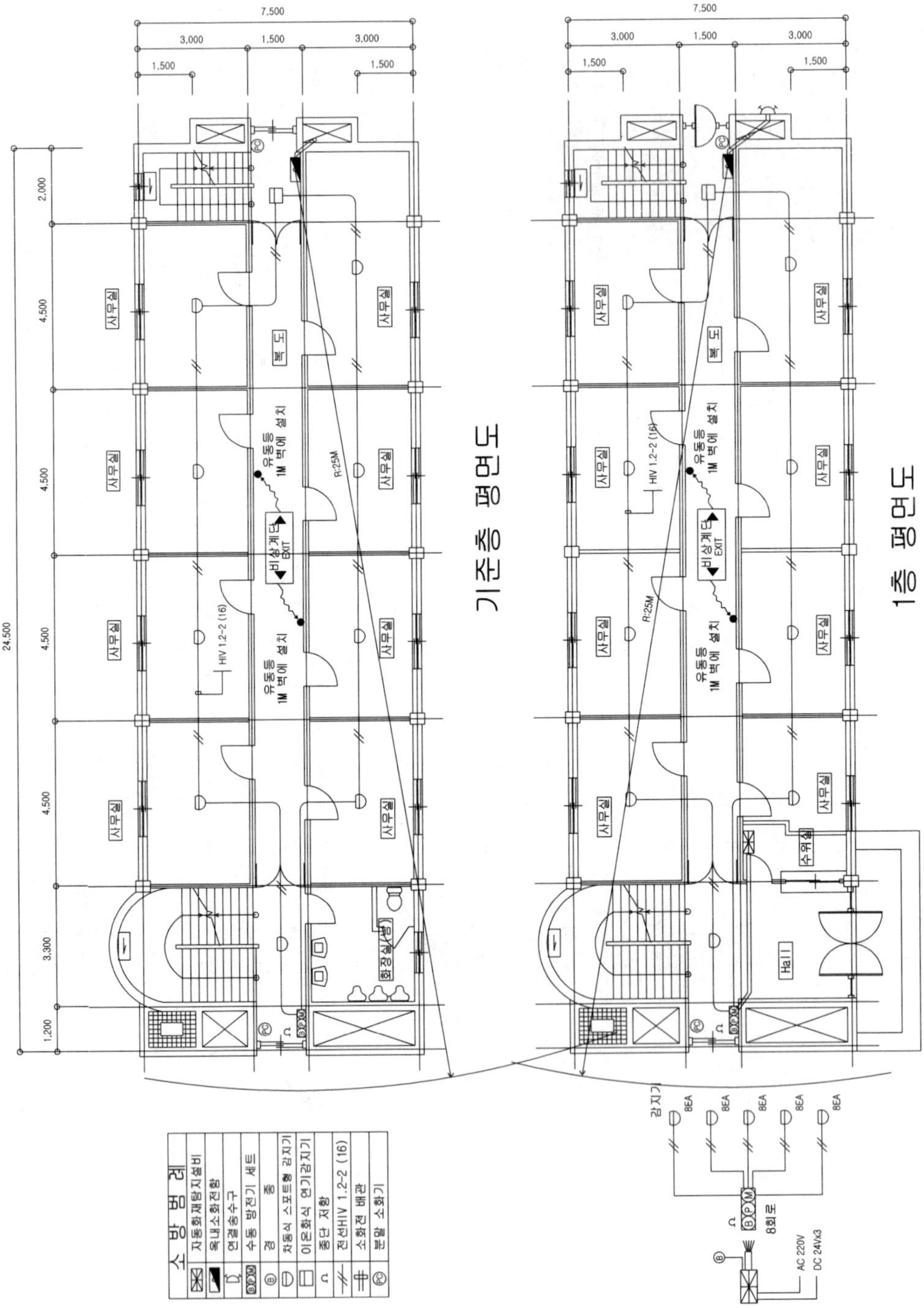
기준층 평면도
1층 평면도
사무실
복도
비상계단 EXIT
유도등 1M 벽에 설치
HIV 1.2-2 (16)
R:25M
화장실
수위실
Hall
감지기
8EA
8회로
AC 220V
DC 24Vx3
7,500
3,000
1,500
24,500
4,500
3,300
2,000
1,200

■ 화재경보시스템 계통도

Index

소방인을 위한
소방시스템CAD
정가 30,000원

인 쇄 2007년 9월 1일 초판 1쇄
발 행 2010년 3월 10일 초판 2쇄
저 자 이동명 · 박정호 · 방창훈 · 편석범
발행인 정우용
발행처 도서출판 동화기술
경기도 파주시 교하읍 문발리 파주출판도시 500-13
Tel (031)955-4211~6 donghwae@kornet.net
Fax (031)955-4217 www.donghwapub.co.kr
(등록) 1977년 12월 19일/9-16호

ISBN 978-89-425-1237-9